经典译丛·信息与通信技术

通 信 原 理
——调制、编码与噪声
（第七版）

Principles of Communications
Systems, Modulation, and Noise
Seventh Edition

[美]　Rodger E. Ziemer　　　著
　　　William H. Tranter

谭明新　译

电子工业出版社
Publishing House of Electronics Industry
北京·**BEIJING**

内 容 简 介

本书围绕信息从发送到接收的一系列处理环节，深入分析构成通信系统的各项技术和全貌。全书共 12 章，包括信号与系统、线性调制技术、角度调制和基带复用、数字信号传输、随机信号与噪声、系统调制噪声、有噪声干扰的数字通信、数字接收机等内容。本书结合通信的主题，即调制、编码与噪声，为读者提供了丰富的实例。配套网站则提供了 MATLAB 代码、习题解答，并为教师提供教师手册。

本书适合高等院校电子信息、通信类专业的高年级本科生或一年级研究生作为教材，也适合从事通信、信息工作的科技和工程技术人员作为参考书。

Rodger E. Ziemer, William H. Tranter: Principles of Communications: Systems, Modulation, and Noise, Seventh Edition
ISBN: 978-1118078914
Copyright © 2015 John Wiley & Sons，Inc.
All Rights Reserved.

版权贸易合同登记号　图字：01-2016-9457

图书在版编目（CIP）数据

通信原理：调制、编码与噪声：第七版 / （美）罗杰·E. 齐默（Rodger E. Ziemer），（美）威廉·H. 特兰特（William H. Tranter）著；谭明新译. — 北京：电子工业出版社，2018.6
（经典译丛 . 信息与通信技术）
书名原文：Principles of Communications: Systems, Modulation, and Noise, Seventh Edition
ISBN 978-7-121-34201-1

I. ①通…　II. ①罗…　②威…　③谭…　III. ①通信原理－高等学校－教材　IV. ①TN911

中国版本图书馆 CIP 数据核字（2018）第 103023 号

策划编辑：杨　博
责任编辑：杨　博　　　　特约编辑：张传福
印　　刷：三河市鑫金马印装有限公司
装　　订：三河市鑫金马印装有限公司
出版发行：电子工业出版社
　　　　　北京市海淀区万寿路 173 信箱　　邮编　100036
开　　本：787×1092　1/16　　印张：41.75　　字数：1205 千字
版　　次：2018 年 6 月第 1 版（原著第 7 版）
印　　次：2023 年 1 月第 4 次印刷
定　　价：169.00 元

译 者 序

近些年国内引进翻译了通信理论方面的很多著作。细细推敲，这些著作的共同特点是：分析时牢牢抓住了通信过程中的噪声、带宽这两个核心问题，而且针对所采用的任何一种具体的技术，详细地剖析了发生的过程、所产生的结果。目前，国内电子、通信类本科生、研究生欠缺的正是这种探索精神。现代通信产品的研发，同样以解决通信中的这两个问题为主线。比如，现代战争中的电子战，就是在对方通信系统工作的带宽范围内，通过发送功率大得多的噪声，达到人为地干扰对方通信指挥系统正常工作的目的。又比如，在发生于 1991 年的"沙漠风暴行动"中，把 GPS 接收机缝制在士兵的军装内，可以避免在沙漠里迷失方向；海湾战争中采用的 GPS 接收机超过了 9000 套。与此对应的卫星通信系统，在无线收、发信机之间直接通过卫星链路完成通信与指挥，但这种背景下的通信仍需要解决噪声、带宽这两个核心问题。总之，如今的电子通信，早已发展到了太空领域。当然，无论哪一种技术，都离不开基本的理论。电子工业出版社引进的 Rodger E. Ziemer 的《通信原理——调制、编码与噪声(第七版)》，在围绕带宽与噪声的主题展开分析时，具有如下的特点：

1. 根据通信系统的模块化结构，分析每个模块中采用的技术。然后结合具体实例从量的角度分析这些模块的常规指标。

2. 为了理解各个模块、各种技术，书中设计了 MATLAB 仿真。读者通过单步执行这些程序，可以观察到通信过程的各种现象，因而有助于读者根据这些现象深入理解通信的本质。

3. 用很大的篇幅剖析模拟调制、数字调制；用很大的篇幅分析噪声、干扰对系统的影响。

4. 反复地强调概率论与随机过程。无线通信系统、有线通信系统都离不开这一最基本的理论。

5. 对于难度大一点的技术，通过反复出现在每一章后面的习题，让读者在训练之后能定量、定性地理解相应的技术与指标。

6. 利用附录对实际噪声源、联合高斯随机变量、窄带噪声模型、过零点的统计特性、卡方统计分析法(以及常用的数学工具)进行了分析，有助于追根求源的同学提升自己的研究能力。

在翻译本书的过程中，本人得到了无线调制领域的国际知名学者 Fuqing Xiong 教授的指点，在此表示诚挚的感谢。

以前翻译《现代通信系统》《无线移动通信系统(第四版)》时，我先完成纸质版笔译，由几位本科生、硕士研究生录入成电子版后，我再反复校对。与以往不同，在翻译这本《通信原理——调制、编码与噪声(第七版)》时，全文的翻译、编辑、校对都是我一人独自完成的。尽管一再推敲和检查，仍难免有疏漏与不足，敬请广大读者批评指正。联系电子邮箱：tanmingxin@mail.ccnu.edu.cn。

于武汉

前　　言①

尼尔·阿姆斯特朗于 1969 年成为第一个登月人之后，在不到 10 年的时间内，本书的第 1 版于 1976 年出版。首次登月的各项规划导致了科学与技术的多方面发展。众多进展(特别是微电子技术领域的进展、数字信号处理技术(Digital Signal Processing，DSP)领域的进展)成为通信发展的推动技术。比如，从根本上说，在 1969 年之前，所有的商用通信系统(包括收音机、电话、电视系统)都是模拟系统。正是这些推动技术导致了如下应用的产生：①因特网和万维网；②数字收音机与数字电视；③卫星通信；④全球定位系统(Global Positioning Systems，GPS)；⑤用于传输语音与数据的蜂窝通信；⑥影响百姓日常生活的、大量的其他应用。有许多文献给出了这些应用的深度分析。与这些文献不同的是，本书并未详细地介绍各个应用领域，而将重点放在基本理论与基本技术的剖析上。同学们若能切实地掌握这些基本理论，可以为从事更高层次的理论研究与应用方面的工作打下基础。

同理，这一版仍未包括许多新的应用与技术，并且相信：同学们通过这些内容的学习，在掌握了基本理论与分析技术之后，可以对这些生存期不会太长的应用实例与具体技术给出最佳的剖析。前面各个版本的反馈意见已经证实了这样一个道理：与具体的实用技术截然相反，本书在合理的篇幅内，强调基本理论可以在很大程度上满足读者的需要。本书很适合如下读者群：①高年级本科生；②可能已经忘记了基本知识的新入学的研究生；③工程师。书中也以适当的篇幅介绍了非常重要的新技术的发展，例如，多输入多输出(Multiple Input Multiple Output，MIMO)系统、接近信道容量的信道码。

本书第 7 版的两个明显变化是：①在每章末尾的习题中新增加了疑难问题；②将第 6 版的第 3 章分为两章。疑难问题正是通过相对简单的问题让同学们参与解决问题的训练。尽管这些问题的答案很简单，但全部的疑难问题包含了每一章的重要概念。之所以将第 3 章分为两章，主要是由于篇幅过长。新版的第 3 章集中分析线性模拟调制、简单的离散时间调制技术(采样定理的直接应用)。在各章末尾的习题中融入了许多新的习题和变化之后的习题。

除去这些明显的变化，这一版还包括许多其他变化。例如，考虑到本书中"信号空间"的内容并非必需，因此删去了第 2 章的相关内容(第 11 章较详细地分析了信号空间的概念)。如前所述，第 3 章介绍了线性模拟调制技术。加入了如下两方面的内容：① AM 信号调制指数的度量；② 线性传输的度量。由于已完全淘汰了模拟电视技术，因此第 3 章中删去了相关内容。最后，在这部分内容中，还删除了自适应增量调制。第 4 章介绍非线性模拟调制技术。第 5 章除了习题有所变化，其他内容没有明显的增减。在分别介绍概率论与随机过程时，第 6 章、第 7 章的处理方式与第 5 章大体一样。第 8 章中加入了信噪比的度量，利用该指标分析噪声对调制系统的影响。在第 9 章中加入了衰减信道上基带信道模型的许多细节，以及配有最小均方误差(Minimum Mean Square Error，MMSE)的均衡器、配有自适应权值的 MMSE 均衡器误比特率(Bit Error Rate，BER)性能的仿真结果。这些变化同样体现在第 10 章中。由于还需要再增加数页才能将卫星通信进一步解释清楚，因此只能勉为其难地删除了这一内容。在 MIMO 系统中新加入了 Alamouti 处理法，在瑞利信道上，通过将 2 发 1 收的 Alamouti 信号传输系统与 2 发 2 收的传输系统进行比较，得出了 BER 曲线。第 10 章还在将 4G 与 2G、3G 进行比较时，加入了简要的分析。第 11 章除习题之外，没有其他变化。第 12 章中加入了"快速预览"，介绍信道容量的信道码、游程长度编码、数字电视的内容。

---

① 中译本的一些图示、参考文献、符号及其正斜体形式等沿用了英文原著的表示方式，特此说明。

第七版的特点是：每一章都有几个计算机仿真的实例。由于 MATLAB 广泛应用于学术环境与工业应用环境，以及考虑到 MATLAB 丰富的图形库，因此选择了 MATLAB 仿真。同学们通过这些仿真实例（从计算各种性能曲线的程序到某种类型通信系统及其各种算法的仿真程序），不必经过烦琐的计算就可以观察到较复杂系统的特性。这些实例能够让同学们了解通信系统环境下完成分析和仿真的现代化计算工具。为了保持本书的特色不变，尽管给出的这一类型的材料有限，但第 7 版中增加了计算机仿真实例和篇幅。除了章节中的计算机实例，还在每一章的末尾给出了计算机仿真练习。第 7 版明显突出了这一特色。这些仿真练习紧随各章的习题之后，这样设计的目的是：利用计算机体现出通信的基本原理，并为同学们提供进一步分析的方式。每一章除了将上一版的习题进行一些变化，还增加了大量的新习题。

本书中计算机仿真实例的所有源代码可以在 Wiley 出版社提供的网站下载。网站中还包含了附录 G（疑难问题的答案）与参考文献的具体信息（bibliography）。网址为

www.wiley.com/college/ziemer

尽管书中包含了 MATLAB 源代码文本，但这里还是建议读者从 Wiley 出版社提供的网站下载，因为文本中的代码可能会出现印刷和其他类型的错误。这些代码有助于读者深入分析所述例子的仿真技术。此外，在该网站上，会根据需要周期性地更新 MATLAB 代码。网站上也包含章末习题与计算机仿真练习的完整解答（答案设置了密码，仅提供给授课老师）[①]。

感谢促进本教材出版的那些人以及对前面各版提出改进意见的那些人。感谢众多的同事们，是他们以各种形式给出了建议。还要感谢支持我们研究的工业界与各个机构。特别感谢密苏里大学理工学院、科罗拉多大学斯普林司分校、弗吉尼亚理工大学的同事们和同学们，本书第 7 版的出版离不开他们的意见与建议。谨以此书献给同学们。在过去的 40 多年中，我们与众多的人共事，是他们帮助我们塑造了教学与研究的风格。感谢所有共事过的人。

最后，在 40 年的写作生涯中，离不开我的家人的支持，对他们道一声谢谢远不足以表达我对他们的感激之情。

Rodger E. Ziemer

William H. Tranter

---

① 教辅申请方式也可参见书末的"John Wiley 教学支持信息反馈表"。

目　录

第1章 绪 论

如今正处于称之为无形经济的时代,这样的时代并非由实际有形的实物流程推进,而是由信息流推进。比如,人们在进行大型购买时,可能会利用因特网收集相关产品的信息。短时间内通过访问相关产品的大量信息,即可完成信息的搜集,然后选择广泛认可的具体品牌。在仔细研究实现这种可瞬间接入的技术(有时称为通信与计算的融合)时,涉及两种主要的处理方式:①可靠、快捷的通信方式;②存储信息以备将来使用。

本书关注的是信息传输系统的基本理论。系统将电路和/或者器件组合起来之后完成预期的任务(比如将信息从一个地方传输到另一个地方)。从古到今,从古罗马人利用镜面的日光反射到现代电子通信(现代电子通信始于19世纪的前10年发明的电报),已采用了许多种方法传输信息。毫无疑问,本书关注的是各种电子通信系统的理论。

电子通信系统的特性是:具有不确定性。出现这种不确定性的部分原因是任何系统中都难免存在不期望出现的干扰信号(统称为噪声);部分原因是信息本身的特性:无法预测。因此,分析这种不确定性的系统时,需要用到概率论。

自早期的电子通信以来,从通信过程的开始到通信过程的结束,噪声问题始终存在,但在这一研究领域,直到20世纪40年代才将随机系统的分析方法和处理方法用于分析和优化通信系统[Wiener 1949;Rice 1944,1945][1]。另外,有些出人意料的是,直到20世纪40年代后期克劳德·香农的论文——"通信中的数学理论"发表之后,人们才广泛地认识到信息不可预知的特性[Shannon 1948]。这篇论文标志着信息科学理论的开始,后面将会较详细地介绍这一主题。

表1.1列出了与电子通信的发展相关联的主要历史事件。表中给出了与通信加速发展有关的各种发明、各种事件的历史轨迹。

表 1.1 与电子通信的发展相关的主要历史事件与发明

时间	事件
1791	亚历桑德罗·伏特发明原电池或者电池
1826	乔治·西蒙·欧姆通过电阻创建电压与电流之间关系的定律
1838	萨缪尔·摩尔斯演示电报
1864	詹姆斯·C. 麦克斯韦预测电磁波的辐射
1876	亚历山大·格雷厄姆·贝尔取得电话的专利权
1887	海因里希·赫兹证明麦克斯韦的理论
1897	古列尔莫·马可尼获得整个无线电报系统的专利
1904	约翰·弗莱明获得热电子二极管的专利
1905	费森登利用无线信道传输语音
1906	德福雷斯特发明三极管放大器
1915	贝尔系统公司完成美国跨州的电话线部署
1918	B. H. 阿姆斯特朗完成超外差式无线接收机
1920	J. R. 卡尔森将采样用于通信
1925~1927	英国与美国的首次电视广播

---

1 方括号[ ]内的参考文献表示文献的历史资料部分。

时间	事件
1931	出现电传业务
1933	埃德温·阿姆斯特朗发明调频
1936	BBC 开始运营固定的电视广播
1937	亚历克·李维斯设计脉冲编码调制(Pulse-Code Modulation，PCM)
二战	开发雷达与微波系统；将统计方法用于解决信号提取的问题
1944	计算机用于公共服务(国有单位)
1948	W. 布拉顿、J. 巴丁、W. 肖克莱发明晶体管
1948	克劳德·香农发表论文"通信中的数学理论"
1950	将时分复用技术用于电话系统
1956	越洋通信电缆首次成功
1959	杰克·凯比获得"固态电路"的专利——集成电路的前身
1960	休斯实验室的 T. H. 梅曼首次演示工作激光器(在与贝尔实验室的长达 20 年的争执之后，G. 古尔德获得了专利)
1962	首次发射通信卫星(Telstar I)
1966	传真机首次成功
1967	美国最高法院卡特电话决议：开放调制解调器的开发
1968	月球探测的电视实况转播
1969	互联网的首次启动——ARPANET
1970	开发出低损耗的光纤
1971	发明微处理器
1975	申请以太网的专利
1976	发明苹果 I 家用计算机
1977	现场直播由光缆系统实现传输的电话业务
1977	实现星际探测：木星、土星、天王星和海王星
1979	第一个蜂窝电话网在日本运营
1981	IBM 开发的个人计算机面向公众发售
1981	贺氏智能调制解调器进入市场(实现计算机控制的自动拨号)
1982	开发出 16 比特 PCM 的音频光碟(Compact Disk，CD)
1983	首次发售 16 比特的可编程数字信号处理器
1984	AT&T 本地业务资产剥离后成立 7 个贝尔运营公司
1985	公布程序代码的台式机首次发售；开发以太网
1988	快闪存储器首次进入商业应用(后用于蜂窝电话等)
1988	开发出非对称数字用户环线(Aasymmetric Digital Subscriber Line，ADSL)
1990 年代	甚小孔径卫星(Very Small Aperture Satellites，VSAT)通信系统开始流行
1991	利用回波相消技术得到成本很低的 14 400 bps 调制解调器
1993	发明接近香农极限的 turbo 码
1990 年代中期	第二代蜂窝通信系统(2G)进入商用
1995	全球定位系统进入全面运营
1996	全数字电话系统采用下载速率为 56 Kbps 的调制解调器
1990 年代后期	因特网广泛地进入个人应用与商业应用；高清电视成为主流；苹果 iPod 首次发售(10 月)，截至 2007 年 4 月，销售量过亿
2001	3G 蜂窝电话系统开始登场；WiFi 与 WiMAX 可接入：①因特网；②需要移动到每地的电子设备
21 世纪 00 年代	最初为军事应用设计的无线传感器网络用于民用(例如环境监测、保健应用、家庭自动化以及交通管理)
21 世纪 10 年代	引入第四代蜂窝无线系统。与通信相关的设备(例如蜂窝电话、电视、个人数码助手)开始出现技术融合

引人注意的是，第一套电子通信系统——电报通信系统为数字系统，这就是说，该系统以数字代码(即由点和线构成的莫尔斯信号)的方式传输点到点的信息[2]。在电报出现 38 年之后，发明了电话，语音信号在电话系统中以模拟电流的形式传输，这种更便捷的通信方式已经持续了 75 年[3]。

在了解了通信的发展史之后，人们可能会问，为什么如今的通信领域几乎完全由数字信号控制？有如下几个理由：①信号的完整性——再生数字信号比再生模拟信号的损耗小得多；②信号的融合——无论是语音信号、图像信号，还是逼真的数字数据(例如文档)，全都以数字信号的形式进行处理；③交互的灵活性——在支持从一对一的交互到多对多的交互时，数字域的处理要方便得多；④编辑——无论是文本、语音、图形或者视频，以数字方式编辑时会很方便、容易。

根据上面对通信的简要介绍及其发展历程，下面较详细地分析构成常规通信系统的各个组成部分。

1.1 通信系统的结构图

图 1.1 示出了通信系统中一个通信链路的常用模型[4]。尽管这让人联想到两个相距很远的两个地方之间的通信，但该结构图同样适用于遥感探测系统(比如雷达或者声呐)，系统中同一端的输入与输出可以位于同一个地方。信息传输系统无论具有哪些具体的应用以及采用怎样的配置，都需要如下 3 个主要的子系统：①发射机；②信道；③接收机。本书分析相距很远的地方之间的信息传输。但是，需要强调的是，书中介绍的系统分析技术不只是针对这类系统。

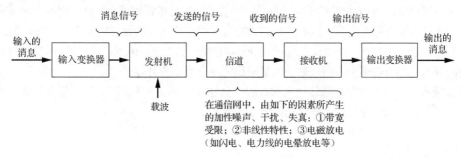

图 1.1 通信系统的方框图

下面详细地介绍图 1.1 中的每一个功能单元。

输入变换器 各种各样的信源产生多种形式的消息。无论消息采用哪一种形式，总可以将信号分为模拟信号与数字信号。可以把前者(即模拟信号)设计为：随着时间的变化，信号连续地发生变化(例如压力、温度、语音、音乐)；后者(即数字信号)可以用离散符号建模(例如，①书面文本；②对模拟信号(如语音信号)进行采样、量化、编码的处理)。几乎无一例外的是，必须由变换器将信源产生的消息的格式进行变换，使之适于所采用的通信系统的具体类型。例如，在电子通信中，麦克风将语音信号变换为变化的电压。把经历这一变换之后得到的消息称为消息信号。因此，可以将本书中的信号理解为量的变化(通常指电压或者电流随着时间的变化而变化)。

---

2 在实际的电报系统中，利用报务员的按键（即开关）来关闭和开启电路，点用短促的双击表示；利用报务员的按键方式来延长电路的关闭时间后，线用持续时间较长的双击表示。

3 参见 B. Oliver, J. Pierce, and C. Shannon, "PCM 的基本原理", Proc. IRE, Vol. 16, pp. 1324 - 1331, November 1948。

4 常规通信系统更复杂（而非特例），比如电视或者商业电台为一对多的情形，即多个接收机接收来自同一信源的信息；在多址通信系统中，由许多用户共享相同的信道（例如卫星通信系统）；多对多的通信环境最复杂，例如电话系统与因特网，这两种系统都能够在众多用户的任意一对用户之间建立通信。尽管在复用与多址技术中介绍了共享资源的方法，但本书的绝大部分内容仅介绍最简单的单发单收的情形。

发射机 发射机的目的是：将消息发送到信道。尽管将输入变换器直接连接到传输介质的情形并不少，但是，(比如在一些对讲机系统中)通常需要利用来自输入变换器的信号对载波进行调制。调制指的是改变系统载波的某些属性(例如幅度、频率或者相位)，使之与消息信号的变化一致。利用载波实现调制的理由有好多，其中最重要的几条理由如下：①容易传输；②减少噪声与干扰；③信道分配；④复用(或者说，几个消息信号在单个通信信道上传输)；⑤克服对设备的限制。

除调制外，由发射机完成的其他的主要功能包括滤波、放大、将已调信号发送到信道(例如，通过天线或者其他的合理设备发送到信道)。

信道 信道有许多种形式；最熟悉的信道可能是：介于商业无线电台的发射天线与收音机接收天线之间的信道。在这种信道中，发送信号经过大气(或者自由空间)的传输之后到达接收天线。发射机通过固定连接到达接收端的情形也很常见，例如大多数本地电话系统(即有线电话系统)；这种系统的信道与收音机的信道大不相同。但所有的信道都有一个共同的特性：当信号从发送端到达接收端时，信号的质量下降。尽管信号质量的下降可能出现在通信系统结构图中的任何一个地方，但通常只将其与信道联系在一起。一般来说，如下的因素会导致信号质量的下降：①噪声；②其他不需要的信号(或者干扰)；③其他的失真效应(例如衰落后的信号电平、多个传输路径、滤波)。稍后较详细地分析这些不期望出现的干扰。

接收机 接收机的功能是：在信道的输出端，从收到的信号中提取所需的信号，并且将其转换为适于输出变换器处理的形式。尽管放大可能是接收机首先完成的处理过程之一(特别是在无线通信中，收到的信号可能极弱)，但接收机的主要功能是：对收到的信号进行解调。在某些情况下，尽管期望接收端的输出为输入消息信号的常见函数，但通常较理想的情形是：接收端的输出等于按比例发生了变化的调制器输入消息信号，可能还存在时延。由于存在噪声与失真，因此，这样处理的效果并不理想。随着分析的深入，书中会逐步介绍完整地恢复理想消息信号的各种方式。

输出变换器 输出变换器是通信系统的最后一个处理环节。该器件将电信号变换为系统用户所期望的形式。最常见的输出变换器大概是扬声器或者耳机了。

1.2 信道的特性

1.2.1 各种噪声源

根据不同的来源，可以将通信系统中的噪声分为两大类。由通信系统中的元器件(例如电阻、固态电子元件)产生的噪声称为内部噪声。第二种噪声(即外部噪声)由通信系统之外的噪声源产生，包括大气噪声源、人为的噪声源、宇宙噪声源。

大气噪声主要来自于寄生的无线电波：在雷雨时的大气层内，因自然放电而产生大气噪声。通常把大气噪声称为静态噪声或者天电噪声。在频率约 100 MHz 以下时，这种无线电波的场强与频率成反比。大气噪声在时域内体现为幅度大、持续的时间短，大气噪声是典型的脉冲噪声的例子。由于大气噪声的强度与频率成反比，因此，与大气噪声对工作在 50 MHz 以上的无线电视、调频(Frequency Modulation，FM)广播的影响相比，大气噪声对工作频带为 540 kHz～1600 kHz 的商业调幅(Amplitude Modulation，AM)无线广播的影响更大一些。

人为噪声源包括高压电力线的电晕放电、电动机中的整流器产生的噪声、汽车和飞机点火启动的噪声、齿轮切换的噪声。就特性来说，点火噪声、切换噪声与大气噪声一样，也是脉冲噪声。在有线信道(例如电话信道)切换时，脉冲噪声是噪声的主要类型。对传输语音的应用而言，脉冲噪声只是让人有些不舒服；然而，在数字数据传输的应用中，脉冲噪声可能是产生严重差错的根源。

　　另一种重要的人为噪声源是射频发射机(这些射频发射机发射的信号并不是需要的信号)。把由干扰发射机产生的噪声称为射频干扰(Radio Frequency Interference，RFI)。当接收天线位于高密度的发射机环境下时，处理 RFI 特别麻烦(例如，在大城市的移动通信环境下，干扰发射机的数量相当大)。

　　宇宙噪声源包括太阳、其他的热天体(例如恒星)。由于太阳的温度高(6000℃)并且离地球近，因此影响很大。好在已经把无线信源的能量扩展到了很宽的频谱范围。同理，恒星是宽带射频噪声的根源。尽管这些恒星与地球之间的距离比太阳与地球之间的距离远得多(因此导致各个恒星所产生的噪声强度也小得多)，但由于恒星的数量巨大，因此，把这些噪声汇总起来之后发现，恒星是个重要的噪声源。射电恒星(如类星体、脉冲星)也是射频噪声的重要根源。与射电天文学家们所考虑的信号源相比，通信工程师们会将这样的恒星视为另一个噪声源。太阳和宇宙噪声的频率范围介于几 MHz 与几 GHz 之间。

　　通信系统中的另一个干扰源是多径传输。在传输介质中，由于如下因素的作用产生了这些传输路径：①高楼、地面、飞机和轮船等物体表面的反射；②各种层次的折射。根据散射机制，由于各个发送信号产生了大量的反射分量，那么所收到的这些多径信号就成了噪声，并且四处扩散。如果多径信号分量仅由一个或者两个很强的反射分量构成，则会发生镜面反射。最后，由于传输介质中的衰减具有随机性，因此此会导致通信系统中信号质量的下降。把信号经历的这种干扰称为衰减。值得注意的是，由于收到的多个信号叠加之后导致信号时强时弱，于是反射的多径信号也会发生衰减。

　　在电子器件内因电荷载流子的无规则运动而产生的噪声称为内部噪声。通常将其分为 3 种类型：①受到热运动激励后，导体内或者半导体内因自由电子的不规则运动而产生的热噪声；②在热离子管或者半导体结型器件中，因离散的电荷载流子随机到达所导致的散粒噪声；③半导体中产生的闪烁噪声(目前尚未弄清楚产生闪烁噪声的原理)，频率越低，噪声越严重。第 1 种类型的噪声源(即热噪声)的解析模型见附录 A。在采用这种模型时，附录 A 中还通过几个例子给出了系统所具有的特性。

1.2.2　传输信道的类型

　　有多种类型的信道。这里介绍如下 3 种常见信道的特性、优缺点：①电磁波传输信道；②导向型电磁波传输信道；③光纤信道。下面根据电磁波的传输对这 3 种传输信道的特性进行分析。由于每一种信道的特性与应用各不相同，因此分别介绍。

1. 电磁波传输信道

　　1864 年，苏格兰数学家詹姆斯·克拉克·麦克斯韦(1831~1879)根据迈克尔·法拉第的实验工作，在他的理论中给出了电磁波可以传输的预测。德国物理学家海因里希·赫兹(1857~1894)在 1886~1888 年进行的实验中利用快速振荡的火花产生了电磁波，因而从实验上证明了麦克斯韦的预测。所以，19 世纪的后半叶为利用电磁波传输的许多现代发明(例如，收音机、电视、雷达)奠定了物理基础。

　　电磁波传输所涉及的基本原理是：利用辐射单元(即天线)将电磁波的能量耦合到传输介质中，可以把自由空间(或者大气)用作传输介质。根据天线的实际配置和传输介质的特性，电磁波的传输存在多种传输模式。最简单的情形是(从未出现在实际应用中)：从面的角度来说，来自单点信号源的电磁波在无限的介质中传输。在这种情况下，传输的波前(相位恒定的各个平面)为同心球。从遥远的宇宙飞船向地面传输电磁能量时，可以采用这种模型。另一个理想模型是垂直于无限大平板导体的导线，该模型与商用广播天线的无线电波传输相似。本书的电磁理论中分析了这些模型以及其他的理想模型。这样处理的目的并不是归纳所有的理想模型，而是在各种实际信道中强调传输现象的基本知识。

　　除了太空中两个宇宙飞船之间电磁波传输的例子，在发射机与接收机之间的传输介质不可能近似于自由空间。地面通信链路除了与所涉及的距离、辐射信号的频率有关，还与图 1.2 中所示的如下因素有关：①视距传输；②地波传输；③电离层的天波传输。表 1.2 列出了频率介于 3 kHz～10^7 GHz 之间的频带；表中用字母表示的微波频带用于雷达以及其他的应用。值得注意的是，这里的频带是指近几十年来的应用，VHF 的频率范围是 HF 频率范围的 10 倍。表 1.3 示出了特别关注的部分频带。

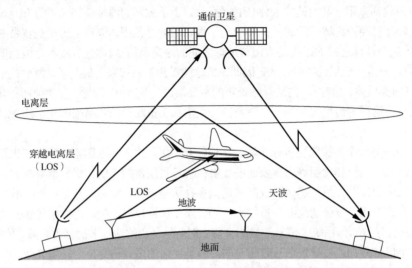

图 1.2　电磁波的各种传输方式(LOS 表示视距传输：Line of Sight)

表 1.2　频带及其名称

频率范围	频带的名称	微波频带(GHz)	字符表示
3～30 kHz	甚低频(VLF)		
30～300 kHz	甚低频(LF)		
300～3000 kHz	中频(MF)		
3～30 MHz	高频(HF)		
30～300 MHz	甚高频(VHF)		
0.3～3 GHz	特高频(UHF)	1.0～2.0	L
		2.0～3.0	S
3～30 GHz	超高频(SHF)	3.0～4.0	S
		4.0～6.0	C
		6.0～8.0	C
		8.0～10.0	X
		10.0～12.4	X
		12.4～18.0	Ku
		18.0～20.0	K
		20.0～26.5	K
30～300 GHz	极高频(EHF)	26.5～40.0	Ka
43～430 THz	红外线(0.7～7 μm)		
430～750 THz	可见光(0.4～0.7 μm)		
750～3000 THz	紫外线(0.1～0.4 μm)		

说明：kHz = 千赫兹 = ×10^3；MHz = 兆赫兹 = ×10^6；GHz = 吉赫兹 = ×10^9；THz = 太赫兹 = ×10^{12}；μm = 微米 = ×10^{-6}米。

　　通过国际协议达成常规应用的频谱分配。目前，频率分配的现行体制是：由国际电信联盟(International Telecommunications Union，ITU)管理，ITU 负责定期召开区域性或者全球性的无线电管理会议(1995 年之前指的是世界无线电管理大会(World Administrative Radio Conference，WARC)、1995 年及之后的 WRC 指的是世界无线电通信大会（World Radio-communication Conference，WRC)）[5]。WRC 负责无线电法规的起草、修订和实施，无线电法规是无线频谱管理国际化的工具[6]。

表 1.3　用于公共事业的频带与用于军事通信的频带[7]

用　途	解　释	频　带
无线电导航		6～14 kHz；90～110 kHz
罗兰 C 导航系统		100 kHz
标准调幅广播(AM)		540～1600 kHz
ISM 频段	工业用加热器；电焊机	40.66～40.7 MHz
电视	2～4 频道	54～72 MHz
	5～6 频道	76～88 MHz
调频广播(FM)		88～108 MHz
电视	7～13 频道	174～216 MHz
	14～83 频道	420～890 MHz
	(在美国第 2～36 频道和第 38～51 频道用于数字广播，其他的频带做了重新分配)	
蜂窝移动无线通信	AMPS，D-AMPS(1G，2G)	800 MHz bands
	IS-95(2G)	824～844 MHz/1.8～2 GHz
	GSM(2G)	850/900/1800/1900 MHz
	3G(UMTS，cdma-2000)	1.8/2.5 GHz bands
WiFi(IEEE 802.11)		2.4/5 GHz
WiMax(IEEE 802.16)		2～11 GHz
ISM 频带	微波炉；医疗	902～928 MHz
全球定位系统		1227.6，1575.4 MHz
点对点微波通信		2.11～2.13 GHz
点对点微波互连基站		2.16～2.18 GHz
ISM 频带	微波炉；免牌照的频谱	2.4～2.4835 GHz
	扩展频谱；医疗	23.6～24 GHz
		122～123 GHz
		244～246 GHz

在美国，由联邦通信委员会(Federal Communications Commission，FCC)对频带的具体应用授权并颁发使用这些频谱的许可证。FCC 由 5 个专员实施管理，这 5 个专员由总统任命、参议院批准，任期 5 年。总统任命其中的一位专员为委员会主席[8]。

当频率较低(或者说波长较长)时，无线电波倾向于沿着地球的表面传输。当频率较高(或者说波长较短)时，无线电波呈直线传输。低频时发生的另一个现象是：无线电波由电离层反射(或者折射)；电离层指的是：在地表上空海拔高度为 30～250 英里的一层层的带电粒子。因此，当频率低于 100 MHz

---

5 WARC-79、WARC-84 和 WARC-92，均在瑞士的日内瓦召开，是以 WARC 命名的最后 3 届会议；WRC-95、WRC-97、WRC-00、WRC-03、WRC-07 和 WRC-12 是以 WRC 命名的会议。2015 年召开的 WRC-15，它包括 4 个非正式的工作组：海事服务、航空和雷达服务；地面服务；空间服务；监管问题。

6 详细信息参见无线电法规网站：http://www.itu.int/pub/R-REG-RR-2004/en。

7 Bennet Z. Kobb，频谱指南，3rd ed.，Falls Church, VA: New Signals Press, 1996. Bennet Z. Kobb，无线频谱检测器，New York: McGraw Hill, 2001.

8 参见网站：http://www.fcc.gov/。

时,不可能存在天波的传输。在晚上,因阳光所导致的电离减少而使得处于较低位置的电离层消失,(这时 E 层、F_1 层、F_2 层合并为一层——F 层。)而且由于处于较高位置的单层电离层的反射,因此产生了传输较远距离的天波传输。

当频率超过 300 MHz 时,在该频率范围内,由于电离层不可能将无线电波的方向偏转到反射回地面,因此,这时的无线电波呈直线传输。而在频率更高(比如高于 1 GHz 或者 2 GHz)时,大气气体(主要是氧气)、水蒸气、降雨和冰雹会吸收和散射无线电波。这一现象体现为接收信号的衰减,而且频率越高衰减越严重(也就是说,在某些频率处,存在气体吸收峰值的谐振区域)。图 1.3 示出了氧气、水蒸气、雨水的吸收特性随频率变化[9]的具体衰减曲线,这里需要注意的是,$1 \text{ dB} = 10\lg(P_2/P_1)$。在设计微波链路(例如,用于洲际通信的电话链路、地面-卫星通信链路)时,必须分析透彻大气中的这些成分可能产生的衰减。

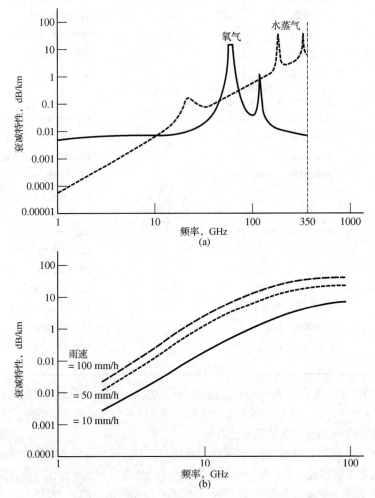

图 1.3　大气气体和雨水的衰减特性。(a)氧气和水蒸气的衰减特性(浓度: 7.5 g/m³); (b) 雨速分别为 10 mm/h、50 mm/h、100 mm/h 时的衰减特性

在频率为 23 GHz 附近,因水蒸气的吸收出现了第一个共振点;在频率为 62 GHz 附近,因氧气的吸收出现了第二个共振点。所需的信号在大气中传输时不宜采用上述的这些频率,否则会消耗过多的功率(例如,两个卫星之间相互通信时,可以把 62 GHz 用作通信链路,这时的大气吸收不会产生问题,

---

9 数据选自 Louis J. Ippolito, Jr., 卫星通信中无线电波的传输, Van Nostrand Reinhold 出版社, 1986, 第 3~4 章。

因而在该频率附近通信可以预防敌方在地面窃听信息)。氧气吸收的另一个频率为 120 GHz；水蒸气吸收的另外两个频率是 180 GHz、350 GHz。

如今，毫米波频率的通信(即，在 30 GHz 或者更高的频率处)显得较为重要，相比之下，频率较低时拥塞较严重(20 世纪 90 年代中期发射的高技术卫星采用了 20 GHz 附近的上行频率和 30 GHz 附近的下行频率)。由于毫米波在各个频率处的零部件、系统存在着技术优势，因此通信切实可行。在 30 GHz 和 60 GHz 这两个频率处，已确定了用本地多点分配系统(Local Multipoint Distribution System，LMDS)和多信道多点分配系统(Multichannel Multipoint Distribution System，MMDS)实现地面宽带信号的传输。由于大气、雨水的吸收较大以及障碍物(如树木和高楼)的阻挡，在这些频带设计系统时，需要格外小心。从很大程度上说，许多最新标准如称之为"超级无线网络"[10]的微波接入全球互通(Worldwide Interoperability for Microwave Access，WiMAX)(有时也称为"超级无线网络")已不再采用这些频段。

在频率高于 1 THz 的某处，无线电波的传输特性与光的传输特性一样。二氧化碳激光器可以在波长为 10 μm 处产生相干辐射光源；可见光激光器(例如，氦-氖激光器)可以在波长 1 μm 或者更短的波长处辐射。在阴雨天，采用这些频率的地面通信系统经历了巨大的衰减。地面链路的激光通信主要采用光纤。已对两个卫星相互之间激光通信的使用进行了分析。

2. 导向型电磁波信道

直到 20 世纪的后期，长途电话网络才广泛采用了有线导向型电磁波信道，目前的长途电话网络几乎已完全由光纤取代[11]。起初，地面上不同地方的人通信时，采用了架空明线传输音频信号(低于 10 000 Hz)。当时的传输质量相当差。到了 1952 年，开始将高频载波用于调制技术(也就是双边带技术、单边带技术)。在多对双绞线和同轴电缆上实现的通信取得了好得多的通信质量。随着 1956 年跨大西洋电缆通信的首次实现，洲际电话通信不再限于高频无线通信，而且洲际电话通信的质量明显改善。

同轴电缆的带宽为几兆赫兹。对更高带宽的需求启动了微波波导传输系统的开发。然而，随着低损耗光纤的研究，为取得更高带宽而实施的对毫米波系统的开发工作停滞不前了。实际上，光纤的开发已经实现了城区的有线通信，也就是说，几乎已成为现实的是[12]：数字数据、视频可以传输到市内的任一住宅或者经营场所。现代同轴电缆系统的每根电缆只能传输 13 000 路语音信息，而光纤传输的信息则是电缆的几倍(限制因素是：光源的电流驱动器)[13]。

光链路 在很长时间内，光链路的应用一直限于短距离通信和中等距离的通信。随着 1988 年横跨太平洋光缆的铺设、1989 年横跨大西洋光缆的铺设，开启了光缆的长途应用[14]。多项技术的突破导致了光波广泛地用于通信，这些技术突破包括如下几个方面：①小的相干光源(半导体激光器)；②低

---

10 这些术语的详细信息参见 Wikipedia 网站的 LMDS、MMDS、WiMAX、WiFi。

11 想大致了解用于电话系统的导向性传输系统，参见 F. T. Andrews, Jr.，"通信技术：回望 25 载. Part III, 导向性传输系统：1952—1973." IEEE 通信学会杂志，Vol. 16, pp. 4-10, 1978 年 1 月。

12 这里的限制因素是费用昂贵——尽管有许多潜在的顾客承担费用，但在整个城市街道穿行的成本很高。将电缆或者光纤连接到乡村的家里就会相对容易些，但潜在用户的数量小得多，于是增大了每个用户的成本。至于电缆与光纤孰优孰劣，考虑成本时，"最后一英里"倾向于采用电缆。针对(有时叫做)"最后一英里问题"，已提出了许多的解决方案，包括：①在电话线上实现较高速率的具体调制方案(见表 1.1 中的 ADSL)；②有线电视的双向接入(带宽足够但存在衰减问题)；③光纤(针对期望宽带而且愿意支付费用的用户)；④无线接入(参见较早的 WiMAX 文献)。针对各种情形不可能存在通用的解决方案。对该问题感兴趣的读者参见 Wikipedia。

13 在相当短的光纤上利用波分复用传输消息是最新近的研发成果。其思想是：通过各种激光光源实现不同的波段("颜色")在光纤中并行传输，因而大幅度提高了带宽——可达几 GHz。例如，可参见 IEEE 通信杂志，1999 年 2 月("光纤网通信系统与设备"专刊)，1999 年 10 月("宽带技术与实验"专刊)，2000 年 2 月("光纤网走向成熟"专刊)，2000 年 6 月("新世纪的智能网络"专刊)。

14 参见 Wikipedia："光纤通信"。

损耗的光纤或者波导;③低噪检测器[15]。

典型的光纤通信系统中有一个光源,光源可以是发光二极管或者半导体激光器,光源的光强随消息的变化而变化。光调制器的输出是光纤的输入。接收器(或者称为光检测器)通常由光电二极管组成。在光电二极管中,平均电流与入射光的功率成正比。然而,电荷载流子(即电子)的数量是个随机数。检测器的输出为:与调制分量和噪声分量成正比的平均电流的和。这里所说的噪声分量与接收机中电子产生的热噪声的不同之处在于:具有突发性。把它称为散粒噪声(与子弹碰到金属板时发出的噪声类似)。噪声分量的存在是性能下降的原因之一。性能下降的另一个原因是:光纤本身的色散。例如,可以在接收端观察到发送到光纤中的失真之后的脉冲信号。

最后,值得注意的是,可以在自由空间实现光通信[16]。

1.3 系统分析技术概述

在确定并且分析了通信系统中的主要子系统、传输介质的某些特性之后,下面介绍本书中所用到的系统分析与设计的各项技术。

1.3.1 时域分析与频域分析

根据线性系统分析中的电路课程或者之前课程的内容,已经非常清楚电子工程师总与时间、频率这两个领域打交道。再者,读者应该已经理解了时间-频率分析技术对适用叠加性原理的线性系统特别有用。在大多数情况下,尽管通信系统中出现的许多子系统及相应的处理都针对线性系统,但也有许多系统不是线性系统。然而,对通信工程师而言,与其他系统的分析师相比,频域分析是个极有价值的方式。由于通信工程师主要关注信号的带宽、信号在频域中的位置,而不关注暂态分析,因此,必不可少地采用了稳态系统的傅里叶级数与傅里叶变换的分析方法。相应地,将在第 2 章简要地介绍傅里叶级数、傅里叶积分及其在系统分析中的作用。

1.3.2 调制及其传输理论

调制理论利用频域分析法对系统中承载信息的信号所经历的调制与解调进行分析和设计。具体地说,在信道上对采用双边带调制方式传输的消息信号 $m(t)$ 进行分析和设计。将双边带调制的已调载波表示为如下的形式:$x_c(t) = A_c m(t) \cos(\omega_c t)$,其中,$\omega_c$ 表示载波的频率,单位为弧度/秒;A_c 表示载波的幅度。不仅必须准备好将两个信号相乘的调制器,而且还需要为待发送的信号 $m(t)$ 提供功率电平合理的放大器。在系统方案中并不关注这种放大器的精确设计。然而,已调载波的频率分量很重要,因此必须确定频率分量。为了得到这样的信息,采用时域分析法、频域分析法很有益处。

在信道的另一端,必须配置能够根据已调信号提取 $m(t)$ 副本的接收机。为了得到好的效果,这时可以再次利用时域技术与频域技术。

在系统性能方面,通信理论中还包括如下两部分:①对干扰信号的影响给出分析;②在随后的设计中对干扰信号的影响给出修正方案。这些分析都用到了调制理论。

尽管这里提到了干扰信号,但并未明确地强调信息传输的不确定性问题。未采用概率统计方法时,的确可以解决许多问题。但正如前面所指出的,概率统计方法及相应的优化处理过程已成为现代通信

---

15 想大致了解信号处理方法在改进光纤中的应用,参见 J. H. Winters, R. D. Gitlin, and S. Kasturia, "在数字光纤系统中减小传输损耗的影响," IEEE 通信杂志,Vol. 31, pp. 68-76, June 1993。

16 参见论文 "IEEE Communications Magazine, Vol. 38, pp. 124-139, August 2000" 中"自由空间的激光通信部分"。

的重要组成部分，并且引导了 20 世纪后半程的新技术与新系统的研究与开发，这与第二次世界大战之前的局面完全不同。

下面介绍通信系统实现统计优化的几种方法。

1.4 系统优化的概率统计方法

如前面引用的文献所述，维纳和香农的工作是现代通信统计理论的起步。这两位研究人员在存在噪声的背景下，将概率统计方法用于提取承载了信息的信号。他们两人从不同的角度分析问题。本节简要地介绍将这两种方法用于最佳系统的设计。

1.4.1 信号的统计检测和估计理论

维纳分析了信号在噪声背景下的最佳滤波问题。其中，"最佳"检测方案用于降低所需信号与实际输出信号之间的平均均方误差。由此得到的滤波器结构称为维纳滤波器。这种类型的方法特别适于模拟通信系统，也就是说，经过这种滤波器的处理之后，接收端解调输出的是发送端输入消息的准确可靠的副本。

对模拟通信而言，维纳的处理方法很合理。然而，在 20 世纪 40 年代初期，文献[North 1943] 提出了一种对数字通信更富有成效的方法，该文献介绍：接收机在背景噪声环境下必须能够分辨出许多种离散信号。实际上，诺斯(文献[North 1943]的作者)关注的是雷达，雷达只需要检测脉冲信号是否存在。在接收端的信号检测问题中，检测信号的保真度无关紧要，诺斯研究出的滤波器能够增大输出端信号峰值-噪声均方根的比值。把所得出的最佳滤波器称为匹配滤波器(详细的分析解释见第 9 章数字数据的传输)。后来，将维纳滤波器与匹配滤波器的核心思想与时变的背景结合之后得出了自适应滤波器。在第 9 章介绍数字数据的均衡时分析了这种滤波器的一个子类。

20 世纪 50 年代，由几个研究人员(见[Middleton 1960]第 832 页介绍的几部参考文献)将维纳和诺斯提取信号的方法按照统计学的表述方式形成正式的文本，这正是如今所说的"信号的统计检测和估计理论"的起源。设计接收机时，需要利用信道输出端的所有有效信息。文献[Woodward and Davies 1952 and Woodward, 1953] 在已知可能发送消息的条件下，用这种所谓的理想接收机计算信号的接收概率。把所计算出的这些概率称为后验概率。然后，理想接收机给出如下的判决：发送消息为对应最大后验概率的单元。尽管在这一点上可能有些含混不清，但这个如今称为最大后验概率(Maximum A Posteriori，MAP)的原则是检测和估计理论的基础之一。在检测理论的研究中，另一个具有深远影响的研发成果是广义向量模型观点的应用([Kotelnikov 1959] 与[Wozencraft and Jacobs 1965])。在第 9 章～第 11 章详细地介绍了这些设计思想。

1.4.2 信息论与编码

香农研究的基本问题是："在已知消息源的条件下，如何表示所产生的消息才能在给定的信道上传输最大的信息量"。针对离散信源与模拟信源，香农给出了这两种情形的公式表示，不过这里只介绍离散系统的情形。很明显，在该理论中考虑的基本因素是信息的度量。一旦确定了合理的度量方式(见第 12 章的介绍)，接下来该做的是：求出信息的传输容量(或者称为信息量)，即，信道上传输信息的最高速率。显而易见，接下来面临的的问题是："在已知的信道上，如何更接近信道的容量？所收到的消息的质量如何？"。香农理论的非常惊人而且异常重要的研究成果是：尽管存在噪声，如果传输的时间为任意值，那么在信道上以低于信道容量的速率发送信息，就可以以任意低的差错概率适当地恢复发送的消息。这是香农第二定理的要点。本书中对这一问题的介绍限于二进制离散信源：在信道的输入端，从 2^n 个可能的二进制序列中，通过随机地选择码字的方式，给出了香农第二定理的证明。在对所有可能的码字求平均时，如果 n 的长度相当大，那么所收到的长度为 n 的序列的差错概率可以变得任意小。因此，存在许多适合的码，但香农并没有探索出如何求解这些码。的确，从一开始信息论就留下了这个难题，并且这个难题已成了该领域的研究热点。近些年来，在探索优质编码、解码技术方面已经取得了巨大的成就，这里的优质编码、解码技术指的是：①可以用合理的硬件实现；②只需要合理的时间就能完成译码。

第 12 章介绍了几种编码技术[17]。在编码领域的近代史上，最令人震惊的研究成果可能是 turbo 码的发明以及随后法国研究成员们 1993 年的出版物[18]。后来由几个研究人员证明了这些成果所展示的性能与香农极限只差零点几分贝[19]。

1.4.3　领域内的最新进展

在过去的几十年里，通信理论及其实际实现取得了巨大的成就。本书介绍了其中的部分进展。基本概念的分析是本书的主题。在介绍通信理论的基本概念之前，这里先介绍一下这些成就的要点。想立即阅读相关内容的读者可以参考 IEEE 会刊提供的如下两个领域的最新进展：①turbo 信息的处理 (除其他应用外还用于 turbo 码的译码)[20]；②多输入多输出 (Multiple Input Multiple Output，MIMO) 通信理论，预计 MIMO 会对无线局域网、无线广域网的研究产生深远的影响[21]。若需了解现代通信理论从起步到近期的广泛发展，可以参考浓缩为一卷的论文集，论文集里的这些论文是领域内的行家对跨度 50 年时间内的进展给出的评价[22]。

1.5　本书内容的概要介绍

根据上面的介绍，在分析通信系统时应该很容易理解概率论与噪声特性的重要性了。因此，在第 2、3、4、5 章相继介绍了基本信号、系统、没有噪声条件下的调制理论、数字数据传输的基本单元之后，在第 6、7 章分别分析了概率与噪声理论。随后将这些基本工具应用到第 8 章模拟通信方案的噪声分析中。第 9 章、第 10 章在分析数字数据的传输时，则利用概率论的方法设计出最佳接收机。第 9 章、第 10 章从差错概率的角度剖析了各种类型的数字调制方案。第 11 章利用广义正交基分析信号的最佳检测和信号的估计技术，并通过信号空间技术细致地解析此前介绍的系统为什么能够实现相应的功能。如前所述，信息论与编码是第 12 章的主题。通过信息论与编码技术，可以将实际通信系统与理想通信系统的性能进行比较。第 12 章介绍了这些比较的结果，根据这些结果的比较，可

17　读者若想全面了解众所周知的香农理论，请参阅 S. Verdu 的论文 "香农理论的 50 年"，IEEE Trans. on Infor. Theory, Vol. 44, pp. 2057 -2078, October 1998。

18　C. Berrou, A. Glavieux, and P. Thitimajshima, "接近香农极限的纠错编码与译码：Turbo Codes," Proc. 1993 Int. Conf. Commun., pp. 1064-1070, Geneva, Switzerland, May 1993。
　　也可以参考关于编码理论的最佳的指南性文章，D. J. Costello and G. D. Forney, "信道编码：通往信道容量的历程," Proc. IEEE, Vol. 95, pp. 1150-1177, June 2007。

19　实际上，由 Robert Gallager 于 1963 年发明的低密度奇偶校验码是传输速率接近理论极限的第 1 种码([Gallager, 1963])。但 1963 年不可能实现，于是一直淡忘直至此前的 10～20 年中，由于理论的进步和大幅提高的处理器促进了业内人士对它的关注。

20　Proceedings of the IEEE, Vol. 95, no. 6, June 2007. Turbo 信息处理专刊。

21　Proceedings of the IEEE, Vol. 95, no. 7, July 2007. 下一代无线通信—多用户 MIMO-OFDM 特辑。

22　W. H. Tranter, D. P. Taylor, R. E. Ziemer, N. F. Maxemchuk, and J. W. Mark (eds.). 精英中的精英:通信与网络研究的 50 年历程, John Wiley and IEEE Press, January 2007。

以确定具体选择哪一种通信系统。

最后，值得注意的是，本书并未触及很多的通信技术，例如，光纤技术、计算机技术、卫星通信技术。但读者可以将本书解析的这些原理用于这些领域的分析。

补充书目

本章所选的参考文献体现了现代通信理论的历史发展进程。总的来说，不容易读懂这些文献。可以在参考文献的历史文献部分找到它们。也可以通过本书第 2、3、4 章 "补充书目" 中罗列出的文献，找到相关的介绍性章节。

第 2 章　信号与线性系统简要分析

分析信号传输系统时必然会涉及各种信号在系统内的传输。回顾第 1 章中将信号定义为系统中的某个量(通常为电压或者电流)随时间的变化而变化。系统的含义是：将所选的设备与各个网络(即各个子系统)组合起来后完成所需的功能。现代通信系统非常复杂，在构建实际系统之前，需要完成大量的分析、实验。因此，通信工程师的工具是表示各种信号、各种系统的各种数学模型。

本章复习如下两方面的内容：①通信工程中用于设计各种信号、各种系统的实用技术；②通信工程中用于分析各种信号、各种系统的实用技术[1]。具体地说，主要是从时域与频域的角度分析如下两方面的内容：①信号的表示；②线性时不变二端口系统的模型。值得注意的是：模型并不是信号或者系统，但对模型的某些特性进行数学理想化处理之后，与信号、系统的相关问题存在着密切的关系。

给出上述的概述之后，下面介绍信号的分类以及设计信号、系统的各种方式。具体包括：①经复指数傅里叶级数和傅里叶变换，得到信号的频域表示；②线性系统的各种模型、各种技术(用于分析系统对信号所产生的影响)。

2.1　信号的各种模型

2.1.1　确知信号与随机信号

本书中关注两大类信号，即确知信号与随机信号。可以将确知信号设计成由时间变量完全确定的函数。例如，下面的信号为读者熟悉的确知信号的实例：

$$x(t) = A\cos(\omega_0 t), \quad -\infty < t < \infty \tag{2.1}$$

式中，A 与 ω_0 均为常数。确知信号的另一个例子是单位矩形脉冲 $\Pi(t)$，用如下的式子定义 $\Pi(t)$：

$$\Pi(t) = \begin{cases} 1, & |t| \leqslant \dfrac{1}{2} \\ 0, & \text{其他} \end{cases} \tag{2.2}$$

随机信号指的是：在任意给定时刻，信号的取值呈随机性，因而必须从概率的角度设计随机信号。详见第 6 章、第 7 章的介绍。图 2.1 示出了前面刚介绍过的各种类型的信号。

2.1.2　周期性信号与非周期性信号

由式(2.1)定义的信号为周期信号的实例之一。当且仅当如下的关系式成立时，信号 $x(t)$ 才表示周期信号：

$$x(t + T_0) = x(t), \quad -\infty < t < \infty \tag{2.3}$$

式中，T_0 表示信号的周期。把满足式(2.3)的最小值 T_0 称为基本周期(常将"基本"二字略去)。把不满足式(2.3)的信号称为非周期信号。

1　在线性系统理论的相关教材中可以找到这些主题的完整分析。见本章建议的参考文献。

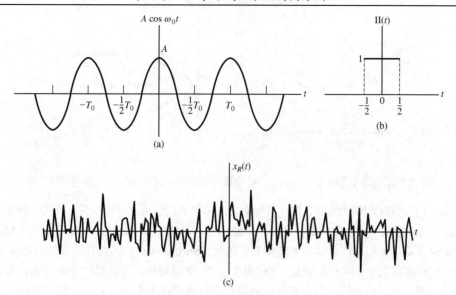

图 2.1　各种类型的信号的实例。(a) 确知信号（正弦信号）；(b) 单位矩形脉冲信号；(c) 随机信号

2.1.3　相量信号与频谱

在对系统进行分析时，常用到下面的周期信号：

$$\tilde{x}(t) = A e^{j(\omega_0 t + \theta)}, \qquad -\infty < t < \infty \tag{2.4}$$

通过如下的 3 个参数体现上式的特点：① 幅度 A；② 相位 θ（单位：弧度）；③ 角频率 ω_0（单位：弧度/秒）或者频率 $f_0 = \omega_0 / 2\pi$（单位：赫兹）。为了与相量 $A e^{j\theta}$ 区分，将 $\tilde{x}(t)$ 称为旋转相量（$e^{j\omega_0 t}$ 隐含在 $\tilde{x}(t)$ 中）。根据欧拉定理[2]很容易证明 $\tilde{x}(t) = \tilde{x}(t + T_0)$。其中，$T_0 = 2\pi/\omega_0$。因此，$\tilde{x}(t)$ 表示周期为 $2\pi/\omega_0$ 的周期信号。

可以通过如下的两种方式将旋转相量 $A e^{j(\omega_0 t + \theta)}$ 与实正弦信号 $A \cos(\omega_0 t + \theta)$ 联系起来。一种方式是取旋转相量 $A e^{j(\omega_0 t + \theta)}$ 的实部

$$x(t) = A \cos(\omega_0 t + \theta) = \mathrm{Re}\, \tilde{x}(t) = \mathrm{Re}\, A e^{j(\omega_0 t + \theta)} \tag{2.5}$$

第二种方式中，取 $\tilde{x}(t)$ 与 $\tilde{x}(t)$ 共轭复数之和的一半，即

$$A \cos(\omega_0 t + \theta) = \frac{1}{2}\tilde{x}(t) + \frac{1}{2}\tilde{x}^*(t) = \frac{1}{2} A e^{j(\omega_0 t + \theta)} + \frac{1}{2} A e^{-j(\omega_0 t + \theta)} \tag{2.6}$$

图 2.2 用图形示出了这两种表示方式。

式 (2.5) 与式 (2.6) 都是 $x(t) = A \cos(\omega_0 t + \theta)$ 的时域表示形式，这两个式子利用旋转相量 $\tilde{x}(t) = A \exp[j(\omega_0 t + \theta)]$ 给出了 $x(t)$ 的不同表示形式。这里注意到，如果已知具体频率 f_0 处的参数 A 和 θ，那么可以完全确定旋转相量信号，于是得到 $x(t)$ 在频域的两种等效表示形式。因此，$A e^{j\theta}$ 的幅度、角度与频率之间关系的图形提供了完整表示 $x(t)$ 的足量信息。对这种情形的单一正弦信号而言，由于 $\tilde{x}(t)$ 仅在单一频率 f_0 处存在，因此，所得的图形为离散线（称为线谱）。把所得的图称为 $x(t)$ 的幅度线谱与相位线谱，如图 2.3 (a) 所示。根据式 (2.5) 可以得到 $x(t)$ 与 $\tilde{x}(t)$ 的频域表示。再者，由于图 2.3 (a) 中的两个图形仅有正频率分量，因此分别称为 $x(t)$ 的单边幅度谱、单边相位谱。对于由一组具有不同频率的正弦波构成的信号而言，单边频谱由多个线谱组成，其中的每个线谱对应构成总和的每个正弦分量。

2　欧拉定理的表示式为 $e^{\pm ju} = \cos u \pm j \sin u$。也可以表示为 $e^{j2\pi} = 1$。

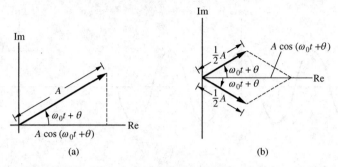

图 2.2 将相量信号与正弦信号关联的两种方式。(a)将旋转相量投影到实轴上;(b)额外添加的复共轭旋转相量

绘出式(2.6)复共轭相量的幅度、相位与频率之间的关系图之后,可以得到 $x(t)$ 的频域表示的另一种形式,即双边幅度谱与双边相位谱,如图 2.3(b)所示。对图 2.3(b)而言,有如下两点值得注意:① 由于必须将两个复共轭相量信号相加才能得到实信号 $A\cos(\omega_0 t + \theta)$,因此在精确的负频率 $f = -f_0$ 处存在线谱;②幅度谱关于 $f = 0$ 偶对称、相位谱关于 $f = 0$ 奇对称。这种对称性也是 $x(t)$ 为实信号的结果。与单边谱一样,由一组正弦分量构成的双边谱包含了许多谱线,其中的每一对谱线表示一个正弦分量。

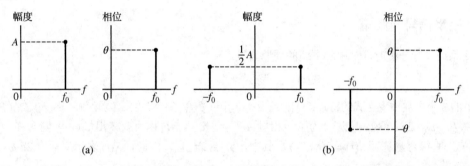

图 2.3 信号 $A\cos(\omega_0 t + \theta)$ 的幅度谱与相位谱。(a)单边幅度谱与相位谱;(b)双边幅度谱与相位谱

因此,图 2.3(a)~(b)为信号 $A\cos(\omega_0 t + \theta)$ 频谱的等效表示形式,谱线出现在 $f = f_0$ 与 $f = -f_0$ 处。对这个简单例子而言,用频谱图表示似乎有点小题大做,但随后会注意到,当信号较复杂时,可以利用傅里叶级数、傅里叶变换推导出相应的频谱表示。

例 2.1

(a)画出如下信号的单边幅度谱与相位谱、双边幅度谱与相位谱的概图:

$$x(t) = 2\sin\left(10\pi t - \frac{1}{6}\pi\right) \tag{2.7}$$

解:

这里注意到,可以将 $x(t)$ 表示为如下的形式:

$$x(t) = 2\cos\left(10\pi t - \frac{1}{6}\pi - \frac{1}{2}\pi\right) = 2\cos\left(10\pi t - \frac{2}{3}\pi\right) = \text{Re}\, 2e^{j\left(10\pi t - \frac{2}{3}\pi\right)} = e^{j\left(10\pi t - \frac{2}{3}\pi\right)} + e^{-j\left(10\pi t - \frac{2}{3}\pi\right)} \tag{2.8}$$

由上面的式子可以得出图 2.3 中的单边幅度谱与相位谱、双边幅度谱与相位谱;图中的指标为:$A = 2$、$\theta = -2\pi/3$ 弧度、$f_0 = 5\,\text{Hz}$。

(b)如果信号中出现的频谱分量多于一个,则相应的频谱由多条谱线组成。例如,如果信号 $y(t)$ 为如下的关系式:

$$y(t) = 2\sin\left(10\pi t - \frac{1}{6}\pi\right) + \cos(20\pi t) \tag{2.9}$$

则可以将信号 $y(t)$ 重新表示如下：

$$y(t) = 2\cos\left(10\pi t - \frac{2}{3}\pi\right) + \cos(20\pi t) = \mathrm{Re}\left[2\mathrm{e}^{\mathrm{j}\left(10\pi t - \frac{2}{3}\pi\right)} + \mathrm{e}^{\mathrm{j}20\pi t}\right] \tag{2.10}$$

$$= \mathrm{e}^{\mathrm{j}\left(10\pi t - \frac{2}{3}\pi\right)} + \mathrm{e}^{-\mathrm{j}\left(10\pi t - \frac{2}{3}\pi\right)} + \frac{1}{2}\mathrm{e}^{\mathrm{j}20\pi t} + \frac{1}{2}\mathrm{e}^{-\mathrm{j}20\pi t}$$

在 $f = 5\,\mathrm{Hz}$ 处的单边幅度谱由一条幅度等于 2 的谱线组成、在 $f = 10\,\mathrm{Hz}$ 处的单边幅度谱由一条幅度等于 1 的谱线组成。在 $f = 5\,\mathrm{Hz}$ 处的单边相位谱由一条相位等于 $-2\pi/3$ 的谱线组成(在 $f = 10\,\mathrm{Hz}$ 处的单边相位谱为零)。在求解双边幅度谱时，只是将单边幅度谱的幅度减半，并且求出这一结果关于 $f = 0\,\mathrm{Hz}$(如果在 $f = 0\,\mathrm{Hz}$ 处存在幅度谱线，则幅度保持不变)的镜像。求出单边相位谱关于 $f = 0\,\mathrm{Hz}$ 的镜像，并且左边(负频率)的相位乘以 -1 之后，可以得到双边相位谱。 ■

2.1.4 奇异函数

非周期信号的一个重要子类是奇异函数。本书中只关注两种奇异函数：①单位冲激函数 $\delta(t)$；②单位阶跃函数 $u(t)$。用如下的积分定义单位冲激函数 $\delta(t)$：

$$\int_{-\infty}^{\infty} x(t)\delta(t)\,\mathrm{d}t = x(0) \tag{2.11}$$

式中，$x(t)$ 表示在 $t = 0$ 处连续的任意测试函数。改变变量或者重新定义 $x(t)$ 可以体现出如下的筛选特性：

$$\int_{-\infty}^{\infty} x(t)\delta(t - t_0)\,\mathrm{d}t = x(t_0) \tag{2.12}$$

式中，$x(t)$ 在 $t = t_0$ 处连续。在系统技术的分析中，很多地方都用到了筛选特性。现在分析 $x(t)$ 的如下特例：①当 $t_1 \leqslant t \leqslant t_2$ 时，$x(t) = 1$；②当 $t < t_1$ 以及 $t > t_2$ 时，$x(t) = 0$。根据 $x(t)$ 的这一特例，可以得到如下的两个性质(给出了单位冲激信号的另一种定义)：

$$\int_{t_1}^{t_2} \delta(t - t_0)\,\mathrm{d}t = 1, \quad t_1 < t_0 < t_2 \tag{2.13}$$

$$\delta(t - t_0) = 0, \quad t \neq t_0 \tag{2.14}$$

式(2.14)考虑到了把式(2.12)的被积函数替换成 $x(t_0)\delta(t - t_0)$，而且，考虑到了利用式(2.13)导出的筛选性质。

根据式(2.11)的定义，可以证明单位冲激函数的其他各项性质，这些性质如下：

1. $\delta(at) = \dfrac{1}{|a|}\delta(t)$，$a$ 为常数

2. $\delta(-t) = \delta(t)$

3. $\displaystyle\int_{-t_1}^{t_2} x(t)\delta(t - t_0)\,\mathrm{d}t = \begin{cases} x(t_0), & t_1 < t_0 < t_2 \\ 0, & \text{其他} \\ \text{未定义}, & t_0 = t_1, t_2 \end{cases}$ (筛选特性的推广)

4. $x(t)\delta(t - t_0) = x(t_0)\delta(t - t_0)$，其中，$x(t)$ 在 $t = t_0$ 处连续

5. $\displaystyle\int_{t_1}^{t_2} x(t)\delta^{(n)}(t - t_0)\,\mathrm{d}t = (-1)^n x^{(n)}(t_0)$，$t_1 < t_0 < t_2$ (该式中，上标 (n) 表示第 n 阶导数；假定 $x(t)$

及其前面的 n 阶导数在 $t = t_0$ 处连续)

6．如果 $f(t) = g(t)$，其中，$g(t) = b_0\delta(t) + b_1\delta^{(1)}(t) + \cdots + b_n\delta^{(n)}(t)$，$f(t) = a_0\delta(t) + a_1\delta^{(1)}(t) + \cdots + a_n\delta^{(n)}(t)$，那么，如下的结论成立：$a_0 = b_0$，$a_1 = b_1$，$\cdots$，$a_n = b_n$。

这里注意到，在无穷小的宽度内，作为适当选择的具有单位面积的常规函数的极限值，式(2.13)与式(2.14)对应单位冲激信号的直观表示形式。下面的信号就是符合这种特性的例子：

$$\delta_\varepsilon(t) = \frac{1}{2\varepsilon}\Pi\left(\frac{t}{2\varepsilon}\right) = \begin{cases} \dfrac{1}{2\varepsilon}, & |t| \leqslant \varepsilon \\ 0, & \text{其他} \end{cases} \tag{2.15}$$

图 2.4(a) 示出了上式在 $\varepsilon = 1/4$ 与 $\varepsilon = 1/2$ 时的图形。很明显，在极限情况下，当某一参数接近零时，任何满足如下条件的信号都是 $\delta(t)$ 的合理表示形式：①具有单位面积；②持续时间的极限值等于零。例如，可以把 $\delta(t)$ 表示成图 2.4(b) 所示的信号：

$$\delta_{1\varepsilon}(t) = \varepsilon\left(\frac{1}{\pi t}\sin\frac{\pi t}{\varepsilon}\right)^2 \tag{2.16}$$

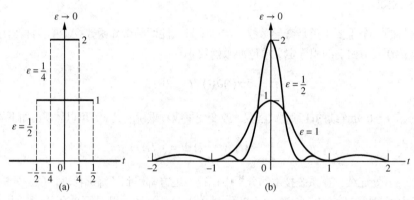

图 2.4　在 $\varepsilon \to 0$ 的极限情况下，单位冲激函数的两种表示形式。(a) $\dfrac{1}{2\varepsilon}\Pi\left(\dfrac{t}{2\varepsilon}\right)$；(b) $\varepsilon\left[\dfrac{1}{\pi t}\sin\left(\dfrac{\pi t}{\varepsilon}\right)\right]^2$

可以根据单位冲激信号的积分或者微分定义其他的奇异函数。这里只需要单位阶跃函数 $u(t)$ ——将 $u(t)$ 定义为单位冲激函数的积分。因此

$$u(t) \triangleq \int_{-\infty}^{t}\delta(\lambda)\mathrm{d}\lambda = \begin{cases} 0, & t < 0 \\ 1, & t > 0 \\ \text{未定义}, & t = 0 \end{cases} \tag{2.17}$$

或者

$$\delta(t) = \frac{\mathrm{d}u(t)}{\mathrm{d}t} \tag{2.18}$$

(为了与单位冲激函数的定义一致，这里定义 $u(0) = 1$)。毫无疑问，读者对单位阶跃函数的使用很熟悉：在表示正负无穷持续时间的开关信号时及在表示阶梯状的信号时，都需要利用单位阶跃函数。例如，可以根据单位阶跃信号将式(2.2)的单位矩形脉冲函数表示如下：

$$\Pi(t) = u\left(t + \frac{1}{2}\right) - u\left(t - \frac{1}{2}\right) \tag{2.19}$$

例 2.2

在完成含有单位冲激函数的计算时，需要分析下面表达式的计算：

1. $\displaystyle\int_2^5 \cos(3\pi t)\delta(t-1)\,\mathrm{d}t$

2. $\displaystyle\int_0^5 \cos(3\pi t)\delta(t-1)\,\mathrm{d}t$

3. $\displaystyle\int_0^5 \cos(3\pi t)\frac{\mathrm{d}\delta(t-1)}{\mathrm{d}t}\,\mathrm{d}t$

4. $\displaystyle\int_{-10}^{10} \cos(3\pi t)\delta(2t)\,\mathrm{d}t$

5. $2\delta(t)+3\dfrac{\mathrm{d}\delta(t)}{\mathrm{d}t}=a\delta(t)+b\dfrac{\mathrm{d}\delta(t)}{\mathrm{d}t}+c\dfrac{\mathrm{d}^2\delta(t)}{\mathrm{d}t^2}$，求 a, b, c

6. $\dfrac{\mathrm{d}}{\mathrm{d}t}\left[\mathrm{e}^{-4t}u(t)\right]$

解：

1. 由于单位冲激函数在积分限之外，因此该积分的计算结果等于零。

2. 该积分的计算结果 $=\cos(3\pi t)\big|_{t=1}=\cos(3\pi)=-1$。

3. $\displaystyle\int_0^5 \cos(3\pi t)\frac{\mathrm{d}\delta(t-1)}{\mathrm{d}t}\mathrm{d}t=(-1)\frac{\mathrm{d}}{\mathrm{d}t}\left[\cos(3\pi t)\right]_{t=1}=3\pi\sin(3\pi)=0$。

4. $\displaystyle\int_{-10}^{10}\cos(3\pi t)\delta(2t)\mathrm{d}t=\int_{-20}^{20}\cos(3\pi t)\frac{1}{2}\delta(t)\mathrm{d}t=\frac{1}{2}\cos(0)=\frac{1}{2}$（这里利用了上面的性质 1）。

5. 对式 $2\delta(t)+3\dfrac{\mathrm{d}\delta(t)}{\mathrm{d}t}=a\delta(t)+b\dfrac{\mathrm{d}\delta(t)}{\mathrm{d}t}+c\dfrac{\mathrm{d}^2\delta(t)}{\mathrm{d}t^2}$ 而言，利用上面的性质 6 可以得到 $a=2$、$b=3$、$c=0$。

6. 利用微分的连锁律以及 $\delta(t)=\dfrac{\mathrm{d}u(t)}{\mathrm{d}t}$，可以得到 $\dfrac{\mathrm{d}}{\mathrm{d}t}\left[\mathrm{e}^{-4t}u(t)\right]=-4\mathrm{e}^{-4t}u(t)+\mathrm{e}^{-4t}\dfrac{\mathrm{d}u(t)}{\mathrm{d}t}=$
$-4\mathrm{e}^{-4t}u(t)+\mathrm{e}^{-4t}\delta(t)=-4\mathrm{e}^{-4t}u(t)+\delta(t)$，计算时用到了性质 4 与式 (2.18)。 ∎

下面介绍功率信号与能量信号的分类。

2.2 信号的分类

由于具体表示信号时，需要考虑所需信号的类型，因此在这里引入信号的分类很实用。本章介绍两种类型的信号：①所含能量有限的信号；②所含功率有限的信号。这里给出一个具体的例子，假定在电阻 R 两端的电压 $e(t)$ 产生了电流 $i(t)$。那么，每欧姆产生的瞬时功率为 $p(t)=e(t)i(t)/R=i^2(t)$。按照下面的式子在时间区间 $|t|\leqslant T$ 内积分时，可以分别得到每欧姆电阻上消耗的能量与功率：

$$E=\lim_{T\to\infty}\int_{-T}^{T}i^2(t)\mathrm{d}t \tag{2.20}$$

和

$$P=\lim_{T\to\infty}\frac{1}{2T}\int_{-T}^{T}i^2(t)\mathrm{d}t \tag{2.21}$$

通常，对可能为复数的任意信号 $x(t)$，给出如下的(归一化)能量值与(归一化)功率值：

$$E\triangleq\lim_{T\to\infty}\int_{-T}^{T}\left|x(t)\right|^2\mathrm{d}t=\int_{-\infty}^{\infty}\left|x(t)\right|^2\mathrm{d}t \tag{2.22}$$

$$P \triangleq \lim_{T \to \infty} \frac{1}{2T} \int_{-T}^{T} |x(t)|^2 \, dt \tag{2.23}$$

根据式(2.22)、式(2.23)，可以定义两种不同类型的信号：

1. 当且仅当 $0 < E < \infty$ 时，可以得到 $P = 0$，这时对应的信号为能量信号；
2. 当且仅当 $0 < P < \infty$(这一条件意味着 $E = \infty$)时，对应的信号为功率信号[3]。

例2.3
在这个例子中，需要判定信号的类型。这里引入如下的信号：

$$x_1(t) = Ae^{-\alpha t} u(t), \quad \alpha > 0 \tag{2.24}$$

式中，A、α 均为大于零的常数。根据式(2.22)可知，$E = A^2/2\alpha$，因此很容易证明 $x_1(t)$ 为能量信号。假定 $\alpha \to 0$，则可以得到信号 $x_2(t) = Au(t)$，该信号的能量为无限大。利用式(2.23)，可以得到信号 $Au(t)$ 的功率 $P = A^2/2$，于是证明了 $x_2(t)$ 为功率信号。　■

例2.4
这里介绍对应式(2.4)的旋转相量信号。可以证明 $\tilde{x}(t)$ 为功率信号，理由是如下关系式的结果为有限值。

$$P = \lim_{T \to \infty} \frac{1}{2T} \int_{-T}^{T} |\tilde{x}(t)|^2 \, dt = \lim_{T \to \infty} \frac{1}{2T} \int_{-\infty}^{\infty} |Ae^{j(\omega_0 t + \theta)}|^2 \, dt = \lim_{T \to \infty} \frac{1}{2T} \int_{-T}^{T} A^2 \, dt = A^2 \tag{2.25}$$ ■

这里注意到，在求解周期信号的功率 P 时，由于在信号的一个周期内计算出的平均值与式(2.23)表示的结果相同，因此不必进行求极限的运算。也就是说，对周期信号 $x_p(t)$ 而言，如下的关系式成立：

$$P = \frac{1}{T_0} \int_{t_0}^{t_0 + T_0} |x_p(t)|^2 \, dt \tag{2.26}$$

式中，T_0 表示信号的周期；t_0 表示任意的起始时刻(选择 t_0 的值时考虑便捷性)。把式(2.26)的证明过程留作习题。

例2.5
已知如下的正弦信号：

$$x_p(t) = A\cos(\omega_0 t + \theta) \tag{2.27}$$

该信号的平均功率如下：

$$\begin{aligned}
P &= \frac{1}{T_0} \int_{t_0}^{t_0 + T_0} A^2 \cos^2(\omega_0 t + \theta) \, dt \\
&= \frac{\omega_0}{2\pi} \int_{t_0}^{t_0 + (2\pi/\omega_0)} \frac{A^2}{2} \, dt + \frac{\omega_0}{2\pi} \int_{t_0}^{t_0 + (2\pi/\omega_0)} \frac{A^2}{2} \cos[2(\omega_0 t + \theta)] \, dt = \frac{A^2}{2}
\end{aligned} \tag{2.28}$$

式中，由于被积函数是在两个完整的周期内积分，因此，上式利用了 $\cos^2(u) = \frac{1}{2} + \frac{1}{2}\cos(2u)$ 这一恒等式[4]以及第二项的积分为零的结果。　■

---

3 很容易得到既非能量信号也非功率信号的信号。例如，当 $t \geq t_0 > 0$ 时，$x(t) = t^{-1/4}$；当 t 取其他值时，$x(t) = 0$。

4 三角恒等式见"附录F之表F.2：三角恒等式"。

2.3　傅里叶级数

2.3.1　复指数傅里叶级数

如果已知定义在区间$(t_0,\ t_0 + T_0)$内的信号$x(t)$，而且ω_0满足如下的关系式：$\omega_0 = 2\pi f_0 = 2\pi/T_0$，则将复指数傅里叶级数定义如下：

$$x(t) = \sum_{n=-\infty}^{\infty} X_n \mathrm{e}^{\mathrm{j}n\omega_0 t}, \qquad t_0 \leqslant t < t_0 + T_0 \tag{2.29}$$

式中

$$X_n = \frac{1}{T_0} \int_{t_0}^{t_0+T_0} x(t)\, \mathrm{e}^{-\mathrm{j}n\omega_0 t}\mathrm{d}t \tag{2.30}$$

在区间$(t_0,\ t_0 + T_0)$内，除不连续点的跳变点外(这样的点收敛到左极限与右极限的算术平均)[5]，可以用式(2.29)精确地表示信号$x(t)$。当然，在区间$(t_0,\ t_0 + T_0)$之外的信号表示不一定可靠。但值得注意的是，由于式(2.29)的右端表示具有各种谐波成分的周期性旋转相量的和，因此，式(2.29)是周期为T_0的周期信号。那么，对所有的t而言(不连续点除外)，如果$x(t)$是周期为T_0的周期信号，则式(2.29)的傅里叶级数为$x(t)$的精确表示式。于是，式(2.30)的积分可以在任一个周期内完成。

这里就信号的傅里叶级数的展开式进行说明：信号的级数具有唯一性。例如，在设法求出信号$x(t)$的傅里叶级数的展开式时，会发现信号$x(t)$的傅里叶级数的其他表示方式不存在。这里结合下面的例子分析这一结论的用处。

例 2.6

如果已知$\omega_0 = 2\pi/T_0$，要求求出下面信号的复指数傅里叶级数：

$$x(t) = \cos(\omega_0 t) + \sin^2(2\omega_0 t) \tag{2.31}$$

解：

根据式(2.30)可以求出傅里叶级数的各项系数，并且利用合理的三角恒等式、欧拉定理之后，可以得到

$$x(t) = \cos(\omega_0 t) + \frac{1}{2} - \frac{1}{2}\cos(4\omega_0 t)$$

$$= \frac{1}{2}\mathrm{e}^{\mathrm{j}\omega_0 t} + \frac{1}{2}\mathrm{e}^{-\mathrm{j}\omega_0 t} + \frac{1}{2} - \frac{1}{4}\mathrm{e}^{\mathrm{j}4\omega_0 t} - \frac{1}{4}\mathrm{e}^{-\mathrm{j}4\omega_0 t} \tag{2.32}$$

利用唯一性以及上式的第 2 行与$\sum_{n=-\infty}^{\infty} X_n \mathrm{e}^{\mathrm{j}n\omega_0 t}$逐项相等的特性，可以得到

$$\begin{cases} X_0 = \dfrac{1}{2} \\[2mm] X_1 = \dfrac{1}{2} = X_{-1} \\[2mm] X_4 = -\dfrac{1}{4} = X_{-4} \end{cases} \tag{2.33}$$

5　狄利克雷条件表明，收敛的充分条件是：在$x(t)$定义和限定的区间$(t_0, t_0 + T_0)$内，只存在有限个极大值、有限个极小值、有限个不连续点。

而且，其他的所有 X_n 为零。值得注意的是，信号的傅里叶级数具有唯一性，因而节省了大量的工作量。

■

2.3.2 傅里叶系数的对称性

这里注意到，在 $x(t)$ 为实数的条件下，根据式 (2.30)，在积分限内取复共轭时，与将 n 替换为 $-n$ 之后得到的结果相等，即

$$X_n^* = X_{-n} \qquad (2.34)$$

于是可以将 X_n 表示如下：

$$X_n = |X_n| e^{j\angle X_n} \qquad (2.35)$$

可以得到

$$|X_n| = |X_{-n}| \text{ 以及 } \angle X_n = -\angle X_{-n} \qquad (2.36)$$

因此，对实信号来说，傅里叶系数的幅度为 n 的偶函数，而幅角则为 n 的奇函数。

根据 $x(t)$ 的对称性，可以得到傅里叶系数对称性的几个性质。例如，假定 $x(t)$ 为偶函数，即 $x(t) = x(-t)$ 成立，那么，利用欧拉定理可以将傅里叶系数表示如下（这里选择 $t_0 = -T_0/2$）：

$$X_n = \frac{1}{T_0} \int_{-T_0/2}^{T_0/2} x(t) \cos(n\omega_0 t) dt - \frac{j}{T_0} \int_{-T_0/2}^{T_0/2} x(t) \sin(n\omega_0 t) dt \qquad (2.37)$$

由于 $x(t)\sin(n\omega_0 t)$ 为奇函数，因此上式的第二项为零。那么，X_n 为纯实数，而且，由于 $\cos(n\omega_0 t)$ 为 n 的偶函数，所以 X_n 为 n 的偶函数。例 2.6 中分析了 $x(t)$ 为偶函数时得出的这些结果。

但是，如果 $x(t)$ 为奇函数，即 $x(t) = -x(-t)$ 成立，那么，根据 $x(t)\cos(n\omega_0 t)$ 为奇函数可知，式 (2.37) 中的第一项为零，于是很容易得出 X_n 为纯虚数的结论。而且，由于 $\sin(n\omega_0 t)$ 为 n 的奇函数，所以 X_n 为 n 的奇函数。

将另一种类型的对称——半波（奇）对称定义如下：

$$x\left(t \pm \frac{1}{2}T_0\right) = -x(t) \qquad (2.38)$$

式中，T_0 表示信号 $x(t)$ 的周期。满足半波奇对称的信号具有如下的特性：

$$X_n = 0, \quad n = 0, \pm 2, \pm 4, \cdots \qquad (2.39)$$

上式表明，半波奇对称信号的傅里叶级数只存在奇数项。这一问题的证明留作习题。

2.3.3 傅里叶级数的三角函数表示形式

这里假定 $x(t)$ 为实数。利用式 (2.36)，以对为单位，将复指数傅里叶级数的各项重新整理成如下的形式：

$$X_n e^{jn\omega_0 t} + X_{-n} e^{-jn\omega_0 t} = |X_n| e^{j(n\omega_0 t + \angle X_n)} + |X_n| e^{-j(n\omega_0 t + \angle X_n)} = 2|X_n|\cos(n\omega_0 t + \angle X_n) \qquad (2.40)$$

上式中用到了 $|X_n| = |X_{-n}|$ 与 $\angle X_n = -\angle X_{-n}$。所以，可以将式 (2.29) 表示为如下的三角函数的等价形式：

$$x(t) = X_0 + \sum_{n=1}^{\infty} 2|X_n|\cos(n\omega_0 t + \angle X_n) \qquad (2.41)$$

将式 (2.41) 的余弦函数展开后可以得到另一种形式的等价级数如下：

$$x(t) = X_0 + \sum_{n=1}^{\infty} A_n \cos(n\omega_0 t) + \sum_{n=1}^{\infty} B_n \sin(n\omega_0 t) \tag{2.42}$$

式中

$$A_n = 2|X_n| \cos \angle X_n = \frac{2}{T_0} \int_{t_0}^{t_0 + T_0} x(t) \cos(n\omega_0 t) \mathrm{d}t \tag{2.43}$$

$$B_n = -2|X_n| \sin \angle X_n = \frac{2}{T_0} \int_{t_0}^{t_0 + T_0} x(t) \sin(n\omega_0 t) \mathrm{d}t \tag{2.44}$$

无论是在三角函数表示形式的傅里叶级数还是在指数表示形式的傅里叶级数中，X_0 表示的都是 $x(t)$ 的平均分量(或者说直流分量)。把傅里叶级数中对应 $n=1$ 的项(如果处理的是复指数表示形式的级数，则还包括 $n=-1$ 时的对应项)称为基频分量，把对应 $n=2$ 的项称为二次谐波分量，等等。

2.3.4　帕塞瓦尔定理

在根据式 (2.26) 计算周期信号的平均功率时[6]，需要把式 (2.29) 表示的 $x(t)$ 代入式 (2.26)，而且，在替换积分与累加和的顺序之后，可以得到

$$P = \frac{1}{T_0} \int_{T_0} |x(t)|^2 \mathrm{d}t = \frac{1}{T_0} \int_{T_0} \left(\sum_{m=-\infty}^{\infty} X_m \mathrm{e}^{jm\omega_0 t} \right) \left(\sum_{n=-\infty}^{\infty} X_n \mathrm{e}^{jn\omega_0 t} \right)^* \mathrm{d}t = \left(\sum_{n=-\infty}^{\infty} |X_n|^2 \right) \tag{2.45}$$

或者把上式表示如下：

$$P = X_0^2 + \sum_{n=1}^{\infty} 2|X_n|^2 \tag{2.46}$$

把它称为帕塞瓦尔定理。可以这样说，式 (2.45) 表明，周期信号 $x(t)$ 的平均功率等于傅里叶级数中相量分量的功率的累加和，或者说，式 (2.46) 表明，平均功率等于直流分量的功率与各项交流分量功率的累加和 (由式 (2.41) 可知，余弦分量每一项平均功率等于该分量幅度的平方再除以 2，即 $\left(2|X_n|\right)^2 / 2 = 2|X_n|^2$)。由于各个傅里叶分量正交(也就是说，两个谐波的乘积的积分等于零)，因此可以直接将功率相加。

2.3.5　傅里叶级数的例子

表 2.1 示出了常见的几个周期信号的傅里叶级数。表的左侧限定了一个周期之内的信号。用如下的关系式定义周期信号(对所有的 t 都成立)：

$$x(t) = x(t + T_0)$$

表 2.1 的右边表示推导出的傅里叶系数，推导的过程留作习题。值得注意的是，在全波整流之后，正弦波的实际周期为 $T_0/2$。

对周期性脉冲序列而言，用 sinc 函数表示系数较方便，sinc 函数的定义式如下：

$$\mathrm{sinc}\, z = \frac{\sin(\pi z)}{\pi z} \tag{2.47}$$

sinc 函数为呈减幅振荡的偶函数，当自变量 z 为整数时，对应的函数值等于零。

---

6 $\int_{T_0} (\,)\, \mathrm{d}t$ 表示在任意一个周期内的积分。

表 2.1　几种周期信号的傅里叶级数

信号(一个周期)	傅里叶级数指数表示形式的各个系数
1. 信号为非对称脉冲序列；周期 $=T_0$ $x(t) = A\prod\left(\dfrac{t-t_0}{\tau}\right),\ \ t < T_0$ $x(t) = x(t+T_0)$，对所有 t 都成立	$X_n = \dfrac{A\tau}{T_0}\mathrm{sinc}(nf_0\tau)\mathrm{e}^{-j2\pi nf_0 t_0}$ $n = 0,\ \pm 1,\ \pm 2,\ \cdots$
2. 半波整流的正弦信号；周期 $=T_0 = 2\pi/\omega_0$ $x(t) = \begin{cases} A\sin(\omega_0 t), & 0 \leqslant t \leqslant T_0/2 \\ 0, & -T_0/2 \leqslant t \leqslant 0 \end{cases}$ $x(t) = x(t+T_0)$，对所有 t 都成立	$X_n = \begin{cases} \dfrac{A}{\pi(1-n^2)}, & n = 0,\ \pm 2,\ \pm 4,\ \cdots \\[2mm] -\dfrac{1}{4}jnA, & n = \pm 1 \end{cases}$
3. 全波整流的正弦信号；周期 $=T_0' = \pi/\omega_0$ $x(t) = A\lvert\sin(\omega_0 t)\rvert$	$X_n = \dfrac{2A}{\pi(1-4n^2)},\quad n = 0,\ \pm 1,\ \pm 2,\ \cdots$
4. 三角波信号 $x(t) = \begin{cases} -\dfrac{4At}{T_0}+A, & 0 \leqslant t \leqslant T_0/2 \\[2mm] \dfrac{4At}{T_0}+A, & -T_0/2 \leqslant t \leqslant 0 \end{cases}$ $x(t) = x(t+T_0)$，对所有 t 都成立	$X_n = \begin{cases} \dfrac{4A}{\pi^2 n^2}, & n\ \text{为奇数} \\[2mm] 0, & n\ \text{为偶数} \end{cases}$

例 2.7

当方波满足偶对称性，并且幅度为 0、A 时，根据表 2.1 中的第 1 项，详细分析脉冲序列复指数表示形式的傅里叶级数、三角函数表示形式的傅里叶级数。

解：

在表 2.1 的第 1 项中先假定 $t_0 = 0$，$\tau = T_0/2$。因此

$$X_n = \frac{A}{2}\mathrm{sinc}\left(\frac{1}{2}n\right) \tag{2.48}$$

其中

$$\mathrm{sinc}(n/2) = \frac{\sin(n\pi/2)}{n\pi/2} = \begin{cases} 1, & n = 0 \\ 0, & n\ \text{为偶数} \\ \lvert 2/n\pi\rvert, & n = \pm 1,\ \pm 5,\ \pm 9,\ \cdots \\ -\lvert 2/n\pi\rvert, & n = \pm 3,\ \pm 7,\ \cdots \end{cases}$$

于是得到

$$\begin{aligned} x(t) &= \cdots + \frac{A}{5\pi}\mathrm{e}^{-j5\omega_0 t} - \frac{A}{3\pi}\mathrm{e}^{-j3\omega_0 t} + \frac{A}{\pi}\mathrm{e}^{-j\omega_0 t} + \frac{A}{2} + \frac{A}{\pi}\mathrm{e}^{j\omega_0 t} - \frac{A}{3\pi}\mathrm{e}^{j3\omega_0 t} + \frac{A}{5\pi}\mathrm{e}^{j5\omega_0 t} - \cdots \\ &= \frac{A}{2} + \frac{2A}{\pi}\left[\cos(\omega_0 t) - \frac{1}{3}\cos(3\omega_0 t) + \frac{1}{5}\cos(5\omega_0 t) - \cdots\right] \end{aligned} \tag{2.49}$$

上式的第 1 行为傅里叶级数的复指数表示形式；第 2 行为三角函数表示形式。方波的直流分量为 $X_0 = A/2$。将上面的傅里叶级数中的这一项置为零之后，可以得到幅度为 $\pm A/2$ 的方波的傅里叶级数。这样的方波具有半波对称性，这正是傅里叶级数中不存在偶次谐波的原因。 ■

2.3.6　线谱

式 (2.29) 表示的信号的复指数傅里叶级数为各个相量的简单累加。2.1 节分析了在频域如何用两

个图表示相量：一个图表示幅度与频率之间的关系；一个图表示相位与频率之间的关系。同理，可以用两个图表示周期信号的频域特性：一个图表示各个相量分量的幅度与频率之间的关系；一个图表示对应的相位与频率之间的关系。把所得到的图分别称为信号的双边幅度谱[7]与双边相位谱。由式 (2.36) 可知，实信号的幅度谱为偶函数、相位谱为奇函数。理由是：当两个复共轭相量相加时，为了满足实正弦信号的条件，可以很简单地得出上述结论。

图 2.5(a) 给出了表 2.1 中正弦波半波整流的双边带频谱。当 $n=2,4,\cdots$ 时，可以将 X_n 表示如下：

$$X_n = -\left|\frac{A}{\pi(1-n^2)}\right| = \frac{A}{\pi(n^2-1)}\mathrm{e}^{-\mathrm{j}\pi} \tag{2.50}$$

当 $n=-2,-4,\cdots$ 时，为了确保相位为奇函数（注意：$\mathrm{e}^{\pm\mathrm{j}\pi}=-1$），可以将 X_n 表示如下：

$$X_n = -\left|\frac{A}{\pi(1-n^2)}\right| = \frac{A}{\pi(n^2-1)}\mathrm{e}^{\mathrm{j}\pi} \tag{2.51}$$

将这些结果汇总 $(X_{\pm1}=\mp\mathrm{j}A/4)$ 之后，可以得到

$$|X_n| = \begin{cases} \dfrac{A}{4}, & n=\pm1 \\[2mm] \left|\dfrac{A}{\pi(1-n^2)}\right|, & n\text{为偶数} \end{cases} \tag{2.52}$$

$$\angle X_n = \begin{cases} -\pi, & n=2,4,\cdots \\[1mm] -\dfrac{\pi}{2}, & n=1 \\[1mm] 0, & n=0 \\[1mm] \dfrac{\pi}{2}, & n=-1 \\[1mm] \pi, & n=-2,-4,\cdots \end{cases} \tag{2.53}$$

根据三角函数形式的傅里叶级数与 nf_0 之间的关系式 (2.41)，在绘出各个幅度项与相位项的图形之后即得到了单边线谱。由于式 (2.41) 只存在非负频率项，因此，单边频谱满足 $nf_0 \geq 0$。从式 (2.41) 可以明显地看出：周期信号的单边相位谱与 $nf_0 \geq 0$ 时的双边相位谱相同（当 $nf_0 < 0$ 时，相位为零）。当 $nf_0 > 0$ 时，将双边幅度谱的各个谱线的幅度加倍之后，可以得到单边幅度谱。在 $nf_0 = 0$ 处的谱线保持不变。图 2.5(b) 示出了对正弦信号进行半波整流之后的单边频谱。

这里把如下的脉冲序列作为分析的第二个例子：

$$x(t) = \sum_{n=-\infty}^{\infty} A\Pi\left(\frac{t-nT_0-\dfrac{1}{2}\tau}{\tau}\right) \tag{2.54}$$

由表 2.1 中的第 1 项可知 $t_0=\tau/2$，于是，可以得到傅里叶系数的表达式如下：

$$X_n = \frac{A\tau}{T_0}\mathrm{sinc}(nf_0\tau)\mathrm{e}^{-\mathrm{j}\pi nf_0\tau} \tag{2.55}$$

可以将傅里叶系数表示成 $|X_n|\exp(\mathrm{j}\angle X_n)$ 的形式，其中，$|X_n|$、$\angle X_n$ 分别表示如下：

---

7 虽然幅度谱很常见，但强度谱更准确些。

$$|X_n| = \frac{A\tau}{T_0} |\mathrm{sinc}(nf_0\tau)| \tag{2.56}$$

$$\angle X_n = \begin{cases} -\pi nf_0\tau, & \mathrm{sinc}(nf_0\tau) > 0 \\ -\pi nf_0\tau + \pi, & nf_0 > 0 \text{ 以及 } \mathrm{sinc}(nf_0\tau) < 0 \\ -\pi nf_0\tau - \pi, & nf_0 < 0 \text{ 以及 } \mathrm{sinc}(nf_0\tau) < 0 \end{cases} \tag{2.57}$$

当 $\mathrm{sinc}(nf_0\tau) < 0$ 时，由于 $|\mathrm{sinc}(nf_0\tau)| = -\mathrm{sinc}(nf_0\tau)$ 成立，因此，式(2.57)右端的第 2 行、第 3 行中出现了 $\pm\pi$。当 $x(t)$ 为实数时，由于相位谱必须满足奇对称的特性，因此当 $nf_0 < 0$ 时减去 π，当 $nf_0 > 0$ 时加上 π。或者执行相反的处理过程——可随意选择。考虑这些因素之后就可以绘出双边幅度谱与相位谱了。图 2.6 示出了所选择的几组 τ、T_0 对应的图形。值得注意的是，在线谱的相位谱线中可以加上或者减去 2π 的合理倍数（$\mathrm{e}^{\pm\mathrm{j}2\pi} = 1$）。

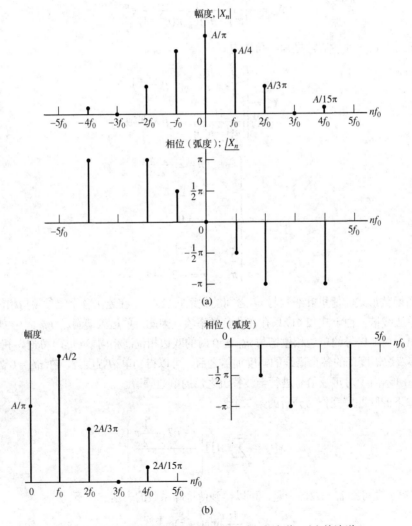

图 2.5　正弦波半波整流之后的线谱。(a)双边谱；(b)单边谱

将图 2.6(a)与图 2.6(b)进行比较就会发现：当脉冲的宽度减小时，出现在 $1/\tau\,\mathrm{Hz}$ 处的幅度谱包络的各个零点会沿着频率轴向外移动。也就是说，信号的持续时间与信号的带宽成反比，稍后介绍这一

特性。另外，将图 2.6(a) 与图 2.6(c) 进行比较时发现：相邻谱线之间的间隔为 $1/T_0$。因此，当 $x(t)$ 的周期增大时，频率轴上的谱线密度增大。

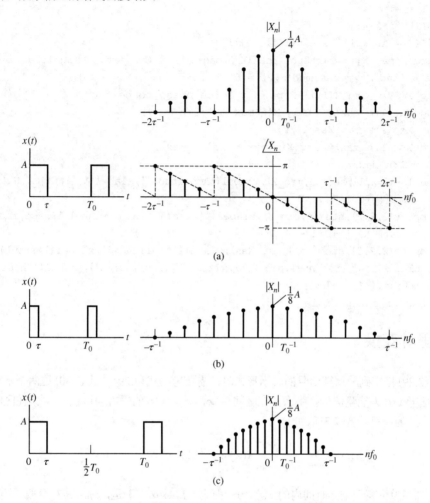

图 2.6　周期性脉冲序列信号的频谱。(a) $\tau = T_0/4$；(b) $\tau = T_0/8$，T_0 的含义与 (a) 中的相同；(c) $\tau = T_0/8$，τ 的含义与 (a) 中的相同

计算机仿真实例 2.1

对正弦波进行半波整流时，下面给出的 MATLAB^{TM} 用于计算幅度谱与相位谱。所产生的茎叶图看起来与图 2.5(a) 一模一样。把绘出其他信号频谱图的程序编写留作计算机练习。

```
% file ch2ce1
% Plot of line spectra for half-rectified sinewave
%
clf
A = 1;
n_max = 11;                      % maximum harmonic plotted
n = -n_max : 1 : n_max;
X = zeros(size(n));              % set all lines = 0; fill in nonzero ones
I = find(n == 1);
```

```
II = find(n == -1);
III = find(mod(n,2)== 0);
X(I)= -j*A/4;
X(II)= j*A/4;
X(III)= A./(pi*(1. - n(III).^2));
[arg_X,mag_X] = cart2pol(real(X),imag(X)); % Convert to magnitude and phase
IV = find(n >= 2 & mod(n,2)== 0);
arg_X(IV)= arg_X(IV)- 2*pi;  % force phase to be odd
mag_Xss(1:n_max)= 2*mag_X(n_max + 1:2*n_max);
mag_Xss(1)= mag_Xss(1)/2;
arg_Xss(1:n_max)= arg_X(n_max + 1:2*n_max);
nn = 1:n_max;
subplot(2,2,1),stem(n,mag_X),ylabel('Amplitude'),xlabel('{\itnf}_0,Hz'),...
    axis([-10.1 10.1 0 0.5])
subplot(2,2,2),stem(n,arg_X),xlabel('{\itnf}_0,Hz'),ylabel('Phase,rad'),...
    axis([-10.1 10.1 - 4 4])
subplot(2,2,3),stem(nn-1,mag_Xss),ylabel('Amplitude'),xlabel('{\itnf}_0,Hz')
subplot(2,2,4),stem(nn-1,arg_Xss),xlabel('{\itnf}_0,Hz'),ylabel('Phase,rad'),…
    xlabel('{ \ itnf}_0')
% End of script file
```
∎

2.4　傅里叶变换

在把式(2.29)推广到非周期信号的表示形式时，需要考虑式(2.29)、式(2.30)这两个基本关系式。假定非周期信号$x(t)$为能量信号，那么，在区间$(-\infty, \infty)$，$x(t)$的平方为可积信号[8]。在区间$|t| < T_0/2$内，可以将$x(t)$的傅里叶变换表示如下：

$$x(t) = \sum_{n=-\infty}^{\infty}\left[\frac{1}{T_0}\int_{-T_0/2}^{T_0/2} x(\lambda)\,e^{-j2\pi f_0 t}d\lambda\right]e^{j2\pi nf_0 t}, \qquad |t| < \frac{T_0}{2} \tag{2.58}$$

式中，$f_0 = 1/T_0$。为了表示全部时间内的$x(t)$，这里假定$T_0 \to \infty$，于是，$nf_0 = n/T_0$变成了连续变量f；$1/T_0$变成了微分子变量df；累加和变成了积分。因此可以得到

$$x(t) = \int_{-\infty}^{\infty}\left[\int_{-\infty}^{\infty} x(\lambda)\,e^{-j2\pi f\lambda}d\lambda\right]e^{j2\pi ft}df \tag{2.59}$$

将上式中里层的积分定义如下：

$$X(f) = \int_{-\infty}^{\infty} x(\lambda)\,e^{-j2\pi f\lambda}d\lambda \tag{2.60}$$

于是可以将式(2.59)表示如下：

$$x(t) = \int_{-\infty}^{\infty} X(f)e^{j2\pi ft}df \tag{2.61}$$

---

8 实际上，如果$\int_{-\infty}^{\infty}|x(t)|dt < \infty$，那么，傅里叶变换的积分就会收敛。只要求$x(t)$为能量信号就足够了。狄利克雷条件给出了信号存在傅里叶变换的充分条件。除绝对可积外，$x(t)$还应是时间t的单值函数，而且，在任意有限的时间区间内，满足如下的条件：只存在有限个极大值、有限个极小值、有限个不连续点。

由于 $x(t)$ 为能量信号，因此确保了这些积分都存在。这里注意到，当 $T_0 \to \infty$ 时，下面的关系式避免了出现 $|X_n| \to 0$ 的问题：

$$X(f) = \lim_{T_0 \to \infty} T_0 X_n \tag{2.62}$$

把式 (2.60) 实现的 $x(t)$ 的频域表示称为 $x(t)$ 的傅里叶变换，记作 $X(f) = \Im\,[x(t)]$。经傅里叶逆变换式 (2.61) 可以得到信号的时域表示，记作 $x(t) = \Im^{-1}[X(f)]$。

将 $f = \omega/(2\pi)$ 代入式 (2.60)、式 (2.61) 中，可以得到很容易记住的对称表达式。式 (2.61) 相对于 ω 求积分时，需要用到因子 $(2\pi)^{-1}$。

2.4.1　幅度谱与相位谱

将 $X(f)$ 的幅度与相位分别表示如下：

$$X(f) = |X(f)| \mathrm{e}^{\mathrm{j}\theta(f)}, \quad \theta(f) = \angle X(f) \tag{2.63}$$

当 $x(t)$ 为实信号时，与傅里叶级数的结论一样，可以证明如下的结论：

$$|X(f)| = |X(-f)| \quad \text{以及} \quad \theta(f) = -\theta(-f) \tag{2.64}$$

利用欧拉定理表示出式 (2.60) 的实部与虚部时，即可证明上式的结论。具体过程如下：

$$R = \operatorname{Re} X(f) = \int_{-\infty}^{\infty} x(t) \cos(2\pi f t)\,\mathrm{d}t \tag{2.65}$$

$$I = \operatorname{Im} X(f) = -\int_{-\infty}^{\infty} x(t) \sin(2\pi f t)\,\mathrm{d}t \tag{2.66}$$

因此，如果 $x(t)$ 为实数，则 $X(f)$ 的实部为偶函数、虚部为奇函数。由于 $|X(f)|^2 = R^2 + I^2$ 以及 $\tan\theta(f) = I/R$，于是得出了式 (2.64) 的对称性特性。把 $|X(f)|$ 与 f 之间的关系图称为幅度谱[9]；而把 $\angle(f) = \theta(f)$ 与 f 之间的关系图称为相位谱。

2.4.2　对称性

如果 $x(t) = x(-t)$，也就是说，如果 $x(t)$ 为偶函数，那么，式 (2.66) 中的 $x(t)\sin(2\pi f t)$ 为奇函数，以及 $\operatorname{Im} X(f) = 0$。而且，由于余弦函数为偶函数，那么，$\operatorname{Re} X(f)$ 为频率的偶函数。因此，实偶函数的傅里叶变换为实偶函数。

但是，如果 $x(t)$ 为奇函数，则式 (2.65) 中的 $x(t)\cos(2\pi f t)$ 为奇函数，以及 $\operatorname{Re} X(f) = 0$。因此，实奇函数的傅里叶变换为虚数。而且，由于正弦函数为奇函数，那么，$\operatorname{Im} X(f)$ 为频率的奇函数。

例 2.8

已知如下的脉冲信号：

$$x(t) = A\prod\left(\frac{t - t_0}{\tau}\right) \tag{2.67}$$

$x(t)$ 的傅里叶变换为如下的关系式：

$$X(f) = \int_{-\infty}^{\infty} A\prod\left(\frac{t - t_0}{\tau}\right) \mathrm{e}^{\mathrm{j}2\pi f t}\,\mathrm{d}t = A\int_{t_0 - \tau/2}^{t_0 + \tau/2} \mathrm{e}^{\mathrm{j}2\pi f t}\,\mathrm{d}t = A\tau\,\mathrm{sinc}(f\tau)\mathrm{e}^{-\mathrm{j}2\pi f t_0} \tag{2.68}$$

将 $x(t)$ 的幅度谱、相位谱分别表示如下：

$$|X(f)| = A\tau\,|\mathrm{sinc}(f\tau)| \tag{2.69}$$

9　由于单位为：幅度单位×时间 = 幅度单位/频率，因此，称幅度密度谱更确切，但为了简化分析，通常称为幅度谱。

$$\theta(f) = \begin{cases} -2\pi t_0 f, & \text{sinc}(f\tau) > 0 \\ -2\pi t_0 f \pm \pi, & \text{sinc}(f\tau) < 0 \end{cases} \tag{2.70}$$

为了确保 $\theta(f)$ 为奇函数，式中出现的 $\pm\pi$ 使得 $\text{sinc}(f\tau)$ 为负值，具体如下：当 $f>0$ 时取$+\pi$；当 $f<0$ 时取$-\pi$，或者取值全反过来。当 $|\theta(f)|$ 超出 2π 时，可以从 $\theta(f)$ 中加上或者减去 2π 的适当倍数。图 2.7 给出了式(2.67)对应的信号的幅度谱与相位谱。值得注意的是，该图与图 2.6 有相似之处，尤其是频谱带宽与脉冲持续时间之间的反比例关系。

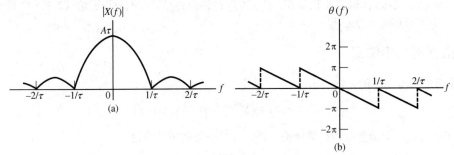

图 2.7　当 $t_0 = \tau/2$ 时，脉冲信号的幅度谱与相位谱。(a)幅度谱；(b)相位谱　　■

2.4.3　能量谱密度

根据式(2.22)的定义，可以从频域的角度将信号的能量表示如下：

$$E \triangleq \int_{-\infty}^{\infty} |x(t)|^2 \, dt = \int_{-\infty}^{\infty} x^*(t) \left[\int_{-\infty}^{\infty} X(f) e^{j2\pi ft} \, df \right] dt \tag{2.71}$$

式中，已将 $x(t)$（而不是 $x^*(t)$）表示为傅里叶变换的形式。颠倒上式的积分顺序之后，可以得到

$$E = \int_{-\infty}^{\infty} X(f) \left[\int_{-\infty}^{\infty} x^*(t) e^{j2\pi ft} \, dt \right] df$$

$$= \int_{-\infty}^{\infty} X(f) \left[\int_{-\infty}^{\infty} x(t) e^{-j2\pi ft} \, dt \right]^* df = \int_{-\infty}^{\infty} X(f) X^*(f) \, df$$

或者表示如下：

$$E = \int_{-\infty}^{\infty} |x(t)|^2 \, dt = \int_{-\infty}^{\infty} |X(f)|^2 \, df \tag{2.72}$$

把上式称为傅里叶变换的瑞利能量定理或者帕塞瓦尔定理。

分析 $|X(f)|^2$ 时回顾一下式(2.60)给出的 $X(f)$ 的定义，就会发现：$|X(f)|^2$ 的单位为瓦特·秒，由于功率以每欧姆的负载为基础，那么，瓦特·秒/赫兹 = 焦耳/赫兹。因此，$|X(f)|^2$ 的单位为能量密度单位。这里将信号的能量谱密度定义如下：

$$G(f) \triangleq |X(f)|^2 \tag{2.73}$$

在整个频率范围内求 $G(f)$ 的积分，可以得到信号的全部能量。

例 2.9

在求解信号的能量时，如果不容易求得时域信号平方的积分，那么，利用傅里叶变换的瑞利能量定理(或者帕塞瓦尔定理)会很方便(或者反过来)。例如，已知如下的信号：

$$x(t) = 40\text{sinc}(20t) \leftrightarrow X(f) = 2\Pi\left(\frac{f}{20}\right) \tag{2.74}$$

把该信号的能量密度表示如下：

$$G(f) = |X(f)|^2 = \left[2\Pi\left(\frac{f}{20}\right) \right]^2 = 4\Pi\left(\frac{f}{20}\right) \tag{2.75}$$

式中，$\Pi(f/20)$ 不必平方的理由是：在信号的非零值处，幅度为 1。利用瑞利能量定理可以求出信号 $x(t)$ 的能量如下：

$$E = \int_{-\infty}^{\infty} G(f)\,\mathrm{d}f = \int_{-10}^{10} 4\,\mathrm{d}f = 80\ \mathrm{J} \tag{2.76}$$

利用定积分 $\int_{-\infty}^{\infty} \mathrm{sinc}^2(u)\,\mathrm{d}u = 1$ 对 $x^2(t)$ 在整个时间区间 t 进行积分之后，可以验证这一结果。

利用如下的积分可以求出频率区间 $(0, W)$ 内所含的能量：

$$E_W = \int_{-W}^{W} G(f)\,\mathrm{d}f = 2\int_0^W \left[2\Pi\left(\frac{f}{20}\right) \right]^2 \mathrm{d}f = \begin{cases} 8W, & W \leqslant 10 \\ 80W, & W > 10 \end{cases} \tag{2.77}$$

上式成立的理由是：当 $|f| > 10$ 时，$\Pi\left(\dfrac{f}{20}\right) = 0$。　∎

2.4.4　卷积

这里将正在分析的傅里叶变换转换为卷积运算的问题，并且结合实例进行分析。

两个信号 $x_1(t)$、$x_2(t)$ 的卷积 $x(t)$ 是时间的函数，用符号 $x_1(t)$、$x_2(t)$ 将 $x(t)$ 表示为如下的关系式：

$$x(t) = x_1(t) * x_2(t) = \int_{-\infty}^{\infty} x_1(\lambda) x_2(t - \lambda)\,\mathrm{d}\lambda \tag{2.78}$$

注意：参数 t 表示所涉及的积分区间。在被积函数 x_1、x_2 的运算中共存在如下的 3 种形式：①求解 $x_2(-\lambda)$ 时需要完成时间反转；②求解 $x_2(t-\lambda)$ 时需要进行时移；③得到完整的被积函数时需要将 $x_1(\lambda)$ 与 $x_2(t-\lambda)$ 相乘。通过下面的例子体现出求解 $x_1 * x_2$ 时，如何完成这些运算处理。需要注意的是，常略去表示时间的符号。

例 2.10

求出如下两个信号的卷积：

$$x_1(t) = \mathrm{e}^{-\alpha t} u(t) \quad \text{与} \quad x_2(t) = \mathrm{e}^{-\beta t} u(t),\ \alpha > \beta > 0 \tag{2.79}$$

解：

当 $\alpha = 4$、$\beta = 2$ 时，图 2.9 示出了完成卷积运算所需的几个步骤。从数学的角度来说，可以直接通过代换得到如下关系式中的被积函数：

$$x(t) = x_1(t) * x_2(t) = \int_{-\infty}^{\infty} \mathrm{e}^{-\alpha\lambda} u(\lambda) \mathrm{e}^{-\beta(t-\lambda)} u(t - \lambda)\,\mathrm{d}\lambda \tag{2.80}$$

由于

$$u(\lambda)u(t - \lambda) = \begin{cases} 0, & \lambda < 0 \\ 1, & 0 < \lambda < t \\ 0, & \lambda > t \end{cases} \tag{2.81}$$

因此可以得到

$$x(t) = \begin{cases} 0, & t < 0 \\ \int_0^t \mathrm{e}^{-\beta t} \mathrm{e}^{-(\alpha-\beta)\lambda}\,\mathrm{d}\lambda = \dfrac{1}{\alpha - \beta}(\mathrm{e}^{-\beta t} - \mathrm{e}^{-\alpha t}), & t \geqslant 0 \end{cases} \tag{2.82}$$

图 2.8 中还示出了 $x(t)$ 的结果。

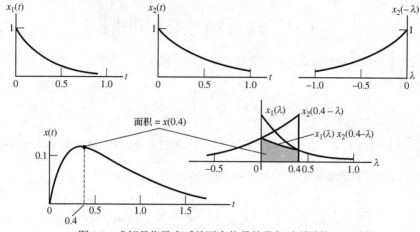

图 2.8　求解呈指数衰减的两个信号的卷积时所需的处理过程 ■

2.4.5　傅里叶变换的各项定理：证明及其应用

这里证明与傅里叶变换有关的几个有用的定理[10]。在推导傅里叶变换对以及推导通用的频域关系式时，这些定理很有用处。这里用符号 $x(t) \leftrightarrow X(f)$ 表示傅里叶变换对。

在下面的分析中，在大多数情况下，给出定理后都附上了证明过程。在介绍完所有这些定理之后还给出了傅里叶变换具体应用的几个例子。在介绍这些定理时，信号 $x(t)$、$x_1(t)$、$x_2(t)$ 的傅里叶变换分别为 $X(f)$、$X_1(f)$、$X_2(f)$。a、a_1、a_2、t_0、f_0 表示常数。

1. 叠加性定理

$$a_1 x_1(t) + a_2 x_2(t) \leftrightarrow a_1 X_1(f) + a_2 X_2(f) \tag{2.83}$$

证明：根据傅里叶变换的积分定义式，可以得到

$$\Im\{a_1 x_1(t) + a_2 x_2(t)\} = \int_{-\infty}^{\infty} \left[a_1 x_1(t) + a_2 x_2(t)\right] e^{-j2\pi ft} \mathrm{d}t$$

$$= a_1 \int_{-\infty}^{\infty} x_1(t) e^{-j2\pi ft} \mathrm{d}t + a_2 \int_{-\infty}^{\infty} x_2(t) e^{-j2\pi ft} \mathrm{d}t$$

$$= a_1 X_1(f) + a_2 X_2(f) \tag{2.84}$$

2. 时延定理

$$x(t - t_0) \leftrightarrow X(f) e^{-j2\pi ft_0} \tag{2.85}$$

证明：根据傅里叶变换的积分定义式，可以得到

$$\Im\{x(t - t_0)\} = \int_{-\infty}^{\infty} x(t - t_0) e^{-j2\pi ft} \mathrm{d}t = \int_{-\infty}^{\infty} x(\lambda) e^{-j2\pi f(\lambda + t_0)} \mathrm{d}\lambda$$

$$= e^{-j2\pi ft_0} \int_{-\infty}^{\infty} x(\lambda) e^{-j2\pi f\lambda} \mathrm{d}\lambda = X(f) e^{-j2\pi ft_0} \tag{2.86}$$

式中，在第一次积分时代入了 $\lambda = t - t_0$。

---

10 如果想了解傅里叶变换对与傅里叶变换理论的具体内容，参见"附录 F 之表 F.5：傅里叶变换对"、"附录 F 之表 F.6：傅里叶变换的各项定理"。

3．比例变换定理

$$x(at) \leftrightarrow \frac{1}{|a|} X\left(\frac{f}{a}\right) \tag{2.87}$$

证明：首先假定 $a>0$，则可以得到

$$\Im\{x(at)\} = \int_{-\infty}^{\infty} x(at)\,\mathrm{e}^{-\mathrm{j}2\pi ft}\mathrm{d}t = \int_{-\infty}^{\infty} x(\lambda)\,\mathrm{e}^{-\mathrm{j}2\pi f\lambda/a}\frac{\mathrm{d}\lambda}{a} = \frac{1}{a} X\left(\frac{f}{a}\right) \tag{2.88}$$

式中，用到了代换关系式 $\lambda = at$。下面分析 $a<0$ 的情形，这时可以得到

$$\Im\{x(at)\} = \int_{-\infty}^{\infty} x(-|a|t)\,\mathrm{e}^{-\mathrm{j}2\pi ft}\mathrm{d}t = \int_{-\infty}^{\infty} x(\lambda)\,\mathrm{e}^{+\mathrm{j}2\pi f\lambda/|a|}\frac{\mathrm{d}\lambda}{|a|} = \frac{1}{|a|} X\left(-\frac{f}{|a|}\right) = \frac{1}{|a|} X\left(\frac{f}{a}\right) \tag{2.89}$$

式中，用到了 $a<0$ 时的关系式：$-|a| = a$。

4．对偶性定理

$$X(t) \leftrightarrow x(-f) \tag{2.90}$$

也就是说，如果 $x(t)$ 的傅里叶变换为 $X(f)$，那么用 t 取代 f 之后，$X(f)$ 的傅里叶变换等于原时域信号 $x(t)$，只是用 $-f$ 取代 t。

证明：由于傅里叶变换的积分定义式与傅里叶逆变换之间的唯一区别体现在：在被积函数的指数中存在负号。由上述的分析证明了这一定理成立。

5．频率变换定理

$$x(t)\,\mathrm{e}^{\mathrm{j}2\pi f_0 t} \leftrightarrow X(f-f_0) \tag{2.91}$$

证明：在证明频率变换定理时，采用如下的处理过程即可：

$$\int_{-\infty}^{\infty} x(t)\,\mathrm{e}^{\mathrm{j}2\pi f_0 t}\mathrm{e}^{-\mathrm{j}2\pi ft}\mathrm{d}t = \int_{-\infty}^{\infty} x(t)\,\mathrm{e}^{-\mathrm{j}2\pi(f-f_0)t}\mathrm{d}t = X(f-f_0) \tag{2.92}$$

6．调制定理

$$x(t)\cos(2\pi f_0 t) \leftrightarrow \frac{1}{2} X(f-f_0) + \frac{1}{2} X(f+f_0) \tag{2.93}$$

证明：将 $\cos(2\pi f_0 t)$ 表示成指数形式 $\frac{1}{2}(\mathrm{e}^{\mathrm{j}2\pi f_0 t} + \mathrm{e}^{-\mathrm{j}2\pi f_0 t})$，并且利用叠加定理与频率变换定理，就能证明这一定理。

7．微分定理

$$\frac{\mathrm{d}^n x(t)}{\mathrm{d}t^n} \leftrightarrow (\mathrm{j}2\pi f)^n X(f) \tag{2.94}$$

证明：通过定义如下的傅里叶积分，当 $n=1$ 时，可以利用分部积分法证明该定理成立：

$$\begin{aligned}
\Im\left\{\frac{\mathrm{d}x}{\mathrm{d}t}\right\} &= \int_{-\infty}^{\infty} \frac{\mathrm{d}x(t)}{\mathrm{d}t}\,\mathrm{e}^{-\mathrm{j}2\pi ft}\mathrm{d}t \\
&= x(t)\,\mathrm{e}^{-\mathrm{j}2\pi ft}\Big|_{-\infty}^{\infty} + \mathrm{j}2\pi f\int_{-\infty}^{\infty} x(t)\,\mathrm{e}^{-\mathrm{j}2\pi ft}\mathrm{d}t \\
&= \mathrm{j}2\pi f X(f)
\end{aligned} \tag{2.95}$$

在上式中的分部积分法中，采用了 $u = e^{-j2\pi ft}$ 与 $dv = (dx / dt)dt$，而且，由于 $x(t)$ 为能量信号，因此在上式的中间一行中，消去了第一项。至于 $n > 1$ 时的值，可以利用归纳法证明。

8. 积分定理

$$\int_{-\infty}^{t} x(\lambda)\, d\lambda \leftrightarrow (j2\pi f)^{-1} X(f) + \frac{1}{2} X(0)\delta(f) \tag{2.96}$$

证明：如果 $X(0) = 0$，则利用微分定理中的分部积分法，可以证明积分定理。于是得到

$$\Im\left\{\int_{-\infty}^{t} x(\lambda)\, d\lambda\right\} = \left\{\int_{-\infty}^{t} x(\lambda)d\lambda\right\}\left(-\frac{1}{j2\pi f} e^{-j2\pi ft}\right)\Big|_{-\infty}^{\infty} + \frac{1}{j2\pi f}\int_{-\infty}^{\infty} x(t)e^{-j2\pi ft}dt \tag{2.97}$$

如果 $X(0) = \int_{-\infty}^{\infty} x(t)dt = 0$，则消去了上式的第一项，而且第二项变为 $X(f)/(j2\pi f)$。当 $X(0) \neq 0$ 时，需要利用自变量为有限值的条件，才能求出 $x(t)$ 的均值不等于零时的傅里叶变换。

9. 卷积定理

$$\int_{-\infty}^{\infty} x_1(\lambda)x_2(t-\lambda)\, d\lambda \triangleq \int_{-\infty}^{\infty} x_1(t-\lambda)x_2(\lambda)\, d\lambda \leftrightarrow X_1(f)X_2(f) \tag{2.98}$$

证明：为了证明傅里叶变换的卷积定理，这里根据傅里叶变换的积分将 $x_2(t-\lambda)$ 表示如下：

$$x_2(t-\lambda) = \int_{-\infty}^{\infty} X_2(f)\, e^{j2\pi f(t-\lambda)}df \tag{2.99}$$

如果将卷积运算表示为 $x_1(t) * x_2(t)$，则可以得到

$$\begin{aligned} x_1(t) * x_2(t) &= \int_{-\infty}^{\infty} x_1(\lambda)\left[\int_{-\infty}^{\infty} X_2(f)e^{j2\pi f(t-\lambda)}df\right]d\lambda \\ &= \int_{-\infty}^{\infty} X_2(f)\left[\int_{-\infty}^{\infty} x_1(\lambda)e^{-j2\pi f\lambda}d\lambda\right]e^{j2\pi ft}df \end{aligned} \tag{2.100}$$

式中，最后一步将积分的顺序进行了颠倒。中括号内的项表示 $x_1(t)$ 的傅里叶变换 $X_1(f)$。因此可以得到

$$x_1 * x_2 = \int_{-\infty}^{\infty} X_1(\lambda)X_2(f)e^{j2\pi ft}df \tag{2.101}$$

上式表示 $X_1(f)X_2(f)$ 的傅里叶逆变换。对上式取傅里叶变换之后即可得到所需的变换对。

10. 乘积定理

$$x_1(t)x_2(t) \leftrightarrow X_1(f) * X_2(f) = \int_{-\infty}^{\infty} X_1(\lambda)X_2(f-\lambda)d\lambda \tag{2.102}$$

证明：用类似于证明卷积定理的方式证明乘积定理。

例 2.11

用对偶定理证明如下的命题成立：

$$2AW\, \text{sinc}(2Wt) \leftrightarrow A\prod\left(\frac{f}{2W}\right) \tag{2.103}$$

解：

根据例 2.8 可以得到

$$x(t) = A \prod \left(\frac{t}{\tau} \right) \leftrightarrow A\tau \, \mathrm{sinc}(f\tau) = X(f) \tag{2.104}$$

利用对偶定理可以得到 $X(t)$ 的表达式如下:

$$X(t) = A\tau \, \mathrm{sinc}(\tau t) \leftrightarrow A \prod \left(-\frac{f}{\tau} \right) = x(-f) \tag{2.105}$$

式中, 参数 τ 的单位为 "s^{-1}" (初次出现时可能会混淆); 假定 $\tau = 2W$, 并且利用 $\prod(u)$ 为偶函数的结论即可证明命题。 ∎

例 2.12

求解如下的傅里叶变换对:

1. $A\delta(t) \leftrightarrow A$
2. $A\delta(t - t_0) \leftrightarrow Ae^{-j2\pi f t_0}$
3. $A \leftrightarrow A\delta(f)$
4. $Ae^{j2\pi f_0 t} \leftrightarrow A\delta(f - f_0)$

解:

尽管这些信号都不是能量信号, 但当参数接近零或者接近无穷大时, 通过求解接近给定信号的适当能量信号的傅里叶变换, 可以推导出其中每一个信号的傅里叶变换。例如, 一般来说, 如下的关系式成立:

$$\Im[A\delta(t)] = \Im\left[\lim_{\tau \to 0} \left(\frac{A}{\tau} \right) \prod \left(\frac{t}{\tau} \right) \right] = \lim_{\tau \to 0} A \, \mathrm{sinc}(f\tau) = A \tag{2.106}$$

求解另外 3 个信号的傅里叶变换时, 通常也用这样的方法。不过, 利用 δ 函数的筛选特性以及傅里叶变换的适当定理时, 会更容易些。但有一点: 采用不同的方法时, 得到的最后结果都相同。例如, 求出 $x(t) = \delta(t)$ 的傅里叶变换的积分后, 再利用筛选性质, 就可以得到第一个变换对:

$$\Im[A\delta(t)] = A \int_{-\infty}^{\infty} \delta(t)e^{-j2\pi f t} dt = A \tag{2.107}$$

如果将时延定理用于第 1 个傅里叶变换对, 就可以得到第 2 个变换对。

利用傅里叶逆变换的关系式, 或者根据第 1 个变换对与对偶定理, 可以得到第 3 个变换对。这里利用后一种方式:

$$X(t) = A \leftrightarrow A\delta(-f) = A\delta(f) = x(-f) \tag{2.108}$$

上式中利用了冲激函数的偶对称特性。

如果将频率变换定理用于第 3 个变换对, 就可以得到第 4 个变换对。在介绍调制时, 经常用到例 2.12 的傅里叶变换对。 ∎

例 2.13

利用傅里叶变换的微分特性求解按如下特性定义的三角波信号的傅里叶变换:

$$\Lambda\left(\frac{t}{\tau} \right) \triangleq \begin{cases} 1 - \dfrac{|t|}{\tau}, & |t| < \tau \\ 0, & \text{其他} \end{cases} \tag{2.109}$$

解:

如图 2.9 所示, 对 $\Lambda\left(\dfrac{t}{\tau} \right)$ 微分两次之后可以得到

$$\frac{d^2 \Lambda(t/\tau)}{dt^2} = \frac{1}{\tau}\delta(t+\tau) - \frac{2}{\tau}\delta(t) + \frac{1}{\tau}\delta(t-\tau) \tag{2.110}$$

根据微分定理、叠加定理、时移定理(即时延定理)以及例 2.12 的结果，可以得到

$$\Im\left[\frac{d^2 \Lambda(t/\tau)}{dt^2}\right] = (j2\pi f)^2 \Im\left[\Lambda\left(\frac{t}{\tau}\right)\right] = \frac{1}{\tau}(e^{j2\pi f \tau} - 2 + e^{-j2\pi f \tau}) \tag{2.111}$$

或者是，求解 $\Im\left[\Lambda\left(\dfrac{t}{\tau}\right)\right]$ 并且化简之后，可以得到

$$\Im\left[\Lambda\left(\frac{t}{\tau}\right)\right] = \frac{2\cos(2\pi f \tau) - 2}{\tau(j2\pi f)^2} = \frac{\tau \sin^2(\pi f \tau)}{(\pi f \tau)^2} \tag{2.112}$$

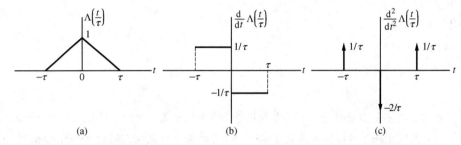

图 2.9　三角波信号及其前两阶导数。(a)三角波信号；(b)三角波信号的一阶导数；(c)三角波信号的二阶导数

上式中利用了恒等式 $[1 - \cos(2\pi ft)]/2 = \sin^2(\pi ft)]$，归纳上面的各项后可以得到

$$\Lambda\left(\frac{t}{\tau}\right) \leftrightarrow \tau \operatorname{sinc}^2(f\tau) \tag{2.113}$$

上式用 $\operatorname{sinc}(f\tau)$ 替代了 $[\sin(\pi f\tau)]/(\pi f\tau)$。　　　　　　　　　　　　　　■

例 2.14

在求解信号的傅里叶变换时，这里再给出需要用到冲激函数的另一个例子。分析如下的信号：

$$y_s(t) = \sum_{m=-\infty}^{\infty} \delta(t - mT_s) \tag{2.114}$$

这是一个称为理想采样信号的周期信号，在 $(-\infty, +\infty)$ 区间内，该信号由间隔 T_s 的冲激序列构成。

解：

在求解 $y_s(t)$ 的傅里叶变换时，从周期信号的角度来说，可以得到

$$y_s(t) = \sum_{m=-\infty}^{\infty} \delta(t - mT_s) = \sum_{n=-\infty}^{\infty} Y_n e^{jn2\pi f_s t}, \quad f_s = 1/T_s \tag{2.115}$$

式中，在得到 Y_n 的表示形式时利用了冲激函数的筛选特性：

$$Y_n = \frac{1}{T_s}\int_{T_s} \delta(t) e^{-jn2\pi f_s t} dt = f_s \tag{2.116}$$

于是得到

$$y_s(t) = f_s \sum_{n=-\infty}^{\infty} e^{jn2\pi f_s t} \tag{2.117}$$

对上式逐项求解傅里叶变换之后，可以得到

$$Y_s(f) = f_s \sum_{n=-\infty}^{\infty} \Im[1 \cdot e^{jn2\pi f_s t}] = f_s \sum_{n=-\infty}^{\infty} \delta(f - nf_s) \tag{2.118}$$

上式中利用了例 2.12 的结果。归纳上面各式之后可以得到

$$\sum_{m=-\infty}^{\infty} \delta(t - mT_s) \leftrightarrow f_s \sum_{n=-\infty}^{\infty} \delta(f - nf_s) \tag{2.119}$$

从随后的分析中可以看出，在介绍周期信号的傅里叶变换的频域表示时，式 (2.119) 的变换对很实用。

根据式 (2.119) 可以导出很有用的表达式。对式 (2.119) 的左端取傅里叶变换之后，可以得到

$$\Im\left[\sum_{m=-\infty}^{\infty} \delta(t - mT_s)\right] = \int_{-\infty}^{\infty}\left[\sum_{m=-\infty}^{\infty} \delta(t - mT_s)\right] e^{-j2\pi ft} dt$$
$$= \sum_{m=-\infty}^{\infty} \int_{-\infty}^{\infty} \delta(t - mT_s) e^{-j2\pi ft} dt = \sum_{m=-\infty}^{\infty} e^{-j2\pi mT_s f} \tag{2.120}$$

式中，交换了积分与累加和的顺序，而且求积分时利用了冲激函数的筛选性质。用 $-m$ 取代 m 之后所得的结果等于式 (2.119) 的右端，于是得到

$$\sum_{m=-\infty}^{\infty} e^{j2\pi mT_s f} = f_s \sum_{n=-\infty}^{\infty} \delta(f - nf_s) \tag{2.121}$$

第 7 章中需要用到这一结论。　　　　　　　　　　　　　　　　　　　　■

例 2.15

在求解时式 (2.109) 定义的三角波信号 $\Lambda(t/\tau)$ 式，可以利用卷积定理。

解:

首先分析两个矩形脉冲的卷积为三角形，表 2.2 给出了计算如下关系式的详细步骤:

$$y(t) = \int_{-\infty}^{\infty} \Pi\left(\frac{t-\lambda}{\tau}\right) \Pi\left(\frac{\lambda}{\tau}\right) d\lambda \tag{2.122}$$

表 2.2　$\Pi(t/\tau) * \Pi(t/\tau)$ 的计算

自变量的区间	被积函数	极限值	面积
$-\infty < t < -\tau$			0
$-\tau < t < 0$		$-\frac{1}{2}\tau \sim t + \frac{1}{2}\tau$	$\tau + t$
$0 < t < \tau$		$t - \frac{1}{2}\tau \sim \frac{1}{2}\tau$	$\tau - t$
$\tau < t < \infty$			0

归纳各项结果之后,可以得到

$$\tau\Lambda\left(\frac{\lambda}{\tau}\right) = \Pi\left(\frac{t}{\tau}\right) * \Pi\left(\frac{\lambda}{\tau}\right) = \begin{cases} 0, & t < -\tau \\ \tau - |t|, & |t| \leqslant \tau \\ 0, & t > \tau \end{cases} \tag{2.123}$$

或者

$$\Lambda\left(\frac{\lambda}{\tau}\right) = \frac{1}{\tau}\Pi\left(\frac{t}{\tau}\right) * \Pi\left(\frac{\lambda}{\tau}\right) \tag{2.124}$$

利用傅里叶变换式(2.124)的卷积定理以及如下的变换对:

$$\Pi\left(\frac{\lambda}{\tau}\right) \leftrightarrow \tau \operatorname{sinc}(ft) \tag{2.125}$$

可以得到如下的变换对:

$$\Lambda\left(\frac{t}{\tau}\right) = \tau \operatorname{sinc}^2(f\tau) \tag{2.126}$$

上式得到的结果与例 2.13 中利用微分定理得到的结果相同。 ∎

冲激信号 $\delta(t - t_0)$ 与信号 $x(t)$ 的卷积的结果很有用处,这里假定信号 $x(t)$ 在 $t = t_0$ 处连续。利用 δ 函数的筛选特性,运算之后就可以得到

$$\delta(t - t_0) * x(t) = \int_{-\infty}^{\infty} \delta(\lambda - t_0)x(t - \lambda)\,\mathrm{d}\lambda = x(t - t_0) \tag{2.127}$$

这就是说,信号 $x(t)$ 与出现在 $t = t_0$ 处的冲激信号的卷积只是将 $x(t)$ 移位到 t_0 处。

例 2.16

分析如下形式的余弦信号的傅里叶变换:

$$x(t) = A\Pi\left(\frac{t}{\tau}\right)\cos(\omega_0 t), \quad \omega_0 = 2\pi f_0 \tag{2.128}$$

根据前面例 2.12 的第 4 项得到的变换对

$$\mathrm{e}^{\pm j2\pi f_0 t} \leftrightarrow \delta(f \mp f_0) \tag{2.129}$$

再利用欧拉定理,可以得到

$$\cos(2\pi f_0 t) \leftrightarrow \frac{1}{2}\delta(f - f_0) + \frac{1}{2}\delta(f + f_0) \tag{2.130}$$

前面还证明了如下的命题:

$$\Pi\left(\frac{t}{\tau}\right) \leftrightarrow A\tau \operatorname{sinc}(f\tau)$$

那么,将乘积定理用于式(2.118)表示的傅里叶变换,可以得到

$$\begin{aligned} X(f) &= \Im\left[A\Pi\left(\frac{t}{\tau}\right)\cos(\omega_0 t)\right] = [A\tau\operatorname{sinc}(f\tau)] * \left\{\frac{1}{2}[\delta(f - f_0) + \delta(f + f_0)]\right\} \\ &= \frac{1}{2}A\tau\left\{\operatorname{sinc}[(f - f_0)\tau] + \operatorname{sinc}[(f + f_0)\tau]\right\} \end{aligned} \tag{2.131}$$

当 $Z(f)$ 在 $f = f_0$ 处连续时,上式中利用了 $\delta(f - f_0) * Z(f) = Z(f - f_0)$ 的结论。图 2.10(c)示出了 $X(f)$ 的频谱。根据调制定理可以得出相同的结果。 ∎

2.4.6　周期信号的傅里叶变换

从严格的数学角度来说，由于周期信号不是能量信号，所以，周期信号的傅里叶变换不存在。然而，通常对常数和相量信号而言，利用例 2.12 推导出的变换对，通过给出复杂的傅里叶级数的逐项频域表示，仍然可以得到周期信号的傅里叶变换。

利用卷积定理和理想采样信号的变换对(式(2.119))，可以得到较实用的周期信号的傅里叶变换形式。在求解时，分析理想采样信号与脉冲信号 $p(t)$ 的卷积后得到 $x(t)$，这里的 $x(t)$ 为周期性功率信号。很明显，这里需要借助于式(2.127)完成如下的卷积运算：

$$x(t) = \left[\sum_{m=-\infty}^{\infty} \delta(t - mT_s) \right] * p(t) = \sum_{m=-\infty}^{\infty} \delta(t - mT_s) * p(t) = \sum_{m=-\infty}^{\infty} p(t - mT_s) \tag{2.132}$$

根据卷积定理与傅里叶变换对(式(2.119))，可以得到 $x(t)$ 的傅里叶变换如下：

$$X(f) = \Im \left\{ \sum_{m=-\infty}^{\infty} \delta(t - mT_s) \right\} P(f)$$

$$= \left[f_s \sum_{n=-\infty}^{\infty} \delta(f - nf_s) \right] P(f) = f_s \sum_{n=-\infty}^{\infty} \delta(f - nf_s) P(f) \tag{2.133}$$

$$= \sum_{n=-\infty}^{\infty} f_s P(nf_s) \delta(f - nf_s)$$

式中，$P(f) = \Im[p(t)]$，并且还利用了如下的结果：$P(f)\delta(f - nf_s) = P(nf_s)\delta(f - nf_s)$。归纳上面的各个关系式，可以得到如下的傅里叶变换对：

$$\sum_{m=-\infty}^{\infty} p(t - mf_s) \leftrightarrow \sum_{n=-\infty}^{\infty} f_s P(nf_s) \delta(f - nf_s) \tag{2.134}$$

下面用一个例子来分析式(2.134)的用处。

例 2.17

在例 2.16 中分析了单音余弦信号的傅里叶变换，如图 2.10(c)所示。可以利用余弦周期序列的傅里叶变换表示雷达发射机的输出，这时的周期序列为

$$y(t) = \left[\sum_{n=-\infty}^{\infty} \delta(t - mT_s) \right] * \Pi\left(\frac{t}{\tau}\right) \cos(2\pi f_0 t) \qquad f_0 \gg 1/\tau$$

$$= \sum_{m=-\infty}^{\infty} \Pi\left(\frac{t - mT_s}{\tau}\right) \cos[2\pi f_0 (t - mT_s)] \qquad f_s \leqslant 1/\tau^{-1} \tag{2.135}$$

图 2.10(e)示出了这一信号。将 $p(t)$ 表示为：$p(t) = \Pi\left(\dfrac{t}{\tau}\right) \cos(2\pi f_0 t)$，利用调制定理可以得到 $P(f) = \dfrac{A\tau}{2}[\mathrm{sinc}(f - f_0)\tau + \mathrm{sinc}(f + f_0)\tau]$。再根据式(2.134)，可以得到 $y(t)$ 的傅里叶变换如下：

$$Y(f) = \sum_{n=-\infty}^{\infty} \frac{Af_s\tau}{2}[\mathrm{sinc}(nf_s - f_0)\tau + \mathrm{sinc}(nf_s + f_0)\tau]\delta(f - nf_s) \tag{2.136}$$

图 2.10(e) 的右侧示出了所得的频谱。

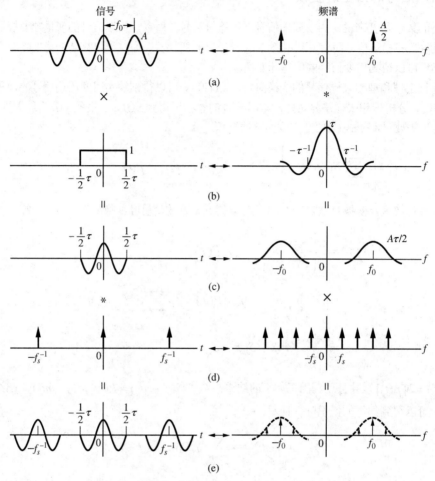

图 2.10　(a)～(c) 乘积定理的应用；(c)～(e) 卷积定理的应用

注意：× 表示乘积；* 表示卷积；↔ 表示变换对

2.4.7　泊松求和公式

对式 (2.134) 的右端取傅里叶变换可以得到泊松求和公式。根据例 2.12 中推导出的傅里叶变换对 $\exp(-\mathrm{j}2\pi nf_st) \leftrightarrow \delta(f-nf_s)$，可以得出如下的结论：

$$\mathfrak{S}^{-1}\left\{\sum_{n=-\infty}^{\infty} f_s P(nf_s)\delta(t-f_s)\right\} = f_s \sum_{n=-\infty}^{\infty} P(nf_s)\,\mathrm{e}^{\mathrm{j}2\pi nf_st} \tag{2.137}$$

这一结论等于式 (2.134) 的左端，于是得到如下的泊松求和公式：

$$\sum_{m=-\infty}^{\infty} p(t-mT_s) = f_s \sum_{n=-\infty}^{\infty} P(nf_s)\,\mathrm{e}^{\mathrm{j}2\pi nf_st} \tag{2.138}$$

在根据傅里叶变换得到采样的近似值时，泊松求和公式很有用处。例如，从式 (2.138) 可以看出：$P(f)=\mathfrak{S}\{p(t)\}$ 的各个样值 $P(nf_s)$ 为周期函数 $T_s \sum\limits_{n=-\infty}^{\infty} p(t-mT_s)$ 的傅里叶级数的各个系数。

2.5　功率谱密度与相关性

回顾一下式(2.73)的能量谱密度的定义，可以得出如下结论：该式仅对能量信号有效，即在整个频段内由 $G(f)$ 的积分给出的总能量为有限值。对功率信号而言，用功率谱密度表示信号的特性。与 $G(f)$ 类似的是，将信号 $x(t)$ 的功率谱密度 $S(f)$ 定义为：以频率为自变量的实偶非负函数；对 $S(f)$ 积分可以求出每欧姆消耗的总的平均功率如下：

$$P = \int_{-\infty}^{\infty} S(f)\mathrm{d}f = \left\langle x^2(t) \right\rangle \tag{2.139}$$

式中，$\left\langle x^2(t) \right\rangle = \lim_{T \to \infty} \dfrac{1}{2T} \int_{-T}^{T} x^2(t)\mathrm{d}t$ 表示 $x^2(t)$ 的时间平均。由于函数 $S(f)$ 体现了功率密度随频率的变化规律，因此可以得出结论：周期性功率信号的 $S(f)$ 一定是由前面已介绍过的一串冲激信号组成。后面的第 7 章给出了随机信号的功率谱分析。

例 2.18

分析如下的余弦信号：

$$x(t) = A\cos(2\pi f_0 t + \theta) \tag{2.140}$$

这里注意到，每欧姆消耗的平均功率 $A^2/2$ 集中在单一频率 f_0 处。但是，由于功率谱密度必须为频率的偶函数，因此可以将这一功率在频率 $+f_0$、$-f_0$ 处均匀分配，于是，可以直接得到 $x(t)$ 的功率谱密度如下：

$$S(f) = \frac{1}{4}A^2\delta(f - f_0) + \frac{1}{4}A^2\delta(f + f_0) \tag{2.141}$$

利用式(2.139)验证这一结论时，可以看出，在整个频率区间内积分时，可以得到每欧姆的平均功率为 $A^2/2$。　　■

2.5.1　时间平均的自相关函数

在引入时间平均的自相关函数时，需要回到式(2.73)所表示的能量信号的能量谱密度。如果自变量为 τ，则正常情况下，可以将信号 $G(f)$ 的傅里叶逆变换表示如下：

$$\phi(\tau) \triangleq \mathfrak{J}^{-1}[G(f)] = \mathfrak{J}^{-1}[X(f)X^*(f)]$$
$$= \mathfrak{J}^{-1}[X(f)] * \mathfrak{J}^{-1}[X^*(f)] \tag{2.142}$$

最后一步采用了卷积定理。利用时间反转定理(参阅"附录 F 之表 F.6：傅里叶变换的各项定理"中的时间反转定理)表示 $\mathfrak{J}^{-1}[X^*(f)] = x(-\tau)$ 之后再利用卷积定理，可以得到

$$\phi(\tau) = x(\tau) * x(-\tau) = \int_{-\infty}^{\infty} x(\lambda)x(\lambda + \tau)\mathrm{d}\lambda$$
$$= \lim_{T \to \infty} \int_{-T}^{T} x(\lambda)x(\lambda + \tau)\mathrm{d}\lambda \quad (\text{能量信号}) \tag{2.143}$$

式(2.143)称为能量信号的时间平均自相关函数。可以看出，式(2.143)给出了这样一种度量方式：体现信号与信号延时之后二者之间的相似性(或者称为相关性)。这里需要注意的是，$\phi(0) = E$ 成立，其中 E 表示信号的能量。同样需要注意的是，卷积处理中的相关性运算与此类同。式(2.142)的关键在于：相关函数、能量谱密度为傅里叶变换对。这里不再进一步分析所得结果与功率信号类似的能量信号的时间平均自相关函数。

将功率信号 $x(t)$ 的时间平均自相关函数 $R(\tau)$ 定义为时间平均:

$$R(\tau) = \langle x(\tau) * x(t+\tau) \rangle \triangleq \lim_{T \to \infty} \frac{1}{2T} \int_{-T}^{T} x(t)x(\lambda+\tau)\mathrm{d}\lambda \quad (x(t)\text{为功率信号}) \tag{2.144}$$

如果用 $x(t)$ 表示周期为 T_0 的周期信号,那么式(2.144)的被积函数为周期信号,并且可以求出一个周期内的时间平均如下:

$$R(\tau) = \frac{1}{T_0} \int_{T_0} x(t)x(t+\tau)\mathrm{d}t \quad (x(t)\text{为周期信号})$$

与 $\phi(\tau)$ 一样,$R(\tau)$ 给出了功率信号在时间 t 与时间 $t+\tau$ 之间相似性的度量方式。由于时间 t 为积分变量,所以 $R(\tau)$ 为时延变量 τ 的函数。除了度量信号移位前后的相似性,还需注意的是,信号的平均能量如下:

$$R(0) = \langle x^2(\tau) \rangle = \int_{-\infty}^{\infty} S(f)\,\mathrm{d}f \tag{2.145}$$

因此,根据 $x(t)$ 为能量信号时的结论,这里推测:功率信号 $x(t)$ 的时间平均自相关函数与功率谱密度之间存在着密切的关系。用维纳-辛钦定理表示这一关系,即,信号的时间平均自相关函数与信号的功率谱密度为傅里叶变换对:

$$S(f) = \Im[R(\tau)] = \int_{-\infty}^{\infty} R(\tau)\,\mathrm{e}^{-\mathrm{j}2\pi f \tau}\mathrm{d}\tau \tag{2.146}$$

以及

$$R(\tau) = \Im^{-1}[S(f)] = \int_{-\infty}^{\infty} S(f)\,\mathrm{e}^{\mathrm{j}2\pi f \tau}\mathrm{d}f \tag{2.147}$$

第 7 章给出了维纳-辛钦定理的证明。这里只是将式(2.146)作为功率谱密度的定义。需要注意的是,如果设 τ 为 0,则可以根据式(2.147)直接得到式(2.145)。

2.5.2　$R(\tau)$ 的性质

下面列出了时间平均自相关函数的几个有用的性质。

1. 对所有的 τ 而言,$R(0) = \langle x^2(t) \rangle \geqslant |R(\tau)|$ 始终成立,也就是说,$R(\tau)$ 在 $\tau = 0$ 处存在绝对最大值。
2. $R(-\tau) = \langle x(t)x(t-\tau) \rangle = R(\tau)$,也就是说,$R(\tau)$ 为偶函数。
3. 如果 $x(t)$ 不含周期性分量,则 $\lim\limits_{|\tau| \to \infty} R(\tau) = \langle x(t) \rangle^2$。
4. 如果 $x(t)$ 表示周期为 T_0 的时域周期信号,则 $R(\tau)$ 表示周期为 T_0 的时间差为 τ 的周期信号。
5. 任何功率信号的时间平均自相关函数存在非负值的傅里叶变换。

由于归一化功率为非负值,因此可以导出性质 5。第 7 章给出这些性质的证明过程。

对涉及各种随机信号的通信系统进行分析时,自相关函数与功率谱密度是很重要的工具。

例2.19

已知信号 $x(t) = \mathrm{Re}[2 + 3\exp(\mathrm{j}10\pi t) + 4\mathrm{j}\exp(\mathrm{j}10\pi t)]$ 或者 $x(t) = 2 + 3\cos(10\pi t) - 4\sin(10\pi t)$,求出 $x(t)$ 的自相关函数与功率谱密度。求解的第一步是将信号表示为常数加上单频正弦信号。于是可以得到

$$x(t) = \mathrm{Re}\left[2 + \sqrt{3^2+4^2}\exp[\mathrm{j}\tan^{-1}(4/3)]\exp(\mathrm{j}10\pi t)\right] = 2 + 5\cos[10\pi t + \tan^{-1}(4/3)]$$

可以用两种方法中的一种进行处理。第一种方法：求解 $x(t)$ 的自相关函数，并通过求取自相关函数的傅里叶变换得到功率谱密度。第二种方法：写出功率谱密度的表达式后对其进行傅里叶逆变换，由此得到自相关函数。

根据第 1 种方法，求出的自相关函数如下：

$$
\begin{aligned}
R(\tau) &= \frac{1}{T_0} \int_{T_0} x(t)x(t+\tau)\mathrm{d}t \\
&= \frac{1}{0.2} \int_0^{0.2} \{2+5\cos[10\pi t+\tan^{-1}(4/3)]\}\{2+5\cos[10\pi(t+\tau)+\tan^{-1}(4/3)]\}\mathrm{d}t \\
&= 5\int_0^{0.2}\left\{\begin{array}{l} 4+10\cos[10\pi t+\tan^{-1}(4/3)]+10\cos[10\pi(t+\tau)+\tan^{-1}(4/3)] \\ +25\cos[10\pi t+\tan^{-1}(4/3)]\cos[10\pi(t+\tau)+\tan^{-1}(4/3)] \end{array}\right\}\mathrm{d}t \\
&= 5\int_0^{0.2} 4\mathrm{d}t+50\int_0^{0.2}\cos[10\pi t+\tan^{-1}(4/3)]\mathrm{d}t+50\int_0^{0.2}\cos[10\pi(t+\tau)+\tan^{-1}(4/3)]\mathrm{d}t \\
&\quad +\frac{125}{2}\int_0^{0.2}\cos(10\pi\tau)\mathrm{d}t+\frac{125}{2}\int_0^{0.2}\cos[20\pi t+10\pi\tau+2\tan^{-1}(4/3)]\mathrm{d}t \\
&= 5\int_0^{0.2} 4\mathrm{d}t+0+0+\frac{125}{2}\int_0^{0.2}\cos(10\pi t)\mathrm{d}t+\frac{125}{2}\int_0^{0.2}\cos[20\pi t+10\pi\tau+2\tan^{-1}(4/3)]\mathrm{d}t \\
&= 4+\frac{25}{2}\cos(10\pi\tau) \tag{2.148}
\end{aligned}
$$

式中，由于与时间 t 有关的余弦信号在整数倍的周期内积分，因此积分值等于零。式中还利用了关系式：$\cos x\cos y=\dfrac{1}{2}\cos(x+y)+\dfrac{1}{2}\cos(x-y)$。功率谱密度为自相关函数的傅里叶变换，即

$$
\begin{aligned}
S(f) &= \Im\left[4+\frac{25}{2}\cos(10\pi\tau)\right] = 4\Im[1]+\frac{25}{2}\Im\left[\cos(10\pi\tau)\right] \\
&= 4\delta(f)+\frac{25}{4}\delta(f-5)+\frac{25}{4}\delta(f+5) \tag{2.149}
\end{aligned}
$$

这里注意到，$S(f)$ 在整个频率区间内的积分为：$P=4+25/2=16.5$ 瓦特/欧姆，该值表示直流功率与交流功率之和(后者分布在−5～5 Hz 之间)。从功率谱密度开始求解时，先写出功率谱密度的表达式，再利用功率参数对功率谱密度求傅里叶逆变换之后就可以得到自相关函数。

值得注意的是，在前面给出的自相关函数的性质中，题中求出的自相关函数除第 3 条不适用外，所有的性质都满足。　　　　　　　　　　　　　　　　　　　　　　　　　　　　　　　■

例2.20

序列 1110010 是伪随机噪声(或者称为 m 序列)的例子，m 序列在实现数字通信系统时相当重要，见第 9 章的分析。这里把这个 m 序列作为计算自相关函数与功率谱密度的另一个实例。图 2.11(a) 表示根据该 m 序列进行如下的处理之后得到的等效波形：用−1 取代序列中的 0。再通过如下的处理过程之后得到周期信号：用方波函数 $\prod\left(\dfrac{t-t_0}{\Delta}\right)$ 乘以序列中的每个单元；求出累加和。这里假定所得的波形重复出现，因而得到了周期信号。由于已假定信号周期性地重复，那么，在计算自相关函数时，利用式(2.145)可以得到

$$
R(\tau) = \frac{1}{T_0} \int_{T_0} x(t)x(t+\tau)\mathrm{d}t
$$

这里分析信号 $x(t)$ 与 $x(t+n\Delta)$ 相乘之后得到的积，图 2.11(b) 示出了 $n=2$ 时 $x(t+n\Delta)$ 的波形。图 2.11(c) 示出了对应的乘积。从图中可以看出，在这种情形之下，乘积 $x(t)x(t+n\Delta)$ 的净面积为 $-\Delta$，由此得到 $R(2\Delta)=-\dfrac{\Delta}{7\Delta}=-\dfrac{1}{7}$。实际上，当 τ 等于 Δ 的非零整数倍时，这一结果都成立。当 $\tau=0$ 时，乘积 $x(t)x(t+0)$ 的净面积为 7Δ，由此得到 $R(0)=\dfrac{7\Delta}{7\Delta}=1$。在图 2.11(d) 中利用空心圆示出了相关性运算的结果，值得注意的是，这种空心圆每隔 $\tau=7\Delta$ 重复出现一次。当给定的时延值不是整数时，根据括号内所需时延值的整数时延内容，按照自相关函数值的线性内插法求解自相关函数。可以看出，这正是所介绍的积分值 $\displaystyle\int_{T_0} x(t)x(t+\tau)\mathrm{d}t$，并且注意到，由于 $x(t)$ 由方波信号组成，因此，乘积 $x(t)x(t+\tau)$ 一定是 τ 的线性函数。于是可以得到图 2.11(d) 中用实线表示的自相关函数。1 个周期内的自相关函数如下：

$$R(\tau)=\frac{8}{7}\Lambda\left(\frac{\tau}{\Delta}\right)-\frac{1}{7},\quad |\tau|\leqslant\frac{T_0}{2}$$

由于功率谱密度为自相关函数的傅里叶变换，于是，根据式(2.146)可以得到功率谱密度。将这一问题的详细推导过程留作习题。图 2.11(e) 中示出了最后得到的如下结果：

$$S(f)=\frac{8}{49}\sum_{n=-\infty}^{\infty}\mathrm{sinc}^2\left(\frac{n}{7\Delta}\right)\delta\left(f-\frac{n}{7\Delta}\right)-\frac{1}{7}\delta(f)$$

值得注意的是，当 f 接近 0 时，可以得到 $S(f)=\left(\dfrac{8}{49}-\dfrac{1}{7}\right)\delta(f)=\dfrac{1}{49}\delta(f)$，这个结果表示直流功率为 $\dfrac{1}{49}=\dfrac{1}{7^2}$ W。同学们应该考虑一下为什么这是个正确的结论。(提示：信号 $x(t)$ 的直流分量是多少？该直流分量对应的信号功率是多少？)

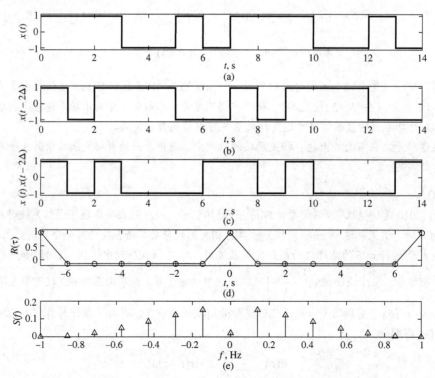

图 2.11　根据长度为 7 的 m 序列，计算自相关函数和功率谱密度时所得到的波形

对涉及各种随机信号的系统进行分析时，自相关函数与功率谱密度是很重要的工具。

2.6 信号与线性系统

本节介绍各种系统的特性以及这些特性对信号的影响。在系统设计中，并不关注构成具体系统的各种实际的元器件(例如，电阻器、电容器、电感器、弹簧以及各种其他元器件)。从系统运行的角度来说，这里关注的是：得到期望的系统输出时系统输入应满足的条件。在分析具有一个输入、一个输出的系统时，可以用如下的式子表示完成这一功能的系统：

$$y(t) = \mathcal{H}\,[x(t)] \tag{2.150}$$

式中，$\mathcal{H}[\cdot]$ 表示由 $x(t)$ 产生 $y(t)$ 的运算符，如图 2.12 所示。下面介绍几种类型的系统，其中之一是线性时不变系统。

图 2.12　线性系统的表示符号

2.6.1　线性时不变系统的定义

如果系统为线性系统，则叠加性成立。也就是说，如果系统的输入为 $x_1(t)$ 时，输出为 $y_1(t)$，以及系统的输入为 $x_2(t)$ 时，输出为 $y_2(t)$，那么，当系统的输入为 $[\alpha_1 x_1(t) + \alpha_2 x_2(t)]$ 时(α_1、α_2 为常数)，所得到的系统的输出如下：

$$y(t) = \mathcal{H}[\alpha_1 x_1(t)) + \alpha_2 x_2(t)] = \alpha_1 \mathcal{H}[x_1(t)] + \alpha_2 \mathcal{H}[x_2(t)] = \alpha_1 y_1(t) + \alpha_2 y_2(t) \tag{2.151}$$

如果系统为线性时不变系统(或者称为固定系统)，则延时之后的输入 $x(t - t_0)$ 产生延时之后的输出 $y(t - t_0)$；即

$$y(t - t_0) = \mathcal{H}[x(t - t_0)] \tag{2.152}$$

在直接给出了线性时不变(Linear Time-Invariant, LTI)系统的这些性质之后，下面导出这种系统的一些更具体的表示形式。

2.6.2　冲激响应与重叠积分法

将 LTI 系统的冲激响应 $h(t)$ 定义为在如下条件下所得到的系统响应：①时间 $t = 0$；②系统的输入为冲激信号。即

$$h(t) \triangleq \mathcal{H}[\delta(t)] \tag{2.153}$$

根据线性时不变系统的性质，可以得到任意时间 t_0 的冲激响应为 $h(t - t_0)$，而且，当输入为冲激信号的线性组合 $\alpha_1 \delta(t - t_1) + \alpha_2 \delta(t - t_2)$ 时，利用叠加性与时不变的特性，可以得到系统的响应为 $\alpha_1 h(t - t_1) + \alpha_2 h(t - t_2)$。当把如下的信号输入到系统时

$$x(t) = \sum_{n=1}^{N} \alpha_n \delta(t - t_n) \tag{2.154}$$

可以推导出系统的响应如下：

$$y(t) = \sum_{n=1}^{N} \alpha_n h(t - t_n) \tag{2.155}$$

从系统冲激响应的角度来说，重叠积分表示 LTI 系统对任意输入信号(具有适当限制条件)的响应，下面利用式(2.155)求解积分的叠加性。这里分析图 2.13(a)所示的任意输入信号，利用单位冲激信号的筛选性质，可以将输入信号 $x(t)$ 表示如下。

$$x(t) = \int_{-\infty}^{\infty} x(\lambda)\delta(t-\lambda)\mathrm{d}\lambda \qquad (2.156)$$

以累加和的形式近似表示式(2.156)的积分，则可以得到

$$x(t) \cong \sum_{n=N_1}^{N_2} x(n\,\Delta t)\,\delta(t-n\,\Delta t)\Delta t, \quad \Delta t \ll 1 \qquad (2.157)$$

式中，$t_1 = N_1\Delta t$ 表示信号的起始时间；$t_2 = N_2\Delta t$ 表示信号的终止时间。当 $\alpha_n = x(n\Delta t)\Delta t$、$t_n = n\Delta t$ 时，根据式(2.155)可以得到系统的输出如下：

$$\tilde{y}(t) = \sum_{n=N_1}^{N_2} x(n\,\Delta t)\,h(t-n\,\Delta t)\Delta t \qquad (2.158)$$

式中，y 项上的波浪号表示当输入近似于式(2.157)时系统的输出。在极限情况下，当 Δt 接近于零、$n\Delta t$ 接近连续变量 λ 时，累加和变为积分，于是可以得到

$$y(t) = \int_{-\infty}^{\infty} x(\lambda)h(t-\lambda)\mathrm{d}\lambda \qquad (2.159)$$

式中，为了准许任意的起始时间与终止时间 $x(t)$，已将积分限变为 $\pm\infty$。利用变量代换 $\sigma = t-\lambda$，可以得到等价的结果如下：

$$y(t) = \int_{-\infty}^{\infty} x(t-\sigma)h(\sigma)\mathrm{d}\sigma \qquad (2.160)$$

由于每个独立的脉冲都会产生基本的响应，而且只有按这种方法将产生的许多响应相加之后才能得到这些关系式，因此这些关系式遵循重叠积分法。如果所考虑的系统为因果系统(也就是说，在输入到达之前，系统的响应为零)，则可以将结果进行一些简化处理。对因果系统而言，当 $t<\lambda$ 时，$h(t-\lambda)=0$，于是，可以将式(2.159)的积分上限置为 t。而且，当 $t<0$ 时，如果 $x(t)=0$，那么式(2.159)的积分下限为零。

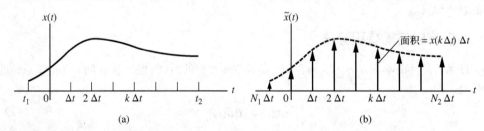

图 2.13　信号及其近似表示。(a)信号；(b)用一串脉冲近似地表示信号

2.6.3　稳定性

固定的线性系统指的是输入有界、输出有界(Bounded Input Bounded Output，BIBO)的稳定系统。可以证明[11]，当且仅当满足下面的条件时，所实现的系统才是稳定系统：

$$\int_{-\infty}^{\infty} |h(t)|\mathrm{d}t < \infty \qquad (2.161)$$

2.6.4　传输函数(频率响应函数)

将傅里叶变换的卷积定理(参阅"附录 F 之表 F.6：傅里叶变换的各项定理表"中的第 8 项：卷积

11　参见如下文献的第 2 章：Ziemer, Tranter, and Fannin (1998)。

定理)用于式 (2.159) 或者用于式 (2.160) 时, 可以得到

$$Y(f) = H(f)X(f) \tag{2.162}$$

式中, $X(f) = \Im\{x(t)\}$, $Y(f) = \Im\{y(t)\}$, 而且还有

$$H(f) = \Im\{h(t)\} = \int_{-\infty}^{\infty} h(t)\mathrm{e}^{-\mathrm{j}2\pi ft}\mathrm{d}t \tag{2.163}$$

或者

$$h(t) = \Im^{-1}\{H(f)\} = \int_{-\infty}^{\infty} H(f)\mathrm{e}^{\mathrm{j}2\pi ft}\mathrm{d}f \tag{2.164}$$

$H(f)$ 称为系统的传输函数(或者称为频率响应函数)。从上面的介绍可以看出, 无论是 $h(t)$ 还是 $H(f)$ 都能体现出系统的特性。对式 (2.162) 的两端取傅里叶逆变换, 则得到如下的输出:

$$y(t) = \int_{-\infty}^{\infty} X(f)H(f)\mathrm{e}^{\mathrm{j}2\pi ft}\mathrm{d}f \tag{2.165}$$

2.6.5 因果性

如果系统不能够预测本系统的输入, 那么这种系统就是因果系统。由冲激响应的概念可知, 时不变因果系统满足如下的关系式:

$$h(t) = 0, \quad t < 0 \tag{2.166}$$

维纳、帕雷[12]的著名定理从系统频率响应函数的角度, 将因果性进行了诠释。也就是说, 如果如下的关系式成立:

$$\int_{-\infty}^{\infty} |h(t)|^2 \mathrm{d}t = \int_{-\infty}^{\infty} |H(f)|^2 \mathrm{d}f < \infty \tag{2.167}$$

而且, 当 $t < 0$ 时 $h(t) \equiv 0$, 则如下的关系式必然成立:

$$\int_{-\infty}^{\infty} \frac{|\ln|H(f)||}{1+f^2}\mathrm{d}f < \infty \tag{2.168}$$

相反, 如果 $|H(f)|$ 的平方为可积函数, 而且如果式 (2.168) 的积分没有边界, 那么, 当 $t < 0$ 时, 无论怎样选择幅角 $\angle H(f)$, 也不可能设计出 $h(t) \equiv 0$ 的系统。式 (2.168) 的结果表明: 在有限的频带内, 因果滤波器不可能满足 $|H(f)| \equiv 0$(也就是说, 在有限的频带内, 也可以实现因果滤波器)。实际上, 维纳、帕雷准则限定了因果 LTI 系统中 $|H(f)|$ 变为零的速率。例如

$$|H_1(f)| = \mathrm{e}^{-k_1|f|} \Rightarrow \left|\ln|H_1(f)|\right| = k_1|f| \tag{2.169}$$

以及

$$|H_2(f)| = \mathrm{e}^{-k_2 f^2} \Rightarrow \left|\ln|H_2(f)|\right| = k_2 f^2 \tag{2.170}$$

式中, k_1、k_2 均表示大于零的常数。在上面两个关系式表示的情形中, 由于式 (2.168) 都没有给出有限的结果, 那么, 对因果 LTI 滤波器而言, 式 (2.169)、式 (2.170) 的幅度响应都不可能实现。

将维纳、帕雷准则完整地表述如下: 对任意的满足式 (2.168) 的平方可积函数 $|H(f)|$ 而言, 存在幅角 $\angle H(f)$ 满足如下条件的因果滤波器: $H(f) = |H(f)|\exp[\mathrm{j}\angle H(f)]$ 为 $h(t)$ 的傅里叶变换。

---

12 参见文献 William Siebert, *Circuits, Signals, and Systems*, New York: Mc-Graw Hill, 1986, p. 476。

例 2.21

(a)证明具有如下冲激响应的系统为稳定系统:

$$h(t) = e^{-2t}\cos(10\pi t)u(t)$$

(b)该系统是不是因果系统?

解:

(a)分析如下的积分过程:

$$\int_{-\infty}^{\infty}|h(t)|dt = \int_{-\infty}^{\infty}\left|e^{-2t}\cos(10\pi t)u(t)\right|dt$$

$$= \int_{0}^{\infty}e^{-2t}|\cos(10\pi t)|dt$$

$$\leqslant \int_{0}^{\infty}e^{-2t}dt = -\frac{1}{2}e^{-2t}\Big|_{0}^{\infty} = \frac{1}{2} < \infty$$

因此, 该系统是输入有界、输出有界的稳定系统。值得注意的是, 由于$|\cos(10\pi t)| \leqslant 1$, 于是根据上式的第 2 行推导出了第 3 行。

(b)当 $t < 0$ 时, 由于 $h(t) = 0$ 成立, 因此该系统为因果系统。　■

2.6.6　$H(f)$ 的对称性

一般来说, LTI 系统的频率响应函数 $H(f)$ 为复数。于是, 可以用幅度、幅角将 $H(f)$ 表示如下:

$$H(f) = |H(f)|\exp[j\angle H(f)] \tag{2.171}$$

式中, $|H(f)|$、$\angle H(f)$ 分别表示 LTI 系统的幅度(大小)响应函数、相位响应函数。另外, $H(f)$ 表示实时函数 $h(t)$ 的傅里叶变换。于是, 可以得出下面的两个关系式:

$$|H(f)| = |H(-f)| \tag{2.172}$$

$$\angle H(f) = -\angle H(-f) \tag{2.173}$$

也就是说, 如果系统的冲激响应为实数, 则系统的幅度响应为频率的偶函数、系统的相位响应为频率的奇函数。

例 2.22

分析如图 2.14 所示的 RC 低通滤波器。可以用几种方法求出该滤波器的频率响应函数。

解:

方法①　用如下的微分方程表示出控制特性(即通常所说的积分-微分方程):

$$RC\frac{dy(t)}{dt} + y(t) = x(t) \tag{2.174}$$

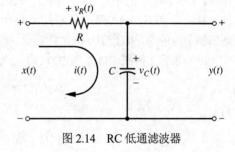

图 2.14　RC 低通滤波器

对上式的两端取傅里叶变换, 可以得到

$$(j2\pi fRC + 1)Y(f) = X(f)$$

或者将上式表示如下:

$$H(f) = \frac{Y(f)}{X(f)} = \frac{1}{1 + j(f/f_3)} = \frac{1}{\sqrt{1 + (f/f_3)^2}}e^{-j\tan^{-1}(f/f_3)} \tag{2.175}$$

式中，$f_3 = 1/(2\pi RC)$ 表示 3 dB 频率(或者称为半功率频率)。

方法② 可以利用拉普拉斯变换理论，用 s 取代 $j2\pi f$ 。

方法③ 可以利用稳态正弦交流的分析方式。图 2.15(a)～(b)分别示出了该系统的幅度响应与相位响应。

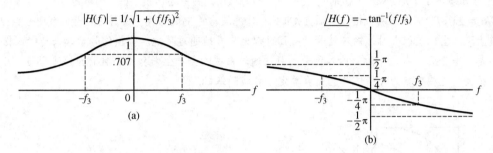

图 2.15　RC 低通滤波器的幅度响应与相位响应。(a)幅度响应; (b)相位响应

根据傅里叶变换对

$$\alpha e^{-\alpha t} u(t) \leftrightarrow \frac{\alpha}{\alpha + j2\pi f} \tag{2.176}$$

可以求出滤波器的冲激响应如下:

$$h(t) = \frac{1}{RC} e^{-t/RC} u(t) \tag{2.177}$$

最后介绍的是，当如下的脉冲信号输入到滤波器时的响应:

$$x(t) = A\Pi\left(\frac{t - \dfrac{T}{2}}{T}\right) \tag{2.178}$$

利用合理的傅里叶变换对，可以很容易求出 $Y(f)$，但求解 $Y(f)$ 的傅里叶逆变换时需要费些周折。在该实例中，重叠积分是最佳的解决方案。把滤波器的响应表示如下:

$$y(t) = \int_{-\infty}^{\infty} h(t - \sigma) x(\sigma) \mathrm{d}\sigma \tag{2.179}$$

根据滤波器的已知特性 $h(t)$，将 $(t - \sigma)$ 直接替换 $h(t)$ 中的 t 之后，可以得到

$$h(t - \sigma) = \frac{1}{RC} e^{-(t-\sigma)/RC} u(t - \sigma) = \begin{cases} \dfrac{1}{RC} e^{-(t-\sigma)/RC}, & \sigma < t \\ 0, & \sigma > t \end{cases} \tag{2.180}$$

当 $\sigma < 0$ 以及 $\sigma > T$ 时，由于 $x(\sigma) = 0$，因此可以得到

$$y(t) = \begin{cases} 0, & t < 0 \\ \displaystyle\int_0^t \frac{A}{RC} e^{-(t-\sigma)/RC} \mathrm{d}\sigma, & 0 \leqslant t \leqslant T \\ \displaystyle\int_0^T \frac{A}{RC} e^{-(t-\sigma)/RC} \mathrm{d}\sigma, & t > T \end{cases} \tag{2.181}$$

求出上式中的两个积分值之后，可以得到

$$y(t) = \begin{cases} 0, & t < 0 \\ A(1 - e^{-t/RC}), & 0 < t \leqslant T \\ A(e^{-(t-T)/RC} - e^{-t/RC}), & t > T \end{cases} \tag{2.182}$$

图 2.16 绘出了 T/RC 取几个值时滤波器响应的时域图。图中还示出了 $|X(f)|$ 与 $|H(f)|$。值得注意的是，$T/RC = 2\pi f_3/T^{-1}$ 与如下两个指标的比值成正比：①滤波器的 3 dB 频率；②脉冲信号的频谱带宽 (T^{-1})。从本质上说，当比值很大时，输入信号的频谱可以无失真地通过系统，输出信号看起来与输入信号相同。但是，当 $2\pi f_3/T^{-1} \ll 1$ 时，输入信号的频谱通过系统时会产生失真，而且 $y(t)$ 的波形与 $x(t)$ 的波形相差很大。这些观点为分析信号的失真奠定了扎实的基础。

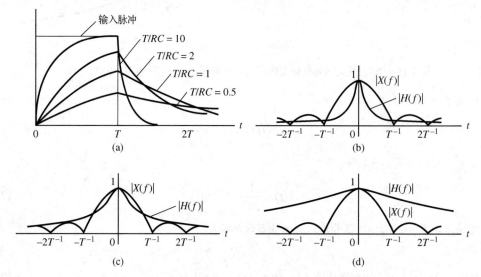

图 2.16　(a) 信号；(b)～(d) 脉冲输入到 RC 低通滤波器时所得到的频谱。(a) 输入信号和输出信号；(b) $T/RC = 0.5$；(c) $T/RC = 2$；(d) $T/RC = 10$

值得注意的是，通过将输入表示为 $x(t) = A[u(t) - u(t - T)]$，并且从阶跃响应的角度利用叠加性将输出表示为 $y(t) = y_s(t) - y_s(t - T)$ 时，可以求出输出。同学们可以证明阶跃响应为：$y_s(t) = A(1 - e^{-t/RC})u(t)$。因此输出为 $y(t) = A(1 - e^{-t/RC})u(t) - A(1 - e^{-(t-T)/RC})u(t - T)$，可以证明：这一结论与上面得到的式 (2.182) 的结果相同。　■

2.6.7　频谱密度的输入-输出关系

考虑固定频率响应、输入信号、输出信号分别为 $H(f)$、$x(t)$、$y(t)$ 的线性二端口系统。如果 $x(t)$ 和 $y(t)$ 均为能量信号，则能量谱密度分别为 $G_x(f) = |X(f)|^2$ 与 $G_y(f) = |Y(f)|^2$。由于 $Y(f) = X(f)H(f)$，于是可以得出如下的关系式：

$$G_y(f) = |H(f)|^2 G_x(f) \tag{2.183}$$

对功率信号及其对应的频域信号而言，同样的关系式仍成立，即

$$S_y(f) = |H(f)|^2 S_x(f) \tag{2.184}$$

这些关系式的证明见第 7 章。

2.6.8　周期性输入信号的响应

这里介绍的是，将复指数信号 $Ae^{j2\pi f_0 t}$ 输入到固定的线性系统时所得到的稳态响应。利用重叠积分

法，可以得到如下的关系式：

$$y_{ss}(t) = \int_{-\infty}^{\infty} h(\lambda) A e^{j2\pi f_0(t-\lambda)} d\lambda = A e^{j2\pi f_0 t} \int_{-\infty}^{\infty} h(\lambda) e^{-j2\pi f_0 \lambda} d\lambda = H(f_0) A e^{j2\pi f_0 t} \tag{2.185}$$

这就是说，输出为相同频率的复指数信号，但分别相对于输入信号的幅度、相位而言，幅度的比例因子为 $|H(f_0)|$、相移为 $\angle H(f_0)$。根据叠加性原理，可以得出如下的结论，当输入任意的周期信号时，可以用复指数傅里叶级数将系统的稳态输出表示如下：

$$y(t) = \sum_{n=-\infty}^{\infty} X_n H(nf_0) e^{j2\pi n f_0 t} \tag{2.186}$$

或者将上式表示如下：

$$y(t) = \sum_{n=-\infty}^{\infty} |X_n| |H(nf_0)| \exp\{j[2\pi n f_0 t + \angle X_n + \angle H(nf_0)]\} \tag{2.187}$$

$$= X_0 H(0) + 2 \sum_{n=1}^{\infty} |X_n| |H(nf_0)| \cos[2\pi n f_0 t + \angle X_n + \angle H(nf_0)] \tag{2.188}$$

在得出式 (2.188) 时利用了式 (2.172)、式 (2.173)。那么，当输入为周期信号时，输入信号的每个频谱分量的幅度由幅度响应函数对具体频谱分量对应的频率进行了衰减（或者放大），而且每个频谱分量的相位变化量为系统在具体频谱分量频率处的相移函数。

例 2.23

将周期为 0.1 秒的单位幅度三角波信号输入到具有如下频率响应函数的滤波器时，要求求出系统的响应：

$$H(f) = 2\Pi\left(\frac{f}{42}\right) e^{-j2\pi f/10} \tag{2.189}$$

解：

根据表 2.1、式 (2.29)，在采用指数形式表示时，可以将输入信号的傅里叶级数表示如下：

$$x(t) = \cdots + \frac{4}{25\pi^2} e^{-j100\pi t} + \frac{4}{9\pi^2} e^{-j60\pi t} + \frac{4}{\pi^2} e^{-j20\pi t}$$

$$+ \frac{4}{\pi^2} e^{j20\pi t} + \frac{4}{9\pi^2} e^{j60\pi t} + \frac{4}{25\pi^2} e^{j100\pi t} + \cdots \tag{2.190}$$

$$= \frac{8}{\pi^2}\left[\cos(20\pi t) + \frac{4}{9}\cos(60\pi t) + \frac{1}{25}\cos(100\pi t) + \cdots\right]$$

滤波器滤除了 21 Hz 以上的谐波，准许 21 Hz 以下的所有频谱分量通过，且幅度比例因子和相移分别为 2、$-\pi f/10$（弧度）。滤波器准许通过的三角波信号的唯一谐波是频率为 10 Hz 的基频，该基频信号产生了 $-10\pi/10 = -\pi$ 的相移。于是得到如下的输出信号：

$$y(t) = \frac{16}{\pi^2}\cos\left[20\pi\left(t - \frac{1}{20}\right)\right] \tag{2.191}$$

从上式可以看出，输出信号所产生的相移与 1/20 秒的时延等效。　　■

2.6.9　无失真传输

从式 (2.188) 可以看出，当周期信号输入到二端口 LTI 系统时，所产生的频谱分量的幅度与相位都会发生变化。在进行信号处理时，需要修正所发生的这种变化，而且修正量等于信号传输过程中所产生的失真。初步分析一下信号就可以看出，仅当输入的频谱分量不存在衰减、相移时，才会实现信号的理想传输，但这一指标太严格。如果系统将相同的衰减与时延引入到输入的所有频谱分量，那么，输出与输入看起来一样，这时把系统归类为无失真系统。特别是，如果系统的输出与输入之间的关系如下：

$$y(t) = H_0 x(t - t_0) \tag{2.192}$$

式中，H_0 和 t_0 均为常数，那么，系统的输出为幅度减小、时延之后的输入信号。将时延定理用于式(2.192)的傅里叶变换式，并且利用定义 $H(f) = Y(f)/X(f)$，则可以得到无失真系统的频率响应函数如下：

$$H(f) = H_0 e^{-j2\pi f t_0} \tag{2.193}$$

这就是说，无失真系统的幅度响应为常数、相移随频率呈线性变化。当然，仅当输入信号在这些频率范围内存在明显的频谱分量时，才需要这些约束条件。随后介绍的图 2.17 与例 2.24 会就这些问题给出分析。

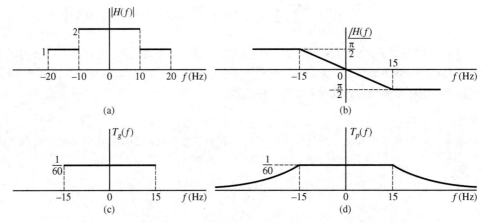

图 2.17　例 2.24 中滤波器的幅度响应、相位响应、群时延、相位时延。
(a) 幅度响应；(b) 相位响应；(c) 群时延；(d) 相位时延

　　一般来说，可以把失真分为如下的 3 种类型：①系统为线性系统，但随着频率的变化幅度并不是常数，那么，这种系统引入了幅度失真；②系统为线性系统，但相移并不是频率的线性函数，那么，这种系统引入了相位失真(或者称为时域失真)；③如果系统不是线性系统，则这种系统会引入非线性失真。当然，系统中出现的失真可能是这 3 种失真类型的组合。

2.6.10　群时延与相位时延

　　在线性系统中，根据相位对频率的导数可以识别是否发生了相位失真。无失真系统的相位特性是：相位响应与频率成正比。因此，在无失真系统中，相位响应函数对频率的导数为常数。把该常数取负值后得到的值称为 LTI 系统的群时延。换句话说，用如下的式子定义群时延：

$$T_g(f) = -\frac{1}{2\pi}\frac{\mathrm{d}\theta(f)}{\mathrm{d}f} \tag{2.194}$$

式中，$\theta(f)$ 表示系统的相位响应。对无失真系统而言，可以将式(2.193)的相位响应函数表示如下：

$$\theta(f) = -2\pi f t_0 \tag{2.195}$$

由上式可以得到如下的群时延：

$$T_g(f) = -\frac{1}{2\pi}\frac{\mathrm{d}}{\mathrm{d}f}(-2\pi f t_0)$$

对上式化简之后可得

$$T_g(f) = t_0 \tag{2.196}$$

这就证明了前面给出的观点，即，无失真 LTI 系统的群时延为常数。

　　群时延表示两个或者多个频率分量通过线性系统时所经历的时延。如果线性系统的输入为单频分量，由于总可以将输出表示为幅度缩小/放大、相移（即时延）之后的输入信号，那么系统不会出现失真。例如，假定线性系统的输入如下：

$$x(t) = A\cos(2\pi f_1 t) \tag{2.197}$$

根据式 (2.188) 可以将对应上面的输出表示如下：

$$y(t) = A\left|H(f_1)\right|\cos\left[2\pi f_1 t + \theta(f_1)\right] \tag{2.198}$$

式中，$\theta(f_1)$ 表示在 $f = f_1$ 处计算出的系统的相位响应。可以将式 (2.198) 表示如下：

$$y(t) = A\left|H(f_1)\right|\cos\left\{2\pi f_1\left[t + \frac{\theta(f_1)}{2\pi f_1}\right]\right\} \tag{2.199}$$

　　将单频分量的时延定义为相位时延：

$$T_p(f) = -\frac{\theta(f)}{2\pi f} \tag{2.200}$$

那么，可以用下面的式子表示式 (2.199)：

$$y(t) = A\left|H(f_1)\right|\cos\left\{2\pi f_1\left[t - T_p(f_1)\right]\right\} \tag{2.201}$$

利用式 (2.195)，可以将无失真系统的相位时延表示如下：

$$T_p(f) = -\frac{1}{2\pi f}(-2\pi f t_0) = t_0 \tag{2.202}$$

由此得出结论：无失真系统的群时延相等（或者相位时延相等）。通过下面的例子，读者可以弄清楚前面给出的各个定义。

例 2.24

这里分析具有如图 2.17 所示幅度响应与相移的系统，而且输入为如下的 4 个信号。

1. $x_1(t) = \cos(10\pi t) + \cos(12\pi t)$
2. $x_2(t) = \cos(10\pi t) + \cos(26\pi t)$
3. $x_3(t) = \cos(26\pi t) + \cos(34\pi t)$
4. $x_4(t) = \cos(32\pi t) + \cos(34\pi t)$

解：

从应用的角度看，尽管该系统有点不切实际，但可以利用该系统解释幅度失真与相位失真的各种组合。根据式 (2.188) 可以得到与 4 个输入相对应的输出分别如下：

1.

$$y_1(t) = 2\cos\left(10\pi t - \frac{1}{6}\pi\right) + 2\cos\left(12\pi t - \frac{1}{5}\pi\right) = 2\cos\left[10\pi\left(t - \frac{1}{60}\right)\right] + 2\cos\left[12\pi\left(t - \frac{1}{60}\right)\right]$$

2.

$$y_2(t) = 2\cos\left(10\pi t - \frac{1}{6}\pi\right) + \cos\left(26\pi t - \frac{13}{30}\pi\right) = 2\cos\left[10\pi\left(t - \frac{1}{60}\right)\right] + \cos\left[26\pi\left(t - \frac{1}{60}\right)\right]$$

3.

$$y_3(t) = \cos\left(26\pi t - \frac{13}{30}\pi\right) + \cos\left(34\pi t - \frac{1}{2}\pi\right) = \cos\left[26\pi\left(t - \frac{1}{60}\right)\right] + \cos\left[34\pi\left(t - \frac{1}{68}\right)\right]$$

4.

$$y_4(t) = \cos\left(32\pi t - \frac{1}{2}\pi\right) + \cos\left(34\pi t - \frac{1}{2}\pi\right) = \cos\left[32\pi\left(t - \frac{1}{64}\right)\right] + \cos\left[34\pi\left(t - \frac{1}{68}\right)\right]$$

在利用式(2.192)验证上述的结果时，可以看出：只有信号 $x_1(t)$ 无失真地通过系统，信号 $x_2(t)$ 在系统中传输时产生了幅度失真，信号 $x_3(t)$、信号 $x_4(t)$ 在系统中传输时产生了相位(时延)失真。

图 2.17 中还示出了群时延和相位时延。从图中可以看出，当 $|f| \leqslant 15$ Hz 时，群时延与相位时延都等于 1/60 s。当 $|f| > 15$ Hz 时，群时延为零，相位时延如下：

$$T_p(f) = \frac{1}{4|f|}, \quad |f| > 15 \text{ Hz} \tag{2.203}\ \blacksquare$$

2.6.11　非线性失真

在分析非线性失真时，以具有如下输入输出特性的非线性系统为例：

$$y(t) = a_1 x(t) + a_2 x^2(t) \tag{2.204}$$

式中，a_1、a_2 均为常数，而且输入信号为

$$x(t) = A_1\cos(\omega_1 t) + A_2\cos(\omega_2 t) \tag{2.205}$$

因此，系统的输出如下：

$$y(t) = a_1\left[A_1\cos(\omega_1 t) + A_2\cos(\omega_2 t)\right] + a_2\left[A_1\cos(\omega_1 t) + A_2\cos(\omega_2 t)\right]^2 \tag{2.206}$$

利用三角恒等式可以将系统的输出表示如下：

$$\begin{aligned}
y(t) = {} & a_1\left[A_1\cos(\omega_1 t) + A_2\cos(\omega_2 t)\right] \\
& + \frac{1}{2}a_2(A_1^2 + A_2^2) + \frac{1}{2}a_2\left[A_1^2\cos(2\omega_1 t) + A_2^2\cos(2\omega_2 t)\right] \\
& + a_2 A_1 A_2\{\cos[(\omega_1 + \omega_2)t] + \cos[(\omega_1 - \omega_2)t]\}
\end{aligned} \tag{2.207}$$

正如从式(2.207)所看到的以及图 2.18 所示出的，在该系统的输出端产生了不同于各个输入频率的频率成分。在式(2.207)中，除了第 1 项为所需的输出，还存在位于各个输入频率谐波处的多个失真项(见式(2.207)的第 2 行)，以及各个谐波的和频与差频的各个失真项(见式(2.207)的第 3 行)。把前者称为谐波失真项；把后者称为交调失真项。值得注意的是，可以利用二次非线性器件产生正弦输入信号的二倍频分量，可以把 3 次非线性用于三倍频器，等等。

可以利用"附录 F 之表 F.6：傅里叶变换的各项定理"中给出的乘法定理处理常规输入信号。因此，当非线性系统的传输函数具有式(2.204)所表示的特性时，系统的输出频谱如下：

$$Y(f) = a_1 X(f) + a_2 X(f) * X(f) \tag{2.208}$$

式中，第 2 项为失真项，相对于所需输出(式中的第 1 项)的所有频率分量而言，这是一个干扰项。如前所述，不可能将谐波分量与交调失真分量从系统中隔离开。例如，如果输入信号的频域表达式为

$$Y(f) = A\Pi\left(\frac{f}{2W}\right) \tag{2.209}$$

则失真项如下：

$$a_2 X(f) * X(f) = 2a_2 W A^2 \Lambda\left(\frac{f}{2W}\right) \tag{2.210}$$

图 2.19 中示出了输入频谱、输出频谱。值得注意的是，失真项的频谱宽度为输入信号频谱宽度的两倍。

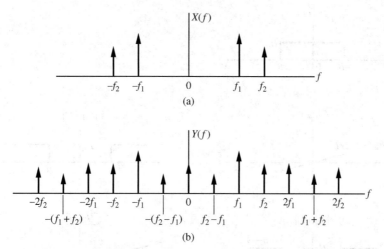

图 2.18　离散频率输入到非线性系统时的输入频谱与输出频谱。(a)输入频谱；(b)输出频谱

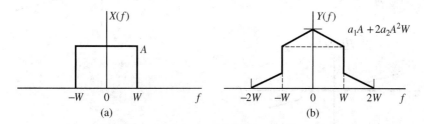

图 2.19　非线性系统的输入频谱与输出频谱(输入信号的频谱在连续频带内不为零)。(a)输入频谱；(b)输出频谱

2.6.12　理想滤波器

当采用幅度响应函数呈矩形(通频带内的幅度为常数，通频带之外的幅度为零)的理想滤波器时，通常会带来方便。这里介绍三种常见类型的理想滤波器：①低通滤波器；②高通滤波器；③带通滤波器。这里假定通频带内的相位响应呈线性。那么，如果 B 表示所考虑的滤波器的单边带宽(对高通滤波器而言，B 表示阻带[13]的带宽)，则很容易得到上述 3 种理想滤波器的传输函数。

1. 对理性的低通滤波器而言，如下的关系式成立：

---

13 这里将滤波器的阻带定义为：当$|H(f)|$低于幅度的最大值 3 dB 时所对应的频率范围。

$$H_{LP}(f) = H_0 \prod(f/2B)e^{-j2\pi ft_0} \tag{2.211}$$

2. 对理性的高通滤波器而言，如下的关系式成立：

$$H_{HP}(f) = H_0[1 - \prod(f/2B)]e^{-j2\pi ft_0} \tag{2.212}$$

3. 最后，对理性的带通滤波器而言，如下的关系式成立：

$$H_{BP}(f) = [H_1(f - f_0) + H_1(f + f_0)]e^{-j2\pi ft_0} \tag{2.213}$$

式中，$H_1(f) = H_0 \prod(f/B)$。

图 2.20 中示出了这些滤波器的幅度响应函数与相位响应函数。

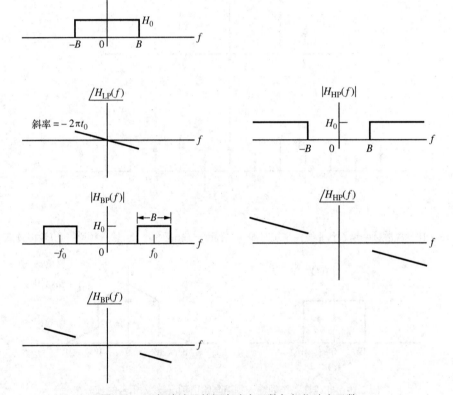

图 2.20　理想滤波器的幅度响应函数与相位响应函数

根据各自频率响应的傅里叶逆变换可以求出相应的冲激响应。例如，根据例 2.12 以及时延定理，可以得到理想低通滤波器的冲激响应如下：

$$h_{LP}(t) = 2BH_0\text{sinc}[2B(t - t_0)] \tag{2.214}$$

当 $t < 0$ 时，由于 $h_{LP}(t)$ 不等于零，因此得出结论：由理想低通滤波器构成的系统不是因果系统。但是，这些理想滤波器简化了计算，并且在频域分析时可以得到令人满意的结果，因此理想滤波器的设计思想很有用处。

下面再来分析带通滤波器，利用调制定理可以将带通滤波器的冲激响应表示如下：

$$h_{BP}(t) = 2h_1(t - t_0)\cos[2\pi f_0(t - t_0)] \tag{2.215}$$

式中

$$h_1(t) = \mathfrak{I}^{-1}[H_1(f)] = H_0 B \mathrm{sinc}(Bt) \tag{2.216}$$

因此，理想带通滤波器的冲激响应为如下的振荡信号：

$$h_{\mathrm{BP}}(t) = 2H_0 B\, \mathrm{sinc}[B(t-t_0)]\cos[2\pi f_0(t-t_0)] \tag{2.217}$$

图 2.21 示出了 $h_{\mathrm{LP}}(t)$ 与 $h_{\mathrm{BP}}(t)$ 的特性。如果 $f_0 \gg B$，那么，将 $h_{\mathrm{BP}}(t)$ 视为如下的处理过程时，会带来方便：①利用慢速变化的包络 $2H_0\mathrm{sinc}(Bt)$ 调制高频振荡信号 $\cos(2\pi f_0 t)$；②向右移位 t_0 秒。

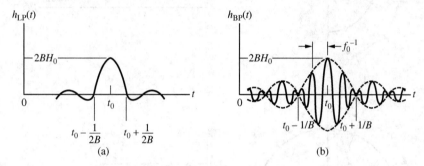

图 2.21　理想低通滤波器与理想带通滤波器的冲激响应。(a) $h_{\mathrm{LP}}(t)$；(b) $h_{\mathrm{BP}}(t)$

理想高通滤波器的冲激响应的推导过程留作习题（习题 2.63）。

2.6.13　用可实现的滤波器逼近理想低通滤波器

理想滤波器不满足因果性的特性，因此不可能用器件实现[14]。尽管如此，但实际应用中，在设计这几种类型的滤波器时，可以按照所需指标尽可能地逼近理想滤波器的特性。本节介绍设计低通滤波器的 3 种近似方法。通过合理的频率变换可以得到带通滤波器与高通滤波器的近似实现。这里介绍如下 3 种滤波器：①巴特沃斯滤波器；②切比雪夫滤波器；③贝塞尔滤波器。

巴特沃斯滤波器的设计思想是：以阻带内较小的衰减为代价，在通频带内实现恒定的幅度。从复频率 s 的角度来说，可以将 n 阶巴特沃斯滤波器的传输函数表示如下：

$$H_{\mathrm{BW}}(s) = \frac{\omega_3^n}{(s-s_1)(s-s_2)\cdots(s-s_n)} \tag{2.218}$$

式中，极点 s_1, s_2, $\cdots$, s_n 关于实轴对称，并且在左半个 s 平面上，这些极点等间隔地分布在半径为 ω_3 的半圆上；$f_3 = \omega_3/2\pi$ 表示 3 dB 截止频率[15]。图 2.22 (a) 示出了具有代表性的几个极点的位置。例如，将二阶巴特沃斯滤波器的传输函数表示如下：

$$H_{2\text{阶BW}}(s) = \frac{\omega_3^2}{\left(s+\dfrac{1+\mathrm{j}}{\sqrt{2}}\omega_3\right)\left(s+\dfrac{1-\mathrm{j}}{\sqrt{2}}\omega_3\right)} = \frac{\omega_3^2}{s^2+\sqrt{2}\omega_3 s+\omega_3^2} \tag{2.219}$$

式中，$f_3 = \omega_3/(2\pi)$ 表示 3 dB 截止频率，单位：赫兹。将 n 阶巴特沃斯滤波器的幅度响应函数表示如下：

$$|H_{\mathrm{BU}}(f)| = \frac{1}{\sqrt{1+(f/f_3)^{2n}}} \tag{2.220}$$

14　需要了解传统滤波器设计详细介绍的读者，参见如下文献的第 2 章：Williams and Taylor (1988)。

15　由电路的基本理论可知，有理函数 $H(s) = N(s)/D(s)$ 的极点和零点指的是：$D(s) = 0$ 和 $N(s) = 0$ 分别对应的 $s \triangleq \sigma + \mathrm{j}\omega$ 值。

值得注意的是，当 n 趋于无穷大时，$|H_{BU}(f)|$ 接近理想低通滤波器的特性。但滤波器的时延也趋于无穷大。

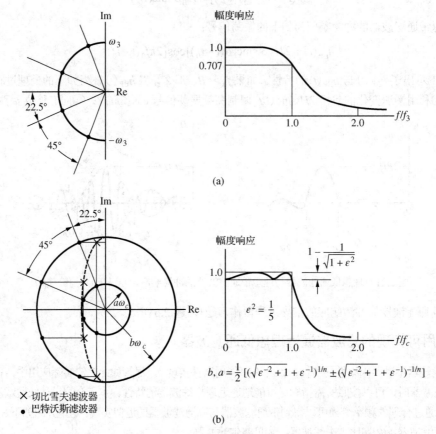

图 2.22　4 阶巴特沃斯滤波器与 4 阶切比雪夫滤波器的极点的位置与
幅度响应。(a) 巴特沃斯滤波器；(b) 切比雪夫滤波器

切比雪夫(第 1 种类型)低通滤波器的设计思想是：在通频带内，幅度响应保持所允许的最小衰减，而阻带内的衰减最大。图 2.22(b) 示出了这种滤波器的典型的零极点图。把切比雪夫滤波器的幅度响应函数表示如下：

$$\left|H_C(f)\right| = \frac{1}{\sqrt{1+\varepsilon^2 C_n^2(f)}} \tag{2.221}$$

式中，参数 ε 受到通频带内所准许的最小衰减的限制。切比雪夫多项式 $C_n(f)$ 为如下的归一化多项式：

$$C_n(f) = 2\left(\frac{f}{f_c}\right)C_{n-1}(f) - C_{n-2}(f), \quad n = 2, 3, \cdots \tag{2.222}$$

式中

$$C_1(f) = \frac{f}{f_c} \text{ 以及 } C_0(f) = 1 \tag{2.223}$$

无论 n 的值为多少，都可以得到 $C_n(f_c) = 1$，因此，$H_C(f_c) = (1+\varepsilon^2)^{-1/2}$。值得注意的是，这里的 f_c 不一定是 3 dB 带宽。

贝塞尔低通滤波器的设计思想是：以牺牲幅度响应的性能为代价，在通频带内实现线性相位。将贝塞尔低通滤波器的截止频率定义如下：

$$f_c = (2\pi t_0)^{-1} = \frac{\omega_c}{2\pi} \qquad (2.224)$$

式中，参数 t_0 表示滤波器的标称时延。n 阶贝塞尔滤波器的频率响应函数为

$$H_{\mathrm{BE}}(f) = \frac{K_n}{B_n(f)} \qquad (2.225)$$

式中，在选择常数 K_n 时，要求满足 $H(0)=1$ 的条件；$B_n(f)$ 表示由如下的关系式定义的 n 阶贝塞尔多项式：

$$B_n(f) = (2n-1)B_{n-1}(f) - \left(\frac{f}{f_c}\right)^2 B_{n-2}(f) \qquad (2.226)$$

式中

$$B_0(f) = 1 \text{ 以及 } B_1(f) = 1 + \mathrm{j}\left(\frac{f}{f_c}\right) \qquad (2.227)$$

图 2.23 示出了 3 阶巴特沃斯滤波器、3 阶切比雪夫滤波器、3 阶贝塞尔滤波器的幅度响应特性与群时延特性。对这 3 种滤波器都进行了归一化处理，目的是在频率 f_c 处取得 3 dB 幅度衰减。幅度响应表明：当频率超过 3 dB 频率时，切比雪夫滤波器的衰减比巴特沃斯滤波器和贝塞尔滤波器的衰减大一些。当增大切比雪夫滤波器在通频带内（$f<f_c$）的波动时，阻带内（$f>f_c$）的衰减会相应增大。

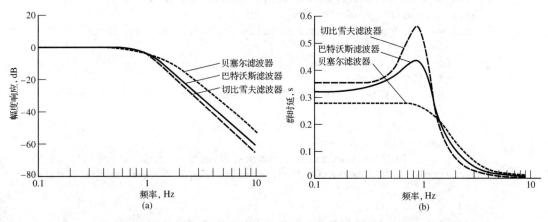

图 2.23　3 阶巴特沃斯滤波器与 3 阶切比雪夫滤波器(0.1 dB 纹波)、3 阶贝塞尔滤波器的性能比较。(a)幅度响应；(b)群时延(设计时，所有滤波器的 3 dB 带宽都等于 1 Hz)

图 2.23(b) 示出了群时延特性，正如所预计的，贝塞尔滤波器的群时延特性最稳定。将巴特沃斯滤波器与 0.1 dB 纹波的切比雪夫滤波器的群时延特性进行比较之后发现：尽管切比雪夫滤波器的群时延具有较高的峰值，但是，当频率低于 $0.4f_c$ 时，这种滤波器的群时延特性较稳定。

计算机仿真实例 2.2

下面的 MATLAB^{TM} 程序用于绘制巴特沃斯滤波器、切比雪夫滤波器在任意阶次、任意截止频率(巴特沃斯滤波器为 3 dB 频率)的条件下的幅度响应与相位响应。纹波也是切比雪夫滤波器的输入。其中用到了几个子程序(例如 logspace、butter、cheby1、freqs 和 cart2pol)。建议读者利用 MATLAB 的"求助功能"弄清楚如何使用这些子程序。例如，执行命令窗口中的语句 freqs (num, den, W)时，自动

绘出幅度响应与相位响应。而且，在绘制幅度响应图的时候，幅度-频率图利用了对数坐标，也就是说，频率采用了对数尺度。幅度的单位：dB，频率的单位：Hz。

```
% file: c2ce2
% Frequency response for Butterworth and Chebyshev 1 filters
%
Clf
filt_type = input('Enter filter type; 1 = Butterworth; 2 = Chebyshev 1');
n_max = input('Enter maximum order of filter');
fc = input('Enter cutoff frequency (3-dB for Butterworth)in Hz');
if filt_type == 2
    R = input('Enter Chebyshev filter ripple in dB ');
end
W = logspace(0,3,1000);           % Set up frequency axis; hertz assumed
for n = 1: n_max
    if filt_type == 1             % Generate num. and den. polynomials
        [num,den] = butter(n,2*pi*fc,'s');
    elseif filt_type == 2
        [num,den] = cheby1(n,R,2*pi*fc,'s');
    end
    H = freqs(num,den,W);         % Generate complex frequency response
    [phase,mag] = cart2pol(real(H),imag(H));
                                  % Convert H to polar coordinates
    subplot(2,1,1),semilogx(W/(2*pi),20*log10(mag)),...
    axis([min(W/(2*pi)) max(W/(2*pi)) -20  0]),...
    if n == 1 % Put on labels and title; hold for future plots
        ylabel('|H| in dB')
        hold on
        if filt_type == 1
            title(['Butterworth filter responses: order 1 - ',num2str(n
                max),'; ...
            cutoff freq = ',num2str(fc),' Hz'])
        elseif filt_type == 2
            title(['Chebyshev filter responses: order 1 - ',num2str(n_max),'; ...
        ripple = ' ,num2str(R),'dB; cutoff freq = ' ,num2str(fc),'Hz'])
        end
    end
    subplot(2,1,2),semilogx(W/(2*pi),180*phase/pi),...
    axis([min(W/(2*pi))max(W/(2*pi)) -200 200]),...
    if n == 1
        grid on
        hold on
        xlabel('f,Hz'),ylabel('phase in degrees')
    end
end
% End of script file
```

2.6.14　脉冲的精度、上升沿的持续时间与带宽的关系

在分析信号的失真时，利用了信号频谱的带宽受到限制的假定条件。根据上面的介绍，在信号的通频带内，如果滤波器有恒定的幅度响应和呈线性的相位响应，那么，滤波器的输入信号只是经历了

衰减和时延。但是，如果输入信号的带宽没有受到限制，那该采用什么样的经验法则对所需的带宽进行估计呢？对脉冲信号的传输过程而言，这是一个尤为重要的问题，也就是说，这里关注的是滤波器各个输出脉冲的检测与判决。

对图 2.24 进行分析之后，可以得到脉冲的持续时间、带宽以及二者之间关系的令人满意的定义。在图 2.24(a) 中，为了便于分析，示出了用具有 1 个最大值(出现在 $t = 0$ 处)的脉冲逼近高度为 $x(0)$、持续时间为 T 的矩形。要求近似脉冲与 $|x(t)|$ 的面积相等。因此可以得到

$$Tx(0) = \int_{-\infty}^{\infty} |x(t)| dt \geqslant \int_{-\infty}^{\infty} x(t) dt = X(0) \tag{2.228}$$

式中，利用了如下的关系式：

$$X(0) = \Im[x(t)]\big|_{f=0} = \int_{-\infty}^{\infty} x(t) e^{-j2\pi t \cdot 0} dt \tag{2.229}$$

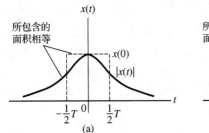
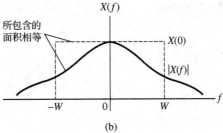

图 2.24　任意脉冲信号及其频谱。(a)脉冲与矩形的近似；(b)幅度谱近似于矩形

针对矩形的频谱近似于脉冲的频谱的问题，从图 2.24(b) 中可以得到类似的不等式。具体地说，可以得到如下的表达式：

$$2WX(0) = \int_{-\infty}^{\infty} |X(f)| df \geqslant \int_{-\infty}^{\infty} X(f) df = x(0) \tag{2.230}$$

式中，利用了如下的关系式：

$$x(0) = \Im^{-1}[X(t)]\big|_{t=0} = \int_{-\infty}^{\infty} X(f) e^{j2\pi f \cdot 0} df \tag{2.231}$$

因此，可以得到如下的两个不等式：

$$\frac{x(0)}{X(0)} \geqslant \frac{1}{T} \quad \text{以及} \quad 2W \geqslant \frac{x(0)}{X(0)} \tag{2.232}$$

将上面的两个不等式合并之后，得出了脉冲的持续时间与带宽之间的关系式如下：

$$2W \geqslant \frac{1}{T} \tag{2.233}$$

或者表示如下：

$$W \geqslant \frac{1}{2T} \text{ Hz} \tag{2.234}$$

脉冲的持续时间、带宽可能还有其他的定义，但最终得到的关系式与式(2.233)、式(2.234)相同。

到目前为止，已通过所有的实例体现出脉冲的持续时间与带宽之间的倒数关系(如例 2.8、例 2.11、例 2.13)。

针对具有带通频谱的各种脉冲而言，如下的关系式成立：

$$W \geqslant \frac{1}{T} \text{ Hz} \tag{2.235}$$

例 2.16 分析了这一关系。

在脉冲上升沿的持续时间 T_R 与带宽之间，与式(2.233)、式(2.234)类似的结果同样成立。上升沿持续时间的合理定义如下：当脉冲从最高值的 10%上升到 90%时所花的时间。对带通信号而言，式(2.235)成立，并且用 T_R 取代 T，其中，T_R 表示脉冲包络的上升沿持续时间。

可以用上升沿的持续时间度量系统的失真。在分析这一过程时，从冲激响应的角度表示出滤波器的阶跃响应。如果滤波器的冲激响应为 $h(t)$，那么，对式(2.160)而言，在 $x(t-\sigma)=u(t-\sigma)$ 的条件下，利用重叠积分法，可以得到滤波器的阶跃响应如下：

$$y_s(t) = \int_{-\infty}^{\infty} h(\sigma)u(t-\sigma)\mathrm{d}\sigma = \int_{-\infty}^{t} h(\sigma)\mathrm{d}\sigma \tag{2.236}$$

当 $\sigma > t$ 时，由于 $u(t-\sigma)=0$ 成立，因而推导出了上式。那么，LTI 系统的阶跃响应等于冲激响应的积分。由于单位阶跃函数等于单位冲激函数的积分，因此，得出这一结论也就不足为奇了[16]。

当系统的输入为阶跃信号时，例 2.25 与例 2.26 解析了系统输出信号的上升沿持续时间如何成为系统逼真程度的衡量指标。

例 2.25

已知 RC 低通滤波器的冲激响应如下：

$$h(t) = \frac{1}{RC} \mathrm{e}^{-t/RC} u(t) \tag{2.237}$$

根据上式求出的阶跃响应如下：

$$y_s(t) = (1 - \mathrm{e}^{-2\pi f_3 t})u(t) \tag{2.238}$$

式中，利用了式(2.175)定义的滤波器的 3 dB 带宽。图 2.25(a)绘出了阶跃响应的图形，从图中可以看出，10%～90%上升沿的持续时间近似等于如下关系式表示的值：

$$T_R = \frac{0.35}{f_3} = 2.2RC \tag{2.239}$$

这个式子体现了带宽与上升沿持续时间之间的倒数关系。

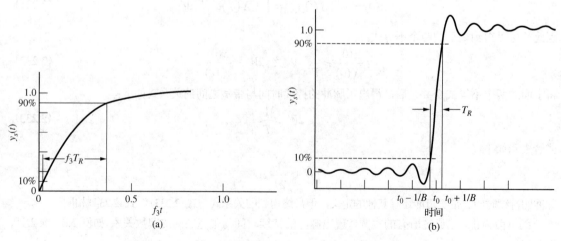

图 2.25　两种低通滤波器在 10%～90%上升沿持续时间期间阶跃
响应的图示。(a)RC 低通滤波器；(b)理想低通滤波器

---

16 该结果是 LTI 系统较普遍结果的具体实例：当输入已知时，如果线性系统的响应是已知的，而且输入经过线性处理(比如积分)改变了信号，那么，通过对输出进行与原输入相同的线性处理之后，可以得到与修正后的输入相对应的输出。

例 2.26

当 $H_0 = 1$ 时，根据式 (2.214) 可以得到理想低通滤波器的阶跃响应如下：

$$y_s(t) = \int_{-\infty}^{t} 2B \operatorname{sinc}[2B(\sigma - t_0)] \mathrm{d}\sigma = \int_{-\infty}^{t} 2B \frac{\sin[2\pi B(\sigma - t_0)]}{2\pi B(\sigma - t_0)} \mathrm{d}\sigma \tag{2.240}$$

将被积函数中的积分变量变换为 $u = 2\pi B(\sigma - t_0)$ 之后，阶跃响应变为如下的关系式：

$$y_s(t) = \frac{1}{2\pi} \int_{-\infty}^{2\pi B(t - t_0)} \frac{\sin(u)}{u} \mathrm{d}u = \frac{1}{2} + \frac{1}{\pi} \operatorname{Si}[2\pi B(t - t_0)] \tag{2.241}$$

式中，$\operatorname{Si}(x) = \int_0^x \sin u / u \, \mathrm{d}u = -\operatorname{Si}(-x)$ 表示正弦积分函数[17]。图 2.25 (b) 绘出了理想低通滤波器的 $y_s(t)$ 的图形，从图中可以看出 10%～90% 上升沿持续时间近似等于用如下关系式表示的值：

$$T_R \cong \frac{0.44}{B} \tag{2.242}$$

上式再次体现了带宽与上升沿持续时间之间的倒数关系。　　　　■

2.7　采样定理

在许多应用中，按合理间隔选取的样值表示信号很实用。把这类数据采样系统用于控制系统和脉冲调制通信系统中。

本节介绍的是，下面用理想的瞬时采样波形表示信号 $x(t)$：

$$x_\delta(t) = \sum_{n = -\infty}^{\infty} x(nT_s) \delta(t - nT_s) \tag{2.243}$$

式中，T_s 表示采样的间隔。与采样有关的需要解决的两个问题是："根据 $x_\delta(t)$ 完全恢复 $x(t)$ 时，对 $x(t)$ 与 T_s 有哪些限制条件？"以及"如何利用 $x_\delta(t)$ 恢复 $x(t)$？"。对各种低通信号而言，用均匀采样定理回答这两个问题。均匀采样定理如下。

定理

当频率高于 $f = W$ 赫兹时，如果信号 $x(t)$ 不含频率分量，则在时间轴上，可以用间隔为 $T_s < 1/(2W)$ 的均匀分布的样值完整地表示信号。当信号通过带宽为 B 的理想低通滤波器时，根据式 (2.243) 给出的采样波形可以准确地恢复信号，其中，$W < B < f_s - W$，并且 $f_s = T_s^{-1}$。把频率 $2W$ 称为奈奎斯特频率。

在证明采样定理时，需要求出式 (2.243) 的频谱。由于除在 $t = nT_s$ 这些点外，当 t 为其他值时，$\delta(t - nT_s) = 0$ 始终成立，因此可以将式 (2.243) 表示如下：

$$x_\delta(t) = \sum_{n = -\infty}^{\infty} x(t) \delta(t - nT_s) = x(t) \sum_{n = -\infty}^{\infty} \delta(t - nT_s) \tag{2.244}$$

利用傅里叶变换的乘法定理式 (2.102)，可以得到式 (2.244) 的傅里叶变换如下：

$$X_\delta(f) = X(f) * \left[f_s \sum_{n = -\infty}^{\infty} \delta(f - nf_s) \right] \tag{2.245}$$

17　参见 M. Abramowitz 与 I. Stegun 合著的《数学函数手册》，纽约：多佛出版公司，1972，第 238 页及其后面的内容（美国国家标准局第 10 局印制的副本）。

上式中用到了"傅里叶变换对"（式(2.119)）。交换累加和与卷积的顺序，并且利用 δ 函数的如下筛选性质之后

$$X(f) * \delta(f - nf_s) = \int_{-\infty}^{\infty} X(u)\delta(f - u - nf_s)\mathrm{d}u = X(f - nf_s) \tag{2.246}$$

可以得到

$$X_\delta(f) = f_s \sum_{n=-\infty}^{\infty} X(f - nf_s) \tag{2.247}$$

因此，如果假定将 $x(t)$ 的频域带宽限制在 W 赫兹以内，并且满足采样定理所述的条件 $f_s > 2W$，则很容易得到 $X_\delta(f)$ 的轮廓图。图 2.26 示出了通常选择的 $X(f)$ 以及相应的 $X_\delta(f)$。这里注意到，在频域，采样过程只是产生了间隔为 f_s 的频谱 $X(f)$ 的周期性重复。如果 $f_s < 2W$，那么，式(2.247)中表示的各项频谱会发生重叠，并且可以明显看出，利用 $x_\delta(t)$ 无失真地恢复 $x(t)$ 的方法不存在。但是，如果 $f_s > 2W$，则经过低通滤波很容易将式(2.247)中 $n = 0$ 的项分离出来。假定理想低通滤波器的频率响应函数如下：

$$H(f) = H_0 \prod\left(\frac{f}{2B}\right)\mathrm{e}^{-\mathrm{j}2\pi ft_0}, \quad W \leqslant B \leqslant f_s - W \tag{2.248}$$

那么，当输入为 $x_\delta(t)$ 时，输出信号的频域表达式为

$$Y(f) = f_s H_0 X(f)\mathrm{e}^{-\mathrm{j}2\pi ft_0} \tag{2.249}$$

根据时延定理，输出信号的时域表达式为

$$y(t) = f_s H_0 x(t - t_0) \tag{2.250}$$

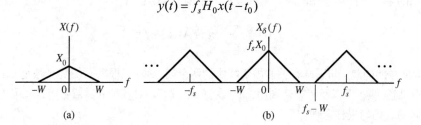

图 2.26　低通采样时的信号频谱。(a)信号 $x(t)$ 的频谱；(b)采样之后得到的信号的频谱

因此，如果满足采样定理的各项条件，则可以根据 $x_\delta(t)$ 无失真地恢复 $x(t)$。相反，如果不满足采样定理的各项条件（要么是没有限定 $x(t)$ 的带宽，要么是 $f_s < 2W$），那么，在滤波器的输出端恢复的信号不可避免地会发生失真。把这种失真称为频谱混叠，如图 2.27(a)所示。应对频谱混叠的方式如下：①在采样之前对信号滤波；②增大采样率。图 2.27(b)示出了第 2 种类型的差错。由于实际应用的滤波器的频率响应不太理想，所以会在恢复信号的过程中出现这种差错。减小这种差错的两种方法如下：①选择具有陡峭滚降特性的接收滤波器；②增大采样率。需要注意的是，这两种类型的差错（①因频谱混叠而产生的差错；②因接收滤波器不理想而产生的差错）都与信号的电平成正比。因此，当信号的幅度增大时，并不会改善信噪比性能。

值得注意的是，当式(2.243)的信号通过冲激响应为 $h(t)$ 的滤波器时，可以得到由理想低通滤波器恢复的输出信号的另一种表示方式，这时对应的输出如下：

$$y(t) = \sum_{n=-\infty}^{\infty} x(nT_s)h(t - nT_s) \tag{2.251}$$

由于与式(2.248)对应的 $h(t)$ 用式(2.214)表示，因此可得

$$y(t) = 2BH_0 \sum_{n=-\infty}^{\infty} x(nT_s) \operatorname{sinc}[2B(t-t_0-nT_s)] \qquad (2.252)$$

而且可以看出，正是由于通过傅里叶变换可以完整地恢复周期信号，因此，完全可以利用信号的各个采样值表示带宽受限的信号。

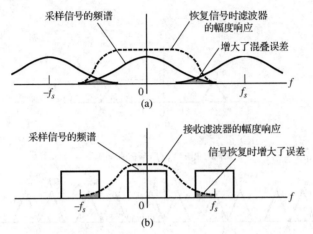

图 2.27　根据采样信号恢复原信号时，表示两种类型的误差的频谱图。(a)根据采样信号恢复信号时的混叠误差图解；(b)因接收滤波器的特性不理想产生误差的图解

为了简化分析，设 $B = f_s/2$、$H_0 = T_s$ 以及 $t_0 = 0$，因此式(2.252)演变为如下的关系式：

$$y(t) = \sum_n x(nT_s) \operatorname{sinc}(f_s t - n) \qquad (2.253)$$

由于可以证明如下的结论成立，因此，上式的展开式表示的是广义傅里叶级数

$$\int_{-\infty}^{\infty} \operatorname{sinc}(f_s t - n)\operatorname{sinc}(f_s t - m)\mathrm{d}t = \delta_{nm} \qquad (2.254)$$

式中，当 $n = m$ 时，$\delta_{nm} = 1$；当 $n \neq m$ 时，$\delta_{nm} = 0$。

　　下面再来分析无失真地恢复信号时带通信号的频域特性，由于这时的频率上限值 f_u 远大于单边带的带宽 W，因此，很自然地要求可靠采样的速率为：$f_s > 2f_u$。带通频谱的均匀采样定理给出了无失真地恢复信号的条件。

定理

　　如果信号频谱的带宽为 W 赫兹，并且频率的上限值为 f_u，那么，以速率 $f_s = 2f_u/m$ 对信号采样时，可以无失真地恢复信号，其中，m 表示不超过 f_u/W 的最大整数。如果采样率不超过 $2f_u$，则采样率高一些也没有用处。

例 2.27

　　分析图 2.28 所示的带通信号 $x(t)$ 的频谱。根据带通信号的采样定理，按照如下的速率对信号采样时，可以无失真地恢复信号：

$$f_s = \frac{2f_u}{m} = \frac{2 \times 3}{2} = 3 \,(样值/秒) \qquad (2.255)$$

这里注意到，对低通信号而言，采样定理要求每秒采样 6 次。

在证明这一方案的可行性时，绘出了采样后的频谱概图。根据针对常规情形的式(2.247)，可以得到

$$X_\delta(f) = 3\sum_{-\infty}^{\infty} X(f-3n) \tag{2.256}$$

图 2.28(b)示出了所得到的频谱，并且可以得出结论：从理论上说，经带通滤波之后，可以根据 $x_\delta(t)$ 无失真地恢复 $x(t)$。

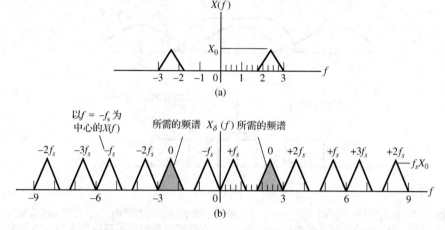

图 2.28   带通信号采样处理时的信号频谱。(a)带通信号的频谱；(b)采样之后信号的频谱 ■

对带宽为 W 的带通信号采样的另一种方法是：把信号分解为两个带宽均为 $W/2$ 的低通正交信号。然后分别对这两个信号以最低速率 $2 \times \dfrac{1}{2}W = W$（样值/秒）采样，由此得到总采样率的最小值 $2W$（样值/秒）。

2.8   希尔伯特变换

（合适的方法是，在学过第 3 章的单边带系统之后再来学习这一节的内容。）

2.8.1   定义

这里分析只将输入信号中所有的频率分量移位 $-\pi/2$ 弧度的滤波器。也就是说，系统的频率响应如下：

$$H(f) = -\mathrm{j}\,\mathrm{sgn}\,f \tag{2.257}$$

将上式中的符号函数(读作符号函数 f)定义如下：

$$\mathrm{sgn}(f) = \begin{cases} 1, & f > 0 \\ 0, & f = 0 \\ -1, & f < 0 \end{cases} \tag{2.258}$$

这里注意到，$|H(f)| = 1$ 以及 $\angle H(f)$ 为奇函数。如果用 $X(f)$ 表示滤波器的输入频谱，则输出频谱的表示式为 $-\mathrm{j}\,\mathrm{sgn}(f)X(f)$，而且对应输出的时域表示式如下：

$$\hat{x}(t) = \mathfrak{I}^{-1}[-\mathrm{j}\,\mathrm{sgn}(f)X(f)] = h(t) * x(t) \tag{2.259}$$

式中，$h(t) = -\mathrm{j}\mathfrak{I}^{-1}[\mathrm{sgn}\,f]$ 表示滤波器的冲激响应。在求解 $\mathfrak{I}^{-1}[\mathrm{sgn}\,f]$ 时，无须利用围道积分法。这里分析所采用的如下函数的逆变换：

$$G(f;\ \alpha) = \begin{cases} e^{-\alpha f}, & f > 0 \\ -e^{\alpha f}, & f < 0 \end{cases} \tag{2.260}$$

值得注意的是，$\lim\limits_{\alpha \to 0} G(f;\ \alpha) = \mathrm{sgn}\, f$。因此，下面的处理过程是：①求出 $G(f;\ \alpha)$ 的傅里叶逆变换；②当 $\alpha \to 0$ 时，求出①中所得结果的极限值。求解 $G(f;\ \alpha)$ 的傅里叶逆变换时，可以得到

$$g(t;\alpha) = \Im^{-1}[G(f;\ \alpha)] = \int_0^\infty e^{-\alpha f} e^{j2\pi ft} \mathrm{d}f - \int_{-\infty}^0 e^{\alpha f} e^{j2\pi ft} \mathrm{d}f = \frac{j4\pi t}{\alpha^2 + (2\pi t)^2} \tag{2.261}$$

当 $\alpha \to 0$ 时，求出上式的极限值，于是得到如下的傅里叶变换对：

$$\frac{j}{\pi t} \leftrightarrow \mathrm{sgn}(f) \tag{2.262}$$

将上式的结果用于式(2.259)，可以得到滤波器的输出如下：

$$\hat{x}(t) = \int_{-\infty}^\infty \frac{x(\lambda)}{\pi(t-\lambda)} \mathrm{d}\lambda = \int_{-\infty}^\infty \frac{x(t-\eta)}{\pi(\eta)} \mathrm{d}\eta \tag{2.263}$$

把信号 $\hat{x}(t)$ 定义为 $x(t)$ 的希尔伯特变换。需要注意的是，由于希尔伯特变换的相移为 $-\pi/2$，因此，与 $\hat{x}(t)$ 的希尔伯特变换对应的频率响应函数为：$(-j\,\mathrm{sgn}\,f)^2 = -1$，或者说相移为 π 弧度。于是得到

$$\hat{\hat{x}}(t) = -x(t) \tag{2.264}$$

例 2.28

希尔伯特变换滤波器的输入信号 $x(t)$ 如下：

$$x(t) = \cos(2\pi f_0 t) \tag{2.265}$$

与 $x(t)$ 对应的频谱 $X(f)$ 如下：

$$X(f) = \frac{1}{2}\delta(f - f_0) + \frac{1}{2}\delta(f + f_0) \tag{2.266}$$

由上式得到希尔伯特变换后的输出频谱如下：

$$\hat{X}(f) = \frac{1}{2}\delta(f - f_0)e^{-j\pi/2} + \frac{1}{2}\delta(f + f_0)e^{j\pi/2} \tag{2.267}$$

对上式的两端取傅里叶逆变换之后，可以得到输出的时域信号如下：

$$\hat{x}(t) = \frac{1}{2}e^{j2\pi f_0 t}e^{-j\pi/2} + \frac{1}{2}e^{-j2\pi f_0 t}e^{j\pi/2} = \cos(2\pi f_0 t - \pi/2)\ \text{或者}\ \widehat{\cos(2\pi f_0 t)} = \sin(2\pi f_0 t) \tag{2.268}$$

当然，通过检验，从该情形的余弦的自变量中减去 $\pi/2$，可以求出希尔伯特变换。对正弦信号而言，可以得到如下的结论：

$$\widehat{\sin(2\pi f_0 t)} = \sin\left(2\pi f_0 t - \frac{\pi}{2}\right) = -\cos(2\pi f_0 t) \tag{2.269}$$

利用上面两个式子的结果，可以证明如下的关系式：

$$\widehat{e^{j2\pi f_0 t}} = -j\,\mathrm{sgn}(f_0)e^{j2\pi f_0 t} \tag{2.270}$$

证明上式时需要考虑 $f_0 > 0$ 和 $f_0 < 0$ 两种情况，并且将欧拉定理与式(2.268)、式(2.269)联系起来。在信号 $x(t) = e^{j2\pi f_0 t}$ 输入到频率响应为 $H_{\mathrm{HT}}(f) = -j\,\mathrm{sgn}(2\pi f)$ 的希尔伯特变换滤波器之后，也可以通过直接求解信号的响应得到式(2.270)。　■

2.8.2 希尔伯特变换的性质

希尔伯特变换有几个有用的性质(后面会分析这些性质)。这里证明其中的 3 项。

1. 信号 $x(t)$ 的能量(或者功率)与它的希尔伯特变换 $\hat{x}(t)$ 的能量(或者功率)相等。在证明这一结论时,需要分析如下的两项:①输入信号的能量谱密度;②希尔伯特变换滤波器的输出。由于 $H(f) = -\mathrm{j}\,\mathrm{sgn}f$,因此,通过如下的关系式表示出这些能量密度:

$$\left|\hat{X}(f)\right|^2 \triangleq \left|\Im[\hat{x}(t)]\right| = \left|-\mathrm{j}\,\mathrm{sgn}(f)\right|^2 \left|X(f)\right|^2 = \left|X(f)\right|^2 \tag{2.271}$$

式中,$\hat{X}(f) = \Im[\hat{x}(t)] = -\mathrm{j}\,\mathrm{sgn}(f)X(f)$。因此,输入信号的能量谱密度与输出信号的能量谱密度相等,由此得出的总能量相等。同理可证,该结论对功率信号也成立。

2. 信号 $x(t)$ 与它的希尔伯特变换 $\hat{x}(t)$ 相互正交,即

$$\int_{-\infty}^{\infty} x(t)\hat{x}(t)\mathrm{d}t = 0\;(\text{能量信号}) \tag{2.272}$$

或者

$$\lim_{T \to \infty} \frac{1}{2T} \int_{-T}^{T} x(t)\hat{x}(t)\mathrm{d}t = 0\;(\text{功率信号}) \tag{2.273}$$

利用帕塞瓦尔定理的推论,即,$\hat{X}(f) = \Im[\hat{x}(t)] = -\mathrm{j}\,\mathrm{sgn}(f)X(f)$,可以将式(2.272)的左端表示如下:

$$\int_{-\infty}^{\infty} x(t)\hat{x}(t)\mathrm{d}t = \int_{-\infty}^{\infty} X(f)\hat{X}^*(f)\mathrm{d}f \tag{2.274}$$

由此可以得出结论:

$$\int_{-\infty}^{\infty} x(t)\hat{x}(t)\mathrm{d}t = \int_{-\infty}^{\infty} (+\mathrm{j}\,\mathrm{sgn}f)\left|X(f)\right|^2 \mathrm{d}f \tag{2.275}$$

由于式(2.275)右端的被积函数为偶对称函数 $|X(f)|^2$ 与奇对称函数 $\mathrm{j}\,\mathrm{sgn}f$ 的乘积,那么,式(2.275)右端的被积函数为奇对称函数。所以积分后的结果等于零,于是证明了式(2.272)。同样可证,式(2.273)也成立。

3. 如果信号 $c(t)$ 与信号 $m(t)$ 的频谱没有重叠,其中,$m(t)$ 为低通信号,$c(t)$ 为带通信号,则下面的结论成立:

$$\widehat{m(t)c(t)} = m(t)\hat{c}(t) \tag{2.276}$$

在证明这一关系式时,用傅里叶变换的积分、从信号 $m(t)$ 与信号 $c(t)$ 的频谱的角度表示 $m(t)$ 与信号 $c(t)$,其中,$m(t)$ 与 $c(t)$ 的频域表示分别为 $M(f)$、$C(f)$。于是得到

$$m(t)c(t) = \int_{-\infty}^{\infty} \int_{-\infty}^{\infty} M(f)C(f')\exp[\mathrm{j}2\pi(f + f')t]\mathrm{d}f\mathrm{d}f' \tag{2.277}$$

式中,假定当 $|f| > W$ 时,$M(f) = 0$;当 $|f'| < W$ 时,$C(f') = 0$。于是得到式(2.277)希尔伯特变换如下:

$$\widehat{m(t)c(t)} = \int_{-\infty}^{\infty} \int_{-\infty}^{\infty} M(f)C(f')\widehat{\exp[\mathrm{j}2\pi(f+f')t]}\,\mathrm{d}f\mathrm{d}f'$$

$$= \int_{-\infty}^{\infty} \int_{-\infty}^{\infty} M(f)C(f')[-\mathrm{j}\,\mathrm{sgn}(f + f')]\exp[\mathrm{j}2\pi(f + f')t]\mathrm{d}f\mathrm{d}f' \tag{2.278}$$

式中利用了式(2.270)的结论。但是,仅当 $|f| < W$ 与 $|f'| > W$ 时,$M(f)C(f')$ 不等于零,以及只有这时才能用 $\mathrm{sgn}(f')$ 取代 $\mathrm{sgn}(f+f')$。于是得到如下的关系式:

$$\widehat{m(t)c(t)} = \int_{-\infty}^{\infty} M(f)\exp(\mathrm{j}2\pi ft)\mathrm{d}f \int_{-\infty}^{\infty} C(f')[-\mathrm{j}\,\mathrm{sgn}(f')\exp(\mathrm{j}2\pi tf')]\mathrm{d}f' \tag{2.279}$$

可以看出，上式右端的第一个积分项是 $m(t)$、第二个积分项是 $\hat{c}(t)$，理由如下：

$$c(t) = \int_{-\infty}^{\infty} C(f')\exp(\mathrm{j}2\pi tf')\mathrm{d}f'$$

以及

$$\begin{aligned}
\hat{c}(t) &= \int_{-\infty}^{\infty} C(f')\widehat{\exp(\mathrm{j}2\pi tf')}\,\mathrm{d}f' \\
&= \int_{-\infty}^{\infty} C(f')[-\mathrm{j}\,\mathrm{sgn}\,f'\exp(\mathrm{j}2\pi f't)]\mathrm{d}f'
\end{aligned} \tag{2.280}$$

所以，式 (2.279) 等价于已证明过的关系式 (2.276)。

例 2.29

已知 $m(t)$ 为低通信号，即，当 $|f| > W$ 时，$M(f) = 0$。如果 $f_0 = \omega_0/2\pi > W$，这时可以直接根据式 (2.276)、利用式 (2.275) 以及式 (2.269) 证明如下的两个结论：

$$\widehat{m(t)\cos(\omega_0 t)} = m(t)\sin(\omega_0 t) \tag{2.281}$$

$$\widehat{m(t)\sin(\omega_0 t)} = -m(t)\cos(\omega_0 t) \tag{2.282}\quad\blacksquare$$

2.8.3　解析信号

把与实信号 $x(t)$ 相对应的解析信号 $x_p(t)$ 定义为如下的关系式：

$$x_p(t) = x(t) + \mathrm{j}\hat{x}(t) \tag{2.283}$$

式中，$\hat{x}(t)$ 表示 $x(t)$ 的希尔伯特变换。这里介绍解析信号的几个性质。

涉及到理想带通滤波器时用到了术语包络。从数学的角度来说，将包络定义为解析信号 $x_p(t)$ 的幅度。在第 3 章分析调制技术时会体会到包络的概念比较重要。

例 2.30

在 2.6.12 节的式 (2.217) 中，已证明了当理想带通滤波器的带宽为 B、时延为 t_0、中心频率为 f_0 时，它的冲激响应如下：

$$h_{\mathrm{BP}}(t) = 2H_0 B\,\mathrm{sinc}[B(t-t_0)]\cos[\omega_0(t-t_0)] \tag{2.284}$$

这里假定 $B < f_0$，那么可以利用例 2.29 的结果求出 $h_{\mathrm{BP}}(t)$ 希尔伯特变换，结果如下：

$$\hat{h}_{\mathrm{BP}}(t) = 2H_0 B\,\mathrm{sinc}[B(t-t_0)]\sin[\omega_0(t-t_0)] \tag{2.285}$$

于是，可以求出包络如下：

$$\begin{aligned}
|h_{\mathrm{BP}}(t)| &= |x(t) + \mathrm{j}\hat{x}(t)| = \sqrt{[x(t)]^2 + [\hat{x}(t)]^2} \\
&= \sqrt{\{2H_0 B\mathrm{sinc}[B(t-t_0)]\}^2 \{\cos^2[\omega_0(t-t_0)] + \sin^2[\omega_0(t-t_0)]\}}
\end{aligned} \tag{2.286}$$

或者

$$|h_{\mathrm{BP}}(t)| = 2H_0 B|\mathrm{sinc}[B(t-t_0)]| \tag{2.287}$$

如图 2.22 (b) 中的虚线所示。如果构成的信号为低通信号与高频正弦信号的乘积，则很容易分辨出信号的包络。但需注意的是，从数学的角度来说，包络可以为任意信号。　　　　　　　　■

值得关注的还有解析信号的频域特性。在第 3 章分析单边带调制时需要用到这一特点。根据

式(2.283),将解析信号定义如下:

$$x_p(t) = x(t) + \mathrm{j}\hat{x}(t)$$

那么,$x_p(t)$ 的希尔伯特变换为

$$X_p(f) = X(f) + \mathrm{j}[-\mathrm{j}\,\mathrm{sgn}(f)X(f)] \tag{2.288}$$

式中,方括号内的项表示 $\hat{x}(t)$ 的希尔伯特变换。因此可得

$$X_p(f) = X(f)[1 + \mathrm{sgn}\,f] \tag{2.289}$$

或者表示如下:

$$X_p(f) = \begin{cases} 2X(f), & f > 0 \\ 0, & f < 0 \end{cases} \tag{2.290}$$

式中,下标 p 表示仅当频率为正时频谱才不等于零。

同理,可以证明仅当频率为负时,如下关系式的频谱才不等于零:

$$x_n(t) = x(t) - \mathrm{j}\hat{x}(t) \tag{2.291}$$

用 $-\hat{x}(t)$ 取代式(2.283)中的 $\hat{x}(t)$ 即可得到上式。对上式的两端取傅里叶变换之后可以得到

$$X_n(f) = X(f)[1 - \mathrm{sgn}\,f] \tag{2.292}$$

或者表示如下:

$$X_n(f) = \begin{cases} 0, & f > 0 \\ 2X(f), & f < 0 \end{cases} \tag{2.293}$$

这些频谱如图 2.30 所示。

这里需要说明两点:①在 $f = 0$ 处,如果 $X(f) \neq 0$,则在 $f = 0$ 处,$X_p(f)$ 与 $X_n(f)$ 均不连续;②由于 $x_p(t)$、$x_n(t)$ 都不是实数,因此与之对应的 $|X_n(f)|$ 与 $|X_p(f)|$ 均不是偶函数。

2.8.4　带通信号的复包络表示

如果式(2.288)中的 $X(f)$ 对应具有带通频谱的信号,如图 2.29(a)所示,则根据式(2.290)可以得出如下结论:$X_p(f)$ 刚好等于 $X(f) = \Im\{x(t)\}$ 的正频率频谱的两倍,如图 2.29(b)所示。利用频率变换定理,可以将 $x_p(t)$ 表示如下:

$$x_p(t) = \tilde{x}(t)\mathrm{e}^{\mathrm{j}2\pi f_0 t} \tag{2.294}$$

式中,$\tilde{x}(t)$ 表示复值低通信号(以下简称复包络);为了便于分析理解,把 f_0 选作参考频率[18]。图 2.29(c)中示出了 $\tilde{x}(t)$ 的频谱图(为便于绘图,假定频谱为实数)。

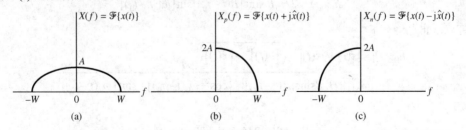

图 2.29　解析信号的频谱。(a) $x(t)$ 的频谱；(b) $x(t) + \mathrm{j}\hat{x}(t)$ 的频谱；(c) $x(t) - \mathrm{j}\hat{x}(t)$ 的频谱

可以采用两种方法中的一种求解 $\tilde{x}(t)$。需要注意的是,在求解式(2.294)的幅度时只得到了 $|\tilde{x}(t)|$,

---

18　如果 $x_p(t)$ 的频谱存在对称中心,那会很自然地就选择 f_0 为该对称点,但不是非 f_0 为对称点不可。

并没有求出幅角。方法一：根据式 (2.283) 可以求出解析信号 $x_p(t)$，根据式 (2.294) 可以求出 $\tilde{x}(t)$。即

$$\tilde{x}(t) = x_p(t)\mathrm{e}^{-\mathrm{j}2\pi f_0 t} \tag{2.295}$$

方法二：利用求解 $X(f)$ 的频域分析方法求出 $\tilde{x}(t)$，在求得 $X_p(f)$ 时，将正频率分量的比例因子调整为 2，并且把所得的频谱左移 f_0 赫兹。对频移之后的频谱求傅里叶逆变换之后就得到了 $\tilde{x}(t)$。例如，在图 2.30 示出的频谱中，用图 2.30 (c) 表示 $\tilde{x}(t)$ 的频谱，即

$$\tilde{x}(t) = \mathfrak{J}^{-1}\left[2A\Lambda\left(\frac{2f}{B}\right)\right] = AB\,\mathrm{sinc}^2(Bt) \tag{2.296}$$

由于本例子中的频谱关于 $f = f_0$ 对称，因此复包络为实数。

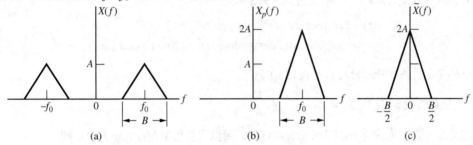

图 2.30　信号 $x(t)$ 复包络频谱的产生过程。(a) 带通信号的频谱；(b) 与 $\mathfrak{J}[x(t) + \mathrm{j}\hat{x}(t)]$ 对应的 $X(f)$ 正频率部分的两倍；(c) $\tilde{x}(t)$ 的频谱

由于 $x_p(t) = x(t) + \mathrm{j}\hat{x}(t)$，其中，$x(t)$ 与 $\tilde{x}(t)$ 分别表示 $x_p(t)$ 的实部与虚部，那么，根据式 (2.294) 可以得到

$$x_p(t) = \tilde{x}(t)\mathrm{e}^{\mathrm{j}2\pi f_0 t} \triangleq x(t) + \mathrm{j}\hat{x}(t) \tag{2.297}$$

或者用如下的两个关系式表示：

$$x(t) = \mathrm{Re}\left[\tilde{x}(t)\mathrm{e}^{\mathrm{j}2\pi f_0 t}\right] \tag{2.298}$$

$$\hat{x}(t) = \mathrm{Im}\left[\tilde{x}(t)\mathrm{e}^{\mathrm{j}2\pi f_0 t}\right] \tag{2.299}$$

从复包络的角度来说，根据式 (2.298)，可以将实信号 $x(t)$ 表示为如下的形式：

$$\begin{aligned}x(t) &= \mathrm{Re}\left[\tilde{x}(t)\mathrm{e}^{\mathrm{j}2\pi f_0 t}\right] = \mathrm{Re}\left[\tilde{x}(t)\right]\cos(2\pi f_0 t) - \mathrm{Im}\left[\tilde{x}(t)\right]\sin(2\pi f_0 t) \\ &= x_R(t)\cos(2\pi f_0 t) - x_I(t)\sin(2\pi f_0 t)\end{aligned} \tag{2.300}$$

式中

$$\tilde{x}(t) \triangleq x_R(t) + \mathrm{j}x_I(t) \tag{2.301}$$

式中，把信号 $x_R(t)$、$x_I(t)$ 称为 $x(t)$ 的同相分量与正交分量。

例 2.31

分析如下的带通信号：

$$x(t) = \cos(22\pi t) \tag{2.302}$$

$x(t)$ 的希尔伯特变换如下：

$$\hat{x}(t) = \sin(22\pi t) \tag{2.303}$$

因此，相应的解析信号如下：

$$x_p(t) = x(t) + j\hat{x}(t) = \cos(22\pi t) + j\sin(22\pi t) = e^{j22\pi t} \tag{2.304}$$

在求解相应的复包络时，需要明确规定 f_0，本例题中取 $f_0 = 10\,\text{Hz}$。那么，根据式(2.295)可以得到

$$\tilde{x}(t) = x_p(t)e^{-j2\pi f_0 t} = e^{j22\pi t}e^{-j20\pi t} = e^{j2\pi t} = \cos(2\pi t) + j\sin(2\pi t) \tag{2.305}$$

那么，根据式(2.301)可以得到

$$x_R(t) = \cos(2\pi t), \quad x_I(t) = \sin(2\pi t) \tag{2.306}$$

将这些关系式代入式(2.300)，可以得到如下关系式：

$$\begin{aligned}x(t) &= x_R(t)\cos(2\pi f_0 t) - x_I(t)\sin(2\pi f_0 t)\\ &= \cos(2\pi t)\cos(20\pi t) - \sin(2\pi t)\sin(20\pi t) = \cos(22\pi t)\end{aligned} \tag{2.307}$$

不足为奇的是，这正是开始时给出的式(2.302)。∎

2.8.5 带通系统的复包络表示

这里介绍冲激响应为 $h(t)$ 的带通系统，这时，可以用复包络 $\tilde{h}(t)$ 表示 $h(t)$，即

$$h(t) = \text{Re}\left[\tilde{h}(t)e^{j2\pi f_0 t}\right] \tag{2.308}$$

式中，$\tilde{h}(t) = h_R(t) + jh_I(t)$。假定输入信号也是符合式(2.298)表示形式的带通信号。利用重叠积分法，可以求出如下的输出信号：

$$y(t) = x(t) * h(t) = \int_{-\infty}^{\infty} x(t-\lambda) * h(\lambda)d\lambda \tag{2.309}$$

利用欧拉定理，可以用如下的复包络的形式表示 $h(t)$ 与 $x(t)$：

$$h(t) = \frac{1}{2}\tilde{h}(t)e^{j2\pi f_0 t} + \text{c.c.} \tag{2.310}$$

$$x(t) = \frac{1}{2}\tilde{x}(t)e^{j2\pi f_0 t} + \text{c.c.} \tag{2.311}$$

式中，c.c.表示前一项的复共轭(complex conjugate，c.c.)(例如，式(2.310)的c.c.表示 $\frac{1}{2}\tilde{h}(t)e^{-j2\pi f_0 t}$，式(2.311)的c.c.表示 $\frac{1}{2}\tilde{x}(t)e^{-j2\pi f_0 t}$)。利用式(2.309)可以将输出的信号表示如下：

$$\begin{aligned}y(t) &= \int_{-\infty}^{\infty}\left[\frac{1}{2}\tilde{h}(t)e^{j2\pi f_0 t} + \text{c.c.}\right]\left[\frac{1}{2}\tilde{x}(t)e^{j2\pi f_0 t} + \text{c.c.}\right]d\lambda\\ &= \frac{1}{4}\int_{-\infty}^{\infty}\tilde{h}(\lambda)\tilde{x}(t-\lambda)d\lambda e^{j2\pi f_0 t} + \text{c.c.}\\ &\quad + \frac{1}{4}\int_{-\infty}^{\infty}\tilde{h}(\lambda)\tilde{x}^*(t-\lambda)e^{j4\pi f_0 t}d\lambda e^{-j2\pi f_0 t} + \text{c.c.}\end{aligned} \tag{2.312}$$

对上式的被积函数而言，由于 $e^{j4\pi f_0\lambda} = \cos(4\pi f_0\lambda) + j\sin(4\pi f_0\lambda)$ 成立(相对于复指数而言，$\tilde{h}$ 与 $\tilde{x}$ 变化缓慢，因此，被积函数每半个周期就回到零，那么，第二行的两项之和 $\frac{1}{4}\int_{-\infty}^{\infty}\tilde{h}(\lambda)\tilde{x}^*(t-\lambda)e^{j4\pi f_0\lambda}d\lambda e^{-j2\pi f_0 t} + \text{c.c.}$)趋于零。于是得到

$$y(t) \cong \frac{1}{4} \int_{-\infty}^{\infty} \tilde{h}(\lambda) \tilde{x}(t - \lambda) \mathrm{d}\lambda \mathrm{e}^{\mathrm{j}2\pi f_0 t} + \text{c.c.}$$

$$= \frac{1}{2} \mathrm{Re}\left\{\left[\tilde{h}(t) * \tilde{x}(t)\right] \mathrm{e}^{\mathrm{j}2\pi f_0 t}\right\} \triangleq \frac{1}{2} \mathrm{Re}\left\{\tilde{y}(t) \mathrm{e}^{\mathrm{j}2\pi f_0 t}\right\} \tag{2.313}$$

式中

$$\tilde{y}(t) = \tilde{h}(t) * \tilde{x}(t) = \mathfrak{J}^{-1}\left[\tilde{H}(f)\tilde{X}(f)\right] \tag{2.314}$$

式中，$\tilde{H}(f)$、$\tilde{X}(f)$ 分别表示 $\tilde{h}(t)$、$\tilde{x}(t)$ 的傅里叶变换。

例 2.32

这里介绍式(2.313)的应用，将信号 $x(t)$ 输入到冲激响应为 $h(t)$ 的滤波器

$$x(t) = \prod\left(\frac{t}{\tau}\right)\cos(2\pi f_0 t) \tag{2.315}$$

$$h(t) = \alpha \mathrm{e}^{-\alpha t} u(t) \cos(2\pi f_0 t) \tag{2.316}$$

根据前面刚分析过的复包络，由于 $\tilde{x}(t) = \prod(t / \tau)$ 以及 $\tilde{h}(t) = \alpha \mathrm{e}^{-\alpha t} u(t)$ ，因此可以得到滤波器输出端的复包络如下：

$$\tilde{y}(t) = \prod(t / \tau) * \alpha \mathrm{e}^{-\alpha t} u(t) = \left[1 - \mathrm{e}^{-\alpha(t+\tau/2)}\right] u(t + \tau / 2) - \left[1 - \mathrm{e}^{-(t-\tau/2)}\right] u(t - \tau / 2) \tag{2.317}$$

上式乘以 $\mathrm{e}^{\mathrm{j}2\pi f_0 t} / 2$、并且取实部之后得到滤波器的输出，所得结果与式(2.313)一致。所得到的结果如下：

$$y(t) = \frac{1}{2}\left\{\left[1 - \mathrm{e}^{-\alpha(t+\tau/2)}\right] u(t + \tau / 2) - \left[1 - \mathrm{e}^{-(t-\tau/2)}\right] u(t - \tau / 2)\right\}\cos(2\pi f_0 t) \tag{2.318}$$

在验证该结果时，直接将式(2.315)与式(2.316)进行卷积运算。于是，重叠积分变为

$$y(t) = h(t) * x(t) = \int_{-\infty}^{\infty} \prod(\lambda / \tau)\cos(2\pi f_0 \lambda) \alpha \mathrm{e}^{-\alpha(t-\lambda)} u(t - \lambda)\cos[2\pi f_0(t - \lambda)]\mathrm{d}\lambda \tag{2.319}$$

由于

$$\cos(2\pi f_0 \lambda)\cos[2\pi f_0(t - \lambda)] = \frac{1}{2}\cos(2\pi f_0 t) + \frac{1}{2}\cos[2\pi f_0(t - 2\lambda)] \tag{2.320}$$

那么，得到如下的重叠积分：

$$y(t) = \frac{1}{2} \int_{-\infty}^{\infty} \prod(\lambda / \tau)\alpha \mathrm{e}^{-\alpha(t-\lambda)} u(t - \lambda)\cos(2\pi f_0 t)\mathrm{d}\lambda$$

$$+ \frac{1}{2} \int_{-\infty}^{\infty} \prod(\lambda / \tau)\alpha \mathrm{e}^{-\alpha(t-\lambda)} u(t - \lambda)\cos[2\pi f_0(t - 2\lambda)]\mathrm{d}\lambda \tag{2.321}$$

如果 $f_0^{-1} \ll \tau$ 以及 $f_0^{-1} \ll \alpha^{-1}$，则第 2 项积分趋于零，因此，所得结果为第 1 项的积分值，也就是将 $\prod(t/\tau)$ 与 $\alpha \mathrm{e}^{-\alpha t} u(t)$ 卷积的结果乘以 $\cos(2\pi f_0 t) / 2$，这与式(2.318)的结果相同。　■

2.9　离散傅里叶变换与快速傅里叶变换

在利用数字计算机计算信号的傅里叶频谱时，时域信号必须用采样值表示，必须在许多个离散频

率处进行计算才能得到信号的频域表示。可以证明:下面的式子给出了信号在频率 $k/(NT_s)$ $(k = 0, 1, \cdots,$ $N-1)$ 处傅里叶频谱的近似值:

$$X_k = \sum_{n=0}^{N-1} x_n \mathrm{e}^{-\mathrm{j}2\pi nk/N}, \quad k = 0, 1, 2, \cdots, N-1 \tag{2.322}$$

式中,x_0, x_1, x_2, $\cdots$, x_{N-1} 表示信号傅里叶频谱中的 N 个样值,样值之间的间隔为 T_s。把用式(2.322)表示的累加和称为序列 $\{x_n\}$ 的离散傅里叶变换(Discrete Fourier Transformation,DFT)。根据采样定理,如果样值之间的间隔为 T_s 秒,那么,每间隔 $f_s = T_s^{-1}$ 赫兹之后频谱重复出现。在该频率区间内,由于共有 N 个样值,因此可以得出结论:式(2.322)的频率分辨率为 $f_s / N = 1/(NT_s) \triangleq 1/T$。在根据 DFT 序列 $\{X_k\}$ 求解样值序列 $\{x_n\}$ 时,需要利用如下的累加和关系:

$$x_n = \frac{1}{N} \sum_{k=0}^{N-1} X_k \mathrm{e}^{\mathrm{j}2\pi nk/N}, \quad k = 0, 1, 2, \cdots, N-1 \tag{2.323}$$

将式(2.322)代入式(2.323)中,并且利用如下的几何级数累加和公式,可以证明式(2.322)与式(2.323)构成了傅里叶变换对:

$$S_N = \sum_{k=0}^{N-1} x^k = \begin{cases} \dfrac{1-x^N}{1-x}, & x \neq 1 \\ N, & x = 1 \end{cases} \tag{2.324}$$

如上所述,DFT 与逆向 DFT 都是信号 $x(t)$ 的实际频谱在离散频率单元 $\{0, 1/T, 2/T, \cdots, N-1/T\}$ 处的近似值。如果将 DFT 与逆向 DFT 合理地用于信号,那么误差会较小。在表示有关的近似值时,必须设计好采样信号的频谱,即,在截取信号的有限个样值之后,再在 N 个离散点对样值的频谱采样。在理解有关的近似程度时,需要用到如下的傅里叶变换定理:

1. 理想采样信号的傅里叶变换(例 2.14)。

$$y_s(t) = \sum_{m=-\infty}^{\infty} \delta(t - mT_s) \leftrightarrow f_s^{-1} \sum_{n=-\infty}^{\infty} \delta(f - nf_s), \ f_s = T_s^{-1}$$

2. 矩形窗函数的傅里叶变换。

$$\prod(t/T) \leftrightarrow T \operatorname{sinc}(fT)$$

3. 傅里叶变换的卷积定理。

$$x_1(t) * x_2(t) \leftrightarrow X_1(f) X_2(f)$$

4. 傅里叶变换的乘积定理。

$$x_1(t) x_2(t) \leftrightarrow X_1(f) * X_2(f)$$

下面通过实例分析有关的近似程度。

例 2.33

对指数信号采样时,截取有限个样值,并用所截取信号的傅里叶频谱的有限个样值表示所得的结果。连续时间信号及其傅里叶变换如下:

$$x(t) = \mathrm{e}^{-|t|/\tau} \leftrightarrow X(f) = \frac{2\tau}{1 + 2(\pi f \tau)^2} \tag{3.325}$$

图 2.31(a)示出了该信号及其相应的频谱。但是,在利用间隔为 T_s 秒的样值表示信号时,需要将原信

号与由式(2.114)定义的理想采样信号 $y_s(t)$ 相乘。所得到的采样信号的频谱等于 $X(f)$ 与 $y_s(t)$ 的傅里叶变换的卷积，$y_s(t)$ 的傅里叶变换由式(2.119)定义，即 $Y_s(f) = f_s \sum\limits_{n=-\infty}^{\infty} \delta(f - nf_s)$。卷积运算之后，所得结果的频域表示形式如下：

$$X_s(f) = f_s \sum_{n=-\infty}^{\infty} \frac{2\tau}{1 + [2\pi\tau(f - f_s)]^2} \tag{2.326}$$

图 2.31(b) 示出了所得的样值信号及其对应的频谱。

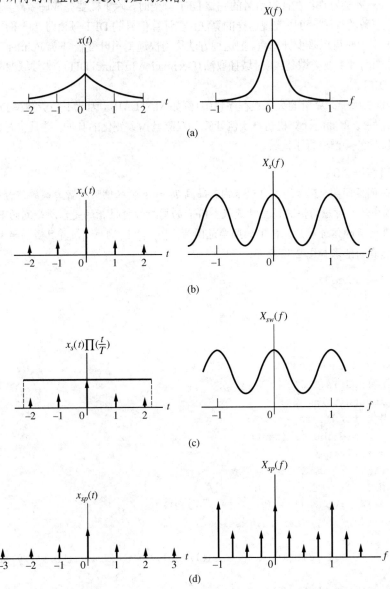

图 2.31　时域信号与频域信号的 DFT 计算的图示。(a)待采样的信号及相应的频谱($\tau = 1\,\text{s}$)；(b)采样后的信号及相应的频谱($f_s = 1\,\text{Hz}$)；(c)经窗函数处理后的采样信号及其相应的频谱($T = 4\,\text{s}$ 多)；(d)采样后的信号频谱及经相应的窗函数采样处理后得到的周期性重复信号

在计算 DFT 时，在 T 秒内，只能利用 $x(t)$ 的一串信息（也就是间隔 $T_s = T/N$ 的 N 个样值）。在这个过程中，将时域的采样信号与窗函数 $\Pi(t/T)$ 相乘。这个过程对应的频域处理是：完成与矩形窗函数傅里叶变换的卷积，矩形窗函数的傅里叶变换为 $T\mathrm{sinc}(fT)$。图 2.31(c) 示出了窗口内所得到的采样信号及其对应的频谱。最后，只有 N 个离散频率处的频谱才是有效频谱，频谱之间的间隔为窗口持续时间的倒数 $1/T$。在时域，这一结果对应的是：与一串 δ 函数序列的卷积。所得的信号及其对应的频谱如图 2.31(d) 所示。如果仔细观察的话，的确会发现：DFT 频谱与原连续时间信号的频谱完全不同的概率很大。与该主题有关的若干文献分析了减小这些误差的方法[19]。 ■

稍稍分析一下就会发现：在计算信号的完整 DFT 频谱时，除了需要完成许多次复数加法，还需要完成大约 N^2 次复数的乘法。可以实现这样的算法：在计算信号的 DFT 频谱时，只采用大约 $N\log_2 N$ 次复数乘法，当 N 很大时可以减少计算量。把这种方法称为快速傅里叶变换（Fast Fourier Transform，FFT）算法。FFT 算法的两种主要类型是：①时域抽取法（Decimation In Time，DIT）；②频域抽取法（Decimation In Frequency，DIF）。

幸好 FFT 算法用于计算机的大多数程序包中（例如 MATLAB），因此不必费神写 FFT 程序（尽管这样的锻炼很有益处）。下面的计算机仿真实例计算了双侧呈指数变化的脉冲，并且将时域连续信号的频谱与相应采样脉冲的频谱进行了比较。

计算机仿真实例 2.3

在截取的时间区间 $-15.5\,\mathrm{s} \leqslant t \leqslant 15.5\,\mathrm{s}$ 内，每隔 $T_s = 1\,\mathrm{s}$ 对双侧呈指数衰减的信号采样时，用下面的 MATLAB 程序计算对应的快速傅里叶变换。FFT 的周期性特性指的是，所得到的 FFT 系数与指数信号周期性扩展之后的信号对应。FFT 的频率范围为 $[0, f_s(1 - 1/N)]$，并且当频率大于 $f_s/2$ 时对应的是负频率。仿真的结果如图 2.32 所示。

```
% file: c2ce3
%
clf
tau = 2;
Ts = 1;
fs = 1/Ts;
ts = -15.5:Ts:15.5;
N = length(ts);
fss = 0:fs/N : fs - fs/N;
xss = exp(- abs(ts)/tau);
Xss = fft(xss);
t = -15.5 : .01 : 15.5;
f = 0 : .01 : fs - fs/N;
X = 2*fs*tau. / (1 + (2*pi*f*tau).^2);
subplot(2,1,1), stem(ts, xss)
hold on
subplot(2,1,1),plot(t,exp(- abs(t)/tau),'--'),xlabel('t,s'),ylabel('Signal &
samples'),...
legend('x(nT_s)','x(t)')
subplot(2,1,2),stem(fss,abs(Xss))
```

---

19 参阅文献 "Ziemer, Tranter, and Fannin (1998)" 的第 10 章。

```
hold on
subplot(2,1,2),plot(f,X,'--'),xlabel('f,Hz'),ylabel('FFT and Fourier transform')
legend(' | X_k |','|X(f)|')
% End of script file
```

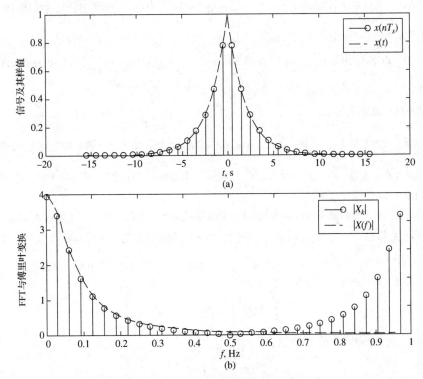

图 2.32　(a) $x(t) = \exp(-|t|/\tau)$ 以及 $T_s = 1\,\text{s}$、$\tau = 2\,\text{s}$ 时的样值；(b) 采样信号 32 点 FFT 的幅度与 $x(t)$ 傅里叶变换所得的频谱之间的比较。由于频谱混叠导致频谱图相互之间偏移了至多 $f_s/2$ ∎

补充书目

文献"Bracewell (1986)"专门分析了傅里叶理论及其应用。文献"Ziemer，Tranter，and Fannin (1998)"、"Kamen and Heck (2007)"以连续时间信号与系统、离散时间信号与系统为主题，并且给出了本章的背景介绍。比较简单的文献包括"McClellan，Schafer，and Yoder (2003)"、"Mersereau and Jackson (2006)"、"Wickert (2013)"。

本章内容小结

1. 把信号分为确知信号与随机信号两种类型。可以用时间的函数完整地表示确知信号；但是，必须从概率分布的角度表示出随机信号的幅度。

2. 在 t 的整个定义域内，对周期为 T_0 的周期信号而言，如下的关系式都成立：$x(t) = x(t + T_0)$。

3. 旋转相量 $\tilde{x}(t) = A\mathrm{e}^{\mathrm{j}(2\pi f_0 t + \theta)}$ 的单边频谱体现了幅度 A、相位 θ 与频率 f 之间的关系。取 $\tilde{x}(t)$ 的实部可以得到与相量对应的实正弦信号。分析一下 $x(t) = \frac{1}{2}\tilde{x}(t) + \frac{1}{2}\tilde{x}^*(t)$ 的构成，就可以得到双边带频谱。把旋转相量的幅度

与频率 f 之间的关系图、旋转相量的相位与频率 f 之间的关系图分别称为幅度谱、相位谱。把这类频谱图称为信号 $A\cos(2\pi f_0 t + \theta)$ 的频域表示。

4. 可以把单位冲激信号 $\delta(t)$ 视为持续的时间宽度为零、幅度为无穷大的信号，其面积等于 1。所定义的筛选特性 $\int_{-\infty}^{\infty} x(\lambda)\delta(\lambda - t_0)\mathrm{d}\lambda = x(t_0)$（其中，$x(t)$ 在 $t = t_0$ 处是连续的）是对单位冲激信号特性的概括。单位阶跃函数 $u(t)$ 等于单位冲激信号的积分。

5. 当 $E = \int_{-\infty}^{\infty} |x(t)|^2 \mathrm{d}t$ 为有限值时，把信号 $x(t)$ 称为能量信号。当 $P = \lim_{T \to \infty} \frac{1}{2T} \int_{-T}^{T} |x(t)|^2 \mathrm{d}t$ 为有限值时，把信号 $x(t)$ 称为功率信号。信号可能是这两种信号中的一种，或者二者都不是。

6. 把复指数傅里叶级数表示为 $x(t) = \sum_{n=-\infty}^{\infty} X_n \exp(\mathrm{j}2\pi n f_0 t)$。其中，$f_0 = 1/T_0$，并且 $(t_0, t_0 + T_0)$ 表示展开式的区间宽度。展开式的系数为：$X_n = \frac{1}{T_0} \int_{t_0}^{t_0 + T} x(t)\exp(-\mathrm{j}2\pi n f_0 t)\mathrm{d}t$。如果 $x(t)$ 表示周期为 T_0 的周期信号，那么，在傅里叶求和运算后，除了收敛到信号的左极限或者右极限的不连续点，在整个时间 t 范围内，可以用指数形式的傅里叶级数表示 $x(t)$。

7. 在用指数形式表示实信号的傅里叶级数时，傅里叶系数满足如下的关系：$X_n = X_{-n}^*$，这就是说，如下的两个关系式成立：$|X_n| = |X_{-n}|$；$\angle X_n = -\angle X_{-n}$。把 $|X_n|$ 与 $n f_0$ 之间的关系图、$\angle X_n$ 与 $n f_0$ 之间的关系图分别称为 $x(t)$ 的离散双边幅度谱、相位谱。如果 $x(t)$ 为实信号，那么，幅度谱为 $n f_0$ 的偶函数，相位谱为 $n f_0$ 的奇函数。

8. 用如下的关系式表示帕塞瓦尔定理：

$$\frac{1}{T_0} \int_{T_0} |x(t)|^2 \mathrm{d}t = \sum_{n=-\infty}^{\infty} |X_n|^2$$

9. 信号 $x(t)$ 的傅里叶变换用如下的关系式表示：

$$X(f) = \int_{-\infty}^{\infty} x(t)\, \mathrm{e}^{-\mathrm{j}2\pi f t}\mathrm{d}t$$

把傅里叶逆变换表示如下：

$$x(t) = \int_{-\infty}^{\infty} X(f)\mathrm{e}^{\mathrm{j}2\pi f t}\mathrm{d}f$$

如果 $x(t)$ 为实信号，那么如下的关系式成立：$|X(f)| = |X(-f)|$、$\angle X(f) = -\angle X(-f)$。

10. 把 $|X(f)|$ 与 f 之间的关系图、$\angle X(f)$ 与 f 之间的关系图分别称为 $x(t)$ 的幅度谱与相位谱。当 $x(t)$ 为实信号时，幅度谱为频率 f 的偶函数、相位谱为频率 f 的奇函数。

11. 信号 $x(t)$ 的能量满足如下关系式：

$$\int_{-\infty}^{\infty} |x(t)|^2 \mathrm{d}t = \int_{-\infty}^{\infty} |X(f)|^2 \mathrm{d}f$$

把上式称为瑞利能量定理。信号的能量谱密度满足关系式 $G(f) = |X(f)|^2$；$G(f)$ 表示信号在频域的能量密度。

12. 把两个信号 $x_1(t)$、$x_2(t)$ 的卷积表示如下：

$$x(t) = x_1(t) * x_2(t) = \int_{-\infty}^{\infty} x_1(\lambda)x_2(t - \lambda)\mathrm{d}\lambda = \int_{-\infty}^{\infty} x_1(t - \lambda)x_2(\lambda)\mathrm{d}\lambda$$

傅里叶变换的卷积定理表明，$X(f) = X_1(f)X_2(f)$；其中，$X_1(f)$、$X_2(f)$ 分别表示 $x_1(t)$、$x_2(t)$ 的傅里叶变换。

13. 从数学的角度来说，尽管功率信号的傅里叶变换不存在，但是，通过利用如下的变换关系式：$A\mathrm{e}^{\mathrm{j}(2\pi f_0 t)} \leftrightarrow A\delta x(f - f_0)$，对傅里叶级数的指数项逐项进行傅里叶变换之后，可以得到周期信号的傅里叶变换。较便捷的方法是：将脉冲信号 $p(t)$ 与理想的采样信号卷积之后，得到如下的周期信号：

$x(t) = p(t) * \sum_{m=-\infty}^{\infty} \delta(t - mT_s)$。由此得出相应的傅里叶变换为：$X(f) = \sum_{n=-\infty}^{\infty} f_s P(nf_s) \delta(f - nf_s)$，其中，$P(f)$ 表示 $p(t)$ 的傅里叶变换，而且 $f_s = 1/T_s$。因此，傅里叶变换的各个系数为 $X_n = f_s P(nf_s)$。

14. 功率信号 $x(t)$ 的功率谱 $S(f)$ 是 f 的非负实偶函数，对 $S(f)$ 积分后得到总的平均功率为 $\langle x^2(t) \rangle = \int_{-\infty}^{\infty} S(f) df$，其中，$\langle w(t) \rangle = \lim_{T \to \infty} \frac{1}{2T} \int_{-T}^{T} w(t) dt$。将功率信号的时间平均自相关函数定义为 $R(\tau) = \langle x(t) x(t + \tau) \rangle$。由维纳-钦辛定理可知，$S(f)$ 与 $R(\tau)$ 互为傅里叶变换对。

15. 线性系统(用符号 $H(\cdot)$ 表示)满足叠加性。也就是说，如果 $y_1 = \mathcal{H}(x_1)$、$y_2 = \mathcal{H}(x_2)$，那么，$\mathcal{H}(\alpha_1 x_1 + \alpha_2 x_2) = \alpha_1 y_1 + \alpha_2 y_2$，其中，$\alpha_1$、$\alpha_2$ 为任意常数。在 $y(t) = \mathcal{H}[x(t)]$ 的条件下，如果与输入信号 $x(t - t_0)$ 对应的输出信号为 $y(t - t_0)$，那么，该系统为固定系统(或者称为时不变系统)。

16. 线性时不变(Linear Time-Invariant, LTI)系统的冲激响应 $h(t)$ 指的是 $t = 0$ 时对冲激信号的响应为 $h(t) = \mathcal{H}[\delta(t)]$。当 LTI 系统的输入为 $x(t)$ 时，输出为 $y(t) = h(t) * x(t) = \int_{-\infty}^{\infty} h(\tau) x(t - \tau) d\tau$。

17. 不能够预测因果系统的输入。对 LTI 系统而言，当 $t < 0$ 时，$h(t) = 0$。当系统为稳定系统时，可以根据一个有边界的输入得到一个有边界的输出。当且仅当 $\int_{-\infty}^{\infty} |h(t)| dt < \infty$ 的条件成立时，LTI 系统才是稳定系统。

18. LTI 系统的频率响应函数 $H(f)$ 是 $h(t)$ 的傅里叶变换。当 LTI 系统的输入为 $x(t)$ 时，系统的输出 $y(t)$ 的傅里叶变换为：$Y(f) = H(f) X(f)$，其中，$X(f)$ 表示输入 $x(t)$ 的傅里叶变换。把 $|H(f)| = |H(-f)|$ 称为系统的幅度响应；把 $\angle H(f) = -\angle H(-f)$ 称为系统的相位响应。

19. 对输入为周期信号的固定系统而言，系统输出的傅里叶系数为：$Y_n = H(nf_0) X_n$，其中，$\{X_n\}$ 表示输入的傅里叶系数。

20. 固定线性系统的输入幅度谱与输出幅度谱之间的关系如下：
$$G_y(f) = |H(f)|^2 G_x(f) \qquad \text{(能量信号)}$$
$$S_y(f) = |H(f)|^2 S_x(f) \qquad \text{(功率信号)}$$

21. 如果系统的输出与输入之间只是存在时延、幅度比例因子，即，$y(t) = H_0 x(t - t_0)$，那么，系统为无失真系统。无失真系统的频率响应函数为：$H(f) = H_0 e^{-j2\pi f t_0}$。这种系统在输入信号占用的频带内的幅度响应为：$|H(f)| = H_0$；相位响应为：$\angle H(f) = -2\pi t_0 f$。由系统引入的三种类型的失真分别如下：①幅度失真；②相位失真(时延)；③非线性失真。与这三种失真对应的条件分别是：① $|H(f)| \neq$ 常数；② $\angle H(f) \neq -$常数$\times f$；③系统为非线性系统。线性系统的另外两个重要特性是：①群时延；②相位时延。将这两个指标分别定义如下：
$$T_g(f) = -\frac{1}{2\pi} \frac{d\theta(f)}{df} \quad \text{以及} \quad T_p(f) = -\frac{\theta(f)}{2\pi f}$$
式中，$\theta(f)$ 表示 LTI 系统的相位响应。对相位无失真的系统而言，群时延与相位时延相等(为常数)。

22. 尽管理想的滤波器并不是因果滤波器，但在通信系统中引入理想滤波器后可以很便捷地分析系统。三种类型的理想滤波器为：①低通滤波器；②带通滤波器；③高通滤波器。在滤波器的通频带内，理想的滤波器具有恒定的幅度响应与呈线性的相位响应。在滤波器的通频带之外，理想的滤波器滤除了输入信号的全部频谱分量。

23. 与理想滤波器性能相近的滤波器有：巴特沃斯滤波器、切比雪夫滤波器、贝塞尔滤波器。前两种滤波器与理想滤波器的幅度响应相近；最后一种滤波器与理想滤波器的线性相位响应近似。

24. 把脉冲信号的持续时间与其单边带带宽 W 联系起来的不等式是：$W \geqslant 1/(2T)$。把脉冲信号的上升沿持续时间 T_R 与信号带宽 W 之间的近似关系联系起来的不等式是：$W = 1/(2T_R)$。对低通滤波器而言，这些关系式都成立。对带通滤波器而言，这些关系式的带宽都加倍，而且，上升沿的持续时间 T_R 对应信号包络的持续时间。

25. 带宽为 W 的低通信号的采样定理表明，当按采样率 $f_s > 2W$(样值/秒)采样所得的采样值通过低通滤波器时，可以完整地恢复信号。采样后所得脉冲信号的频谱如下：

$$x_\delta(f) = f_s \sum\nolimits_{n=-\infty}^{\infty} X(f - nf_s)$$

式中,$X(f)$ 表示原信号的频谱。对带通信号而言,可能出现的情形是:采样率低于低通采样定理定义的采样率。

26. 信号 $x(t)$ 的希尔伯特变换 $\hat{x}(t)$ 将信号的全部正频率分量相移– 90°。这一变化的数学表达式如下:

$$\hat{x}(t) = \int_{-\infty}^{\infty} \frac{x(\lambda)}{\pi(t - \lambda)} d\lambda$$

希尔伯特变换的频域表达式为:$\hat{X}(f) = -j\,\text{sgn}(f)X(f)$,其中,$\text{sgn}(f)$ 表示符号函数;$X(f) = \Im[x(t)]$;$\hat{X}(f) = \Im[\hat{x}(t)]$。$\cos(\omega_0 t)$ 的希尔伯特变换为 $\sin(\omega_0 t)$;$\sin(\omega_0 t)$ 的希尔伯特变换为– $\cos(\omega_0 t)$。希尔伯特变换之后,信号的功率(或者能量)不变。在区间 $(-\infty, \infty)$ 内,信号 $x(t)$ 与其希尔伯特变换 $\hat{x}(t)$ 正交。如果 $m(t)$ 为低通信号、$c(t)$ 为高通信号,而且二者之间不存在频谱重叠,那么,如下的关系式成立:

$$\widehat{m(t)c(t)} = m(t)\hat{c}(t)$$

可以利用希尔伯特变换定义解析信号,即

$$z(t) = x(t) \pm j\hat{x}(t)$$

解析信号的幅度 $|z(t)|$ 指的是实信号 $x(t)$ 的包络。当 $f < 0$ 或者 $f > 0$ 时(分别对应 $z(t)$ 虚部的"+"与"–"),解析信号的傅里叶变换 $Z(f)$ 均为零。

27. 用如下的关系式定义带通信号的复包络 $\tilde{x}(t)$:

$$x(t) + j\hat{x}(t) = \tilde{x}(t)e^{j2\pi f_0 t}$$

式中,f_0 表示信号的参考频率。同理,用如下的关系式定义带通系统的冲激响应的复包络 $\tilde{h}(t)$:

$$h(t) + j\hat{h}(t) = \tilde{h}(t)e^{j2\pi f_0 t}$$

根据输出的复包络,可以很方便地得出带通系统输出的复包络,即,可以利用如下的关系式求解:

$$\tilde{y}(t) = \tilde{h}(t) * \tilde{x}(t)$$

或者将上式表示如下:

$$\tilde{y}(t) = \Im^{-1}\left[\widetilde{H}(f)\widetilde{X}(f)\right]$$

式中,$\widetilde{H}(f)$、$\widetilde{X}(f)$ 分别表示 $\tilde{h}(t)$、$\tilde{x}(t)$ 的傅里叶变换。于是得到实际的(实部)输出如下:

$$y(t) = \frac{1}{2}\text{Re}\left[\tilde{y}(t)e^{j2\pi f_0 t}\right]$$

28. 将信号序列 $\{x_n\}$ 的离散傅里叶变换定义如下:

$$X_k = \sum\nolimits_{n=0}^{N-1} x_n e^{j2\pi nk/N} = \text{DFT}\left[\{X_k^*\}\right], \quad k = 0, 1, \cdots, N-1$$

可以利用 DFT 计算出采样信号对应的频域值,以及利用常规傅里叶变换进行近似处理,比如滤波处理。

疑难问题

2.1 求出如下信号的基本周期:

(a) $x_1(t) = 10\cos(5\pi t)$

(b) $x_2(t) = 10\cos(5\pi t) + 2\sin(7\pi t)$

(c) $x_3(t) = 10\cos(5\pi t) + 2\sin(7\pi t) + 3\cos(6.5\pi t)$

(d) $x_4(t) = \exp(j6\pi t)$

(e) $x_5(t) = \exp(j6\pi t) + \exp(-j6\pi t)$

(f) $x_6(t) = \exp(j6\pi t) + \exp(j7\pi t)$

2.2　根据疑难问题 2.1，画出周期信号的双边幅度谱与相位谱。

2.3　根据疑难问题 2.1，画出周期信号的单边幅度谱与相位谱。

2.4　计算出如下的积分值：

(a) $I_1 = \displaystyle\int_{-10}^{10} u(t)\mathrm{d}t$

(b) $I_2 = \displaystyle\int_{-10}^{10} \delta(t-1)u(t)\,\mathrm{d}t$

(c) $I_3 = \displaystyle\int_{-10}^{10} \delta(t+1)u(t)\,\mathrm{d}t$

(d) $I_4 = \displaystyle\int_{-10}^{10} \delta(t-1)t^2\mathrm{d}t$

(e) $I_5 = \displaystyle\int_{-10}^{10} \delta(t+1)t^2\mathrm{d}t$

(f) $I_6 = \displaystyle\int_{-10}^{10} t^2 u(t-1)\,\mathrm{d}t$

2.5　求出如下信号的功率与能量(注意：答案可能是零、无穷大)：

(a) $x_1(t) = 2u(t)$

(b) $x_2(t) = 3\Pi\left(\dfrac{t-1}{2}\right)$

(c) $x_2(t) = 2\Pi\left(\dfrac{t-3}{4}\right)$

(d) $x_4(t) = \cos(2\pi t)$

(e) $x_5(t) = \cos(2\pi t)\,u(t)$

(f) $x_6(t) = \cos^2(2\pi t) + \sin^2(2\pi t)$

2.6　问下面的值可不可能成为实信号的傅里叶系数(给出支持你答案的理由)：

(a) $X_1 = 1+j$；$X_{-1} = 1-j$；其他的所有傅里叶系数等于零。

(b) $X_1 = 1+j$；$X_{-1} = 2-j$；其他的所有傅里叶系数等于零。

(c) $X_1 = \exp(-j\pi/2)$；$X_{-1} = \exp(j\pi/2)$；其他的所有傅里叶系数等于零。

(d) $X_1 = \exp(j3\pi/2)$；$X_{-1} = \exp(j\pi/2)$；其他的所有傅里叶系数等于零。

(e) $X_1 = \exp(j3\pi/2)$；$X_{-1} = \exp(j5\pi/2)$；其他的所有傅里叶系数等于零。

2.7　利用傅里叶级数的唯一性，求出如下信号的复指数表示形式的傅里叶级数的系数：

(a) $x_1(t) = 1 + \cos(2\pi t)$

(b) $x_2(t) = 2\sin(2\pi t)$

(c) $x_3(t) = 2\cos(2\pi t) + 2\sin(2\pi t)$

(d) $x_4(t) = 2\cos(2\pi t) + 2\sin(4\pi t)$

(e) $x_5(t) = 2\cos(2\pi t) + 2\sin(4\pi t) + 3\cos(6\pi t)$

2.8　判断下面的表述是否正确，要求分析原因：

(a) 在三角波信号的傅里叶级数中只存在奇次谐波。

(b)脉冲持续的时间越长，脉冲序列的频谱分量的频率越高。

(c)全波整流的正弦波具有基本频率，且基本频率等于待整流的原正弦信号频率的一半。

(d)如果谐波的数量为 n，那么，与三角波信号相比，方波的谐波衰减得快些。

(e)脉冲序列的时延对幅度谱有影响。

(f)半波整流的正弦波的幅度与全波整流的正弦波的幅度相同。

2.9　已知如下的傅里叶变换对：$\Pi(t) \leftrightarrow \mathrm{sinc}(f)$、$\Lambda(t) \leftrightarrow \mathrm{sinc}^2(f)$。根据合理的傅里叶变换定理求出如下信号的傅里叶变换。在每种情况下，要求给出所采用的定理，并且分别绘出时域与频域的简图：

(a) $x_1(t) = \Pi(2t)$

(b) $x_2(t) = \mathrm{sinc}^2(4f)$

(c) $x_3(t) = \Pi(2t)\cos(6\pi t)$

(d) $x_4(t) = \Lambda\left(\dfrac{t-3}{2}\right)$

(e) $x_5(t) = \Pi(2t) * \Pi(2t)$

(f) $x_6(t) = \Pi(2t)\exp(\mathrm{j}4\pi t)$

(g) $x_7(t) = \Pi\left(\dfrac{t}{2}\right) + \Lambda(t)$

(h) $x_8(t) = \dfrac{\mathrm{d}\Lambda(t)}{\mathrm{d}t}$

(i) $x_9(t) = \Pi\left(\dfrac{t}{2}\right)\Lambda(t)$

2.10　求出信号 $x(t) = \sum_{m=-\infty}^{\infty} \Lambda(t-3m)$ 的傅里叶变换，并且分别绘出时域与频域的简图。

2.11　根据下面的各个自相关函数值，求出相应的功率谱密度值。要求在每种情况下验证：对功率谱密度积分之后得到总的平均功率（即 $R(0)$）。要求绘出每个自相关函数及其与之对应的功率谱密度的简图：

(a) $R_1(\tau) = 3\Lambda(\tau/2)$

(b) $R_2(\tau) = \cos(4\pi\tau)$

(c) $R_3(\tau) = 2\Lambda(\tau/2)\cos(4\pi\tau)$

(d) $R_4(\tau) = \exp(-2|\tau|)$

(e) $R_5(\tau) = 1 + \cos(2\pi\tau)$

2.12　如果已知系统的频率响应为：$H(f) = 2/(3+\mathrm{j}2\pi f) + 1/(2+\mathrm{j}2\pi f)$，试求出该系统的冲激响应。要求绘出冲激响应、幅度响应、相位响应的简图。

2.13　问如下的系统是否是：①稳定系统；②因果系统。要求给出支持你答案的理由。

(a) $h_1(t) = 3/(4+|t|)$

(b) $H_2(f) = 1 + \mathrm{j}2\pi f$

(c) $H_3(f) = 1/(1+\mathrm{j}2\pi f)$

(d) $h_4(t) = \exp(-2|t|)$

(e) $h_5(t) = [2\exp(-3t) + \exp(-2t)]u(t)$

2.14　分别求出如下系统的相位时延与群时延：

(a) $h_1(t) = \exp(-2t)u(t)$

(b) $H_2(f) = 1 + \mathrm{j}2\pi f$

(c) $H_3(f) = 1/(1 + j2\pi f)$

(d) $h_4(t) = 2t \exp(-3t) u(t)$

2.15 已知一滤波器的频率响应函数如下：

$$H(f) = \left[\Pi\left(\frac{f}{30}\right) + \Pi\left(\frac{f}{10}\right) \right] \exp\left[-j\pi f \Pi(f/15)/20\right]$$

输入信号为：$x(t) = 2\cos(2\pi f_1 t) + \cos(2\pi f_2 t)$。针对下面给出的 f_1、f_2 值，要求作出判断：（1）是否存在失真；（2）是否存在幅度失真；（3）是否存在相位失真或者时延失真；（4）是否同时存在幅度失真和相位失真（或者时延失真）。

(a) $f_1 = 2\ \text{Hz}$、$f_2 = 4\ \text{Hz}$

(b) $f_1 = 2\ \text{Hz}$、$f_2 = 6\ \text{Hz}$

(c) $f_1 = 2\ \text{Hz}$、$f_2 = 8\ \text{Hz}$

(d) $f_1 = 6\ \text{Hz}$、$f_2 = 7\ \text{Hz}$

(e) $f_1 = 6\ \text{Hz}$、$f_2 = 8\ \text{Hz}$

(f) $f_1 = 8\ \text{Hz}$、$f_2 = 16\ \text{Hz}$

2.16 已知一滤波器输入-输出之间的传输特性为：$y(t) = x(t) + x^2(t)$。如果输入信号为：$x(t) = \cos(2\pi f_1 t) + \cos(2\pi f_2 t)$，问输出信号中存在哪些频率分量？输出信号中的哪些是失真项？

2.17 已知一滤波器的频率响应函数如下：

$$H(j2\pi f) = \frac{2}{-(2\pi f)^2 + j4\pi f + 1}$$

试求出该滤波器的 10%～90% 上升沿的持续时间。

2.18 以 $f_s = 9$ 样值/秒的速率对信号 $x(t) = \cos(2\pi f_1 t)$ 采样。当 f_1 取如下值时，求出现在采样信号频谱中的最低频率：

(a) $f_1 = 2\ \text{Hz}$

(b) $f_1 = 4\ \text{Hz}$

(c) $f_1 = 6\ \text{Hz}$

(d) $f_1 = 8\ \text{Hz}$

(e) $f_1 = 10\ \text{Hz}$

(f) $f_1 = 12\ \text{Hz}$

2.19 求出如下信号的希尔伯特变换：

(a) $x_1(t) = \cos(4\pi t)$

(b) $x_2(t) = \sin(6\pi t)$

(c) $x_3(t) = \exp(j5\pi t)$

(d) $x_4(t) = \exp(-j8\pi t)$

(e) $x_5(t) = 2\cos^2(4\pi t)$

(f) $x_6(t) = \cos(2\pi t)\cos(10\pi t)$

(g) $x_7(t) = 2\sin(4\pi t)\cos(4\pi t)$

2.20 求出信号 $x(t) = \cos(10\pi t)$ 的解析信号与复包络，其中，$f_0 = 6\ \text{Hz}$。

习题

2.1 节习题

2.1　画出如下信号的单边幅度谱与相位谱、双边幅度谱与相位谱的简图:

(a) $x_1(t) = 10\cos(4\pi t + \pi/8) + 6\sin(8\pi t + 3\pi/4)$

(b) $x_2(t) = 8\cos(2\pi t + \pi/3) + 4\cos(6\pi t + \pi/4)$

(c) $x_3(t) = 2\sin(4\pi t + \pi/8) + 12\sin(10\pi t)$

(d) $x_4(t) = 2\cos(7\pi t + \pi/4) + 3\sin(18\pi t + \pi/2)$

(e) $x_5(t) = 5\sin(2\pi t) + 4\cos(5\pi t + \pi/4)$

(f) $x_6(t) = 3\cos(4\pi t + \pi/8) + 4\sin(10\pi t + \pi/6)$

2.2　信号的双边幅度谱与相位谱如图 2.33 所示,求出该信号的时域表达式。

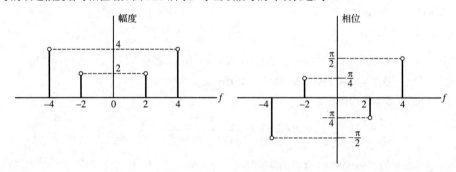

图 2.33

2.3　两个或者多个正弦信号的和可能是周期信号,也可能不是周期信号,这与各个频率之间的关系有关。以两个正弦信号的和为例,假定两个信号的频率分别为 f_1、f_2。当两个正弦信号的和为周期信号时,f_1、f_2 之间必须存在公倍数;即,f_1、f_2 必须是 f_0 的整数倍。因此,如果 f_0 表示满足如下条件的最大值,则把 f_0 称为基本频率:

$$f_1 = n_1 f_0 \text{ 以及 } f_2 = n_2 f_0$$

式中,n_1、n_2 均为整数,在如下的信号中,请问哪些是周期信号?如果是周期信号,要求求出相应的周期:

(a) $x_1(t) = 2\cos(2t) + 4\sin(6\pi t)$

(b) $x_2(t) = \cos(6\pi t) + 7\cos(30\pi t)$

(c) $x_3(t) = \cos(4\pi t) + 9\sin(21\pi t)$

(d) $x_4(t) = 3\sin(4\pi t) + 5\cos(7\pi t) + 6\sin(11\pi t)$

(e) $x_5(t) = \cos(17\pi t) + 5\cos(18\pi t)$

(f) $x_6(t) = \cos(2\pi t) + 7\sin(3\pi t)$

(g) $x_7(t) = 4\cos(7\pi t) + 9\cos(11\pi t)$

(h) $x_8(t) = \cos(120\pi t) + 3\cos(377t)$

(i) $x_9(t) = \cos(19\pi t) + 2\sin(21\pi t)$

(j) $x_{10}(t) = 5\cos(6\pi t) + 6\sin(7\pi t)$

2.4　画出如下信号的单边幅度谱与相位谱、双边幅度谱与相位谱:

(a) $x_1(t) = 5\cos(12\pi t - \pi/6)$

(b) $x_2(t) = 3\sin(12\pi t) + 4\cos(16\pi t)$

(c) $x_3(t) = 4\cos(8\pi t)\cos(12\pi t)$（提示：利用合理的三角恒等式）

(d) $x_4(t) = 8\sin(2\pi t)\cos^2(5\pi t)$（提示：利用合理的三角恒等式）

(e) $x_5(t) = \cos(6\pi t) + 7\cos(30\pi t)$

(f) $x_6(t) = \cos(4\pi t) + 9\sin(21\pi t)$

(g) $x_7(t) = 2\cos(4\pi t) + \cos(6\pi t) + 6\sin(17\pi t)$

2.5　(a) 证明图 2.4(b) 所示的函数 $\delta_\varepsilon(t)$ 具有单位面积。

　　(b) 证明 $\delta_\varepsilon(t) = \varepsilon^{-1}\mathrm{e}^{-t/\varepsilon}u(t)$ 具有单位面积。当 $\varepsilon = 1$、$1/2$、$1/4$ 时，绘出该函数的简图。分析该函数近似等于冲激函数时的合理性。

　　(c) 对冲激函数而言，当 $\varepsilon \to 0$ 时，证明如下的近似是合理的：

$$\delta_\varepsilon(t) = \begin{cases} \varepsilon^{-1}(1 - |t|/\varepsilon), & |t| \leqslant \varepsilon \\ 0, & \text{其他} \end{cases}$$

2.6　利用式 (2.14) 之后给出的单位冲激函数的各项性质，计算出下列关系式的值：

　　(a) $\displaystyle\int_{-\infty}^{\infty} [t^2 + \exp(-2t)]\delta(2t - 5)\mathrm{d}t$

　　(b) $\displaystyle\int_{-10^-}^{10^+} (t^2 + 1)\left[\sum_{n=-\infty}^{\infty} \delta(t - 5n)\right]\mathrm{d}t$ （提示：10^+ 表示刚好位于 10 的右边；-10^- 表示刚好位于 -10 的左边）

　　(c) 如果已知 $10\delta(t) + A\dfrac{\mathrm{d}\delta(t)}{\mathrm{d}t} + 3\dfrac{\mathrm{d}^2\delta(t)}{\mathrm{d}t^2} = B\delta(t) + 5\dfrac{\mathrm{d}\delta(t)}{\mathrm{d}t} + C\dfrac{\mathrm{d}^2\delta(t)}{\mathrm{d}t^2}$，试求出 A、B、C

　　(d) $\displaystyle\int_{-2}^{11} [\mathrm{e}^{-4\pi t} + \tan(10\pi t)]\delta(4t + 3)\mathrm{d}t$

　　(e) $\displaystyle\int_{-\infty}^{\infty} [\cos(5\pi t) + \mathrm{e}^{-3t}]\dfrac{\mathrm{d}\delta^2(t-2)}{\mathrm{d}t^2}\mathrm{d}t$

2.7　在如下的信号中，哪些是周期信号？哪些不是周期信号？如果是周期信号，试求出对应的周期。并画出所有信号的简图：

　　(a) $x_a(t) = \cos(5\pi t) + \sin(7\pi t)$

　　(b) $x_b(t) = \displaystyle\sum_{n=0}^{\infty} \Lambda(t - 2n)$

　　(c) $x_c(t) = \displaystyle\sum_{n=-\infty}^{\infty} \Lambda(t - 2n)$

　　(d) $x_d(t) = \sin(3t) + \cos(2\pi t)$

　　(e) $x_e(t) = \displaystyle\sum_{n=-\infty}^{\infty} \Pi(t - 3n)$

　　(f) $x_f(t) = \displaystyle\sum_{n=0}^{\infty} \Pi(t - 3n)$

2.8　按照如下要求，求出信号 $x(t) = \cos(6\pi t) + 2\sin(10\pi t)$ 的表达式：

　　(a) 一组旋转相量的实部。

　　(b) 一组旋转相量加上它们的复共轭。

　　(c) 根据 (a)、(b) 的结果，画出信号 $x(t)$ 的单边幅度谱与相位谱、双边幅度谱与相位谱。

2.2 节习题

2.9　在如下的信号中，求出每一个功率信号的归一化功率值、每一个能量信号的归一化能量值。如果既不是功率信号，也不是能量信号，找出这类信号。画出每一个信号的简图(α 表示大于零的常数)：

(a) $x_1(t) = 2\cos(4\pi t + 2\pi/3)$

(b) $x_2(t) = e^{-\alpha t}u(t)$

(c) $x_3(t) = e^{\alpha t}u(-t)$

(d) $x_4(t) = (\alpha^2 + t^2)^{-1/2}$

(e) $x_5(t) = e^{-\alpha|t|}$

(f) $x_6(t) = e^{-\alpha t}u(t) - e^{-\alpha(t-1)}u(t-1)$

2.10 根据计算出的能量 E 或者功率 P(A、B、θ、ω、τ 均表示大于零的常数)，把下面的每一个信号分为能量信号或者功率信号：

(a) $x_1(t) = A|\sin(\omega t + \theta)|$

(b) $x_2(t) = A\tau / \sqrt{\tau + jt}$, $j = \sqrt{-1}$

(c) $x_3(t) = Ate^{-t/\tau}u(t)$

(d) $x_4(t) = \Pi(t/\tau) + \Pi(t/2\tau)$

(e) $x_5(t) = \Pi(t/2) + \Lambda(t)$

(f) $x_6(t) = A\cos(\omega t) + B\sin(2\omega t)$

2.11 求出下列周期信号的功率。计算出每一个信号的周期，并且绘出相应的简图：

(a) $x_1(t) = 2\cos(4\pi t - \pi/3)$

(b) $x_2(t) = \sum_{n=-\infty}^{\infty} 3\Pi\left(\frac{t-4n}{2}\right)$

(c) $x_3(t) = \sum_{n=-\infty}^{\infty} \Lambda\left(\frac{t-6n}{2}\right)$

(d) $x_4(t) = \sum_{n=-\infty}^{\infty}\left[\Lambda(t-4n) + \Pi\left(\frac{t-4n}{2}\right)\right]$

2.12 求出下面每一个信号的归一化功率与能量。分辨出哪些信号属于功率信号、哪些信号属于能量信号、哪些信号既不是功率信号也不是能量信号(注意：答案可能是零、无穷大)：

(a) $x_1(t) = 6e^{(-3+j4\pi)t}u(t)$

(b) $x_2(t) = \Pi[(t-3)/2] + \Pi\left(\frac{t-3}{6}\right)$

(c) $x_3(t) = 7e^{j6\pi t}u(t)$

(d) $x_4(t) = 2\cos(4\pi t)$

(e) $x_5(t) = |t|$

(f) $x_6(t) = t^{-1/2}u(t-1)$

2.13 证明下面的各个信号均为能量信号，并且绘出每个信号的简图：

(a) $x_1(t) = \Pi(t/12)\cos(6\pi t)$

(b) $x_2(t) = e^{-|t|/3}$

(c) $x_3(t) = 2u(t) - 2u(t-8)$

(d) $x_4(t) = \int_{-\infty}^{t} u(\lambda)\,d\lambda - 2\int_{-\infty}^{t-10} u(\lambda)\,d\lambda + \int_{-\infty}^{t-20} u(\lambda)\,d\lambda$

(提示：先考虑阶跃函数的不定积分的值是多少。)

2.14 求出下面各个信号的能量与功率(注意：答案可以是零、无穷大)，并分辨出哪些信号属于能量信号、哪些信号属于功率信号：

(a) $x_1(t) = \cos(10\pi t)\, u(t)\, u(2-t)$

(b) $x_2(t) = \sum_{n=-\infty}^{\infty} \Lambda\left(\dfrac{t-3n}{2}\right)$

(c) $x_3(t) = e^{-|t|}\cos(2\pi t)$

(d) $x_4(t) = \Pi\left(\dfrac{t}{2}\right) + \Lambda(t)$

2.3 节习题

2.15 根据傅里叶级数唯一性的特性，求出下面各个信号的傅里叶级数(f_0表示任意的频率值)：

(a) $x_1(t) = \sin^2(2\pi f_0 t)$

(b) $x_2(t) = \cos(2\pi f_0 t) + \sin(4\pi f_0 t)$

(c) $x_3(t) = \sin(4\pi f_0 t)\cos(4\pi f_0 t)$

(d) $x_4(t) = \cos^3(2\pi f_0 t)$

(e) $x_5(t) = \sin(2\pi f_0 t)\cos^2(4\pi f_0 t)$

(f) $x_6(t) = \sin^2(3\pi f_0 t)\cos(5\pi f_0 t)$

(提示：利用合适的三角恒等式与欧拉定理)

2.16 在区间$|t| \leqslant 2$内，将信号$x(t) = 2t^2$展成复指数形式的傅里叶级数。当傅里叶级数在整个t的定义域内收敛时，绘出信号的简图。

2.17 如果用$X_n = |X_n|\exp[j\angle X_n]$表示实信号$x(t)$的傅里叶系数，试证明如下的各个命题。要求给出完整的过程。

(a) $|X_n| = |X_{-n}|$以及$\angle X_n = -\angle X_{-n}$。

(b) 当$x(t)$为偶数时，X_n为n的实偶函数。

(c) $x(t)$为奇数时，X_n为虚数，而且是n的奇函数。

(d) 如果$x(t) = -x(t + T_0/2)$(半波奇对称)，则n为偶数时，$X_n = 0$。

2.18 求出如下信号的复指数形式的傅里叶系数：

(a) 脉冲序列；

(b) 半波整流的正弦信号；

(c) 全波整流的正弦信号；

(d) 表 2.1 给出的三角波信号。

2.19 针对如下的每一种情形，求出包含在矩形脉冲序列$|nf_0| \leqslant \tau^{-1}$中的功率与总功率的比值：

(a) $\tau / T_0 = 1/2$

(b) $\tau / T_0 = 1/5$

(c) $\tau / T_0 = 1/10$

(d) $\tau / T_0 = 1/20$

(提示：如果能理解频谱具有以$f = 0$为中心的偶对称特性，就能够很简捷地解决问题。)

2.20 (a) 如果$x(t)$的傅里叶级数如下：

$$x(t) = \sum_{n=-\infty}^{\infty} X_n e^{j2\pi n f_0 t}$$

而且 $y(t) = x(t - t_0)$，证明如下的命题成立：

$$Y_n = X_n e^{-j2\pi n f_0 t_0}$$

式中，Y_n 表示 $y(t)$ 的各个傅里叶系数。

(b) 以 $x(t) = \cos(\omega_0 t)$、$y(t) = \sin(\omega_0 t)$ 为例，通过分析傅里叶系数，验证 (a) 中证明过的定理。

(提示：时延 t_0 将余弦信号变为正弦信号。利用唯一性表示出相应的傅里叶级数。)

2.21　利用周期性方波信号的傅里叶级数的展开式与三角波信号的傅里叶级数的展开式，求出下列级数的和：

(a) $1 - \dfrac{1}{3} + \dfrac{1}{5} - \dfrac{1}{7} + \cdots$

(b) $1 + \dfrac{1}{9} + \dfrac{1}{25} + \dfrac{1}{49} + \cdots$

(提示：选择合适的 t 值之后，将每一种情形表示为傅里叶级数，并作为一个特例计算出它的值。)

2.22　根据图 2.34 的波形，利用表 2.1 给出的脉冲序列的傅里叶系数，分别绘出双边幅度谱、相位谱。

(提示：值得注意的是，$x_b(t) = -x_a(t) + A$。在信号的频谱中如何体现符号极性的变化与直流电平的变化？)

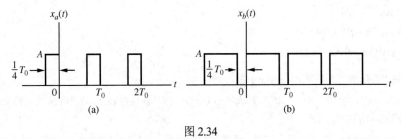

图 2.34

2.23

(a) 根据图 2.35(a) 所示的波形，画出方波信号的单边幅度谱与相位谱、双边幅度谱与相位谱。

(b) 根据图 2.35(b) 所示的三角波信号，求出：①信号的复指数形式傅里叶级数系数的表达式；②图 2.35(a) 所示信号 $x_a(t)$ 的复指数形式傅里叶级数系数的表达式。

(提示：值得注意的是，$x_a(t) = K [\mathrm{d}x_b(t)/\mathrm{d}t]$，式中，$K$ 表示合理的变化比例。)

(c) 绘出 $x_b(t)$ 的双边幅度谱与相位谱。

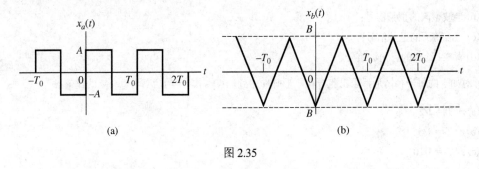

图 2.35

2.4 节习题

2.24　绘出下面每一个信号的简图，并且求出相应的傅里叶变换。绘出每个信号的幅度谱与相位谱 (A 与 τ 都表示大于零的常数)：

(a) $x_1(t) = A\exp(-t/\tau)u(t)$

(b) $x_2(t) = A\exp(t/\tau)u(-t)$

(c) $x_3(t) = x_1(t) - x_2(t)$

(d) $x_4(t) = x_1(t) + x_2(t)$。问所得的结果与根据傅里叶变换表得到的答案一致吗？

(e) $x_5(t) = x_1(t-5)$

(f) $x_6(t) = x_1(t) - x_1(t-5)$

2.25

(a) 已知信号 $x(t) = \exp(-\alpha t)u(t) - \exp(\alpha t)u(-t)$，其中，$\alpha > 0$。根据信号 $x(t)$ 的傅里叶变换，若将符号函数定义如下：

$$\mathrm{sgn}(t) = \begin{cases} 1, & t > 0 \\ -1, & t < 0 \end{cases}$$

要求求出符号函数的傅里叶变换。

（提示：当 $\alpha \to 0$ 时，求解所得傅里叶变换的极限。）

(b) 根据上面所得的结果，利用关系式 $u(t) = [\mathrm{sgn}(t) + 1]/2$，求出单位阶跃信号的傅里叶变换。

(c) 根据积分定理，利用单位冲激函数的傅里叶变换，求出单位阶跃信号的傅里叶变换。将所得的结果与 (b) 的结果进行比较。

2.26　只利用单位冲激函数的傅里叶变换、微分定理，求出图 2.36 所示信号的傅里叶变换。

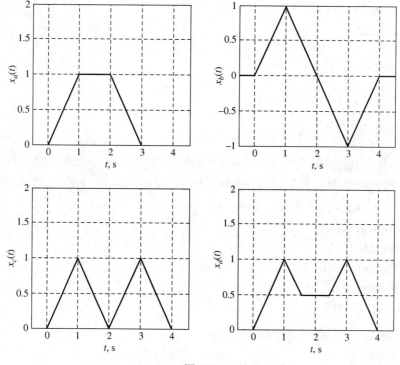

图 2.36

2.27

(a) 根据两个存在时延的三角波函数的组合，求出图 2.37 所示信号的表达式。这就是说，通过求解 a_1、a_2、

t_1、t_2、T_1、T_2 的合理的值，得到信号的表达式 $x_a(t) = a_1 \Lambda ((t-t_1)/T_1 + a_2 \Lambda ((t-t_2)/T_2)$。利用同样的方式求出图 2.36 中所示 4 个信号的表达式。

(b) 已知傅里叶变换对 $\Lambda(t) \leftrightarrow \mathrm{sinc}^2(f)$。根据叠加性定理、比例变换定理、时延定理等，求出它们的傅里叶变换。将所得的结果与习题 2.26 的答案进行比较。

2.28

(a) 已知傅里叶变换对 $\Pi(t) \leftrightarrow \mathrm{sinc}(f)$。依次利用时延定理、频率变换定理，求出如下信号的傅里叶变换。

(i) $x_1(t) = \Pi(t-1) \exp[\mathrm{j}4\pi (t-1)]$

(ii) $x_2(t) = \Pi(t+1) \exp[\mathrm{j}4\pi (t+1)]$

(b) 依次利用频率变换定理、时延定理，重新求解上面的问题。

2.29 利用适当的定理，根据习题 2.28 定义的信号，求出如下信号的傅里叶变换：

(a) $x_a(t) = \dfrac{1}{2}x_1(t) + \dfrac{1}{2}x_1(-t)$

(b) $x_b(t) = \dfrac{1}{2}x_2(t) + \dfrac{1}{2}x_2(-t)$

2.30 已知傅里叶变换对 $\Pi(t) \leftrightarrow \mathrm{sinc}(f)$、$\mathrm{sinc}(t) \leftrightarrow \Pi(f)$、$\Lambda(t) \leftrightarrow \mathrm{sinc}^2(f)$、$\mathrm{sinc}^2(t) \leftrightarrow \Lambda(f)$，根据叠加性定理、比例变换定理、时延定理等，求出下列各个信号的傅里叶变换：

(a) $x_1(t) = \Pi\left(\dfrac{t-1}{2}\right)$

(b) $x_2(t) = 2\mathrm{sinc}[2(t-1)]$

(c) $x_3(t) = \Lambda\left(\dfrac{t-2}{8}\right)$

(d) $x_4(t) = \mathrm{sinc}^2\left(\dfrac{t-3}{4}\right)$

(e) $x_5(t) = 5\mathrm{sinc}[2(t-1)] + 5\mathrm{sinc}[2(t+1)]$

(f) $x_6(t) = 2\Lambda\left(\dfrac{t-2}{8}\right) + 2\Lambda\left(\dfrac{t+2}{8}\right)$

2.31 不必实际计算、只需利用适当的简图，判断如下各种信号的傅里叶变换为实数、虚数、既不是实数也不是虚数？为偶对称、奇对称、既不是偶对称也不是奇对称？结合下面的每一种信号，给出支持你结论的理由：

(a) $x_1(t) = \Pi(t+1/2) - \Pi(t-1/2)$

(b) $x_2(t) = \Pi(t/2) + \Pi(t)$

(c) $x_3(t) = \sin(2\pi t)\Pi(t)$

(d) $x_4(t) = \sin(2\pi t + \pi/4)\Pi(t)$

(e) $x_5(t) = \cos(2\pi t)\Pi(t)$

(f) $x_6(t) = 1/[1+(t/5)^4]$

2.32 根据泊松求和公式，求出如下信号的傅里叶级数：

$$x(t) = \sum_{m=-\infty}^{\infty} \Pi\left(\dfrac{t-4m}{2}\right)$$

2.33 利用相应的傅里叶变换对、定理，求出并且绘出下面各个信号的能量谱密度：

(a) $x_1(t) = 10\mathrm{e}^{-5t} u(t)$

(b) $x_2(t) = 10\,\text{sinc}(2\,t)$

(c) $x_3(t) = 3\Pi\,(2t)$

(d) $x_4(t) = 3\Pi\,(2t)\cos(10\pi t)$

2.34　根据瑞利能量定理(傅里叶变换的帕塞瓦尔定理)，求出如下各个积分：

(a) $I_1 = \displaystyle\int_{-\infty}^{\infty} \frac{\mathrm{d}f}{\alpha^2 + (2\pi f)^2}$

(提示：利用 $\exp(-\alpha t)\,u(t)$。)

(b) $I_2 = \displaystyle\int_{-\infty}^{\infty} \text{sinc}^2(\tau f)\mathrm{d}f$

(c) $I_3 = \displaystyle\int_{-\infty}^{\infty} \frac{\mathrm{d}f}{[\alpha^2 + (2\pi f)^2]^2}$。

(d) $I_4 = \displaystyle\int_{-\infty}^{\infty} \text{sinc}^4(\tau f)\mathrm{d}f$

2.35　求出如下信号的卷积，并且绘出相应的简图：

(a) $y_1(t) = \mathrm{e}^{-\alpha t}\,u(t) * \Pi\,(t-\tau)$，$\alpha$、$\tau$ 均表示大于零的常数。

(b) $y_2(t) = [\Pi\,(t/2) + \Pi\,(t)] * \Pi\,(t)$。

(c) $y_3(t) = \mathrm{e}^{-|\alpha|t} * \Pi\,(t)$，$\alpha > 0$。

(d) $y_4(t) = x(t) * u(t)$，其中，$x(t)$ 表示能量信号(绘图时，必须先给出通用的结论，然后再给出 $x(t)$ 的具体表示形式)。

2.36　利用合适的傅里叶变换定理，求出与下列各个频谱对应的信号表达式：

(a) $X_1(f) = 2\cos(2\pi f)\Pi\,(f)\exp(-\mathrm{j}4\pi f)$

(b) $X_2(f) = \Lambda\,(f/2)\exp(-\mathrm{j}5\pi f)$

(c) $X_3(f) = \left[\Pi\left(\dfrac{f+4}{2}\right) + \Pi\left(\dfrac{f-4}{2}\right)\right]\exp(-\mathrm{j}8\pi f)$

2.37　已知如下的各个信号，假定利用理想滤波器滤除了带宽 $|f| \leqslant W$ 之外的频谱分量的全部能量，因而只保留了该带宽以内的频谱分量的能量。针对每一种情形，求出所保留的能量与总能量之比(α、β、τ 均表示大于零的常数)。

(a) $x_1(t) = \mathrm{e}^{-\alpha t}\,u(t)$

(b) $x_2(t) = \Pi\,(t/\tau)$(需要利用数值积分法)

(c) $x_3(t) = \mathrm{e}^{-\alpha t}\,u(t) - \mathrm{e}^{-\beta t}\,u(t)$

2.38

(a) 求出如下的余弦脉冲信号的傅里叶变换：$x(t) = A\Pi\left(\dfrac{2t}{T_0}\right)\cos(\omega_0 t)$，其中，$\omega_0 = 2\pi/T_0$。用一组 sinc 函数表示所得的答案。利用 MATLAB 软件绘出 $x(t)$、$X(f)$ 的图形。(注意：$X(f)$ 为实数。)

(b) 求出如下的升余弦脉冲信号的傅里叶变换：$y(t) = \dfrac{1}{2}A\Pi\left(\dfrac{2t}{T_0}\right)[1 + \cos(2\omega_0 t)]$。利用 MATLAB 软件绘出 $y(t)$、$Y(f)$ 的图形(注意：$Y(f)$ 为实数)。将所得的结果与 (a) 的结果进行比较。

(c) 根据式 (2.134)，利用 (a) 的结果求出对余弦脉冲信号半波整流之后所得信号的傅里叶变换。

2.39　绘出下列各个时间函数的图形并且求出它们的傅里叶变换。判断哪些函数是 f 的实偶函数？判断哪些函数是 f 的虚奇函数？根据计算出的结果，验证你的判断是否正确。

(a) $x_1(t) = \Lambda\left(\dfrac{t}{2}\right) + \Pi\left(\dfrac{t}{2}\right)$

(b) $x_2(t) = \Pi\left(\dfrac{t}{2}\right) - \Lambda(t)$

(c) $x_3(t) = \Pi\left(t + \dfrac{1}{2}\right) - \Pi\left(t - \dfrac{1}{2}\right)$

(d) $x_4(t) = \Lambda(t-1) - \Lambda(t+1)$

(e) $x_5(t) = \Lambda(t)\,\mathrm{sgn}(t)$

(f) $x_6(t) = \Lambda(t)\cos(2\pi t)$

2.5 节习题

2.40　(a) 求出如下信号的时间平均自相关函数：$x(t) = 3 + 6\cos(20\pi t) + 3\sin(20\pi t)$。

　　　　（提示：将余弦项与正弦项合并之后得到具有某一相位值的余弦信号。）

　　　　(b) 求出信号 (a) 的功率谱密度。问总的平均功率是多少？

2.41　求出下面各个信号的功率谱密度与平均功率：

(a) $x_1(t) = 2\cos(20\pi t + \pi/3)$

(b) $x_2(t) = 3\sin(30\pi t)$

(c) $x_3(t) = 5\sin(10\pi t - \pi/6)$

(d) $x_4(t) = 3\sin(30\pi t) + 5\sin(10\pi t - \pi/6)$

2.42　根据下面给出的各个信号的功率谱密度，求出这些信号的自相关函数：

(a) $S_1(f) = 4\delta(f-15) + 4\delta(f+15)$

(b) $S_2(f) = 9\delta(f-20) + 9\delta(f+20)$

(c) $S_3(f) = 16\delta(f-5) + 16\delta(f+5)$

(d) $S_4(f) = 9\delta(f-20) + 9\delta(f+20) + 16\delta(f-5) + 16\delta(f+5)$

2.43　根据自相关函数的各项性质，判断如下的自相关函数是否合理。针对每一种情形，分别解释为什么合理，或者为什么不合理。

(a) $R_1(\tau) = 2\cos(10\pi\tau) + \cos(30\pi\tau)$

(b) $R_2(\tau) = 1 + 3\cos(30\pi\tau)$

(c) $R_3(\tau) = 3\cos(20\pi\tau + \pi/3)$

(d) $R_4(\tau) = 4\Lambda(\tau/2)$

(e) $R_5(\tau) = 3\Pi(\tau/6)$

(f) $R_6(\tau) = 2\sin(10\pi\tau)$

2.44　求出如下各个信号的自相关函数：

(a) $x_1(t) = 2\cos(10\pi t + \pi/3)$

(b) $x_2(t) = 3\sin(10\pi t + \pi/3)$

(c) $x_3(t) = \mathrm{Re}[3\exp(j10\pi t) + 4j\exp(j10\pi t)]$

(d) $x_4(t) = x_1(t) + x_2(t)$

2.45　证明：例 2.20 中的 $R(\tau)$ 满足题中给出的表示功率谱密度的傅里叶变换 $S(f)$。并且绘出功率谱密度的图形。

2.6 节习题

2.46　某个系统由如下微分方程确定（式中，a、b、c 均为非负值常数）：

$$\frac{\mathrm{d}y(t)}{\mathrm{d}t} + ay(t) = b\frac{\mathrm{d}x(t)}{\mathrm{d}t} + cx(t)$$

(a) 求出 $H(f)$。

(b) 当 $c = 0$ 时，求出 $|H(f)|$、$\angle H(f)$，并且绘出二者的图形。

(c) 当 $b = 0$ 时，求出 $|H(f)|$、$\angle H(f)$，并且绘出二者的图形。

2.47　根据下面给出的几种系统的传输函数，分别求出各个系统的单位冲激响应：

(a) $H_1(f) = \dfrac{1}{7 + \mathrm{j}2\pi f}$

(b) $H_2(f) = \dfrac{\mathrm{j}2\pi f}{7 + \mathrm{j}2\pi f}$

　　（提示：解题时先利用长除法。）

(c) $H_3(f) = \dfrac{\mathrm{e}^{-\mathrm{j}6\pi f}}{7 + \mathrm{j}2\pi f}$

(d) $H_4(f) = \dfrac{1 - \mathrm{e}^{-\mathrm{j}6\pi f}}{7 + \mathrm{j}2\pi f}$

2.48　已知一滤波器的频率响应函数为 $H(f) = \Pi(f/2B)$。当滤波器的输入为信号 $x(t) = 2W\mathrm{sinc}(2Wt)$ 时，求解如下问题：

(a) 当 $W < B$ 时，求出滤波器的输出 $y(t)$。

(b) 当 $W > B$ 时，求出滤波器的输出 $y(t)$。

(c) 在哪种情况下，系统的输出产生了失真？你进行判断时，考虑了哪些因素。

2.49　图 2.37 示出了二阶有源带通滤波器，即萨伦-凯带通滤波器电路。

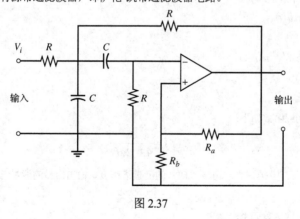

图 2.37

(a) 证明这种滤波器的频率响应函数如下：

$$H(\mathrm{j}\omega) = \frac{(K\omega_0/\sqrt{2})(\mathrm{j}\omega)}{-\omega^2 + (\omega_0/Q)(\mathrm{j}\omega) + \omega_0^2}$$

式中

$$\begin{cases} \omega = 2\pi f \\ \omega_0 = \sqrt{2}(RC)^{-1} \\ Q = \dfrac{\sqrt{2}}{4-K} \\ K = 1 + \dfrac{R_a}{R_b} \end{cases}$$

(b) 绘出 $|H(f)|$ 的图形。

(c) 证明：可以把这种滤波器的 3 dB 带宽表示为 $B = f_0/Q$，其中，$f_0 = \omega_0/2\pi$。

(d) 根据这种电路设计出中心频率为 $f_0 = 1000$ Hz、3 dB 带宽为 300 Hz 的带通滤波器。当滤波器满足所需的这些指标时，求出 R_a、R_b、R、C 的值。

2.50　根据图 2.38 示出的两个电路，求出对应的 $H(f)$、$h(t)$。准确地绘出幅度响应的图形、相位响应的图形。要求在绘出的图中，幅度响应的单位：分贝，频率轴用对数表示。

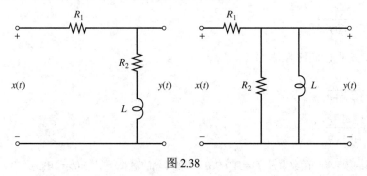

图 2.38

2.51　根据培力-威纳准则，证明：不能用 $|H(f)| = \exp(-\beta f^2)$ 表示因果型线性时不变滤波器的幅度响应。

2.52　根据下面给出的各个滤波器的冲激响应，判断这些滤波器是否是输入有界、输出有界(Bounded Input Bounded Output，BIBO)的稳定滤波器。其中，α、f_0 均表示大于零的常数。

(a) $h_1(t) = \exp(-\alpha|t|)\cos(2\pi f_0 t)$

(b) $h_2(t) = \cos(2\pi f_0 t)u(t)$

(c) $h_3(t) = t^{-1}u(t-1)$

(d) $h_4(t) = e^{-t}u(t) - e^{-(t-1)}u(t-1)$

(e) $h_5(t) = t^{-2}u(t-1)$

(f) $h_6(t) = \mathrm{sinc}(2t)$

2.53　已知滤波器的频率响应函数如下：

$$H(f) = \frac{5}{4 + j2\pi f}$$

当输入信号为 $x(t) = e^{-3t}u(t)$ 时，求出输入信号的能量谱密度、输出信号的能量谱密度，并且准确地绘出二者的图形。

2.54　已知滤波器的频率响应函数如下：

$$H(f) = 3\Pi\left(\frac{f}{62}\right)$$

当输入基本频率为 10 Hz 的已经经过半波整流的余弦信号时，求出滤波器输出信号的解析表达式。并且利用 MATLAB 绘出输出信号的图形。

2.55　信号带宽的另一种定义是：含有信号 90%的能量时所占用的带宽 B_{90}。如果信号的能量谱密度为 $G(f) = |X(f)|^2$，则可以用如下的含有 B_{90} 的关系式表示能量谱密度：

$$0.9E_{\text{Total}} = \int_{-B_{90}}^{B_{90}} G(f)\,\mathrm{d}f = 2\int_0^{B_{90}} G(f)\,\mathrm{d}f$$

$$E_{\text{Total}} = \int_{-\infty}^{\infty} G(f)\,\mathrm{d}f = 2\int_0^{\infty} G(f)\,\mathrm{d}f$$

如果分别将信号定义如下，要求求出 B_{90}。如果并未定义特定的信号，要求解释不需要给出定义的原因。

(a) $x_1(t) = \mathrm{e}^{-\alpha t} u(t)$，其中，$\alpha$ 表示大于零的常数。

(b) $x_2(t) = 2W\,\mathrm{sinc}(2Wt)$，其中，$W$ 表示大于零的常数。

(c) $x_3(t) = \Pi(t/\tau)$（需要利用数值积分法）

(d) $x_4(t) = \Lambda(t/\tau)$（需要利用数值积分法）

(e) $x_5(t) = \mathrm{e}^{-\alpha|t|}$

2.56　理想的正交移相器的频率响应函数如下：

$$H(f) = \begin{cases} \mathrm{e}^{-\mathrm{j}\pi/2}, & f > 0 \\ \mathrm{e}^{+\mathrm{j}\pi/2}, & f < 0 \end{cases}$$

当输入如下的信号时，求解正交移相器的输出：

(a) $x_1(t) = \exp(\mathrm{j}100\pi t)$

(b) $x_2(t) = \cos(100\pi t)$

(c) $x_3(t) = \sin(100\pi t)$

(d) $x_4(t) = \Pi(t/2)$

2.57　滤波器的幅度响应与相移如图 2.39 所示。当输入如下的各个信号时，要求求出每一种情形所对应的输出。问哪些信号没有出现传输失真？要求分析其他的信号出现了什么种类的失真。

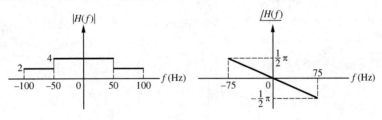

图 2.39

(a) $\cos(48\pi t) + 5\cos(126\pi t)$

(b) $\cos(126\pi t) + 0.5\cos(170\pi t)$

(c) $\cos(126\pi t) + 3\cos(144\pi t)$

(d) $\cos(10\pi t) + 4\cos(50\pi t)$

2.58　如果系统的冲激响应如下，要求求出各个系统的群时延与相位时延；而且在同一坐标系内准确地绘出各个系统的群时延与相位时延。

(a) $h_1(t) = 3\mathrm{e}^{-5t} u(t)$

(b) $h_2(t) = 5\mathrm{e}^{-3t} u(t) - 2\mathrm{e}^{-5t} u(t)$

(c) $h_3(t) = \mathrm{sinc}[2Bu(t - t_0)]$，其中，$B$、$t_0$ 表示大于零的常数。

(d) $h_4(t) = 5\mathrm{e}^{-3t}u(t) - 2\mathrm{e}^{-3(t-t_0)}u(t - t_0)$，其中，$t_0$ 表示大于零的常数。

2.59　如果系统的冲激响应如下：

$$H(f) = \frac{\mathrm{j}2\pi f}{(8 + \mathrm{j}2\pi f)(3 + \mathrm{j}2\pi f)}$$

求解如下的各项，并且准确地绘出相应的图形：

(a) 幅度响应；

(b) 相位响应；

(c) 相位时延；

(d) 群时延。

2.60　已知由关系式 $y(t) = x(t) + 0.1x^2(t)$ 定义的非线性系统。如果系统的输入为如下的带通频谱：

$$X(f) = 3\Pi\left(\frac{f - 10}{4}\right) + 2\Pi\left(\frac{f + 10}{4}\right)$$

要求绘出输出频谱的简图，并且在图中标出重要的频率值与幅度值。

2.61　已知滤波器的频率响应函数如下：

$$H(f) = \frac{\mathrm{j}2\pi f}{(9 - 4\pi^2 f^2) + \mathrm{j}0.3\pi f}$$

求解如下的各项，并且准确地绘出图形：

(a) 幅度响应；

(b) 相位响应；

(c) 相位时延；

(d) 群时延。

2.62　已知无记忆非线性器件的传输特性为：$y(t) = x^3(t)$。如果输入信号为 $x(t) = \cos(2\pi t) + \cos(6\pi t)$，求出该器件的输出。要求列出所有的频率分量，并且根据输出的这些频率分量，判断哪些属于谐波项、哪些属于互调干扰项。

2.63　已知理想高通滤波器的频率响应函数如下：

$$H_{\mathrm{HP}}(f) = H_0\left[1 - \Pi\left(\frac{f}{2W}\right)\right]\mathrm{e}^{-\mathrm{j}2\pi ft_0}$$

求与之对应的冲激响应。

2.64　针对如下的各个信号，验证式 (2.234) 给出的脉冲宽度与带宽之间的关系式。还要求绘出信号的时域图与频谱图：

(a) $x(t) = A\exp(-t^2/2\tau^2)$（高斯脉冲）

(b) $x(t) = A\exp(-\alpha|t|)$，$\alpha > 0$（双侧呈指数分布）

2.65　(a) 证明：二阶巴特沃斯滤波器频率响应函数如下：

$$H(f) = \frac{f_3^2}{f_3^2 + \mathrm{j}\sqrt{2}f_3 f - f^2}$$

式中，f_3 表示 3 dB 频率，单位：赫兹。

(b) 求出这种滤波器的群时延表达式，并且绘出群时延随 f/f_3 变化的图形。

(c) 如果已知二阶巴特沃斯滤波器的阶跃响应如下：

$$y_s(t)=\left\{1-\exp\left(-\frac{2\pi f_3 t}{\sqrt{2}}\right)\times\left[\cos\left(\frac{2\pi f_3 t}{\sqrt{2}}\right)+\sin\left(\frac{2\pi f_3 t}{\sqrt{2}}\right)\right]\right\}u(t)$$

式中，$u(t)$ 表示单位阶跃函数。要求用 f_3 表示出 10%～90%的上升沿持续时间。

2.7 节习题

2.66　对频率为 1 Hz 的正弦信号周期性地采样，

(a) 求出所准许的样值之间时间间隔的最大值。

(b) 已知采样间隔为 1/3 s（即，采样率 f_s = 3 符号/s）。以合理的采样率采样时，才能恢复原正弦信号。要求画出这时采样信号的频谱图。

(c) 样值之间的间隔为 2/3 s。假定各个采样值通过低通滤波器时，只有频率最低的分量能够通过。要求画出这时所恢复的采样信号的频谱图。

2.67　可以用图 2.40 所示的方框图表示平顶采样器的简图。

$x(t)$
$x_\delta(t)$
$h(t)=\prod[(t-\frac{1}{2}\tau)/\tau]$
$y(t)=x_\delta(t)*\prod[(t-\frac{1}{2}\tau)/\tau]$
$\sum_{n=-\infty}^{\infty}\delta(t-nT_s)$

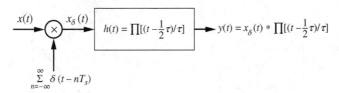

图 2.40

(a) 假定 $\tau \ll T_s$，当 $x(t)$ 为常见信号时，绘出系统输出 $y(t)$ 的简图。

(b) 根据输入信号的频域表示式 $X(f)$，求出输出的频域表示 $Y(f)$。在恢复信号时，当信号的失真最小时，求出 τ 与 T_s 之间应满足的关系。

2.68　图 2.41 示出了称为"零阶保持恢复特性"的模型。

(a) 当 $x(t)$ 为常见的信号时，要求绘出 $y(t)$ 的简图。问在什么条件下，$y(t)$ 与 $x(t)$ 很接近？

(b) 根据 $x(t)$ 的频域表示求出 $y(t)$ 的频域表示。从频域参数的角度分析 $y(t)$ 与 $x(t)$ 近似的程度。

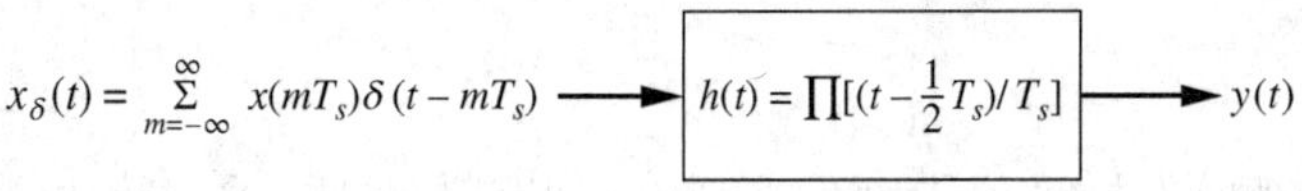

$x_\delta(t)=\sum_{m=-\infty}^{\infty}x(mT_s)\delta(t-mT_s)$
$h(t)=\prod[(t-\frac{1}{2}T_s)/T_s]$
$y(t)$

图 2.41

2.69　已知系统的输入信号为 $x(t)=10\cos^2(600\pi t)\cos(2400\pi t)$。当采样率为 4500（样值/秒）时，如果采用理想的低通滤波器恢复信号，要求求出截止频率的取值范围。绘出 $X(f)$ 与 $X_\delta(f)$ 的简图。问所允许的最低采样率是多少？

2.70　带通信号的频谱如图 2.42 所示。当采样率取如下的值时，绘出频谱的简图，并且判断哪些采样率合理：
(a) $2B$；(b) $2.5B$；(c) $3B$；(d) $4B$；(e) $5B$；(f) $6B$。

2.8 节习题

2.71　已知 $x(t)$ 的频谱为 $X(f)$，$X(f)$ 是带宽为 $B<f_0=\dfrac{\omega_0}{2\pi}$ 的低通信号。利用适当的傅里叶变换定理与傅里叶变

换对，在 $y(t) = x(t)\cos(\omega_0 t) + \hat{x}(t)\sin(\omega_0 t)$ 的条件下，求出 $Y(f)$ 的表达式。而且，根据常见信号的 $X(f)$ 绘出 $Y(f)$ 的简图。

2.72 根据下面给出的各个信号，证明 $x(t)$ 与 $\hat{x}(t)$ 正交：

(a) $x_1(t) = \sin(\omega_0 t)$

(b) $x_2(t) = 2\cos(\omega_0 t) + \sin(\omega_0 t)\cos(2\omega_0 t)$

(c) $x_3(t) = A\exp(j\omega_0 t)$

2.73 假定 $x(t)$ 的傅里叶变换为实数，而且 $x(t)$ 的形状如图 2.43 所示。要求求出如下每个信号的傅里叶变换，并且绘出相应的图形：

(a) $x_1(t) = \dfrac{2}{3}x(t) + \dfrac{1}{3}j\hat{x}(t)$

(b) $x_2(t) = \left[\dfrac{3}{4}x(t) + \dfrac{3}{4}j\hat{x}(t)\right]e^{j2\pi f_0 t}$, $f_0 \gg W$

(c) $x_3(t) = \left[\dfrac{2}{3}x(t) + \dfrac{1}{3}j\hat{x}(t)\right]e^{j2\pi Wt}$

(d) $x_4(t) = \left[\dfrac{2}{3}x(t) - \dfrac{1}{3}j\hat{x}(t)\right]e^{j\pi Wt}$

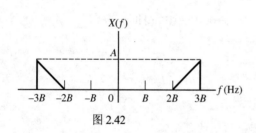

图 2.42

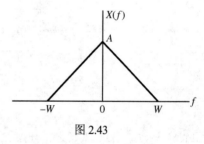

图 2.43

2.74 在例 2.30 中，已知输入信号为 $x(t) = 2\cos(52\pi t)$。分别在如下的条件下求出 $\hat{x}(t)$、$x_p(t)$、$\tilde{x}(t)$、$x_R(t)$、$x_I(t)$：

(a) $f_0 = 25$ Hz

(b) $f_0 = 27$ Hz

(c) $f_0 = 10$ Hz

(d) $f_0 = 15$ Hz

(e) $f_0 = 30$ Hz

(f) $f_0 = 20$ Hz

2.75 已知滤波器的冲激响应为 $h(t) = \alpha e^{-\alpha t}\cos(2\pi f_0 t)u(t)$。如果滤波器的输入信号如下：

$$x(t) = \Pi(t/\tau)\cos[2\pi(f_0 + \Delta f)t], \quad \Delta f \ll f_0$$

要求利用复包络技术求出输出信号。

计算机仿真练习

2.1 根据编写的计算机仿真程序[20]，求出表 2.1 所示信号的傅里叶级数的和。应该可以调节傅里叶求和运算时的项数，因此，读者可以分析傅里叶级数的收敛性。

---

20 建议读者在完成计算机仿真的练习时，利用数学软件(如 MATLAB)。绘图时如果利用 MATLAB 可以节省很多时间。读者还应尽量采用 MATLAB 的矢量控制性能。

2.2 将例 2.1 的计算机仿真程序扩展之后，可以计算出几个信号的复指数形式傅里叶级数的系数。其中包括根据计算出的傅里叶级数的系数，绘出信号幅度谱与相位谱的图形。在计算出方波的傅里叶级数的系数后，检验所得的结果。

2.3 根据所编写的计算机仿真程序，在以复指数的形式表示信号时，完成傅里叶级数的系数的计算。要求利用快速傅里叶变换(Fast Fourier Transform，FFT)完成。以计算方波信号的傅里叶级数的系数为例，检验所得的结果，并且与计算机仿真练习 2.2 的结果进行比较。

2.4 如何利用"计算机仿真练习 2.3" 的方法计算出脉冲信号的傅里叶变换？这两种信号的输出有何不同？当方波脉冲信号的持续时间为一个单位宽度时，计算出它的傅里叶变换的近似值，并且与它的理论值进行比较。

2.5 在信号的带宽内包含了信号总能量某指定百分比(比如，95%)的条件下，要求编写的计算机仿真程序能够求出低通能量信号的带宽。换句话说，通过编写的程序求出如下式子中的 W。

$$E_W = \frac{\displaystyle\int_0^W G_x(f)\mathrm{d}f}{\displaystyle\int_0^\infty G_x(f)\mathrm{d}f} \times 100\%$$

式中，E_W 单元表示指定的值(百分比)；$G_x(f)$ 表示信号的能量谱密度。

2.6 在包含信号总能量某指定百分比(比如，95%)的条件下，要求编写的计算机仿真程序能够求出低通能量信号的持续时间。换句话说，利用编写的程序求出如下式子中的 T。

$$E_T = \frac{\displaystyle\int_0^T |x(t)|^2\,\mathrm{d}t}{\displaystyle\int_0^\infty |x(t)|^2\,\mathrm{d}t} \times 100\%$$

式中，E_T 单元表示指定的值(百分比)，而且假定：当 $t < 0$ 时，信号等于零。

2.7 用类似于计算机仿真练习 2.2 的 MATLAB 程序，针对各个不同的 Q 值，分析萨伦-凯电路的频率响应。

第3章　线性调制技术

　　一般来说，利用某种类型的调制技术产生适于在信道上传输的信号之后，才能在信道上传输承载信息的信号。本章分析各种类型的线性调制技术。调制过程的共性是：将承载信息的信号(常称为消息信号)变换到预先设计的传输频带。例如，如果计划在大气中或者在自由空间里传输信号时，必须满足的条件是：把信号的频谱变换到适于尺寸合理的天线有效地辐射信号的频带。如果系统中存在多个信号利用频带传输信号，那么调制时需要将不同的信号变换到不同的频带，目的是：便于接收机选择所需的信号。当一个发射机发送两个或者多个消息信号(或者一个接收机接收两个或者多个消息信号)时，可以利用复用技术实现。在具体应用中，调制技术的选择受到如下因素的影响：①消息信号的特性；②信道的特性；③期望整个通信系统实现的性能；④数据传输中该调制技术的使用程度；⑤(在实际应用中总是起重要作用的)经济方面的各种因素。

　　两种基本类型的调制技术指的是：①连续波调制；②脉冲调制。在这一章主要介绍的连续波调制中，随着消息信号的变化，高频载波的一个参数按比例发生变化，因而在参数与消息信号之间存在一一对应关系。一般来说，假定载波为正弦信号，正如后面所介绍的，这并非必要的限制条件。如果采用正弦载波，则常规已调载波的数学表达式如下：

$$x_c(t) = A_c(t)\cos[2\pi f_c t + \phi(t)] \tag{3.1}$$

式中，f_c 表示载波频率。由于正弦波完全由幅度 $A(t)$、瞬时相位 $[2\pi f_c + \phi(t)]$ 确定，因此，一旦确定了载波频率 f_c，则在调制过程中可能发生变化的只是如下的两个参数：①瞬时幅度 $A(t)$；②相位偏移量 $\phi(t)$。当信号的幅度 $A(t)$ 与调制信号呈线性关系时，就实现了线性调制。如果信号 $\phi(t)$ 或者 $\phi(t)$ 对时间求导后所得到的量与调制信号呈线性关系，就实现了相位调制(简称调相)或者频率调制(简称调频)。这时，由于利用了瞬时相位传输信息，因此，把相位调制与频率调制合在一起，统称为角度调制。

　　这一章着重介绍连续波的线性调制。不过，在本章的末尾会简要地介绍脉冲幅度调制。脉冲幅度调制属于线性过程，并且是上一章介绍的采样定理的简单应用。下一章介绍角度调制(包括连续波的角度调制与脉冲的角度调制)。

3.1　双边带调制

　　如果将式(3.1)中的瞬时相位偏移量 $\phi(t)$ 置为零，则可以得到常规线性调制载波的表达式。于是，将线性已调载波表示如下：

$$x_c(t) = A_c(t)\cos(2\pi f_c t) \tag{3.2}$$

式中，载波幅度 $A(t)$ 与消息信号之间呈一一对应的关系。下面分析几种不同的线性调制与解调技术。

　　当瞬时幅度 $A(t)$ 随消息信号 $m(t)$ 呈正比例变化时，实现了双边带调制(Double-Side Band，DSB)。于是，可以将双边带调制器的输出表示如下：

$$x_c(t) = A_c m(t)\cos(2\pi f_c t) \tag{3.3}$$

上式表明：双边带调制只是将消息信号 $m(t)$ 与载波 $A_c\cos(2\pi f_c t)$ 相乘。根据调制定理的傅里叶变换，可以将 DSB 信号的频谱表示如下：

$$X_c(f) = \frac{1}{2} A_c M(f + f_c) + \frac{1}{2} A_c M(f - f_c) \tag{3.4}$$

图 3.1 示出了 DSB 调制的处理过程。图 3.1(a) 表示 DSB 系统，图中对 DSB 信号解调时，将收到的信号(表示为 $x_r(t)$)与解调的载波 $2\cos(2\pi f_c t)$ 相乘，然后经低通滤波处理。对这里分析的理想系统而言，收到的信号 $x_r(t)$ 与发送的信号 $x_c(t)$ 相同。可以将乘法器的输出表示如下：

$$d(t) = 2 A_c [m(t) \cos(2\pi f_c t)] \cdot \cos(2\pi f_c t) \tag{3.5}$$

或者

$$d(t) = A_c m(t) + A_c m(t) \cos(4\pi f_c t) \tag{3.6}$$

在得出上式的值时，利用了三角恒等式 $2\cos^2 x = 1 + \cos(2x)$。

图 3.1(b) 示出了消息信号 $m(t)$ 的时域表示。消息信号 $m(t)$ 构成了 $x_c(t)$ 的包络(或者 $x_c(t)$ 的瞬时幅度)。可以这样理解 $d(t)$ 信号：由于对全部的 t 值而言，$\cos^2(2\pi f_c t)$ 为非负值，那么，如果 $m(t)$ 大于零，则 $d(t)$ 大于零；如果 $m(t)$ 小于零，则 $d(t)$ 小于零。还需注意的是，以适当比例缩小或者放大后的 $m(t)$ 构成了 $d(t)$ 的包络，而且包络中正弦信号的频率为 $2f_c$(而不是 f_c)。

当 $M(f)$ 的带宽为 W 时，图 3.1(c) 示出了信号 $m(t)$、$x_c(t)$、$d(t)$ 的频谱。$M(f + f_c)$ 和 $M(f - f_c)$ 只是将消息信号的频谱搬移了 $\pm f_c$。把 $M(f - f_c)$ 的频谱中高于载频的部分称为上边带(Upper Side Band，USB)；把 $M(f - f_c)$ 的频谱中低于载频的部分称为下边带(Lower Side Band，LSB)。由于载波的频率 f_c 通常远大于消息信号的带宽 W，因此，$d(t)$ 的两个频谱项(即 $M(f + f_c)$、$M(f - f_c)$)不会发生重叠。于是，信号 $d(t)$ 经低通滤波、幅度按比例值 A_c(缩小或者放大)处理后，可以得到解调后的输出 $y_D(t)$。实际上，根据第 2 章的介绍，信号乘以常数时不会产生幅度的失真，因此，可以根据实际需要，利用幅度比例因子对幅度进行调整。音量控制就是个具体例子。那么，为了便于分析，在解调器的输出端常将 A_c 设置为单位值。于是，解调器的输出 $y_D(t)$ 等于消息信号 $m(t)$。低通滤波器滤除中心频率位于 $2f_c$ 处的信号项，而且，低通滤波器的带宽应该大于等于消息信号的带宽 W。根据第 8 章的分析可以知道，在存在噪声时，由于减小检波后滤波器的带宽对消除带外噪声(或者干扰)至关重要，那么，这种低通滤波器(称为检波后滤波器)应该具有可能的最低带宽。

从下面的分析可以看出，DSB 信号的功率效率为 100%，也就是说，全部的发射功率位于边带内，正是将消息信号 $m(t)$ 加载到了这两个边带中。特别是，在功率受到限制的应用中，DSB 调制技术受到青睐。在接收端对 DSB 信号解调时，由于需要解调的载波(即与发送端所用载波的相位相同)，因此，实现 DSB 信号的解调难度很大。把采用了相干参考载波的解调称为相干解调(或者同步解调)。可以利用多种技术获取相位相同的相干载波(包括下一章介绍的科斯塔斯锁相环)。采用这些技术时增大了接收机设计的复杂度。另外，还需注意的是，由于很小的相位误差可能会导致解调消息信号的严重失真，因此，要确保解调载波的相位误差最小。第 8 章会给出这一影响因素的完整分析过程。这里给出简化后的分析：假定图 3.1(a) 中的解调载波为 $2\cos[2\pi f_c t + \theta(t)]$，其中，$\theta(t)$ 表示随时间变化的相位误差。利用三角恒等式 $2\cos(x)\cos(y) = \cos(x + y) + \cos(x - y)$，可以得到如下的关系式：

$$d(t) = A_c m(t) \cos[\theta(t)] + A_c m(t) \cos[4\pi f_c t + \theta(t)] \tag{3.7}$$

上式经低通滤波、幅度调制(消除式中的载波幅度 A_c)后，可以得到如下的关系式：

$$y_D(t) = m(t) \cos[\theta(t)] \tag{3.8}$$

这里再次假定：$d(t)$ 的频谱表达式中的两项不会出现重叠。如果相位误差 $\theta(t)$ 为常数，那么相位误差的影响体现在已调消息信号的幅度的衰减上。由于可以利用幅度比例因子消除相位失真的影响(除非

$\theta(t) = \pi / 2$），因此，这时的信号并没有失真。但是，如果 $\theta(t)$ 以未知、不可预测的方式发生变化时，则相位误差的影响可能会导致解调后输出信号的严重失真。

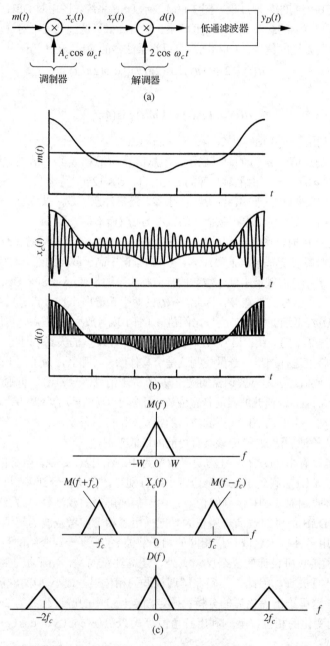

图 3.1　双边带调制。(a) 调制系统；(b) 具体实例的时域波形；(c) 时域波形的频谱

解调时产生相干相位载波的简单技术是：对 DSB 信号加平方，由此可得

$$x_r^2(t) = A_c^2 m^2(t) \cos^2(2\pi f_c t)$$
$$= \frac{1}{2} A_c^2 m^2(t) + \frac{1}{2} A_c^2 m^2(t) \cos(4\pi f_c t) \tag{3.9}$$

如果 $m(t)$ 为功率信号，那么 $m^2(t)$ 为非零直流分量。于是，利用调制定理可知，在频率 $2f_c$ 处，$x_r^2(t)$ 存

在离散频率分量，可以利用窄带滤波器提取 $x_r^2(t)$ 的这一频谱。对这一频率分量二分频之后就能够得到所需的解调载波。后面介绍了实现所需分频器的便捷技术。

对 DSB 信号的分析表明：如果 $m(t)$ 信号中不存在直流项，那么，在载波频率处，DSB 信号并未包含离散谱分量。因此，通常把不存在载频分量的 DSB 系统称为抑制载波的系统。然而，系统中如果存在载频分量与 DSB 信号的同时传输，则可以简化解调方式。可以利用窄带滤波器把从接收信号中提取的载波分量用作解调载波。如果载波的幅度足够大，则完全不必产生载波。这很自然地引申出幅度调制的主题。

3.2 幅度调制

如果将载波分量与 DSB 信号相加，就得到了幅度调制（Amplitude Modulation，AM）信号（简称常规调幅）。将载波分量 $A_c\cos(2\pi f_c t)$ 与式 (3.3) 给出的 DSB 信号相加，并且调整消息信号的比例之后，可以得到如下的关系式：

$$x_c(t) = A_c[1 + am_n(t)]\cos(2\pi f_c t) \tag{3.10}$$

式中，a 表示调制指数[1]，a 的取值范围通常是：$0 < a \leqslant 1$；$m_n(t)$ 表示按适当比例调整后的 $m(t)$。进行比例调整的目的是：对于全部的 t，确保 $m_n(t) \geqslant -1$。体现这一目的的数学表达式如下：

$$m_n(t) = \frac{m(t)}{\left|\min[m(t)]\right|} \tag{3.11}$$

值得注意的是，当 $a \leqslant 1$ 时，对全部的 t 而言，在全部的时间内，$m_n(t) \geqslant -1$ 的条件确保了 AM 信号的包络（定义为 $[1 + am_n(t)]$）为非负值。读者在学习了下一节的包络检波之后，就能理解这一条件的重要性了。图 3.2 (a)～(b) 示出了 AM 信号的时域表示，图 3.2 (c) 示出了产生 AM 信号的调制器。

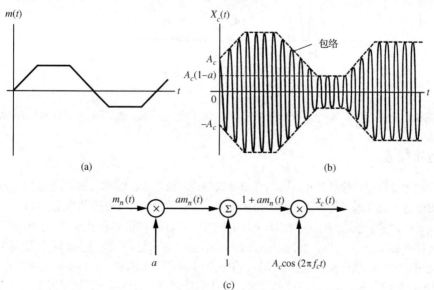

图 3.2 幅度调制。(a) 消息信号；(b) 当 $a < 1$ 时调制器的输出；(c) 调制器模型

对 AM 信号解调时，可以采用与解调 DSB 信号相同的相干解调技术。但如果采用相干解调，就

---

1 有时把这里用到的参数 a 称为负调制系数。另外，常把量 $a \times 100\%$ 称为调制百分比。

等同于否定了 AM 信号的优势。与 DSB 信号相比，AM 信号的优势是：可以采用非常简单的技术(即包络检波或者称为包络解调)完成信号的解调。图 3.3(a)示出了包络解调器的实现。由图 3.2(b)可以看出，当增大载波频率时，很容易限定取值为 $A_c[1 + am_n(t)]$ 的 AM 信号包络的边界，而且这时很容易观测到这一结果。更为重要的是，由图 3.3(b)还可以得出如下的结论：如果 AM 信号的包络 $A_c[1 + am_n(t)]$ 为负值，则采用包络解调时会导致解调信号的失真。为了预防信号的失真，对归一化的消息信号做出了规定。具体体现在：当 $a = 1$ 时，$1 + am_n(t)$ 的最小值为 0。对全部的 t 而言，为了确保包络为非负值，需要满足 $1 + m_n(t) \geq 0$(或者等同于：对全部的 t 而言，$m_n(t) \geq -1$)的条件。因此，取值为正的常数除以 $m(t)$ 之后就可以求出归一化的消息信号 $m_n(t)$，于是满足了 $m_n(t) \geq -1$ 的条件。这里所指的归一化常数为 $|\min m(t)|$。在所关注的许多实例(例如语音信号或者音乐信号)中，消息信号的最大值与最小值相等。在学习过第 6 章、第 7 章的概率论与随机信号之后，读者就会理解这一结论成立的原因了。

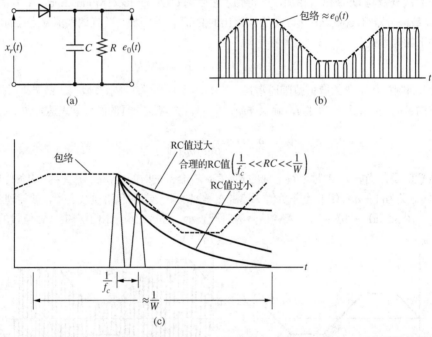

图 3.3　包络检波。(a)包络检波的实现电路；(b)信号的时域波形；(c)RC 时间常数的影响

3.2.1　包络检波

为了合理地处理包络检波过程，必须谨慎地选择检波器的 RC 时间常数，如图 3.3(a)所示。至于时间常数的取值是否合理，与如下的两个指标有关：①载波频率；②$m(t)$ 的带宽。实际上，在达到令人满意的效果时，要求载波频率至少等于 $m(t)$ 的带宽(将 $m(t)$ 的带宽表示为 W)的 10 倍。另外，RC 电路的截止频率必须介于 W 与 f_c 之间，而且必须与载波、信号这两项完全隔离开，如图 3.3(c)所示。

两个边带信号中的任意一个都包含了调制器输出的全部信息。因此，在传输信息的过程中，完全浪费了式(3.10)中载波分量 $A_c \cos(2\pi f_c t)$ 的功率。在功率受到限制的环境下，这一因素会显得相当重要。也就是说，在功率受到限制的应用中，完全不用考虑 AM 调制技术。

由式(3.10)可知，可以把 AM 调制器输出端的总功率表示如下：

$$\langle x_c^2(t) \rangle = \langle A_c^2[1 + am_n(t)]^2 \cos^2(2\pi f_c t) \rangle \tag{3.12}$$

式中，〈·〉表示时间平均值。相对于载波而言，如果 $m_n(t)$ 的变化缓慢，则可以得到

$$
\begin{aligned}
\left\langle x_c^2(t) \right\rangle &= \left\langle A_c^2 [1 + a m_n(t)]^2 \left[\frac{1}{2} + \frac{1}{2} \cos(4\pi f_c t) \right] \right\rangle \\
&= \left\langle \frac{1}{2} A_c^2 [1 + 2a m_n(t) + a^2 m_n^2(t)] \right\rangle
\end{aligned}
\tag{3.13}
$$

假定 $m_n(t)$ 的均值为零，那么，对上式的各项求解时间平均之后，可以得到

$$
\left\langle x_c^2(t) \right\rangle = \frac{1}{2} A_c^2 + \frac{1}{2} A_c^2\, a^2 \left\langle m_n^2(t) \right\rangle
\tag{3.14}
$$

上面表达式中的第一项表示载波的功率，第二项表示边带(即信息)的功率。将调制处理过程的效率定义为：承载信息的信号功率(即边带的功率)与传输信号的总功率之比。具体表示如下：

$$
E_{ff} = \frac{a^2 \left\langle m_n^2(t) \right\rangle}{1 + a^2 \left\langle m_n^2(t) \right\rangle}
\tag{3.15}
$$

通常用百分比表示调制效率(即，上面的表达式乘以 100 后得到效率的百分比表示形式)。

如果消息信号具有对称的最大值与最小值，则 $|\min m(t)|$ 与 $|\max m(t)|$ 相等，那么，$\left\langle m_n^2(t) \right\rangle \leq 1$。

由此得出结论：当 $a \leq 1$ 时，调制效率的最大值为 50%，并且是在消息信号为方波的条件下得到的这一效率。如果 $m(t)$ 为正弦波，当 $a = 1$ 时，$\left\langle m_n^2(t) \right\rangle = 0.5$，于是得到这时的调制效率值为 33.3%。值得注意的是，如果调制指数的值可以大于 1，那么，调制效率可能超过 50% 甚至达到 $E_{ff} \to 100\%$(在 $a \to \infty$ 的条件下)。由此可以看出，如果 a 的值大于 1，则不可能采用包络检波方式实现信号的解调。很明显，当调制指数减小到到单位值以下时，调制效率快速下降。如果消息信号的最大值与最小值不对称，则可以得到较高的调制效率值。

AM 技术的主要优点是：只要满足 $a \leq 1$，则解调时不需要相干参考载波，因此解调器的实现简单、价格低廉。AM 技术应用较广，比如商业广播电台(仅这一项的广泛性就足以证明它的应用)。

当调制指数取如下的 3 个值时，图 3.4 示出了 AM 调制器的输出 $x_c(t)$：①$a = 0.5$；②$a = 1.0$；③$a = 1.5$。这里假定：消息信号 $m(t)$ 表示幅度为 1、频率为 1 Hz 的正弦信号。还假定载波的幅度也等于 1。正如图 3.3 所示出的，图中还针对调制指数的每一个值，示出了对应的包络检波器的输出 $e_0(t)$。需要注意的是，当 $a = 0.5$ 时，包络恒大于零；当 $a = 1.0$ 时，包络的最小值恰好等于零。因此，可以将包络检波器用于这两种情形。当 $a = 1.5$ 时，包络为负值，这时的 $e_0(t)$(即包络的绝对值)表示严重失真之后的消息信号 $m(t)$。

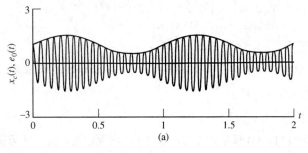

图 3.4　调制指数取各种值时的已调载波、包络检波器的输出。(a)$a = 0.5$；(b)$a = 1.0$；(c)$a = 1.5$

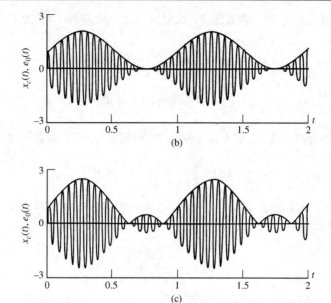

图 3.4(续) 　调制指数取各种值时的已调载波、包络检波器的输出。(a) $a = 0.5$; (b) $a = 1.0$; (c) $a = 1.5$

例 3.1

已知载波的功率为 50 W，而且消息信号 $m(t)$ 为

$$m(t) = 4\cos\left(2\pi f_m t - \frac{\pi}{9}\right) + 2\sin(4\pi f_m t) \tag{3.16}$$

当 AM 调制器的调制指数为 0.5 时，求出调制效率与输出频谱。

解：

第 1 步：求出 $m(t)$ 的最小值。可以用多种方法完成这一步。可能最简单的方法是：只需要绘出 $m(t)$ 的图形，然后从中选取最小值。在完成这一步时，MATLAB 也很实用(见下面的程序代码)。这种方法的唯一缺陷是：必须在足够高的频率处对 $m(t)$ 采样，才能确保求出的 $m(t)$ 的最大值具有所需的精度。

```
%File: c3ex1.m
fmt = 0 : 0.0001 : 1;
m = 4*cos(2*pi*fmt - pi/9)+ 2*sin(4*pi*fmt);
[minmessage,index] = min(m);
plot(fmt, m, 'k'),
grid, xlabel('Normalized Time'), ylabel('Amplitude')
minmessage, mintime = 0.0001*(index - 1)
%End of script file.
```

运行这一程序时，就可以绘出消息信号 $m(t)$ 的图形。$m(t)$ 的最小值、出现最小值的时间分别如下：

```
minmessage = - 4.3642
mintime = 0.4352
```

图 3.5(a) 示出了由 MATLAB 程序产生的消息信号。需要注意的是，时间轴表示的是归一化值(即时间 t 与 f_m 的乘积：$f_m t$)。正如图中所示出的，$m(t)$ 的最小值为 -4.364，并且最小值出现在 $f_m t = 0.435\,2$ 处。因此，可以将归一化的消息信号表示如下：

$$m_n(t) = \frac{1}{4.364}\left[4\cos\left(2\pi f_m t - \frac{\pi}{9}\right) + 2\sin(4\pi f_c t)\right] \tag{3.17}$$

或者表示为

$$m_n(t) = 0.916\,6\cos\left(2\pi f_m t - \frac{\pi}{9}\right) + 0.458\,3\sin(4\pi f_m t) \tag{3.18}$$

$m_n(t)$ 的均方值为

$$\left\langle m_n^2(t) \right\rangle = \frac{1}{2} \times (0.916\,6)^2 + \frac{1}{2} \times (0.458\,3)^2 = 0.525\,1 \tag{3.19}$$

于是，可以得出如下的调制效率：

$$E_{ff} = \frac{0.25 \times 0.525\,1}{1 + 0.25 \times 0.525\,1} = 0.116 \tag{3.20}$$

或者说，调制效率为 11.6%。

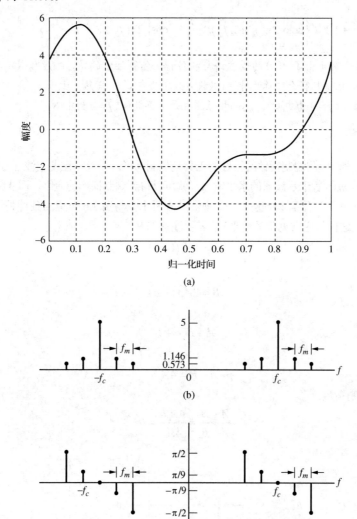

图 3.5　例 3.1 对应的时域波形与频谱。(a) 消息信号；(b) 调制器输出端的幅度谱；(c) 调制器输出端的相位谱

由于载波的功率为 50 W，于是可得

$$\frac{1}{2}\times(A_c)^2 = 50 \tag{3.21}$$

由上式求出的 A_c 值如下：

$$A_c = 10 \tag{3.22}$$

另外，根据 $\sin x = \cos(x - \pi/2)$，可以将 $x_c(t)$ 表示如下：

$$x_c(t) = 10\left\{1 + 0.5\left[0.916\,6\cos\left(2\pi f_m t - \frac{\pi}{9}\right) + 0.458\,3\cos\left(4\pi f_m t - \frac{\pi}{2}\right)\right]\right\}\cos(2\pi f_c t) \tag{3.23}$$

为了便于绘出 $x_c(t)$ 的频谱图，可以将上式表示如下：

$$x_c(t) = 10\cos(2\pi f_c t) + 2.292\left\{\cos\left[2\pi(f_c + f_m)t - \frac{\pi}{9}\right] + \cos\left[2\pi(f_c + f_m)t + \frac{\pi}{9}\right]\right\}$$

$$+ 1.146\left\{\cos\left[2\pi(f_c + 2f_m)t - \frac{\pi}{2}\right] + \cos\left[2\pi(f_c + 2f_m)t + \frac{\pi}{2}\right]\right\} \tag{3.24}$$

图 3.5(b)～(c) 分别示出了 $x_c(t)$ 的幅度谱与相位谱。值得注意的是，幅度谱具有偶对称的特性 (以载波频率为中心)，相位谱具有奇对称的特性 (以载波频率为中心)。当然，由于 $x_c(t)$ 为实信号，因此，总的幅度谱也是偶函数 (以 $f = 0$ 为中心)；总的相位谱也是奇函数 (以 $f = 0$ 为中心)。　■

3.2.2　调制梯形

对 AM 信号而言，检测调制指数的很好的工具是调制梯形。如果将已调载波 $x_c(t)$ 置于示波器的垂直输入、将消息信号 $m(t)$ 置于示波器的水平输入，就可以得到调制梯形的包络。图 3.6 示出了调制梯形的基本形式。当 $a < 1$ 时，很容易理解梯形，如图 3.6 所示。与图 3.6 对应的条件是：$\max[m_n(t)] = 1$ 和 $\min[m_n(t)] = -1$ (这也是通常见到的情形)。需要注意的是

$$A = 2A_c(1 + a) \tag{3.25}$$

以及

$$B = 2A_c(1 - a) \tag{3.26}$$

于是可得

$$A + B = 4A_c \tag{3.27}$$

以及

$$A - B = 4A_c a \tag{3.28}$$

由此可得如下的调制指数：

$$\frac{A - B}{A + B} = \frac{4A_c a}{4A_c} = a \tag{3.29}$$

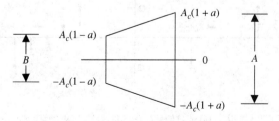

图 3.6　调制梯形的常规形式

图 3.7 绘出了 $a = 0.3$、0.7、1.0、1.5 时所对应的调制梯形的实例。

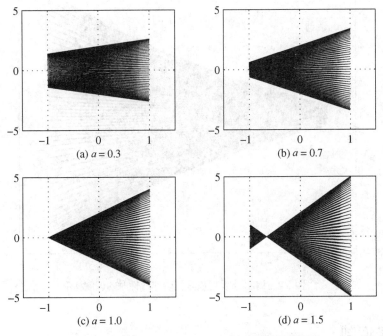

图 3.7 当 $a = 0.3$、0.7、1.0、1.5 时对应的调制梯形

　　需要注意的是，调制梯形包络的顶部与底部均为直线。这时可实现简单的线性检测。如果调制器 /发射机的组合不呈线性，那么，梯形的上、下边沿不再为直线。因此，调制梯形可用于线性特性的检测，见下面介绍的计算机仿真实例 3.1。

计算机仿真实例 3.1

这个例子分析的是调制器与 3 阶非线性发射机的组合，MATLAB 程序如下。

```
% Filename: c3ce1
a = 0.7;
fc = 2;
fm = 200.1;
t = 0:0.001:1;
m = cos(2*pi*fm*t);
c = cos(2*pi*fc*t);
xc = 2*(1+a*m).*c;
xc = xc+0.1*xc.*xc.*xc;
plot(m,xc)
axis([- 1.2, 1.2, - 8, 8])
grid
% End of script file.
```

　　运行该 MATLAB 程序后，可以得到如图 3.8 所示的调制梯形。从图中可以明显地看出非线性特性对系统的影响。

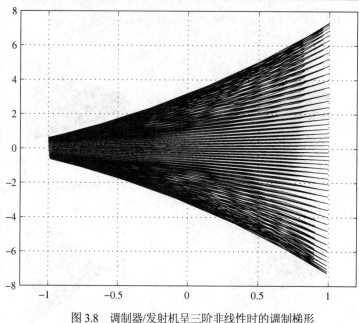

图 3.8　调制器/发射机呈三阶非线性时的调制梯形

3.3　单边带调制

在分析 DSB 时，注意到了 USB 与 LSB 的幅度以载频为中心呈偶对称、相位以载频为中心呈奇对称。由于任一个边带都含有足够的恢复消息信号 $m(t)$ 的信息，因此，没有必要传输两个边带。在传输之前消去其中的一个边带即可得到单边带(Single Side Band，SSB)信号。SSB 把调制器输出的带宽由 $2W$ 降为 W，这里的 W 表示消息信号 $m(t)$ 的带宽。但是，这种方法在减小带宽的同时，大大增加了实现的复杂度。

在随后几页的分析中，用两种方法推导出了在 SSB 调制器的输出端所得信号的时域表达式。尽管这两种方法的效果相同，但体现了不同的观点。在第 1 种方法中，根据希尔伯特变换，由 DSB 信号导出了用于产生 SSB 信号的传输函数。第 2 种方法根据如下的信息直接推导出 SSB 信号：①消息信号 $m(t)$；②利用图 2.29 所示的结果；③频率变换定理。

图 3.9 示出了利用边带滤波器产生 SSB 信号的过程。首先，产生 DSB 信号 $x_{\mathrm{DSB}}(t)$。接着，根据滤波器所选择的通频带、由边带滤波器对 DSB 信号滤波后，得到上边带或者 SSB 下边带信号。

图 3.10 示出了由滤波法产生 SSB 下边带信号的详细过程。DSB 信号通过理想的滤波器可以产生 SSB 下边带信号，这里的理想滤波器只让下边带通过(丢弃上边带)。由图 3.10(b)可以得到滤波器的传输函数为

$$H_L(f) = \frac{1}{2}[\mathrm{sgn}(f+f_c) - \mathrm{sgn}(f-f_c)] \tag{3.30}$$

由于 DSB 信号的傅里叶变换为

$$X_{\mathrm{DSB}}(f) = \frac{1}{2}A_c M(f+f_c) + \frac{1}{2}A_c M(f-f_c) \tag{3.31}$$

那么，SSB 下边带信号的傅里叶变换为

$$X_c(f) = \frac{1}{4}A_c[M(f+f_c)\mathrm{sgn}(f+f_c) + M(f-f_c)\mathrm{sgn}(f+f_c)]$$
$$- \frac{1}{4}A_c[M(f+f_c)\mathrm{sgn}(f-f_c) + M(f-f_c)\mathrm{sgn}(f-f_c)] \tag{3.32}$$

对上式化简之后可以得到

$$X_c(f) = \frac{1}{4} A_c [M(f + f_c) + M(f - f_c)]$$

$$+ \frac{1}{4} A_c [M(f + f_c)\operatorname{sgn}(f + f_c) - M(f - f_c)\operatorname{sgn}(f - f_c)] \qquad (3.33)$$

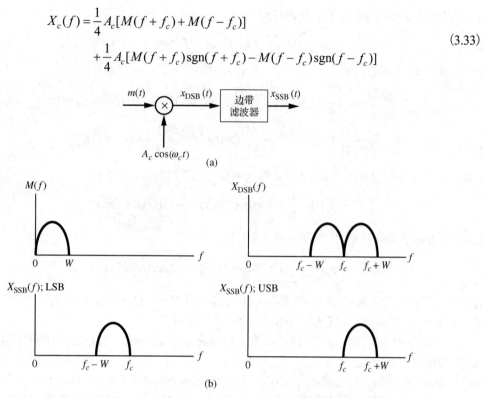

图 3.9　通过边带滤波得到 SSB 信号。(a) SSB 调制器；(b) 单边带频谱

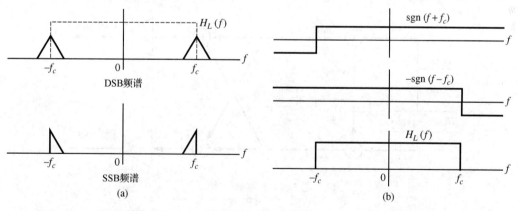

图 3.10　SSB 下边带信号的产生。(a) 边带滤波的处理过程；(b) 下边带滤波特性的产生过程

根据本章前面介绍的 DSB 信号，可以得到

$$\frac{1}{2} A_c m(t) \cos(2\pi f_c t) \leftrightarrow \frac{1}{4} A_c [M(f + f_c) + M(f - f_c)] \qquad (3.34)$$

利用第 2 章介绍的希尔伯特变换，可以得到

$$\hat{m}(t) \leftrightarrow -\mathrm{j}(\operatorname{sgn} f) M(f)$$

由频率变换定理，可以得到

$$m(t)\mathrm{e}^{\pm\mathrm{j}2\pi f_c t} \leftrightarrow M(f \mp f_c) \tag{3.35}$$

用 $\hat{m}(t)$ 替换上式中的 $m(t)$ 之后，可以得到

$$\hat{m}(t)\mathrm{e}^{\pm\mathrm{j}2\pi f_c t} \leftrightarrow -\mathrm{j}M(f \mp f_c)\mathrm{sgn}(f \mp f_c) \tag{3.36}$$

于是可得对应的频域特性如下：

$$\mathfrak{I}^{-1}\left\{\frac{1}{4}A_c[M(f+f_c)\mathrm{sgn}(f+f_c)-M(f-f_c)\mathrm{sgn}(f-f_c)]\right\}$$
$$= -\frac{1}{4\mathrm{j}}A_c\hat{m}(t)\mathrm{e}^{-\mathrm{j}2\pi f_c t} + \frac{1}{4\mathrm{j}}A_c\hat{m}(t)\mathrm{e}^{+\mathrm{j}2\pi f_c t} = \frac{1}{2}A_c\hat{m}(t)\sin(2\pi f_c t) \tag{3.37}$$

结合式(3.34)、式(3.37)，可以得到单边带 SSB 信号的常规表达式如下：

$$x_c(t) = \frac{1}{2}A_c m(t)\cos(2\pi f_c t) + \frac{1}{2}A_c\hat{m}(t)\sin(2\pi f_c t) \tag{3.38}$$

同理可得 SSB 上边带信号的时域表达式，所得结果如下：

$$x_c(t) = \frac{1}{2}A_c m(t)\cos(2\pi f_c t) - \frac{1}{2}A_c\hat{m}(t)\sin(2\pi f_c t) \tag{3.39}$$

这表明：调制时，除了表示希尔伯特变换项的极性符号不相同，LSB 调制器与 USB 调制器的表达式相同。从 SSB 信号的频谱可以看出，SSB 系统不存在直流响应。

当 $m(t)$ 为低频信号时，如果通过对 DSB 调制器输出的双边带信号进行滤波的方法产生 SSB 信号，则需要采用非常接近理想状态的滤波器。产生 SSB 信号的另一种方法称为相移调制法，如图 3.11 所示。这时，系统逐项实现式(3.38)或者式(3.39)。同边带滤波时需要理想滤波器一样，实际上，不可能精确地实现理想的宽带移相器(宽带移相器完成希尔伯特变换的处理功能)。但是，由于不连续点出现在 $f = 0$ 处(而不是出现在 $f = f_c$ 处)，因此，所实现的移相器相当接近理想状态。

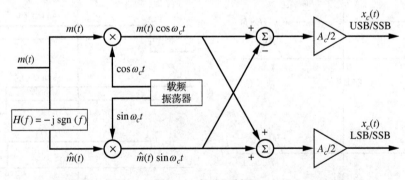

图 3.11　相移调制器

推导 SSB 信号 $x_c(t)$ 的另一种方法则是以解析信号的思想为基础。如图 3.12(a) 所示，$M(f)$ 的正频率部分由如下的关系式给出：

$$M_p(f) = \frac{1}{2}\mathfrak{I}\{m(t)+\mathrm{j}\hat{m}(t)\} \tag{3.40}$$

$M(f)$ 的负频率部分由如下的关系式给出：

$$M_n(f) = \frac{1}{2}\mathfrak{I}\{m(t)-\mathrm{j}\hat{m}(t)\} \tag{3.41}$$

根据定义，SSB 上边带信号的频域表达式如下：

$$X_c(f) = \frac{1}{2}A_c M_p(f - f_c) + \frac{1}{2}A_c M_n(f + f_c) \tag{3.42}$$

对上式求解傅里叶逆变换，可以得到

$$x_c(t) = \frac{1}{4}A_c[m(t) + j\hat{m}(t)]e^{j2\pi f_c t} + \frac{1}{4}A_c[m(t) - j\hat{m}(t)]e^{-j2\pi f_c t} \tag{3.43}$$

将上式化简后，可得

$$x_c(t) = \frac{1}{4}A_c m(t)[e^{j2\pi f_c t} + e^{-j2\pi f_c t}] + j\frac{1}{4}A_c \hat{m}(t)[e^{j2\pi f_c t} - e^{-j2\pi f_c t}]$$

$$= \frac{1}{2}A_c m(t)\cos(2\pi f_c t) - \frac{1}{2}A_c \hat{m}(t)\sin(2\pi f_c t) \tag{3.44}$$

很明显，上式与式 (3.39) 相同。

可以用同样的方法推导出 SSB 下边带信号的时域表达式，具体过程如下。根据定义，可以将 SSB 下边带信号表示如下：

$$X_c(f) = \frac{1}{2}A_c M_p(f + f_c) + \frac{1}{2}A_c M_n(f - f_c) \tag{3.45}$$

对上式求解傅里叶逆变换之后可以得到

$$x_c(t) = \frac{1}{4}A_c[m(t) + j\hat{m}(t)]e^{-j2\pi f_c t} + \frac{1}{4}A_c[m(t) - j\hat{m}(t)]e^{j2\pi f_c t} \tag{3.46}$$

将上式化简后，可以得到

$$x_c(t) = \frac{1}{4}A_c m(t)[e^{j2\pi f_c t} + e^{-j2\pi f_c t}] - j\frac{1}{4}A_c \hat{m}(t)[e^{j2\pi f_c t} - e^{-j2\pi f_c t}]$$

$$= \frac{1}{2}A_c m(t)\cos(2\pi f_c t) + \frac{1}{2}A_c \hat{m}(t)\sin(2\pi f_c t) \tag{3.47}$$

很明显，上式与式 (3.38) 相同。图 3.12 (b)～(c) 示出了上面分析过程用到的如下 4 种频谱：① $M_p(f + f_c)$；② $M_p(f - f_c)$；③ $M_n(f + f_c)$；④ $M_n(f - f_c)$。

可以用几种方法实现 SSB 信号的解调。最简单的解调技术是：将 $x_c(t)$ 与解调的载波相乘，然后，由低通滤波器对所得的信号滤波即可，如图 3.1 (a) 所示。这里假定解调的载波存在相位误差 $\theta(t)$，于是可得

$$d(t) = \left[\frac{1}{2}A_c m(t)\cos(2\pi f_c t) \pm \frac{1}{2}A_c \hat{m}(t)\sin(2\pi f_c t)\right]\{4\cos[2\pi f_c t + \theta(t)]\} \tag{3.47}$$

式中，为了方便地给出数学表达式，选择了因子 4。将上式展开后，可以得到

$$d(t) = A_c m(t)\cos[\theta(t)] + A_c m(t)\cos[4\pi f_c t + \theta(t)]$$

$$\mp A_c \hat{m}(t)\sin[\theta(t)] \pm A_c \hat{m}(t)\sin[4\pi f_c t + \theta(t)] \tag{3.48}$$

经低通滤波并且调整幅度的比例之后，可以得到解调器的输出如下：

$$y_D(t) = m(t)\cos[\theta(t)] \mp \hat{m}(t)\sin[\theta(t)] \tag{3.49}$$

式 (3.49) 表明：当相位误差 $\theta(t)$ 等于零时，解调器的输出正是所期望的信号。如果 $\theta(t)$ 不等于零，那么，解调器的输出由两项的和构成。第一项表示时变、衰减之后的消息信号（而且，在 DSB 系统中也以同样的形式出现在输出信号中）。第二项为串扰项（当 $\theta(t)$ 较大时，会产生严重的失真）。

解调 SSB 信号的另一种有效技术是重新插入载波，如图 3.13 所示。这时，将本地振荡器的输出加载到收到的信号 $x_r(t)$ 中。由此可得

$$e(t) = \left[\frac{1}{2}A_c m(t) + K\right]\cos(2\pi f_c t) \pm \frac{1}{2}A_c \hat{m}(t)\sin(2\pi f_c t) \tag{3.50}$$

上式正是包络检波器的输入。接下来需要计算出包络检波器的输出。由于式(3.50)中出现了余弦项与正弦项,因此,式(3.50)表示的信号比式(3.10)表示的信号难实现一些。在导出期望的结果时,把信号表示为如下的形式:

$$x(t) = a(t)\cos(2\pi f_c t) - b(t)\sin(2\pi f_c t) \tag{3.51}$$

可以用图表示上式。图3.14示出了如下信息:①同相分量的幅度 $a(t)$;②正交分量的幅度 $b(t)$;③合成之后的 $R(t)$。由图可知

$$a(t) = R(t)\cos[\theta(t)]; \quad b(t) = R(t)\sin[\theta(t)]$$

由此可得

$$x(t) = R(t)\{\cos[\theta(t)]\cos(2\pi f_c t) - \sin[\theta(t)]\sin(2\pi f_c t)\} \tag{3.52}$$

将上式化简之后可得

$$x(t) = R(t)\cos[2\pi f_c t + \theta(t)] \tag{3.53}$$

式中

$$\theta(t) = \tan^{-1}\left(\frac{b(t)}{a(t)}\right) \tag{3.54}$$

可以将瞬时幅度 $R(t)$(即信号的包络)表示如下:

$$R(t) = \sqrt{a^2(t) + b^2(t)} \tag{3.55}$$

相对于载波 $\cos(2\pi f_c t)$ 而言,如果 $a(t)$ 与 $b(t)$ 变化缓慢,则上式表示的就是:当包络检波器的输入为 $x(t)$ 时所对应的输出。

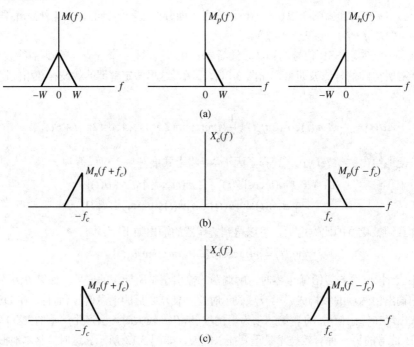

图3.12　得到SSB信号的另一种方法。(a) $M(f)$、$M_p(f)$、$M_n(f)$;(b)SSB上边带信号;(c)SSB下边带信号

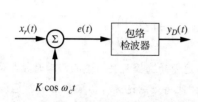

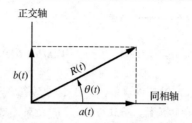

图 3.13　利用重新插入的载波完成信号的解调　　　图 3.14　同相-正交坐标系中的信号表示

将式(3.50)与式(3.55)进行比较后可以看出，在重新插入载波之后，可以得到 SSB 信号的包络如下：

$$y_D(t) = \sqrt{\left[\frac{1}{2}A_c m(t) + K\right]^2 + \left[\frac{1}{2}A_c \hat{m}(t)\right]^2} \tag{3.56}$$

图 3.13 示出了解调器的输出 $y_D(t)$。如果所选的 K 足够大，并且满足如下的关系式

$$\left[\frac{1}{2}A_c m(t) + K\right]^2 >> \left[\frac{1}{2}A_c \hat{m}(t)\right]^2$$

则包络检波器的输出变为

$$y_D(t) \approx \frac{1}{2}A_c m(t) + K \tag{3.57}$$

可以很容易从上式提取消息信号。研究中发现，在重新插入载波时要求：本地产生的载波的相位必须与原调制载波的相位相同。在语音传输系统中很容易做到这一点。可以通过手工方式调整解调载波的频率与相位，直至达到语音清晰度的要求。

例 3.2

由前面的分析可以看出，利用频域特性能够深入理解单边带的思想。当然，SSB 的时域特性也值得关注，并且是这个实例的主题。假定把消息信号 $m(t)$ 表示如下：

$$m(t) = \cos(2\pi f_1 t) - 0.4\cos(4\pi f_1 t) + 0.9\cos(6\pi f_1 t) \tag{3.58}$$

消息信号 $m(t)$ 的希尔伯特变换如下：

$$\hat{m}(t) = \sin(2\pi f_1 t) - 0.4\sin(4\pi f_1 t) + 0.9\sin(6\pi f_1 t) \tag{3.59}$$

图 3.15(a)～(b)示出了这两个信号的波形。

由前面的分析可知，SSB 信号的时域表达式为

$$x_c(t) = \frac{A_c}{2}[m(t)\cos(2\pi f_c t) \pm \hat{m}(t)\sin(2\pi f_c t)] \tag{3.60}$$

上式中，正、负极性的选择与系统中的传输边带有关。把式(3.51)代入式(3.55)之后，可以把 $x_c(t)$ 变为同式(3.1)一样的标准形式。由此得到

$$x_c(t) = R(t)\cos[2\pi f_c t + \theta(t)] \tag{3.61}$$

式中，$x_c(t)$ 的包络 $R(t)$、$x_c(t)$ 的相位偏移量 $\theta(t)$ 分别用如下的关系式表示：

$$R(t) = \frac{A_c}{2}\sqrt{m^2(t) + \hat{m}^2(t)} \tag{3.62}$$

$$\theta(t) = \pm\tan^{-1}\left(\frac{\hat{m}(t)}{m(t)}\right) \tag{3.63}$$

于是可得 $\theta(t)$ 的瞬时频率如下:

$$\frac{\mathrm{d}}{\mathrm{d}t}[2\pi f_c t + \theta(t)] = 2\pi f_c \pm \frac{\mathrm{d}}{\mathrm{d}t}\left[\tan^{-1}\left(\frac{\hat{m}(t)}{m(t)}\right)\right] \tag{3.64}$$

　　由式(3.62)可以看出,SSB 信号的包络与(上、下)边带的选择无关。然而,瞬时频率是消息信号的相当复杂的函数,而且与(上、下)边带的选择有关。由此得出结论: 消息信号 $m(t)$ 对已调载波 $x_c(t)$ 的包络、相位有影响。在 DSB 调制与 AM 调制中,消息信号 $m(t)$ 只对已调载波 $x_c(t)$ 的包络有影响。

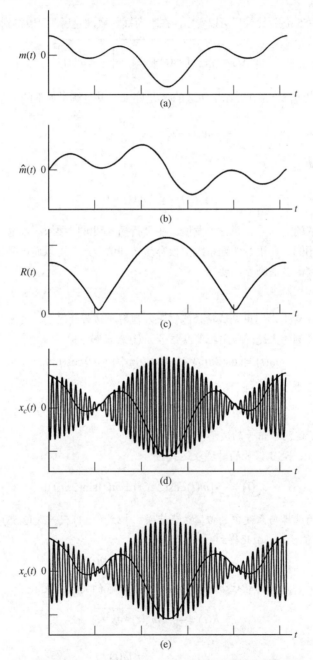

图 3.15　SSB 系统的时域信号。(a)消息信号; (b)消息信号的希尔伯特变换; (c)SSB 信号的包络; (d)消息信号调制后的上边带信号; (e)消息信号调制后的下边带信号

图 3.15(c) 示出了 SSB 信号的包络 $R(t)$。SSB 的上边带信号如图 3.15(d) 所示，SSB 的下边带信号如图 3.15(e) 所示。从图中容易看出，上边带信号与下边带信号都具有图 3.15(c) 所示的包络。在图 3.15(d)～(e) 中还示出了消息信号 $m(t)$。 ■

3.4 残留边带调制

已经知道，DSB 信号需要很宽的带宽，而用边带滤波法产生 SSB 信号时也只是近似地实现低带宽。而且，SSB 信号的低频性能很差。残留边带 (Vestigial Side Band, VSB) 调制是 DSB 与 SSB 之间的折中，即，让少量不需要的边带出现在 SSB 调制器的输出端。由于在载波频率处不再要求陡峭的截止频率，因此简化了边带滤波器的设计。此外，与 SSB 系统相比，VSB 系统改善了低频响应性能，甚至存在直流响应。下面结合简单的例子分析这种技术。

例 3.3

为了简化分析，设消息信号 $m(t)$ 为如下两个正弦信号的和：

$$m(t) = A\cos(2\pi f_1 t) + B\cos(2\pi f_2 t) \tag{3.65}$$

将消息信号 $m(t)$ 与载波 $\cos(2\pi f_c t)$ 相乘之后得到如下的 DSB 信号：

$$
\begin{aligned}
e_{\text{DSB}}(t) &= \frac{1}{2}A\cos[2\pi(f_c - f_1)t] + \frac{1}{2}A\cos[2\pi(f_c + f_1)t] \\
&\quad + \frac{1}{2}B\cos[2\pi(f_c - f_2)t] + \frac{1}{2}B\cos[2\pi(f_c + f_2)t]
\end{aligned}
\tag{3.66}
$$

图 3.16(a) 示出了该信号在 $f > 0$ 时的频谱。在信号传输之前，利用 VSB 滤波器对 DSB 信号处理之后得到了 VSB 信号。图 3.16(b) 示出了 VSB 滤波器的幅度响应。在边缘处，VSB 滤波器必须具有对称性特性 (以载频为中心)。图 3.16(c) 示出了 VSB 滤波器输出端的单边带频谱。

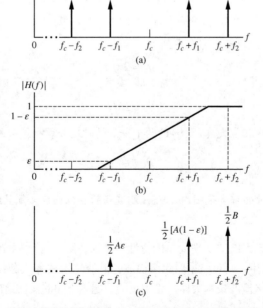

图 3.16 残留边带调制的实现。(a)DSB 信号的幅度谱 (只绘出了正半轴)；(b) 在接近 f_c 处的 VSB 滤波器的特性；(c)VSB 的幅度谱

假定 VSB 滤波器的幅度响应、相位响应分别表示如下:

$$H(f_c - f_2) = 0, \ H(f_c - f_1) = \varepsilon e^{-j\theta_a}, \ H(f_c + f_1) = (1-\varepsilon)e^{-j\theta_b}, \ H(f_c + f_2) = e^{-j\theta_c} \tag{3.67}$$

VSB 信号的输入为 DSB 信号,可以将 DSB 信号的复包络形式表示如下:

$$x_{\mathrm{DSB}}(t) = \mathrm{Re}\left[\left(\frac{A}{2}e^{-j2\pi f_1 t} + \frac{A}{2}e^{j2\pi f_1 t} + \frac{B}{2}e^{-j2\pi f_2 t} + \frac{B}{2}e^{j2\pi f_2 t}\right)e^{j2\pi f_c t}\right] \tag{3.68}$$

根据 VSB 滤波器的幅度特性与相位特性,可以得到如下的 VSB 信号:

$$x_c(t) = \mathrm{Re}\left\{\left[\frac{A}{2}\varepsilon e^{-j(2\pi f_1 t + \theta_a)} + \frac{A}{2}(1-\varepsilon)e^{j(2\pi f_1 t - \theta_b)} + \frac{B}{2}e^{j(2\pi f_2 t - \theta_c)}\right]e^{j2\pi f_c t}\right\} \tag{3.69}$$

将上式乘以 $2e^{-j2\pi f_c t}$ 之后,选取所得表达式的实部,即完成了解调。这时可以得到

$$e(t) = A\varepsilon \cos(2\pi f_1 t + \theta_a) + A(1-\varepsilon)\cos(2\pi f_1 t - \theta_b) + B\cos(2\pi f_2 t - \theta_c) \tag{3.70}$$

在合并式(3.70)中的前两项时,需要满足如下的关系式:

$$\theta_a = -\theta_b \tag{3.71}$$

上式表明:相位响应必须满足奇对称的特性(以载频 f_c 为中心);此外,由于 $e(t)$ 为实数,因此 VSB 滤波器的相位响应具有奇对称的特性(以载频 $f = 0$ 为中心)。当 $\theta_a = -\theta_b$ 时,可以得到

$$e(t) = A\cos(2\pi f_1 t - \theta_b) + B\cos(2\pi f_2 t - \theta_c) \tag{3.72}$$

这里必须求出 θ_c、θ_b 之间的关系。

根据第 2 章的介绍,与原信号 $m(t)$ 相比,为了使得解调的信号 $e(t)$ 不失真(包括相位不失真、幅度不失真),从幅度的角度来说,$e(t)$ 的幅度必须与 $m(t)$ 的幅度成比例,从相位的角度来说,$e(t)$ 必须是时延之后的 $m(t)$。换句话说,必须满足如下的关系式:

$$e(t) = Km(t-\tau) \tag{3.73}$$

很明显,幅度的比例因子 K 取 $K = 1$。当时延为 τ 时,$e(t)$ 的表达式如下:

$$e(t) = A\cos[2\pi f_1(t-\tau)] + B\cos[2\pi f_2(t-\tau)] \tag{3.74}$$

将式(3.72)与式(3.74)进行比较后,可以得到

$$\theta_b = 2\pi f_1 \tau \tag{3.75}$$

以及

$$\theta_c = 2\pi f_2 \tau \tag{3.76}$$

在传输过程中,为了不产生相位失真,$e(t)$ 的两个分量的时延必须相等。因此得到

$$\theta_c = \frac{f_2}{f_1}\theta_b \tag{3.77}$$

因此得出结论:在输入信号的带宽范围内,VSB 滤波器的相位响应必须呈线性,这是第 2 章介绍过的无失真系统的结论。 ∎

VSB 系统与 SSB 系统相比,"实现简单的特性"足以补偿稍稍增大的传输带宽。实际上,如果将载波分量加载到 VSB 信号中,则可以采用包络检波。用于 VSB 系统的包络检波技术与 SSB 系统中通过重新插入载波实现的包络检波技术类似,见本章的习题。下面的实例给出了 VSB 调制的处理过程。

例 3.4

这里分析 VSB 调制的时域波形,并且介绍利用包络检波或者利用重新插入的载波实现解调。假定

采用的消息信号与例 3.2 的相同，即

$$m(t) = \cos(2\pi f_1 t) - 0.4\cos(4\pi f_1 t) + 0.9\cos(6\pi f_1 t) \tag{3.78}$$

图 3.17(a)示出了消息信号 $m(t)$ 的波形。可以将 VSB 信号表示如下：

$$\begin{aligned} x_c(t) = A_c\{&\varepsilon_1\cos[2\pi(f_c - f_1)t] + (1-\varepsilon_1)\cos[2\pi(f_c - f_1)t]\} \\ &- 0.4\varepsilon_2\cos[2\pi(f_c - 2f_1)t] - 0.4(1-\varepsilon_2)\cos[2\pi(f_c - 2f_1)t] \\ &+ 0.9\varepsilon_3\cos[2\pi(f_c - 3f_1)t] + 0.9(1-\varepsilon_3)\cos[2\pi(f_c - 3f_1)t] \end{aligned} \tag{3.79}$$

当 $\varepsilon_1 = 0.64$、$\varepsilon_2 = 0.78$、$\varepsilon_3 = 0.92$ 时，图 3.17(b)示出了已调载波、消息信号的波形。图 3.17(c)示出了重新插入载波法、包络检波法的结果。图中清晰地示出了受载波分量幅度控制的消息信号(最终成为包络检波器的输出)。

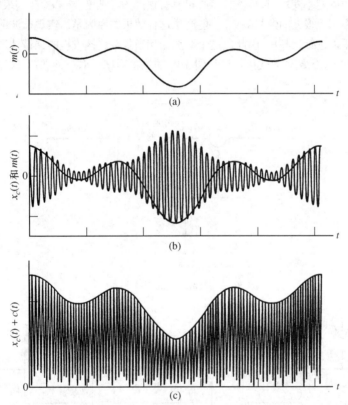

图 3.17　VSB 系统的时域信号。(a)消息信号；(b) VSB 信号与消息信号；(c) VSB 信号与载波信号的和　■

3.5　变频与混频

　　一般来说，当需要将带通信号变换到一个新的频带时，在通信接收机以及其他的许多应用中采用了变频技术。将带通信号与周期性载波相乘后完成了变频的处理过程，把这一过程称为混频。图 3.18 给出了混频器的方框图。例如，将带通信号 $m(t)\cos(2\pi f_1 t)$ 与本地振荡信号 $2\cos[2\pi(f_1 \pm f_2)t]$ 相乘后，就可以将带通信号 $m(t)\cos(2\pi f_1 t)$ 从 f_1 变换到新的载频 f_2。利用相应的三角恒等式可以得到相乘之后的结果如下：

$$e(t) = m(t)\cos(2\pi f_2 t) + m(t)\cos(4\pi f_1 t \pm 2\pi f_2 t) \tag{3.80}$$

通过滤波器将上式中不需要的项滤除。对 DSB 调制系统而言，滤波器的带宽至少等于 $2W$(这里的 W 表示消息信号 $m(t)$ 的带宽)。

混频时经常出现的问题是：两个不同的输入信号可能会变换到同一个频率 f_2。例如，当输入信号为 $k(t)\cos[2\pi(f_1 \pm 2f_2)t]$ 时，也会变频到 f_2，理由如下：

$$2k(t)\cos[2\pi(f_1 \pm 2f_2)t]\cos[2\pi(f_1 \pm f_2)t] = k(t)\cos(2\pi f_2 t) + k(t)\cos[2\pi(2f_1 \pm 3f_2)t] \tag{3.81}$$

上式中，全部的三个极性符号(即±)必须同时为正(或者同时为负)。这里注意到，输入频率 $(f_1 \pm 2f_2)$ 也产生了输出频率 f_2，把频率 $(f_1 \pm 2f_2)$ 称为所需频率 f_1 的镜像频率。

在设计接收机时必须考虑镜像频率的干扰，这里以图 3.19 所示的超外差式接收机为例分析镜像频率的影响。待解调信号的载频为 f_c，而且，中频(Intermediate Frequency，IF)滤波器是以 f_{IF} 为中心频率的带通滤波器(f_{IF} 值固定不变)。超外差式接收机具有很高的灵敏度(能够检测到很弱的信号)和很好的选择性(能够将频率相距很近的信号隔离)。能产生这种效果的原因是：实现检波前滤波的中频滤波器的设置固定不变(不能进行调整)。因此，这个滤波器相当复杂。接收机的调谐体现在：改变本地振荡器的频率。图 3.19 所示的超外差式接收机是图 3.18 的混频器($f_c = f_1$、$f_{IF} = f_2$)。混频器将输入频率 f_c 变换为 f_{IF}。

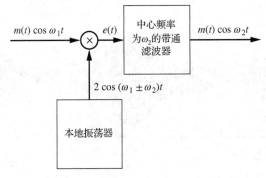

图 3.18　混频器

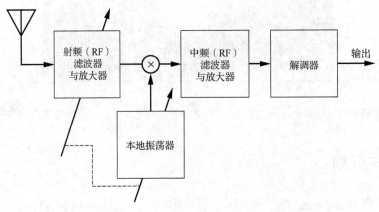

图 3.19　超外差式接收机

如前所述，镜像频率 $(f_c \pm 2f_{IF})$ 也会出现在 IF 的输出信号中：$(f_c \pm 2f_{IF})$ 中符号极性的选择与本地振荡频率有关。这就是说，当期望接收到载波频率为 f_c 的信号时，如果本地振荡频率为 $(f_c + f_{IF})$，那么，还会同时接收到位于 $(f_c + 2f_{IF})$ 处的信号；或者，如果本地振荡频率为 $(f_c - f_{IF})$，那么，还会同时接收到位于 $(f_c - 2f_{IF})$ 处的信号。在本地振荡频率为上述两种取值的情况下，都只存在一个镜像频率，而且，镜像频率与所需的信号总是相距 $2f_{IF}$。当本地振荡器的频率满足如下关系时，图 3.20 示出了所需的信号、镜像信号：

$$f_{LO} = f_c + f_{IF} \tag{3.82}$$

可以利用射频(Radio Frequency，RF)滤波器消除镜像频率。调幅收音机的标准中频频率为 455 kHz。因此，镜像频率与所需信号的频率相隔($= 2 \times 455\,\text{kHz} = 0.91\,\text{MHz}$)约 1 MHz。这表明：射频滤波器不必是窄带滤波器。而且，由于 AM 广播占用的频带为 540 kHz～1.6 MHz，从地理位置的角度来说，如果位于高频处的各个电台与位于低频处的各个电台相距较远，那么可以明显看出，并不需要可调的 RF 滤波器(这里指的是，这时的镜像信号已经很弱)。有些廉价的接收机充分利用了这一信息。再者，如果射频滤波器为可调谐滤波器，则仅需在很窄的频带范围内进行调整。

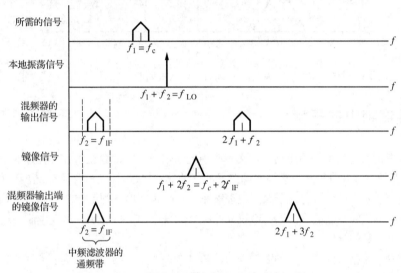

图 3.20　镜像频率图解(本振上注入式调谐)

在设计超外差式接收机时所进行的判决是：本地振荡器的频率是低于输入载波的频率(本振下注入式调谐)还是高于输入载波的频率(本振上注入式调谐)。下面通过标准 AM 广播频带内的简单实例，解释所考虑的一个主要因素。标准调幅广播的频带范围是：540～1600 kHz。这里采用的中频频率为 455 kHz。如果采用表 3.1 所示的本振下注入式调谐，那么，本地振荡器的频率范围必须介于 85～1600 kHz 之间(表示对应的频率范围为 18∶1，即，1600∶85≈18∶1)。如果采用本振上注入式调谐，本地振荡器的频率范围必须介于 995～2055 kHz 之间(表示对应的频率范围稍大于 2∶1，即，2055∶995 > 2)。相对于在较小比值范围内变化的频率而言，在较大比值范围内变化的频率更难实现。

表 3.1　当 $f_{IF} = 455$ kHz 时用于 AM 广播频带的本振下注入式调谐与本振上注入式调谐

	频率的下限	频率的上限	振荡器的调谐范围
标准调幅收音机的频带	540 kHz	1600 kHz	
本地振荡器采用"本振下注入式调谐"时的各个频率	540 kHz − 455 kHz = 85 kHz	1600 kHz − 455 kHz = 1145 kHz	13.47～1
本地振荡器采用"本振上注入式调谐"时的各个频率	540 kHz + 455 kHz = 995 kHz	1600 kHz + 455 kHz = 2055 kHz	2.07～1

采用本振下注入式调谐和本振上注入式调谐时，图 3.21 归纳了待解调的所需信号与镜像信号之间的关系。所需信号(待解调的信号)的载波频率为 f_c；镜像信号的载波频率为 f_i。

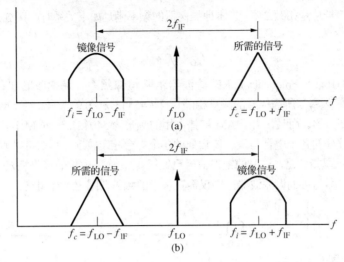

图 3.21　f_c 与 f_i 之间的关系。(a) 本振下注入式调谐；(b) 本振上注入式调谐

3.6　线性调制中的干扰

下面分析干扰对通信系统的影响。在实际应用的通信系统中，存在着各种各样的干扰源，例如，当某些发射机发送的 RF 信号的载频与解调信号的载波非常接近时，RF 信号就成了干扰源。由于存在干扰时，对整个系统进行分析有助于深入地理解系统在噪声环境下的工作性能(这是第 8 章的主题)，因此，本书分析干扰的范围很广。这一节仅介绍线性系统中的干扰问题。角度调制系统(非线性系统)的干扰问题见下一章的分析。

这里介绍的接收信号的频谱如图 3.22 所示，在干扰环境下，这是线性调制的简单例子。收到的信号由如下的 3 个分量构成：①载波分量；②表示正弦消息信号的一对边带；③不期望出现的干扰频率(频率为 $f_c + f_i$)。于是可得解调器的如下输入：

$$x_c(t) = A_c \cos(2\pi f_c t) + A_i \cos[2\pi(f_c + f_i)t] + A_m \cos(2\pi f_m t)\cos(2\pi f_c t) \tag{3.83}$$

将上式的 $x_c(t)$ 乘以 $2\cos(2\pi f_c t)$ 并经低通滤波(相干解调时需要用到)处理后，可以得到

$$y_D(t) = A_m \cos(2\pi f_m t) + A_i \cos(2\pi f_i t) \tag{3.84}$$

式中，假定已经对干扰分量进行了滤波处理，并且隔离了由载波产生的直流项。由这一简单的例子可以看出：如果干扰与输入信号为相加的关系，那么在接收端的输出中，信号与干扰也是相加的关系。由于相干解调器按线性解调的方式工作，因此得出了用式(3.84)表示的结果。

由于包络检波器的非线性，因此干扰对包络检波的影响完全不同。与上面相干解调的情形相

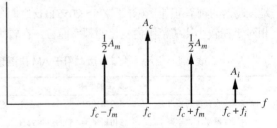

图 3.22　接收信号的频谱

比，包络检波时的分析难度大一些。如果按照得到相量图的方式表示 $x_c(t)$，则分析与理解会深刻一些。从分析相量图的角度来说，可以将式(3.83)表示为如下形式：

$$x_r(t) = \mathrm{Re}\left[\left(A_c + A_i \mathrm{e}^{\mathrm{j}2\pi f_i t} + \frac{1}{2}A_m \mathrm{e}^{\mathrm{j}2\pi f_m t} + \frac{1}{2}A_m \mathrm{e}^{-\mathrm{j}2\pi f_m t}\right)\mathrm{e}^{\mathrm{j}2\pi f_c t}\right] \tag{3.85}$$

相量图的设计是相对载波而言的(假定载波频率为零)。换句话说，这里画出的相量图是复包络信号。在存在干扰、不存在干扰这两种情形下，图 3.23 示出了相应的相量图。在这两种情况下，理想包络检波器的输出用 $R(t)$ 表示。由相量图可以看出，干扰导致了幅度失真与相位失真。

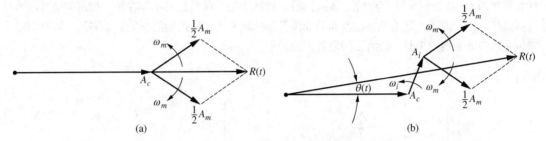

图 3.23　体现干扰影响的相量图。(a)不存在干扰时的相量图；(b)存在干扰时的相量图

如果将式(3.83)表示成如下形式，则可以求出干扰对包络检波器的影响：

$$x_r(t) = A_c \cos(2\pi f_c t) + A_m \cos(2\pi f_m t) \cos(2\pi f_c t)$$
$$+ A_i [\cos(2\pi f_c t) \cos(2\pi f_i t) - \sin(2\pi f_c t) \sin(2\pi f_i t)] \tag{3.86}$$

分别按同相分量、正交分量合并上式中的载波项之后，可以得到

$$x_r(t) = [A_c + A_m \cos(2\pi f_m t) + A_i \cos(2\pi f_i t)] \cos(2\pi f_c t) - A_i \sin(2\pi f_c t) \sin(2\pi f_i t) \tag{3.87}$$

如果 $A_c \gg A_i$(常出现这种情形)，则式(3.87)中的最后一项与第一项相比，可以忽略不计。于是，在隔离直流项之后，可以得到包络检波器的输出如下：

$$y_D(t) \cong A_m \cos(2\pi f_m t) + A_i \cos(2\pi f_i t) \tag{3.88}$$

因此，当干扰很小时，包络检波器与相干解调器的效果基本相同。

如果 $A_c \ll A_i$，这时不能忽略式(3.87)中的最后一项，因此得到完全不同的输出。这时可以将式(3.83)重新表示如下：

$$x_r(t) = A_c \cos[2\pi(f_c + f_i - f_i)t] + A_i \cos[2\pi(f_c + f_i)t]$$
$$+ A_m \cos(2\pi f_m t) \cos[2\pi(f_c + f_i - f_i)t] \tag{3.89}$$

利用合适的三角恒等式，可以将上式表示如下：

$$x_r(t) = A_c\{\cos[2\pi(f_c + f_i)t]\cos(2\pi f_i t) + \sin[2\pi(f_c + f_i)t]\sin(2\pi f_i t)\}$$
$$+ A_i \cos[2\pi(f_c + f_i)t] + A_m \cos(2\pi f_m t)\{\cos[2\pi(f_c + f_i)t]\cos(2\pi f_i t)$$
$$+ \sin[2\pi(f_c + f_i)t]\sin(2\pi f_i t)\} \tag{3.90}$$

可以将式(3.90)进一步表示如下：

$$x_r(t) = [A_i + A_c \cos(2\pi f_i t) + A_m \cos(2\pi f_m t)\cos(2\pi f_i t)]\cos[2\pi(f_c + f_i)t]$$
$$+ [A_c \sin(2\pi f_i t) + A_m \cos(2\pi f_m t)\sin(2\pi f_i t)]\sin[2\pi(f_c + f_i)t] \tag{3.91}$$

如果 $A_i \gg A_c$(常出现这种情形)，则式(3.91)中的最后一项与第一项相比，可以忽略。于是，可以将包络检波器的输出近似地表示如下：

$$y_D(t) \cong A_c \cos(2\pi f_i t) + A_m \cos(2\pi f_m t)\cos(2\pi f_i t) \tag{3.92}$$

这里给出如下几点说明。在包络检波器中，将频率值最高的分量当作载波处理。如果 $A_c \gg A_i$，则有效的解调载波含有频率 f_c；但是，如果 $A_i \gg A_c$，则有效的载波频率变为干扰频率 $f_c + f_i$。

在 $A_c \gg A_i$、$A_c \ll A_i$ 这两种情况下，图 3.24 示出了包络检波器输出端的频谱。当 $A_c \gg A_i$ 时，干扰

频率为正弦分量(体现为包络检波器输出端的频率 f_i)。这表明：当 $A_c \gg A_i$ 时，包络检波器起到了线性解调器的作用。由式(3.92)、图 3.24(b)可知，当 $A_c \ll A_i$ 时，情况完全不同。可以看出，这时频率为 f_m 的正弦消息信号调制的是干扰频率。包络检波器的输出频谱容易让人联想到 AM 信号的频谱(AM 信号载波频率为 f_i，边带分量位于 $f_i + f_m$、$f_i - f_m$ 处)。实际上消息信号已经不存在了。把所需信号的这种性能降级称为门限效应，这是包络检波器的非线性特性起作用之后得到的结果。本书第 8 章介绍噪声在模拟系统中的影响效果时，会给出门限效应的分析。

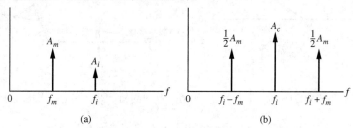

图 3.24　包络检波器的输出频谱。(a) $A_c \gg A_i$；(b) $A_c \ll A_i$

3.7　脉冲幅度调制

由 2.8 节的介绍可知，可以用一串离散的样值表示带宽有限的连续信号，而且，当误差忽略不计时，如果采样率足够高，则可以恢复原连续信号。对采样信号进行分析引出了脉冲调制的主题。脉冲调制可能是模拟调制，也就是说，脉冲的某一属性随采样值的变化连续地发生变化(脉冲的某一属性与采样值之间呈一一对应)；脉冲调制也可能是数字调制，也就是说，脉冲的某一属性从一组准许的值中取某个值。这一节介绍脉冲幅度调制(Pulse Amplitude Modulation，PAM)。下一节介绍数字脉冲调制的几个例子。

如上所述，当脉冲的某一属性与采样值之间呈一一对应时，就实现了模拟脉冲调制。脉冲容易改变的 3 个属性是：①幅度；②宽度；③位置。与这 3 个属性对应的调制方式分别如下：①脉冲幅度调制(Pulse Amplitude Modulation，PAM)；②脉冲宽度调制(Pulse Width Modulation，PWM)；③脉冲位置调制(Pulse Position Modulation，PPM)，如图 3.25 所示。这一章只分析脉冲幅度调制。脉冲宽度调制与脉冲位置调制都具有角度调制的特性，见下一章的分析。

PAM 信号由一串表示样值的平顶脉冲组成。每个脉冲的幅度值等于消息信号 $m(t)$ 脉冲前沿的值。脉冲幅度调制与前一章介绍的采样处理之间的本质区别是：在脉冲幅度调制中，采样脉冲的宽度为限定的宽度值。当脉冲序列样值通过图 3.26 所示的保持电路时，可以由脉冲序列采样函数产生宽度值为限定值的脉冲。理想情况下，保持电路的冲激响应如下：

$$h(t) = \Pi \left(\frac{t - \frac{1}{2}\tau}{\tau} \right) \tag{3.93}$$

保持电路把如下关系式表示的脉冲函数样值序列转换为式(3.95)表示的脉冲幅度调制波形(如图 3.26 所示)：

$$m_\delta(t) = m(nT_s)\delta(t - nT_s) \tag{3.94}$$

$$m_c(t) = m(nT_s) \Pi \left(\frac{(t - nT_s) + \frac{1}{2}\tau}{\tau} \right) \tag{3.95}$$

保持电路的传输函数如下：

$$H(f) = \tau \mathrm{sinc}\,\tau\ \mathrm{sinc}(ft)\mathrm{e}^{-j\pi f\tau}(f\tau)\mathrm{e}^{-j\pi f\tau} \tag{3.96}$$

在消息信号 $m(t)$ 的带宽范围内，由于保持电路的幅度响应并不是常数，因此出现了幅度失真。如果脉冲的宽度值 τ 不是很小，就会产生明显的幅度失真。恢复 $m(t)$ 之前，在 $m(t)$ 的带宽范围内，让样值序列通过幅度响应等于 $1/|H(f)|$ 的滤波器，即可消除幅度失真。把这一处理过程称为均衡，见本书后面给出的详细分析。由于保持电路的相位响应呈线性，因此，对系统产生的影响是：信号产生了时延(通常可忽略不计)。

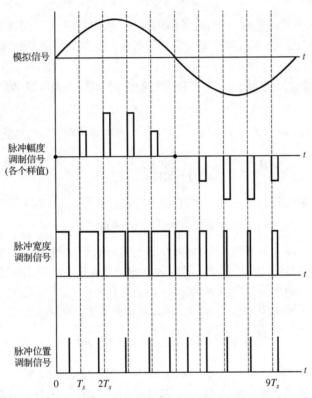

图 3.25　脉冲幅度调制信号、脉冲宽度调制信号、脉冲位置调制信号的图示

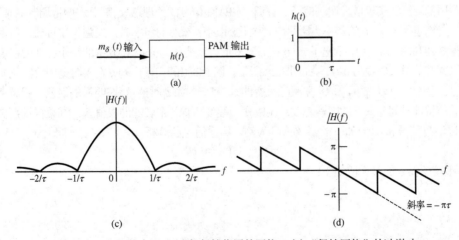

图 3.26　PAM 的实现。(a)起保持作用的网络；(b)"保持网络"的冲激响应；(c)"保持网络"的幅度响应；(d)"保持网络"的相位响应

3.8　数字脉冲调制

下面简要地分析两种类型的数字脉冲调制：增量调制(Delta Modulation，DM)与脉冲编码调制(Pulse Code Modulation，PCM)。

3.8.1　增量调制

增量调制是这样一种调制技术：把消息序列编码为一串二进制符号；用调制器输出脉冲函数的极性表示二进制符号。调制器与解调器的实现电路相当简单。这一特性使得增量调制技术很有吸引力，因而出现在许多应用中。

图 3.27(a)示出了增量调制器的方框图。在该电路中，把脉冲调制器部分的输入表示如下：

$$d(t) = m(t) - m_s(t) \tag{3.97}$$

式中，$m(t)$ 表示消息信号；$m_s(t)$ 表示参考信号；对 $d(t)$ 进行限幅处理之后再与脉冲发生器的输出相乘。于是可得

$$x_c(t) = \Delta(t)\,\delta(t - nT_s) \tag{3.98}$$

式中，$\Delta(t)$ 表示进行限幅处理之后的 $d(t)$。可以将上式表示如下：

$$x_c(t) = \Delta(nT_s)\,\delta(t - nT_s) \tag{3.99}$$

因此，增量调制器的输出是一串脉冲，每个脉冲的极性为正或者为负(至于具体取正或者负，与 $d(t)$ 在各个采样时刻的正、负极性有关)。当然，在实际应用中，脉冲发生器的输出并不是一串冲激函数，而是一串相当窄的脉冲(相对于脉冲的周期而言)。为了便于数学上的简化分析，这里假定采用的是冲激函数。对 $x_c(t)$ 积分之后得到参考信号 $m_s(t)$。由此得到与消息信号 $m(t)$ 近似的呈阶梯形状的 $m_s(t)$：

$$m_s(t) = \Delta(nT_s)\int^t \delta(\alpha - nT_s)\,\mathrm{d}\alpha \tag{3.100}$$

图 3.27(b)示出了与 $m(t)$ 对应的 $m_s(t)$ 信号。发送的信号 $x_c(t)$ 如图 3.27(c)所示。

对 $x_c(t)$ 积分后完成增量调制的解调过程，于是得到阶梯近似信号 $m_s(t)$。在对该信号进行低通滤波时，可以去掉 $m_s(t)$ 中的离散跳变点。由于低通滤波器与积分器近似，因此，往往将解调器中的积分器去掉，而只利用低通滤波实现增量调制信号的解调(与 PAM 信号的处理过程相同)。增量调制的难点在于：斜率过载。当消息信号 $m(t)$ 的斜率大于呈阶梯变化的 $m_s(t)$ 跟踪的斜率时，发生斜率过载。斜率过载的效果图如图 3.28(a)所示。图中示出了 $m(t)$ 在 t_0 时刻的阶跃变化。假定 $x_c(t)$ 中的每个脉冲的权值为 δ_0，那么，可以跟踪的最大斜率为 δ_0/T_s，如图 3.28 所示。图 3.28(b)示出了 $m(t)$ 在 t_0 时刻因阶跃跳变所产生的误差信号。从图中可以看出，$m(t)$ 在跟踪跳变的某些时刻(如 t_0 时刻)存在明显的误差。因斜率过载所导致的误差的持续时间与如下的因素有关：①跳变的幅度；②各个脉冲的权值 δ_0；③采样周期 T_s。

这里以消息信号 $m(t)$ 为如下的正弦信号为例，给出简单的分析：

$$m(t) = A\sin(2\pi f_1 t) \tag{3.101}$$

$m_s(t)$ 可以跟踪的斜率的最大值如下：

$$S_m = \frac{\delta_0}{T_s} \tag{3.102}$$

$m(t)$ 的导数为

$$\frac{\mathrm{d}}{\mathrm{d}t}m(t) = 2\pi A f_1 \cos(2\pi f_1 t) \tag{3.103}$$

根据上面的分析可知，如果满足如下的条件，则不存在斜率过载：

$$\frac{\delta_0}{T_s} \geq 2\pi A f_1 \tag{3.104}$$

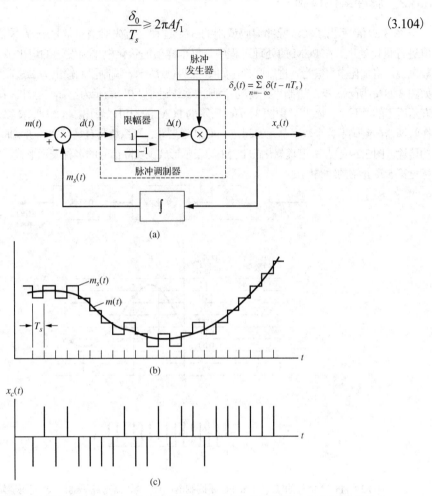

图 3.27　增量调制。(a) 增量调制器；(b) 调制后所得的波形以及阶梯形近似；(c) 调制器的输出

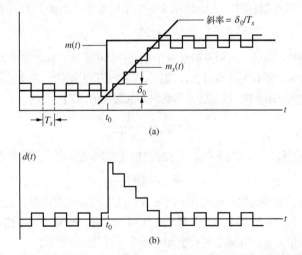

图 3.28　斜率过载的图示。(a) 当 $m(t)$ 呈阶梯变化时，$m(t)$ 与 $m_s(t)$ 的图示；(b) 当 $m(t)$ 中出现阶跃跳变时，$m(t)$ 与 $m_s(t)$ 之间的误差

3.8.2　脉冲编码调制

图 3.29(a) 示出了实现脉冲编码调制的 3 个过程。首先对消息信号 $m(t)$ 采样，接着对所得到的样值进行量化处理。在 PCM 的处理过程中，每个样值的量化电平为发送的电平值(而并不是采样值)。一般来说，将量化电平编为二进制序列，如图 3.29(b) 所示。调制器的输出为二进制序列的脉冲表示形式，如图 3.29(c) 所示。把二进制"1"表示为脉冲、二进制"0"表示为不存在脉冲。在图 3.29(c) 中，用虚线表示所指的"不存在脉冲"。由图 3.29(c) 所示的 PCM 波形可以看出，PCM 要求系统保持同步，其目的是：在解调器一侧确定各个数字单元的起点。PCM 还要求：当系统具有足够宽的带宽时，才能够支持窄带脉冲的传输。图 3.29(c) 是高度理想化的 PCM 的表示形式。实际信号的多种表示形式、每种实际信号的带宽指标见第 5 章介绍的线路码。

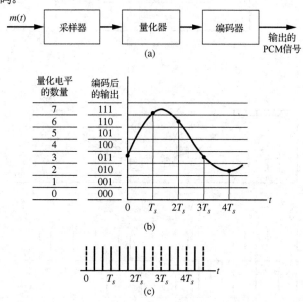

图 3.29　PCM 信号的产生。(a) PCM 调制器；(b) 量化器与编码器；(c) 编码器输出的表示方式

在分析 PCM 系统的带宽指标时，假定采用了 q 个量化电平，则如下的关系式成立：

$$q = 2^n \tag{3.105}$$

式中，码字的长度 n 为整数。因此，对消息信号 $m(t)$ 的每个样值而言，每次必须发送 $n = \log_2 q$ 个二进制脉冲。如果信号的带宽为 W，并且采样率为 $2W$，那么，每秒必须发送的二进制脉冲的数量为 $2nW$。因此，每个二进制脉冲的最大宽度(即每个二进制脉冲持续时间的最大值)等于

$$(\Delta\tau)_{\max} = \frac{1}{2nW} \tag{3.106}$$

根据第 2 章的结论：传输脉冲时所需的带宽与脉冲的持续时间成反比，于是得到

$$B = 2knW \tag{3.107}$$

式中，B 表示 PCM 系统所需的带宽；k 表示比例常数。这里需要注意的是，已设定了如下两个指标：①最低的采样率；②发送脉冲时所需的最低带宽。式(3.107)表明，PCM 信号的带宽与如下两个指标的乘积成正比：①消息信号的带宽 W；②码字的长度 n(即每个采样值的比特数)。

如果量化误差为系统误差的主要原因，那么可以得出结论：当误差指标的值较小时，则要求码字的长度较大，由此产生了较大的传输带宽。因此，在 PCM 系统中，量化误差可以与传输带宽互换。

由后面的分析可以看出：对工作在噪声环境下的许多非线性系统而言，这一特性很普遍。不过，在分析噪声的影响之前，需要先了解一下概率论与随机过程的知识。在理解了这一领域的知识之后，通常可以准确地设计出工作在非线性环境下的实用通信系统。

3.8.3 时分复用

对图 3.30(a) 进行分析，可以很好地理解时分复用(Time Division Multiplexing，TDM)。假定已按照奈奎斯特采样率(或者更高的速率)对数据源进行了采样。接着，在交织各个样值信号之后得到如图 3.30(b) 所示的信号。在信道的输出端，由图中所示的第 2 个转换器完成基带信号的分路。很明显，这种系统能否正常运行取决于两个转换器之间能否准确地同步。

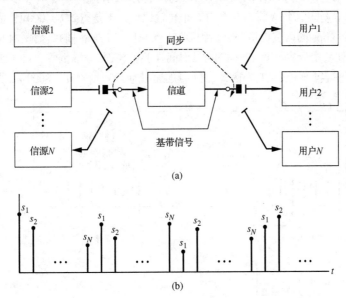

图 3.30 时分复用。(a)时分复用系统；(b)基带信号

如果所有的消息信号都具有相同的带宽，则按顺序传输各个样值，如图 3.30(b) 所示。如果采样后的信号具有不同的带宽，那么，每单位时间内，必须在宽带信道上传输多个样值信号。如果各个带宽之间为谐波关系，那么，很容易做到这一点。例如，假定 TDM 系统共有 4 个数据信道，还假定第 1 个数据源 $s_1(t)$ 与第 2 个数据源 $s_2(t)$ 的带宽为 W 赫兹、第 3 个数据源 $s_3(t)$ 的带宽为 $2W$ 赫兹、第 4 个数据源 $s_4(t)$ 的带宽为 $4W$ 赫兹。容易证明，所得到的基带样值序列为周期性序列，可以将一个周期内的信号表示为 $\cdots s_1 s_4 s_3 s_4 s_2 s_4 s_3 s_4 \cdots$。

根据采样定理很容易求出 TDM 基带传输系统的最低带宽值。假定按照奈奎斯特速率进行采样，那么，在每 T 秒的时间范围内，在第 i 个信道上传输的样值数为 $2W_iT$，其中，W 表示第 i 个信道的带宽。因此，在每 T 秒的时间范围内，基带信道上的样值总数如下：

$$n_s = \sum_{i=1}^{N} 2W_iT \tag{3.108}$$

假定基带信号为带宽等于 B 的低通信号，则所需的采样率为 $2B$。在每 T 秒的时间范围内，共有 $2BT$ 个样值。于是可得

$$n_s = 2BT = \sum_{i=1}^{N} 2W_iT \tag{3.109}$$

或者得到

$$B = \sum_{i=1}^{N} W_i \tag{3.110}$$

上式表示的值与得出的 FDM 所需的最低带宽值相同。

3.8.4   实例: 数字电话系统

这里以许多电话系统常用的数字 TDM 系统为例, 给出复用方案的分析。图 3.31(a)示出了采样的信号设计。以 8000 样值/秒的采样率对语音信号采样, 然后将每个样值量化和编码为 7 比特的二进制数字信息。将另一个二进制比特(即信令比特)加入到样值的 7 比特基本信息中。信令比特的功能包括: 建立通信和用于同步。因此, 每个样值共含有 8 个传输比特, 于是得到 64 000 比特/秒(64 kbps)的传输比特率。将 24 个 64 kbps 的语音信道组合后得到 T1 帧载体。T1 信息帧共含有 24 × 8 + 1 = 193 比特。其中, 额外加入的 1 比特用于帧同步。一帧的持续时间等于基本采样率的倒数(即 0.125 ms)。由于帧速率为 8000 帧/秒, 以及每帧包含 193 比特, 因此, T1 帧的速率为 193 比特/帧 × 8000 帧/秒 = 1.544 Mbps。

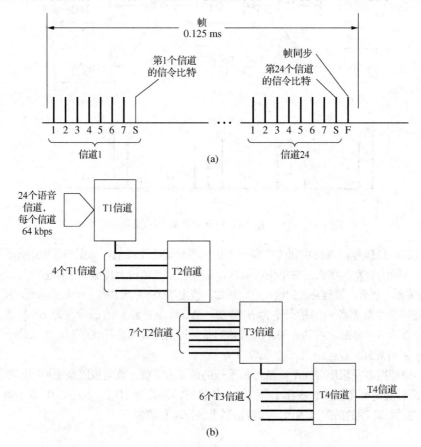

图 3.31   数字电话的数字复用方案。(a)T1 帧的结构; (b)数字复用

正如图 3.31(b)所示出的, 将 4 个 T1 信息帧复用后得到 T2 信息帧, T2 信息帧中含有 96 个语音信道。将 4 个 T2 信息帧复用后得到 T3 信息帧; 将 7 个 T3 信息帧复用后得到 T4 信息帧。T4 信道中包含 4032 个语音信道(其中包括信令比特与组帧比特), 其比特率为 274.176 Mbps。常将大量的 T1 链路用于短距离传输。T4 信道与 T5 信道则用于远距离传输。

补充书目

在查找调制理论基本分析的文献时，读者可以查阅到与本章处于同一技术等级的大量文献。其中比较典型的文献有：Carlson and Crilly (2009)、Haykin and Moher (2009)、Lathi and Ding (2009) and Couch (2013)。

本章内容小结

1. 调制指的是这样一个处理过程：承载信息的信号(通常称为消息)的变化与载波的一个参数的变化呈一一对应。为了实现有效的传输、信道分配以及复用，可以采用几种调制技术。

2. 如果载波是连续信号，就把对应的调制方式称为连续波调制。如果载波为脉冲序列，就把对应的调制方式称为脉冲调制。

3. 共有两种类型的连续波调制：线性调制与角度调制。

4. 通常将已调载波表示如下：

$$x_c(t) = A(t)\cos[2\pi f_c t + \phi(t)]$$

如果 $A(t)$ 与消息信号成正比，那么，对应的调制技术为线性调制。如果 $\phi(t)$ 与消息信号成正比，那么，对应的调制技术为相位调制(简称调相)。如果 $\phi(t)$ 对时间求导后所得的结果与消息信号成正比，那么，所对应的调制技术为频率调制(简称调频)。调频与调相是角度调制的两个实例。角度调制为非线性处理过程。

5. 线性调制技术的最简单实例是双边带调制。用简单的乘积器件可以实现双边带调制，对双边带调制信号解调时，必须采用相干解调。其中，相干解调的含义是：在接收端对收到的信号解调时，本地参考信号的频率、相位与发送端载波的频率、相位相同。

6. 将载波分量加到双边带信号中之后就产生了常规调幅信号。在常规调幅系统中，由于可以利用简单的包络检波法实现简单、价廉的接收机，因此，这种调制技术很实用。

7. 将调制处理的效率定义为传输信息中所含的功率与总功率之比(用百分数表示)。对常规调幅信号而言，调制效率如下：

$$E = \frac{a^2 \langle m_n^2(t) \rangle}{1 + a^2 \langle m_n^2(t) \rangle} \times 100\%$$

式中，参数 a 表示调制指数；$m_n(t)$ 表示 $m(t)$ 的归一化值，因此，负的峰值为单位值(即 -1)。如果采用包络解调，则调制指数小于 1。

8. 在检测 AM 信号的调制指数时，调制梯形用简单的方式实现了这种技术。该技术还能够直观地表示出调制器与发射机的线性特性。

9. 仅发送双边带信号的一个边带时即可得到单边带信号。对双边带信号滤波或者利用移相器都可以得到单边带信号。可以将单边带信号表示如下：

$$x_c(t) = \frac{1}{2}A_c(t)m(t)\cos(2\pi f_c t) \pm \frac{1}{2}A_c(t)\hat{m}(t)\sin(2\pi f_c t)$$

式中，极性符号为加号时对应下边带信号；极性符号为减号时对应上边带信号。可以利用相干解调法或者重新插入载波法实现单边带信号的解调。

10. 当一个边带完整、另一个边带只有残留部分时，得到了残留边带信号。与单边带调制相比，实现残留边带调制较容易。在恢复消息信号时，可以采用相干解调技术或者重新插入载波技术。

11. 载波与信号相乘，再经滤波处理后即可实现频率变换。把实现这一功能的系统称为混频器。

12. 混频的思想用于许多方面，包括超外差式接收机的实现。混频时会产生镜像频率，如果不滤除镜像频率，那么这些镜像频率会对信号产生干扰。

13. 干扰(即不期望的信号分量)的存在会对解调产生影响。当解调器的输入端存在干扰时，会在解调器的输出端产生不期望的分量。如果干扰很强，而且解调器呈非线性，则存在判决门限。门限效应会大大地损耗信号分量。

14. 在每个采样时刻，当载波脉冲的每个幅度值与消息信号的值成正比时，就实现了脉冲幅度调制。从本质上来说，脉冲幅度调制指的是采样、保持的处理过程。当 PAM 信号经过低通滤波器处理之后，就完成了 PAM 信号的解调。

15. 在传输之前对消息信号的样值进行量化与编码处理之后，就实现了数字脉冲调制。

16. 增量调制是一种很容易实现的数字脉冲调制的形式。增量调制时，把消息信号编为二进制符号序列。二进制符号表示的是调制器输出端的脉冲函数的极性。利用积分器完成理想情况下的解调，但在通常情况下，用简单的低通滤波处理取代积分运算时，也可以达到令人满意的效果。

17. 脉冲编码调制指的是：对消息信号采样、量化后，将每一个量化值编为一串二进制符号。脉冲编码调制与增量调制不同，具体地说，脉冲编码调制传输的是量化后的值，而增量调制传输的是消息信号的一个样值与下一个样值之间的极性变化值。

18. 复用方案指的是：两个或者多个消息信号在一个系统中同时传输。

19. 频分复用指的是：利用调制技术将消息信号的频谱变换到频谱轴上互不重叠的位置后，这些信号可以同时传输。于是，可以利用任一种载波调制法传输基带信号。

20. 正交多路复用指的是：利用具有正交载波的线性调制技术，将两路信号在同样的频带上传输。利用相互正交的解调载波，即可实现这种传输信号的相干解调。当解调的信号出现严重的失真时，解调载波中会出现相位误差。这种失真包括如下两种可能：①所需输出信号的时变衰减；②正交信道的干扰。

21. 时分复用指的是：利用转换器将两个或者多个数据源的样值交织之后构成基带信号。分路时需要利用第二个转换器，而且复用系统中的第二个转换器必须与第一个转换器保持同步。

疑难问题

3.1 DSB 系统的消息信号为

$$m(t) = 3\cos(40\pi t) + 7\sin(64\pi t)$$

如果调制之前的载波为

$$c(t) = 40\cos(2000\pi t)$$

求出上边带分量的各个频率、下边带分量的各个频率、总的发送功率。

3.2 利用与第 3.1 题中相同的消息信号、相同的未调载波，而且假定采用常规调幅技术，求出调制指数与调制效率。

3.3 已知常规调幅系统的 $A_c = 100$、$a = 0.8$。绘出并且完整地标出调制梯形范围的大小。

3.4 当常规调幅系统的 $a > 1$ 时，绘出并且完整地标出调制梯形范围的大小。要求用 A、B 表示出调制指数。

3.5 如果假定解调载波为 $2\cos[2\pi f_c t + \theta(t)]$，其中，$\theta(t)$ 表示解调时的相位误差。证明：可以用相干解调方式解调常规调幅信号。

3.6 已知消息信号为

$$m(t) = 3\cos(40\pi t) + 7\sin(64\pi t)$$

而且 $A_c = 20$ V、$f_c = 300$ Hz。分别求出 SSB 上边带信号的表达式、SSB 下边带信号的表达式。在表示上、下边带信号时，要求标出各个发送分量的幅度、频率。

3.7 式(3.63)给出了以 $f = f_c$ 为中心的 VSB 信号分量的幅度与相位。求出以 $f = -f_c$ 为中心的 VSB 信号分量的幅度与相位。根据这些值证明：VSB 信号为实信号。

3.8 常规调幅收音机采用的标准中频频率为 455 kHz，调谐后收到载频位于 1020 kHz 的信号。根据"本振下注入式调谐"和"本振上注入式调谐"两种情形，求出本地振荡器的频率。并求出每种情形对应的镜像频率。

3.9 常规调幅接收机的输入包括已调载波项、干扰项。假定 $A_i = 100\,\text{V}$, $A_m = 0.2\,\text{V}$, $A_c = 1\,\text{V}$, $f_m = 10\,\text{Hz}$, $f_c = 300\,\text{V}$, $f_i = 320\,\text{V}$。根据包络检波器输出端的各个幅度分量、频率分量，求出包络检波器输出的近似值。

3.10 对模拟信号以 5 kHz 的速率采样时，产生了 PAM 信号。所产生的 PAM 脉冲的占空比为 5%。如果已知式(3.92)中的 τ 值，求出保持电路的传输函数。并求出均衡滤波器的传输函数。

3.11 重新表示式(3.100)后可以得到 δ_0 / A 与 $T_s f_1$ 之间的关系。对如下的消息信号以 1000 Hz 的速率采样后得到增量调制信号：

$$m(t) = A\cos(40\pi t)$$

为了预防斜率过载，问 δ_0 / A 的最小值是多少？

3.12 TDM 信号由 4 路带宽分别为 1000 Hz、2000 Hz、4000 Hz、6000 Hz 的信号构成。TDM 合成信号的总带宽是多少？对 TDM 信号采样时，最低采样率是多少？

习题

3.1 节习题

3.1 假定用解调载波 $2\cos[2\pi f_c t + \theta(t)]$ 解调如下的双边带信号：

$$x_c(t) = A_c m(t) \cos(2\pi f_c t + \phi_0)$$

通常情况下，解调器的输出 $y_D(t)$ 是多少？设 $A_c = 1$、$\theta(t) = \theta_0$，其中，θ_0 为常数。$m(t)$ 与解调器输出之间的均方误差随 ϕ_0、θ_0 的变化而变化，问该均方误差值是多少？如果关系式 $\theta_0 = 2\pi f_0 t$ 成立，要求计算出 $m(t)$ 与解调器输出之间的均方误差值。

3.2 已知消息信号与载波分别表示如下：

$$m(t) = \sum_{k=1}^{5} \frac{10}{k} \sin(2\pi k f_m t)$$

$$c(t) = 100\cos(200\pi t)$$

要求将发送信号表示成傅里叶级数的形式，并且求出发送信号的功率。

3.2 节习题

3.3 用全波整流器(而不是半波整流器)设计包络检波器时，其特性如图 3.3 所示。根据半波整流器的输出波形，绘出全波整流器的输出波形。问全波整流器有哪些优点？

3.4 图 3.32 示出了周期为 T 的 3 种消息信号。利用 AM 调制器调制这 3 种信号中的每一种。当 a 分别等于 0.2、0.3、0.4、0.7、1 时，求出每一种消息信号的调制效率。

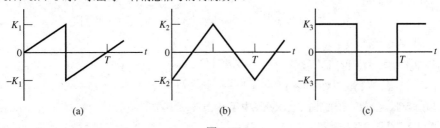

图 3.32

3.5 图 3.33 示出了 AM 调制器输出包络中大于零的部分。已知消息信号的直流分量为零。求出调制指数、载波功率、调制效率、边带的功率。

3.6 已知消息信号为方波，其最大值与最小值分别为 8 V、– 8 V。当调制指数 $a = 0.7$、载波幅度 $A_c = 100$ V 时，求出边带功率与调制效率。绘出调制梯形的简图。

3.7 这一题分析的是，当消息信号具有不对称的最大值与最小值时 AM 调制的效率问题。图 3.34 示出了两种消息信号。两种消息信号都是周期信号(周期都等于 T)，而且所选的 τ 值确保消息信号的直流分量为零。当 a 分别取值 0.7、1 时，计算出每一种消息信号 $m(t)$ 的调制效率。

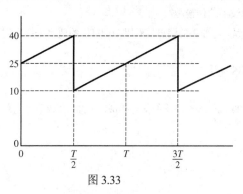

图 3.33

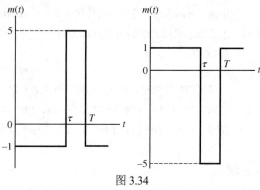

图 3.34

3.8 用 AM 调制器对如下的消息信号进行调制：

$$m(t) = 9\cos(20\pi t) - 8\cos(60\pi t)$$

已知调制之前的载波为 $110\cos(200\pi t)$，而且调制系统的调制指数为 0.8。

(a) 求出归一化信号 $m_n(t)$ 的表达式，已知归一化信号的最小值为 – 1。

(b) 求出 $m_n(t)$ 的功率 $\langle m_n^2(t) \rangle$。

(c) 求出调制器的效率。

(d) 在给定加权值和所有分量的频率的条件下，绘出 $x_c(t)$ 的双边带谱、调制器的输出。

3.9 当习题 3.8 中的消息信号为如下的表达式时，重新求解上述的各个问题：

$$m(t) = 9\cos(20\pi t) + 8\cos(60\pi t)$$

3.10 已知 AM 调制器的输出 $x_c(t)$ 如下，求调制指数与调制效率：

$$x_c(t) = 40\cos[2\pi(200t)] + 5\cos[2\pi(180t)] + 5\cos[2\pi(220t)]$$

3.11 已知 AM 调制器的输出 $x_c(t)$ 如下：

$$x_c(t) = A\cos[2\pi(200t)] + B\cos[2\pi(180t)] + B\cos[2\pi(220t)]$$

载波的功率为 P_0、调制效率为 E_{ff}。根据已知的 A、B、P_0 值，推导出 E_{ff} 的表达式。如果 $P_0 = 200$ W、$E_{ff} = 30\%$，求 A、B 以及调制指数的值。

3.12 已知 AM 调制器的输出 $x_c(t)$ 如下：

$$x_c(t) = 25\cos[2\pi(150t)] + 5\cos[2\pi(160t)] + 5\cos[2\pi(140t)]$$

求出调制指数与调制效率。

3.13 已知 AM 调制器工作时的调制指数为 0.8，调制信号如下：

$$m(t) = 2\cos(2\pi f_m t) + \cos(4\pi f_m t) + 2\cos(10\pi f_m t)$$

(a) 绘出调制器输出频谱的简图，要求在图中示出全部冲激函数的权值。

(b) 调制处理过程的调制效率是多少？

3.14　这里分析图 3.35 所示的系统。假定 $m(t)$ 的平均值为零、$|m(t)|$ 的最大值为 M。而且假定平方率器件满足关系式 $y(t) = 4x(t) + 2x^2(t)$。

(a) 求 $y(t)$ 的表达式。

(b) 当消息信号为 $g(t)$ 时，求出产生 AM 信号的滤波器的特性。分析必要的滤波器类型以及所关注的频率。

(c) 问 M 为多大的值时，得到的调制指数为 0.1？

(d) 这种调制方法有哪些优点？

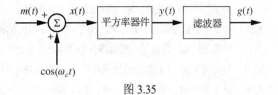

图 3.35

3.3 节习题

3.15　已知如下的消息信号

$$m(t) = 4\cos(2\pi f_m t) + \cos(4\pi f_m t)$$

调制后得到的信号为

$$x_c(t) = \frac{1}{2} A_c \hat{m}(t)\cos(2\pi f_c t) \pm \frac{1}{2} A_c \hat{m}(t)\sin(2\pi f_c t)$$

已知 $A_c = 10$。利用频谱的简图证明：SSB 上边带信号或者 SSB 下边带信号与上式中极性符号的选择有关。

3.16　根据图 3.10 的处理过程，给出产生 SSB 上边带信号的图解。求出上边带信号的滤波器特性的表达式。通过推导上边带 SSB 调制器的表达式，给出分析过程。

3.17　对 DSB 信号或者 AM 信号进行平方运算后，在二倍频率处得到频率分量。对单边带信号而言，问这一结论是否成立？要求证明你的结论。

3.4 节习题

3.18　利用解析表达式证明：可以将包络检波法中采用的重新插入载波技术用于 VSB 信号的解调。

3.19　图 3.36 示出了 VSB 信号的频谱。VSB 信号的幅度特性与相位特性与例 3.3 中的相同。证明：当采用相干解调时，解调器的输出为实信号。

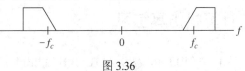

图 3.36

3.5 节习题

3.20　当 $f_{LO} = f_c - f_{IF}$ 时，按照图 3.20 的处理过程，绘出产生镜像频率的原理图。

3.21　在短波超外差式接收机中采用了混频器。将接收机设计成用于接收位于频率区间 10～30 MHz 的发送信号。采用的是本振上注入式调谐。求出中频频率以及本地振荡器调谐的频率范围。设计时要求尽量减小调谐的频率范围。

3.22　超外差式接收机使用的中频频率为 455 kHz。当发射机的载波频率为 1100 kHz 时，如果将接收机调谐到该频率处，试求出准许的本地振荡器的两个频率，以及与每个频率对应的镜像频率。如果中频频率为 2500 kHz，重新求解上面的问题。

3.6 节习题

3.23　对 DSB 信号进行平方运算后，产生了可用于解调的载波分量。（下一章分析实现这一功能的技术即锁相环技术。）在采用这一技术时，如果存在干扰，试推导出信号受到干扰之后的表达式。

3.7 节习题

3.24　对连续时间信号采样，然后将各个样值输入到保持电路。保持时间与采样频率的积为 τf_s。如果采样频率为常数，当 τ 的值很大时，问会出现什么问题？

3.8 节习题

3.25　把取值连续的数据信号进行量化处理之后在 PCM 系统中传输。在系统的接收端，如果已知每个数据样值的误差为满刻度峰峰值的±0.25%，问发送的每个数据字包含多少个二进制符号？假定消息信号为语音信号（带宽为 4 kHz）。估算出所得到的 PCM 信号的带宽（需要选定 k）。

3.26 增量调制系统的消息信号如下：

$$m(t) = 3\sin[2\pi(10)t] + 4\sin[2\pi(20)t]$$

为了预防斜率过载，求出所需的最低采样率，假定冲激信号的权值 δ_0 为 0.05π。

3.27 将 5 个带宽分别限于 W、W、$2W$、$4W$、$4W$ Hz 的消息信号时分复用。要求设计的变换器能够以最低的采样率周期性地采样每一路信号，然后将各个样值合理地交织。对 TDM 信号而言，问所需的传输带宽的最小值是多少？

3.28 假定将变换器工作的最低采样率加倍，重新求解上一题的问题。这样处理的优点与缺点分别有哪些？

3.29 将 5 个带宽分别限于 W、W、$2W$、$5W$、$7W$ Hz 的消息信号时分复用。如果要求采样频率最低，请给出你设计的采样方案。

3.30 在 FDM 通信系统中，已知发送的基带信号如下：

$$x(t) = m_1(t)\cos(2\pi f_1 t) + m_2(t)\cos(2\pi f_2 t)$$

在发射机的输出与接收机的输入之间的部分呈二阶非线性。因此，可以将收到的基带信号表示如下。

$$y(t) = a_1 x(t) + a_2 x^2(t)$$

假定两个消息信号 $m_1(t)$、$m_2(t)$ 的频谱如下：

$$M_1(f) = M_2(f) = \Pi\left(\frac{f}{W}\right)$$

绘出 $y(t)$ 的频谱简图。在解调收到的信号时，分析对应的难度。在许多 FDM 系统中，各个子载波频率 f_1、f_2 之间呈谐波关系。分析这样处理时所产生的问题。

计算机仿真练习

3.1 在例 3.1 中，利用 MATLAB 软件求出了 $m(t)$ 的最小值。编写例 3.1 求解过程的完整的 MATLAB 程序。利用 FFT 求出发送信号 $x_c(t)$ 的幅度谱与相位谱。

3.2 该仿真练习的目的是：体现 SSB 调制的特性。要求编写的计算机仿真程序能够产生 SSB 上边带信号与 SSB 下边带信号（采用 MATLAB 软件），运行程序时显示出这些时域信号及其幅度谱。假定消息信号如下：

$$m(t) = 2\cos(2\pi f_m t) + \cos(4\pi f_m t)$$

选择 f_m 与 f_c 值时，能够很容易校准时间轴与频率轴。画出 SSB 信号的包络，并且证明：SSB 上边带信号与 SSB 下边带信号的包络相同。用 FFT 算法求出 SSB 上边带信号的幅度谱、SSB 下边带信号的幅度谱。

3.3 利用前面的计算机仿真练习中频率为 f_m 的消息信号，证明：可以利用重新插入载波技术实现 SSB 信号的解调。在利用重新插入载波技术时，如果解调载波的幅度偏小，要求分析这时的效果。

3.4 该计算机仿真练习分析 VSB 调制的特性。利用编写的计算机仿真程序产生并且绘出 VSB 时域信号及相应的幅度频谱。利用编写的程序证明：可以利用重新插入载波技术实现 VSB 信号的解调。

3.5 用 MATLAB 程序完成增量调制的仿真。利用一组正弦信号产生一个信号，因此得出了信号的带宽。按合理的采样频率对信号采样（不存在斜率过载）。要求图示阶梯形的近似。接着降低采样率直至出现斜率过载。再一次图示这时的阶梯形近似。

3.6 用一组正弦信号作为采样频率，对消息信号进行采样之后得到 PAM 信号。实验中用到各个 τf_s 值。证明：经低通滤波处理后可以恢复消息信号。建议采用 3 阶巴特沃斯滤波器。

第4章 角度调制与复用

前一章介绍了模拟线性调制，本章分析角度调制。在产生角度调制信号时，已调载波的幅度保持不变，而载波的相位或者载波相位对时间的导数(也就是瞬时频率)随消息信号 $m(t)$ 的变化而变化。这两种情形对应的调制方式分别称为调相(Phase Modulation，PM)与调频(Frequency Modulation，FM)。

对角度调制信号解调时，最有效的技术是锁相环(Phase Locked Loop，PLL)。PLL 普遍用于现代通信系统中。模拟通信系统与后面介绍的数字通信系统都广泛采用了 PLL。鉴于 PLL 的重要地位，本章会着重分析 PLL。

此外，本章还介绍了与角度调制相关的脉冲调制技术——PWM 与 PPM。这样安排的目的是：尽管脉冲幅度调制是个例外，但脉冲调制的许多特性与角度调制的特性相同。

4.1 调相与调频的定义

这里从上一章用到的常规信号模型开始分析，即

$$x_c(t) = A_c \cos[2\pi f_c t + \phi(t)] \tag{4.1}$$

实现角度调制时，信号的幅度 $A(t)$ 为常数 A_c，系统利用相位传输消息信号 $m(t)$。将 $x_c(t)$ 的瞬时相位、瞬时频率(单位：赫兹)分别定义如下：

$$\theta_i(t) = 2\pi f_c t + \phi(t) \tag{4.2}$$

$$f_i(t) = \frac{1}{2\pi}\frac{\mathrm{d}\theta_i}{\mathrm{d}t} = f_c + \frac{1}{2\pi}\frac{\mathrm{d}\phi}{\mathrm{d}t} \tag{4.3}$$

分别把 $\phi(t)$、$\mathrm{d}\phi/\mathrm{d}t$ 称为相位偏移量(单位：弧度)、频率偏移量(单位：弧度/秒)。

相位调制指的是：载波的相位偏移量与消息信号 $m(t)$ 成正比。因此，调相时如下的关系式成立：

$$\phi(t) = k_p m(t) \tag{4.4}$$

式中，k_p 表示相位偏移常数。单位：弧度/$m(t)$ 的单位。同理，频率调制的含义是：载波的频率偏移量与调制信号 $m(t)$ 成正比。于是得到

$$\frac{\mathrm{d}\phi}{\mathrm{d}t} = k_f m(t) \tag{4.5}$$

可以将调频信号的相位偏移量表示如下：

$$\phi(t) = k_f \int_{t_0}^{t} m(\alpha)\mathrm{d}\alpha + \phi_0 \tag{4.6}$$

式中，ϕ_0 表示 $t = t_0$ 时的相位偏移量。由式(4.5)可以看出：k_f 表示频率偏移常数，单位：弧度/秒/$m(t)$ 的单位。由于以赫兹为单位表示频率时更方便些，因此给出如下的定义：

$$k_f = 2\pi k_d \tag{4.7}$$

式中，f_d 表示调制器的频率偏移常数，单位：赫兹/$m(t)$ 的单位。

根据这些定义，可以把调相器的输出、调频器的输出分别表示如下：

$$x_c(t) = A_c \cos[2\pi f_c t + k_p m(t)] \tag{4.8}$$

$$x_c(t) = A_c \cos\left[2\pi f_c t + 2\pi f_d \int^t m(\alpha)\mathrm{d}\alpha\right] \tag{4.9}$$

由于积分的下限需要满足式(4.6)的初始条件，因此，上式中，通常并没有给出积分的下限。

　　图 4.1 与图 4.2 分别示出了 PM 调制器与 FM 调制器的输出。如果消息信号为单位阶跃信号，那么，当 $t < t_0$ 时，PM 调制器的瞬时频率为 f_c。当 $t > t_0$ 时，在调制之前，载波的相位领先了 $k_p = \pi/2$，因此，在 $t = t_0$ 时刻，信号不连续。当 $t < t_0$ 时，FM 调制器的输出频率为 f_c；当 $t > t_0$ 时，FM 调制器的输出频率为 $f_c + f_d$。不过，在 $t = t_0$ 时刻，调制器的输出相位是连续的。

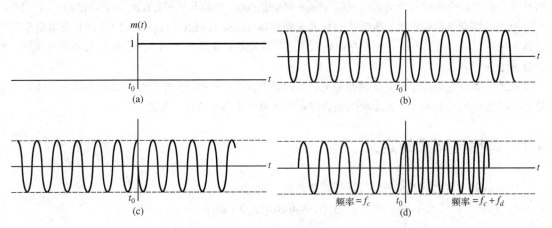

图 4.1　当输入信号为单位阶跃信号时，PM 调制器的输出与 FM 调制器输出的比较。(a) 消息信号 $m(t)$；(b) 未调载波；(c) 调相器的输出($k_p = \pi/2$)；(d) 调频器的输出

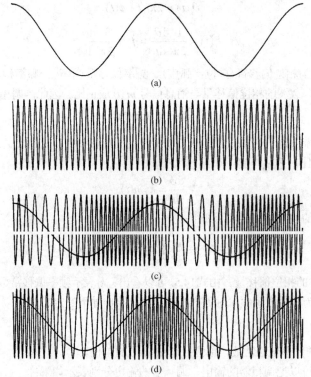

图 4.2　当消息信号 $m(t)$ 为正弦信号时的角度调制信号。(a) 消息信号 $m(t)$；(b) 未调载波；(c) 与消息信号 $m(t)$ 对应的调相器的输出；(d) 与消息信号 $m(t)$ 对应的调频器的输出

当消息信号为正弦信号时，PM 调制器输出端的相位偏移量与消息信号 $m(t)$ 成正比。频率偏移量与相位偏移量的导数成正比。因此，当消息信号 $m(t)$ 的斜率为最大值时，PM 调制器输出端的瞬时频率取得最大值；当消息信号 $m(t)$ 的斜率为最小值时，PM 调制器输出端的瞬时频率取得最小值。FM 调制器输出端的频率偏移量与消息信号 $m(t)$ 成正比。因此，当消息信号 $m(t)$ 取最大值时，FM 调制器输出端的瞬时频率取得最大值；当消息信号 $m(t)$ 取最小值时，FM 调制器输出端的瞬时频率取得最小值。值得注意的是，如果没有同时给出 $m(t)$、调制器的输出，那么，不可能分辨出究竟是 PM 调制器的输出还是 FM 调制器的输出。当 $m(t)$ 为正弦信号时，下面几小节专门针对这一问题给出大量的分析。

4.1.1　窄带角度调制

由于窄带角度调制与前一章介绍过的 AM 调制的关系很密切，因此，就从这一点展开角度调制的分析。首先，按照指数形式将已调的角度调制载波式(4.1)表示如下：

$$x_c(t) = \mathrm{Re}[A_c \mathrm{e}^{\mathrm{j}\phi(t)} \mathrm{e}^{\mathrm{j}2\pi f_c t}] \tag{4.10}$$

式中，$\mathrm{Re}(\cdot)$ 是指复数表示法的实部。把 $\mathrm{e}^{\mathrm{j}\phi(t)}$ 展开为幂级数之后，可以得到

$$x_c(t) = \mathrm{Re}\left\{ A_c \left[1 + \mathrm{j}\phi(t) - \frac{\phi^2(t)}{2!} - \cdots \right] \mathrm{e}^{\mathrm{j}2\pi f_c t} \right\} \tag{4.11}$$

如果相位偏移量的峰值很小，即，满足 $|\phi(t)|$ 的最大值远小于 1，那么，可以将已调载波近似地表示如下：

$$x_c(t) \cong \mathrm{Re}[A_c \mathrm{e}^{\mathrm{j}2\pi f_c t} + A_c \phi(t) \mathrm{j} \mathrm{e}^{\mathrm{j}2\pi f_c t}]$$

取上式的实部之后可以得到

$$x_c(t) \cong A_c \cos(2\pi f_c t) - A_c \phi(t) \sin(2\pi f_c t) \tag{4.12}$$

式(4.12)的表示形式让人联想到 AM 信号的表示形式。在上式表示的调制器的输出中，包含如下的两项，一项表示载波分量；一项表示的函数是：$m(t)$ 乘以相移 90° 之后的载波。由第一项得到载波分量。由第二项得到一对边带。因此，如果 $\phi(t)$ 的带宽为 W，则窄带角度调制器输出信号的带宽为 $2W$。AM 信号与角度调制信号之间的主要区别是：产生角度调制信号的边带时，将含有载波正交分量的消息信号 $\phi(t)$ 与载波分量相乘；AM 信号则不具备这一特性。在下面的例 4.1 中，会给出这一特性的图解。

根据图 4.3 所示的方法可以很容易地实现窄带角度调制。根据开关所处的位置，要么产生窄带 FM 信号、要么产生窄带 PM 信号。下面会分析到，在要求最终产生的调角信号不一定是窄带信号的情况下，窄带角度调制很有用处。这时需要经过称为"由窄带信号变换为宽度信号"的处理过程。

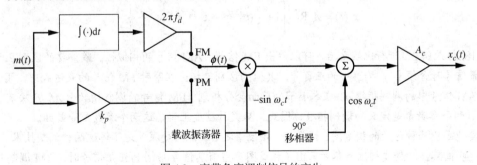

图 4.3　窄带角度调制信号的产生

例 4.1

这里分析的系统具有如下的消息信号 $m(t)$：

$$m(t) = A\cos(2\pi f_m t) \tag{4.13}$$

当 t_0、$\phi(t_0)$ 二者都等于零时，根据式(4.6)可以得到

$$\phi(t) = k_f \int_0^t A\cos(2\pi f_m \alpha)\mathrm{d}\alpha = \frac{Ak_f}{2\pi f_m}\sin(2\pi f_m t) = \frac{Af_d}{f_m}\sin(2\pi f_m t) \tag{4.14}$$

于是可得

$$x_c(t) = A_c \cos\left[2\pi f_c t + \frac{Ak_d}{f_m}\sin(2\pi f_m t)\right] \tag{4.15}$$

如果 $Af_d/f_m \ll 1$，则可以将调制器的输出近似地表示如下：

$$x_c(t) = A_c \left[\cos(2\pi f_c t) - \frac{Ak_d}{f_m}\sin(2\pi f_c t)\sin(2\pi f_m t)\right] \tag{4.16}$$

可以将上式进一步表示如下：

$$x_c(t) = A_c \cos(2\pi f_c t) + \frac{A_c}{2}\frac{Ak_d}{f_m}\{\cos[2\pi(f_c + f_m)t] - \cos[2\pi(f_c - f_m)t]\} \tag{4.17}$$

于是，可以将 $x_c(t)$ 表示如下：

$$x_c(t) = A_c \operatorname{Re}\left\{\left[1 + \frac{Ak_d}{2f_m}(\mathrm{e}^{\mathrm{j}2\pi f_m t} - \mathrm{e}^{-\mathrm{j}2\pi f_m t})\right]\mathrm{e}^{\mathrm{j}2\pi f_c t}\right\} \tag{4.18}$$

这里关注的是，将该结果与具有相同表示形式的 AM 信号进行比较。由于已假定消息信号为正弦信号，那么，可以将 AM 信号表示如下：

$$x_c(t) = A_c[1 + a\cos(2\pi f_m t)]\cos(2\pi f_c t) \tag{4.19}$$

式中，$a = Af_d/f_m$ 表示调制指数。将上式的两个余弦项合并并且按照积化和差处理后，可以得到

$$x_c(t) = A_c \cos(2\pi f_c t) + \frac{A_c a}{2}\{\cos[2\pi(f_c + f_m)t] + \cos[2\pi(f_c - f_m)t]\} \tag{4.20}$$

可以将上式表示为如下的指数形式：

$$x_c(t) = A_c \operatorname{Re}\left\{\left[1 + \frac{a}{2}(\mathrm{e}^{\mathrm{j}2\pi f_m t} + \mathrm{e}^{-\mathrm{j}2\pi f_m t})\right]\mathrm{e}^{\mathrm{j}2\pi f_c t}\right\} \tag{4.21}$$

将式(4.18)与式(4.21)进行比较之后，可以看出 FM 信号、AM 信号的相似性。最重要的区别在于：表示下边带信号时含频率 $(f_c - f_m)$ 项的正负号。其他的区别包括：在窄带 FM 信号的表达式中，用 Af_d/f_m 取代了 AM 信号中的调制指数 a。在本小节的后面会分析到：FM 信号的调制指数由 Af_d/f_m 决定。由于 Af_d/f_m、a 两个参数都是定义的调制指数，因此，从某种程度上说，这两个参数是等效的。

简要地画出两种信号的相量图、幅度谱、相位谱之后，能够更深入地了解这两种调制技术。图 4.4 示出了这些信息。以载波相位为参考画出了相量图。当消息信号 $m(t)$ 为正弦信号时，AM 调制与窄带角度调制之间的区别在于：在 AM 调制时，把 LSB 与 USB 产生的相量加到了载波中；但角度调制时，由 LSB 与 USB 产生的相量的相位与载波正交。由于 FM 信号的 LSB 分量为负值，因而产生了这一区别，从两种信号的相位谱也可以看出这一点。FM 信号与 AM 信号的幅度谱相同。

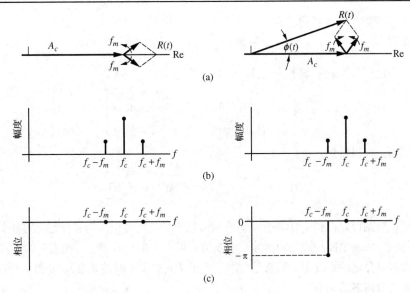

图 4.4　AM 信号与窄带角度调制信号的比较。(a) 两种调制技术的相量图；(b) 单边带幅度谱；(c) 单边带相位谱 ■

4.1.2　角度调制信号的频谱

通常很难推导出角度调制信号的频域表达式。然而，如果消息信号为正弦信号，则对 PM 与 FM 而言，已调载波的瞬时相位偏移量为正弦信号，而且可以很容易得到相应的频域表达式。这正是下面分析的内容。尽管这里的分析限于这一特例，但所得的结果相当透彻地表示出了角度调制信号的频域特性。在计算与正弦消息信号对应的角度调制信号的频域特性时，给出了如下的假设：

$$\phi(t) = \beta \sin(2\pi f_m t) \tag{4.22}$$

把上式中的 β 称为调制指数；而且，β 表示 PM（以及 FM）的相位偏移量的最大值。于是可以得到角度调制信号的表达式如下：

$$x_c(t) = A_c \cos[2\pi f_c t + \beta \sin(2\pi f_m t)] \tag{4.23}$$

把上式进一步表示如下：

$$x_c(t) = \text{Re}[A_c e^{j\beta \sin(2\pi f_m t)} e^{j2\pi f_c t}] \tag{4.24}$$

上式具有如下的表示形式：

$$x_c(t) = \text{Re}[\tilde{x}_c(t) e^{j2\pi f_c t}] \tag{4.25}$$

式中，$\tilde{x}_c(t)$ 表示已调载波信号的复包络：

$$\tilde{x}_c(t) = A_c e^{j\beta \sin(2\pi f_m t)} \tag{4.26}$$

复包络是周期信号（频率为 f_m）。因此，可以将复包络展开为傅里叶级数。将傅里叶级数的系数表示如下：

$$f_m \int_{-1/(2f_m)}^{1/(2f_m)} e^{j\beta \sin(2\pi f_m t)} e^{-j2\pi n f_m t} dt = \frac{1}{2\pi} \int_{-\pi}^{\pi} e^{-[jnx - \beta \sin(x)]} dx \tag{4.27}$$

不可能计算出上面积分的解析表达式。但经过大量的研究之后发现：可以用表表示该积分值。该积分为 n、β 的函数，把这种函数称为阶次为 n、自变量为 β 的第一类贝塞尔函数，表示为 $J_n(\beta)$。表 4.1 示出了 n、β 取几种值时的贝塞尔函数。随后会解释表中带下画线的几个值的重要性。

借助于贝塞尔函数，可以得到

$$e^{j\beta\sin(2\pi f_m t)} = J_n(\beta)e^{j2\pi nf_m t} \tag{4.28}$$

利用上式，可以将已调载波表示如下：

$$x_c(t) = \text{Re}\left[\left(A_c\sum_{n=-\infty}^{\infty}J_n(\beta)e^{j2\pi nf_m t}\right)e^{j2\pi f_c t}\right] \tag{4.29}$$

取上式的实部之后，可以得到

$$x_c(t) = A_c\sum_{n=-\infty}^{\infty}J_n(\beta)\cos[2\pi(f_c + nf_m)t] \tag{4.30}$$

由上式可知，通过检测可以得到 $x_c(t)$ 的频谱。在载波频率处存在分量，而且存在无穷多个边带分量，这些边带分量与载波频率之间相隔的距离等于调制信号频率 f_m 的整数倍。根据表中的贝塞尔函数值，可以求出每一个频谱分量的幅度值。通常这种表只给出了 n 大于零时的 $J_n(\beta)$。不过，根据 $J_n(\beta)$ 的定义，可以求出 n 为负值时的 $J_n(\beta)$，即

$$J_{-n}(\beta) = J_n(\beta)，\quad n \text{ 为偶数} \tag{4.31}$$

以及

$$J_{-n}(\beta) = -J_n(\beta)，\quad n \text{ 为奇数} \tag{4.32}$$

可以根据这些关系式绘出式(4.30)的频谱，如图 4.5 所示。为了简便起见，图中只绘出了频率大于零时的频谱。

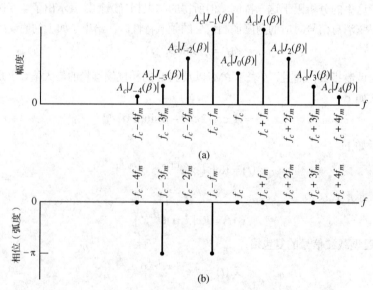

图 4.5　角度调制信号的频谱。(a) 单边幅度谱；(b) 单边相位谱

当 n 取各种值时，递推公式是表示各个 $J_n(\beta)$ 值之间关系的很实用的式子，即

$$J_{n+1}(\beta) = \frac{2n}{\beta}J_n(\beta) - J_{n-1}(\beta) \tag{4.33}$$

因此，根据 $J_n(\beta)$ 与 $J_{n-1}(\beta)$ 的信息，可以求出 $J_{n+1}(\beta)$ 的值。利用这种方法，根据 $J_0(\beta)$ 与 $J_1(\beta)$ 值，当 n 为任意值时，可以计算出贝塞尔函数表中的各个值，如表 4.1 所示。

表 4.1　所选贝塞尔函数的值

n	$\beta=0.05$	$\beta=0.1$	$\beta=0.2$	$\beta=0.3$	$\beta=0.5$	$\beta=0.7$	$\beta=1.0$	$\beta=2.0$	$\beta=3.0$	$\beta=5.0$	$\beta=7.0$	$\beta=8.0$	$\beta=10.0$
0	0.999	0.998	0.990	0.978	0.938	0.881	0.765	0.224	−0.260	−0.178	0.300	0.172	−0.246
1	0.025	0.050	0.100	0.148	0.242	0.329	0.440	0.577	0.339	−0.328	−0.005	0.235	0.043
2		0.001	0.005	0.011	0.031	0.059	0.115	0.353	0.486	0.047	−0.301	−0.113	0.255
3				0.001	0.003	0.007	0.020	0.129	0.309	0.365	−0.168	−0.291	0.058
4						0.001	0.002	0.034	0.132	0.391	0.158	−0.105	−0.220
5								0.007	0.043	0.261	0.348	0.186	−0.234
6								0.001	0.011	0.131	0.339	0.338	−0.014
7									0.003	0.053	0.234	0.321	0.217
8										0.018	0.128	0.223	0.318
9										0.006	0.059	0.126	0.292
10										0.001	0.024	0.061	0.207
11											0.008	0.026	0.123
12											0.003	0.010	0.063
13											0.001	0.003	0.029
14												0.001	0.012
15													0.005
16													0.002
17													0.001

　　当 $n=0$、1、2、4，并且当 $0 \leqslant \beta \leqslant 9$ 时，图 4.6 示出了傅里叶-贝塞尔系数 $J_n(\beta)$ 的特性。这里需要注意如下几点：①当 $\beta \ll 1$ 时，很明显，$J_0(\beta)$ 值起决定性作用，这时对应窄带角度调制；②当 β 增大时，$J_n(\beta)$ 处于振荡状态，但随着 β 的增大，$J_n(\beta)$ 振荡的幅度变小；③随着 n 的增大，$J_n(\beta)$ 的最大值变小。

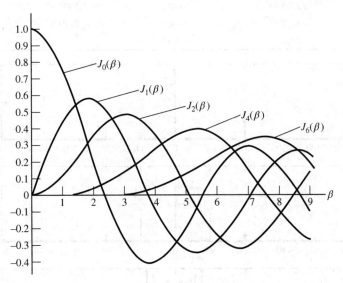

图 4.6　与自变量 β 对应的函数 $J_n(\beta)$

　　由图 4.6 还可以看出，在 β 的几个值处，$J_n(\beta)$ 等于零。把这几个 β 值表示为 β_{nk}，其中，$k=0$、1、2。所得的结果如表 4.2 所示。例如，当 β 取值为 2.404 8、5.520 1、8.653 7 时，$J_0(\beta)$ 等于零。当然，当 n 为任意值时，$J_n(\beta)$ 存在无穷个零点。为了与图 4.6 保持一致，表 4.2 中仅示出了区间 $0 \leqslant \beta \leqslant 9$ 的对

应值。由此得出结论, 当 β 取值为 2.404 8、5.520 1、8.653 7 时, 由于 $J_0(\beta)$ 等于零, 因此, 当调制指数等于这些值时, 在载波频率处, 调制器输出端的频谱不含频谱分量。把这些点称为载波零点。同理可得, 如果 $J_1(\beta)$ 等于零, 那么在频率 $f_c \pm f_m$ 处的分量等于零。满足这一条件时的调制指数为 0、3.831 7、7.015 6。显而易见的是, 当 $\beta = 0$ 时, $J_0(\beta)$ 不等于零。如果调制指数为零, 那么, 要么 $m(t)$ 等于零, 要么偏移常数 f_d 等于零。在任一种情况下, 调制器输出的都是未调载波, 也就是说, 在载波频率处存在频率分量。在计算调制器输出信号的频谱之前, 初始时给定的假定条件如下:

$$\phi(t) = \beta \sin(2\pi f_m t) \tag{4.34}$$

值得注意的是, 在推导由式(4.30)定义的角度调制信号的频谱时, 并没有指定是 FM 调制器还是 PM 调制器。当 $m(t) = A\sin(2\pi f_m t)$ 时, 式(4.34)定义的 $\phi(t)$ 可以用来表示 PM 调制器的相位偏移量, 对应的调制指数为 $\beta = k_p A$; 或者, 当 $m(t) = A\cos(2\pi f_m t)$ 时, 可以用式(4.34)定义的 $\phi(t)$ 表示 FM 调制器的相位偏移量, 对应的调制指数如下:

$$\beta = \frac{f_d A}{f_m} \tag{4.35}$$

式(4.35)表明, FM 的调制指数是调制信号 $m(t)$ 的频率的函数。对 PM 而言, 这一结论不成立。当 f_m 减小、而 $A f_d$ 保持不变时, 图 4.7 示出了 FM 信号的频域特性。当 f_m 很大时, 由于只有两个边带信号有效, 因此所得的信号为窄带 FM 信号。当 f_m 很小时, 许多边带的值有效。根据下面的计算机仿真实例可以绘出图 4.7。

表 4.2　当 $0 \leqslant \beta \leqslant 9$ 时 $J_n(\beta) = 0$ 对应的 β 值

n		β_{n0}	β_{n1}	β_{n2}
0	$J_0(\beta) = 0$	0.404 8	5.520 1	8.653 7
1	$J_1(\beta) = 0$	0.000 0	3.831 7	7.015 6
2	$J_2(\beta) = 0$	0.000 0	5.135 6	8.417 2
4	$J_4(\beta) = 0$	0.000 0	7.588 3	-
6	$J_6(\beta) = 0$	0.000 0	-	-

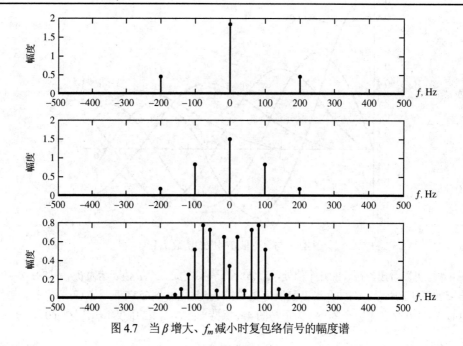

图 4.7　当 β 增大、f_m 减小时复包络信号的幅度谱

计算机仿真实例 4.1

在该计算机仿真实例中，求出式(4.26)的复包络信号的频谱。在下一个计算机仿真实例中，利用如下表示形式的实带通信号的复包络，根据复包络求出频谱的值，并且绘出双边带频谱：

$$x_c(t) = \frac{1}{2}\tilde{x}(t)\mathrm{e}^{\mathrm{j}2\pi f_c t} + \frac{1}{2}\tilde{x}^*(t)\mathrm{e}^{-\mathrm{j}2\pi f_c t} \tag{4.36}$$

需要再次强调的是，由复包络信号的信息与载波完全确定了带通信号。在这个实例中，根据调制指数的 3 个不同的值，求出了复包络信号的频谱。在求解频域表示时，利用了 FFT 的 MATLAB 程序如下：

```
%file c4ce1.m
fs = 1000;
delt = 1/fs;
t = 0 : delt :1 - delt;
npts = length(t);
fm = [200 100 20];
fd = 100;
for k = 1 : 3
    beta = fd/fm(k);
    cxce = exp(i*beta*sin(2*pi*fm(k)*t));
    as = (1/npts)*abs(fft(cxce));
    evenf = [as(fs/2:fs)as(1:fs/2-1)];
    fn = - fs/2 : fs/2 - 1;
    subplot(3, 1, k); stem(fn, 2*evenf, '.')
    ylabel('Amplitude')
end
%End of script file.
```

值得注意的是，改变正弦消息信号的频率 f_m 之后，可以改变设置的调制指数；峰值频偏保持 100 Hz 不变。由于 f_m 的取值为 200、100、20，因此相应的调制指数值分别等于 0.5、1、5。所对应的复包络信号的频谱与频率之间的关系如图 4.7 所示。　　　　　　　　　　　　　　　　　　■

计算机仿真实例 4.2

这里依据 FFT 算法分析 FM(或者 PM)信号的双边幅度谱的计算。由 MATLAB 代码可知，已假定调制指数等于 3。需要注意的是，将幅度谱划分为正频段、负频段的方式(见下面程序的第 9 行)。同学们可以验证：各个频谱分量落入各个正确的频率，而且所得的幅度与表 4.1 给出的贝塞尔函数值相同。运行 MATLAB 程序后所得的输出如图 4.8 所示。

```
%File: c4ce2.m
fs = 1000;                                %sampling frequency
delt = 1/fs;                              %sampling increment
t = 0 : delt : 1 - delt;                  %time vector
npts = length(t);                         %number of points
fn = (0:npts)-(fs/2);                     %frequency vector for plot
m = 3*cos(2*pi*25*t);                     %modulation
xc = sin(2*pi*200*t+m);                   %modulated carrier
asxc = (1/npts)*abs(fft(xc));             %amplitude spectrum
evenf = [asxc((npts/2):npts)asxc(1:npts/2)];   %even amplitude spectrum
stem(fn, evenf,'.');
```

```
xlabel('Frequency-Hz')
ylabel('Amplitude')
%End of script.file.
```

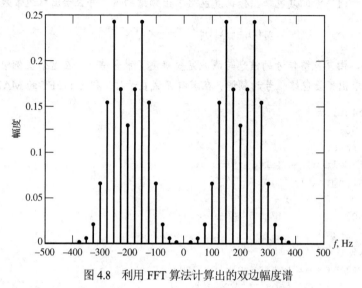

图 4.8　利用 FFT 算法计算出的双边幅度谱

4.1.3　角度调制信号中包含的功率

根据式(4.1)很容易计算出角度调制信号的功率。对式(4.1)平方并且取时间平均之后可以得到

$$\left\langle x_c^2(t) \right\rangle = A_c^2 \left\langle \cos^2[2\pi f_c t + \phi(t)] \right\rangle \tag{4.37}$$

将上式展开之后可以得到

$$\left\langle x_c^2(t) \right\rangle = \frac{1}{2} A_c^2 + \frac{1}{2} A_c^2 \left\langle \cos\{2[2\pi f_c t + \phi(t)]\} \right\rangle \tag{4.38}$$

当载波频率 f_c 很高时，在 $x_c(t)$ 的直流分量附近存在的频率分量可以忽略不计。忽略式(4.38)的第二项之后可以得到

$$\left\langle x_c^2(t) \right\rangle = \frac{1}{2} A_c^2 \tag{4.39}$$

因此，角度调制器的输出信号中所包含的功率与消息信号无关。例如，当 $x_c(t)$ 为正弦信号时，尽管频率发生了变化，但可以预计到式(4.39)表示的结果。角度调制技术与线性调制技术之间的重要区别是：发射功率是个与消息信号无关的常数。

4.1.4　角度调制信号的带宽

由于对载波进行角度调制时，产生了无穷多的边带分量，因此，严格地说，角度调制信号的带宽为无穷大。但是，从 $J_n(\beta)$ 的级数展开式(见"附录 F 之表 F.3：级数的展开式")可以看出，当 n 很大时，如下的关系式成立：

$$J_n(\beta) \approx \frac{\beta^n}{2^n n!} \tag{4.40}$$

于是，当 β 的值固定不变时，可以得到

$$\lim_{n \to \infty} J_n(\beta) = 0 \tag{4.41}$$

根据表 4.1 中的各个 $J_n(\beta)$ 值，也可以看出这一特性。当 n 很大时，由于 $J_n(\beta)$ 的值可以忽略不计，所以，只考虑那些包含有效功率的项之后，就可以求出角度调制信号的带宽。将功率比 P_r 定义为：载波分量 $(n = 0)$ 中包含的功率、加上载波的每个边带的各个分量包含的功率与 $x_c(t)$ 中包含的总功率之比。于是可得

$$P_r = \frac{\frac{1}{2} A_c^2 \sum_{n=-k}^{k} J_n^2(\beta)}{\frac{1}{2} A_c^2} = \sum_{n=-k}^{k} J_n^2(\beta) \tag{4.42}$$

或者简化为

$$P_r = J_0^2(\beta) + 2 \sum_{n=1}^{k} J_n^2(\beta) \tag{4.43}$$

对具体的应用而言，通常根据合格的功率比(利用贝塞尔函数求出所需的 k 值)得出带宽值，于是得到的带宽值如下：

$$B = 2k f_m \tag{4.44}$$

合理的功率比值的大小取决于系统中的具体应用。表 4.1 中示出了 $P_r \geqslant 0.7$、$P_r \geqslant 0.98$ 时的具体指标。当 $P_r \geqslant 0.7$ 时，用单下画线表示与 k 对应的 n 的值；当 $P_r \geqslant 0.98$ 时，用双下画线表示与 k 对应的 n 的值。这里注意到，当 $P_r \geqslant 0.98$ 时，n 等于 $1+\beta$ 的整数部分，于是得到

$$B \cong 2(\beta + 1) f_m \tag{4.45}$$

从下面介绍的卡尔森定律中可以看出，上式相当重要。

由于调制指数 β 的定义仅仅针对正弦调制信号，因此得出上面表达式的前提是：采用正弦调制信号。当 $m(t)$ 为任意信号时，如果将偏移系数 D 定义如下，则可以得到广泛认可的带宽的表达式：

$$D = \frac{\text{峰值频偏}}{m(t) \text{的带宽}} \tag{4.46}$$

可以将上式表示为

$$D = \frac{f_d}{W} (\max |m(t)|) \tag{4.47}$$

当调制信号不是正弦信号时，偏移系数所起的作用与调制信号是正弦信号时调制指数所起的作用相同。分别用 D、W 取代式 (4.45) 中的 β、f_m 之后，就可以得到

$$B = 2(D + 1)W \tag{4.48}$$

通常将这个表示带宽的关系式称为卡尔森定律。如果 $D \ll 1$，那么带宽近似等于 $2W$，把这种情形对应的信号称为窄带调角信号。相反，如果 $D \gg 1$，那么带宽近似等于 $2DW = 2f_d(\max |m(t)|)$，该值等于两倍的峰值频偏。把这种情形对应的信号称为宽带调角信号。

例 4.2

这个例子分析输出如下信号的 FM 调制器：

$$x_c(t) = 100 \cos[2\pi(1000)t + \phi(t)] \tag{4.49}$$

调制器工作时满足 $f_d = 8$ 的条件，而且输入的消息信号如下：

$$m(t) = 5 \cos[2\pi(8)t] \tag{4.50}$$

调制器后面连接的带通滤波器的中心频率为 1000 Hz、带宽为 56 Hz,如图 4.9(a)所示。现在需要解决的问题是:求出滤波器输出端的功率。

由于峰值频偏为 $5f_d$ 或者 40 Hz,f_m 为 8 Hz,因此调制指数为 40/5 = 8。由此得到图 4.9(b)所示的单边幅度谱。图 4.9(c)示出了带通滤波器的通频带。滤波器准许满足如下条件的分量通过:①位于载波频率处的分量;②位于载波一侧的 3 个分量。于是可以得出如下的功率比:

$$P_r = J_0^2(5) + 2[J_1^2(5) + J_2^2(5) + J_3^2(5)] \tag{4.51}$$

于是可以得到

$$P_r = (0.178)^2 + 2[(0.328)^2 + (0.047)^2 + (0.365)^2] \tag{4.52}$$

得到如下的结果:

$$P_r = 0.518 \tag{4.53}$$

那么,调制器输出端的功率为

$$\overline{x_c^2} = \frac{1}{2}A_c^2 = \frac{1}{2} \times 100^2 = 5000 \text{ W} \tag{4.54}$$

滤波器输出端的功率等于调制器输出端的功率乘以功率比。于是得到滤波器输出端的功率如下:

$$P_r\overline{x_c^2} = 2589 \text{ W} \tag{4.55} \blacksquare$$

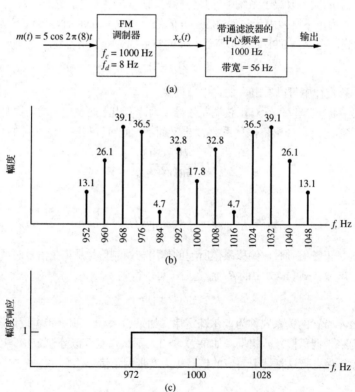

图 4.9 与例 4.2 对应的系统、频谱。(a)FM 系统;(b)调制器输出端的单边频谱;(c)带通滤波器的幅度响应

例 4.3

在分析角度调制信号的频谱时,假定消息信号为正弦信号。这里介绍比较常见的问题,即,消息信号为两个正弦信号的和。设消息信号表示如下:

$$m(t) = A\cos(2\pi f_1 t) + B\cos(2\pi f_2 t) \tag{4.56}$$

根据题中的已知条件(FM 调制)可以求出相位偏移量如下:

$$\phi(t) = \beta_1 \sin(2\pi f_1 t) + \beta_2 \sin(2\pi f_2 t) \tag{4.57}$$

式中,$\beta_1 = A f_d / f_1 > 1$; $\beta_2 = B f_d / f_2 > 1$。那么,把调制器的输出表示如下:

$$x_c(t) = A_c \cos[2\pi f_c t + \beta_1 \sin(2\pi f_1 t) + \beta_2 \sin(2\pi f_2 t)] \tag{4.58}$$

采用指数形式时,可以将上式表示如下:

$$x_c(t) = A_c \, \mathrm{Re}\{\mathrm{e}^{\mathrm{j}\beta_1 \sin(2\pi f_1 t)} \mathrm{e}^{\mathrm{j}\beta_2 \sin(2\pi f_2 t)} \mathrm{e}^{\mathrm{j}2\pi f_c t}\} \tag{4.59}$$

式中利用了如下的两个傅里叶级数:

$$\mathrm{e}^{\mathrm{j}\beta_1 \sin(2\pi f_1 t)} = \sum_{n=-\infty}^{\infty} J_n(\beta_1) \mathrm{e}^{\mathrm{j}2\pi n f_1 t} \tag{4.60}$$

$$\mathrm{e}^{\mathrm{j}\beta_2 \sin(2\pi f_2 t)} = \sum_{m=-\infty}^{\infty} J_m(\beta_2) \mathrm{e}^{\mathrm{j}2\pi n f_2 t} \tag{4.61}$$

于是,可以将调制器的输出表示如下:

$$x_c(t) = A_c \, \mathrm{Re}\left\{ \left[\sum_{n=-\infty}^{\infty} J_n(\beta_1) \mathrm{e}^{\mathrm{j}2\pi f_1 t} \sum_{m=-\infty}^{\infty} J_m(\beta_2) \mathrm{e}^{\mathrm{j}2\pi f_2 t} \right] \mathrm{e}^{\mathrm{j}2\pi f_c t} \right\} \tag{4.62}$$

取上式的实部之后得到

$$x_c(t) = A_c \sum_{n=-\infty}^{\infty} \sum_{m=-\infty}^{\infty} J_n(\beta_1) J_m(\beta_2) \cos[2\pi(f_c + n f_1 + m f_2)t] \tag{4.63}$$

分析一下 $x_c(t)$ 的表达式即可发现:对全部的 m、n 的组合而言,调制器的输出信号不仅在频率 $(f_c + n f_1)$、$(f_c + m f_2)$ 处含有频率分量,而且在频率 $(f_c + n f_1 + m f_2)$ 处也含有频率分量。因此,当由两个正弦信号之和构成消息信号时,把由各自消息分量所产生的频谱相加之后可知,调制器的输出频谱中含有额外的频谱分量。当消息信号为两个正弦信号之和,而且 $\beta_1 = \beta_2$、$f_2 = 12 f_1$ 时,图 4.10 示出了所得到的频谱。

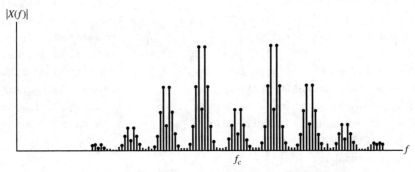

图 4.10   当 $\beta_1 = \beta_2$、$f_2 = 12 f_1$ 时式 (4.63) 的幅度谱   ■

计算机仿真实例 4.3

这个计算机仿真实例介绍的是计算 FM(或者 PM)信号幅度谱的 MATLAB 程序,其中的消息信号包含了两个正弦信号。根据程序计算出单边幅度谱(注意:在下面的计算机仿真程序中,在 ampspec1 和 ampspec2 中都规定了乘以 2)。根据 FFT 程序产生的最前面的 $N/2$ 个点,只利用正频率对应的频谱,可以求出单边带的频谱。在下面的程序中,用变量 npts 表示 N。

得到的输出用两个图表示。图4.11(a)示出了消息信号中的一个正弦信号。由图可以明显看出，该正弦分量的频率为50 Hz。当频率为5 Hz的第二个分量加入到消息信号中时，图4.11(b)示出了调制器输出端的幅度谱。为了将频谱限定在规定的带宽范围内(载波频率的大小为250 Hz)，在该仿真练习中，需要严格地选择与消息信号的每个频谱分量相关的调制指数。

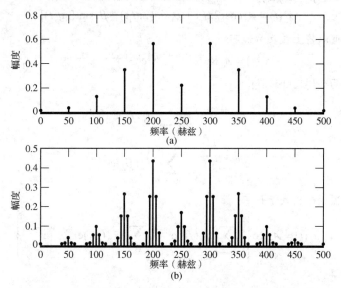

图4.11 调频的频谱。(a)单音调制信号；(a)双音调制信号

```
%File: c4ce3.m
fs = 1000;                            %sampling frequency
delt = 1/fs;                          %sampling increment
t = 0 : delt : 1 - delt;             %time vector
npts = length(t);                     %number of points
fn = (0 : (npts/2))*(fs/npts);       %frequency vector for plot
m1 = 2*cos(2*pi*50*t);               %modulation signal 1
m2 = 2*cos(2*pi*50*t)+ 1*cos(2*pi*5*t);   %modulation signal 2
xc1 = sin(2*pi*250*t+m1);            %modulated carrier 1
xc2 = sin(2*pi*250*t+m2);            %modulated carrier 2
asxc1 = (2/npts)*abs(fft(xc1));      %amplitude spectrum 1
asxc2 = (2/npts)*abs(fft(xc2));      %amplitude spectrum 2
ampspec1 = asxc1(1:((npts/2)+1));    %positive frequency portion 1
ampspec2 = asxc2(1:((npts/2)+1));    %positive frequency portion 2
subplot(211)
stem(fn, ampspec1, '.k');
xlabel('Frequency - Hz')
ylabel('Amplitude')
subplot(212)
stem(fn,ampspec2, '.k');
xlabel('Frequency - Hz')
ylabel('Amplitude')
subplot(111)
%End of script file.
```

4.1.5　窄带调频信号转换为宽带调频信号

图 4.12 示出了产生宽带调频信号的一种技术。窄带调频器的载波频率为 f_{c1}，峰值频偏为 f_{d1}。倍频器将正弦输入信号的幅角乘以 n 倍。换句话说，如果将如下的信号输入到倍频器

$$x(t) = A_c \cos[2\pi f_0 t + \phi(t)] \tag{4.64}$$

那么，可以得到倍频器的如下输出：

$$y(t) = A_c \cos[2\pi n f_0 t + n\phi(t)] \tag{4.65}$$

当本地振荡器的输出为如下的信号时

$$e_{\mathrm{LO}}(t) = 2\cos(2\pi f_{\mathrm{LO}} t) \tag{4.66}$$

则可以在倍频器的输出端得到如下的信号：

$$e(t) = A_c \cos[2\pi(n f_0 + f_{\mathrm{LO}})t + n\phi(t)] + A_c \cos[2\pi(n f_0 - f_{\mathrm{LO}})t + n\phi(t)] \tag{4.67}$$

接着，利用中心频率为 f_c 的带通滤波器对上面的信号进行滤波处理，f_c 满足如下的关系：

$$f_c = n f_0 + f_{\mathrm{LO}} \quad \text{或者} \quad f_c = n f_0 - f_{\mathrm{LO}}$$

于是可得滤波器的输出如下：

$$x_c(t) = A_c \cos[2\pi f_c t + n\phi(t)] \tag{4.68}$$

为了得到式 (4.67) 中所需的项，需要选择带通滤波器的带宽。如果传输信号中包含了 $x_c(t)$ 的功率的 98%，则可以根据卡尔森定律求出带通滤波器的带宽。

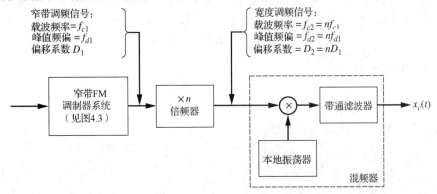

图 4.12　将窄带信号转换为宽带信号的调频技术

窄带信号转换为宽带信号的主要思想是：倍频器将载波频率与偏移系数改变了 n 倍（因子），这时混频器改变了载波的有效频率，但对偏移系数没有影响。把这种实现宽带调频的技术称为间接调频技术。

例 4.4

图 4.12 示出了把窄带信号变换为宽带信号的变换器。当 $f_0 = 100\,000$ Hz 时，根据式 (4.64) 可以得到窄带调频器的输出。$\phi(t)$ 的峰值频偏为 50 Hz、$\phi(t)$ 的带宽为 500 Hz。$x_c(t)$ 的宽带输出中含有 85 MHz 的载频，其偏移系数为 5。在这个例子中，需要求出如下指标：①倍频因子 n；②可能采用的两个振荡频率；③带通滤波器的中心频率；④带通滤波器的带宽。

解：

窄带调频器输出信号的偏移系数如下：

$$D_1 = \frac{f_{d1}}{W} = \frac{50}{500} = 0.1 \tag{4.69}$$

于是可得如下的倍频因子:

$$n = \frac{D_2}{D_1} = \frac{5}{0.1} = 50 \tag{4.70}$$

因此,在窄带调频器的输出端得到了取值如下的载频:

$$nf_0 = 50 \times 100\,000 = 5\,\text{MHz} \tag{4.71}$$

那么,利用本地振荡器可以产生如下的两个频率:

$$85 + 5 = 90\,\text{MHz} \tag{4.72}$$

$$85 - 5 = 80\,\text{MHz} \tag{4.73}$$

带通滤波器的中心频率必须等于输出为宽带信号时所需的载波频率。所以,带通滤波器的中心频率为85 MHz。利用卡尔森定律可以求出带通滤波器的带宽。根据式(4.48)可以得到

$$B = 2(D+1)W = 2(5+1) \times 500 \tag{4.74}$$

由此可得

$$B = 6000\,\text{Hz} \tag{4.75}\ \blacksquare$$

4.2 角度调制信号的解调

对调频信号解调时,要求解调电路产生的输出与输入信号的频率偏移量成正比。把这样的电路称为鉴频器[1]。如果将如下的角度调制信号输入到理想鉴频器

$$x_r(t) = A_c \cos[2\pi f_c t + \phi(t)] \tag{4.76}$$

则理想鉴频器的输出如下:

$$y_D(t) = \frac{1}{2\pi} K_D \frac{\mathrm{d}\phi}{\mathrm{d}t} \tag{4.77}$$

对调频信号而言,可以利用如下的式子得出 $\phi(t)$:

$$\phi(t) = 2\pi f_d \int^t m(\alpha)\mathrm{d}\alpha \tag{4.78}$$

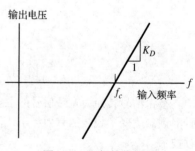

图 4.13 理想的鉴频器

于是可以把式(4.77)变换为

$$y_D(t) = K_D f_d m(t) \tag{4.79}$$

式中,K_D 表示鉴频系数,单位:赫兹/伏特。由于理想鉴频器的输出信号与载波的频率偏移量成正比,因此,实现频率与电压之间转换的传输函数为线性传输函数,该传输特性在 $f = f_c$ 处的电压值为零,如图 4.13 所示。

也可以用具有图 4.13 所示特性的系统实现 PM 信号的解调。由于 PM 信号的 $\phi(t)$ 与 $m(t)$ 成正比,因此,对 PM 信号而言,由式(4.77)给出的 $y_D(t)$ 值与 $m(t)$ 对时间求导后所得的结果成正比。因此,可以按照如下的步骤实现 PM 信号的解调:在鉴频器之后连接一个积分器。这里规定鉴相器的输出如下:

$$y_D(t) = K_D k_p m(t) \tag{4.80}$$

---

[1] 频率解调器与鉴频器的含义相同。

根据具体的应用环境可以明显地分辨出 $y_D(t)$、K_D 是用于调频系统还是用于调相系统。

在微分器后面接一个包络检波器时，就可以得到图 4.13 示出的近似特性，整个接收机的模型如图 4.14 所示。如果微分器的输入如下：

$$x_r(t) = A_c \cos[2\pi f_c t + \phi(t)] \tag{4.81}$$

那么，微分器的输出如下：

$$e(t) = -A_c\left[2\pi f_c + \frac{\mathrm{d}\phi}{\mathrm{d}t}\right]\sin[2\pi f_c t + \phi(t)] \tag{4.82}$$

可以看出，与常规调幅信号的表达式相比，除了相位偏移量 $\phi(t)$ 不同，上式与 FM 信号的形式完全相同。那么，通过微分处理后，可以利用包络检波器恢复消息信号。将 $e(t)$ 的包络表示如下：

$$y(t) = A_c\left(2\pi f_c + \frac{\mathrm{d}\phi}{\mathrm{d}t}\right) \tag{4.83}$$

如果满足如下的条件，则上式恒大于零：

$$f_c > -\frac{1}{2\pi}\frac{\mathrm{d}\phi}{\mathrm{d}t}, \qquad \text{所有的 } t$$

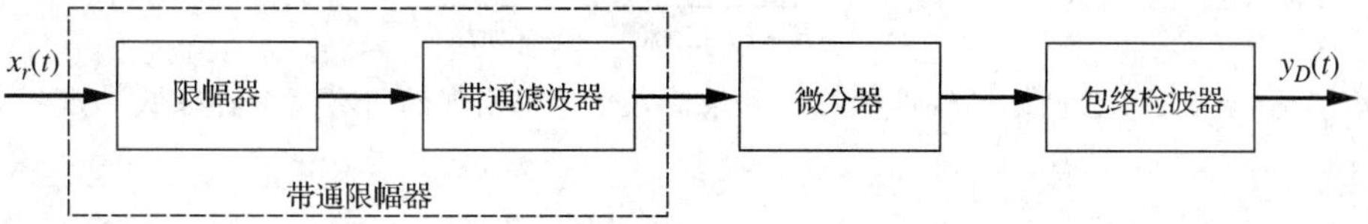

图 4.14　FM 鉴频器的实现

在通常情况下，由于 f_c 明显地大于消息信号的带宽，因此很容易满足上式表示的条件。于是，在滤除了直流项 $2\pi A_c f_c$ 的条件下，可以得到包络检波器的输出如下：

$$y_D(t) = A_c\frac{\mathrm{d}\phi}{\mathrm{d}t} = 2\pi A_c f_d m(t) \tag{4.84}$$

将式 (4.84) 与式 (4.79) 进行比较后可知，可以把鉴频器的鉴频系数表示如下：

$$K_D = 2\pi A_c \tag{4.85}$$

从后面的分析可以看出，干扰、信道噪声影响了 $x_r(t)$ 的幅度 A_c。为了确保微分器的输入幅度为常数，在微分器之前加入了一个限幅器。限幅器的输出为方波信号，即 $K\mathrm{sgn}[x_r(t)]$。需要将中心频率为 f_c 的带通滤波器放置在限幅器的后面，才能将信号转换为微分器需要的正弦信号形式，接着，经微分电路的处理后得到了式 (4.82) 定义的响应。把限幅器与带通滤波器的级联组合形式称为带通限幅器。图 4.14 示出了完整的鉴频器。

通常利用时延电路实现微分处理，如图 4.15 所示。包络检波器的输入 $e(t)$ 由下面的式子给出：

$$e(t) = x_r(t) - x_r(t - \tau) \tag{4.86}$$

可以将上式表示如下：

$$\frac{e(t)}{\tau} = \frac{x_r(t) - x_r(t - \tau)}{\tau} \tag{4.87}$$

根据微分的定义，可以得到

$$\lim_{\tau \to 0}\frac{e(t)}{\tau} = \lim_{\tau \to 0}\frac{x_r(t) - x_r(t - \tau)}{\tau} = \frac{\mathrm{d}x_r(t)}{\mathrm{d}t} \tag{4.88}$$

那么，当 τ 很小时，如下的结论成立：

$$e(t) \cong \tau \frac{\mathrm{d}x_r(t)}{\mathrm{d}t} \tag{4.89}$$

这就是说，除了常数因子 τ 不相同，图 4.15 中示出的包络检波器的输入与式(4.82)的定义式相同。所得的鉴频系数 K_D 为 $2\pi A_c \tau$。还有其他的诸多技术可以实现鉴频器。本章的后面会分析锁相环——一种很有引吸力、很常见的鉴频器实现方案。

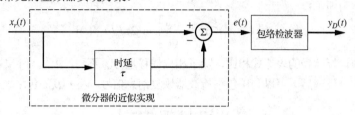

图 4.15　利用时延器件、包络检波器实现的鉴频器

例 4.5

这里引入图 4.16(a)所示的简单的 RC 网络。该网络的传输函数如下：

$$H(f) = \frac{R}{R + 1/\mathrm{j}2\pi fC} = \frac{\mathrm{j}2\pi fRC}{1 + \mathrm{j}2\pi fRC} \tag{4.90}$$

图 4.16(b)示出了 RC 网络的幅度响应。如果输入信号中出现的所有频率都很低，那么

$$f \ll \frac{1}{2\pi RC}$$

于是，得到传输函数的近似表达式如下：

$$H(f) = \mathrm{j}2\pi fRC \tag{4.91}$$

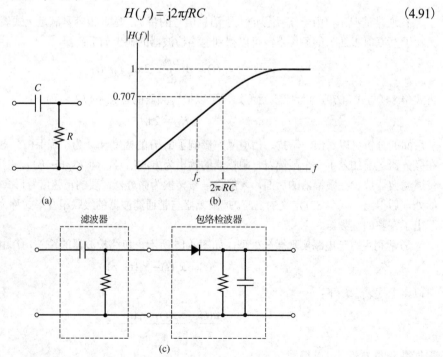

图 4.16　利用高通滤波器实现的结构简单的鉴频器。(a)RC 网络；(b)传输函数；(c)鉴频器

那么，当 f 很小时，RC 网络的幅频特性呈线性，这正是理想鉴频器所具备的特性。由式(4.91)可以看出，当 f 很小时，RC 滤波器起到了微分器的作用(增益为 RC)。因此，在设计鉴频器时，可以用 RC

网络取代图 4.14 中的微分器，而且 K_D 的值如下：

$$K_D = 2\pi A_c RC \qquad (4.92) \blacksquare$$

这个例子还在图中示出了构成鉴频器的主要元件，该鉴频器电路具有如下的特性：①幅度响应随频率呈线性变化；②包络检波。但是，通常并不是由高通滤波器产生实际的输出。从 K_D 的表达式可以得出这个结论。可以明显看出，滤波器的 3 dB 频率必须大于载频 f_c。在商业调频广播中，鉴频器输入端的载波频率(即中频频率)在 10 MHz 的等级。因此，鉴频系数 K_D 的确很小。

针对很小 K_D 的解决方案是：采用图 4.17(a)所示的带通滤波器。正如图 4.17(a)中所示出的，线性工作范围通常小到令人难以接受。再者，使用带通滤波器之后，会在鉴频器的输出端产生直流偏置。当然，可以利用隔直流电容器消除直流偏置的影响，但是，隔直流电容器会抵消调频的固有优势——即，调频存在直流响应。用中心频率 f_1、f_2 错开的两个滤波器，可以解决这些问题。如图 4.17(b)所示。紧随两个滤波器之后的包络检波器输出端的幅度与 $|H_1(f)|$ 和 $|H_2(f)|$ 成正比。这两个输出特性相减之后得到总特性(如图 4.17(c)所示)：

$$H(f) = |H_1(f)| - |H_2(f)| \qquad (4.93)$$

与单独使用两个滤波器中的任一个相比，这种(称之为平衡式调频鉴频器的)合成形式在很宽的频率范围内呈线性，而且，可以明显看出，设计时可以满足 $H(f_c) = 0$。

在图 4.17(d)中，利用中心抽头变压器将 $x_c(t)$ 传送到两个带通滤波器。两个带通滤波器的中心频率如下：

$$f_i = \frac{1}{2\pi\sqrt{L_i C_i}} \qquad (4.94)$$

式中，$i = 1$、2。包络检波器的构成如下：①二极管；②电阻-电容的组合结构 $R_e C_e$。图中，包络检波器上半部的输出与 $|H_1(f)|$ 成正比；包络检波器下半部的输出与 $|H_2(f)|$ 成正比。包络检波器上半部的输出为输入包络大于零的部分；包络检波器下半部的输出为输入包络小于零的部分。因此，y_D 与 $|H_1(f)|$ $-|H_2(f)|$ 成正比。由于未偏移载波的响应保持平衡，于是可以达到"净值响应为零"的结果，所以，这里采用了术语"平衡式鉴频器"。

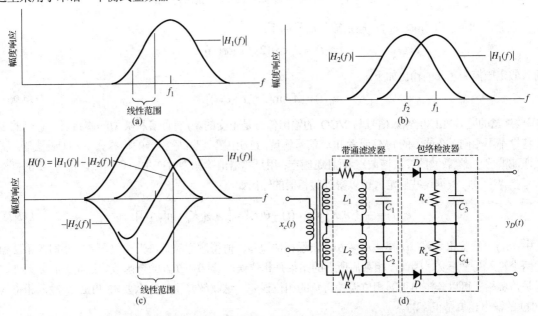

图 4.17　平衡式鉴频器的处理过程。(a)带通滤波器；(b)参差调谐带通滤
　　　　　波器；(c)平衡式鉴频器的幅度响应；(d)平衡式鉴频器的常规实现

4.3 反馈式解调器：锁相环

前面在介绍角度调制信号的解调时，分析了将 FM 信号变换为 AM 信号的技术。在存在噪声的条件下利用反馈式解调器时，可以改善系统的性能，第 8 章分析这一内容。锁相环(Phase-Locked Loop，PLL)是这一节的主题，PLL 是反馈式解调器的基本形式。PLL 广泛地用于现代通信系统中(PLL 不仅用于角度调制信号的解调，它的应用还体现在如下几方面：①载波与符号的同步；②频率的合成；③用作许多数字解调器的基本单元(见后面的实例分析))。锁相环的灵活性体现在如下几方面：①可以用于大量应用中；②容易实现；③与其他的技术相比，性能优异。鉴于这些突出的特点，在现代通信系统中 PLL 随处可见也就不足为奇了。因此，有必要详细地介绍 PLL。

4.3.1 将锁相环用于调频信号与调相信号的解调

图 4.18 示出了 PLL 的方框图。最基本的 PLL 由 4 个基本单元组成，这些基本单元分别是：

1. 鉴相器；
2. 环路滤波器；
3. 环路放大器(假定 $\mu = 1$)；
4. 压控振荡器(Voltage-Controlled Oscillator，VCO)。

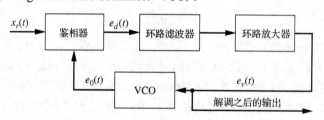

图 4.18　利用锁相环实现 FM 信号的解调

在分析 PLL 的工作原理时，假定输入信号如下：

$$x_r(t) = A_c \cos[2\pi f_c t + \phi(t)] \tag{4.95}$$

而且假定压控振荡器的输出如下：

$$e_0(t) = A_v \sin[2\pi f_c t + \theta(t)] \tag{4.96}$$

(需要注意的是，PLL 的输入信号与 VCO 的输出信号是正交的。)有许多种类型的鉴相器，它们的工作特性都不相同。在这里的 FM(或者 PM)信号解调的应用中，已知鉴相器的构成如下：①乘法器；②低通滤波器(滤除载波的二次谐波)。而且还假定：用反相器消除相乘时产生的负的极性符号(负的极性符号指 "–")。根据这些假定，可以得到鉴相器的输出如下：

$$e_d(t) = \frac{1}{2} A_c A_v K_d \sin[\phi(t) - \theta(t)] = \frac{1}{2} A_c A_v K_d \sin[\psi(t)] \tag{4.97}$$

式中，K_d 表示鉴相系数；$\psi(t) = \phi(t) - \theta(t)$ 表示相位误差。值得注意的是，当相位误差很小时，乘法器的两个输入几乎正交，因此，相乘后所得的结果是相位误差 $\phi(t) - \theta(t)$ 的奇函数。这是个必要条件，于是，鉴相器可以分辨出正的相位误差与负的相位误差。这就解释了为什么要求 PLL 的输入相位与VCO 的输出相位是正交的。

鉴相器的输出经滤波、放大之后传送到 VCO。从本质上说，VCO 是个调频器，即，输出的频率

偏移量 $d\theta/dt$ 与 VCO 的输入信号成正比。换句话说

$$\frac{d\theta}{dt} = \frac{1}{2}K_v e_v(t) \quad 弧度/秒 \tag{4.98}$$

由上式得到

$$\theta(t) = K_v \int^t e_v(\alpha)\,d\alpha \tag{4.99}$$

把参数 K_v 称为 VCO 常数,度量单位:弧度/秒/单位输入信号。

由 PLL 的方框图可以得到

$$E_v(s) = F(s)E_d(s) \tag{4.100}$$

式中,$F(s)$ 表示环路滤波器的传输函数。与上式对应的时域表达式如下:

$$e_v(\alpha) = \int^t e_d(\lambda)f(\alpha - \lambda)\,d\lambda \tag{4.101}$$

得出上式的原理是:频域的乘积对应时域的卷积。将式(4.97)代入式(4.101),然后将所得的结果代入式(4.99)之后可以得到

$$\theta(t) = K_t \int^t \int^\alpha \sin[\phi(\lambda) - \theta(\lambda)]f(\alpha - \lambda)\,d\lambda\,d\alpha \tag{4.102}$$

式中,K_t 表示环路的总增益。即

$$K_t = \frac{1}{2}A_v A_c K_d K_v \tag{4.103}$$

式(4.102)是将 VCO 的相位 $\theta(t)$ 与输入相位 $\phi(t)$ 联系起来的常规表达式。通信系统的设计人员必须选择环路滤波器的传输函数 $F(s)$,在此基础上定义滤波器的冲激响应 $f(t)$、环路增益 K_t。由式(4.103)可以看出,环路增益 K_t 是输入信号幅度 A_v 的函数。因此,在设计 PLL 时需要输入信号电平的信息,而该指标通常是未知的(而且随着时间的变化,该指标也在变化)。通常在环路的输入端加一个幅值固定的限幅器可以消除与输入信号之间的这种相关性。在采用限幅器时,通过合理地选择 A_v、K_d、K_v(这些指标都是 PLL 的参数),可以得到所需的 K_t。在这些参数的乘积满足所需环路增益的条件下,可以随意地选择这些参数。但是,考虑到具体的硬件实现条件时,对这些参数有一定的约束。

式(4.102)定义了锁相环的非线性模型(体现在正弦非线性)[2]。图 4.19 示出了这一模型。由于式(4.102)为非线性特性,所以很难利用式(4.102)分析 PLL(而且还需要利用很多近似公式)。在 PLL 的实际应用中,通常关注的要么是跟踪模式的 PLL,要么是捕获模式的 PLL。在捕获模式中,PLL 通过将 VCO 的频率与相位同步到输入信号的频率与相位,尽力地获取信号。当工作在捕获模式时,相位误差通常很大,因此需要分析透彻非线性模型。

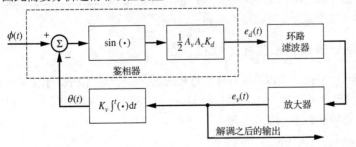

图 4.19　锁相环的线性模型

2 非线性特性存在多种模型,而且这些模型的用途也各不相同。

但是，当 PLL 工作在跟踪模式时，相位误差 $\phi(t)-\theta(t)$ 通常很小，因此在设计与分析跟踪模式的 PLL 时，可以采用线性模型。当相位误差很小时，正弦信号的非线性可以忽略不计，于是 PLL 成为线性反馈系统。可以将式(4.102)简化为如下的线性模型：

$$\theta(t) = K_t \int^t \int^\alpha [\phi(\lambda)-\theta(\lambda)]f(\alpha-\lambda)\mathrm{d}\lambda\mathrm{d}\alpha \tag{4.104}$$

图 4.20 示出了所得到的这一线性模型。在线性模型与非线性模型中都需要用到 $\theta(t)$、$\phi(t)$(而不是用到 $x_r(t)$、$e_0(t)$)。但需要注意的是，在已知 f_c 的条件下，由式(4.95)与式(4.96)可知，根据 $\theta(t)$、$\phi(t)$ 完全可以求出 $x_r(t)$、$e_0(t)$。如果 PLL 的相位处于锁定状态，即 $\theta(t)\cong\phi(t)$，则对调频系统而言，如下的关系式成立：

$$\frac{\mathrm{d}\theta(t)}{\mathrm{d}t} \cong \frac{\mathrm{d}\phi(t)}{\mathrm{d}t} = 2\pi f_d m(t) \tag{4.105}$$

而且，在利用 VCO 的频率偏移量估计输入的频率偏移量时(输入的频率偏移量与消息信号成正比)，效果很好。由于 VCO 的频偏与 VCO 的输入 $e_v(t)$ 成正比，因此，在满足式(4.105)的条件下，输入与 $m(t)$ 成正比。所以，解调之后 FM 系统的输出就是 VCO 的输入 $e_v(t)$。

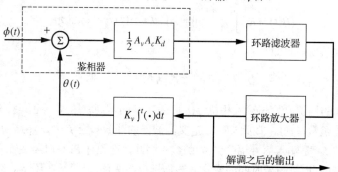

图 4.20　锁相环的线性模型

锁相环传输函数 $F(s)$ 的形式对锁相环的跟踪特性、捕获特性有很明显的影响。在随后的内容中给出一阶 PLL、二阶 PLL、三阶 PLL 的分析。表 4.3 列出了这 3 种情形的环路滤波器的传输函数。需要注意的是，PLL 的阶次比环路滤波器的阶次大 1。下一节将深入地分析 VCO 的实现原理。下面介绍的是工作在跟踪模式、捕获模式的 PLL。由于跟踪模式的 PLL 工作在线性范围内，因此相对简单一些。这里先介绍跟踪模式的 PLL。

表 4.3　环路滤波器的传输函数

锁相环的阶次	环路滤波器的传输函数
1	1
2	$1+\dfrac{a}{s} = (s+a)/s$
3	$1+\dfrac{a}{s}+\dfrac{b}{s^2} = (s^2+as+b)/s^2$

4.3.2　工作在跟踪模式的锁相环：线性模型

由上面的分析可以看出，当 PLL 工作在跟踪模式时，相位误差很小，于是可以利用线性分析确定 PLL 的工作情况。当输入各种信号时，通过分别分析一阶 PLL、二阶 PLL、三阶 PLL 处于稳定状态时的误差，可以深入地理解 PLL 的工作原理。

1. 环路的传输函数与稳态误差

图 4.21 从频域的角度示出了图 4.20 的等效表示形式。根据图 4.21、式(4.104)可以得到如下的结论：

$$\Theta(s) = K_t[\Phi(s) - \Theta(s)]\frac{F(s)}{s} \tag{4.106}$$

根据上式可以直接得到把 VCO 的输出相位与输入相位联系起来的传输函数，即

$$H(s) = \frac{\Theta(s)}{\Phi(s)} = \frac{K_t F(s)}{s + K_t F(s)} \tag{4.107}$$

相位误差的拉普拉斯变换如下：

$$\Psi(s) = \Phi(s) - \Theta(s) \tag{4.108}$$

于是，把 VCO 的相位误差与输入相位联系起来的传输函数可以表示如下：

$$G(s) = \frac{\Psi(s)}{\Phi(s)} = \frac{\Phi(s) - \Theta(s)}{\Phi(s)} = 1 - H(s) \tag{4.109}$$

将上式进一步表示为

$$G(s) = \frac{s}{s + K_t F(s)} \tag{4.110}$$

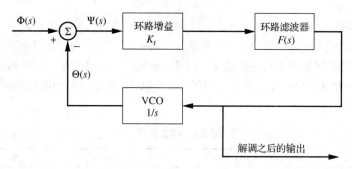

图 4.21　线性锁相环的频域模型

根据拉普拉斯变换理论，利用终值定理可以求出稳态误差。由终值定理可知，可以用 $\lim\limits_{s \to 0} sA(s)$ 表示出 $\lim\limits_{t \to \infty} a(t)$，其中，$a(t)$、$A(s)$ 为拉普拉斯变换对。

针对各种阶次的环路，在求解稳态误差时，假定相位偏移量具有如下的通用形式：

$$\phi(t) = \pi R t^2 + 2\pi f_\Delta t + \theta_0, \quad t > 0 \tag{4.111}$$

于是得到相应的频率偏移量如下：

$$\frac{1}{2\pi}\frac{\mathrm{d}\phi}{\mathrm{d}t} = Rt + f_\Delta, \quad t > 0 \tag{4.112}$$

由上式可以看出，频率偏移量为如下两部分的和：①频率的变化率 $R\,(\mathrm{Hz/s})$；②频率的步长 f_Δ。$\phi(t)$ 的拉普拉斯变换如下：

$$\Phi(s) = \frac{2\pi R}{s^3} + \frac{2\pi f_\Delta}{s^2} + \frac{\theta_0}{s} \tag{4.113}$$

于是得到稳态时的相位误差如下：

$$\Psi_{ss} = \lim\limits_{s \to 0} s\left[\frac{2\pi R}{s^3} + \frac{2\pi f_\Delta}{s^2} + \frac{\theta_0}{s}\right]G(s) \tag{4.114}$$

式中，$G(s)$ 的表示式见式(4.110)。

为了得出通用的表达式，这里分析表 4.4 中定义的三阶传输函数：

$$F(s) = \frac{1}{s^2}(s^2 + as + b) \tag{4.115}$$

当 $a = 0$、$b = 0$ 时，$F(s) = 1$，这时对应的传输函数表示一阶 PLL 的环路滤波器的特性。当 $a \neq 0$、$b = 0$ 时，$F(s) = (s + a)/s$，这时对应的传输函数表示二阶 PLL 的环路滤波器的特性。当 $a \neq 0$、$b \neq 0$ 时，对应的传输函数表示三阶 PLL 的环路滤波器的特性。因此，按照式 (4.115) 的定义，当 a、b 取合理的值时，可以利用 $F(s)$ 分析一阶 PLL、二阶 PLL、三阶 PLL。

将式 (4.115) 代入式 (4.110) 可以得到

$$G(s) = \frac{s^3}{s^3 + K_t s^2 + K_t as + K_t b} \tag{4.116}$$

把上式代入式 (4.114) 即可得到稳态时相位误差的表达式如下：

$$\Psi_{ss} = \lim_{s \to 0} \frac{s(\theta_0 s^2 + 2\pi f_\Delta s + 2\pi R)}{s^3 + K_t s^2 + K_t as + K_t b} \tag{4.117}$$

下面分析稳态时一阶 PLL、二阶 PLL、三阶 PLL 的相位误差。针对由 θ_0、f_Δ、R、环路滤波器的参数 a、b 定义的输入信号的各种条件，可以分别求出表 4.4 中三种情形的稳态相位误差。需要注意的是，一阶 PLL 可以跟踪相位误差的相位跳变，而且稳态相位误差等于零；二阶 PLL 可以跟踪相位误差的频率跳变，而且稳态相位误差等于零；三阶 PLL 可以跟踪相位误差中的频率的线性变化，而且稳态相位误差等于零。

表 4.4 稳态误差

锁相环的阶次	$\theta_0 \neq 0$ $f_\Delta = 0$ $R = 0$	$\theta_0 \neq 0$ $f_\Delta \neq 0$ $R = 0$	$\theta_0 \neq 0$ $f_\Delta \neq 0$ $R \neq 0$
1 $(a = 0, b = 0)$	0	$2\pi f_\Delta / K_t$	∞
2 $(a \neq 0, b = 0)$	0	0	$2\pi R / K_t$
3 $(a \neq 0, b \neq 0)$	0	0	0

值得注意的是，在表 4.4 列出的例子中，假定稳态误差为不等于零的有限值，这时通过增大环路增益 K_t，可以得到所需的非常小的稳态误差。然而，当环路增益 K_t 增大时，环路的带宽也会增大。根据第 8 章介绍的噪声的影响可知，当增大环路的带宽后，会使得 PLL 对噪声更敏感。由此可以看出：在噪声环境下，稳态时的相位误差与环路的性能之间存在折中。

例 4.6

该例题分析的是，在 $a = 0$、$b = 0$ 的条件下，由式 (4.110) 与式 (4.115) 导出的一阶 PLL 的传输函数：

$$H(s) = \frac{\Theta(s)}{\Phi(s)} = \frac{K_t}{s + K_t} \tag{4.118}$$

根据上式可以得到环路的冲激响应如下：

$$h(t) = K_t e^{-K_t t} u(t) \tag{4.119}$$

当环路增益 K_t 趋于无穷大时，$h(t)$ 的极限满足 $\delta(t)$ 函数的全部特性。于是可得

$$\lim_{K_t \to \infty} K_t e^{-K_t t} u(t) = \delta(t) \tag{4.120}$$

上式表明：当环路增益 K_t 很大时，结论 $\theta(t) \approx \phi(t)$ 成立。根据前面的分析，这一结论还表明，可以将

PLL 用于实现角度调制信号的解调。当 PLL 用作 FM 信号的解调器时，由于 VCO 的输入信号与 PLL 输入信号的频率偏移量成正比，所以，VCO 的输入表示解调后的输出。当 PLL 用于解调 PM 信号时，由于相位偏移量等于频率偏移量的积分，所以，VCO 的输入表示解调器输出的积分形式。　　■

例 4.7

这里给前面的例题增加了附加条件，即 FM 调制器的输入 $m(t) = Au(t)$。当采用一阶 PLL 时，得到如下的已调载波：

$$x_c(t) = A_c \cos\left[2\pi f_c t + k_f A \int^t u(\alpha)\mathrm{d}\alpha \right] \tag{4.121}$$

根据上式求出解调之后的输出信号。

解：

在求解时利用线性分析、拉普拉斯变换。式(4.118)表示的传输函数为

$$\frac{\Theta(s)}{\Phi(s)} = \frac{K_t}{s + K_t} \tag{4.122}$$

根据式(4.121)，得到与 PLL 输入对应的相位偏移量 $\phi(t)$ 如下：

$$\phi(t) = Ak_f \int^t u(\alpha)\mathrm{d}\alpha \tag{4.123}$$

根据上式，可以得到 $\phi(t)$ 的拉普拉斯变换如下：

$$\Phi(s) = \frac{Ak_f}{s^2} \tag{4.124}$$

由式(4.122)与式(4.124)可以得到如下关系式：

$$\Theta(s) = \frac{AK_f}{s^2} \frac{K_t}{s + K_t} \tag{4.125}$$

对 VCO 的定义式即式(4.99)的两端取拉普拉斯变换之后，可以得到

$$E_v(s) = \frac{s}{K_v} \Theta(s) \tag{4.126}$$

于是得到

$$E_v(s) = \frac{AK_f}{K_v} \frac{K_t}{s(s + K_t)} \tag{4.127}$$

将上式的分式展开后得到

$$E_v(s) = \frac{AK_f}{K_v} \left(\frac{1}{s} - \frac{1}{s + K_t} \right) \tag{4.128}$$

于是，得到解调之后的输出如下：

$$e_v(t) = \frac{AK_f}{K_v} (1 - \mathrm{e}^{-K_t t}) u(t) \tag{4.129}$$

这里注意到，当 $t \gg 1/K_t$、$k_f = K_v$ 时，解调之后可以得到所需的输出 $e_v(t) = Au(t)$。过渡过程所持续的时间由环路的总增益值 K_t 设定，K_f/K_v 只是表示解调后输出信号的幅度比例因子。　　■

根据上面的介绍，不可能毫不费力地将很大的环路增益用于实际应用中。然而，通过利用合适的环路滤波器，可以实现很好的性能(即合理的环路增益值、合理的带宽)。由后面的分析可以看出，采用这些滤波器之后，分析过程比前面的例子复杂些。

尽管一阶 PLL 可以用于如下两方面：①调角信号的解调，②同步，但一阶 PLL 的许多缺点使之不可能用于许多通信系统中。这些缺点包括：①有限的锁定范围；②当输入频率跳变时，稳态相位误差不等于零。利用二阶 PLL 可以解决这两个问题。用如下的环路滤波器表示二阶 PLL 的传输特性：

$$F(s) = \frac{s+a}{s} = 1 + \frac{a}{s} \tag{4.130}$$

一般来说，在选择了这样的环路滤波器之后，把所实现的 PLL 称为完备二阶锁相环。值得注意的是，可以用一个积分器实现式(4.130)所定义的环路滤波器，随后的计算机仿真实例 4.4 会分析这一情形。

2. 二阶 PLL：环路的固有频率与衰减系数

根据式(4.130)给出的 $F(s)$，可以将式(4.107)表示的传输函数变换为

$$H(s) = \frac{\Theta(s)}{\Phi(s)} = \frac{K_t(s+a)}{s^2 + K_t s + K_t a} \tag{4.131}$$

还可以得到相位误差 $\Psi(s)$ 与输入相位 $\phi(s)$ 之间的关系式。根据图 4.21 或者根据式(4.110)可以得到

$$G(s) = \frac{\Psi(s)}{\Phi(s)} = \frac{s^2}{s^2 + K_t a s + K_t a} \tag{4.132}$$

从固有频率与衰减系数的角度来说，由于对体现二阶线性系统性能的参数进行了设置，因此可以将二阶系统的传输函数表示为标准形式，结果如下：

$$\frac{\Psi(s)}{\Phi(s)} = \frac{s^2}{s^2 + 2\xi\omega_n s + \omega_n^2} \tag{4.133}$$

式中，ξ 表示衰减系数；ω_n 表示固有频率。由前面的表达式可以得到固有频率、衰减系数分别如下：

$$\omega_n = \sqrt{K_t a} \tag{4.134}$$

$$\xi = \frac{1}{2}\sqrt{\frac{K_t}{a}} \tag{4.135}$$

衰减系数的典型值为 $\xi = 1/\sqrt{2} = 0.707$。值得注意的是，所选择的衰减系数可以实现二阶巴特沃斯滤波器的响应特性。

在仿真二阶 PLL 时，通常可以指定环路的固有频率、衰减系数，而且可以求出回路的性能如何随这两个参数的变化而变化。但是，PLL 仿真模型的性能随 K_t 与 a 的变化而变化。利用式(4.134)、式(4.135)可以用 ω_n、ξ 表示 K_t、a。所得的结果如下：

$$a = \frac{\omega_n}{2\xi} = \frac{\pi f_n}{\xi} \tag{4.136}$$

$$K_t = 4\pi\xi f_n \tag{4.137}$$

式中，$2\pi f_n = \omega_n$。在实现二阶 PLL 的计算机仿真实例 4.4 中，用到了最后给出的这两个表达式。

例 4.8

这里设计出简单的二阶 PLL 实例。假定 PLL 的输入信号的频率经历了很小的跳变。(频率的跳变必须很小才能实现线性模型。在介绍捕获模式的运行时，会分析因 PLL 的输入频率发生很大跳变所产

生的结果。）由于瞬时相位等于瞬时频率的积分，而积分与除以 s 等效，那么，当频率跳变的幅度为 Δf 时，可以得到如下的输入相位：

$$\Phi(s) = \frac{2\pi\Delta f}{s^2} \tag{4.138}$$

利用式(4.133)可以得到相位误差 $\psi(t)$ 的拉普拉斯变换如下：

$$\Psi(s) = \frac{\Delta\omega}{s^2 + 2\xi\omega_n s + \omega_n^2} \tag{4.139}$$

当 $\xi < 1$ 时求解上式的逆变换，并且代入 $\omega_n = 2\pi f_n$ 之后可以得到

$$\psi(t) = \frac{\Delta f}{f_n\sqrt{1-\xi^2}} e^{-2\pi\xi f_n t}[\sin(2\pi f_n\sqrt{1-\xi^2}\,t)]u(t) \tag{4.140}$$

由上式可以看出：当 $t \to \infty$ 时，$\psi(t) \to 0$ 的结论成立。这里注意到，稳态时的相位误差等于零(与表 4.4 的结果一致)。 ∎

4.3.3 工作在捕获模式的锁相环

在捕获模式时，需要解决如下两个问题：①PLL 确实已实现了相位的锁定；②PLL 实现相位锁定所需的时间。为了体现出相位误差信号有助于驱动 PLL 进入锁定状态，这里通过如下的假设来简化分析：①采用一阶 PLL；②在一阶 PLL 中，环路滤波器的传输函数为 $F(s) = 1$(或者表示为 $f(t) = \delta(t)$)。在随后的计算机仿真练习中采用了高阶环路滤波器。当 $h(t) = \delta(t)$ 时，根据式(4.102)定义的常规非线性模型，并且利用 $\delta(t)$ 函数的筛选性质，可以得到

$$\theta(t) = K_t \int^t \sin[\phi(\alpha) - \theta(\alpha)]d\alpha \tag{4.141}$$

对上式求导之后得到

$$\frac{d\theta}{dt} = K_t \sin[\phi(t) - \theta(t)] \tag{4.142}$$

假定 FM 调制器的输入为单位阶跃信号，那么频率偏移量 $d\phi/dt$ 表示单位步长：$\Delta f = \Delta\omega/2\pi$。(根据调频信号的表达式对信号进行求导处理之后，再利用输入信号为单位阶跃信号的假定条件，可以得到这一结论)。如果用 $\psi(t)$ 表示相位误差 $\phi(t) - \theta(t)$，则可以得到

$$\frac{d\theta}{dt} = \frac{d\phi}{dt} - \frac{d\psi}{dt} = \Delta\omega - \frac{d\psi}{dt} = K_t\sin[\psi(t)], \quad t \geq 0 \tag{4.143}$$

或者表示如下：

$$\frac{d\psi}{dt} + K_t\sin[\psi(t)] = \Delta\omega \tag{4.144}$$

图 4.22 示出了这一关系式。该图形所示的平面(称为相位平面)体现出了频率误差与相位误差之间的关系。

从相位平面图可以得出非线性系统工作的许多特性。PLL 工作时的相位误差 $\psi(t)$、频率误差 $d\psi/dt$ 必须与式(4.144)一致。在分析 PLL 实现相位的锁定时，假定频率跳变之前，PLL 的相位误差、频率误差均为零。当频率发生跳变后，频率误差变为 $\Delta\omega$。由此确定了初始工作点，即图 4.22 中的点 B(这里假定 $\Delta\omega > 0$)。为了求出工作点的轨迹，只需要理解如下的理由：由于时间增量 dt 总是大于零，因此，如果 $d\psi/dt$ 大于零的话，则 $d\psi$ 必须大于零。因此，上半平面的 ψ 值增大。换句话说，在上半平面，工作点从左移到右。同理可得，在下半平面，工作点从右移到左(即，对应 $d\psi/dt < 0$ 的范围)。因此，

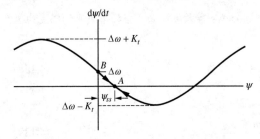

图 4.22　正弦非线性特性的相位平面图

工作点一定是从 B 点移向 A 点。当工作点试图移开 A 点一点点时，会迫使工作点回到 A 点。那么，A 点表示稳定的工作点，并且是系统的稳态工作点。稳态时的相位误差为 ψ_{ss}，稳态时的频率误差等于零，如图4.22所示。

上面的分析表明，仅当工作曲线与 $\mathrm{d}\psi/\mathrm{d}t = 0$ 存在交点时，环路才会锁定。因此，在将要锁定环路时，$\Delta\omega$ 必须小于 K_t。于是，把 K_t 称为一阶 PLL 的锁定范围。

当输入频率发生跳变时，图 4.23 示出了一阶 PLL 的相位平面图。环路增益为 $2\pi \times 50$，图中示出了频率跳变的如下 4 个值：$\Delta f = 12\ \text{Hz}$、24 Hz、48 Hz、55 Hz。当频率跳变值分别为 $\Delta f = 12\ \text{Hz}$、24 Hz、48 Hz 时，所对应的稳态相位误差分别为 A、B、C。当 $\Delta f = 55\ \text{Hz}$ 时不能实现相位的锁定，而是一直处于振荡状态。

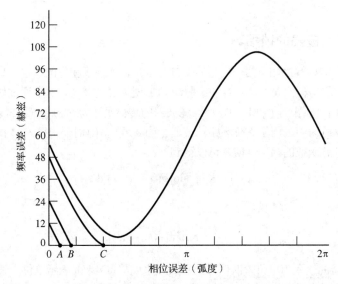

图 4.23　当几个频率跳变点出现频率误差时一阶 PLL 的相位平面图

从数学的角度分析二阶 PLL 的相位平面图远远超出了本书的范围。不过，利用计算机仿真很容易得到相位平面图。为了便于分析，假定二阶 PLL 的衰减系数 $\xi = 0.707$、固有频率 $f_n = 10\ \text{Hz}$。根据这些参数，可以得到环路增益 $K_t = 88.9$、滤波器的参数 $a = 44.4$。在 $t = t_0$ 时刻，假定 PLL 的输入频率发生跳变。根据 $\Delta\omega = 2\pi\Delta f$ 可以求出频率跳变时所用到的 4 个值。这 4 个值为 20 Hz、35 Hz、40 Hz、45 Hz。

图 4.24 示出了所得的结果。值得注意的是，当 $\Delta f = 20\ \text{Hz}$ 时，工作点回到稳定状态时的值，即频率误差与相位误差均为零，根据表 4.4，应该可以得出这一结论。当 $\Delta f = 35\ \text{Hz}$ 时，相位平面图稍微复杂一些。稳态时的频率误差等于零，但稳态时的相位误差为 2π(弧度)。可以看出 PLL 已滑动了一周。值得注意的是，稳态时的相位误差为零(模 2π)。周期性的滑动现象表明：稳态时的相位误差不等于零。当 $\Delta f = 40\ \text{Hz}$、$\Delta f = 45\ \text{Hz}$ 时的响应表明：已分别滑动了 3 个周期、4 个周期。图 4.24 示出了这 4 种情形的 VCO 频率。由图可以明显地看出周期性滑动的特性。如果相位误差不是位于稳态值的 π 弧度范围内，那么，二阶 PLL 的确有无穷大的锁定范围，并且呈周期性变化。

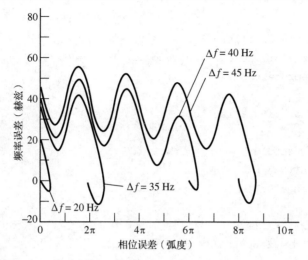

图 4.24　当几个频率跳变点出现频率误差时二阶 PLL 的相位平面图

计算机仿真练习 4.4

很容易编写出 PLL 的仿真程序。仿真中只用适宜的离散时间积分器取代连续时间积分器。有很多种离散时间积分器，这些积分器都近似于连续时间积分器。这里只介绍梯形近似法。其中需要用到两个积分程序：一个用于环路滤波器，一个用于 VCO。用如下的语句实现梯形近似法：

$$y[n] = y[n - 1] + (T/2)[x[n] + x[n - 1]]$$

其中，`y[n]`表示积分器当前的输出；`y[n - 1]`表示积分器的前一个输出；`x[n]`表示积分器当前的输入；`x[n - 1]`表示积分器的前一个输入；`T`表示仿真的步长(步长等于采样频率的倒数)。在进行仿真环路之前，必须设置 `y[n - 1]` 与 `x[n - 1]`的初始值。对积分器的各个输入、各个输出进行初始化设置时，通常会出现暂态响应。通过把在仿真程序中用到的参数 "nsettle" 的值设置为仿真运行长度的 10%，就能在采用环路输入之前，让任何初始的过渡状态衰减到可忽略的程度。将下面的仿真程序分为 3 部分。由预处理器定义系统的各个参数、系统的输入、仿真时必需的参数(例如采样率)。由仿真环路完成实际仿真。最后，后处理器考虑到了由仿真用户以容易解读的便捷方式显示出仿真时产生的数据。值得注意的是，这里用到的处理器为交互式处理器，具体体现在：①显示出菜单；②仿真用户无须编辑各项命令即可控制处理器的运行。在这里给出的仿真程序中假定：环路的输入频率存在跳变，由此可以得到图 4.24 与图 4.25。

```
%File: c4ce4.m
%beginning of preprocessor
clear all                       %be safe
fdel = input('Enter frequency step size in Hz > ');
fn = input('Enter the loop natural frequency in Hz > ');
zeta = input('Enter zeta (loop damping factor)> ');
npts = 2000;                    %default number of simulation points
fs = 2000;                      %default sampling frequency
T = 1/fs;
t = (0:(npts-1))/fs;            %time vector
nsettle = fix(npts/10)          %set nsettle time as 0.1*npts
Kt = 4*pi*zeta*fn;              %loop gain
```

```
a = pi*fn/zeta;                        %loop filter parameter
filt_in_last = 0; filt_out_last = 0;
vco_in_last = 0; vco_out = 0; vco_out_last = 0;
%end of preprocessor

%beginning of simulation loop
for i=1:npts
    if i < nsettle
        fin(i)= 0;
        phin = 0;
    else
        fin(i)= fdel;
        phin = 2*pi*fdel*T*(i – nsettle);
    end
    s1 = phin – vco_out;
    s2 = sin(s1);                      %sinusoidal phase detector
    s3 = Kt*s2;
    filt_in = a*s3;
    filt_out = filt_out_last + (T/2)*(filt_in + filt_in_last);
    filt_in_last = filt_in;
    filt_out_last = filt_out;
    vco_in = s3 + filt_out;
    vco_out = vco_out_last + (T/2)*(vco_in + vco_in_last);
    vco_in_last = vco_in;
    vco_out_last = vco_out;
    phierror(i)=s1;
    fvco(i)= vco_in/(2*pi);
    freqerror(i)= fin(i)-fvco(i);
end
%end of simulation loop

%beginning of postprocessor
kk = 0;
while kk == 0
    k = menu('Phase Lock Loop Postprocessor', …
    'Input Frequency and VCO Frequency', …
    'Phase Plane Plot', …
    'Exit Program');
    if k == 1
        plot(t, fin, t, fvco)
        title('Input Frequency and VCO Frequency')
        xlabel('Time – Seconds')
        ylabel('Frequency – Hertz')
        pause
```

```
    elseif k == 2
        plot(phierror/2/pi,freqerror)
        title('Phase Plane')
        xlabel('Phase Error / pi')
        ylabel('Frequency Error – Hz')
        pause
    elseif k == 3
        kk = 1;
    end
end
%end of postprocessor
```

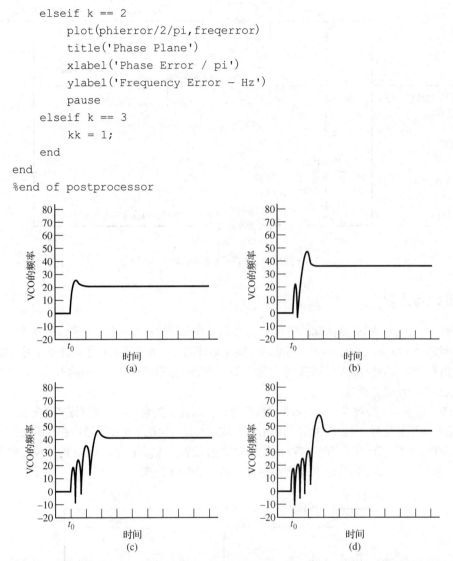

图 4.25　与输入频率跳变的 4 个值对应的压控振荡器的频率。(a) 当 $\Delta f = 20$ Hz 时 VCO 的频率；(b) 当 $\Delta f = 35$ Hz 时 VCO 的频率；(c) 当 $\Delta f = 40$ Hz 时 VCO 的频率；(d) 当 $\Delta f = 45$ Hz 时 VCO 的频率

4.3.4　科斯塔斯锁相环

前面已介绍过，采用反馈技术的系统可以实现角度调制信号的解调。在解调 DSB 信号时，也可以利用反馈系统产生相干解调的载波。图 4.26 示出了实现这一功能的系统。假定环路的输入为如下的 DSB 信号：

$$x_r(t) = m(t)\cos(2\pi f_c t) \tag{4.145}$$

在环路内，很容易根据设定的输入、VCO 的输出得到各点的信号，如图 4.26 所示。假定在 VCO 之前的带宽足够小，因此，输出近似等于 $K \sin(2\theta)$，这基本上就是滤波器输入端的直流分量。该信号促使 VCO 的指标(如 θ)减小。当 θ 很小时，上支路的低通滤波器为解调器的输出，下支路的低通滤波器的输出可忽略不计。从后面的分析可以看出，在实现数字接收机时，科斯塔斯锁相环很有用处。

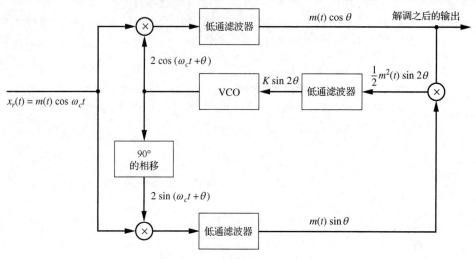

图 4.26　科斯塔斯锁相环

4.3.5　倍频与分频

　　利用锁相环还可以很简单地实现倍频器、分频器。共有两种基本方案。在第一种方案中，输入信号产生了谐波，VCO 跟踪其中的一个谐波。在实现倍频器时这种方案最实用。在第二种方案中，在 VCO 的输出端产生了谐波，并且这些频率分量中的一个频率分量的相位锁定到输入信号。可以利用这种方案实现倍频器或者分频器。

　　图 4.27 示出了第 1 种技术。限幅器为非线性器件，因而，当输入信号通过限幅器时会产生谐波。如果输入信号为正弦信号，那么限幅器的输出为方波，于是，出现了奇次谐波。在图示的例子中，将 VCO 的静态频率(当 $e_v(t)$ 等于零时 VCO 的输出频率 f_c)设置为 $5f_0$。结果，VCO 的相位锁定到输入信号的第 5 次谐波。因此，图中示出的系统频率等于输入频率的 5 倍。

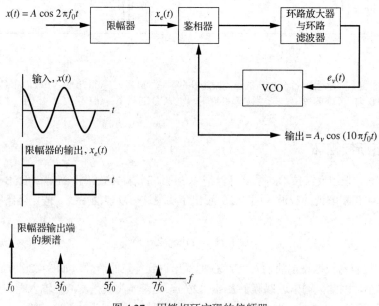

图 4.27　用锁相环实现的倍频器

图 4.28 示出了二分频的处理过程。VCO 的静态频率为 $f_0/2$ Hz，但 VCO 的输出波形为很窄的脉冲（与之对应的频谱如图中所示）。在频率 f_0 处的频率分量将相位锁定到输入信号。根据 VCO 的输出频谱，可以利用带通滤波器选择所需的分量。在图示的例子中，带通滤波器的中心频率应为 $f_0/2$。带通滤波器的带宽应小于 VCO 输出频谱中各个分量之间的间隔。这个例子中，各个分量之间的间隔为 $f_0/2$。值得注意的是，将带通滤波器的中心频率设置为 $5f_0$ 之后，图 4.28 所示的系统还可以得到 5 倍的输入频率。因此，与前一个例子一样，这种系统可以用作× 5 的倍频器。由基本技术可以衍生出许多的变化。

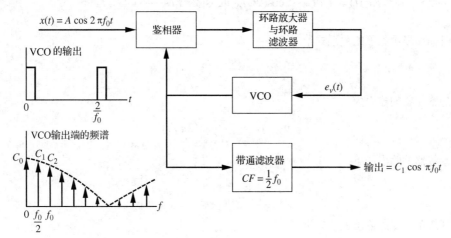

图 4.28　用锁相环实现的分频器

4.4　角度调制系统中的干扰

这一节介绍角度调制中干扰的影响。从随后的分析中可以看出，在角度调制中，干扰的影响完全不同于线性调制中干扰的影响。而且可以看出，在 FM 系统的鉴频器输出端放置一个低通滤波器之后，可以减小干扰的影响。在噪声环境下，由于这些结论有助于深入地了解 FM 鉴频器的特性，因此，这里将给出这一问题的详细分析(噪声环境下的系统特性见第 8 章)。

假定理想 PM 鉴相器(或者 FM 鉴频器)的输入信号是如下两部分的和：①未调载波；②干扰频率 $f_c + f_i$，那么，可以将鉴相器的输入表示如下：

$$x_t(t) = A_c \cos(2\pi f_c t) + A_i \cos[2\pi (f_c + f_i)t] \tag{4.146}$$

上式的第二项展开之后，可以将上式表示为

$$x_t(t) = A_c \cos(2\pi f_i t) + A_i \cos(2\pi f_i t)\cos(2\pi f_c t) - A_i \sin(2\pi f_i)\sin(2\pi f_c t) \tag{4.147}$$

可以按幅度、相位的表示方式将上式进一步表示如下：

$$x_r(t) = R(t)\cos[2\pi f_c t + \psi(t)] \tag{4.148}$$

式中，幅度 $R(t)$、相位偏移量 $\psi(t)$ 分别为

$$R(t) = \sqrt{[A_c + A_i \cos(2\pi f_i t)]^2 + [A_i \sin(2\pi f_i t)]^2} \tag{4.149}$$

$$\psi(t) = \tan^{-1}\left(\frac{A_i \sin(2\pi f_i t)}{A_c + A_i \cos(2\pi f_i t)}\right) \tag{4.150}$$

在 $A_c \gg A_i$ 的条件下,可以把式(4.149)、式(4.150)近似地表示如下:

$$R(t) = A_c + A_i \cos(2\pi f_i t) \qquad (4.151)$$

$$\psi(t) = \frac{A_i}{A_c} \sin(2\pi f_i t) \qquad (4.152)$$

因此,将式(4.151)、式(4.152)代入式(4.148)之后,可以得到式(4.148)的近似表示如下:

$$x_r(t) = A_c \left[1 + \frac{A_i}{A_c} \cos(2\pi f_i t) \right] \cos \left[2\pi f_i t + \frac{A_i}{A_c} \sin(2\pi f_i t) \right] \qquad (4.153)$$

相位的瞬时偏移量由如下的关系式给出:

$$\psi(t) = \frac{A_i}{A_c} \sin(2\pi f_i t) \qquad (4.154)$$

因此,理想鉴相器的输出为

$$y_D(t) = K_D \frac{A_i}{A_c} \sin(2\pi f_i t) \qquad (4.155)$$

以及理想鉴频器的输出如下:

$$y_D(t) = \frac{1}{2\pi} K_D \frac{\mathrm{d}}{\mathrm{d}t} \left[\frac{A_i}{A_c} \sin(2\pi f_i t) \right] \qquad (4.156)$$

或者,将理想鉴频器的输出表示如下:

$$y_D(t) = K_D \frac{A_i}{A_c} f_i \cos(2\pi f_i t) \qquad (4.157)$$

　　与线性调制一样,鉴相器/鉴频器的输出是频率等于 f_i 的正弦信号。但鉴频器输出信号的幅度与频率 f_i 成正比。可以看出,当 f_i 很小时,与 PM 系统相比,干扰频率对 FM 系统的影响较小。当 f_i 很大时,结论恰好相反。由于鉴相(频)器之后的低通滤波器可以滤除 $f_i > W$ 的各个值(W 表示 $m(t)$ 的带宽),因此 $f_i > W$ 的各个值无关紧要。

　　如果条件 $A_i \ll A_c$ 不成立,那么,鉴相(频)器就会工作在门限之上,这时分析的难度要大得多。可以根据相量图深入地分析这一问题,把式(4.146)表示成如下的形式后可以得到相量图:

$$x_r(t) = \mathrm{Re}[(A_c + A_i \mathrm{e}^{j2\pi f_i t}) \mathrm{e}^{j2\pi f_c t}] \qquad (4.158)$$

式中,圆括号内的项定义了相量,这是一个复包络信号。相量图如图 4.29(a)所示。把载波相位作为参考相位;干扰相位为

$$\theta(t) = 2\pi f_i t \qquad (4.159)$$

根据相量图可以求出所得相位的近似值。

　　由图 4.29(b)可以看出,当 $\theta(t) \approx 0$ 时,鉴相(频)器的输出幅度很小。解释如下:当 $\theta(t) \approx 0$ 时,由于 $\theta(t)$ 的变化导致 $\psi(t)$ 的变化很小,因此,鉴相(频)器的输出幅度很小。利用圆弧长度 s、角度 θ、半径 r 之间的关系(即 $s = \theta r$),可以得到

$$s = \theta(t) A_i \approx (A_c + A_i) \psi(t), \quad \theta(t) \approx 0 \qquad (4.160)$$

利用上式求解 $\psi(t)$ 时可以得到

$$\psi(t) \approx \frac{A_i}{A_c + A_i} \omega_i t \qquad (4.161)$$

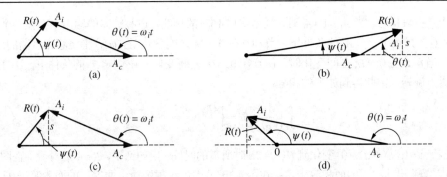

图 4.29 载波加上单音干扰之后的相量图。(a)常规 $\theta(t)$ 的相量图；(b)当 $\theta(t) \approx 0$ 时的相量图；
(c)当 $\theta(t) \approx \pi$、$A_i \leq A_c$ 时的相量图；(d)当 $\theta(t) \approx \pi$、$A_i \geq A_c$ 时的相量图

由于鉴频器的输出如下：

$$y_D(t) = \frac{K_D}{2\pi} \frac{\mathrm{d}\psi}{\mathrm{d}t} \tag{4.162}$$

于是得到

$$y_D(t) = K_D \frac{A_i}{A_c - A_i} f_i, \quad \theta(t) \approx 0 \tag{4.163}$$

当 $f_i > 0$ 时，上式的值大于零；当 $f_i < 0$ 时，上式的值小于零。

当 A_i 稍稍小于 A_c（表示为 $A_i \lesssim A_c$）而且 $\theta(t)$ 的值接近 π 时，$\theta(t)$ 的很小的正向变化会导致 $\psi(t)$ 的很大的负向变化。结果在鉴频器的输出端出现了负尖峰信号。根据图 4.29(c)可以得到

$$s = A_i[\pi - \theta(t)] \approx (A_c - A_i)\psi(t), \quad \theta(t) \approx \pi \tag{4.164}$$

利用上式求解 $\psi(t)$ 时可以得到

$$\psi(t) \approx \frac{A_i(\pi - 2\pi f_i t)}{A_c - A_i} \tag{4.165}$$

根据式(4.162)可以得到鉴频器的输出如下：

$$y_D(t) = -K_D \frac{A_i}{A_c - A_i} f_i, \quad \theta(t) \approx \pi \tag{4.166}$$

当 $f_i > 0$ 时上式的值小于零；当 $f_i < 0$ 时上式的值大于零。

当 A_i 稍稍大于 A_c（表示为 $A_i \gtrsim A_c$）而且 $\theta(t)$ 的值接近 π 时，$\theta(t)$ 很小的正向变化会导致 $\psi(t)$ 很大的正向变化。结果在鉴频器的输出端出现了正尖峰信号。根据图 4.29(d)可以得到

$$s = A_i[\pi - \theta(t)] \approx (A_i - A_c)[\pi - \psi(t)], \quad \theta(t) \approx \pi \tag{4.167}$$

利用上式求解 $\psi(t)$ 并且微分之后可以得到鉴频器的输出如下：

$$y_D(t) \approx -K_D \frac{A_i}{A_c - A_i} f_i \tag{4.168}$$

当 $f_i > 0$ 时，上式的值大于零；当 $f_i < 0$ 时，上式的值小于零。

当 $A_i = 0.1A_c$、$A_i = 0.9A_c$、$A_i = 1.1A_c$ 时，相位偏移量的波形、鉴频器输出的波形如图 4.30 所示。在干扰很小的条件下，根据式(4.154)、式(4.157)的预测，当 A_i 很小时，相位偏移量的波形、鉴频器输出的波形接近正弦信号，如图 4.30(a)所示。当 $A_i = 0.9A_c$ 时，根据式(4.166)的预测，在鉴频器的输出

中存在一个负尖峰信号。当 $A_i = 1.1A_c$ 时，根据式(4.168)的预测，在鉴频器的输出中存在一个正尖峰信号。值得注意的是，在 $A_i > A_c$ 的条件下，当 $\theta(t)$ 在 $0\sim2\pi$ 之间变化时，$\psi(t)$ 围绕着相量图的原点旋转。换句话说，当 $\theta(t)$ 在 $0\sim2\pi$ 之间变化时，$\psi(t)$ 在 $0\sim2\pi$ 之间变化。在 $A_i < A_c$ 的条件下，$\psi(t)$ 没有围绕相量图的原点旋转。因此得到如下的积分：

$$\int_T \left(\frac{\mathrm{d}\psi}{\mathrm{d}t}\right)\mathrm{d}t = \begin{cases} 2\pi, & A_i > A_c \\ 0, & A_i < A_c \end{cases} \tag{4.169}$$

式中，T 表示当 $\theta(t)$ 从 $\theta(t) = 0$ 变化到 $\theta(t) = 2\pi$ 时所需的时间。换句话说，$T = 1/f_i$。于是，在图 4.30(a)、(b)中，鉴频器输出曲线下的面积等于零；在图 4.30(c)中，鉴频器输出曲线下的面积等于 $2\pi K_D$。在存在噪声的条件下，第 8 章在分析 FM 信号的解调时，会再次介绍 $\psi(t)$ 围绕原点旋转的现象。在考虑噪声的影响时，了解这里给出的由干扰产生的结果有助于给出一些有价值的见解。

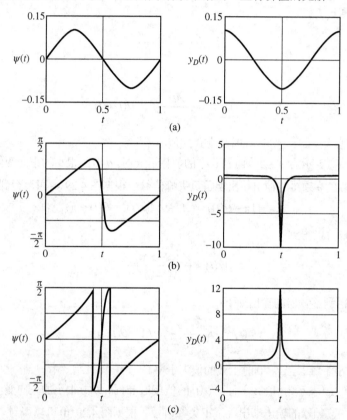

图 4.30　存在干扰时的相位偏移量、鉴频器的输出。(a)当 $A_i = 0.1A_c$ 时的相位偏移量、鉴频器的输出；
(b)当 $A_i = 0.9A_c$ 时的相位偏移量、鉴频器的输出；(c)当 $A_i = 1.1A_c$ 时的相位偏移量、鉴频器的输出

当工作在门限之上(即 $A_i \ll A_c$ 成立)时，在 f_i 很大的条件下，在鉴频器的输出端放置一个滤波器(称为去加重滤波器)，可以减弱干扰对 FM 信号的严重影响。这种滤波器通常是 RC 低通滤波器，其 3 dB 带宽远小于调制信号的带宽 W。当 f_i 很大时，去加重滤波器可以有效地减小干扰，如图 4.31 所示。当频率很大时，一阶滤波器的传输函数的幅度近似等于 $1/f$。在 FM 系统中，由于干扰的幅度随着 f_i 的增大而线性增长，那么，当 f_i 很大时，输出为常数，如图 4.31 所示。

当 $f_3 < W$ 时，低通去加重滤波器除抵御干扰外，还使得消息信号失真。在调制之前，让消息信号通过一个高通预加重滤波器的处理，即可以避免这类失真。高通预加重滤波器的传输函数等于低通去

加重滤波器传输函数的导数。由于预加重滤波器、去加重滤波器级联组合的传输函数为 1，所以对调制没有影响。图 4.32 示出了这样的系统。

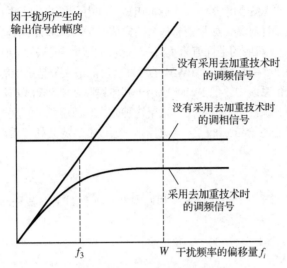

图 4.31　存在干扰时鉴频器输出的幅度

图 4.32　采用预加重与去加重处理技术的调频系统

不可能毫无代价地取得由采用预加重与去加重技术所实现的性能改善。相对于低频分量而言，高通预加重滤波器放大了高频分量，这会导致偏移量的增大、所需的带宽增大。由第 8 章的介绍可知，在分析噪声的影响时，采用预加重与去加重技术通常可以明显地改善系统的性能，同时稍稍增加了实现的复杂度(或者说，实现的成本稍稍增大)。

在许多领域都采用了预加重和/或去加重滤波处理的基本思想。例如，密纹唱片在录音之前经过了高通预加重滤波器的滤波处理。这一处理措施衰减了所录制信号的低频分量。由于低频分量的幅度通常很大，因此，如果不经过预加重滤波处理，则必须增大唱片上磁道之间的距离才能容纳这些幅度很大的信号。录音时，相隔较远的磁道之间的影响也减弱了。为了补偿录音过程中的预加重滤波处理，录放音设备采用了去加重滤波处理。在录制密纹唱片的初期，不同的唱片制造商采用了不同的预加重滤波器。因此，通用的录放音设备需要针对不同的预加重滤波器设计出相应的去加重处理措施。后来这也成了行业标准。采用现代数字录音技术后，已不再考虑这些问题。

4.5　模拟脉冲调制

根据前一章的定义，模拟脉冲调制指的是：脉冲的某一属性随样值连续地变化，且与样值之间呈一一对应关系。容易改变的属性共有 3 个：①幅度；②宽度；③位置。由此得到了三种模拟脉冲调制方式：①脉冲幅度调制(Pulse-Amplitude Modulation，PAM)；②脉冲宽度调制(Pulse-Width Modulation，PWM)；③脉冲位置调制(Pulse-Position Modulation，PPM)。如图 3.25 所示。前一章介绍过 PAM。这里简要地分析一下 PWM 与 PPM。

4.5.1 脉冲宽度调制

由图 3.25 可以看出,PWM 的波形由一串脉冲组成,其中,每一个脉冲的宽度与在该采样时刻消息信号的样值成正比。在采样时刻,如果消息信号的样值等于零,那么 PWM 的宽度为 $T_s/2$。于是,当脉冲的宽度小于 $T_s/2$ 时,对应的采样值为负值;当脉冲的宽度大于 $T_s/2$ 时,对应的采样值大于零。用调制指数 β 定义时,如果 $\beta=1$,那么,PWM 的脉冲宽度的最大值精确地等于采样周期 $1/T_s$。脉冲宽度调制很少用于现代通信系统中。但 PWM 已用于其他领域。如 PWM 广泛地用于直流电动机控制系统,即电动机的转速与脉冲的宽度成正比。采用这种方式时,避免了幅度过大的脉冲。由于脉冲的幅度相同,因此给定脉冲的能量与脉冲的宽度成正比。经过低通滤波处理后,可以根据 PWM 的波形恢复采样值。

计算机仿真实例 4.5

由于直接求解 PWM 信号的频谱较复杂,因此需要求助于 FFT 才能得到 PWM 的频谱。完整的 MATTLAB 程序如下:

```
%File : c4ce5.m
clear all;                          %be safe
N = 20000;                          %FFT size
N samp = 200;                       %200 samples per period
f = 1;                              %frequency
beta = 0.7;                         %modulation index
period = N/N_samp;                  %sample period (Ts)
Max_width = beta*N/N_samp;          %maximum width
y = zeros(1,N);                     %initialize
for n=1 : N_samp
    x = sin(2*pi*f*(n - 1)/N_samp);
    width = (period/2)+ round((Max_width/2)*x);
    for k=1 : Max_width
        nn = (n - 1)*period+k;
        if k < width
            y(nn)= 1;               %pulse amplitude
        end
    end
end
ymm = y - mean(y);                  %remove mean
z = (1/N)*fft(ymm, N);              %compute FFT
subplot(211)
stem(0:999, abs(z(1 : 1000)), '.k')
xlabel('Frequency - Hz.')
ylabel('Amplitude')
subplot(212)
stem(180 : 220,abs(z(181 : 221)), '.k')
xlabel('Frequency - Hz.')
ylabel('Amplitude')
%End of script file.
```
∎

在上面的MATLAB程序中,采用的消息信号是频率等于1 Hz的正弦信号。消息信号的采样率为200(样值/秒)或者200 Hz。FFT 处理了 10 个周期的波形。由 FFT 得到的频谱如图 4.33(a)、(b)所示。图 4.33(a)

表示区间 $0 \leqslant f \leqslant 1000$ Hz 内的频谱。由于各个频谱分量之间相隔 1 Hz（对应周期为 1 Hz 的正弦信号），因此能够清晰地看到各个频谱分量。图 4.33(b) 表示区间 $f = 200$ Hz 附近的频谱。这一频谱范围容易让人联想到一对正弦信号经调频后得到的傅里叶-贝塞尔频谱（如图 4.10 所示）。这里注意到，PWM 很像角度调制。

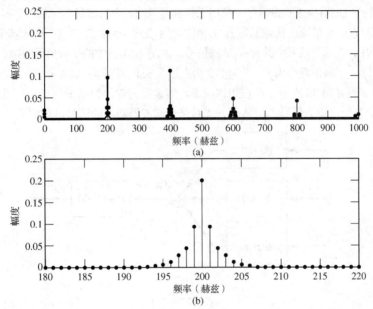

图 4.33　PWM 的频谱。(a) 位于区间 $0 \leqslant f \leqslant 1000$ Hz 内的频谱；(b) 位于 $f = 200$ Hz 附近的频谱

4.5.2　脉冲位置调制

PPM 信号由一串脉冲构成，其中，脉冲偏离原先时间参考的位置变化与承载信息的信号样值成正比。可以用如下的关系式表示图 3.25 示出的 PPM 信号：

$$x(t) = g(t - t_n) \tag{4.170}$$

式中，$g(t)$ 表示各个脉冲的形状；各个发生时间 t_n 与各个采样时刻 nT_s 对应的消息信号 $m(t)$ 的值有关（见上一段的介绍）。PPM 信号的频谱与 PWM 信号的频谱非常相似。（见本章末尾的计算机仿真练习。）

将时间轴划分为时隙后，某一给定范围内的样值与每个时隙对应，对脉冲的位置进行量化，而且根据样值的大小将每个脉冲分配到给定的时隙。各个时隙互不重叠，因而是相互正交的。如果将给定的样值分配给 M 个时隙中的一个，那么实现的是 M 进制的正交通信；见第 11 章的分析介绍。在超宽带通信领域中，脉冲位置调制的应用很广[3]。值得注意的是，在将脉冲位置调制技术用于超宽带通信领域时，由于各个脉冲持续的时间很短，因此需要很宽的传输带宽。

4.6　复用

在许多应用中，大量的数据位于同一个地方，这时，理想的的处理方式是：在同一个介质中同时传输这些信号。把这样的处理方式称为复用。这里介绍几种不同类型的复用技术，其中的每一种技术都存在各自的优点与缺点。

---

3 例如，可以参阅如下的文献：R. A. Scholtz，"由时间跳变脉冲调制实现的多址技术"，Proceedings of the IEEE 1993 MILCOM Conference, 1993, and Reed (2005)。

4.6.1 频分复用

频分复用(Frequency Division Multiplexing,FDM)技术指的是:利用调制技术把几路消息信号变换到不同的频带,并且叠加后构成基带信号。把用于构建基带的各个载波称为子载波。必要时,可以利用一次调制处理过程,在一个信道上传输基带信号。可以利用几种不同类型的调制构成基带信号,如图 4.34 所示。在这个例子中,在基带信号中共含有 N 路信号。由图 4.34(c) 中的基带信号的频谱可以看出,调制器 1 为双边带调制器,子载波频率为 f_1;调制器 2 为上边带 SSB 调制器;调制器 N 为角度调制器。

FDM 解调器如图 4.34(b) 所示。在理想情况下,解调器的输出为基带信号。利用带通滤波器可以提取出基带系统中各个信道的信号。用常规方式对带通滤波器输出的信号进行解调。

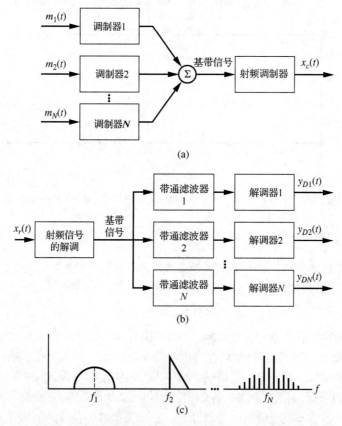

图 4.34　频分复用。(a) FDM 调制器;(b) FDM 解调器;(c) 所设计的基带信号的频谱

由基带信号的频谱可以看出,基带系统的带宽等于已调信号的带宽与各个保护频带的带宽之和(保护频带指的是:为了便于滤波,在各个信道之间留出的空闲频带)。带宽的下边界等于各个消息信号的边带之和。当所有的基带调制器为 SSB 调制器,而且各个保护频带均为零时,可以将这个下边界值表示如下:

$$B = \sum_{i=1}^{N} W_i \tag{4.171}$$

式中,W_i 表示消息信号 $m_i(t)$ 的带宽。

4.6.2　频分复用的实例:调频立体声广播

这里把调频立体声广播作为 FDM 的例子。在开发调频立体声广播的初期,必要条件是:立体声

FM 接收机必须与单声道接收机兼容。换句话说，单声道 FM 接收机的输出一定是合成（"左声道+右声道"）后的立体声信号。

图 4.35（a）示出了调频立体声广播所采用的方案。正如图中所示出的，产生调频立体声信号的第一步是：先构造左声道信号与右声道信号的"和信号与差信号 $l(t) \pm r(t)$"。然后，经双边带调制将差信号 $l(t) - r(t)$ 变换到 38 kHz，其中，38 kHz 的载波频率由 19 kHz 的振荡器导出。也就是说，利用倍频器把来自 19 kHz 振荡器的信号变换为 38 kHz 的载频。前面已经介绍过，可以利用 PLL 实现这种倍频器。

产生基带信号时，将和信号、差信号、19 kHz 的导频音相加。根据设计的左声道信号、右声道信号，图 4.35（b）示出了基带信号的频谱。把基带信号输入到 FM 调制器。值得注意的是，如果消息带宽为 15 kHz 的 FM 单声道发射机与消息带宽为 53 kHz 的 FM 立体声发射机二者具有相同的峰值频偏这一限制条件，那么，调频立体声发射机的偏移系数 D 减小了 53/15 = 3.53。在第 8 章介绍噪声的影响时，就可以看出降低偏移系数这一指标后所带来的影响。

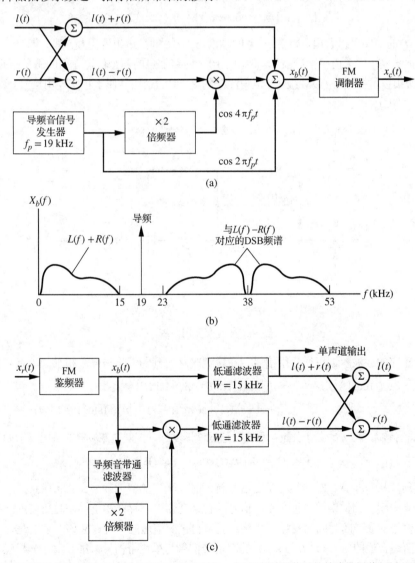

图 4.35　调频立体声发射机与接收机。(a)调频立体声发射机；(b)调频基带信号的单边带频谱；(c)调频立体声接收机

　　图 4.35(c)示出了调频立体声接收机的方框图。鉴频器的输出为基带信号 $x_b(t)$，在理想情况下，$x_b(t)$ 与输入到 FM 调制器的基带信号相同。根据基带信号的频谱可以得出结论，用带宽为 15 kHz 的低通滤波器对基带信号进行滤波处理之后，可以产生"左声道信号 + 右声道信号"。值得注意的是，这是单声道的输出。用 38 kHz 的解调载波对双边带信号进行相干解调之后，得到"左声道信号 − 右声道信号"。按照如下的处理过程得到相干解调的载波：①利用带通滤波器恢复 19 kHz 的导频音；②让导频音通过倍频器(处理方法与调制器的相同)。接着，将"左声道信号 + 右声道信号"、"左声道信号 − 右声道信号"分别相加与相减之后得到左声道信号、右声道信号，如图 4.35(c)所示。

4.6.3　正交复用

　　另一种复用方式是正交复用(Quadrature Multiplexing，QM)，也就是说，将相互正交的载波用于变频。图 4.36 示出了正交复用系统。把正交复用后的信号表示如下：

$$x_c(t) = A_c[m_1(t)\cos(2\pi f_c t) + m_2(t)\sin(2\pi f_c t)] \tag{4.172}$$

根据绘出的 $x_c(t)$ 的简图可以看出，如果 $m_1(t)$ 的频谱与 $m_2(t)$ 的频谱出现重叠，那么调制以后的频谱也会重叠。尽管正交复用中采用了变频技术，但由于用于两路信息的两个信道占用的不是不相交的频谱，因此，这里的变频技术并不是 FDM 技术。值得注意的是，单边带信号属于正交复用信号，其中，$m_1(t) = m(t)$，$m_2(t) = \pm\hat{m}(t)$。

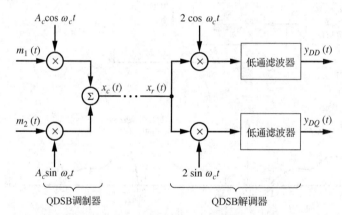

图 4.36　正交复用系统

　　利用相互正交的载波解调正交复用信号。在解调时将收到的信号与载波相乘，于是可以得到

$$2x_r(t)\cos(2\pi f_c t + \theta) = A_c[m_1(t)\cos\theta - m_2(t)\sin\theta] \\ + A_c[m_1(t)\cos(4\pi f_c t + \theta) + m_2(t)\sin(4\pi f_c t + \theta)] \tag{4.173}$$

上式的第二行含有频率为 $2f_c$ 的频谱分量，可由低通滤波器滤除。把低通滤波器的输出表示如下：

$$y_{DD}(t) = A_c[m_1(t)\cos\theta - m_2(t)\sin\theta] \tag{4.174}$$

当 $\theta = 0$ 时，可以得到 $m_1(t)$。对接收的正交信号解调时，采用的解调载波为 $2\sin(2\pi f_c t)$。

　　上面的结果表明：相位误差对正交复用信号的解调有影响。存在相位误差时所得的结果体现在两方面：①所需信号的衰减随时间的变化而变化；②来自正交信道的干扰。应该注意的是，可以用正交复用信号表示两路合适的信号 $m_1(t)$ 与 $m_2(t)$ 的双边带信号与单边带信号。第 8 章在分析噪声、解调相位误差的组合效应时，会用到这一观点。

　　可以按照如下的方式实现具有正交复用特性的频分复用：利用相互正交的两个载波，将一对信号变换到各自的子载频。每个信道的带宽为 $2W$，于是能够容纳两路消息信号（其中每一路信号的带宽为 W）。那么，如果保护带宽为零，带宽为 NW 的基带可以容纳 N 路消息信号，每一路的带宽为 W，共需要 $N/2$ 个不同的子载频。

4.6.4　各种复用方案的比较

在已介绍过的 3 种类型的复用方案中，基带带宽的下限受到信息总带宽的限制。当然，每一种复用技术都有各自的优缺点。

频分复用技术的优点是：实现简单。如果信道为线性信道，则相应的缺点是难以识别（也就是说，收、发之间需要完全同步的载频）。然而，许多信道都存在很小，却不能忽略的非线性。正如第 2 章的介绍，非线性会产生交调失真。在 FDM 系统中，交调失真的后果是：基带的各个信道之间存在干扰。

上一章介绍过的时分复用，也有许多固有的缺点。如果数据用户需要连续的数据，那么还需要采样器，在接收端，必须由采样器恢复连续的波形。时分复用的最大难点在于：在复用转换器与分路转换器之间必须保持同步。正交复用的优点是：正交复用可以在同一时刻、同一频带利用简单的双边带调制，因而有效地利用了基带带宽。正交复用还允许直流响应（单边带不允许直流响应）。正交复用的基本问题是：如果不能够实现理想的相干解调，那么，在相互正交的信道之间存在干扰。

在第 8 章介绍的噪声环境下分析系统的性能时，可以明显地看出频分复用、正交复用、时分复用的其他优缺点。

补充书目

除了锁相环这部分内容需要参考这里给出的文献，本章的其他内容还可以参考前几章提供的文献。而且，有许多文献包含了这些内容，因此，第 3 章给出的文献只是其中的几部典型的参考文献。同理，有许多文献给出了 PLL 的细致分析。例如，①史蒂芬斯(1998)；②伊根(2008)；③加德纳(2005)；④特兰特、塔姆维基、博斯(2010)。在文献特兰特、尚慕甘、拉帕波特、科斯巴(2004)中还提供了 PLL 仿真的内容。

本章内容小结

1. 调角信号的常规表达式如下：

$$x_c(t) = A_c \cos[2\pi f_c t + \phi(t)]$$

如果采用调相技术，则上式中的 $\phi(t)$ 满足如下关系：

$$\phi(t) = k_p m(t)$$

如果采用调频技术，则上式中的 $\phi(t)$ 满足如下关系：

$$\phi(t) = 2\pi f_d \int^t m(\alpha)\mathrm{d}\alpha$$

式中，k_p、f_d 分别表示相位偏移常数、频率偏移常数。

2. 如果调制信号为正弦信号，则角度调制时可以产生无穷多个边带分量。如果只有一对边带分量具有明显的优势，那么这时的角度调制为窄带调制。当窄带角度调制的消息信号为正弦信号时，对应的频谱与 AM 信号的频谱几乎相同，不同之处体现在：下边带出现了 $180°$ 的相移。

3. 消息信号为正弦信号时，可以将角度调制之后的载波表示如下：

$$x_c(t) = A_c \sum_n J_n(\beta) \cos[2\pi(f_c + nf_m)t]$$

式中,$J_n(\beta)$ 表示第一类 n 阶贝塞尔函数。把参数 β 称为调制指数。如果 $m(t) = A\sin(\omega_m t)$,则调相信号满足 $\beta = k_p A$;调频信号满足 $\beta = f_d A/f_m$。

4. 与已调载波的带宽相比,如果载频的频率很高,则角度调制之后的载波所包含的功率为 $\langle x_c^2(t) \rangle = \frac{1}{2}A_c^2$。

5. 严格地说,调角信号的带宽为无穷大。但利用定义如下的功率比,可以得到带宽的值:

$$P_r = J_0^2(\beta) + 2\sum_{n=1}^{k} J_n^2(\beta)$$

也就是说,功率比表示总功率 $A_c^2/2$ 与带宽 $B = 2kf_m$ 内所含功率的比值。当功率比为 0.98 时所得的带宽为 $B = 2(\beta+1)f_m$。

6. 调角信号的偏移系数为

$$D = \frac{\text{频率偏移量的最大值}}{m(t)\text{的带宽}}$$

7. 当角度调制的消息信号为任意信号时,估算已调载波带宽的卡尔森定理为:$B = 2(D+1)W$。

8. 把窄带信号变为宽带信号的技术指的是:根据窄带调频信号产生宽带信号。在这种系统中采用了倍频器。具体地说,与混频器不同的是,倍频器需要将频率偏移量加倍,以及将载波频率加倍。

9. 利用鉴频器可以完成调角信号的解调。鉴频器的输出信号与输入信号的频率偏移量成正比。在鉴频器的输出端放置一个积分器即可实现调相信号的解调。

10. 可以这样实现鉴频器:微分器之后连接一个包络检波器。在微分器的输入端,可以利用限幅器消除幅度的变化。

11. 在解调调角信号时,PLL 是个简单而且实用的系统。对 PLL 的实质进行分析时得出结论:PLL 是个反馈控制系统。PLL 可用于实现倍频器与分频器。

12. 可以利用基本 PLL 的变体即科斯塔斯 PLL 实现 DSB 信号的解调。

13. 在解调时可能会受到干扰(即不期望的信号分量)的影响。当解调器的输入端存在干扰时,会在解调器的输出端产生不期望的分量。如果干扰很强,并且解调器呈现非线性时,会发生门限效应。门限效应会大大地损耗信号分量。在调频系统中,干扰的影响随着干扰信号的幅度、频率的变化而变化。在调相系统中,干扰的影响仅随着干扰信号的幅度的变化而变化。在调频系统中,可以利用预加重技术、去加重技术减小干扰的影响。也就是说,在发送端调制之前,增大消息信号的高频分量;但在接收端解调之后,完成相反的处理过程。

14. 脉冲宽度调制指的是:在每个采样时刻,载波的每个脉冲的宽度与消息信号的值成正比。经低通滤波的处理过程即可完成脉冲宽度信号的解调。

15. 脉冲位置调制指的是:当用每个脉冲与固定参考信号之间的偏移量来度量时,在每个采样时刻,载波的每个脉冲的位置与消息信号的值成正比。

16. 复用指的是这样一种方案:两个或者多个消息信号可以在一个系统中同时实现通信。

17. 频分复用指的是:在实现传输时,利用调制技术将消息频谱变换到基带频谱中互不重叠的位置。然后,利用任一种载波调制方法完成基带调制信号的传输。

18. 正交复用指的是:在传输两路信号时,通过载波相互正交的线性调制技术,把信号变换到相同的频带。对这类信号解调时,需要利用相互正交的载波实现相干解调。如果解调的载波存在相位误差,则解调信号会发生严重的失真。通过如下的两个分量可以体现出这种失真:①所需输出信号的时变衰减;②由正交信道产生的干扰。

疑难问题

4.1　已知调角信号的相位偏移常数为 k_p、载波频率为 f_c。试求出如下 3 个消息信号的瞬时相位：

(a) $m_1(t) = 10\cos(5\pi t)$

(b) $m_2(t) = 10\cos(5\pi t) + 2\sin(7\pi t)$

(c) $m_3(t) = 10\cos(5\pi t) + 2\sin(7\pi t) + 3\cos(6.5\pi t)$

4.2　根据上一题中的消息信号，求出对应的瞬时频率。

4.3　调频信号的频偏常数为 15 Hz /m(t) 的单位。假定消息信号为 $m(t) = 9\sin(40\pi t)$。求出 $x_c(t)$ 的表达式，并且求出相位的最大偏移量。

4.4　利用上一题给出的 f_d 的值与 m(t) 的表达式，求出相位偏移量的表达式。

4.5　如果一个信号经历了窄带角度调制，而且 $\beta = 0.2$，求出边带功率与载波功率的比值。另外，求出发送信号的频域表达式。

4.6　如果正弦消息信号 m(t) 经历了角度调制，而且 $\beta = 5$，求边带功率与载波功率的比值。这里假定已调载波的每个边带共有 5 个分量。

4.7　模拟调频把窄带信号变成了宽带信号。已知窄带信号的峰值频偏为 40 Hz、消息信号的带宽为 200 Hz。而且已知发送的宽带信号的偏移系数为 6、载波频率为 1 MHz。求出如下指标：①倍频系数 n；②窄带信号的载波频率；③根据卡尔森定律，计算出宽带信号带宽的估值。

4.8　已知一阶锁相环的环路总增益为 10，求出锁定的范围。

4.9　已知工作在跟踪模式的二阶锁相环的环路增益为 10，而且环路滤波器的传输函数为 $(s+a)/s$。如果环路的衰减系数为 0.8，求出 a 的值。在所选 a 值的条件下，问环路的固有频率是多少？

4.10　已知一阶锁相环的环路增益为 300。在输入到环路的信号的瞬时频率改变了 40 Hz 的条件下，求出因频率跳变所导致的稳态相位误差。

4.11　频分复用信号发送的基带信号的带宽为 100 kHz，在不采用调制技术（即 $f = 0$）的条件下，将一个这种特性的信道用于通信系统。假定低通消息信号的频谱带宽为 2 kHz，并且信道之间的保护带为 1 kHz。在构成基带信号时，问可以复用多少路这种信号？

4.12　将正交复用系统的两个消息信号分别表示如下：

$$m_1(t) = 5\cos(8\pi t) \, , \quad m_2(t) = 8\sin(12\pi t)$$

由于存在校正误差，导致解调载波产生了 10° 的相位误差。求出解调之后输出的两路消息信号。

习题

4.1 节习题

4.1　设调相器的输入为 $m(t) = u(t - t_0)$。已知调制之前的载波为 $A_c\cos(2\pi f_c t)$，而且已知 $f_c t_0 = n$，其中，n 为整数。按照 $k_p = \pi/2$ 时绘出的图 4.1(c)，在 $k_p = \pi$、$-3\pi/8$ 的条件下，准确地绘出相位调制器的输出。

4.2　在当 $k_p = -\pi/2$、$3\pi/8$ 的条件下，准确地绘出相位调制器的输出。

4.3　如果消息信号为 $m(t) = A\sin\left(2\pi f_m t + \dfrac{\pi}{6}\right)$，重新绘出图 4.4。

4.4　前面计算出的调频信号的频谱用如下的信号表示：

$$x_{c1}(t) = A_c\cos[2\pi f_c t + \beta\sin(2\pi f_m t)]$$

这里假定已调信号由如下的关系式给出:

$$x_{c2}(t) = A_c \cos[2\pi f_c t + \beta \cos(2\pi f_m t)]$$

证明: $x_{c1}(t)$、$x_{c2}(t)$ 的幅度谱相同。计算出 $x_{c2}(t)$ 的相位谱,并与 $x_{c1}(t)$ 的相位谱进行比较。

4.5　计算出如下两路信号的幅度谱、相位谱:

$$\begin{cases} x_{c3}(t) = A_c \sin[2\pi f_c t + \beta \sin(2\pi f_m t)] \\ x_{c4}(t) = A_c \sin[2\pi f_c t + \beta \cos(2\pi f_m t)] \end{cases}$$

并将所得的结果与图 4.5 进行比较。

4.6　在调制之前,已知载波信号的功率为 50 W,载波的频率为 $f_c = 40$ Hz。这里用正弦消息信号调制 FM 载波,而且已知 $\beta = 10$。如果正弦消息信号的频率为 5 Hz,试求出 $x_c(t)$ 的均值。在绘出频谱之后,分析一下存在明显的自相矛盾的原因。

4.7　已知 $J_0(5) = -0.178$、$J_1(5) = -0.328$。求出 $J_3(5)$、$J_4(5)$。

4.8　已知调角信号的瞬时相位偏移量为 $\phi(t) = \beta \sin(2\pi f_m t)$,而且已知 $\beta = 10$、$f_m = 30$ Hz、$f_c = 2000$ Hz。求幅度谱与相位谱,并且绘出相应的概图。

4.9　当发送端采用 1000 Hz 的载波频率时,可以将未调载波表示为 $A_c \cos(2\pi f_c t)$。当发送端的输出为如下的信号时,分别求出每一种情形的相位偏移量、频率偏移量:

(a) $x_c(t) = \cos[2\pi(1000)t + 40\sin(5t^2)]$

(b) $x_c(t) = \cos[2\pi(600)t]$

4.10　如果发送端的输出用如下的信号表示,重新求解上一题的问题:

(a) $x_c(t) = \cos[2\pi(1200)t^2]$

(b) $x_c(t) = \cos[2\pi(900)t + 10\sqrt{t}]$

4.11　已知 FM 调制器的输出如下:

$$x_c(t) = 100\cos\left[2\pi f_c t + 2\pi f_d \int^t m(\alpha)\,\mathrm{d}\alpha\right]$$

式中,$f_d = 20$ Hz/V。假定消息信号 $m(t)$ 为矩形脉冲 $m(t) = 4\Pi\left[\dfrac{1}{8}(t-4)\right]$。求解如下问题:

(a) 绘出相位偏移量的概图。相位偏移量的单位:弧度。

(b) 绘出频率偏移量的概图。频率偏移量的单位:赫兹。

(c) 求出峰值频偏的值。峰值频偏的单位:赫兹。

(d) 求出峰值相偏的值。峰值相偏的单位:弧度。

(e) 求出调制器输出端的功率。

4.12　当消息信号 $m(t)$ 为三角形脉冲 $m(t) = 4\Lambda\left[\dfrac{1}{3}(t-6)\right]$ 时,重新求解上一题中的各个问题。

4.13　已知 FM 调制器的 $f_d = 10$ Hz/V。如果采用图 4.37 所示的 3 个消息信号,试分别绘出频率偏移量与相位偏移量的图形。频率偏移量的单位:赫兹;相位偏移量的单位:弧度。

4.14　已知 FM 调制器的 $f_c = 2000$ Hz、$f_d = 20$ Hz/V。当调制器的输入为 $m(t) = 5\cos[2\pi(10)t]$时,求解如下的问题:

(a) 调制指数是多少?

(b) 按照近似比例绘出调制器输出幅度谱的概图。在图中示出所关注的全部频率分量。

(c) 问这是不是窄带调频?要求给出你的理由。

(d) 如果将同样的信号 $m(t)$ 输入到相位调制器,为了得到 (a) 中的调制指数,问所需的 k_p 是多少?

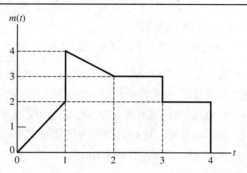

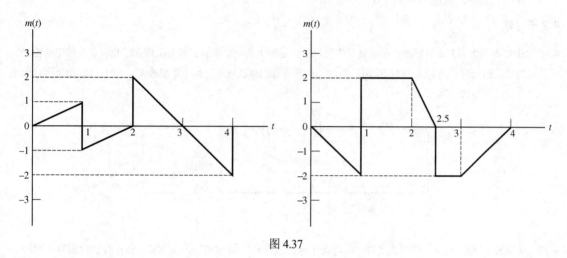

图 4.37

4.15 音频信号的带宽为 15 kHz。已知消息信号的最大值为 $|m(t)| = 10$ V。用该消息信号调制调频载波。当调制器的偏移常数为如下的值时，估算出调制器输出端的峰值频偏：

(a) 20 Hz/V

(b) 200 Hz/V

(c) 2 kHz/V

(d) 20 kHz/V

4.16 根据式(4.30)、式(4.39)，证明：$\displaystyle\sum_{n=-\infty}^{\infty} J_n^2(\beta) = 1$。

4.17 证明可以将 $J_n(\beta)$ 表示如下：

$$J_n(\beta) = \frac{1}{\pi}\int_0^\pi \cos(\beta\sin x - nx)\mathrm{d}x$$

并且根据上式的结果证明

$$J_{-n}(\beta) = (-1)^n J_n(\beta)$$

4.18 FM 调制器的后面接一个带通滤波器，带通滤波器的中心频率为 500 Hz、带宽为 70 Hz。滤波器在通频带内的增益为 1。已知未调载波为 $10\cos(1000\pi t)$、消息信号为 $m(t) = 10\cos(20\pi t)$。发送端的频偏常数 f_d 为 8 Hz/V。

(a) 求出峰值频偏，单位：赫兹；

(b) 求出峰值相偏，单位：弧度；

(c) 求出调制指数；

(d) 求出滤波器输入端的功率、输出端的功率；

(e) 分别绘出滤波器输入端、输出端信号的单边带频谱。要求在图中标出每个频谱分量的幅度、相位。

4.19 正弦消息信号的频率为 250 Hz。将该信号输入到 FM 调制器，已知调制器的调制指数为 8。如果要求功率比 P_r 为 0.8，求出调制器输出信号的带宽。如果需要实现 0.9 的功率比 P_r，求调制器输出信号的带宽。

4.20 窄带调频信号的载波频率为 110 kHz、偏移系数为 0.05。调制信号的带宽为 10 kHz。用该信号产生偏移系数为 20、带宽为 100 MHz 的宽带 FM 信号。图 4.12 示出了完成该功能的方案。求出所需的倍频值 n。而且，在如下的条件下，详细地分析混频器中本地振荡器采用的两个合理的频率；详细地分析所需的带通滤波器（指中心频率、带宽这两个指标）。

4.2 节习题

4.21 图 4.38 示出了 FM 鉴频器。可以将其中输入阻抗无穷大的包络检波器视为工作在理想状态。绘出传输函数的幅度谱 $E(f)/X_r(f)$。根据绘出的图形，求出适宜的载波频率、鉴频器常数 K_D，并且估算出所准许的输入信号的峰值频偏。

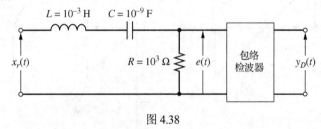

图 4.38

4.22 调整图 4.38 中 R、L、C 的值之后，可以设计出载波频率为 100 MHz 的鉴频器。假定峰值频偏为 4 MHz。问所设计的鉴频系数 k_D 是多少？

4.3 节习题

4.23 利用式 (4.117) 验证表 4.4 的稳态误差。

4.24 假定科斯塔斯锁相环的输入与 VCO 的输出分别为：$x_r(t) = m(t)\cos(2\pi f_c t)$、$e_0(t) = 2\cos(2\pi f_c t + \theta)$。验证图 4.26 中的各点所示的所有信号都是正确的。假定 VCO 的频率偏移量由关系式 $d\theta/dt = -K_v e_v(t)$ 给出，其中，$e_v(t)$ 表示 VCO 的输入；K_v 表示大于零的常数。要求绘出相位平面图，并且利用所得的相位平面图验证环路的锁定过程。

4.25 利用一个锁相环设计出输出频率等于 $7f_0/3$ 的系统，其中，f_0 表示输入频率。通过绘出的简图，完整地表示出所设计的 VCO 的输出。在分析你设计的系统的工作原理时，绘出 VCO 输出端的频谱，并且绘出系统中任意其他的频谱。表示出你设计中所用到的滤波器，包括每个滤波器的中心频率、合理的带宽。

4.26 当频率跳变的步长为 $\Delta\omega$ 时，一阶锁相环的频率误差为零、相位误差为零。环路增益 K_t 为 $2\pi \times 100$。当 $\Delta\omega$ 分别取值 $2\pi \times 30$、$2\pi \times 50$、$2\pi \times 80$、$-2\pi \times 80$ 弧度/秒时，求出稳态时的相位误差（单位：度）。如果 $\Delta\omega = 2\pi \times 120$ 弧度/秒时，问会出现什么现象？

4.27 当 $K_t \to \infty$ 时，证明 $K_t e^{-K_t t} u(t)$ 满足冲激函数的所有性质，并且据此验证式 (4.120)。

4.28 将非理想情况下的二阶 PLL 定义为环路滤波器特性如下的 PLL：

$$F(s) = \frac{s+a}{s+\lambda a}$$

式中，λ 表示极点偏移原点（原点为相对零点）的值。在实际实现时，λ 的值很小，但通常不能忽略。要求根据 PLL 的线性模型推导出 $\Theta(s)/\Phi(s)$。如果 K_t、a、λ 为已知的量，推导出 ω_n、ξ 的表达式。

4.29 在上一题中，假定已知非理想情况下二阶 PLL 的环路滤波器模型，要求根据表 4.4 中所给出的 3 个条件 θ_0、f_Δ、R，推导出稳态时的相位误差。

4.30 当科斯塔斯锁相环运行的相位误差很小时，如下的关系式成立：$\sin\psi \approx \psi$、$\cos\psi \approx 1$。假定将 VCO 前面的低通滤波器的传输特性设计为 $a/(s+a)$，其中，a 表示任意常数。当消息信号为 $m(t) = u(t-t_0)$ 时，求出系统的响应。

4.31 这一题分析的是用于科斯塔斯锁相环的基带(低通等效模型)信号。假定环路的输入为如下的复包络信号 $\tilde{x}(t) = A_c m(t)e^{j\phi(t)}$，而且 VCO 的输出为 $e^{j\theta(t)}$。求出这种模型并且绘出模型的概图。要求：根据该模型可以得到模型中任一点的信号表示。

4.4 节习题

4.32 假定在 FM 解调器的工作环境中存在正弦干扰。要求证明：在如下的每一种情况下，鉴频器的输出是不等于零的常数：①$A_i = A_c$；②$A_i = -A_c$；③$A_i \gg A_c$。针对这 3 种情形中的每一种，求出 FM 解调器的输出。

4.5 节习题

4.33 把连续信号量化后在 PCM 系统中传输。在系统的接收端，必要的条件是，数据的每个样值在满刻度峰峰值 $\pm 0.20\%$ 的范围之内，问发送的每个数据字必须包含的二进制符号数 k 是多少？假定消息信号为语音信号，而且已知语音信号的带宽为 5 kHz。针对所选择的 k，估算出所得到的 PCM 信号的带宽。

4.6 节习题

4.34 在 FDM 通信系统中，发送如下的基带信号：

$$x(t) = m_1(t)\cos(2\pi f_1 t) + m_2(t)\cos(2\pi f_2 t)$$

在发送端的输出与接收端的输入之间，该系统呈二阶非线性。因此，可以将收到的基带信号表示如下：

$$y(t) = a_1 x(t) + a_2 x^2(t)$$

假定两路消息信号 $m_1(t)$、$m_2(t)$ 的频谱满足如下的关系式：

$$M_1(f) = M_2(f) = \Pi\left(\frac{f}{W}\right)$$

要求绘出 $y(t)$ 的频谱。在解调收到的信号时，分析出现的各个难点。在许多频分复用系统中，子载波的频率 f_1 与 f_2 之间为谐波关系。分析由此引发的任何附加问题。

计算机仿真练习

4.1 在调整峰值频偏的大小、但保持 f_m 不变的条件下，可以得到 3 种不同的调制指数(0.5、1、1.5)。根据这些信息重新绘出图 4.7。

4.2 假定消息信号为方波信号，要求编写的计算机仿真程序能够产生 FM 调制器的输出幅度谱。当峰值频偏取各种值时，绘出输出信号的频谱。将所得的结果与脉冲宽度调制的频谱进行比较，并且给出你的分析。

4.3 要求编写的计算机仿真程序能够验证图 4.24、图 4.25 所示的仿真结果。

4.4 参考计算机仿真实例 4.4，绘出用仿真环路表示的系统的方框图，并利用仿真代码在环路中标出所用到的各个分量的输入与输出。根据该方框图，验证仿真程序是正确的。在仿真程序中产生误差的原因是什么？如何减小这些误差？

4.5 修改计算机仿真实例 4.4 的程序代码后，可以交叉输入采样频率。通过运行具有一系列采样频率的仿真程序，分析采用不同采样频率时所带来的影响。需要明确的是，仿真从很低的采样率开始并且逐渐升高，直至采样率明显地高于取得准确仿真结果所需的采样率。对所得的结果进行分析。你如何知道已达到了足够高的采样率。

4.6 修改计算机仿真实例 4.4 的程序代码时,用"矩形积分法"取代"梯形积分法"。当采样率很高时,证明两种锁相环的性能基本相同。而且证明:当采样率很低时,两种锁相环的性能并不相同。这对你选择采样率有何启示?

4.7 修改计算机仿真实例 4.4 的程序代码之后,鉴相器中包含了限幅器,因此,可以利用如下的关系式表示鉴相器的特性:

$$e_d(t) = \begin{cases} A, & \sin[\psi(t)] > A \\ \sin[\psi(t)], & -A \leqslant \sin[\psi(t)] \leqslant A \\ -A, & \sin[\psi(t)] < -A \end{cases}$$

式中,$\psi(t)$ 表示相位误差 $\phi(t) - \theta(t)$;A 表示仿真用户可以调整的参数。调整 A 的值并且分析:当 A 减小时对所历经的周期数的影响,以及当 A 减小时对锁定相位所需的时间有何影响?

4.8 利用习题 4.28 的结果,在修改计算机仿真实例 4.4 的程序代码之后,仿真非理想环境下的锁相环。所采用的参数值与计算机仿真实例 4.4 的相同,而且假定 $\lambda = 0.1$。要求对锁定相位所需的时间指标进行比较。

4.9 当环路增益很小时,3 阶锁相环具有独特的不稳定的特性;当环路增益很大时,3 阶锁相环具有稳定的独特特性。用 MATLAB 编写"根轨迹"程序,而且,在选择合理的 a、b 值之后,演示这一特性。

4.10 用 MATLAB 编写程序完成锁相环的仿真,已知锁相环的输出频率等于 $7f_0 / 5$,其中,f_0 表示输入频率。要求演示仿真系统的正常运行。

第 5 章 　 基带数字数据传输的原理

到目前为止，主要介绍的是模拟信号的传输。这一章引入数字数据的传输——也就是说，在传输的每个时间间隔内，信号只能取几个有限值中的一个。与第 4 章介绍的脉冲编码调制一样，这可能是对模拟信号进行采样、量化、编码之后得到的结果，也存在这样的可能：要求发送的消息信号本身就是离散信号，例如数据文件或者文本文件。这一章介绍数字数据传输系统的几个特性。这一章没有分析的一个传输特性是：信道中的随机噪声对信号的影响。随后的各章以及第 8 章会针对这一问题作出相应的处理。分析本章的另一个限制条件是：调制时不一定调制到传输载波上，而是调制为基带信号。因此，这里随后分析的各个数据传输系统的信号功率都集中在零至几 kHz 之间，或者零至几 MHz 之间，至于带宽的值是多少，与具体的应用有关。在分析数字数据传输系统时，第 9 章以及第 9 章之后的各章专门针对带通信号。

5.1 带通数字数据传输系统

图 5.1 示出了数字数据传输系统的方框图，图中包含了信号处理中可能的几个过程。本章后面的几节详细地分析其中的每一个处理环节。下面先简要地介绍一下。

如前所述，当信源只产生模拟信号时，需要用到模数变换器(Analog to Digital Converter，ADC)模块。可以把模数变换器看作由两个处理单元构成：采样处理单元与量化处理单元。可以把量化处理单元进行如下的分解：先将各个样值四舍五入到最接近的量化电平；然后将这些量化电平转换为二进制表示形式，也就是用 0、1 表示量化电平，当然，在表示最后得到的信号时，与所选用的线路码的具体类型有关(本章的后面会介绍常用的线路码)。第 2 章已介绍了减小量化误差时所需的采样指标，即，已经证明了如下的结论：为了避免频谱的混叠，信源必须是低通、带宽受限的信号，比如说，当低通信号的带宽为 W 赫兹(最低频率为零赫兹)时，必须满足采样率 $f_s > 2W$ 采样值/秒(sample per second，sps)。如果不对采样信号的带宽给出严格的限制(或者说，如果采样率小于 $2W$)，就会出现频谱的混叠。第 8 章介绍由量化产生的差错特性。如果消息信号为模拟信号，则发送端必须采用模数变换器，在接收机的输出端必须进行相反的处理，才能将数字信号变换为模拟信号(即进行数模变换，或者称为DAC)。正如第 2 章所述，在把二进制信号变换为各个样值之后，再经过简单的低通滤波的处理，或者，需要用到零阶保持电路或者高阶保持电路的处理(见习题 2.60 的分析)。

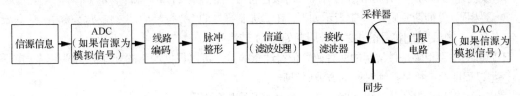

图 5.1　基带数字数据传输系统的方框图

下一节介绍的模块实现线路编码。线路编码的目的多种多样，这里只作简单的介绍。具体说来，线路编码的目的包括：①频谱的整形；②信号同步所涉及的各个因素；③与带宽相关的各个因素；④其他的因素。

为了在所采用的信道上更好地传输信号，可以对发送信号的频谱再次整形。下面会分析到滤波的效果，确切地说，如果不认真处理的话，会因脉冲之间的相互干扰而导致性能的严重下降。把这一现象用术语码间干扰(Inter-Symbol Interference，ISI)表示。如果不采取措施克服码间干扰，它就会严重地影响整个系统的性能。此外，下面还会分析到：在将脉冲整形(发送滤波)与接收滤波(这里假定：在信道上完成的任何滤波时，并没有实现开放式的选择)结合起来分析并且严格地选择时，可以完全消除码间干扰。

在接收滤波器的输出端，必须将各个采样时刻与接收各个脉冲的时刻保持同步。接着，在判决发送的究竟是 0 还是 1 时，需要将接收脉冲的各个样值与门限值进行比较(由于 0、1 的判决与具体选用的线路码有关，因此，这里需要进行额外的处理)。如果数据传输系统能够可靠地工作，则正确地判决这些 0、1 的概率很高，于是，数模转换器的输出接近于输入端的消息信号。

尽管这里是从两个电平的角度(表示发送的是 0 还是 1)给出的分析，但现在已经知道：在某些情况下，如果采用的电平数 M 大于 2，会存在优势。采用两种电平时的数据格式为二进制；如果采用的电平数 $M > 2$，则对应的数据格式为 M 进制。把采用二进制传输时的符号 0、1 称为"比特"。当采用 M 进制时，把每个传输单元称为符号。

5.2　各种线路码及其功率谱

5.2.1　线路码简介

数字调制信号的频谱受到如下两个因素的影响：①在表示数字数据时所采用的基带数据的具体形式；②在数据传输之前额外采用的脉冲整形(滤波)技术。图 5.2 示出了常用的几种基带数据格式。在示出的每个具体波形的简图中，纵轴表示各种数据格式的名称(这些名称并不是这些技术的唯一的术语表示)。简而言之，在每个符号的持续期间内，下面的观点都适用。

- 电平不归零码(Non-Return-to-zero Change)(简称不归零码)——用正电平 A 表示 1；用负电平 $-A$ 表示 0；
- 传号码(Non-Return-to-Zero Mark)——电平发生变化表示二进制 1(也就是说，如果发送的前一个传号为 A，则发送的下一个传号为 $-A$，反过来也成立)；电平不发生变化表示二进制 0。
- 单极性归零码(Return-to-Zero，RZ)——脉冲宽度的 1/2 用 1 表示(也就是说，脉冲宽度的另外 1/2 回到零电平)；表示二进制 0 时，则"不存在脉冲"。
- 极性归零码——用取值为正的归零脉冲表示 1；取值为负的归零脉冲表示 0。
- 双极性归零码——用零电平表示 0；用极性符号交替变化的归零脉冲表示 1。
- 裂相码(曼彻斯特码)——1 表示如下：在二进制符号的 1/2 符号周期处由 A 转换为 $-A$；0 表示如下：在二进制符号的 1/2 符号周期处由 $-A$ 转换为 A。

不归零码与裂相码是最常用的两种码。值得注意的是，可以根据如下的处理得到裂相码：电平不归零码乘以周期等于符号持续时间的方波时钟脉冲。

在应用中选择合理的数据格式时，应该考虑如下的几个因素。

- 自同步——为了从码字中提取定时时钟，在设计简单、实用的同步电路时，将足够的定时信息包含在码字中。
- 功率谱适于所获得的具体信道——例如，如果低频分量不能通过信道，那么在零频率处，所选数据格式的功率谱为零。

- 传输带宽——如果有效的传输带宽不够用(常出现这种情形)，那么，从带宽指标的角度来说，采用的数据格式比较陈旧。有时候，指标冲突时，难以抉择。
- 透明性——数据系列无论是否很少出现，每一个可能的数据系列都应经过可靠、透明的传输之后由接收端接收。
- 差错检测能力——尽管前向纠错码(Forward Error Correction，FEC)的主要思想是：按照码的设计实现纠错，但对某些给定的数据格式，有些码本身具有的纠错能力就是一个附加的优势。
- 优质的误比特率(Bit Error Probability，BEP)性能——对给定的数据格式而言，接收端应能很容易取得最低的误比特率。

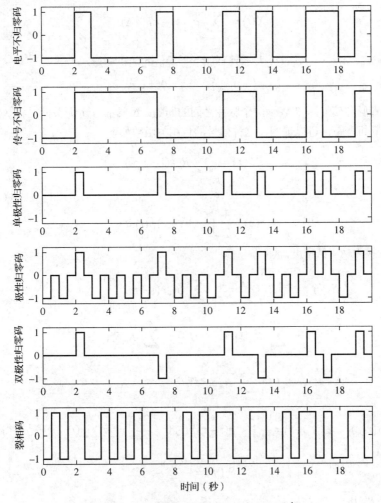

图 5.2　二进制数据格式的表示形式汇集[1]

5.2.2　完成线路编码之后数据的功率谱

在预测数据传输系统的带宽指标时，重要的是求出线路编码之后的数据频谱所占用的频带(或者反过来说，当已知某系统的带宽指标时，就可以得出所采用的线路码的最高速率)。这里假定数据信源

1　选自 J. K. Holmes 的文献"相干扩频系统"，New York: John Wiley, 1982。

在 T 秒内产生的二进制数 0、1 遵循随机抛掷硬币的特性(回顾以往学过的内容，把每一个二进制数称为 1 比特，这里的"比特"是"二进制数"(binary digit, bit)的缩写形式，在这样的条件下，下面分析线路编码之后数据的功率谱。由于本章中的所有信号都采用二进制表示，因此直接用 T(这里的 T 不存在下标 b)表示比特的周期。

在计算线路码所表示的数据的功率谱时，用到了 7.3.4 节所导出的结论，即，脉冲序列信号的自相关函数的表示式。从教学的角度来说，尽管引用还未介绍过的结论有些欠妥当，但通常建议学生先认可 7.3.4 节的结论，做到如下两点：①关注尚未给出推导过程的结果；②关注这些结果对系统的影响。特别是，在 7.3.4 节介绍了如下表示形式的脉冲序列信号：

$$X(t) = \sum_{m=-\infty}^{\infty} a_k p(t-kT-\Delta) \tag{5.1}$$

式中，…、a_{-1}、a_0、a_1、…、a_k、…表示具有如下平均值的随机变量：

$$R_m = \langle a_k a_{k+m} \rangle, \quad m = 0, \pm 1, \pm 2, \cdots \tag{5.2}$$

函数 $p(t)$ 表示确知脉冲信号；T 表示两个脉冲之间的间隔；Δ 表示与 a_k 无关而且在区间 $(-T/2, T/2)$ 内呈均匀分布的随机变量。可以证明，这种信号的自相关函数如下：

$$R_X(\tau) = \sum_{m=-\infty}^{\infty} R_m r(\tau - mT) \tag{5.3}$$

式中

$$r(\tau) = \frac{1}{T} \int_{-\infty}^{\infty} p(t+\tau) p(t) \mathrm{d}t \tag{5.4}$$

$R_X(\tau)$ 的傅里叶变换为功率谱密度，即

$$S_X(f) = \Im[R_X(\tau)] = \Im\left[\sum_{m=-\infty}^{\infty} R_m r(\tau - mT)\right]$$

$$= \sum_{m=-\infty}^{\infty} R_m \Im[r(\tau - mT)] = \sum_{m=-\infty}^{\infty} R_m S_r(f) \mathrm{e}^{-\mathrm{j}2\pi mTf} \tag{5.5}$$

$$= S_r(f) \sum_{m=-\infty}^{\infty} R_m \mathrm{e}^{-\mathrm{j}2\pi mTf}$$

式中，$S_r(f) = \Im[r(\tau)]$。由于 $r(\tau) = \dfrac{1}{T} \int_{-\infty}^{\infty} p(t+\tau)p(t)\mathrm{d}t = \left(\dfrac{1}{T}\right) p(-t) * p(t)$，于是可得

$$S_r(f) = \frac{|P(f)|^2}{T} \tag{5.6}$$

式中，$P(f) = \Im[p(t)]$。

例 5.1

该实例利用上面的结果求出不归零码的功率谱密度。不归零码的脉冲整形函数为 $p(t) = \Pi(t/T)$，于是可得

$$P(f) = T\mathrm{sinc}(Tf) \tag{5.7}$$

以及

$$S_r(f) = \frac{1}{T} |T\mathrm{sinc}(Tf)|^2 = T\mathrm{sinc}^2(Tf) \tag{5.8}$$

值得注意的是，对于给定的脉冲而言，一半持续时间的幅度为+A、一半持续时间的幅度为–A，而在由两个脉冲构成的数据序列中，当第 1 个脉冲的极性符号已知，第 2 个脉冲的前半部分为+A、后半部分为–A 时，则可以推导出时间平均 $R_m = \langle a_k a_{k+m} \rangle$。于是可得

$$R_m = \begin{cases} \dfrac{1}{2}A^2 + \dfrac{1}{2}(-A)^2 = A^2, & m = 0 \\[2mm] \dfrac{1}{4}A \times A + \dfrac{1}{4}A \times (-A) + \dfrac{1}{4}(-A) \times A + \dfrac{1}{4}(-A) \times (-A) = 0, & m \neq 0 \end{cases} \tag{5.9}$$

那么，把式 (5.8)、式 (5.9) 代入式 (5.5) 之后，可以得到不归零码的功率谱密度如下：

$$S_{\text{NRZ}}(f) = A^2 T \, \text{sinc}^2(Tf) \tag{5.10}$$

图 5.3(a) 绘出了上式的图形。从图中可以看出，功率谱密度的第一零点带宽为 $B_{\text{NRZ}} = 1/T$ 赫兹。这里注意到，当 $A = 1$ 时，可以对时域信号求平方，再对所得的结果求平均之后得到功率值为 1。　■

例 5.2

由于裂相码与不归零码的系数 R_m 相同，那么，在计算裂相码与不归零码的功率谱密度时，不同之处仅仅体现在脉冲整形函数的频谱上。裂相码的整形函数如下：

$$p(t) = \Pi\left(\frac{t + \dfrac{T}{4}}{\dfrac{T}{2}}\right) - \Pi\left(\frac{t - \dfrac{T}{4}}{\dfrac{T}{2}}\right) \tag{5.11}$$

利用傅里叶变换的时延定理、叠加性定理，可以得到

$$\begin{aligned} P(f) &= \frac{T}{2}\text{sinc}\left(\frac{Tf}{2}\right)e^{j2\pi(T/4)f} - \frac{T}{2}\text{sinc}\left(\frac{Tf}{2}\right)e^{-j2\pi(T/4)f} \\[2mm] &= \frac{T}{2}\text{sinc}\left(\frac{Tf}{2}\right)\left(e^{j\pi Tf/2} - e^{-j\pi Tf/2}\right) = jT\,\text{sinc}\left(\frac{Tf}{2}\right)\sin\left(\frac{\pi Tf}{2}\right) \end{aligned} \tag{5.12}$$

因此可以得到

$$S_r(f) = \frac{1}{T}\left|jT\,\text{sinc}\left(\frac{Tf}{2}\right)\sin\left(\frac{\pi Tf}{2}\right)\right|^2 = T\,\text{sinc}^2\left(\frac{Tf}{2}\right)\sin^2\left(\frac{\pi Tf}{2}\right) \tag{5.13}$$

所以，可以得到裂相码的功率谱密度如下：

$$S_{\text{SP}}(f) = A^2 T \, \text{sinc}^2\left(\frac{Tf}{2}\right)\sin^2\left(\frac{\pi Tf}{2}\right) \tag{5.14}$$

图 5.3(b) 绘出了上式的图形。从图中可以看出，功率谱密度的第一零点带宽为 $B_{\text{SP}} = 2/T$ 赫兹。但与不归零码不同的是，在 $f = 0$ 处，裂相码的功率谱密度为零。当传输信道不允许直流分量通过时，这是个有利的因素。需要注意的是，当 $A = 1$ 时，对时域信号求平方，再对所得的结果求平均之后，可以得到等于 1 的功率值。　■

例 5.3

这个实例介绍了单极性归零码的功率谱密度的计算，其中出现的其他难点是如何计算离散谱线的功率。单极性归零码的数据相关系数如下：

$$R_m = \begin{cases} \dfrac{1}{2} \times A^2 + \dfrac{1}{2} \times 0^2 = \dfrac{1}{2} A^2, & m = 0 \\[2mm] \dfrac{1}{4} \times A \times A + \dfrac{1}{4} \times A \times 0 + \dfrac{1}{4} \times 0 \times A + \dfrac{1}{4} \times 0 \times 0 = \dfrac{1}{4} A^2, & m \neq 0 \end{cases} \tag{5.15}$$

由于脉冲整形函数如下：

$$p(t) = \Pi(2t / T) \tag{5.16}$$

因此可以得到如下的两个结果：

$$P(f) = \frac{T}{2} \operatorname{sinc}\left(\frac{Tf}{2}\right) \tag{5.17}$$

$$S_r(f) = \frac{1}{T} \left| \frac{T}{2} \operatorname{sinc}\left(\frac{Tf}{2}\right) \right|^2 = \frac{T}{4} \operatorname{sinc}^2\left(\frac{Tf}{2}\right) \tag{5.18}$$

当采用的线路码为单极性码时，可以得到

$$\begin{aligned} S_{\mathrm{URZ}}(f) &= \frac{T}{4} \operatorname{sinc}^2\left(\frac{Tf}{2}\right) \left[\frac{A^2}{2} + \frac{A^2}{4} \sum_{m=-\infty, m \neq 0}^{\infty} \mathrm{e}^{-\mathrm{j}2\pi m Tf} \right] \\ &= \frac{T}{4} \operatorname{sinc}^2\left(\frac{Tf}{2}\right) \left[\frac{A^2}{4} + \frac{A^2}{4} \sum_{m=-\infty}^{\infty} \mathrm{e}^{-\mathrm{j}2\pi m Tf} \right] \end{aligned} \tag{5.19}$$

上式第一行的中括号内的第一项 $A^2/2$ 分解为两项：一项为上式第二行的中括号内的第一项，另一项包含到了累加和中(在求和运算中对应 $m = 0$ 时的那一项)。但根据式(2.121)可以得到

$$\sum_{m=-\infty}^{\infty} \mathrm{e}^{-\mathrm{j}2\pi m Tf} = \sum_{m=-\infty}^{\infty} \mathrm{e}^{\mathrm{j}2\pi m Tf} = \frac{1}{T} \sum_{n=-\infty}^{\infty} \delta(f - n / T) \tag{5.20}$$

于是，可以将 $S_{\mathrm{URZ}}(f)$ 表示如下：

$$\begin{aligned} S_{\mathrm{URZ}}(f) &= \frac{T}{4} \operatorname{sinc}^2\left(\frac{Tf}{2}\right) \left[\frac{A^2}{4} + \frac{A^2}{4} \sum_{m=-\infty}^{\infty} \delta(f - n / T) \right] \\ &= \frac{A^2 T}{16} \operatorname{sinc}^2\left(\frac{Tf}{2}\right) + \frac{A^2}{16} \delta(f) + \frac{A^2}{16} \operatorname{sinc}^2\left(\frac{1}{2}\right) \left[\delta\left(f - \frac{1}{T}\right) + \delta\left(f + \frac{1}{T}\right) \right] \\ &\quad + \frac{A^2}{16} \operatorname{sinc}^2\left(\frac{3}{2}\right) \left[\delta\left(f - \frac{3}{T}\right) + \delta\left(f + \frac{3}{T}\right) \right] + \cdots \end{aligned} \tag{5.21}$$

式中，由于 $Y(f)$ 在 $f = f_n$ 处连续，因此在化简 $\operatorname{sinc}^2\left(\dfrac{Tf}{2}\right) \delta\left(f - \dfrac{n}{T}\right)$ 时，利用了关系式 $Y(f)\delta(f - f_n) = Y(f_n)\delta(f - f_n)$。（需要注意的是，当 n 为偶数时，$\operatorname{sinc}^2(n/2) = 0$ 成立。）

图 5.3(c)绘出了单极性归零码的功率谱密度。从图中可以看出，功率谱密度的第一零点带宽为 $B_{\mathrm{URZ}} = 2/T$ 赫兹。由于信号波形的单极性特性体现在直流功率为有限值、各次谐波出现在 $1/T$ 的整数倍处，因此在频谱中出现了冲激函数。

这里注意到，由于时域信号平方之后的平均值为 $\dfrac{1}{T}\left[\dfrac{1}{2}\left(\dfrac{A^2 T}{2} + \dfrac{1 \times 0^2 \times T}{2}\right) + \dfrac{1 \times 0^2 \times T}{2}\right] = \dfrac{A^2}{4}$，因此，单位功率出现在 $A = 2$ 处。　　■

例 5.4

根据不归零码的功率谱密度的结果，可以直接计算出极性归零码的功率谱密度。极性归零码的数据相关系数与不归零码的相同。极性归零码的脉冲整形函数与单极性归零码的相同，即 $p(t) = \Pi(2t/T)$，于是可以得到极性归零码的 $S_r(f)$ 为：$S_r(f) = \dfrac{T}{4}\mathrm{sinc}^2\left(\dfrac{Tf}{2}\right)$。因此可以得到

$$S_{\mathrm{PRZ}}(f) = \frac{A^2 T}{4}\mathrm{sinc}^2\left(\frac{Tf}{2}\right) \tag{5.22}$$

图 5.3 (d) 绘出了极性归零码的功率谱密度。从图中可以看出，功率谱密度的第一零点带宽为 $B_{\mathrm{PRZ}} = 2/T$ 赫兹。与单极性归零码不同的是，极性归零码的功率谱密度曲线中不存在离散谱线。需要注意的是，由于对时域信号平方，再对所得的结果求平均之后的值为 $\dfrac{1}{T}\left(A^2\dfrac{T}{2} + 0^2\dfrac{T}{2}\right) = \dfrac{A^2}{2}$，因此，单位平均功率出现在 $A = \sqrt{2}$ 处。 ■

例 5.5

作为线路码的最后一个例题，这里介绍一下双极性归零码的功率谱密度的计算。当 $m = 0$ 时，乘积 $a_k a_k$ 的可能值为：$AA = (-A)\times(-A) = A^2$ ——取值为 A、$-A$ 这两个事件中，每一个事件发生的概率为 1/4；$0\times 0 = 0$ 发生的概率为 1/2。当 $m = \pm 1$ 时，可能的数据序列为 $(1, 1)$、$(1, 0)$、$(0, 1)$、$(0, 0)$，这时，乘积 $a_k a_{k+1}$ 的可能值分别为 $-A^2$、0、0、0，其中，每个事件发生的概率为 1/4。$m > 1$ 时，可能的乘积为 A^2、$-A^2$，其中每个事件发生的概率为 1/8。还有，$+A(0)$、$-A(0)$、(0)、(0) 中每个事件发生的概率为 1/4。于是可得如下的自相关系数：

$$R_m = \begin{cases} \dfrac{1}{4}\times A^2 + \dfrac{1}{4}\times(-A)^2 + \dfrac{1}{2}\times(0)^2 = \dfrac{1}{2}A^2, & m = 0 \\[2mm] \dfrac{1}{4}\times(-A)^2 + \dfrac{1}{4}\times A\times 0 + \dfrac{1}{4}\times 0\times A + \dfrac{1}{4}\times 0\times 0 = -\dfrac{1}{4}A^2, & m = \pm 1 \\[2mm] \dfrac{1}{8}\times(A)^2 + \dfrac{1}{8}\times(-A^2) + \dfrac{1}{4}\times A\times 0 + \dfrac{1}{4}\times(-A)\times 0 + \dfrac{1}{4}\times 0\times 0 = 0, & |m| > 1 \end{cases} \tag{5.23}$$

由于脉冲整形函数为

$$p(t) = \Pi(2t/T) \tag{5.24}$$

因此，可以得到如下两个结果：

$$P(f) = \frac{T}{2}\mathrm{sinc}\left(\frac{Tf}{2}\right) \tag{5.25}$$

$$S_r(f) = \frac{1}{T}\left|\frac{T}{2}\mathrm{sinc}\left(\frac{Tf}{2}\right)\right|^2 = \frac{T}{4}\mathrm{sinc}^2\left(\frac{Tf}{2}\right) \tag{5.26}$$

当采用的线路码为双极性码时，可以得到

$$S_{\mathrm{BPRZ}}(f) = S_r(f)\sum_{m=-\infty}^{\infty} R_m e^{-j2\pi m Tf} = \frac{A^2 T}{8}\mathrm{sinc}^2\left(\frac{Tf}{2}\right)\left(1 - \frac{1}{2}e^{j2\pi Tf} - \frac{1}{2}e^{-j2\pi Tf}\right)$$

$$= \frac{A^2 T}{8}\mathrm{sinc}^2\left(\frac{Tf}{2}\right)[1 - \cos(2\pi Tf)] = \frac{A^2 T}{4}\mathrm{sinc}^2\left(\frac{Tf}{2}\right)\sin^2(\pi Tf) \tag{5.27}$$

图 5.3 (e) 绘出了上式所表示的图形。

值得注意的是，在计算时域信号的平方时，需要考虑到如下的两个因素：①当发送的信号为逻辑 0 时 0 所占用的时间；②当发送的的信号为逻辑 1 时，0 占用了一半的时间，于是可以得到如下的功率值：

$$\frac{1}{T}\left[\frac{1}{2}\left(\frac{A^2T}{4}+\frac{1\times(-A)^2\times T}{4}+\frac{1\times 0^2\times T}{2}\right)+\frac{1\times 0^2\times T}{2}\right]=\frac{A^2}{4} \tag{5.28}$$

因此，单位功率值出现在 $A=2$ 处。　　　　　　　　　　　　　　　■

当数据序列为随机(投掷硬币的概率)比特序列时，图 5.3 示出了图 5.2 的所有数据调制方式中具有代表性的功率谱密度。当数据在比特率 $1/T$ 的整数倍处没有明显的频率分量时，需要进行非线性处理才能在频率 $1/T$ 赫兹处，或者在频率 $1/T$ 赫兹的整数倍处产生用于符号同步的功率谱。值得注意的是，裂相码确保了每比特持续期间至少跳变了一次，但对应的传输带宽等于不归零码的传输带宽的两倍。在零频率附近，不归零码存在明显的功率谱。一般来说，任何一种信号的表示方式都不可能具备 5.2.1 节列出的全部的期望特性，因此，在选择具体的数据表示形式时需要进行折中。

计算机仿真实例 5.1

根据下面的 MATLAB 程序文件，可以绘出图 5.3 所示的功率谱。

```
% File: c5ce1.m
%
clf
ANRZ = 1;
T = 1;
f = - 40 : .005 : 40;
SNRZ = ANRZ^2*T*(sinc(T*f)).^2;
areaNRZ = trapz(f, SNRZ)      % Area of NRZ spectrum as check
ASP = 1;
SSP = ASP^2*T*(sinc(T*f/2)).^2.*(sin(pi*T*f/2)).^2;
areaSP = trapz(f, SSP)              % Area of split-phase spectrum as check
AURZ = 2;
SURZc = AURZ^2*T/16*(sinc(T*f/2)).^2;
areaRZc = trapz(f, SURZc)
fdisc = - 40 : 1 : 40;
SURZd = zeros(size(fdisc));
SURZd = AURZ^2/16*(sinc(fdisc/2)).^2;
areaRZ = sum(SURZd)+areaRZc   % Area of unipolar return-to-zero spect as check
APRZ = sqrt(2);
SPRZ = APRZ^2*T/4*(sinc(T*f/2)).^2;
areaSPRZ = trapz(f, SPRZ)      % Area of polar return-to-zero spectrum as check
ABPRZ = 2;
SBPRZ = ABPRZ^2*T/4*((sinc(T*f/2)).^2).*(sin(pi*T*f)).^2;
areaBPRZ = trapz(f, SBPRZ)     % Area of bipolar return-to-zero spectrum as check
subplot(5, 1, 1), plot(f, SNRZ), axis([- 5, 5, 0, 1]), ylabel('S N R Z(f)')
subplot(5, 1, 2), plot(f, SSP), axis([- 5, 5, 0, 1]), ylabel('S S P(f)')
subplot(5, 1, 3), plot(f, SURZc), axis([- 5, 5, 0, 1]), ylabel('S U R Z(f)')
hold on
subplot(5, 1, 3), stem(fdisc, SURZd, '^'), axis([- 5, 5, 0, 1])
subplot(5, 1, 4), plot(f, SPRZ), axis([- 5, 5, 0, 1]), ylabel('S P R Z(f)')
```

```
subplot(5, 1, 5), plot(f, SBPRZ), axis([- 5, 5, 0, 1]),
xlabel('Tf'), ylabel('S B P R Z(f)')
% End of script file
```

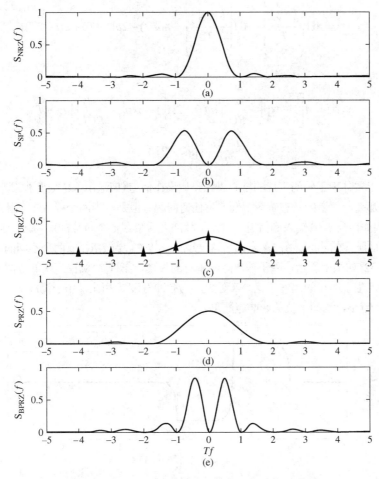

图 5.3 对数据进行线路编码之后的功率谱

5.3 对数字数据进行滤波处理之后的效果——码间干扰

前面已提到过数字数据系统性能下降的原因，并且用术语码间干扰(Inter-Symbol Interference，ISI)表示。当一串信号脉冲通过信道时，如果信道的带宽不足以通过信号中重要的频谱分量，就会产生码间干扰。当输入信号为矩形脉冲时，例 2.20 示出了低通 RC 滤波器的响应。当把如下的信号输入到滤波器时

$$x_1(t) = A\Pi\left(\frac{t - \dfrac{T}{2}}{T}\right) = A[u(t) - u(t-T)] \tag{5.29}$$

那么，滤波器的输出如下：

$$y_1(t) = A\left[1 - \exp\left(-\frac{t}{RC}\right)\right]u(t) - A\left[1 - \exp\left(-\frac{t-T}{RC}\right)\right]u(t-T) \tag{5.30}$$

图 2.16(a)示出了该图。从图中可以看出，T/RC 越小，输出越容易失真(尽管与式(2.182)的表示形式不完全相同，但他们所体现的本质是一样的)。实际上，利用叠加性原理，由两个脉冲构成的序列为

$$x_2(t) = A\Pi\left(\frac{t-\dfrac{T}{2}}{T}\right) - A\Pi\left(\frac{t-\dfrac{3T}{2}}{T}\right) = A[u(t) - 2u(t-T) + u(t-2T)] \tag{5.31}$$

由上式得到的响应如下：

$$\begin{aligned} y_2(t) = &A\left[1-\exp\left(-\frac{t}{RC}\right)\right]u(t) - 2A\left[1-\exp\left(-\frac{t-T}{RC}\right)\right]u(t-T) \\ &+ A\left[1-\exp\left(-\frac{t-2T}{RC}\right)\right]u(t-2T) \end{aligned} \tag{5.32}$$

简单地说，上式体现了码间干扰的核心思想。如果在信道(信道用 RC 低通滤波器表示)的输入端只有一个输入，那么，信道的暂态响应不会产生任何问题。但是，当两个或者多个脉冲按时间顺序输入到信道中时(例如，当 $x_2(t)$ 输入到信道中时，正脉冲之后紧跟一个负脉冲)，那么，第 1 个脉冲的暂态响应会干扰后面脉冲的响应。图 5.4 示出了这一现象，其中，当 T/RC 取两个不同的值时对应的两个脉冲的响应式(5.32)如图中所示，除了输出脉冲本身的失真，第 1 个脉冲产生的码间干扰可以忽略不计，第 2 个脉冲产生了明显的码间干扰。实际上，与脉冲宽度 T 相比，由于滤波器的时间常数 RC 很大，因此，T/RC 越小，码间干扰的影响越严重。

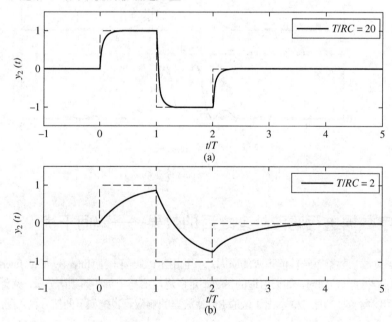

图 5.4　当输入为正的矩形脉冲之后紧跟一个负的矩形脉冲时，RC 低通
滤波器响应的码间干扰图解。(a) $T/RC = 20$；(b) $T/RC = 2$

在介绍较实用的例子时，需要再次用到图 5.2 中的线路码。当图 5.2 中的线路码分别通过 3 dB 频率等于 $f_3 = 1/T_{\text{bit}} = 1/T$、$f_3 = 0.5/T$ 的二阶巴特沃斯低通滤波器时，所产生的信号分别如图 5.5、图 5.6 所示。由图可以看出，码间干扰的影响很明显。在图 5.5 中，当采用脉冲宽度等于 $T/2$(也就是说，包括所有的归零码、裂相码)的数据格式时，仍然很容易分辨各个比特。在图 5.6 中，很容易分辨不归零

码，但在归零码、裂相码中产生的码间干扰很严重。再来回顾一下图 5.3 中的各个图形以及得出这些图形时的分析过程，就会发现：在数据速率固定的条件下，归零码与裂相码所占用的带宽基本上等于不归零码带宽的两倍。

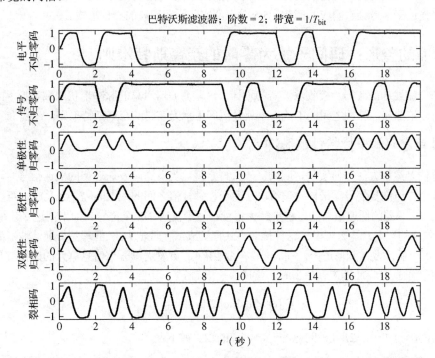

图 5.5　当各种线路码通过带宽值等于比特率的二阶巴特沃斯低通滤波器时所得到的数据表示形式

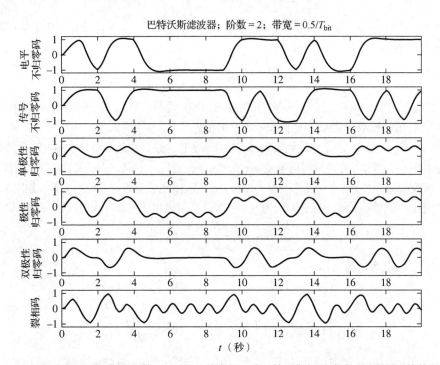

图 5.6　当各种线路码通过带宽值等于 0.5 倍比特率的二阶巴特沃斯低通滤波器时所得到的数据形式

于是很自然地出现了如何处理码间干扰的问题。可能让人意外的解决方案是：当合理地设计发射机、接收滤波器时，可以完全消除码间干扰的影响。下一节分析这个问题。另一个稍稍有些相关的解决方案是：在接收端利用一种特别的滤波器（指均衡器）对信号进行处理。大体上说，均衡滤波器的响应等于或者接近于信道频率响应的倒数。5.5 节介绍实现均衡滤波的一种形式。

5.4　脉冲的整形：码间干扰为零时的奈奎斯特准则

这一节介绍发送滤波器、接收滤波器的设计。这些滤波器对总的脉冲形状函数整形，因而在理想情况下，可以消除相邻脉冲之间的干扰。这就是码间干扰为零时的奈奎斯特准则。

5.4.1　具有零码间干扰特性的脉冲

为了弄清楚这种方法如何实现，回顾一下采样定理。当发送端发送理想的低通信号时，为了在接收端根据各个样值恢复信号，采样定理给出了两个相邻样值之间的最大间隔。尤其是，可以把发送端发送带宽为 W 赫兹的低通信号的过程理解为每秒钟最少发送 $2W$ 个符号。如果把这 $2W$ 符号/秒表示 $2W$ 个相互独立的数据，那么可以把这种传输方式理解成：在带宽为 W 的理想低通滤波器的输出端，每秒钟把 $2W$ 个脉冲发送到信道上。在 $t = nT = n/(2W)$ 时刻发送第 n 个信息单元的过程就是发送幅度为 a_n 的脉冲。把这个脉冲输入到信道时，信道的输出如下：

$$y_n(t) = a_n \text{sinc}\left[2W\left(t - \frac{n}{2W}\right)\right] \qquad (5.33)$$

当输入一串间隔为 $T = 1/(2W)$ 秒的脉冲时，信道的输出如下：

$$y(t) = \sum_n y_n(t) = \sum_n a_n \text{sinc}\left[2W\left(t - \frac{n}{2W}\right)\right] \qquad (5.34)$$

式中，$\{a_n\}$ 表示样值序列（即信息）。如果在 $t_m = m/(2W)$ 时刻对信道的输出采样，由于如下的关系式成立，那么采样值为 a_m：

$$\text{sinc}(m-n) = \begin{cases} 1, & m = n \\ 0, & m \neq n \end{cases} \qquad (5.35)$$

根据上式可以得出式(5.34)的所有各项（除了第 m 项为零）。换句话说，输出端的第 m 个样值并未受到前面或者后面样值的影响，第 m 个样值表示独立的信息单元。

值得注意的是，当信道的带宽受到限制时，从某种程度上说，由第 n 个输入脉冲产生的时域响应将持续无限长的时间。信号不可能同时时间受限、带宽受限。在这一领域，人们关注的是：在满足式(5.35)的条件下，带宽受限的、不同于 $\text{sinc}(2Wt)$ 的信号是否存在。也就是说，信号的过零点相隔 $T = 1/(2W)$。一个满足上述条件的脉冲系列对应的频谱为升余弦频谱。可以将这些脉冲的时间响应表示如下：

$$p_{\text{RC}}(t) = \frac{\cos(\pi\beta t/T)}{1 - (2\beta t/T)^2}\text{sinc}\left(\frac{t}{T}\right) \qquad (5.36)$$

与上式对应的升余弦频谱为

$$P_{\text{RC}}(f) = \begin{cases} T, & |f| \leqslant \dfrac{1-\beta}{2T} \\ \dfrac{T}{2}\left\{1 + \cos\left[\dfrac{\pi T}{\beta}\left(|f| - \dfrac{1-\beta}{2T}\right)\right]\right\}, & \dfrac{1-\beta}{2T} < |f| \leqslant \dfrac{1+\beta}{2T} \\ 0, & |f| > \dfrac{1+\beta}{2T} \end{cases} \qquad (5.37)$$

式中，β 表示滚降因子。根据所选择的几个 β 值，图 5.7 示出了该系列的频谱以及相应的脉冲响应。需要注意的是，$p_{\text{RC}}(t)$ 的过零点每 T 秒至少出现一次。如果 $\beta=1$，则 $P_{\text{RC}}(f)$ 的单边带带宽为 $1/T$ 赫兹(只需将 $\beta=1$ 代入式(5.37)就可以得出这一结论)，这时的带宽为 $\beta=0$(对应 $\text{sinc}(t/T)$ 脉冲)时带宽的两倍。升余弦滚降所付出的代价是：随着 $P_{\text{RC}}(f)$ 的频率的增大，所需的带宽增大，但在发送端与接收端，滤波器较容易实现。再者，当 $\beta=1$ 时，$P_{\text{RC}}(f)$ 的主瓣较窄、旁瓣相当小。当采样时刻稍稍有些偏差时，这一优势可用于减小相邻脉冲之间的干扰。在数字通信系统的设计中广泛采用了具有升余弦频谱的脉冲。

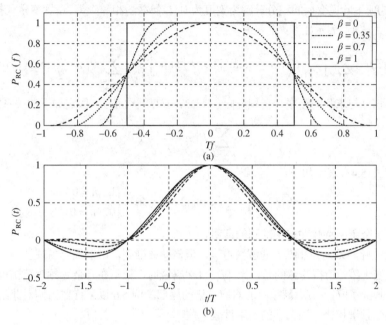

图 5.7　(a)升余弦频谱；(b)相应的脉冲响应

5.4.2　奈奎斯特脉冲整形准则

奈奎斯特脉冲整形准则表明，如果脉冲整形函数 $p(t)$ 的傅里叶变换 $p(f)$ 满足如下准则：

$$\sum_{k=-\infty}^{\infty} P\left(f+\frac{k}{T}\right)=T, \quad |f| \leqslant \frac{1}{2T} \tag{5.38}$$

则可以得到具有如下样值的脉冲整形函数：

$$p(nT)=\begin{cases}1, & n=0 \\ 0, & n \neq 0\end{cases} \tag{5.39}$$

根据这一结论，如果把接收的数据流表示为如下的形式，那么，在相邻的脉冲之间不存在干扰：

$$y(t)=\sum_{n=-\infty}^{\infty} a_n p(t-nT) \tag{5.40}$$

而且接收端，对出现在脉冲周期 T 整数倍处的信号进行采样。例如，如果式(5.39)所表示的奈奎斯特整形准则的结论成立，那么，在求解第 10 个样值时，只需在式(5.40)中设置 $t=10T$，这时所得的结果为 a_{10}。

根据 $p(t)$ 的傅里叶逆变换,可以很容易证明奈奎斯特脉冲整形准则,具体过程如下:

$$p(t) = \int_{-\infty}^{\infty} P(f)\exp(\mathrm{j}2\pi ft)\mathrm{d}f \qquad (5.41)$$

对第 n 个采样值而言,可以把上面的表达式表示如下:

$$p(nT) = \sum_{k=-\infty}^{\infty} \int_{-(2k+1)/2T}^{(2k+1)/2T} P(f)\exp(\mathrm{j}2\pi fnT)\mathrm{d}f \qquad (5.42)$$

式中,把 $p(t)$ 的傅里叶逆变换的积分分解为宽度为 $1/T$ 赫兹的相邻频带。设置变量代换关系 $u = f - k/T$ 之后,可以把式(5.42)表示如下:

$$p(nT) = \sum_{k=-\infty}^{\infty} \int_{-1/2T}^{1/2T} P\left(u+\frac{k}{T}\right)\exp(\mathrm{j}2\pi fnT)\mathrm{d}u = \int_{-1/2T}^{1/2T} \sum_{k=-\infty}^{\infty} P\left(u+\frac{k}{T}\right)\exp(\mathrm{j}2\pi nTu)\mathrm{d}u \qquad (5.43)$$

式中,颠倒了积分与求和的顺序。在积分限 $(-1/2T, 1/2T)$ 区间内,假定如下的关系式成立:

$$\sum_{k=-\infty}^{\infty} P\left(u+\frac{k}{T}\right) = T \qquad (5.44)$$

那么,可以把式(5.43)表示如下:

$$p(nT) = \int_{-1/2T}^{1/2T} T\exp(\mathrm{j}2\pi nTu)\mathrm{d}u = \begin{cases} 1, & n=0 \\ 0, & n\neq 0 \end{cases} \qquad (5.45)$$

至此,已完成了奈奎斯特脉冲整形准则的证明。

尽管升余弦脉冲系列并非唯一的解决方案,但借助该准则,可以很容易理解升余弦脉冲系列的码间干扰为什么等于零。值得注意的是,当 $|f| < 1/T$ 赫兹时,把不在升余弦频谱范围内的部分填充了频谱之后,就变换成了 $|f| > 1/T$ 赫兹时所对应频谱的尾部。例5.6以采样器为例对此给出了图解分析,不过,与升余弦频谱相比,该例子的实用性差一些。

例5.6

分析如下的三角形频谱:

$$P_\Delta(f) = T\Lambda(Tf) \qquad (5.46)$$

图5.8(a)示出了上述的信号,图5.8(b)示出了 $\sum_{k=-\infty}^{\infty} P_\Delta\left(f+\dfrac{k}{T}\right)$。从图中可以明显地看出,求和运算的结果等于常数。根据变换对 $\Lambda(t/B) \leftrightarrow B\,\mathrm{sinc}^2(Bf)$ 与对偶性定理,可以得到变换对 $p_\Delta(t) = \mathrm{sinc}^2(t/T) \leftrightarrow T\Lambda(Tf) = P_\Delta(f)$。由此可以看出,由于 $p_\Delta(nT) = \mathrm{sinc}^2(n) = 0$(其中,$n \neq 0$,且 n 为整数),因此,这种脉冲整形函数确实具有码间干扰为零的特性。

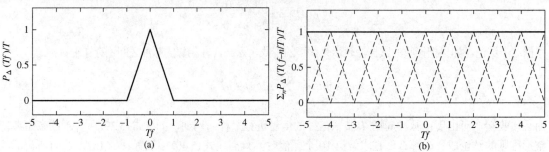

图5.8　(a)三角形频谱的图示; (b)满足奈奎斯特脉冲码间干扰为零准则的图解

5.4.3 码间干扰为零时的发送滤波器与接收滤波器

下面介绍图 5.9 所示的脉冲传输系统。由信源产生的样值序列为 $\{a_n\}$。这里需要注意的是，$\{a_n\}$ 不一定表示量化后的值或者二进制数，当然，$\{a_n\}$ 也可以表示量化后的值或者二进制数。例如，用 2 比特表示发送的每个样值时，共有 00、01、10、11 四种状态。在这里介绍的简化的发射机模型中，出现在 kT 时刻的第 k 个样值乘以单位脉冲信号，然后将加权后的脉冲序列输入到发送滤波器，这里的发送滤波器的冲激响应为 $h_T(t)$、频率响应为 $H_T(f)$。假定这时的噪声为零(噪声的影响见第 9 章的分析)。如果用冲激响应为 $h_C(t)$ 的滤波器表示信道(与之对应的频率响应为 $H_C(f)$)，那么，在任意时刻，可以将传输信道的输入表示如下：

$$x(t) = \sum_{k=-\infty}^{\infty} a_k \delta(t-kT) * h_T(t) = \sum_{k=-\infty}^{\infty} a_k h_T(t-kT) \tag{5.47}$$

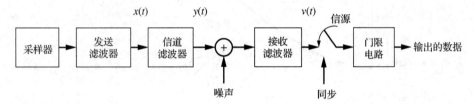

图 5.9 在实现码间干扰为零的通信系统时发射机、信道、接收机的级联

因此，信道的输出如下：

$$y(t) = x(t) * h_C(t) \tag{5.48}$$

而且，接收滤波器的输出如下：

$$v(t) = y(t) * h_R(t) \tag{5.49}$$

由于期望接收滤波器的输出具有码间干扰为零的特性，因此可以进行如下的具体设置：

$$v(t) = \sum_{k=-\infty}^{\infty} a_k A p_{RC}(t-kT-t_d) \tag{5.50}$$

式中，$p_{RC}(t)$ 表示升余弦脉冲函数；t_d 表示因滤波器的级联所引入的时延；A 表示幅度比例因子。综合上述的这些因素之后，可以得到

$$A p_{RC}(t-t_d) = h_T(t) * h_C(t) * h_R(t) \tag{5.51}$$

或者，对上式的两端取傅里叶变换之后，可以得到

$$A P_{RC}(f) \exp(-j2\pi f t_d) = H_T(f) H_C(f) H_R(f) \tag{5.52}$$

根据上式可以得到系统的幅度响应如下：

$$A P_{RC}(f) = |H_T(f)||H_C(f)||H_R(f)| \tag{5.53}$$

由于 $|H_C(f)|$ 的值固定不变(不管是什么样的信道)，因此，可以得出 $P_{RC}(f)$ 的值。这里假定发送滤波器的幅度响应与接收滤波器的幅度响应相同。那么，利用 $|H_T(f)| = |H_R(f)|$ 的条件求解式(5.53)时，可以得到

$$|H_T(f)|^2 = |H_R(f)|^2 = \frac{A P_{RC}(f)}{|H_C(f)|} \tag{5.54}$$

或者表示如下：

$$|H_T(f)| = |H_R(f)| = \frac{A^{1/2} P_{RC}^{1/2}(f)}{|H_c(f)|^{1/2}} \tag{5.55}$$

在采用各种滚降系数的升余弦频谱、信道滤波器具有一阶巴特沃斯幅度响应的条件下，图 5.10 示出了系统的幅度响应。这里并没有考虑加性噪声的影响。如果噪声的频谱为水平的直线，那么，唯一的变化体现在乘以一个常数。由于常数乘以信号、常数乘以噪声的处理方式相同，因此常数可以为任一个固定值。

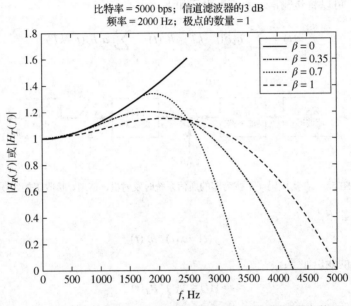

图 5.10　在采用一阶巴特沃斯信道滤波器、升余弦整形脉冲的条件下，
当码间干扰为零时发送滤波器与接收滤波器的幅度响应

5.5　迫零均衡

当已知信道滤波器的特性时，在所求解的输出脉冲满足码间干扰为零的条件下，上一节已经介绍了如何选择发送滤波器的幅度响应、接收滤波器的幅度响应。本节介绍滤波器的一种设计方法，用这种方法设计的滤波器认可不满足码间干扰为零的信道输出冲激响应，而且为了便于设计，在所选择的具有最大样值 1 的任何一侧，滤波器的输出端产生的脉冲具有 N 个等于零的样值。把这种滤波器称为迫零均衡器。这里专门分析均衡滤波器的具体形式——横向滤波器或者称为抽头延时线滤波器。图 5.11 示出了这种滤波器的方框图。

在均衡器中引入横向结构的理由至少有如下两个：①容易分析；②频率很高时容易用电子方式实现机械处理（也就是说，实现传输延时线、模拟乘法器），以及频率很低时容易用数字信号处理器实现。

假定信道输出端的冲激响应为 $p_c(t)$。那么，将 $p_c(t)$ 输入到均衡器时，所对应的输出如下：

$$p_{eq}(t) = \sum_{n=-N}^{N} \alpha_n p_c(t - n\Delta) \tag{5.56}$$

式中，Δ 表示抽头的间距，横向滤波器的抽头总数为 $2N+1$。设计时，期望 $p_{eq}(t)$ 满足奈奎斯特脉冲整形的准则(也就是满足码间干扰为零的条件)。由于每隔 T 秒对均衡器的输出进行采样,因此表示抽头的间距 $\Delta = T$ 很合理。于是,可以利用下面的关系式表示码间干扰为零的条件:

$$p_{\mathrm{eq}}(mT) = \sum_{n=-N}^{N} a_n p_c[(m-n)T] = \begin{cases} 1, & m = 0 \\ 0, & m \neq 0 \end{cases} \tag{5.57}$$

$$m = 0, \ \pm 1, \ \pm 2, \ \cdots, \ \pm N$$

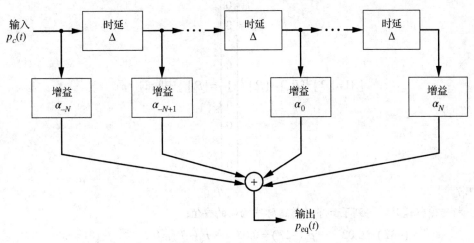

图 5.11　用于均衡码间干扰的横向滤波器的实现

值得注意的是,由于只有 $2N+1$ 个待选择的系数,那么,仅在 $2N$ 个时刻才能满足码间干扰为零的条件,这样才能迫使 $t=0$ 时滤波器的输出等于 1(见式(5.57))。这里规定如下的三个矩阵(实际上是下面的前两个式子所表示的列矩阵或者列矢量):

$$[P_{\mathrm{eq}}] = \begin{bmatrix} 0 \\ 0 \\ \vdots \\ 0 \\ 1 \\ 0 \\ 0 \\ \vdots \\ 0 \end{bmatrix} \begin{matrix} \\ \\ \end{matrix} \left. \begin{matrix} \\ \\ \\ \\ \end{matrix} \right\} N\text{个}0 \quad\quad\quad \left. \begin{matrix} \\ \\ \\ \\ \end{matrix} \right\} N\text{个}0 \tag{5.58}$$

$$[A] = \begin{bmatrix} \alpha_{-N} \\ \alpha_{-N+1} \\ \vdots \\ \alpha_N \end{bmatrix} \tag{5.59}$$

$$[P_c] = \begin{bmatrix} p_c(0) & p_c(-T) & \cdots & p_c(-2NT) \\ p_c(T) & p_c(0) & \cdots & p_c[(-2N+1)T] \\ \vdots & \vdots & \ddots & \vdots \\ p_c(2NT) & \cdots & \cdots & p_c(0) \end{bmatrix} \tag{5.60}$$

于是，可以把式(5.57)表示为如下的矩阵方程：

$$[P_{\text{eq}}]=[P_c][A] \tag{5.61}$$

可以很容易得到求解各个迫零系数的方法。由于码间干扰为零的条件规定了$[P_{\text{eq}}]$的值，那么这里需要做的是：乘以$[P_c]$的逆矩阵。因此，所需的系数矩阵$[A]$为$[P_c]^{-1}$中间的一列，于是得到$[P_c]^{-1}$乘以$[P_{\text{eq}}]$：

$$[A]=[P_c]^{-1}[P_{\text{eq}}]=[P_c]^{-1}\begin{bmatrix}0\\0\\\vdots\\0\\1\\0\\0\\\vdots\\0\end{bmatrix}=[P_c]^{-1}\text{中间的一列} \tag{5.62}$$

例 5.7

在分析传输信道时，得到了如下的信道脉冲响应的样值：

$$p_c(-3T)=0.02 \qquad p_c(-2T)=0.05 \qquad p_c(-T)=0.2 \qquad p_c(0)=1.0$$
$$p_c(T)=0.3 \qquad p_c(2T)=-0.07 \qquad p_c(3T)=0.03$$

于是得到如下的$[P_c]$：

$$[P_c]=\begin{bmatrix}1.0 & 0.2 & -0.05\\0.3 & 1.0 & 0.2\\-0.07 & 0.3 & 1.0\end{bmatrix} \tag{5.63}$$

上面矩阵的逆矩阵如下：

$$[P_c]^{-1}=\begin{bmatrix}1.081\,5 & -0.247\,4 & 0.103\,5\\-0.361\,3 & 1.146\,5 & -0.247\,4\\0.184\,1 & -0.361\,3 & 1.081\,5\end{bmatrix} \tag{5.64}$$

因此，利用式(5.62)可以得到

$$[A]=\begin{bmatrix}1.081\,5 & -0.247\,4 & 0.103\,5\\-0.361\,3 & 1.146\,5 & -0.247\,4\\0.184\,1 & -0.361\,3 & 1.081\,5\end{bmatrix}\begin{bmatrix}0\\1\\0\end{bmatrix}=\begin{bmatrix}-0.247\,4\\1.146\,5\\-0.361\,3\end{bmatrix} \tag{5.65}$$

根据这些系数，可以得到均衡器的输出如下：

$$\begin{aligned}P_{\text{eq}}(m)=&-0.247\,4p_c[(m+1)T]+1.146\,5p_c(mT)\\&-0.361\,3p_c[(m-1)T], \quad m=\cdots,-1,0,1,\cdots\end{aligned} \tag{5.66}$$

把各个值代入上式之后，可以得到$p_{\text{eq}}(0)=1$，而且在$p_{\text{eq}}(0)$任意一边的各个样值为零。这个例子中，在中心样值的两旁，多于一个样值的值不一定为零。根据$p_c(nT)$的其他样值可以计算出$p_{\text{eq}}(-2T)=-0.114\,0$、$p_c(2T)=-0.196\,1$。信道的各个样值、均衡器输出的各个样值如图 5.12 所示。

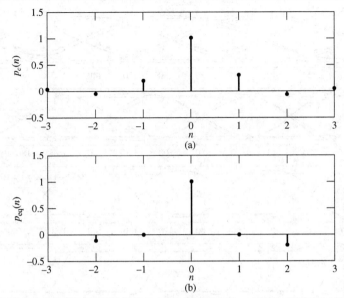

图 5.12　在如下的两个假定条件下所得的样值。(a) 已知信道响应；(b) 已知长度为 3 的迫零均衡器的输出　■

5.6　眼图

下面介绍眼图。尽管眼图并不是系统性能分析的定量指标，但眼图的设计很简单，而且分析眼图有助于深入地分析系统的性能。绘出基带信号的 k 个重叠的符号单元之后，就可以设计出眼图。换句话说，在 $t = nkT_s$ 时刻(其中，T_s 表示符号的周期；kT_s 表示眼睛的周期；n 为整数)，通过触发示波器的时间扫描，就可以在示波器上显示出眼图，如图 5.13 所示。下面通过一个简单的例子演示眼图的产生过程。

例 5.8

这里介绍带宽受到限制时不归零基带数字信号的眼图。在这个例子中，当不归零信号通过如图 5.13 所示的 3 阶巴特沃斯滤波器时，产生了期望的信号。把滤波器的带宽归一化为符号率(这里指的是，这两个指标的数值相等、单位不同)。换句话说，如果不归零码的符号率为 1000 符号/秒，而且，滤波器的归一化带宽为 $B_N = 0.6$，那么，与之对应的滤波器的带宽为 600 Hz。当 B_N 等于 0.4、0.6、1.0、2.0 时，图 5.14 示出了在滤波器的输出端得到的眼图。4 个眼图中每一个的持续时间为 $k = 4$ 个符号。由于采用了 20 个样值/符号的表示方式，因此，采样指标的范围为 1～80，如图 5.14 所示。由于受到带宽有限的滤波器的影响，因此，在眼图上可以清楚地看出所产生的码间干扰。

下面较详细地介绍一下眼图。图 5.15 示出了在 $B_N = 0.4$ 时图 5.14 顶部的图示，图中所示的是两个符号而不是 4 个符号。从图 5.15 可以看出，眼图由两个基本信号组成(这两个信号都近似于正弦信号)。在时间宽度为两个符号的眼图中，其中一种信号的持续时间为两个周期，另一种信号的持续时间为一个周期。

图 5.13　在信号的带宽受到限制的条件下产生眼图的简单技术

稍微分析一下就可以得出如下的结论：在这个眼图中，频率较高的信号对应二进制序列 01 或者 10；频率较低的信号对应二进制序列 00 或者 11。

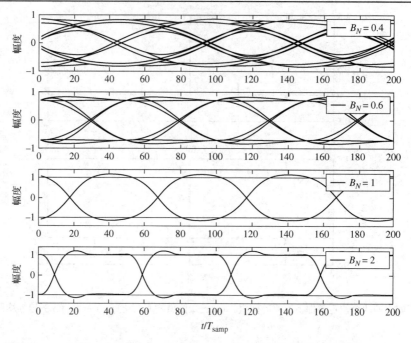

图 5.14　当 B_N = 0.4、0.6、1.0、2.0 时所得到的眼图

　　在图 5.15 中还示出了最佳采样时刻，也就是眼睛张开最大的时刻。需要注意的是，当滤波器的带宽受到明显的限制时，由于存在码间干扰，眼睛会接近闭上。图中标出的幅度抖动 A_j 表示因受到码间干扰所导致的眼睛张开与闭上的程度。再与图 5.14 进行比较时可以看出，如果增大滤波器的带宽，就

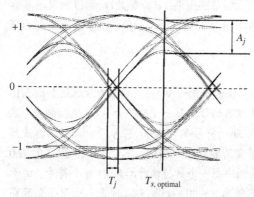

图 5.15　当 B_N = 0.4 时所得到的两个符号的眼图

会减小幅度的抖动。在本书的后面各章，当考虑噪声的影响时就会发现：如果眼睛的垂直张开度减弱，那么符号出现差错的概率增大。还需注意的是，在图 5.15 中，码间干扰产生了定时抖动(用 T_j 表示定时抖动)，这一现象体现为信号在滤波之后的过零点干扰。同样需要注意的还有，在过零点处，当信号的斜率很大时，眼睛张开得较大，而且，增大信号的斜率是通过增大信号的带宽实现的。如果降低信号的带宽(对应码间干扰的增大)，T_j 就会增大，因而难以实现同步。学习完后面各章的内容之后就会明白，一般来说，在增大信号带宽的同时，噪声的功率电平也会增大。这时，定时抖动与幅度抖动二者都会增大。那么，在设计通信系统时需要权衡诸多因素的利弊。本书的后面几节分析其中的几个因素。　　　　　　　　　■

计算机仿真实例 5.2

　　根据下面的 MATLAB 代码，可以产生图 5.15 所示的眼图。

```
% File: c5ce2.m
clf
nsym = 1000; nsamp = 50; bw = [0.4 0.6 1 2];
for k = 1 : 4
    lambda = bw(k);
```

```
[b,a] = butter(3, 2*lambda/nsamp);
l = nsym*nsamp;                         % Total sequence length
y = zeros(1, l – nsamp + 1);            % Initalize output vector
x = 2*round(rand(1, nsym))– 1;          % Components of x = +1 or -1
for i = 1 : nsym     % Loop to generate info symbols
    kk = (I – 1)*nsamp+1;
    y(kk)= x(i);
end
datavector = conv(y, ones(1, nsamp));   % Each symbol is nsamp long
filtout = filter(b, a, datavector);
datamatrix = reshape(filtout, 4*nsamp, nsym/4);
datamatrix1 = datamatrix(:, 6 : (nsym/4));
subplot(4, 1, k), plot(datamatrix1, 'k'), ylabel('Amplitude'), ...
axis([0 200 –1.4 1.4]), legend(['{\ itB N} = ', num2str(lambda)])
if k == 4
    xlabel('{\itt/T} s_a_m_p')
end
end
% End of script file.
```

注意: 在图形产生之后, 再根据编写的程序把带宽增加到图 5.14 中所示的值. 根据编写的程序在图 5.14 的最顶部方框(指 $B_N = 0.4$ 的图)产生的图形如图 5.15 所示。　　　　　　　　　■

5.7　同步

　　这里简要地介绍一下通信中的重要内容——同步。在通信系统中存在许多不同等级的同步。正如前一章的介绍, 在实现相干解调时需要载波同步, 前一章将科斯塔斯锁相环用于双边带信号的解调。在数字通信系统中, 比特同步或者符号同步提供了各个离散符号的起始时间与终止时间的信息。在恢复数据时这是必不可少的一步。在数字通信系统中, 当用分组码纠错时, 必须把码字起始位置的多个符号用于译码。把这一处理过程称为字同步。另外, 通常把一组符号排在一起之后构成数据帧。为了识别每一个数据帧的起始位置与终止位置, 需要实现帧同步。这一节着重分析符号同步。在本书后面的内容中会分析到各种其他类型的同步。

　　在实现符号同步[2]时采用了 3 种常规的方法。这 3 种方法分别如下: ①根据主、次标准导出同步(例如, 发送端与接收端之间的主从同步法); ②利用独立的同步信号(导频时钟); ③根据已调信号导出同步信号(称为自同步)。这一节介绍实现自同步的两种技术。

　　正如本章前面介绍的(见图 5.2), 用二进制表示的几种数据格式(如极性归零码与裂相码)确保了每个符号周期的内部存在电平跳变, 这有助于实现同步。对其他的数据形式而言, 在频率值等于符号率处存在离散谱分量。在恢复符号的定时信号时, 可以利用锁相环(见前一章的详细介绍)跟踪这一分量。在符号率处, 如果对应的数据形式不存在离散的谱线, 那么, 在产生这样的频谱分量时可以对信号进行非线性处理。有多种常用的技术可以实现这样的功能。下面的两个例子给出了两种基本技术的图解, 这两种技术都通过锁相环恢复定时信息。在实现符号同步时, 也可以采用与科斯塔斯环具有相同形式的各种技术, 见第 10 章的详细介绍[3]。

---

2 见参考文献: Stiffler (1971) 或者 Lindsey 与 Simon 合著的文献(1973); 较详细的分析见第 9 章。

3 读者同样可以参考文献: Stiffler (1971) 或者 Lindsey 与 Simon 合著的文献(1973)。

计算机仿真实例5.3

在演示第1种方法时，假定数字信号通过带宽受限的信道之后得到带宽有限的信号，用不归零信号表示这样的信号。对不归零信号平方之后，在符号频率处得到了频谱分量。正如下面的 MATLAB 程序所给出的，在实现符号同步时，可以利用锁相环跟踪符号频率处的相位。

```
% File: c5ce3.m
nsym = 1000; nsamp = 50; lambda = 0.7;
[b,a] = butter(3, 2*lambda/nsamp);
l = nsym*nsamp;        % Total sequence length
y = zeros(1, l – nsamp + 1); % Initalize output vector
x =2*round(rand(1, nsym)) – 1;   % Components of x = +1 or -1
for i = 1 : nsym               % Loop to generate info symbols
    k = (i – 1)*nsamp+1;
    y(k)= x(i);
end
datavector1 = conv(y, ones(1, nsamp));    % Each symbol is nsamp long
subplot(3, 1, 1), plot(datavector1(1, 200:799), 'k', 'LineWidth', 1.5)
axis([0 600 – 1.4 1.4]), ylabel('Amplitude')
filtout = filter(b, a, datavector1);
datavector2 = filtout.*filtout;
subplot(3, 1, 2), plot(datavector2(1, 200 : 799), 'k', 'LineWidth', 1.5)
ylabel('Amplitude')
y = fft(datavector2);
yy = abs(y)/(nsym*nsamp);
subplot(3, 1, 3), stem(yy(1, 1 : 2*nsym), 'k')
xlabel('FFT Bin'), ylabel('Spectrum')
% End of script file.
```

执行上面的 MATLAB 程序之后，所得的结果如图 5.16 所示。假定在 1 秒的时间内由 MATLAB 程序产生了 1000 个符号，于是，符号率为 1000 符号/秒。由于以 50 样值/符号的速率采样，因此采样率为 50 000 样值/秒。图 5.16(a)示出了不归零信号的 600 个样值。用带宽为两倍符号率的 3 阶巴特沃斯滤波器对信号进行滤波之后再经平方电路的处理，所得的信号如图 5.16(b)所示。在观察由交替出现的数据符号构成的数据段时，可以清楚地看出对信号进行平方处理时所产生的二次谐波。对信号进行快速傅里叶变换算法处理后，所得信号的频谱如图 5.16(c)所示。可以清楚地看出图中的两个频谱分量：一个分量为经平方处理之后产生的直流分量(零赫兹)；另一个分量位于 1000 Hz 处(表示符号率的分量)。在建立符号同步的阶段，可以通过锁相环跟踪该分量。

值得注意的是，一串交替出现的数据状态(例如...101010...)可以产生用方波表示的不归零信号。如果利用傅里叶级数求出这种方波的频谱，那么，方波的周期等于符号周期的两倍。因此，基本频率等于符号率的一半。经过平方电路的处理之后，符号率 1000 符号/秒的频率加倍。　■

计算机仿真实例5.4

在演示第2种自同步方式时，引入了图 5.17 所示的系统。由于在时延-乘积运算中引入了非线性特性，那么，在符号频率处出现了信号功率。如下的 MATLAB 程序用于仿真符号的同步。

```
% File: c5ce4.m
nsym = 1000; nsamp = 50;          % Make nsamp even
```

```
m = nsym*nsamp;
y = zeros(1, m − nsamp + 1);        % Initalize output vector
x =2*round(rand(1, nsym))− 1;       % Components of x = +1 or − 1
for i = 1 : nsym                    % Loop to generate info symbols
    k = (i − 1)*nsamp + 1;
    y(k)= x(i);
end
datavector1 = conv(y,ones(1, nsamp)); % Make symbols nsamp samples long
subplot(3, 1, 1), plot(datavector1(1, 200 : 10000), 'k', 'LineWidth', 1.5)
axis([0 600 −1.4 1.4]), ylabel('Amplitude')
datavector2 = [datavector1(1, m − nsamp/2 + 1 : m)datavector1(1, 1 : mnsamp/2)];
datavector3 = datavector1.*datavector2;
subplot(3, 1, 2), plot(datavector3(1, 200 : 10000), 'k', 'LineWidth', 1.5),
axis([0 600 −1.4 1.4]), ylabel('Amplitude')
y = fft(datavector3);
yy = abs(y)/(nsym*nsamp);
subplot(3, 1, 3), stem(yy(1, 1 : 4*nsym), 'k.')
xlabel('FFT Bin'), ylabel('Spectrum')
% End of script file.
```

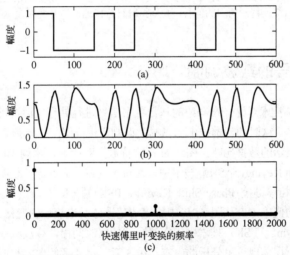

图 5.16　计算机仿真实例 5.2 的仿真结果。(a)不归零信号的波形；(b)不归零信号经滤波、
　　　　平方处理之后所得的波形；(c)不归零信号经平方处理之后的快速傅里叶变换

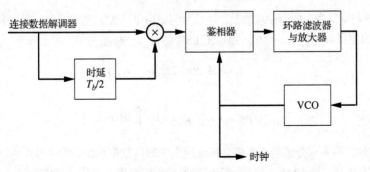

图 5.17　导出计算机仿真实例 5.4 中采用的符号时钟系统

　　图 5.18(a)示出了数据信号的波形；数据信号与自身时延后的信号相乘，所得的乘积如图 5.18(b)所示。在 1000 Hz 处的频谱分量(如图 5.18(c)所示)表示符号率分量，由锁相环跟踪该分量后，产生用于恢复信息用的时钟信号。

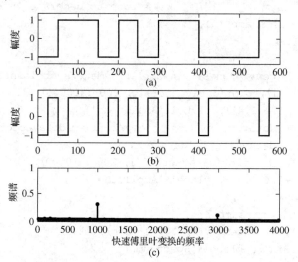

图 5.18　计算机仿真实例 5.4 的仿真结果。(a)数据信号；(b)数据信号乘以自身时延 1/2 比特后所得的信号；(c)对(b)进行快速傅里叶变换之后所得的频谱

5.8　基带数字信号的载波调制

　　通常用射频载波调制技术对这一章介绍的基带数字信号进行处理之后再进行传输。与前一章介绍的模拟调制技术相同的是，这时的基本技术仍以幅度调制、相位调制或者频率调制为基础。图 5.19 示出了用不归零数据形式表示的数据比特。图示的 6 比特数据对应数据序列 101001。在数字调幅(称为幅移键控(Amplitude-Shift Keying，ASK))技术中，在符号的持续时间内，载波的幅度由数据比特的值决定。在数字调相(称为相移键控(Phase-Shift Keying，PSK))技术中，在符号的持续时间内，载波相位的偏移量由数据比特的值确定。从图 5.19 中可以清楚地分辨出相位的变化。在数字调频(称为频移键控(Frequency-Shift Keying，FSK))技术中，在符号的持续时间内，载波频率的偏移量由数据比特的值确定。需要注意的是，在体现这里分析的内容与第 3 章、第 4 章的内容相似性时，可以把幅移键控的射频信号表示如下：

$$x_{\mathrm{ASK}}(t) = A_c[1+d(t)]\cos(2\pi f_c t) \tag{5.67}$$

式中，$d(t)$ 表示不归零信号。值得注意的是，该信号与 AM 调制之后的信号表示形式相同，唯一的区别体现在：所定义的消息信号不同。同理，可以把 PSK 信号、FSK 信号分别表示如下：

$$x_{\mathrm{PSK}}(t) = A_c \cos\left[2\pi f_c t + \frac{\pi}{2}d(t)\right] \tag{5.68}$$

$$x_{\mathrm{FSK}}(t) = A_c \cos\left[2\pi f_c t + k_f \int^t d(\alpha)\mathrm{d}\alpha\right] \tag{5.69}$$

　　可以把第 3 章、第 4 章介绍的许多概念持续地用于数字数据系统。数字数据系统中用到的这些技术的完整分析见第 9 章、第 10 章。只是，在模拟通信系统与数字通信系统中，第 9 章、第 10 章关注的主要问题是：当信道上存在噪声以及存在其他的随机干扰时系统所体现出来的性能。为了在分析系统的性能时能够利用所需的工具，随后的几章暂不介绍通信系统，而是剖析随机变量与随机过程。

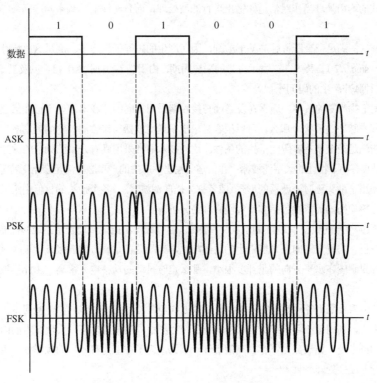

图 5.19　几种数字调制方案的例子

补充书目

在文献"Ziemer and Peterson(2001)"、"Couch（2013）"、"Proakis and Salehi(2005)"、"Anderson(1998)"中，可以得到本章各个专题的进一步分析。

本章内容小结

1. 在数字通信系统基带模型的方框图中，所包含的几个单元并未出现在前面几章介绍的模拟系统中。基本的消息信号为模拟信号或者数字信号。如果消息信号为模拟信号，则需要利用模数变换器将模拟信号变换为数字信号。相应地，在接收机的输出端，通常需要利用数模变换器把数字信号变换回模拟信号。这一章详细地分析了 3 种处理技术：线路编码、脉冲整形、符号同步。

2. 数字数据有许多种表示形式(通常称为线路码)。可以将线路码分为两种基本类型：①在每个符号周期内不存在幅度跳变的线路码；②在每个符号周期内存在幅度跳变的线路码。这些分类中的每一类都存在多种可能。两种最常见的数据形式是：不归零码(在每个符号周期内不存在幅度的跳变)、裂相码(在每个符号周期内存在幅度的跳变)。由于与各种数据表示形式对应的功率谱密度影响到传输带宽，因此，功率谱密度是个很重要的指标。如果数据在每个符号周期内都存在幅度的跳变，则会简化符号的同步，其代价是：带宽增大。因此，在设计数字传输系统时，带宽的增大与同步的简易实现是个合理的折中。

3. 数字通信系统性能下降的主要原因是码间干扰。当信号输入到信道时，如果信道的带宽不足以通过信号中所有重要的频谱分量，就会出现因码间干扰而产生的失真。通常采用信道均衡技术克服码间干扰的影响。可以把最简单形式的均衡处理当作对信道的输出进行滤波处理，而且滤波器的频率响应函数等于信道频率响应函数的倒数。

4. 许多脉冲的形状都满足奈奎斯特脉冲整形准则，因而产生的码间干扰为零。满足这一特性的一个简单的例子是脉冲 $p(t) = \mathrm{sinc}(t/T)$，其中，$T$ 表示符号的采样周期。由于当 $t = 0$ 时 $p(t) = 1$，以及当 $t = nT(n \neq 0)$ 时 $p(t) = 0$，因此由这种脉冲产生的码间干扰为零。

5. 为了满足码间干扰为零的条件，通常在发送端与接收端采用相同的滤波器。如果已知信道的频率响应函数，并且规定了基本脉冲的形状，那么，可以很容易求出发送滤波器与接收滤波器的频率响应函数，所求出的这两个频率响应满足奈奎斯特零码间干扰的条件。这种技术通常采用具有升余弦频谱的脉冲。

6. 迫零均衡器是具有如下特性的数字滤波器：在信道的输出端产生的一串脉冲满足奈奎斯特零码间干扰的条件。具体实现时采用了抽头延时滤波器的形式(或者称为横向滤波器)。各个抽头的权值由定义信道脉冲响应的逆矩阵决定。迫零均衡器的特性包括容易实现、容易分析。

7. 把表示 k 个数据符号的数据单元叠加时得到了眼图。尽管眼图不能定量地表示系统的性能，但它给出了系统性能的定性分析。与垂直方向张开度很小的眼图相比，当眼图在垂直方向的张开度很大时，码间干扰的功率电平很低。如果眼图在水平方向的张开度很小，那么定时抖动的功率电平很高，由此导致的问题是：难以实现同步。

8. 数字通信系统中需要采用各种等级的同步，包括载波同步、符号同步、字同步、帧同步。本章仅介绍了符号同步。一般来说，利用锁相环跟踪数据信号中位于符号频率处的分量，可以实现符号的同步。在符号率及符号率整数倍的频率处，如果数据不存在离散谱线，那么，为了在值为符号率的频率处产生频谱分量，需要对数据信号进行非线性处理。

疑难问题

5.1　对按照投掷硬币的概率产生的随机数据流而言，什么形式的数据形式具备如下的特性：(a)直流电平为零；(b)可以利用固有的冗余信息完成差错检测；(c)功率谱中存在离散谱线；(d)在频谱图中零频率处的分量为零；(e)功率谱的压缩特性最明显(通过功率谱的第一零点带宽体现出来)。

　　(i)电平不归零码；

　　(ii)传号不归零码；

　　(iii)单极性归零码；

　　(iv)极性归零码；

　　(v)双极性归零码；

　　(vi)裂相码。

5.2　假定采用按照投掷均匀硬币的概率产生的随机数据，要求分辨出图 5.2 中所示的哪一种(或者哪些)二进制数据格式满足如下的特性：

　　(a)直流电平为零；

　　(b)每个数据比特都有过零点；

　　(c)传输时用零电平表示二进制数据 0，而且信号的波形中具有不等于零的直流电平；

　　(d)传输时用零电平表示二进制数据 0，而且信号的波形中具有等于零的直流电平；

(e) 在频率 $f = 0$ Hz 处的频谱分量为零;

(f) 在频率 $f = 0$ Hz 处存在离散谱线。

5.3 当线路码数据通过带宽受到严格限制的信道时,会出现什么现象?

5.4 问"脉冲具有码间干扰为零的特性"的含义是什么?如果期望脉冲具有这样的特性,问脉冲的频谱应满足什么条件?

5.5 在下面列出的脉冲频谱中,哪一个频谱的傅里叶逆变换满足码间干扰为零的性质?

(a) $P_1(f) = \Pi(Tf)$,其中,T 表示脉冲的持续时间;

(b) $P_2(f) = \Lambda(Tf/2)$;

(c) $P_3(f) = \Pi(2Tf)$;

(d) $P_4(f) = \Pi(Tf) + \Pi(2Tf)$。

5.6 判断如下的命题正确与否:只有具有升余弦频谱的脉冲才满足码间干扰为零的性质。

5.7 对迫零均衡器而言,为了在中间样值的每一侧具有如下的零点数,要求输入脉冲总共具有多少个样值?

(a) 1; (b) 3; (c) 4; (d) 7; (e) 8; (f) 10。

5.8 选择正确的限制条件:信道的带宽越宽,则定时抖动(越大)(越小)。

5.9 选择正确的限制条件:信道的带宽越窄,则幅度抖动(越大)(越小)。

5.10 根据图 5.16 与图 5.18 判断:在数据时钟频率处产生的频谱分量中,下面两种方法中的哪一种能够得到较高的功率?①平方律电路;②时延-乘积电路。

5.11 根据图 5.19,分析载波调制方式的优点与缺点。

习题

5.1 节习题

5.1 已知信道的特性或者期望实现的目标如下。针对每一种情形,分辨出哪一种(或者哪些)线路码为最佳选择:

(a) 在 $f = 0$ Hz 处,信道的频率响应为零;

(b) 信道的通频带为 $0 \sim 10$ kHz,并且期望速率为 10 000 bps 的数据通过该传输信道;

(c) 为了实现同步,期望每比特内至少出现 1 个过零点;

(d) 为了进行差错检测,期望码型具有内置的冗余度;。

(e) 为了简化检测过程,需要用不同的正脉冲表示 1 以及用不同的负脉冲表示 0;

(f) 在频率值等于比特率处,期望存在离散谱线,据此可以得出值为比特率的时钟信号。

5.2 根据图 5.2 所示的幅度值为±1 的信号,证明平均功率如下:

(a) 电平不归零码——$P_{ave} = 1$ W;

(b) 传号不归零码——$P_{ave} = 1$ W;

(c) 单极性归零码——$P_{ave} = 1/4$ W;

(d) 极性归零码——$P_{ave} = 1/2$ W;

(e) 双极性归零码——$P_{ave} = 1/4$ W;

(f) 裂相码——$P_{ave} = 1$ W。

5.3

(a) 已知随机二进制数据序列为0110001011。要求绘出如下信号的简图:

　　(i) 电平不归零码;

　　(ii) 裂相码。

(b) 完整地图解如下的命题:将不归零码与值为±1、周期为 T 的时钟信号相乘之后可以得到裂相码。

5.4　根据习题 5.3 中的数据序列,绘出所得到的传号不归零码的简图。

5.5　根据习题 5.3 中的数据序列,绘出所得到的符合如下码型的简图:

(a) 单极性归零码;

(b) 极性归零码;

(c) 双极性归零码。

5.6　已知 4 kHz 的带宽为有效带宽。当采用如下的线路码时,求出所能实现的数据速率(假定带宽为第 1 零点带宽):

(a) 电平不归零码;

(b) 裂相码;

(c) 单极性归零码与极性归零码;

(d) 双极性归零码。

5.2 节习题

5.7　已知二阶巴特沃斯滤波器的阶跃响应与习题 2.65(c) 中的相同。而且系统的输入信号如下:
$$x(t) = u(t) - 2u(t - T) + u(t - 2T)$$
式中, $u(t)$ 表示单位阶跃信号。根据线性时不变系统的叠加性、时不变特性,求出滤波器响应的表达式。在如下的两种情况下,绘出滤波器的响应随 t/T 变化的图形:

(a) $f_3 T = 20$

(b) $f_3 T = 2$

5.8　已知 RC 低通滤波器的单位阶跃响应为 $[1 - \exp(t/RC)]u(t)$。根据 RC 滤波器的叠加性、时不变特性,证明如下的命题成立:当输入为式(5.31)时,式(5.32)为 RC 低通滤波器响应的表达式。

5.3 节习题

5.9　当 $\beta = 0$ 时,证明:式(5.37)为理想的矩形频谱。另外,求出与之对应的脉冲整形函数。

5.10　证明:式(5.36)与式(5.37)为傅里叶变换对。

5.11　画出下列频谱的简图,并且判断哪些频谱满足奈奎斯特脉冲整形准则。对满足奈奎斯特脉冲整形准则的频谱,求出合理的采样间隔 T(要求用含有 W 的式子表示 T)。求出相应的脉冲整形函数 $p(t)$。(在区间 $(-A/2, A/2)$ 内,用 $\Pi\left(\dfrac{f}{A}\right)$ 表示幅度等于 1 的矩形脉冲;在区间 $(-B, B)$ 内,用 $\Lambda\left(\dfrac{f}{B}\right)$ 表示幅度等于 1 的三角形脉冲)

(a) $P_1(f) = \Pi\left(\dfrac{f}{2W}\right) + \Pi\left(\dfrac{f}{W}\right)$

(b) $P_2(f) = \Lambda\left(\dfrac{f}{2W}\right) + \Pi\left(\dfrac{f}{W}\right)$

(c) $P_3(f) = \Pi\left(\dfrac{f}{4W}\right) - \Lambda\left(\dfrac{f}{W}\right)$

(d) $P_4(f) = \Pi\left(\dfrac{f-W}{W}\right) + \Pi\left(\dfrac{f+W}{W}\right)$

(e) $P_5(f) = \Lambda\left(\dfrac{f}{2W}\right) - \Lambda\left(\dfrac{f}{W}\right)$

5.12　如果 $|H_C(f)| = \left[1 + (f/5000)^2\right]^{-1/2}$。假定输入脉冲具有 $1/T = 5000$ Hz 的频谱，而且，β 满足如下的条件：

(a) $\beta = 1$；

(b) $\beta = 1/2$。

当 $|H_T(f)| = |H_R(f)|$ 时，要求绘出输出信号的图形。

5.13　希望利用升余弦脉冲在带宽为 7 kHz 的信道上传输 9 Kbps 的数据。问可以选用的滚降因子 β 的最大值是多少？

5.14

(a) 通过合理的图形证明，下面给出的梯形频谱满足奈奎斯特脉冲整形准则。

$$P(f) = 2\Lambda(f/2W) - \Lambda(f/W)$$

(b) 求出与上述频谱对应的脉冲整形函数。

5.4 节习题

5.15　已知信道脉冲响应的各个样值如下：

$$p_c(-3T) = 0.001 \quad p_c(-2T) = -0.01 \quad p_c(-T) = 0.1 \quad p_c(0) = 1.0$$
$$p_c(T) = 0.2 \quad p_c(2T) = -0.02 \quad p_c(3T) = 0.005$$

(a) 当采用 3 个抽头的迫零均衡器时，求出各个抽头的系数。

(b) 当 $mT = -2T$、$-T$、0、T、$2T$ 时，求出各个输出样值。

5.16　如果采用 5 抽头的迫零均衡器，要求重新求解习题 5.15 中的各个问题。

5.17　图 5.20(a) 示出了多径通信信道的简单模型。

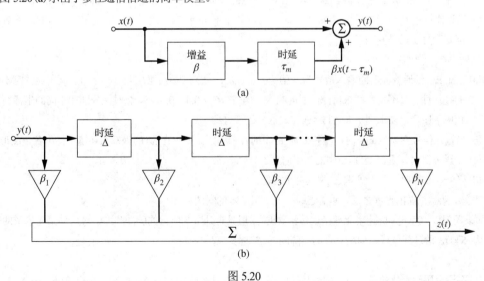

图 5.20

(a) 求出这种信道的 $H_c(f) = Y(f)/X(f)$；当 $\beta = 1$、0.5 时，绘出 $|H_c(f)|$ 的图形。

(b) 在均衡（或者消除）由信道引入的失真时，采用了均衡滤波器。在理想情况下，均衡滤波器应具有如下的频率响应函数。

$$H_{eq}(f) = \frac{1}{H_c(f)}$$

如果可以忽略噪声的影响,并且只考虑由信道产生的失真。通常采用频率响应近似于 $H_{eq}(f)$ 的抽头延时线滤波器(或者称为横向滤波器)。用级数表示时,求出 $H'_{eq}(f) = Z(f)/Y(f)$ 的表达式。

(c)利用关系式 $(1+x)^{-1} = 1 - x + x^2 - x^3 + \cdots$,求出 $1/H_c(f)$ 的级数表达式。当用(b)求出的 $H_{eq}(f)$ 对该信号均衡时,求出 $\beta_1, \beta_2, \cdots, \beta_N$ 的值。

5.18 已知信道脉冲响应的样值如下:

$$p_c(-4T) = -0.01 \quad p_c(-3T) = 0.02 \quad p_c(-2T) = -0.05 \quad p_c(-T) = 0.07 \quad p_c(0) = 1.0$$
$$p_c(T) = -0.1 \quad p_c(2T) = 0.07 \quad p_c(3T) = -0.05 \quad p_c(4T) = 0.03$$

(a)当采用 3 个抽头的迫零均衡器时,求出各个抽头的权值。

(b)当 $mT = -2T$、$-T$、0、T、$2T$ 时,求出各个输出样值。

5.19 如果采用 5 抽头的迫零均衡器,要求重新求解习题 5.18 中的各个问题。

5.5 节习题

5.20 在某数字数据传输系统中,误比特率 P_E 随定时抖动变化的关系式如下:

$$P_E = \frac{1}{4}\exp(-z) + \frac{1}{4}\exp\left[-z\left(1 - 2\frac{|\Delta T|}{T}\right)\right]$$

式中,z 表示信噪比;$|\Delta T|$ 表示定时抖动;T 表示比特周期。观察了该系统的眼图之后,得出了$|\Delta T|/T =$ 0.05(即 5%)的结论。

(a)当定时抖动为零时,误比特率 $P_E = 10^{-6}$,求与之对应的信噪比的值 z_0。

(b)当定时抖动为 5%时,为了保持 $P_E = 10^{-6}$ 的误比特率,问需要多大的信噪比 z_1。把 z_1/z_0 称为因抖动而产生的性能下降。求比值 z_1/z_0 的表达式,单位:分贝。其中,$[z_1/z_0]$ dB $= 10\log_{10}(z_1/z_0)$。

(c)当误比特率 $P_E = 10^{-4}$ 时,重新计算(a)、(b)。与误比特率 $P_E = 10^{-6}$ 时的结论相比,因抖动所导致的性能是变好了还是变差了?

5.21

(a)已知 RC 低通滤波器的输入信号为 $x(t) = u(t) - 2u(t-T) + 2u(t-2T) - u(t-3T)$。利用线性时不变系统的叠加性、时不变特性求出滤波器的响应。当 $T/RC = 0.4$、0.6、1、2 时,分别在不同的坐标系里绘出相应的图形,要求利用 MATLAB 完成这一处理过程。

(b)当输入信号变为 $-x(t)$ 时,重新处理(a)中的各个问题。要求在(a)的坐标系环境下绘出各个图形。

(c)$x(t) = u(t)$ 时,重新处理(a)中的各个问题。

(d)$x(t) = -u(t)$ 时,重新处理(a)中的各个问题。

注意:熟悉上面的过程之后,读者已设计出了最基本的眼图。

5.22 如果期望以 10 Kbps 的速率无差错地传输数据(采用具有升余弦频谱的脉冲整形信号)。如果将信道的带宽限为 5 kHz 的理想低通,问所允许的滚降因子 β 是多少?

5.23

(a)在没有码间干扰的条件下,信号传输时利用了具有升余弦频谱的整形脉冲。求出滚降因子 β 与数据速率 $R = 1/T$、信道带宽 f_{max}(假定采用理想低通滤波器)之间的关系式。

(b)为了实现具有升余弦频谱的整形脉冲,问 R 与 f_{max} 之间应满足什么样的关系?

5.6 节习题

5.24 针对绝对值型的非线性，重新编写例 5.8 的 MATLAB 仿真程序。与平方律型的非线性相比，问在频率值等于比特率处的谱线是强还是弱？

5.25 在例 5.8 中，假定比特周期 $T = 1$ s。由于程序中的 nsamp = 10，那么采样率为 $f_s = 10$ 符号/秒。在绘出图 5.16 时，采用了 $N_{FFT} = 5000$ 点的快速傅里叶变换，而且，在这种情况下，第 5000 点对应 f_s 的结论表明：在频率点 1000 Hz 的 FFT 输出对应 $1/T = 1$ 比特/秒的比特率。

5.7 节习题

5.26 由式 (5.68) 可知，在接收端实现载波同步时，有时在 PSK 已调信号中需要丢弃残留的载波分量。根据式 (5.68) 可以得到

$$x_{PSK}(t) = A_c \cos\left[2\pi f_c t + \alpha \frac{\pi}{2} d(t)\right], \quad 0 < \alpha < 1$$

当 $x_{PSK}(t)$ 的功率的 10% 为载波分量 (即未调载波) 时，求出与之对应的 α。

(提示：用 $\cos(u + v)$ 把 $x_{PSK}(t)$ 表示为两项，其中，一项与 $d(t)$ 有关，另一项与 $d(t)$ 无关。利用 $d(t) = \pm 1$、余弦函数为偶函数、正弦函数为奇函数等条件。)

5.27 根据式 (5.69)，并且利用 T 秒区间内的 $d(t) = \pm 1$ 的信息，求出 k_f 的值。当比特率为 1000 bps 时，已知 $x_{FSK}(t)$ 的峰值频偏为 10 000 Hz。

计算机仿真练习

5.1 当采用的数据为随机二进制序列时，要求所编写的 MATLAB 仿真程序能够产生图 5.2 所示的图形。程序中包含了把巴特沃斯信道滤波器的极点数、带宽 (从比特率的角度定义) 作为输入信号的选项。

5.2 要求所编写的 MATLAB 仿真程序能够产生图 5.10 所示的图形。程序中把巴特沃斯信道滤波器的极点数、3 dB 频率、滚降因子 β 作为输入信号的选项。

5.3 在已知输入的脉冲样值序列的条件下，所编写的 MATLAB 仿真程序能够计算出横向滤波迫零均衡器的各个权值。

5.4 在实现符号同步时用到了四次方器件而不是平方率器件。对计算机仿真实例 5.3 中的 MATLAB 程序进行相应的修改后，在图中示出：在 4 次方电路的输出端产生有效的频谱分量。要求重新编写的程序能够选择平方律、四次方律、信号与自身时延 1/2 比特之后的乘积。当频率的值从直流 (即零赫兹) 到比特率之间变化时，比较谱线的相对强度。在此基础上分析哪一种方案能够实现最佳的比特同步？

第6章 概率与随机变量简介

这一章的目的是，在给出随机信号的数学表示之前，复习一下概率论。在分析通信系统时，必须设计出随机信号与随机噪声的数学模型(统称为随机过程)，随机过程见第7章的介绍。

6.1 什么是概率

可以直接用如下的两个概念表示概率：①事件等概率发生时的结果；②相对频率法。

6.1.1 事件等概率发生时的结果

把事件等概率发生法定义如下：在随机实验(或者称为概率实验)中，如果 N 个事件等概率发生、而且这些事件的发生相互排斥(这就是说，当 N 个事件中的任一个发生时，其他的 $(N-1)$ 个事件中的任一个都不可能发生)。在所关注的事件 A 中，如果用 N_A 表示期望出现的结果的数量，那么，可以把事件 A 的概率 $P(A)$ 表示如下：

$$P(A) = \frac{N_A}{N} \tag{6.1}$$

上式给出的概率的定义存在一些实际问题。这里必须将概率实验分解为两个或者多个等概率发生的结果，而且不一定出现这样的结果。适用于这些条件的最明显的实验有扑克牌游戏、投掷骰子、投掷硬币等。明智地说，这个定义本身就有问题，具体地说，在使用术语"等概率"时意味着事件等概率地发生，这里(存在的问题是)用概率来定义概率。

用事件等概率发生定义概率时，尽管存在各种问题，但在处理工程问题时，如果罗列出 N 种等概率发生而且互斥的结果，就会很有用处。下面的例子体现了它在具体应用环境下的用处。

例6.1
在一副扑克牌(共52张)中，问：(a)抽到黑桃 A 的概率是多少？ (b)抽到黑桃花色的概率是多少？
解：
(a)根据事件等概率发生的原理可知，在 52 种可能的结果中，存在 1 种期望出现的结果。那么，$P(黑桃 A) = 1/52$。
(b)再次利用事件等概率发生的原理，在 52 种可能的结果中，存在 13 种期望出现的结果，于是可得：$P(黑桃) = 13/52 = 1/4$。 ∎

6.1.2 相对频率

对就要出生的小孩是否是男孩给出预测。根据传统的定义，由于事件"出现性别"等概率地发生，于是共有两种互斥的结果，因此可以预测生男孩的概率为 1/2。但是，对美国每年出生的小孩进行统计之后，结果表明：出生的男孩与全部出生小孩的比值为 0.51。这是相对频率接近概率的例子。

在相对频率法中，利用随机实验列举出所有可能的结果。重复进行多次实验之后，求出如下两个量的比值：①期望出现结果的数量 N_A；②在所关注的实验 A 中，事件发生的总数 N。当 $N \to \infty$ 时，把 N_A / N 的极限值定义为 A 中事件发生概率 $P(A)$ 的近似值，这就是 A 事件的相对频率，即

$$P(A) \triangleq \lim_{N \to \infty} \frac{N_A}{N} \tag{6.2}$$

可以根据概率的定义估算出 $P(A)$ 的值。但是，由于不可能完成式(6.2)所表示的无限多次的实验次数，于是，得到的只是 $P(A)$ 的近似值。因此，在估算概率值时，概率的相对频率的概念很有用处，但把它当作概率的数学依据时还不够理想。

下面的例子中专门针对这些概念，本章的后面也提到了这些概念。

例 6.2

这里介绍同时投掷两枚硬币的例子。在任一次的投掷中，可能出现如下 4 种结果中的一种：HH、HT、TH、TT。其中，H 表示正面(Heads)；T 表示反面(Tails)。例如，HT 表示第 1 枚硬币的正面朝上、第 2 枚硬币的反面朝上(可以理解成在硬币上标注了数字序号，于是能够分辨两枚硬币)。在任一次的投掷中，问两枚硬币同时出现正面的概率是多少？

解：

由于投掷硬币时，出现正、反面的概率相等，因此，正确的答案为 1/4。同理可得，$P(\mathrm{HT}) = P(\mathrm{TH}) = P(\mathrm{TT}) = 1/4$。

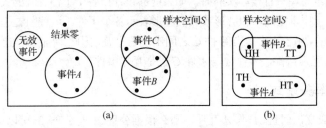

图 6.1　样本空间。(a) 任意样本空间的图形表示；"点"表示结果；圆圈表示事件；(b) 投掷两枚硬币时的样本空间表示

6.1.3　样本空间与概率的公理

在介绍与概率有关的两个定义时，由于存在前面所述的问题，因此，数学家们更倾向于以公理为基础的概率法。公理化方法足以包含上述的两个定义(等概率事件的定义、相对频率的定义)。下面简要地介绍一下公理化方法。

从几何的角度来说，通过表示各种可能的结果，可以把概率实验视为样本空间 S 里的各个单元。把事件定义为许多的结果。把不可能的各种结果定义为零事件 ϕ。图 6.1(a) 示出了样本空间的表示形式。正如图 6.1 中所示出的，所关注的事件 A、B、C 并未包含整个样本空间。

概率实验的具体实例可以是对电源输出端的直流电压进行检测。该实验的样本空间为：表示输出端电压时所有可能值的集合。但是，如果随机实验是像例 6.2 那样投掷两枚硬币，那么，样本空间就是前面列举出的 4 种结果：HH、HT、TH、TT。该实验的样本空间表示如图 6.1(b) 所示。图中示出了所关注的 A、B 两个事件。事件 A 表示至少一个正面朝上；事件 B 表示两次投掷的结果为同一面。值得注意的是，事件 A 与事件 B 包含了这一具体实例的所有可能的结果。

在进一步分析之前，从集合论中归纳出一些实用的符号表示会带来方便。把事件 "A 或者 B 或者二者" 表示为 $A \cup B$，有时表示为 $A + B$。把 "事件 A 和事件 B 都发生" 表示为 $A \cap B$，有时表示为 (A, B) 或者 AB(把 "$A \cap B$" 称为 A 与 B 的联合事件)。把不属于 A 的事件表示为 $\overline{A}$。把诸如由两个或者多个事件构成的事件(例如 $A \cup B$)称为复合事件。在集合论的术语中，把 "互斥事件" 称为 "不相交的集合"；如果事件 A 与事件 B 互斥，则 $A \cap B = \phi$ 成立。

在公理化方法中，把称为概率的衡量指标分配给样本空间里的各个事件[1]，于是，这时的衡量指标具有概率的各种特性。为了得到满意的理论值，使得根据理论得到的各种结果与实验中观察到的现象一致，需要选择体现概率指标的特性或者公理。下面给出一组理想的公理。

公理 1

对样本空间 S 里的所有事件而言，$P(A) \geqslant 0$。

公理 2

在样本空间 S 里，所有可能事件的发生概率之和为 1，$P(S) = 1$。

公理 3

如果事件 A 的发生与事件 B 的发生相互排斥，而且反过来也成立(也就是说，事件 A 与事件 B 为互斥事件)那么，$P(A \cup B) = P(A) + P(B)$ 成立[2]。

需要强调的是，概率法并没有给出 $P(A)$ 的值，必须通过其他的方法才能得到 $P(A)$。

6.1.4 维恩图

有时候，在根据维恩图进行概率实验时，如果能够设计出各个事件之间的关系，会带来方便。在这类图中，用矩形表示样本空间，用圆形或者椭圆形表示各个事件。这种图看起来与图 6.1(a) 相同。正如图 6.1(a) 所示出的，由于事件 B 与事件 C 之间出现了重叠，因此，事件 B 与事件 C 不是互斥事件；而事件 A 与事件 B 为互斥事件，事件 A 与事件 C 也是互斥事件。

6.1.5 实用的概率关系式

由于 $A \cup \overline{A} = S$ 成立，而且 A 与 $\overline{A}$ 互斥，那么根据公理 2 与公理 3 可以得到：$P(A) + P(\overline{A}) = P(S) = 1$，或者表示如下：

$$P(\overline{A}) = 1 - P(A) \tag{6.3}$$

利用关系式 $A \cup B = A \cup (B \cap \overline{A})$，可以把公理 3 推广到不是互斥的事件，其中，$A$ 与 $B \cap \overline{A}$ 不相交(根据维恩图很容易得出这一结论)。那么，根据公理 3 可以得到下面的关系式：

$$P(A \cup B) = P(A) + P(B \cap \overline{A}) \tag{6.4}$$

同理，利用维恩图可知，事件 $A \cap B$ 与事件 $B \cap \overline{A}$ 不相交，并且 $(A \cap B) \cup (B \cap \overline{A}) = B$ 成立，于是可得

$$P(A \cap B) + P(B \cap \overline{A}) = P(B) \tag{6.5}$$

根据式 (6.5) 求解 $P(B \cap \overline{A})$ 时，需要代入式 (6.4) 的结论，于是得到 $P(A \cup B)$ 的表达式如下：

$$P(A \cup B) = P(A) + P(B) - P(A \cap B) \tag{6.6}$$

这正是所需的公理 3 的推论。

这里考虑的事件 A 与事件 B 满足如下的条件：$P(A) > 0$、$P(B) > 0$，且事件 A 与事件 B 的联合概率为 $P(A \cap B)$。在事件 B 发生的条件下，把事件 A 发生的条件概率定义如下：

$$P(A \mid B) = \frac{P(A \cap B)}{P(B)} \tag{6.7}$$

---

1 例如，相对频率法或者等概率法。
2 根据公理 3，当考虑 $B_1 = B \cup C$ 为合成事件并且利用公理 3 两次时，可以把结论推广为 $P(A \cup B \cup C) = P(A) + P(B) + P(C)$。即，$P(A \cup B_1) = P(A) + P(B_1) = P(A) + P(B) + P(C)$。显然，可以把这一结论推广到有限数量的互斥事件。

同理，在事件 A 发生的条件下，把事件 B 发生的条件概率定义如下：

$$P(B \mid A) = \frac{P(A \cap B)}{P(A)} \tag{6.8}$$

结合式(6.7)与式(6.8)，可以得到

$$P(A \mid B)P(B) = P(B \mid A)P(A) \tag{6.9}$$

或者将上式表示如下：

$$P(B \mid A) = \frac{P(B)P(A \mid B)}{P(A)} \tag{6.10}$$

这是贝叶斯法则的特例。

最后，假定事件 B 发生与否对事件 A 的发生与否没有任何影响。如果这一命题成立，那么，事件 A 与事件 B 统计独立。于是，当已知事件 B 发生的信息时，对事件 A 的发生没有任何关系，因此，$P(A \mid B) = P(A)$ 成立。同理可得，$P(B \mid A) = P(B)$ 成立。在这样的条件下，根据式(6.7)或者式(6.8)可以得出如下的结论：

$$P(A \cap B) = P(A)P(B) \tag{6.11}$$

式(6.11)就是统计独立事件的定义。

例 6.3

在例 6.2 中，假定事件 A 表示至少 1 次正面朝上、事件 B 表示两次投掷出现同一面。样本空间如图 6.1(b)所示。在求解 $P(A)$、$P(B)$ 时，可以按如下的几种不同的方法进行处理。

解：

首先利用等概率的原理求出 $P(A)$、$P(B)$。在样本空间的 4 种可能的结果中，事件 A 共有 3 种期望的结果(即，HH、HT、TH)，于是得到 $P(A) = 3/4$。在样本空间的 4 种可能的结果中，事件 B 共有 2 种期望的结果，于是得到 $P(B) = 1/2$。

第 2 种方法。这里注意到，如果投掷硬币时相互之间没有影响，则各次投掷统计独立，即 $P(H) = P(T) = 1/2$。再者，事件 A 包含了 3 种互斥结果 HH、TH、HT 中的任意一种，根据导出的式(6.11)与公理 3 可以得到

$$P(A) = \left(\frac{1}{2} \cdot \frac{1}{2}\right) + \left(\frac{1}{2} \cdot \frac{1}{2}\right) + \left(\frac{1}{2} \cdot \frac{1}{2}\right) = \frac{3}{4} \tag{6.12}$$

同理，由于事件 B 包含了两种互斥结果 HH、TT 中的任意一种，再次利用式(6.11)与公理 3，可以得到

$$P(B) = \left(\frac{1}{2} \cdot \frac{1}{2}\right) + \left(\frac{1}{2} \cdot \frac{1}{2}\right) = \frac{1}{2} \tag{6.13}$$

还可以得出如下的结果：$P(A \cap B) = P$ (至少一次正面与两次投掷出现同一面) $= P(\text{HH}) = 1/4$。

下面考虑的是，在两次投掷出现同一面的条件下，至少 1 次为正面的概率 $P(A \mid B)$。对事件 B 而言，所考虑的结果仅限于 HH、TT，其中，只有 HH 是事件 A 期望的结果。那么，根据贝叶斯定理，可以得到

$$P(A \mid B) = \frac{P(A \cap B)}{P(B)} = \frac{1/4}{1/2} = \frac{1}{2} \tag{6.14}$$

下面求解的是：两次投掷中，在至少出现 1 次正面的条件下，两次投掷出现同一面的概率 $P(B \mid A)$。于是得到

$$P(B \mid A) = \frac{P(A \cap B)}{P(A)} = \frac{1/4}{3/4} = \frac{1}{3} \tag{6.15}$$

根据事件等概率发生的原理，对这一结果进行验证如下：由于在 3 个待选的事件(即 HH、TH、HT)中，存在一个期望发生的事件，因此事件发生的概率为 1/3。这里注意到如下的命题成立：

$$P(A\cap B) \neq P(A)P(B) \tag{6.16}$$

因此，尽管在任一次的投掷中，正面、反面的出现相互独立，但是，事件 A 与事件 B 的发生并非统计独立。

最后，求出 $P(A\cup B)$ 联合概率。根据式(6.6)，可以得到

$$P(A\cup B) = \frac{3}{4}+\frac{1}{2}-\frac{1}{4}=1 \tag{6.17}$$

需要记住的是，$P(A\cup B)$ 表示如下事件的发生概率：①至少 1 次正面；②两次出现同一面；③上述的①、②。可以看出，事件 $A\cup B$ 包含了全部的可能结果，因而得出上面的结果。■

例 6.4

这个例子体现的是，在判定两个事件是否相互独立时所用到的推理过程。从一副扑克牌中随机地抽取一张。在下面的"事件对"中，问哪一对事件是相互独立的？(a)抽取的是梅花花色与抽取的是黑色花色。(b)抽取的是 K 与抽取的是黑色花色。

解：

利用恒成立的关系式 $P(A\cap B) = P(A|B)P(B)$，并且利用仅对独立事件成立的关系式 $P(A\cap B) = P(A)P(B)$。(a)假定事件 A 表示抽取的是梅花花色、事件 B 表示抽取的是黑色花色。在一副普通的扑克牌中，由于共有 26 张黑色花色，且其中的 13 张为梅花花色，那么，条件概率满足 $P(A|B) = 13/26$(这时假定只考虑黑色扑克牌，当抽取的扑克牌为梅花花色时，存在13种期望的结果)。在一副 52 张的扑克牌中，由于黑色占了一半，因此，扑克牌为黑色的概率 $= P(B) = 26/52$。另外，在一副 52 张的扑克牌中，由于共有 13 张梅花花色，那么，扑克牌为梅花花色的概率(即事件 A)$= P(A) = 13/52$。根据上面的分析可以得到

$$P(A|B)P(B) = \frac{13}{26}\times\frac{26}{52} \neq P(A)P(B) = \frac{13}{52}\times\frac{26}{52} \tag{6.18}$$

因此，事件 A 与事件 B 不是相互独立的。

(b)假定事件 A 表示抽取的是 K、事件 B 表示抽取的是黑色花色。这个例子中，在已知黑色花色的条件下抽到 K 的概率 $= P(A|B) = 2/26$(在 26 张黑色花色中有两张 K)。在一副 52 张的扑克牌中，由于黑色占了一半，因此，扑克牌为黑色的概率 $= P(B) = 26/52$。另外，在一副 52 张的扑克牌中，由于共有 4 张 K，那么，抽取的扑克牌为 K 的概率(即事件 A)$= P(A) = 4/52$，以及 $P(B) = P(黑色) = 26/52$。根据上面的分析可以得到

$$P(A|B)P(B) = \frac{2}{26}\times\frac{26}{52} = P(A)P(B) = \frac{4}{52}\times\frac{26}{52} \tag{6.19}$$

上式表明：抽取的扑克牌为 K 的事件与抽取的扑克牌为黑色花色的事件相互独立。■

例 6.5

这个例子与通信密切相关，具体介绍的是二进制数字信号在信道上的传输问题，如二进制数字信号在计算机网络中的传输。按照惯例，用 0、1 表示两种可能的符号。假定发送端发送 0 接收端收到 0 的概率 $P(0r|0s)$、发送端发送 1 接收端收到 1 的概率 $P(1r|1s)$ 满足如下的结果：

$$P(0r|0s) = P(1r|1s) = 0.9 \tag{6.20}$$

那么，$P(1r|0s)$、$P(0r|1s)$ 这两个概率分别满足如下的两个关系式：

$$P(1r|0s) = 10 - P(0r|0s) = 0.1 \tag{6.21}$$

$$P(0r \mid 1s) = 1 - P(1r \mid 1s) = 0.1 \tag{6.22}$$

用上面的这 4 个概率(即 $P(0r \mid 0s)$、$P(1r \mid 1s)$、$P(1r \mid 0s)$、$P(0r \mid 1s)$)表示信道的特性,并且可以通过实验测试或者分析得到这些值。第 9 章、第 10 章针对具体的应用环境介绍了计算这些概率的技术。

除这些概率外,还假定通过测量已确定了发送 0 的概率为

$$P(0s) = 0.8 \tag{6.23}$$

因此,发送 1 的概率为

$$P(1s) = 1 - P(0s) = 0.2 \tag{6.24}$$

需要注意的是,一旦确定了 $P(0r \mid 0s)$、$P(1r \mid 1s)$、$P(0s)$,则可以根据公理 2、公理 3 计算出其余的各个概率。

需要解决的下一个问题是:"在发送 1 的条件下接收 1 的概率值 $P(1s \mid 1r)$ 是多少?"根据贝叶斯定律可以得到

$$P(1s \mid 1r) = \frac{P(1r \mid 1s)P(1s)}{P(1r)} \tag{6.25}$$

在求解 $P(1r)$ 时,可以利用如下的两个条件:

$$P(1r, \ 1s) = P(1r \mid 1s) \ P(1s) = 0.18 \tag{6.26}$$

$$P(1r, \ 0s) = P(1r \mid 0s) \ P(0s) = 0.08 \tag{6.27}$$

于是得到下面的两个结果:

$$P(1r) = P(1r, \ 1s) + P(1r, \ 0s) = 0.18 + 0.08 = 0.26 \tag{6.28}$$

$$P(1s \mid 1r) = \frac{0.9 \times 0.2}{0.26} = 0.69 \tag{6.29}$$

利用同样的计算方法,可以得到 $P(0s \mid 1r) = 0.31$、$P(0s \mid 0r) = 0.97$、$P(1s \mid 0r) = 0.03$。读者在练习时,应该仔细地检查这些必要的计算过程与结果。　　　　　　　　　　　　　　　■

6.1.6　树状图

求解复合事件的另一种简便方法是树状图,其独特之处体现在:可以把复合事件的发生设计为按照时间的先后顺序进行排列。可以通过下面的例子给出这种方法的图示。

例 6.6

假定从 52 张一副的标准扑克牌中抽取 5 张,每次抽取之后不再放回去。问其中有 3 张为同一面值的概率是多少?

解:

图 6.2 示出了这一概率实验的树状图。需要强调的是,第 1 次抽取时对应可能抽中也可能没抽中的具体结果(用 X 表示)。第 2 次抽取时产生了所关注的 4 个事件(其中的两个事件对应第一次抽中,另外的两个事件对应第一次没有抽中):面值与第 1 张相同的概率是 3/51,或者说,面值与第 1 张不相同的概率是 48/51。在第一次没有抽中 X 的条件下,如果第 2 次抽取的结果与第 1 次抽取的结果 X 不同,那么,第 2 次抽中 X 的概率为 4/51、第 2 次没有抽中 X 的概率为 47/51(见图 6.2 的下半部)。这时,一副牌还余下 50 张。如果第 3 次抽取的结果沿着上面的分支,也就是说,所得的结果与第 1 次的相同,则所关注的两个事件可能再次发生:抽取时出现面值相同的概率为 2/50,或者抽取结果与前两次的结果不同的概率为 48/50。在第 1 次没抽中 X、第 2 次没有抽中 X 的条件下,第 3 次抽中 X 的概率为 4/50,或者说,第 3 次没有抽中 X 的概率为 46/50。用同样的方法填满余下的各个分支。树状图中的每个路

径表示可能抽中也可能没有抽中的结果，沿着具体路径抽取扑克牌的概率等于该路径中各个概率的乘积。在路径行得通的条件下，由于抽取时的具体序列与另一个合理路径对应的序列为互斥序列，因此，只需要把对应合理路径的概率之积全部相加就行了。除了这些涉及扑克牌 X 的序列，在得到 3 张相同的面值时，还存在 12 种其他的结果。因此，把根据图 6.2 得到的结果乘以 13 才合理。那么，以任意顺序抽取 3 张同一面值的概率由如下的式子给出：

$$P(3\text{次抽中同一面值}) = 13 \times \frac{10 \times 4 \times 3 \times 2 \times 48 \times 47}{52 \times 51 \times 50 \times 49 \times 48} = 0.022\,57 \tag{6.30}$$

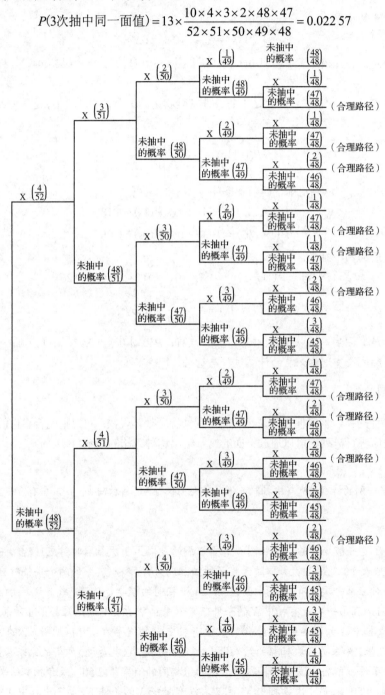

图 6.2 利用树状图解析抽取扑克牌的问题

例 6.7

与树状图求解法密切相关的另一种类型的问题是可靠性问题。如果一个系统由几部分组成，而且，其中每一部分出现故障的概率为 p，那么，在分析系统的总的故障率时，出现了可靠性问题。图 6.3 示出了可靠性问题的例子，图中通过继电器开关的串、并联组合电路把电池连接到负载，其中，每个开关闭合的概率为 p（或者说，每个开关断开的概率为 $q = 1 - p$）。现在面临的问题是：求出电流在负载中流过的概率。从图中可以清楚地看出，当继电器开关 S1 闭合/和或者继电器开关 S2、S3 闭合时，负载中才有电流流过。因此可以得到

$$
\begin{aligned}
P(\text{合理路径}) &= P(\text{S1闭合或者S2闭合、S3闭合}) \\
&= P(\text{S1闭合或者S2闭合，或者开关S1、S2都闭合}) \times P(\text{S3闭合}) \\
&= [1 - P(\text{开关S1、S2都断开})] \times P(\text{S3闭合}) \\
&= (1 - p^2)\, q
\end{aligned}
\tag{6.31}
$$

这里假定各个开关的控制相互独立。

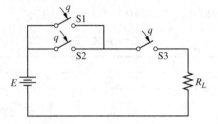

图 6.3　分析如何计算可靠性概率时所采用的电路　　　　■

6.1.7　一些较通用的关系式

与上面的介绍相比，这里导出一些通用性较强的关系式。所介绍的实验由互斥的复合事件 (A_i, B_j) 组成。这些复合事件的全体（$i = 1, 2, \cdots, M;\ j = 1, 2, \cdots, N$）构成了整个样本空间，也就是说，事件的个数为有限值，或者说，各个事件是样本空间的组成部分。例如，事件可以是摇一对骰子时的点数 (A_i, B_j) =（骰子上显示的点数为 1，骰子上显示的点数为 2）。

假定联合事件 (A_i, B_j) 的概率为 $P(A_i, B_j)$。可以把每一个复合事件当作单一的事件，由于所有可能结果的发生概率都已包含在其中，因此，如果把所有这些互斥并且有限的事件发生概率相加，则所得到的总概率为 1。即

$$
\sum_{i=1}^{M} \sum_{j=1}^{N} P(A_i, B_j) = 1
\tag{6.32}
$$

下面考虑特定的事件 B_j。与该特定事件有关的是，共存在 M 种互斥的可能情形，但不限于如下的结果：$(A_1, B_j), (A_2, B_j), \cdots, (A_M, B_j)$。如果把对应的概率相加，则可以得到与 A 的结果无关的 B_j 的概率 $P(B_j)$。那么可以得到

$$
P(B_j) = \sum_{i=1}^{M} P(A_i, B_j)
\tag{6.33}
$$

同理可得与 B 无关的 A_i 的概率 $P(A_i)$ 如下：

$$
P(A_i) = \sum_{j=1}^{N} P(A_i, B_j)
\tag{6.34}
$$

把 $P(A_i)$、$P(B_j)$ 称为边缘概率。

假定期望在已知 A_n 的条件下求出 B_m 的条件概率 $P(B_m \mid A_n)$。这时可以根据联合概率 $P(A_i, B_j)$ 把该条件概率表示如下:

$$P(B_m \mid A_n) = \frac{P(A_n, B_m)}{\sum_{j=1}^{N} P(A_n, B_j)} \tag{6.35}$$

与式(6.10)相比,这是贝叶斯定理更通用的表达式。

例 6.8

表 6.1 示出了某实验的联合概率与边缘概率。问漏检概率是多少?

解:

由于 $P(B_1) = P(A_1, B_1) + P(A_2, B_1)$,于是得到 $P(B_1) = 0.1 + 0.1 = 0.2$。又由于 $P(B_1) + P(B_2) + P(B_3) = 1$,则可以得到 $P(B_3) = 1 - 0.2 - 0.5 = 0.3$。最后,根据关系式 $P(B_3) = P(A_1, B_3) + P(A_2, B_3)$,可以得到 $P(A_1, B_3) = 0.3 - 0.1 = 0.2$,因此得到 $P(A_1) = 0.1 + 0.4 + 0.2 = 0.7$。

表 6.1　$P(A_i, B_j)$

A_i B_j	B_1	B_2	B_3	$P(A_i)$
A_1	0.1	0.4	?	?
A_2	0.1	0.1	0.1	0.3
$P(B_j)$	?	0.5	?	1

6.2　随机变量及其有关的各个函数

6.2.1　随机变量

在随机变量的应用中,从数值结果的角度(例如,数字数据消息中的差错数)而不是非数值结果的角度(例如元器件的故障)进行处理时会更方便一些。于是引入了随机变量的概念,即,把随机变量定义为如下的准则:在概率实验中,把数值分配给每一个可能的结果。(术语随机变量的措辞不太恰当;由于随机变量是这样一个准则:把一个集合的各个成员分配给另一个集合中的各个成员,因此,随机变量实际上是个函数。)

以投掷硬币为例。表 6.2 示出了对随机变量进行分配之后的可能结果。在图 6.4(a)中示出了这些离散随机变量的例子。

表 6.2　可能的随机变量 $P(A_i, B_j)$

结果: S_i	R.V. No.1: $X_1(S_i)$	R.V. No.2: $X_2(S_i)$
$S_1 = $ 正面	$X_1(S_1) = 1$	$X_2(S_1) = \pi$
$S_2 = $ 反面	$X_1(S_2) = -1$	$X_2(S_2) = \sqrt{2}$

在介绍连续的随机变量时,以儿童娱乐节目中常见的指针旋转为例。可能分配的随机变量取值为 Θ_1(单位:弧度),当指针停止转动时,指针位于垂直的位置。根据这种方式的定义,当指针旋转时, Θ_1 的值持续地增大。可能的第 2 个随机变量 Θ_2 等于 Θ_1 减去 2π 弧度的整数倍,因而满足 $0 \leqslant \Theta_2 < 2\pi$,常表示为 "$\Theta_1$(模 2π)"。图 6.4(b)中示出了这些随机变量。

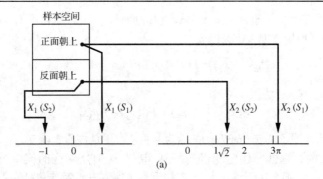

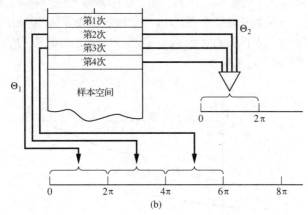

图 6.4 样本空间与随机变量的图形表示。(a)投掷硬币的实验；(b)旋转指针的实验

下面介绍本书的绝大部分内容都遵循的惯例。用大写字母(X、Θ 等)表示随机变量，与之对应的小写字母(x、θ 等)表示随机变量所取的值(或者说，随机变量在运行过程中所取的值)。

6.2.2 概率(累积)分布函数

从概率的角度来说，在表示随机变量时，期望所用的方法对离散变量与连续变量进行相同的处理。实现这一功能的方法是利用累积分布函数(cumulative-distribution function，cdf)。

这里介绍的概率实验中用到了随机变量 X。把的 $F_X(x)$ 的 cdf 定义如下：

$$F_X(x) = X \leqslant x\text{的概率} = P(X \leqslant x) \tag{6.36}$$

这里注意到，$F_X(x)$ 是 x 的函数，而不是随机变量 X 的函数。但 $F_X(x)$ 还与随机变量 X 的分布有关(通过 $F_X(x)$ 表示法的下标体现出来)。

累积分布函数具有如下的性质。

性质 1. $0 \leqslant F_X(x) \leqslant 1$，而且满足 $F_X(-\infty) = 0$、$F_X(\infty) = 1$。

性质 2. $F_X(x)$ 满足右连续的条件，也就是说，$\lim\limits_{x \to x_{0+}} F_X(x) = F_X(x_0)$。

性质 3. $F_X(x)$ 为 x 的非递减函数，也就是说，如果 $x_1 < x_2$，则 $F_X(x_1) \leqslant F_X(x_2)$。

考虑如下的因素时可以证明上述 3 个性质的合理性。

由于 $F_X(x)$ 表示概率，因此，根据前面所述的公理可知，$F_X(x)$ 的值介于 0 与 1 之间(其中包括 0 与 1)。当 $X = -\infty$ 时，由于实验中的所有可能结果都没有包括在内，于是得到 $F_X(-\infty) = 0$；当 $X = \infty$ 时，由于包括了实验中的所有可能结果，于是得到 $F_X(\infty) = 1$。因而证明了性质 1。

当 $x_1 < x_2$ 时，事件 $X \leqslant x_1$ 与事件 $x_1 < X \leqslant x_2$ 互斥；而且，$X \leqslant x_2$ 包含了如下两种情况：① $X \leqslant x_1$；② $x_1 < X \leqslant x_2$。因而，根据公理 3 可以得到

$$P(X \leqslant x_2) = P(X \leqslant x_1) + P(x_1 < X \leqslant x_2)$$

或者

$$P(x_1 < X \leqslant x_2) = F_X(x_2) - F_X(x_1) \tag{6.37}$$

由于概率为非负值，因此，式(6.37)的左端为非负值。于是性质 3 成立。

下面证明右连续的合理性。假定随机变量 X 取值 x_0 时所对应的概率为 P_0。下面分析概率 $P(X \leqslant x)$。如果 $x < x_0$，那么，无论 x 与 x_0 多接近，事件 $X = x_0$ 都未包括在其中。当 $x = x_0$ 时，包括了事件 $X = x_0$，这时事件发生的概率等于 P_0。由于事件 $X \leqslant x < x_0$ 与事件 $X = x_0$ 为互斥事件，因此，当 $x = x_0$ 时，$P(X \leqslant x)$ 的跳变量必须等于 P_0，如图 6.5 曲线所示。因此，$F_X(x) = P(X \leqslant x)$ 的右边是连续的。如图 6.5 曲线上右跳变的点所示。但是，这里更有用处的是：$F_X(x)$ 发生跳变的幅度(比如说在 x_0 处发生跳变)等于 $X = x_0$ 的概率。

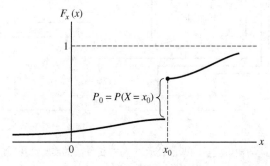

图 6.5　$F_X(x)$ 跳变特性的表示

6.2.3　概率密度函数

由式(6.37)可知，在计算概率值时，随机变量的 cdf 是个完整而且有用的表示形式。但在计算统计平均时，用随机变量 X 的概率密度函数(probability-density function，pdf) $f_X(x)$ 会更方便。从 X 的 cdf 的角度将 X 的 pdf 定义如下：

$$f_X(x) = \frac{dF_X(x)}{dx} \tag{6.38}$$

由于离散随机变量的 cdf 不连续，那么，从数学的角度来说，在各个不连续点处，离散随机变量的 pdf 不存在。可以用如下的方式定义离散随机变量的 pdf：在不连续点处，用 δ 函数把不连续跳变函数的导数表示为幅度的跳变。在有些文献中，通过定义离散随机变量的概率质量函数(probability mass function，pmf)，避免了这一问题的出现，概率质量函数的各行刚好等于随机变量取各个可能值时的概率。

根据前面的分析，当 $f_X(-\infty) = 0$ 时，由式(6.38)可以得到

$$F_X(x) = \int_{-\infty}^{x} f_X(\eta)d\eta \tag{6.39}$$

这就是说，在区间 $(-\infty, x]$ 内，pdf 曲线下的面积表示检测值小于等于 x 时所对应的概率值。

根据式(6.38)、式(6.39)以及 $F_X(x)$ 的各项性质可知，pdf 具有如下的各项性质。

$$f_X(x) = \frac{\mathrm{d}F_X(x)}{\mathrm{d}x} \geqslant 0 \tag{6.40}$$

$$\int_{-\infty}^{\infty} f_X(x)\mathrm{d}x = 1 \tag{6.41}$$

$$P(x_1 < X \leqslant x_2) = F_X(x_2) - F_X(x_1) = \int_{x_1}^{x_2} f_X(x)\mathrm{d}x \tag{6.42}$$

在得到 $f_X(x)$ 的另一个具有启发性而且很实用的解释时，把 $x_1 = x - \mathrm{d}x$、$x_2 = x$ 代入式(6.42)中。这时积分项变为 $f_X(x)\,\mathrm{d}x$，于是得到

$$f_X(x)\mathrm{d}x = P(x - \mathrm{d}x < X \leqslant x) \tag{6.43}$$

这就是说，如果 $f_X(x)$ 是 x 的连续函数，那么，在 pdf 曲线上，任一点的坐标 x 乘以 $\mathrm{d}x$ 之后，得到了随机变量 X 在点 x 附近无穷小区间内的概率。

下面的两个例子分别分析了连续信号、离散信号两种情形的 cdf 与 pdf。

例 6.9

假定投掷两枚完全均匀的硬币，并且用 X 表示出现正面的数量。表 6.3 概括了各种可能结果、X 的对应值以及各个概率值。该实验的 cdf、pdf 以及随机变量的边界如图 6.6 所示。细致地分析之后就会发现，图中示出了离散随机变量的 cdf 与 pdf 的各项性质。需要强调的是，当随机变量的边界(或者所分配的概率)发生变化时，cdf 与 pdf 都会随之发生变化。

表 6.3　可能的结果与相应的概率

结　果	X	$P(X = x_j)$
TT	$x_1 = 0$	1/4
$\left.\begin{array}{l}TH\\HT\end{array}\right\}$	$x_2 = 1$	1/2
HH	$x_3 = 2$	1/4

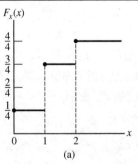 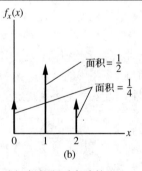

图 6.6　(a) 投掷硬币实验的 cdf；(b) 投掷硬币实验的 pdf

例 6.10

该实例分析前面介绍过的指针旋转问题。这里假定：①不期望出现的情形是：指针在任何角度停下来的概率超过在任何其他角度停下来的概率(也就是说，指针在任意角度停下来的概率相等)；②把随机变量 Θ 定义为：指针处于垂直位置时所对应的角度(以 2π 为模)。那么，Θ 的取值范围为 $[0, 2\pi)$，而且，指针在区间 $[0, 2\pi)$ 内任意角度停下来的概率相等的条件下，如果 θ_1、θ_2 这两个角度的取值范围均为 $[0, 2\pi)$，则如下的关系式成立：

$$P(\theta_1 - \Delta\theta < \Theta \leqslant \theta_1) = P(\theta_2 - \Delta\theta < \Theta \leqslant \theta_2) \tag{6.44}$$

根据式(6.37)，利用$f_\Theta(\theta)$的pdf，可以把$f_\Theta(\theta_1)$与$f_\Theta(\theta_2)$之间的关系表示如下：

$$f_\Theta(\theta_1) = f_\Theta(\theta_2), \quad 0 \leqslant \theta_1, \theta_2 < 2\pi \tag{6.45}$$

因此，在区间$[0,\ 2\pi)$内，$f_\Theta(\theta)$为常数；在区间$[0,\ 2\pi)$之外，如果以2π为模，则$f_\Theta(\theta)$为零；这就是说，不可能得到小于等于零或者大于2π的角度。根据式(6.41)，可以得到如下的结论：

$$f_\Theta(\theta) = \begin{cases} \dfrac{1}{2\pi}, & 0 \leqslant \theta < 2\pi \\[2mm] 0, & \text{其他} \end{cases} \tag{6.46}$$

图6.7(a)示出了$f_\Theta(\theta)$的图形。根据$f_\Theta(\theta)$的积分图解，可以很容易求出$f_\Theta(\theta)$，如图6.7(b)所示。

为了体现出这些图的作用，在区间$[\pi/2, \pi]$内，假定期望求出指针处于任意位置的概率。所求解的概率要么等于pdf曲线在区间$[\pi/2, \pi]$内的面积(见图6.7(a)所示的阴影部分)，要么等于曲线上$\theta = \pi$的纵坐标减去$\theta = \pi/2$的纵坐标。但指针位于$\theta = \pi/2$的概率为零。 ■

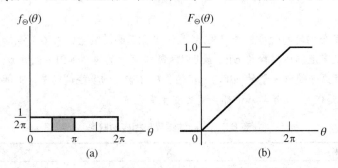

图6.7　(a)指针旋转试验的pdf；(b) 指针旋转试验的cdf

6.2.4　联合cdf与联合pdf

需要用两个或者多个随机变量才能体现出概率实验的特性。很容易把cdf表示形式或者pdf表示形式扩展到这样的应用环境。为了简化分析，这里只分析两个随机变量的情形。

这里的具体例子是把飞镖多次投向靶心的概率实验，如图6.8所示。必须用两个数才能表示飞镖击中的位置。在这个事例中，击中的位置用X、Y这两个随机变量表示，即，以靶心为坐标原点时，X、Y的值就是击中点的坐标。用如下的关系式定义X、Y的联合cdf：

$$F_{XY}(x, y) = P(X \leqslant x, Y \leqslant y) \tag{6.47}$$

把上式中的逗号解释为"和"的关系。用如下的关系式定义X、Y的联合pdf：

$$f_{XY}(x,\ y) = \frac{\partial^2 F_{XY}(x,\ y)}{\partial x \partial y} \tag{6.48}$$

与单个随机变量中所得到的结论一样，同样可以证明如下的结论：

$$P(x_1 < X < x_2,\ y_1 < Y \leqslant y_2) = \int_{y_1}^{y_2} \int_{x_1}^{x_2} f_{XY}(x,\ y)\mathrm{d}x\mathrm{d}y \tag{6.49}$$

上式正是与式(6.42)对应的二维表示形式。假定$x_1 = y_1 = -\infty$、$x_2 = y_2 = \infty$，则可以得到整个样本空间。即

$$F_{XY}(-\infty,\ \infty) = \int_{-\infty}^{\infty} \int_{-\infty}^{\infty} f_{XY}(x,\ y)\mathrm{d}x\mathrm{d}y = 1 \tag{6.50}$$

假定 $x_1 = x - \mathrm{d}x$、$x_2 = x$、$y_1 = y - \mathrm{d}y$、$y_2 = y$，则根据式 (6.49) 可以得到如下的具有启发性的关系式：

$$f_{XY}(x, y)\mathrm{d}x\mathrm{d}y = P(x - \mathrm{d}x < X \leqslant x, \ y - \mathrm{d}y < Y \leqslant y) \tag{6.51}$$

因此，在无穷小的区间内根据 y 求解 Y 的概率的同时，在无穷小的区间内根据 x 求出的 X 的概率为 $f_{XY}(x, y)\mathrm{d}x\mathrm{d}y$。

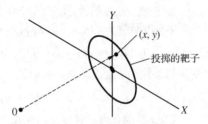

图 6.8　投掷飞镖的实验

如果已知联合 cdf 或者 pdf，那么根据如下的分析可以得到其中一个随机变量的 cdf 或者 pdf。不论 Y 取什么值，可以把只含 X 的 cdf 表示如下：

$$F_X(x) = P(X \leqslant x, \ -\infty < Y < \infty) = F_{XY}(x, \ \infty) \tag{6.52}$$

同理，可以把只含 Y 的 cdf 表示如下：

$$F_Y(y) = F_{XY}(\infty, \ y) \tag{6.53}$$

把 $F_X(x)$ 与 $F_Y(y)$ 称为边缘累积分布函数。根据式 (6.49) 与式 (6.50)，可以分别用如下的两个式子表示式 (6.52) 与式 (6.53)：

$$F_X(x) = \int_{-\infty}^{\infty} \int_{-\infty}^{x} f_{XY}(x', \ y')\mathrm{d}x'\mathrm{d}y' \tag{6.54}$$

$$F_Y(y) = \int_{-\infty}^{y} \int_{-\infty}^{\infty} f_{XY}(x', \ y')\mathrm{d}x'\mathrm{d}y' \tag{6.55}$$

由于如下的关系式成立

$$f_X(x) = \frac{\mathrm{d}F_X(x)}{\mathrm{d}x} \ \text{以及} \ f_Y(y) = \frac{\mathrm{d}F_Y(y)}{\mathrm{d}y} \tag{6.56}$$

那么，分别根据式 (6.54)、式 (6.55)，可以得到如下的两个关系式：

$$f_X(x) = \int_{-\infty}^{\infty} f_{XY}(x, \ y')\mathrm{d}y' \tag{6.57}$$

$$f_Y(y) = \int_{-\infty}^{\infty} f_{XY}(x', \ y)\mathrm{d}x' \tag{6.58}$$

因此，在利用联合概率密度函数 $f_{XY}(x, y)$ 求解边缘概率密度函数 $f_X(x)$、$f_Y(y)$ 时，只需消去不需要的变量即可 (当随机变量数大于 2 时，需要消去不需要的各个变量)。所以，联合 cdf 或者联合 pdf 包含了随机变量 X、Y 的所有可能的信息。当随机变量的数量大于 2 时，同样的结论仍然成立。

如果一个随机变量的取值不影响另一个随机变量的取值，那么这两个随机变量是统计独立的 (或者直接说，这两个随机变量是独立的)。因此，当 x、y 取任意值时，下面的关系式必须成立：

$$P(X \leqslant x, \ Y \leqslant y) = P(X \leqslant x)P(Y \leqslant y) \tag{6.59}$$

或者，从 cdf 的角度表示统计独立时，将上式变为

$$F_{XY}(x,\ y)=F_X(x)F_Y(y) \tag{6.60}$$

这就是说，可以把独立随机变量的联合 cdf 分解为两个单独的边缘 cdf 的乘积。根据概率密度函数的定义，在式(6.59)的两端先对 x、然后对 y 微分之后，可以得到

$$f_{XY}(x,\ y)=f_X(x)f_Y(y) \tag{6.61}$$

上式表明：可以把独立随机变量的联合概率密度函数分解为几个独立因子的乘积。如果两个随机变量并不是统计独立的，则可以利用条件概率密度函数 $f_{Y|X}(y\,|\,x)$ 和 $f_{X|Y}(x\,|\,y)$ 把联合概率密度函数表示如下：

$$f_{XY}(x,\ y)=f_X(x)f_{Y|X}(y\,|\,x)=f_Y(y)f_{X|Y}(x\,|\,y) \tag{6.62}$$

这些关系式定义了两个随机变量的条件概率密度函数。可以把 $f_{X|Y}(x\,|\,y)$ 直接理解为

$$f_{X|Y}(x\,|\,y)\mathrm{d}x=P(x-\mathrm{d}x<X\leqslant x\,|\,Y=y) \tag{6.63}$$

同理可得 $f_{Y|X}(y\,|\,x)$ 的表达式。式(6.62)的合理性体现在：如果 X、Y 相互关联，那么，Y 的取值会影响 X 的概率分布。但是，如果 X、Y 统计独立，那么，不可能因为已知其中一个随机变量的信息，而得到另一个随机变量的任何信息。那么，对统计独立的随机变量 X、Y 而言，如下的关系式成立：

$$f_{X|Y}(x\,|\,y)=f_X(x) \text{ 以及 } f_{Y|X}(y\,|\,x)=f_Y(y)，\text{随机变量统计独立} \tag{6.64}$$

可以把上式作为统计独立的另一个定义。下面的例子解析了上述的几个基本概念。

例6.11

两个随机变量 X、Y 具有如下的联合概率密度函数：

$$f_{XY}(x,\ y)=\begin{cases}A\mathrm{e}^{-(2x+y)}, & x,\ y\geqslant 0\\0, & \text{其他}\end{cases} \tag{6.65}$$

式中，A 表示常数。可以根据如下的式子计算出 A 的值：

$$\int_{-\infty}^{\infty}\int_{-\infty}^{\infty}f_{XY}(x,\ y)\mathrm{d}x\mathrm{d}y=1 \tag{6.66}$$

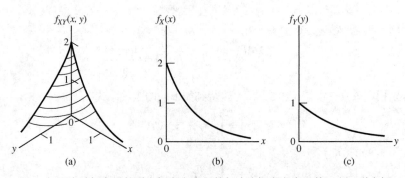

图6.9 两个随机变量的联合概率密度函数与边缘概率密度函数。(a) 联合概率密度函数；(b) X 的边缘概率密度函数；(c) Y 的边缘概率密度函数

解：

由于下面的关系式成立

$$\int_0^{\infty}\int_0^{\infty}\mathrm{e}^{-(2x+y)}\mathrm{d}x\mathrm{d}y=\frac{1}{2} \tag{6.67}$$

因此可得，$A=2$。根据式(6.51)、式(6.52)，求解边缘概率密度函数的过程如下。

$$f_X(x) = \int_{-\infty}^{\infty} f_{XY}(x,\ y)\mathrm{d}y = \begin{cases} \int_0^{\infty} 2e^{-(2x+y)}\mathrm{d}y, & x \geq 0 \\ 0, & x < 0 \end{cases} = \begin{cases} 2e^{-2x}, & x \geq 0 \\ 0, & x < 0 \end{cases} \quad (6.68)$$

$$f_Y(y) = \begin{cases} e^{-y}, & y \geq 0 \\ 0, & y < 0 \end{cases} \quad (6.69)$$

图 6.9 示出了这些联合概率密度函数与边缘概率密度函数。由于 $f_{XY}(x,y) = f_X(x) f_Y(y)$，那么，根据所得出的这些结果可知，$X$、$Y$ 是统计独立的。

根据式 (6.49)、式 (6.47)，对两个随机变量的联合概率密度函数求积分之后，可以得到联合 cdf。于是得到

$$F_{XY}(x,\ y) = \int_{-\infty}^{y} \int_{-\infty}^{x} f_{XY}(x',\ y')\mathrm{d}x'\mathrm{d}y' = \begin{cases} (1-e^{-2x})(1-e^{-y}), & x、y \geq 0 \\ 0, & 其他 \end{cases} \quad (6.70)$$

为了避免混淆，在计算上式积分的过程中利用了虚拟变量。值得注意的是，与预计的一样，如下两个结论成立：① $F_{XY}(-\infty,-\infty) = 0$；② $F_{XY}(\infty,\infty) = 1$。由于①对应不可能事件的概率，因此①成立。由于②对应的概率值包含了所有可能的结果，因此②成立。还可以根据 $f_{XY}(x,y)$ 的结果求出如下的两个量：

$$F_X(x) = F_{XY}(x,\ \infty) = \begin{cases} 1-e^{-2x}, & x \geq 0 \\ 0, & x < 0 \end{cases} \quad (6.71)$$

$$F_Y(x) = F_{XY}(\infty,\ y) = \begin{cases} 1-e^{-y}, & y \geq 0 \\ 0, & y < 0 \end{cases} \quad (6.72)$$

同样需要注意的是，与预计的一样，当各个随机变量统计独立时，可以把联合 cdf 分解为边缘 cdf 的乘积。

可以用如下的两个式子表示条件概率密度函数：

$$f_{X|Y}(x\,|\,y) = \frac{f_{XY}(x,\ y)}{f_Y(y)} = \begin{cases} 2e^{-2x}, & x \geq 0 \\ 0, & x < 0 \end{cases} \quad (6.73)$$

$$f_{Y|X}(y\,|\,x) = \frac{f_{XY}(x,\ y)}{f_X(x)} = \begin{cases} e^{-y}, & y \geq 0 \\ 0, & y < 0 \end{cases} \quad (6.74)$$

与预计的一样，当随机变量 X、Y 统计独立时，上面的两个关系式分别等于各自的边缘概率密度函数。　■

例 6.12

在分析联合概率密度函数的归一化处理过程时，根据联合概率密度函数求出边缘概率密度函数，并且验证对应随机变量的统计独立性。这里分析的联合概率密度函数如下：

$$f_{XY}(x,\ y) = \begin{cases} \beta xy, & 0 \leq x \leq y,\ 0 \leq y \leq 4 \\ 0, & 其他 \end{cases} \quad (6.75)$$

当随机变量之间相互独立时，联合概率密度函数应等于各个边缘概率密度函数的乘积。

解：

由于题中给出的极限难以求解，因此这个例子稍有些棘手，于是利用图 6.10 绘出了概率密度函数的图形。利用 $f_{XY}(x,y)$ 对全部的 x、y 求积分，通过将概率密度函数之下的总量归一化为单位值，可以求出常数 β。于是得到

$$\beta \int_0^4 y \left[\int_0^y x \mathrm{d}x \right] \mathrm{d}y = \beta \int_0^4 y \frac{y^2}{2} \mathrm{d}y = \beta \frac{y^4}{2 \times 4} \Big|_0^4 = 32\beta = 1$$

于是得到 $\beta = 1/32$。

下面求解各个边缘概率密度函数。首先对 x 求积分，并且与图 6.10 对照之后得到合理的积分限，因此可得

$$f_Y(y) = \int_0^y \frac{xy}{32} \mathrm{d}x, \ 0 \leqslant y \leqslant 4$$

$$= \begin{cases} \dfrac{y^3}{64}, & 0 \leqslant y \leqslant 4 \\ 0, & \text{其他} \end{cases} \tag{6.76}$$

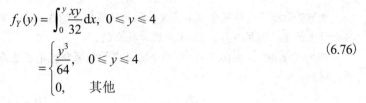

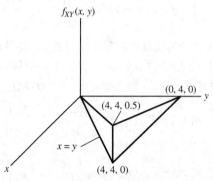

图 6.10　例 6.12 中采用的概率密度函数

同理可得 X 的概率密度函数如下：

$$f_X(x) = \int_x^4 \frac{xy}{32} \mathrm{d}y, \ 0 \leqslant y \leqslant 4$$

$$= \begin{cases} \dfrac{x}{4} \times \left[1 - \left(\dfrac{x}{4} \right)^2 \right], & 0 \leqslant x \leqslant 4 \\ 0, & \text{其他} \end{cases} \tag{6.77}$$

正如所预计的，经过简单的计算就可以得出结论：对两个边缘概率密度函数积分之后所得的结果都等于 1。

由上面的结果可以明显看出，边缘概率密度函数的乘积并不等于联合概率密度函数，因此，随机变量 X 与随机变量 Y 并不是统计独立的。　　　　　　　　　　　　　　　■

6.2.5　随机变量的变换

时常会碰到这样的情形：已知随机变量 X 的概率密度函数(或者累积分布函数)，并且期望将第二个随机变量 Y 的概率密度函数定义为 X 的函数，例如

$$Y = g(X) \tag{6.78}$$

这里首先分析的是，$g(X)$ 为自变量 X 的单调函数，例如，在变量所属的区间 $(-\infty, \infty)$ 内，$g(X)$ 要么具有非递减特性，要么具有非递增的特性。稍后放宽该限制条件。

图 6.11 示出了具有这种特性的常规函数。当 X 的取值范围为 $(x - \mathrm{d}x, x)$ 时，X 的发生概率与 Y 的发生概率相等，其中，Y 的取值范围为 $(y - \mathrm{d}y, y)$，而且 $y = g(x)$ 成立。

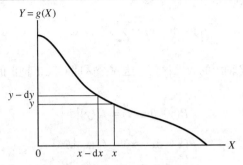

图 6.11 常规随机变量的单调变换

根据式 (6.43)，如果 $g(X)$ 为单调递增函数，由于 x 增大时，y 也会增大，那么，可以得到

$$f_X(x)\,\mathrm{d}x = f_Y(y)\,\mathrm{d}y \tag{6.79}$$

如果 $g(X)$ 为单调递减函数，由于 x 增大时，y 会减小，那么，可以得到

$$f_X(x)\,\mathrm{d}x = -f_Y(y)\,\mathrm{d}y \tag{6.80}$$

综合考虑这两种情形之后，可以得到如下的表达式：

$$f_Y(y) = f_X(x)\left|\frac{\mathrm{d}x}{\mathrm{d}y}\right|_{x=g^{-1}(y)} \tag{6.81}$$

式中，$x = g^{-1}(y)$ 表示式 (6.78) 的反函数。

例 6.13

这里结合例 6.10 来解析式 (6.81) 的应用，即，例 6.10 的概率密度函数如下：

$$f_\Theta(\theta) = \begin{cases} \dfrac{1}{2\pi}, & 0 \leqslant \theta \leqslant 2\pi \\ 0, & \text{其他} \end{cases} \tag{6.82}$$

假定利用如下的关系式把随机变量 Θ 转换为随机变量 Y：

$$Y = -\frac{\Theta}{\pi} + 1 \tag{6.83}$$

由于 $\theta = -\pi y + \pi$，那么，$\dfrac{\mathrm{d}\theta}{\mathrm{d}y} = -\pi$ 成立，根据式 (6.81) 可以得到 Y 的概率密度函数如下：

$$f_Y(y) = f_\Theta(\theta = -\pi y + \pi)|-\pi| = \begin{cases} \dfrac{1}{2}, & -1 \leqslant y \leqslant 1 \\ 0, & \text{其他} \end{cases} \tag{6.84}$$

需要注意的是，由式 (6.83) 可知，当 $\Theta = 2\pi$ 时，可以得到 $Y = -1$；当 $\Theta = 0$ 时，可以得到 $Y = 1$。由此可以预计，仅在区间 $[-1, 1)$ 内，Y 的概率密度函数不等于零。而且，由于所发生的变换为线性变换，因此，Y 的概率密度函数与 Θ 的概率密度函数一样，也呈均匀分布。 ■

下面分析 $g(x)$ 不呈单调变化的情形，如图 6.12 所示。从图中可以看出，无穷小的区间 $(y-\mathrm{d}y, y)$ 对应 X 轴上 3 个无穷小的区间 $(x_1-\mathrm{d}x_1, x_1)$、$(x_2-\mathrm{d}x_2, x_2)$、$(x_3-\mathrm{d}x_3, x_3)$。X 位于这几个区间中任一区间的概率等于 Y 位于区间 $(y-\mathrm{d}y, y)$ 的概率。把这一结论推广到具有 N 个互不相交的区间之后，可以得到

$$P(y - \mathrm{d}y,\ y) = \sum_{i=1}^{N} P(x_i - \mathrm{d}x_i,\ x_i) \tag{6.85}$$

式中，已将结论推广到 X 轴上的 N 个区间，这 N 个区间对应 Y 轴上的区间 $(y - \mathrm{d}y,\ y)$。由于如下的两个关系式成立：

$$P(y - \mathrm{d}y,\ y) = f_Y(y)\big|\mathrm{d}y\big| \tag{6.86}$$

$$P(x_i - \mathrm{d}x_i,\ x_i) = f_X(x_i)\big|Ex_i\big| \tag{6.87}$$

因此可得

$$f_Y(y) = \sum_{i=1}^{N} f_X(x_i) \left|\frac{\mathrm{d}x_i}{\mathrm{d}y}\right|_{x_i = g^{-1}(y)} \tag{6.88}$$

式中，由于概率必须为正数，所以采用了绝对值符号，而且，$x_i = g_i^{-1}(y)$ 表示 $g(y) = x$ 的第 i 个解。

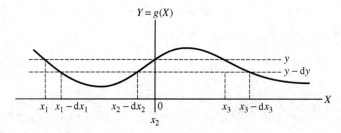

图 6.12　随机变量的非单调变换

例 6.14

已知 $f_X(x) = 0.5\exp(-|x|)$。所引入的变换如下：

$$y = x^2 \tag{6.89}$$

求 $f_Y(y)$。

解：

方程 $y = x^2$ 有两个解，分别将它们表示如下：

$$\begin{cases} x_1 = \sqrt{y}, & x_1 \geqslant 0,\ y \geqslant 0 \\ x_2 = -\sqrt{y}, & x_2 < 0,\ y \geqslant 0 \end{cases} \tag{6.90}$$

它们的导数分别表示如下：

$$\begin{cases} \dfrac{\mathrm{d}x_1}{\mathrm{d}y} = \dfrac{1}{2\sqrt{y}}, & x_1 \geqslant 0,\ y > 0 \\[2mm] \dfrac{\mathrm{d}x_2}{\mathrm{d}y} = -\dfrac{1}{2\sqrt{y}}, & x_2 < 0,\ y > 0 \end{cases} \tag{6.91}$$

把得到的这些结果用于式 (6.88)，可以得到如下的 $f_Y(y)$。

$$f_Y(y) = \frac{1}{2}\mathrm{e}^{-\sqrt{y}}\left|-\frac{1}{2\sqrt{y}}\right| + \frac{1}{2}\mathrm{e}^{-\sqrt{y}}\left|\frac{1}{2\sqrt{y}}\right| = \frac{\mathrm{e}^{-\sqrt{y}}}{2\sqrt{y}},\ y > 0 \tag{6.92}$$

由于 Y 为非负值，那么当 $y < 0$ 时，$f_Y(y) = 0$。　　　　■

当具有两个或者多个随机变量时，只介绍如下的两种形式：①——对应的变换；②在无穷小区间内随机变量联合发生的概率(或者，大于等于两个随机变量时的容量)。因此，假定根据最初的两个联合随机变量 X、Y，按照如下的关系式定义两个新的随机变量 U、V：

$$U = g_1(X, Y) \quad \text{和} \quad V = g_2(X, Y) \tag{6.93}$$

那么，通过利用式(6.51)和原来的概率密度函数 $f_{XY}(x, y)$，可以把新的概率密度函数 $f_{UV}(u, v)$ 表示如下：

$$P(u - du < U \leqslant u, \ v - dv < V \leqslant v) = P(x - dx < X \leqslant x, \ y - dy < Y \leqslant y)$$

或者

$$f_{UV}(u, v)dA_{UV} = f_{XY}(x, y)dA_{XY} \tag{6.94}$$

式中，在 uv 平面上 dA_{UV} 表示的无穷小面积对应 xy 平面上的无穷小面积 dA_{XY}，变换关系式见式(6.93)。

微分面积 dA_{XY} 与微分面积 dA_{UV} 的比值由雅可比行列式给出，具体表示如下：

$$\frac{\partial(x, y)}{\partial(u, v)} = \begin{vmatrix} \dfrac{\partial x}{\partial u} & \dfrac{\partial x}{\partial v} \\ \dfrac{\partial y}{\partial u} & \dfrac{\partial y}{\partial v} \end{vmatrix} \tag{6.95}$$

于是得到

$$f_{UV}(u, v) = f_{XY}(x, y) \left| \frac{\partial(x, y)}{\partial(u, v)} \right|_{\substack{x = g_1^{-1}(u, v) \\ y = g_2^{-1}(u, v)}} \tag{6.96}$$

式中，由于式(6.93)定义的变换为——对应关系，因此反函数 $g_1^{-1}(u, v)$、反函数 $g_2^{-1}(u, v)$ 均存在。下面给出的例子有助于读者理解这一内容。

例 6.15

这里介绍与联合 cdf、联合 pdf 有关的投掷飞镖的游戏。在直角坐标系中，假定击中点的联合 pdf 如下：

$$f_{XY}(x, y) = \frac{\exp\left[-(x^2 + y^2)/2\sigma^2\right]}{2\pi\sigma^2}, \quad -\infty < x, \ y < \infty \tag{6.97}$$

式中，σ^2 为常数。这是个联合高斯概率密度函数的具体实例(稍后给出高斯概率密度函数的详细介绍)。

除了直角坐标系，还采用由如下的两个式子定义的极坐标(参数分别为 R、Θ)：

$$R = \sqrt{X^2 + Y^2} \tag{6.98}$$

$$\Theta = \tan^{-1}\left(\frac{Y}{X}\right) \tag{6.99}$$

于是得到如下的两个关系式：

$$X = R\cos\Theta = g_1^{-1}(R, \Theta) \tag{6.100}$$

$$Y = R\sin\Theta = g_2^{-1}(R, \Theta) \tag{6.101}$$

式中，$0 \leqslant \Theta < 2\pi, 0 \leqslant R < \infty$，因而覆盖了整个平面。通过这样的变换之后，把 xy 平面上表示的无穷小面积 $dxdy$ 转换为 $r\theta$ 平面上的无穷小面积 $rd\theta dr$。可以用如下的雅可比行列式表示这一变换关系。

$$\frac{\partial(x,\ y)}{\partial(r,\ \theta)} = \begin{vmatrix} \dfrac{\partial x}{\partial r} & \dfrac{\partial x}{\partial \theta} \\ \dfrac{\partial y}{\partial r} & \dfrac{\partial y}{\partial \theta} \end{vmatrix} = \begin{vmatrix} \cos\theta & -r\sin\theta \\ \sin\theta & r\cos\theta \end{vmatrix} = r \tag{6.102}$$

因此，可以得到 R、Θ 的联合概率密度函数如下：

$$f_{R\Theta}(r,\ \theta) = \frac{re^{-\frac{r^2}{2\sigma^2}}}{2\pi\sigma^2},\quad 0 \leqslant \theta < 2\pi,\ 0 \leqslant r < \infty \tag{6.103}$$

上式与式(6.96)的表示形式相同，也就是说，可以用如下的式子表示这种情形：

$$f_{R\Theta}(r,\ \theta) = rf_{XY}(x,\ y)\Big|_{\substack{x=r\cos\theta \\ y=r\sin\theta}} \tag{6.104}$$

在只求解 R 的概率密度函数时，需要在 θ 的整个区间内求 $f_{R\Theta}(r,\ \theta)$ 的积分，这时可以得到：

$$f_R(r) = \frac{re^{-\frac{r^2}{2\sigma^2}}}{\sigma^2},\quad 0 \leqslant r < \infty \tag{6.105}$$

把上式称为呈瑞利分布的概率密度函数。当靶的层与层之间的距离为 $\mathrm{d}r$、靶的半径为 r 时，$f_R(r)\,\mathrm{d}r$ 给出了飞镖击中位置的概率。根据图6.13示出的瑞利概率密度函数的概图，可以看出：飞镖最可能落在与靶心相距 $R=\sigma$ 的位置。在 r 的整个区间内求式(6.105)的积分之后发现：在区间$[0,\ 2\pi)$内，Θ 的概率密度函数呈均匀分布。

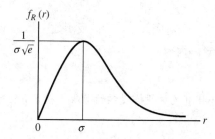

图6.13　呈瑞利分布的概率密度函数

6.3　统计平均

刚介绍过的概率函数(包括累积分布函数、概率密度函数)给出了一个随机变量或者一组随机变量的全部可能的信息。通常不需要累积分布函数或者概率密度函数的完整表示形式，或者说，不可能求出累积分布函数或者概率密度函数。这时可以利用一个随机变量或者一组随机变量的局部表示，也就是从各种统计平均(或者均值)的角度体现一个随机变量或者一组随机变量的特性。

6.3.1　离散随机变量的平均

当离散随机变量 X 取值 $x_1, x_2, \cdots, x_M$ 的概率分别为 $P_1, P_2, \cdots, P_M$ 时，用如下的表达式定义 X 的统计平均(或者称为期望)：

$$\overline{X} = E[X] = \sum_{j=1}^{M} x_j P_j \tag{6.106}$$

在证明这一定义的合理性时，可以从相对频率的角度进行分析。如果基本概率实验的重复次数 N 的值很大，并且观测到 $X = x_1$ 的结果出现了 n_1 次、$X = x_2$ 的结果出现了 n_2 次，等等，那么，可以把观测值的算术平均表示如下：

$$\frac{n_1 x_1 + n_2 x_2 + \cdots + n_M x_M}{N} = \sum_{j=1}^{M} \frac{x_j n_j}{N} \tag{6.107}$$

但是，如果从概率的相对频率的角度（即式 (6.2)）进行解释的话，如果 N 很大，则 n_j / N 近似等于事件 $X = x_j$ 的发生概率 $P_j (j = 1, 2, \cdots, M)$。因此，在极限情况下，当 $N \to \infty$ 时，式 (6.107) 等同于式 (6.106)。

6.3.2　连续随机变量的平均

对概率密度函数为 $f_X(x)$ 的连续随机变量 X 而言，可以把 X 的取值范围（比如说取值范围为 $x_0 \sim x_M$）分解为长度等于 Δx 的许多个子区间，如图 6.14 所示。

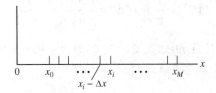

图 6.14　用离散随机变量近似地表示连续随机变量

这里以求解连续随机变量 X 的期望值为例，分析离散随机变量的近似问题。当 Δx 很小时，根据式 (6.43) 可以得到 X 位于区间 $x_i - \Delta x \sim x_i$ 的概率如下：

$$P(x_i - \Delta x < X \leqslant x_i) \cong f_X(x_i) \Delta x, \quad i = 1, 2, \cdots, M \tag{6.108}$$

因此，这里已分别根据 $x_0, x_1, x_2, \cdots, x_M$ 处的概率值 $f_X(x_0), f_X(\Delta x_1), \cdots, f_X(\Delta x_M)$，对随机变量 X 的概率作了近似处理。由式 (6.106) 可以得到随机变量的期望值如下：

$$E[X] \approx \sum_{i=0}^{M} x_i f_X(x_i) \Delta x \tag{6.109}$$

当 $\Delta x \to 0$ 时，$E[X]$ 的近似效果更好。在极限情况下，$\Delta x \to \mathrm{d}x$ 时，累加和运算变为积分运算，于是得到随机变量 X 的期望值如下：

$$E[X] = \int_{-\infty}^{\infty} x f_X(x) \, \mathrm{d}x \tag{6.110}$$

6.3.3　随机变量的函数的平均

这里关注的随机变量 X 的特性不仅有 $E[X]$（称为随机变量 X 的均值或者一阶矩），还有 X 的各种函数的统计平均。假定 $Y = g(X)$，则可以求出新随机变量 Y 的统计平均（或者期望）如下：

$$E[Y] = \int_{-\infty}^{\infty} y f_Y(y) \, \mathrm{d}y \tag{6.111}$$

式中，$f_Y(y)$ 表示 Y 的概率密度函数。而且，可以利用式 (6.81)，根据 $f_X(x)$ 的值求出 $f_Y(y)$。但是，直接求出函数 $g(X)$ 的期望值会更方便些，即

$$\overline{g(X)} \triangleq E[g(X)] = \int_{-\infty}^{\infty} g(x) f_X(x) \, \mathrm{d}x \tag{6.112}$$

上式与式(6.111)给出的 $E[Y]$ 值相同。下面的两个例子分析了式(6.111)、式(6.112)的应用。

例6.16

假定随机变量 Θ 具有如下的概率密度函数:

$$f_{\Theta}(\theta) = \begin{cases} \dfrac{1}{2\pi}, & |\theta| \leq \pi \\ 0, & \text{其他} \end{cases} \tag{6.113}$$

则把 $E[\Theta^n]$ 称为 Θ 的第 n 阶矩,并且表示如下:

$$E[\Theta^n] = \int_{-\infty}^{\infty} \theta^n f_{\Theta}(\theta)\mathrm{d}\theta = \int_{-\pi}^{\pi} \theta^n \frac{\mathrm{d}\theta}{2\pi} \tag{6.114}$$

当 n 为奇数时,由于被积函数为奇函数,那么,$E[\Theta^n] = 0$ 成立。当 n 为偶数时,如下的关系式成立:

$$E[\Theta^n] = \frac{1}{\pi}\int_0^{\pi} \theta^n \mathrm{d}\theta = \frac{1}{\pi}\frac{\theta^{n+1}}{n+1}\bigg|_0^{\pi} = \frac{\pi^n}{n+1} \tag{6.115}$$

Θ 的一阶矩(或者说,Θ 的均值 $E[\Theta]$)度量的是 $f_{\Theta}(\theta)$ 所处的位置(也就是"重心")。由于 $f_{\Theta}(\theta)$ 对称地分布在 $\theta = 0$ 的两侧,因此很容易得到 $E[\Theta] = 0$。∎

例6.17

下面分析的是:可以把某随机信号设计为具有随机相位的正弦信号,而且在 $[-\pi, \pi)$ 区间内,随机信号的 pdf 呈均匀分布。在这个例子中,所考虑的随机变量 X 满足如下的条件:在例 6.17 中的均匀随机变量 Θ 给出 X 的定义,即

$$X = \cos\Theta \tag{6.116}$$

可以按照如下的步骤求出 X 的密度函数 $f_X(x)$。① 由于 $-1 \leq \cos\theta \leq 1$,那么,当 $|x| > 1$ 时,$f_X(x) = 0$ 成立;② 由于 $\cos\theta = \cos(-\theta)$,那么变换不是一一对应,也就是说,每个 X 值对应两个 Θ 值。但由于角度取正、负值的概率相等,因此这里仍然可以利用式(6.81),并且表示如下:

$$f_X(x) = 2f_{\Theta}(\theta)\left|\frac{\mathrm{d}\theta}{\mathrm{d}x}\right|, \quad |x| < 1 \tag{6.117}$$

由于 $\theta = \cos^{-1} x$ 以及 $|\mathrm{d}\theta/\mathrm{d}x| = (1-x^2)^{-1/2}$,于是得到

$$f_X(x) = \begin{cases} \dfrac{1}{\pi\sqrt{1-x^2}}, & |x| < 1 \\ 0, & |x| > 1 \end{cases} \tag{6.118}$$

概率密度函数如图 6.15 所示。可以利用式(6.111)或者式(6.112)计算出随机变量 X 的均值和二阶矩。根据式(6.111)可以得到

$$\overline{X} = \int_{-1}^{1} \frac{x}{\pi\sqrt{1-x^2}}\mathrm{d}x = 0 \tag{6.119}$$

上式成立的理由如下:① 被积函数为奇函数;② 根据积分表可以得到

$$\overline{X^2} = \int_{-1}^{1} \frac{x^2 \mathrm{d}x}{\pi\sqrt{1-x^2}}\mathrm{d}x = \frac{1}{2} \tag{6.120}$$

利用式(6.112)可以求出如下的两项结论:

$$\overline{X} = \int_{-\pi}^{\pi} \frac{\cos\theta \mathrm{d}\theta}{2\pi} = 0 \tag{6.121}$$

$$\overline{X^2} = \int_{-\pi}^{\pi} \cos^2\theta \frac{\mathrm{d}\theta}{2\pi} = \int_{-\pi}^{\pi} \frac{1}{2}[1+\cos(2\theta)]\frac{\mathrm{d}\theta}{2\pi} = \frac{1}{2} \tag{6.122}$$

上面得出的结论与直接求解 $E[X]$、$E[X^2]$ 时得出的结果相同。

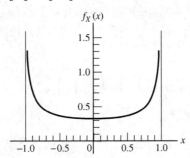

图 6.15　当随机相位呈均匀分布时所得到的正弦信号的概率密度函数　　■

6.3.4　函数的随机变量多于一个时的平均

当函数 $g(X, Y)$ 具有 X、Y 两个随机变量时，用类似于单个随机变量的方式定义 $g(X, Y)$ 的数学期望。如果用 $f_{XY}(x, y)$ 表示 X、Y 的联合概率密度函数，那么可以根据如下的式子求出 $g(X, Y)$ 的数学期望：

$$E[g(X, Y)] = \int_{-\infty}^{\infty}\int_{-\infty}^{\infty} g(x, y)f_{XY}(x, y)\mathrm{d}x\mathrm{d}y \tag{6.123}$$

很明显，可以把上式的结论推广到随机变量数大于 2 的情形。

如果只用 X 的函数（比如说 $h(X)$）取代 $g(X, Y)$，则式 (6.123) 及其推广到多个随机变量的情形包含了单个随机变量的特例。于是，将式 (6.57) 代入式 (6.123) 之后可以得到

$$E[h(X)] = \int_{-\infty}^{\infty}\int_{-\infty}^{\infty} h(x)f_{XY}(x, y)\mathrm{d}x\mathrm{d}y = \int_{-\infty}^{\infty} h(x)f_X(x)\mathrm{d}x \tag{6.124}$$

式中利用了 $\int_{-\infty}^{\infty} f_{XY}(x, y)\mathrm{d}y = f_X(x)$ 的结论。

例 6.18

这里分析例 6.11 的联合概率密度函数以及 $g(X, Y) = XY$ 的数学期望值。根据式 (6.123)，可以得到如下的期望值：

$$E[XY] = \int_{-\infty}^{\infty}\int_{-\infty}^{\infty} xyf_{XY}(x, y)\mathrm{d}x\mathrm{d}y = \int_{0}^{\infty}\int_{0}^{\infty} 2xy\mathrm{e}^{-(2x+y)}\mathrm{d}x\mathrm{d}y$$
$$= 2\int_{0}^{\infty} x\mathrm{e}^{-2x}\mathrm{d}x \int_{0}^{\infty} y\mathrm{e}^{-y}\mathrm{d}y = \frac{1}{2} \tag{6.125}$$

　　　　■

在例 6.11 中，X、Y 统计独立。根据上式中 $E[XY]$ 的最后一行，当随机变量之间统计独立时，可以得到如下的结论：

$$E[XY] = E[X]\,E[Y] \tag{6.126}$$

实际上，当随机变量之间统计独立时，很容易得到如下的结论。

$$E[h(X) g(Y)] = E[h(X)] E[g(Y)], \quad X、Y统计独立 \tag{6.127}$$

式中，$h(X)$、$g(Y)$分别表示X、Y的两个函数。

一般来说，对$h(X) = X^m, g(Y) = Y^n$的特例来说，X、Y并不是统计独立的，把这时的期望值$E[X^m Y^n]$称为变量X、Y的$(m+n)$阶联合矩。根据式(6.127)，可以把统计独立随机变量的联合矩分解为相应各个边缘矩的乘积。

如果利用条件期望的思想，那么，当函数的随机变量数大于1时，求解函数的期望值会更容易些。例如，这里考虑的函数$g(X, Y)$具有两个随机变量X、Y，函数$g(X, Y)$的联合概率密度函数为$f_{XY}(x, y)$。$g(X, Y)$的期望如下：

$$E[g(X,Y)] = \int_{-\infty}^{\infty} \int_{-\infty}^{\infty} g(x,y) f_{XY}(x,y) dx dy = \int_{-\infty}^{\infty} \left[\int_{-\infty}^{\infty} g(x,y) f_{X|Y}(x|y) dx \right] f_Y(y) dy$$
$$= E\{E[g(X,Y)|Y]\} \tag{6.128}$$

式中，$f_{X|Y}(x|y)$的含义是：在已知Y的条件下，X发生的条件概率密度函数。把$E[g(X, Y)|Y] = \int_{-\infty}^{\infty} g(x, y) f_{X|Y}(x|y) dx$称为"在已知$Y = y$的条件下，$g(X, Y)$发生的条件期望"。

例6.19

作为条件期望的具体运用，该实例给出了向目标发射炮弹的统计分析。炮弹不停地发射，直至首次击中目标后才会停止发射。假定炮弹击中目标的概率为p，而且各次发射之间相互独立。求出朝向目标发射炮弹的平均数量。

解：

在求解这个问题时，设随机变量N表示向目标发生炮弹的平均数量。如果炮弹第1次击中目标时，假定随机变量为1；如果第1次未击中，则随机变量为0。利用条件期望的思想，可以求出N的平均值如下：

$$E[N] = E\{E[N|H]\} = p E[N|H=1] + (1-p) E[N|H=0]$$
$$= p \times 1 + (1-p) \times (1 + E[N]) \tag{6.129}$$

式中，如果第一次发射未击中，由于$N \geq 1$，因此得到$E[N|H=0] = 1 + E[N]$。求解上式最后表达式中的$E[N]$时，可以得到

$$E[N] = 1/p \tag{6.130}$$

当直接计算$E[N]$时，需要求出如下级数的累加和：

$$E[N] = 1 \times p + 2 \times (1-p) p + 3 \times (1-p)^2 p + \cdots \tag{6.131}$$

在这个例子中，很难求出上式的值[3]。但采用条件期望法之后，明显简化了统计记录的处理。 ∎

6.3.5 随机变量的方差

把如下的统计平均称为随机变量X的方差：

---

3 这里求解的是 $E[N] = q(1 + 2q + 3q^2 + 4q^4 + \cdots)$，其中，$q = 1-p$。可以利用累加和 $S = 1 + q + q^2 + q^3 + \cdots = 1/(1-q)$求出累加和 $1 + 2q + 3q^2 + 4q^4 + \cdots$，理由是：$S$对$q$求导之后可以得到$\dfrac{dS}{dq} = 1 + 2q + 3q^2 + \cdots = \dfrac{d}{dq}\dfrac{1}{1-q} = \dfrac{1}{(1-q)^2}$，于是得到$E[N] = p \times \dfrac{1}{(1-q)^2} = \dfrac{1}{p}$。

$$\sigma_x^2 \triangleq E\{[X - E(X)]^2\} \tag{6.132}$$

式中，σ_x 表示 X 的标准差，σ_x 用于度量 X 的概率密度函数（即 $f_X(x)$）相对于均值的集中程度。有时用符号 $\text{var}\{X\}$ 表示 σ_x^2。求解 σ_x^2 的有用的关系式如下：

$$\sigma_x^2 = E[X^2] - E^2[X] \tag{6.133}$$

上式的含义是：X 的方差刚好等于 X 的二阶矩减去均值的平方。在证明式(6.133)时，假定 $E[N] = m_x$。于是得到

$$\sigma_x^2 = \int_{-\infty}^{\infty} (x - m_x)^2 f_X(x)\mathrm{d}x = \int_{-\infty}^{\infty} (x^2 - 2xm_x + m_x^2) f_X(x)\mathrm{d}x$$
$$= E[X^2] - 2m_x^2 + m_x^2 = E[X^2] - E^2[X] \tag{6.134}$$

在上式的推导过程中用到了关系式 $\int_{-\infty}^{\infty} x f_X(x)\mathrm{d}x = m_x$。

例 6.20

假设 X 的概率密度函数呈如下的均匀分布：

$$f_X(x) = \begin{cases} \dfrac{1}{b-a}, & a \leqslant x \leqslant b \\ 0, & \text{其他} \end{cases} \tag{6.135}$$

那么可以得到

$$E(X) = \int_a^b x \frac{\mathrm{d}x}{b-a} = \frac{a+b}{2} \tag{6.136}$$

通过简单的计算可以得到如下的结论：

$$E(X^2) = \int_a^b x^2 \frac{\mathrm{d}x}{b-a} = \frac{(b^2 + ab + a^2)}{3} \tag{6.137}$$

因此得出如下的方差值：

$$\sigma_x^2 = \frac{(b^2 + ab + a^2)}{3} - \frac{(a^2 + 2ab + b^2)}{4} = \frac{(a-b)^2}{12} \tag{6.138}$$

根据上面的方差表达式，引入如下的具体实例：

1. $a = 1$、$b = 2$，因此 $\sigma_x^2 = \dfrac{1}{12}$。

2. $a = 0$、$b = 1$，因此 $\sigma_x^2 = \dfrac{1}{12}$。

3. $a = 0$、$b = 2$，因此 $\sigma_x^2 = \dfrac{1}{3}$。

针对上面的实例 1、2，X 的概率密度函数具有同样的宽度，但以不同的均值为中心。这两种情形的方差相同。在实例 3 中，X 的概率密度函数比 1、2 的宽，实例 3 通过较大的方差值体现出了这一特点。■

6.3.6　将 N 个随机变量线性组合之后的平均

容易证明如下的结论：多个随机变量的任意线性组合的期望值（或者称为平均值）等于它们各自均值的线性组合。即

$$E\left[\sum_{i=1}^{N} a_i X_i\right] = \sum_{i=1}^{N} a_i E[X_i] \tag{6.139}$$

式中，$X_1, X_2, \cdots, X_N$ 表示各个随机变量；$a_1, a_2, \cdots, a_N$ 表示任意常数。后面会分析到 $N=2$ 时式(6.139)所对应的具体实例，把结论推广到 $N>2$ 的情形并不难，但需要用到较烦琐的符号表示(还要利用数学归纳法进行证明)。

假定 $f_{X_1 X_2}(x_1, x_2)$ 表示 X_1、X_2 的联合概率密度函数，那么，当函数中含有两个随机变量时，根据式(6.123)给出的函数期望的定义，可以得到

$$E[a_1 X_1 + a_2 X_2] \triangleq \int_{-\infty}^{\infty}\int_{-\infty}^{\infty} (a_1 x_1 + a_2 x_2) f_{X_1 X_2}(x_1, x_2)\mathrm{d}x_1\mathrm{d}x_2$$
$$= a_1 \int_{-\infty}^{\infty}\int_{-\infty}^{\infty} x_1 f_{X_1 X_2}(x_1, x_2)\mathrm{d}x_1\mathrm{d}x_2 + a_2 \int_{-\infty}^{\infty}\int_{-\infty}^{\infty} x_2 f_{X_1 X_2}(x_1, x_2)\mathrm{d}x_1\mathrm{d}x_2 \tag{6.140}$$

先求解上式中的第 1 个二重积分，根据式(6.57)($x_1=x$、$x_2=y$)、式(6.110)可以得到

$$\int_{-\infty}^{\infty}\int_{-\infty}^{\infty} x_1 f_{X_1 X_2}(x_1, x_2)\mathrm{d}x_1\mathrm{d}x_2 = \int_{-\infty}^{\infty} x_1\left\{\int_{-\infty}^{\infty} f_{X_1 X_2}(x_1, x_2)\mathrm{d}x_2\right\}\mathrm{d}x_1$$
$$= \int_{-\infty}^{\infty} x_1 f_{X_1}(x_1)\mathrm{d}x_1 = E\{X_1\} \tag{6.141}$$

同理可证，第 2 项二重积分可以简化为 $E[X_2]$。至此已证明了式(6.139)所对应的 $N=2$ 的情形。值得注意的是，无论各个 X_i 项是否相互独立，式(6.139)始终成立。还应注意的是，对由 N 个随机变量的函数所构成的线性组合而言，同样的结果仍成立。

6.3.7 独立随机变量的线性组合的方差

如果 $X_1, X_2, \cdots, X_N$ 表示统计独立的随机变量，则方差满足如下的关系：

$$\mathrm{var}\left[\sum_{i=1}^{N} a_i X_i\right] = \sum_{i=1}^{N} a_i^2 \,\mathrm{var}\{X_i\} \tag{6.142}$$

式中，$a_1, a_2, \cdots, a_N$ 表示任意常数；$\mathrm{var}[X_i] \triangleq E[(X_i - \bar{X}_i)^2]$。这里给出 $N=2$ 时这一关系式的证明。假定 $Z = a_1 X_1 + a_2 X_2$，并且假定用 $f_{X_i}(x_i)$ 表示 X_i 的边缘概率密度函数。如果 X_1、X_2 统计独立，则 X_1、X_2 的联合概率密度函数为 $f_{X_1}(x_1) f_{X_2}(x_2)$。而且，根据式(6.139)可以得到 $E[Z] = a_1 E[X_1] + a_2 E[X_2] \triangleq a_1 \bar{X}_1 + a_2 \bar{X}_2$ 以及 $\mathrm{var}[Z] = E[(Z - \bar{Z})^2]$。由于 $Z = a_1 X_1 + a_2 X_2$，因此可以将 $\mathrm{var}[Z]$ 表示如下：

$$\mathrm{var}[Z] = E\left\{\left[(a_1 X_1 + a_2 X_2) - (a_1 \bar{X}_1 + a_2 \bar{X}_2)\right]^2\right\} = E\left\{\left[a_1(X_1 - \bar{X}_1) + a_2(X_2 - \bar{X}_2)\right]^2\right\}$$
$$= a_1^2 E\left[(X_1 - \bar{X}_1)^2\right] + 2a_1 a_2 E\left[(X_1 - \bar{X}_1)(X_2 - \bar{X}_2)\right] + a_2^2 E\left[(X_2 - \bar{X}_2)^2\right] \tag{6.143}$$

上式的第一项与最后一项分别为 $a_1^2 \,\mathrm{var}[X_1]$、$a_2^2 \,\mathrm{var}[X_2]$；上式的中间一项等于零，理由如下：

$$E\left[(X_1 - \bar{X}_1)(X_2 - \bar{X}_2)\right]$$
$$= \int_{-\infty}^{\infty}\int_{-\infty}^{\infty} (x_1 - \bar{X}_1)(x_2 - \bar{X}_2) f_{X_1}(x_1) f_{X_2}(x_2)\mathrm{d}x_1\mathrm{d}x_2$$
$$= \int_{-\infty}^{\infty} (x_1 - \bar{X}_1) f_{X_1}(x_1)\mathrm{d}x_1 \int_{-\infty}^{\infty} (x_2 - \bar{X}_2) f_{X_2}(x_2)\mathrm{d}x_2 \tag{6.144}$$
$$= (\bar{X}_1 - \bar{X}_1)(\bar{X}_2 - \bar{X}_2) = 0$$

需要注意的是，在证明中间项等于零的结论时，用到了统计独立的假定条件(这是个充分条件，但并非必要条件)。

6.3.8　表示平均的另一个具体指标——特征函数

在式(6.112)中，假定 $g(X) = \mathrm{e}^{\mathrm{j}vX}$，则用术语特征函数表示所得到的 X 的平均值 $M_X(\mathrm{j}v)$，将 $M_X(\mathrm{j}v)$ 定义如下：

$$M_X(\mathrm{j}v) \triangleq E[\mathrm{e}^{\mathrm{j}vX}] = \int_{-\infty}^{\infty} f_X(x)\mathrm{e}^{\mathrm{j}vx}\mathrm{d}x \tag{6.145}$$

由上式可以看出，按照第 2 章傅里叶变换的定义，如果指数表示中采用负号而不是正号，则 $M_X(\mathrm{j}v)$ 表示 $f_X(x)$ 的傅里叶变换。那么，如果用 $-\mathrm{j}v$ 替换傅里叶变换表中的 $\mathrm{j}\omega$，就能够根据概率密度函数得到特征函数(有时用变量 s 替换 $-\mathrm{j}v$ 会显得简捷些，把得到的相应函数称为矩生成函数)。

根据所对应的特征函数逆变换关系，可以求出概率密度函数如下：

$$f_X(x) = \frac{1}{2\pi} \int_{-\infty}^{\infty} M_X(\mathrm{j}v)\mathrm{e}^{-\mathrm{j}vx}\mathrm{d}v \tag{6.146}$$

上式给出了特征函数的一种可能的应用。有时候，求解特征函数比求解概率密度函数容易一些，也就是说，先求出特征函数，然后再通过傅里叶逆变换得到概率密度函数的解析表达式或者数值。

特征函数的另一个用处体现在求解随机变量的各阶矩。当式(6.145)对 v 求导时，可以得到

$$\frac{\partial M_X(\mathrm{j}v)}{\partial v} = \mathrm{j} \int_{-\infty}^{\infty} x f_X(x)\mathrm{e}^{\mathrm{j}vx}\mathrm{d}x \tag{6.147}$$

在完成求导、两端除以 $-\mathrm{j}$ 的运算后，再设置 $v = 0$，即

$$E[X] = (-\mathrm{j}) \frac{\partial M_X(\mathrm{j}v)}{\partial v}\bigg|_{v=0} \tag{6.148}$$

重复求导 n 次之后，即可得出 n 阶矩的表达式如下：

$$E[X^n] = (-\mathrm{j})^n \frac{\partial^n M_X(\mathrm{j}v)}{\partial v^n}\bigg|_{v=0} \tag{6.149}$$

例 6.21
根据傅里叶变换表，如果单侧指数分布的概率密度函数如下：

$$f_X(x) = \exp(-x)u(x) \tag{6.150}$$

则可以求出如下的特征函数：

$$M_X(\mathrm{j}v) = \int_0^{\infty} \mathrm{e}^{-x}\mathrm{e}^{\mathrm{j}vx}\mathrm{d}x = \frac{1}{1-\mathrm{j}v} \tag{6.151}$$

对上式反复地求导或者按幂级数 $\mathrm{j}v$ 把特征函数展开，那么，针对该随机变量，可以根据式(6.149)得到结论：$E\{X_n\} = n!$。　■

6.3.9　两个独立随机变量之和的概率密度函数

已知两个统计独立的随机变量 X、Y(它们的概率密度函数分别为 $f_X(x)$、$f_Y(y)$)，通常关注的是它们的和 $Z = X + Y$。尽管可以直接求出 Z 的概率密度函数，但常利用特征函数求解 Z 的概率密度函数(或者 $f_Z(z)$)。

假定随机变量 X、Y 统计独立，由于 X、Y 的联合概率密度函数为 $f_X(x)f_Y(y)$，则根据 Z 的特征函数的定义，可以得到

$$M_Z(jv) = E[\mathrm{e}^{jvZ}] = E[\mathrm{e}^{jv(X+Y)}] = \int_{-\infty}^{\infty}\int_{-\infty}^{\infty}\mathrm{e}^{jv(x+y)}f_X(x)f_Y(y)\mathrm{d}x\mathrm{d}y \tag{6.152}$$

由于 $\mathrm{e}^{jv(x+y)} = \mathrm{e}^{jvx}\mathrm{e}^{jvy}$，那么，可以把式(6.152)表示成两个积分项的乘积。于是把式(6.152)变换为如下的形式：

$$M_Z(jv) = \int_{-\infty}^{\infty}f_X(x)\mathrm{e}^{jvx}\mathrm{d}x\int_{-\infty}^{\infty}f_Y(y)\mathrm{e}^{jvy}\mathrm{d}y = E[\mathrm{e}^{jvX}]E[\mathrm{e}^{jvY}] \tag{6.153}$$

根据式(6.145)给出的特征函数的定义，可以得到

$$M_Z(jv) = M_X(jv)M_Y(jv) \tag{6.154}$$

式中，$M_X(jv)$、$M_Y(jv)$ 分别表示随机变量 X、Y 的特征函数。需要记住的是，特征函数是相应概率密度函数的傅里叶变换，而且频域的乘积对应时域的卷积，因此得到

$$f_Z(z) = f_X(x) * f_Y(y) = \int_{-\infty}^{\infty}f_X(z-u)f_Y(u)\mathrm{d}u \tag{6.155}$$

下面的实例给出了式(6.155)的应用。

例 6.22

该实例介绍 4 个分布相同、相互独立的随机变量的和。即

$$Z = X_1 + X_2 + X_3 + X_4 \tag{6.156}$$

已知每个 X_i 的概率密度函数用如下的关系式表示：

$$f_{X_i}(x_i) = \Pi(x_i) = \begin{cases} 1, & |x_i| \leqslant \dfrac{1}{2} \\ 0, & \text{其他}, i=1,2,3,4 \end{cases} \tag{6.157}$$

式中，$\Pi(x_i)$ 表示第 2 章定义的单位矩形脉冲函数。用两次式(6.155)就可以求出 $f_Z(z)$。这里给出如下的假定：

$$Z_1 = X_1 + X_2 \text{ 以及 } Z_2 = X_3 + X_4 \tag{6.158}$$

Z_1、Z_2 的概率密度函数完全相同，而且 Z_1、Z_2 的概率密度函数都等于呈均匀分布的概率密度函数与自身的卷积。根据表2.2，可以直接得到如下的结果：

$$f_{Z_i}(z_i) = \Lambda(z_i) = \begin{cases} 1-|z_i|, & |x_i| \leqslant 1 \\ 0, & \text{其他} \end{cases} \tag{6.159}$$

式中，$f_{Z_i}(z_i)$ 表示 $Z_i(i=1,2)$ 的概率密度函数。在求解 $f_Z(z)$ 时，只需要计算 $f_{Z_i}(z_i)$ 与自身的卷积即可。于是得到

$$f_Z(z) = \int_{-\infty}^{\infty}f_{Z_i}(z-u)f_{Z_i}(u)\mathrm{d}u \tag{6.160}$$

图 6.16(a) 示出了被积函数的概图。从图中可以明显看出，当 $z<-2$ 以及 $z>2$ 时，$f_Z(z)=0$ 成立。由于 $f_{Z_i}(z_i)$ 为偶函数，那么 $f_Z(z)$ 也是偶函数。于是，不必考虑 $z<0$ 时的 $f_Z(z)$。当 $1\leqslant z\leqslant 2$ 时，由图 6.16(a) 可以得到

$$f_Z(z) = \int_{z-1}^{1}(1-u)(1+u-z)\mathrm{d}u = \frac{1}{6}(2-z)^3 \tag{6.161}$$

当 $0 \leqslant z \leqslant 1$ 时，可以得到

$$f_Z(z) = \int_{z-1}^0 (1+u)(1+u-z)\mathrm{d}u + \int_0^z (1-u)(1+u-z)\mathrm{d}u + \int_z^1 (1-u)(1-u+z)\mathrm{d}u \tag{6.162}$$

$$= (1-z) - \frac{1}{3}(1-z)^3 + \frac{1}{6}z^3$$

图 6.16(b) 示出了 $f_Z(z)$ 的图形，而且图中还示出了如下函数的图形：

$$\frac{\exp\left(-\dfrac{3}{2}z^2\right)}{\sqrt{\dfrac{2\pi}{3}}} \tag{6.163}$$

上式表示均值为 0、方差为 1/3 的高斯随机变量的边缘概率密度函数，这种随机变量的方差与随机变量 $Z = X_1 + X_2 + X_3 + X_4$ 的方差相同（在求解 Z 的方差时可以利用例 6.20 的结果，还需要利用式(6.142)）。后面会详细地分析呈高斯分布的概率密度函数。

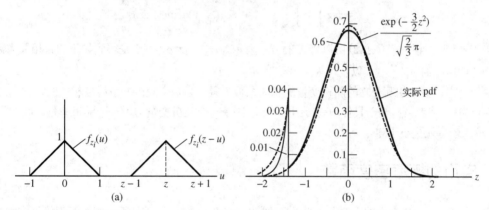

图 6.16　4 个相互独立、均匀分布的随机变量之和的概率密度函数。(a) 两个三角形概率密度函数的卷积；(b) 实际概率密度函数与高斯概率密度函数的比较

读者在学习了 6.4.5 节的中心极限定理之后，就能够理解图 6.16(b) 所示的两个概率密度函数惊人相似的原因了。

6.3.10　协方差与相关系数

"随机变量对" X、Y 的两个很实用的联合平均为：①协方差 μ_{XY}；②相关函数 ρ_{XY}。用如下的关系式定义协方差 μ_{XY}：

$$\mu_{XY} = E[(X-\bar{X})(Y-\bar{Y})] = E[XY] - E[X]E[Y] \tag{6.164}$$

从协方差的角度把相关函数 ρ_{XY} 表示如下：

$$\rho_{XY} = \frac{\mu_{XY}}{\sigma_X \sigma_Y} \tag{6.165}$$

根据上面的两个表达式可以得到如下关系式：

$$E[XY] = \sigma_X \sigma_Y \rho_{XY} + E[X]E[Y] \tag{6.166}$$

μ_{XY} 和 ρ_{XY} 这两个指标衡量的是 X、Y 的独立性。对相关函数 ρ_{XY} 进行了归一化处理之后，由于可以

把 ρ_{XY} 的取值范围限制在区间[-1, +1]，那么，相关函数的表示方式会带来方便。如果 $\rho_{XY} = 0$，则表示 X、Y 不相关。

容易证明：当随机变量之间统计独立时，则 $\rho_{XY} = 0$。如果随机变量 X、Y 统计独立，则可以把它们的联合概率密度函数 $f_{XY}(x, y)$ 表示为各自边缘概率密度函数的乘积；也就是说，$f_{XY}(x, y) = f_X(x) f_Y(y)$。于是可得

$$
\begin{aligned}
\mu_{XY} &= \int_{-\infty}^{\infty} \int_{-\infty}^{\infty} (x - \overline{X})(y - \overline{Y}) f_X(x) f_Y(y) \mathrm{d}x \mathrm{d}y \\
&= \int_{-\infty}^{\infty} (x - \overline{X}) f_X(x) \mathrm{d}x \int_{-\infty}^{\infty} (y - \overline{Y}) f_Y(y) \mathrm{d}y = (\overline{X} - \overline{X})(\overline{Y} - \overline{Y}) = 0
\end{aligned}
\tag{6.167}
$$

下面分析 $X = \pm\alpha Y$ 的情形，根据变换关系可得 $\overline{X} = \pm\alpha\overline{Y}$，其中，$\alpha$ 表示大于零的常数。根据这些指标计算协方差 μ_{XY} 的过程如下：

$$
\begin{aligned}
\mu_{XY} &= \int_{-\infty}^{\infty} \int_{-\infty}^{\infty} (\pm\alpha y \mp \alpha\overline{Y})(y - \overline{Y}) f_{XY}(x, y) \mathrm{d}x \mathrm{d}y \\
&= \pm\alpha \int_{-\infty}^{\infty} \int_{-\infty}^{\infty} (y - \overline{Y})^2 f_{XY}(x, y) \mathrm{d}x \mathrm{d}y = \pm\alpha\sigma_Y^2
\end{aligned}
\tag{6.168}
$$

当 $N = 1$ 时，根据式(6.142)可以将 X 的方差表示为 $\sigma_X^2 = \alpha^2 \sigma_Y^2$。于是得到如下的自相关系数。

当 $X = +\alpha Y$ 时 $\rho_{XY} = +1$，以及当 $X = -\alpha Y$ 时 $\rho_{XY} = -1$。

总而言之，两个相互独立的随机变量的相关系数为零。当两个随机变量线性相关时，它们之间的相关系数为+1 或者-1；至于具体取+1 还是-1，取决于一个随机变量与另一个随机变量之间的常数倍数(即 α)大于零还是小于零。

6.4   实用的概率密度函数

到目前为止，已在前面的实例中介绍了几种常用的概率分布[4]。包括瑞利概率密度函数(见实例 6.15)、具有随机相位的正弦信号的概率密度函数(见实例 6.17)、均匀概率密度函数(见实例 6.20)。下面给出的其他概率密度函数用于后面的分析中。

6.4.1   二项分布

将概率用于系统分析时，一个最常见的离散分布是二项分布。这里引入的概率实验含有两个互斥事件 A、$\overline{A}$，其中，$\overline{A}$ 表示 A 的补集，A 与 $\overline{A}$ 的发生概率分别满足：$P(A) = p$、$P(\overline{A}) = q = 1 - p$。设离散随机变量 K 的含义是：在 n 次概率实验中事件 A 发生的次数。需要求解的问题是：在 n 次重复实验中事件 A 发生次数 $k \leqslant n$ 的概率。(于是，实际的概率实验就是将基本实验重复进行 n 次。)把所得到的分布称为二项分布。

实验结果遵循二项分布的具体事例如下：在投掷硬币 n 次时，出现正面的次数 $k \leqslant n$ 的概率是多少？在信道上传输 n 个消息时，差错数 $k \leqslant n$ 的概率是多少？需要注意的是，在所有这些实例中，根据前面的内容，尽管可以求出事件至少发生 k 次的概率，但是，这里关注的是事件刚好发生了 k 次(而并不是至少 k 次)的概率。

尽管所考虑的这一问题普遍存在，但在解决这类问题时把它设计成投掷硬币的实验。投掷一次时，

---

4 本章末尾的表 6.4 概括了实用的概率分布。

如果出现正面的概率为 p、出现反面的概率为 $1-p=q$，那么，期望在 n 次投掷硬币的实验中，出现正面的次数为 k。n 次投掷中出现 k 次正面的可能序列如下：

$$\underbrace{HH\cdots H}_{k次正面}\ \underbrace{TT\cdots T}_{(n-k)次反面}$$

由于各次实验统计独立，因此，产生上面具体序列的概率如下：

$$\underbrace{p\cdot p\cdot p\cdots p}_{k个因子}\ \underbrace{q\cdot q\cdot q\cdots q}_{(n-k)个因子}=p^k q^{n-k} \tag{6.169}$$

但在 n 次实验中，这里出现的 k 次正面仅是 C_n^k 个可能序列中的一个，即

$$C_n^k \triangleq \frac{n!}{k!(n-k)!} \tag{6.170}$$

式中，C_n^k 表示二项式的系数。在理解这一点时，分析一下 n 次实验中出现 k 次正面的方式。第一次出现的正面可以是 n 次投掷中的任一次，第二次出现的正面可以是 $(n-1)$ 次投掷中的任一次，第三次出现的正面可以是 $(n-2)$ 次投掷中的任一次，等等，当出现 k 次正面时，所产生的可能序列的总数如下：

$$n(n-1)(n-2)\cdots(n-k+1)=\frac{n!}{(n-k)!} \tag{6.171}$$

但是，这里并不关心正面出现在哪一次投掷中。对每一次可能识别到正面的投掷而言，都存在 $k!$ 种正面翻转为反面的可能变化，而且翻转时位于同样的位置(指表示投掷次数的序号)。如果不需要识别出具体哪一次出现正面的话，则所得结果的总数如下：

$$\frac{n(n-1)(n-2)\cdots(n-k+1)}{k!}=\frac{n!}{k!(n-k)!}=C_n^k \tag{6.172}$$

在 C_n^k 个结果中，由于出现的任何一个结果都排除了任何其他结果的出现(也就是说，实验的 C_n^k 个结果相互排斥)，而且，由于每个结果的发生概率为 $p^k q^{n-k}$，那么在 n 次实验中，以任意顺序刚好出现 k 次正面的概率如下：

$$P(K=k)\triangleq P_n(k)=C_n^k p^k q^{n-k},\qquad k=0,\ 1,\ \cdots,\ n \tag{6.173}$$

把式 (6.173) 称为二项概率分布(需要注意的是，这里并不是表示概率密度函数，也不是表示累积分布函数)；当 p、n 取不同的值时，图 6.17(a)～(d) 中示出了所对应的图形。

根据式 (6.109)，可以得到二项分布随机变量 K 的均值如下：

$$E[K]=\sum_{k=0}^n k\frac{n!}{k!(n-k)!}p^k q^{n-k} \tag{6.174}$$

值得注意的是，由于第 1 项为零，则计算累加和时可以从 $k=1$ 开始，于是，可以把上式表示如下：

$$E[K]=\sum_{k=1}^n \frac{n!}{(k-1)!(n-k)!}p^k q^{n-k} \tag{6.175}$$

式中，用到了关系式 $k!=k(k-1)!$。假定 $m=(k-1)$，则可以得到如下的累加和：

$$E[K]=\sum_{m=0}^{n-1}\frac{n!}{m!(n-m-1)!}p^{m+1}q^{n-m+1}=np\sum_{m=0}^{n-1}\frac{(n-1)!}{m!(n-m-1)!}p^m q^{n-m+1} \tag{6.176}$$

最后，令 $l=(n-1)$，并且利用二项式定理，即

$$(x+y)^l = \sum_{m=0}^{l} C_m^l x^m y^{l-m} \tag{6.177}$$

又由于 $p+q=1$，则可以得到

$$\bar{K} = E[K] = np(p+q)^l = np \tag{6.178}$$

这是个合理的结果；当投掷均匀硬币的次数 n 很大时 $(p=q=1/2)$，可以预计到出现正面的次数约为 $np = n/2$。

在证明 $E[K^2] = np(np+q)$ 时，可以进行同样的处理过程。在此基础上，可以得到呈二项分布的随机变量的方差如下：

$$\sigma_K^2 = E[K^2] - E^2[K] = npq = \bar{K}(1-p) \tag{6.179}$$

例 6.23

假定单胎生育并且生男生女的概率相等，那么，根据式(6.173)，在一个有 4 个小孩的家庭里，两个小孩为女孩的概率如下：

$$P_4(2) = C_4^2 \left(\frac{1}{2}\right)^4 = \frac{3}{8} \tag{6.180}$$

同理可得：女孩数量为 0、1、3、4 的概率分别是 1/16、1/4、1/4、1/16。这里需要注意的是，与预计的一样，女孩数量(或者男孩数量)为 0、1、2、3、4 的概率之和等于 1。 ■

6.4.2 二项分布的拉普拉斯近似

当 n 变得很大时，很难处理式(6.173)的计算。在极限情况下，当 $n \to \infty$ 时，如果 $|k-np| \leq \sqrt{npq}$，则可以证明二项分布的拉普拉斯近似如下：

$$P_n(k) \cong \frac{1}{\sqrt{2\pi npq}} \exp\left[-\frac{(k-np)^2}{2npq}\right] \tag{6.181}$$

图 6.17(e) 示出了拉普拉斯近似与实际二项分布的比较。

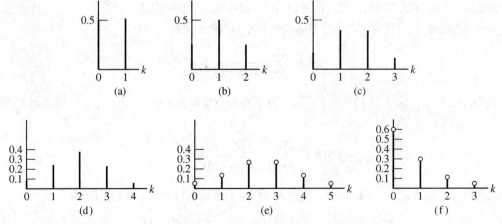

图 6.17　二项分布与拉普拉斯近似、泊松近似的比较。(a) $n=1, p=0.5$；(b) $n=2, p=0.5$；(c) $n=3, p=0.5$；(d) $n=4, p=0.5$；(e) $n=5, p=0.5$，圆圈表示拉普拉斯近似；(f) $n=5, p=0.1$。圆圈表示泊松近似

6.4.3 泊松分布以及二项分布的泊松近似

这里介绍的概率实验中，在很小的时间区间 ΔT 内，事件发生的概率为 $P = \alpha \Delta T$，其中，α 表示比例常数。如果连续发生的事件之间统计独立，那么，时间 T 内发生 k 个事件的概率如下：

$$P_T(k) = \frac{(\alpha T)^k}{k!} e^{-\alpha T} \tag{6.182}$$

例如，热金属表面的电子辐射遵循这一规律，把该分布称为泊松分布。

当实验的次数 n 很大时，每个事件的概率 p 很小，于是乘积 np 满足：$np \approx npq$。该近似关系如下：

$$P_n(k) \approx \frac{(\bar{K})^k}{k!} e^{-\bar{K}} \tag{6.183}$$

根据前面的计算，当 $q = 1 - p \approx 1$ 时，上式满足如下的关系：$\bar{K} = E[K] = np$、$\sigma_k^2 = E[K]q = npq \approx E[K]$。图 6.17(f) 将二项分布与泊松近似进行了比较。

例 6.24

在数字通信系统的一次传输中，差错概率为 $P_E = 10^{-4}$。当传输 1000 次时，问差错次数大于 3 的概率是多少？

解：

根据式 (6.183) 可以求出出现 3 次差错的概率如下：

$$P(K \leqslant 3) = \sum_{k=0}^{3} \frac{(\bar{K})^k}{k!} e^{-\bar{K}} \tag{6.184}$$

式中，$\bar{K} = 10^{-4} \times 1000 = 0.1$。因此得到

$$P(K \leqslant 3) = e^{-0.1} \left[\frac{0.1^0}{0!} + \frac{0.1^1}{1!} + \frac{0.1^2}{2!} + \frac{0.1^3}{3!} \right] \approx 0.999\,996 \tag{6.185}$$

因此，$P(K > 3) = 1 - P(K \leqslant 3) \approx 4 \times 10^{-6}$。

计算机仿真实例 6.1

下面的 MATLAB 程序实现了上面例子介绍的数字通信系统的蒙特卡罗仿真。

```
% file: c6ce1
% Simulation of errors in a digital communication system
%
N sim = input('Enter number of trials');
N = input('Bit block size for simulation');
N_errors = input('Simulate the probability of more than _ errors occurring ');
PE = input('Error probability on each bit');
count = 0;
for n = 1 : N_sim
    U = rand(1, N);
    Error = (- sign(U - PE) + 1) / 2;    % Error array - elements are 1 where
        errors occur
    if sum(Error) > N_errors
            count = count + 1;
```

```
        end
    end
    P_greater = count/N_sim
    % End of script file
```

通常情况下，设计程序时进行了如下的处理。为了缩短仿真时间，采用了每比特的差错概率为 10^{-3}、长为 1000 比特的分组。值得注意的是，在这个例子中，由于 $\bar{K} = 10^{-3} \times 1000 = 1$ 不满足远小于 1 的条件，于是，不能采用泊松近似。因此，必须用二项分布对所得的结果进行分析。通过计算得到：$P(0$ 次差错$) = 0.3677$、$P(1$ 次差错$) = 0.3681$、$P(2$ 次差错$) = 0.1840$、$P(3$ 次差错$) = 0.0613$，那么，可以得到 $P(>3$ 次差错$) = 1 - 0.3677 - 0.3681 - 0.1840 - 0.0613 = 0.0189$。如果四舍五入之后保留小数点后的两位，则该结果与仿真的结果一致。

```
    error sim
    Enter number of trials 10000
    Bit block size for simulation 1000
    Simulate the probability of more than_errors occurring 3
    Error probability on each bit .001
    P_greater = 0.0199
```
■

6.4.4　几何分布

在投掷硬币的多次实验中，假定关注的只是第一次出现正面的概率，或者在传输一长串数字信号时，关注的只是第 k 次传输中第 1 比特发生差错的概率。把表示这种实验的分布称为几何分布，即

$$P(k) = pq^{k-1}, \quad 1 \leqslant k < \infty \tag{6.186}$$

式中，p 表示所关注的事件（也就是正面、差错，等等）发生的概率，q 表示所关注的事件未发生的概率。

例 6.25

数字传输系统的差错概率为 $p = 10^{-6}$。在第 1000 次传输中，第 1 次出现差错（指前面的 999 次传输都没有出现差错）的概率如下。

$$P(1000) = 10^{-6}(1 - 10^{-6})^{999} = 9.99 \times 10^{-7} \approx 10^{-6}$$
■

6.4.5　高斯分布

在后面的分析中，会反复地用到呈高斯分布的概率密度函数。这样处理的原因至少有如下两个：①假定随机现象满足高斯统计后，容易处理棘手的问题；②更重要的是，根据中心极限定理概括的现象可以看出，自然而然地发生的许多的量（如噪声、差错）呈高斯分布。下面给出中心极限定理。

中心极限定理。设 X_1、X_2、…表示独立、同分布的随机变量，而且，其中的每一个随机变量都具有均值 m、有限方差 σ^2。假定用 Z_n 表示的一连串随机变量的方差为 1、均值为 0，即，Z_n 的定义式如下。

$$Z_n \triangleq \frac{\sum\limits_{i=1}^{n} X_i - nm}{\sigma\sqrt{n}} \tag{6.187}$$

那么，可以得到：

$$\lim_{n \to \infty}(PZ_n \leqslant z) = \int_{-\infty}^{z} \frac{e^{\frac{t^2}{2}}}{\sqrt{2\pi}} dt \tag{6.188}$$

　　换句话说，不论各个随机变量分量的分布满足什么特性，式 (6.187) 所表示的累加和的累积分布函数近似于高斯分布的累积分布函数。唯一的限制条件是：各个随机变量分量统计独立、具有相同的分布，并且它们的均值与方差均为有限值。在有些情况下，可以放宽独立、同分布的假定条件。但重要的是，没有一个随机变量分量(或者有限个随机变量的组合)在累加和的运算中起决定性作用。

　　这里并未给出中心极限定理的证明，而只是在后面直接引用结论。在这里的分析中，直接给出了高斯统计独特假设的部分理由。例如，一般来说，由于许多电荷载流子所产生的电压的叠加，才导致了电气噪声。当湍流边界层的压强波动时，因众多的起伏变化所产生的微小压强会在飞行器的外壳叠加。由于不规则波动的量很大，因而在实验检测中出现了随机差错。在许多情况下，实用而且有效的解决方法是：利用高斯过程近似地表示起伏波动。在例 6.23 中，尽管各个分量的概率密度函数与高斯分布相去甚远，但没有想到的是，在求和运算中，其中几项的概率密度函数近似于高斯分布。

　　可以用如下的式子概括例 6.15 中首次引入的联合高斯概率密度函数：

$$f_{XY}(x,\ y) = \frac{1}{2\pi\sigma_x\sigma_y\sqrt{1-\rho^2}}\exp\left\{-\frac{\left(\dfrac{x-m_x}{\sigma_x}\right)^2 - 2\rho\left(\dfrac{x-m_x}{\sigma_x}\right)\left(\dfrac{x-m_y}{\sigma_y}\right) + \left(\dfrac{y-m_y}{\sigma_y}\right)^2}{2(1-\rho^2)}\right\} \tag{6.189}$$

通过直接但很繁琐的综合，可以得出上式中的如下指标：

$$m_x = E[X] \text{ 以及 } m_y = E[Y] \tag{6.190}$$

$$\sigma_x^2 = \mathrm{var}\{X\} \tag{6.191}$$

$$\sigma_y^2 = \mathrm{var}\{Y\} \tag{6.192}$$

$$\rho = \frac{E[(X-m_x)(Y-m_y)]}{\sigma_x\sigma_y} \tag{6.193}$$

　　当 $N > 2$ 时，如果采用矩阵表示法，那么，可以用相当简洁的方式表示各个高斯随机变量的联合概率密度函数。附录 B 给出了常规表示形式。

　　图 6.18 示出了具有两个变量的高斯概率密度函数，以及当 m_x、m_y、σ_x^2、σ_y^2、ρ 这 5 个参数变化时所对应的曲线图。在对某个量进行分析时，根据三维表示方式的曲线图，可以明显地看出概率密度函数的形状信息、方位信息。当用 X、Y 表示均值为零、方差为 1 且不相关的随机变量时，图 6.18 (a) 示出了具有两个变量的高斯概率密度函数。由于 X、Y 的方差相同，并且由于 X、Y 不相关，因此，X、Y 平面的曲线图为圆形。当高斯噪声的两个分量具有相同的方差，且这两个分量不相关时，从图中可以看出二维高斯噪声体现圆对称性的原因。当两个分量不相关，但均值与方差分别为 $m_x = 1$、$m_y = -2$、$\sigma_x^2 = 2$、$\sigma_y^2 = 1$ 时，图 6.18 (b) 示出了对应的情形。从图中可以明显地看出均值。此外，由于 $\sigma_x^2 > \sigma_y^2$，因此，概率密度函数在 X 轴方向的伸展比在 Y 轴方向的伸展大一些。在图 6.18 (c) 中，X、Y 的均值都等于零，但二者之间的相关系数等于 0.9。从图中可以看出，在 X、Y 平面，表示密度函数常数值的等值线关于直线 $X = Y$ 对称。由于相关系数度量的是 X、Y 之间的线性关系，因而必然得出这一结果。还需注意的是，由于 X、Y 不相关，因此可以把图 5.18 (a)～(b) 这两种情况下的概率密度函数分解为边缘概率密度函数的乘积。

　　在 y(或者 x) 的整个区间对式 (6.189) 进行积分运算时，可以求出 X(或者 Y) 的边缘概率密度函数。这里的积分运算很繁琐。X 的边缘概率密度函数如下：

$$n(m_x, \sigma_x) = \frac{1}{\sqrt{2\pi\sigma_x^2}} \exp\left[-\frac{(x-m_x)^2}{2\sigma_x^2}\right] \tag{6.194}$$

式中，在表示均值为 m_x、标准差为 σ_x 的高斯概率密度函数时，引入了符号 $n(m_x, \sigma_x)$ 的表示形式。同理可得 Y 的概率密度函数的类似表达式（适当地改变参数）。图 6.19 示出了这个函数。

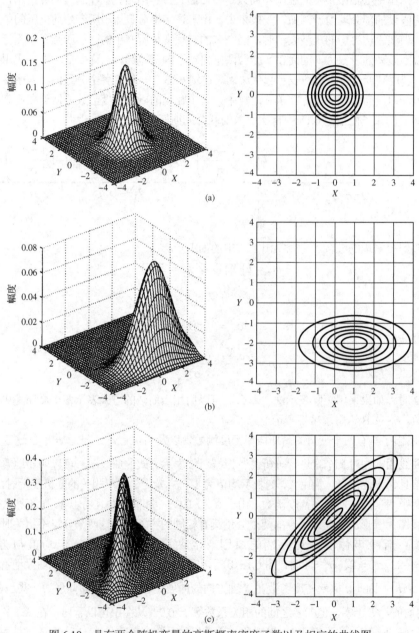

图 6.18　具有两个随机变量的高斯概率密度函数以及相应的曲线图

(a) $m_x = 0$、$m_y = 0$、$\sigma_x^2 = 1$、$\sigma_y^2 = 1$、$\rho = 0$

(b) $m_x = 1$、$m_y = -2$、$\sigma_x^2 = 2$、$\sigma_y^2 = 1$、$\rho = 0$

(c) $m_x = 0$、$m_y = 0$、$\sigma_x^2 = 1$、$\sigma_y^2 = 1$、$\rho = 0.9$

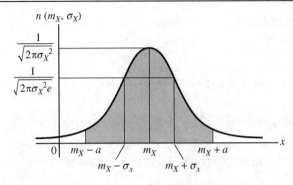

图 6.19　均值为 m_x、方差为 σ_x^2 的呈高斯分布的概率密度函数

在后面的分析中，有时假定式 (6.189) 与式 (6.194) 中的 m_x、m_y 满足 $m_x = m_y = 0$。理由如下：如果 m_x、m_y 不为零，通过引入新的随机变量 $X' = X - m_x$、$Y' = Y - m_y$，可以实现均值为零。因此，"假定均值等于零"具有普遍性的意义。

当 $\rho = 0$（也就是说，X、Y 不相关）时，式 (6.189) 中的交叉项等于零。而且当 $m_x = m_y = 0$ 时，可以将 $f_{XY}(x, y)$ 表示如下：

$$f_{XY}(x, y) = \frac{\exp\left(-x^2 / 2\sigma_x^2\right)}{\sqrt{2\pi\sigma_x^2}} \times \frac{\exp\left(-y^2 / 2\sigma_y^2\right)}{\sqrt{2\pi\sigma_y^2}} = f_X(x)f_Y(y) \tag{6.195}$$

因此，不相关的高斯随机变量也是统计独立的。但需要强调的是，这一结论并非对所有的概率密度函数都成立。

可以证明：无论各个随机变量是否统计独立，任意数量的高斯随机变量的和仍然是高斯随机变量。假定 $Z = X_1 + X_2$，其中，X_i 的概率密度函数为 $n(m_i, \sigma_i)$。根据傅里叶变换表，或者完成平方运算、积分运算之后，可以得到 X_i 的特征函数如下：

$$M_{X_i}(jv) = \int_{-\infty}^{\infty} (2\pi\sigma_i^2)^{-1/2} \exp\left[-\frac{(x_i - m_i)^2}{2\sigma_i^2}\right] \exp(jvx_i)\mathrm{d}x_i = \exp\left(jm_iv - \frac{\sigma_i^2v^2}{2}\right) \tag{6.196}$$

因此，可以得到 Z 的特征函数如下：

$$M_Z(jv) = M_{X_1}(iv)M_{X_2}(jv) = \exp\left[j(m_1 + m_2)v - \frac{(\sigma_1^2 + \sigma_2^2)v^2}{2}\right] \tag{6.197}$$

上式表示式 (6.196) 的特征函数，即，表示的是均值为 $m_1 + m_2$、方差为 $(\sigma_1^2 + \sigma_2^2)$ 的高斯随机变量的特征函数。

6.4.6　呈高斯分布的 Q 函数

正如图 6.19 所示出的，$n(m_x, \sigma_x)$ 表示连续的随机变量，它的自变量在区间 $(-\infty, +\infty)$ 可以取任意值，但落在 $X = m_x$ 附近的概率最大。由于 $n(m_x, \sigma_x)$ 关于 $x = m_x$ 偶对称，于是得出 $P(X \leqslant m_x) = P(X \geqslant m_x) = 1/2$ 的结论。

假定期望求出 X 位于区间 $[m_x - a, m_x + a]$ 的概率。根据式 (6.42)，可以将这一概率表示如下：

$$P[m_x - a \leqslant X \leqslant m_x + a] = \int_{m_x-a}^{m_x+a} \frac{\exp[-(x - m_x)^2 / (2\sigma_x^2)]}{\sqrt{2\pi\sigma_x^2}} \mathrm{d}x \tag{6.198}$$

上式对应图 6.19 中的阴影面积。当采用变量代换 $y = (x - m_x)/\sigma_x$ 时,得到上式表示的概率值如下:

$$P[m_x - a \leq X \leq m_x + a] = \int_{-a/\sigma_x}^{a/\sigma_x} \frac{\exp[-y^2/2]}{\sqrt{2\pi}} \, dy = 2\int_0^{a/\sigma_x} \frac{\exp[-y^2/2]}{\sqrt{2\pi}} \, dy \qquad (6.199)$$

由于被积函数为偶函数,因此得出了上式中最后的积分表示形式。只是,不可能计算出该积分的解析表达式。

用如下的关系式定义呈高斯分布的 Q 函数(或者就称为 Q 函数)[5]:

$$Q(u) = \int_u^{\infty} \frac{\exp[-y^2/2]}{\sqrt{2\pi}} \, dy \qquad (6.200)$$

目前已经计算出了该函数的值,而且,当自变量的取值为中等大小或很大时,已经分别得出了计算该积分值的有理近似、渐近近似[6]。根据超越函数(transcendental function)(超越函数是这样一种解析函数:所对应的代数方程没有解。换句话说,超越函数超越了代数,具体体现在:不能利用有限个加、乘、开方的代数运算来表示)的这一定义,可以将式(6.199)重新表示如下:

$$P[m_x - a \leq X \leq m_x + a] = 2\left[\frac{1}{2} - \int_{a/\sigma_x}^{\infty} \frac{\exp[-y^2/2]}{\sqrt{2\pi}} \, dy\right] = 1 - 2Q\left(\frac{a}{\sigma_x}\right) \qquad (6.201)$$

当自变量很大时,所得到的实用 Q 函数的近似表达式如下:

$$Q(u) \cong \frac{\exp[-u^2/2]}{u\sqrt{2\pi}}, \quad u \gg 1 \qquad (6.202)$$

把式(6.200)与式(6.202)的值进行比较之后发现,采用这种近似方式时,如果 $u \geq 3$,则所得到的差错低于 6%。Q 函数的这一结果以及 Q 函数的其他结果见"附录 F 之表 F.1:Q 函数值表"。

与这些内容相关的积分包括分别用如下的两个关系式定义的误差函数、互补误差函数:

$$\begin{cases} \mathrm{erf}(u) = \dfrac{2}{\sqrt{\pi}} \int_0^u \exp[-y^2] \, dy \\ \mathrm{erfc}(u) = 1 - \mathrm{erf}(u) = \dfrac{2}{\sqrt{\pi}} \int_u^{\infty} \exp[-y^2] \, dy \end{cases} \qquad (6.203)$$

可以证明,上面的两个关系式与 Q 函数之间的关系如下:

$$Q(u) = \frac{1}{2}\mathrm{erfc}\left(\frac{u}{\sqrt{2}}\right) \text{ 或者 } \mathrm{erfc}(v) = 2Q(\sqrt{2}v) \qquad (6.204)$$

MATLAB 的库函数中分别配有计算 erf 函数的程序和计算 erfc 函数的程序,以及与之对应的逆变换中计算误差的函数 erfinv、计算误差的互补函数 erfcinv。

---

5 具有有限值的 Q 函数的积分表达式为 $Q(x) = \dfrac{1}{\pi} \int_0^{\pi/2} \exp\left(-\dfrac{x^2}{\sin^2\phi}\right) d\phi$。

6 在 M. Abramowitz 和 I. Stegun 的文献 "用公式、图形、数学用表表示的数学手册" 中给出了这些结论的表达式。国家标准局,应用数学丛书 No. 55,1964 年 06 月出版(pp. 931ff)。纽约多佛 1972 年出版。

6.4.7　切比雪夫不等式

在经历了计算式(6.198)以及计算类似概率遇到的各种困难之后发现，得出这些期望概率的近似值也是值得的。不论属于哪种形式的概率密度函数，只要随机变量的二阶矩为有限值，那么，由切比雪夫不等式给出了下限值。根据切比雪夫不等式，当随机变量 X 在均值两侧的 $\pm k$ 区间内变化(即，标准差为 k)时，求出差错概率至少为 $(1-1/k^2)$。即

$$P[|X-m_x|\leqslant k\sigma_x]\geqslant 1-\frac{1}{k^2},\ k>0 \tag{6.205}$$

当 $k=3$ 时，可以得到

$$P[|X-m_x|\leqslant 3\sigma_x]\geqslant \frac{8}{9}\cong 0.889 \tag{6.206}$$

假定 X 为高斯随机变量，则利用 Q 函数可以计算出概率值为 0.997 3。换句话说，不论概率密度函数是多少，根据切比雪夫不等式，随机变量偏离均值大于 ± 3(对应标准差 3)的概率不超过 0.111。这里的严格限制条件是：二阶矩必须为有限值。需要注意的是：这个例子中的边界值不太严格。

6.4.8　各种概率函数及其均值、方差的汇总

表 6.4 汇集了前面介绍的概率函数(概率密度函数及其概率分布)以及经常出现的一些其他函数。表中还给出了所对应的各个随机变量的均值、方差。

表 6.4　一些随机变量的概率分布(表中包含了均值、方差)

概率密度函数或者概率质量函数	均　值	方　差
均匀分布： $f_X(x)=\begin{cases}\dfrac{1}{b-a},&a\leqslant x\leqslant b\\0,&\text{其他}\end{cases}$	$\dfrac{1}{2}(a+b)$	$\dfrac{1}{12}(b-a)^2$
高斯分布： $f_X(x)=\dfrac{1}{\sqrt{2\pi\sigma^2}}\exp[-(x-m)^2/2\sigma^2]$	m	σ^2
瑞利分布： $f_R(r)=\dfrac{r}{\sigma^2}\exp(-r^2/2\sigma^2),\ r\geqslant 0$	$\sqrt{\dfrac{\pi}{2}}\sigma$	$\dfrac{1}{2}(4-\pi)\sigma^2$
拉普拉斯分布： $f_X(x)=\dfrac{\alpha}{2}\exp(-\alpha|x|),\ \alpha>0$	0	$2/\alpha^2$
单侧指数分布： $f_X(x)=\alpha\exp(-\alpha x)u(x)$	$1/\alpha$	$1/\alpha^2$
双曲线分布： $f_X(x)=\dfrac{(m-1)h^{m-1}}{2(|x|+h)^m},\ m>3,\ h>0$	0	$\dfrac{2h^2}{2(m-3)(m-2)}$
Nakagami-m 分布： $f_X(x)=\dfrac{2m^m}{\Gamma(m)}x^{2m-1}\exp(-mx^2),\ x\geqslant 0$	$\dfrac{1\times 3\times 2\times\cdots\times(2m-1)}{2^m\Gamma(m)}$	$\dfrac{\Gamma(m+1)}{\Gamma(m)\sqrt{m}}$

续表

概率密度函数或者概率质量函数	均　值	方　差
中心卡方分布($n=$自由度)[1]： $f_X(x) = \dfrac{x^{n/2-1}}{\sigma^n 2^{n/2}\Gamma(n/2)}\exp(-x/2\sigma^2)$	$n\sigma^2$	$2n\sigma^4$
对数正态分布[2]： $f_X(x) = \dfrac{1}{x\sqrt{2\pi\sigma_y^2}}\exp\left[-\dfrac{(\ln x - m_y)^2}{2\sigma_y^2}\right]$	$\exp(m_y + 2\sigma_y^2)$	$\exp(2m_y + \sigma_y^2)\cdot[\exp(\sigma_y^2)-1]$
二项分布： $P_n(k) = C_n^k p^k q^{n-k},\ k=0,1,2,\cdots n, p+q=1$	np	npq
泊松分布： $P(k) = \dfrac{\lambda^k}{k!}\exp(-\lambda),\ k=0、1、2、\cdots$	λ	λ
几何分布： $P(k) = pq^{k-1},\ k=0、1、2、\cdots$	$1/p$	q/p^2

1 $\Gamma(m)$ 表示伽马函数；$\Gamma(m) = (m-1)!$，其中，m 为整数。

2 根据变换 $Y=\ln X$ 得到的随机变量呈对数正态分布。其中，Y 表示高斯随机变量，它的均值为 m_y、方差为 σ_y^2。

补充书目

工程技术人员在设计中需要了解概率论方面的知识时，可以参考几本好书。它们是："Leon-Garcia（1994）"、"Ross（2002）"，还有"Walpole, Meyers, Meyers, Ye 合著的文献（2007）"。文献"Ash（1992）"通过许多实例概括了概率论的应用。"Simon（2002）"汇集了与高斯分布相关的各种变换关系。

本章内容小结

1. 概率论的目的是：把取值介于 $0\sim1$ 之间的实数（即，概率）与概率实验的结果联系起来，也就是说，实验中出现的结果并不是由起因唯一决定的，而是存在一定的偶然性——于是与事件（把事件定义为各种结果的组合）发生的概率联系起来。

2. 当两个事件中的一个发生时，如果另一个不会发生，那么这两个事件为互斥事件。在进行的概率实验中，如果一组事件的其中之一必然发生，则把这一组事件称为遍历事件。空事件的发生概率等于零；在进行的概率实验中，"必然事件"的发生概率为1。

3. 事件 A 以等概率 $P(A)$ 发生指的是：如果概率实验可以产生 N 个互斥、等概率发生的结果，那么，$P(A)$ 表示 A 中发生的期望出现结果的数量（即 N_A）与总数的比值。这是个循环的定义，具体地说，用概率定义概率，但在许多情况下这种处理方法很实用，比如，从一副洗好的扑克牌中抽取若干张的概率实验遵循等概率分布。

4. 事件 A 发生概率的相对频率指的是：在重复进行很多次（即 N 次）的实验中，存在如下的关系：

$$P(A) = \lim_{N\to\infty}\frac{N_A}{N}$$

式中，N_A 表示事件 A 发生重复的次数。

5. 公理化方法定义了事件 A 发生的概率 $P(A)$；$P(A)$ 表示满足如下各个公理的实数：

(a) $P(A) \geqslant 0$。

(b) P(必然事件) $= 1$。

(c) 如果 A 与 B 为互斥事件，则 $P(A\cup B) = P(A) + P(B)$ 成立。

公理化方法包含了等概率的定义和相对频率的定义。

6. 如果已知两个事件 A、B，把复合事件 "A 或者 B 或者二者都" 表示为 $A\cup B$；把复合事件 "A 与 B 都发生" 表示为 $A\cap B$ 或者表示为 AB；把事件 "非 A" 表示为 $\bar A$。如果事件 A、B 不一定是互斥事件，那么，可以利用概率的公理证明 $P(A\cup B)=P(A)+P(B)-P(A\cap B)$ 成立。假定用 $P(A|B)$ 表示 "在事件 B 发生的条件下事件 A 发生的概率"、用 $P(B|A)$ 表示 "在事件 A 发生的条件下事件 B 发生的概率"，那么，可以将这些概率分别定义如下：

$$P(A|B)=\frac{P(AB)}{P(B)} \text{ 以及 } P(B|A)=\frac{P(AB)}{P(A)}$$

把这两个定义合并之后可以得到贝叶斯定律的具体表达式如下：

$$P(B|A)=\frac{P(A|B)P(B)}{P(A)}$$

当两个事件统计独立时，满足如下的关系：$P(AB)=P(A)\,P(B)$。

7. 随机变量遵循这样的规则：把各个实数分配给概率实验的各个结果。例如，在投掷硬币时，如果把 $X=+1$ 分配给出现正面的结果、把 $X=-1$ 分配给出现反面的结果，那么，就实现了离散随机变量的分配。

8. 用 $X\le x$ 的概率定义随机变量 X 的累积分布函数(cumulative-distribution function，cdf) $F_X(x)$，其中，x 表示动态变量。$F_X(x)$ 的取值范围为 $0\sim1$，而且 $F_X(-\infty)=0$、$F_X(\infty)=1$；$F_X(x)$ 为右连续、且是自变量的非递减函数。离散随机变量具有跳变(不连续)的累积分布函数；连续的随机变量具有连续的累积分布函数。

9. 用累积分布函数的导数定义随机变量 X 的概率密度函数(probability-distribution function，pdf) $f_X(x)$。于是得到

$$F_X(x)=\int_{-\infty}^{x} f_X(\eta)\mathrm{d}\eta$$

概率密度函数为非负值，而且，在 x 的整个区间对概率密度函数积分时，所得的结果为 1。对概率密度函数的合理解释是：$f_X(x)\,\mathrm{d}x$ 表示随机变量 X 位于 x 附近无穷小区间 $\mathrm{d}x$ 内的概率。

10. 用 $X\le x$、$Y\le y$ 的概率定义随机变量 X 的联合累积分布函数 $F_{XY}(x,y)$，其中，x、y 表示 X、Y 的各个具体值。联合概率分布函数 $f_{XY}(x,y)$ 为累积分布函数的二阶偏导数(先对 x 求导、再对 y 求导)。将 $y(x)$ 设置为 F_{XY} 的无穷多个自变量之后，可以单独求出 $X(Y)$ 的累积分布函数(也就是边缘累积分布函数)。在 $y(x)$ 的整个区间内，对 f_{XY} 积分之后，可以单独求出 $X(Y)$ 的概率分布函数(也就是边缘概率密度函数)。

11. 可以把两个统计独立的随机变量的累积分布函数(概率密度函数)分解为各自累积分布函数(概率密度函数)的乘积。

12. 根据定义 $f_{Y|X}(y|x)$ 的相同方法，在已知 Y 的条件下，把 X 发生的条件概率密度函数定义如下：

$$f_{X|Y}(x|y)=\frac{f_{XY}(x,y)}{f_Y(y)}$$

可以把 $f_{X|Y}(x|y)\,\mathrm{d}x$ 的表达式理解为：在已知 $Y=y$ 的条件下 $x-\mathrm{d}x<X\le x$ 的发生概率。

13. 假定 $Y=g(X)$，其中，$g(X)$ 表示满足如下条件的单调函数：

$$f_Y(y)=f_X(x)\left|\frac{\mathrm{d}x}{\mathrm{d}y}\right|_{x=g^{-1}(y)}$$

其中，$g^{-1}(y)$ 表示 $y=g(x)$ 的反函数。当与联合概率密度函数有关的随机变量数大于 1 时，可以采用同样的变换方法。

14. 第 6 章定义过的重要的概率函数包括：瑞利概率密度函数(式(6.105))、具有随机相位的正弦信号的概率密度函数(例 6.17)、均匀概率密度函数(例 6.20、式(6.135))、二项概率分布(式(6.173))、二项分布的拉普拉斯近似与泊松近似(式(6.181)、式(6.183))、高斯概率密度函数(式(6.189)、式(6.194))。

15. 如果随机变量 X 的概率密度函数为 $f_X(x)$，且 $g(X)$ 为 X 的函数，当用如下的式子定义统计平均时：

$$E[g(X)] = \overline{g(X)} = \int_{-\infty}^{\infty} g(X)f_X(x)\mathrm{d}x$$

那么，把 $g(X) = X^n$ 的均值称为 X 的 n 阶矩。把一阶矩称为 X 的均值。当函数的随机变量数多于 1 个时，在自变量的整个取值范围内，将函数与概率密度函数相乘之后再求积分，这样的处理过程可以求出函数的均值。把均值 $\overline{g(X,\ Y)} = \overline{(X^n Y^m)} \triangleq E\{X^n Y^m\}$ 称为 $(m+n)$ 联合矩。随机变量 X 的方差表示如下的求取均值的运算：$\overline{(X-\overline{X})^2} = \overline{X^2} - \overline{X}^2$。

16. 把均值 $E\left[\sum a_i X_i\right]$ 表示为 $\sum a_i E[X_i]$；也就是说，可以交换"求和"与"求平均"的顺序。如果各个随机变量统计独立，则一组随机变量累加和的方差等于各个方差的累加和。

17. 对概率密度函数为 $f_X(x)$ 的随机变量 X 而言，它的特征函数 $m_X(jv)$ 等于 $\exp(jvX)$ 的期望值，或者说，等于 $f_X(x)$ 的傅里叶变换(傅里叶变换积分表达式中指数的符号为"+"号)。因此，概率密度函数等于特征函数的傅里叶逆变换(指数表达式中的符号由"−"号变为"+"号)。

18. 通过下述的处理过程，可以根据 $M_X(jv)$ 求出 X 的 n 阶矩：①$M_X(jv)$ 对 v 求导 n 次；②乘以 $(-j)^n$；③令 $v=0$。对相互独立的随机变量 X、Y 而言，$Z=X+Y$ 的特征函数为 X、Y 各自特征函数的乘积。因此，根据傅里叶变换的卷积定理，Z 的概率密度函数等于 X、Y 各自概率密度函数的卷积。

19. 两个随机变量 X、Y 的协方差表示如下的均值：

$$\mu_{XY} = E[(X-\overline{X})(Y-\overline{Y})] = E[XY] - E[X]E[Y]$$

用如下的关系式表示相关系数 ρ_{XY}：

$$\rho_{XY} = \frac{\mu_{XY}}{\sigma_X \sigma_Y}$$

用上面的两个关系式度量 X、Y 的线性独立，但由于 ρ_{XY} 的取值范围在 $-1 \sim +1$ 之间，那么，用 ρ_{XY} 度量时会更容易些。如果 $\rho_{XY}=0$，则表示随机变量 X、Y 不相关。

20. 中心极限定理表明，如果随机变量满足如下的限制条件，那么，这些随机变量的累加和近似于高斯概率密度函数：①随机变量的数量 N 很大；②各个随机变量之间相互独立；③各个随机变量 N 的方差有限(各个随机变量的概率密度函数不一定相同)。

21. 在某些区间，可以利用 Q 函数计算高斯随机变量的概率。"附录 F 之表 F.1：Q 函数值表"中列出了 Q 函数的值，表中还给出了计算 Q 函数时用到的有理近似、渐近近似。可以通过式(6.204)把误差函数与 Q 函数联系起来。

22. 无论随机变量的概率密度函数是多少，只要随机变量的二阶矩为有限值，则切比雪夫不等式给出了概率的下限值，即，当随机变量的均值为 $1-\dfrac{1}{k^2}$ 时，随机变量的标准差小于等于 k。

23. 表 6.4 概括了许多实用的分布以及与之对应的均值与方差。

疑难问题

6.1 同时投掷一枚均匀的硬币、一颗均匀的骰子(骰子共有 6 个面)，各自的结果不受对方的影响。根据等概率出现的原理，求出下列各个事件的发生概率：

(a) 硬币为正面、骰子为 6 点；

(b) 硬币为反面、骰子为 1 点或者 2 点；

(c) 硬币为正面或者反面、骰子为 4 点；

(d) 硬币为正面、骰子的点数小于 5；

(e) 硬币为反面或者反面、骰子的点数大于 4；

(f) 硬币为反面、骰子的点数大于 6。

6.2 投掷一颗共有 6 个面的均匀骰子时，规定事件 $A = \{2$ 或者 4 或者 $6\}$、事件 $B = \{1$ 或者 3 或者 5 或者 $6\}$。根据等概率出现的原理和概率的各个公理，求出下列各项：

(a) $P(A)$；

(b) $P(B)$；

(c) $P(A \cup B)$；

(d) $P(A \cap B)$；

(e) $P(A|B)$；

(f) $P(B|A)$。

6.3 投掷一颗共有 6 个面的均匀骰子时，事件 $A = \{1$ 或者 $3\}$、事件 $B = \{2$ 或者 3 或者 $4\}$、事件 $C = \{4$ 或者 5 或者 $6\}$。求出下面的各项概率值：

(a) $P(A)$；

(b) $P(B)$；

(c) $P(C)$；

(d) $P(A \cup B)$；

(e) $P(A \cup C)$；

(f) $P(B \cup C)$；

(g) $P(A \cap B)$；

(h) $P(A \cap C)$；

(i) $P(B \cap C)$；

(j) $P(A \cap (B \cap C))$；

(k) $P(A \cup (B \cup C))$。

6.4 根据疑难问题 6.2，求解如下的各项：

(a) $P(A|B)$；

(b) $P(B|A)$。

6.5 根据疑难问题 6.3，求解如下的各项：

(a) $P(A|B)$；

(b) $P(B|A)$；

(c) $P(A|C)$；

(d) $P(C|A)$；

(e) $P(B|C)$；

(f) $P(C|B)$。

6.6

(a) 从一副 52 张的扑克牌中随机地抽取一张时，问抽到 A 的概率是多少？

(b) 从一副 52 张的扑克牌中随机地抽取一张时，问抽到黑桃 A 的概率是多少？

(c) 从一副 52 张的扑克牌中随机地抽取一张时，在已知抽取到黑色花色的条件下，问抽到黑桃 A 的概率是多少？

6.7 已知随机变量 X 的概率密度函数为 $f_X(x) = A\exp(-\alpha x)\, u(x-1)$，其中，$u(x)$ 表示单位阶跃信号，A、α 均表示大于零的常数。完成下列各项：

(a) 求出 A、α 之间的关系式；

(b) 求随机变量 X 的累积分布函数；

(c) 求满足条件 $2 < X \leqslant 4$ 的概率；

(d) 求随机变量 X 的均值；

(e) 求随机变量 X 的均方值；

(f) 求随机变量 X 的方差。

6.8 已知如下的联合概率密度函数：

$$f_{XY}(x,\ y) = \begin{cases} 1, & 0 \leqslant x \leqslant 1,\ 0 \leqslant y \leqslant 1 \\ 0, & \text{其他} \end{cases}$$

要求求出下列各项：

(a) $f_X(x)$；

(b) $f_Y(y)$；

(c) $E[X]$、$E[Y]$、$E[X^2]$、$E[Y^2]$、σ_X^2、σ_Y^2；

(d) $E[XY]$；

(e) μ_{XY}。

6.9

(a) 当投掷一枚均匀的硬币 10 次时，问出现正面的次数小于等于 2 的概率是多少？

(b) 当投掷一枚均匀的硬币 10 次时，问出现正面的次数刚好等于 5 的概率是多少？

6.10 用关系式 $Z = X + Y$ 定义随机变量 Z，其中，X、Y 为满足如下统计特性的高斯随机变量：

(a) $E[X] = 2$，$E[Y] = -3$；

(b) $\sigma_X = 2$，$\sigma_Y = 3$；

(c) $\mu_{XY} = 0.5$。

求出 Z 的概率密度函数。

6.11 假定用 3 个相互独立的随机变量将随机变量 Z 定义为关系式 $Z = 2X_1 + 4X_2 + 3X_3$，其中，X_1、X_2、X_3 的均值分别为 -1、5、-2，X_1、X_2、X_3 的方差分别为 4、7、1。求解如下的问题：

(a) Z 的均值；

(b) Z 的方差；

(c) Z 的标准差；

(d) 如果 X_1、X_2、X_3 均表示高斯随机变量，问 Z 的概率密度函数是多少？

6.12 已知随机变量 X 的特征函数为 $M_X(jv) = (1 + v^2)^{-1}$。求解如下的问题：

(a) X 的均值；

(b) X 的方差；

(c) X 的概率密度函数。

6.13　把一个随机变量定义为 10 个相互独立的随机变量的和，而且，已知这 10 个随机变量在区间[– 0.5，0.5]内呈均匀分布。要求求解如下的问题：

　　(a) 根据中心极限定理，求出累加和 $Z = \sum_{i=1}^{10} X_i$ 的概率密度函数的近似表达式；

　　(b) 当 $z = \pm 5.1$ 时，问 Z 的概率密度函数的近似值是多少？当 z 取该值时，问累加和随机变量 Z 的概率密度函数的近似值是多少？

6.14　将一枚均匀的硬币投掷 100 次。根据拉普拉斯近似原理，在如下的条件下，问概率的精确值是多少？

　　(a) 正面出现 50 次；

　　(b) 正面出现 51 次；

　　(c) 正面出现 52 次；

　　(d) 问上述的计算结果是不是符合拉普拉斯近似？

6.15　在数字通信系统中，已知传输一次的差错概率 P_E 为 10^{-3}，求解如下的问题：

　　(a) 传输 100 次时，不出现差错的概率是多少？

　　(b) 传输 100 次时，出现 1 次差错的概率是多少？

　　(c) 传输 100 次时，出现 2 次差错的概率是多少？

　　(d) 传输 100 次时，出现差错的次数小于 2 的概率是多少？

习题

6.1 节习题

6.1　把圆分为 21 等分(编号为 1~21)。指针不停地旋转直至在每个位置停下来。假定各个结果等概率出现。要求表示出样本空间，并且求出如下的概率值：

　　(a) P(偶数编号)；

　　(b) P(编号为 21)；

　　(c) P(编号为 4、5 或者 9)；

　　(d) P(编号大于 10)。

6.2　从一副普通的扑克牌中抽取 5 张，且每次抽取的牌都不再放回去。求解如下的概率值：

　　(a) 3 张为 K、2 张为 A；

　　(b) 其中的 4 张为同一牌面大小；

　　(c) 5 张都是同一花色；

　　(d) 同一花色的 A、K、Q、J、10；

　　(e) 假定已抽中了 A、K、J、10，问下一张抽中 Q 的概率是多少(并没有要求抽中的扑克牌为同一花色)？

6.3　为了满足 A、B、C 这三个事件相互独立的条件，问必须遵循什么样的关系式？(提示：事件 A、B、C 必须两两独立，但这不是充分条件。)

6.4　事件 A、B 的边缘概率分别为 $P(A) = 0.2$、$P(B) = 0.5$，A、B 的联合概率密度为 $P(A \cap B) = 0.4$，求解如下问题：

　　(a) 问 A、B 是否统计独立？要求给出统计独立或者统计不独立的原因。

(b) 问 "A 或者 B 或者二者都发生" 的概率是多少?

(c) 在常规条件下,如果事件 A、B 统计独立且互斥,问必须满足什么条件?

6.5 在图 6.20 所示的通信网络中,各个节点为接收机/中继器;各条边(或者链路)表示信道(如果连通信道,则可以非常理想地传输消息)。但链路中断的概率为 p(相应地,链路完整的概率为 q = 1 − p)。求解如下问题(提示:利用类似于图 6.2 所示的树图):

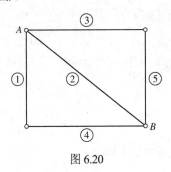

图 6.20

(a) 在标为 A、B 的节点之间,问至少 1 条路径为有效路径的概率是多少?

(b) 如果去掉链路 4,则在标为 A、B 的节点之间,问至少 1 条路径为有效路径的概率是多少?

(c) 如果去掉链路 2,则在标为 A、B 的节点之间,问至少 1 条路径为有效路径的概率是多少?

(d) 针对 "去掉链路 4" 或者 "去掉链路 2",哪种情形的通信环境更恶劣? 为什么?

6.6 用 A、B 分别表示二进制通信信道的输入、输出,且假定 $P(A) = 0.45$、$P(B|A) = 0.95$、$P(\overline{B}|\overline{A}) = 0.65$。要求求出 $P(A|B)$、$P(A|\overline{B})$ 的值。

6.7 根据表 6.5 给出的各个联合概率值,求解如下的问题:

表 6.5　与习题 6.7 对应的概率表

	B_1	B_2	B_3	$P(A_i)$
A_1	0.05		0.45	0.55
A_2		0.15	0.10	
A_3	0.05	0.05		0.15
$P(B_j)$				1.0

(a) 表 6.5 中未给出的各个概率值。

(b) 求 $P(A_3|B_3)$、$P(B_2|A_1)$、$P(B_3|A_2)$。

6.2 节习题

6.8 投掷两颗骰子,

(a) 假定随机变量 X_1 表示的数值等于两个骰子朝上的点数之和。要求设计出表示随机变量 X_1 的表格。

(b) 如果朝上的点数之和为偶数,则随机变量 X_2 的值为 1;如果朝上的点数之和为奇数,则随机变量 X_2 的值为 0。要求在这样的条件下,设计出表示随机变量 X_2 的表格。

6.9 同时投掷 3 枚均匀、互不影响的硬币。如果正面朝上,则随机变量 $X = 1$;如果反面朝上,则随机变量 $X = 0$。绘出与该随机变量对应的累积分布函数、概率密度函数。

6.10 某连续的随机变量具有如下的累积分布函数:

$$F_X(x) = \begin{cases} 0, & x < 0 \\ Ax^4, & 0 \leqslant x \leqslant 12 \\ B, & x > 12 \end{cases}$$

(a) 求出合理的 A、B 的值。

(b) 求出概率密度函数 $f_X(x)$，并且绘出相应的图形。

(c) 计算出概率 $P(X > 5)$ 的值。

(d) 计算出概率 $P(4 \leqslant X < 6)$ 的值。

6.11　如果合理地选择各个常数，则可以用如下的函数表示概率密度函数。求出这些常数满足的合理条件。(A、B、C、D、α、β、γ、τ 表示大于零的常数；$u(x)$ 表示单位阶跃函数。)

(a) $f(x) = Ae^{-\alpha x} u(x)$，其中，$u(x)$ 表示单位阶跃函数。

(b) $f(x) = Be^{\beta x} u(-x)$。

(c) $f(x) = Ce^{-\gamma x} u(x-1)$。

(d) $f(x) = C[u(x) - u(x-\tau)]$。

6.12　在如下的条件下检测 X、Y 的独立性，并且证明你的答案：

(a) $f_{XY}(x, y) = Ae^{-|x|-2|y|}$。

(b) $f_{XY}(x, y) = C(1-x-y)$，　　　$0 \leqslant x \leqslant 1-y$ 而且 $0 \leqslant y \leqslant 1$。

6.13　如果两个随机变量的联合概率密度函数如下：

$$f_{XY}(x, y) = \begin{cases} C(1+xy), & 0 \leqslant x \leqslant 4, \ 0 \leqslant y \leqslant 2 \\ 0, & 其他 \end{cases}$$

要求求解如下的问题：

(a) 常数 C；

(b) $f_{XY}(1, 1.5)$；

(c) $f_{XY}(x, 3)$；

(d) $f_{X|Y}(x|3)$。

6.14　如果 X、Y 这两个随机变量的联合概率密度函数为：$f_{XY}(x, y) = Axye^{-(x+y)}$，$x \geqslant 0$ 和 $y \geqslant 0$，求解如下的问题：

(a) 求常数 A；

(b) 求 X、Y 的边缘概率密度函数 $f_X(x)$、$f_Y(y)$；

(c) 问 X、Y 是否统计独立？证明你的结论。

6.15

(a) 如果 $f(x) = \alpha x^{-2} u(x-\alpha)$ 表示概率密度函数，问大于零的 α 的具体取值是多少？根据绘出的简图给出你的推理过程，需要利用前面介绍过的"概率密度函数的积分等于 1"的结论。($u(x)$ 表示单位阶跃函数)

(b) 计算出与之对应的累积分布函数。

(c) 计算出概率 $P(X \geqslant 10)$ 的值。

6.16　已知具有如下概率密度函数的高斯随机变量 X

$$f_X(x) = \frac{e^{-\frac{x^2}{2\sigma^2}}}{\sqrt{2\pi\alpha}}$$

式中，$\sigma > 0$ 表示标准差。如果 $Y = X^2$，要求求出 Y 的概率密度函数。提示：$Y = X^2$ 关于 $X = 0$ 对称，并且，Y 不可能小于零。

6.17 已知非线性系统的输入与输出分别为 X、Y。输入随机变量的概率密度函数为习题 6.16 中的高斯信号。假定非线性系统的输入/输出之间的关系如下，要求求出随机变量的概率密度函数：

(a) $Y = \begin{cases} aX, & X \geq 0 \\ 0, & X < 0 \end{cases}$

提示：当 $X < 0$ 式，Y 等于多少，这一特性如何通过 Y 的概率密度函数体现出来。

(b) $Y = |X|$。

(c) $Y = X - \dfrac{X^3}{3}$。

6.3 节习题

6.18 假定对全部的 x 而言，$f_X(x) = A\exp(-bx)u(x-2)$ 都成立，其中，A、b 表示大于零的常数。求解如下的问题：

(a) A 与 b 之间满足什么样的关系时，才能将该函数用作概率密度函数？

(b) 计算该随机变量的 $E(X)$；

(c) 计算该随机变量的 $E(X^2)$；

(d) 该随机变量的方差是多少？

6.19

(a) 分析在 $0 \sim 2$ 之间均匀分布的随机变量 X。证明：$E(X^2) > E^2(X)$；

(b) 分析在 $0 \sim 4$ 之间均匀分布的随机变量 X。证明：$E(X^2) > E^2(X)$；

(c) 能否证明：在通常情况下，如果随机变量 X 不等于零，对任意随机变量 X 而言，$E(X^2) > E^2(X)$ 都成立？
（提示：将表达式 $E\{[X - E(X)]^2 \geq 0\}$ 展开，并且利用如下的条件：仅当 $X = 0$ 的概率为 100% 时 $E\{[X - E(X)]^2 = 0\}$ 才成立。）

6.20 根据如下概率分布的均值与方差，验证表 6.5 中的各项指标：

(a) 瑞利分布；

(b) 单侧指数分布；

(c) 双曲线分布；

(d) 泊松分布；

(e) 几何分布。

6.21 随机变量 X 具有如下的概率密度函数：

$$f_X(x) = Ae^{-bx}[u(x) - u(x-B)]$$

式中，$u(x)$ 表示单位阶跃函数；A、B、b 均表示大于零的常数。

(a) 求出常数 A、b、B 之间的关系式。并且要求用 A、B 表示 b；

(b) 求累积分布函数，并且绘出相应的图形；

(c) 计算出 $E(X)$；

(d) 求出 $E(X^2)$；

(e) 问 X 的方差是多少？

6.22　如果随机变量 X 的概率密度函数如下：

$$f_X(x) = (2\pi\sigma^2)^{-1/2} \exp\left(-\frac{x^2}{2\sigma^2}\right)$$

要求证明如下的命题成立。

(a) 当 n 取值为 1、2、…时，证明：$E[X^{2n}] = 1 \cdot 3 \cdot 5 \cdots (2n-1)\sigma^{2n}$；

(b) 当 n 取值为 1、2、…时，证明：$E[X^{2n-1}] = 0$。

6.23　随机变量 X 的概率密度函数如下：

$$f_X(x) = \frac{1}{2}\delta(x-5) + \frac{1}{8}[u(x-4) - u(x-8)]$$

式中，$u(x)$ 表示单位阶跃函数。求出满足上式条件的随机变量的均值、方差。

6.24　已知两个随机变量 X、Y 的均值、方差分别如下：

$$m_x = 1 \quad \sigma_x^2 = 4 \quad m_y = 3 \quad \sigma_y^2 = 7$$

用如下的表达式定义新的随机变量 Z：

$$Z = 3X - 4Y$$

要求根据下面给出的随机变量 X、Y 之间相关性的每一种情形，求出随机变量 Z 的均值、方差：

(a) $\rho_{XY} = 0$；

(b) $\rho_{XY} = 0.2$；

(c) $\rho_{XY} = 0.7$；

(d) $\rho_{XY} = 1.0$。

6.25　已知两个高斯随机变量 X、Y 的均值均为零、方差均为 σ^2，二者之间的相关系数为 ρ，二者的联合概率密度函数如下：

$$f(x,\ y) = \frac{1}{2\pi\sigma^2\sqrt{1-\rho^2}} \exp\left[-\frac{x^2 - 2\rho xy + y^2}{2\sigma^2(1-\rho^2)}\right]$$

可以证明 Y 的边缘概率密度函数如下：

$$f_Y(y) = \frac{\exp[-y^2/(2\sigma^2)]}{\sqrt{2\pi\sigma^2}}$$

要求根据以上的条件求出条件概率密度函数 $f_{X|Y}(x|y)$。

6.26　根据式 (6.62) 给出的条件概率密度函数的定义式 (6.62)、边缘概率密度函数的表达式与联合概率密度函数的表达式，证明：如果 X、Y 均为高斯随机变量，那么，在已知 Y 的条件下，X 的条件概率密度函数呈高斯分布，而且对应的条件均值、条件方差分别表示如下：

$$E(X|Y) = m_x + \frac{\rho\sigma_x}{\sigma_y}(Y - m_y)$$

$$\mathrm{var}(X|Y) = \sigma_x^2(1 - \rho^2)$$

6.27　已知随机变量 X 在区间 $0 \leqslant x \leqslant 2$ 内呈均匀分布、在其他区间为零。与 X 独立的随机变量 Y 在区间 $1 \leqslant y \leqslant 5$ 内呈均匀分布、在其他区间为零。要求求出 $Z = X + Y$ 的概率密度函数，并且绘出相应的图形。

6.28 用如下的关系式定义随机变量 X 的概率密度函数:

$$f_X(x) = 4e^{-8|x|}$$

随机变量 Y 与 X 之间的关系式为 $Y = 4 + 5X$;

(a)求出 $E[X]$、$E[X^2]$ 和 σ_x^2;

(b)求出 $f_Y(y)$;

(c)求出 $E[Y]$、$E[Y^2]$ 和 σ_y^2;(提示:尽管可以,但不必利用(b)的结果。)

(d)如果在(c)中利用了 $f_Y(y)$,在只利用 $f_X(x)$ 的条件下,重新求出(c)中的各个统计量。

6.29 用如下的关系式表示随机变量 X 的概率密度函数:

$$f_X(x) = \begin{cases} ae^{-ax}, & x \geq 0 \\ 0, & x < 0 \end{cases}$$

式中,a 表示大于零的任意常数。要求求解如下的问题:

(a)求出特征函数 $M_x(jv)$;

(b)根据特征函数求出 $E[X]$、$E[X^2]$;

(c)当 $n = 1$、2 时,通过计算如下的式子验证你的结果;

$$\int_{-\infty}^{\infty} x^n f_X(x)dx$$

(d)计算出 σ_x^2。

6.4 节习题

6.30 分别根据如下的指标,比较二项分布、拉普拉斯分布、泊松分布的特性:

(a)$n = 3$ 以及 $p = 1/5$。

(b)$n = 3$ 以及 $p = 1/10$。

(c)$n = 10$ 以及 $p = 1/5$。

(d)$n = 10$ 以及 $p = 1/10$。

6.31 投掷一枚均匀的硬币 10 次。要求求解如下问题:

(a)求出出现 5 次或者 6 次正面的概率;

(b)求第 1 次的正面出现在第 5 次投掷的概率;

(c)如果投掷硬币的次数变为 100,重新求解(a)、(b)的问题,只是这时需要求出出现 50～60 次正面的概率,以及求出第 1 次的正面出现在第 50 次投掷时的概率。

6.32 安装计算机时采用的密码格式为 $X_1 X_2 X_3 X_4$,其中,X_i 表示 26 个字母中的某一个。在分配密码时,要求根据如下两个条件中的每一个条件,求出各种有效密码的最大可能数量:

(a)在一个密码中,同一个字母只能出现一次;

(b)如果需要的话,字母可以重复出现,于是,可以任意选择 X_i;

(c)在设置密码时,如果完全随机地选择字母,问在(a)给出的条件下,你的竞争对手试一次密码就能接入你的计算机的概率是多少?问在(b)给出的条件下,你的竞争对手试一次就能接入你的计算机的概率是多少?

6.33 投掷 20 枚均匀的硬币 10 次,求解如下问题:

(a)利用二项分布求出出现正面的硬币少于 3 枚的概率;

(b) 利用拉普拉斯近似完成同样的计算；

(c) 根据计算出的拉普拉斯近似的差错百分比，比较 (a) 与 (b) 的结果。

6.34 数字数据传输系统中，每个数的差错概率为 10^{-5}，

(a) 在传输 10^5 个数时，刚好出现 1 个差错的概率是多少？

(b) 在传输 10^5 个数时，刚好出现 2 个差错的概率是多少？

(c) 在传输 10^5 个数时，差错数大于 5 的概率是多少？

6.35 假定由均值、方差分别如下的 X、Y 这两个随机变量所构成的随机变量是个联合高斯过程：$m_x = m_y = 1$，$\sigma_x^2 = \sigma_y^2 = 4$。

(a) 根据式 (6.194)，求出 X 的边缘概率密度函数的表达式、Y 的边缘概率密度函数的表达式。

(b) 根据 (a) 的结果以及由式 (6.189) 得到的 $f_{XY}(x, y)$ 的表达式，求出条件概率密度函数 $f_{X|Y}(x|y)$ 的表达式。当用 y 取代 x 时，$f_{Y|X}(y|x)$ 具有同样的表示形式。要求给出推导过程。

(c) 如果用 $f_{X|Y}(x|y)$ 表示边缘高斯概率密度函数，问均值和方差分别是多少（注意：均值为 y 的函数）。

6.36 这里分析如下表示形式的柯西概率密度函数：

$$f_X(x) = \frac{K}{1 + x^2}, \quad -\infty \leqslant x \leqslant \infty$$

(a) 求出 K 的值。

(b) 证明 $\mathrm{var}\{X\}$ 的值不是有限值。

(c) 证明柯西随机变量的特征函数为：$M_X(jv) = \pi K e^{-|v|}$。

(d) 这里分析 $Z = X_1 + X_2 + \cdots + X_N$，其中，$X_i$ 表示独立的柯西随机变量。因此，可以把这些随机变量的特征函数表示如下：

$$M_z(jv) = (\pi K)^N \exp(-N|v|)$$

证明：$f_Z(z)$ 呈柯西分布。（注意：当 $N \to \infty$ 时，由于 $\mathrm{var}\{X_i\}$ 不是有限值，即违背了中心极限定理的条件，因此 $f_Z(z)$ 不是高斯过程。）

6.37 卡方概率密度函数分析的是随机变量 $Y = \sum_{i=1}^{N} X_i^2$，其中，X_i 表示具有概率密度函数 $n(0, \sigma)$ 的独立高斯随机变量，

(a) 证明：X_i^2 的特征函数为 $M_{X_i^2}(jv) = (1 - 2jv\sigma^2)^{-1/2}$

(b) 证明：Y 的概率密度函数为

$$f_Y(y) = \begin{cases} \dfrac{y^{N/2-1}}{2^{N/2} \sigma^N \Gamma(N/2)} \exp[-y/2\sigma^2], & y \geqslant 0 \\ 0, & y < 0 \end{cases}$$

式中，$\Gamma(x)$ 表示伽马函数，当 $x = n$ 时，$\Gamma(n)$ 为整数，即，$\Gamma(n) = (n-1)!$。把它称为具有 N 阶自由度的 χ^2（卡方）概率密度函数。提示：利用如下的傅里叶变换对

$$\frac{x^{N/2-1}}{2^{N/2} \Gamma(N/2)} \exp[-y/\alpha] \leftrightarrow (1 - j\alpha v)^{-\frac{N}{2}}$$

(c) 证明：当 N 很大时，可以用如下的表达式近似地表示卡方概率密度函数

$$f_Y(y) = \frac{\exp\left[-\frac{1}{2}\left(\frac{y - N\sigma^2}{\sqrt{4N\sigma^4}}\right)_2\right]}{\sqrt{4N\sigma^4}}, \quad N \gg 1$$

提示：利用中心极限定理。由于各个 x_i 统计独立，因而如下的两个式子成立：

$$\overline{Y} = \sum_{i=1}^{N} \overline{X_i^2} = N\sigma^2$$

$$\mathrm{var}(Y) = \sum_{i=1}^{N} \mathrm{var}(X_i^2) = N\,\mathrm{var}(X_i^2)$$

(d) 当 $N = 2$、4、8 时，将 (c) 中得到的近似结果与 $f_Y(y)$ 的值进行比较。

(e) 假定 $R^2 = Y$。证明：当 $N = 2$ 时，R 的概率密度函数呈瑞利分布。

6.38　N 很大时，将 Q 函数与它的近似表达式 (6.202) 进行比较。进行比较的方式是：绘出两种表达式的双对数曲线图。(提示：处理这一问题时，利用 MATLAB 较方便。)

6.39　已知高斯随机变量的均值为 m、方差为 σ^2，求出高斯随机变量的累积分布函数。要求用 Q 函数表示你所得到的结果。当 $m = 0$，$\sigma = 0.5$、1、2 时，绘出所得到的累积分布函数的图形。

6.40　证明：可以用如下的关系式表示 Q 函数：

$$Q(x) = \frac{1}{\pi}\int_0^{\pi/2} \cdot \exp\left(-\frac{x^2}{2\sin^2\phi}\right)\mathrm{d}\phi$$

6.41　已知随机变量 X 具有如下的概率密度函数：

$$f_X(x) = \frac{e^{\frac{(x-10)^2}{50}}}{\sqrt{50\pi}}$$

用 Q 函数表示出如下的各个概率，并且计算出每个问题的值：

(a) $P(|X| \leq 15)$；

(b) $P(10 < X \leq 20)$；

(c) $P(5 < X \leq 25)$；

(d) $P(20 < X \leq 30)$。

6.42

(a) 证明切比雪夫不等式。提示：假定 $Y = (X - m_x)/\sigma_x$，然后求出用 k 表示的 $P(|Y| < k)$ 的边界。

(b) 假定 X 在区间 $|x| \leq 1$ 内呈均匀分布。要求绘出 $P(|X| \leq k\sigma_x)$ 与 k 之间的关系图，以及对应的用切比雪夫不等式表示的边界。

6.43　已知随机变量 X 呈高斯分布，它的均值为零、方差为 σ^2。计算出下面的每个概率值：

(a) $P(|X| > \sigma)$；

(b) $P(|X| > 2\sigma)$；

(c) $P(|X| > 3\sigma)$。

6.44　有时利用拉普拉斯分布理想化地表示语音信号幅度的概率密度函数。也就是说，语音信号的幅度具有如下的分布：

$$f_X(x) = \left(\frac{a}{2}\right)\exp(-a|x|)$$

(a) 用 a 表示出 X 的方差 σ^2。要求给出你的推导过程(而不仅仅是抄袭表 6.4 给出的结果)。

(b) 计算出下面的各个概率值: $P(|X| > \sigma)$; $P(|X| > 2\sigma)$; $P(|X| > 3\sigma)$。

6.45　两个高斯随机变量 X、Y 的均值均为零、方差分别为 3、4,且 X、Y 之间的相关系数满足 $\rho_{XY} = -0.4$。如果定义新的随机变量 Z: $Z = X + 2Y$,求出 Z 的概率密度函数的表达式。

6.46　两个高斯随机变量 X、Y 的均值分别为 1 和 2,方差分别为 3 和 2,且 X、Y 之间的相关系数为 $\rho_{XY} = 0.2$。如果定义新的随机变量 Z: $Z = 3X + Y$,求出 Z 的概率密度函数的表达式。

6.47　已知两个高斯随机变量 X、Y 相互独立。它们的均值分别为 5 和 3、方差分别为 1 和 2,求解如下的问题:

(a) 求出它们的边缘概率密度函数的表达式。

(b) 求出它们的联合概率密度函数的表达式。

(c) 问 $Z_1 = X + Y$ 的均值是多少? $Z_2 = X - Y$ 的均值又是多少?

(d) 问 $Z_1 = X + Y$ 的方差是多少? $Z_2 = X - Y$ 的方差又是多少?

(e) 求出 $Z_1 = X + Y$ 的概率密度函数的表达式。

(f) 求出 $Z_2 = X - Y$ 的概率密度函数的表达式。

6.48　已知两个高斯随机变量 X、Y 相互独立。它们的均值分别为 4 和 2、方差分别为 3 和 5,求解如下的问题:

(a) 求出它们的边缘概率密度函数的表达式。

(b) 求出它们的联合概率密度函数的表达式。

(c) 问 $Z_1 = 3X + Y$ 的均值是多少? $Z_2 = 3X - Y$ 的均值又是多少?

(d) 问 $Z_1 = 3X + Y$ 的方差是多少? $Z_2 = 3X - Y$ 的方差又是多少?

(e) 求出 $Z_1 = 3X + Y$ 的概率密度函数的表达式。

(f) 求出 $Z_2 = 3X - Y$ 的概率密度函数的表达式。

6.49　随机变量的概率密度函数如表 6.4 所示,当各个均值大于表中的各个均值时,要求求出下面各个随机变量的概率表达式。也就是说,在每一种情况下,求出 $X \geqslant m_X$ 的概率,其中,X 表示各个随机变量;m_X 表示所对应的随机变量的均值。

(a) 均匀分布;

(b) 瑞利分布;

(c) 单侧指数分布。

计算机仿真练习

6.1　在已知概率密度函数的条件下,该仿真练习分析的是产生一组样值的实用技术,

(a) 首先证明如下的定理: 如果连续随机变量 X 的累积分布函数为 $F_X(x)$,那么,随机变量 $Y = F_X(X)$ 在区间 $(0, 1)$ 内呈均匀分布。

(b) 根据这一定理设计一个随机数发生器,由它产生的一串呈指数分布的随机变量具有如下的概率密度函数。

$$f_X(x) = \alpha e^{-\alpha x} u(x)$$

式中,$u(x)$ 表示单位阶跃函数。在绘出所产生的随机数的直方图之后,验证你设计的随机数发生器的有效性。

6.2　根据两个独立、均匀的随机变量很容易推导出产生高斯随机变量的算法,

(a)在区间[0, 1]内,假定 U、V 表示呈均匀分布、统计独立的两个随机变量。证明:通过如下的变换可以产生两个统计独立的高斯随机变量,而且高斯随机变量的均值为零、方差为 1。

$$X = R\cos(2\pi U)$$

$$Y = R\sin(2\pi U)$$

其中

$$R = \sqrt{-2\ln V}$$

提示:先证明 R 呈瑞利分布。

(b)根据上面的算法产生 1000 对随机变量。绘出每一组实验(即, X 和 Y)的直方图,并且在合理地调整直方图的比例(也就是说,每个单元除以"计数的总数乘以单元的宽度",因而,直方图近似于概率密度函数)之后,与高斯概率密度函数进行比较。

提示:利用 MATLAB 的 hist 函数。

6.3　根据习题 6.26 的结果和计算机仿真练习 6.2 中设计的高斯分布随机数发生器,设计一个能够给出相邻样值之间具体相关系数的高斯随机数发生器。假定: $P(\tau) = \mathrm{e}^{-\alpha|\tau|}$。当 α 取不同的值时,绘出各个高斯随机数序列。分析如下的问题:当相邻样值之间具有多强的相关性时才会影响到样值之间的变化。(注意:为了能够记忆多个相邻样值,在采用的数字滤波器的输入端应该具有独立、呈高斯分布的样值。)

6.4　利用如下的方式检验中心极限定理的有效性:在区间$(-0.5, 0.5)$内,反复地产生 n 个独立、均匀分布的随机变量,根据式(6.187)得出累加和并且绘出直方图。当 $N = 5$、10、20 时完成上述的处理过程。就高斯随机数的累加和而言,你得出了什么样的定性的结论和定量的结论?当随机变量呈指数分布时,重新完成上面的处理过程(前提是:完成计算机仿真练习 6.1)。在利用均匀分布随机变量的累加产生高斯分布的随机变量时,你发现了什么缺点吗(提示:求出均匀分布随机变量大于 $0.5N$ 或者小于 $-0.5N$ 的概率。对高斯分布的随机变量而言,同样条件下的概率值是多少)?

第7章 随机信号与随机噪声

第6章介绍的概率论的数学背景为分析随机信号的统计奠定了基础。如第1章所说，所介绍的这些信号的重要性体现在：通信系统中的噪声由不可预知的现象产生，比如导电材料(或者不期望出现的其他信源)中载流子的随机移动。

在概率的相对频率法中，设想进行许多次基本的概率实验，也就是说按照时间的顺序进行重复处理。但在分析随机信号时，把基本概率实验的结果转换为时间(或者信号)的函数，而不是像随机变量那样用各个数字。正如概率实验之前不能预知随机变量的具体值一样，也不能事先预知实验的具体信号波形。这里分析的是概率实验的统计表示(正是通过这些概率实验产生输出信号的波形)。在考虑如何完成这些工作时，再一次从相对频率的角度进行分析。

7.1 从相对频率的角度表示随机变量

为了简化分析，在 T_0 秒的时间范围内，这里介绍的二进制数字信号发生器的输出在+1 与–1 之间转换，如图 7.1 所示。假定用 $X(t, \xi_i)$ 表示第 i 个数字信号发生器输出的随机信号。在某个具体的时间，通过分析所有信号发生器的输出，假定用相对频率对 $P(X = +1)$ 的值给出估计。由于输出是时间的函数，因此在表示相对频率时必须指定时间。在每个时间区间内，对各个信号发生器的输出进行检测之后，可以设计出下面的表。

时间区间	(0, 1)	(1, 2)	(2, 3)	(3, 4)	(4, 5)	(5, 6)	(6, 7)	(7, 8)	(8, 9)	(9, 10)
相对频率	5/10	6/10	8/10	6/10	7/10	8/10	8/10	8/10	8/10	9/10

从上面的表可以看出，各个相对频率值随着时间区间的变化而变化。尽管无规律的统计可能会导致这里的相对频率发生变化，但相当值得怀疑的是，随着统计实验的进行，某些现象会增大 $X = +1$ 的概率。为了降低因无规律统计所得出的概率，可以用 100 个或者 1000 个信号发生器。很明显这是个心理实验，具体地说，很难得到一组完全相同的信号发生器，或者说，很难通过完全相同的方式来准备这些信号发生器。

7.2 表示随机过程的若干术语

7.2.1 样本函数与总体

按照与图 7.1 所示的相同方式，这里假定任意一种概率实验同时完成多次。举个例子，如果所关注的随机值是各个噪声发生器输出端的电压值，则可以用分配的随机变量 X_1 表示 t_1 时刻的各个可能值、随机变量 X_2 表示 t_2 时刻的各个可能值。与数字信号发生器的例子一样，可以假定用完全相同的方式设计了许多噪声发生器；只要能够设计出来，它们就在完全相同的条件下运行。图 7.2(a) 示出了在这种实验中产生的典型的信号波形。把每个信号波形 $X(t, \xi_i)$ 称为样本函数，其中，ξ_i 表示样本空间 S 的单元。把所有的样本函数的总数称为总体。把产生样值函数总体的基本概率实验称为随机过程(或者统计过程)。因此，按照某种规则，把一个时间函数 $X(t, \xi)$ 分配给每一种出现的结果 ξ。对具体的 ξ 比如 ξ_i 来说，$X(t, \xi_i)$ 体现为只是时间的函数。对具体的时间 t_j 来说，$X(t_j, \xi)$ 表示随机变量。对固定的 $t = t_j$ 和固定的 $\xi = \xi_i$ 来说，$X(t_j, \xi_i)$ 表示一个数值。在后面的分析中常省略 ξ。

总而言之，随机变量与随机过程之间的区别体现在：在样本空间里，随机变量的一个结果与一个数值对应；而把随机过程的一个结果与一个时间的函数对应。

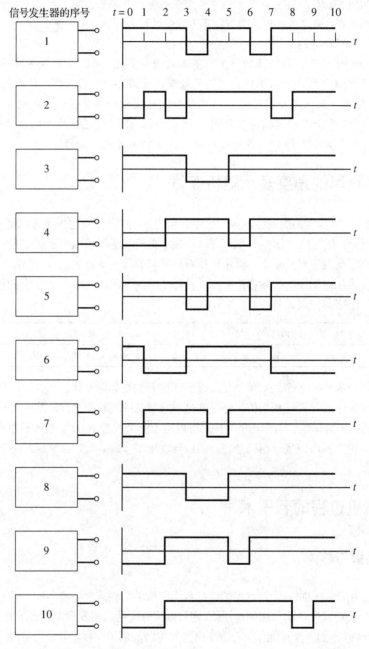

图 7.1　从统计的角度来说，具有常规输出的完全相同的二进制信号发生器

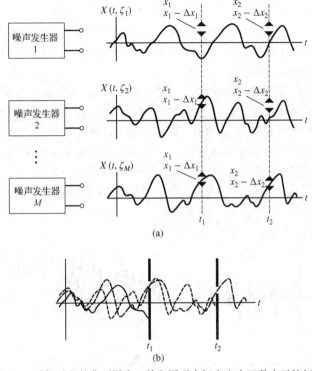

图 7.2　随机过程的典型样本函数和用联合概率密度函数表示的相对
频率。(a) 样本函数的总体；(b) 图 (a) 所示的样本函数的叠加

7.2.2　用联合概率密度函数表示的随机过程

用 N 维联合概率密度函数可以完整地表示出随机过程 $\{X(t,\ \xi)\}$，在满足时间 $t_N > t_{N-1} > \cdots > t_1$ 的条件下，这里的 N 维联合概率密度函数从概率的角度体现出可能的典型样本函数值，其中，N 为任意值。当 $N = 1$ 时，可以用下面的表达式表示联合概率密度函数 $f_{X_1}(x_1,\ t_1)$：

$$f_{X_1}(x_1,\ t_1)\mathrm{d}x_1 = P(在时间 t_1 时，\ x_1 - \mathrm{d}x_1 < X_1 \leqslant x_1) \tag{7.1}$$

式中，$X_1 = X(t_1,\ \xi)$。同理可得，当 $N = 2$ 时，可以用下面的表达式表示联合概率密度函数 $f_{X_1 X_2}(x_1, t_1;\ x_2, t_2)$：

$$\begin{aligned}
&f_{X_1 X_2}(x_1, t_1;\ x_2, t_2)\mathrm{d}x_1 \mathrm{d}x_2 \\
&= P(在时间 t_1 时，\ x_1 - \mathrm{d}x_1 < X_1 \leqslant x_1;\ 以及在时间 t_2 时，\ x_2 - \mathrm{d}x_2 < X_2 \leqslant x_2)
\end{aligned} \tag{7.2}$$

式中，$X_2 = X(t_2,\ \xi)$。

为了有助于较形象地理解式 (7.2)，图 7.2 (b) 示出了图 7.2 (a) 的 3 个样本函数的叠加，叠加的边界设置在 $t = t_1$ 和 $t = t_2$。根据相对频率的含义，把式 (7.2) 给出的联合概率表示为通过狭缝的样本函数的数量（狭缝的宽度等于两个边界之间的宽度）除以样本函数的总数 M（M 的取值为无穷大）。

7.2.3　平稳性

通过在自变量中引入 t_1、t_2，前面已经给出了 $f_{X_1 X_2}$ 与 t_1、t_2 之间的关系。如果 $\{X(t)\}$ 为高斯随机过程，那么，它在 t_1、t_2 的值用式 (6.187) 表示，其中，m_X、m_Y、σ_X^2、σ_Y^2、ρ 与 t_1、t_2 有关[1]。值得注意的

---

[1] 所有稳态过程的联合矩与时间的起点无关。不过，这里关注的主要指标是方差。

是，在完整地表示出随机过程$\{X(t)\}$时，需要采用通用的 N 维概率密度函数。一般来说，这样的概率密度函数与 N 个时刻(即 $t_1, t_2, \cdots, t_N$)有关。在有些情况下，这些联合概率密度函数只与时间差 $t_2-t_1, t_3-t_1, \cdots, t_N-t_1$有关，也就是说，随机过程的时间起点的选择无关紧要。从严格意义上说，这样的随机过程是统计平稳的随机过程，或者称为平稳随机过程。

平稳随机过程的均值、方差都与时间无关，而相关系数只与时间差 t_2-t_1 有关[2]。图 7.3 把平稳随机过程与非平稳随机过程的样本函数进行了比较。有时可能会出现这样的情形：随机过程的均值、方差都与时间无关，协方差只是时间差的函数，但 N 维联合概率密度函数与时间的起点有关。为了与严平稳随机过程区别开来(严平稳随机过程的 N 维联合概率密度函数与时间的起点无关)，把这样的随机过程称为广义平稳随机过程。严平稳意味着广义平稳随机过程。但这一结论的逆命题不一定成立。由于高斯概率密度函数由$X(t_1), X(t_2), \cdots, X(t_N)$ 的均值、方差、协方差完全确定，因此，高斯随机过程是个例外，即高斯随机过程的广义平稳意味着严平稳。

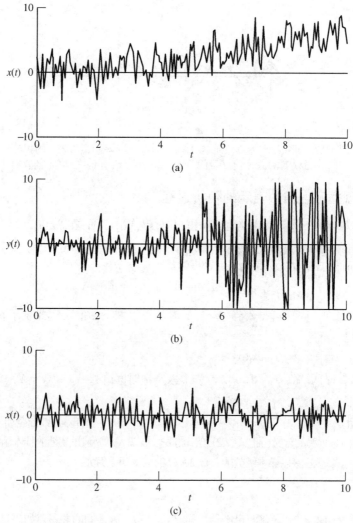

图 7.3　非平稳随机过程的各个样本函数与平稳随机过程样本函数的比较。
　　　　(a) 随时间变化的均值；(b) 随时间变化的方差；(c) 平稳随机过程

2 第 N 个时刻的值用附录 B 中的式(B.1)表示。

7.2.4 局部表示方式体现随机过程的特性：各态历经性

与随机变量的表示法一样，并不需要随机过程的完整的统计表示，或者说，尽管需要 N 维概率密度函数，但不可能得到。在这样的背景下，可以利用各个矩指标(要么为可选项、要么为必备项)。最重要的平均指标指的是用如下的关系式表示的均值、方差、协方差：

$$m_X(t) = E[X(t)] = \overline{X(t)} \tag{7.3}$$

$$\sigma_X^2(t) = E\left\{\left[X(t) - \overline{X(t)}\right]^2\right\} = \overline{X^2(t)} - \overline{X(t)}^2 \tag{7.4}$$

$$\mu_X(t,\ t+\tau) = E\left\{\left[X(t) - \overline{X(t)}\right]\left[X(t+\tau) - \overline{X(t+\tau)}\right]\right\}$$
$$= E[X(t)X(t+\tau)] - E\overline{X(t)}\ \overline{X(t+\tau)} \tag{7.5}$$

在式(7.5)中，假定 $t = t_1$、$t + \tau = t_2$。那么，右端的第 1 项表示自相关函数，可用于计算统计平均或者总体平均(也就是说，在时间区间 $t \sim t + \tau$ 对样本函数求平均)。根据随机过程的联合概率密度函数，用如下的关系式表示自相关函数：

$$R_X(t_1,\ t_2) = \int_{-\infty}^{\infty}\int_{-\infty}^{\infty} x_1 x_2 f_{X_1 X_2}(x_1, t_1;\ x_2, t_2)\mathrm{d}x_1\mathrm{d}x_2 \tag{7.6}$$

式中，$X_1 = X(t_1)$、$X_2 = X(t_2)$。如果是广义平稳的随机过程，则 $f_{X_1 X_2}$ 与时间 t 无关，但与时间差 $\tau = t_2 - t_1$ 有关，这时，$R_X(t_1,\ t_2) = R_X(\tau)$ 只是 τ 的函数。这里有个非常重要的问题："根据时间平均的定义，如果采用第 2 章给出的自相关函数所得到的结果，与由式(7.6)给出的统计平均的结果相同吗"？对许多的称为各态历经的过程来说，答案是肯定的。各态历经过程是这样的过程：时间平均与统计平均可替换使用(即时间平均与统计平均相等)。因此，如果 $X(t)$ 表示各态历经的过程，那么，所有的时间平均与统计平均可替换使用。把具体的结果表示如下：

$$m_X = E[X(t)] = \langle X(t) \rangle \tag{7.7}$$

$$\sigma_X^2 = E\left\{\left[X(t) - \overline{X(t)}\right]^2\right\} = \left\langle\left[X(t) - \langle X(t) \rangle\right]^2\right\rangle \tag{7.8}$$

$$R_X(\tau) = E[X(t)X(t+\tau)] = \langle X(t)X(t+\tau) \rangle \tag{7.9}$$

式中利用了第 2 章的如下定义：

$$\langle v(t) \rangle = \lim_{T \to \infty} \frac{1}{2T}\int_{-T}^{T} v(t)\,\mathrm{d}t \tag{7.10}$$

需要强调的是，对各态历经的随机过程而言，所有的时间平均与统计平均交替使用(而不仅仅限于均值、方差、自相关函数)。

例 7.1

引入具有如下样本函数的随机过程[3]。

$$n(t) = A\cos(2\pi f_0 t + \Theta)$$

式中，f_0 为常数；Θ 表示具有如下概率密度函数的随机变量。

---

[3] 在这个例子中，违反了前面沿用的惯例(指用大写字母表示样本函数的惯例)。在不引起混淆的情况下，通常会这样处理。

$$f_\Theta(\theta) = \begin{cases} \dfrac{1}{2\pi}, & |\theta| \leq \pi \\ 0, & \text{其他} \end{cases} \tag{7.11}$$

在计算统计平均时，一阶矩、二阶矩分别如下：

$$\overline{n(t)} = \int_{-\infty}^{\infty} A\cos(2\pi f_0 t + \theta) f_\Theta(\theta)\mathrm{d}\theta = \int_{-\pi}^{\pi} A\cos(2\pi f_0 t + \theta)\frac{\mathrm{d}\theta}{2\pi} = 0 \tag{7.12}$$

$$\overline{n^2(t)} = \int_{-\pi}^{\pi} A^2\cos^2(2\pi f_0 t + \theta)\frac{\mathrm{d}\theta}{2\pi} = \frac{A^2}{4\pi}\int_{-\pi}^{\pi}[1 + \cos(4\pi f_0 t + 2\theta)]\,\mathrm{d}\theta = \frac{A^2}{2} \tag{7.13}$$

由于均值等于零，因此，方差等于二阶矩。

在计算时间平均时，一阶矩、二阶矩分别如下：

$$\langle n(t)\rangle = \lim_{T\to\infty}\frac{1}{2T}\int_{-T}^{T} A\cos(2\pi f_0 t + \Theta)\,\mathrm{d}t = 0 \tag{7.14}$$

$$\langle n(t)\rangle = \lim_{T\to\infty}\frac{1}{2T}\int_{-T}^{T} A^2\cos^2(2\pi f_0 t + \Theta)\,\mathrm{d}t = \frac{A^2}{2} \tag{7.15}$$

一般来说，在随机过程之总体的各个单元中，有些函数的时间平均是个随机变量。在这个例子里，$\langle n(t)\rangle$、$\langle n^2(t)\rangle$ 都是常数！尽管上面的结果并没有证明该随机过程是个各态历经的平稳随机过程，但还是存在这样的疑问。结果证明，该随机过程的确是个各态历经的平稳随机过程。

在继续分析该实例时，引入如下的概率密度函数：

$$f_\Theta(\theta) = \begin{cases} \dfrac{2}{\pi}, & |\theta| \leq \dfrac{\pi}{4} \\ 0, & \text{其他} \end{cases} \tag{7.16}$$

那么，可以计算出随机过程在任意时间 t 的期望值(或者均值)如下：

$$\overline{n(t)} = \int_{-\pi/4}^{\pi/4} A\cos(2\pi f_0 t + \theta)\frac{2}{\pi}\mathrm{d}\theta = \frac{2A}{\pi}\sin(2\pi f_0 t + \theta)\Big|_{-\pi/4}^{\pi/4} = \frac{2\sqrt{2}A}{\pi}\cos(2\pi f_0 t) \tag{7.17}$$

从统计平均的角度计算的二阶矩如下：

$$\overline{n^2(t)} = \int_{-\pi/4}^{\pi/4} A^2\cos^2(2\pi f_0 t + \theta)\frac{2}{\pi}\mathrm{d}\theta = \int_{-\pi/4}^{\pi/4}\frac{A^2}{\pi}[1 + \cos(4\pi f_0 t + 2\theta)]\mathrm{d}\theta$$
$$= \frac{A^2}{2} + \frac{A^2}{\pi}\cos(4\pi f_0 t) \tag{7.18}$$

由于随机过程的平稳性意味着各阶矩与时间的起点无关，于是从上面得出的这些结果可以看出，该随机过程不是平稳过程。为了了解真实的原因，读者应该绘出若干常见样本函数的简图。再者，由于各态历经性要求满足平稳性的条件，因此，该随机过程不可能具有各态历经的特性。的确，时间平均的一阶矩、二阶矩分别为固定不变的值：$\langle n(t)\rangle = 0$，$\langle n^2(t)\rangle = \dfrac{A^2}{2}$。至此，已介绍了时间平均不等于相应统计平均的两个例子。■

7.2.5   各态历经过程中各种平均的含义

这里很有用处的是，概括出各态历经过程中各种平均的含义，具体表示如下：

1. 均值 $\overline{X(t)} = \langle X(t) \rangle$ 表示直流分量；

2. $\overline{X(t)}^2 = \langle X(t) \rangle^2$ 表示直流功率；

3. $\overline{X^2(t)} = \langle X^2(t) \rangle$ 表示总功率；

4. $\sigma_X^2 = \overline{X^2(t)} - \overline{X(t)}^2 = \langle X^2(t) \rangle - \langle X(t) \rangle^2$ 表示交流分量(随着时间的变化而变化)的功率；

5. 总功率 $\overline{X^2(t)} = \sigma_X^2 + \overline{X(t)}^2$ 等于交流功率加上直流功率。

那么，在各态历经过程的条件下，这些矩指标是可以检测的量，从某种意义上说，可以用相应的时间平均取代这些矩指标，而且在有限的时间内，实验室可以检测到这些时间平均的近似值。

例 7.2

在体现上面给出的相关函数的一些限制条件时，结合图 7.4 所示的电报信号 $X(t)$ 进行分析。该随机过程的各个样本函数具有如下的特性。

1. 在任意时刻 t_0，取值 $X(t_0) = A$ 或者 $X(t_0) = -A$ 的概率相等。

2. 正如式 (6.182) 的定义，在任一个时间区间 T，变换时刻的数量遵循泊松分布，且通过相应的假定条件导出了这一分布。(也就是说，在无穷小的时间区间 $\mathrm{d}t$ 内，发生变换的时刻数大于 1 的概率为零；在时间区间 $\mathrm{d}t$ 内，变换的时刻数刚好等于 1 的概率为 $\alpha\mathrm{d}t$，其中，α 表示常数。而且，连续发生的变换之间相互独立。)

解：

如果用 τ 表示大于零的任意时间增量，那么，按照前面介绍的各项性质，可以计算出随机过程的自相关函数如下：

$$
\begin{aligned}
R_X(\tau) &= E[X(t)X(t+\tau)] \\
&= A^2 P[X(t)\text{和}X(t+\tau)\text{具有相同的极性符号}] \\
&\quad + (-A)^2 P[X(t)\text{和}X(t+\tau)\text{具有不相同的极性符号}] \\
&= A^2 P[\text{在}(t,\ t+\tau)\text{内存在偶数个变换时刻}] \\
&\quad - A^2 P[\text{在}(t,\ t+\tau)\text{内存在奇数个变换时刻}] \\
&= A^2 \sum_{\substack{k=0 \\ k\text{为偶数}}}^{\infty} \frac{(\alpha\tau)^k}{k!}\exp(-\alpha\tau) - A^2 \sum_{\substack{k=0 \\ k\text{为奇数}}}^{\infty} \frac{(\alpha\tau)^k}{k!}\exp(-\alpha\tau) \\
&= A^2 \exp(-\alpha\tau) \sum_{k=0}^{\infty} \frac{(-\alpha\tau)^k}{k!} \\
&= A^2 \exp(-\alpha\tau)\exp(-\alpha\tau) = A^2 \exp(-2\alpha\tau)
\end{aligned}
\tag{7.19}
$$

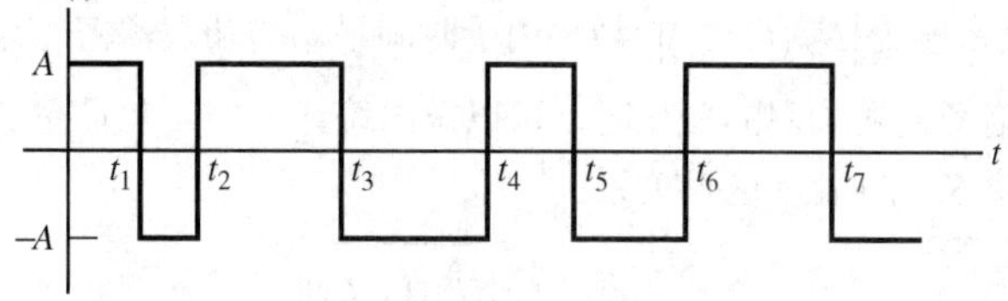

图 7.4 随机电报信号的样本函数

在上面的分析过程中，利用了 τ 取值为正的假定条件。当 τ 为负值时的处理过程相同，于是得到

$$R_X(\tau) = E[X(t)X(t-|\tau|)] = E[X(t-|\tau|)X(t)] = A^2 \exp(-2\alpha\tau) \tag{7.20}$$

这一结论对所有的 τ 都成立。也就是说,$R_X(\tau)$ 是 τ 的偶函数(见稍后给出的证明)。∎

7.3 相关性与功率谱密度

式(7.6)定义了用于计算统计平均的自相关函数。如果随机过程具有各态历经性,那么,第2章定义的自相关函数时间平均的计算式等同于统计平均的计算式式(7.6)。在第2章,把功率谱密度 $S(f)$ 定义为自相关函数 $R(\tau)$ 的傅里叶变换。对平稳随机过程(即 $R(t_2-t_1) = R(t_1,t_2) = R(\tau)$)而言,维纳-辛钦定理是这一研究结论的规范表述形式。对前面定义的广义平稳随机过程来说,功率谱密度和自相关函数为傅里叶变换对。即,如下的关系式成立:

$$S(f) \underset{\ }{\Im} R(\tau) \tag{7.21}$$

如果随机过程具有各态历经的特性,那么,可以从时间平均或者统计平均的角度计算出 $R(\tau)$。

由于 $R_X(0) = \overline{X^2(t)}$ 表示包含在随机过程中的平均功率,那么,根据 $S_X(f)$ 的傅里叶逆变换可以得到

$$\text{平均功率} = R_X(0) = \int_{-\infty}^{\infty} S_X(f)\,\mathrm{d}f \tag{7.22}$$

由于 $S_X(f)$ 的定义表示频域的功率谱密度,因此上式成立。

7.3.1 功率谱密度

在某些情况下要求功率谱密度的计算式直观、实用,可以根据如下的方法得到平稳随机过程的功率谱密度的表达式。这里引入平稳随机过程的具体的采样函数 $n(t, \xi_i)$。在根据傅里叶变换求解能够给出功率谱密度与频率之间关系的函数时,引入由下面的表达式定义的截断函数 $n_T(t, \xi_i)$[4]:

$$n_T(t, \zeta_i) = \begin{cases} n(t, \xi_i), & |t| < \dfrac{T}{2} \\ 0, & \text{其他} \end{cases} \tag{7.23}$$

由于平稳随机过程的各个样本函数均为功率信号,因此,$n(t, \xi_i)$ 的傅里叶变换不存在,也就是说,在求解平稳随机过程的傅里叶变换时,需要定义截断函数 $n_T(t, \xi_i)$。把截断样本函数 $n_T(t, \xi_i)$ 的傅里叶变换 $N_T(f, \xi_i)$ 表示如下:

$$N_T(f, \zeta_i) = \int_{-T/2}^{T/2} n(t, \zeta_i)\mathrm{e}^{-\mathrm{j}2\pi ft}\mathrm{d}t \tag{7.24}$$

根据式(2.90)可以求出随机过程的能量谱密度为 $|N_T(f, \zeta_i)|^2$。对该样本函数而言,在区间[$-T/2$, $T/2$]内的时间平均功率谱密度为 $|N_T(f, \zeta_i)|^2 / T$。由于时间平均的功率谱密度与所选的具体样本函数有关,因此,在求解功率谱密度随频率的变化时,可以求出统计平均,并且在 $T \to \infty$ 的条件下求出极限值。用如下的功率谱密度 $S_n(f)$ 表示这一关系:

$$S_n(f) = \lim_{T \to \infty} \frac{\overline{|N_T(f, \zeta_i)|^2}}{T} \tag{7.25}$$

---

4 再次用小写字母表示随机过程,理由很简单:需要用大写字母表示 $n(t)$ 的傅里叶变换。

在式 (7.25) 中，求极限与求统计平均的运算顺序不能互换。

例 7.3

根据式 (7.25) 求出例 7.1 中分析的随机过程的功率谱密度。在该例子中

$$n_T(t, \Theta) = A\Pi\left(\frac{t}{T}\right)\cos\left[2\pi f_0\left(t + \frac{\Theta}{2\pi f_0}\right)\right] \tag{7.26}$$

根据傅里叶变换的时延定理，利用如下的傅里叶变换对：

$$\cos(2\pi f_0 t) \leftrightarrow \frac{1}{2}\delta(f - f_0) + \frac{1}{2}\delta(f + f_0) \tag{7.27}$$

可以得到

$$\Im[\cos(2\pi f_0 t + \Theta)] = \frac{1}{2}\delta(f - f_0)\mathrm{e}^{\mathrm{j}\Theta} + \frac{1}{2}\delta(f + f_0)\mathrm{e}^{-\mathrm{j}\Theta} \tag{7.28}$$

利用第 2 章 (即例 2.8) 中的变换对 $\Pi(t/T) \leftrightarrow T\mathrm{sinc}(Tf)$，根据傅里叶变换的乘法定理，可以得到

$$
\begin{aligned}
N_T(f, \Theta) &= (AT\mathrm{sinc}(Tf)) * \left[\frac{1}{2}\delta(f - f_0)\mathrm{e}^{\mathrm{j}\Theta} + \frac{1}{2}\delta(f + f_0)\mathrm{e}^{-\mathrm{j}\Theta}\right] \\
&= \frac{AT}{2}\left[\mathrm{e}^{\mathrm{j}\Theta}\mathrm{sinc}(f - f_0)T + \mathrm{e}^{-\mathrm{j}\Theta}\mathrm{sinc}(f + f_0)T\right]
\end{aligned}
\tag{7.29}
$$

因此，截断样本函数的能量谱密度如下：

$$|N_T(f, \Theta)|^2 = \left(\frac{AT}{2}\right)^2 \left\{
\begin{array}{l}
\mathrm{sinc}^2[(f - f_0)T] + \mathrm{e}^{2\mathrm{j}\Theta}\mathrm{sinc}[(f - f_0)T]\mathrm{sinc}[(f + f_0)T] \\
+ \mathrm{e}^{-2\mathrm{j}\Theta}\mathrm{sinc}[(f - f_0)T]\mathrm{sinc}[(f + f_0)T] + \mathrm{sinc}^2[(f + f_0)T]
\end{array}
\right\} \tag{7.30}$$

在求解 $\overline{|N_T(f, \Theta)|^2}$ 时，可以利用如下的关系式：

$$\overline{\exp(\pm \mathrm{j}2\Theta)} = \int_{-\pi}^{\pi} \mathrm{e}^{\pm \mathrm{j}2\Theta}\frac{\mathrm{d}\theta}{2\pi} = \int_{-\pi}^{\pi}[\cos(2\theta) \pm \mathrm{j}\sin(2\theta)]\frac{\mathrm{d}\theta}{2\pi} = 0 \tag{7.31}$$

因此，可以得到如下的两个关系式：

$$\overline{|N_T(f, \Theta)|^2} = \left(\frac{AT}{2}\right)^2 \left\{\mathrm{sinc}^2[(f - f_0)T] + \mathrm{sinc}^2[(f + f_0)T]\right\} \tag{7.32}$$

$$S_n(f) = \lim_{T \to \infty}\frac{A^2}{4}\left\{T\mathrm{sinc}^2[(f - f_0)T] + T\mathrm{sinc}^2[(f + f_0)T]\right\} \tag{7.33}$$

但是，在利用 δ 函数的表达式 $\lim\limits_{T \to \infty} T\mathrm{sinc}^2(Tu) = \delta(u)$ 时 (见图 2.4 (b))，可以得到

$$S_n(f) = \frac{A^2}{4}\left[\delta(f - f_0) + \delta(f + f_0)\right] \tag{7.34}$$

平均功率为 $\int_{-\infty}^{\infty} S_n(f)\mathrm{d}f = \dfrac{A^2}{2}$，与例 7.1 中得到的结果相同。　　　　　■

7.3.2　维纳-辛钦定理

维纳-辛钦定理表明：平稳随机过程的自相关函数、功率谱密度为傅里叶变换对。本小节给出这一结论的证明。

在证明维纳-辛钦定理时,为了简化符号表示,将式(7.25)表示如下:

$$S_n(f) = \lim_{T \to \infty} \frac{E\left\{\left|\Im[n_{2T}(t)]\right|^2\right\}}{2T} \tag{7.35}$$

式中,为了表示方便,截取了 $2T$ 秒的区间,并且省略了 $n_{2T}(t)$ 的自变量 ξ。值得注意的是,如下的关系式成立:

$$\left|\Im[n_{2T}(t)]\right|^2 = \left|\int_{-T}^{T} n(t)e^{-j2\pi ft}dt\right|^2 = \int_{-T}^{T}\int_{-T}^{T} n(t)n(\sigma)e^{-j2\pi f(t-\sigma)}dtd\sigma \tag{7.36}$$

式中,已将两个积分项的乘积表示为迭代积分。根据自相关函数的定义,在求取统计平均、并且交换求平均与求积分的顺序之后,可以得到

$$\begin{aligned} E\left\{\left|\Im[n_{2T}(t)]\right|^2\right\} &= \int_{-T}^{T}\int_{-T}^{T} E\{n(t)n(\sigma)\}e^{-j2\pi f(t-\sigma)}dtd\sigma \\ &= \int_{-T}^{T}\int_{-T}^{T} R_n(t-\sigma)e^{-j2\pi f(t-\sigma)}dtd\sigma \end{aligned} \tag{7.37}$$

这里借助于图 7.5,采用如下的变量代换:$u = t-\sigma$、$v = t$。在 uv 平面,通过将对 u 的积分分解为两个积分(其中一个对应 u 小于零,另一个对应 u 大于零),先对 v 平面积分,再对 u 积分。于是得到

$$\begin{aligned} E\left\{\left|\Im[n_{2T}(t)]\right|^2\right\} &= \int_{u=-2T}^{0} R_n(u)\left(\int_{-T}^{u+T} dv\right)du + \int_{u=0}^{2T} R_n(u)\left(\int_{u-T}^{T} dv\right)du \\ &= \int_{-2T}^{0}(2T+u)R_n(u)e^{-j2\pi fu}du + \int_{0}^{2T}(2T-u)R_n(u)e^{-j2\pi fu}du \\ &= 2T\int_{-2T}^{2T}\left(1-\frac{|u|}{2T}\right)R_n(u)e^{-j2\pi fu}du \end{aligned} \tag{7.38}$$

根据式(7.35),可以得到如下的功率谱密度:

$$S_n(f) = \lim_{T \to \infty}\int_{-2T}^{2T}\left(1-\frac{|u|}{2T}\right)R_n(u)e^{-j2\pi fu}du \tag{7.39}$$

当 $T \to \infty$ 时,上式正是求解式(7.21)极限时得到的结果。

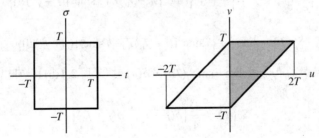

图 7.5 式(7.37)的各个积分区间

例 7.4

由于功率谱密度、自相关函数为傅里叶变换对,那么,利用例 7.3 的结论之后,可以得到在例 7.1 中定义的随机变量的自相关函数如下:

$$R_n(\tau) = \mathfrak{I}^{-1}\left[\frac{A^2}{4}\delta(f - f_0) + \frac{A^2}{4}\delta(f + f_0)\right] = \frac{A^2}{2}\cos(2\pi f_0\tau) \tag{7.40}$$

在按照统计平均计算 $R_n(\tau)$ 时，可以得到

$$R_n(\tau) = E\{n(t)n(t+\tau)\} = \int_{-\pi}^{\pi} A^2\cos(2\pi f_0 t + \theta)\cos[2\pi f_0(t + \tau) + \theta]\frac{\mathrm{d}\theta}{2\pi}$$

$$= \frac{A^2}{4\pi}\int_{-\pi}^{\pi}\{\cos(2\pi f_0\tau) + \cos[2\pi f_0(2t + \tau) + 2\theta]\}\mathrm{d}\theta = \frac{A^2}{2}\cos(2\pi f_0\tau) \tag{7.41}$$

■

7.3.3　自相关函数的性质

在第 2 章 2.6 节的末尾介绍了平稳随机过程 $X(t)$ 的自相关函数的各项性质，这时可以用统计平均取代所有的时间平均。下面给出这些性质的证明。

性质 1　对全部的 τ 而言，$|R(\tau)| \leqslant R(0)$ 都成立。在证明这一命题时，引入如下的非负值：

$$[X(t) \pm X(t+\tau)]^2 \geqslant 0 \tag{7.42}$$

式中，$X(t)$ 表示平稳随机过程。上式进行平方运算，并且逐项求平均之后可以得到

$$\overline{X^2(t)} \pm 2\overline{X(t)X(t+\tau)} + \overline{X^2(t+\tau)} \geqslant 0 \tag{7.43}$$

根据 $\{X(t)\}$ 的平稳性，由于 $\overline{X^2(t)} = \overline{X^2(t+\tau)} = R(0)$，那么可以将上式化简为

$$2R(0) \pm 2R(\tau) \geqslant 0 \quad \text{或者} \quad -R(0) \leqslant R(\tau) \leqslant R(0) \tag{7.44}$$

性质 2　$R(-\tau) = R(\tau)$。利用如下的关系式很容易证明这一结论：

$$R(\tau) \triangleq \overline{X(t)X(t+\tau)} = \overline{X(t'-\tau)X(t')} = \overline{X(t')X(t'-\tau)} = R(-\tau) \tag{7.45}$$

式中，利用了变量代换 $t' = t + \tau$。

性质 3　如果 $\{X(t)\}$ 不含周期性分量，那么，$\lim\limits_{|\tau|\to\infty} R(\tau) = \overline{X(t)}^2$。在证明该结论时，需要利用如下的关系式：

$$\lim_{|\tau|\to\infty} R(\tau) \triangleq \lim_{|\tau|\to\infty} \overline{X(t)X(t+\tau)}$$

$$\cong \overline{X(t)}\,\overline{X(t+\tau)}, \quad (\text{其中，}|\tau|\text{很大})$$

$$= \overline{X(t)}^2 \tag{7.46}$$

式中，当 $|\tau| \to \infty$ 时（如果不存在周期性分量），由于 $X(t)$ 与 $X(t+\tau)$ 之间的独立性变小，于是，可以直接得出第 2 步；利用 $\{X(t)\}$ 的平稳性可以得到最后一步的结果。

性质 4　如果 $\{X(t)\}$ 呈周期性变化，那么 $R(\tau)$ 呈周期性变化。根据式 (2.161) 给出的自相关函数的时间平均的定义（即，被积函数的周期性变化意味着 $R(\tau)$ 的周期性变化），可以得出该结论。

性质 5　$\mathfrak{I}[R(\tau)]$ 是个非负值。根据维纳-辛钦定理式 (7.21)、式 (7.25)，可以直接得到这一结论。从这两个关系式可以看出：功率谱密度为非负值。

例 7.5

这里引入的随机过程满足如下的条件：

$$S(f) = \begin{cases} \dfrac{N_0}{2}, & |f| \leqslant B \\ 0, & \text{其他} \end{cases} \tag{7.47}$$

式中，N_0 为常数。当 $B \to \infty$ 时，由于这种随机过程的频谱中包含了所有的频率成分(把这样的随机过程称为白随机过程)，因此，把这样的过程称为限定带宽的白噪声。N_0 表示带宽无限宽的随机过程的单边功率谱密度。带宽受限时，白噪声的自相关函数如下。

$$\begin{aligned} R(\tau) &= \int_{-B}^{B} \frac{N_0}{2} \exp(j2\pi f\tau) df \\ &= \frac{N_0}{2} \frac{\exp(j2\pi f\tau)}{j2\pi\tau} \Big|_{-B}^{B} = BN_0 \frac{\sin(2\pi B\tau)}{2\pi B\tau} \\ &= BN_0 \mathrm{sinc}(2B\tau) \end{aligned} \tag{7.48}$$

当 $B \to \infty$ 时，可以得到 $R(\tau) \to \dfrac{N_0}{2}\delta(\tau)$。这就是说，对白噪声采样时，无论相邻样值之间的间隔多近，样值之间都不相关。此外，如果所对应的随机过程为高斯过程，那么，各个样值相互独立。白噪声的功率为无限大，因而简化了数学表达式。对系统进行分析时，这样的处理方式很实用。■

7.3.4 随机脉冲序列的自相关函数

作为计算自相关函数的又一个例子，可以用如下的关系式表示这里引入的随机过程的样本函数：

$$X(t) = \sum_{k=-\infty}^{\infty} a_k p(t - kT - \Delta) \tag{7.49}$$

式中，在 $(-\infty, +\infty)$ 区间内，$a_{-1}, a_0, a_1, \cdots, a_k, \cdots$ 表示随机变量序列，随机变量具有如下的特性：

$$E[a_k a_{k+m}] = R_m \tag{7.50}$$

函数 $p(t)$ 是个脉冲型确知信号。其中，T 表示相邻脉冲之间的间隔；在区间 $(-T/2, T/2)$，Δ 表示独立于 a_k、呈均匀分布的随机变量[5]。该信号的自相关函数如下：

$$\begin{aligned} R_X(\tau) &= E[X(t)n(t+\tau)] \\ &= E\left\{ \sum_{k=-\infty}^{\infty} \sum_{m=-\infty}^{\infty} a_k a_{k+m} p(t-kT-\Delta) p[t+\tau-(k+m)T-\Delta] \right\} \end{aligned} \tag{7.51}$$

对上式双重求和的内部求期望值，并且利用序列 $\{a_k a_{k+m}\}$ 的独立性、时延变量 Δ，可以得到

$$\begin{aligned} R_X(\tau) &= \sum_{k=-\infty}^{\infty} \sum_{m=-\infty}^{\infty} E[a_k a_{k+m}] E\left\{ p(t-kT-\Delta) p[t+\tau-(k+m)T-\Delta] \right\} \\ &= \sum_{m=-\infty}^{\infty} R_m \sum_{k=-\infty}^{\infty} \int_{-T/2}^{T/2} p(t-kT-\Delta) p[t+\tau-(k+m)T-\Delta] \frac{d\Delta}{T} \end{aligned} \tag{7.52}$$

对积分项采用变量代换 $u = t - kT - \Delta$ 之后，可以得到

$$\begin{aligned} R_X(\tau) &= \sum_{m=-\infty}^{\infty} R_m \sum_{k=-\infty}^{\infty} \int_{t-(k+1/2)T}^{t-(k-1/2)T} p(u) p(u+\tau-mT) \frac{du}{T} \\ &= \sum_{m=-\infty}^{\infty} R_m \left[\frac{1}{T} \int_{-\infty}^{\infty} p(u+\tau-mT) p(u) du \right] \end{aligned} \tag{7.53}$$

---

5 为了确保随机过程满足宽平稳的条件，在样本函数的定义中包含了随机变量 Δ。如果不包含，则把 $X(t)$ 称为循环平稳随机过程。

最后得到如下的结果：

$$R_X(\tau) = \sum_{m=-\infty}^{\infty} R_m \, r(\tau - mT) \tag{7.54}$$

式中，$r(\tau)$ 表示脉冲之间关联程度的函数。即

$$r(\tau) \triangleq \frac{1}{T} \int_{-\infty}^{\infty} p(t+\tau)p(t)\mathrm{d}t \tag{7.55}$$

下面介绍的实例是"脉冲之间关联程度函数"的具体应用。

例 7.6

在该实例中引入的序列 $\{a_k\}$ 具有如下的记忆功能：

$$a_k = g_0 A_k + g_1 A_{k-1} \tag{7.56}$$

式中，g_0、g_1 表示常数，A_k 表示满足 $A_k = \pm A$ 的随机变量，对全部的 k 而言，$A_k = \pm A$ 中的符号像独立硬币投掷那样决定了脉冲的正负（值得注意的是，当 $g_1 = 0$ 时，没有记忆功能）。可以证明如下的结论：

$$E[a_k a_{k+m}] = \begin{cases} (g_0^2 + g_1^2)A^2, & m=0 \\ g_0 g_1 A^2, & m=\pm 1 \\ 0, & \text{其他} \end{cases} \tag{7.57}$$

假定采用的脉冲信号为 $p(t) = \Pi(t/T)$，那么，体现脉冲之间关联程度的相关函数如下：

$$r(\tau) = \frac{1}{T} \int_{-\infty}^{\infty} \Pi\left(\frac{t+\tau}{T}\right)\Pi\left(\frac{t}{T}\right)\mathrm{d}t = \frac{1}{T}\int_{-T/2}^{T/2} \Pi\left(\frac{t+\tau}{T}\right)\mathrm{d}t = \Lambda\left(\frac{\tau}{T}\right) \tag{7.58}$$

式中，$\Lambda\left(\dfrac{\tau}{T}\right)$ 表示高度为 1、宽度为 $2T$、关于 $t=0$ 对称的三角形脉冲（见第 2 章的相关内容）。于是，可以将式 (7.58) 的自相关函数表示如下：

$$R_X(\tau) = A^2 \left\{ \left[g_0^2 + g_1^2\right]\Lambda\left(\frac{\tau}{T}\right) + g_0 g_1\left[\Lambda\left(\frac{\tau+T}{T}\right) + \Lambda\left(\frac{\tau-T}{T}\right)\right] \right\} \tag{7.59}$$

根据维纳辛钦定理，可以求出 $X(t)$ 的功率谱密度如下：

$$S_X(f) = \Im[R_X(\tau)] = A^2 T \mathrm{sinc}^2(fT)\left[g_0^2 + g_1^2 + 2g_0 g_1 \cos(2\pi fT)\right] \tag{7.60}$$

图 7.6 把如下两种情形对应的功率谱进行了比较：①$g_0 = 1$、$g_1 = 0$（也就是说，没有记忆功能）；②$g_0 = g_1 = 1/\sqrt{2}$（相邻脉冲之间具有记忆功能）。在第①种情况下，所得到的功率谱密度为

$$S_X(f) = A^2 T \mathrm{sinc}^2(fT) \tag{7.61}$$

而在第②种情况下，所得到的功率谱密度为

$$S_X(f) = 2A^2 T \mathrm{sinc}^2(fT)\cos^2(\pi fT) \tag{7.62}$$

在上述两种情况下，所选择的 g_0、g_1 满足：总功率等于 1 W；可以利用数字积分的图形验证这一结论。值得注意的是，与无记忆功能相比，第②种情形限定了功率谱。而图 (7.6) 底部给出的第③种情形为 $g_0 = -g_1 = 1/\sqrt{2}$。与第②种情形相比，第③种情形的脉冲宽度加倍，但在 $f=0$ 处的频谱为零。

g_0、g_1 可以取其他的值；g_0、g_1 的取值包括多个相邻脉冲之间存在记忆功能。

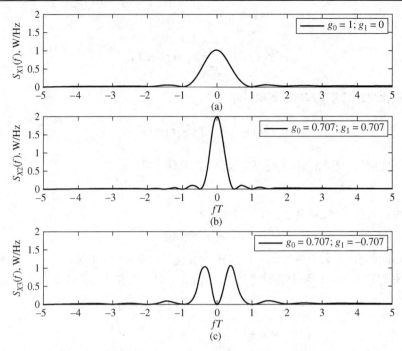

图 7.6 二元信号的功率谱。(a) 无记忆的例子; (b) 相邻脉冲之间存在
记忆的例子; (c) 存在记忆时相邻脉冲之间极性相反的例子 ∎

7.3.5 互相关函数与互功率谱密度

假定期望在已知两项噪声电压 $X(t)$、$Y(t)$ 之和的条件下求出两项功率值。读者可能会问,能否将单独的两项功率简单地相加。一般来说,答案是:不行。为了弄清楚原因,分析如下的关系式:

$$n(t) = X(t) + Y(t) \tag{7.63}$$

式中,$X(t)$、$Y(t)$ 表示两个平稳的随机电压,而且二者之间可能相互关联(也就是说,二者之间不一定统计独立)。因此,把功率之和表示如下:

$$E[n^2(t)] = E\{[X(t)+Y(t)]^2\} = E[X^2(t)] + 2E[X(t)Y(t)] + E[Y^2(t)]$$
$$= P_X + 2P_{XY} + P_Y \tag{7.64}$$

式中,P_X、P_Y 分别表示 $X(t)$、$Y(t)$ 的功率;P_{XY} 表示互功率。较普遍出现的情形是,用如下的关系式定义互相关函数:

$$R_{XY}(\tau) = E[X(t)Y(t+\tau)] \tag{7.65}$$

从互相关函数的角度来说,$P_{XY} = R_{XY}(0)$。只有在 P_{XY} 等于零的条件下求解总功率时才能将各个功率值简单地相加。P_{XY} 等于零的充分条件是

$$R_{XY}(0) = 0(对全部的 \tau 都成立) \tag{7.66}$$

把上式的处理称为正交。如果两个随机过程统计独立,并且至少其中一个的均值等于零,那么这两个随机过程是正交的。但是,正交的随机过程之间不一定统计独立。

也可以从非平稳随机过程的角度定义互相关函数,这时,函数由两个独立的随机变量构成。后面没有介绍这种类型的随机过程。

联合平稳随机过程互相关函数的对称性性质很有用处,即

$$R_{XY}(\tau) = R_{XY}(-\tau) \tag{7.67}$$

上式的证明过程如下。由互相关的定义可得

$$R_{XY}(\tau) = E[X(t)Y(t+\tau)] \tag{7.68}$$

对平稳随机过程而言，由于时间起点的选择无关紧要，如果定义 $t' = t + \tau$，则上式变换为

$$R_{XY}(\tau) = E[Y(t')X(t'-\tau)] \triangleq R_{YX}(-\tau) \tag{7.69}$$

把两个平稳随机过程的互功率谱密度定义为它们的互相关函数的傅里叶变换。即

$$S_{XY}(f) = \mathfrak{I}[R_{XY}(\tau)] \tag{7.70}$$

与时域的互相关函数一样，在频域，互功率谱密度给出了随机过程的同样的信息。

7.4　线性系统与随机过程

7.4.1　输入输出之间的关系

当分析平稳随机信号在固定的线性系统中传输时，采用的基本工具是输出功率谱密度与输入功率谱密度之间的关系式，即

$$S_y(f) = |H(f)|^2 S_x(f) \tag{7.71}$$

输出信号的自相关函数为 $S_y(f)$ 的傅里叶逆变换[6]，即

$$R_y(\tau) = \mathfrak{I}^{-1}[S_y(f)] = \int_{-\infty}^{\infty} |H(f)|^2 S_x(f)\mathrm{e}^{\mathrm{j}2\pi f\tau}\mathrm{d}f \tag{7.72}$$

式中，$H(f)$ 表示系统的频率响应函数；$S_x(f)$ 表示输入信号 $x(t)$ 的功率谱密度；$S_y(f)$ 表示输出信号 $y(t)$ 的功率谱密度；$R_y(\tau)$ 表示输出信号 $y(t)$ 的自相关函数。当信号为能量信号时，在第 2 章中证明了所得到的类似结论(见式(2.190))，并且给出了当信号为功率信号时的结论。

可以利用式(7.25)证明式(7.71)。在采用较长的分析过程时，可以得到一些有用的中间结果。而且，在证明的过程中给出了求解卷积、求解期望的应用。

这里从求解输入信号与输出信号之间的互相关函数 $R_{xy}(\tau)$ 开始分析。把互相关函数 $R_{xy}(\tau)$ 的定义式表示如下：

$$R_{xy}(\tau) = E[x(t)y(t+\tau)] \tag{7.73}$$

利用重叠积分法，可以得到

$$y(t) = \int_{-\infty}^{\infty} h(u)x(t-u)\mathrm{d}u \tag{7.74}$$

式中，$h(t)$ 表示系统的冲激响应。式(7.74)把输入过程与输出过程的样本函数关联起来，因此，可以把式(7.73)表示如下：

$$R_{xy}(\tau) = E\left\{x(t)\int_{-\infty}^{\infty} h(u)x(t+\tau-u)\mathrm{d}u\right\} \tag{7.75}$$

在上式中，由于积分与 t 无关，因此，可以把 $x(t)$ 放到积分符号的里面，并且交换积分运算与期望运算的顺序。(二者都是只针对不同的变量进行积分运算)由于 $h(u)$ 不满足随机性，因此，可以把式(7.75)变换为

---

6 为了与第 2 章的表示符号一致，在本章余下的内容中，小写字母 x、y 分别表示随机过程的输入信号、输出信号。

$$R_{xy}(\tau) = \int_{-\infty}^{\infty} h(u)E\{x(t)x(t+\tau-u)\}\,du \tag{7.76}$$

根据 $x(t)$ 的自相关函数的如下定义式

$$E[x(t)x(t+\tau-u)] = R_x(\tau-u) \tag{7.77}$$

可以把式 (7.76) 表示如下:

$$R_{xy}(\tau) = \int_{-\infty}^{\infty} h(u)R_x(\tau-u)du \triangleq h(\tau)*R_x(\tau) \tag{7.78}$$

这就是说,输入信号与输出信号之间的互相关函数等于输入信号的自相关函数与系统冲激响应的卷积,这是个很容易记住的结论。由于式 (7.78) 表示卷积关系 $R_{xy}(\tau)$。因此,可以把输入信号 $x(t)$ 与输出信号 $y(t)$ 之间的互功率谱密度表示如下:

$$S_{xy}(f) = H(f)S_x(f) \tag{7.79}$$

根据"附录 F 之表 F.6:傅里叶变换的各项定理表"中的时间反转定理,把互功率谱密度 $S_{yx}(f)$ 表示如下:

$$S_{yx}(f) = \Im[R_{xy}(\tau)] = S_{xy}^*(f) \tag{7.80}$$

利用式 (7.79) 以及利用关系式 $H^*(f) = H(-f)$、$S_x^*(f) = S_x(f)$((其中,$S_x(f)$ 为实数),可以得到

$$S_{yx}(f) = H(-f)S_x(f) = H^*(f)S_x(f) \tag{7.81}$$

式中,下标的顺序很重要。借助于"附录 F 之表 F.6"中傅里叶变换的卷积定理,对式 (7.81) 的两端求傅里叶逆变换,并且再次利用时间反转定理之后,可以得到

$$R_{yx}(\tau) = h(-\tau)*R_x(\tau) \tag{7.82}$$

这里强调一下所得到的结论。根据定义,可以将 $R_{xy}(\tau)$ 表示如下:

$$R_{xy}(\tau) \triangleq E\{x(t)\underbrace{[h(\tau)*x(t+\tau)]}_{y(t+\tau)}\} \tag{7.83}$$

将上式与式 (7.78) 结合起来,可以得到

$$E\{x(t)[h(\tau)*x(t+\tau)]\} = h(\tau)*R_x(\tau) \triangleq h(\tau)*E[x(t)x(t+\tau)] \tag{7.84}$$

同理,可以将式 (7.82) 变换为

$$R_{yx}(\tau) \triangleq E\{\underbrace{[h(t)*x(t)]}_{y(t)}x(t+\tau)\} = h(-\tau)*R_x(\tau) \triangleq h(-\tau)*E[x(t)x(t+\tau)] \tag{7.85}$$

因此,如果 $h(t)*x(t+\tau)$ 包含在期望符号的里面,在把卷积运算符提取到期望运算符的外面时,得到了 $h(\tau)$ 与自相关函数的卷积。或者说,如果 $h(t)*x(t)$ 包含在期望符号的里面,把卷积运算符提取到期望运算符的外面时,则得到了 $h(-\tau)$ 与自相关函数的卷积。

利用这些结果,在采用线性系统输入的自相关函数表示时,可以得到线性系统输出的自相关函数如下:

$$R_y(\tau) \triangleq E\{y(t)y(t+\tau)\} = E\{y(t)[h(t)*x(t+\tau)]\} \tag{7.86}$$

得到上式时,利用了 $y(t+\tau) = h(t)*x(t+\tau)$。用 $y(t)$ 取代式 (7.84) 中的 $x(t)$ 之后,可以得到

$$\begin{aligned} R_y(\tau) &= h(\tau)*E[y(t)x(t+\tau)] = h(\tau)*R_{yx}(\tau) \\ &= h(\tau)*\{h(-\tau)*R_x(\tau)\} \end{aligned} \tag{7.87}$$

上式的最后一行中,代入了式 (7.82) 的结论。如果用积分的形式表示,则式 (7.87) 变为

$$R_y(\tau) = \int_{-\infty}^{\infty} \int_{-\infty}^{\infty} h(u)h(v)R_x(\tau+v-u)\mathrm{d}v\mathrm{d}u \tag{7.88}$$

因此，很容易得到式(7.87)的傅里叶变换即输出功率谱密度如下：

$$S_y(f) \triangleq \mathfrak{I}[R_y(\tau)] = \mathfrak{I}[h(\tau)*R_{yx}(\tau)] = H(f)S_{yx}(f)$$
$$= |H(f)|^2 S_x(f) \tag{7.89}$$

式中，在得到最后一行的结论时代入了式(7.81)的结果。

例 7.7

已知滤波器的冲激响应和频率响应分别为 $h(t)$、$H(f)$。将功率谱密度如下的白噪声过程输入到滤波器：

$$S_x(f) = \frac{N_0}{2}, \quad -\infty < f < \infty \tag{7.90}$$

输入与输出之间的互功率谱密度、互相关函数分别如下：

$$S_{xy}(f) = \frac{1}{2}N_0 H(f) \tag{7.91}$$

$$R_{xy}(\tau) = \frac{1}{2}N_0 h(\tau) \tag{7.92}$$

因此，在检测滤波器的冲激响应时，可以用白噪声作为输入，然后求出输入与输出之间的互相关函数。这一技术的具体应用包括系统识别、信道检测。■

7.4.2　滤波之后的高斯过程

假定线性系统的输入是一个平稳随机过程。这里需要知道的是，系统的输出遵循什么样的分布？如果是常规信号输入到常规系统，那么，很难回答这个问题。但是，如果线性系统的输入遵循高斯分布，则系统的输出也是高斯过程。

这里给出上面结论的不太严格的证明。前面已证明了两个独立的高斯随机变量的和仍为高斯随机变量。反复地利用这一结论，就可以求出任意数量的高斯随机变量的和仍然是高斯随机变量[7]。如果从输入信号 $x(t)$ 的角度表示输出信号 $y(t)$，那么，可以将线性系统的输出信号 $y(t)$ 表示如下：

$$y(t) = \int_{-\infty}^{\infty} x(\tau)h(t-\tau)\mathrm{d}t = \lim_{\Delta\tau \to 0} \sum_{k=-\infty}^{\infty} x(k\Delta\tau)h(t-k\Delta\tau)\Delta\tau \tag{7.93}$$

式中，$h(t)$ 表示冲激响应。在 $x(t)$ 为白高斯过程的条件下，当用求和运算表示积分运算时，由于在时刻 t 处，式(7.93)的右端只是独立高斯随机变量的线性组合，因此，这就已经表明了输出也是高斯过程(但不是白高斯过程)。(根据例 7.5 的分析过程，已证明了白噪声的自相关函数为冲激信号。再者，根据前面的介绍，不相关的高斯随机变量相互独立。)

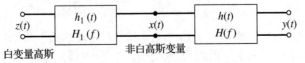

图 7.7　具有高斯输入变量的两个线性系统的级联

---

7 也可以参考附录 B 的式(B.13)。

如果输入不具有白色特性，在引入图 7.7 所示的两个线性系统的级联之后，仍然可以证明输出是一个高斯过程。所关注的系统的冲激响应为 $h(t)$。值得注意的是，在证明系统的输出为高斯过程时，需要利用冲激响应分别为 $h_1(t)$、$h(t)$ 的两个系统的级联，所得到的线性系统具有如下的冲激响应：

$$h_2(t) = h_1(t) * h(t) \tag{7.94}$$

该系统的输入 $z(t)$ 是一个白高斯过程。利用前面已证明过的定理可以证明，系统的输出 $y(t)$ 也是一个高斯过程。只是，利用前面的同一定理可以证明，冲激响应为 $h_1(t)$ 的子系统的输出是一个高斯过程，但不是白色过程。所以，当线性系统的输入不是白高斯过程时，系统的输出仍然是高斯过程。

例 7.8

图 7.8 所示的 RC 低通滤波器的输入为高斯白噪声，它的功率谱密度为 $S_{n_i}(f) = \dfrac{N_0}{2}, \quad -\infty < f < \infty$。
输出端的功率谱密度如下：

$$S_{n_0}(f) = S_{n_i}(f)\left|H(f)\right|^2 = \frac{N_0/2}{1+(f/f_3)^2} \tag{7.95}$$

式中，$f_3 = (2\pi RC)^{-1}$ 表示滤波器的 3 dB 截止频率。对 $S_{n_0}(f)$ 取傅里叶逆变换之后可以得到系统输出的自相关函数 $R_{n_0}(\tau)$，即

$$R_{n_0}(\tau) = \frac{\pi f_3 N_0}{2}\,\mathrm{e}^{-2\pi f_3|\tau|} = \frac{N_0}{4RC}\,\mathrm{e}^{-|\tau|/RC}, \quad \frac{1}{RC} = 2\pi f_3 \tag{7.96}$$

$n_0(t)$ 的均值的平方为

$$\overline{n_0(t)}^2 = \lim_{|\tau|\to\infty} R_{n_0}(\tau) = 0 \tag{7.97}$$

$n_0(t)$ 的均方值(由于均值等于零，因此，均方值等于方差)如下：

$$\overline{n_0^2(t)} = \sigma_{n_0}^2 = R_{n_0}(0) = \frac{N_0}{4RC} \tag{7.98}$$

对 $n_0(t)$ 的功率谱密度求积分运算之后，也可以求出滤波器输出端的平均功率。这种处理方式得到的结果与上面得到的相同：

$$\overline{n_0^2(t)} = \int_{-\infty}^{\infty} \frac{N_0/2}{1+(f/f_3)^2}\,\mathrm{d}f = \frac{N_0}{2\pi RC}\int_0^\infty \frac{1}{1+x^2}\,\mathrm{d}x = \frac{N_0}{4RC} \tag{7.99}$$

由于输入为高斯过程，因此，输出也是高斯过程。根据式(6.194)，可以得到输出的一阶概率密度函数如下：

$$f_{n_0}(y,\,t) = f_{n_0}(y) = \frac{\mathrm{e}^{-2RCy^2/N_0}}{\sqrt{\pi N_0/2RC}} \tag{7.100}$$

代入式(6.189)可以得到位于时刻 t、$t+\tau$ 时的二阶概率密度函数。假定 X 表示时刻 t 时输出端的随机变量、假定 Y 表示时刻 $t+\tau$ 时输出端的随机变量，于是，根据前面的结果，可以得到

$$m_x = m_y = 0 \tag{7.101}$$

$$\sigma_x^2 = \sigma_y^2 = \frac{N_0}{4RC} \tag{7.102}$$

以及相关系数为

$$\rho(\tau) = \frac{R_{n_0}(\tau)}{R_{n_0}(0)} = e^{-|\tau|/RC} \tag{7.103}$$

根据例 7.2 可知,随机电报信号的自相关函数与例 7.8 中 RC 低通滤波器输出的自相关函数相同(选择合理的常数)。这表明: 尽管各个随机过程表示的样本函数完全不同,但仍可能存在相同的二阶平均。

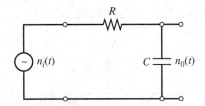

图 7.8　输入为白噪声的 RC 低通滤波器

7.4.3　噪声的等效带宽

如果白噪声通过频率响应函数为 $H(f)$ 的滤波器,那么,利用式(7.72)可以求出输出端的平均功率如下:

$$P_{n_0} = \int_{-\infty}^{\infty} \frac{N_0}{2} |H(f)|^2 \, \mathrm{d}f = N_0 \int_0^{\infty} |H(f)|^2 \, \mathrm{d}f \tag{7.104}$$

式中, $N_0/2$ 表示输入的双边功率谱密度。当滤波器是带宽为 B_N、中频增益(最大值)[8] 为 H_0 的理想滤波器时(如图 7.9 所示),输出端的噪声功率如下:

$$P_{n_0} = \frac{N_0}{2} \times H_0^2 \times 2B_N = N_0 B_N H_0^2 \tag{7.105}$$

现在的问题是: 如果虚构的理想滤波器的中频增益与 $H(f)$ 相同,并且通过的噪声功率相同时,问滤波器的带宽是多少?如果 $H(f)$ 的中频增益为 H_0,那么,令前面的结果相等就可以得到带宽的答案。于是得到虚构的理想滤波器的单边带带宽如下:

$$B_N = \frac{1}{H_0^2} \int_0^{\infty} |H(f)|^2 \, \mathrm{d}f \tag{7.106}$$

式中, B_N 表示 $H(f)$ 系统的等效噪声带宽。

有时利用时域积分求出系统噪声的等效带宽很有用处。为了简化分析,这里假定低通系统在 $f = 0$ 处的增益值最大。根据瑞利能量定理(见式(2.88)),可以得到

$$\int_{-\infty}^{\infty} |H(f)|^2 \, \mathrm{d}f = \int_{-\infty}^{\infty} |h(t)|^2 \, \mathrm{d}t \tag{7.107}$$

因此,可以将式(7.106)表示如下:

---

8 假定为有限值。

$$B_N = \frac{1}{2H_0^2}\int_{-\infty}^{\infty}|h(t)|^2\,\mathrm{d}t = \frac{\int_{-\infty}^{\infty}|h(t)|^2\,\mathrm{d}t}{2\left[\int_{-\infty}^{\infty}h(t)\mathrm{d}t\right]^2} \tag{7.108}$$

上式中利用了如下的结论

$$H_0 = H(f)\big|_{f=0} = \int_{-\infty}^{\infty}h(t)\mathrm{e}^{-\mathrm{j}2\pi ft}\big|_{f=0} = \int_{-\infty}^{\infty}h(t)\mathrm{d}t \tag{7.109}$$

对某些系统而言,式(7.108)的计算公式比式(7.106)容易些。

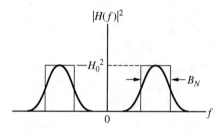

图 7.9　$|H(f)|^2$ 与理想化近似之间的比较

例 7.9

假定滤波器的幅度响应函数如图 7.10(a)所示。需要注意的是,所假定的滤波器不是因果滤波器。这个实例的目的是: 在滤波器很简单的条件下,给出计算 B_N 的图解。第 1 步: $|H(f)|$ 取平方后得到 $|H(f)|^2$,如图 7.10(b)所示。利用简单的几何知识,当频率为非负值时,$|H(f)|^2$ 之下的面积如下:

$$A = \int_0^{\infty}|H(f)|^2\,\mathrm{d}f = 50 \tag{7.110}$$

值得注意的是,实际滤波器的最高增益值为 $H_0 = 2$。对幅度响应表示为 $H_e(f)$ 的理想滤波器而言,即,对单边带带宽为 B_N、以 15 Hz 为中心频率、带通增益为 H_0 的理想带通滤波器而言,期望得到的是

$$\int_0^{\infty}|H(f)|^2\,\mathrm{d}f = H_0^2 B_N \tag{7.111}$$

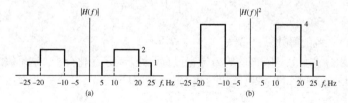

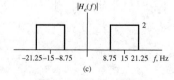

图 7.10　例 7.9 的图示

或者

$$50 = 2^2 \times B_N \tag{7.112}$$

于是得到

$$B_N = 12.50 \text{ Hz} \tag{7.113}$$

∎

例 7.10

已知 n 阶巴特沃斯滤波器的如下特性:

$$\left| H_n(f) \right|^2 = \frac{1}{1 + (f / f_3)^{2n}} \tag{7.114}$$

且该滤波器的等效噪声带宽如下:

$$B_N(n) = \int_0^\infty \frac{1}{1 + (f / f_3)^{2n}} \, df = f_3 \int_0^\infty \frac{1}{1 + x^{2n}} \, dx = \frac{\pi f_3 / 2n}{\sin(\pi / 2n)}, \quad n = 1,\ 2,\ \cdots \tag{7.115}$$

式中, f_3 表示滤波器的 3 dB 截止频率。当 $n = 1$ 时, 式(7.115)给出了 RC 低通滤波器的截止频率, 即, $B_N = \frac{\pi}{2} f_3$。当 n 接近无穷大时, $H_n(f)$ 接近单边带带宽为 f_3 的理想低通滤波器的频率响应函数。与根据定义得到的带宽一样, 等效噪声带宽如下:

$$\lim_{n \to \infty} B_N(n) = f_3 \tag{7.116}$$

当滤波器的截止区变得较陡峭时, 等效噪声带宽与系统的 3 dB 带宽接近。

∎

例 7.11

在分析式(7.108)的应用时, 在时域, 介绍一阶巴特沃斯滤波器等效噪声带宽的计算。已知这种滤波器的冲激响应如下:

$$h(t) = \mathfrak{J}^{-1} \left[\frac{1}{1 + \mathrm{j} f / f_3} \right] = 2\pi f_3 \mathrm{e}^{-2\pi f_3 t} u(t) \tag{7.117}$$

根据式(7.108)可以得到这种滤波器的等效噪声带宽如下:

$$B_N = \frac{\displaystyle \int_0^\infty (2\pi f_3)^2 \, \mathrm{e}^{-4\pi f_3 t} \, dt}{2 \left[\displaystyle \int_0^\infty 2\pi f_3 \mathrm{e}^{-2\pi f_3 t} \, dt \right]^2} = \frac{2\pi f_3}{2} \cdot \frac{\displaystyle \int_0^\infty \mathrm{e}^{-\nu} \, d\nu}{2 \left(\displaystyle \int_0^\infty \mathrm{e}^{-u} \, du \right)^2} = \frac{\pi f_3}{2} \tag{7.118}$$

如果在式(7.115)中代入 $n = 1$, 则得到了上式的结果。

∎

计算机仿真实例 7.1

式(7.106)给出了等效噪声带宽的固定值。然而, 当不知道滤波器的传输函数或者不容易完成积分时, 通过在滤波器的输入端放置有限长度单元的白噪声, 并且测试输入方差与输出方差, 可以估计出噪声的等效带宽。那么, 等效噪声带宽的估值等于输出方差与输入方差的比值。下面的 MATLAB 程序对这一处理过程进行仿真。值得注意的是, 这里的等效噪声带宽是个随机变量(与式(7.106)不同)。增大噪声单元的长度之后, 可以减小估值的方差。

```
% File: c7ce1.m
clear all
npts = 500000;                              % number of points generated
fs = 2000;                                  % sampling frequency
f3 = 20;                                     % 3_dB break frequency
N = 4;                                       % filter order
Wn = f3/(fs/2);                              % scaled 3-dB frequency
in = randn(1,npts);                          % vector of noise samples
[B,A] = butter(N,Wn);                        % filter parameters
out = filter(B,A,in);                        % filtered noise samples
vin = var(in);                               % variance of input noise samples
vout = var(out);                             % input noise samples
Bnexp = (vout/vin)*(fs/2);                   %estimated noise-equivalent bandwidth
Bntheor = (pi*f3/2/N)/sin(pi/2/N);           % true noise-equivalent bandwidth
a = ['The experimental estimate of Bn is ',num2str(Bnexp),' Hz.'];
b = ['The theoretical value of Bn is ',num2str(Bntheor),' Hz.'];
disp(a)
disp(b)
% End of script file.
```

执行程序之后可以得到

```
>> c7ce1
The experimental estimate of Bn is 20.5449 Hz.
The theoretical value of Bn is 20.5234 Hz.
```
■

7.5 窄带噪声

7.5.1 噪声的正交分量表示法、包络-相位表示法

当载波频率为 f_0 时，大多数通信系统的信道带宽为 B，这里的 B 远小于 f_0。在这样的背景下，用如下正交分量的形式表示噪声时，会比较便捷：

$$n(t) = n_c(t)\cos(2\pi f_0 t + \theta) - n_s(t)\sin(2\pi f_0 t + \theta) \tag{7.119}$$

式中，θ 表示取任意值的相位角度。如果用包络分量和相位分量表示噪声 $n(t)$，则可以将 $n(t)$ 表示如下：

$$n(t) = R(t)\cos[2\pi f_0 t + \phi(t) + \theta] \tag{7.120}$$

式中

$$R(t) = \sqrt{n_c^2 + n_s^2} \tag{7.121}$$

以及

$$\phi(t) = \tan^{-1}\left[\frac{n_s(t)}{n_c(t)}\right] \tag{7.122}$$

实际上，可以用上面两种形式中的任一种表示任意的随机过程，但是，如果随机过程为窄带过程，则可以把 $R(t)$、$\phi(t)$ 分别理解成缓慢变化的包络、相位，见图 7.11 的简单表示。

图 7.12 给出了产生 $n_c(t)$、$n_s(t)$ 的方框图，图中的 θ 表示任意的相位角值。值得注意的是，通过合成运算（用于产生 $n_c(t)$、$n_s(t)$）之后构成了线性系统（从输入到输出满足叠加性）。因此，如果 $n(t)$ 是个高斯过程，那么，$n_c(t)$ 和 $n_s(t)$ 二者都是高斯过程。（可以这样理解图 7.12 所示的系统：通过样本函数把输入过程的样本函数与输出过程的样本函数关联起来。）

下面证明 $n_c(t)$、$n_s(t)$ 的几个性质。最重要的当然是等式(7.119)是否成立，以及在什么条件下成立。在附录 C 中证明了下面的结论：

$$E\left\{\left[n(t)-\left[n_c(t)\cos(2\pi f_0 t+\theta)-n_s(t)\sin(2\pi f_0 t+\theta)\right]\right]^2\right\}=0 \tag{7.123}$$

这就是说，实际噪声过程的样本函数与式(7.119)之间的均方误差为零（对样本函数的总体求平均）。

在采用式(7.119)时，比较实用的性质如下：

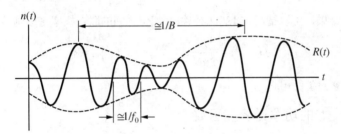

图 7.11　典型窄带噪声的波形

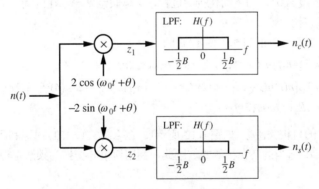

图 7.12　产生 $n_c(t)$、$n_s(t)$ 的处理过程

均值

$$\overline{n(t)}=\overline{n_c(t)}=\overline{n_s(t)}=0 \tag{7.124}$$

方差

$$\overline{n^2(t)}=\overline{n_c^2(t)}=\overline{n_s^2(t)}\triangleq N \tag{7.125}$$

功率谱密度

$$S_{n_c}(f)=S_{n_s}(f)=LP\left[S_n(f-f_0)+S_n(f+f_0)\right] \tag{7.126}$$

互功率谱密度

$$S_{n_c n_s}(f) = \mathrm{j} \mathrm{LP}\left[S_n(f - f_0) - S_n(f + f_0)\right] \tag{7.127}$$

式中，LP[ ]表示中括号内信息的低通分量；$S_n(f)$、$S_{n_c}(f)$、$S_{n_s}(f)$ 分别表示 $n(t)$、$n_c(t)$、$n_s(t)$ 的功率谱密度；$S_{n_c n_s}(f)$ 表示 $n_c(t)$ 与 $n_s(t)$ 之间的互功率谱密度。由式(7.127)可知

$$\text{如果 } \mathrm{LP}\left[S_n(f - f_0) - S_n(f + f_0)\right] = 0，\text{那么，对所有的}\tau\text{而言，}R_{n_c n_s}(\tau) \equiv 0 \text{都成立} \tag{7.128}$$

这是一个很有用处的性质，具体地说，如果 $n(t)$ 的功率谱密度关于 $f = f_0$ 对称($f > 0$)，那么 $n_c(t)$ 与 $n_s(t)$ 不相关。另外，如果 $n(t)$ 是一个高斯过程，由于 $n_c(t)$ 与 $n_s(t)$ 不相关，那么 $n_c(t)$ 与 $n_s(t)$ 是独立的高斯过程，这时用如下的关系式，可以表示出 $n_c(t)$ 与存在任意时延 τ 的 $n_s(t + \tau)$ 之间的联合概率密度函数：

$$f(n_c, t; n_s, t + \tau) = \frac{1}{2\pi N} \mathrm{e}^{-(n_c^2 + n_s^2)/2N} \tag{7.129}$$

如果 $S_n(f)$ 关于 $f = f_0$ 对称的条件不成立($f > 0$)，则仅在如下的条件下，式(7.129)成立：① $\tau = 0$；② τ 的取值满足 $R_{n_c n_s}(\tau) = 0$。

利用例 6.15 的结果，可以把式(7.120)的包络、相位之间的联合概率密度函数表示如下：

$$f(r, \phi) = \frac{r}{2\pi N} \mathrm{e}^{-r^2/2N}, \quad r > 0, \ |\phi| \leqslant \pi \tag{7.130}$$

上式与式(7.129)成立的条件相同。

7.5.2 $n_c(t)$、$n_s(t)$ 的功率谱密度函数

在证明式(7.126)时，先根据图 7.12 的定义，通过计算自相关函数并对所得的结果进行傅里叶变换之后，求出功率谱密度 $z_1(t)$。为了简化推导过程，这里假定 θ 表示在区间$[0, 2\pi)$呈均匀分布的随机变量，并且 θ 与 $n(t)$ 统计独立[9]。

$z_1(t) = 2n(t)\cos(2\pi f_0 t + \theta)$ 的自相关函数如下：

$$\begin{aligned} R_{z_1}(\tau) &= E\{4n(t)n(t + \tau)\cos(2\pi f_0 t + \theta)\cos[2\pi f_0(t + \tau) + \theta]\} \\ &= 2E[n(t)n(t + \tau)]\cos(2\pi f_0 \tau) + 2E[n(t)n(t + \tau)\cos(4\pi f_0 t + 2\pi f_0 \tau + 2\theta)] \\ &= 2R_n(\tau)\cos(2\pi f_0 \tau) \end{aligned} \tag{7.131}$$

式中，$R_n(\tau)$ 表示 $n(t)$ 的自相关函数(如图 6.12 所示)。在求解式(7.131)时，利用了如下的两个条件：① θ 与 $n(t)$ 统计独立；② 适当的三角恒等式。因此，利用傅里叶变换的乘法定理，可以把 $z_1(t)$ 的功率谱密度表示如下：

$$\begin{aligned} S_{z_1}(f) &= S_n(f) * [\delta(f - f_0) + \delta(f + f_0)] \\ &= S_n(f - f_0) + S_n(f + f_0) \end{aligned} \tag{7.132}$$

式中，只有低通分量通过 $H(f)$。因此得到了式(7.126)表示的 $S_{n_c}(f)$ 的结果。同理可证 $S_{n_c}(f)$ 的表达式在 f 的整个区间内对(7.126)积分之后可以得到式(7.125)。

下面分析式(7.127)。在证明这一命题时，需要利用 $z_1(t)$、$z_2(t)$ 之间互相关函数 $R_{z_1 z_2}(\tau)$ 的表达式。(如图 7.12 所示)。根据互相关函数的定义，由图 7.12 可以得到

---

9 在设计噪声模型(把相位处理成完全随机)时，这或许令人满意。在其他的环境下(即，相位信息不适合该假定条件)，可能循环平稳模型比较适合。

$$
\begin{aligned}
R_{z_1 z_2}(\tau) &= E\{z_1(t) z_2(t+\tau)\} \\
&= E\{4n(t) n(t+\tau) \cos(2\pi f_0 t + \theta) \sin[2\pi f_0(t+\tau) + \theta]\} \\
&= 2R_n(\tau) \sin(2\pi f_0 t)
\end{aligned} \tag{7.133}
$$

式中，再次利用了如下的两个条件：①θ 与 $n(t)$ 统计独立；②适当的三角恒等式。假定 $h(t)$ 表示图 7.12 中低通滤波器的冲激响应，利用式 (7.84) 与式 (7.85)，可以将 $n_c(t)$、$n_s(t)$ 的互相关函数表示如下：

$$
\begin{aligned}
R_{n_c n_s}(\tau) &\triangleq E[n_c(t) n_s(t+\tau)] = E\{[h(t) * z_1(t)] n_s(t+\tau)\} = h(-\tau) * E\{z_1(t) n_s(t+\tau)\} \\
&= h(-\tau) * E\{z_1(t)[h(t) * z_2(t+\tau)]\} = h(-\tau) * h(\tau) * E[z_1(t) z_2(t+\tau)] \\
&= h(-\tau) * [h(\tau) * R_{z_1 z_2}(\tau)]
\end{aligned} \tag{7.134}
$$

$R_{n_c n_s}(\tau)$ 的傅里叶变换表示互功率谱密度 $S_{n_c n_s}(f)$。利用卷积定理可以得到 $S_{n_c n_s}(f)$ 的表达式如下：

$$
S_{n_c n_s}(f) = H(f) \Im[h(-\tau) * R_{z_1 z_2}(\tau)] = H(f) H^*(f) S_{z_1 z_2}(f) = |H(f)|^2 S_{z_1 z_2}(f) \tag{7.135}
$$

根据式 (7.133) 以及频率变换定理，可以得到

$$
\begin{aligned}
S_{z_1 z_2}(f) &= \Im[j R_n(\tau)(e^{j2\pi f_0 \tau} - e^{-j2\pi f_0 \tau})] \\
&= j[S_n(f - f_0) - S_n(f + f_0)]
\end{aligned} \tag{7.136}
$$

那么，根据式 (7.135) 可以得到

$$
S_{n_c n_s}(f) = j|H(f)|^2 [S_n(f - f_0) - S_n(f + f_0)] = j \mathrm{LP}[S_n(f - f_0) - S_n(f + f_0)] \tag{7.137}
$$

于是证明了式 (7.127)。值得注意的是，由于互功率谱密度 $S_{n_c n_s}(f)$ 为虚数，因此，互相关函数 $R_{n_c n_s}(\tau)$ 为奇函数。那么，如果在 $\tau = 0$ 处互相关函数是连续的，则 $R_{n_c n_s}(0)$ 等于零成立，这时信号的带宽受到限制。

例 7.12

这里介绍的带通随机过程具有图 7.13(a) 所示的功率谱密度。当选择的中心频率为 $f_0 = 7$ Hz 时，所产生的 $n_c(t)$、$n_s(t)$ 不相关。图 7.13(b) 示出了 $f_0 = 7$ Hz 时的 $S_{z_1}(f)$（或者 $S_{z_2}(f)$），也就是说，$S_{n_c}(f)$（或者 $S_{n_s}(f)$）表示 $S_{z_1}(f)$ 的低通分量（见图中的阴影部分）。$S_n(f)$ 的积分为：$2 \times 6 \times 2 = 24$W，对图 7.13(b) 中的阴影部分积分之后所得的结果与该结果相同。

现在假定选择 $f_0 = 5$ Hz。则 $S_{z_1}(f)$、$S_{z_2}(f)$ 如图 7.13(c) 所示。图中的阴影部分为 $S_{n_c}(f)$。由式 (7.127) 可知：$-jS_{n_c n_s}(f)$ 表示图 7.13(d) 中的阴影部分。因选择 f_0 所产生的非对称性导致了 $n_c(t)$、$n_s(t)$ 不相关。这里关注的是，通过傅里叶频率变换定理、如下的傅里叶变换对，可以很容易求出 $R_{n_c n_s}(\tau)$。

$$
2AW\mathrm{sinc}(2W\tau) \leftrightarrow A\Pi\left(\frac{f}{2W}\right) \tag{7.138}
$$

由图 7.12(d) 可以得到：

$$
S_{n_c n_s}(f) = 2j\left\{-\Pi\left[\frac{1}{4}(f-3)\right] + \Pi\left[\frac{1}{4}(f+3)\right]\right\} \tag{7.139}
$$

根据傅里叶逆变换，由上式可以得到如下的互相关函数：

$$
R_{n_c n_s}(\tau) = 2j\left[-4\mathrm{sinc}(4\tau)e^{j6\pi\tau} + 4\mathrm{sinc}(4\tau)e^{-j6\pi\tau}\right] = 16\mathrm{sinc}(4\tau)\sin(6\pi\tau) \tag{7.140}
$$

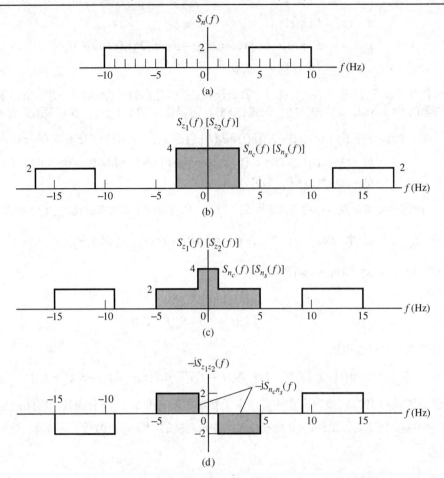

图 7.13　例 7.11 的频谱。(a)带通频谱；(b)当 $f_0 = 7$ Hz 时的低通频谱；
(c)当 $f_0 = 5$ Hz 时的低通频谱；(d)当 $f_0 = 5$ Hz 时的互谱

　　图 7.14 示出了互相关函数。可以看出，尽管 $n_c(t)$ 与 $n_s(t)$ 不相关，但在选择特定 τ 值($\tau = 0$、$\pm 1/6$、$\pm 1/3$、…)的条件下，仍然可以满足 $R_{n_c n_s}(\tau) = 0$。

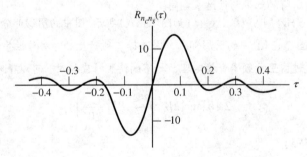

图 7.14　例 7.11 中 $n_c(t)$、$n_s(t)$ 的互相关函数　　　　　　■

7.5.3　莱斯概率密度函数

　　在许多应用(例如，信号的衰落)中，一个实用的随机过程是如下两部分的和：①相位随机的正弦信号；②带宽受限的高斯随机噪声。因此，把该过程的样本函数表示如下：

$$z(t) = A\cos(2\pi f_0 t + \theta) + n_c(t)\cos(2\pi f_0 t) - n_s(t)\sin(2\pi f_0 t) \tag{7.141}$$

式中，$n_c(t)$、$n_s(t)$ 表示带宽有限、平稳高斯随机过程 $n_c(t)\cos(2\pi f_0 t) - n_s(t)\sin(2\pi f_0 t)$ 的两个高斯正交分量；A 表示恒定不变的幅度；θ 表示在区间 $[0, 2\pi)$ 内呈均匀分布的随机变量。为了纪念第一个研究人员 S.O. 莱斯，把在任意时刻 t 处该平稳随机过程的包络的概率密度函数称为莱斯分布。通常把式(7.141)的第 1 项称为定向分量，后面的两项称为扩散分量。式(7.141)体现出的基本思想是：当来自发送端的原正弦载波信号发送到色散信道时，收端直接接收到信号的定向分量，而扩散分量则由发送信号多个相互独立的反射分量构成(利用中心极限定理可以证明：扩散分量的各个正交分量是高斯随机过程)。值得注意的是，如果 $A = 0$，则式(7.141)的包络的概率密度函数呈瑞利分布。

利用两个角度之和取余弦的三角恒等式，在把式(7.141)的第 1 项展开之后，可以把莱斯概率密度函数重新表示如下：

$$
\begin{aligned}
z(t) &= A\cos\theta\cos(2\pi f_0 t) - A\sin\theta\sin(2\pi f_0 t) + n_c(t)\cos(2\pi f_0 t) - n_s(t)\sin(2\pi f_0 t) \\
&= [A\cos\theta + n_c(t)]\cos(2\pi f_0 t) - [A\sin\theta + n_s(t)]\sin(2\pi f_0 t) \\
&= X(t)\cos(2\pi f_0 t) - Y(t)\sin(2\pi f_0 t)
\end{aligned} \tag{7.142}
$$

式中

$$X(t) = A\cos\theta + n_c(t) \text{ 以及 } Y(t) = A\sin\theta + n_s(t) \tag{7.143}$$

当已知 θ 时，这两个随机过程是独立的高斯随机过程(方差均为 σ^2)。两个随机过程的均值分别为：$E[X(t)] = A\cos\theta$ 和 $E[Y(t)] = A\sin\theta$。这里的目的是求出下式的联合概率密度函数：

$$R(t) = \sqrt{X^2(t) + Y^2(t)} \tag{7.144}$$

当已知 θ 时，由于 $X(t)$、$Y(t)$ 相互独立，那么，$X(t)$、$Y(t)$ 的联合概率密度函数等于它们各自边界概率密度函数的乘积。根据上面给出的均值与方差，可以得到如下的联合联合概率密度函数：

$$
\begin{aligned}
f_{XY}(x, y) &= \frac{\exp[-(x - A\cos\theta)^2 / 2\sigma^2]}{\sqrt{2\pi\sigma^2}} \times \frac{\exp[-(y - A\sin\theta)^2 / 2\sigma^2]}{\sqrt{2\pi\sigma^2}} \\
&= \frac{\exp\{-[x^2 + y^2 - 2A(\cos\theta + \sin\theta) + A^2] / 2\sigma^2\}}{2\pi\sigma^2}
\end{aligned} \tag{7.145}
$$

下面采用如下的变量代换：

$$\left.\begin{aligned} x &= r\cos\phi \\ y &= r\sin\phi \end{aligned}\right\}, \quad r \geqslant 0, \quad 0 \leqslant \phi < 2\pi \tag{7.146}$$

在完成联合概率密度函数的变换时，需要乘以雅可比变换行列式(对应这种情形的 r)。那么，R、Φ 这两个随机变量的联合概率密度函数为

$$
\begin{aligned}
f_{R\Phi}(r, \phi) &= \frac{r\exp\{-[r^2 + A^2 - 2rA(\cos\theta\cos\phi + \sin\theta\sin\phi)] / 2\sigma^2\}}{2\pi\sigma^2} \\
&= \frac{r}{2\pi\sigma^2}\exp\{-[r^2 + A^2 - 2rA\cos(\theta - \phi)] / 2\sigma^2\}
\end{aligned} \tag{7.147}
$$

借助于如下的定义式，在 ϕ 的整个区间内积分时，可以得到只含有 R 的联合概率密度函数：

$$I_0(u) = \frac{1}{2\pi}\int_0^{2\pi}\exp(u\cos\alpha)\mathrm{d}\alpha \tag{7.148}$$

式中，把 $I_0(u)$ 称为修正后的零阶贝塞尔函数。由于式(7.148)的被积函数是周期函数(周期为 2π)，那么，可以在 2π 范围内的任意区间积分。式(7.147)对 ϕ 积分后得到

$$f_R(r) = \frac{r}{\sigma^2} \exp\{-[r^2 + A^2]/2\sigma^2\} I_0\left(\frac{Ar}{\sigma^2}\right), \quad r \geq 0 \tag{7.149}$$

由于得到的结果与 θ 无关,因此,这是只含 R 的边界概率密度函数。根据式(7.148)可以得到 $I_0(0) = 0$,因此,当 $A = 0$ 时,式(7.149)简化为呈瑞利分布的概率密度函数(与预计的一样)。

通常用参数 $K = A^2/(2\sigma^2)$ 表示式(7.149),K 表示如下两项的比值:①稳态分量的功率(对应式(7.141)的第 1 项);②随机高斯分量的功率(对应式(7.141)的第 2 项和第 3 项)。经过上述的处理之后,式(7.149)变换为

$$f_R(r) = \frac{r}{\sigma^2} \exp\left\{-\left[\frac{r^2}{2\sigma^2} + K\right]\right\} I_0\left(\sqrt{2K}\,\frac{r}{\sigma}\right), \quad r \geq 0 \tag{7.150}$$

当 K 很大时,式(7.150)近似于高斯概率密度函数。通常把参数 K 称为莱斯 K 因子。

由式(7.144)可以得到

$$\begin{aligned}
E[R^2] &= E[X^2] + E[Y^2] \\
&= E\left\{[A\cos\theta + n_c(t)]^2 + [A\sin\theta + n_s(t)]^2\right\} \\
&= E[A^2\cos^2\theta + A^2\sin^2\theta] + 2AE[n_c(t)A\cos\theta + n_s(t)\sin\theta] + E[n_c^2(t)] + E[n_s^2(t)] \\
&= A^2 + 2\sigma^2 = 2\sigma^2(1 + K)
\end{aligned} \tag{7.151}$$

必须用合流超几何函数表示莱斯随机变量的其他阶次的矩[10]。

补充书目

在学习随机过程时,建议读者参阅文献 "Papoulis (1991)"。在进一步分析本章的主题时,可以阅读本书第 6 章给出的参考文献。

本章内容小结

1. 用任意时刻 $t_1, t_2, \cdots, t_N$ 时幅度的 N 维联合概率密度函数可以完整地表示随机过程。如果改变时间的起点之后,概率密度函数保持不变,则随机过程为严平稳随机过程。

2. 在计算统计平均时,将随机过程的自相关函数定义如下:

$$R(t_1, t_2) = \int_{-\infty}^{\infty} \int_{-\infty}^{\infty} x_1 x_2 f_{X_1 X_2}(x_1, t_1;\ x_2, t_2) \mathrm{d}x_1 \mathrm{d}x_2$$

式中,$f_{X_1 X_2}(x_1, t_1;\ x_2, t_2)$ 表示:时刻 t_1、t_2 时幅度的联合概率密度函数。如果是平稳的随机过程,则有

$$R(t_1, t_2) = R(t_2 - t_1) = R(\tau)$$

式中,$\tau \triangleq t_2 - t_1$。

3. 如果随机过程的统计平均均值、统计平均方差与时间无关,并且它的自相关函数仅是 $t_2 - t_1 = \tau$ 的函数,那么,这样的随机过程是广义平稳的随机过程。严平稳随机过程也是广义平稳随机过程。仅在特定情况下,逆命题才成立;例如,对高斯过程而言,广义平稳确保了严平稳。

4. 如果随机过程的统计平均与时间平均相等,那么这样的随机过程具有各态历经的特性。各态历经性意味着平稳性,但逆命题不一定成立。

5. 维纳-辛钦定理表明:平稳随机过程的自相关函数与功率谱密度是傅里叶变换对。下面的随机过程的功率谱密度的表达式通常很有用处。

---

10 比如,参考 J. Proakis 的文献《数字通信》,第 4 版,纽约:麦格劳-希尔教育,2001。

$$S_n(f) = \lim_{T \to \infty} \frac{1}{T} E\left\{ \left| \Im[n_T(t)] \right|^2 \right\}$$

式中，$n_T(t)$ 表示截断 T 秒、以 $t = 0$ 为中心的样本函数

6. 随机过程的自相关函数是时延变量 τ 的实、偶函数，且在 $\tau = 0$ 处得到最大值。周期性随机过程的自相关函数也呈周期性变化，而且对所有频率而言，自相关函数的傅里叶变换为非负值。当 $\tau \to \pm \infty$ 时，如果随机过程不呈周期性变化，那么自相关函数近似等于随机过程的均值的平方。$R(0)$ 等于随机过程的平均功率。

7. 在整个频带 f 内，白噪声的功率谱密度为常数 $N_0 / 2$。与之对应的自相关函数为 $N_0 \delta(t) / 2$。因此，有时把自相关函数称为与 $\delta(t)$ 相关的噪声。白噪声具有无穷大的功率，因而是个理想化的数学模型。在许多情况下，白噪声是个很实用的近似。

8. 把两个平稳随机过程 $X(t)$、$Y(t)$ 的互相关定义如下：

$$R_{XY}(\tau) = E[X(t)Y(t + \tau)]$$

与之对应的互功率谱密度如下：

$$S_{XY}(f) = \Im[R_{XY}(\tau)]$$

对所有的 τ 而言，如果 $R_{XY}(\tau) = 0$ 成立，那么，$X(t)$、$Y(t)$ 正交。

9. 已知线性系统的冲激响应为 $h(t)$、频率响应函数为 $H(f)$。如果 $x(t)$、$y(t)$ 分别表示该系统的输入随机变量、输出随机变量，那么

$$S_Y(f) = |H(f)|^2 S_X(f)$$
$$R_Y(\tau) = \Im^{-1}[S_Y(f)] = \int_{-\infty}^{\infty} |H(f)|^2 S_X(f) e^{j2\pi f \tau} df$$
$$R_{XY}(\tau) = h(\tau) * R_X(\tau)$$
$$S_{XY}(f) = H(f) S_X(f)$$
$$R_{YX}(\tau) = h(-\tau) * R_X(\tau)$$
$$S_{YX}(f) = H^*(f) S_X(f)$$

式中，$S(f)$ 表示频谱密度；$R(\tau)$ 表示自相关函数；星号表示卷积。

10. 如果线性系统的输入为高斯过程，那么，输出也是高斯过程。

11. 已知线性系统的频率响应函数为 $H(f)$，把这种系统的等效噪声带宽定义如下：

$$B_N = \frac{1}{H_0^2} \int_0^{\infty} |H(f)|^2 df$$

式中，H_0 表示 $|H(f)|$ 的最大值。如果在系统中输入单边带功率谱密度为 N_0 的白噪声，那么输出功率为

$$P_0 = H_0^2 N_0 B_N$$

用滤波器的冲激响应表示的等效噪声带宽的等效表达式如下：

$$B_N = \frac{\int_{-\infty}^{\infty} |h(t)|^2 dt}{2 \left[\int_{-\infty}^{\infty} h(t) dt \right]^2}$$

12. 带宽受限的随机过程 $n(t)$ 的正交分量表示法如下：

$$n(t) = n_c(t) \cos(2\pi f_0 t + \theta) - n_s(t) \sin(2\pi f_0 t + \theta)$$

式中，θ 表示取任意值的相位角度。随机过程 $n(t)$ 的包络-相位表示法如下：

$$n(t) = R(t)\cos[2\pi f_0 t + \phi(t) + \theta]$$

式中，$R^2(t) = n_c^2(t) + n_s^2(t)$；$\tan[-(t)] = n_s(t)/n_c(t)$。如果是窄带随机过程，则随着 $\cos(2\pi f_0 t)$、$\sin(2\pi f_0 t)$ 的变化，n_c、n_s、R、ϕ 缓慢地发生变化。如果随机过程 $n(t)$ 的功率谱密度为 $S_n(f)$，那么，$n_c(t)$、$n_s(t)$ 的功率谱密度为

$$S_{n_c}(f) = S_{n_s}(f) = \mathrm{LP}[S_n(f - f_0) + S_n(f + f_0)]$$

式中，LP[ ]表示中括号内信息的低通分量。如果 $\mathrm{LP}[S_n(f + f_0) - S_n(f - f_0)] = 0$，那么 $n_c(t)$、$n_s(t)$ 正交。$n(t)$、$n_c(t)$、$n_s(t)$ 三者的平均功率相等。用如下的关系式分别表示随机过程 $n_c(t)$、$n_s(t)$。

$$n_c(t) = \mathrm{LP}[2n(t)\cos(2\pi f_0 t + \theta)]$$
$$n_s(t) = -\mathrm{LP}[2n(t)\sin(2\pi f_0 t + \theta)]$$

如果 $n(t)$ 为高斯过程，由于上述的处理都是线性过程，因此 $n_c(t)$、$n_s(t)$ 二者都是高斯过程。如果 $n(t)$ 表示均值为零、功率谱密度关于 $f = f_0$ 对称($f > 0$)的高斯过程，则 $n_c(t)$、$n_s(t)$ 统计独立。

13. 在将如下的两项相加时，莱斯分布的概率密度函数给出了包络值的分布：①相位在区间$[0, 2\pi)$呈均匀分布的正弦信号；②带宽受限的高斯噪声。在各种应用(包括衰落信道的建模)中，采用莱斯分布会相当便捷。

疑难问题

7.1 用样本函数 $X_i(t) = A_i(t) + B_i(t)$ 定义随机变量，其中，t 表示时间(单位：秒)；对每个 i 值而言，A_i 表示独立的随机变量，这些随机变量是均值为零、方差为 1 的高斯变量；对均匀分布在区间$[-0.5, 0.5]$的每个 i 值而言，各个 $B_i(t)$ 表示独立的随机变量。

(a) 绘出几个典型样本函数的简图。

(b) 问随机过程是否平稳？

(c) 问随机过程是否是各态历经的随机过程？

(d) 在任意时刻 t 时，写出均值的表达式。

(e) 在任意时刻 t 时，写出均方值的表达式。

(f) 在任意时刻 t 时，写出方差的表达式。

7.2 双边功率谱密度为 $1\,\mathrm{W/Hz}$ 的高斯噪声通过频率响应函数为 $H(f) = (1 + \mathrm{j}2\pi f)^{-1}$ 的滤波器时，求解如下的问题：

(a) 输出随机过程的功率谱密度 $S_Y(f)$ 是多少？

(b) 输出随机过程的自相关函数 $R_Y(\tau)$ 是多少？

(c) 输出随机过程的均值是多少？

(d) 输出随机过程的方差是多少？

(e) 输出随机过程是否平稳？

(f) 输出随机过程的一阶概率密度函数是多少？

(g) 分析输出随机过程与例 7.2 中随机过程的异同。

7.3 对下面的每一种情形，判断是否可以把下面给出的函数作为符合要求的自相关函数。如果不符合要求，问原因是什么？

(a) $R_a(\tau) = \Pi(\tau/\tau_0)$，其中，$\tau_0$ 为常数。

(b) $R_b(\tau) = \Lambda(\tau/\tau_0)$，其中，$\tau_0$ 为常数。

(c) $R_c(\tau) = A\cos(2\pi f_0 \tau)$，其中，$A$、$f_0$ 均为常数。

(d) $R_d(\tau) = A + B\cos(2\pi f_0 \tau)$，其中，$A$、$B$、$f_0$ 均为常数。

(e) $R_e(\tau) = A\sin(2\pi f_0\tau)$，其中，$A$、$f_0$ 均为常数。

(f) $R_f(\tau) = A\sin^2(2\pi f_0\tau)$，其中，$A$、$f_0$ 均为常数。

7.4　双边功率谱密度为 1 W/Hz 的白噪声通过频率响应函数为 $H(f) = (1+\mathrm{j}2\pi f)^{-1}$ 的滤波器时，求解如下的问题：

(a) 输入与输出之间的互功率谱密度是多少？

(b) 输入与输出之间的互相关函数是多少？

(c) 输出随机过程的功率谱密度是多少？

(d) 输出随机过程的自相关函数是多少？

7.5　已知带通随机过程的功率谱密度为 $S(f) = \Pi\left(\dfrac{f-10}{4}\right) + \Pi\left(\dfrac{f+10}{4}\right)$，

(a) 求随机过程的自相关函数。

(b) 用同相-正交的形式表示(也就是说，$x(t) = n_c(t)\cos(2\pi f_0 t + \theta) - n_s(t)\sin(2\pi f_0 t + \theta)$)时，如果所选择的 f_0 为 10 Hz，问互功率谱密度 $S_{n_c n_s}(f)$ 是多少？

(c) 如果所选择的 f_0 为 8 Hz，问互功率谱密度 $S_{n_c n_s}(f)$ 是多少？

(d) 如果所选择的 f_0 为 12 Hz，问互功率谱密度 $S_{n_c n_s}(f)$ 是多少？

(e) 在(c)中，问与之对应的互相关函数是多少？

(f) 在(d)中，问与之对应的互相关函数是多少？

7.6　已知滤波器的频率响应为 $H(f) = \Lambda(f/2)$。问系统的噪声等效带宽是多少？

7.7　带宽受限的信号由如下两部分构成：①功率为 10 W 的稳态正弦分量；②以稳态分量为中心的窄带高斯分量，功率为 5 W。求解如下的问题：

(a) 稳态功率与随机功率之比 K。

(b) 收到的总功率。

(c) 包络过程的概率密度函数。

(d) 包络超过 10 V 的概率(需要用到数值积分)。

习题

7.1 节习题

7.1　掷一颗均匀的骰子。根据朝上的点数产生下面的各个随机过程。针对如下的每一种情形，绘出几个样本函数的简图：

(a) $X(t,\xi) = \begin{cases} 2A, & \text{1或者2朝上} \\ 0, & \text{3或者4朝上} \\ -2A, & \text{5或者6朝上} \end{cases}$

(b) $X(t,\xi) = \begin{cases} 3A, & \text{1朝上} \\ 2A, & \text{2朝上} \\ A, & \text{3朝上} \\ -A, & \text{4朝上} \\ -2A, & \text{5朝上} \\ -3A, & \text{6朝上} \end{cases}$

$$(c)\ X(t,\ \xi) = \begin{cases} 4A, & 1朝上 \\ 2A, & 2朝上 \\ At, & 3朝上 \\ -At, & 4朝上 \\ -2A, & 5朝上 \\ -4A, & 6朝上 \end{cases}$$

7.2 节习题

7.2　在习题 7.1 的条件下,问下面每一种情形的概率是多少?

(a) $F_X(X \leqslant 2A, t = 4)$

(b) $F_X(X \leqslant 0, t = 4)$

(c) $F_X(X \leqslant 2A, t = 2)$

7.3　随机过程由各个方波组成,每个方波具有恒定的幅度 A、恒定的周期 T_0 和随机变化的时延 τ,如图 7.15 所示。已知 τ 的概率密度函数如下:

$$f(\tau) = \begin{cases} 1/T_0, & |\tau| \leqslant T_0/2 \\ 0, & 其他 \end{cases}$$

(a) 绘出几个典型样本函数的简图。

(b) 针对任意时刻 t_0,表示出该随机过程的一阶概率密度函数。(提示:由于存在随机时延 τ,那么概率密度函数与 t_0 无关。另外,在求解概率密度函数时,采用如下的方法会更容易些:先推导出累积分布函数,然后对累积分布函数求导。)

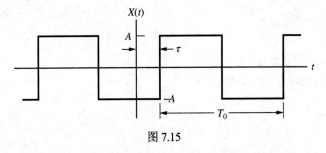

图 7.15

7.4　给定随机过程的样本函数如下:

$$X(t) = A\cos(2\pi f_0 t)$$

式中,f_0 的取值固定不变,A 的概率密度函数如下:

$$f_A(a) = \frac{e^{-\alpha^2/2\sigma_a^2}}{\sqrt{2\pi}\sigma_a}$$

该随机过程通过理想的积分器之后得到随机过程 $Y(t)$。

(a) 求输出随机过程 $Y(t)$ 的样本函数的表达式。

(b) 在任意时刻 t_0 时,求 $Y(t)$ 的概率密度函数的表达式。提示:需要注意的是,$\sin(2\pi f_0 t_0)$ 为常数。

(c) 问 $Y(t)$ 是平稳随机过程吗?问随机过程 $Y(t)$ 具有各态历经的特性吗?

7.5　分析例 7.3 中的随机过程,

(a) 求出时间平均的均值、自相关函数。

(b) 求出统计平均的均值、自相关函数。

(c) 问该随机过程是不是广义平稳的随机过程? 分析是或者不是的原因。

7.6　分析例 7.1 的随机过程，已知 θ 的概率密度函数如下:

$$p(\theta) = \begin{cases} 2/\pi, & \pi/2 \leqslant \theta \leqslant \pi \\ 0, & \text{其他} \end{cases}$$

(a) 求出统计平均的均值与方差、时间平均的均值与方差。

(b) 求出统计平均的自相关函数、时间平均的自相关函数。

(c) 问该随机过程是不是各态历经的随机过程?

7.7　分析例 7.4 的随机过程，

(a) 求出时间平均的均值、自相关函数。

(b) 求出统计平均的均值、自相关函数。

(c) 问该随机过程是不是广义平稳随机过程? 为什么是或者为什么不是?

7.8　用直流电压表、均方根电压表(交流耦合)检测噪声发生器的输出电压。已知噪声发生器的噪声统计特性接近高斯分布，而且是平稳的随机过程。直流电压表的读数为 6 V、均方根电压表的读数为 7 V。在任意时刻 t_0 处，求电压的一阶概率密度函数的表达式。绘出概率密度函数的简图，要求在图上标出概率密度函数的范围。

7.3 节习题

7.9　下面给出的各个函数中，哪些适合作为自相关函数? 要求解释能或者不能的原因(ω_0、τ_0、τ_1、A、B、C、f_0 表示大于零的常数)。

(a) $A\cos(\omega_0\tau)$。

(b) $A\Lambda(\tau/\tau_0)$，其中，$\Lambda(x)$ 表示第 2 章定义的单位面积三角波信号。

(c) $A\Pi(\tau/\tau_0)$，其中，$\Pi(x)$ 表示第 2 章定义的单位面积脉冲函数。

(d) $A\exp(-\tau/\tau_0)u(\tau)$，其中，$u(x)$ 表示单位阶跃函数。

(e) $A\exp(-|\tau|/\tau_0)$。

(f) $A\operatorname{sinc}(f_0\tau) = \dfrac{A\sin(\pi f_0\tau)}{\pi f_0\tau}$。

7.10　在 $|f| \leqslant 1\,\mathrm{kHz}$ 的频带内，已知带限白噪声过程的双边带功率谱密度为 2×10^{-5} W/Hz。求出噪声的自相关函数。绘出所得到的自相关函数的简图，并且完整地标出自相关函数。

7.11　这里引入例 7.6 分析的二进制脉冲信号，但表示为如下的半余弦脉冲: $p(t) = \cos(2\pi t/2T)\,\Pi(t/T)$。在如下的两种情况下，求出例 7.6 中的自相关函数，并且绘出相应的图形:

(a) $a_k = \pm A$ 对全部 k 成立，其中，A 表示常数。当 $m=0$ 时，$R_m = A^2$; 当 $m \neq 0$ 时，$R_m = 0$。

(b) $a_k = A_k + A_{k-1}$，其中，$A_k = \pm A$。当 $m=0$ 时，$A_k = \pm A$，$E[A_k A_{k+m}] = A^2$; 当 $m \neq 0$ 时，$A_k = 0$，$E[A_k A_{k+m}] = 0$。

(c) 求出上面每一种情形的功率谱密度，并且绘出相应的图形。

7.12　已知 $X(t)$、$Y(t)$ 两个随机过程分别表示如下:

$$\begin{cases} X(t) = n(t) + A\cos(2\pi f_0 t + \theta) \\ Y(t) = n(t) + A\sin(2\pi f_0 t + \theta) \end{cases}$$

式中，A、f_0 均表示常数；θ 表示在区间$[-\pi, \pi)$内呈均匀分布的随机变量。第 1 项 $n(t)$ 表示自相关函数为 $R_n(\tau) = B\Lambda(\tau/\tau_0)$ 的平稳随机噪声过程，其中，B、τ_0 表示大于等于零的常数。

(a) 求出自相关函数，并且绘出相应的简图。这里假定已知各个常数的值。

(b) 求出这两个随机过程的互相关函数，并且绘出相应的简图。

7.13　已知两个独立、广义平稳的随机过程 $X(t)$、$Y(t)$，它们的自相关函数分别为 $R_X(\tau)$、$R_Y(\tau)$。

(a) 证明：由 $X(t)$、$Y(t)$ 的乘积构成的随机过程 $Z(t) = X(t)Y(t)$ 的自相关函数为

$$R_Z(\tau) = R_X(\tau) R_Y(\tau)$$

(b) 如果已知 $X(t)$、$Y(t)$ 的功率谱密度分别为 $S_X(f)$、$S_Y(f)$，要求用 $S_X(f)$、$S_Y(f)$ 表示出 $Z(t)$ 的功率谱密度。

(c) 假定 $X(t)$ 表示带宽受限的平稳噪声过程，$X(t)$ 的功率谱密度为 $S_X(f) = 10\Pi(f/200)$；假定 $Y(t)$ 表示由如下样本函数定义的随机过程。

$$Y(t) = 5\cos(50\pi t + \theta)$$

式中，θ 表示均匀分布在区间$(0, 2\pi)$的随机变量。利用 (a)、(b) 中得出的结果，求出 $Z(t) = X(t)Y(t)$ 的自相关函数和功率谱密度。

7.14　已知随机信号的自相关函数为

$$R(\tau) = 9 + 3\Lambda(\tau/5)$$

式中，$\Lambda(x)$ 表示单位面积的三角波函数（见第 2 章的定义）。求解下列问题：

(a) 交流功率；

(b) 直流功率；

(c) 总功率；

(d) 功率谱密度。要求绘出简图，并且标出各项指标。

7.15　将随机过程定义为 $Y(t) = X(t) + X(t-T)$，其中，$X(t)$ 表示广义平稳噪声过程，且 $X(t)$ 的自相关函数为 $R_X(T)$、功率谱密度为 $S_X(f)$。

(a) 证明：$R_Y(\tau) = 2R_X(\tau) + R_X(\tau + T) + R_X(\tau - T)$。

(b) 证明：$S_Y(f) = 4S_X(f)\cos^2(\pi f T)$。

(c) 如果 $X(t)$ 的自相关函数 $R_X(\tau) = 5\Lambda(\tau)$，其中，$\Lambda(\tau)$ 表示单位面积的三角波函数；$T = 0.5$。根据本题定义的 $Y(t)$，求出 $Y(t)$ 的功率谱密度，并且绘出相应的简图。

7.16　已知广义平稳随机过程的功率谱密度如下：

$$S_X(f) = 10\delta(f) + 25\text{sinc}^2(5f) + 5\delta(f-10) + 5\delta(f+10)$$

(a) 绘出功率谱密度函数的简图，并在图中完整地标出功率谱密度的刻度。

(b) 求出随机过程的直流功率。

(c) 求总功率。

(d) 假定主瓣之下的面积（即 sinc 函数的平方）约占总面积的 90%，当幅度为 1 时，总功率为 1。在该随机过程中，求出 $0 \sim 0.2$ Hz 之间的频带所包含的功率。

7.17　已知 τ 的各个函数如下：

$$\begin{cases} R_{X_1}(t) = 4\exp(-\alpha|\tau|)\cos(2\pi\tau) \\ R_{X_2}(t) = 2\exp(-\alpha|\tau|) + 4\cos(2\pi b\tau) \\ R_{X_3}(t) = 5\exp(-4\tau^2) \end{cases}$$

(a) 绘出每个函数的简图，并标出完整的刻度信息。

(b) 求出每个函数的傅里叶变换，并且绘出对应的简图。利用 (a) 的信息和傅里叶变换，证明：每个函数都适合作为自相关函数。

(c) 在存在直流功率的前提下，求出每个函数所对应的直流功率。

(d) 求出每个函数的总功率。

(e) 在存在周期性分量的前提下，求出每个函数所对应周期性分量的频率。

7.4 节习题

7.18　平稳随机过程的功率谱密度为 10^{-6} W/Hz, $-\infty < f < \infty$。该随机过程通过频率响应函数为 $H(f) = \Pi(f/500\,\text{kHz})$ 的理想低通滤波器，其中，$\Pi(x)$ 表示第 2 章定义的单位面积脉冲函数。

(a) 求输出信号的功率谱密度，并且绘出相应的简图。

(b) 求输出信号的自相关函数，并且绘出相应的简图。

(c) 输出随机过程的功率是多少？要求用两种方法求解。

7.19　用如下的输入-输出关系式表示理想的有限时间积分器：

$$Y(t) = \frac{1}{T}\int_{t-T}^{t} X(\alpha)\,\mathrm{d}\alpha$$

(a) 证明：积分器的冲激响应为 $h(t) = \frac{1}{T}[u(t) - u(t-T)]$。

(b) 求出积分器的频率响应函数，并且绘出相应的图形。

(c) 如果输入双边功率谱密度为 $N_0/2$ 的白噪声时，求滤波器输出噪声的功率谱密度。

(d) 证明：输出噪声的自相关函数为

$$R_0(\tau) = \frac{N_0}{2T}\Lambda(\tau/T)$$

其中，$\Lambda(x)$ 表示第 2 章定义的单位面积三角波函数。

(e) 问积分器的等效噪声带宽是多少？

(f) 证明用如下两种方式得到的结果相等：① 在 (e) 中利用等效噪声带宽求出的输出噪声功率；② 在 (d) 中根据输出噪声的自相关函数求出的输出噪声功率。

7.20　双边功率谱密度为 $N_0/2$ 的白噪声输入到具有如下幅度频率响应函数的二阶巴特沃斯滤波器：

$$|H_{2\text{bu}}(f)| = \frac{1}{\sqrt{1 + (f/f_3)^4}}$$

式中，f_3 表示 3dB 截止频率。

(a) 滤波器输出噪声的功率谱密度是多少？

(b) 证明输出噪声的自相关函数为

$$R_0(\gamma) = \frac{\pi f_3 N_0}{2}\exp\left(-\sqrt{2}\pi f_3|\tau|\right)\cos\left[\sqrt{2}\pi f_3|\tau| - \pi/4\right]$$

绘出 $R_0(\tau)$ 随 $f_3\tau$ 变化的图形。提示：利用如下的积分。

$$\int_0^\infty \frac{\cos(ax)}{b^4+x^4}\mathrm{d}x = \frac{\sqrt{2}\pi}{4b^3}\exp(-ab/\sqrt{2})\left[\cos(ab/\sqrt{2})+\sin(ab/\sqrt{2}),\quad a>0,\ b>0\right]$$

(c) 问如下两种情况下的值是否一致：① 通过求解 $\lim\limits_{\tau\to 0} R_0(\tau)$ 所得到的输出功率；② 根据巴特沃斯滤波器的

等效噪声带宽、利用式(7.115)计算出的输出功率。

7.21 期望得到下面式子表示的功率谱密度：

$$S_Y(f) = \frac{f^2}{f^4+100}$$

白噪声的有效双边功率谱密度为 1 W/Hz。在噪声源的输出端，为了产生所需的功率谱密度，问滤波器的频率响应函数是多少？

7.22 已知下述系统的输入自相关函数或者输入功率谱密度，要求求出系统的输出自相关函数、输出功率谱密度：

(a) 传输函数：$H(f) = \Pi(f/2B)$；输入自相关函数为：$R_X(\tau) = \frac{N_0}{2}\delta(\tau)$。$N_0$、$B$ 均表示取值为正的常数。

(b) 冲激响应为：$h(t) = A\exp(-\alpha t)u(t)$；输入功率谱密度为：$S_X(f) = \frac{B}{1+(2\pi Bf)^2}$。$A$、$\alpha$、$B$、$\beta$ 均表示取值为正的常数。

7.23 已知低通滤波器的冲激响应为 $h(t) = \exp(-10t)u(t)$。如果将单边功率谱密度为 2 W/Hz 的高斯白噪声输入滤波器，求解如下问题：

(a) 输出噪声的均值；

(b) 输出噪声的功率谱密度；

(c) 输出噪声的自相关函数；

(d) 在任意时刻 t_1 处，输出噪声的概率密度函数；

(e) 在时刻 t_1、$(t_1+0.03)$ 秒处，输出噪声的联合概率密度函数。

7.24 根据如下的 3 dB 带宽，求出满足下面条件的一阶、二阶低通滤波器的等效噪声带宽。在求传输函数的幅度时，参考第 2 章的内容。

(a) 切比雪夫滤波器；

(b) 贝塞尔滤波器。

7.25 已知二阶巴特沃斯滤波器的 3 dB 带宽为 500 Hz。求滤波器的单位冲激响应 $h(t)$，并且利用 $h(t)$ 计算出滤波器的等效噪声带宽。利用例 7.10 中的适当例子验证你的结论。

7.26 已知 4 种滤波器的传输函数如下，求出每一种的等效噪声带宽：

(a) $H_a(f) = \Pi(f/4) + \Pi(f/2)$

(b) $H_b(f) = 2\Lambda(f/50)$

(c) $H_c(f) = \dfrac{10}{10+\mathrm{j}2\pi f}$

(d) $H_d(f) = \Pi(f/10) + \Lambda(f/5)$

7.27 滤波器的频率响应函数如下：

$$H(f) = H_0(f-500) + H_0(f+500)$$

式中，$H_0(f) = 2\Lambda(f/100)$。求出滤波器的等效噪声带宽。

7.28 根据下面每一种情形的传输函数，求出系统的等效噪声带宽。提示：利用时域求解的方法。

(a) $H_a(f) = \dfrac{10}{(j2\pi f + 2)(j2\pi f + 25)}$

(b) $H_b(f) = \dfrac{100}{(j2\pi f + 10)^2}$

7.5 节习题

7.29 噪声 $n(t)$ 的双边功率谱密度如图 7.16 所示。如果 $n(t)$ 的表达式如下：

$$n(t) = n_c(t)\cos(2\pi f_0 t + \theta) - n_s(t)\sin(2\pi f_0 t + \theta)$$

针对如下的每一种情形，绘出 $n_c(t)$、$n_s(t)$ 的功率谱密度的图形。

(a) $f_0 = f_1$。

(b) $f_0 = f_2$。

(c) $f_0 = (f_1 + f_2)/2$。

(d) 在上述的几种情形中，问哪一种(或者哪几种)的 $n_c(t)$、$n_s(t)$ 不相关？

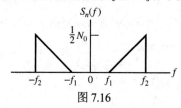

图 7.16

7.30

(a) 如果 $S_n(f) = \alpha^2/(\alpha^2 + 4\pi^2 f^2)$，证明：$R_n(\tau) = Ke^{-\alpha|\tau|}$，并且求出 K。

(b) 如果 $S_n(f) = \dfrac{\frac{1}{2}\alpha^2}{\alpha^2 + 4\pi^2(f - f_0)^2} + \dfrac{\frac{1}{2}\alpha^2}{\alpha^2 + 4\pi^2(f + f_0)^2}$，求 $R_n(\tau)$。

(c) 如果 $n(t) = n_c(t)\cos(2\pi f_0 t + \theta) - n_s(t)\sin(2\pi f_0 t + \theta)$，求出 $S_{n_c}(f)$、$S_{n_c n_s}(f)$。其中，$S_n(f)$ 已在 (b) 中给出。

　　绘出每个频谱密度的简图。

7.31 噪声 $n(t)$ 的双边功率谱密度如图 7.17 所示。如果 $n(t)$ 的表达式如下：

$$n(t) = n_c(t)\cos(2\pi f_0 t + \theta) - n_s(t)\sin(2\pi f_0 t + \theta)$$

针对如下的每一种情形，求出 $S_{n_c}(f)$、$S_{n_s}(f)$、$S_{n_c n_s}(f)$，并且绘出相应的图形。

(a) $f_0 = (f_1 + f_2)/2$。

(b) $f_0 = f_1$。

(c) $f_0 = f_2$。

(d) 如果已知 $S_{n_c n_s}(f)$ 不等于零，分别求出上述每种情形的 $R_{n_c n_s}(\tau)$，并且绘出相应的图形。

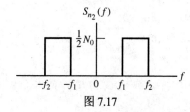

图 7.17

7.32 噪声信号 $n_1(t)$ 的功率谱的带宽受到限制,如图 7.18 所示。求出下面 $n_2(t)$ 的功率谱密度,并且绘出相应的图形:

$$n_2(t) = n_1(t)\cos(2\pi f_0 t + \theta) - n_1(t)\sin(2\pi f_0 t + \theta)$$

式中,θ 表示在区间 $(0, 2\pi)$ 内呈均匀分布的随机变量。

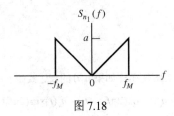

图 7.18

7.6 节习题

7.33 这里引入如下的"信号 + 噪声"随机过程:

$$z(t) = A\cos[2\pi(f_0 + f_d)t] + n(t)$$

式中

$$n(t) = n_c(t)\cos(2\pi f_0 t) - n_s(t)\sin(2\pi f_0 t)$$

$n(t)$ 表示具有如下双边功率谱密度的带限白噪声。

$$\begin{cases} N_0 / 2, & f_0 - \dfrac{B}{2} \leqslant |f| \leqslant f_0 + \dfrac{B}{2} \\ 0, & \text{其他} \end{cases}$$

于是可以把 $z(t)$ 表示为

$$z(t) = A\cos[2\pi(f_0 + f_d)t] + n_c'(t)\cos[2\pi(f_0 + f_d)t] - n_s'(t)\sin[2\pi(f_0 + f_d)t]$$

(a) 求出用 $n_c(t)$、$n_s(t)$ 表示的 $n_c'(t)$、$n_s'(t)$ 的表达式。根据 7.5 节介绍的技术,求出 $n_c'(t)$、$n_s'(t)$ 的功率谱密度 $S_{n_c'}(f)$、$S_{n_s'}(f)$。

(b) 求出用 $n_c'(t)$、$n_s'(t)$ 表示的互谱密度 $S_{n_c'n_s'}(f)$ 和自相关函数 $R_{n_c'n_s'}(\tau)$ 的表达式。问 $n_c'(t)$、$n_s'(t)$ 是否相关? 能否在同一时刻对 $n_c'(t)$、$n_s'(t)$ 单独采样?

扩展教材内容的习题

7.34 一随机过程由如下的样本函数构成:

$$x(t) = n(t)\sum_{k=-\infty}^{\infty} \delta(t - kT_s) = \sum_{k=-\infty}^{\infty} n_k \delta(t - kT_s)$$

式中,$n(t)$ 表示自相关函数为 $R_n(\tau)$ 的广义平稳随机过程,而且 $n_k = n(kT_s)$。

(a) 为了保证位于 $n_k = n(kT_s)$ 的各个样值正交,所选择的 T_s 满足如下的关系。

$$R_n(kT_s) = 0, k = 1, 2, \cdots$$

要求利用式(7.35)证明:$x(t)$ 的功率谱密度为

$$S_x(f) = \frac{R_n(0)}{T_s} = f_s R_n(0) = f_s \overline{n^2(t)}, \quad -\infty < f < \infty$$

(b) 如果 $x(t)$ 通过冲激响应为 $h(t)$、频率响应函数为 $H(f)$ 的滤波器,证明:输出随机过程 $y(t)$ 的功率谱密度如下。

$$S_y(f) = f_s \overline{n^2(t)} |H(f)|, \quad -\infty < f < \infty \tag{7.152}$$

7.35 把图 7.19 所示的系统用于近似地检测 $R_x(\tau)$，图中的 $x(t)$ 表示平稳随机过程。

(a) 证明：$E(y) = R_x(\tau)$。

(b) 如果 $x(t)$ 为高斯过程，并且均值为零，求出 σ_y^2 的表达式。提示：如果 x_1、x_2、x_3、x_4 都表示均值等于零的高斯过程，那么，可以证明

$$E[x_1 x_2 x_3 x_4] = E[x_1 x_2] E[x_3 x_4] + E[x_1 x_3] E[x_2 x_4] + E[x_1 x_4] E[x_2 x_3]$$

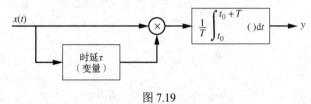

图 7.19

7.36 在对 FM 信号解调时需要分析系统中的噪声，这时采用的平均是如下的互相关：

$$R_{y\dot{y}}(\tau) \triangleq E\left\{ y(t) \frac{\mathrm{d}y(t+\tau)}{\mathrm{d}t} \right\}$$

假定式中的 $y(t)$ 表示平稳随机过程。

(a) 证明：$R_{y\dot{y}}(\tau) = \dfrac{\mathrm{d}R_y(\tau)}{\mathrm{d}\tau}$。其中，$R_y(\tau)$ 表示 $y(t)$ 的自相关函数。（提示：微分器的频率响应函数为 $H(f)$ $= \mathrm{j}2\pi f$）。

(b) 如果 $y(t)$ 为高斯过程，要求在任意时刻 t 时，求出如下两个函数的联合概率密度函数。

$$Y \triangleq y(t) \text{ 以及 } Z \triangleq \frac{\mathrm{d}y(t)}{\mathrm{d}t}$$

假定理想低通滤波器的功率谱密度如下：

$$S_y(f) = \frac{N_0}{2} \Pi\left(\frac{f}{2B} \right)$$

注意：在答案中，N_0、B 为已知条件。

(c) 如果采用"白噪声通过 RC 低通滤波器"的方式得到 $y(t)$，问能不能得到 y 与 $\dfrac{\mathrm{d}y(t)}{\mathrm{d}t}$ 的联合概率密度函数的结果？分析能或者不能的原因。

计算机仿真练习

7.1 在该仿真练习中再次分析例 7.1。已知随机过程的定义式如下：

$$X(t) = A \cos(2\pi f_0 t + \theta)$$

在区间 $0 \leqslant \theta < 2\pi$，利用"随机数发生器程序"产生 20 个均匀分布的 θ 值。根据这 20 个 θ 值产生 $X(t)$ 的 20 个样本函数，再利用 20 个样本函数完成如下的各个问题：

(a) 在各自的坐标系中绘出样本函数的图形；

(b) 求出时间平均的 $E\{X(t)\}$、$E\{X^2(t)\}$；

(c) 求出统计平均的 $E\{X(t)\}$、$E\{X^2(t)\}$；

(d) 与例 7.1 中所得到的结果进行比较。

7.2　如果在区间 $-\pi/4 \leqslant \theta < \pi/4$，$\theta$ 存在 20 个均匀分布的值。重复上面的计算机仿真问题。

7.3　根据计算机仿真练习 6.2 中的随机数发生器，通过计算 1000 对随机产生的随机数的相关性，检测随机变量 X、Y 之间的相关系数。已知相关系数的定义式如下：

$$\rho(X,\,Y) = \frac{1}{(N-1)\hat{\sigma}_1\hat{\sigma}_2}\sum_{n=1}^{N}(X_n - \hat{\mu}_X)(Y_n - \hat{\mu}_Y)$$

其中

$$\hat{\mu}_X = \frac{1}{N}\sum_{n=1}^{N}X_n$$

$$\hat{\mu}_Y = \frac{1}{N}\sum_{n=1}^{N}Y_n$$

$$\hat{\sigma}_X^2 = \frac{1}{(N-1)}\sum_{n=1}^{N}(X_n - \hat{\mu}_X)^2$$

$$\hat{\sigma}_Y^2 = \frac{1}{(N-1)}\sum_{n=1}^{N}(Y_n - \hat{\mu}_Y)^2$$

7.4　编写 MATLAB 程序绘出莱斯分布的概率密度函数。在编写程序时，概率密度函数采用式(7.150)的表示形式，并且在同一坐标系中绘出 $K=1$、10、100 时的图形。若以 r/σ 为自变量，要求绘出 $\sigma^2 f(r)$ 随 r/σ 变化的图形。

第 8 章　调制系统中的噪声

第 6 章、第 7 章介绍了概率论与随机过程这两个主题。由这些主题的基本思想衍生了噪声在有限宽带内的表示形式。下面在存在噪声的条件下，把这些表示形式用于：①基本的模拟通信系统；②数字通信系统(简要介绍)。本书余下的各章较详细地分析数字通信系统。本章主要包含了大量的工程实例，其中的大部分实例针对不同的系统和不同的调制技术。

噪声以不同的程度出现在电子系统中。一般来说，在信号电平很高的系统中，可以忽略低噪声电平的影响。然而，在众多的通信应用中，接收端的输入信号电平非常低，于是，噪声明显地降低了系统的性能。根据噪声源的不同，可以把噪声分为几种形式，但最常见形式的噪声都是因载流子的随机移动而产生的。一旦导体的温度高于 $0\,\mathrm{K}$，那么，由于载流子的随机移动会产生热噪声(较详细的介绍见附录 A)。从带宽 B 的角度度量时，可以用下面的关系式表示由电阻类元件(例如电缆)产生的热噪声的方差：

$$\sigma_n^2 = 4kTRB \tag{8.1}$$

式中，k 表示玻尔兹曼常数(1.38×10^{-23} 焦耳/开尔文)；T 表示元器件的温度，单位：开尔文度(即绝对温度)；R 表示电阻的阻抗，单位：欧姆。需要注意的是，噪声的方差与温度成正比，这正是在信号电平很低的环境下采用过冷放大器的原因(比如用于射电天文学)。还需注意的是，噪声的方差与频率无关，这就是说，假定噪声的功率谱密度为常数(或者说成白噪声)。在热噪声为白噪声的带宽范围 B 内，可以假定这时的热噪声是温度的函数。然而，当温度高于 3 K 左右时，如果带宽低于 10 GHz 左右，则"白噪声的假定"成立。当升高温度时，"白噪声假定"成立的带宽也增加。在标准温度 290 K 处，"白噪声假定"成立的带宽超过了 1000 GHz。当频率非常高时，其他噪声源(比如量子噪声)的影响会很明显，于是，"白噪声"的假定不再成立。附录 A 较详细地分析了这些概念。

这里假定热噪声呈高斯分布(即，幅度的概率密度函数呈高斯分布)。由于大量载流子的随机移动产生了热噪声，那么，由中心极限定理证明了"高斯白噪声假定"成立。因此，如果假定所关注的噪声是热噪声，而且带宽低于 $10 \sim 1000\,\mathrm{GHz}$(宽带的具体值与温度有关)，于是，加性高斯白噪声(Additive White Gaussian Noise，AWGN)模型是个有效、实用的噪声模型。这里假定本章采用这种噪声模型。

正如第 1 章的介绍，系统中的噪声来自如下的两方面：①系统之外的噪声源；②系统内部的噪声源。由于任何实际系统都不可能避免噪声，那么，当要求实现高性能的通信时，必须通过所采用的技术降低噪声对系统性能的影响。本章分析了度量系统性能的合理标准。在随后介绍的许多系统中，可以求出噪声对系统运行的影响有多大。特别值得注意的是，线性系统与非线性系统存在差别。后面会发现，采用非线性调制技术(比如 FM)之后，可以以增大传输带宽为代价换取系统性能的提高。而在线性系统中并不存在这样的折中。

8.1　信噪比

在第 3 章介绍的系统中分析了调制、解调的处理过程。本节则扩展到噪声环境下线性解调器的性能分析。由于信噪比通常很实用，而且，根据信噪比很容易求出表示系统性能的品质因数，因此，本节的重点是与信噪比相关的计算。

8.1.1 基带系统

为了得到进行性能比较的依据，这里求出基带系统输出端的信噪比。前面已经介绍过，基带系统不需要调制，也不需要解调，如图 8.1(a)所示。假定信号的功率为有限值 P_T W、加性噪声在带宽 B 范围内的双边功率谱密度为 $N_0/2$ W/Hz，而且假定 B 大于 W，如图 8.1(b)所示。那么，在带宽 B 范围内的噪声功率如下：

$$\int_{-B}^{B} \frac{N_0}{2} \mathrm{d}f = N_0 B \tag{8.2}$$

于是得到滤波器输入端的信噪比(Signal-to-Noise Ratio，SNR)如下：

$$(\mathrm{SNR})_i = \frac{P_T}{N_0 B} \tag{8.3}$$

由于已假定消息信号 $m(t)$ 的带宽限于 W 的范围内，因此可以采用一个简单的滤波器来提高 SNR。假定信号分量可以无失真地通过滤波器，但滤波器却消除了信号频带之外的噪声，如图 8.1(c)所示。假定理想滤波器的带宽为 W，那么，信号可以无失真地通过滤波器。于是，低通滤波器输出端的信号功率为 P_T，该值等于滤波器输入端的信号功率。滤波器输出端的噪声功率如下：

$$\int_{-W}^{W} \frac{N_0}{2} \mathrm{d}f = N_0 W \tag{8.4}$$

上式的值小于 $N_0 B$。那么，滤波器输出端的信噪比如下：

$$(\mathrm{SNR})_o = \frac{P_T}{N_0 W} \tag{8.5}$$

加入滤波器之后，SNR 性能增大的倍数如下：

$$\frac{(\mathrm{SNR})_o}{(\mathrm{SNR})_i} = \frac{P_T}{N_0 W} \times \frac{N_0 B}{P_T} = \frac{B}{W} \tag{8.6}$$

由于式(8.5)表示的 SNR 是根据简单的基带系统得到的(在基带系统中，滤除了所有的带外噪声)，所以，在比较系统的性能时，这个标准很合理。在后面的分析中，会广泛地用到 $P_T/(N_0 W)$ 这个参考信息，其中的输出 SNR 是从许多基本系统得出的。

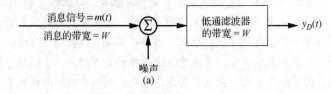

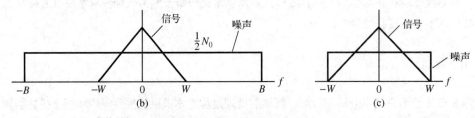

图 8.1　基带系统。(a) 方框图；(b) 滤波器输入端的频谱；(c) 滤波器输出端的频谱

8.1.2　双边带系统

在下面的第一个实例中，计算双边带相干解调器(这一技术在第 3 章首次引入)的噪声性能。图 8.2 所示的方框图示出了相干解调器，相干解调器位于检波前滤波器的后面。一般来说，检波前滤波器对应第 3 章介绍的中频滤波器。该滤波器的输入为如下两部分之和：①已调信号；②功率谱密度为 $N_0/2$ W/Hz 的高斯白噪声。由于已假定发送的信号 $x_c(t)$ 为双边带信号，那么，可以把收到的信号 $x_r(t)$ 表示如下：

$$x_r(t) = A_c m(t)\cos(2\pi f_c t + \theta) + n(t) \tag{8.7}$$

式中，$m(t)$ 表示消息信号；θ 表示不确定的载波初相位(或者说时间原点)。需要注意的是，由于白噪声的功率为无穷大，因此，根据这个模型，检波前滤波器的输入端的 SNR 为零。如果检波前滤波器的带宽(的理论值)为 $2W$，那么，双边带信号可以全部通过滤波器。根据第 7 章介绍的技术，可以把检波前滤波器输出端的噪声分解为同相分量、正交分量。于是得到

$$e_2(t) = A_c m(t)\cos(2\pi f_c t + \theta) + n_c(t)\cos(2\pi f_c t + \theta) - n_s(t)\sin(2\pi f_c t + \theta) \tag{8.8}$$

由上式可知，噪声的总功率为 $\overline{n_0^2(t)} = \frac{1}{2}\overline{n_c^2(t)} + \frac{1}{2}\overline{n_s^2(t)}$，并且等于 $2N_0W$。

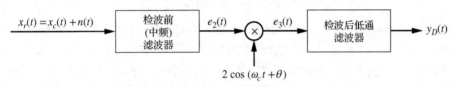

图 8.2　双边带解调器

在对乘法器的输入端进行检测时，很容易得到检波前滤波器的 SNR。信号的功率为 $\frac{1}{2}A_c^2\overline{m^2}$，其中，$m$ 是 t 的函数；噪声的功率为 $2N_0W$，如图 8.3(a)所示。于是得到检波前的 SNR 如下：

$$(SNR)_T = \frac{A_c^2\overline{m^2}}{4WN_0} \tag{8.9}$$

在计算检波后 SNR 之前，需要先计算出 $e_3(t)$。$e_3(t)$ 的完整表达式如下：

$$\begin{aligned}e_3(t) = & A_c m(t) + n_c(t) + A_c m(t)\cos[2(2\pi f_c t + \theta)] \\ & + n_c(t)\cos[2(2\pi f_c t + \theta)] - n_s(t)\sin[2(2\pi f_c t + \theta)]\end{aligned} \tag{8.10}$$

在检波后滤波器滤除倍频项 $2f_c$ 之后，得到解调之后的基带信号如下：

$$y_D(t) = A_c m(t) + n_c(t) \tag{8.11}$$

值得注意的是，解调器输入端的噪声在解调器的输出端成为了加性噪声。这是线性特性的体现。

检波后的信号功率为 $A_c^2\overline{m^2}$，检波后的噪声功率为 $\overline{n_c^2}$(或者表示为 $2N_0W$)，如图 8.3(b)所示。于是得到检波后的 SNR 为：

$$(SNR)_D = \frac{A_c^2\overline{m^2}}{2WN_0} \tag{8.12}$$

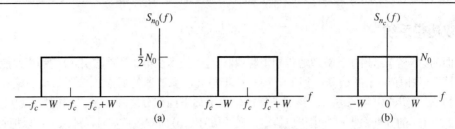

图 8.3　(a)双边带解调时检波前滤波器的输出频谱；(b)双边带解调时检波后滤波器的输出频谱

由于信号的功率为 $\frac{1}{2}A_c^2\overline{m^2}=P_T$，那么，可以将检波后的 SNR 表示如下：

$$(\text{SNR})_D = \frac{P_T}{WN_0} \qquad (8.13)$$

上式与理想基带系统的结论相同。

把 $(\text{SNR})_D$ 与 $(\text{SNR})_T$ 的比值称为检波增益，并且通常把它作为解调器的品质因数。因此，把双边带相干解调器的检波增益表示如下：

$$\frac{(\text{SNR})_D}{(\text{SNR})_T} = \frac{A_c^2\overline{m^2}}{2N_0W} \times \frac{4WN_0}{A_c^2\overline{m^2}} = 2 \qquad (8.14)$$

初一看，这一结果表示产生了 3 dB 的增益，因此，从某种程度上说，这一结果很容易误导读者。由于解调器抑制了噪声的正交分量，因此这一结论成立。与基带系统比较之后发现，就关注的系统输出来说，并没有产生任何增益。双边带调制时，检波前滤波器的带宽必须为 $2W$。这时，检波前滤波器输出端的噪声带宽加倍，因而噪声的功率加倍。3 dB 检波增益足够克服这种影响，因而得到了与式(8.5)给出的基带参考系统相同的总性能。值得注意的是，如果消除所有的带外噪声，而且，如果用于解调的载波的相位与用于调制的载波的相位完全一致，才能得到这种理想的性能。

正如第 4 章的介绍，在实际应用中，常在解调器中利用锁相环恢复复载波。在环路的带宽上如果存在噪声，那么会产生相位抖动。下一节分析"加性噪声与解调相位误差的组合"对系统性能的影响。

8.1.3　单边带系统

对单边带系统而言，很容易进行同样的运算。可以将单边带系统的检波前滤波器的输入表示如下：

$$x_r(t) = A_c[m(t)\cos(2\pi f_c t + \theta) \pm \hat{m}(t)\sin(2\pi f_c t + \theta)] + n(t) \qquad (8.15)$$

式中，$\hat{m}(t)$ 表示 $m(t)$ 的希尔伯特变换。第 3 章分析过，上式的"正号"表示 LSB SSB 信号，"负号"表示 USB SSB 信号。在 SSB 系统中，由于检波前带通滤波器的带宽为 W，因此，检波前滤波器的中心频率为 $f_x = f_c \pm \frac{1}{2}W$，式中，正负号与所选的边带有关。

根据第 7 章的介绍，由于可以根据选择把噪声展宽到任意频带，因此，可以把噪声扩展到任意的中心频率 $f_x = f_c \pm \frac{1}{2}W$。然而，把噪声的中心频率扩展到 f_c 稍微便捷一些。这时，可以把检波前滤波器的输出表示如下：

$$\begin{aligned} e_2(t) = & A_c[m(t)\cos(2\pi f_c t + \theta) \pm \hat{m}(t)\sin(2\pi f_c t + \theta)] \\ & + n_c(t)\cos(2\pi f_c t + \theta) - n_s(t)\sin(2\pi f_c t + \theta) \end{aligned} \qquad (8.16)$$

从图 8.4(a)可以看出，上式中的 $n_c(t)$、$n_s(t)$ 满足如下的关系：

$$N_T = \overline{n^2} = \overline{n_c^2} = \overline{n_s^2} = N_0 W \tag{8.17}$$

可以把式(8.16)表示如下：

$$e_2(t) = [A_c m(t) + n_c(t)]\cos(2\pi f_c t + \theta) + [A_c \hat{m}(t) \mp n_s(t)]\sin(2\pi f_c t + \theta) \tag{8.18}$$

根据第 3 章的介绍，把 $e_2(t)$ 与解调载波 $2\cos(2\pi f_c t + \theta)$ 相乘，再经低通滤波处理之后，就完成了解调。因此，由图 8.2 所示的相干解调器模型完成了单边带信号的解调。于是，得到解调后滤波器的输出如下：

$$y_D(t) = A_c m(t) + n_c(t) \tag{8.19}$$

由上式可以看出，相干解调在解调器消除 $\hat{m}(t)$ 的同时，还消除了 $n_s(t)$。图 8.4(b)示出了 LSB SSB 中 $n_c(t)$ 的功率谱密度。由于检波后滤波器仅允许 $n_c(t)$ 通过，于是得到检波后的噪声功率如下：

$$N_D = \overline{n_c^2} = N_0 W \tag{8.20}$$

根据式(8.19)可以得到检波后的信号功率如下：

$$S_D = A_c^2 \overline{m^2} \tag{8.21}$$

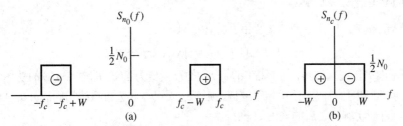

图 8.4　解调时，下边带 SSB 的 "+" 和 "−" 分别表示频率大于零、频率小于零时 $S_{n_0}(f)$ 的内容。(a)检波前滤波器的输出频谱；(b)检波后滤波器的输出频谱

下面计算检波前的信号功率、噪声功率。

检波前的信号功率如下：

$$S_T = \overline{\{A_c[m(t)\cos(2\pi f_c t + \theta) \pm \hat{m}(t)\sin(2\pi f_c t + \theta)]\}^2} \tag{8.22}$$

根据第 2 章的介绍：函数与函数的希尔伯特变换是正交的。如果 $\overline{m(t)} = 0$，则可以得到：$\overline{m(t)\hat{m}(t)} = E\{m(t)\}E\{\hat{m}(t)\} = 0$。因此，上面的关系式(也就是式(8.22))变为

$$S_T = A_c^2 \left[\frac{1}{2}\overline{m^2(t)} + \frac{1}{2}\overline{\hat{m}^2(t)} \right] \tag{8.23}$$

第 2 章还证明了 "函数与它的希尔伯特变换具有相同的功率"。把这一结论用于式(8.23)之后得到

$$S_T = A_c^2 \overline{m^2} \tag{8.24}$$

由于检波前、检波后的带宽都等于 W，因此，检波前、检波后的噪声功率相同，即

$$N_T = N_D = N_0 W \tag{8.25}$$

于是得到如下的检波增益：

$$\frac{(\mathrm{SNR})_D}{(\mathrm{SNR})_T} = \frac{A_c^2 \overline{m^2}}{N_0 W} \times \frac{N_0 W}{A_c^2 \overline{m^2}} = 1 \tag{8.26}$$

　　与双边带系统相比，单边带系统的检波增益低了 3 dB。但是，如果两种系统的检波前滤波器具有相同的带宽，那么单边带系统比双边带系统的检波前噪声功率低了 3 dB。于是这两种系统的性能相同。即

$$(\text{SNR})_D = \frac{A_c^2 \overline{m^2}}{N_0 W} = \frac{P_T}{N_0 W} \tag{8.27}$$

　　那么，在采用相干解调时，单边带系统、双边带系统的性能与基带系统的性能相同。

8.1.4　幅度调制系统

　　采用 AM 技术的主要原因是：可以在接收端采用简单的包络解调（或者称为包络检波）技术。从第 3 章的介绍可以看出，在许多应用中，接收机实现简单的特性弥补了接收机效率低的特性。因此，在通常情况下，并没有在常规调幅时采用相干解调技术。尽管如此，由于在噪声环境下，对常规调幅信号进行相干解调技术的分析有助于深入地分析系统的性能，所以，这里还是简要地介绍一下常规调幅信号的相干解调技术。

1．常规调幅型号的相干解调

　　根据第 3 章的介绍，用如下的关系式定义 AM 信号：

$$x_c(t) = A_c[1 + a m_n(t)]\cos(2\pi f_c t + \theta) \tag{8.28}$$

式中，$m_n(t)$ 表示归一化调制信号，即，确保 $|m_n(t)|$ 的最大值为 1（这里假定 $m(t)$ 的功率谱密度关于原点对称）；a 表示调制指数。假定采用相干解调，则通过采用与双边带系统相同的分析过程，在存在噪声的环境下，可以证明解调之后的输出如下：

$$y_D(t) = A_c a m_n(t) + n_c(t) \tag{8.29}$$

　　当 $x_c(t)$ 与解调载波相乘时，在式（8.29）中没有出现直流项的原因有如下两条：①由于直流项不含信息，因此，直流项不是分析的内容（读者可以参考前面介绍过的 $\overline{m(t)} = 0$ 的情形）；②最实用的 AM 解调器没有直流耦合的特性。鉴于以上的两个原因，直流项并没有出现在实际系统的输出中。另外，直流项常用于自动增益控制（Automatic Gain Control，AGC），于是发送端的直流项保持不变。

　　根据式（8.29），可以得到包含在 $y_D(t)$ 中的信号功率如下：

$$S_D = A_c^2 a^2 \overline{m_n^2} \tag{8.30}$$

而且，由于传输信号的带宽为 $2W$，因此噪声的功率如下：

$$N_D = \overline{n_c^2} = 2N_0 W \tag{8.31}$$

检波前的信号功率如下：

$$S_T = P_T = \frac{1}{2} A_c^2 (1 + a^2 \overline{m_n^2}) \tag{8.32}$$

检波前的噪声功率如下：

$$N_T = 2N_0 W \tag{8.33}$$

于是得到如下的与调制指数有关的检波增益：

$$\frac{(\text{SNR})_D}{(\text{SNR})_T} = \frac{A_c^2 a^2 \overline{m_n^2} / 2N_0 W}{(A_c^2 + A_c^2 a^2 \overline{m_n^2}) / 4N_0 W} = \frac{2a^2 \overline{m_n^2}}{1 + a^2 \overline{m_n^2}} \tag{8.34}$$

根据第 3 章中介绍的 AM 技术，把 AM 传输系统的效率定义为如下两项的比值：①发送信号 $x_c(t)$ 中信号的边带功率；②发送信号 $x_c(t)$ 中的总功率。于是，用如下的关系式表示 AM 系统的效率 E_{ff}：

$$E_{ff} = \frac{a^2 \overline{m_n^2}}{1 + a^2 \overline{m_n^2}} \tag{8.35}$$

式中，用含上横线的统计平均表示符号 "－" 取代了第 3 章中采用的时间平均的表示符号 "$\langle \cdot \rangle$"。根据式(8.34)与式(8.35)，可以将检波增益表示如下：

$$\frac{(\text{SNR})_D}{(\text{SNR})_T} = 2E_{ff} \tag{8.36}$$

由于可以把检波前 SNR 表示如下：

$$(\text{SNR})_T = \frac{S_T}{2N_0W} = \frac{P_T}{2N_0W} \tag{8.37}$$

因此，可以把解调器输出端的 SNR 表示为

$$(\text{SNR})_D = E_{ff} \frac{P_T}{N_0W} \tag{8.38}$$

根据第 3 章的介绍，把 AM 系统的效率定义为 AM 信号中的边带功率与总功率之比。上面的表达式（也就是式(8.38)）给出了表示效率的另一种表达式，或许这种表示方式更好一些。

如果 AM 系统的效率可以达到 1，那么，AM 系统的检波后 SNR 与理想双边带系统、单边带系统的检波后功率相等。当然，正如第 3 章中介绍的，通常 AM 系统的效率比 1 小得多，因而，对应的检波后 SNR 也比理想双边带系统、单边带系统的检波后 SNR 低些。值得注意的是，当效率为 1 时，要求调制指数满足 $a \to \infty$，与总功率相比，这时的未调载波的功率值才可以忽略不计。然而，当 $a > 1$ 时，不可能采用包络解调法，这时的 AM 技术不再具有优势。

例 8.1

AM 系统正常工作时的调制指数为 0.5，并且包含在归一化消息信号中的功率为 0.1W。这时，系统的效率如下：

$$E_{ff} = \frac{0.5^2 \times 0.1}{1 + 0.5^2 \times 0.1} = 0.024\,4 \tag{8.39}$$

检波后的 SNR 如下：

$$(\text{SNR})_D = 0.024\,4 \frac{P_T}{N_0W} \tag{8.40}$$

那么，检波增益如下：

$$\frac{(\text{SNR})_D}{(\text{SNR})_T} = 2E_{ff} = 0.048\,8 \tag{8.41}$$

在带宽相同的条件下，所得到的检波增益的值比理想系统的低了 16 dB。但应该记住的是，之所以采用 AM 技术，并不是因为系统的噪声性能，而是因为解调时可以采用简单的包络检波器。当然，AM 系统效率低的原因是：总功率中的绝大部分消耗在载波分量上，由于载波分量不是消息信号的函数，因而，载波分量并没有传输信息。　　■

2. AM 信号的包络解调

在解调 AM 信号时，由于常采用包络检波法，因此，相当重要的是：在存在噪声的环境下，了解包络解调法与相干解调法存在哪些不同之处。这里假定包络解调器的输入为 $x_c(t)$ 与噪声之和。于是得到

$$x_r(t) = A_c[1 + am_n(t)]\cos(2\pi f_c t + \theta) + n_c(t)\cos(2\pi f_c t + \theta) - n_s(t)\sin(2\pi f_c t + \theta) \tag{8.42}$$

与前面的分析一样，式中，$\overline{n_c^2} = \overline{n_s^2} = 2N_0 W$。可以用包络、相位把 $x_r(t)$ 表示如下：

$$x_r(t) = r(t)\cos[2\pi f_c t + \theta + \phi(t)] \tag{8.43}$$

式中

$$r(t) = \sqrt{\{A_c[1 + am_n(t)] + n_c(t)\}^2 + n_s^2(t)} \tag{8.44}$$

以及

$$\phi(t) = \tan^{-1}\left(\frac{n_s(t)}{A_c[1 + am_n(t)] + n_c(t)}\right) \tag{8.45}$$

在理想条件下，由于包络检波器的输出与输入相位的变化无关，因此，这里并不关注 $\phi(t)$ 的表达式，而是着重分析 $r(t)$。假定包络检波器采用了交流耦合方式，于是得到

$$y_D(t) = r(t) - \overline{r(t)} \tag{8.46}$$

式中，$\overline{r(t)}$ 表示包络幅度的平均值。式(8.46)用于如下两种情形的计算：①当 $(SNT)_T$ 很大时；②当 $(SNT)_T$ 很小时。这里先分析第①种情形。

当 $(SNT)_T$ 很大时的包络解调法　当 $(SNT)_T$ 很大时的解决方案很简单。从式(8.44)可以看出，如果下面的条件成立：

$$|A_c[1 + am_n(t)] + n_c(t)| \gg |n_s(t)| \tag{8.47}$$

那么，在大部分时间内，如下的关系式成立：

$$r(t) \cong A_c[1 + am_n(t)] + n_c(t) \tag{8.48}$$

在滤除上式中的直流分量之后，可以得到

$$y_D(t) \cong A_c am_n(t) + n_c(t) \tag{8.49}$$

上式表示 SNR 很大时的最后结果。

将式(8.49)与式(8.29)进行比较之后发现，当 $(SNT)_T$ 很大时，包络检波器的输出等于相干检波器的输出。用式(8.34)表示这种情形的检波增益。

当 $(SNT)_T$ 很小时的包络解调法　当 $(SNT)_T$ 很小时，分析过程稍微复杂一些。在分析这一情形时，根据第 7 章的介绍，可以用包络、相位表示 $n_c(t)\cos(2\pi f_c t + \theta) - n_s(t)\sin(2\pi f_c t + \theta)$，于是，可以把包络检波器的输入表示如下：

$$e(t) = A_c[1 + am_n(t)]\cos(2\pi f_c t + \theta) + r_n(t)\cos[2\pi f_c t + \theta + \phi_n(t)] \tag{8.50}$$

当 $(SNT)_T \ll 1$ 时，$A_c[1 + am_n(t)]$ 比 $r_n(t)$ 小得多。这里引入图 8.5 所示的相量图，该图是在 $A_c[1 + am_n(t)] < r_n(t)$ 的条件下绘出的。从图中可以看出，$r_n(t)$ 的近似值如下：

$$r(t) \cong r_n(t) + A_c[1 + am_n(t)]\cos[\phi_n(t)] \tag{8.51}$$

把式(8.51)代入式(8.46)之后，可以得到

$$y_D(t) \cong r_n(t) + A_c[1 + am_n(t)]\cos[\phi_n(t)] - \overline{r(t)} \tag{8.52}$$

从上式可以看出，$y_D(t)$ 的主要分量是呈瑞利分布的噪声包络，并且在 $y_D(t)$ 的表达式中不存在与

信号成正比的分量。值得注意的是，由于 $n_c(t)$、$n_s(t)$ 都是随机变量，那么，$\cos[\phi_n(t)]$ 也是随机变量。因此，上式中的信号 $m_n(t)$ 是与随机量 $\cos[\phi_n(t)]$ 相乘。与加性噪声相比，信号与噪声函数相乘的处理使得通信的效果明显变差。

把输入信噪比很低时性能的严重损耗称为门限效应，由于包络检波器的非线性特性而导致了门限效应。在相干检波器(呈线性特性)中，在检波器的输入端，如果信号与噪声为相加的关系，那么，在检波器的输出端，信号与噪声体现为相加的关系。因此，即使在输入信噪比很低的条件下，原输入信号仍然保持不变。当采用非线性解调器时，从图中已经看出这一结论不再成立。因此，当噪声很强时，通常需要采用相干检测法。

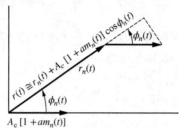

图 8.5 当 $(\mathrm{SNR})_T \ll 1$ 时 AM 信号的相量图(对应 $\theta = 0$ 的情形)

3. AM 信号的平方率解调

对非线性系统而言，通常很难求出输出端的信噪比。但是，平方律检波器系统不属于难以求解输出信噪比的系统。本节在介绍门限现象时(门限现象是各种非线性系统的特性)，简要地分析平方律检波器。

在下面的分析中，假定检波后的带宽为消息信号带宽 W 的两倍。虽然这不是一个必要的假定条件，但它的确可以在不影响门限效应的前提下简化分析过程。从下面的分析中还会发现，在平方律检波器中，谐波和/或者交调失真是个问题。也就是说，谐波和/或者交调会影响到解调方案的选择。

在"平方电路"之后接一个低通滤波器即可构成平方律解调器。把 AM 信号输入到平方率解调器时，解调器的输出响应为 $r^2(t)$，其中，式(8.44)给出了 $r(t)$ 的定义式。因此，可以用如下的关系式表示平方率电路的输出：

$$r^2(t) = \{A_c[1 + am_n(t) + n_c(t)]\}^2 + n_s^2(t) \tag{8.53}$$

下面求解输出信噪比。进行上式的平方运算时，可以得到

$$r^2(t) = A_c^2 + 2A_c^2 am_n(t) + A_c^2 a^2 m_n^2(t) \\ + 2A_c n_c(t) + 2A_c a n_c(t) m_n(t) + n_c^2(t) + n_s^2(t) \tag{8.54}$$

这里先分析上式的第 1 行：第 1 项 A_c^2 表示直流项，由于 A_c^2 既不是信号的函数，也不是噪声的函数，因此可忽略该项。再者，在绝大多数实际应用中，假定检波器的输出为交流耦合，因而隔离了直流项。第 1 行的第 2 项 $2A_c^2 am_n(t)$ 与消息信号成正比，且表示的正是所需的输出。第 1 行的第 3 项 $A_c^2 a^2 m_c^2(t)$ 表示由信号引起的失真(谐波和交调)，随后单独分析这一项。式(8.54)第 2 行的 4 项都表示噪声。下面介绍 $(\mathrm{SDR})_D$ 的计算。

把解调器输出端的信号分量与噪声分量分别用如下的两个式子表示：

$$s_D(t) = 2A_c^2 am_n(t) \tag{8.55}$$

$$n_D(t) = 2A_c n_c(t) + 2A_c a \Pi_n(t) m_n(t) + n_c^2(t) + n_s^2(t) \tag{8.56}$$

把信号分量所包含的功率表示如下：

$$S_D = 4A_c^4 a^2 \overline{m_n^2} \tag{8.57}$$

把噪声功率表示如下：

$$N_D = 4A_c^2 \overline{n_c^2} + 4A_c^2 a^2 \overline{n_c^2 m_n^2} + \sigma_{n_c^2 + n_s^2}^2 \tag{8.58}$$

把上式的最后一项表示如下：

$$\sigma_{n_c^2 + n_s^2}^2 = E\{[n_c^2(t) + n_s^2(t)]^2\} - E^2[n_c^2(t) + n_s^2(t)]\} = 4\sigma_n^2 \tag{8.59}$$

与前面的分析一样，式中，$\sigma_n^2 = \overline{n_c^2} = \overline{n_s^2}$。因此，得到平方率解调器输出端的噪声功率如下：

$$N_D(t) = 4A_c^2 \sigma_n^2 + 4A_c^2 a^2 \overline{m_n^2(t)\sigma_n^2} + 4\sigma_n^4 \tag{8.60}$$

那么，平方率解调器输出端的信噪比如下：

$$(\text{SNR})_D = \frac{a^2 \overline{m_n^2} A_c^2 / \sigma_n^2}{(1 + a^2 \overline{m_n^2}) + \sigma_n^2 / A_c^2} \tag{8.61}$$

由于 $P_T = \frac{1}{2} A_c^2 (1 + a^2 \overline{m_n^2})$、$\sigma_n^2 = 2N_0 W$，则可以把 A_c^2 / σ_n^2 表示如下：

$$\frac{A_c^2}{\sigma_n^2} = \frac{P_T}{(1 + a^2 \overline{m_n^2(t)}) N_0 W} \tag{8.62}$$

把上式代入式(8.61)之后得到

$$(\text{SNR})_D = \frac{a^2 \overline{m_n^2(t)}}{(1 + a^2 \overline{m_n^2})^2} \times \frac{P_T / N_0 W}{1 + N_0 W / P_T} \tag{8.63}$$

当信噪比很高时，可以按 $P_T \gg N_0 W$ 处理，这时，可以忽略不计上式分母中的第二项 $N_0 W / P_T$。于是得到

$$(\text{SNR})_D = \frac{a^2 \overline{m_n^2(t)}}{(1 + a^2 \overline{m_n^2})^2} \times \frac{P_T}{N_0 W}, \quad P_T \gg N_0 W \tag{8.64}$$

而当信噪比很低时，可以按 $N_0 W \gg P_T$ 处理，于是得到

$$(\text{SNR})_D = \frac{a^2 \overline{m_n^2(t)}}{(1 + a^2 \overline{m_n^2})^2} \times \left(\frac{P_T}{N_0 W}\right)^2, \quad N_0 W \gg P_T \tag{8.65}$$

当调制指数取几个不同的值、调制信号为正弦信号时，图 8.6 示出了式(8.63)所表示的图形。从图中可以看出，在采用对数坐标(分贝)时，在门限之下的检波增益特性的斜率是门限之上的检波增益特性斜率的两倍。因此，门限效应很明显。

在式(8.63)的推导过程(以及由此得出的式(8.64)、式(8.65))中，忽略了式(8.54)中的第 3 项(这一项表示失真之后的信号)。根据式(8.54)、式(8.57)，可以把失真功率与信号功率之比 D_D / S_D 表示如下：

$$\frac{D_D}{S_D} = \frac{A_c^4 a^4 \overline{m_n^4}}{4A_c^4 a^2 \overline{m_n^2}} = \frac{a^4}{4} \times \frac{\overline{m_n^4}}{\overline{m_n^2}} \tag{8.66}$$

如果消息信号是方差等于 σ_m^2 的高斯过程，那么，上式变为

$$\frac{D_D}{S_D} = \frac{3}{4}a^2\sigma_m^2 \tag{8.67}$$

从上式可以看出，当减小调制指数时，可以减少信号的失真。但正如图 8.6 所示出的，当减小调制指数时，还会导致输出信噪比的降低。这时，究竟如何影响信号与噪声？下一节介绍这一问题。

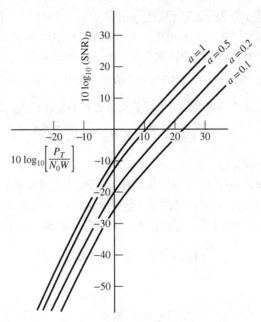

图 8.6　平方律检波器的性能（假定采用正弦调制信号）

当信噪比的变化范围很大时，由于式(8.44)定义的线性包络检波器存在平方根，因此，这时很难分析式(8.44)。但大体上说，线性包络检波器的性能与平方律包络检波器的性能相同。在线性包络检波器中也出现了失真，但失真分量的幅度明显小于平方律检波器失真幅度的检测值。此外，在信噪比很高并且调制指数为1的条件下，线性包络检波器的性能优于平方律检波器的性能1.8 dB 左右。（见习题 8.13。）

8.1.5　信噪比估计器

需要注意的是，在前面几节中，检波器的输出由信号项、噪声项、失真项组成。这就出现了一个重要的问题。失真的是信号还是噪声？很明显是由信号产生的失真。答案在于失真项的特性。分析这一问题的合理方式是：将失真项分解为两部分：①信号的正交分量；②信号的同相分量。把正交分量当成噪声处理。但把信号的同相分量当作信号的一部分。

假定系统的输入信号为 $x(t)$ 时产生的输出信号为 $y(t)$。如果 $y(t)$ 与 $x(t)$ 之间的区别仅体现在幅度比例和时延两方面，则可以说，$y(t)$ 表示 $x(t)$ 的"精确再现"。在第 2 章把具有这种特性的系统定义为无失真系统，这里还要求：$y(t)$ 中不含噪声。也就是说，对这样的系统而言，如下的关系式成立：

$$y(t) = Ax(t-\tau) \tag{8.68}$$

式中，A 表示系统增益，τ 表示系统的时延。因此，相对于 $x(t)$ 来说，$y(t)$ 的信噪比为无穷大。但是，如果 $y(t)$ 含有噪声项、失真项，那么，可以得到如下的结论：

$$y(t) \neq Ax(t-\tau) \tag{8.69}$$

可以给出如下的合理的假设，即，假定噪声功率等于均方误差：

$$\overline{\varepsilon^2(A,\ \tau)} = E\{[y(t) - Ax(t-\tau)]^2\} \tag{8.70}$$

式中，$E\{\cdot\}$ 表示统计期望。完成上式中的乘法运算时，可以将上式表示如下：

$$\overline{\varepsilon^2(A,\ \tau)} = E\{y^2(t)\} + A^2 E\{x^2(t-\tau)\} - 2AE\{y(t)x(t-\tau)\} \tag{8.71}$$

根据定义，上式中的第 1 项表示所检测信号 $y(t)$ 的功率，这里用 P_y 表示这一功率值。由于 A 表示恒定不变的系统参数，因此第 2 项等于 $A^2 P_x$，其中，P_x 表示 $x(t)$ 内包含的功率。值得注意的是，改变信号的时间指标时，信号的功率并不会发生变化。把最后一项表示如下：

$$2AE\{y(t)x(t-\tau)\} = 2AE\{x(t)y(t+\tau)\} = 2AR_{XY}(\tau) \tag{8.72}$$

上式中利用了平稳性的假定条件。那么，可以得到均方误差的最终表达式如下：

$$\overline{\varepsilon^2(A,\ \tau)} = P_y + A^2 P_x - 2AR_{XY}(\tau) \tag{8.73}$$

下面求出满足最小均方误差这一条件的 A、τ 值。

由于系统增益 A 是个固定不变但大于零的未知常数，因此先求出互相关函数 $R_{XY}(\tau)$ 取最大值时的 τ。用 $R_{XY}(\tau_m)$ 表示这时的 $R_{XY}(\tau)$ 值。需要注意的是，这时 $R_{XY}(\tau_m)$ 中的 τ_m 对应系统时延的标准定义。

用 A_m 表示均方误差最小时的 A 值。根据如下的关系式可以求出 A_m 的值：

$$\frac{\mathrm{d}}{\mathrm{d}A}\left\{P_y + A^2 P_x - 2AR_{XY}(\tau_m)\right\} = 0 \tag{8.74}$$

利用上式可以得到

$$A_m = \frac{R_{XY}(\tau_m)}{P_x} \tag{8.75}$$

把上式代入式(8.73)之后得到

$$\overline{\varepsilon^2(A_m,\ \tau_m)} = P_y - \frac{R_{XY}^2(\tau_m)}{P_x} \tag{8.76}$$

上式表示噪声功率。由于信号功率等于 $A^2 P_x$，那么，把信噪比表示如下：

$$\mathrm{SNR} = \frac{\left[\dfrac{R_{XY}(\tau_m)}{P_x}\right]^2 P_x}{P_y - \dfrac{R_{XY}^2(\tau_m)}{P_x}} \tag{8.77}$$

把上式的分子、分母都乘以 P_x 之后得到

$$\mathrm{SNR} = \frac{R_{XY}^2(\tau_m)}{P_x P_y - R_{XY}^2(\tau_m)} \tag{8.78}$$

计算信噪比以及其他重要参数(如增益 A、时延 τ_m、P_x、P_y、$R_{XY}(\tau_m)$)的 MATLAB 代码如下：

```
% File: snrest.m
function [gain, delay, px, py, rxy, rho, snrdb] = snrest(x,y)
ln = length(x);              % Set length of the reference (x) vector
fx = fft(x, ln);             % FFT the reference (x) vector
fy = fft(y, ln);             % FFT the measurement (y) vector
fxconj = conj(fx);           % Conjugate the FFT of the reference vector
```

```
sxy = fy .* fxconj;              % Determine the cross PSD
rxy = ifft(sxy, ln);            % Determine the cross-correlation function
rxy = real(rxy)/ln;             % Take the real part and scale
px = x*x'/ln;                   % Determine power in reference vector
py = y*y'/ln;                   % Determine power in measurement vector
[rxymax, j] = max(rxy);         % Find the max of the cross correlation
gain = rxymax/px;               % Estimate of the Gain
delay = j - 1;                  % Estimate of the Delay
rxy2 = rxymax*rxymax;           % Square rxymax for later use
rho = rxymax/sqrt(px*py);       % Estimate of the correlation coefficient
snr = rxy2/(px*py - rxy2);      % Estimate of the SNR
snrdb = 10*log10(snr);          % SNR estimate in db
% End of script file.
```

下面结合 3 个例子分析这种技术。

计算机仿真实例 8.1

该实例分析简单的干扰问题。假定把采用的输入信号、检测到的输出信号分别表示如下。

$$x(t) = 2\sin(2\pi ft) \tag{8.79}$$

$$y(t) = 10\sin(2\pi ft + \pi) + 0.1\sin(2\pi ft) \tag{8.80}$$

在求解增益、时延、信号功率和信噪比时，运行如下的程序：

```
% File: c8ce1.m
t = 1: 6400;
fs = 1/32;
x = 2*sin(2*pi*fs*t);
y = 10*sin(2*pi*fs*t + pi) + 0.1*sin(2*pi*fs*10*t);
[gain, delay, px, py, rxymax, rho, snr, snrdb] = snrest(x, y);
format long e
a = ['The gain estimate is ',num2str(gain),'.'];
b = ['The delay estimate is ',num2str(delay),' samples.'];
c = ['The estimate of px is ',num2str(px),'.'];
d = ['The estimate of py is ',num2str(py),'.'];
e = ['The snr estimate is ',num2str(snr),'.'];
f = ['The snr estimate is ',num2str(snrdb),' db.'];
disp(a); disp(b); disp(c); disp(d); disp(e); disp(f)

% End of script file.
```

程序运行之后，得到如下的结果：

```
The gain estimate is 5.
The delay estimate is 16 samples.
The estimate of px is 2.
The estimate of py is 50.005.
The snr estimate is 10000.
The snr estimate is 40 db.
```

得出的这些结果合不合理？分析一下 $x(t)$ 与 $y(t)$，就可以得到信号增益为 $10/2 = 5$。这里注意到，在信号的每个周期内共有 32 个样值。由于时延为 π(或者半个周期)，那么可以得出结论：信号的时延对应 16 个样值。很明显，信号 $x(t)$ 中包含的功率为 2。那么所检测到的信号功率 P_y 如下：

$$P_y = \frac{1}{2}[10^2 + 0.1^2] = 50.005$$

因此 P_y 的仿真计算值正确。那么，可以计算出信噪比为

$$\text{SNR} = \frac{10^2/2}{0.1^2/2} = 10\,000 \tag{8.81}$$

可以看出，通过该程序正确地估计了所有的参数。　　　　　　　　　　　　　　　　　　■

计算机仿真实例 8.2

该实例分析干扰与噪声的组合问题。假定把采用的输入信号、检测到的输出信号分别表示如下：

$$x(t) = 2\sin(2\pi ft) \tag{8.82}$$

$$y(t) = 10\sin(2\pi ft + \pi) + 0.1\sin(20\pi ft) + n(t) \tag{8.83}$$

在求解增益、时延、信号功率和信噪比时，编写了如下的 MATLAB 脚本文件：

```
% File: c8ce2.m
t = 1:6400;
fs = 1/32;
x = 2*sin(2*pi*fs*t);
y = 10*sin(2*pi*fs*t + pi) + 0.1*sin(2*pi*fs*10*t);
A = 0.1/sqrt(2);
y = y + A*randn(1, 6400);
[gain, delay, px, py, rxymax, rho, snr, snrdb] = snrest(x, y);
format long e
a = ['The gain estimate is ',num2str(gain),'.'];
b = ['The delay estimate is ',num2str(delay),' samples.'];
c = ['The estimate of px is ',num2str(px),'.'];
d = ['The estimate of py is ',num2str(py),'.'];
e = ['The snr estimate is ',num2str(snr),'.'];
f = ['The snr estimate is ',num2str(snrdb),' db.'];
disp(a); disp(b); disp(c); disp(d); disp(e); disp(f)
%End of script file.
```

运行上面的程序之后，得到的结果如下：

```
The gain estimate is 5.0001.
The delay estimate is 16 samples.
The estimate of px is 2.
The estimate of py is 50.0113.
The snr estimate is 5063.4892.
The snr estimate is 37.0445 db.
```

得出的这些结果合不合理？把这里得到的结果与计算机仿真实例 8.1 得到的结果进行比较之后就会发现：信噪比下降了大约一半。由于参数 A 表示噪声的标准差，因此这是个合理的结果。由此得到噪声的方差如下：

$$\sigma_n^2 = A^2 = \left(\frac{0.1}{\sqrt{2}}\right)^2 = \frac{0.1^2}{2} \tag{8.84}$$

需要注意的是，在上面的计算机仿真中，编程求解的噪声方差精确地等于干扰功率。由于干扰功率与噪声功率之和等于只包含干扰时干扰功率的两倍，因此，得到的信噪比应减小了 3 dB。第 7 章已经很清楚地解释了原因。当程序运行时，所产生的噪声是表示噪声随机过程的有限长度的样本函数。因此，有限长度的样本函数的方差是个随机过程。假定噪声具有各态历经的特性，于是与噪声方差的估值一致。这就是说，当噪声的样本数量 N 增大时，估值的方差减小。 ■

计算机仿真实例 8.3

该实例分析非线性特性对信噪比的影响，这有助于深入地分析系统，也就是说，根据前一节的介绍，分析失真项在信号和噪声中的分布。在该实例中，假定把采用的输入信号、检测到的输出信号分别表示如下：

$$x(t) = 2\cos(2\pi ft) \tag{8.85}$$

$$y(t) = 1 - \cos^3(2\pi ft + \pi) \tag{8.86}$$

在求解信噪比时，运行如下的 MATLAB 程序：

```
% File: c8ce3.m
t = 1 : 6400;
fs = 1/32;
x = 2*cos(2*pi*fs*t);
y = 10*((cos(2*pi*fs*t + pi)).^3);
[gain, delay, px, py, rxymax, rho, snr, snrdb] = snrest(x, y);
format long e
a = ['The gain estimate is ',num2str(gain),'.'];
b = ['The delay estimate is ',num2str(delay),' samples.'];
c = ['The estimate of px is ',num2str(px),'.'];
d = ['The estimate of py is ',num2str(py),'.'];
e = ['The snr estimate is ',num2str(snr),'.'];
f = ['The snr estimate is ',num2str(snrdb),' db.'];
disp(a); disp(b); disp(c); disp(d); disp(e); disp(f)
%End of script file.
```

运行上面的程序之后，得到如下的结果：

```
The gain estimate is 3.75.
The delay estimate is 16 samples.
The estimate of px is 2.
The estimate of py is 31.25.
The snr estimate is 9.
The snr estimate is 9.5424 db.
```

由于在信号的每个周期内共有 32 个样值，并且时延为半个周期，那么，很明显，从包含在参考信号 $x(t)$ 中的功率 P_x 的角度来说，16 个样值的信号时延估值是正确的。验证其他的结果时，没有这么明显。这里需要注意的是，可以把所检测到的信号表示如下。

$$y(t) = 10 \times \frac{1}{2} \times [1 + \cos(4\pi ft)][\cos(2\pi ft)] \tag{8.87}$$

把上式化简后得到

$$y(t) = 7.5\cos(2\pi ft) + 2.5\cos(6\pi ft) \tag{8.88}$$

因此，所检测到的信号功率如下：

$$P_y = \frac{1}{2}[7.5^2 + 2.5^2] = 31.25 \tag{8.89}$$

于是得到如下的信噪比：

$$\text{SNR} = \frac{7.5^2/2}{2.5^2/2} = 9 \tag{8.90}$$

根据前一节的内容，所得到的这个结果有助于深入地分析信号功率与噪声功率的分布。把与信号正交的功率划为噪声，把与信号相关（或者同相）的失真分量划为信号。 ■

8.2 相干解调系统中的噪声误差与相位误差

上一节分析了各种类型的解调器的性能。主要的关注点是：①检波增益；②解调器输出信噪比的计算。当采用相干解调技术解调时，假定解调载波与用于调制的载波具有完全相同的相位。正如已简要介绍过的，在实际通信系统中，由于载波恢复子系统中存在噪声，因而妨碍了完全正确地估计载波的相位。因此，这一节的关注点是：在存在加性噪声、解调相位误差的条件下，分析系统的性能。

解调器的模型如图 8.7 所示。假定 $e(t)$ 的信号分量为如下的正交双边带（Quadrature Double-SideBand，QDSB）信号。

$$m_1(t)\cos(2\pi f_c t + \theta) + m_2(t)\sin(2\pi f_c t + \theta)$$

式中，为了简化符号表示，已将任意常数 A_c 包含到了 $m_1(t)$、$m_2(t)$ 中。根据这一模型，可以得到存在差错的解调信号 $y_D(t)$ 的常规表示形式。在完成分析之后，通过假定 $m_1(t) = m(t)$、$m_2(t) = 0$ 可以得到双边带的结论。若假定 $m_1(t) = m(t)$、$m_2(t) = \pm \hat{m}(t)$ 可以得到单边带的结论（其中，正、负号的选择与所关注的边带有关）。对 QDSB 系统而言，$y_D(t)$ 表示解调器同相信道的输出。可以利用解调载波 $2\sin[2\pi f_c t + \theta + \phi(t)]$ 解调正交信道上的信号。

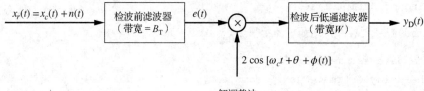

图 8.7　存在相位误差时的相干解调

用如下的窄带模型表示 $e(t)$ 的噪声分量：

$$n_c(t)\cos(2\pi f_c t + \theta) - n_s(t)\sin(2\pi f_c t + \theta)$$

式中

$$\overline{n_c^2(t)} = \overline{n_s^2(t)} = N_0 B_T = \overline{n^2(t)} = \sigma_n^2 \tag{8.91}$$

式中，B_T 表示检波前滤波器的带宽；$N_0/2$ 表示输入滤波器的双边功率谱密度；σ_n^2 表示检波前滤波器输出端的噪声方差(功率)。假定解调载波的相位误差是均值为零、方差为 σ_ϕ^2 的高斯过程的样本函数。与前面的分析一样，这里假定，消息信号的均值为零。

在给出了定义模型的基本信息和进行处理的假定条件之后，下面展开分析。这里采用的性能准则是：解调之后的输出 $y_D(t)$ 的均方误差。因此，需要针对 DSB 系统、SSB 系统、QDSB 系统计算出如下的指标：

$$\overline{\varepsilon^2} = \overline{\{m_1(t) - y_D(t)\}^2} \tag{8.92}$$

在图 8.7 中，把乘法器的输入信号 $e(t)$ 表示如下：

$$
\begin{aligned}
e(t) = {}& m_1(t)\cos(2\pi f_c t + \theta) + m_2(t)\sin(2\pi f_c t + \theta) \\
& + n_c(t)\cos(2\pi f_c t + \theta) - n_s(t)\sin(2\pi f_c t + \theta)
\end{aligned}
\tag{8.93}
$$

将上式乘以 $2\cos[2\pi f_c t + \theta + \phi(t)]$，并经低通滤波处理之后，可以得到如下的输出：

$$y_D(t) = [m_1(t) + n_c(t)]\cos\phi(t) - [m_2(t) - n_s(t)]\sin\phi(t) \tag{8.94}$$

可以将 $m_1(t) - y_D(t)$ 表示如下：

$$\varepsilon = m_1 - (m_1 + n_c)\cos\phi + (m_2 - n_s)\sin\phi \tag{8.95}$$

已知式中的 ε、m_1、m_2、n_c、n_s 都是时间的函数。那么，可以将均方误差表示如下：

$$
\begin{aligned}
\overline{\varepsilon^2} = {}& \overline{m_1^2} - \overline{2m_1(m_1 + n_c)\cos\phi} + \overline{2m_1(m_2 + n_s)\sin\phi} \\
& + \overline{(m_1 + n_c)^2\cos^2\phi} - \overline{2(m_1 + n_c)(m_2 - n_s)\sin\phi\cos\phi} \\
& + \overline{(m_2 - n_s)^2\sin^2\phi}
\end{aligned}
\tag{8.96}
$$

假定变量 m_1、m_2、n_c、n_s、ϕ 相互之间不相关。应当指出的是，对单边带系统而言，$n_c(t)$、$n_s(t)$ 的功率谱不满足关于 f_c 对称的条件。但正如 7.5 节的介绍，由于不存在时间平移，所以，$n_c(t)$、$n_s(t)$ 不相关。因此，可以将均方误差表示如下：

$$\overline{\varepsilon^2} = \overline{m_1^2} - \overline{2m_1^2\cos\phi} + \overline{m_1^2\cos^2\phi} + \overline{n^2} \tag{8.97}$$

下面介绍具体的事例。

首先，假定所关注的系统为 QDSB 系统，且每路调制信号所包含的功率相同。由这一假定条件可得：$\overline{m_1^2} = \overline{m_2^2} = \sigma_m^2$，于是得到如下的均方误差：

$$\overline{\varepsilon_Q^2} = 2\sigma_m^2 - 2\sigma_m^2\overline{\cos\phi} + 2\sigma_n^2 \tag{8.98}$$

当 $|\phi(t)| \ll 1$ 时，可以很容易计算出上面表达式的最大值，因而可以用幂级数展开式的前两项表示 $\phi(t)$。根据如下的近似关系：

$$\overline{\cos\phi} \cong \overline{1 - \frac{1}{2}\phi^2} = 1 - \frac{1}{2}\sigma_\phi^2 \tag{8.99}$$

于是得到

$$\overline{\varepsilon_Q^2} = \sigma_m^2\sigma_\phi^2 + \sigma_n^2 \tag{8.100}$$

在度量系统的性能时，为了得到容易理解的方式，用 σ_m^2 对均方误差作归一化处理。于是得到

$$\overline{\varepsilon_{\mathrm{NQ}}^2} = \sigma_\phi^2 + \frac{\sigma_n^2}{\sigma_m^2} \tag{8.101}$$

值得注意的是，相位误差的方差是第 1 项，第 2 项只是信噪比的倒数。注意，当信噪比很高时，相位误差是重要的误差源。

由于 SSB 信号是同相分量与正交分量的功率相等的 QDSB 信号，所以，上面的表达式对 SSB 情形也成立。但是，由于 SSB 系统的检波前滤波器的带宽仅为 QDSB 系统的检波前滤波器带宽的一半，因此，SSB 系统与 QDSB 系统的 σ_n^2 可能会不相同。式(8.101)给出了通常关注的这一指标，如图 8.8 所示。

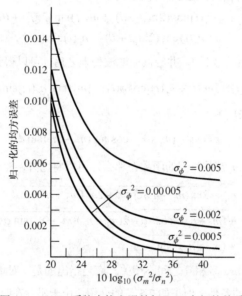

图 8.8　QDSB 系统中均方误差与 SNR 之间的关系

在计算 DSB 系统的均方误差时，只需要在式(8.97)中进行如下的设置：$m_2(t) = 0$、$m_1(t) = m(t)$。设置之后就可以得到

$$\overline{\varepsilon_D^2} = \overline{m^2} - \overline{2m^2 \cos\phi} + \overline{m^2 \cos^2\phi} + \overline{n^2} \tag{8.102}$$

或者

$$\overline{\varepsilon_D^2} = \sigma_m^2 \overline{(1-\cos\phi)^2} + \overline{n^2} \tag{8.103}$$

当 ϕ 很小时，上式的近似表达式如下：

$$\overline{\varepsilon_D^2} \cong \frac{\sigma_m^2}{4} \overline{\phi^4} + \overline{n^2} \tag{8.104}$$

如果 ϕ 表示均值为零、方差为 σ_ϕ^2 的高斯随机变量，则可以得到

$$\overline{\phi^4} = \overline{(\phi^2)^2} = 3\sigma_\phi^4 \tag{8.105}$$

因此得到

$$\overline{\varepsilon_D^2} \cong \frac{3}{4} \sigma_m^2 \sigma_\phi^4 + \sigma_n^2 \tag{8.106}$$

归一化处理之后的均方误差如下：

$$\overline{\varepsilon_{\mathrm{ND}}^2} = \frac{3}{4}\sigma_\phi^4 + \frac{\sigma_n^2}{\sigma_m^2} \tag{8.107}$$

把式(8.107)与式(8.101)进行比较时，有如下几点值得关注。首先，当 $\sigma_\phi^2 = 0$ 时，输出信噪比相等意味着相同的归一化均方误差。由于输出端的噪声为加性噪声，因此这一点很容易理解。$y_D(t)$ 的常规表达式为：$y_D(t) = m_c(t) + n(t)$。误差为 $n(t)$；归一化均方误差为 σ_n^2 / σ_m^2。分析还表明：在解调时，DSB 系统的相位误差的灵敏度比不上 SSB 系统与 QDSB 系统。因此得到如下的结论：如果 $\phi \ll 1$（这是分析中采用的基本假定条件），则 $\sigma_\phi^4 \ll \sigma_\phi^2$ 成立。

例 8.2

假定用 $\sigma_\phi^2 = 0.01$ 表示相干解调器相位误差的方差。信噪比 σ_m^2 / σ_n^2 为 20 dB。如果采用 DSB 系统，那么，归一化之后的均方误差如下：

$$\overline{\varepsilon_{\mathrm{ND}}^2} = \frac{3}{4} \times 0.01^2 + 10^{-20/10} = 0.000\,075 \qquad \text{(DSB)} \tag{8.108}$$

而 SSB 系统的归一化均方误差如下：

$$\overline{\varepsilon_{\mathrm{ND}}^2} = 0.01 + 10^{-20/10} = 0.02 \qquad \text{(SSB)} \tag{8.109}$$

值得注意的是，当解调器的输出端出现相位误差时，对 SSB 系统的影响会更明显。前面已介绍过，解调时如果 QDSB 系统出现了相位误差，则会在同相消息信号与正交消息信号之间产生串扰。解调时如果 SSB 系统出现了相位误差，则对消息信号 $m(t)$ 解调时，$\hat{m}(t)$ 的一部分会出现在解调器的输出端。由于 $m(t)$、$\hat{m}(t)$ 相互独立，因此，如果解调相位误差不是很小的话，这种串扰可能会导致系统性能的严重下降。∎

8.3 角度调制系统中的噪声

前面已经介绍了噪声对线性调制系统的影响，这一节着手分析噪声对角度调制系统的影响。从后面的分析可以看出，噪声对线性调制系统与对角度调制系统的影响相差很大。后面还会分析到，PM 与 FM 之间相差也很大。最后介绍的内容包括，在噪声环境下，与线性调制技术和 PM 技术相比，FM 技术大大提高了系统的性能，但性能提高的代价是：增大传输带宽。

8.3.1 噪声对接收机输入端的影响

这里分析图 8.9 所示的系统。检波前滤波器的带宽为 B_T（通常由卡尔森定律求出 B_T）。根据第 4 章的介绍可知，B_T 近似等于 $2(D+1)W$ 赫兹，其中，W 表示消息信号的带宽，D 表示偏移系数（偏移系数等于峰值频偏除以带宽 W）。假定检波前滤波器的输入为如下的已调载波 $x_c(t)$ 再加上双边功率谱密度为 $N_0 / 2 \,(\mathrm{W/Hz})$ 的加性白噪声：

$$x_c(t) = A_c \cos[2\pi f_c t + \theta + \phi(t)] \tag{8.110}$$

在角度调制系统中，相位偏移量 $\phi(t)$ 是消息信号 $m(t)$ 的函数。

那么，可以将检波前滤波器的输出表示如下：

$$e_1(t) = A_c \cos[2\pi f_c t + \theta + \phi(t)] + n_c(t)\cos(2\pi f_c t + \theta) - n_s(t)\sin(2\pi f_c t + \theta) \tag{8.111}$$

式中,

$$\overline{n_c^2} = \overline{n_s^2} = N_0 B_T \tag{8.112}$$

可以把式(8.111)表示如下:

$$e_1(t) = A_c \cos[2\pi f_c t + \theta + \phi(t)] + r_n(t) \cos[2\pi f_c t + \theta + \phi_n(t)] \tag{8.113}$$

式中, $r_n(t)$ 表示呈瑞利分布的噪声包络; $\phi_n(t)$ 表示呈均匀分布的相位。用 $[2\pi f_c t + \phi(t) + \phi_n(t) - \phi(t)]$ 取代 $[2\pi f_c t + \phi_n(t)]$ 之后,可以将式(8.113)表示如下:

$$\begin{aligned}
e_1(t) = {}& A_c \cos[2\pi f_c t + \theta + \phi(t)] \\
& + r_n(t) \cos[\phi_n(t) - \phi(t)] \cos[2\pi f_c t + \theta + \phi(t)] \\
& - r_n(t) \sin[\phi_n(t) - \phi(t)] \sin[2\pi f_c t + \theta + \phi(t)]
\end{aligned} \tag{8.114}$$

将上式化简之后可以得到

$$\begin{aligned}
e_1(t) = {}& \{A_c + r_n(t) \cos[\phi_n(t) - \phi(t)]\} \cos[2\pi f_c t + \theta + \phi(t)] \\
& - r_n(t) \sin[\phi_n(t) - \phi(t)] \sin[2\pi f_c t + \theta + \phi(t)]
\end{aligned} \tag{8.115}$$

图 8.9 角度调制系统

由于接收机的目的是恢复相位(根据相位恢复信号),因此可以将上式表示如下:

$$e_1(t) = R(t) \cos[2\pi f_c t + \theta + \phi(t) + \phi_e(t)] \tag{8.116}$$

式中, $\phi_e(t)$ 表示由噪声产生的相位偏移量,于是得到:

$$\phi_e(t) = \tan^{-1}\left(\frac{r_n(t) \sin[\phi_n(t) - \phi(t)]}{A_c + r_n(t) \cos[\phi_n(t) - \phi(t)]}\right) \tag{8.117}$$

由于这里把 $\phi_e(t)$ 加到了 $\phi(t)$ 中,而角度调制系统正是通过 $\phi(t)$ 传输消息信号,因此 $\phi_e(t)$ 成了关注的噪声分量。

如果把 $e_1(t)$ 表示如下:

$$e_1(t) = R(t) \cos[2\pi f_c t + \theta + \psi(t)] \tag{8.118}$$

那么,信号与噪声组合之后,鉴频器/鉴相器的相位偏移量如下:

$$\psi(t) = \phi(t) + \phi_e(t) \tag{8.119}$$

式中, $\phi_e(t)$ 表示由噪声产生的相位误差。由于 PM 解调器的输出与 $\psi(t)$ 成正比,以及 FM 解调器的输出与 $\mathrm{d}\psi/\mathrm{d}t$ 成正比,因此,对 PM 系统、FM 系统而言,必须分别求出 $(\mathrm{SNR})_T$。本章随后的各小节会分析到这一问题。

如果检波前信噪比 $(\mathrm{SNR})_T$ 很大,那么,在绝大部分时间内, $A_c \gg r_n(t)$ 成立。这时,由式(8.117)可以得到

$$\phi_e(t) = \frac{r_n(t)}{A_c} \sin[\phi_n(t) - \phi(t)] \tag{8.120}$$

于是得到如下的 $\psi(t)$:

$$\psi(t) = \phi(t) + \frac{r_n(t)}{A_c} \sin[\phi_n(t) - \phi(t)] \tag{8.121}$$

值得注意的是，如果增大发送信号的幅度 A_c，则会抑制噪声 $r_n(t)$ 的影响。因此，即使工作在门限之上，输出噪声还是会受到发送信号幅度的影响。

这里注意到，在式 (8.121) 中，在给定的时刻 t，$\phi_n(t)$ 在 2π 的范围内呈均匀分布。再者，在给定的时刻 t，$\phi(t)$ 表示影响 $\phi_n(t)$ 的常数，而且，$\phi_n(t) - \phi(t)$ 与 $\phi_n(t)$ 表示的范围相同（模 2π）。于是，在式 (8.121) 中忽略掉 $\phi(t)$ 之后可以得到 $\psi(t)$ 的表达式如下：

$$\psi(t) = \phi(t) + \frac{n_s(t)}{A_c} \tag{8.122}$$

式中，$n_s(t)$ 表示接收机输入噪声的正交分量。

8.3.2　PM 信号的解调

前面已介绍过，PM 系统的相位偏移量与消息信号成正比，于是得到

$$\phi(t) = k_p m_n(t) \tag{8.123}$$

式中，k_p 表示相位偏移常数，单位：弧度/单位 $m_n(t)$；$m_n(t)$ 表示归一化之后的消息信号（即，$|m(t)|$ 的峰值为 1）。对 PM 信号而言，把解调之后的输出 $y_D(t)$ 表示如下：

$$y_D(t) = k_D \psi(t) \tag{8.124}$$

式中，$\psi(t)$ 表示在信号与噪声组合之后接收机输入端的相位偏移量。根据式 (8.122) 可以得到：

$$y_{\text{DP}}(t) = K_D k_p m_n(t) + K_D \frac{n_s(t)}{A_c} \tag{8.125}$$

那么，PM 系统的输出信号的功率如下：

$$S_{\text{DP}}(t) = K_D^2 k_p^2 \overline{m_n^2(t)} \tag{8.126}$$

检波前噪声的功率谱密度为 N_0；检波前噪声的带宽为 B_T（按照卡尔森定律，B_T 大于 $2W$）。因此，在鉴相器的后面接一个带宽为 W 的低通滤波器，这时可以滤除带外噪声。该滤波器对信号没有影响，却将输出噪声的功率减小到：

$$N_{\text{DP}} = \frac{K_D^2}{A_c^2} \int_{-W}^{W} N_0 \mathrm{d}f = \frac{2K_D^2 N_0 W}{A_c^2} \tag{8.127}$$

因此，可以得到鉴相器输出端的信噪比如下：

$$(\text{SNR})_D = \frac{S_{\text{DP}}}{N_{\text{DP}}} = \frac{K_D^2 k_p^2 \overline{m_n^2(t)}}{A 2 K_D^2 N_0 W / A_c^2} \tag{8.128}$$

由于发送信号的功率 P_T 为 $A_c^2 / 2$，因此得到

$$(\text{SNR})_D = k_p^2 \overline{m_n^2(t)} \frac{P_T}{N_0 W} \tag{8.129}$$

上式表明，与线性调制系统相比，PM 系统能够提高性能的原因与如下的两个因素有关：①相位偏移常数；②调制信号中所含的功率。应该记住的是，如果 PM 信号的相位偏移量超过了 π 弧度，则需要采用合理的信号处理技术确保由信号 $m(t)$ 产生的相位偏移量是连续的，否则，进行 PM 解调时不可能得到出色的效果。然而，如果假定 $|k_p m(t)|$ 的峰值为 π 弧度，那么，$k_p^2 \overline{m_n^2}$ 的最大值为 π^2。与基

带系统相比，这时性能改善了 10 dB 左右。实际上，由于 $k_p^2 \overline{m_n^2}$ 通常比 π^2 小得多，因此，性能的改善也明显小得多。需要注意的是，如果把"相位解调器的输出连续"作为约束条件，那么 $|k_p m_n(t)|$ 有可能大于 π 弧度。

8.3.3 FM 信号的解调：高于门限时的处理过程

由消息信号 $m(t)$ 产生的 FM 信号的相位偏移量如下。

$$\phi(t) = 2\pi f_d \int^t m_n(\alpha)\, \mathrm{d}\alpha \tag{8.130}$$

式中，f_d 表示偏移常数，单位：赫兹/消息信号的单位幅度。通常情况下，如果 $|m(t)|$ 的最大值不等于 1，则由关系式 $m(t) = Km_n(t)$ 定义的比例常数 K 包含在 k_p 或者 f_d 中。鉴频器的输出如下：

$$y_D(t) = \frac{K_D}{2\pi} \frac{\mathrm{d}\psi}{\mathrm{d}t} \tag{8.131}$$

式中，K_D 表示鉴频系数。把式 (8.122) 代入式 (8.131)、并且利用式 (8.130) 的 $\phi(t)$，可以得到：

$$y_{\mathrm{DF}}(t) = K_{\mathrm{DF}} f_d m_n(t) + \frac{K_D}{2\pi A_c} \frac{\mathrm{d}n_s(t)}{\mathrm{d}t} \tag{8.132}$$

在 FM 解调器的输出端，输出信号的功率如下：

$$S_{\mathrm{DF}} = K_D^2 f_d^2 \overline{m_n^2} \tag{8.133}$$

在计算噪声功率之前，必须先求出输出噪声的功率谱密度。

根据式 (8.132) 可以得到 FM 解调器输出端的噪声功率如下：

$$n_F(t) = \frac{K_D}{2\pi A_c} \times \frac{\mathrm{d}n_s(t)}{\mathrm{d}t} \tag{8.134}$$

如果 $y(t) = \mathrm{d}x/\mathrm{d}t$，则 $S_y(f) = (2\pi f)^2 S_x(f)$；第 7 章已证明了这一命题。把这一结论用于式 (8.134)，可以得到

$$S_{nF}(f) = \begin{cases} \dfrac{K_D^2}{(2\pi)^2 A_c^2} (2\pi f)^2 N_0 = \dfrac{K_D^2}{A_c^2} N_0 f^2, & |f| < \dfrac{1}{2} B_T \\ 0, & \text{其他} \end{cases} \tag{8.135}$$

相应的频谱如图 8.10(a) 所示。噪声频谱出现抛物线形状的原因是：鉴频器的微分处理；而且，在噪声环境下，微分处理对 FM 系统的性能有显著的影响。从图 8.10(a) 可以看出，与消息信号的高频分量相比，消息信号的低频分量的噪声电平低一些。这里再次假定，接在鉴频器之后的低通滤波器仅有足够的带宽允许消息信号通过，那么，输出噪声的功率如下：

$$N_{\mathrm{DF}} = \frac{K_D^2}{A_c^2} N_0 \int_{-W}^{W} f^2 \mathrm{d}f = \frac{2K_D^2 N_0 W^3}{3 A_c^2} \tag{8.136}$$

图 8.10(b) 中的阴影部分示出了这个量的大小。

同前面的分析一样，用 $P_T/(N_0 W)$ 表示式 (8.136) 时会很有用处。由于 $P_T = A_c^2/2$，于是得到

$$\frac{P_T}{N_0 W} = \frac{A_c^2}{2 N_0 W} \tag{8.137}$$

根据式(8.136)可以得到解调器输出端的噪声功率如下：

$$N_{\mathrm{DF}} = K_D^2 W^2 \frac{1}{3} \left(\frac{P_T}{N_0 W} \right)^{-1} \tag{8.138}$$

这里注意到，在鉴频器/鉴相器的输出端，PM 系统与 FM 系统的噪声功率与 $P_T/(N_0 W)$ 成反比。

很容易求出 FM 解调器输出端的 SNR。由式(8.133)定义的信号功率除以由式(8.138)定义的噪声功率之后，可以得到：

$$(\mathrm{SNR})_{\mathrm{DF}} = \frac{K_D^2 f_d^2 \overline{m_n^2}}{\frac{1}{3} K_D^2 W^2 \left(\dfrac{P_T}{N_0 W} \right)^{-1}} \tag{8.139}$$

可以将上式简化为：

$$(\mathrm{SNR})_{\mathrm{DF}} = 3 \left(\frac{f_d}{W} \right)^2 \overline{m_n^2} \frac{P_T}{N_0 W} \tag{8.140}$$

式中，P_T 表示发送信号的功率 $A_c^2/2$。由于峰值频偏与 W 的比值表示偏移系数，因此，可以把输出信噪比表示如下：

$$(\mathrm{SNR})_{\mathrm{DF}} = 3D^2 \overline{m_n^2} \frac{P_T}{N_0 W} \tag{8.141}$$

与前面的处理一样，式中，$|m_n(t)|$ 的最大值等于 1。这里注意到，根据 $m(t)$、f_d 和 W 的值可以求出 D 的值。

初看上面的关系式之后可能会得出这样的结论：可以没有边界地增大 D，因而可以将输出 SNR 增大到任意值。但为增大信噪比所付出的代价是：过宽的传输带宽。当 $D \gg 1$ 时，所需的带宽近似等于 $2DW$，与之对应的信噪比如下：

$$(\mathrm{SNR})_{\mathrm{DF}} = \frac{3}{4} \left(\frac{B_T}{W} \right)^2 \overline{m_n^2} \frac{P_T}{N_0 W} \tag{8.142}$$

上式表明：在传输带宽与输出信噪比之间存在折中。然而，式(8.142)成立的条件是：鉴频器的输入信噪比足够大(这时系统才能工作在门限电平之上)。因而，不可能仅仅通过增大偏移系数和传输带宽就能将输出信噪比增大到期望的任意值。下一节详细地分析这种效应。但在此之前，先介绍其他的提高输出信噪比的简单技术。

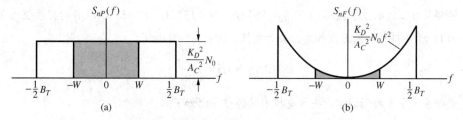

图 8.10　(a) 当 $|f| < W$ 时鉴相器输出端的功率谱密度(见阴影部分)；
　　　　　(b) 当 $|f| < W$ 时鉴频器输出端的功率谱密度(见阴影部分)

8.3.4　通过采用去加重技术提高系统的性能

在有侧重地抵御干扰的影响时，第 4 章用到了预加重与去加重技术。当角度调制系统中存在噪声时，采用这些技术同样是有益的。

正如第 4 章的介绍，一般来说，去加重滤波器是直接放置在鉴频器输出端的一阶 RC 低通滤波器。在信号调制之前，让信号通过传输函数满足一定条件的预加重高通滤波器，使得预加重滤波器与去加重滤波器的组合特性对消息信号没有任何实际影响。去加重滤波器之后接一个带宽为 W 的理想低通滤波器，消除带外噪声。这里假定去加重滤波器的幅度响应如下：

$$\left|H_{\mathrm{DE}}(f)\right| = \frac{1}{\sqrt{1+(f/f_3)^2}} \tag{8.143}$$

式中，f_3 表示 3 dB 频率 $1/(2\pi RC)$ Hz。含去加重功能时，解调器输出噪声的总功率如下：

$$N_{\mathrm{DF}} = \int_{-W}^{W} \left|H_{\mathrm{DE}}(f)\right|^2 S_{nF}(f)\mathrm{d}f \tag{8.144}$$

把式 (8.135) 的 $S_{nF}(f)$ 值、式 (8.143) 的 $\left|H_{\mathrm{DE}}(f)\right|$ 值代入上式之后得到

$$N_{\mathrm{DF}} = 2\frac{K_D^2}{A_c^2} N_0 f_3^2 \int_0^{W} \frac{f^2}{f_3^2+f^2}\mathrm{d}f \tag{8.145}$$

或者

$$N_{\mathrm{DF}} = 2\frac{K_D^2}{A_c^2} N_0 f_3^2 \left(\frac{W}{f_3} - \tan^{-1}\frac{W}{f_3}\right) \tag{8.146}$$

或者

$$N_{\mathrm{DF}} = K_D^2 \frac{N_0 W}{P_T} f_3^2 \left(1 - \frac{f_3}{W}\tan^{-1}\frac{W}{f_3}\right) \tag{8.147}$$

通常情况下，$f_3 \ll W$，因此，可以忽略不计上式中的第 2 项。于是得到解调器输出端的噪声功率与信噪比分别如下：

$$N_{\mathrm{DF}} = K_D^2 f_3^2 \frac{N_0 W}{P_T} \tag{8.148}$$

$$(\mathrm{SNR})_{\mathrm{DF}} = \left(\frac{f_d}{f_3}\right)^2 \overline{m_n^2} \frac{P_T}{N_0 W} \tag{8.149}$$

将式 (8.149) 与式 (8.140) 进行比较之后可知：当 $f_3 \ll W$ 时，采用预加重与去加重技术所获得的性能增益约为 $(W/f_3)^2$，在噪声环境下，这样的性能改善相当明显。

例 8.3

商业调频节目工作的技术指标如下：$f_d = 75$ kHz、$W = 15$ kHz、$D = 5$，以及 f_3 的标准值为 2.1 kHz。假定 $\overline{m_n^2} = 0.1$，于是得到未采用预加重、去加重技术时的信噪比如下：

$$(\mathrm{SNR})_{\mathrm{DF}} = 7.5 \times \frac{P_T}{N_0 W} \tag{8.150}$$

假定调频系统中采用预加重、去加重技术时的信噪比如下：

$$(\mathrm{SNR})_{\mathrm{DF,pe}} = 127.5 \times \frac{P_T}{N_0 W} \tag{8.151}$$

根据所选择的这些值，在未采用去加重技术时，FM 系统的性能优于基带系统 8.75 dB；采用去加重技术时，FM 系统的性能优于基带系统 21.06 dB。那么，采用预加重、去加重技术之后，可以大大地减小发射机的功率，这表明值得采用预加重、去加重技术。　　　　　　　　　　　　　　　　■

按照第 4 章的介绍，通过采用预加重技术获得了信噪比的提高。预加重滤波器的作用是：相对于

消息信号的低频分量而言，强调了消息信号的高频分量。因而，预加重可能会增大发送端的频偏以及所需的传输信息的带宽。幸好在所关注的许多消息信号的频谱中，高频分量的能量很低，因此，这样处理的影响无足轻重。

8.4 FM 信号解调时的门限效应

由于角度调制是个非线性处理过程，因此，角度调制信号的解调出现了门限效应。下面通过 FM 解调器(或者称为鉴频器)仔细地分析一下这种门限效应。

8.4.1 FM 解调器的门限效应

在实验室通过一个简单的实验即可观察到门限效应，再由此深入分析门限效应的发生过程。这里假定 FM 鉴频器的输入由如下两部分的和构成：①调制之前的正弦载波；②功率谱密度关于正弦信号的频率(指载波频率)对称的带限白噪声。这里从鉴频器的输入具有很高的信噪比开始分析，当噪声功率逐渐增大时，在示波器上持续地观察鉴频器的输出。刚开始时，鉴频器的输出像带宽受限的白噪声。当噪声的功率谱密度增大时，输入信噪比减小，在鉴频器的输出端出现尖峰或者脉冲。最初出现的这些尖峰表示鉴频器工作在门限区域内。

附录 D 分析了这些尖峰的统计。这一节回顾一下具体应用于模拟调频的尖峰噪声现象。所分析的系统如图 8.9 所示，把该图中的 $e_1(t)$ 表示如下：

$$e_1(t) = A_c \cos(2\pi f_c t + \theta) + n_c(t)\cos(2\pi f_c t + \theta) - n_s(t)\sin(2\pi f_c t + \theta) \tag{8.152}$$

将上式表示为

$$e_1(t) = A_c \cos(2\pi f_c t + \theta) + r_n(t)\cos[2\pi f_c t + \theta + \phi_n(t)] \tag{8.153}$$

或者

$$e_1(t) = R(t)\cos[2\pi f_c t + \theta + \psi(t)] \tag{8.154}$$

图 8.11 示出了该信号的相量图。与附录 D 中的图 D.2 一样，该图示出了尖峰出现的过程。对未调载波而言，信号的幅度为 A_c、角度为 θ。噪声的幅度为 $r_n(t)$。信号与噪声之间的角度差为 $\phi_n(t)$。当接近门限时，噪声的幅度增大，直到(至少部分时间内) $|r_n(t)| > A_c$。再者，由于 $\phi_n(t)$ 呈均匀分布，因此，噪声的相位有时位于 $-\pi$ 的区域内。于是，所得到的相量 $R(t)$ 偶尔会绕原点旋转。当 $R(t)$ 在原点的区域内时，即使噪声的相位发生很小的变化，也会导致 $\psi(t)$ 快速变化。由于鉴频器的输出与 "$\psi(t)$ 的时间变化率(即 $\psi(t)$ 对时间的导数)" 成正比，因此，在绕原点旋转时，鉴频器的输出相当大。从本质上说，这与第 4 章观察到的效果相同(参阅第 4 章中鉴频器工作在干扰环境下的性能分析)。

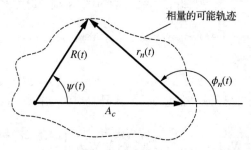

图 8.11 在靠近门限处产生尖峰输出的相量图(图中对应 $\theta = 0$)

图 8.12 示出了当输入信噪比等于–4 dB 时的相位偏移量 $\psi(t)$。可以观察到 $\psi(t)$ 环绕原点的旋转(转一圈表示 2π)。图 8.13 示出了 FM 鉴频器中检波前信噪比的几个值。当信噪比增大时,可以清晰地观察到尖峰噪声的减少。

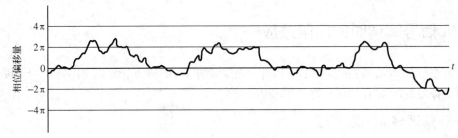

图 8.12 当检波前信噪比为–4.0 dB 时的相位偏移量

附录 D 中证明了尖峰噪声的功率谱密度由如下的关系式给出:

$$S_{\mathrm{d}\psi/\mathrm{d}t}(f) = (2\pi)^2(v + \overline{\delta v}) \tag{8.155}$$

式中, v 表示每秒出现的脉冲的平均数,这些脉冲源于"未调载波+噪声"; $\overline{\delta v}$ 表示由调制产生的尖峰速率的净增量。由于鉴频器的输出如下:

$$y_D(t) = \frac{1}{2\pi} K_D \frac{\mathrm{d}\psi}{\mathrm{d}t} \tag{8.156}$$

那么,在鉴频器输出端,尖峰噪声的功率谱密度如下:

$$N_{D\delta} = K_D^2 v + K_D^2 \overline{\delta v} \tag{8.157}$$

利用附录 D 中 v 的表示式(D.23),可以得到

$$K_D^2 v = K_D^2 \frac{B_T}{\sqrt{3}} Q\left(\sqrt{\frac{A_c^2}{N_0 B_T}}\right) \tag{8.158}$$

式中, $Q(x)$ 表示第 6 章定义的高斯 Q 函数。根据附录 D 中 $\overline{\delta v}$ 的表达式(D.28),可以得到

$$K_D^2 \delta v = K_D^2 \overline{|\delta f|} \exp\left(\frac{-A_c^2}{2N_0 B_T}\right) \tag{8.159}$$

由于鉴频器输出端的尖峰噪声为白噪声,因此,将功率谱密度乘以检波后的双边带带宽 $2W$ 之后,就求出了鉴频器输出端的尖峰噪声功率。把式(8.158)、式(8.159)代入式(8.157),并且乘以 $2W$ 之后可以得到尖峰噪声的功率如下:

$$N_{D\delta} = K_D^2 \frac{2B_T W}{\sqrt{3}} Q\left(\sqrt{\frac{A_c^2}{N_0 B_T}}\right) + K_D^2 (2W)\overline{|\delta \mathrm{j}|} \exp\left(\frac{-A_c^2}{2N_0 B_T}\right) \tag{8.160}$$

在得到尖峰噪声的功率之后,就可以求出鉴频器输出噪声的总功率。在完成该项工作之后,就能很容易求出鉴频器输出端的信噪比。

鉴频器输出端噪声的总功率等于如下的两项之和:①高斯噪声功率;②尖峰噪声功率。因此,把式(8.160)与式(8.138)相加之后得到噪声的总功率。于是得到总功率如下:

$$N_D = \frac{1}{3A_c^2} K_D^2 W^2 \left(\frac{P_T}{N_0 W}\right)^{-1} + K_D^2 \frac{2B_T W}{\sqrt{3}} Q\left(\sqrt{\frac{A_c^2}{N_0 B_T}}\right) + K_D^2 (2W)\overline{|\delta \mathrm{j}|} \exp\left(\frac{-A_c^2}{2N_0 B_T}\right) \tag{8.161}$$

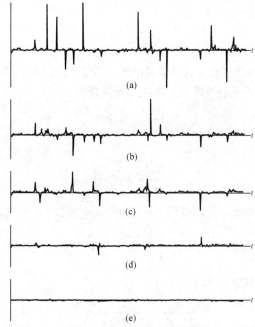

图 8.13　当检波前信噪比取各种值时，由输入噪声产生的 FM 鉴频器的输出。(a)检波前信噪比 = −10 dB；(b)检波前信噪比 = −4 dB；(c) 检波前信噪比 = −0 dB；(d) 检波前信噪比 = 6 dB；(e) 检波前信噪比 = 10 dB

式(8.133)给出了鉴频器输出端的信号功率。信号功率除以上式给出的噪声功率，在消去所得表达式各项中的 K_D 项之后，可以得到

$$(\text{SNR})_D = \frac{f_d^2 \overline{m_n^2}}{[W^2(P_T / N_0 W)^{-1}] / 3 + (2 B_T W / \sqrt{3}) Q\left(\sqrt{A_c^2 / (N_0 B_T)}\right) + (2W)\overline{|\delta f|}\exp[-A_c^2 / (2N_0 B_T)]} \tag{8.162}$$

通过将上式分母中的第 1 项变换为 1，可以把上式的结果变换为标准形式。于是得到最终的结果如下：

$$(\text{SNR})_D = \frac{3(f_d / W)^2 \overline{m_n^2} z}{1 + (2\sqrt{3} B_T W) z Q\left(\sqrt{A_c^2 / (N_0 B_T)}\right) + 6(\overline{|\delta f|} / W) z \exp[-A_c^2 / (2N_0 B_T)]} \tag{8.163}$$

式中，$z = P_T / (N_0 W)$。

当系统工作在高于门限值的区域时，如果在输入信噪比的区间内可以忽略尖峰噪声，那么，上面表达式分母中的最后两项都比 1 小得多，因而都可以忽略不计。这时，检波后的信噪比高于式(8.140)给出的门限结果。值得注意的是，出现在尖峰噪声项中的 $A_c^2 / (2N_0 B_T)$ 表示检波前信噪比。这里注意到，消息信号直接影响了检波后信噪比表达式中的 $\overline{m_n^2}$、$|\delta v|$ 两项。因此，在求解 $(\text{SNR})_D$ 之前，需要知道消息信号。这正是下面实例的主题。

例 8.4

在该实例中，当消息信号为如下的正弦信号时，可以求出 FM 鉴频器的检波增益

$$m_n(t) = \sin(2\pi W t) \tag{8.164}$$

瞬时频偏如下：

$$f_d m_n(t) = f_d \sin(2\pi W t) \tag{8.165}$$

所以，频偏绝对值的平均值如下：

$$\overline{|\delta t|} = 2W \int_0^{1/2W} f_d \sin(2\pi W t)\mathrm{d}t \tag{8.166}$$

完成上式的积分运算之后，可以得到：

$$\overline{|\delta f|} = \frac{2}{\pi} f_d \tag{8.167}$$

需要注意的是，f_d 表示峰值频偏。按照调制指数 β 的定义，f_d 等于 βW。[由于 $m(t)$ 为正弦信号，因此可以利用调制指数 β 而不是利用偏移系数 D。]于是得到

$$\overline{|\delta f|} = \frac{2}{\pi} \beta W \tag{8.168}$$

根据卡尔森定律，可以得到

$$\frac{B_T}{W} = 2(\beta+1) \tag{8.169}$$

由于消息信号为正弦信号，那么，可以得到 $\beta = f_d / W$，$\overline{m_n^2} = 1/2$。于是得到

$$\left(\frac{f_d}{W}\right)^2 \overline{m_n^2} = \frac{1}{2}\beta^2 \tag{8.170}$$

最后，可以把检波前的信噪比表示如下：

$$\frac{A_c^2}{2N_0 B_T} = \frac{1}{2(\beta+1)} \times \frac{P_T}{N_0 W} \tag{8.171}$$

把式(8.170)、式(8.171)代入式(8.163)之后可以得到

$$(\text{SNR})_D = \frac{1.5\beta^2 z}{1+(4\sqrt{3})(\beta+1)zQ\left[\sqrt{z/(\beta+1)}\right]+(12/\pi)\beta z \exp\{-z/2(\beta+1)\}} \tag{8.172}$$

式中，再次提到：$z = P_T/(N_0 W)$ 表示检波后的信噪比。图 8.14 绘出了检波后的信噪比随 $z = P_T/N_0 W$ 变化的图形。把 $P_T/(N_0 W)$ 的门限值定义为满足如下条件的 $P_T/(N_0 W)$ 值：检波后的信噪比比上述的门限分析中给出的检波后的信噪比低 3 dB 时所对应的 $P_T/(N_0 W)$ 值。换句话说，$P_T/(N_0 W)$ 的门限值表示的是：当式(8.172)的分母等于 2 时对应的 $P_T/(N_0 W)$ 值。应该注意的是，从图 8.14 中可以看出，当调制指数 β 增大时，$P_T/(N_0 W)$ 的门限值增大。分析这种效果是本章末尾计算机仿真练习的主题之一。

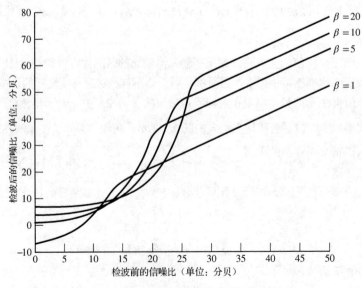

图 8.14 采用正弦调制信号时调频系统的性能

令人满意的 FM 系统要求：必须在高于门限值时系统才能工作。图 8.14 示出了快速收敛到式(8.140)所表示的门限值之上的分析结果(用式(8.170)可以把式(8.140)表示为调制指数的形式)。从图 8.14 中还可以看出：当工作点进入低于门限值的区域时，系统的性能迅速恶化。 ∎

计算机仿真练习 8.4

产生图 8.14 所示性能曲线的 MATLAB 程序如下：

```
%File: c8ce4.m
zdB = 0:50;                             %predetection SNR in dB
z = 10.^(zdB/10);                       %predetection SNR
beta = [1 5 10 20];                     %modulation index vector
hold on                                 %hold for plots
for j=1 : length(beta)
    bta = beta(j);                      %current index
    a1 = exp(-(0.5/(bta + 1)*z));       %temporary constant
    a2 = qfn(sqrt(z/(bta + 1)));        %temporary constant
    num = (1.5*bta*bta)*z;
    den = 1+(4*sqrt(3)*(bta + 1))*(z.*a2) + (12/pi)*bta*(z.*a1);
    result = num./den;
    resultdB = 10*log10(result);
    plot(zdB,resultdB, 'k')
end
hold off
xlabel('Predetection SNR in dB')
ylabel('Postdetection SNR in dB')
%End of script file.
```
∎

例 8.5

在考虑调制与加性噪声的影响时，式(8.172)给出了 FM 调制器的性能。这里关心的是求出调制与噪声的相对效果。在满足这一点时，可以把式(8.172)表示如下：

$$(\text{SNR})_D = \frac{1.5\beta^2 z}{1+D_2(\beta,\ z)+D_3(\beta,\ z)} \tag{8.173}$$

式中，$z = P_T/(N_0 W)$；$D_2(\beta,\ z)$、$D_3(\beta,\ z)$ 分别表示式(8.172)中分母的第 2 项(由噪声产生)、第 3 项(由调制产生)。把 $D_2(\beta,\ z)$ 与 $D_3(\beta,\ z)$ 的比值表示如下：

$$\frac{D_3(\beta,\ z)}{D_3(\beta,\ z)} = \frac{\sqrt{3}}{\pi} \times \frac{\beta}{(\beta+1)} \times \frac{\exp\left[-z/2(\beta+1)\right]}{Q\left[z/(\beta+1)\right]} \tag{8.174}$$

图 8.15 绘出了该比值的图形。从图中可以清晰地看出，当 $z > 10$ 时，调制指数对式(8.172)分母的影响远大于噪声对式(8.172)分母的影响。然而，当工作在门限值之上时，$D_2(\beta,\ z)$、$D_3(\beta,\ z)$ 都远小于 1，如图 8.16 所示。当工作点高于门限值时，要求如下的关系式成立：

$$D_2(\beta,\ z)+D_3(\beta,\ z) \ll 1 \tag{8.175}$$

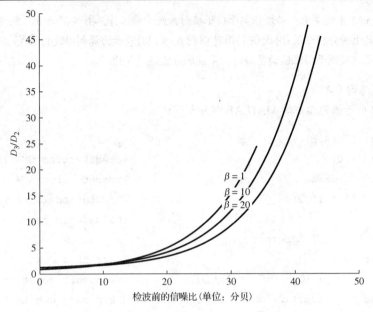

图 8.15　$D_3(\beta,\ z)$ 与 $D_2(\beta,\ z)$ 的比值

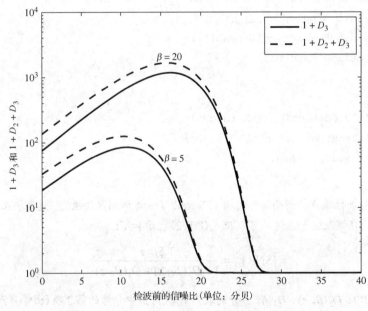

图 8.16　$1+D_3(\beta,\ z)$ 与 $1+D_2(\beta,\ z)+D_3(\beta,\ z)$

因此，调制的效果是：当工作在高于门限值的区域时，增大了所需的检波前信噪比的值。

计算机仿真练习 8.5

下面的 MATLAB 程序用于产生图 8.15。

```
% File: c8ce5a.m
% Plotting of Fig. 8.15
% User defined subprogram qfn( ) called
```

```
%
clf
zdB = 0:50;
z = 10.^(zdB/10);
beta = [1 10 20];
hold on
for j = 1:length(beta)
    K = (sqrt(3)/pi)*(beta(j)/(beta(j) + 1));
    a1 = exp(-0.5/(beta(j) + 1)*z);
    a2 = qfn(sqrt(z/(beta(j) + 1)));
    result = K*a1./a2;
    plot(zdB, result)
    text(zdB(30), result(30)+5, ['\beta =', num2str(beta(j))])
end
hold off
xlabel('Predetection SNR in dB')
ylabel('D 3/D 2')
% End of script file.
```

另外，下面的 MATLAB 程序用于产生图 8.16。

```
% File: c8ce5b.m
% Plotting of Fig. 8.16
% User-defined subprogram qfn( ) called
%
clf
zdB = 0 : 0.5 : 40;
z = 10.^(zdB/10);
beta = [5 20];
for j = 1 : length(beta)
    a2 = exp(-(0.5/(beta(j) + 1)*z));
    a1 = qfn(sqrt((1/(beta(j) + 1))*z));
    r1 = 1 + ((12/pi)*beta(j)*z.*a2);
    r2 = r1 + (4*sqrt(3)*(beta(j) + 1)*z.*a1);
    num = (1.5*beta(j)^2)*z;
    den = 1 + (4*sqrt(3)*(beta(j) + 1))*(z.*a2) + (12/pi)*beta(j)*(z.*a1);
    snrd = num./den;
    semilogy(zdB, r1, zdB, r2, '--')
    text(zdB(30), r1(30)+1.4^beta(j), ['\beta = ', num2str(beta(j))])
    if j == 1
        hold on
    end
end
xlabel('Predetection SNR in dB')
ylabel('1 + D 3 and 1 + D2 + D3')
```

```
legend('1 + D 3', '1 + D2 + D3')
% End of script file.
```
■

在分析利用锁相环实现的门限扩展（指更小的门限值）时，难度稍微有点大，现在已公开发表了许多研究成果[1]。因此，书中不会介绍这一内容。但需要指出的是，与前面刚介绍过的解调器相比，一般来说，通过锁相环获得的门限扩展约为 2～3 dB。尽管这只是个中等程度的扩展，但在噪声很高的环境下往往很重要。

8.5 脉冲编码调制中的噪声

第 3 章简要地介绍了脉冲编码调制，下面给出简化后的性能分析。在 PCM 中存在如下两种主要的误差：①对信号进行量化处理时产生的误差；②由信道噪声产生的误差。正如第 3 章的介绍，量化时需要把输入的样值表示成 q 个量化电平中的一个。然后，在发送每个量化电平时，实际发送的是一串符号（通常用二进制符号表示对应的各个量化电平）。

8.5.1 检波后的信噪比

可以把采样、量化之后的消息信号表示如下：

$$m_{\delta q}(t) = \sum m(t)\delta(t - iT_s) + \sum \varepsilon(t)\delta(t - iT_s) \tag{8.176}$$

上式右端的第 1 项表示采样处理；第 2 项表示量化处理。把 $m_{\delta q}(t)$ 的第 i 个样值表示如下：

$$m_{\delta q}(t_i) = m(t_i) + \varepsilon_q(t_i) \tag{8.177}$$

式中，$t_i = iT_s$。因此，若采用的"信号+噪声"满足平稳性的特性，则得到量化之后的信噪比如下：

$$(\text{SNR})_Q = \frac{\overline{m^2(t_i)}}{\overline{\varepsilon_q^2(t_i)}} = \frac{\overline{m^2}}{\overline{\varepsilon_q^2}} \tag{8.178}$$

当各个量化电平具有均匀的间隔 S 时，很容易计算出这种情形的量化误差。如果量化电平的间隔均匀分布，那么量化误差的边界是 $\pm S/2$。因此，假定 $\varepsilon_q(t)$ 在如下的区间内均匀分布：

$$-\frac{S}{2} \leq \varepsilon_q \leq \frac{S}{2}$$

则由量化产生的均方误差如下：

$$\overline{\varepsilon_q^2} = \frac{1}{S}\int_{-S/2}^{S/2} x^2 \mathrm{d}x = \frac{S^2}{12} \tag{8.179}$$

于是得到量化后的信噪比如下：

$$(\text{SNR})_Q = 12\frac{\overline{m^2}}{S^2} \tag{8.180}$$

下一步是用 q、S 表示 $\overline{m^2}$。如果共有 q 个量化电平，每一个的宽度为 S，则可以得出：$m(t)$ 的峰峰值（即 $m(t)$ 的动态范围）为 qS。假定 $m(t)$ 在该范围内均匀分布，则可以得到量化后的信号功率如下：

---

1 简要的分析与介绍见文献 Taub and Schilling (1986)，第 419～422 页。

$$\overline{m^2} = \frac{1}{qS} \int_{-qS/2}^{qS/2} x^2 \mathrm{d}x = \frac{q^2 S^2}{12} \tag{8.181}$$

把式(8.181)代入式(8.180)之后可以得到

$$(\mathrm{SNR})_Q = q^2 = 2^{2n} \tag{8.182}$$

式中，n 表示每个量化电平的二进制符号数。二进制量化时已采用了 $q = 2^n$ 的条件。

如果信道上的加性噪声相当小，那么系统的性能受到量化噪声的限制。在这种情况下，式(8.182)变为检波后的信噪比，并且与 $P_T/(N_0 W)$ 无关。如果量化不是产生误差的唯一原因，那么检波后的信噪比与如下的两个因素有关：①$P_T/(N_0 W)$；②量化误差。换句话说，量化噪声与信号的传输方案有关。

通过采用具体的信号传输方案，并且利用第 9 章的结论，很容易进行 PCM 的近似分析。在把所传输的每一个样值都表示成 n 个一组的脉冲之后，由于信道上存在噪声，因此在接收机的输出端，n 个脉冲中的任何一个都有可能出现差错。n 个一组的脉冲限定了量化电平的大小，因此，把"n 个一组的脉冲"称为"数字码字"。每个单独的脉冲是一个数字符号(或者二进制系统的比特)。这里假定已知误比特率 P_b(第 9 章之后常出现这样的假定条件)。在接收端，正确地收到 n 比特样值 "数字码字" 中每一比特的概率为 $1-P_b$。假定各个差错的出现相互独立，那么，正确地收到表示"数字码字"的全部 n 比特的概率为 $(1-P_b)^n$。因此，用如下的关系式表示字差错概率 P_w：

$$P_w = 1 - (1-P_b)^n \tag{8.183}$$

"数字码字"差错的效果与"数字码字"中的哪个比特出现了差错有关。这里假定比特差错出现在最高位(最恶劣的情形)。这会引起 $qS/2$ 的幅度误差。于是，"数字码字"差错的效果体现在如下范围内的幅度误差：

$$-\frac{qS}{2} \leqslant \varepsilon_w \leqslant \frac{qS}{2}$$

为了简化分析，这里假定：在该区间内，ε_w 均匀分布。于是得到"数字码字"差错的均方误差如下：

$$\overline{\varepsilon_w^2} = \frac{q^2 S^2}{12} \tag{8.184}$$

上式的值与信号的功率相等。

在 PCM 系统的输出端，把噪声的总功率表示如下：

$$N_D = \overline{\varepsilon_q^2}(1-P_w) + \overline{\varepsilon_w^2} P_w \tag{8.185}$$

上式右端的第 1 项表示因量化误差所产生的 N_D 的分量。通过强调正确地接收"数字码字"中所有比特的概率，用式(8.179)表示量化误差。上式右端的第 2 项表示因"数字码字"差错所产生的 N_D 的分量，这里强调的是"数字码字"的差错概率。根据噪声功率的表达式(8.185)、信号功率的表达式(8.181)可以得到如下的信噪比表达式：

$$(\mathrm{SNR})_D = \frac{\dfrac{q^2 S^2}{12}}{\dfrac{S^2(1-P_w)^2}{12} + \dfrac{q^2 S^2 P_w}{12}} \tag{8.186}$$

将上式化简后得到

$$(\mathrm{SNR})_D = \frac{1}{q^{-2}(1-P_w) + P_w} \tag{8.187}$$

当"数字码字"的长度为 n 时，利用式(8.182)可以将上式的结果表示如下：

$$(\text{SNR})_D = \frac{1}{2^{-2n} + P_w(1 - 2^{-2n})} \tag{8.188}$$

根据"数字码字"的长度 n 可以求出式中的 2^{-2n}；而字差错概率 P_w 则是信噪比 $P_T/(N_0W)$、"数字码字"长度 n 的函数。

当接收机输入端的信噪比相当高时，字差错概率 P_w 可以忽略不计，于是得到

$$(\text{SNR})_D = 2^{2n} \tag{8.189}$$

以分贝为单位时，上式变为

$$10\log_{10}(\text{SNR})_D = 6.02n \tag{8.190}$$

当量化器输出端的码字长度增加 1 比特时，所得到的信噪比稍大于 6 dB。把字差错概率 P_w 可以忽略不计、系统性能受到量化误差限制的工作区称为超阈值区。

计算机仿真实例 8.6

该仿真实例的目的是：分析 PCM 系统的检波后信噪比。在计算检波后的信噪比 $(\text{SNR})_D$ 之前，必须已知字差错概率 P_w。正如式(8.183)所表示的，字差错概率 P_w 与比特差错概率有关。利用下一章的结论可以表示出 PCM 的门限效应。这里假定采用频移键控传输技术，也就是说，用一个频率表示二进制零、另一个频率表示二进制 1。假定采用非相干接收机，则误比特率如下：

$$P_b = \frac{1}{2}\exp\left(-\frac{P_T}{2N_0B_T}\right) \tag{8.191}$$

式中，B_T 表示数字比特率的传输带宽，在 n 个符号的 PCM "数字码字" 中，B_T 表示传输 1 比特所需时间的倒数。$P_T/(N_0B_T)$ 表示检波前的信噪比。把式(8.191)代入式(8.183)，并将所得的结果代入式(8.188)之后可以得到检波后的信噪比 $(\text{SNR})_D$。图 8.17 示出了这一结果。图中可以明显地看出门限效应。利用下面的 MATLAB 程序可以绘出图 8.17。

```
%File c8ce6.m
n=[4 8 12];                      %wordlengths
snrtdB = 0 : 0.1 : 30;           %predetection snr in dB
snrt = 10.^(snrtdB/10);          %predetection snr
Pb = 0.5*exp( - snrt/2);         %bit-error probability
hold on                          %hold for multiple plots
for k = 1:length(n)
    Pw = 1 - (1 - Pb).^n(k);     %current value of Pw
    a = 2^( - 2*n(k));           %temporary constant
    snrd = 1./(a + Pw*(1 - a));  %postdetection snr
    snrddB = 10*log10(snrd);     %postdetection snr in dB
    plot(snrtdB,snrddB)
end
hold off                         %release
xlabel('Predetection SNR in dB')
ylabel('Postdetection SNR in dB')
%End of script file.
```

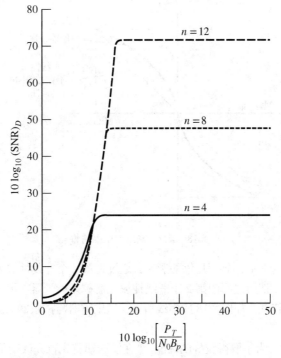

图 8.17　PCM 系统的输出信噪比(系统中采用了 FSK 调制以及非相干接收机)

这里注意到：当"数字码字"较长时，由于减小了量化噪声，因此，所得到的 $(\text{SNR})_D$ 值较高(大于门限值)。然而，对原时域信号 $m(t)$ 而言，较长的"数字码字"意味着每个样值必须传输较多的比特数。这会增大系统的带宽指标。因此，提高信噪比的代价是较高的比特率(或者系统传输带宽)。这里又一次看到了门限效应出现在非线性系统里，以及再一次看到了信噪比与传输带宽之间的折中。 ■

8.5.2　压缩扩张特性

根据第 3 章的介绍，模拟信号经过采样、量化、编码这 3 个过程之后产生了 PCM 信号。把这 3 个处理过程统称为模数变换。

从前一节的介绍了解到，在具体应用中，如果所选的码字长度很短，就会在量化过程中产生明显的误差。用信号-量化噪声比表示这些误差的结果，见式(8.182)。需要记住的是，所分析的式(8.182)用于均匀分布的信号。

加到给定样值中的量化噪声电平式(8.179)与信号的幅度无关。因此，与幅度较高的信号相比，量化噪声对幅度较低的信号的影响较大。从式(8.180)可以看出这一点。当信号的幅度较小时，可以采用较小的量化步长；当信号的幅度较大时，可以采用较大的量化步长。

这里关注的第 2 种技术是：让模拟信号在采样之前先通过非线性放大器。图 8.18 示出了这种放大器的输入-输出特性。当输入信号 x_{in} 的幅度值较小时，输入输出特性的斜率较大。因此，在幅度的变化量相同的条件下，相对于信号幅度较高时采用的量化电平数而言，在信号幅度较低时采用的量化电平多一些。从本质上说，当信号的幅度较低时，产生的量化步长较小，于是减小了信号幅度较低时的量化误差。从图 8.18 可以看出，对输入信号的峰值进行了压缩。因此，把图 8.18 所示的特性称为压缩。

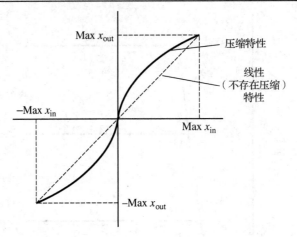

图 8.18　输入-输出的压缩特性

当信号恢复为模拟信号时必须补偿压缩的影响。通过把第 2 个非线性放大器放置在数模变换器的输出端可以实现这一过程。把所选择的第 2 个非线性放大器称为扩张器，于是，利用压缩器与扩张器的级联组合可以得到线性特性，如图 8.18 的虚线所示。把压缩器与扩张器的组合称为压扩器。图 8.19 示出了压扩系统。

在存在噪声的条件下，为了取得较好的性能，"在发送端首先预先改变信号，然后在接收端消除预先改变信号所产生的影响"的思想让人联想到：实现调频系统时所采用的预加重滤波器、去加重滤波器[2]。

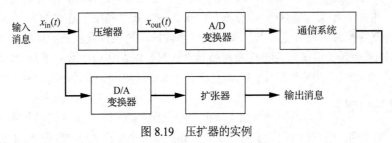

图 8.19　压扩器的实例

补充书目

第 3 章末尾引用的所有文献都包含了本章介绍的噪声影响的材料。这里特别推荐给出完整介绍的文献"Lathi and Ding (2009)"、"Haykin and Moher (2009)"。尽管文献"Taub 与 Schilling 的 (1986)"出版的时间有些长了，但 PCM、调频系统的门限效应这两部分内容的分析都很到位。与本书的相关内容相比，文献"Tranter et al. (2004)"通过仿真较深入地分析了量化与信噪比估计。

本章内容小结

1. 加性高斯白噪声模型常用于通信系统的分析。然而，加性高斯白噪声的假定仅在一定的带宽内才有效，而且

2　两种常用的压扩系统以 μ 率、A 率为基本压缩技术。在 MATLAB 工具箱中包含了压扩系统的例子以及仿真代码。在本章末尾的计算机仿真实例中，给出了根据 tanh 函数进行处理的简单处理过程。

该带宽是温度的函数。当温度为 3 K 时，该带宽值约为 10 GHz。如果温度升高，"白噪声假定"成立所对应的带宽也会增大。在标准温度(290 K)处，"白噪声假定"成立所对应的带超过了 1000 GHz。经许多载流子的共同作用产生了热噪声。由中心极限定理导出了高斯假定。

2. 当工作在白噪声环境下时，基带通信系统的输出信噪比为 $P_T/(N_0W)$，其中，P_T 表示信号的功率；N_0 表示噪声的单边功率谱密度($N_0/2$ 表示噪声的双边功率谱密度)；W 表示信号的带宽。

3. 假定采用相位完全一致的解调载波，则双边带系统的输出信噪比为 $P_T/(N_0W)$，而且噪声的带宽为 W。

4. 假定采用相位完全一致的解调载波，则单边带系统的输出信噪比也等于 $P_T/(N_0W)$，而且带宽为 W。于是，在理想条件下，单边带系统、双边带系统二者的性能与基带系统的性能相同。

5. 采用相干解调时，AM 系统的输出信噪比为 $E_{ff}P_T/(N_0W)$，其中，E_{ff} 表示系统的效率。当信噪比很高时，采用包络检波器 AM 系统的输出信噪比与采用相干解调的 AM 系统的输出信噪比相等。如果检波前的信噪比很小，那么，在解调器的输出端，信号与噪声之间为相乘而非相加的关系。当输入信噪比变得很小时，输出信号出现了严重的损耗，这就是门限效应。

6. 平方律检波器为非线性系统，可用于分析所有的 $P_T/(N_0W)$ 值。由于平方律检波器的非线性特性，因此观察到了门限效应。

7. 与参考信号相比，若假定可以把某一点的"理想"信号表示为幅度按比例变化、存在时延的信号，那么，在求解系统在某一点的信噪比时，存在简单的算法。换句话说，理想信号(SNR = ∞)是没有失真的参考信号。

8. 根据正交双边带(Quadrature Double-SideBand，QDSB)信号模型，采用综合分析法可以很容易求出加性噪声、解调相位误差对通信系统的共同作用。结果表明：如果两个正交双边带信号的功率相等，那么，单边带信号与正交双边带信号在解调时对相位误差的灵敏度相同。解调时如果存在不等于零的相位误差，由于单边带系统和正交双边带系统的正交信道之间都出现了串扰，因此，解调时双边带信号对相位误差的灵敏度比单边带信号或者正交双边带信号的灵敏度低得多。

9. 对角度调制系统的分析表明：若系统工作在门限之上，则当增大载波信号的幅度时，可以抑制输出噪声。因此，解调器的输出噪声功率是输入信号功率的函数。

10. 对 PM 系统而言，在区间 $|f| > W$ 内，解调器的输出功率谱密度为常数；对 FM 系统而言，在区间 $|f| < W$ 内，解调器的输出功率谱密度为抛物线。FM 系统的输出功率谱密度为抛物线的原因是：从本质上说，FM 系统的解调是个微分过程。

11. 对 PM 系统而言，解调后的输出信噪比与 k_p^2 成正比，其中，k_p 表示相位偏移常数。对 FM 系统而言，解调后的输出信噪比与 D^2 成正比，其中，D 表示相位偏移系数。由于在增大偏移系数的同时，还增大了传输信号的带宽，因此，以增大传输带宽为代价时，采用角度调制技术可以改善系统的性能。

12. 采用预加重和去加重技术可以明显地提高调频系统的噪声性能。一般来说，在解调器的输出端，信噪比的改善量可以超出 10 dB。

13. 当减小 FM 系统的输入信噪比时，出现了尖峰噪声。产生尖峰的原因是：噪声的总相位绕原点旋转。当相位为 2π 时，尖峰的面积为常数，功率谱密度与尖峰的频率成正比。当调制指数增大时，由于必须增大检波前的带宽，因此降低了检波前的信噪比；当调制指数增大时，$P_T/(N_0W)$ 的门限值增大。

14. 由于存在量化噪声，因此 PCM 是个非线性调制过程。对 PCM 系统的分析表明，PCM 系统与 FM 系统一样，在带宽与输出信噪比之间存在折中。当高于门限时，PCM 系统的性能由"数字码字"的长度(或者说成量化噪声)决定。当低于门限时，PCM 系统的性能由信道噪声决定。

15. 本章最重要的结果是得出了各种调制方法的检波后信噪比的结果。表 8.1 归纳了这些研究结果。表中给出了每种技术的检波后信噪比以及所需的传输带宽。对非线性系统而言，从该表中可以明显看出检波后信噪比与传输带宽之间的折中。

表 8.1　噪声的性能特性

系　　统	检波后的信噪比	传输带宽
基带系统	$\dfrac{P_T}{N_0 W}$	W
采用相干解调的双边带系统	$\dfrac{P_T}{N_0 W}$	$2W$
采用相干解调的单边带系统	$\dfrac{P_T}{N_0 W}$	W
采用包络检波的常规调幅系统或者采用相干解调的常规调幅系统。注意：E 表示效率	$\dfrac{EP_T}{N_0 W}$	$2W$
采用平方律检波时的常规调幅系统	$2\left(\dfrac{a^2}{2+a^2}\right)^2\dfrac{P_T/N_0 W}{+(N_0 W/P_T)}$	$2W$
高于门限时的 PM 系统	$K_p^2\,\overline{m_n^2}\,\dfrac{P_T}{N_0 W}$	$2(D+1)W$
高于门限时的 FM 系统（未采用预加重）	$3D^2\,\overline{m_n^2}\,\dfrac{P_T}{N_0 W}$	$2(D+1)W$
高于门限时的 FM 系统（采用了预加重）	$\left(\dfrac{f_d}{f_3}\right)^2\,\overline{m_n^2}\,\dfrac{P_T}{N_0 W}$	$2(D+1)W$

疑难问题

8.1　$10\,000\,\Omega$ 的电阻工作在 290 K 的温度。要求在 $1\,000\,000$ Hz 的带宽内，求出所产生的噪声的方差。

8.2　利用上一题的参数，当温度下降到 10 K 时，求出噪声的新的方差值。

8.3　已知接收机输入信号的功率谱密度为 $S_s = 5\Lambda\left(\dfrac{f}{7}\right)$。当噪声分量为 $10^{-4}\Pi\left(\dfrac{f}{20}\right)$ 时，求出信噪比（单位：分贝）。

8.4　已知一简单系统的输入信号为 $5\cos(2\pi\times 6t)$。在该信号中加入了用 $0.2\sin(2\pi\times 8t)$ 表示的单音干扰。求信噪比。根据 8.1.5 节介绍的相关技术，通过计算 P_x、P_y、P_{xy}、R_{xy}，验证你得到的结果。

8.5　单边带系统工作在 20 dB 的信噪比处。解调时相位误差的标准偏移量为 5°。求出原消息信号与解调后的消息信号之间的均方误差。

8.6　某 PM 系统工作时，发送端的功率为 10 kW，消息信号的带宽为 10 kHz。相位调制常数为 π 弧度/单位输入。归一化消息信号的标准差为 0.4。当检波后的信噪比为 30 dB 时，问信道噪声的功率谱密度是多少？

8.7　某 FM 系统除了偏移系数为 5，工作时的其他各个参数与上一题的相同。当检波后的信噪比为 30 dB 时，问信道噪声的功率谱密度是多少？

8.8　某采用了预加重、去加重技术的 FM 系统工作时的信噪比由式 (8.149) 给出。求出采用预加重、去加重技术时信噪比增益随 f_3、W 变化的的表达式。利用该表达式验证例 8.3 的结果。

8.9　在没有限定 $f_3 \ll W$ 的条件下，重复上一题。根据例 8.3 给出的值，在 $f_3 \ll W$ 的限制条件时，分析上一题的结果会如何变化。

8.10　PCM 系统的性能受到量化噪声的限制。为了确保输出信噪比的值不小于 35 dB，问所需的"数字码字"的长度是多少？

8.11　压缩器具有一阶巴特沃斯高通滤波器的幅度压缩特性。当 $f \leqslant f_1$ 时，假定输入中存在可忽略不计的分量，其中，$f_1 \leqslant f_3$，f_3 表示高通滤波器的 3 dB 拐点频率。求出扩张器的幅度响应特性。

习题

8.1 节习题

8.1　在本章的开始处分析热噪声时，谈到了在标准温度 (290 K) 时，白噪声的有效带宽超过了 1000 GHz。如果温度降低到 5 K，则噪声的方差减小，但白噪声的有效带宽下降到 10 GHz 左右。要求以摄氏度为单位表示这两个参考温度 (5 K 和 290 K)。

8.2　基带系统的输入波形中含有信号功率 P_T 和单边功率谱密度为 N_0 的白噪声。信号的带宽为 W。在没有明显失真的条件下传输信号时，假定用 n 阶巴特沃斯滤波器将输入波形的带宽限为 $B = 2W$。当 $n = 1$、3、5、10 时，计算出随 $P_T/(N_0W)$ 变化的滤波器输出信噪比。当 $n \to \infty$ 时，计算出随 $P_T/(N_0W)$ 变化的滤波器输出信噪比。并且分析上面得到的结果。

8.3　已知信号与噪声的功率谱密度分别如下：

$$x(t) = 5\cos(2\pi \times 5t)$$

$$S_n(f) = \frac{N_0}{2}, \quad |f| \leq 8$$

在确保信噪比不小于 30 dB 的条件下，求出所允许的 N_0 值。

8.4　在单边带系统中，推导出 $y_D(t)$ 的表达式。假定噪声分布在区间 $f_x = f_c \pm \dfrac{W}{2}$。推导出检波增益与 $(SNR)_D$。求出 $S_{n_c}(f)$、$S_{n_s}(f)$；并且绘出 $S_{n_c}(f)$、$S_{n_s}(f)$ 的图形。

8.5　8.1.3 节中详细分析了噪声分量分布在 f_c 附近，但选择不同的边带时，观察到单边带系统的噪声分量分布在区间 $f_c \pm \dfrac{W}{2}$。在这两种情况下，绘出每一种情形的功率谱密度的图形。还要求根据每一种情形，求出与式 (8.16)、式 (8.17) 对应的表达式。

8.6　假定 AM 系统工作时的调制指数为 0.5，消息信号为 $10\cos(8\pi t)$。要求计算出效率、检波增益 (单位：分贝)、与基带性能 $P_T/(N_0W)$ 相比时的输出信噪比。当调制指数从 0.5 增大到 0.8 时，求出所得到的性能改善量 (单位：分贝)。

8.7　某 AM 系统的消息信号 $m(t)$ 的幅度呈高斯分布 (均值为零)。已知 $m(t)$ 的峰值为超出 1.0% 时间时的 $|m(t)|$ 值。如果调制指数为 0.8，问检波增益的值是多少？

8.8　有时候把包络检波器的门限电平定义如下：当 $A_c > r_n$ 的概率为 99% 时所对应的 $(SNR)_T$ 值。假定 $a^2 \overline{m_n^2} \cong 1$，要求推导出位于门限值处的信噪比 (单位：分贝)。

8.9　包络检波器工作在门限值之上。已知调制信号为正弦信号。当调制指数为 0.3、0.5、0.6、0.8 时，绘出 $(SNR)_D$ (单位：分贝) 随 $P_T/(N_0W)$ 变化的图形。

8.10　AM 系统的平方律检波器如图 8.20 所示。假定 $x_c(t) = A_c[1 + am_n(t)]\cos(2\pi f_c t) = \cos(2\pi f_m t)$，$m(t) + \cos(4\pi f_m t)$，要求绘出出现在 $y_D(t)$ 中的每一项的频谱简图。绘图时不忽略带宽为 $2W$ 的带限白噪声。在频谱图中标出所需的信号分量、失真之后的信号、噪声。

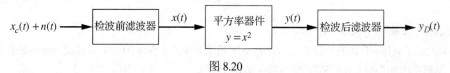

图 8.20

8.11　验证式(8.59)。

8.12　假定均值为零的消息信号 $m(t)$ 具有幅度呈高斯分布的概率密度函数，而且消息信号的归一化表示为 $m_n(t)$。$m(t)$ 的最大值为 $k\sigma_m$，其中，k 表示系数；σ_m 表示消息信号的标准差。当调制指数为 0.5 时，如果 k 分别取值 1、3、5，要求绘出 $(\mathrm{SNR})_D$（单位：分贝）随 $P_T/(N_0W)$ 变化的图形。根据该图可以得出什么结论？

8.13　计算出线性包络检波器的 $(\mathrm{SNR})_D$（单位：分贝）随 $P_T/(N_0W)$ 变化的图形，假定检波前信噪比很高、调制指数为 1。将所得到的结果与采用平方律检波器时得到的结果进行比较，并且证明：平方律检波器的性能差了 1.8 dB 左右。必要时，可以假定采用的调制信号是正弦信号。

8.14　假定采用图 8.21 所示的系统，在图中，高通滤波器之后接一个带宽为 W 的理想低通滤波器。假定系统的输入为"$A\cos(2\pi f_c t)$（其中，$f_c < W$）+ 双边功率谱密度为 $(N_0/2)$ 的加性白噪声"。要求用 N_0、A、R、C、W、f_c 表示出理想低通滤波器输出端的信噪比。当 $W\to\infty$ 时，问信噪比的极限值是多少？

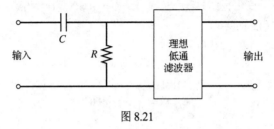

图 8.21

8.15　已知通信接收机的输入如下：

$$r(t) = 5\sin\left(20\pi t + \frac{7\pi}{4}\right) + i(t) + n(t)$$

式中，$i(t) = 0.2\cos(60\pi t)$；$n(t)$ 表示标准差 σ_n 等于 0.1 的噪声。发送的信号为 $10\cos(20\pi t)$。当信号从发送端到达接收端时，问接收端的输入信噪比是多少？时延是多少？

8.2 节习题

8.16　某单边带系统运行时的归一化均方误差小于等于 0.06。当归一化均方误差为 0.4%时，在绘出输出信噪比随解调相位误差的方差变化的图形之后，从图中标出令人满意的系统性能区域。若采用双边带技术，重新求解上面的问题。要求在同一坐标系中绘出上面的两个图。

8.17　当归一化均方误差小于等于 0.1 时，重新求解上一题的问题。

8.3 节习题

8.18　当 $(\mathrm{SNR})_T \gg 1$ 时绘出角度调制信号的相量图，说明 $R(t)$、A_c、$r_n(t)$ 之间的关系。在相量图中示出 $\psi(t)$、$\phi(t)$、$\phi_n(t)$ 之间的关系。根据相量图证明：当 $(\mathrm{SNR})_T \gg 1$ 时，如下的近似关系式成立：

$$\psi(t) \approx \phi(t) + \frac{r_n(t)}{A_c}\sin[\phi_n(t) - \phi(t)]$$

当 $(\mathrm{SNR})_T \ll 1$ 时，要求绘出第 2 个相量图，并且证明

$$\psi(t) \approx \phi_n(t) + \frac{A_c}{r_n(t)}\sin[\phi_n(t) - \phi(t)]$$

根据这两个相量图，可以得出什么结论？

8.19　第 4 章给出了立体声广播的处理过程。将 $l(t) - r(t)$ 信道的噪声功率与 $l(t) + r(t)$ 信道的噪声功率进行比较之后，解释立体声广播比非立体声广播对噪声灵敏的原因。

8.20　某频分复用系统用双边带调制技术产生用于基带传输的基带和 FM 调制信号。假定共有 8 个信道，并且全

部 8 个消息信号都有相同的功率 P_0、相同的带宽 W。除 1 个信道未采用副载波调制外，其余的 7 个信道采用了如下的副载波调制：

$$A_k \cos(2\pi k f_1 t), \quad 1 \leq k \leq 7$$

保护频带的带宽是 $3W$。绘出收到的基带信号的频谱图，在图中标出信号分量与噪声分量。如果各个信道具有相同的信噪比，要求计算出各个 A_k 值之间的关系。

8.21　根据式 (8.146) 推导出如下两项的比值的表达式：①采用去加重技术时 $y_D(t)$ 中的噪声项；②未采用去加重技术时 $y_D(t)$ 中的噪声项。绘出该比值随 W/f_3 变化的图形。当采用 $f_3 = 2.1\text{ kHz}$、$W = 15\text{ kHz}$ 的标准值时，计算出该比值；利用得到的结果求出采用去加重技术之后的性能改善量(单位：分贝)。将所得结果与例 8.3 得到的结果进行比较。

8.22　双边带功率谱密度为 $N_0/2$ 的白噪声加到具有图 8.22 所示功率谱密度的信号中。由理想低通滤波器对"信号 + 噪声"滤波，已知理想低通滤波器的通频带增益为 1、带宽 $B > W$。求出滤波器输出端的信噪比。如果将 B 减小到 W，问可以采用什么方法增大信噪比？

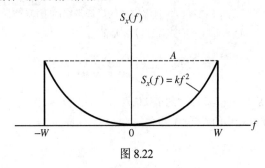

图 8.22

8.23　分析图 8.23 所示的系统。已知信号 $x(t)$ 的表达式如下：

$$x(t) = A\cos(2\pi f_c t)$$

低通滤波器的通频带增益为 1、带宽 W，其中 $f_c < B$。已知噪声是双边带功率谱密度为 $N_0/2$ 的白噪声。把 $y(t)$ 的信号分量定义为频率 f_c 处的分量。求出 $y(t)$ 的信噪比。

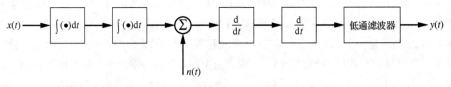

图 8.23

8.24　分析图 8.24 所示的系统。已知噪声是双边带功率谱密度为 $N_0/2$ 的白噪声。把信号的功率谱密度表示如下：

$$S_x(f) = \frac{A}{1 + (f/f_3)^2}, \quad -\infty < f < \infty$$

参数 f_3 表示信号的 3 dB 带宽，理想低通滤波器的带宽为 W。求出 $y(t)$ 的信噪比。绘出信噪比随 W/f_3 变化的图形。

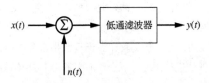

图 8.24

8.4 节习题

8.25 推导出式(8.172)；在消息信号幅度的功率谱密度为高斯分布的条件下，该式给出了 FM 鉴频器的输出信噪比。假定消息信号的均值为零、方差为 σ_m^2。

8.26 假定理想二阶锁相环的输入为未调载波与带宽受限的加性高斯白噪声。换句话说，把锁相环的输入表示如下：

$$X_c(t) = A_c \cos(2\pi f_c t + \theta) + n_c(t)\cos(2\pi f_c t + \theta) - n_s(t)\sin(2\pi f_c t + \theta)$$

这里还假定环路输入端的信噪比很大，因而相位抖动(即相位误差)很小，由此证实了可以采用锁相环的线性模型。根据第 4 章定义的锁相环的标准参数，利用该线性模型，推导出由噪声产生的环路相位误差的方差的表达式。证明：相位误差的概率密度函数为高斯分布，以及相位误差的方差与环路输入端的信噪比成反比。

8.5 节习题

8.27 假定 PPM 系统采用了奈奎斯特速率采样，并且将信道的最低带宽用于持续时间已知的脉冲。证明：可以把检波后的信噪比表示如下，并且可以根据该式计算出 K 的值：

$$(\mathrm{SNR})_D = K\left(\frac{B_T}{W}\right)^2 \frac{P_T}{N_0 W}$$

8.28 ADC 输入端的消息信号是峰-峰值为 15 V 的正弦信号。求出信号功率-噪声功率之比随 ADC 的"数字码字"长度变化的表达式。解释你给出的所有假定条件。

计算机仿真练习

8.1 图 8.8 示出了相干解调器的性能随相位误差的方差变化的曲线。分析类似于图 8.8 的一组性能曲线。假定信噪比是个参数(单位：分贝)。与图 8.8 一样，假定为 QDSB 系统。在采用 DSB 系统的条件下，重新完成这一仿真练习。

8.2 运行用于产生图 8.14 所示 FM 鉴频器性能特性的计算机仿真程序。把 $\beta = 1$、5、10、20 的性能曲线绘制到 $\beta = 0.1$ 的性能曲线图中。问门限效应是否明显了？要求分析原因。

8.3 通常把门限值处的输入信噪比定义为式(8.172)的分母等于 2 时所对应的 $P_T/(N_0W)$ 的值。值得注意的是，由该值可以得到检波后的信噪比 $(\mathrm{SNR})_D$。根据前面的线性门限的分析，该值低于 $(\mathrm{SNR})_D$ 的预测值 3 dB。要求根据门限的定义，绘出门限值 $P_T/(N_0W)$ (单位：分贝)随 β 变化的图形。从图中可以得出什么结论？

8.4 在噪声环境下分析 FM 鉴频器的工作性能时，如果噪声对 $(\mathrm{SNR})_D$ 的影响可以忽略不计，则常用近似关系式求出检波后的信噪比 $(\mathrm{SNR})_D$。换句话说，将 $\overline{\delta f}$ 置为零。假定调制信号为正弦信号。要求分析由这一近似关系产生的误差。要求编写的计算机仿真程序能够计算、绘制图 8.14 所示的曲线，并且忽略调制的影响。

8.5 上面的计算机仿真练习分析了锁相环工作在识别模式时的性能。下面介绍处于跟踪模式时的锁相环。利用锁相环跟踪未调载波与噪声之和的合成信号时，要求编写出相应的计算机仿真程序。假定检波前的信噪比相当大，于是确保了锁相环不会失去锁定。根据 MATLAB 的直方图处理程序，绘出压控振荡器输出概率密度函数的估值。分析所得的结果。

8.6 编写验证图 8.17 所示性能曲线的计算机仿真程序。当调制指数为 1 时，将非相干 FM 系统的性能与相干 FSK 系统、相干 PSK 系统的性能进行比较。下一章证明了相干 FSK 系统的误比特率性能如下：

$$P_b = Q\left(\sqrt{\frac{P_T}{N_0 B_T}}\right)$$

以及调制指数等于 1 时相干 BPSK 系统的误比特率性能如下:

$$P_b = Q\left(\sqrt{\frac{2P_T}{N_0 B_T}}\right)$$

式中，B_T 表示数字信号的带宽。当 $n = 8$、$n = 16$ 时，计算出所分析的 3 种系统的结果。

8.7 第 8.2 节介绍了对系统中某一点的增益、时延、信噪比进行估计的技术。在采用这一技术时，出现误差的主要原因是什么？如何减小这种误差源？所付出的相关代价是什么？对表示这种误差的检测信号、采样方法进行分析。

8.8 假定采用 3 比特 ADC(8 个量化电平)。这里设计的压扩系统由压缩器与扩张器构成。假定输入信号为正弦信号，在所设计的压缩器中，正弦信号以相同的概率落入每一个量化电平的区间。用 MATLAB 程序实现压缩器，并且验证所设计的压缩器。当所设计的压缩器与扩张器级联之后的总特性满足所需的线性特性时，才完成了压扩器的设计。利用 MATLAB 程序完成整个设计的验证。

8.9 通常把压缩器设计成满足如下的关系式：

$$x_{\text{out}}(t) = A\tanh[ax_{\text{in}}(t)]$$

这里假定压缩器的输入是频率位于区间 $20 \leqslant f \leqslant 15\,000$ 的音频信号(频率的单位：赫兹)。所选的 a 值满足如下的条件：在频率 20 Hz 处，信号的幅度衰减了 6 dB。将该值表示为参考值 a_r。假定 $A = 1$。当 $a = 0.5a$、$0.75a$、$1.0a$、$1.25a$、$1.5a$ 时，绘出表示压缩特性的曲线系列。当 $f \leqslant 15$ Hz 时，要求根据公认的结论，即输入信号的频率分量可忽略不计，求出扩张器的合理特性。

第9章 噪声环境下数字数据传输的原理

第8章介绍了噪声对模拟通信系统的影响。这一章分析数字数据调制系统在噪声环境下的性能。这一章关注的不是时间连续、电平连续的消息信号，而是在信源产生离散值符号的条件下，关注信源的信息传输。这就是说，在图1.1中，假定发射机模块的输入信号只取离散值。第5章首次介绍了数字数据传输系统，但第5章并未介绍噪声的影响。

这一章的目的是：分析各种数字数据系统的传输以及与之相关的性能。不过，在开始分析之前，先介绍一下图9.1所示的数字数据传输系统的方框图。与图1.1相比，该方框图稍稍详细一些。这里关注的重点是：系统中标为编码器与译码器的可选单元之间的部分。为了更好地解读数字数据传输的全局问题，这里简要地介绍图中虚线所示模块的处理过程。

正如前面第4章、第5章的介绍，尽管许多信源内部产生的消息信号为数字信号(比如由计算机产生的信号)，但一般来说，如果系统具备如下的功能，则处理时会非常便捷：在发送端把模拟信号表示成数字信号(称为模数变换)，然后在接收端把数字信号转化为模拟信号(称为数模变换)，具体内容见前面章节的介绍。第4章介绍的脉冲编码调制(Pulse-Code Modulation, PCM)是调制技术的例子，采用该技术可以以数字形式传输模拟信号。第8章介绍的PCM系统的信噪比性能特性给出了这种系统的一个优势：可以选择以带宽换取信噪比的提高[1]。

在本章的绝大部分内容中，假定信源符号等概率地出现。自然而然地，时间离散的许多信源以相等的概率产生各种符号。例如，一般来说，在信道上传输的计算机二进制文件中，所包含的1、0的数量大致相等。从第12章了解到，当信源符号没有以大致相等的概率出现时，通过信源编码处理过程(压缩技术)可以产生一组新的信源符号，在这组新符号中，二进制1、0状态等概率(或者以近似相等的概率)出现。由于从原符号组到新符号组的变换是已知的，因此，根据接收端的数据输出可以恢复原来的信源符号单元。信源编码的应用并不限于二进制信源。由第12章的介绍可知，符号的等概率传输确保了每个信源符号传输的信息最多，因而，信道的效率最高。在了解信源编码的处理过程时，需要给出信息的严格定义(见第12章的介绍)。

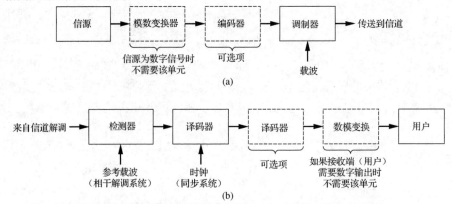

图9.1 数字数据传输系统的方框图。(a) 发射机；(b) 接收机

不论是纯数字信源还是已变换为数字形式的模拟信源，采用如下的处理方式会大有益处：在发送

---

1 把实现语音信号从模拟到数字和从数字到模拟形式变换的器件称为声码器。

端将冗余数字信息加到数字信号中,然后在接收端从收到的信号中去除所加入的冗余数字信息。把由图 9.1 中的编码器单元、解码器单元完成的这一处理过程称为前向纠错编码,详细分析见第 12 章。

下面介绍图 9.1 中实线所示的由各个单元组成的基本系统。在调制器的输入端,如果数字信号只取两个可能值中的一个,则把这样的通信系统称为二进制系统。如果数字信号的可能值是 $M > 2$ 中的一个,则把这样的通信系统称为多进制系统。正如第 5 章给出的简要介绍,在远距离传输中,可以在传输之前用信源的数字基带信号调制载波。如果载波的幅度、相位或者频率分别随着基带信号的变化而变化,则把所得的结果分别称为幅移键控(Amplitude-Shift Keying,ASK)、相移键控(Phase-Shift Keying,PSK)或者频移键控(Frequency-Shift Keying,FSK)。四相相移键控(QuadriPhase-Shift Keying,QPSK)是一种重要的多进制调制方案。在考虑带宽效率这一因素时,常采用 QPSK。与 QPSK 相关的其他方案包括偏移 QPSK 和最小频移键控(Minimum-Shift Keying,MSK)。第 10 章分析了这些调制方案。

在数字通信系统中,如果用于解调的本地参考载波与发送载波的相位一致(当考虑传输时延这一因素时,在发送信号的相位与本地参考载波之间存在固定的相位差),则把这样的系统称为相干解调系统。否则称为非相干解调系统。同理,如果在接收端得到的周期信号与发送的数字信号序列(称为时钟)同步,则把这样的系统称为同步系统(即发送端的数据流与接收端的数据流步调一致);在信号传输中,如果不需要这样的时钟(例如,可以把各个定时标志置于各个数据单元中,第 5 章介绍的裂相码就属于这类例子),则把这样的系统称为异步系统。

对数字数据通信系统而言,度量系统性能的主要指标是误码率 P_E。这一章求出各种类型的数字通信系统的 P_E。当然,这里关注的是:在给定条件下,取得最小 P_E 时的接收机结构。当信号固定不变时,高斯白噪声背景下的同步检测需要采用相关检测器(或者匹配滤波器),才能得到最小的 P_E。

9.1 节以简单、同步的基带系统为例,介绍了匹配滤波器检测器(称为积分-清零检测器),从这一节开始逐步展开了数字数据传输系统的分析。可以把这一节的分析推广到 9.2 节的匹配滤波器接收机,而且,所得出的匹配滤波器接收机的这些结论专门针对相干解调系统的几种传输方案。在解调时,9.3 节介绍的两种方案不需要相干参考载波。9.4 节分析的是脉冲幅度调制方案,这是一个多进制调制方案的例子。从分析中可以看出,在带宽与 P_E 性能之间存在折中。9.5 节以功率和带宽为基础,将各种数字调制方案进行了比较。在分析了这些调制方案(从某种程度上说,这些调制方案工作在理想环境下,体现在所用的带宽为无穷大)之后,在带宽受限的基带信道上,9.6 节介绍了如何实现码间干扰为零的信号传输。9.7 节、9.8 节分析了多径干扰的影响、信号衰减对信号传输的影响。9.9 节分析的是:利用均衡滤波器减缓信道失真的影响。

9.1 高斯白噪声环境下的基带数据传输

这里介绍图 9.2(a)所示的数字数据通信系统,图中的发送信号由一组幅度固定不变(在 T 秒的持续时间内,幅度要么为 A、要么为 $-A$)的脉冲组成。图 9.2(b)示出了典型的发送序列。可以这样理解:来自数据源的"1"用正脉冲表示;来自数据源的"0"用负脉冲表示。在二进制系统中,把持续时间为 T 秒的每个脉冲称为二进制符号,或者再简单些,就称为比特。(第 12 章给出了术语"比特"的更精确的含义。)

与第 8 章的分析一样,在信道上,把双边功率谱密度为 $N_0/2$ W/Hz 的理想化的高斯白噪声加到信号中。图 9.2(c)示出了接收的"信号+噪声"的典型样本函数。后面分析接收机的性能时,尽管可以把噪声设计为白噪声,但为了分析简便,这里还是假定:噪声的带宽有限。还假定接收端知道每个脉冲的起始时间与终止时间。实现这一目的的相关知识(即同步问题)不在这里介绍。

接收端的功能是:在每比特的周期内,判决发送的信号究竟是 A 还是 $-A$。实现这一功能的很直截了当的方法是:让"信号+噪声"通过具有低通特性的检波前滤波器;在每个 T 秒区间的某一时刻对检波前滤波器的输出采样;确定样值符号的极性(指究竟为正还是负)。如果样值大于零,则判决发送的是+ A;如果样值小于零,则判决发送的是–A。然而,在这种接收机结构中,没有利用信号的任何信息。由于已知各个脉冲的起始时间与终止时间,因此,较好的处理方法是:在每个传输符号的末尾处,通过对 T 秒区间收到的数据进行积分运算之后,将收到的"信号+噪声"的面积与零进行比较。当然,在积分电路的输出端存在噪声,但由于输入噪声的均值为零,所以,噪声大于零与小于零的概率相等。那么,输出噪声的均值为零。图 9.3 示出了所提出的接收机的结构以及积分电路输出端的典型波形,图中,t_0 表示任意传输符号持续时间的起始位置。因为一些显而易见的原因(即,每次积分之后都把积分的结果清零),所以,把这种接收器称为积分–清零检测器。

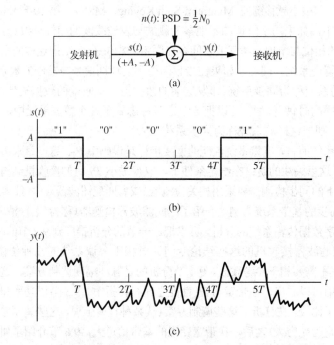

图 9.2 同步基带数字数据传输的系统模型与波形。(a) 基带数字数据通信系统;(b) 典型的发送序列;(c) 收到的"数字序列+噪声"

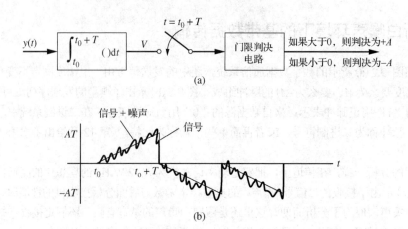

图 9.3 接收机的结构与积分电路的输出。(a) 积分–清零接收机;(b) 积分电路的输出

有待回答的问题是：这种接收机运行得怎么样？接收机的性能与哪些参数有关？正如先前的回答，实用的准则是误码率，下面给出误码率的计算。在符号区间的末端，积分器的输出如下：

$$V = \int_{t_0}^{t_0+T} [s(t)+n(t)]\mathrm{d}t = \begin{cases} +AT+N, & \text{发送} +A \\ -AT+N, & \text{发送} -A \end{cases} \tag{9.1}$$

式中，N 表示的随机变量由如下的关系式定义：

$$N = \int_{t_0}^{t_0+T} n(t)\mathrm{d}t \tag{9.2}$$

由于对高斯过程的样本函数进行线性处理之后才能得到 N，因此，N 为高斯随机变量。由于 $n(t)$ 的均值为零，那么，N 的均值如下：

$$E\{N\} = E\left\{\int_{t_0}^{t_0+T} n(t)\mathrm{d}t\right\} = \int_{t_0}^{t_0+T} E\{n(t)\}\mathrm{d}t = 0 \tag{9.3}$$

于是，得到 N 的方差如下：

$$\begin{aligned}
\mathrm{var}\{N\} = E\{N^2\} &= E\left\{\left[\int_{t_0}^{t_0+T} n(t)\mathrm{d}t\right]^2\right\} \\
&= \int_{t_0}^{t_0+T}\int_{t_0}^{t_0+T} E\{n(t)n(\sigma)\}\mathrm{d}t\mathrm{d}\sigma \\
&= \int_{t_0}^{t_0+T}\int_{t_0}^{t_0+T} \frac{1}{2}N_0\delta(t-\sigma)\mathrm{d}t\mathrm{d}\sigma
\end{aligned} \tag{9.4}$$

式中，代入了关系式 $E\{n(t)n(\sigma)\} = \frac{1}{2}N_0\delta(t-\sigma)$。利用 δ 函数的筛选性质，可以得到

$$\mathrm{var}\{N\} = \int_{t_0}^{t_0+T} \frac{1}{2}N_0\mathrm{d}\sigma = \frac{1}{2}N_0T \tag{9.5}$$

因此，N 的概率密度函数如下：

$$f_N(\eta) = \frac{\mathrm{e}^{-\eta^2/N_0T}}{\sqrt{\pi N_0 T}} \tag{9.6}$$

式中，为了避免与 $n(t)$ 发生混淆，用 η 表示 N 的虚拟变量。

在如下的两种情况下会发生差错。

① 发送的是 $+A$，但在接收端，如果 $AT+N<0$ 成立（即 $N<-AT$ 成立），则会发生差错。根据式（9.6），该事件的发生概率如下：

$$P(\text{出现差错}\,|\,\text{发送}A) = P(E\,|\,A) = \int_{-\infty}^{-AT} \frac{\mathrm{e}^{-\eta^2/N_0T}}{\sqrt{\pi N_0 T}}\mathrm{d}\eta \tag{9.7}$$

上式表示的是，图 9.4 中 $\eta = -AT$ 左边的面积。假定 $u = \sqrt{2/N_0T}\,\eta$，并且利用被积函数的偶对称性，则可以将上式表示如下：

$$P(E\,|\,A) = \int_{\sqrt{2A^2T/N_0}}^{\infty} \frac{\mathrm{e}^{-u^2/2}}{\sqrt{2\pi}}\mathrm{d}u \triangleq Q\left(\sqrt{\frac{2A^2T}{N_0}}\right) \tag{9.8}$$

式中，$Q(\cdot)$ 表示 Q 函数[2]。

　　② 发送的是 $-A$，但在接收端，如果 $-AT + N > 0$ 成立(即 $N > AT$ 成立)，则会发生差错。这一事件发生的概率与 $N > AT$ 的概率相同，可以将 $N > AT$ 的概率表示如下：

$$P(E|-A) = \int_{AT}^{\infty} \frac{e^{-\eta^2/N_0 T}}{\sqrt{\pi N_0 T}} d\eta \triangleq Q\left(\sqrt{\frac{2A^2 T}{N_0}}\right) \tag{9.9}$$

上式表示的是：图 9.4 中 $\eta = AT$ 右边的面积。差错的平均概率如下：

$$P_E = P(E|+A)P(A) + P(E|-A)P(-A) \tag{9.10}$$

　　把式(9.8)、式(9.9)代入式(9.10)，并且利用结论 $P(+A) + P(-A) = 1$(这里的 $P(+A)$ 表示发送 $+A$ 的概率)，可以得到

$$P_E = Q\left(\sqrt{\frac{2A^2 T}{N_0}}\right) \tag{9.11}$$

　　由上式可以看出，重要的参数是 $A^2 T/N_0$。可以用两种方式理解该比值。①由于每个信号脉冲的能量如下：

$$E_b = \int_{t_0}^{t_0 + T} A^2 dt = A^2 T \tag{9.12}$$

　　于是，可以得到每个脉冲的信号能量与噪声功率谱密度的比值如下：

$$z = \frac{A^2 T}{N_0} = \frac{E_b}{N_0} \tag{9.13}$$

式中，由于信号的每个脉冲($+A$ 或者 $-A$)含有 1 比特的信息，因此，把 E_b 称为每比特的能量。②根据前面的内容，当矩形脉冲的持续时间为 T 秒时，它的频谱为 $AT\mathrm{sinc}(Tf)$，并且 $B_p = 1/T$ 表示粗略度量时的带宽。于是，可以利用下面的关系式表示信号带宽内的信号功率与噪声功率之比：

$$\frac{E_b}{N_0} = \frac{A^2}{N_0 \times 1/T} = \frac{A^2}{N_0 B_p} \tag{9.14}$$

　　有时，把带宽 B_p 称为比特率带宽；把 z 称为信噪比。在数字通信领域，经常用到如下的信噪比参考："E_b/N_0 (读作 N_0 分之 E_b)"[3]。

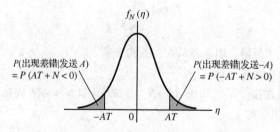

图 9.4　采用二进制传输时的误码率图解

　　图 9.5 示出了 P_E 随 z 变化的图形，其中，z 的单位为分贝。还根据如下的 Q 函数的渐近展开式，在图中示出了 P_E 的近似曲线：

2　Q 函数的分析、列表数据可以参阅"附录 F 之表 F.1：高斯 Q 函数"。

3　有些文献中采用了稍有些离奇的术语表示："ebno"。

$$Q(u) \cong \frac{e^{-u^2/2}}{u\sqrt{2\pi}}, \quad u \gg 1 \tag{9.15}$$

根据上式的近似关系，可以得到

$$P_E \cong \frac{e^{-z}}{2\sqrt{\pi z}}, \quad z \gg 1 \tag{9.16}$$

上式表明，从本质上说，随着 z 的增大，P_E 呈指数下降。从图 9.5 可以看出，当 $z \geqslant 3\,\mathrm{dB}$ 时，式 (9.16) 的近似关系式接近于式 (9.11) 的实际结果。

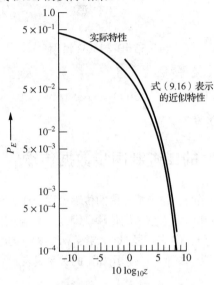

图 9.5　数字基带系统采用反极性传统信号时的 P_E 性能

例 9.1

数字数据在 $N_0 = 10^{-7}\,\mathrm{W/Hz}$ 的带通系统中传输。已知接收信号的幅度为 $A = 20\,\mathrm{mV}$。(a) 当传输速率为 $10^3\,\mathrm{bps}$ 时，问 P_E 是多少？(b) 当传输速率为 $10^4\,\mathrm{bps}$ 时，必须把 A 调整为多大的值时才能得到 (a) 中的 P_E？

解：

求解 (a) 时，利用 z 的如下关系式：

$$z = \frac{A^2 T}{N_0} = \frac{0.02^2 \times 10^{-3}}{10^{-7}} = 4 \tag{9.17}$$

由式 (9.16) 可得，$P_E \cong e^{-4}/2\sqrt{4\pi} = 2.58 \times 10^{-3}$。问题 (b) 求解 A 时，利用 z 的如下关系式：$A^2 \times 10^{-4}/10^{-7} = 4$，解方程得到 $A = 63.2\,\mathrm{mV}$。　■

例 9.2

噪声的功率谱密度与上面的例题相同，但有效带宽为 5000 Hz。(a) 问信道支持的最高速率是多少？(b) 在 (a) 中求出的速率条件下，为了实现 10^{-6} 的误码率，问所需的发射机的功率是多少？

解：

(a) 由于矩形脉冲的傅里叶变换如下：

$$\Pi(t/T) \leftrightarrow T\mathrm{sinc}(fT)$$

这里把 sinc 函数的第一零点带宽作为信号的带宽。因此得到 $1/T = 5000$ Hz，这表明最高速率为 $R = 5000$ bps。

（b）当误码率 $P_E = 10^{-6}$ 时，求发射功率。这时需要求解如下的方程：

$$10^{-6} = Q\left(\sqrt{2A^2T/N_0}\right) = Q\left(\sqrt{2z}\right) \tag{9.18}$$

根据误差函数的近似关系式 (9.15)，需要用迭代的方式求解如下的方程：

$$10^{-6} = \frac{e^{-z}}{2\sqrt{\pi z}}$$

这时可以得到如下的结果：

$$z \cong 10.53\,\text{dB} = 11.31\,(\text{比值})$$

因此，$A^2T/N_0 = 11.31$，于是得到

$$A^2 = 11.31 \times N_0/T = 11.31 \times 10^{-7}/5000 = 5.655\,\text{mW}（实际单位：平方伏特×10^{-3}）$$

与上式对应的信号幅度 A 约为 75.2 W。　■

9.2　信号为任意形状时的二进制同步数据传输

9.1 节介绍了数字基带通信系统。与模拟通信的传输过程一样，常常需要利用调制技术对数字消息信号进行调整，使得调整后的信号适于信道的传输。因而，不再采用 9.1 节引入的电平固定不变的信号，这里用 $s_1(t)$ 表示逻辑 1、用 $s_2(t)$ 表示逻辑 0。对 $s_1(t)$、$s_2(t)$ 的唯一限制条件是：在 T 秒的时间区间内，$s_1(t)$、$s_2(t)$ 的能量必须为有限值。分别用如下的关系式表示 $s_1(t)$、$s_2(t)$ 的能量：

$$E_1 \triangleq \int_{-\infty}^{\infty} s_1^2(t)\mathrm{d}t \tag{9.19}$$

$$E_2 \triangleq \int_{-\infty}^{\infty} s_2^2(t)\mathrm{d}t \tag{9.20}$$

表 9.1 给出了广泛选用的几种 $s_1(t)$、$s_2(t)$。

表 9.1　采用二进制数字传输信号时信号的可能选择

实例	$s_1(t)$	$s_2(t)$	传输信号的类型
1	0	$A\cos(\omega_c t)\Pi\left(\dfrac{t-T/2}{T}\right)$	幅移键控信号
2	$A\sin(\omega_c t + \cos^{-1} m)\Pi\left(\dfrac{t-T/2}{T}\right)$	$A\sin(\omega_c t - \cos^{-1} m)\Pi\left(\dfrac{t-T/2}{T}\right)$	载频满足"$\cos^{-1} m \triangleq$ 调制指数"的相移键控信号
3	$A\cos(\omega_c t)\Pi\left(\dfrac{t-T/2}{T}\right)$	$A\cos(\omega_c - \cos^{-1} m)\Pi\left(\dfrac{t-T/2}{T}\right)$ $A\sin(\omega_c t - \cos^{-1} m)\Pi\left(\dfrac{t-T/2}{T}\right)$	频移键控信号

9.2.1　接收机的结构与误码率

在加性高斯白噪声信道上检测 $s_1(t)$ 或者 $s_2(t)$ 时，图 9.6 示出了接收机的可能结构。在 T 秒的时间区间内，由于所选信号的均值可能为零（见表 9.1 中的各个例子），因此不再像幅度为常数时那样采用"积分器+门限电路"的结构。迄今为止仍采用的模型不是积分器，而是未指定冲激响应 $h(t)$ 以及相应频率响应函数 $H(f)$ 的滤波器。那么，把接收到的"信号+噪声"表示为

$$y(t) = s_1(t) + n(t) \tag{9.21}$$

或者表示为

$$y(t) = s_2(t) + n(t) \tag{9.22}$$

与前面的分析一样，式中，假定噪声项 $n(t)$ 表示双边功率谱密度为 $N_0/2$ 的白噪声。

给出如下的假定仍具有普遍性的意义：所分析的信号区间为 $0 \leqslant t \leqslant T$。（在 $t = 0$ 时，把滤波器的初始状态置为零。）

在求解 P_E 时还注意到，出现下面介绍的两种情形中的一种时，会产生差错。假定选择的 $s_1(t)$、$s_2(t)$ 满足 $s_{01}(T) < s_{02}(T)$ 的条件，其中，$s_{01}(T)$、$s_{02}(T)$ 分别表示输入 $s_1(t)$、$s_2(t)$ 时的滤波器输出。否则，在满足 $s_{01}(T) < s_{02}(T)$ 的条件时，输入信号 $s_1(t)$、$s_2(t)$ 的作用可能刚好反过来了。参照图 9.6，如果 $v(T) > k$（其中，k 表示门限值），则判决发送的是 $s_2(t)$；如果 $v(T) < k$，则判决发送的是 $s_1(t)$。假定 $n_0(t)$ 表示滤波器输出端的噪声分量，如果发送 $s_1(t)$，则在 $v(T) = s_{01}(T) + n_0(T) > k$ 的条件下会出现差错；如果发送 $s_2(t)$，则在 $v(T) = s_{02}(T) + n_0(T) < k$ 的条件下会出现差错。由于 $n_0(t)$ 表示高斯白噪声通过固定的线性滤波器时得到的结果，因此，$n_0(t)$ 仍然是高斯过程。在滤波器的输出端，高斯随机过程的功率谱密度如下：

$$S_{n_0}(f) = \frac{1}{2} N_0 |H(f)|^2 \tag{9.23}$$

由于滤波器固定不变，那么，$n_0(t)$ 是均值为零、方差如下的平稳高斯随机过程：

$$\sigma_0^2 = \int_{-\infty}^{\infty} \frac{1}{2} N_0 |H(f)|^2 \, df \tag{9.24}$$

由于 $n_0(t)$ 是平稳的高斯随机过程，那么 $N = n_0(T)$ 是均值为零、方差为 σ_0^2 的随机变量。N 的概率密度函数如下：

$$f_N(\eta) = \frac{e^{-\eta^2/(2\sigma_0^2)}}{\sqrt{2\pi\sigma_0^2}} \tag{9.25}$$

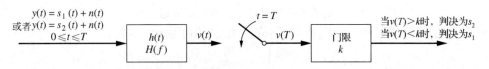

图 9.6　在高斯噪声环境下检测二进制信号时接收机的可能结构

如果发送端发送 $s_1(t)$，则采样器的输出如下：

$$V \triangleq v(T) = s_{01}(T) + N \tag{9.26}$$

如果发送端发送 $s_2(t)$，则采样器的输出为

$$V \triangleq v(T) = s_{02}(T) + N \tag{9.27}$$

由于上面的两个式子都是对高斯随机变量进行了线性运算，因此采样器的输出都表示高斯随机变量。采样器输出的这两个高斯随机变量的均值分别是 $s_{01}(T)$、$s_{02}(T)$；方差都等于 N 的方差 σ_0^2。于是，得到了图 9.7 所示的如下两项：①发送 $s_1(t)$ 时 V 的条件概率密度函数 $f_V(v|s_1(t))$；②发送 $s_2(t)$ 时 V 的条件概率密度函数 $f_V(v|s_2(t))$。

根据图 9.7 可以得到发送 $s_1(t)$ 时的误码率如下：

$$P(E|s_1(t)) = \int_k^{\infty} f_V(v|s_1(t))\mathrm{d}v = \int_k^{\infty} \frac{e^{-[v-s_{01}(T)]^2/(2\sigma_0^2)}}{\sqrt{2\pi\sigma_0^2}} \mathrm{d}v \qquad (9.28)$$

上式表示 $f_V(v|s_1(t))$ 曲线在 $v=k$ 的右边所包围的面积。同理，发送 $s_2(t)$ 时的误码率表示 $f_V(v|s_2(t))$ 曲线在 $v=k$ 的左边所包围的面积。即

$$P(E|s_2(t)) = \int_{-\infty}^{k} \frac{e^{-[v-s_{02}(T)]^2/(2\sigma_0^2)}}{\sqrt{2\pi\sigma_0^2}} \mathrm{d}v \qquad (9.29)$$

假定 $s_1(t)$、$s_2(t)$ 的先验概率相等[4]，那么，发生差错的平均概率如下：

$$P_E = \frac{1}{2}P[E|s_1(t)] + \frac{1}{2}P[E|s_2(t)] \qquad (9.30)$$

下面需要解决的问题是：通过调整门限 k、冲激响应 $h(t)$，求出误码率的最小值。

由于 $s_1(t)$ 与 $s_2(t)$ 的先验概率相等、$f_V(v|s_1(t))$ 与 $f_V(v|s_2(t))$ 形状的对称性，那么，合理的选择是：最佳 k 值位于两个条件概率密度函数的交线处。即

$$k_{opt} = \frac{1}{2}[s_{01}(T) + s_{02}(T)] \qquad (9.31)$$

图 9.7 示出了最佳门限，而且，可以根据如下的步骤推导出最佳门限：①将式(9.28)、式(9.29)代入式(9.30)；②式(9.30)对 k 求导。由于概率密度函数的对称性，因此，在所选择的 k 值处，式(9.28)或者式(9.29)所表示的任一个误码率都相等。

在所选择的 k 值处，可以把式(9.30)所表示的误码率化简后得到

$$P_E = Q\left[\frac{s_{02}(T) - s_{01}(T)}{2\sigma_0}\right] \qquad (9.32)$$

那么，由上式可以看出，P_E 表示 $t=T$ 时两个输出信号之差的函数。需要记住的是，随着自变量的增大，Q 函数单调递减，于是得出如下的合理结果：当增大两个输出信号之间的距离时，P_E 减小。在第 10 章、第 11 章介绍信号空间的基本思想时，还会再次出现这一观点。

下面通过合理地选择 $h(t)$，求出 P_E 的最小值。由此引出了匹配滤波器。

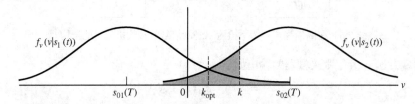

图 9.7 当 $t=T$ 时滤波器输出的两个条件概率密度函数

9.2.2 匹配滤波器

在选定 $s_1(t)$、$s_2(t)$ 之后，期望求出 $H(f)$ 或者 $h(t)$，也就是求出下面关系式的最大值：

$$\xi = \frac{s_{02}(T) - s_{01}(T)}{\sigma_0} \qquad (9.33)$$

由于随着自变量的增大，Q 函数单调递减，因此上式成立。假定 $g(t) = s_2(t) - s_1(t)$。现在需要解

---

4 先验概率不相等的情形见习题 9.10。

决的问题是：当 $\xi = g_0(T) / \sigma_0$ 取最大值时，求出对应的 $H(f)$，其中，$g_0(t)$ 表示输入 $g(t)$ 时所对应的输出[5]。图 9.8 示出了这一情形。

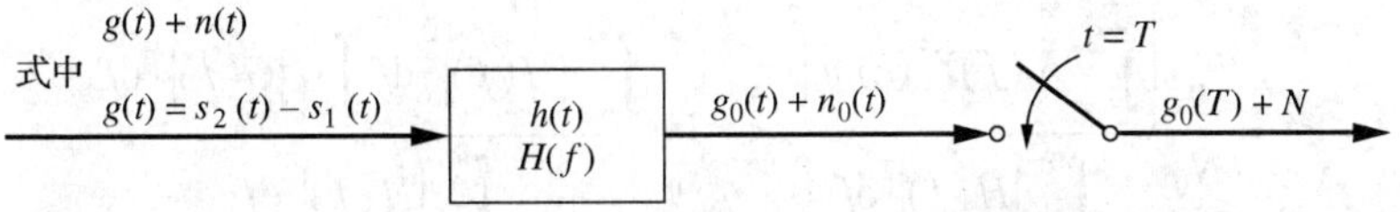

$$
\begin{array}{c}
g(t) + n(t) \\
\text{式中 } \quad g(t) = s_2(t) - s_1(t)
\end{array}
\longrightarrow
\boxed{\begin{array}{c} h(t) \\ H(f) \end{array}}
\xrightarrow{g_0(t) + n_0(t)}
\quad t = T \quad
\xrightarrow{g_0(T) + N}
$$

图 9.8　所选的 $H(f)$ 可以求出 P_E 的最小值

针对求取下面关系式的最大值问题，同样给出详细的分析：

$$
\xi^2 = \frac{g_0^2(T)}{\sigma_0^2} = \left. \frac{g_0^2(T)}{E\{n_0^2(t)\}} \right|_{t = T} \tag{9.34}
$$

由于输入噪声为平稳的随机过程，那么可得

$$
E\{n_0^2(t)\} = E\{n_0^2(T)\} = \frac{N_0}{2} \int_{-\infty}^{\infty} |H(f)|^2 \, df \tag{9.35}
$$

因此，可以用 $H(f)$、$G(f)$（$G(f)$ 表示 $g(t)$ 的傅里叶变换）将 $g_0(t)$ 表示如下：

$$
g_0(t) = \mathfrak{I}^{-1}[G(f)H(f)] = \int_{-\infty}^{\infty} G(f)H(f) e^{j2\pi ft} \, df \tag{9.36}
$$

在式 (9.36) 中设置 $t = T$，把得到的结果、式 (9.35) 代入式 (9.34)，可以得到：

$$
\xi^2 = \frac{\left| \int_{-\infty}^{\infty} H(f)G(f) e^{j2\pi fT} \, df \right|^2}{\dfrac{N_0}{2} \int_{-\infty}^{\infty} |H(f)|^2 \, df} \tag{9.37}
$$

在求解该式相对于 $H(f)$ 的最大值时，需要利用施瓦茨不等式。施瓦茨不等式是如下不等式的推论：

$$
|\mathbf{A} \cdot \mathbf{B}| = |AB \cos\theta| \leqslant |\mathbf{A}||\mathbf{B}| \tag{9.38}
$$

式中，$\mathbf{A}$、$\mathbf{B}$ 表示常规向量；θ 表示向量 $\mathbf{A}$、$\mathbf{B}$ 之间的夹角；$\mathbf{A} \cdot \mathbf{B}$ 表示 $\mathbf{A}$、$\mathbf{B}$ 的内积（或者称为点积）。由于仅当 θ 等于零或者等于 π 的整数倍时，$|\cos\theta|$ 才等于 1，因此，仅当 $\mathbf{A}$ 等于 $\alpha \mathbf{B}$（其中，α 为常数：当 $\alpha > 0$ 时，对应 $\theta = 0$；当 $\alpha < 0$ 时，对应 $\theta = \pi$）时，式 (9.38) 的等号才成立。这里考虑两个复函数 $X(f)$、$Y(f)$ 的情形，并且把内积定义如下：

$$
\int_{-\infty}^{\infty} X(f) Y^*(f) \, df
$$

假定施瓦茨不等式为如下的形式[6]：

$$
\left| \int_{-\infty}^{\infty} X(f) Y^*(f) \, df \right| \leqslant \sqrt{\int_{-\infty}^{\infty} |X(f)|^2 \, df} \sqrt{\int_{-\infty}^{\infty} |Y(f)|^2 \, df} \tag{9.39}
$$

当且仅当 $X(f) = \alpha Y(f)$ 时，上式的等号才成立，一般来说，其中的 α 表示复数常数。第 11 章借助于信号空间的符号表示，给出了施瓦茨不等式的证明过程。

5　需要注意的是，$g(t)$ 表示虚构的信号。具体地说，$s_{02}(T) - s_{01}(T)$ 并没有明确地出现在图 9.8 所示的接收机中。通过后面的分析，可以明显地看出 $g(t)$ 与数字信号之间的联系。

6　如果举一个应用的例子更便于理解的话，则以施瓦茨不等式的平方为例时，结论同样成立。

现在回到原先的问题，即求出式(9.37)取最大值时的$H(f)$。用$H(f)$取代式(9.39)中$X(f)$的平方、用$G(f)\mathrm{e}^{\mathrm{j}2\pi Tf}$取代式(9.39)中的$Y^{*}(f)$时，可以得到

$$\xi^2 = \frac{2}{N_0} \frac{\left|\int_{-\infty}^{\infty} X(f)Y^*(f)\mathrm{d}f\right|^2}{\int_{-\infty}^{\infty}|H(f)|^2 \mathrm{d}f} \leqslant \frac{2}{N_0} \frac{\int_{-\infty}^{\infty}|H(f)|^2\mathrm{d}f \int_{-\infty}^{\infty}|G(f)|^2\mathrm{d}f}{\int_{-\infty}^{\infty}|H(f)|^2\mathrm{d}f} \tag{9.40}$$

在分子、分母中消去相同的积分项之后，可以求出ξ^2的最大值如下：

$$\xi_{\max}^2 = \frac{2}{N_0}\int_{-\infty}^{\infty}|G(f)|^2\,\mathrm{d}f = \frac{2E_g}{N_0} \tag{9.41}$$

式中，$E_g = \int_{-\infty}^{\infty}|G(f)|^2\,\mathrm{d}f$表示$g(t)$中所含的能量(由瑞利能量定理得出该结论)。当且仅当下面的关系式成立时，式(9.40)中的等号才成立：

$$H(f) = \alpha G^*(f)\mathrm{e}^{-\mathrm{j}2\pi Tf} \tag{9.42}$$

式中，α表示任意常数。由于α只是决定滤波器的增益(信号与噪声放大同样的倍数)，因此可以把它设置为1。那么，用如下的关系式表示所选择的$H(f)$的最佳值$H_0(f)$：

$$H_0(f) = G^*(f)\mathrm{e}^{-\mathrm{j}2\pi Tf} \tag{9.43}$$

所选最佳值$H_0(f)$对应的冲激响应如下：

$$\begin{aligned}
h_0(t) &= \Im^{-1}[H_0(f)] \\
&= \int_{-\infty}^{\infty} G^*(f)\mathrm{e}^{-\mathrm{j}2\pi Tf}\mathrm{e}^{\mathrm{j}2\pi ft}\mathrm{d}f \\
&= \int_{-\infty}^{\infty} G(-f)\mathrm{e}^{-\mathrm{j}2\pi f(T-t)}\mathrm{d}f \\
&= \int_{-\infty}^{\infty} G(f')\mathrm{e}^{-\mathrm{j}2\pi f'(T-t)}\mathrm{d}f'
\end{aligned} \tag{9.44}$$

式中，推导出第4行的积分值时，在第3行的被积函数中代入了$f' = -f$。在$g(t)$的傅里叶变换中，由于用$(T-t)$取代了t，因此可以得到：

$$h_0(t) = g(T-t) = s_2(T-t) - s_1(T-t) \tag{9.45}$$

从原信号的角度来说，最佳接收机对应的是：所收到的"信号+噪声"同时通过两个并行的滤波器，这两个滤波器的冲激响应分别为$s_1(t)$、$s_2(t)$的时间反转，并且在时刻T时将输出之间的差值与式(9.31)给出的门限值进行比较。图9.9给出了这一处理过程。

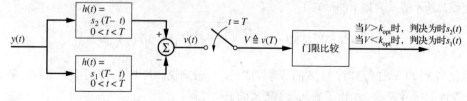

图9.9　高斯白噪声环境下二进制传输时的匹配滤波器接收机

例9.3

引入如下的脉冲信号：

$$s(t) = \begin{cases} A, & 0 \leqslant t \leqslant T \\ 0, & \text{其他} \end{cases} \tag{9.46}$$

与该信号匹配的滤波器的冲激响应如下：

$$h_0(t) = s(t_0 - t) = \begin{cases} A, & 0 \leqslant t_0 - t \leqslant T \text{ 或者 } t_0 - T \leqslant t \leqslant t_0 \\ 0, & \text{其他} \end{cases} \tag{9.47}$$

在后面的分析中，将式中的参数 t_0 视为固定值。值得注意的是，如果 $t_0 < T$，由于 $t < 0$ 时滤波器的冲激响应不等于零，则滤波器不是因果滤波器。当输入为 $s(t)$ 时，滤波器的冲激响应如下：

$$y(t) = h_0(t) * s(t) = \int_{-\infty}^{\infty} h_0(\tau) * s(t - \tau) \mathrm{d}\tau \tag{9.48}$$

图 9.10(a) 中示出了被积函数的系数。所得到的积分在前面介绍的线性系统的内容里出现过，因而可以很容易求出滤波器的输出，如图 9.10(b) 所示。需要注意的是，输出的峰值信号出现在 $t = t_0$ 处。由于噪声是个平稳随机过程，输出为峰值的时刻也是峰值信噪比的时刻。

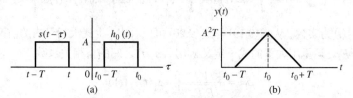

图 9.10　与例 9.3 中求解匹配滤波器的响应有关的信号

例 9.4

在已知 N_0 的条件下，针对如下的两个脉冲信号，分析匹配滤波器输出端信号平方与噪声均值平方之比的峰值

$$g_1(t) = A\Pi\left(\frac{t - t_0}{T}\right) \tag{9.49}$$

$$g_2(t) = B\cos\left[\frac{2\pi(t - t_0)}{T}\right]\Pi\left(\frac{t - t_0}{T}\right) \tag{9.50}$$

当两个脉冲分别输入到匹配滤波器时，如果信噪比相等，问 A、B 之间应该满足怎样的关系？

解：

由于匹配滤波器输出端的"信号平方与噪声均值平方之比"的峰值为 $2E_g / N_0$，而且两种情况下的 N_0 相同，那么，通过计算每个脉冲的能量，并且设置它们相等，就可以得到两种情况下的信噪比相等。结果如下：

$$E_{g_1}(t) = \int_{t_0 - \frac{T}{2}}^{t_0 + \frac{T}{2}} A^2 \mathrm{d}t = A^2 T \tag{9.51}$$

$$E_{g_2}(t) = \int_{t_0 - \frac{T}{2}}^{t_0 + \frac{T}{2}} B^2 \cos^2\left[\frac{2\pi(t - t_0)}{T}\right] \mathrm{d}t = \frac{B^2 T}{2} \tag{9.52}$$

将上面的两个关系式设置为相等之后，可以得到 $A = B / \sqrt{2}$，这时得到的信噪比也相同。根据式 (9.41)，可以得到"信号平方与噪声均值平方之比"的峰值如下：

$$\xi_{\max}^2 = \frac{2E_g}{N_0} = \frac{2A^2 T}{N_0} = \frac{B^2 T}{N_0} \tag{9.53}$$

9.2.3　匹配滤波器接收机的误码率

把式(9.33)代入式(9.32)之后，得到图 9.9 中匹配滤波器接收机的误码率如下：

$$P_E = Q\left(\frac{\xi}{2}\right) \tag{9.54}$$

其中，利用式(9.41)得到的 ξ 的最大值如下：

$$\xi_{\max} = \left[\frac{2}{N_0}\int_{-\infty}^{\infty}|G(f)|^2\,\mathrm{d}f\right]^{1/2} = \left[\frac{2}{N_0}\int_{-\infty}^{\infty}|S_2(f) - S_1(f)|^2\,\mathrm{d}f\right]^{1/2} \tag{9.55}$$

根据帕塞瓦尔定理，利用 $g(t) = s_2(t) - s_1(t)$，可以将 $\xi_{\max}^2$ 表示如下：

$$\begin{aligned}
\xi_{\max}^2 &= \frac{2}{N_0}\int_{-\infty}^{\infty}\left[s_2(t) - s_1(t)\right]^2\,\mathrm{d}t \\
&= \frac{2}{N_0}\left\{\int_{-\infty}^{\infty}s_2^2(t)\mathrm{d}t + \int_{-\infty}^{\infty}s_1^2(t)\mathrm{d}t - 2\int_{-\infty}^{\infty}s_1(t)s_2(t)\mathrm{d}t\right\}
\end{aligned} \tag{9.56}$$

式中，假定 $s_1(t)$、$s_2(t)$ 为实数。从式(9.19)与式(9.20)可以看出，上式大括号内的前两项分别表示 $s_1(t)$ 与 $s_2(t)$ 的能量 E_1、E_2。这里用如下的式子定义 $s_1(t)$、$s_2(t)$ 之间的自相关系数：

$$\rho_{12} = \frac{1}{\sqrt{E_1 E_2}}\int_{-\infty}^{\infty}s_1(t)s_2(t)\mathrm{d}t \tag{9.57}$$

与随机变量的分析一样，ρ_{12} 度量的是 $s_1(t)$ 与 $s_2(t)$ 之间的相似之处，并且在进行归一化处理之后，得到 $-1 \leqslant \rho_{12} \leqslant 1$。（当 $s_1(t) = \pm k s_2(t)$ 时，ρ_{12} 取得边界值，其中，k 表示取值为正的常数。）因此得到如下的两个关系式：

$$\xi_{\max}^2 = \frac{2}{N_0}\left(E_1 + E_2 - 2\sqrt{E_1 E_2}\,\rho_{12}\right) \tag{9.58}$$

$$\begin{aligned}
P_E &= Q\left[\left(\frac{E_1 + E_2 - 2\sqrt{E_1 E_2}\,\rho_{12}}{2N_0}\right)^{\frac{1}{2}}\right] \\
&= Q\left[\left(\frac{\frac{1}{2}(E_1 + E_2) - \sqrt{E_1 E_2}\,\rho_{12}}{N_0}\right)^{\frac{1}{2}}\right] \\
&= Q\left[\left(\frac{E_b}{N_0}\left(1 - \frac{\sqrt{E_1 E_2}}{E}\rho_{12}\right)\right)^{\frac{1}{2}}\right]
\end{aligned} \tag{9.59}$$

式中，由于 $s_1(t)$、$s_2(t)$ 以相同的先验概率发送，那么，$E_b = \frac{1}{2}(E_1 + E_2)$ 表示接收信号的平均功率。从式(9.59)可以明显看出：与发送固定不变的信号一样，P_E 除了与信号的能量有关，还与信号之间的相似性有关（通过上式的 ρ_{12} 体现出来）。值得注意的是，当 $\rho_{12} = -1$ 时，得到了式(9.58)的最大值 $\xi_{\max}^2 = (2/N_0)(\sqrt{E_1} + \sqrt{E_2})^2$，这时通过选择 $s_1(t)$、$s_2(t)$ 得到了 P_E 的最小值。由于发送的各个信号之间尽可能不同，那么，这是个合理的结论。最后，可以把式(9.59)表示如下：

$$P_E = Q\left[\sqrt{(1 - R_{12})\frac{E_b}{N_0}}\right] \tag{9.60}$$

式中，同基带系统中的设置一样，$z = E_b / N_0$ 表示每比特的平均能量除以噪声的功率谱密度。将参数 R_{12} 定义如下：

$$R_{12} = \frac{2\sqrt{E_1 E_2}}{E_1 + E_2}\rho_{12} = \frac{\sqrt{E_1 E_2}}{E_b}\rho_{12} \tag{9.61}$$

R_{12} 这个能够带来方便的参数与相关系数有关，但读者不要把它与自相关函数混淆了。当 $E_1 = E_2$、$\rho_{12} = -1$ 时，得到 R_{12} 的最小值为 -1。R_{12} 为最小值时的 P_E 如下：

$$P_E = Q\left(\sqrt{\frac{2E_b}{N_0}}\right) \tag{9.62}$$

上式的结果与基带反极性系统的结果（即式(9.11)相同）。

当 $R_{12} = 0$（信号之间正交）、$R_{12} = -1$（反极性信号）时，图 9.11 示出了误码率与信噪比之间的关系图。

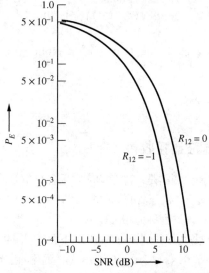

图 9.11　当 $R_{12} = 0$、$R_{12} = -1$ 时任意形状信号的误码率

计算机仿真实例 9.1

这里给出的 MATLAB 程序实现如下的功能：当相关系数 R_{12} 取几个不相同的值时，计算误码率。第一次询问时，输入向量[-1 0]，随后得到图 9.11 所示的曲线。值得注意的是，由于 MATLAB 程序中包含了函数 $\mathrm{erfc}(u)$，但没有包含函数 $Q(u) = \frac{1}{2}\mathrm{erfc}\left(u / \sqrt{2}\right)$，因此采用了用户定义的函数 qfn($\cdot$)。

```
% file: c9ce1
% Bit error probability for binary signaling;
% vector of correlation coefficients allowed
%
clf
R12 = input('Enter vector of desired R_1_2 values; <= 3 values ');
A = char('-','-.',':','--');
LR = length(R12);
```

```
z_dB = 0:.3:15;                         % Vector of desired values of Eb/N0 in dB
z = 10.^(z_dB/10);                      % Convert dB to ratios
for k = 1 : LR                          % Loop for various desired values of R12
    P_E=qfn(sqrt(z*(1-R12(k))));        % Probability of error for vector of z-values
                                        % Plot probability of error versus Eb/N0 in dB
    semilogy(z_dB,P_E,A(k,:)),axis([0 15 10^(-6) 1]),xlabel('E_b/N_0, dB'),
        ylabel('P_E'),...
    if k==1
        hold on; grid                   % Hold plot for plots for other values of R12
    end
end
if LR == 1                              % Plot legends for R12 values
    legend(['R_1_2 = ',num2str(R12(1))],1)
elseif LR == 2
    legend(['R_1_2 = ',num2str(R12(1))], ['R_1_2 = ',num2str(R12(2))],1)
elseif LR == 3
    legend(['R_1_2 = ',num2str(R12(1))], ['R_1_2 = ',num2str(R12(2))],
        ['R_1_2 = ',num2str(R12(3))], 1)
end
% This function computes the Gaussian Q-function
%
function Q = qfn(x)
Q = 0.5*erfc(x/sqrt(2));
% End of script file
```

9.2.4　用相关器实现匹配滤波器接收机

在图 9.9 中,最佳接收机需要检测的是:冲激响应等于各自信号的时间反转的两个滤波器。这里注意到,如果用图 9.12(b)中的乘法器–积分器的级联取代图 9.12(a)中的匹配滤波器,则可以得到另一种接收机的结构。把这一系列的处理过程称为相关检测。

为了表明图 9.12 给出的处理过程可以得到相同的结果,下面证明图 9.12(a)中的 $v(T)$ 等于图 9.12(b)中的 $v'(T)$。在图 9.12(a)中,由于 $h(t) = s(T-t)$,$0 \le t < T$,而且,当 t 取其他值时,$h(t) = 0$,那么,匹配滤波器的输出如下:

$$v(t) = h(t) * y(t) = \int_0^T s(T-\tau)y(t-\tau)\mathrm{d}\tau \tag{9.63}$$

假定 $t = T$,而且将被积函数中的积分变量变换为 $\alpha = T - \tau$ 之后,可以得到:

$$v(T) = \int_0^T s(\alpha)y(\alpha)\mathrm{d}\alpha \tag{9.64}$$

下面分析图 9.12(b)中所配置的相关器的输出,即

$$v'(T) = \int_0^T y(t)s(t)\mathrm{d}t \tag{9.65}$$

上式与式(9.64)相同。因此,可以用分别含有 $s_1(t)$、$s_2(t)$ 的相关处理器取代图 9.9 中 $s_1(t)$、$s_2(t)$ 的匹配滤波器,而且不改变接收端的处理过程。需要注意的是,实际上,9.1 节中用于幅度恒定信号的积分–清零接收机是一个相关接收机(或者说,匹配滤波器接收机)。

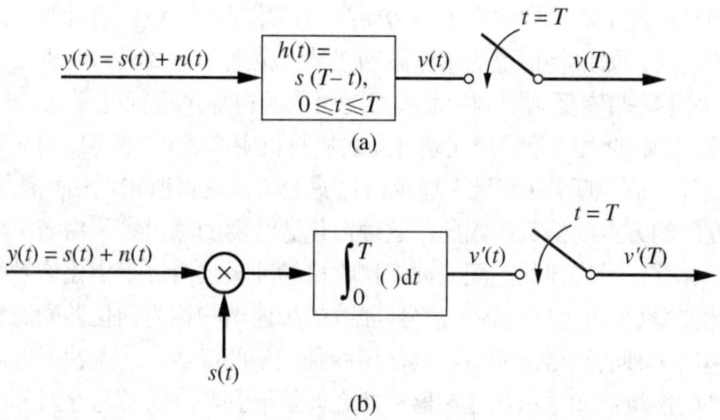

图 9.12 匹配滤波器接收机与相关接收机的等价性。(a) 匹配滤波器的采样器; (b) 相关器的采样器

9.2.5 最佳门限

式 (9.31) 给出了检测二进制信号的最佳门限。在图 9.6 中,在时刻 T 时的 $s_{01}(T)$、$s_{02}(T)$ 分别表示检测滤波器中与输入 $s_1(t)$、$s_2(t)$ 对应的输出。现在已经知道,最佳检测滤波器是个匹配滤波器 (与输入信号的差值匹配),并且具有式 (9.45) 的冲激响应。根据重叠积分法,可以得到:

$$
\begin{aligned}
s_{01}(T) &= \int_{-\infty}^{\infty} h(\lambda) s_1(T-\lambda) \mathrm{d}\lambda \\
&= \int_{-\infty}^{\infty} \left[s_2(T-\lambda) - s_1(T-\lambda) \right] s_1(T-\lambda) \mathrm{d}\lambda \\
&= \int_{-\infty}^{\infty} s_2(u) s_1(u) \mathrm{d}u - \int_{-\infty}^{\infty} \left[s_1(u) \right]^2 \mathrm{d}u \\
&= \sqrt{E_1 E_2} \rho_{12} - E_1
\end{aligned}
\tag{9.66}
$$

式中,在从第 2 行变换到第 3 行的过程中,采用了变量代换 $u = T-\tau$;在得到最后的结果时,采用了相关系数的定义式 (9.57),还采用了信号能量的定义。同理可得:

$$
\begin{aligned}
s_{02}(T) &= \int_{-\infty}^{\infty} \left[s_2(T-\lambda) - s_1(T-\lambda) \right] s_2(T-\lambda) \mathrm{d}\lambda \\
&= \int_{-\infty}^{\infty} \left[s_2(u) \right]^2 \mathrm{d}u - \int_{-\infty}^{\infty} s_2(u) s_1(u) \mathrm{d}u \\
&= E_2 - \sqrt{E_1 E_2} \rho_{12}
\end{aligned}
\tag{9.67}
$$

将式 (9.66)、式 (9.67) 代入式 (9.31),可以得到如下的最佳门限:

$$
k_{\mathrm{opt}} = \frac{1}{2}(E_2 - E_1)
\tag{9.68}
$$

值得注意的是,当各个信号的能量相同时,所得到的最佳门限总等于零。同样需要注意的是,信号的波形对最佳门限没有影响 (通过相关系数体现出来)。对最佳门限有影响的因素只有信号的能量。

9.2.6 非白噪声环境 (有色噪声环境)

自然而然地出现了非白噪声环境下的最佳接收机。一般来说,接收系统中的噪声主要在前端的各

个处理阶段产生，而且由电子器件中的电子热运动产生(参阅附件 A)。这种类型的噪声与白噪声非常接近。在引入白噪声之前，如果将信道的带宽限制在某一范围，那么只需要求出受影响的发送信号即可。由于某种原因，如果将带宽受到限制的滤波器对引入的白噪声进行处理(例如，中频放大器之后接射频放大器、混频器，其中的大部分噪声在超外差式接收机中产生)，则可以用简单的方法近似地实现匹配滤波器接收机。让"有色噪声+信号"通过白化滤波器，这里所指的白化滤波器的频率响应函数等于噪声功率谱密度的均方根的倒数。因此，这种白化滤波器的输出等于白噪声加上经白化滤波器处理之后的信号分量。那么，所构建的匹配滤波器接收机的冲激响应等于白化信号时间反转的差值。把白化滤波器与匹配滤波器(与白化后的各个信号匹配)的级连结构称为白化匹配滤波器。当白化滤波器将接收信号扩展到超出 T 秒的符号区间时，会出现两种类型的降级：①判决时匹配滤波器并没有利用扩展到符号区间之外的能量；②由白化滤波器在此之前扩展到带外的信号会对匹配滤波器正在进行判决的信号产生干扰。因此，这种组合方式只能近似地实现最佳接收机。正如第 5 章的介绍，把后者称为码间干扰；码间干扰的进一步分析见 9.7 节、9.9 节。很明显，与 T 相比，如果信号的持续时间很短(比如脉冲雷达系统)，则会减小由上述这些因素所导致的性能下降。最后，由噪声的相关性可知，在判决过程中用到了各个相邻区间内含有与判决相关的信息。简而言之，与白化滤波器的带宽的倒数相比，如果信号的间隔相当大，那么，白化匹配滤波器接收机几乎达到最佳。9.6 节进一步分析带宽受限的信道、非白噪声通信环境。

9.2.7　接收机实现中存在的问题

在这一节分析的理论中，假定接收端完全知道了信号。当然，这是一种理想的情形。该假定可能存在如下两方面的偏差：①接收端收到的发送信号副本的相位可能存在误差；②接收信号到达的准确时间可能存在误差。把这些误差叫做同步误差。①的分析见本节，②的分析介绍见习题。同步的各种方法见第 10 章的分析。

9.2.8　二进制信号相干传输系统的误码率

下面先把几种常见的二进制相干接收方案的性能进行比较。然后分析非相干系统。在求解相干解调系统的差错性能时，直接利用 9.2 节的结果。这一节介绍的 3 种相干解调系统是：幅移键控、相移键控与频移键控。图 9.13 示出了这 3 种类型的数字调制技术的常规传输波形。本节分析的内容还包括：不理想的参考相位对相干 PSK 系统性能的影响。通常把这样的系统称为部分相干。

1. 幅移键控

在表 9.1 中，幅移键控的 $s_1(t)$、$s_2(t)$ 分别表示 0 和 $A\cos(\omega_c t)\Pi[(t-T/2)/T]$，其中，$f_c = \omega_c/2\pi$ 表示载波频率。这里注意到，这种系统的发射机只包含了振荡器的开启和关闭，相应地，通常把其中一个幅度置为零的二进制幅移键控称为通断键控。值得注意的是，在进行通断控制时，振荡器连续地工作。

在实现最佳接收机的相关器时，包含了如下的处理步骤：①将收到的"信号+噪声"与 $A\cos(\omega_c t)$ 相乘；②在区间 $(0, T)$ 内对①的结果积分；③将积分器的输出与门限值 $A^2T/4$ 进行比较；④按照式(9.68)计算出最佳门限。

由式(9.57)、式(9.61)可知，当 $R_{12} = \rho_{12} = 0$ 时，由式(9.60)可以得到的误码率如下：

$$P_E = Q\left(\sqrt{\frac{E_b}{N_0}}\right) \tag{9.69}$$

由于在 Q 函数的自变量中少了因子 $\sqrt{2}$，那么，可以得出结论：从信噪比的角度来说，ASK 的性能比反极性基带传输系统差了 3 dB。当 $R_{12}=0$ 时，误码率随信噪比变化的曲线如图 9.11 所示。

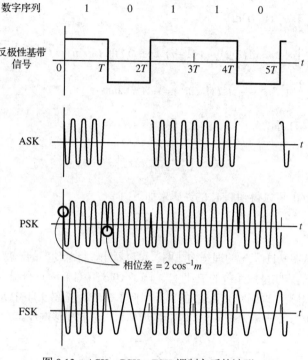

图 9.13　ASK、PSK、FSK 调制之后的波形

2. 相移键控

根据表 9.1，可以将 PSK 信号表示如下：

$$s_k(t) = A\sin[\omega_c t - (-1)^k \cos^{-1} m], \quad 0 \leqslant t \leqslant T, \ k=1,\ 2 \tag{9.70}$$

式中，$\cos^{-1} m$ 表示调制指数，采用这种表示方式时，可以为后面的分析带来方便。为了简化分析，这里假定 $\omega_c = 2\pi n / T$，其中，n 为整数。由于 $\sin(-x)=-\sin(x)$、$\cos(-x)=\cos(x)$，则可以将式 (9.70) 表示如下：

$$s_k(t) = Am\sin(\omega_c t) - (-1)^k A\sqrt{1-m^2}\cos(\omega_c t), \quad 0 < t \leqslant T, \ k=1,\ 2 \tag{9.71}$$

式中，利用了 $\cos(\cos^{-1}m)=m$、$\sin(\cos^{-1}m)=\sqrt{1-m^2}$ 这些关系式。

式 (9.71) 右端的第 1 项表示某些系统中含有的载波分量，接收端在解调过程中，利用该载波分量产生本地的参考载波 (这是实现接收机的相关性运算所必需的)。如果不存在载波分量 ($m=0$)，按照第 3 章的介绍，则利用科斯塔斯环实现方案之后，就可以很容易实现解调处理过程。至于是否将一部分传输信号的功率分配给载波是个复杂的问题，这里不进行介绍[7]。

载波分量的功率为 $(Am)^2/2$；调制信号分量的功率为 $A^2(1-m^2)/2$。那么，载波分量的功率 (即 m^2 项) 是总功率的一部分。图 9.14 示出了相关接收机，图中只采用了一个含有 $s_2(t)-s_1(t)$ 的相关器 (而不是两个相关器)。由式 (9.68) 计算出来的门限电平为零。这里注意到，在比特区间内的相关性运算中，

7　见 R. L. Didday 与 W. C. Lindsey 的文献：副载波跟踪方法与通信设计。*IEEE Trans. On Commun. Tech.* COM-16, 541-550, August 1968。

由于 $s_k(t)$ 的载波分量与调制信号分量正交，因此，$s_k(t)$ 的载波分量无关紧要。当采用 PSK 方案时，$E_1 = E_2 = A^2 T / 2$，而且下面的结论成立：

$$\sqrt{E_1 E_2}\, \rho_{12} = \int_0^T s_1(t) s_2(t)\mathrm{d}t$$

$$= \int_0^T [Am\sin(\omega_c t) + A\sqrt{1-m^2}\cos(\omega_c t)][Am\sin(\omega_c t) - A\sqrt{1-m^2}\cos(\omega_c t)]\mathrm{d}t \quad (9.72)$$

$$= \frac{1}{2} A^2 Tm^2 - \frac{1}{2} A^2 T(1-m^2) = \frac{1}{2} A^2 T(2m^2 - 1)$$

那么，利用式 (9.61) 可以得到如下的 R_{12} 值：

$$R_{12} = \frac{\sqrt{E_1 E_2}}{E_1 + E_2} \rho_{12} = 2m^2 - 1 \quad (9.73)$$

于是，利用式 (9.60) 可以得到 PSK 的误码率如下：

$$P_E = Q\left(\sqrt{2(1-m^2)z}\right) \quad (9.74)$$

当 $R_{12} = -1$ 时，从图 9.11 示出的理想曲线图上可以看出，将总功率的一部分(即 m^2 项)分配到载波分量时，对系统性能的影响是：系统的 P_E 性能下降了 $10\log 10(1-m^2)$ 分贝。

当 $m = 0$ 时，所得到的误码率比 ASK 的误码率低了 3 dB，见图 9.11 中 $R_{12} = -1$ 时的曲线。为了避免与 $m \neq 0$ 时的情形发生混淆，把 $m = 0$ 时的情形称为二进制相移键控。

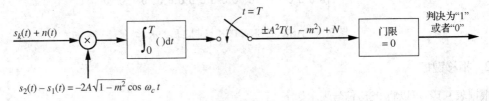

图 9.14　用相关器实现的 PSK 最佳接收机

例 9.5

这里分析 $m = 1/\sqrt{2}$ 的 PSK 系统。(a) 当二进制数据发生变化时，问已调载波的相位改变了多少度？(b) 载波功率占总功率的百分比是多少？调制分量包含的功率所占的百分比是多少？(c) 当误码率为 $P_E = 10^{-6}$ 时，问所需的 $z = E_b / N_0$ 是多少？

解：

(a) 当相位跳变时，由于相位的变化区间为 $-\cos^{-1}m \sim \cos^{-1}m$，那么，已调载波的相位变化量为：

$$2\cos^{-1} m = 2\cos^{-1}(1/\sqrt{2}) = 2 \times 45° = 90° \quad (9.75)$$

(b) 载波分量与调制分量分别为：

$$载波分量 = Am\sin(\omega_c t) \quad (9.76)$$

$$调制分量 = \pm A\sqrt{1-m^2}\cos(\omega_c t) \quad (9.77)$$

所以，载波分量的功率如下：

$$P_c = \frac{A^2 m^2}{2} \quad (9.78)$$

调制分量的功率如下：

$$P_m = \frac{A^2(1-m^2)}{2} \tag{9.79}$$

由于总功率为 $A^2/2$，因此，这两个分量所占功率的百分比分别如下：

$$\%P_c = m^2 \times 100 = 100 \times \left(\frac{1}{\sqrt{2}}\right)^2 = 50\%$$

$$\%P_m = (1-m^2) \times 100 = 100 \times \left(1 - \frac{1}{2}\right) = 50\%$$

(c)根据给定的误码率，可以得到如下的关系式：

$$P_E = Q\left[\sqrt{2(1-m^2)z}\right] \cong \frac{e^{-(1-m^2)z}}{2\sqrt{\pi(1-m^2)z}} = 10^{-6} \tag{9.80}$$

采用迭代方式求解，可以得到如下结果：当 $m^2 = 0.5$ 时，$z = 22.6$（或者 $E_b/N_0 = 13.54$ dB）。实际上，这里不必通过再次迭代来求出误码率的关系。由例 9.2 可知，当 $z = 10.53$ dB 时，BPSK 系统可以实现 $P_E = 10^{-6}$ 的误码率性能（采用反极性传输方案）。在这个例子中，只需注意到所需的功率为 BPSK 系统的两倍，这等同于在例 9.2 中的 10.53 dB 的基础上增加了 3.01 dB 的功率。 ■

由于相位参考载波不理想对二进制相移键控系统的影响如下。

前面 PSK 系统的结论都是在接收端具有理想参考载波的条件下得到的。如果 $m = 0$，则分析接收端不理想的参考载波时，把接收端的输入表示为 $\pm A\cos(\omega_c t + \theta) + n(t)$、接收端的载波表示为 $A\cos(\omega_c t + \hat{\theta})$，其中，$\theta$ 表示载波的未知相位，$\hat{\theta}$ 表示接收端的相位估计值。

图 9.15 给出了接收端采用的相关器。利用合理的三角恒等式，可以求出：在采用时刻，相关器输出的信号分量为 $\pm AT\cos\phi$，其中，$\phi = \theta - \hat{\theta}$ 表示相位误差。在已知相位误差的条件下，可以得到如下的误码率：

$$P_E(\phi) = Q\left(\sqrt{2z\cos^2\phi}\right) \tag{9.81}$$

这里注意到，与理想参考载波时的误码率相比，上式所表示的性能下降了 $20\log_{10}\cos\phi$。

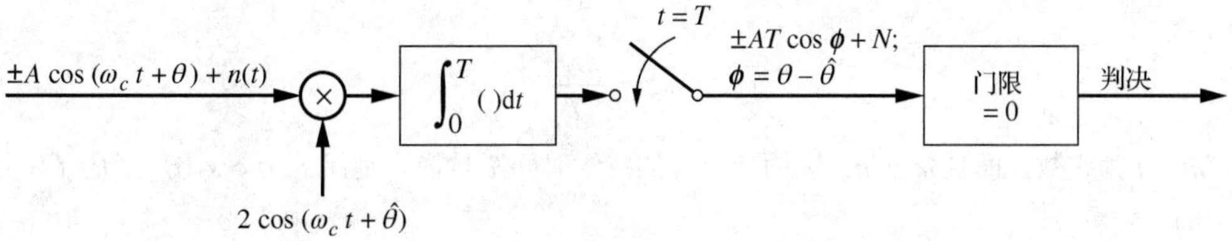

图 9.15 对 BPSK 传输系统进行相关性检测时，参考信号的相位误差对系统的影响

如果假定，ϕ 在某最大值处固定不变，则可以得到因参考载波的相位误差所导致的 P_E 性能的上限。然而，将 ϕ 近似地表示为具有如下概率密度函数的高斯随机变量时，可以得到更准确的模型[8]。

---

8 这是一阶锁相环存在相位误差时的实际概率密度函数的近似值，把这种锁相环称为 Tikonov，它的特性为：

$p(\phi) = \begin{cases} \dfrac{\exp(z_{loop}\cos\phi)}{2\pi I_0(z_{loop})}, & |\phi| \leq \pi \\ 0, & \text{其他} \end{cases}$　其中，z_{loop} 表示环路通频带内的信噪比；$I_0(u)$ 表示修正后的第一类零阶贝塞尔函数。需要注意的

$$p(\phi) = \frac{e^{-\phi^2/(2\sigma_\phi^2)}}{\sqrt{2\pi\sigma_\phi^2}}, \quad |\phi| \leqslant \pi \tag{9.82}$$

如果利用输入端工作在很高信噪比的锁相环导出接收端的参考相位，那么，这个模型相当合理。如果能做到这样，那么，无论采用的是锁相环还是带通滤波器、限幅器的组合，σ_ϕ^2 都与相位估计器件的输入信噪比发生了关联。

在求解由所有可能的相位误差所产生的平均误码率时，只需求出由式(9.81)得出的 $P(E \mid \phi) = P_E(\phi)$ 相对于概率密度函数 $p(\phi)$ 的期望值，即

$$P_E = \int_{-\pi}^{\pi} P_E(\phi)p(\phi)\,\mathrm{d}\phi \tag{9.83}$$

对比较典型的相位误差的概率密度函数而言，需要计算出对应的误码率的具体值[9]。表 9.2 给出了 $p(\phi)$ 呈高斯分布时误码率的典型值。

表 9.2　高斯相位参考抖动对 BPSK 相位检测的影响

E_b / N_0, dB	P_E, $\sigma_\phi^2 = 0.01\,\mathrm{rad}^2$	P_E, $\sigma_\phi^2 = 0.05\,\mathrm{rad}^2$	P_E, $\sigma_\phi^2 = 0.1\,\mathrm{rad}^2$
9	3.68×10^{-5}	6.54×10^{-5}	2.42×10^{-4}
10	4.55×10^{-6}	1.08×10^{-5}	8.96×10^{-5}
11	3.18×10^{-7}	1.36×10^{-6}	3.76×10^{-5}
12	1.02×10^{-8}	1.61×10^{-7}	1.83×10^{-5}

3. 频移键控

在表 9.1 中，将频移键控信号表示如下：

$$\left. \begin{aligned} s_1(t) &= A\cos(\omega_c t) \\ \text{或者} \quad & \\ s_2(t) &= A\cos[(\omega_c + \Delta\omega)t] \end{aligned} \right\} \quad 0 \leqslant t \leqslant T \tag{9.84}$$

为了简化分析，给出如下的两项假定：

$$\omega_c = \frac{2\pi n}{T} \tag{9.85}$$

$$\Delta\omega = \frac{2\pi m}{T} \tag{9.86}$$

式中，m、n 为整数，而且 $m \neq n$。因而在符号的持续时间 T 秒内，确保 $s_1(t)$、$s_2(t)$ 经历了整数倍的载波周期。于是得到

$$\begin{aligned} \sqrt{E_1 E_2}\,\rho_{12} &= \int_0^T A^2 \cos(\omega_c t)\cos[(\omega_c + \Delta\omega)t]\mathrm{d}t \\ &= \frac{1}{2}A^2 \int_0^T [\cos(\Delta\omega t) + \cos(2\omega_c + \Delta\omega)t]\mathrm{d}t \\ &= 0 \end{aligned} \tag{9.87}$$

以及式(9.60)中的 $R_{12} = 0$，因此各信号单元之间正交，而且误码率如下：

是，应对式(9.82)重新归一化，以确保面积值为 1，但是，当只有 σ_ϕ^2 很小时，误差才很小。这对应于 z 很大的情形。

9 例如，可以参阅文献 Van Trees (1968)，第 4 章。

$$P_E = Q\left(\sqrt{\frac{E_b}{N_0}}\right) \tag{9.88}$$

上式的结果与 ASK 的结果相同。那么,误码率随信噪比变化的曲线对应图 9.11 中 $R_{12} = 0$ 的曲线。

值得注意的是,鉴于 ASK 与 FSK 具有相同的误码率-信噪比特性曲线,可以利用这一特性对信号的平均功率进行比较。如果规定信号的峰值功率相等,那么,ASK 比 FSK 的性能差 3 dB。

分别用 BASK、BPSK、BFSK 表示前面刚介绍过的 3 种相干解调方案对应的二进制调制技术。

例 9.6

当实现的误码率为 $P_E = 10^{-6}$,而且传输带宽的值等于固定不变的数据速率时,如果分别采用 ASK、PSK、FSK 三种传输方案,要求比较所需的 E_b/N_0。把所需的带宽取为矩形脉冲已调载波的零点-零点带宽。假定采用的是适于 FSK 的最小带宽。

解:

根据前面例题的结果,当 $P_{E,\text{BPSK}} = 10^{-6}$ 时,所需的 E_b/N_0 为 10.53 dB。如果用平均信噪比 (E_b/N_0) 度量的话,当 ASK、FSK 的信噪比比 BPSK 的高出 3.01 dB(即达到 13.54 dB)时,才能得到 $P_E = 10^{-6}$ 的误码率。

矩形脉冲已调载波的傅里叶变换如下:

$$\Pi(t/T)\cos(2\pi f_c t) \leftrightarrow (T/2)\{\text{sinc}[T(f-f_c)] + \text{sinc}[T(f+f_c)]\}$$

在上式的频谱中,零点-零点带宽如下:

$$B_{\text{RF}} = \frac{2}{T} \text{ 赫兹} \tag{9.89}$$

BASK 系统与 BPSK 系统所需的带宽为

$$B_{\text{ASK}} = B_{\text{PSK}} = \frac{2}{T} = 2R \text{ 赫兹} \tag{9.90}$$

式中,R 表示数据比特率,单位:比特/秒。对如下的 BFSK 信号而言

$$s_1(t) = A\cos(\omega_c t), \quad 0 \leq t \leq T, \quad \omega_c = 2\pi f_c t$$

$$s_2(t) = A\cos(\omega_c + \Delta\omega)t, \quad 0 \leq t \leq T, \quad \Delta\omega = 2\pi\Delta f$$

上述两种信号的间隔为 $1/(2T)$ 赫兹,这是正交信号的最小间隔。由于余弦脉冲的主瓣为带宽 $1/T$ 赫兹的一半,那么,可以得出 BFSK 信号所需的大致带宽如下:

$$B_{\text{CFSK}} = \underbrace{\frac{1}{T}}_{f_c \text{突发}} + \frac{1}{2T} + \underbrace{\frac{1}{T}}_{f_c + \Delta f \text{ 突发}} = \frac{2.5}{T} = 2.5R \text{ 赫兹} \tag{9.91}$$

通常将带宽效率定义为 R/B,单位:比特/秒/赫兹。BASK 与 BPSK 的带宽效率为 0.5 b/s/Hz,而 BFSK 的带宽效率为 0.4 b/s/Hz。 ∎

9.3 不需要相干参考载波的调制方案

下面介绍的两种调制方案不需要与接收的载波保持相同相位的本地参考信号。把第一种称为差分

相干相移键控(Differentially Coherent Phase-Shift Keying，DPSK)，可以把它当作 9.3 节介绍的 BPSK 的非相干解调方式。这一节还介绍 BFSK 的非相干解调(BASK 的非相干解调见习题 9.30)。

9.3.1　差分相移键控

在解调 BPSK 信号时，得到参考载波相位的一种方法是：利用前面信号持续时间内的载波相位。在实现这种方案中，给出如下两项假定：①在这种方式中，未知相位对信号进行干扰时，呈缓慢变化，于是，从一个符号区间到下一个符号区间时，相位基本保持不变；②给定信号区间内的相位与前面信号区间之间的相位关系是已知的。第①个假定取决于发射机振荡器的稳定性、信道的时变特性等。在发送端对消息序列采用称为差分编码的技术可以满足第②个假定。

表 9.3 示出了消息序列的差分编码。可以假定任一个参考二进制数为编码序列的初始值。在表 9.3 所示的例子中，把 1 选为编码序列的初始值。对已编码序列的每一个值而言，当前的值表示序列中下一个值的参考。把消息序列中的"0"编为从参考数字的状态跳变到编码消息序列中的相反状态；把消息序列中的"1"编为状态不发生变化。在所示的例子中，消息序列中的第一个数字是 1，因此在编码后的序列中状态没有发生变化，编码后的结果为 1。把该结果作为下一个待编码数字的参考。由于出现在消息序列中的"下一个数字"是 0，因此把"下一个数字"编为与参考数字 1 相反的状态，即编为 0。那么，正如表中所示出的，编码后的消息序列控制载波的相位(相位变化 0 或者 π)。

表 9.3　差分编码的实例

消息序列		1	0	0	1	1	1	0	0	0
编码之后的序列	1	1	0	0	1	1	1	1	0	1	0
参考数字	↑										
发送信号的相位		0	0	π	0	0	0	0	π	0	π

图 9.16 所示的方框图给出了 DPSK 信号的产生过程。"异或之后再取反"的等效门电路表示实现表 9.4 数字运算的逻辑电路。在逻辑电路的输出端通过简单的电平变化之后，编码后的消息为双极性码；在双极性码与载波相乘之后(或者称为双边带调制)，产生了 DPSK 信号。

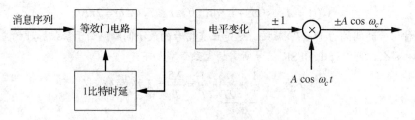

图 9.16　DPSK 调制器的方框图

表 9.4　等效电路的运算真值表

输入 1 (消息信号)	输入 2 (参考信号)	输出
0	0	1
0	1	0
1	0	0
1	1	1

图 9.17 示出了 DPSK 差分相干解调器的可能实现。收到的"信号+噪声"首先通过以载波频率为中心频率的带通滤波器，然后，将该信息与时延 1 比特的"信号+噪声"进行相关性运算[10]。最后，相关器的输出与门限设置为零的门限电路进行比较，再根据相关器输出的正或负极性值分别判决为 1 或者 0。

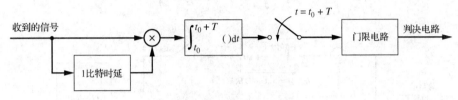

图 9.17 DPSK 信号的解调

在表示正确地解调所收到的序列时，分析表 9.3 给出的例子(假定不存在噪声)。收到前两个比特(也就是参考比特与第 1 个编码比特)之后，相关器的输入信号为：$S_1 = A\cos(\omega_c t)$，且参考(或者时延后的)输入为：$R_1 = A\cos(\omega_c t)$。那么，相关器的输出如下：

$$v_1 = \int_0^T A^2 \cos^2(\omega_c t) \mathrm{d}t = \frac{1}{2} A^2 T \tag{9.92}$$

于是作出发送符号为 1 的判决。在下一个比特区间，输入为 $S_2 = A\cos(\omega_c t)$、$R_2 = S_1 = A\cos(\omega_c t + \pi) = -A\cos(\omega_c t)$，于是得到相关器的输出如下：

$$v_2 = -\int_0^T A^2 \cos^2(\omega_c t) \mathrm{d}t = -\frac{1}{2} A^2 T \tag{9.93}$$

于是给出发送符号是 0 的判决。如果解调器的输入端不存在噪声，持续地采用这种处理方式时，就可以得到原消息序列。

这种检测器尽管实现简单，但并不是最佳检测器。图 9.18 示出了用于二进制 DPSK 的最佳检测器。把这种检测器的检测统计量表示如下：

$$l = x_k x_{k-1} + y_k y_{k-1} \tag{9.94}$$

如果 $l > 0$，则接收端把下面的信号选为发送的信号：

$$s_1(t) = \begin{cases} A\cos(\omega_c t + \theta), & -T \leqslant t < 0 \\ A\cos(\omega_c t + \theta), & 0 \leqslant t < T \end{cases} \tag{9.95}$$

如果 $l < 0$，则接收端把下面的信号选为发送的信号[11]。

$$s_2(t) = \begin{cases} A\cos(\omega_c t + \theta), & -T \leqslant t < 0 \\ -A\cos(\omega_c t + \theta), & 0 \leqslant t < T \end{cases} \tag{9.96}$$

如果这里选择 $\theta = 0$(在图 9.18 中，相对于正弦、余弦混频器而言，噪声的方位、信号的方位完全是随机的)，仍具有普遍性的意义。那么，可以根据关系式 $P_E = \Pr\left[(x_k x_{k-1} + y_k y_{k-1} < 0) \big| \text{发送} s_1, \theta = 0 \right]$ (假定发送 s_1、s_2 的概率相等)计算出误码率。假定 $(\omega_c t)$ 为 2π 的整数倍，那么，当 $t = 0$ 时，积分器的输出如下。

$$x_0 = \frac{AT}{2} + n_1, \quad y_0 = n_3 \tag{9.97}$$

---

10 假定信道上的干扰并未改变符号的持续时间 T，并且可以在接收端准确地定位 T。一般来说，信道上的各种干扰(比如多普勒频移)对载波频率的影响相当严重。如果载频的频移很明显，则需要在接收端采用某种类型的频率估计技术。

11 再次强调一下，如果载频的频移很明显，那么，需要在接收端采用某种类型的频率估计技术。为了简化分析，这里假定载频在信道上保持不变。

式中,n_1、n_3 分别为

$$n_1 = \int_{-T}^{0} n(t)\cos(\omega_c t)\mathrm{d}t \tag{9.98}$$

$$n_3 = \int_{-T}^{0} n(t)\sin(\omega_c t)\mathrm{d}t \tag{9.99}$$

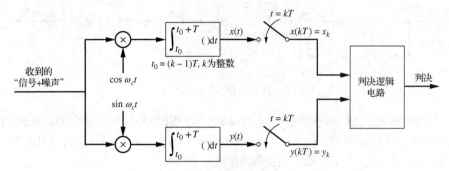

图 9.18 二进制差分相移键控系统的最佳接收机

同理,当 $t = T$ 时,积分器的输出如下:

$$x_1 = \frac{AT}{2} + n_2, \quad y_1 = n_4 \tag{9.100}$$

式中,n_2、n_4 分别为

$$n_2 = \int_{0}^{T} n(t)\cos(\omega_c t)\mathrm{d}t \tag{9.101}$$

$$n_4 = \int_{0}^{T} n(t)\sin(\omega_c t)\mathrm{d}t \tag{9.102}$$

因此得出如下的结论:n_1、n_2、n_3、n_4 是不相关的高斯随机变量,且均值都等于零、方差都等于 $N_0 T/4$。由于这些随机变量不相关,因此它们之间也相互独立,那么,P_E 的表达式变为

$$P_E = \mathrm{Pr}\left[\left(\frac{AT}{2} + n_1\right)\left(\frac{AT}{2} + n_2\right) + n_3 n_4 < 0\right] \tag{9.103}$$

将上式进一步表示如下:

$$P_E = \mathrm{Pr}\left[\left(\frac{AT}{2} + \frac{n_1}{2} + \frac{n_2}{2}\right)^2 - \left(\frac{n_1}{2} - \frac{n_2}{2}\right)^2 + \left(\frac{n_3}{2} + \frac{n_4}{2}\right)^2 - \left(\frac{n_3}{2} - \frac{n_4}{2}\right)^2 < 0\right] \tag{9.104}$$

(在验证上式时,只需将式(9.104)中的各个自变量求平方再按项合并之后,与式(9.103)的自变量进行比较)。如果将新的高斯随机变量定义如下:

$$\begin{cases} w_1 = \dfrac{n_1}{2} + \dfrac{n_2}{2} \\[2mm] w_2 = \dfrac{n_1}{2} - \dfrac{n_2}{2} \\[2mm] w_3 = \dfrac{n_3}{2} + \dfrac{n_4}{2} \\[2mm] w_4 = \dfrac{n_3}{2} - \dfrac{n_4}{2} \end{cases} \tag{9.105}$$

那么,可以将误码率表示如下:

$$P_E = \Pr\left[\left(\frac{AT}{2} + w_1 \right)^2 + w_3^2 < w_2^2 + w_4^2 \right] \tag{9.106}$$

在方括号内的不等式中，不妨把不等号任一端取值为正的各个量的平方根当成各个量本身。根据 w_1、w_2、w_3、w_4 的定义，可以证明它们相互之间是互不相关的随机变量，且均值为零、方差为 $N_0T/8$。由于它们是不相关的高斯变量，因此它们之间相互独立，因而，下面表示的 R_1 是莱斯随机变量(莱斯随机变量的相关内容见 7.5.3 节)：

$$R_1 = \sqrt{\left(\frac{AT}{2} + w_1 \right)^2 + w_3^2} \tag{9.107}$$

而且，下面的表达式 R_2 是瑞利随机变量：

$$R_1 = \sqrt{w_2^2 + w_4^2} \tag{9.108}$$

因此，可以将误码率表示为如下的二重积分：

$$P_E = \int_0^\infty \left[\int_{r_1}^\infty f_{R_2}(r_2)\mathrm{d}r_2 \right] f_{R_1}(r_1)\mathrm{d}r_1 \tag{9.109}$$

式中，$f_{R_1}(r_1)$ 表示呈莱斯分布的概率密度函数；$f_{R_2}(r_2)$ 表示呈瑞利分布的概率密度函数。假定 $\sigma^2 = N_0T/8$、$B = AT/2$。分别利用表 6.4 中的瑞利概率密度函数、莱斯概率密度函数的表示形式，以及利用式(7.149)，可以得到如下的二重积分：

$$
\begin{aligned}
P_E &= \int_0^\infty \left[\int_{r_1}^\infty \frac{r_2}{\sigma^2} \exp\left(-\frac{r_2^2}{2\sigma^2} \right) \mathrm{d}r_2 \right] \frac{r_1}{\sigma^2} \exp\left(-\frac{r_1^2 + B^2}{2\sigma^2} \right) I_0\left(\frac{Br_1}{\sigma^2} \right) \mathrm{d}r_1 \\
&= \int_0^\infty \left[\exp\left(-\frac{r_1^2}{2\sigma^2} \right) \right] \frac{r_1}{\sigma^2} \exp\left(-\frac{r_1^2 + B^2}{2\sigma^2} \right) I_0\left(\frac{Br_1}{\sigma^2} \right) \mathrm{d}r_1 \\
&= \exp\left(-\frac{B^2}{2\sigma^2} \right) \int_0^\infty \frac{r_1}{\sigma^2} \exp\left(-\frac{r_1^2}{\sigma^2} \right) I_0\left(\frac{Br_1}{\sigma^2} \right) \mathrm{d}r_1 \\
&= \frac{1}{2} \exp\left(-\frac{B^2}{2\sigma^2} \right) \exp\left(\frac{C^2}{2\sigma_0^2} \right) \int_0^\infty \frac{r_1}{\sigma_0^2} \exp\left(-\frac{r_1^2 + C^2}{2\sigma_0^2} \right) I_0\left(\frac{Cr_1}{2\sigma_0^2} \right) \mathrm{d}r_1
\end{aligned}
\tag{9.110}
$$

式中，$C = B/2$、$\sigma^2 = 2\sigma_0^2$。由于是对莱斯概率密度函数积分，因此可以得到(利用整个区域内概率密度函数的积分值为 1 的结论)

$$
\begin{aligned}
P_E &= \frac{1}{2} \exp\left(-\frac{B^2}{2\sigma^2} \right) \exp\left(\frac{C^2}{2\sigma_0^2} \right) \\
&= \frac{1}{2} \exp\left(-\frac{B^2}{4\sigma^2} \right) = \frac{1}{2} \exp\left(-\frac{A^2T}{2N_0} \right)
\end{aligned}
\tag{9.111}
$$

将每比特的能量 E_b 定义为 $A^2T/2$ 之后，可以得到图 9.18 所示的 DPSK 系统的最佳接收机

$$P_E = \frac{1}{2} \exp\left(-\frac{E_b}{N_0} \right) \tag{9.112}$$

文献中已经证明[12]：当信噪比 E_b/N_0 的值很大时，图 9.17 示出的次优积分-清零检测器(其中，滤波器的输入带宽为 $B = 2/T$)取得了如下的渐进误码率：

12 J. H. Park, 二进制 DPSK 的接收, IEEE Trans. on Commun., COM-26, 484-486, April 1978。

$$P_E \cong Q\left[\sqrt{E_b/N_0}\right] = Q\left[\sqrt{z}\right] \tag{9.113}$$

与指定误码率的最佳检测器相比,上式结果的信噪比性能下降了 1.5 dB 左右。可以很直观地看出,性能取决于滤波器的输入带宽——当带宽很宽时,由于进入检测器的噪声较多,因而导致了性能的过度下降(值得注意的是,未时延的信号分量和时延后的信号分量相乘时产生了乘性噪声);当带宽过窄时,由于滤波处理引入了码间干扰,也会导致检测器的性能下降。

根据 $m = 0$ 时式(9.74)的结果,并且利用渐近近似关系式 $Q(u) \cong \mathrm{e}^{-u^2/2}/[\sqrt{2\pi}u]$,当信噪比 (E_b/N_0) 很大时,可以得到 BPSK 传输系统的合理结果如下:

$$P_E \cong \frac{\mathrm{e}^{-E_b/N_0}}{2\sqrt{\pi E_b/N_0}} \quad (\text{BPSK};\ E_b/N_0 \gg 1) \tag{9.114}$$

将式(9.112)、式(9.114)之间进行比较后可以看出,当信噪比 (E_b/N_0) 很大时,DPSK 与 BPSK 的误码率性能之间仅相差因子 $(\pi E_b/N_0)^{1/2}$;或者说,当误码率很低时,DPSK 比 BPSK 的性能低了 1 dB 左右。由于 BPSK 信号的解调需要得到参考载波,因此,DPSK 就成了很有吸引力的解决方案。DPSK 唯一明显的缺点是:由于差分编码过程在连续的比特流之间引入了相关性,那么,需要把信号的传输速率锁定到发射机、接收机中由各个时延单元决定的具体值,而且,差错容易以两组为单位出现(当信噪比很高时,差分编码是 DPSK 比 BPSK 的性能低 1 dB 的主要原因)。

计算机仿真练习 9.9 介绍了时延-相乘 DPSK 检测器的 MATLAB 蒙特卡罗仿真。在所需信噪比 (E_b/N_0) 固定不变的条件下,仿真一长串"信息比特+噪声"通过检测器,将输出比特与输入比特进行比较后计算出差错的数量,于是得到比特误码率的估值图。图 9.19 示出了这样的性能图,图中与最佳检测器式(9.110)表示的理论曲线进行了比较,还与图 9.17 示出的时延-相乘检测器的次佳渐进结果(即式(9.113))进行了比较。

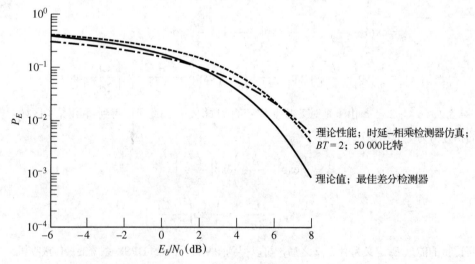

图 9.19　DPSK 的时延-相乘检测器的性能与理论性能近似结果的比较

9.3.2　数据的差分编码与译码

如果在发送端进行了差分编码,那么,就要在接收端采用相应的差分译码,得到的好处是:抵御相干解调器偶然间的相位反转。稍稍考虑一下就会明白,可以用如下的处理方法实现差分编码的逆过程：差分编码之后的比特流与时延后的 1 比特异或，然后对得到的结果取反。这就是说，如果用 A 表示差分编码之后的比特流，那么，可以用如下的表达式表示该处理过程：

$$B = \overline{\mathrm{XOR}(A, D^{-1}(A))} \tag{9.115}$$

式中，$D^{-1}(A)$ 表示时延 1 比特之后的 A；上横线表示"取反"操作(也就是说，在"取反"操作之后，0 变成了 1、1 变成了 0)。

计算机仿真实例 9.2

该计算机仿真实例利用 MATLAB 函数实现上述的数据比特流的差分编码与译码过程。下面给出了实现比特流差分编码与译码的各个函数，同时还给出了运行实例。

```
%c9ce2a; diff_enc(input); function to differentially encode a bit stream vector
%
function output = diff_enc(input)
L_in = length(input);
output = [ ];
for k = 1:L_in
    if k == 1
    output(k) = not(bitxor(input(k), 1));
    else
    output(k) = not(bitxor(input(k),output(k - 1)));
    end
end
output = [1 output];
% End of script file

%c9ce2b; diff_dec(input); function to differentially decode a bit stream vector
%
function output = diff_dec(input)
L_in = length(input);
A = input;
B = A(2:L_in);
C = A(1:L_in - 1);
output = not(xor(B, C));
% End of script file
```

在上面程序的起始部分，用差分编码函数对比特流进行编码之后，得到如下的结果：

```
>> A = diff_enc ( [ 1 0 0 1 1 1 0 0 0 ] )
A =
1 1 0 1 1 1 1 0 1 0
```

把差分译码函数用于差分编码比特流之后，得到如下的原比特流：

```
>> D = diff_dec(A)
D =
1 0 0 1 1 1 0 0 0
```

对差分编码比特流取反(通常的处理方式是：载波识别电路锁定了 180° 的反相)之后可以得到

```
>> A_bar = [ 0 0 1 0 0 0 0 1 0 1 ];
```

对反相的比特流差分译码之后,可以得到与原编码之后相同的比特流:

```
>> E = diff_dec(A_bar)
E =
1 0 0 1 1 1 0 0 0
```

于是,差分编码、差分译码确保了如下特性:相干解调器可以抵御因信道干扰所导致的偶然出现的180°相位反转。这样处理时的损耗小于1 dB。 ∎

9.3.3 FSK 的非相干解调

与相干解调相比,非相干解调时的误码率计算稍稍有些难度。与非相干系统相比,由于相干系统知道接收信号的信息更多一些,因此,非相干系统的性能比相应相干系统的性能差一些也就不足为奇了。尽管在性能上存在这种损耗,但是,当实现的简单性成为主要的考虑因素时,常常会采用非相干系统。这里只介绍非相干 FSK 的解调[13]。实际可行的非相干 PSK 并不存在,但可以把 DPSK 系统当作 PSK 系统。

在非相干 FSK 系统中,用如下的两个式子表示发送信号:

$$s_1(t) = A\cos(\omega_c t + \theta), \quad 0 \leqslant t \leqslant T \tag{9.116}$$

$$s_2(t) = A\cos[(\omega_c + \Delta\omega)t + \theta], \quad 0 \leqslant t \leqslant T \tag{9.117}$$

式中,$\Delta\omega$ 的含义是:满足 $s_1(t)$、$s_2(t)$ 占用不同频谱区间的足够大的值。图 9.20 示出了 FSK 系统中的接收机。值得注意的是,FSK 系统中的接收机包含了两个并联的非相干 ASK 接收机。因此,在计算非相干 FSK 系统的误码率时,尽管不会出现门限值必须随信噪比的变化而变化的难题,但在需要完成的工作中,很多都与非相干 ASK 系统完成的相同。的确,由于存在对称性,因此可以得到 P_E 的确切结果。假定发送的是 $s_1(t)$,那么,当 $t = T$ 时,上支路检测器的输出 $R_1 \cong r_1(T)$ 具有如下的莱斯概率密度函数:

$$f_{R_1}(r_1) = \frac{r_1}{N} e^{-(r_1^2 + A^2)/(2N)} I_0\left(\frac{Ar_1}{N}\right), \quad r_1 \geqslant 0 \tag{9.118}$$

式中,$I_0(\cdot)$ 表示修正之后的零阶第 1 类贝塞尔函数,并且在 7.5.3 节用到过该函数。噪声的功率为 $N = N_0 B_T$。则 $t = T$ 时,在下支路滤波器的输出 $R_2 \triangleq r_2(T)$ 中只包含了噪声,它的概率密度函数呈如下的瑞利分布:

$$f_{R_2}(r_2) = \frac{r_2}{N} e^{-r_2^2/(2N)}, \quad r_2 \geqslant 0 \tag{9.119}$$

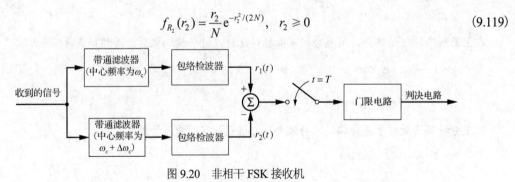

图 9.20 非相干 FSK 接收机

如果 $R_2 > R_1$,则会发生差错,可以将误码率表示如下:

---

13 在非相干 ASK 系统中,推导 P_E 的简易过程见习题 9.30。

$$P_E(E|s_1(t)) = \int_0^\infty f_{R_1}(r_1)\left[\int_{r_1}^\infty f_{R_2}(r_2)\mathrm{d}r_2\right]\mathrm{d}r_1 \tag{9.120}$$

根据对称性可以得到 $P_E(E|s_1(t)) = P_E(E|s_2(t))$，因此，式(9.120)表示的是平均误码率。式(9.120)的内积分等于 $\exp[-r_1^2/(2N)]$，因此得到如下的结果：

$$P_E = \mathrm{e}^{-z}\int_0^\infty \frac{r_1}{N}I_0\left(\frac{Ar_1}{N}\right)\mathrm{e}^{-r_1^2/N}\mathrm{d}r_1 \tag{9.121}$$

与前面出现的一样，式中，$z = A^2/(2N)$。如果利用定积分表(参阅"附录 F 之表 F.4.2：有限积分")，则可以将式(9.121)简化为

$$P = \frac{1}{2}\exp(-z/2) \tag{9.122}$$

对 BFSK 相干系统而言，当信噪比很大时，利用 Q 函数的渐近展开式，可以得到如下的误码率：

$$P_E \cong \exp(-z/2)/\sqrt{2\pi z}, \quad z \gg 1$$

上式与式(9.122)相比，由于结果相差 $\sqrt{2\pi z}$ 倍，因此该结果表明：当信噪比很大时，相干 FSK 系统相对于非相干 FSK 系统的功率范围无关紧要。由于相干 FSK 与非相干 FSK 的性能相同，而且非相干 FSK 实现简单，因此，在实际应用中，几乎全部采用了非相干 FSK(而不是相干 FSK)。

就带宽指标而言，这里注意到，对相干 FSK 系统来说，由于信号突发不可能既相干又正交，因此，对非相干 FSK 系统而言，在已知如下的最小零点-零点射频带宽的条件下，如果可以得到 0.25 b/s/Hz 的带宽效率，则两个信号之间的最小频率间隔必须约等于 $2/T$ 赫兹

$$B_{\mathrm{NCFSK}} = \frac{1}{T} + \frac{2}{T} + \frac{1}{T} = 4R \tag{9.123}$$

9.4 多进制脉冲幅度调制

尽管下一章专门分析多进制调制，这一章还是介绍了多进制 PAM[14]的一种实现方案，理由是：按照这里介绍的方法处理时，实现方案简单。这里还介绍了考虑这类方案的原因。

这里引入如下的信号单元：

$$s_i(t) = A_i p(t), \quad t_0 \le t \le t_0 + T, \quad i = 1, 2, \cdots, M \tag{9.124}$$

式中，A_i 表示第 i 个可能发送信号的幅度，而且 $A_1 < A_2 < \cdots < A_M$；$p(t)$ 表示基本脉冲的形状，在区间 $[t_0, t_0+T]$ 之外，$p(t)$ 为零，那么，$p(t)$ 的能量如下：

$$E_p = \int_{t_0}^{t_0+T} p^2(t)\mathrm{d}t = 1 \tag{9.125}$$

由于已假定 $p(t)$ 的能量为单位值，因此 $s_i(t)$ 的能量为 A_i^2。由于需要用整数个比特与每个脉冲的幅度关联，因此需要限定：M 等于 2 的整数次方。例如，如果 $M = 2^3 = 8$，则可以将脉冲的幅度表示为 000、001、010、011、100、101、110、111，于是，在发送的每个脉冲符号中传输了 3 比特的信息(把这种编码技术称为格雷编码，后面介绍这种技术)。

可以把所收到的"信号+噪声"(这里的噪声指信号区间$[t_0, t_0+T]$内的加性高斯白噪声)表示如下：

---

14 读者可能会提出这样的问题：为什么不把这种调制方案称为 M 进制 ASK。不这样处理的原因是：脉冲的形状 $p(t)$ 为能量有限的任意波形，而 ASK 将发送的波形表示为正弦突发。

$$y(t) = s_i(t) + n(t) = A_i p(t) + n(t), \quad t_0 \leqslant t \leqslant t_0 + T \tag{9.126}$$

式中，为了表示方便，可以设置 $t_0 = 0$。合理的接收机结构如下：将收到的"信号+噪声"与 $p(t)$ 的副本相关，然后，在 $t = T$ 时对相关器的输出采样，于是得到

$$Y = \int_0^T [s_i(t) + n(t)] p(t) \mathrm{d}t = A_i + N \tag{9.127}$$

式中，N 表示均值为零、方差为 $\sigma_N^2 = N_0 / 2$ 的高斯随机变量（推导过程与式（9.4）的推导过程类似）：

$$N = \int_0^T n(t) p(t) \mathrm{d}t \tag{9.128}$$

在相关性运算过程之后，把样值与分别设置在 $(A_1 + A_2)/2$、$(A_2 + A_3)/2$、$\cdots$、$(A_{M-1} + A_M)/2$ 的门限系列进行比较。可能的判决值如下：

$$\begin{cases} \text{如果} Y \leqslant \dfrac{A_1 + A_2}{2}, \text{ 则判决发送的是} A_1 p(t) \\[2mm] \text{如果} \dfrac{A_1 + A_2}{2} < Y \leqslant \dfrac{A_2 + A_3}{2}, \text{ 则判决发送的是} A_2 p(t) \\[2mm] \text{如果} \dfrac{A_2 + A_3}{2} < Y \leqslant \dfrac{A_3 + A_4}{2}, \text{ 则判决发送送的是} A_3 p(t) \\[2mm] \qquad\qquad\qquad \cdots \\[2mm] \text{如果} Y > \dfrac{A_{M-1} + A_M}{2}, \text{ 则判决发送的是} A_M p(t) \end{cases} \tag{9.129}$$

相关性运算等同于把收到的"信号+噪声"投影到常规的一维矢量空间，图 9.21 示出了判决的结果。可以这样表述判决时的误码率：在发送给定脉冲幅度（比如幅度等于 A_j）的条件下，却判决为其他的幅度，然后对所有可能的脉冲幅度求平均。或者，可以采用如下的方式计算：1 减去发送 A_j 时判决为接收 A_j 的概率，即

$$P(E | \text{发送} A_j) = \begin{cases} 1 - \Pr[(A_{j-1} + A_j)/2] < Y \leqslant (A_j + A_{j+1})/2, \quad j = 2, 3, \cdots, M-1 \\ 1 - \Pr[Y \leqslant (A_1 + A_2)/2], \quad j = 1 \\ 1 - \Pr[Y > (A_{M-1} + A_M)/2], \quad j = M \end{cases}$$

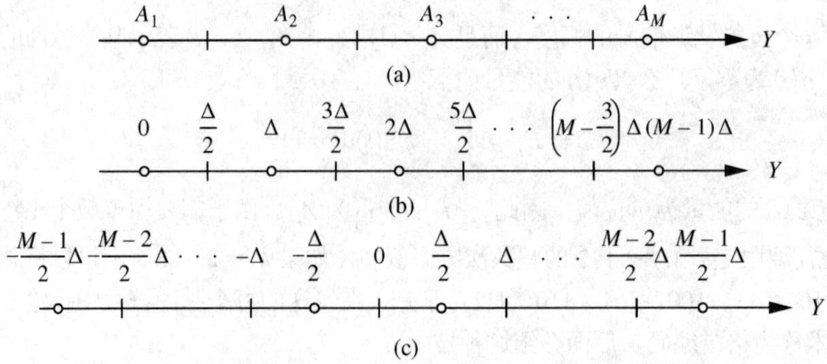

图 9.21　(a) PAM 的各个幅度值、各个门限值；(b) 均匀分布的非负值幅度；(c) 均匀分布的反极性幅度值、门限值

为了简化分析，这里假定：当 $j = 1, 2, \cdots, M$ 时，$A_j = (j-1)\Delta$ 成立。因此得到

$$
P(E\big|发送A_j) = \begin{cases}
1 - \Pr\left[N < \dfrac{\Delta}{2}\right], & j = 1 \\[2ex]
1 - \Pr\left[\dfrac{\Delta}{2} < \Delta + N \leqslant \dfrac{3\Delta}{2}\right] = 1 - \Pr\left[-\dfrac{\Delta}{2} < N \leqslant \dfrac{\Delta}{2}\right], & j = 2 \\[2ex]
1 - \Pr\left[\dfrac{3\Delta}{2} < 2\Delta + N \leqslant \dfrac{5\Delta}{2}\right] = 1 - \Pr\left[-\dfrac{\Delta}{2} < N \leqslant \dfrac{\Delta}{2}\right], & j = 3 \\[2ex]
\cdots \\[1ex]
1 - \Pr\left[\dfrac{(2M-3)\Delta}{2} \leqslant (M-1)\Delta + N\right] = 1 - \Pr\left[N > -\dfrac{\Delta}{2}\right], & j = M
\end{cases}
$$

根据上面的这些结果，可以得到简化之后的两个式子如下：

$$
\begin{aligned}
P(E\,|\,发送A_j) &= 1 - \int_{-\infty}^{\Delta/2} \frac{\exp(-\eta^2/N_0)}{\sqrt{\pi N_0}}\,\mathrm{d}\eta \\[2ex]
&= \int_{\Delta/2}^{\infty} \frac{\exp(-\eta^2/N_0)}{\sqrt{\pi N_0}}\,\mathrm{d}\eta = Q\left(\frac{\Delta}{\sqrt{2N_0}}\right), \quad j = 1,\ M
\end{aligned}
\tag{9.130}
$$

$$
\begin{aligned}
P(E\,|\,发送A_j) &= 1 - \int_{-\Delta/2}^{\Delta/2} \frac{\exp(-\eta^2/N_0)}{\sqrt{\pi N_0}}\,\mathrm{d}\eta \\[2ex]
&= 2\int_{\Delta/2}^{\infty} \frac{\exp(-\eta^2/N_0)}{\sqrt{\pi N_0}}\,\mathrm{d}\eta = 2Q\left(\frac{\Delta}{\sqrt{2N_0}}\right), \quad j = 2,\ \cdots,\ M
\end{aligned}
\tag{9.131}
$$

如果等概率地发送所有可能的信号，那么，可以得到如下的平均误码率：

$$
P_E = \frac{1}{M}\sum_{j=1}^{M} P(E\,|\,发送A_j) = \frac{2(M-1)}{M}Q\left(\frac{\Delta}{\sqrt{2N_0}}\right)
\tag{9.132}
$$

那么，信号的平均能量如下：

$$
\begin{aligned}
P_{\text{ave}} &= \frac{1}{M}\sum_{j=1}^{M} E_j = \frac{1}{M}\sum_{j=1}^{M} A_j^2 = \frac{1}{M}\sum_{j=1}^{M}(j-1)^2\Delta^2 \\[2ex]
&= \frac{\Delta^2}{M}\sum_{k=1}^{M-1} k^2 = \frac{\Delta^2}{M}\times\frac{(M-1)M(2M-1)}{6} = \frac{(M-1)(2M-1)\Delta^2}{6}
\end{aligned}
\tag{9.133}
$$

上式的求解过程利用了如下的求和公式：

$$
\sum_{k=1}^{M-1} k^2 = \frac{(M-1)M(2M-1)}{6}
\tag{9.134}
$$

因此得到

$$
\Delta^2 = \frac{6E_{\text{ave}}}{(M-1)(2M-1)}, \quad M进制PAM
\tag{9.135}
$$

那么，可以得到如下的误码率：

$$P_E = \frac{2(M-1)}{M} Q\left(\sqrt{\frac{\Delta^2}{2N_0}}\right) = \frac{2(M-1)}{M} Q\left(\sqrt{\frac{3E_{ave}}{(M-1)(2M-1)N_0}}\right), \quad M进制PAM \tag{9.136}$$

如果信号关于 0 对称,则可以得到:

$$A_j = (j-1)\Delta - \frac{(M-1)\Delta}{2}, \quad j = 1, 2, \cdots, M \tag{9.137}$$

以及信号的平均能量如下[15]:

$$E_{ave} = \frac{(M^2-1)\Delta^2}{12}, \quad M进制反极性PAM \tag{9.138}$$

于是得到如下的平均误码率:

$$P_E = \frac{2(M-1)}{M} Q\left(\sqrt{\frac{\Delta^2}{2N_0}}\right) = \frac{2(M-1)}{M} Q\left(\sqrt{\frac{6E_{ave}}{(M^2-1)N_0}}\right), \quad M进制反极性PAM \tag{9.139}$$

这里注意到,二进制反极性 PAM 系统优于二进制 PAM 系统 3 dB(两个 Q 函数的自变量的差别体现在:存在因子 2)。还需注意的是,当 M = 2 时,可以把误码率性能用式(9.139)表示的 M 进制反极性 PAM 系统简化为误码率性能用式(9.11)表示的二进制反极性传输系统。

在将反极性 PAM 与本章介绍的二进制调制方案进行比较时,需要完成如下的两项工作:①用每比特的平均能量表示 E_{ave},由于已假定 $M = 2^m$(其中,m 表示取整数值的比特数),于是可以得到 $E_b = E_{ave} / m = E_{ave} / \log_2 M$ 或者 $E_{ave} = E_b \log_2 M$;②将上面求出的误符号率变换为误比特率。第 10 章会分析到这一内容的两种情形。第一种情形是:在解调过程中把正确的符号等概率地误判为可能的任一个其他符号。第二种情形(正是这里关注的情形)是,相邻符号之间的误码率比不相邻符号之间的误码率高,而且通过采用编码技术确保从给定的符号变换到相邻符号时,只改变了 1 比特(即,在 PAM 系统中,从一个给定的幅度变换到一个相邻的幅度)。利用格雷编码可以实现这一功能:格雷编码方案的各个比特与符号的幅度有关(习题 9.32 介绍了格雷编码)。如果上述的两个条件都满足,那么,误比特率近似地等于 $P_b \cong \dfrac{P_{symbol}}{\log_2 M}$,因此得到如下的两个关系式:

$$P_{b,\,PAM} \cong \frac{2(M-1)}{M \log_2 M} Q\left(\sqrt{\frac{3(\log_2 M)E_b}{(M-1)(2M-1)N_0}}\right), \quad M进制PAM,格雷编码 \tag{9.140}$$

$$P_{b,\,antip,\,PAM} \cong \frac{2(M-1)}{M \log_2 M} Q\left(\sqrt{\frac{6(\log_2 M)E_b}{(M^2-1)N_0}}\right), \quad M进制反极性PAM,格雷编码 \tag{9.141}$$

通过引入持续时间宽度满足 $T = (\log_2 M) T_{bit}$ 的理想矩形脉冲,可以推导出 PAM 系统所占用的带宽。因此,系统的基带频谱为 $S_k(f) = A_k \text{sinc}(Tf)$,于是从零(即坐标原点)到第一零点之间的带宽如下:

$$B_{bb} = \frac{1}{T} = \frac{1}{(\log_2 M)T_b} 赫兹 \tag{9.142}$$

如果采用了载波调制技术,那么,零点-零点带宽为基带带宽值的两倍,或者表示如下:

---

15 把式(9.137)代入 $E_{ave} = \dfrac{1}{M}\sum_{j=1}^{M} A_j^2$ 并且完成求和运算(共有 3 项)。在这个实例中用到的便捷的求和公式是:$\sum_{k=1}^{M-1} k = \dfrac{M(M-1)}{2}$。

$$B_{\text{PAM}} = \frac{2}{(\log_2 M)T_b} = \frac{2R}{\log_2 M} \text{赫兹} \tag{9.143}$$

而 BPSK、DPSK、二进制 PAM 系统的带宽均为 $B_{\text{RF}} = 2/T_b = 2R$ 赫兹。这表明：当比特率固定不变时，M 越大，PAM 系统需要的带宽越低。实际上，M 进制 PAM 的带宽效率为 $0.5\log_2 M$ b/s/Hz。

9.5　各种数字调制系统的比较

图 9.22 将本章所采用的各种调制方案的误比特率进行了比较。值得注意的是，二进制反极性 PAM 的性能与 BPSK 的性能完全相同。同样需要注意的是，M 的值越大，反极性 PAM 的误比特率变得越差(也就是说，当 M 变大时，曲线向右边移动)。然而，M 越大，传输中每个符号包含的比特数越多。当信号的能量足够但带宽受到限制时，需要在每个发送符号中包含较多的比特数，代价是功率增大。当 $M = 4$ 时，如果信噪比很高，则二进制非相干 FSK 系统与反极性 PAM 系统的性能几乎完全相同。还需注意的是，BPSK 系统与 DPSK 系统的性能之间存在很小的差别，而在相干 FSK 系统与非相干 FSK 系统之间的性能差别稍大一些。

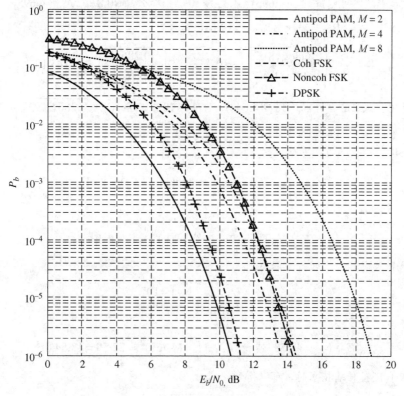

图 9.22　几种二进制数字传输方案的误码率

在选择一种类型的数字数据系统而不是另一种类型时，除了需要考虑实现的成本、复杂性，还要考虑其他的许多因素。对某些信道而言，也就是说，当信道的增益特性或者相位特性(或者二者都)受到随机变化的传输条件干扰时，由于不可能得到相干参考载波，因此，或许注定了只能采用非相干系统。把这样的信道称为衰落信道。9.8 节分析衰落信道对数据传输的影响。

针对本章介绍的数字调制方案，下面的例子给出了一些典型的 E_b/N_0、数据速率的计算。

例9.7

假定某数字数据传输系统期望实现 $P_b = 10^{-6}$ 的误比特率。(a)当 $M = 2$、4、8 时，比较如下五种传输技术所需的 E_b/N_0 值：BPSK、DPSK、反极性 PAM、相干 FSK、非相干 FSK。(b)当射频带宽为 20 kHz 时，比较最高的比特率值。

解：

(a)用"试错法"可以求出 $Q(4.753) \cong 10^{-6}$。当 $M = 2$ 时，BPSK 传输技术与反极性 PAM 传输技术具有相同的误比特率，即

$$P_b = Q(\sqrt{2E_b/N_0}) = 10^{-6}$$

那么，$\sqrt{2E_b/N_0} = 4.753$，或者，$E_b/N_0 = 4.753^2/2 = 11.3 = 10.53\text{ dB}$。当 $M = 4$ 时，由式(9.141)可以得到

$$\frac{2(4-1)}{4\log_2 4}Q\left(\sqrt{\frac{6(\log_2 4)E_b}{(4^2-1)N_0}}\right) = 10^{-6} \Rightarrow Q\left(\sqrt{\frac{0.8E_b}{N_0}}\right) = 1.333 \times 10^{-6}$$

再次用"试错法"可以得到 $Q(4.695) \cong 1.333 \times 10^{-6}$。那么，$\sqrt{0.8E_b/N_0} = 4.695$，或者，$E_b/N_0 = 4.695^2/0.8 = 27.55 = 14.4\text{ dB}$。当 $M = 8$ 时，式(9.141)变为

$$\frac{2(8-1)}{8\log_2 8}Q\left(\sqrt{\frac{6(\log_2 8)E_b}{(8^2-1)N_0}}\right) = 10^{-6} \Rightarrow Q\left(\sqrt{\frac{0.286E_b}{N_0}}\right) = 1.714 \times 10^{-6}$$

又一次采用"试错法"可以得到 $Q(4.643) \cong 1.714 \times 10^{-6}$。那么，$\sqrt{0.286E_b/N_0} = 4.463$，或者，$E_b/N_0 = 4.643^2/0.286 = 75.38 = 18.77\text{ dB}$。

采用 DPSK 传输技术时，可以得到

$$\frac{1}{2}\exp(-E_b/N_0) = 10^{-6} \Rightarrow \exp(-E_b/N_0) = 2 \times 10^{-6}$$

于是得到

$$E_b/N_0 = -\ln(2 \times 10^{-6}) = 13.12 = 11.18\text{ dB}$$

采用相干 FSK 传输技术时，可以得到

$$P_b = Q\left(\sqrt{E_b/N_0}\right) = 10^{-6}$$

因此可得出

$$\sqrt{E_b/N_0} = 4.753 \text{ 或者 } E_b/N_0 = (4.753)^2 = 22.59 = 13.54\text{ dB}$$

采用非相干 FSK 传输技术时，可以得到：

$$\frac{1}{2}\exp(-0.5E_b/N_0) = 10^{-6} \Rightarrow \exp(-0.5E_b/N_0) = 2 \times 10^{-6}$$

求解上式可以得到

$$E_b/N_0 = -2\ln(2 \times 10^{-6}) = 26.24 = 14.18\text{ dB}$$

(b)这里需要利用前面介绍的带宽表达式(9.90)、式(9.91)、式(9.123)、式(9.143)。表9.5中的第3列示出了所得的结果。

表 9.5 中的结果表明：M 进制 PAM 调制方案在功率效率(从 E_b / N_0 的角度体现出所需的误比特率)与带宽效率(在带宽固定不变的条件下取得数据速率的最大值)之间进行了折中。针对多进制的其他数字调制方案，第 10 章较深入地分析了功率-带宽效率之间的折中。

表 9.5　当 $P_E = 10^{-6}$ 时各种二进制调制方案的比较

调制方式	当 $P_E = 10^{-6}$ 时所需的 E_b / N_0 (dB)	当 $B_{RF} = 20$ kHz 时所对应的 R (Kbps)
BPSK	10.5	10
DPSK	11.2	10
反极性 4-PAM	14.4	20
反极性 8-PAM	18.8	30
相干 FSK、ASK	13.5	8
非相干 FSK	14.2	5

9.6　码间干扰为零时数字数据传输系统的噪声性能

在例 9.7 中，尽管假定信道的带宽固定不变，但 5.3 节得出的研究结果表明：当系统的带宽受到限制时会产生码间干扰，并且会导致性能的严重下降。为了避免码间干扰，第 5 章还介绍了采用脉冲整形技术，即 5.4.2 节给出证明过程的脉冲整形标准。在实现零码间干扰传输时，5.4.3 节分析了发送滤波器与接收滤波器的频率响应特性，因而得出了式 (5.48) 的结论。这一节继续分析这一主题，并且推导出零码间干扰数据传输系统的误比特率的表达式。需要注意的是，在推导误比特率的表达式之前，与第 5 章介绍的一样，这里的分析不限于二进制(对多进制 PAM 的分析也一样)，但为了简化分析，这里只介绍二进制信号传输。

这里引入图 5.9 所示的系统，见重新绘出的图 9.23。图 9.23 中的每个单元都与原图的相同，唯一的不同之处体现在：将原图中的噪声单元定义为具有功率谱密度 $G_n(f)$ 的高斯过程。把发送的信号表示如下：

$$x(t) = \sum_{k=-\infty}^{\infty} a_k \delta(t-kT) * h_T(t) = \sum_{k=-\infty}^{\infty} a_k h_T(t-kT) \tag{9.144}$$

式中，$h_T(t)$ 表示发送滤波器的冲激响应，与之相应的频率响应函数为 $H_T(f) = \Im[h_T(t)]$。该信号经过带宽受限的滤波器之后，再加入功率谱密度等于 $G_n(f)$ 的高斯噪声，因此接收端收到的信号如下：

$$y(t) = x(t) * h_C(t) + n(t) \tag{9.145}$$

式中，$h_C(t) = \Im^{-1}[H_C(f)]$ 表示信道的冲激响应。让 $y(t)$ 通过冲激响应为 $h_R(t)$ 的滤波器，并且以 T 秒(即数据比特周期)的间隔对输出进行采样。如果这里要求发送滤波器、信道滤波器、接收滤波器三者的级联满足奈奎斯特脉冲整形标准，那么，当 $t = t_d$ 时的输出样值如下(t_d 表示由信道滤波器、接收滤波器引入的时延)。

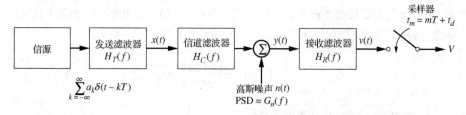

图 9.23　信道带宽受限的基带传输系统

$$V = Aa_0 \, p(0) + N = Aa_0 + N \tag{9.146}$$

式中

$$Ap(t-t_d) = h_T(t) * h_C(t) * h_R(t) \tag{9.147}$$

或者,对上式的两端求傅里叶变换后可以得到

$$AP(f) \exp(-j2\pi f t_d) = H_T(f) \, H_C(f) \, H_R(f) \tag{9.148}$$

在式(9.147)中,A 表示比例因子;t_d 表示考虑系统中全部时延之后的时延指标,于是,在 $t = t_d$ 时,可以将检测滤波器输出端的高斯噪声分量表示如下:

$$N = n(t) * h_R(t)\Big|_{t=t_d} \tag{9.149}$$

正如上面的介绍,为了简化分析,这里假定采用二进制传输技术($a_m = +1$ 或者 -1),于是得到如下的误比特率:

$$\begin{aligned} P_E &= P(a_m = 1)P(Aa_m + N \leqslant 0 | a_m = 1) + P(a_m = -1)P(Aa_m + N \geqslant 0 | a_m = -1) \\ &= P(Aa_m + N < 0 | a_m = 1) \\ &= P(Aa_m + N > 0 | a_m = -1) \end{aligned} \tag{9.150}$$

得到上式的后面两行时利用了如下的假定条件:① $a_m = +1$ 与 $a_m = -1$ 等概率地出现;② 噪声概率密度函数的对称性。取式(9.150)的最后一行,则可以得到下面的结果:

$$P_E = P(N \geqslant A) = \int_A^\infty \frac{\exp[-u^2/(2\sigma^2)]}{\sqrt{2\pi\sigma^2}} \mathrm{d}u = Q\left(\frac{A}{\sigma}\right) \tag{9.151}$$

式中

$$\sigma^2 = \mathrm{var}(N) = \int_{-\infty}^\infty G_n(f) |H_R(f)|^2 \mathrm{d}f \tag{9.152}$$

由于 Q 函数是自变量的单调递减函数,因此可以得出结论:通过合理地选择 $H_T(f)$ 和 $H_R(f)$,也就是通过减小 A/σ 或者通过减小 σ^2/A^2,可以得到平均误比特率的最小值(假定 $H_C(f)$ 固定不变)。在式(9.148)的限制条件下,利用施瓦茨不等式求解最小值,所得的结果如下:

$$|H_R(f)|_{\mathrm{opt}} = \frac{K^{1/2}P^{1/2}(f)}{G_n^{1/4}(f)|H_C(f)|^{1/2}} \tag{9.153}$$

以及

$$|H_T(f)|_{\mathrm{opt}} = \frac{AP^{1/2}(f)G_n^{1/4}(f)}{K^{1/2}|H_C(f)|^{1/2}} \tag{9.154}$$

式中,K 表示任意常数,以及可以采用任意合理的相位响应(由于 $G_n(f)$ 表示功率谱密度,因此,$G_n(f)$ 为非负数)。假定 $P(f)$ 具有式(5.33)所表示的零-码间干扰的特性并且为非负值。需要注意的是,正是发送滤波器、信道滤波器、接收滤波器的级联,才实现了与式(9.148)相同的零码间干扰脉冲频谱。

与上面选择的最佳发送滤波器、接收滤波器对应的误比特率的最小值如下:

$$P_{E,\min} = Q\left\{\sqrt{E_b}\left[\int_{-\infty}^\infty \frac{G_n^{1/2}(f)P(f)}{|H_C(f)|}\mathrm{d}f\right]^{-1}\right\} \tag{9.155}$$

式中,E_b 表示每比特发送信号中所包含的能量,即

$$E_b = E\{a_m^2\} \int_{-\infty}^{\infty} |h_T(t)|^2 \, \mathrm{d}t = \int_{-\infty}^{\infty} |H_T(f)|^2 \, \mathrm{d}f \tag{9.156}$$

式中，最后的积分项遵循瑞利能量定理。同样需要注意的是，由于 $a_m = +1$ 或者 $a_m = -1$ 出现的概率相等，所以 $E\{a_m^2\} = 1$。

下面证明式(9.155)表示的误比特率的最小值。求取 $|H_T(f)|$ 时，利用式(9.148)的幅度的表达式，并且代入式(9.156)之后，可以得到发送信号的能量如下：

$$E_b = A^2 \int_{-\infty}^{\infty} \frac{P^2(f)}{|H_C(f)|^2 |H_R(f)|^2} \, \mathrm{d}f \tag{9.157}$$

根据式(9.157)求出 $1/A^2$ 的表达式，并且利用式(9.152)中的 $\mathrm{var}(N) = \sigma^2$ 之后，可以得到：

$$\frac{\sigma^2}{A^2} = \frac{1}{E_b} \int_{-\infty}^{\infty} G_n(f) |H_R(f)|^2 \, \mathrm{d}f \int_{-\infty}^{\infty} \frac{P^2(f)}{|H_C(f)|^2 |H_R(f)|^2} \, \mathrm{d}f \tag{9.158}$$

在得到 σ^2/A^2 的最小值时，可以利用施瓦茨不等式(9.39)，于是得到：

$$\left(\frac{\sigma}{A}\right)_{\min}^2 = \frac{1}{E_b} \left[\int_{-\infty}^{\infty} \frac{G_n^{1/2}(f) P(f)}{|H_C(f)|} \, \mathrm{d}f \right]^2 \tag{9.159}$$

将式(9.153)的 $|H_R(f)|_{\mathrm{opt}}$、式(9.154)的 $|H_T(f)|_{\mathrm{opt}}$ 代入上式之后，就得到了 $(\sigma/A)^2$ 的最小值。式(9.159)平方根的倒数表示 A/σ 的最大值，由该最大值得到式(9.151)误码率的最小值。这里的分析利用了施瓦茨不等式的逆命题，且 $|X(f)| = G_n^{1/2}(f)|H_R(f)|$、$|Y(f)| = \dfrac{P(f)}{|H_C(f)||H_R(f)|}$。其中，等号成立的条件(也就是说，求式(9.39)的最小值)是：$X(f) = KY(f)$（K 表示取任意值的常数），或者表示如下：

$$G_n^{1/2}(f) |H_R(f)|_{\mathrm{opt}} = K \frac{P(f)}{|H_C(f)| |H_R(f)|_{\mathrm{opt}}} \tag{9.160}$$

通过上式可以求出 $|H_R(f)|_{\mathrm{opt}}$，而求解 $|H_T(f)|_{\mathrm{opt}}$ 时需要利用式(9.148)，并且需要代入 $|H_R(f)|_{\mathrm{opt}}$ 的值。

当如下的两个式子成立时，得到了所关注的特例：

$$G_n(f) = \frac{N_0}{2}, \quad 全部的 f（白噪声） \tag{9.161}$$

$$H_C(f) = 1, \ |f| \leqslant \frac{1}{T} \tag{9.162}$$

那么可以得到

$$|H_T(f)|_{\mathrm{opt}} = |H_R(f)|_{\mathrm{opt}} = K' P^{1/2}(f) \tag{9.163}$$

式中，K' 表示取任意值的常数。在这样的背景下，如果 $P(f)$ 表示升余弦频谱，则把发送滤波器、接收滤波器称为"平方根升余弦滤波器"（在各种应用中，通过采样得到数字式的"平方根升余弦脉冲"）。这时可以把误比特率的最小值简化为

$$P_{E,\,\min} = Q\left\{ \sqrt{E_b} \left[\frac{N_0}{2} \int_{-1/T}^{1/T} P(f) \mathrm{d}f \right]^{-1} \right\} = Q\left(\sqrt{2E_b / N_0} \right) \tag{9.164}$$

利用式(5.34)表示的零码间干扰特性,则上式的 $P(f)$ 满足如下的关系:

$$p(0) = \int_{-1/T}^{1/T} P(f)\mathrm{d}f = 1 \tag{9.165}$$

这一结果与前面得出的结果完全相同:在无限带宽的基带信道上传输二进制反极性信号。

值得注意的是,在多进制传输时,计算信号的平均能量稍微复杂些。将自变量进行相应调整之后,所得到的平均误比特率与式(9.139)相同。

例9.8

已知噪声的功率谱密度如下:

$$G_n(f) = \frac{N_0}{2}\left|H_C(f)\right|^2 \tag{9.166}$$

这就是说,该噪声属于有色噪声,噪声频谱的形状由信道滤波器决定。要求根据式(9.155)推导出式(9.164)。

解:

把已知条件 $G_n(f) = \dfrac{N_0}{2}\left|H_C(f)\right|^2$ 直接代入式(9.155)的自变量之后,可以得到

$$\sqrt{E_b}\left[\int_{-\infty}^{\infty} \frac{G_n^{1/2}(f)P(f)}{|H_C(f)|}\mathrm{d}f\right]^{-1} = \sqrt{E_b}\left[\int_{-\infty}^{\infty} \frac{\sqrt{N_0/2}\,|H_C(f)|P(f)}{|H_C(f)|}\mathrm{d}f\right]^{-1}$$

$$= \sqrt{E_b}\left[\int_{-\infty}^{\infty}\sqrt{N_0/2}\,P(f)\mathrm{d}f\right]^{-1} = \sqrt{\frac{2E_b}{N_0}} \tag{9.167}$$

上式中用到了式(9.165)的结论。 ∎

例9.9

假定 $G_n(f) = N_0/2$,并且信道滤波器的特性固定不变,但这里未给出具体的值。在白噪声的带宽为无限大的条件下,经过脉冲整型和信道滤波处理之后,导致式(9.155)表示的误比特率下降,求出用 E_b/N_0 表示的性能下降因子。

解:

把式(9.155)的自变量表示如下:

$$\sqrt{E_b}\left[\int_{-\infty}^{\infty}\frac{G_n^{1/2}(f)P(f)}{|H_C(f)|}\mathrm{d}f\right]^{-1} = \sqrt{E_b}\left[\int_{-\infty}^{\infty}\frac{\sqrt{N_0/2}\,P(f)}{|H_C(f)|}\mathrm{d}f\right]^{-1}$$

$$= \sqrt{\frac{2E_b}{N_0}}\left[\int_{-\infty}^{\infty}\frac{P(f)}{|H_C(f)|}\mathrm{d}f\right]^{-1}$$

$$= \sqrt{2\left[\int_{-\infty}^{\infty}\frac{P(f)}{|H_C(f)|}\mathrm{d}f\right]^{-2}\times\frac{E_b}{N_0}} \tag{9.168}$$

$$= \sqrt{\frac{2}{F}\times\frac{E_b}{N_0}}$$

式中

$$F = \left[\int_{-\infty}^{\infty} \frac{P(f)}{|H_C(f)|} df \right]^2 = \left[2 \int_0^{\infty} \frac{P(f)}{|H_C(f)|} df \right]^2 \tag{9.169}$$

■

计算机仿真练习 9.3

在系统采用升余弦脉冲频谱，而且信道的频率响应具有巴特沃斯滤波器特性的条件下，下面给出了式(9.169)计算 F 的 MATLAB 程序。当信道滤波器的 3 dB 带宽为数据速率的 1/2 时，图 9.24 绘出了性能下降(单位：分贝)随滚降因子变化的图形。值得注意的是，针对如下的两种情形，在保持误比特率相同的条件下，需要增大性能下降指标 E_T/N_0(单位：dB)：①在带宽无限宽的高斯白噪声信道上，频谱介于 0.5~3 dB 的四极点应用实例；②带宽度范围为 f_3 $(\beta = 0)$ ~ $2f_3$ $(\beta = 1)$ 的升余弦频谱。

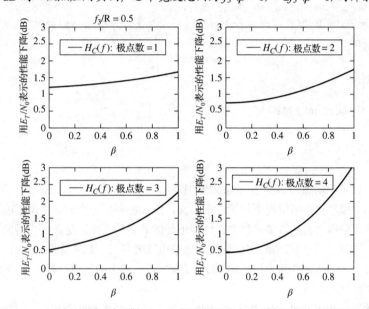

图 9.24　在加性高斯噪声环境下，升余弦信号通过巴特沃斯信道时的性能下降

```
% file: c9ce3.m
% Computation of degradation for raised-cosine signaling
% through a channel modeled as Butterworth
%
clf
T = 1;
f3 = 0.5/T;
for np = 1:4;
    beta = 0.001:.01:1;
    Lb = length(beta);
    for k = 1 : Lb
        beta0 = beta(k);
        f1 = (1 - beta0)/(2*T);
        f2 = (1 + beta0)/(2*T);
        fmax = 1/T;
        f = 0 : .001:fmax;
        I1 = find(f >= 0 & f < f 1);
```

```
        I2 = find(f>=f1 & f < f 2);
        I3 = find(f > = f 2 & f < = fmax);
        Prc = zeros(size(f));
        Prc(I1) = T;
        Prc(I2) = (T/2)*(1 + cos((pi*T/beta0)*(f(I2) - (1 - beta0)/(2*T))));
        Prc(I3) = 0;
        integrand = Prc.*sqrt(1 + (f./f 3).^(2*np));
        F(k) = (2*trapz(f, integrand)).^2;
    end
    FdB = 10*log10(F);
    subplot(2,2,np), plot(beta, FdB), xlabel('\beta'),...
    ylabel('Degr. in ET /N0, dB'), ...
    legend(['H C(f): no. poles: ', num2str(np)]), axis([0 1 0 3])
    if np == 1
        title(['f 3/R = ', num2str(f3*T)])
    end
end
% End of script file
```

9.7　多径干扰

迄今为止，所假定的信道模型都是相当理想的模型，具体地说，所考虑的唯一的信道干扰为加性高斯噪声。尽管这类模型在许多情况下的运行很逼真，但加性高斯噪声信道模型不能准确地表示出许多传输现象。在数字数据通信的许多系统中，性能下降的其他重要原因是：①信号的带宽受到信道的限制(见前一节的分析)；②非高斯噪声(例如因闪电放电或者开关引起的脉冲噪声)；③因其他发射机所引起的射频干扰；④因传输介质中的不同层次(或者传输信道上的物体)对传输信号的反射、散射所产生的多个传输路径(称为多径)。

鉴于多径传输属于相当常见的传输干扰，因此本节分析多径传输的影响。这里以最简单、最直接的形式分析多径传输对数字数据传输的影响。

首先介绍图 9.25 所示的具有两条传输路径的模型。除多径传输路径外，信道中功率谱密度为 $N_0/2$ 的高斯白噪声也对信号产生了干扰。因此，可以将收到的"信号+噪声"表示如下：

$$y(t) = s_d(t) + \beta s_d(t - \tau_m) + n(t) \tag{9.170}$$

式中，$s_d(t)$ 表示从直达路径收到的信号；β 表示多径分量的衰减因子；τ_m 表示信号分量的时延。为了简化分析，这里分析这种信道对 BPSK 信号的影响。可以将直达路径的信号分量表示如下：

$$s_d(t) = Ad(t) \cos(\omega_c t) \tag{9.171}$$

式中，数据流 $d(t)$ 表示取值为 +1 或者 −1 矩形脉冲的连续序列(每个单元的持续时间为 T 秒)。由于存在多径分量，因此，必须考虑出现在接收机输入端的一串比特。下面分析多径分量、噪声对如图 9.26 所示的相干接收机的影响。根据前面的介绍，在只存在高斯噪声的条件下，该相干接收机以最低的误比特率检测数据。把噪声表示成两个相互正交的分量 $n_c(t)$、$n_s(t)$。在略去倍频项之后，得到积分器的如下输入：

$$x(t) = \text{Lp}\{2y(t)\cos(\omega_c t)\} = Ad(t) + \beta Ad(t - \tau_m)\cos(\omega_c \tau_m) + n_c(t) \tag{9.172}$$

式中，Lp 表示大括号内的低频部分。

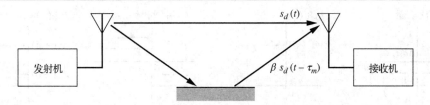

图 9.25 多径传输时的信道模型

式(9.172)中的第 2 项表示由多径分量产生的干扰。介绍如下的两个特例很实用。

1. 当 $\tau_m / T \cong 0$ 时，可得 $d(t - \tau_m) \cong d(t)$。在这一条件下，在区间 $(-\pi, \pi)$ 内，常假定 $\omega_0 \tau_m$ 表示均匀分布的随机变量，并且存在许多幅度随机、相位随机的其他多径分量。在极限情况下，当分量的数量变得很大时，由同相分量与正交分量构成的累加和的幅度特性呈高斯分布。因此，接收信号的包络呈瑞利分布或者莱斯分布(见第 7.3.3 节的介绍)。至于具体属于哪一种分布，取决于是否存在稳定的信号分量(即直达分量)。下一节给出了瑞利分布的分析。

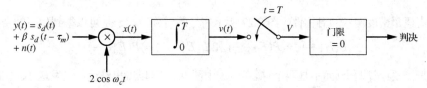

图 9.26 输入端存在"信号+多径分量"时 BPSK 传输系统的相关接收机

2. 当 $0 < \tau_m / T \leqslant 1$ 时，连续的 $d(t)$、$d(t - \tau_m)$ 数据比特会发生重叠，换句话说，存在码间干扰。在这一条件下，分析中假定参数 $\delta = \beta \cos(\omega_c \tau_m)$。

下面分析第 2 种情形的接收机性能，这时不能忽略码间干扰的影响。为了简化符号表示，假定

$$\delta = \beta \cos(\omega_c \tau_m) \tag{9.173}$$

利用上式可以将式(9.172)表示如下。

$$x(t) = = Ad(t) + A\delta d(t - \tau_m) + n_c(t) \tag{9.174}$$

如果 $\tau_m / T \leqslant 1$，则只有 $Ad(t)$、$A\delta d(t - \tau_m)$ 的相邻比特会发生重叠。那么，通过引入图 9.27 所示的 4 种组合，可以计算出图 9.26 中积分器输出端的信号分量。假定 1、0 等概率地出现，那么图 9.27 所示的 4 种组合以相同的概率 1/4 出现。因此得到平均误码率如下：

$$P_E = \frac{1}{4}[P(E|++) + P(E|-+) + P(E|+-) + P(E|--)] \tag{9.175}$$

式中，$P(E|++)$ 表示发送两个 1 时的误码率，等等。积分器输出端的噪声分量为

$$N = \int_0^T 2n(t)\cos(\omega_c t)\mathrm{d}t \tag{9.176}$$

上式表示均值为零、方差如下的高斯过程：

$$
\begin{aligned}
\sigma_n^2 &= E\left\{ 4\int_0^T \int_0^T n(t)n(\sigma)\cos(\omega_c t)\cos(\omega_c \sigma)\mathrm{d}t\mathrm{d}\sigma \right\} \\
&= 4\int_0^T \int_0^T \frac{N_0}{2}\delta(t - \sigma)\cos(\omega_c t)\cos(\omega_c \sigma)\mathrm{d}t\mathrm{d}\sigma \\
&= 2N_0 \int_0^T \cos^2(\omega_c t)\mathrm{d}t \\
&= N_0 T \quad (\omega_c t \text{ 为 } 2\pi \text{ 的整数倍 })
\end{aligned}
\tag{9.177}
$$

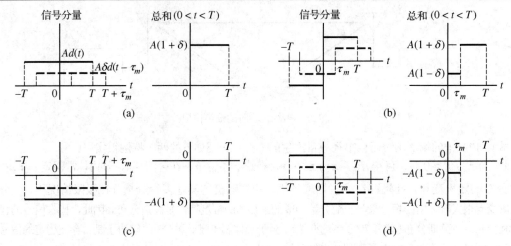

图 9.27　多径传输中出现的码间干扰的各种可能情形

由于噪声概率密度函数的对称性、图 9.27 所示信号的对称性，于是可以得到如下的结论：

$$P(E\,|\,++) = P(E\,|\,--) \text{ 和 } P(E\,|\,-+) =)P(E\,|\,+-) \tag{9.178}$$

因此，只需要计算两个(而不是四个)概率值。由图 9.27 可以得出结论：当发送 1、1 时，积分器输出端的信号分量如下：

$$V_{++} = AT(1+\delta) \tag{9.179}$$

当发送–1、1 时，积分器输出端的信号分量如下：

$$V_{-+} = AT(1+\delta) - 2A\delta\tau_m = AT\left[(1+\delta) - \frac{2\delta\tau_m}{T}\right] \tag{9.180}$$

因此，所得到的条件误码率如下：

$$P(E\,|\,++) = \Pr[AT(1+\delta) + N < 0] = \int_{-\infty}^{-AT(1+\delta)} \frac{e^{-u^2/2N_0 T}}{\sqrt{2\pi N_0 T}}\,du = Q\left[\sqrt{\frac{2E_b}{N_0}}(1+\delta)\right] \tag{9.181}$$

式中，$E_b = AT^2/2$ 表示直达信号分量的能量。同理，可以得到如下的 $P(E\,|\,-+)$：

$$P(E\,|\,-+) = \Pr\left\{AT\left[(1+\delta) - \frac{2\delta\tau_m}{T}\right] + N < 0\right\}$$

$$= \int_{-\infty}^{-AT(1+\delta)+2\delta\tau_m/T} \frac{e^{-u^2/2N_0 T}}{\sqrt{2\pi N_0 T}}\,du \tag{9.182}$$

$$= Q\left\{\sqrt{\frac{2E_b}{N_0}}\left[(1+\delta) - \frac{2\delta\tau_m}{T}\right]\right\}$$

将这些结果代入式(9.175)，并且利用其他条件概率的对称性性质，可以得到如下的平均误码率性能：

$$P_E = \frac{1}{2}Q\left[\sqrt{2z_0}(1+\delta)\right] + \frac{1}{2}Q\left\{\sqrt{2z_0}[(1+\delta) - 2\delta\tau_m/T]\right\} \tag{9.183}$$

与以前的设置一样，式中的 z_0 满足：$z_0 \triangleq E_b/N_0 = A^2 T/(2N_0)$。

当 δ、τ_m / T 取各种值时,图 9.28 所示的 P_E 随 z_0 变化的图形体现了多径效应对信号传输的影响。现在的问题是:应该把图 9.28 中的哪条曲线作为比较的标准。当 $\delta = \tau_m / T = 0$ 时的曲线对应信道没有衰落时 BPSK 传输信号的误码率。但是,值得注意的是,如果用到了接收信号的所有能量(包括非直达分量的能量),那么下面的 z_m 表示所得到的信噪比:

$$z_m = \frac{E_b(1+\delta)^2}{N_0} = z_0(1+\delta)^2 \tag{9.184}$$

的确,由式 (9.183) 可知,这正是在给定 δ 值的条件下、当 $\tau_m / T = 0$ 时所对应的曲线。因此,如果把这条 P_E 曲线作为 P_E 随 τ_m / T 变化(针对每个 δ 值)的比较标准,那么,在只存在码间干扰的条件下,可以改善 P_E 的性能。然而,在系统设计时,出现较多的是信噪比性能的下降。这就是说,相对于 $\tau_m = 0$ 的信号分量而言,在存在多径时,期望通过增大信噪比(或者增大信号的能量)保持误码率 P_E 不变。图 9.29 示出了 $P_E = 10^{-4}$ 时的典型结果。

这里注意到,当 $\delta < 0$ 时,性能的下降实际上是个负值;这就是说,如果收到的非直达信号分量的衰减与直达信号分量的相位相反,那么,存在码间干扰时的性能优于不存在码间干扰时的性能。可以利用图 9.27 解释这一似乎矛盾的结论。正如 $\delta < 0$ 所表示的那样,由图可以看出,当所收到的直达分量与非直达分量反相时,与 $\tau_m / T = 0$ 时所收到的能量相比,$\tau_m / T > 0$ 时会收到附加的信号能量(见图 9.27(b)、(d))。但在图 9.27(a)、(c)中,所收到的信号能量与 τ_m / T 的取值无关。

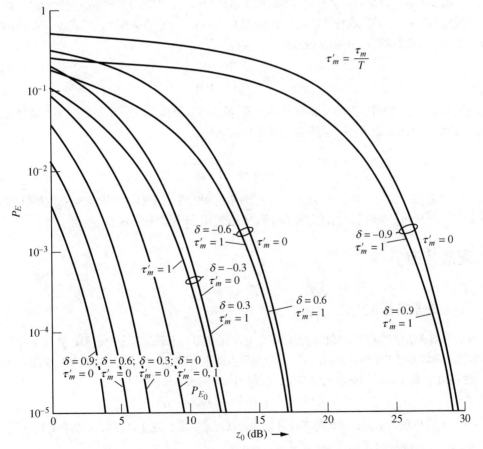

图 9.28　在如下两个条件下 P_E 随 z 变化的图形。①各种衰落;②因多径所致的码间干扰

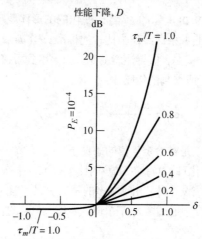

图 9.29　当 $P_E = 10^{-4}$ 时，在存在反射多径的条件下，BPSK 相关检测器的性能下降与 δ 之间的关系

由图 9.29 可以得到两个值得关注的结论。①当 $\delta < 0$ 时，由于 τ_m / T 的变化对性能的下降没有明显的影响，那么，可以忽略码间干扰的影响。由于直达分量与非直达分量之间存在相位差，因此，系统性能下降的主要原因是：相消干扰所导致的信号幅度的减小。②当 $\delta > 0$ 时，系统性能的下降与 τ_m / T 有很强的相关性，这表明：此时码间干扰是性能下降的主要原因。

利用均衡滤波器可以抵御由多径引起的码间干扰的副作用，在对收到的数据进行检测之前，先进行均衡滤波处理[16]。为了体现这种滤波器的基本思想，在 $n(t) = 0$ 的条件下，对式(9.174)的两端取傅里叶变换之后，可以得到信道的频率响应函数 $H_C(f)$ 如下：

$$H_C(f) = \frac{\Im[y(t)]}{\Im[s_d(t)]} \tag{9.185}$$

如果已知 β、τ_m，则可以把图 9.26 中的滤波器(把该滤波器称为均衡器)放在相关性接收机之前。为了完全补偿由多径引入的失真，均衡器的频率响应如下：

$$H_{\mathrm{eq}}(f) = \frac{1}{H_C(f)} = \frac{1}{1 + \beta \mathrm{e}^{-\mathrm{j}2\pi\tau_m f}} \tag{9.186}$$

由于并不知道 β、τ_m 的确切信息，或者 β、τ_m 会随着时间的变化而变化，因此必须采取措施调整均衡滤波器的参数。尽管噪声是影响系统性能的重要因素，但在简化分析模型中常常忽略不计。

9.8　衰落信道

9.8.1　信道的基本模型

在分析平坦衰落信道的统计特性与误码率之前，先介绍一下衰落信道的模型，并且用简单的具有两条传输路径的信道给出平坦衰落的定义。这里将重点放在信道特性的分析上，如果不考虑式(9.170)中噪声分量的影响，那么，稍稍更改式(9.170)之后得到如下的表示形式：

$$y(t) = a(t)s_d(t) + b(t)s_d[t - \tau(t)] \tag{9.187}$$

式中，$a(t)$、$b(t)$ 分别表示直达路径与多径分量的衰减因子。这里注意到，a、b 相对时延 τ 这三个量

16　当码间干扰影响系统的性能时(正如第 5 章的介绍，滤波处理之后出现了码间干扰)，可以采用均衡技术提高系统的性能。

都随时间的变化而变化。这是个动态信道模型,具体体现在:一般来说,当收、发两端存在相对运动时,会导致 a、b、τ 的时变特性。

如果不考虑多径分量的时延,则可以得到如下的模型:

$$y(t) = [a(t) + b(t)]\, s_d(t) \tag{9.188}$$

这里注意到,该模型与频率无关。因此,这种信道为平坦(与频率无关)衰落信道。尽管信道的响应是平坦的,但会随时间的变化而变化,于是把这种模型称为时变平坦衰落信道模型。

这一节只介绍静态衰落信道,即至少在传输相当长的比特序列时,a、b、τ 三者为常数或者随机变量。在这样的条件下,把式(9.187)表示如下:

$$y(t) = as_d(t) + bs_d[t - \tau] \tag{9.189}$$

对式(9.189)两端的各项取傅里叶变换之后可以得到

$$Y(f) = aS_d(f) + bS_d(f)\exp(-2\pi f\tau) \tag{9.190}$$

于是得到如下的信道传输函数:

$$H_C(f) = \frac{Y(f)}{S_d(f)} = a + b\exp(-\mathrm{j}2\pi f\tau) \tag{9.191}$$

这种类型的信道通常具有频率选择性。然而,在具体的应用中,如果忽略不计 $2\pi f\tau$ 的影响,那么,信道传输函数不再具有频率选择性,也就是说,这时的传输函数变为

$$H_C(f) = a + b \tag{9.192}$$

一般来说,上式为随机变量或者常数(这是个特例)。也就是说,信道为平坦衰落信道且具有时不变的特性。

例 9.10

已知具有两条路径的信道由直达路径和时延路径构成。时延路径的时延为 3 μs。如果由时延路径引入的相移小于等于 5°,那么,可以把信道视为平坦衰落信道。当平坦衰落的假定成立时,求出信道带宽的最大值。

解:

5° 的相移等于 $5 \times \pi/180$ 弧度。这里假定带通信道的带宽为 B。在基带模型中,最高的频率为 $B/2$。因此,带宽的最大值 B 满足如下的关系:

$$2\pi \times \frac{B}{2} \times 3 \times 10^{-6} \leqslant 5 \times \frac{\pi}{180} \tag{9.193}$$

于是得到

$$B = \frac{5}{180 \times 3 \times 10^{-6}} = 9.26\ \text{kHz} \tag{9.194}$$

■

9.8.2 平坦衰落信道的统计特性与误码率

在根据式(9.170)展开分析时,假定有几个存在随机幅度与随机相位的多径时延分量[17]。根据中心

---

17 若想获取涉及衰落信道各方面指标(包括统计模型、码型设计、均衡技术等)的高质量的综述,推荐参阅如下 E. Biglieri、J. Proakis、S. Shamai 合著的文献 "各种衰落信道:信息理论与通信",IEEE Trans. on Infor. Theory, 44, 2619-2692, October 1998。

极限定理可以得出结论,接收信号的同相分量与正交分量均呈高斯分布,把它们的和统称为扩散分量。在某些情况下,在发送端与接收端之间可能存在直达、起决定作用的视距分量,把这样的分量称为定向分量。利用 7.5.3 节的研究结果可知:这时接收信号的包络遵循莱斯概率密度函数的分布,即

$$f_R(r) = \frac{r}{\sigma^2} \exp\left[-\frac{(r^2 + A^2)}{2\sigma^2}\right] I_0\left(\frac{rA}{\sigma^2}\right), \quad r \geqslant 0 \tag{9.195}$$

式中,A 表示定向分量的幅度;σ^2 表示每个正交扩散分量的方差;$I_0(u)$ 表示修正后的零阶第一类贝塞尔函数。值得注意的是,如果 $A = 0$,则莱斯概率密度函数简化为瑞利概率密度函数。由于分析常规莱斯概率密度函数的难度较大,因此这里介绍这一特例。

正如前面的介绍,这种信道模型的含义是,与信号比特的持续时间相比,接收信号的包络变化很缓慢。这就是慢衰落信道。在信号比特的持续时间内,如果接收信号的包络和/或者相位的变化不能忽略,那么这种信道为快衰落信道。与慢衰落信道相比,快衰落信道较难分析,这里不给出分析过程。在慢衰落的条件下,接收信号包络的常见模型为瑞利随机变量,瑞利随机变量也是所分析的最简单的例子。

这里分析的是,从瑞利慢衰落信道上收到的 BPSK 信号。假定用简化的形式将收到的已调信号表示如下:

$$x(t) = Rd(t) + n_c(t) \tag{9.196}$$

式中,R 表示具有式(9.195)概率密度函数且 $A = 0$ 的瑞利随机变量。如果 R 为常数,则可以根据式(9.74)求出误码率(式中,$m = 0$)。换句话说,在已知 R 的条件下,可以求出误码率如下:

$$P_E(R) = Q\left(\sqrt{2Z}\right) \tag{9.197}$$

式中,大写字母 Z 表示随机变量。在包络的整个变化区间内求平均误码率时,只需求出式(9.197)相对于 R 的概率密度函数的平均值即可(这里假定 R 的概率密度函数呈瑞利分布)。然而。R 并未直接出现在式(9.197)中,而是隐含在 Z 中。即

$$Z = \frac{R^2 T}{2N_0} \tag{9.198}$$

如果 R 呈瑞利分布,则通过随机变量的变换可以证明:R^2(其实也就是 Z)呈指数分布。因此,式(9.197)的平均值如下[18]:

$$\overline{P_E} = \int_0^\infty Q\left(\sqrt{2z}\right) \frac{1}{\overline{Z}} e^{-z/\overline{Z}} dz \tag{9.199}$$

式中,$\overline{Z}$ 表示信噪比的平均值。利用分部积分法可以求出上式的积分值如下:

$$u = Q\left(\sqrt{2z}\right) = \int_{\sqrt{2z}}^\infty \frac{\exp(-t^2/2)}{\sqrt{2\pi}} dt \text{ 以及 } dv = \frac{\exp(-z/\overline{Z})}{\overline{Z}} dz \tag{9.200}$$

对上式的第 1 个表达式求导、对第 2 个表达式积分后,可以得到

$$du = \frac{\exp(-z)}{\sqrt{2\pi}} \times \frac{dz}{\sqrt{2z}} \text{ 以及 } v = -\exp(-z/\overline{Z}) \tag{9.201}$$

---

18 需要注意的是,这里与实际应用环境稍有不同——包络为瑞利模型时,相位在 $(0, 2\pi)$ 的区间内呈均匀分布(假定新的相位随机变量与新的包络随机变量的持续时间为每一个比特)。但是,BPSK 解调器需要相干参考相位。利用与已调信号同时发送的导频信号得到相干参考相位是确定这种相干相位的一种方法。实验与仿真已经证明:很难从瑞利衰落信号本身(比如,科斯塔斯锁相环)直接确定相干相位的参考。

把上式代入分部积分的公式 $\int u\mathrm{d}v = uv - \int v\mathrm{d}u$ 之后，可以得到误码率的平均值如下：

$$\overline{P_E} = -Q\left(\sqrt{2z}\right)\exp\left(-z/\overline{Z}\right)\Big|_0^\infty - \int_0^\infty \frac{\exp(-z)\exp\left(-z/\overline{Z}\right)}{\sqrt{4\pi z}}\mathrm{d}z \tag{9.202}$$

$$= \frac{1}{2} - \frac{1}{2\sqrt{\pi}}\int_0^\infty \frac{\exp\left[-z\left(1+1/\overline{Z}\right)\right]}{\sqrt{z}}\mathrm{d}z$$

在上式最后的积分值中，令 $w = \sqrt{z}$ 以及 $\mathrm{d}w = \dfrac{\mathrm{d}z}{2\sqrt{z}}$，那么，可以得到

$$\overline{P_E} = \frac{1}{2} - \frac{1}{\sqrt{\pi}}\int_0^\infty \exp[-w^2(1+1/\overline{Z})]\mathrm{d}w \tag{9.203}$$

将高斯分布的概率密度函数分为两半时，可以得到下面的结果：

$$\int_0^\infty \frac{\exp\left(-w^2/2\sigma_w^2\right)}{\sqrt{2\pi\sigma_w^2\mathrm{d}w}} = \frac{1}{2} \tag{9.204}$$

在式 (9.203) 中，令 $\sigma_w^2 = \dfrac{1}{2(1+1/\overline{Z})}$，并且利用式 (9.204) 给出的积分值，可以得到最后的结果如下：

$$\overline{P_E} = \frac{1}{2}\left[1 - \sqrt{\frac{\overline{Z}}{1+\overline{Z}}}\,\right], \quad \text{BPSK} \tag{9.205}$$

普遍采用上式表示的结果[19]。对相干 BFSK 传输技术进行同样的分析之后，可以得到如下的平均误码率表达式：

$$\overline{P_E} = \frac{1}{2}\left[1 - \sqrt{\frac{\overline{Z}}{2+\overline{Z}}}\,\right], \quad \text{相干FSK} \tag{9.206}$$

可以采用同样的方式分析其他的调制技术，但是，比 BPSK 或者比相干 BFSK 更容易完成积分运算的调制技术有 DPSK、非相干 FSK。这些调制方案的平均误码率表达式分别为

$$\overline{P_E} = \int_0^\infty \frac{1}{2}\mathrm{e}^{-z}\frac{1}{\overline{Z}}\mathrm{e}^{-z/\overline{Z}}\mathrm{d}z = \frac{1}{2(1+\overline{Z})}, \quad \text{DPSK} \tag{9.207}$$

$$\overline{P_E} = \int_0^\infty \frac{1}{2}\mathrm{e}^{-z/2}\frac{1}{\overline{Z}}\mathrm{e}^{-z/\overline{Z}}\mathrm{d}z = \frac{1}{2+\overline{Z}}, \quad \text{非相干FSK} \tag{9.208}$$

把这些表达式的推导过程留作习题。图 9.30 绘出了这些结果，图中还把这些结果与非衰落信道的相应结果进行了比较。从图中可以看出，衰落引起的损耗相当严重。

如何克服衰落的副作用？值得注意的是，与随机包络 R 体现出的结果一样，由接收信号包络的衰落所导致的某些比特的性能下降比非衰落信道的小得多。如果把发送信号的功率分为两半，或者分配到衰落特性相互独立的多个子信道，那么，对给定的二进制数而言，可能出现的情形是：并非所有子信道的性能下降都很严重。合理的结论是：如果以合理的方式将这些子信道的输出重新合并，那么，比采用单个传输路径时的性能好一些。在克服衰落时把采用多个传输路径的技术称为分集传输，见第 11 章的简要介绍。有很多种方式获取独立的传输路径，这些方式主要包括：①通过不同的空间路径(空间分集)传输；

---

19 见文献 J. G. Proakis, 数字通信(第 4 版)。New York: McGraw Hill, 2001, 第 14 章。

②在不同的时间传输(常利用编码实现时间分集);③利用不同的载波完成传输(频率分集);④传输波采用不同的极化方式(极化分集)。

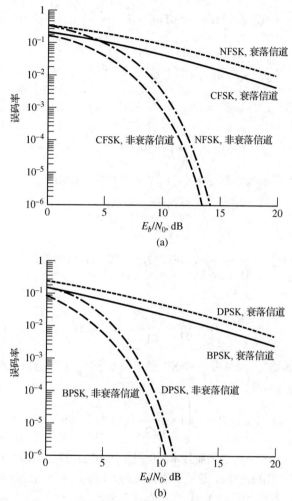

图 9.30　瑞利平坦衰落信道上各种调制方案的误码率。(a)相干与非相干 FSK 系统;(b)BPSK 与 DPSK 系统

再者,可以按照各种各样的方式完成接收信号的重新合并。首先,可以在接收端的射频路径(检波前合并)或者在检波之后硬判决之前(检波后合并)完成。实现合并的方式如下:①将各个子信道的输出简单地相加(等增益合并);②根据各个子信道的信噪比,按比例对各个分量加权(最大比值合并);③选择幅度最大的子信道分量,并且只把它作为判决的依据(选择性合并)。

在某些情况下,特别是,如果所采用的合并技术不是线性技术(例如选择性合并),那么,就会存在实现性能最大改善量的最佳子路径数。这里把所用子路径的数量 L 称为分集的阶数。

在许多情况下 L 存在最佳值,下面给出分析过程。当增大 L 时可以得到附加的分集,于是降低了大多数子信道衰落性能变差的误码率。但是,当增大 L 时,由于信号的总能量固定不变,因此每个子信道的平均信噪比下降,于是导致每个子信道的误码率增大。很明显,需要把这两种情形折中处理。第 11 章再次分析了衰落问题(见 11.3 节),L 的最佳选择见习题 11.27。

最后,读者如果想了解衰落信道性能分析的通用方法的话,可以参阅文献"Simon and Alouini (2000)"。

计算机仿真实例 9.4

在非衰落环境与衰落环境下，下面的 MATLAB 程序给出了如何计算 BPSK、相干 BFSK、DPSK、非相干 BFSK 的误码率，并且还绘出了非衰落环境与衰落环境下的性能比较图。

```
% file: c9ce4.m
% Bit error probabilities for binary BPSK, CFSK, DPSK, NFSK in Rayleigh
  fading
% compared with same in nonfading
%
clf
mod_type = input('Enter mod. type: 1=BPSK; 2=DPSK; 3=CFSK; 4=NFSK: ');
z_dB = 0:.3:30;
z = 10.^(z_dB/10);
if mod_type == 1
    P_E_nf = qfn(sqrt(2*z));
    P_E_f = 0.5*(1 - sqrt(z./(1+z)));
elseif mod_type == 2
    P_E_nf = 0.5*exp(-z);
    P_E_f = 0.5./(1+z);
elseif mod_type == 3
    P_E_nf = qfn(sqrt(z));
    P_E_f = 0.5*(1 - sqrt(z./(2+z)));
elseif mod_type == 4
    P_E_nf = 0.5*exp(-z/2);
    P_E_f = 1./(2+z);
end
semilogy(z_dB, P_E_nf,'-'),axis([0 30 10^(-6) 1]), xlabel('E b/N_0, dB'),
    ylabel('P E'),...
hold on
grid
semilogy(z_dB,P_E_f,'--')
if mod_type == 1
    title('BPSK')
elseif mod_type == 2
    title('DPSK')
elseif mod_type == 3
    title('Coherent BFSK')
elseif mod_type == 4
    title('Noncoherent BFSK')
end
legend('No fading','Rayleigh Fading', 1)
%
% This function computes the Gaussian Q-function
%
```

```
function Q = qfn(x)
Q = 0.5*erfc(x/sqrt(2));
% End of script file
```

9.9　均衡技术

正如 9.7 节的介绍，可以用均衡滤波器克服由信道上的干扰(比如多径传输或者由滤波器引起的带宽受限)所产生的信号失真。由式(9.186)可知，由均衡思想的简单方法引出了反向滤波器的概念。与第 5 章的介绍一样，这里专门分析均衡滤波器的一种具体形式——横向滤波器(或者称为抽头延时线滤波器)，图 9.31 给出了这种滤波器的方框图[20]。

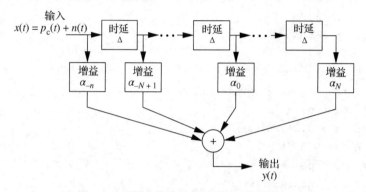

图 9.31　用横向滤波器实现码间干扰的均衡

当已知信道的条件时，可以采用两种方法求出图 9.31 中各个抽头的权值 $\alpha_{-N},\cdots,\alpha_0,\cdots,\alpha_N$。具体如下：①迫零均衡法；②最小均方误差均衡法。在考虑噪声的影响时，下面先简要地介绍第一种方法，然后介绍第二种方法。

9.9.1　迫零均衡法

如何通过合理地选择横向滤波器的$(2N+1)$权值，在所需的采样时刻，让信道输出的脉冲响应 $p_c(t)$ 具有最大值 1，而每一侧的 N 个样值均为零，第 5 章已对这一问题进行了分析。对期望得到的均衡器输出而言，在如下的采样时刻：

$$p_{\text{eq}}(mT) = \sum_{n=-N}^{N} \alpha_n p_c[(m-n)T]$$

$$= \begin{cases} 1, & m = 0 \\ 0, & m \neq 0 \end{cases} \quad m = 0,\ \pm 1,\ \pm 2,\ \cdots,\ \pm N \tag{9.209}$$

对应的解决方案是：求出信道频率响应矩阵$[P_c]$的逆矩阵的中间一列：

$$[P_{\text{eq}}] = [P_c]\,[A] \tag{9.210}$$

式中，把矩阵$[P_{\text{eq}}]$、矩阵$[A]$、矩阵$[P_c]$分别定义如下：

---

20 如果想很好地了解均衡技术的概要介绍，可参阅 S. Quereshi 的文献"自适应均衡"。*Proc. of the IEEE*, 73, 1349-1387, September 1985。

$$[P_{eq}] = \begin{bmatrix} 0 \\ 0 \\ 0 \\ \vdots \\ 0 \\ 1 \\ 0 \\ 0 \\ \vdots \\ 0 \end{bmatrix} \begin{array}{l} \\ \left.\rule{0pt}{3em}\right\} N\text{个零} \\ \\ \\ \left.\rule{0pt}{3em}\right\} N\text{个零} \\ \\ \end{array} \tag{9.211}$$

$$[A] = \begin{bmatrix} a_{-N} \\ a_{-N+1} \\ \vdots \\ a_N \end{bmatrix} \tag{9.212}$$

以及

$$[P_c] = \begin{bmatrix} p_c(0) & p_c(-T) & \cdots & p_c(-2NT) \\ p_c(T) & p_c(0) & \cdots & p_c(-2N+1)T \\ \vdots & & & \vdots \\ p_c(2NT) & & & p_c(0) \end{bmatrix} \tag{9.213}$$

这就是说，均衡器的系数矩阵如下：

$$[A]_{\text{opt}} = [P_c]^{-1}[P_{eq}] = [P_c]^{-1} \text{ 的中间列} \tag{9.214}$$

当时延小于 $-NT$ 或者大于 NT 时，均衡器的响应不一定为零。由于迫零均衡过程只考虑了收到的脉冲样值，而并未考虑噪声，因此某些信道上的噪声性能很差也就不足为奇了。实际上，在有些情况下，正如如下关系式的频率响应图所给出的，迫零均衡器在某些频率处的噪声频谱得到了很大的改善。

$$H_{eq}(f) = \sum_{n=-N}^{N} \alpha_n \exp(-j2\pi nfT) \tag{9.215}$$

在度量噪声的影响时，考虑横向滤波器的输入-输出之间的关系即可。滤波器的输入为"信号+噪声"，这里的噪声指的是功率谱密度为 $G_n(f) = \dfrac{N_0}{2}\Pi\left(\dfrac{f}{2B}\right)$ 的高斯噪声。那么，可以将滤波器的输出表示如下：

$$\begin{aligned} y(mT) &= \sum_{n=-N}^{N} \alpha_l \{p_c[(m-l)TJ + n[(m-l)T]\} \\ &= \sum_{l=-N}^{N} \alpha_l p_c[(m-l)TJ + \sum_{l=-N}^{N} \alpha_l n[(m-l)T] \\ &= p_{eq}(mT) + N_m, \quad m = \cdots, -2, -1, 0, 1, 2, \cdots \end{aligned} \tag{9.216}$$

各个随机变量 $\{N_m\}$ 均表示均值为零、方差如下的高斯随机变量：

$$\sigma_N^2 = E\{N_k^2\} = E\left\{\sum_{j=-N}^{N} \alpha_j n[(k-j)T] \sum_{l=-N}^{N} \alpha_l n[(k-l)T]\right\}$$

$$= E\left\{\sum_{j=-N}^{N} \sum_{l=-N}^{N} \alpha_j a_l n[(k-j)T]\, n[(k-j)T]\right\}$$

$$= \sum_{j=-N}^{N} \sum_{l=-N}^{N} \alpha_j \alpha_l E\{n[(k-l)T]\, n[(k-j)T]\}$$

$$= \sum_{j=-N}^{N} \sum_{l=-N}^{N} \alpha_j \alpha_l R_n[(j-l)T] \qquad (9.217)$$

式中，

$$R_n(\tau) = \mathfrak{I}^{-1}[G_n(f)] = \mathfrak{I}^{-1}\left[\frac{N_0}{2} \Pi\left(\frac{f}{2B}\right)\right] = N_0 B\,\mathrm{sinc}(2B\tau) \qquad (9.218)$$

如果假定 $2BT = 1$(与采样定理一致)，那么可以得到

$$R_n[(j-l)T] = N_0 B\,\mathrm{sinc}(j-l) = \frac{N_0}{2T}\mathrm{sinc}(j-l) = \begin{cases} \dfrac{N_0}{2T}, & j = l \\ 0, & j \neq l \end{cases} \qquad (9.219)$$

这时式(9.217)变为

$$\sigma_N^2 = \frac{N_0}{2T} \sum_{j=-N}^{N} \alpha_j^2 \qquad (9.220)$$

当均衡器足够长时，如果采用二进制传输，那么输出信号分量为+1、−1时的概率相等。于是得到如下的误码率：

$$P_E = \frac{1}{2}\Pr(-1 + N_m > 0) + \frac{1}{2}\Pr(1 + N_m < 0)$$

$$= \Pr(N_m > 1) = \Pr(N_m < -1) \text{ (利用噪声概率密度函数的对称性)}$$

$$= \int_1^\infty \frac{\exp(-\eta^2/(2\sigma_N^2))}{\sqrt{2\pi\sigma_N^2}}\,\mathrm{d}\eta = Q\left(\frac{1}{\sigma_N}\right) \qquad (9.221)$$

$$= Q\left(\frac{1}{\sqrt{\dfrac{N_0}{2T}\sum_j \alpha_j^2}}\right) = Q\left(\sqrt{\frac{2 \times 1^2 \times T}{N_0 \sum_j \alpha_j^2}}\right) = Q\left(\sqrt{\frac{1}{\sum_j \alpha_j^2} \times \frac{2E_b}{N_0}}\right)$$

从式(9.221)可以看出，性能的下降与 $\sum\limits_{j=-N}^{N} \alpha_j^2$ 成正比，$\sum\limits_{j=-N}^{N} \alpha_j^2$ 表示将噪声直接增大的倍数。

例 9.11

已知信道输出端的样值如下：

$\{p_c(n)\} = \{-0.01\quad 0.05\quad 0.004\quad -0.1\quad 0.2\quad -0.5\quad 1.0\quad 0.3\quad -0.4\quad 0.04\quad -0.02\quad 0.01\quad 0.001\}$。

求出 5 抽头迫零均衡器的各个系数，并且绘出均衡器频率响应的幅度谱。当取多大的因子值时，会因噪声增大而导致信噪比恶化？

解：

根据式(9.213)，可以得到如下的$[P_c]$：

$$[P_c] = \begin{bmatrix} 1 & -0.5 & 0.2 & -0.1 & 0.004 \\ 0.3 & 1 & -0.5 & 0.2 & -0.1 \\ -0.4 & 0.3 & 1 & -0.5 & 0.2 \\ 0.04 & -0.4 & 0.3 & 1 & -0.5 \\ -0.02 & 0.04 & -0.4 & 0.3 & 1 \end{bmatrix} \quad (9.222)$$

均衡器的各个系数为$[P_c]^{-1}$的中间列。先求出矩阵$[P_c]^{-1}$如下：

$$[P_c]^{-1} = \begin{bmatrix} 0.089 & 0.435 & 0.050 & 0.016 & 0.038 \\ -0.081 & 0.843 & 0.433 & 0.035 & 0.016 \\ 0.308 & 0.067 & 0.862 & 0.433 & 0.050 \\ -0.077 & 0.261 & 0.067 & 0.843 & 0.435 \\ 0.167 & -0.077 & 0.308 & -0.081 & 0.890 \end{bmatrix} \quad (9.223)$$

那么，系数矢量如下：

$$[A]_{\text{opt}} = [P_c]^{-1}[P_{\text{eq}}] = \begin{bmatrix} 0.050 \\ 0.433 \\ 0.862 \\ 0.067 \\ 0.308 \end{bmatrix} \quad (9.224)$$

图 9.32(a)～(b)分别绘出了均衡器输入序列与输出序列的图形，图 9.32(c)绘出了均衡器幅度-频率响应的图形。从均衡器的幅度-频率响应可以明显地看出，当频率很低时，均衡器的输出噪声频谱相当强。

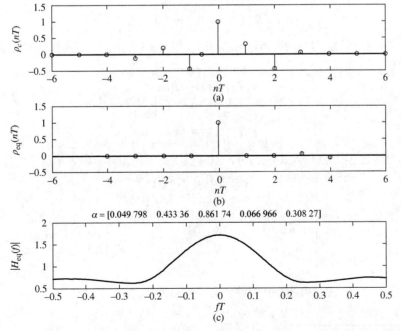

图 9.32　(a) 5 抽头迫零均衡器的输入样值序列；(b) 5 抽头迫零
均衡器的输出样值序列；(c) 均衡器的幅度-频率响应

随着接收脉冲形状的不同，在其他的频率处，噪声可能会变得很强。这个例子中的噪声增强因子(或者称为性能下降因子)为

$$\sum_{j=-4}^{4} \alpha_j^2 = 1.032\,4 = 0.14\ \text{dB} \tag{9.225}$$

这时的噪声并不是很严重。

9.9.2 最小均方均衡法

在图 9.31 中，假定所需的横向滤波器均衡器的输出为 $d(t)$。那么，根据最小均方误差准则，在得到所需的均衡器输出与实际输出之间的均方误差的最小值之后，可以求出抽头的权值。由于输出中包含了噪声，为了与均衡器的冲激响应区别开，用 $z(t)$ 表示均衡器的输出。最小均方误差用如下的关系式表示：

$$\varepsilon = E\{[z(t) - d(t)]^2\} = \text{最小值} \tag{9.226}$$

如果均衡器的输入为 $y(t)$ ($y(t)$ 中含有噪声)，那么均衡器的输出如下：

$$z(t) = \sum_{n=-N}^{N} \alpha_n y(t - n\Delta) \tag{9.227}$$

由于 $\varepsilon\{\cdot\}$ 为各个抽头权值的凹函数(碗状)，那么，求抽头权值最小值的一组充分条件是

$$\frac{\partial \varepsilon}{\partial a_m} = 0 = 2E\left\{[z(t) - d(t)]\frac{\partial z(t)}{\partial \alpha_m}\right\}, \quad m = 0,\ \pm 1,\ \cdots,\ \pm N \tag{9.228}$$

把式(9.227)代入式(9.228)，并且求导之后，就可以得到用如下的两个式子表示的条件：

$$E\{[z(t) - d(t)]y(t - m\Delta)\} = 0, \quad m = 0,\ \pm 1,\ \cdots,\ \pm N \tag{9.229}$$

或者

$$R_{yz}(m\Delta) = R_{yd}(m\Delta) = 0, \quad m = 0,\ \pm 1,\ \cdots,\ \pm N \tag{9.230}$$

式中，$R_{yz}(\tau)$ 表示收到的信号与均衡器输出之间的互相关函数；$R_{yd}(\tau)$ 表示收到的信号与数据之间的互相关函数。即

$$R_{yz}(\tau) = E[y(t)z(t + \tau)] \tag{9.231}$$

以及

$$R_{yd}(\tau) = E[y(t)d(t + \tau)] \tag{9.232}$$

把 $z(t)$ 的表达式(9.227)代入式(9.230)，则可以用如下的矩阵方程表示这些条件[21]：

$$[R_{yy}][A]_{\text{opt}} = [R_{yd}] \tag{9.233}$$

式中

$$[R_{yy}] = \begin{bmatrix} R_{yy}(0) & R_{yy}(\Delta) & \cdots & R_{yy}(2N\Delta) \\ R_{yy}(-\Delta) & R_{yy}(0) & \cdots & R_{yy}[2(N-1)\Delta] \\ \vdots & & & \vdots \\ R_{yy}(-2N\Delta) & & \cdots & R_{yy}(0) \end{bmatrix} \tag{9.234}$$

---

21 把这些方程称为维纳-霍普夫方程。见 S. Haykin 的文献"自适应滤波器理论"，第 3 版，上萨德尔里弗，新泽西: 普伦蒂斯·霍尔出版公司，1996。

$$[R_{yd}] = \begin{bmatrix} R_{yd}(-N\Delta) \\ R_{yd}[-(N-1)\Delta] \\ \vdots \\ R_{yd}(N\Delta) \end{bmatrix} \tag{9.235}$$

以及[A]的定义（见式(9.212)）。值得注意的是，根据最小均方误差准则得到的这些最佳抽头权值的条件与迫零均衡权值的条件类似，不同之处在于：采用了自相关函数的样值而不是脉冲响应的样值。

式(9.233)的解如下：

$$[A]_{\mathrm{opt}} = [R_{yy}]^{-1}[R_{yd}] \tag{9.236}$$

上式需要相关矩阵的信息。因此，均方误差的表达式如下：

$$
\begin{aligned}
\varepsilon &= E\left\{\left[\sum_{n=-N}^{N} \alpha_n y(t-n\Delta) - d(t)\right]\right\} \\
&= E\left\{d^2(t) - 2d(t)\sum_{n=-N}^{N} \alpha_n y(t-n\Delta) + \sum_{m=-N}^{N}\sum_{n=-N}^{N} \alpha_m \alpha_n y(t-m\Delta)y(t-n\Delta)\right\} \\
&= E\left\{d^2(t)\right\} - 2\sum_{n=-N}^{N} \alpha_n E\{d(t)y(t-n\Delta)\} + \sum_{m=-N}^{N}\sum_{n=-N}^{N} \alpha_m \alpha_n E\{y(t-m\Delta)y(t-n\Delta)\} \\
&= \sigma_d^2 - 2\sum_{n=-N}^{N} \alpha_n R_{yd}(n\Delta) + \sum_{m=-N}^{N}\sum_{n=-N}^{N} \alpha_m \alpha_n R_{yy}[(m-n)\Delta] \\
&= \sigma_d^2 - 2[A]^{\mathrm{T}}[R_{yd}] + [A]^{\mathrm{T}}[R_{yy}][A]
\end{aligned} \tag{9.237}
$$

式中，上标 T 表示矩阵的转置；$\sigma_d^2 = E[d^2(t)]$。当得到式(9.236)所表示的最佳权值时，得到上式的最小值，即

$$
\begin{aligned}
\varepsilon_{\min} &= \sigma_d^2 - 2\left\{[R_{yy}]^{-1}[R_{yd}]\right\}^{\mathrm{T}}[R_{yd}] + \left\{[R_{yy}]^{-1}[R_{yd}]\right\}^{\mathrm{T}}[R_{yy}]\left\{[R_{yy}]^{-1}[R_{yd}]\right\} \\
&= \sigma_d^2 - 2\left\{[R_{yd}]^{\mathrm{T}}[R_{yy}]^{-1}\right\}[R_{yd}] + [R_{yd}]^{\mathrm{T}}[R_{yy}]^{-1}[R_{yy}]\left\{[R_{yy}]^{-1}[R_{yd}]\right\} \\
&= \sigma_d^2 - 2[R_{yd}][A]_{\mathrm{opt}} + [R_{yd}]^{\mathrm{T}}[A]_{\mathrm{opt}} \\
&= \sigma_d^2 - [R_{yd}]^{\mathrm{T}}[A]_{\mathrm{opt}}
\end{aligned} \tag{9.238}
$$

在推导上式的过程中，用到了如下的两个基本结论：①$(\mathbf{AB})^{\mathrm{T}} = \mathbf{B}^{\mathrm{T}}\mathbf{A}^{\mathrm{T}}$；②自相关矩阵的对称性。

现在的问题是：相邻抽头之间的时延 Δ 该选多大。如果因时延等于比特周期零点几倍的一个很强的分量产生了多个传输路径信道的失真，那么好的处理办法是：将 Δ 设置为期望的比特周期的零点几（称为分数间隔均衡器）倍[22]。但是，如果最短的多径时延等于几个比特的持续时间，那么合理的设置是：$\Delta = T$。

例 9.12

设信道的信息由如下 3 部分构成：①直达路径的信号；②非直达路径的信号；③加性高斯噪声。那么，信道的输出如下：

---

22 见 J. R. Treichler, I. Fijalkow, and C. R. Johnson, Jr.的论文"分数间隔均衡器"，*IEEE Signal Proc. Mag.*, 65-81, May 1996。

$$y(t) = A_0 d(t) + \beta A_0 d(t - \tau_m) + n(t) \tag{9.239}$$

式中假定：在 T 秒周期内，对已调载波解调后得到自相关函数满足 $R_{dd}(\tau) = \Lambda(\tau/T)$（也就是，按随机投掷硬币概率产生的数据系列）的数据满足 $d(t) = \pm 1$；A_0 表示信号的幅度。多径分量相对于直达分量的强度为 β，且相对时延为 τ_m。假定噪声 $n(t)$ 的带宽有限，且噪声 $n(t)$ 的功率谱密度 $S_n(f)$ 为：$S_n(f) = \dfrac{N_0}{2} \Pi\left(\dfrac{f}{2B}\right)$ 瓦特 /赫兹。因此，噪声的自相关函数为 $R_{nn}(\tau) = N_0 B \mathrm{sinc}(2B\tau)$，这里假定 $2BT = 1$。如果假定 $\tau_m = T$，当 3 抽头均衡器的抽头间隔 $\Delta = T$ 时，问最小均方误差均衡器的各个系数是多少？

解：

$y(t)$ 的自相关函数为

$$
\begin{aligned}
R_{yy}(\tau) &= E[y(t)y(t+\tau)] \\
&= E\{[A_0 d(t) + \beta A_0 d(t-\tau_m) + n(t)][A_0 d(t+\tau) + \beta A_0 d(t+\tau-\tau_m) + n(t+\tau)]\} \\
&= (1+\beta^2)A_0^2 R_{dd}(\tau) + R_{nn}(\tau) + \beta A_0^2 [R_{dd}(\tau-T) + R_{dd}(\tau+T)]
\end{aligned}
\tag{9.240}
$$

同理可得

$$R_{yd}(\tau) = E[y(t)d(t+\tau)] = A_0 R_{dd}(\tau) + \beta A_0 R_{dd}(\tau+T) \tag{9.241}$$

结合已知条件 $N = 3$、$\Delta = T$、$2BT = 1$，并利用式（9.234）可以求出用如下两个式子表示的结论：

$$
[R_{yy}] = \begin{bmatrix}
(1+\beta^2)A_0^2 + N_0 B & \beta A_0^2 & 0 \\
\beta A_0^2 & (1+\beta^2)A_0^2 + N_0 B & \beta A_0^2 \\
0 & \beta A_0^2 & (1+\beta^2)A_0^2 + N_0 B
\end{bmatrix}
\tag{9.242}
$$

$$
[R_{yd}] = \begin{bmatrix}
R_{yd}(-T) \\
R_{yd}(0) \\
R_{yd}(T)
\end{bmatrix} = \begin{bmatrix}
\beta A_0 \\
A_0 \\
0
\end{bmatrix}
\tag{9.243}
$$

式（9.233）对应的最佳权值条件变为

$$
\begin{bmatrix}
(1+\beta^2)A_0^2 + N_0 B & \beta A_0^2 & 0 \\
\beta^2 A_0^2 & (1+\beta^2)A_0^2 + N_0 B & \beta A_0^2 \\
0 & \beta A_0^2 & (1+\beta^2)A_0^2 + N_0 B
\end{bmatrix}
\begin{bmatrix}
\alpha_{-1} \\
\alpha_0 \\
\alpha_1
\end{bmatrix} = \begin{bmatrix}
\beta A_0 \\
A_0 \\
0
\end{bmatrix}
\tag{9.244}
$$

提取出 $N_0 B$ 之后，可以把上式表示的各个式子变换为没有单位的式子（利用假定条件 $2BT = 1$），并且把新的各个权值定义为 $c_i = A_0 \alpha_i$，于是得到

$$
\begin{bmatrix}
(1+\beta^2)\dfrac{2E_b}{N_0}+1 & 2\beta\dfrac{E_b}{N_0} & 0 \\[2mm]
2\beta\dfrac{E_b}{N_0} & (1+\beta^2)\dfrac{2E_b}{N_0}+1 & 2\beta\dfrac{E_b}{N_0} \\[2mm]
0 & 2\beta\dfrac{E_b}{N_0} & (1+\beta^2)\dfrac{2E_b}{N_0}+1
\end{bmatrix}
\begin{bmatrix}
c_{-1} \\
c_0 \\
c_1
\end{bmatrix} = \begin{bmatrix}
2\beta\dfrac{E_b}{N_0} \\[2mm]
2\dfrac{E_b}{N_0} \\[2mm]
0
\end{bmatrix}
\tag{9.245}
$$

式中，$\dfrac{E_b}{N_0} \doteq \dfrac{A_0^2 T}{N_0}$。在用具体值表示时，这里假定：$\dfrac{E_b}{N_0} = 10$、$\beta = 0.5$，于是得到

$$\begin{bmatrix} 26 & 10 & 0 \\ 10 & 26 & 10 \\ 0 & 10 & 26 \end{bmatrix} \begin{bmatrix} c_{-1} \\ c_0 \\ c_1 \end{bmatrix} = \begin{bmatrix} 10 \\ 20 \\ 0 \end{bmatrix} \tag{9.246}$$

或者用 MATLAB 求出修正后的 R_{yy} 的逆矩阵来求解，即

$$\begin{bmatrix} c_{-1} \\ c_0 \\ c_1 \end{bmatrix} = \begin{bmatrix} 0.046\,5 & -0.021\,0 & 0.008\,1 \\ -0.021\,0 & 0.054\,6 & -0.021\,0 \\ 0.008\,1 & -0.021\,0 & 0.046\,5 \end{bmatrix} \begin{bmatrix} 10 \\ 20 \\ 0 \end{bmatrix} \tag{9.247}$$

最后得到

$$\begin{bmatrix} c_{-1} \\ c_0 \\ c_1 \end{bmatrix} = \begin{bmatrix} 0.045 \\ 0.882 \\ -0.339 \end{bmatrix} \tag{9.248}$$

根据式(9.238)可以得到最小均方误差。这里需要的是，式(9.248)给出的各个最佳权值，以及式(9.243)给出的互相关矩阵。当 $A_0 = 1$ 时，可以得到 $\alpha_j = c_j / A_0 = c_j$。如果假定 $d(t) = \pm 1$，那么还可以得到 $\sigma_d^2 = 1$。所以，最小均方误差如下：

$$\varepsilon_{\min} = \sigma_d^2 - [R_{yd}]^T [A]_{\text{opt}} = 1 - \begin{bmatrix} \beta A_0 & A_0 & 0 \end{bmatrix} \begin{bmatrix} \alpha_{-1} \\ \alpha_0 \\ \alpha_1 \end{bmatrix} = 1 - \begin{bmatrix} 0.5 & 1 & 0 \end{bmatrix} \begin{bmatrix} 0.045 \\ 0.882 \\ -0.339 \end{bmatrix} = 0.095 \quad (9.249)$$

需要通过仿真才能得到用误码率表示的均衡器性能。表 9.6 给出了部分结果，从表中可以看出，这时均衡器明显地提高了误码率性能。

表 9.6　在多径条件下最小均方误差的误码率性能

E_b / N_0, dB	比特数	P_b，未均衡	P_b，均衡	P_b，只有高斯噪声
10	200 000	5.7×10^{-3}	4.4×10^{-4}	3.9×10^{-6}
11	300 000	2.7×10^{-3}	1.4×10^{-4}	2.6×10^{-7}
12	300 000	1.2×10^{-3}	4.3×10^{-5}	9.0×10^{-9}

9.9.3　抽头权值的调整

需要解决设置抽头权值的两个问题。第一个问题是，为了得到所需的响应 $d(t)$，该采用什么样的权值？在数字传输系统中，可以给出如下的两种选择：

1. 周期性地发送已知的数据系列，并且把数据用于抽头权值的调整。

2. 如果调制解调器的性能比较好，那么可以采用检测过的数据。例如，当误码率仅为 10^{-2} 时，100 比特的数据中仍有 99 比特正确。把检测的数据作为预期数据 $d(t)$ 的算法称为直接判决法。在通常情况下，刚开始工作时，根据已知的序列调整均衡器各个抽头的值，并且在设置到接近最佳算法之后，把调整算法转换为直接判决法。

第二个问题是，在采用迫零均衡准则处理时，如果得不到所需的各个脉冲的样值，或者在用最小均方误差准则处理时，如果得不到所需的自相关函数的各个样值，那该采用什么样的处理方式？在这样的背景之下应当采用的方法属于自适应均衡的范畴。

在弄清楚如何实现这样的处理过程时，注意到式(9.237)给出的均方误差是各个抽头权值的二次方函数，各个权值的最佳值对应式(9.238)所示的最小均方误差。因此，可以采用最陡下降法。在这样处理时，把$[A]^{(0)}$选为各个权值的初始值，后续的各个权值按照如下的关系式计算[23]：

$$[A]^{(k+1)} = [A]^{(k)} + \frac{1}{2}\mu\left[-\nabla\varepsilon^{(k)}\right], \quad k = 0, 1, 2, \cdots \tag{9.250}$$

式中，上标 k 表示第 k 个计算时刻；$\nabla\varepsilon$ 表示误差曲面的斜度(或者称为斜率)。基本思想是：从权值矢量最初的估计值开始，那么，下一个最接近的估计值是朝向负斜率的方向。很明显，在用这种算法逐步逼近 ε 的最小值时，如果如下的不利情形发生，那么，参数 $\mu/2$ 相当重要：①选择非常小的 μ 值意味着缓慢地收敛到 ε 的最小值；②选择非常大的 μ 值意味着超出了 ε 的最小值精度，因此，在最小值附近呈减幅振荡(或者，甚至偏离最小值[24])。为了确保收敛，调控参数 μ 应当遵循如下的关系：

$$0 < \mu < 2/\lambda_{\max} \tag{9.251}$$

按照文献 Haykin 的观点，式中，$\lambda_{\max}$ 表示矩阵$[R_{yy}]$的最大特征值。选择 μ 的另一个经验法则是[25]

$$0 < \mu < 1/[(L+1) \times 信号的功率] \tag{9.252}$$

式中，$L = 2N+1$。这种方式避免了自相关矩阵的计算(当数据量有限时，计算相关矩阵是个很难的问题)。

值得注意的是，在采用最陡下降法时，并没有消除计算最佳权值的两个不利因素：①与相关矩阵$[R_{yd}]$、$[R_{yy}]$的信息有关；②在得到 $\nabla\varepsilon$ 值时，计算量较大，体现在仍然需要采用乘法(尽管不存在求逆矩阵的问题)。可以证明 $\nabla\varepsilon$ 的表示式如下：

$$\nabla\varepsilon = \nabla\{\sigma_d^2 - 2[A]^T[R_{yd}] + [A]^T[R_{yy}][A]\} = -2[R_{yd}] + 2[R_{yy}][A] \tag{9.253}$$

那么，必须重新计算每个新估计的权值。把式(9.253)代入式(9.250)之后，可以得到

$$[A]^{(k+1)} = [A]^{(k)} + \mu[[R_{yd}] - [R_{yy}][A]^{(k)}], \quad k = 0, 1, 2, \cdots \tag{9.254}$$

称为最小均方算法(Least Mean Square，LMS)的另一种算法通过利用数据的瞬时估值取代$[R_{yd}]$矩阵和$[R_{yy}]$矩阵，避免了这两个不利因素。按照如下的递归关系，在从第 k 步到第 $k+1$ 步跳变时，校正 α_m 的初始估计值：

$$\alpha_m^{(k+1)} = \alpha_m^{(k)} - \mu y[(k-m)\Delta]\,\varepsilon(k\Delta), \quad m = 0, \pm1, \pm2, \cdots, \pm N \tag{9.255}$$

式中，误差 $\varepsilon(k\Delta) = y_{eq}(k\Delta) - d(k\Delta)$ 成立，这里的 $y_{eq}(k\Delta)$ 表示均衡器的输出，$d(k\Delta)$ 表示数据序列(如果各个抽头权值采用的是完全自适应方式，那么，$d(k\Delta)$ 要么表示训练序列，要么是所检测的数据)。需要注意的是，在校准所检测的数据与均衡器的输出时，可能存在一些时延。

例 9.13

当 $E_b/N_0 = 10$ dB、$\beta = 0.5$ 时，如果 $0 < \mu < 0.05$，那么，相关矩阵式(9.244)的特征值的最大值为 40.14(根据 MATLAB 程序 "eig" 求出)；当 $E_b/N_0 = 12$ dB 时，如果，$0 < \mu < 0.032$，那么，特征值的最大值为 63.04。图 9.33 通过误码率与 E_b/N_0 之间的关系图，把采用具有自适应权值 3 抽头均衡器的性能

---

23 相关内容的全面介绍见文献 "Haykin, 1996" 的 8.2 节。

24 在调节抽头权值时的两个误差源是：①由输入噪声产生；②采用抽头权值调节算法时产生了调控噪声。

25 查阅文献 "Widrow and Stearns, 1985"。

与未采用均衡技术时的性能进行了比较。与未采用均衡技术的方案相比，采用均衡技术时获得了 2.5 dB 的 E_b/N_0 增益。

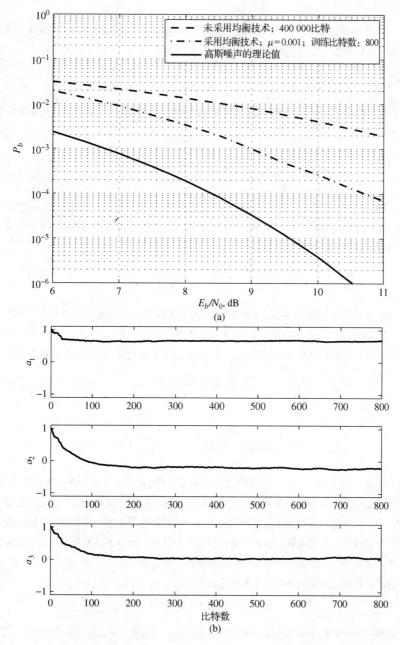

图 9.33 　(a) 采用自适应最小均方误差均衡器时的误码率图；(b) 各个权值的误差与自适应特性

■

均衡技术的介绍有多个专题，包括判决反馈、最大似然序列、卡尔曼均衡器等(这里只列出了几个)[26]。

---

26 参阅文献 "Proakis, 2001" 的第 11 章。

补充书目

在第 3 章列出的数字通信的许多文献中，相关章节包含了与本章大致相同的同一等级的内容。如果想了解数字通信的权威文献，请参阅文献"Proakis（2001）"。

本章内容小结

1. 在加性高斯白噪声信道上，等概率地传输具有常数幅度$+A$、$-A$(持续时间为 T)的二进制基带数据时，所产生的平均误码率为

$$P_E = Q\left(\sqrt{\frac{2A^2T}{N_0}}\right)$$

式中，N_0 表示噪声的单边功率谱密度。从减小误码率的角度来说，所采用的积分-清零接收机为最佳接收机。

2. 二进制数据传输中的重要参数是 $z = E_b / N_0$，即每比特所含的能量除以噪声的单边功率谱密度。对二进制传输系统而言，可以采用如下的等效表示形式：

$$z = \frac{E_b}{N_0} = \frac{A^2T}{N_0} = \frac{A^2}{N_0 / T} = \frac{A^2}{N_0 B_p}$$

式中，B_p 表示脉冲的带宽(或者基带脉冲通过时所需的近似带宽)。可以将上式中最后一个等号后面的内容解释为：z 表示包含在脉冲(或者比特率带宽)内的信号功率除以噪声功率。

3. 对具有任意形状的二进制传输系统而言，当 $s_1(t)$、$s_2(t)$ 等概率出现时，可以求出系统的误码率如下：

$$P_E = Q\left(\frac{\xi_{\max}}{2}\right)$$

式中

$$\xi_{\max}^2 = \frac{2}{N_0} \int_{-\infty}^{\infty} |S_2(f) - S_1(f)|^2 \, df = \frac{2}{N_0} \int_{-\infty}^{\infty} |s_2(t) - s_1(t)|^2 \, dt$$

$S_1(f)$、$S_2(f)$ 分别表示 $s_1(t)$、$s_2(t)$ 的傅里叶变换。该表达式是在"接收机由线性滤波器、门限比较器构成"的假定条件下，根据平均最小误码率导出的。接收机中采用了匹配滤波器的思想，这样的滤波器与具体的信号脉冲匹配，于是，在输出端得到了信号峰值除以噪声均方根的最大值。在二进制传输的匹配滤波器接收机中，采用了两个并联的匹配滤波器，这两个滤波器分别与表示 1 和 0 的信号匹配，而且匹配滤波器的输出在每个符号区间的末尾进行比较。也可以用匹配滤波器实现相关器：

4. 可以把匹配滤波器接收机的误码率用如下的表达式表示：

$$P_E = Q\{[z(1 - R_{12})]^{1/2}\}$$

式中，$z = E_b / N_0$，其中，E_b 表示信号的平均能量 $(E_1 + E_2) / 2$。参数 R_{12} 度量的是两个信号之间的相似程度，即

$$R_{12} = \frac{2}{E_1 + E_2} \int_{-\infty}^{\infty} s_1(t)s_2(t)dt$$

如果 $R_{12} = -1$，则两种信号的极性相反；如果 $R_{12} = 0$，则两种信号相互正交。

5. 当载波的频率为 ω_c 弧度/秒时，相干(也就是说，接收端知道信号的到达时间、载波相位)传输技术的实例如下：

PSK: $s_k(t) = A\sin[\omega_c t - (-1)^k \cos^{-1} m]$, $\quad nt_0 \leqslant t \leqslant nt_0 + T$, $\quad k = 1, 2, \cdots$（把 $\cos^{-1} m$ 称为调制指数）

ASK: $s_1(t) = 0$, $\qquad\qquad\qquad nt_0 \leqslant t \leqslant nt_0 + T$

$\qquad\quad s_2(t) = A\cos(\omega_c t)$, $\quad nt_0 \leqslant t \leqslant nt_0 + T$

FSK: $s_1(t) = A\cos(\omega_c t)$, $\qquad\qquad nt_0 \leqslant t \leqslant nt_0 + T$

$\qquad\quad s_2(t) = A\cos[(\omega_c + \Delta\omega)t]$, $\quad nt_0 \leqslant t \leqslant nt_0 + T$

对 FSK 而言，当 $\Delta\omega = 2\pi l / T$（$l$ 为整数）成立时，是正交传输信号的例子。对 PSK 而言，当 $m = 0$ 时，是反极性传输信号的例子。当 E_b / N_0 的值达到 10.53 dB 左右时、$m = 0$ 的 PSK 系统才能实现 10^{-6} 的误码率；ASK 系统、FSK 系统在达到同样的误码率性能时，E_b / N_0 的值多了 3 dB。

6. 差分相移键控、非相干 FSK 是不需要接收端提供相干参考载波的传输方案例子。利用理想的最小误码率接收机，得到 DPSK 传输技术的误码率如下：

$$P_E = \frac{1}{2}\exp(-E_b / N_0)$$

而非相干 FSK 传输技术的误码率为

$$P_E = \frac{1}{2}\exp[-E_b / (2N_0)]$$

非相干 ASK 是误码率性能与非相干 FSK 的误码率性能相同的又一种可能传输方案。

7. 这一章介绍了一种多进制的调制方案，即，M 个电平的脉冲幅度调制。已经得出传输方案的结论如下：可以以带宽效率（单位：b/s/Hz）换取功率效率（用所需的 E_b / N_0 值体现出所需的误码率）。

8. 一般来说，如果在带宽受限的信道上传输一串信号，则在信号的过渡状态处，相邻的信号脉冲会相互干扰。把信号之间的这种干扰称为码间干扰。通过选择合理的发送滤波器与接收滤波器，尽管不可能消除码间干扰，但是，信号可以在带宽受限的信道上传输。本章借助于奈奎斯特脉冲整形准则、施瓦茨不等式，对这种传输技术进行了分析。对这种类型的传输技术而言，实用的脉冲形状系列指的是具有升余弦频谱特性的脉冲形状。

9. 信道失真的表现形式之一是多径干扰。本章分析了最简单的具有两条路径旳信道对二进制数据传输的影响。在一半的时间内，所收到的信号脉冲的干扰体现在相互抵消；而另一半的时间内，所收到的信号脉冲的干扰体现在相互增强。可以把干扰分为：①各个传输脉冲的码间干扰；②因直达分量的载波与多径分量的载波反相而导致干扰的相互抵消。

10. 因传输无规律（因此，在通信介质中产生多个传输路径，即多径效应）引起信道状态的变化，由此导致了信号的衰落。与符号周期相比，如果各个多径分量的微分时延短些，但与传输信号的波长相比，明显长一些，这时就会出现衰落。衰落信道的常用模型具有如下的特性：接收信号包络的概率密度函数呈瑞利分布。在这种情况下，可以将接收信号的功率（或者每个符号的能量）建模为呈指数分布的概率密度函数，而且，通过利用前面得到的用于非衰落信道的误码率的表达式，以及通过相对于假定能量呈指数分布的概率密度函数求出信号能量的平均值，可以求出误码率，图 9.30 把各种调制方案在衰落与非衰落环境下的误码率性能进行了比较。衰落会导致给定调制方案的性能严重下降。采用分集技术可以克服衰落。

11. 在多径信道上，当各个多径分量的微分时延等于符号周期的零点几甚至达到几个符号的持续时间时，就会发生码间干扰。在消除由多径或者信道滤波引入的大部分码间干扰时，可以采用均衡技术。书中简要地分析了两种技术：①迫零均衡技术；②最小均方误差均衡技术。这两种技术都可以用带抽头的延时线滤波器实现。在第①种技术中，在相隔符号周期倍数的各个采样时刻，强制实现零码间干扰。如果抽头延时线的长度为 $(2N+1)T$（其中 T 表示符号周期），则迫使所需信号每一侧的 N 个信号为零。在第②种技术（最小均方误差）均衡技术中，所求解的各个权值满足如下的条件：在所需的均衡器输出与实际输出之间的均方误差最小。上述两种技术中的任一种都可以预先计算或者预先设置各个权值，或采用自适应电路自动地调整各个权值。在第②种技术中，可以在信道上周期性地发送训练序列,或者,在误码率性能相当好的条件下,为了减少调控,可以利用接收数据本身。

疑难问题

9.1 已知当 $z = 11.31$ 时,$Q(\sqrt{2z}) = 10^{-6}$ 成立,求出下列各项:

(a) 在噪声的双边功率谱密度满足 $N_0 = 10^{-7}$ W/Hz 的信道上,以 1 Kbps 的速率传输反极性基带信号时,所实现的误码率为 10^{-6}。问矩形脉冲的幅度是多少?

(b) 在数据速率为 10 Kbps 的条件下,求解的问题同(a)。

(c) 在数据速率为 100 Kbps 的条件下,求解的问题同(a)。

(d) 在 $N_0 = 10^{-5}$ W/Hz 的信道上以 1 Kbps 的速率传输反极性基带信号时,所实现的误码率 P_E 为 10^{-6}。问信号的幅度是多少?

(e) 问题与(d)相同,但数据速率为 10 Kbps。

(f) 问题与(d)相同,但数据速率为 100 Kbps。

9.2 用 1 或者 0 表示矩形脉冲(1 表示正脉冲;0 表示负脉冲)。已知所需的信道带宽为矩形脉冲的第 1 零点带宽。当基带传输系统以如下的速率用不归零码传输信息时,求出各种情形的带宽:

(a) 100 Kbps;

(b) 1 Mbps;

(c) 1 Gbps;

(d) 100 Kbps 的双相码;

(e) 100 Kbps 的不归零码;但变频到 10 MHz 的载频。

9.3 分析载频分量包含了信号 10% 发送功率的 PSK 系统,求解如下问题:

(a) 发送信号的 m 值是多少?

(b) 数据每次跳变时,问相位变化了多少度?

(c) 如果总的信噪比 $E_b/N_0 = 10$ dB(包括分配给载波的功率),问误码率 P_E 是多少?

(d) 如果数据的总信噪比 $E_b/N_0 = 10$ dB,问误码率 P_E 是多少?

9.4

(a) 当利用如下的各种调制方案实现 $P_E = 10^{-6}$ 的性能时,从所需 E_b/N_0 的角度按照性能从最好到性能最差的顺序排列这些调制技术(所需的 E_b/N_0 最低时,性能最好):PSK;相干 FSK;DPSK;相干 ASK;非相干 FSK。

(b) 上述各种方案的带宽效率是否相同?

9.5 已知匹配滤波器的输入信号如下:

$$g(t) = \begin{cases} 2, & 0 \leq t < 1 \\ 1, & 1 \leq t < 2 \\ 2, & 其他 \end{cases}$$

假定信道中的噪声是单边功率谱密度为 $N_0 = 10^{-1}$ W/Hz 的白噪声。问信号-均方噪声之比的峰值是多少?

9.6 在带宽为 10 kHz 的加性高斯白噪声信道上传输反极性基带 PAM 数据。已知 M 表示按照如下的数据速率传输时所需的 2 的较高的幂次。要求求出所需的 M 值:

　　(a) 20 Kbps；

　　(b) 30 Kbps；

　　(c) 50 Kbps；

　　(d) 100 Kbps；

　　(e) 150 Kbps；

　　(f) 是什么因素限定了实际实现的 M 的最高值？

9.7　在图 9.24 中，$f_3/R = 0.5$。如果 $f_3/R = 1$，问这时的曲线具有什么特性？要求给出分析过程。

9.8　在平坦衰落信道上，如果可以确定信道进入深度衰落的时间，问有效的通信方案是什么？这种方案的弊端是什么？（提示：如果可以开启、关闭发射机，问会发生什么现象？在这些时刻传输到接收机的是些什么信息？）

9.9　具有两个传输路径的信道由直达路径与时延路径构成。已知时延路径的时延为 5 ms。如果由时延路径引入的相移小于等于 $10°$ 时，可以把信道视为平坦衰落信道。当平坦衰落的假定条件成立时，问信道的最大带宽是多少？

9.10　已知信道的输入−输出之间满足如下的关系：

$$y(t) = Ad(t) + \beta_1 Ad(t - \tau_1) + \beta_2 Ad(t - \tau_2) + n(t)$$

如果信道的输出为两个多径分量和直达路径，当实现信道的均衡时，问所需抽头的最小值是多少？

9.11　对均衡器而言，问影响"抽头权值调控算法"收敛性的两个噪声源是什么？

习题

9.1 节习题

9.1　基带数字传输系统以 20 000 bps 的速率将幅度为 ±A 的矩形脉冲发送到信道上。期望实现的误码率为 10^{-6}，如果噪声的功率谱密度为 $N_0 = 10^{-6}$ W/Hz，问所需的 A 值是多少？所需带宽的估计值是多少？

9.2　这里引入噪声电平 $N_0 = 10^{-3}$ W/Hz 的反极性数字基带传输系统。信号的带宽定义如下：信号频谱的主瓣所占的带宽。为了实现表中给出的误码率/数据速率组合，用所需的信号功率 A^2、传输带宽填充如下的表。

所需的信号功率 A^2、传输带宽

R, bps	$P_E = 10^{-3}$	$P_E = 10^{-4}$	$P_E = 10^{-5}$	$P_E = 10^{-6}$
1 000				
10 000				
100 000				

9.3　已知 $N_0 = 10^{-6}$ W/Hz，并且基带数据的带宽为 $B = R = 1/T$ Hz。按准许的速率传输数据时，误码率为 10^{-4}。根据如下的各个带宽指标，求出所需的信号功率 A^2：

　　(a) 5 kHz。

　　(b) 10 kHz。

　　(c) 100 kHz。

　　(d) 1 MHz。

9.4　把数字数据基带接收机的门限设置为 ε(而不是零)。在考虑这一因素时，重新推导式(9.8)、式(9.9)、式(9.11)。

如果 $P(+A) = P(-A) = 1/2$，当 $P_E = 10^{-6}$ 时，在 $0 \leqslant \varepsilon/\sigma \leqslant 1$ 的条件下，求 E_b/N_0(单位：分贝)随 ε 变化的关系式。其中，σ^2 表示 N 的方差。

9.5 基带数据传输系统中，已知 $N_0 = 10^{-5}$ W/Hz，$A = 40$ mV。当 $P_E \leqslant 10^{-4}$ 时，问数据速率(用满足如下条件的带宽表示：脉冲频谱的原点-第 1 零点的宽度)的最大值是多少？当 $P_E \leqslant 10^{-5}$ 时、当 $P_E \leqslant 10^{-6}$ 时，求解同样的问题。

9.6 这里考虑的是采用幅度不平衡反极性信号的传输系统。这就是说，逻辑 1 对应的发送信号是：幅度为 A_1、持续时间为 T 的矩形脉冲。逻辑 0 对应的发送信号是：幅度为 $-A_2$、持续时间为 T 的矩形脉冲。而且，$A_1 \geqslant A_2 > 0$。将接收机的门限仍置为零。定义比值 $\rho = A_2/A_1$。需要注意的是，当 0、1 等概率出现时，信号能量的平均值为

$$E = \frac{A_1^2 + A_2^2}{2} T = \frac{A_1^2 T}{2}(1 + \rho^2)$$

(a)证明：幅度不平衡时，可以将误码率表示如下：

$$P_E = \frac{1}{2}\Pr\left(\text{差错}|\text{发送} A_1\right) + \frac{1}{2}\Pr\left(\text{差错}|\text{发送} A_2\right) = \frac{1}{2}Q\left(\sqrt{\frac{2}{1+\rho^2}\frac{2E}{N_0}}\right) + \frac{1}{2}Q\left(\sqrt{\frac{2\rho^2}{1+\rho^2}\frac{2E}{N_0}}\right)$$

$$= \frac{1}{2}Q\left(\sqrt{\frac{4z}{1+\rho^2}}\right) + \frac{1}{2}Q\left(\sqrt{\frac{4\rho^2 z}{1+\rho^2}}\right)$$

(b)当 ρ^2 分别为 1、0.8、0.6、0.4 时，绘出 P_E 随 z 变化的图形(z 的单位：分贝)。针对上述 ρ^2 的值，当 $P_E = 10^{-6}$ 时，给出因幅度不平衡所产生的性能下降的估计值。

9.7 数字基带系统的接收信号 $+A$、$-A$ 等概率地出现，且持续时间为 T。但是，接收机的定时电路不工作，积分的起始时刻推迟(大于零)或者提前了(小于零)ΔT。假定定时误差小于 1 个符号的持续时间。在门限值为零的假定条件下，通过分析两个连续的符号区间(也就是 $(+A, +A)$、$(+A, -A)$、$(-A, +A)$、$(-A, -A)$)，可以求出误码率 P_E 随 ΔT 变化的表达式。证明：误码率 P_E 的表示式如下：

$$P_E = \frac{1}{2}Q\left(\sqrt{\frac{2E_b}{N_0}}\right) + \frac{1}{2}Q\left[\sqrt{\frac{2E_b}{N_0}}\left(1 - \frac{|\Delta T|}{T}\right)\right]$$

当 $|\Delta T|/T$ 取值 0、0.1、0.2、0.3 时，分别绘出误码率 P_E 随 E_b/N_0(单位：分贝)变化的图形(共 4 条曲线)。当 $P_E = 10^{-4}$ 时，给出因定时误差所产生的性能下降的估计值。

9.8 在如下的条件下重新推导 9.1 节的结论：在 T 秒内，可能的发送符号为 0 或者 A。假定将门限值设为 $AT/2$。假定两种符号等概率出现，用信号的平均能量表示出你所得到的结果，即

$$E_{\text{ave}} = \frac{1}{2} \times 0 + \frac{1}{2} \times A^2 T = \frac{1}{2}A^2 T$$

9.2 节习题

9.9 在设计与图 9.3(a)示出的积分-清零检波器近似的接收机时，用频率响应如下的 RC 低通滤波器取代了积分器：

$$H(f) = \frac{1}{1 + j(f/f_3)}$$

式中，f_3 表示 3 dB 截止频率。

(a)求出 $s_{02}(T)/E\{n_0^2(t)\}$ 的表达式，其中，$s_0(T)$ 表示的是，由 $t = 0$ 时的取值 $+A$ 所导出的当 $t = T$ 时的输出信号值，$n_0(t)$ 表示输出噪声。(假定滤波器的各个初始状态均为零)

(b) 在(a)中得出的信噪比取最小值的条件下，求出 T 与 f_3 之间的关系式。(要求给出近似解。)

9.10　假定发送信号 $s_1(t)$、$s_2(t)$ 的概率不相等，而是分别为 p、$q = 1 - p$。在考虑这一因素的条件下，推导出取代式 (9.32) 的 P_E 表达式。证明，当选择如下的值为门限值时所实现的误码率最小：

$$k_{\mathrm{opt}} = \frac{\sigma_0^2}{s_{01}(T) - s_{02}(T)} \ln(q/p) + \frac{s_{01}(T) + s_{02}(T)}{2}$$

9.11　匹配滤波器的常规定义是：在某个预先选定的时刻 t_0 所对应的信号与均方噪声之比的峰值。

(a) 假定滤波器的输入为白噪声，根据施瓦茨不等式证明，匹配滤波器的频率响应函数如下：

$$H_m(f) = S^*(f) \exp(-j2\pi f t_0)$$

式中，$S(f) = \mathfrak{I}[s(t)]$；$s(t)$ 表示与滤波器匹配的信号。

(b) 证明：与(a)中得出的频率响应函数 $H_m(f)$ 对应的冲激响应如下：

$$h_m(t) = s(t_0 - t)$$

(c) 当 $t > t_0$ 时，如果 $s(t)$ 不等于零，则 $t < 0$ 时的冲激响应不等于零。也就是说，由于在信号输入到系统之前，滤波器就已经存在响应，那么，滤波器不是因果滤波器，而且不可能实际实现。如果期望得到可实际实现的滤波器，则需要利用如下的模型：

$$h_{\mathrm{mr}}(t) = \begin{cases} s(t_0 - t), & t \geqslant 0 \\ 0, & t < 0 \end{cases}$$

如果信号为 $s(t) = A\Pi[(t - T/2)/T]$，求出可实际实现的匹配滤波器在 $t_0 = 0$、$T/2$、T、$2T$ 时的响应。

(d) 求出(c)中所对应的各种情形的峰值信号。绘出峰值信号随 t_0 变化的图形。问在 t_0 与因果性条件之间存在怎样的关系？

9.12　根据习题 9.11 给出的匹配滤波器的常规定义，分别根据图 9.34 所示的两个信号，求解如下问题：

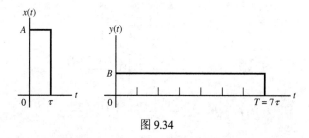

图 9.34

(a) 因果匹配滤波器的冲激响应，并且绘出它们的简图。

(b) 常数 A 与常数 B 满足如下的条件：在两种情况下，在匹配滤波器的输出端都给出了信号-均方根噪声之比的峰值。

(c) 匹配滤波器的输出是时间的函数，要求绘出匹配滤波器的输出仅随输入信号变化的简图。

(d) 在准确地检测时延指标时，分析两个匹配滤波器对这些信号所起的作用。这样分析时，每种情形的最大误差的估值是多少？

(e) 如果考虑发送功率的峰值，哪种波形(与滤波器匹配)更适合？

9.13

(a) 根据式 (9.45)、按照图 9.35 给出的 $s_1(t)$、$s_2(t)$，求出与之对应的最佳滤波器(即匹配滤波器)的冲激响应 $h_0(t)$。

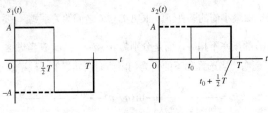

图 9.35

(b) 求出式 (9.56) 中的 ξ^2。绘出 ξ^2 随 t_0 变化的图形。

(c) 当误码率最小时,问所对应的 t_0 的最佳值是多少?

(d) 按照结论式 (9.33),随 t_0 变化的门限值 k 是多少?

(e) 绘出与这些信号对应的相关接收机结构的简图。

9.14　当把如下的信号输入到匹配滤波器时,根据匹配滤波器的输出,用 A、T 表示出信号-均方噪声之比的峰值。已知噪声的单边功率谱密度为 N_0,要求绘出每个信号的简图:

(a) $s_1(t) = A\Pi\left[\dfrac{t - T/2}{T}\right]$

(b) $s_2(t) = \dfrac{A}{2}\left\{1 + \cos\left[\dfrac{2\pi(t - T/2)}{T}\right]\right\}\Pi\left[\dfrac{t - T/2}{T}\right]$

(c) $s_3(t) = A\cos\left[\dfrac{\pi(t - T/2)}{T}\right]\Pi\left[\dfrac{t - T/2}{T}\right]$

(d) $s_4(t) = A\Lambda\left[\dfrac{2(t - T/2)}{T}\right]$

$\Pi(t)$、$\Lambda(t)$ 分别表示第 2 章定义的单位矩形函数、单位三角波函数。

9.15　已知如下的信号:

$$s_A(t) = A\Pi\left[\dfrac{(t - T/2)}{T}\right]$$

$$s_B(t) = B\cos\left[\dfrac{\pi(t - T/2)}{T}\right]\Pi\left[\dfrac{(t - T/2)}{T}\right]$$

$$s_C(t) = \dfrac{C}{2}\left\{1 + \cos\left[\dfrac{2\pi(t - T/2)}{T}\right]\right\}\Pi\left[\dfrac{(t - T/2)}{T}\right]$$

假定按照如下的组合方式将二进制数据用于数字数据传输系统中。用 A 表示 B、C 时它们的能量相等。绘出每一种情形的简图,并且根据式 (9.61) 计算出每种情形的 R_{12}(A、T 表示 R_{12})。按照式 (9.60) 的形式求出 P_E 的表达式。问每一种情形的最佳门限是多少?

(a) $s_1(t) = s_A(t)$; $s_2(t) = s_B(t)$

(b) $s_1(t) = s_A(t)$; $s_2(t) = s_C(t)$

(c) $s_1(t) = s_B(t)$; $s_2(t) = s_C(t)$

(d) $s_1(t) = s_B(t)$; $s_2(t) = -s_B(t)$

(e) $s_1(t) = s_C(t)$; $s_2(t) = -s_C(t)$

9.16　已知如下的 3 个信号

$$s_A(t) = A\Pi\left[\dfrac{(t - T/2)}{T}\right]$$

$$s_B(t) = A\Pi\left[\frac{2(t-T/4)}{T}\right] - A\Pi\left[\frac{2(t-3T/4)}{T}\right]$$

$$s_C(t) = A\Pi\left[\frac{4(t-T/8)}{T}\right] - A\Pi\left[\frac{4(t-3T/8)}{T}\right] + A\Pi\left[\frac{4(t-5T/8)}{T}\right] - A\Pi\left[\frac{4(t-7T/8)}{T}\right]$$

(a) 绘出每个信号的简图，并且证明：每个信号的能量都等于 A^2T。

(b) 证明：对 (A, B)、(B, C)、(A, C) 这 3 种组合方式中的任意一种而言，$R_{12}=0$ 都成立。这 3 种组合的传输方案中，每种组合的门限值是多少？

(c) 这 3 种组合的传输方案中，每种组合的 P_E 值是多少？

9.17　引入单边功率谱密度为 10^{-7} W/Hz、带宽为 10 kHz 的信道。期望速率不低于 4 Kbps 的数据通过信道时的误码率小于等于 10^{-6}。在所设计的至少两种数据传输系统中，要求实现该数据传输速率，但不要求接收端获取相干参考载波。这就是说，要求读者指定满足这些指标的调制方案，并且求出所需的接收信号的功率。实现简单是个重要条件。

9.18　根据表 9.2 中 P_E 的结果，绘出 P_E 随 $z = E_b/N_0$（单位：分贝）变化的图形，绘图时，采用 P_E 对数坐标。当 $P_E = 10^{-5}$ 时，如果不存在相位误差，求出附加 E_b/N_0 的估计值（单位：分贝）。将这些结果与式 (9.81) 给出的幅度相同、只存在恒定相位误差时的结果进行比较（这就是说，当相位误差呈高斯分布时，ϕ 的相位误差为固定值 σ_ϕ）。

9.19　在采用如下的相干调制技术时，为了得到 $P_E = 10^{-5}$ 的误码率，求出所需的 $z = E_b/N_0$ 值：(a) BASK；(b) BPSK；(c) BFSK；(d) 没有载波分量的 BPSK，但解调器中存在 5° 的相位误差；(e) PSK，解调时不存在相位误差，但 $m = 1/\sqrt{2}$；(f) PSK，解调器中存在 5° 的相位误差，且 $m = 1/\sqrt{2}$。

9.20　为了适应接收信号频率的不确定性（例如，多普勒频移），在设计 NFSK 接收机时，输入滤波器必须具有附加的带宽。

(a) 证明：存在频率不确定性的误码率为

$$P_{E,|\Delta f|} = \frac{1}{2}\exp\left(-\frac{z}{2}\times\frac{1}{1+|\Delta f|B_T}\right),\quad z = \frac{A^2}{2N_0B_T}$$

(b) 当 $|\Delta f|/B_T = 0$、0.1、0.2、0.3、0.4 时，绘出 $P_{E,|\Delta f|}$ 随 z（单位：分贝）变化的图形。当误码率为 10^{-6} 时，求出性能变差的估值，单位：dB。

(c) 求出性能下降的数学表达式，并将所得的结果与 (b) 中的估值结果进行比较。

9.21　把 BPSK 已调信号的载波分量表示为 9.2.8 节的形式，即

$$S_{\text{PSK}}(t) = A\sin\left[\omega_c t + \arccos md(t) + \theta\right]$$

式中，m 表示调制指数（$0 \le m \le 1$）；$d(t)$ 表示数据。可以把上式展开为

$$S_{\text{PSK}}(t) = Am\sin(\omega_c t + \theta) + A\sqrt{1-m^2}d(t)\cos(\omega_c t + \theta)$$

式中，第 1 项表示未调载波分量；第 2 项表示已调分量；$100m^2$ 表示载波分量占总功率的百分比；$100(1-m^2)$ 表示调制分量占总功率的百分比。当 $z = 10.5$、10、9.5、9、8.5 dB（z 表示总的信噪比 E_b/N_0，也就是包括载波分量与调制分量）时，绘出误码率随调制分量功率百分比变化的图形。根据绘出的图形，当误码率为 10^{-4} 时，针对上面给出的每一个 z 值，求出调制分量功率百分比的估计值。

9.22

(a) 这里考虑的数字数据传输系统在以速率 $R = 50$ Kbps 传输时，误码率为 $P_E = 10^{-6}$。把主瓣的带宽作为带宽的度量指标，当采用如下的相干解调方式时，求出所需传输带宽的估计值、E_b/N_0（单位：分贝）的估

计值: (i)BASK; (ii)BPSK; (iii)相干 BFSK(在表示逻辑 1 的信号与表示逻辑 0 的信号之间的频率间隔取最小值)。

(b)分析的问题与(a)相同,但速率与误码率分别为: $R = 500$ Kbps、$P_E = 10^{-5}$。

9.23　选择两个发送信号之间的频率间隔时,如果这两个信号之间的相关系数最小,推导出相干 BFSK 的误码率 P_E 的表达式。这就是说,需要计算下式随 $\Delta\omega$ 的变化,并且求出 R_{12} 的最小值。

$$\sqrt{E_1 E_2}\,\rho_{12} = \int_0^T A^2 \cos(\omega_c t)\cos[(\omega_c t + \Delta\omega t)]\mathrm{d}t$$

与正交信号的情形相比, E_b / N_0 的值(单位: 分贝)增大了多少? (提示: 假定和频项的积分等于零)。

9.3 节习题

9.24　完成下面二进制序列的差分编码。选择 1 作为编码过程的参考比特。(注意: 为了分辨清楚,数据比特以组为单位间隔开。)

(a) 111 110 001 100　　　　　　　(b) 101 011 101 011

(c) 111 111 111 111　　　　　　　(d) 000 000 000 000

(e) 111 111 000 000　　　　　　　(f) 110 111 101 001

(g) 101 010 101 010　　　　　　　(h) 101 110 011 100

9.25

(a)引入数据序列 011 101 010 111。完成该序列的差分编码。并且假定用差分编码后的序列双相调制任意相位的正弦载波。证明: 图 9.17 所示的解调器能够正确地恢复原序列。

(b)将序列翻转(即 1 变为 0、0 变为 1)之后,问解调器的输出是多少?

9.26

(a)在分析 DPSK 的最佳检测器时,证明: 随机变量 n_1、n_2、n_3、n_4 的均值均为零、方差均为 $N_0 T /4$。

(b)证明: w_1、w_2、w_3、w_4 的均值均为零、方差均为 $N_0 T /8$。

9.27　图 9.17 示出的 DPSK 的时延-相乘接收机中,当输入滤波器的带宽为 $B = 2/T = 2R$ 时,才能得到式(9.113)给出的渐近误码率。如果接收信号的频率误差为 Δf(如由多普勒频移产生频率误差),在适应频率误差时,输入滤波器的带宽必须为 $2R + |\Delta f|$。

(a)证明: 因频率误差所产生的误码率为

$$P_{E,|\Delta f|} = Q\left(\sqrt{\frac{E_b}{N_0} \times \frac{1}{1 + |\Delta f|/2R}}\right) = Q\left(\sqrt{\frac{z}{1 + |\Delta f|/2R}}\right)$$

(b)当 $\Delta f / 2R = 0$、0.1、0.2、0.3、0.4 时,绘出 $P_{E,|\Delta f|}$ 随 z 变化的图形。当误码率为 10^{-6} 时,求性能下降的估计值(单位: 分贝)。

(c)求出性能下降的表达式,并与(b)中估计的结果进行比较。

9.28　假定图 9.17 所示的 DPSK 的时延-相乘接收机的时延存在误差 $|\Delta T|$。

(a)证明: 渐近误码率为

$$P_{E,|\Delta T|} = \frac{1}{2}Q\left(\sqrt{\frac{E_b}{N_0}}\right) + \frac{1}{2}Q\left(\sqrt{\frac{E_b}{N_0}\left(1 - \frac{|\Delta T|}{T}\right)}\right) = \frac{1}{2}Q\left(\sqrt{z}\right) + \frac{1}{2}Q\left(\sqrt{z(1 - |\Delta T|R)}\right)$$

(提示：分析所有可能的数据序列 11、00、10、01 时，就包括了积分器输出端存在性能下降与不存在性能下降时信号分量的各种情形。)

(b)当 $|\Delta TR|=0$、0.1、0.2、0.3、0.4 时，绘出 $P_{E,|\Delta T|}$ 随 z 变化的图形。当误码率为 10^{-6} 时，求性能下降的估计值(单位：分贝)。

9.29　已知信道的有效带宽为 100 kHz。如果用零点-零点带宽度量射频信号的带宽，当采用如下的传输技术时，问能够支持的速率是多少？

(a)BPSK；

(b)相干 FSK(信号音之间的间距 $=1/2T$)；

(c)DPSK；

(d)非相干 FSK(信号音之间的间距 $=2/T$)。

9.30　当非相干 ASK 采用如下的信号单元时，求出与之对应的误码率。

$$s_i(t)=\begin{cases}0, & 0 \leqslant t \leqslant T, \ i=1\\ A\cos(2\pi f_c t+\theta), & 0 \leqslant t \leqslant T, \ i=2\end{cases}$$

式中，θ 表示在区间 $[0,2\pi)$ 呈均匀分布的随机变量。已知信道上加入了双边功率谱密度为 $N_0/2$ 的高斯白噪声。接收机的构成如下：以 f_c 为中心频率且带宽为 $2/T$ 赫兹的带通滤波器，接着是包络检波器，然后是采样器、门限比较器。当存在信号时，假定信号能够无失真地通过滤波器，并且假定滤波器输出端的噪声方差为 $\sigma_N^2=N_0 B_T=2N_0/T$。

证明：出现信号 1(即，0 信号)时，包络检波器的输出呈瑞利分布，出现信号 2 时，包络检波器的输出呈莱斯分布。假定把门限设置为 $A/2$，求出误码率的表达式。不可能求出该表达式的积分值，但是，当信噪比很大、噪声呈高斯分布时，利用如下的近似。

$$I_0(v)\approx\frac{e^v}{\sqrt{2\pi v}}, v\geqslant 1$$

可以得到采样器的输出概率密度函数的近似值，而且可以用 Q 函数表示误码率。(提示：上面近似表达式中的 $v^{-1/2}$ 忽略不计)。

证明，当信噪比很大时，可以用如下的关系式近似地表示误码率：

$$P_E=\frac{1}{2}P(E|S+N)+\frac{1}{2}P(E|0)\approx\frac{e^{-z}}{\sqrt{4\pi z}}+\frac{1}{2}e^{-z/2}, \quad z=\frac{A^2}{4\sigma_N^2}\gg 1$$

值得注意的是，$z=\dfrac{A^2}{4\sigma_N^2}$ 表示信号的平均功率(在计算信号的能量时，信号的对应时间为：从零到一半的时间)与噪声的方差之比。绘出误码率随信噪比变化的图形，并与 DPSK、非相干 FSK 系统的性能进行比较。

9.31　在如下的两个条件下重新完成式(9.121)的积分计算：①把被积函数变换为莱斯概率密度函数的形式；②利用积分值等于 1 的信息。这时需要重定义一些参数，并且乘以、除以 $(A^2/2N)$ 的处理方式与得到式(9.112)的处理步骤相同。所得的结果应该与式(9.122)相同。

9.4 节习题

9.32　当十进制数变化一个单位时，对十进制数采用格雷编码之后，可以确保仅相差 1 比特。假定用 $b_1 b_2 b_3 b_4...b_n$ 表示常规二进制数，其中，b_1 表示最高位。设 $g_1 g_2 g_3 g_4...g_n$ 表示与之对应的格雷码。那么，根据如下的算法可以得到格雷码的表示形式：

$$g_1=b_1$$

$$g_n = b_n \oplus b_{n-1}$$

式中，$\oplus$ 表示模 2 加(也就是，$0 \oplus 0 = 0$，$0 \oplus 1 = 1$，$1 \oplus 0 = 1$，$1 \oplus 1 = 0$)。根据 0～32 之间的十进制数，求出相应的格雷码表示形式。

9.33　证明：在多进制反极性 PAM 传输系统中，式(9.138)是用 Δ 表示的平均能量表达式。

9.34　这里引入带宽为 5 kHz、所需传输速率为 20 Kbps 的基带反极性 PAM 系统。

（a）问所需的 M 值是多少？

（b）当 E_b / N_0 取多大的值(单位：分贝)时，所实现的误码率性能为 10^{-6} 及 10^{-5}？

9.35　已知信道的有效带宽为 100 kHz。如果需要实现如下的传输速率，问在该传输信道上可以采用什么样的射频调制方案？

（a）50 Kbps；

（b）100 Kbps；

（c）150 Kbps；

（d）200 Kbps；

（e）250 Kbps。

当实现的误码率为 10^{-6} 时，求出每一种调制方案所对应的 $z = E_b / N_0$。

9.5 节习题

9.36　在误码率为 10^{-4}、射频带宽为 100 kHz 的条件下，重新计算表 9.5 中的各项。

9.6 节习题

9.37　假定升余弦脉冲的 β 等于 0.2、加性噪声的功率谱密度为

$$G_n(f) = \frac{\sigma_n^2 / f_3}{1 + (f / f_3)^2}$$

而且信道滤波器的传输函数平方幅度为

$$|H_C(f)|^2 = \frac{1}{1 + (f / f_C)^2}$$

当采用满足如下条件的二进制传输技术时，求出最佳发送滤波器的幅度响应、最佳接收滤波器的幅度响应，并且绘出相应的图形：

（a）$f_3 = f_C = 1 / (2T)$

（b）$f_C = 2f_3 = 1/T$

（c）$f_3 = 2f_C = 1/T$

9.38

（a）当 $a = 1$、$b = 2$ 时，绘出如下梯形频谱的简图：

$$P(f) = \frac{b}{b-a} \Lambda(f / b) - \frac{a}{b-a} \Lambda(f / a), \ b > a > 0$$

（b）利用合理的简图证明：上式所表示的频谱满足奈奎斯特脉冲整形准则。

9.39　在带宽受限的信道上，数据以 $R = 1/T = 9600$ bps 的速率传输。已知信道滤波器的频率响应如下：

$$H_C(f) = \frac{1}{1 + j(f / 4800)}$$

白噪声的功率谱密度为 $N_0 / 2 = 10^{-11}$ W/Hz。如果期望接收端收到的由式(9.128)给出的升余弦频谱满足 $\beta = 1/(2T) = 4800$ Hz。

(a)在码间干扰为零并且是最佳检测的条件下，求发送滤波器传输函数的幅度、接收滤波器传输函数的幅度。

(b)根据 Q 函数表或者根据 Q 函数的渐近近似特性，当 $P_{E, \min} = 10^{-4}$ 时，求出所需的 A/σ 值。

(c)题中给出的 N_0、$G_n(f)$、$P(f)$、$H_C(f)$ 的条件不变。当得到(b)中的 A/σ 值时，求出所需的 E_b。

9.7 节习题

9.40　当 $\delta = 0.5$，$\tau_m / T = 0.2$、0.6、1.0 时，根据式(9.183)，绘出 P_E 随 z_0 变化的图形。编写绘出这些图形的 MATLAB 程序。

9.41　当 $P_E = 10^{-5}$ 时，重新绘出图 9.29。当 δ、τ_m / T 取各种不同的值时，用"find"函数编写出体现性能下降的 MATLAB 程序。

9.8 节习题

9.42　把衰落储备定义为：与在非衰落信道上采用同样调制技术时所实现的误码率性能相比，在衰落信道上实现相同误码率时所需的 E_b / N_0 增量(单位：分贝)。如果规定系统的误码率为 10^{-4}，当采用如下的传输方案时，求出所需的衰落裕量：

　(a)BPSK；

　(b)DPSK；

　(c)相干 FSK；

　(d)非相干 FSK。

9.43　把 $\sigma_w^2 = \dfrac{1}{2(1 + 1/\bar{Z})}$ 代入式(9.203)，积分之后得到式(9.205)。给出这一处理过程的细节。

9.44　在信噪比的概率密度函数为 $f_Z(z) = \dfrac{1}{\bar{z}} e^{-z/\bar{z}}$（$z > 0$）的条件下，以式(9.205)为模版，完成得出式(9.206)、式(9.207)、式(9.208)的积分运算。

9.9 节习题

9.45　已知脉冲响应的各个样值如下：

$$p_c(-4T) = 0; \quad p_c(-3T) = -1/9; \quad p_c(-2T) = 1/2; \quad p_c(-T) = -1; \quad p_c(0) = 1/2;$$

$$p_c(T) = -1; \quad p_c(2T) = 1/2; \quad p_c(3T) = 1/2; \quad p_c(4T) = 0$$

(a)如果采用 3 抽头迫零均衡器，要求求出各个抽头的系数值。绘出均衡器的各个输入样值与各个输出样值的图形。

(b)如果采用 5 抽头迫零均衡器，要求求出各个抽头的系数值。绘出均衡器的各个输入样值与各个输出样值的图形。计算出噪声增强因子(单位：分贝)。绘出均衡器频率响应函数的图形。

9.46　已知脉冲响应的各个样值如下：

$$p_c(-4T) = 0; \quad p_c(-3T) = -1/9; \quad p_c(-2T) = 1/12; \quad p_c(-T) = -1; \quad p_c(0) = 1/2;$$

$$p_c(T) = -1; \quad p_c(2T) = -1/9; \quad p_c(3T) = -1/9; \quad p_c(4T) = 0$$

(a)如果采用 3 抽头迫零均衡器，要求求出各个抽头的系数值。绘出均衡器的各个输入样值与各个输出样值的图形。

(b) 如果采用 5 抽头迫零均衡器，要求求出各个抽头的系数值。绘出均衡器的各个输入样值与各个输出样值的图形。计算出噪声增强因子(单位：分贝)。绘出均衡器频率响应函数的图形。

9.47 (a) 根据多径信道的如下输出 $y(t)$，设计出最小均方误差均衡器：

$$y(t) = Ad(t) + bAd(t - T_m) + n(t)$$

式中，第 2 项表示多径分量；第 3 项表示与传输数据 $d(t)$ 无关的噪声。假定 $d(t)$ 表示自相关函数为 $R_{dd}(\tau) = \Lambda(\tau/T)$ 的随机(按投掷硬币的概率产生的)二进制序列。设噪声经 RC 低通滤波器滤波之后，噪声频谱的 3 dB 截止频率为 $f_3 = 1/T$，因此，噪声的功率谱密度为

$$S_{nn}(f) = \frac{N_0/2}{1 + (f/f_3)^2}$$

式中，$N_0/2$ 表示噪声在低通滤波器输入端的双边功率谱密度。假定抽头的间距为 $\Delta = T_m = T$。求出用 $E_b/N_0 = A^2 T/N_0$ 表示的矩阵 $[R_{yy}]$。

(b) 如果采用 3 抽头的最小均方差均衡器，当信噪比为 10 dB 时，问各个抽头的最佳权值是多少？

(c) 求出最小均方误差的表达式。

9.48 利用例 9.12 中自相关矩阵、互相关矩阵的值，当采用式 (9.254) 的最陡算法调节各个抽头的权值时，求出对应的表达式(即，求出与每个权值相对应的方程)。假定 $\mu = 0.01$。根据准则 $0 < \mu < 2/\max(\lambda_i)$，证明这是个合理的值，其中，$\lambda_i$ 表示 $[R_{yy}]$ 的特征值。

9.49 这里分析式 (9.246)，但 $[R_{yy}]$、$[R_{yd}]$ 这两个矩阵中的所有项都除以 10。

(a) 问各个权值是否会发生变化？

(b) 如果采用自适应最小均方差权值调整算法(最陡下降算法)，根据准则 $0 < \mu < 2/\max(\lambda_i)$，求出合理 μ 值的范围。其中，λ_i 表示 $[R_{yy}]$ 的特征值。

9.50 当 $E_b/N_0 = 20$、$\beta = 0.1$ 时，重新完成例 9.12 的问题。也就是说，重新计算矩阵 $[R_{yy}]$、矩阵 $[R_{yd}]$。求出均衡器的各个系数和最小均方差。并且分析与例 9.12 的区别。

计算机仿真练习

9.1 当基带传输系统采用式 (9.1) 的反极性信号时，编写积分-清零检测器的计算机仿真程序。通过抽取均匀分布在区间 [0, 1] 的数并将抽中的数与 1/2 进行比较之后，随机地产生 AT、$-AT$。把这个数(指 AT 或者 $-AT$)与均值为零、方差由式 (9.5) 给出的高斯随机变量相加。与门限值零进行比较，如果发生了差错，则计数器加 1。重复这一处理过程多次，然后得出误码率的估计值(误码率等于差错比特数除以仿真中采用的比特总数)。如果预计误比特率为 10^{-3}，那么，至少需要仿真 $10 \times 1000 = 10\,000$ 比特。在几个不同的信噪比值 (E_b/N_0) 处重复该实验过程之后，可以粗略地画出误码率随 E_b/N_0 变化的曲线。将误码率性能曲线与图 9.5 所示的理论值进行比较。

9.2 根据习题 9.7 的介绍，当定时误差产生的误码率等于预计的误码率值时，编写出度量性能下降的计算机程序。

9.3 根据表 9.2 中提供的数据以及相关的介绍，当高斯相位抖动产生的误码率等于预计的误码率值时，编写出度量性能下降的计算机程序。

9.4 编写出度量各种数字调制技术性能下降的计算机程序。

(a) 当已知数据速率、误码率时，求出所需的带宽与 E_b/N_0(单位：分贝)。在该传输速率和所需 E_b/N_0 的条件下，如果 $N_0 = 1$ W/Hz，求出所需的接收信号的功率。

(b) 当已知带宽、误码率时，求出所能实现的数据速率与 E_b / N_0（单位：分贝）。在该传输速率和所需 E_b / N_0 的条件下，如果 $N_0 = 1$ W/Hz，求出所需的接收信号的功率。

9.5　相对于 DPSK 的最佳接收机而言，在演示工作在加性高斯白噪声环境下系统性能的下降时，设计出时延-相乘 DPSK 接收机的蒙特卡罗仿真。仿真时，可调整的参数之一应为：与数据比特率相关的输入滤波器的带宽。

9.6　编写出验证图 9.28、图 9.29 所示性能的仿真程序。

9.7　如果由瑞利衰落产生了某一特定的误码率，编写出度量性能下降的计算机程序。仿真中采用的传输技术包括 PSK、FSK、DPSK、非相干 FSK。

9.8　在指定的信道条件下，编写出设计如下均衡器的计算机仿真程序。

(a) 迫零准则最小均方误差准则；

(b) 最小均方误差准则。

9.9　根据最小均方处理的抽头权值调整准则，编写出计算最小均方误差均衡器误码率性能的计算机仿真程序，并且验证图 9.33 的结果。

第 10 章　高级数据通信的原理

本章分析数据传输的一些原理，这些专题比第 9 章的基本原理更深入一些。这里分析的第一个主题是各种多进制数字调制系统(即，$M > 2$)。具体地说，在有效功率不变的条件下，将各种多进制调制技术的误码率进行了比较。接着介绍了数据传输系统的带宽指标，因此，可以根据有效带宽比较这些多进制调制技术。随后分析了同步问题。在任意一个通信系统中，一个重要的考虑因素是同步(包括载波同步、符号同步、字同步)。在接下来的内容中简要地介绍了称为扩频的调制技术；扩频用到的带宽比数据调制信号本身需要的带宽大得多。紧随扩频调制之后，分析了不算太新的称为多载波调制技术的基本思想(正交频分复用是多载波调制的特例)，还介绍了多载波调制技术在各种延时扩频信道中的应用。多载波调制的应用领域包括无线通信、数字用户线路、数字音频广播、数字视频广播。最后，简要地介绍了蜂窝无线通信的基本知识。在蜂窝无线通信中的主题中，给出了第 9 章、第 10 章介绍的数字通信原理的具体应用实例。

10.1　多进制数据通信系统

到目前为止，在本书介绍的二进制数字通信系统中，在每个传输符号的持续时间内，只传输仅有的两个可能符号中的一个(例外就是第 9 章的多进制脉冲幅度调制)。在多进制系统中，在每个传输符号的持续时间 T_s 内，传输 M 个可能信号中的一个，其中，$M \geqslant 2$(将传输符号的持续时间 T 的下标用 s 表示，s 的含义是"符号"：symbol)。当 $M = 2$ 时，T 的下标 b 表示"比特"：bit。因此，二进制数据传输是 M 进制数据传输的特例。把 M 进制消息序列中的每一个可能的传输信号称为符号。

10.1.1　以正交复用为基础的多进制方案

4.6 节已证明了如下的结论：采用正交复用技术时，可以在同一信道上传输两路不同的信号。在正交复用系统中，通过双边带调制技术把消息信号 $m_1(t)$、$m_2(t)$ 调制到频率为 f_c 的彼此正交的两个载波上，于是得到如下的已调信号：

$$x_c(t) = A[m_1(t)\cos(2\pi f_c t) + m_2(t)\sin(2\pi f_c t)] \triangleq R(t)\cos[2\pi f_c t + \theta_i(t)] \tag{10.1}$$

在接收端，通过相干解调完成信号的解调，这里所说的相干解调指的是，在相位相互正交的两个参考正弦信号中，频率、相位都与理想的正交载波的频率、相位一致。可以把相同的原理用于数字数据的传输，于是得出了几种调制方案，随后分析其中的 3 种方案：①四相相移键控(QuadriPhase-Shift Keying，QPSK)；②偏移四相相移键控(Offset QuadriPhase-Shift Keying，OQPSK)；③最小频移键控(Minimum-Shift Keying，MSK)。

在分析这些系统时，利用了如下的信息：理想情况下，可以在正交混频器的输出端得到两路独立的消息信号 $m_1(t)$、$m_2(t)$。因此，可以把这些正交复用方案视为并行工作的两个独立的数字调制方案。

图 10.1 示出了实现 QPSK 发射机的并行方框图，图中还给出了常采用的信号波形。在 QPSK 的调制方案中，$m_1(t) = d_1(t)$、$m_2(t) = -d_2(t)$，其中，d_1、d_2 表示取值为±1 的波形，这些持续时间 T_s 秒的

波形可能发生跳变。一般来说，符号的跳变时刻与 d_1、d_2 对齐[1]。需要注意的是，可以把用于调制载波的符号流 $d_1(t)$、$d_2(t)$ 看作从一组一组的二进制串行数据 $d(t)$ 得到的，这里的 $d(t)$ 的比特周期（即 $d(t)$ 的符号周期的一半）等于每传输 $d_1(t)$、$d_2(t)$ 两比特时持续时间的一半，或者，可能的是，$d_1(t)$、$d_2(t)$ 来自两个完全不同的信源。对式（10.1）经过简单的三角函数变换之后可以得到

$$\theta_i(t) = -\tan^{-1}\left[\frac{m_2(t)}{m_1(t)}\right] = \tan^{-1}\left[\frac{d_2(t)}{d_1(t)}\right] \tag{10.2}$$

可以看出，θ_i 的四种可能的取值是：$+45°$、$-45°$、$+135°$、$-135°$。所以，可以用并行方式或者串行的方式实现 QPSK 发射机，其中，$d_1(t)$、$d_2(t)$ 对载波的相移为 $90°$ 的整数倍。

由于可以把 QPSK 系统的发送信号看作两路信号之和（如图 10.1 所示），因此，在解调与检测时，采用两个并行二进制接收机的处理方式是合理的，其中，每个二进制接收机用于一个正交载波。图 10.2 示出了这种系统的方框图。这里注意到，只有在 $d_1(t)$、$d_2(t)$ 所对应的各个符号都正确的条件下，$d(t)$ 中的符号才是正确的。因此，正确地接收每个符号的概率为

$$P_c = (1 - P_{E_1})(1 - P_{E_2}) \tag{10.3}$$

式中，P_{E_1}、P_{E_2} 表示两个正交信道的误码率。在表示式（10.3）时，采用了正交信道的差错相互独立的条件。稍后分析这一假定条件。

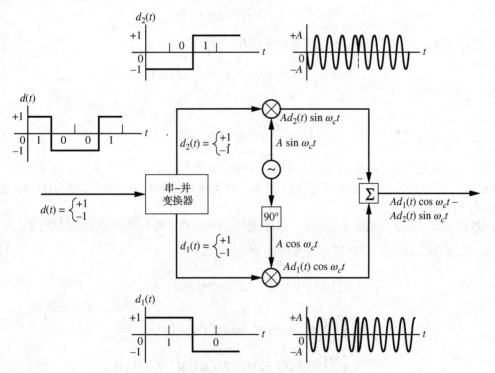

图 10.1　QPSK 调制器与典型波形

现在分析 P_{E_1}、P_{E_2} 的计算。由于 P_{E_1}、P_{E_2} 存在对称性关系，因此 $P_{E_1} = P_{E_2}$ 成立。这里假定接收机的输入 $y(t)$ 由如下的两部分之和构成：①信号；②双边功率谱密度为 $N_0 / 2$ 的高斯白噪声，即

$$y(t) = x_c(t) + n(t) = Ad_1(t)\cos(2\pi f_c t) - Ad_2(t)\sin(2\pi f_c t) + n(t) \tag{10.4}$$

---

1 两个数据流可能来自不同的信源，这两个信源的速率不一定相同。在这里的分析中，假定两个数据流的速率相同。

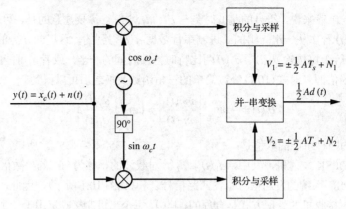

图 10.2　QPSK 解调器

于是，在每个传输符号持续时间 T_s 的末尾，可以求出图 10.2 的上支路相关器的输出为

$$V_1 = \int_0^{T_s} y(t)\cos(2\pi f_c t)\mathrm{d}t = \pm\frac{1}{2}AT_s + N_1 \tag{10.5}$$

式中

$$N_1 = \int_0^{T_s} n(t)\cos(2\pi f_c t)\mathrm{d}t \tag{10.6}$$

同理，当 $t = T_s$ 时，图 10.2 的下支路相关器的输出为

$$V_2 = \int_0^{T_s} y(t)\sin(2\pi f_c t)\mathrm{d}t = \pm\frac{1}{2}AT_s + N_2 \tag{10.7}$$

式中

$$N_2 = \int_0^{T_s} n(t)\sin(2\pi f_c t)\mathrm{d}t \tag{10.8}$$

如果 V_1、V_2 相互独立，那么，相关器输出端的误差也相互独立，因而要求 N_1、N_2 相互独立。可以证明：N_1、N_2 不相关(见习题 10.4)，又因为 N_1、N_2 为高斯过程(读者需要弄清楚为什么)，那么，N_1、N_2 相互独立。

回到 P_{E_1} 的计算问题。值得注意的是，该问题类似于反极性基带系统的误码率求解问题。N_1 的均值为零，N_1 的方差为(这里始终假定 $f_c T_s$ 为整数)

$$
\begin{aligned}
\sigma_1^2 = E\left\{N_1^2\right\} &= E\left\{\left[\int_0^{T_s} n(t)\cos(2\pi f_c t)\mathrm{d}t\right]^2\right\} \\
&= \int_0^{T_s}\int_0^{T_s} E\{n(t)n(\alpha)\cos(2\pi f_c t)\cos(2\pi f_c \alpha)\}\mathrm{d}\alpha\mathrm{d}t \\
&= \int_0^{T_s}\int_0^{T_s} \frac{N_0}{2}\delta(t-\varepsilon)\cos(2\pi f_c t)\cos(2\pi f_c \alpha)\mathrm{d}\alpha\mathrm{d}t \\
&= \frac{N_0}{2}\int_0^{T_s}\cos^2(2\pi f_c t)\mathrm{d}t \\
&= \frac{N_0 T_s}{4}
\end{aligned}
\tag{10.9}
$$

按照二进制反极性传输信号的一系列处理步骤，可以得到上支路的误码率如下：

$$P_{E_1} = \Pr(d_1 = +1)\Pr(E_1 \mid d_1 = +1) + \Pr(d_1 = -1)\Pr(E_1 \mid d_1 = -1)$$

$$= \Pr(E_1 \mid d_1 = +1) = \Pr(E_1 \mid d_1 = -1) \tag{10.10}$$

在得出上式中的最后一个等号时，利用了 V_1 的概率密度函数的对称性。但由于如下的关系式成立：

$$\Pr(E_1 \mid d_1 = +1) = \Pr\left(\frac{1}{2}AT_s + N_1 < 0\right) = \Pr\left(N_1 < -\frac{1}{2}AT_s\right)$$

$$= \int_{-\infty}^{-AT_s/2} \frac{e^{-n_1^2/(2\sigma_1^2)}}{\sqrt{2\pi\sigma_1^2}} dn_1 = Q\left(\sqrt{\frac{A^2 T_s}{N_0}}\right) \tag{10.11}$$

因此，图 10.2 中上支路的误码率为

$$P_{E_1} = Q\left(\sqrt{\frac{A^2 T_s}{N_0}}\right) \tag{10.12}$$

下支路的误码率 P_{E_2} 与上支路的相同。需要注意的是，$A^2 T_s / 2$ 表示一个正交信道的平均能量；可以看出：式(10.12)与 BPSK 的误码率相同。如果只考虑每个信道的误码率，那么 QPSK 实现的性能与 BPSK 的性能相同。

不过，在 QPSK 系统中，当只分析相位所产生的误码率时，根据式(10.3)可以得到误码率的表达式如下：

$$P_E = 1 - P_c = 1 - (1 - P_{E_1})^2$$

$$\cong 2P_{E_1}, \quad P_{E_1} \ll 1 \tag{10.13}$$

即

$$P_E = 2Q\left(\sqrt{\frac{A^2 T_s}{N_0}}\right) \tag{10.14}$$

对四相信号而言，由于每个符号的能量为 $A^2 T_s \triangleq E_s$，因此，可以把式(10.14)表示如下：

$$P_E = 2Q\left(\sqrt{\frac{E_s}{N_0}}\right) \tag{10.15}$$

以符号能量-噪声功率谱密度之比的平均值为基础，直接比较 QPSK 与 BPSK 时，可以得出结论：QPSK 比 BPSK 的性能差了 3 dB 左右。然而，在 T_s 相同的条件下，在 QPSK 系统中，由于在每个传输符号持续时间内传输的比特数是 BPSK 系统的两倍，因此这种比较的方式并不合理。如果以系统每秒传输相同的比特数(QPSK 的每个相位表示 2 比特信息)为基础来比较系统的性能，那么这两种系统的性能相同，详见后面的分析。图 10.3 以误码率-信噪比($z = E_s / N_0$)为基础，示出了 BPSK 系统与 QPSK 系统的性能比较，其中，E_s 表示每个符号的平均能量。从图中可以看出，当信噪比接近零(如果以分贝为单位，那么为 $-\infty$ dB)时，QPSK 的曲线接近 3/4。如果输入的只是噪声，平均来说，由于每传输 4 个符号时，接收机只判决 1 个符号正确(4 种可能相位中的一种)，所以，这个结论很合理。

10.1.2　偏移四相相移键控系统

在 QPSK 系统中，由于正交数据流 $d_1(t)$、$d_2(t)$ 可能同时变换符号的极性，因此可以得出结论：已调数据中承载数据的相位 θ_i 偶尔可能会变化 $180°$。那么，从包络偏移量的角度来说，在对已调信号进行滤波处理(在实际系统中，这是必不可少的处理技术)时，就会出现不期望的效果。为了避免180°的相位跳变，可以把四相系统中相互正交的信道上的信号 $d_1(t)$、$d_2(t)$ 相互偏移 $T_s/2$，其中，T_s 表示任意信道上一个传输符号的持续时间。把所得的的调制方案称为偏移 QPSK(Offset QPSK，OQPSK)，有时也把它称为交错正交相移键控。正交数据流偏移(或者称为交错) $T_s/2$ 之后，发送已调数据载波时所产生的相位变化的最大值为90°。从理论上说，OQPSK 与 QPSK 的误码率性能相同。对 OQPSK 系统的一个限制条件是：$d_1(t)$ 的符号持续时间必须与 $d_2(t)$ 的相等，而 QPSK 则不必满足这个条件。

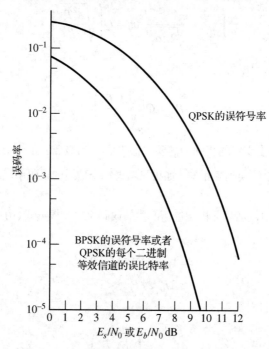

图 10.3   QPSK 的误符号率与 BPSK 的误符号率

10.1.3   最小频移键控

1. 第 I 类最小频移键控与第 II 类最小频移键控

在式(10.1)中，假定可以将消息 $m_1(t)$、$m_2(t)$ 分别表示如下：

$$m_1(t) = d_1(t) \cos(2\pi f_1 t) \tag{10.16}$$

$$m_2(t) = -d_2(t) \sin(2\pi f_1 t) \tag{10.17}$$

式中，$d_1(t)$、$d_2(t)$ 表示在长为 $T_s = 2T_b$ 的符号区间内取值为+1 或者−1 的二进制数据信号；f_1 表示 $\cos(2\pi f_1 t)$、$\sin(2\pi f_1 t)$ 这两个加权函数的频率(单位：赫兹)，随后给出这些加权函数的定义。与 QPSK 系统的分析一样，可以把这些数据信号当作来自串行的比特宽度为 T_b 的二进制数据流，即，在串行比特流中，位于偶数位置的比特产生 $d_1(t)$、位于奇数位置的比特产生 $d_2(t)$，或者反过来。这些二进制数据流用余弦波形或者正弦波形加权，如图 10.4 所示。如果把式(10.16)、式(10.17)代入式(10.1)，并且记住 $d_1(t)$、$d_2(t)$ 的取值为+1 或者−1，那么，通过利用合理的三角恒等式，可以把已调信号表示如下：

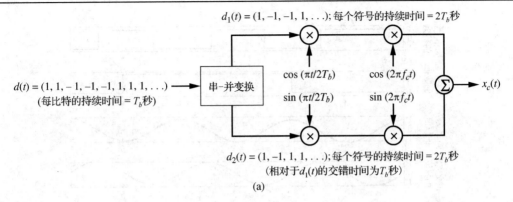

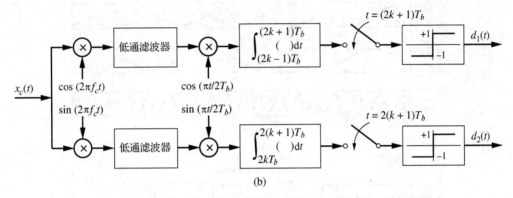

图 10.4　并联式第 I 类 MSK 调制器与解调器。(a) 调制器；(b) 解调器

$$x_c(t) = A\cos[2\pi f_c t + \theta_i(t)] \tag{10.18}$$

式中

$$\theta_i(t) = \tan^{-1}\left\{\left[\frac{d_2(t)}{d_1(t)}\right]\tan(2\pi f_1 t)\right\} \tag{10.19}$$

如果 $d_2(t) = d_1(t)$（也就是说，串行数据流中相邻比特的极性相同，要么两个都是+1，要么两个都是–1），那么可以得到

$$\theta_i(t) = 2\pi f_1 t \tag{10.20}$$

然而，如果 $d_2(t) = -d_1(t)$（也就是说，串行数据流中相邻比特的极性相反），那么可以得到

$$\theta_i(t) = -2\pi f_1 t \tag{10.21}$$

如果 $f_1 = 1/(2T_s) = 1/(4T_b)$ 赫兹，则可以得到最小频移键控(Minimum-Shift Keying，MSK)的形式之一。在这种形式的 MSK 中，数据信号 $d_1(t)$ 的每个符号乘以半个周期的余弦波形（或者称为加权），数据信号 $d_2(t)$ 的每个符号乘以半个周期的正弦波形，如图 10.5(a) 所示。在这种形式的 MSK 中，每个符号的加权函数是交替出现的半个周期的余弦波形、正弦波形，这就是第 I 类 MSK。在图 10.4 中，根据所调制的是上支路数据或者下支路数据，如果加权函数总是大于零的半个余弦周期或者半个正弦周期，则实现了第 II 类 MSK。同第 I 类 MSK 调制与 OQPSK 之间的关系相比，第 II 类 MSK 调制与 OQPSK 的关系更近一些，如图 10.5(b) 所示。

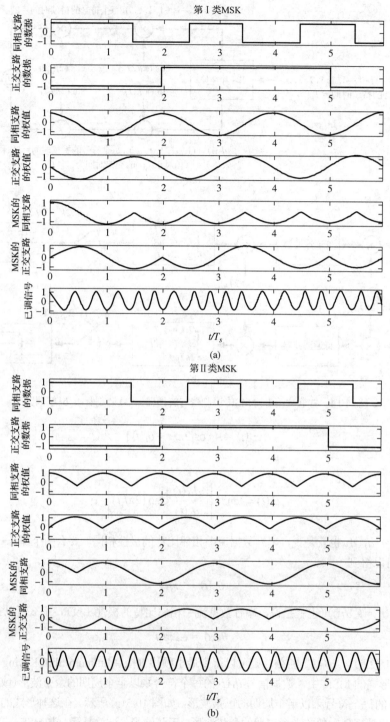

图 10.5 (a) 第 I 类 MSK 调制的同相支路的波形与正交支路的波形; (b) 第 II 类 MSK 调制

在式(10.19)中，令 $f_1 = 1/(4T_b)$，并把所得的结果代入式(10.18)之后可以得到

$$x_c(t) = A\cos\left[2\pi\left(f_c \pm \frac{1}{4T_b}\right)t + u_k\right] \tag{10.22}$$

式中，根据 d_2/d_1 的取值为+1 或者−1 分别决定了 $u_k=0$ 或者 $u_k=k\pi$（模为 2π）。从这种形式的 MSK 已调信号中可以看出，可以把 MSK 当作如下形式的调频：发送信号[2]要么高于载波频率 f_c 数据速率的四分之一 $(1/(4T_b))$，要么低于载波频率 f_c 数据速率的四分之一（实际上，由于不发送载波，因此有时把 f_c 称为形式上的载波）。值得注意的是，表示两个不同发送信号的载频之间的间隔为 $\Delta f=1/(2T_b)$，这正是两种信号音满足相干正交条件时所需的最小频率间隔。

在既非第 I 类 MSK 也非第 II 类 MSK 的调制方式中，在串行比特流的数据比特与发送信号的瞬时频率之间存在一一对应的关系。把这种情形中包含的调制技术称为快速频移键控（Fast Frequency-Shift Keying，FFSK），即，在用第 I 类调制器对数据进行调制之前，需要先对串行的比特流进行差分编码。

把式 (10.22) 当作调相之后的信号时，值得注意的是，可以把余弦的自变量分为如下的两项相位：①只由载波频率表示的相位（即 $2\pi f_c t$）；②由调制产生的相位 $\pm\pi\,(t/(2T_b))+u_k$。把第②项称为相位偏移量；图 10.6(a) 利用相位树图很便捷地示出了相位偏移量。如果示出的相位以 2π 为模，则可以得出图 10.6(b) 所示的相位网格图。这里注意到，在 T_b 秒的时间内，相位偏移量确切地变化了 π/2 弧度，而且相位偏移量是时间的连续函数。在滤波之后甚至可以产生比 OQPSK 还好的包络偏移特性。在图 10.6(a) 示出的相位偏移量网格图中，斜率小于零的各个线段对应串行数据系列中 1 和−1 的交替变化（逻辑 1 与逻辑 0 交替出现），斜率大于零的各个线段对应串行数据系列中的全 1 或者全−1（全为逻辑 1 或者全为逻辑 0）。

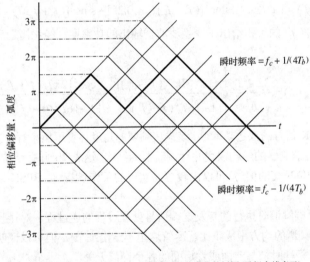

(a) 当数据序列为 111011110101 时体现相位变化的树图（见粗实线表示）

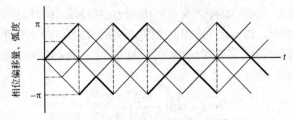

(b) 图(a)中以2π为模时同一序列的网格图表示

图 10.6　MSK 的相位树图与网格图。(a) 相位的树图表示；(b) 相位的网格图表示

---

2 不该从这里推导出这样的结论：发送信号的频谱中包含了频率 $f_c \pm 1/(4T_b)$ 处的冲激信号。

　　按照类似于 QPSK、OQPSK 的实现方式（如图 10.2 所示），可以以并行的方式实现 MSK 信号的检测器，不同之处在于：为了实现 $d_1(t)$、$d_2(t)$ 两路数据信号的最佳相关检测，上支路需要乘以 $\cos(\pi t/(2T_b))$、下支路需要乘以 $\sin(\pi t/(2T_b))$。与 QPSK、OQPSK 信号的检测一样，可以证明：上支路积分器和下支路积分器输出的噪声分量不相关。除比例因子不同外（比例因子对信号的影响与对噪声的影响相同），MSK 的误码率分析与 QPSK 的相同，因此，MSK 的误码率性能与 QPSK 或者 OQPSK 的误码率性能相同。

2. 串行 MSK

　　迄今为止，在分析 MSK 时，采用类似于图 10.1、图 10.2 的并行结构完成调制与检测的各个处理过程。研究表明，还可以用串行方式处理 MSK 信号。串行调制器的结构由 BPSK 调制器构成，BPSK 调制器中含有变换滤波器，变换滤波器的输出频率响应函数如下：

$$G(f) = \{\mathrm{sinc}[(f-f_c)T_b - 0.25] + \mathrm{sinc}[(f+f_c)T_b + 0.25]\}\mathrm{e}^{-\mathrm{j}2\pi f t_0} \tag{10.23}$$

式中，t_0 表示滤波器的任意时延；f_c 表示 MSK 信号的载波频率（f_c 由 frequency 和 carrier 的首写字母构成，调制技术中常用 f_c 表示载波频率）。值得注意的是，变换滤波器的频率响应峰值在频率轴上比载波频率 f_c 高出了四分之一的数据速率。但是，BPSK 信号的载波频率比具有所期望的 MSK 信号的载波频率 f_c 低了四分之一数据速率。可以将 BPSK 信号的功率谱表示如下：

$$S_{\mathrm{BPSK}}(f) = (A^2 T_b/2)\{\mathrm{sinc}^2[(f-f_c)T_b + 0.25] + \mathrm{sinc}^2[(f+f_c)T_b - 0.25]\} \tag{10.24}$$

$|G(f)|^2$ 与 $S_{\mathrm{BPSK}}(f)$ 的乘积给出了变换滤波器输出的功率谱，经化简之后，可以将该功率谱变换为

$$S_{\mathrm{MSK}}(f) = \frac{32A^2 T_b}{\pi^4}\left\{\frac{\cos^2[2\pi T_b(f-f_c)]}{\left[1-16T_b^2(f-f_c)^2\right]^2} + \frac{\cos^2[2\pi T_b(f+f_c)]}{\left[1-16T_b^2(f+f_c)^2\right]^2}\right\} \tag{10.25}$$

　　上式表示已调 MSK 信号的双边功率谱，该式从频域的角度体现了用串行方式产生 MSK 信号的有效性。因此，可以用串行调制器的结构取代并行调制器的结构，这表明：并行结构中难度很大的工作（也就是产生幅度匹配、相位正交的信号）可以由较容易实现的工作（也就是 BPSK 信号的产生、变换滤波器的合成）取代。

　　从本质上说，接收端解调时执行的是发送端信号处理过程的逆过程。对接收的信号滤波时，滤波器的频率响应与 MSK 频谱的均方根成正比。尽管这里不给出细节[3]，但可以证明，在各个合理的采样时刻，对每个符号进行采样时，与前面或者后面的各个样值无关。

3. 高斯 MSK

　　与 QPSK、OQPSK 相比，尽管 MSK 具有带外功率较低的特性，但对某些应用（比如卫星通信、蜂窝无线通信）来说仍然不够好。通过设计出相位比图 10.6 所示的直线特性平滑的过渡，MSK 可以对调制后的信号实现较好的旁瓣抑制。实现这一处理过程的方法之一是：让 NRZ 表示形式的数据通过具有如下高斯频率响应的低通滤波器的处理[4]

$$H(f) = \exp\left[-\frac{\ln 2}{2}\left(\frac{f}{B}\right)^2\right] \tag{10.26}$$

3　参阅 F. Amoroso、J. A. Kivett 的文献 "简化的 MSK 信号传输技术"，*IEEE Transactions on Communications*, COM-25: 433--441, April 1977。

4　参阅 K. Morota and K. Haride 的文献 "用于数字移动无线电话的 GMSK 调制技术"，*IEEE Transactions on Communi cations*, COM-29: 1044-1050, July 1981。

式中，B 表示滤波器的 3 dB 双边带带宽。接着，把滤波器的输出作为调频器（调制器的偏移常数选为 f_d）的输入，于是，在数据从-1跳变到 1 时产生了 $\pi/2$ 弧度的相位变化。具体实现时面临的问题是：如何设计出频率响应为式（10.26）的滤波器？频率响应为式（10.26）的滤波器对应的高斯冲激响应如下（见附录 F 之"表 F.5：傅里叶变换对"）：

$$h(t) = \sqrt{\frac{2\pi}{\ln 2}} B \exp\left(-\frac{2\pi^2 B^2}{\ln 2} t^2\right) \tag{10.27}$$

一般来说，在 t 的有限值范围内，用数字技术实现具有高斯冲激响应的滤波器。这种滤波器的阶跃响应等于冲激响应的积分。

$$y_s(t) = \int_{-\infty}^{t} h(\tau) d\tau \tag{10.28}$$

当输入为矩形脉冲 $\Pi(t/T_b)$ 时，这种滤波器的响应如下：

$$
\begin{aligned}
g(t) &= \int_{-\infty}^{t+T_b} h(\tau) d\tau - \int_{-\infty}^{t-T_b} h(\tau) d\tau \\
&= \frac{1}{2}\left[\text{erf}\left(\sqrt{\frac{2}{\ln 2}} \pi B T_b\left(\frac{t}{T_b} + \frac{1}{2}\right)\right) - \text{erf}\left(\sqrt{\frac{2}{\ln 2}} \pi B T_b\left(\frac{t}{T_b} - \frac{1}{2}\right)\right)\right] \\
&= \frac{1}{2}\left[\text{erf}\left(\sqrt{\frac{2}{\ln 2}} \pi B T_b\left(\frac{t}{T_b} + \frac{1}{2}\right)\right) + \text{erf}\left(-\sqrt{\frac{2}{\ln 2}} \pi B T_b\left(\frac{t}{T_b} - \frac{1}{2}\right)\right)\right]
\end{aligned}
\tag{10.29}
$$

式中，T_b 表示比特周期；$\text{erf}(u) = \dfrac{2}{\sqrt{\pi}} \int_0^u \exp(-t^2) dt$ 表示误差函数。让完整的 NRZ 表示形式的数据流通过高斯滤波器，并用滤波器的输出对载波的频率进行调制之后，就可以得到已调信号的波形。所得到的已调信号的相位偏移量如下：

$$\phi(t) = 2\pi f_d \sum_{n=-\infty}^{\infty} \alpha_n \int_{-\infty}^{t} g(\lambda - nT_b) d\lambda \tag{10.30}$$

式中，α_n 表示第 n 比特的极性符号；f_d 表示在产生 $\pi/2$ 弧度的相位跳变时所选择的偏移常数。可以证明：在这种称为高斯 MSK 的调制方案所产生的频谱中，旁瓣的幅度由 BT_b 决定，达到这一效果的代价是：BT_b 越小，码间干扰越大。GMSK 用作第二代欧洲蜂窝无线标准的调制方案。选自 Murota、Hirade 的论文中的一些结论如表 10.1 所示，表中给出了包含 90%功率时的带宽（也就是包含已调信号 90%的功率时所对应的带宽），还给出了与理想 MSK 相比时通过 E_b/N_0 与 BT_b 之间的关系所体现的性能下降。

表 10.1　包含 90%功率时的带宽与用 E_b/N_0 度量时的性能下降

BT_b	90%功率时的带宽，比特率[*]	MSK 的性能下降，dB
0.2	0.52	1.3
0.25	0.57	0.7
0.5	0.69	0.3
∞	0.78	0

[*]射频带宽时，把这些值加倍

10.1.4　从信号空间的角度表示多进制数据传输

介绍多进制数据传输系统时采用了便捷的信号空间结构。在证明接收机的结构时所采用的方法具有启发性。把这一内容安排在第 11 章的理论基础部分（第 11 章分析了信号最佳检测的原理）[5]。

这里介绍具有如下信号单元的相干通信系统。

$$s_i(t) = \sum_{j=1}^{K} a_{ij} \phi_j(t), \quad 0 \leqslant t \leqslant T_s, \quad K < M, \quad i = 1, 2, \cdots, M \tag{10.31}$$

式中，在符号区间内，各个 $\phi_j(t)$ 函数正交。即

$$\int_0^{T_s} \phi_m(t) \phi_n(t) \, \mathrm{d}t = \begin{cases} 1, & m = n \\ 0, & m \neq n \end{cases} \tag{10.32}$$

根据式（10.31），利用坐标轴 $\phi_1(t), \phi_2(t), \phi_3(t), \cdots, \phi_K(t)$，可以设计出用点表示的可能的发送信号。

在信道的输出端，假定收到的是"信号+高斯白噪声"，即

$$y(t) = s_i(t) + n(t), \quad t_0 \leqslant t \leqslant t_0 + T_s, \quad i = 1, 2, \cdots, M \tag{10.33}$$

式中，t_0 表示选择的任意起始时间，而且 t_0 等于 T_s 的整数倍。正如图 10.7 所示出的，接收机由一排（K 个）相关器构成，其中的每个相关器表示一个正交函数。

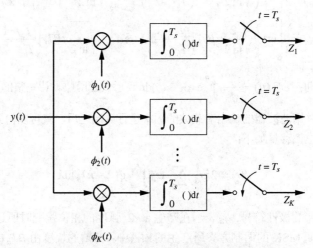

注意：$y(t) = s_i(t) + n(t)$，其中，$n(t)$ 表示高斯白噪声

图 10.7　信号空间坐标的计算

把第 j 个相关器的输出表示如下：

$$Z_j(t) = a_{ij} + N_j, \quad j = 1, 2, \cdots, K, \quad i = 1, 2, \cdots, M \tag{10.34}$$

式中，噪声分量 N_j 用如下的关系式表示（为了简化符号的表示，令 $t_0 = 0$）：

$$N_j = \int_0^{T_s} n(t) \phi_j(t) \, \mathrm{d}t \tag{10.35}$$

由于 $n(t)$ 表示高斯白噪声，因此，可以证明 $N_1, N_2, \cdots, N_K$ 是相互独立的高斯随机变量，且这些

5　科特尔尼科夫于 1947 年将信号空间首次引入通信系统的表示，随后由沃普克拉夫特、雅各布斯（1965）完成的合著中包含了该内容。用信号空间分析多进制调制方案的几个例子见 E. Arthurs、H. Dym 的论文"高斯白噪声环境下数字信号的最佳检测——三个基本数据传输系统的几何解释与分析"，*IRE Transactions on Communications Systems*, CS-10: 336-372, December 1962。

随机变量的均值均为零、方差均为 $N_0/2$（该方差值等于噪声的双边功率谱密度）。引入下面的分析过程时，可以证明上述结果：

$$
\begin{aligned}
E[N_j N_k] &= E\left[\int_0^{T_s} n(t)\phi_j(t)\,\mathrm{d}t \int_0^{T_s} n(\lambda)\phi_k(\lambda)\,\mathrm{d}t\right] \\
&= E\left[\int_0^{T_s}\int_0^{T_s} n(t)n(\lambda)\phi_j(t)\,\phi_k(\lambda)\,\mathrm{d}\lambda\mathrm{d}t\right] \\
&= \int_0^{T_s}\int_0^{T_s} E[n(t)n(\lambda)]\phi_j(t)\,\phi_k(\lambda)\,\mathrm{d}\lambda\mathrm{d}t \\
&= \int_0^{T_s}\int_0^{T_s} \frac{N_0}{2}\delta(t-\lambda)\phi_j(t)\,\phi_k(\lambda)\,\mathrm{d}\lambda\mathrm{d}t \\
&= \frac{N_0}{2}\int_0^{T_s}\phi_j(t)\phi_k(t)\mathrm{d}t \\
&= \begin{cases} \dfrac{N_0}{2}, & j=k \\ 0, & j\neq k \end{cases}
\end{aligned} \tag{10.36}
$$

利用各个 $\phi_i(t)$ 相互正交的特性，推导出了上式中最后一行的结论。由于 $n(t)$ 的均值为零，那么，$N_1,N_2,\cdots,N_K$ 的均值均为零。式(10.36)的推导过程表明：$N_1,N_2,\cdots,N_K$ 之间不相关。由于 $N_1,N_2,\cdots,N_K$ 均为高斯变量(每一个都是构成高斯随机过程的线性运算单元)，因此，它们之间相互独立。

可以证明：在给出发送的是哪个信号的判决时，如果误码率最低，那么，这种信号空间表示法保留了所需的全部信息。在接收机中进行的下一项处理是完成如下功能的判决单元。

把收到的"信号+噪声"坐标值与存储的各个信号分量坐标值 a_{ij} 进行比较。在用欧几里得距离度量时，把与收到的"信号+噪声"距离最近的信号作为发送的信号；也就是说，当下面的关系式取最小值时，对应的各个 a_{ij} 分量就是所选取的发送信号：

$$d_i^2 = \sum_{j=1}^K [Z_j - a_{ij}]^2 \tag{10.37}$$

在得出关于信号单元可能的最小误码率时，需要进行判决，判决过程见第 11 章的分析。

例 10.1

在引入的 BPSK 系统中，只需要一个正交函数，即

$$\phi(t) = \sqrt{\frac{2}{T_b}}\cos(2\pi f_c t), \quad 0\leqslant t\leqslant T_b \tag{10.38}$$

把可能的发送信号表示如下：

$$s_1(t) = \sqrt{E_b}\phi(t), \quad s_2(t) = -\sqrt{E_b}\phi(t) \tag{10.39}$$

式中，E_b 表示每比特的能量，那么，可以得到 $\alpha_{11}(t)=\sqrt{E_b}$，$\alpha_{21}(t)=-\sqrt{E_b}$。例如，当相关器的输出 $Z_1=-1$、$E_s=4$ 时，由式(10.37)可以得到

$$d_1^2 = \left(-1-\sqrt{4}\right)^2 = 9$$

$$d_2^2 = \left(-1+\sqrt{4}\right)^2 = 1$$

因此作出了发送 $s_2(t)$ 的判决。　■

10.1.5　从信号空间的角度表示 QPSK

从图 10.7、图 10.2 可以看出，QPSK 的接收机由两个相关器构成，于是，可以通过如图 10.8

所示的二维信号空间表示收到的数据。用 $\phi_1(t)$、$\phi_2(t)$ 这两个正交函数可以将发送的信号表示如下：

$$x_c(t) = s_i(t) = \sqrt{E_s}\left[d_1(t)\phi_1(t) - d_2(t)\phi_2(t)\right] = \sqrt{E_s}\left[\pm\phi_1(t) \pm \phi_2(t)\right] \tag{10.40}$$

式中

$$\phi_1(t) = \sqrt{\frac{2}{T_s}}\cos(2\pi f_c t), \quad 0 \leqslant t \leqslant T_s \tag{10.41}$$

$$\phi_2(t) = \sqrt{\frac{2}{T_s}}\sin(2\pi f_c t), \quad 0 \leqslant t \leqslant T_s \tag{10.42}$$

E_s 表示包含在 $x_c(t)$ 的一个符号中的能量。在图 10.8 中还示出了把接收数据点与可能的信号点对应时所得到的区域。从图中可以看出，在确定与接收数据点相对应的给定信号点时，各个坐标轴给出了各个区域的边界。例如，假如接收的数据点位于第一象限（区域 R_1），则判决为 $d_1(t) = 1$、$d_2(t) = 1$（用 S_1 表示信号空间里的这一结果）。根据圆的对称性可知，误码率与所选择的信号点无关，于是可以求出误码率的简单边界值如下：

$$\begin{aligned}P_E &= \Pr\left(Z \in R_2 \text{ 或者 } R_3 \text{ 或者 } R_4 \middle| \text{发送} S_1\right)\\ &< \Pr\left(Z \in R_2 \text{ 或者 } R_3 \middle| \text{发送} S_1\right) + \Pr\left(Z \in R_3 \text{ 或者 } R_4 \middle| \text{发送} S_1\right)\end{aligned} \tag{10.43}$$

可以证明：在式（10.43）第二行中表示的两个概率值相等（即，$\Pr(Z \in R_2 \text{ 或者 } R_3|\text{发送} R_1) = \Pr(Z \in R_3 \text{ 或者 } R_4|\text{发送} R_1)$）。因此得到

$$P_E < 2\Pr\left(Z \in R_2 \text{ 或者 } R_3\right) = 2\Pr\left(\sqrt{E_s/2} + N_\perp < 0\right) = 2\Pr\left(N_\perp < -\sqrt{E_s/2}\right) \tag{10.44}$$

式中，$N_\perp$ 表示与 R_1、R_2 之间的判决边界垂直的噪声分量，如图 10.9 所示。可以证明，$N_\perp$ 的均值为零、方差为 $N_0/2$。因此得到

$$P_E < 2\int_{-\infty}^{-\sqrt{E_s/2}} \frac{\mathrm{e}^{-u^2/N_0}}{\sqrt{\pi N_0}}\mathrm{d}u = 2\int_{\sqrt{E_s/2}}^{\infty} \frac{\mathrm{e}^{-u^2/N_0}}{\sqrt{\pi N_0}}\mathrm{d}u \tag{10.45}$$

利用变量代换 $\mu = v/\sqrt{N_0/2}$ 之后，可以将上式简化为如下的形式：

$$P_E < 2Q\left(\sqrt{\frac{E_s}{N_0}}\right) \tag{10.46}$$

上式与式（10.15）相同，也就是说，式（10.15）是在忽略不计式（10.14）中 P_{E_1} 的平方项的条件下得到的结果。

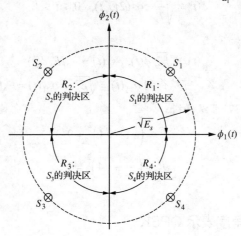

图 10.8　QPSK 的信号空间

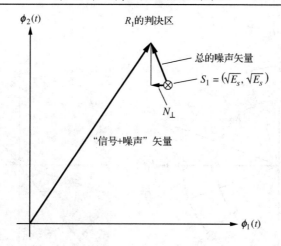

图 10.9　在信号空间里用"信号+噪声"表示法示出的能够导致接收矢量位于 R_2 区域内的噪声分量 $N_\perp$

10.1.6　多进制相移键控

可以把 QPSK 的信号单元推广到任意数量的相位。用如下的形式表示调制之后的信号：

$$s_i(t) = \sqrt{\frac{2E_s}{T_s}} \cos\left[2\pi f_c t + \frac{2\pi(i-1)}{M}\right], \quad 0 \le t \le T_s, \quad i = 1, 2, \cdots, M \tag{10.47}$$

利用三角恒等式可以把上式展开为如下的表达式：

$$s_i(t) = \sqrt{E_s}\left[\cos\left(\frac{2\pi(i-1)}{M}\right)\sqrt{\frac{2}{T_s}}\cos(2\pi f_c t) - \sin\left(\frac{2\pi(i-1)}{M}\right)\sqrt{\frac{2}{T_s}}\sin(2\pi f_c t)\right]$$

$$= \sqrt{E_s}\left[\cos\left(\frac{2\pi(i-1)}{M}\right)\phi_1(t) - \sin\left(\frac{2\pi(i-1)}{M}\right)\phi_2(t)\right] \tag{10.48}$$

式中，$\phi_1(t)$、$\phi_2(t)$ 表示由式(10.41)、式(10.42)定义的正交函数。

图 10.10(a)示出了当 $M = 8$ 时具有最佳判决区的信号点 $S_i(i = 1, 2, \cdots, M)$ 的图示。从图 10.10(b)可以看出，误码率的边界所包含的范围过大，具体地说，由 "半平面 D_1"、"半平面 D_2" 这两个 "半平面" 表示的总面积大于图 10.10(b)中阴影部分的总面积，因此，符号差错概率大于接收数据点 Z_j 位于任意一个半平面的概率。由于噪声分布的圆对称性，因此两个概率相等。当考虑具有单个信号点的单个 "半平面" 时，各个信号 "半平面" 的边界之间的最小距离如下：

$$d = \sqrt{E_s}\sin(\pi/M) \tag{10.49}$$

图 10.9 示出了与 "半平面" 的边界垂直的噪声分量 $N_\perp$。$N_\perp$ 是可能导致接收的数据点出现在判决边界错误区间的唯一噪声分量，$N_\perp$ 的均值为零、方差为 $N_0/2$。根据这一分析，并且参考图 10.10(b)，可以得到偏大的误码率边界如下：

$$P_E < \Pr\left(Z \in D_1 \text{ 或者 } D_2\right) = 2\Pr\left(Z \in D_1\right)$$

$$= 2\Pr\left(d + N_\perp < 0\right) = 2\Pr\left(N_\perp < -d\right) \tag{10.50}$$

$$= 2\int_{-\infty}^{-d} \frac{\mathrm{e}^{-u^2/N_0}}{\sqrt{\pi N_0}}\,\mathrm{d}u = 2Q\left(\sqrt{\frac{2E_s}{N_0}}\sin(\pi/M)\right)$$

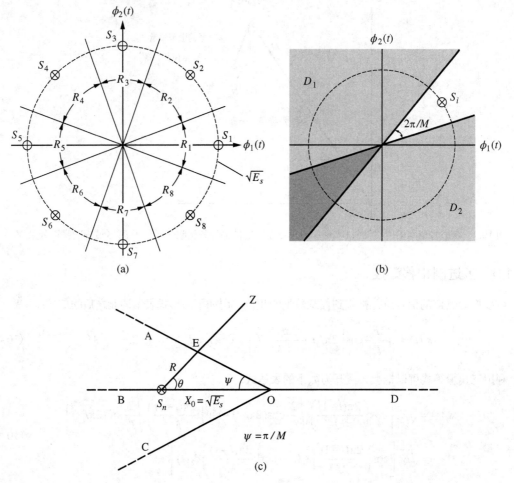

图 10.10　(a) 当 $M = 8$ 时多进制相移键控的信号空间；(b) 采用多进制相移键控时所表示的两个 "半平面" 的信号空间，这里的 "半平面" 给出了过大的 P_E 范围；(c) 求 P_E 时为推导克雷格积分的精确值而建立的坐标系

从图 10.10(b) 可以看出，当 M 增大时，D_1、D_2 的重叠部分变得小一些，因此，当 M 变大时，边界变得严格些。

误符号率的精确表达式如下[6]：

$$P_E = \frac{1}{\pi} \int_0^{\pi - \pi/M} \exp\left[\frac{(E_s / N_0) \sin^2(\pi / M)}{\sin^2 \phi} \right] \mathrm{d}\phi \tag{10.51}$$

下面借助于图 10.10(c) 给出上式的推导过程（详细过程见克雷格的论文）。图 10.10(c) 示出了信号点 S_n 的第 n 个判决区（注意：由于圆对称，因此可以把该判决区旋转到方便的任意位置）。误符号率指的是：噪声导致接收数据点落在由半无限长的直线 AO、CO 限定的 V 形区域（比如说落在 Z 点）之外的概率，并且可以看出，误符号率等于 Z 落在边界 AOD 之上的概率的两倍。可以把误符号率表示如下：

6　参阅 J. W. Craig,的文献 "计算二维信号星座的新颖、简单并且精确的结果"，*IEEE Milcom '91 Proceedings*, 571-575, October 1991。

$$P_E = 2\int_0^{\pi-\pi/M} \int_R^\infty f_{R\Theta}(r,\ \theta)\mathrm{d}r\mathrm{d}\theta \tag{10.52}$$

式中，R 表示从信号点到边界的距离，$f_{R\Theta}(r,\theta)$ 指用极坐标表示的噪声分量的联合概率密度函数，即

$$f_{R\Theta}(r,\ \theta) = \frac{r}{\pi N_0}\exp\left(-\frac{r^2}{N_0}\right),\quad r \geqslant 0,\quad -\pi < \theta \leqslant \pi \tag{10.53}$$

（注意：在得到上式时，利用了噪声分量的方差等于 $N_0/2$ 的结论）。把式(10.53)代入式(10.52)，并且在 r 的定义域内完成积分运算之后，可以得到

$$P_E = \frac{1}{\pi}\int_0^{\pi-\pi/M}\exp\left(-\frac{R^2}{N_0}\right)\mathrm{d}\theta \tag{10.54}$$

接下来，根据图 10.10(c)，利用正弦定理，可以得到如下的关系式：

$$\frac{R}{\sin\psi} = \frac{X_0}{\sin(\pi-\theta-\psi)} = \frac{X_0}{\sin(\theta+\psi)}$$

或者表示如下：

$$R = \frac{X_0\sin\psi}{\sin(\theta+\psi)} = \frac{\sqrt{E_s}\sin(\pi/M)}{\sin(\theta+\pi/M)} \tag{10.55}$$

把上面得到的 R 的表达式代入式(10.54)，可以得到

$$P_E = \frac{1}{\pi}\int_0^{\pi-\pi/M}\exp\left(-\frac{E_s\sin^2(\pi/M)}{N_0\sin^2(\theta+\pi/M)}\right)\mathrm{d}\theta \tag{10.56}$$

把 $\phi = \pi - (\theta+\pi/M)$ 代入上式之后可以得到式(10.51)。在介绍了误符号率转换为误比特率的内容之后，再介绍根据式(10.51)计算出的相应性能曲线。

10.1.7　正交幅度调制

利用正交载波实现多个信号传输的另外一种传输方案是正交幅度调制(Quadrature Amplitude Modulation，QAM)，把 QAM 的发送信号表示如下：

$$s_i(t) = \sqrt{\frac{2}{T_s}}[A_i\cos(2\pi f_c t) + B_i\sin(2\pi f_c t)],\quad 0 < t \leqslant T_s \tag{10.57}$$

式中，A_i、B_i 以相同的概率取如下的可能值：$\pm a, \pm 3a, \cdots, (\sqrt{M}-1)$，其中，$M$ 表示 4 的整数次方。参数 a 与符号的平均能量 E_s 之间的关系式(见习题 10.16)为

$$a = \sqrt{\frac{3E_s}{2(M-1)}} \tag{10.58}$$

图 10.11(a)示出了 16QAM 的信号空间表示，图 10.11(b)示出了接收机的结构。可以证明，多进制 QAM 的误符号率用如下的关系式表示：

$$P_E = 1 - \frac{1}{M}\left[\left(\sqrt{M}-2\right)^2 P(C|\mathrm{I}) + 4\left(\sqrt{M}-2\right)P(C|\mathrm{II}) + 4P(C|\mathrm{III})\right] \tag{10.59}$$

式中，条件概率 $P(C|\mathrm{I})$、$P(C|\mathrm{II})$、$P(C|\mathrm{III})$ 分别为

$$P(C|\text{I}) = \left[\int_{-a}^{a} \frac{\exp(-u^2/N_0)}{\sqrt{\pi N_0}} du \right]^2 = \left[1 - 2Q\left(\sqrt{\frac{2a^2}{N_0}} \right) \right]^2 \qquad (10.60)$$

$$P(C|\text{II}) = \int_{-a}^{a} \frac{\exp(-u^2/N_0)}{\sqrt{\pi N_0}} du \int_{a}^{\infty} \frac{\exp(-u^2/N_0)}{\sqrt{\pi N_0}} du$$

$$= \left[1 - 2Q\left(\sqrt{\frac{2a^2}{N_0}} \right) \right]\left[1 - Q\left(\sqrt{\frac{2a^2}{N_0}} \right) \right] \qquad (10.61)$$

$$P(C|\text{III}) = \left[\int_{-a}^{\infty} \frac{\exp(-u^2/N_0)}{\sqrt{\pi N_0}} du \right]^2 = \left[1 - Q\left(\sqrt{\frac{2a^2}{N_0}} \right) \right]^2 \qquad (10.62)$$

符号 I、II、III 的含义是：与图 10.11(a) 示出的 3 种类型的判决区相对应的正确接收概率。一般来说，类型 I 的判决区有 $(\sqrt{M}-2)^2$ 个 (用 16QAM 传输技术，则类型 I 的判决区有 4 个)，类型 II 的判决区有 $4(\sqrt{M}-2)$ 个 (如果采用 16QAM 传输技术，则类型 II 的判决区有 8 个)，类型 III 的判决区有 4 个 (4 个顶角)。那么，如果假定各个可能的符号等概率出现，则给定区域所属类型的概率等于 $1/M$ 分别乘以这些值，这就证明了式 (10.59) 所体现的基本思想。

在利用式 (10.59)～式 (10.62) 计算误符号率时，计算机程序很实用。与 Q 函数本身相比，当 E_s/N_0 很大时，Q 函数的平方可以忽略不计，这时可以得到误符号率的近似值如下：

$$P_s \cong 4\left(1 - \frac{1}{\sqrt{M}} \right)Q\left(\sqrt{\frac{2a^2}{N_0}} \right), \quad E_s/N_0 \gg 1 \qquad (10.63)$$

在这一章的后面给出 MPSK 与 QAM 误码率性能的比较。

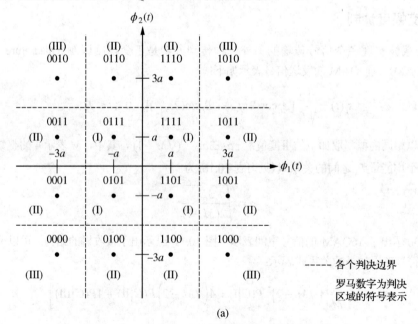

(a)

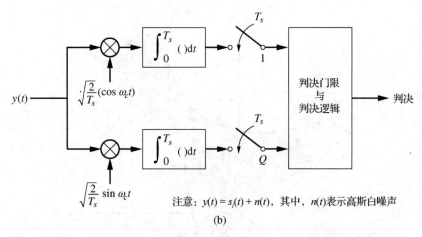

注意：$y(t) = s_i(t) + n(t)$，其中，$n(t)$表示高斯白噪声

(b)

图10.11　16QAM 的信号空间与检测器的结构。(a) 16QAM 的星座图与判决区；
(b) 多进制 QAM 的检测器结构(信号点的二进制表示形式为格雷码)

10.1.8　相干 FSK

第 11 章给出了相干 MFSK 误码率性能的推导。把 MFSK 的发送信号表示如下：

$$s_i(t) = \sqrt{\frac{2}{T_s} E_s} \cos\left\{2\pi\left[f_c + (i-1)\Delta f\right]t\right\}, \quad 0 \leqslant t \leqslant T_s, \quad i = 1, 2, \cdots, M \tag{10.64}$$

式中，为了确保式(10.64)所表示的信号相干正交，频率间隔 Δf 取较大的值(最小间隔为 $\Delta f = 1/(2T_s)$)。由于 M 个可能发送信号中的每一个都与其余的 $(M-1)$ 信号正交，那么，这样的信号空间是 M 维信号空间，即表示信号各个函数的正交单元为

$$\phi_i(t) = \sqrt{\frac{2}{T_s}} \cos\left\{2\pi\left[f_c + (i-1)\Delta f\right]t\right\}, \quad 0 \leqslant t \leqslant T_s, \quad i = 1, 2, \cdots, M \tag{10.65}$$

于是，可以把第 i 个信号单元表示如下：

$$s_i(t) = \sqrt{E_s}\phi_i(t) \tag{10.66}$$

图 10.12 示出了 $M = 3$ 时的信号空间(考虑到绘图简单，才选择了这个并不实用的例子)。当 M 较大时，如果发生了差错，那么，收到的数据矢量一定会更接近 $(M-1)$ 错误信号点中的任意一个(而不是更接近正确的信号点)，因此这时的误码率的上限变得更为严格[7]：

$$P_E \leqslant (M-1)Q\left(\sqrt{\frac{E_s}{N_0}}\right) \tag{10.67}$$

在这些错误事件中，任意一个的发生概率为 $Q(\sqrt{E_s/N_0})$。

---

7 根据概率的联合限，可以推导出这一关系式；这表明：对 K 个事件的任何一个可能相交或者可能不相交的单元而言，如下的关系式成立：$\Pr(A_1 \cup A_2 \cup \cdots \cup A_K) \leqslant \Pr(A_1) + \Pr(A_2) + \cdots + \Pr(A_K)$。

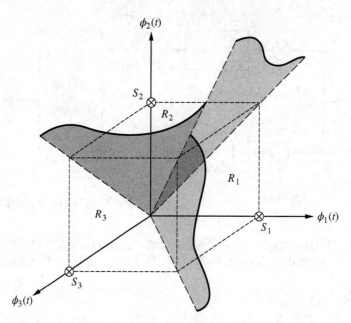

图 10.12　采用 3 进制相干 FSK 时各个判决区域的信号空间表示

10.1.9　非相干 FSK

非相干 MFSK 采用的信号单元与相干 MFSK 的相同，然而，在采用的接收机结构中，不需要获取相干参考载波。图 10.13 示出了非相干 MFSK 接收机的合理方框图。可以证明这时的误符号率如下：

$$P_E = \sum_{k=1}^{M-1} \binom{M-1}{k} \frac{(-1)^{k+1}}{k+1} \exp\left(-\frac{k}{k+1}\frac{E_s}{N_0}\right) \tag{10.68}$$

下面大致给出误符号率的推导过程。根据图 10.13，可以把收到的信号表示如下：

$$y_i(t) = \sqrt{\frac{2E_s}{T_s}} \cos\left(2\pi f_i t + \alpha\right), \quad 0 \leqslant t \leqslant T_s, \quad i = 1, 2, \cdots, M \tag{10.69}$$

式中，$|f_{i\pm 1} - f_i| \geqslant 1/T_s$；$\alpha$ 表示未知的相位角。把第 j 对相关器的正交基函数表示如下：

$$\begin{cases} \phi_{2j-1}(t) = \sqrt{\dfrac{2}{T_s}} \cos\left(2\pi f_j t\right), & 0 \leqslant t \leqslant T_s \\[2mm] \phi_{2j}(t) = \sqrt{\dfrac{2}{T_s}} \sin\left(2\pi f_j t\right), & 0 \leqslant t \leqslant T_s, \quad j = 1, 2, \cdots, M \end{cases} \tag{10.70}$$

假定发送 $s_i(t)$，那么，用 $\mathbf{Z} = (Z_1, Z_2, Z_3, \cdots, Z_{2M-1}, Z_{2M})$ 表示的接收矢量的坐标如下：

$$Z_{2j-1} = \begin{cases} N_{2j-1}, & j \neq i \\[2mm] \sqrt{E_s}\cos\alpha + N_{2j-1}, & j = i \end{cases} \tag{10.71}$$

以及

$$Z_{2j} = \begin{cases} N_{2j}, & j \neq i \\ -\sqrt{E_s}\cos\alpha + N_{2j}, & j = i \end{cases} \tag{10.72}$$

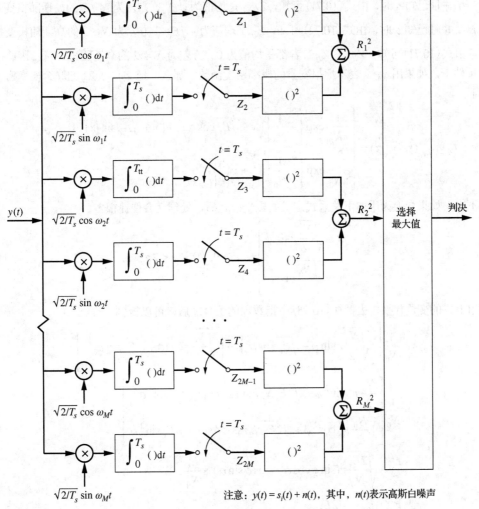

注意：$y(t) = s_i(t) + n(t)$，其中，$n(t)$表示高斯白噪声

图 10.13 非相干 MFSK 的接收机结构

式中，$j = 1, 2, \cdots, M$。各个噪声分量用如下的关系式表示：

$$\begin{cases} N_{2j-1} = \sqrt{\dfrac{2}{T_s}} \int_0^{T_s} n(t)\cos(2\pi f_j t)\mathrm{d}t \\ N_{2j} = \sqrt{\dfrac{2}{T_s}} \int_0^{T_s} n(t)\sin(2\pi f_j t)\mathrm{d}t \end{cases} \tag{10.73}$$

上式表示的这些噪声分量是均值为零、方差为 $N_0/2$ 的高斯随机变量。假定发送的是 $s_i(t)$，则在满足如下关系式的条件下，能够正确地接收信息。

$$Z_{2j-1}^2 + Z_{2j}^2 < Z_{2i-1}^2 + Z_{2i}^2，\quad 所有 \ j \neq i$$

或者将上式表示如下：

$$\sqrt{Z_{2j-1}^2 + Z_{2j}^2} < \sqrt{Z_{2i-1}^2 + Z_{2i}^2}，\quad 所有 \ j \neq i \tag{10.74}$$

在计算误符号率时，需要知道随机变量 $R_j = \sqrt{Z_{2j-1}^2 + Z_{2j}^2}$（$j = 1,\ 2,\ \cdots,\ M$）的联合概率密度函数。当 $j = i$ 并且已知 α 时，由式(10.71)可知，Z_{2j-1} 是均值为 $\sqrt{E_s}$、方差为 $N_0/2$ 的高斯随机变量。同理，当 $j = i$ 并且已知 α 时，由式(10.72)可知，Z_{2j} 是均值为 $-\sqrt{E_s}$、方差为 $N_0/2$ 的高斯随机变量。当 $j \neq i$ 时，由式(10.71)可知，Z_{2j-1}、Z_{2j} 二者都是均值为 0、方差为 $N_0/2$ 的高斯随机变量。因此，在已知 α 的条件下，如果用 x、y 表示虚拟变量的概率密度函数，那么，把 Z_{2j-1}、Z_{2j} 的联合概率密度函数表示如下：

$$f_{Z_{2j-1},Z_{2j}}(x,\ y\,|\,\alpha) = \begin{cases} \dfrac{1}{\pi N_0}\exp\left\{-\dfrac{1}{N_0}\left[\left(x - \sqrt{E_s}\cos\alpha\right)^2 + \left(y + \sqrt{E_s}\sin\alpha\right)^2\right]\right\}, & j = i \\[4mm] \dfrac{1}{\pi N_0}\exp\left\{-\dfrac{1}{N_0}\left[x^2 + y^2\right]\right\}, & j \neq i \end{cases} \tag{10.75}$$

接下来，如果变换为用如下关系式定义的极坐标之后，处理就会便捷很多：

$$\left. \begin{array}{l} x = \sqrt{\dfrac{N_0}{2}}\,r\sin\phi \\[3mm] y = \sqrt{\dfrac{N_0}{2}}\,r\cos\phi \end{array} \right\},\quad r \geqslant 0,\quad 0 \leqslant \phi < 2\pi \tag{10.76}$$

利用上式的变量代换，去掉式(10.75)中指数项的负号之后，可以得到

$$\begin{aligned} &\frac{1}{N_0}\left[\left(\sqrt{\frac{N_0}{2}}\,r\sin\phi - \sqrt{E_s}\,c\cos\alpha\right)^2 + \left(\sqrt{\frac{N_0}{2}}\,r\cos\phi + \sqrt{E_s}\sin\alpha\right)^2\right] \\ &= \frac{1}{N_0}\left[\begin{array}{l} \dfrac{N_0}{2}r^2\sin^2\phi - \sqrt{2E_s N_0}\,r\sin\phi\cos\alpha + E_s\cos^2\alpha \\[2mm] + \dfrac{N_0}{2}r^2\cos^2\phi + \sqrt{2E_s N_0}\,r\cos\phi\sin\alpha + E_s\sin^2\alpha \end{array}\right] \\ &= \frac{r^2}{2} - \sqrt{\frac{2E_s}{N_0}}\,r(\sin\phi\cos\alpha - \cos\phi\sin\alpha) + \frac{E_s}{N_0} \\ &= \frac{r^2}{2} + \frac{E_s}{N_0} - \sqrt{\frac{2E_s}{N_0}}\,r\sin(\phi - \alpha) \end{aligned} \tag{10.77}$$

把上式代入式(10.75)之后，可以得到（值得注意的是，$\mathrm{d}x\mathrm{d}y \to \dfrac{N_0}{2}r\mathrm{d}r\mathrm{d}\phi$）。

$$\begin{aligned} f_{R_j\Phi_j|\alpha}(r,\ \phi\,|\,\alpha) &= \frac{r}{2\pi}\exp\left\{-\left[\frac{r^2}{2} + \frac{E_s}{N_0} - \sqrt{\frac{2E_s}{N_0}}\,r\sin(\phi - \alpha)\right]\right\},\quad j = i,\ r \geqslant 0,\ 0 \leqslant \phi < 2\pi \\[2mm] &= \frac{r}{2\pi}\exp\left[-\left(\frac{r^2}{2} + \frac{E_s}{N_0}\right)\right]\exp\left[\sqrt{\frac{2E_s}{N_0}}\,r\sin(\phi - \alpha)\right] \end{aligned} \tag{10.78}$$

通过设置 $E_s = 0$ 就可以得到 $j \neq i$ 时的结果。利用 α 在任意 2π 区间内呈均匀分布的条件，对 α 的概率密度函数求平均就可以得到非条件概率密度函数。因此得到

$$f_{R_j \Phi_j}(r, \ \phi) = \frac{r}{2\pi} \exp\left[-\frac{1}{2}\left(r^2 + \frac{2E_s}{N_0} \right) \right] \int_\phi^{2\pi-\phi} \exp\left[\sqrt{\frac{2E_s}{N_0}} r \sin(\phi - \alpha) \right] \frac{\mathrm{d}\alpha}{2\pi},$$

$$= \frac{r}{2\pi} \exp\left[-\frac{1}{2}\left(r^2 + \frac{2E_s}{N_0} \right) \right] I_0\left(\sqrt{\frac{2E_s}{N_0}} r \right), \quad j = i, \ r \geqslant 0, \ 0 \leqslant \phi < 2\pi \tag{10.79}$$

式中，$I_0(\cdot)$ 表示修正后的第一类第零阶贝塞尔函数。在 ϕ 的定义域内对上式积分之后可以得到 R_j 的呈莱斯分布的概率密度函数，即

$$f_{R_j}(r) = r \exp\left[-\frac{1}{2}\left(r^2 + \frac{2E_s}{N_0} \right) \right] I_0\left(\sqrt{\frac{2E_s}{N_0}} r \right), \quad j = i, \ r \geqslant 0 \tag{10.80}$$

如果设置 $E_s = 0$，则可以得到 $j \neq i$ 时的结果，于是，得到如下的呈瑞利分布的概率密度函数：

$$f_{R_j}(r) = r \exp\left(-\frac{r^2}{2} \right), \quad j \neq i, \ r \geqslant 0 \tag{10.81}$$

从随机变量 $R_j (j = 1, 2, \cdots, M)$ 的角度来说，检测的标准如下：

$$R_j < R_i, \ \text{所有的} \ j \neq i \tag{10.82}$$

由于 R_j 是统计独立的随机变量，因此复合事件的概率如下：

$$\mathrm{Pr}\left(R_j < R_i, \ \text{所有的} j \neq i \big| R_i \right) = \Pi_{j=1, \ j \neq i}^M \mathrm{Pr}\left(R_j < R_i \big| R_i \right) \tag{10.83}$$

但是，如下的关系成立：

$$\mathrm{Pr}\left(R_j < R_i \big| R_i \right) = \int_0^{R_i} r \exp\left(-r^2 / 2 \right) \mathrm{d}r = 1 - \exp\left(-R_i^2 / 2 \right) \tag{10.84}$$

当发送 $s_i(t)$ 时，正确接收的概率是在 R_i 的整个区间内对式 (10.84) 求平均，其中，R_i 具有由式 (10.80) 给出的呈莱斯分布的概率密度函数。利用式 (10.84)、式 (10.80)，可以用如下的积分表达式表示这一概率：

$$P_s\left(C \big| \text{发送} s_i \right) = \int_0^\infty [1 - \exp(-r^2 / 2)]^{M-1} r \exp\left[-\frac{1}{2}\left(r^2 + \frac{2E_s}{N_0} \right) \right] I_0\left(\sqrt{\frac{2E_s}{N_0}} r \right) \mathrm{d}r \tag{10.85}$$

然后，利用如下的二项式定理：

$$[1 - \exp(-r^2 / 2)]^{M-1} = \sum_{k=0}^{M-1} \binom{M-1}{k} (-1)^k \exp(-kr^2 / 2) \tag{10.86}$$

那么，把式 (10.85) 的积分、求和的顺序交换之后可以得到

$$P_s\left(C \big| \text{发送} s_i \right) = \sum_{k=0}^{M-1} \binom{M-1}{k} (-1)^k \int_0^\infty r \exp\left\{ -\frac{1}{2}\left[(k+1)r^2 + \frac{2E_s}{N_0} \right] \right\} I_0\left(\sqrt{\frac{2E_s}{N_0}} r \right) \mathrm{d}r$$

$$= \exp\left(-\frac{E_s}{N_0} \right) \sum_{k=0}^{M-1} \binom{M-1}{k} \frac{(-1)^k}{k+1} \exp\left[\frac{E_s}{(k+1)N_0} \right] \tag{10.87}$$

式中，利用了定积分的如下结果：

$$\int_0^\infty x \exp(-ax^2) I_0(bx) \mathrm{d}x = \frac{1}{2a} \exp\left(\frac{b^2}{4a} \right), \quad a, b > 0 \tag{10.88}$$

由于所得到的这一概率值与发送的信号无关，因此发送 M 个可能信号中的任意一个时，该概率值都成立。于是，正确接收的概率与假定的具体的 $s_i(t)$ 无关。所以，可以用如下的关系式表示误符号率。

$$P_E = 1 - P_s\left(C \mid \text{发送} s_i\right)$$

$$= 1 - \exp\left(-\frac{E_s}{N_0}\right) \sum_{k=0}^{M-1} \binom{M-1}{k} \frac{(-1)^k}{k+1} \exp\left[\frac{E_s}{(k+1)N_0}\right] \quad (10.89)$$

可以证明,上式与式(10.68)相同。

10.1.10　差分相干相移键控

第9章介绍了二进制差分相移键控。在这种调制方案中,在采用差分编码方式发送当前比特的信息时,把前一个比特用作参考比特。前面介绍过,与相干二进制相移键控相比,当误码率很低时,E_b/N_0 的损耗为 0.8 dB 左右。以二进制差分相移键控的思想为基础,很容易推广到多进制的情形,也就是说,利用相邻符号之间的相位差传输信息。接收端把收到的相邻信号的相位进行比较后,得到相移的估计值。这就是说,如果采用如下的式子表示相邻的发送信号:

$$\begin{cases} s_1(t) = \sqrt{\dfrac{2E_s}{T_s}} \cos(2\pi f_c t), & 0 \leqslant t < T_s \\[2mm] s_i(t) = \sqrt{\dfrac{2E_s}{T_s}} \cos\left[2\pi f_c t + \dfrac{2\pi(i-1)}{M}\right], & T_s \leqslant t < 2T_s \end{cases} \quad (10.90)$$

则可以推断:在两个相邻的符号区间内,由信道引入的相移 α 是常数,于是,可以把收到的"信号+噪声"表示如下:

$$\begin{cases} y_1(t) = \sqrt{\dfrac{2E_s}{T_s}} \cos(2\pi f_c t + \alpha) + n(t), & 0 \leqslant t < T_s \\[2mm] s_i(t) = \sqrt{\dfrac{2E_s}{T_s}} \cos\left[2\pi f_c t + \alpha + \dfrac{2\pi(i-1)}{M}\right] + n(t), & T_s \leqslant t \leqslant 2T_s \end{cases} \quad (10.91)$$

那么,接收机的判决准则为:在 $2\pi/M$ 个步骤中,求出相邻符号区间的相移量的大小。

多年以来,已推导出了多进制差分相移键控(M-ary DPSK, MDPSK)的误符号率的近似值与边界[8]。与多进制相移键控技术一样,已公开发表了多进制差分相移键控误符号率的精确表达式,其中,用到了附录 F 中 Q 函数的克雷格表达式[9]。所得的结果如下:

$$P_E = \frac{1}{\pi} \int_0^{\pi-\pi/M} \exp\left[\frac{-(E_s/N_0)\sin^2(\pi/M)}{1+\cos(\pi/M)\cos\phi} \mathrm{d}\phi\right] \quad (10.92)$$

在介绍了误符号率与误比特率之间的转换关系后,可以借助于式(10.92)计算出误比特率的结果。

10.1.11　把误符号率转换为误比特率

如果发送 M 个可能符号中的一个,那么,在表示该符号时所需的比特数为 $\log_2 M$。可以用二进制码对信号点进行编号,因此,相邻的信号点之间只存在 1 比特的不同。这种码就是第9章介绍过的格雷码,表 10.2 示出了 $M=8$ 时的格雷码。

8　参阅 V. K. Prabhu 的论文"差分相移键控的误码率性能",*IEEE Transactions on Communications*, COM-30: 2547-2550, December 1982。

　　R. Pawula 的论文"多进制差分相移键控的渐近线与误码率",*IEEE Transactions on Communications*, COM-32: 93-94, January 1984。

9　参阅 R. F. Pawula 的论文"MDPSK 误符号率的新的表示式",*IEEE Communications Letters*, 2: 271-272, October 1998。

表 10.2　$M = 8$ 时的格雷码

数字	二进制码	格雷码
0	000	000
1	001	001
2	010	011
3	011	010
4	100	110
5	101	111
6	110	101
7	111	100

注意：习题 9.32 给出了编码算法。

由于最可能出现的差错是：相邻的信号点错成当前的信号点，因而可以忽略非相邻点之间的差错。于是，在采用格雷码时，如果符号出现差错，则对应的是 1 比特的差错(比如，采用 MPSK 时，常常会出现这样的情形)。对多进制通信系统而言，当上面的假定条件都成立时，可以用误符号率把误比特率表示如下：

$$P_{E,\,\text{bit}} = \frac{P_{E,\,\text{symbol}}}{\log_2 M} \tag{10.93}$$

在得出上式的结论时，由于忽略了错成非相邻符号的符号差错概率，因此，式(10.93)表示的是误比特率的下限。

下面介绍把误比特率与误符号率联系起来的第二种方法。在引入的多进制调制方案中，$M = 2^n (n$ 为整数)。因此，可以用 n 比特表示每个多进制符号，例如，序号的二进制表示法再减去 1。这种表示形式在 $M = 8$ 时的结果见表 10.3。

任取一列，比如取最后一列(已用方框隔开)。在这一列中，共有 $M/2$ 个零、$M/2$ 个 1。如果收到的符号(多进制信号)出现了差错，那么，对二进制表示形式的任意给定位置而言(在本例子中为最右边的比特)，在选定的比特存在错误的 $(M-1)$ 种方式中，对应 $M/2$ 种可能的结果。在 M 种可能的结果中，只有一种是正确的，而另外的 $(M-1)$ 种是可能出现的错误。

表 10.3　正交传输方案中与误比特率相关的计算

多进制信号	二进制表示形式	
1(0)	0 0	0
2(1)	0 0	1
3(2)	0 1	0
4(3)	0 1	1
5(4)	1 0	0
6(5)	1 0	1
7(6)	1 1	0
8(7)	1 1	1

因此，如果已知收到的符号发生了差错，则比特发生差错的概率如下：

$$P(B \mid S) = \frac{M/2}{M-1} \tag{10.94}$$

如果二进制表示形式的比特出现差错，则所对应的符号出现差错，于是得出结论：在比特出现差错的条件下，符号存在差错的概率 $P(B \mid S)$ 等于 1。那么，根据贝叶斯定律，可以用如下的关系式近似地表示多进制系统的误比特率：

$$P_{E,\,\text{bit}} = \frac{P(B \mid S) P_{E,\,\text{symbol}}}{P(B \mid S)} = \frac{M}{(2M-1)} P_{E,\,\text{symbol}} \tag{10.95}$$

当采用正交传输方案时,这一结论尤其有用,比如在 FSK 传输方案中,把$(M-1)$个错误的信号点等概率地当作正确的信号点。

最后,在等效的基础上,对两个采用不同符号数的通信系统进行比较时,必须以相同的能量为基础。具体实现如下:在每个系统中,按照如下的关系式用每比特的能量 E_b 表示出每个符号的能量 E_s:

$$E_s = (\log_2 M)\, E_b \tag{10.96}$$

由于每个符号包含的比特数等于 $\log_2 M$,因此上式成立。

10.1.12 各种多进制通信系统的误比特率比较

图 10.14 示出了相干 MPSK、相干差分 MPSK 系统、QAM 系统的误比特率～ E_b/N_0 的比较图。从图 10.14 中可以看出,当 M 较大时,这些系统的误比特率性能较差。可以将性能变差的原因归结为:随着 M 的增大,二维信号空间的信号点之间的间隔越来越小。此外,MDPSK 的性能比相干 MPSK 的性能差了几分贝,把这归因于前一符号的噪声相位对接收信号的影响。由于 QAM 调制方案较有效地利用了信号空间(除相位变化外,由于 QAM 的信号点还存在幅度的变化,因此发送波形的包络不是恒定不变的,从功率效率的角度来说,这是个不利因素),因此 QAM 的性能比 MPSK 的性能好得多。

随着 M 的增大,并非所有的多进制数字调制方案都展示了不期望的误码率增大的特性。前面已介绍过,MFSK 是这样一种传输方案:随着 M 的增大,信号空间的维数也增大。这就是说,当 M 增大时,由于增大的维数表示信号点之间并没有像 MPSK 那样隔得越来越近。例如,在 MPSK 系统中,无论 M 的值为多大,信号空间的维数都是 $2(M=2$ 时除外,$M=2$ 时为一维结构),因此,相干 MFSK 系统、非相干 MFSK 系统的误比特率下降。图 10.15 示出了这一情形,在 M 取各种值时,图中把相干 FSK 与非相干 FSK 的误比特率性能进行了比较。可惜的是,随着 M 的增大,MFSK 调制方案所需的带宽也增大,无论是相干 MFSK 还是非相干 MFSK 都一样;而 MPSK 则不是这样。因此,为了体现公平性,需要在误比特率特性、相对带宽这两个因素的基础上比较多进制通信系统的性能。值得注意的是,与相干 MFSK 相比,非相干 MFSK 系统的性能下降没有预计的严重。

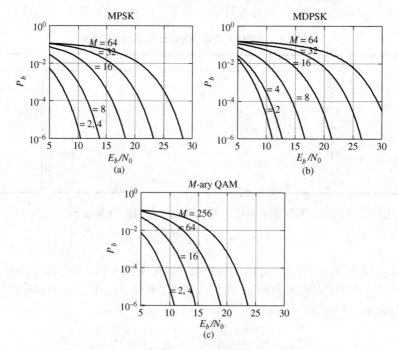

图 10.14　误比特率与 E_b/N_0 之间的关系图。(a) MPSK;(b) 差分相干 MPSK;(c) QAM

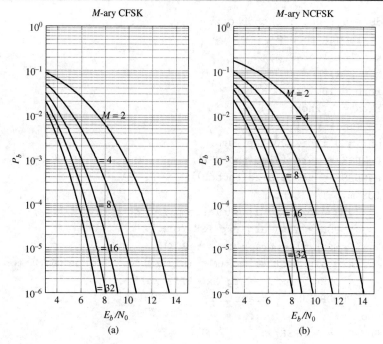

图 10.15　误比特率与 E_b/N_0 之间的关系图。(a) 相干 MFSK；(b) 非相干 MFSK

例 10.2

当 M 取各种不同的值时，如果实现了 10^{-6} 的误比特率，要求根据所需的 E_b/N_0，比较相干 MFSK 与非相干 MFSK 的性能。

解:

根据式 (10.67)、式 (10.68)、式 (10.95)、式 (10.96)，借助于适当的 MATLAB 程序，可以得到表 10.4 的结果。值得注意的是，在采用非相干处理技术时所产生的性能损耗非常小。

表 10.4　非相干 MFSK 系统与相干 MFSK 系统的功率效率

M	当 $P_{E,bit} = 10^{-6}$ 时的 E_b/N_0 值(单位: 分贝)	
	非相干解调	相干解调
2	14.20	13.54
4	11.40	10.78
8	9.86	9.26
16	8.80	8.22
32	8.02	7.48

计算机仿真练习 10.1

以式 (10.51)、式 (10.92) 以及将误符号率转换为误比特率的式 (10.93) 为基础，下面给出的 MATLAB 程序绘出了 MPSK、差分 MPSK 的误比特率图形。

```
% file: c9ce1.m
% BEP for MPSK and MDPSK using Craig's integral
clf; clear all
M_max = input('Enter max value for M (power of 2) =>');
rhobdB max = input('Enter maximum Eb/N0 in dB =>');
```

```matlab
rhobdB = 5 : 0.5 : rhobdB max;
Lrho = length(rhobdB);
for k = 1 : log2(M max)
    M = 2^k;
    rhob = 10.^(rhobdB/10);
    rhos = k*rhob;
    up_lim = pi*(1 - 1/M);
    phi = 0 : pi/1000:up lim;
    PsMPSK = zeros(size(rhobdB));
    PsMDPSK = zeros(size(rhobdB));
    for m = 1 : Lrho
        arg_exp_PSK = rhos(m)*sin(pi/M)^2./(sin(phi)).^2;
        Y_PSK = exp(-arg_exp_PSK)/pi;
        PsMPSK(m) = trapz(phi, Y_PSK);
        arg_exp_DPSK = rhos(m)*sin(pi/M)^2./(1+ cos(pi/M)*cos(phi));
        Y_DPSK = exp( - arg_exp_DPSK)/pi;
        PsMDPSK(m) = trapz(phi, Y_DPSK);
    end
    PbMPSK = PsMPSK/k;
    PbMDPSK = PsMDPSK/k;
    if k == 1
        I = 4;
    elseif k == 2
        I = 5;
    elseif k == 3
        I = 10;
    elseif k == 4
        I = 19;
    elseif k == 5
        I = 28;
    end
    subplot(1,2,1), semilogy(rhobdB, PbMPSK), ...
        axis([min(rhobdB) max(rhobdB) 1e-6 1]), ...
        title('MPSK'), ylabel('{\itP b}'), xlabel('{\itE b/N}_0'), ...
        text(rhobdB(I)+.3, PbMPSK(I), ['{\itM} = ', num2str(M)])
    if k == 1
        hold on
        grid on
    end
    subplot(1, 2, 2), semilogy(rhobdB, PbMDPSK), ...
        axis([min(rhobdB) max(rhobdB) 1e-6 1]), ...
        title('MDPSK'), ylabel('{\itP_b}'), xlabel('{\itE b/N}_0'), ...
        text(rhobdB(I+2)+.3, PbMPSK(I+2), ['{\itM} = ', num2str(M)])
    if k == 1
        hold on
        grid on
```

```
        end
    end
% End of script file
```

由程序计算出的各个结果与图 10.14 中示出的各个结果相同。 ■

10.1.13 以带宽为基础将各种多进制通信系统进行比较

如果所考虑的多进制调制方案所需的带宽等于信号频谱的主瓣通过系统时所需的带宽(也就是零点-零点带宽),则可以得到已介绍过的各种多进制调制方案的带宽效率,如表 10.5 所示。把第 9 章中对应二进制情形的自变量扩展之后就可以得到这些结果。例如,与相干 BFSK 类似的是(见式(9.91)),在频谱零点的任一端,存在宽度为 $1/T_s$ 的带宽,在余下的 $(M-2)$ 个信号突发的频谱之间,还存在 $(M-1)$ 个宽度为 $1/(2T_s)$ 的间隔(也就是 $(M-1)$ 个宽度为 $1/(2T_s)$ 的间隔),于是得到如下的总带宽:

$$B = \frac{1}{T_s} + \frac{M-1}{2T_s} + \frac{1}{T_s} = +\frac{M+3}{2T_s}$$

$$= \frac{M+3}{2(\log_2 M)T_b} = \frac{(M+3)R_b}{2\log_2 M} \text{ 赫兹} \tag{10.97}$$

根据上式就可以得出表 10.5 中给出的 R_b/B 的结果。

表 10.5 各种多进制数字调制方案的带宽效率

多进制方案	带宽效率(比特/秒/赫兹)
PSK,DPSK,QAM	$\frac{1}{2}\log_2 M$
相干 FSK	$\frac{2\log_2 M}{M+3}$(信号音突发之间的间隔为 $1/(2T_s)$ 赫兹)
非相干 FSK	$\frac{\log_2 M}{2M}$(信号音突发之间的间隔为 $2/T_s$ 赫兹)

非相干 FSK 调制技术的推理过程类同,不同之处在于:可以推导出信号音突发的频谱间隔为 $2/T_s$ 赫兹[10],于是得到如下的总带宽:

$$B = \frac{1}{T_s} + \frac{2(M-1)}{T_s} + \frac{1}{T_s} = \frac{2M}{T_s}$$

$$= \frac{2M}{(\log_2 M)T_b} = \frac{2MR_b}{\log_2 M} \text{ 赫兹} \tag{10.98}$$

随着 PSK 的相位的变化、QAM 的相位/幅度的变化,PSK(包括差分相干 PSK)、QAM 具有各自的信号音突发频谱。于是得到如下的总带宽:

$$B = \frac{2}{T_s} = \frac{2}{(\log_2 M)T_b} = \frac{2R_b}{\log_2 M} \text{ 赫兹} \tag{10.99}$$

例 10.3

以 M 取各种值时的主瓣宽度为信号的带宽,比较 MPSK、QAM、MFSK 这些调制方案的带宽效率。

---

10 与相干 FSK 系统相比,在非相干 FSK 系统中,信号音的频谱间隔增大的原因是:非相干系统在采用频率估计时,频率估计的准确度没有达到相干系统中需要的准确度;在相干系统中,通过与可能的发送频率的相关性运算实现信号的检测。

解：

当 M 取各种值时，各种调制方案的带宽效率（单位：比特/秒/赫兹）如表 10.6 所示。需要注意的是，QAM 调制方案的 M 必须等于 4 的整数次方。还需注意的是，随着 M 的增大，MPSK 的带宽效率也增大。但对 MFSK 而言，当 M 增大时，带宽效率降低。

表 10.6　例 10.3 的带宽效率；单位：比特/秒/赫兹

M	QAM	PSK	相干 FSK	非相干 FSK
2		0.5	0.4	0.25
4	1	1	0.57	0.25
8		1.5	0.55	0.19
16	2	2	0.42	0.13
32		2.5	0.29	0.08
64	3	3	0.18	0.05

∎

10.2　数字调制的功率谱

10.2.1　正交调制技术

迄今为止，度量所介绍的各种调制方案的性能指标是：误码率与带宽。就后者（即带宽）而言，采用的方式是：根据已调信号频谱的零点-零点之间的带宽宽度，大致地估计出带宽。这一节推导出已调正交信号的功率谱表达式。利用功率谱的表达式可以得到更精确的正交调制方案（例如 QPSK、OQPSK、MSK、QAM）带宽指标的度量方式。读者可能会问，为什么不把这个表达式用于其他的信号单元（例如 MFSK）？问题的答案是：推导过程很复杂，因而很难应用（读者回顾一下推导模拟 FM 信号频谱的过程，就能理解推导的难度了）。涉及这个问题的文献很多，下面介绍其中的一个实例[11]。

已调数字信号的频谱的解析表达式给出了带宽的定义，该定义以指定带宽内的功率比例为依据。这就是说，如果 $S(f)$ 表示给定调制方式的双边功率谱密度，那么，把带宽 B 内所含的功率占总功率的比例 ΔP_{IB} 表示如下：

$$\Delta P_{\mathrm{IB}} = \frac{2}{P_T} \int_{f_c-B/2}^{f_c+B/2} S(f)\mathrm{d}f \tag{10.100}$$

式中，由于只在正频率的范围内完成积分，因此，用到了因子 2。总功率的表达式如下：

$$P_T = \int_{-\infty}^{\infty} S(f)\mathrm{d}f \tag{10.101}$$

f_c 表示频谱的中心频率（通常可以明显看出，f_c 载频或其他频率）。把带外功率的百分比 ΔP_{OB} 定义如下：

$$\Delta P_{\mathrm{OB}} = (1 - \Delta P_{\mathrm{IB}}) \times 100\% \tag{10.102}$$

把 ΔP_{OB} 设置为某一合理值（比如 0.01 或者 1%）之后，可以很方便地给出已调信号的带宽的定义，并且求出相应的带宽值。用带宽表示时，由于 1% 带外功率标准的带宽等于带外功率曲线上值为–10 dB

11　参阅 H. E. Rowe、V. K. Prabhu 的论文"数字调频信号的功率谱"，《贝尔系统技术杂志》，54: 1095 - 1125, July-August, 1975.

功率所对应的带宽，因此，在完成这一处理过程时，ΔP_{OB}（单位：分贝）与带宽之间关系的曲线表示形式是个很便捷的工具。后面给出了体现这一处理过程的几个实例。

正如第 5 章所述，已调数字信号的频谱受到如下两个因素的影响：①在表示数字数据时所采用的基带数据的具体形式；②在信号准备发送时所采用的调制方案的类型。在下面的分析中假定采用了不归零码（Non-Return-to-Zero，NRZ）。

接下来，在分析中引入了式(10.1)表示形式的已调正交波形，即 $m_1(t) = d_1(t)$、$m_2(t) = -d_2(t)$ 是用如下两个关系式表示的随机（以投掷均匀硬币的概率产生的）信号：

$$d_1(t) = \sum_{k=-\infty}^{\infty} a_k p(t - kT_s - \Delta_1) \tag{10.103}$$

$$d_2(t) = \sum_{k=-\infty}^{\infty} b_k q(t - kT_s - \Delta_2) \tag{10.104}$$

式中，$\{a_k\}$、$\{b_k\}$ 表示独立、同分布（Independent Identical Distribution，IID）且满足如下条件的序列：

$$E\{a_k\} = E\{b_k\} = 0, \quad E\{a_k a_l\} = A^2 \delta_{kl}, \quad E\{b_k b_l\} = B^2 \delta_{kl} \tag{10.105}$$

式中，把满足如下关系的 δ_{kl} 称为克罗内克函数：

$$\delta_{kl} = \begin{cases} 1, & k = l \\ 0, & \text{其他} \end{cases}$$

为了体现起始时间的通用性，每个数据流中都包含了小于 T_s 的时间变化量 Δ_1、Δ_2。

式(10.103)、式(10.104)中的脉冲整形函数 $p(t)$、$q(t)$ 可以相同，或者其中的一个为零。下面证明，在代入式(10.103)、式(10.104)之后，式(10.1)的双边带频谱为

$$S(f) = G(f - f_c) + G(f + f_c) \tag{10.106}$$

式中，

$$G(f) = \frac{A^2 |P(f)|^2 + B^2 |Q(f)|^2}{T_s} \tag{10.107}$$

式中，$P(f)$、$Q(f)$ 分别表示 $p(t)$、$q(t)$ 的傅里叶变换。利用式(7.25)可以推导出这一结果。首先，用复包络的形式把已调信号表示如下：

$$x_c = \text{Re}\{z(t) \exp(j2\pi f_c t)\} \tag{10.108}$$

式中

$$z(t) = d_1(t) + jd_2(t) \tag{10.109}$$

根据式(7.25)，可以把 $z(t)$ 的功率谱表示如下：

$$G(f) = \lim_{T \to \infty} \frac{E\left\{\left|\Im[z_{2T}(t)]\right|^2\right\}}{2T} = \lim_{T \to \infty} \frac{E\left\{\left|D_{1,2T}(f)\right|^2 + \left|D_{2,2T}(f)\right|^2\right\}}{2T} \tag{10.110}$$

式中，$z_{2T}(t)$ 表示 $z(t)$ 的截断函数，即，截取之后，区间$[-T, T]$之外的 $z_{2T}(t)$ 等于零。取截取的值与区间$[-N, N]$内截取的式(10.103)、式(10.104)之和相等。利用傅里叶变换的叠加性定理、时延定理，可以得到

$$
\begin{cases}
D_{1,2T}(f) = \Im\left[d_{1,2T}(t)\right] = \displaystyle\sum_{k=-N}^{N} a_k P(f) e^{-j2\pi(kT_s + \Delta_1)} \\
D_{2,2T}(f) = \Im\left[d_{2,2T}(t)\right] = \displaystyle\sum_{k=-N}^{N} b_k Q(f) e^{-j2\pi(kT_s + \Delta_2)}
\end{cases}
\tag{10.111}
$$

于是可以得到

$$
\begin{aligned}
E\left\{\left|D_{1,2T}(f)\right|^2\right\} &= E\left\{\sum_{k=-N}^{N} a_k P(f) e^{-j2\pi(kT_s + \Delta_1)} \sum_{k=-N}^{N} a_l P^*(f) e^{j2\pi(kT_s + \Delta_1)}\right\} \\
&= \left|P(f)\right|^2 E\left\{\sum_{k=-N}^{N}\sum_{k=-N}^{N} a_k a_l e^{-j2\pi(k-l)T_s}\right\} \\
&= \left|P(f)\right|^2 \sum_{k=-N}^{N}\sum_{k=-N}^{N} E\left[a_k a_l\right] e^{-j2\pi(k-l)T_s} \\
&= \left|P(f)\right|^2 \sum_{k=-N}^{N}\sum_{k=-N}^{N} A^2 \delta_{kl}\, e^{-j2\pi(k-l)T_s} \\
&= \left|P(f)\right|^2 \sum_{k=-N}^{N} A^2 = (2N+1)\left|P(f)\right|^2 A^2
\end{aligned}
\tag{10.112}
$$

同理可得

$$
E\left\{\left|D_{2,2T}(f)\right|^2\right\} = (2N+1)\left|Q(f)\right|^2 B^2
\tag{10.113}
$$

假定 $2T = (2N+1)T_s + \Delta t$，其中，在考虑最后的效果时，取 $\Delta t < T_s$。把式(10.112)、式(10.113)代入式(10.110)之后就得出了式(10.107)所表示的极限值。

例如，设置 $q(t) = 0$、$p(t) = \Pi(t/T_b)$ 之后，可以把这一结果用于 BPSK 方案。这时所得到的基带频谱如下：

$$
G_{\mathrm{BPSK}}(f) = A^2 T_b \operatorname{sinc}^2(T_b f)
\tag{10.114}
$$

在得到 QPSK 的频谱时，需要设置 $A^2 = B^2$、$T_s = 2T_b$，还要给出如下的设置：

$$
p(t) = q(t) = \frac{1}{\sqrt{2}}\Pi\left(\frac{t}{2T_b}\right)
\tag{10.115}
$$

在上述条件下，可以得到 $P(f) = Q(f) = \sqrt{2}T_b \sin(2T_b f)$。这一结果表示的基带频谱如下：

$$
G_{\mathrm{QPSK}}(f) = \frac{2A^2\left|P(f)\right|^2}{2T_b} = 2A^2 T_b \operatorname{sinc}^2(2T_b f)
\tag{10.116}
$$

由于 $q(t)$ 与 $p(t)$ 的不同之处仅体现在时延上，而在幅度谱 $|Q(f)|$ 中，由 $q(t)$ 的时延产生的频域特性为因式 $\exp(-j2\pi T_b f)$（该因式的幅度值等于1），因此，上式的结果对 OQPSK 也成立。

对多进制 QAM 方案而言，需要设置 $A^2 = B^2$（用它们表示同相通道幅度、正交通道幅度的均方值）、$T_s = (\log_2 M) T_b$，以及进行如下的设置：

$$p(t) = q(t) = \frac{1}{\sqrt{\log_2 M}} \Pi\left[\frac{t}{(\log_2 M)T_b}\right] \tag{10.117}$$

在上述条件下，可以得到 $P(f) = Q(f) = \sqrt{\log_2 M T_b} \operatorname{sinc}[(\log_2 M)T_b f]$。这一结果表示的基带频谱如下：

$$G_{\text{MQAM}}(f) = \frac{2A^2 |P(f)|^2}{(\log_2 M)T_b} = 2A^2 T_b \operatorname{sinc}^2[(\log_2 M)T_b f] \tag{10.118}$$

如果选择如下的脉冲整形函数

$$p(t) = q(t - T_b) = \cos\left(\frac{\pi t}{2T_b}\right)\Pi\left(\frac{t}{2T_b}\right) \tag{10.119}$$

并且设置 $A^2 = B^2$，则可以求出 MSK 的频谱。可以证明如下的结论（见习题 10.25）：

$$\Im\left\{\cos\left(\frac{\pi t}{2T_b}\right)\Pi\left(\frac{t}{2T_b}\right)\right\} = \frac{4T_b \cos(2\pi T_b f)}{\pi\left[1 - (4T_b f)^2\right]} \tag{10.120}$$

由上式可以得到 MSK 的基带频谱如下：

$$G_{\text{MSK}}(f) = \frac{16A^2 T_b \cos^2(2\pi T_b f)}{\pi^2\left[1 - (4T_b f)^2\right]^2} \tag{10.121}$$

按照带外功率百分比的定义式式（10.102），根据 BPSK、QPSK（或者 OQPSK）、MSK 的基带频谱，可以得到图 10.16 所示的一组表示带外功率比例的图形。通过完成式（10.114）、式（10.116）、式（10.121）所表示的功率谱的数值积分，就可以得到这些曲线。从图 10.16 可以看出，这些调制方式中，含有 90% 功率时的射频带宽约为

$$\begin{cases} B_{90\%} \cong \dfrac{1}{T_b} \text{赫兹} \quad （\text{QPSK、OQPSK、MSK}） \\[3mm] B_{90\%} \cong \dfrac{2}{T_b} \text{赫兹} \quad （\text{BPSK}） \end{cases} \tag{10.122}$$

由于图中的各个带宽值表示基带带宽，因此，利用 $\Delta P_{\text{OB}} = -10$ dB 时对应的带宽并且加倍之后，就可以得出上述的各个带宽值。

与 BPSK、QPSK 的带外功率曲线相比，由于 MSK 的带外功率曲线以快得多的速率滚降，因此，在比 BPSK 或者 QPSK 低得多的带宽内，MSK 指定了更为严格的带内功率指标（比如包含 99% 的功率时所对应的带宽）。包含 99% 的功率时所对应的带宽如下：

$$\begin{cases} B_{99\%} \cong \dfrac{1.2}{T_b} \text{赫兹} \quad （\text{MSK}） \\[3mm] B_{99\%} \cong \dfrac{8}{T_b} \text{赫兹} \quad （\text{QPSK 或者 OQPSK、BPSK；已超出了图中所示的范围}） \end{cases} \tag{10.123}$$

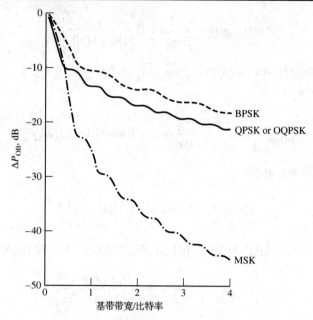

图 10.16　BPSK、QPSK(或者 OQPSK)、MSK 的带外功率的比例

10.2.2　频移键控调制

在采用相干 FSK 系统、非相干 FSK 系统时,很难推导出功率谱的解析表达式。因此,在得到这些信号的功率谱时,可取的方法是计算机仿真。下面的计算机仿真实例完成的就是这一工作。

计算机仿真实例 10.2

下面给出的计算机仿真程序用于计算图 10.17 所示的功率谱,并且绘出该图形。值得注意的是,根据频谱估计出的各个带宽与表 10.5 中各个带宽的结果几乎相同。例如,当 $M = 8$ 时,从图 10.17 可以看出,相干 FSK 的主瓣带宽约为 $B_C = 5.1$ Hz、非相干 FSK 的主瓣带宽约为 $B_{NC} = 10$ Hz。当 $T_s = 1$s 时,根据式(10.97)可以计算出 $B_C = \dfrac{M+3}{2T_s} = 5.5$ Hz;根据式(10.98)可以计算出 $B_{NC} = \dfrac{2M}{2T_s} = 16$ Hz。通过仿真将这些值进行了比较。

```
% file: c10ce2
% Plot of FSK power spectra
%
clear all; clf
N = 3000;                      % Number of symbols in the simulation
Nsps = 500;                    % Number of samples per symbol
for CNC = 0 : 1                % CNC is 0 for coherent FSK; 1 for noncoherent
    M = 2;
    for I = 1:4
    if CNC == 0
        II = I;
    elseif CNC == 1
        II = I+4;
    end
    M = 2*M
```

```
        sig = [ ];
Ts = 1;
fc = 10;
if CNC == 0
    delf = 1/(2*Ts);
else
    delf = 2/(Ts);
end
delt = Ts/Nsps;
fs = 1/delt;
for n = 1:N
    ii = floor(M*rand) + 1;
    alpha = CNC*2*pi*rand;
    for nn = 1:Nsps
        % Construct one symbol of FSK samples
        sigTs(nn) = cos(2*pi*(fc + (ii - 1)*delf)*nn*delt + alpha);
    end
    sig = [sig sigTs]; % Build total signal of N samples
end
% Use built-in MATLAB function to estimate PSD
[Z, W] = pwelch(sig, [], [], [], fs);
NW = length(W);
if CNC ==0
    NN = floor(.4*NW);
else
    NN = floor(.7*NW);
end
subplot(4,2,II), plot(W(1:NN), 10*log10(Z(1:NN)))
if II == 1 & CNC == 0
    title('Coherent FSK')
elseif II == 5 & CNC == 1
    title('Noncoherent FSK')
end
if II == 7 | II == 8
    xlabel('f, Hz')
end
if II == 1| II == 3|II == 5|II == 7
    ylabel('PSD; dB')
end
if CNC == 0
    axis([0 40 -30 10])
elseif CNC == 1
    axis([0 100 -30 0])
end
legend(['M = ', num2str(M)])
PP = trapz(Z) % Check total power
end
end
% End of script file
```

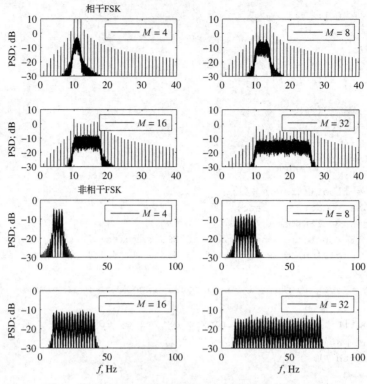

图 10.17　相干 FSK 系统与非相干 FSK 系统的功率谱（为了
绘图方便，所选的参数如下：$f_c = 10$ Hz；$T_s = 1$s）

10.2.3　小结

在求解已调数字信号占用的带宽时，前面的方法给出了根据带宽指标选择调制方案的一个标准。总而言之，这并非唯一的方法。另一个重要的标准与相邻信道之间的干扰有关。换句话说，在调制方案给定的情况下，各个信道如何影响所关注的相邻信道？一般来说，这是个很难回答的问题。在寻求解决问题的方法时，建议读者参阅相关串话问题的系列论文[12]。

10.3　同步

已经知道，在采用相干解调技术的通信系统中，至少需要两级同步。按 9.2 节的介绍，当接收端已知信号的形状时，还必须知道各个脉冲的起始时间、终止时间。当涉及到相干 ASK、相干 PSK、相干 FSK 这些具体的技术时，除需要比特定时信息外，还需要载波的相位信息。另外，如果由多个比特构成信息分组或者构成信息字，那么，还需要各个字的起始时间、终止时间。这一节分析实现这 3 级同步的方法。在介绍同步技术时，按照如下的顺序给出分析：①载波同步；②比特同步（已在第 5.7 节给出了简单的介绍）；③字同步。在某些通信系统中还存在其他等级的同步（这里不作介绍）。

10.3.1　载波同步

已介绍过的数字调制方案主要包括如下的几种类型：ASK、PSK、FSK、PAM、QAM。其中，ASK、

12　参阅 I. Kalet 的论文"各种正交载波调制系统中的串话分析"，*IEEE Transactions on Communications*, COM-25: 884-892, September 1977.

FSK 可以采用非相干调制技术，PSK 可以采用差分调制技术，因而，接收端不需要提供相干参考载波（当然，根据前面的分析已经知道，与相干调制方案的数据检测相比，检测非相干调制信号时，存在 E_b / N_0 性能的稍稍下降）。在相干 ASK 方案中，位于载频处的离散频谱分量会出现在接收信号中，利用锁相环电路跟踪该离散分量之后可以实现相干解调（这是数据检测的第一步）。在 FSK 系统中，与 FSK 的信号音有关联的离散频谱有可能出现在（或者未出现在）接收信号中，至于是否出现，与调制参数有关。在 MPSK 系统中，假定调制时各个相位等概率出现，载波分量不会在接收信号中出现。在不存在载波分量的条件下，有时可以将载波分量插入到已调信号中（把插入的载波分量称为导频载波），这种处理方式便于接收端产生参考载波。当然，加入导频载波之后，会占用已调信号的部分功率，这是设计通信链路时必须考虑的问题。

下面分析这种 PSK 系统。以 BPSK 为例，实际上，该方案等同于第 4 章介绍的双边带调制方案，第 4 章在介绍双边带信号的相干解调时，分析了两种可选方案。但是，在把这些方案引入到 BPSK 传输系统中数字数据的解调时，会因环路的运行带来一个问题，而该问题并未在解调模拟消息信号时出现过。值得注意的是，如果在环路的输入端出现了 $d(t)\cos(\omega_c t)$ 或者 $-d(t)\cos(\omega_c t)$，那么，任何一个环路（平方环或者科斯塔斯环）都会锁定（也就是说，不能够分辨出已调数据载波是否从当前状态在偶然之间发生了翻转）。需要采用某种方法解决出现在解调器输出端的极性模糊这一问题。正如第 9 章的分析，解决这一问题的方法之一是：在调制之前，对数据流进行差分编码，以及在检测器的输出端以相当低的信噪比损耗完成差分解码。把这种方法称为 BPSK 差分编码信号的相干检测器，这种方法与 DPSK 的差分相干检测法不同。

可以为 MPSK 系统设计出类似于科斯塔斯环或者平方环的电路。例如，根据图 10.18 方框图的原理，可以从 MPSK 信号中产生参考载波，见下面的详细分析[13]。

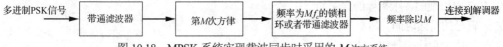

图 10.18　MPSK 系统实现载波同步时采用的 M 次方系统

对 PSK 信号进行 M 次方处理之后，可以得到

$$
\begin{aligned}
y(t)=\left[s_i(t)\right]^M &= \left\{\sqrt{\frac{2E_s}{T_s}}\cos\left[\omega_c t+\frac{2\pi(i-1)}{M}\right]\right\}^M \\
&= A^M\left\{\frac{1}{2}\exp\left[j\omega_c t+j\frac{2\pi(i-1)}{M}\right]+\frac{1}{2}\exp\left[-j\omega_c t-j\frac{2\pi(i-1)}{M}\right]\right\}^M \\
&= \left(\frac{A}{2}\right)^M\left\{\sum_{m=0}^{M}\binom{M}{m}\exp\left[j(M-m)\omega_c t+j\frac{2\pi(M-m)(i-1)}{M}\right]\exp\left[-jm\omega_c t-j\frac{2\pi m(i-1)}{M}\right]\right\} \\
&= \left(\frac{A}{2}\right)^M\left\{\sum_{m=0}^{M}\binom{M}{m}\exp\left[j(M-2m)\omega_c t+j\frac{2\pi(M-2m)(i-1)}{M}\right]\right\} \\
&= \left(\frac{A}{2}\right)^M\left\{\exp[jM\omega_c t+j2\pi(i-1)]+\exp[-jM\omega_c t-j2\pi(i-1)]+\cdots\right\} \\
&= \left(\frac{A}{2}\right)^M\left\{2\cos[M\omega_c t+2\pi(i-1)]+\cdots\right\}=\left(\frac{A}{2}\right)^M\left\{2\cos(M\omega_c t)+\cdots\right\}
\end{aligned}
$$

(10.124)

---

13 与用科斯塔斯环或者平方环解调 BPSK 信号时存在相位模糊的问题一样，在利用这里所介绍的 M 次方技术为 MPSK 信号构建相干参考载波时，存在 M 个相位模糊的问题。

式中，为了表示方便，用到 $A = \sqrt{2E_s / N_s}$ 的简单表示形式，在展开 M 次方时，式中还用到了二项式公式(见附录 F 之"表 F.3：级数的展开式")。只关注上式第 4 行求和运算的第一项与最后一项(其余的各项用省略号表示)，理由是：由它们构成了如下的项：$2\cos[M\omega_c t + 2\pi(i-1)] = 2\cos(2\pi M f_c t)$，锁相环可以明确地跟踪这一项，经分频器分频之后就可以得到位于载频处的参考载波。这种方案可能的缺点是：必须跟踪所需频率的 M 倍频，通常情况下这并不是载频本身，而是一个中间频率。有些文献中分析了 $M > 2$ 时与科斯塔斯环类似的实现载波跟踪的各种环路，这里不进行介绍。建议读者参阅与该主题相关的文献，即两卷本文献"Meyr and Ascheid (1990)"[14]。

一个很自然的问题是：噪声如何影响这些跟踪相位的器件。可以证明：当环路输入端的信噪比很高时，可以用均值为零的高斯过程近似地表示相位误差(也就是输入信号的相位与压控振荡器的相位之间的差值)。表 10.7 中归纳了这些情形所对应的相位误差的方差[15]。当与这些关系式比如式(9.83)结合使用时，可以用这些结果度量因相位参考载波不理想所导致的系统性能的平均下降。需要注意的是，在各种情况下，σ_ϕ^2 都与信噪比成反比，具体地说，与幂次成反比、与环路在相位估计中记住的有效符号数 L 成反比(见习题 10.28)。

表 10.7　跟踪环的相位误差的方差

调制的类型	跟踪环的相位误差的方差
锁相环工作在没有采用任何调制技术的系统中	$N_0 B_L / P_c$
BPSK(平方环或者科斯塔斯环)	$L^{-1}(1/z + 0.5/z^2)$
QPSK(四相环路或者数据估计环路)	$L^{-1}(1/z + 4.5/z^2 + 6/z^3 + 1.5/z^4)$

表 10.7 中出现的各项指标的含义如下：

$T_s =$ 符号的持续时间

$B_L =$ 环路的单边带带宽

$N_0 =$ 噪声的单边功率谱密度

$L =$ 用于估计相位的有效符号数

$P_c =$ 信号的功率(仅限于受跟踪的分量)

$E_s =$ 符号的能量

$z = E_s / N_0$

$L = 1/(B_L T_s)$

例 10.4

比较两个 BPSK 系统进行相位跟踪时相位误差的标准差：(a) 第一个 BPSK 系统利用锁相环跟踪 BPSK 信号，已知载波分量占发射总功率的 10%；(b) 第二个 BPSK 系统利用科斯塔斯环跟踪 BPSK 信号，已知发送的信号中不含载波分量。数据速率为 $R_b = 10$ Kbps，而且，接收端收到的 E_b / N_0 值为 10 dB。锁相环和科斯塔斯环的环路带宽均为 50 Hz；(c) 如果各个参数值都相同，对 QPSK 跟踪环路而言，问跟踪误差的方差是多少？

14　T. Kopp、W. P. Osborne 的论文"MPSK 载波跟踪环路中的相位抖动：分析、仿真以及实验结果"，*IEEE Transactions on Communications*，COM-45: 1385-1388, November 1997。

S. Hinedi、W. C. Lindsey 的论文"QASK 判决反馈载波跟踪环路的本地噪声"，*IEEE Transactions on Communications*, COM-37: 387-392, April 1989。

15　参阅"Stiffler 文献的式 (8.3.13)"，1971。

解:

(a)根据表 10.7 的第 1 行，锁相环的跟踪误差的方差与标准差分别如下：

$$\sigma_{\phi,\text{PLL}}^2 = \frac{N_0 B_L}{P_c} = \frac{N_0 (B_L T_b)}{P_c T_b} = \frac{N_0}{0.1 E_b} \times \frac{B_L}{R_b}$$

$$= \frac{1}{0.1 \times 10} \times \frac{50}{10^4} = 5 \times 10^{-3} \text{ 弧度}^2$$

$$\sigma_{\phi,\text{PLL}} = 0.0707 \text{ 弧度}$$

(b)根据表 10.7 的第 2 行，科斯塔斯环的跟踪误差的方差与标准差分别如下。

$$\sigma_{\phi,\text{costas}}^2 = N_0 B_L \left(\frac{1}{z} + \frac{1}{2z^2} \right)$$

$$= \frac{50}{10^4} \times \left(\frac{1}{10} + \frac{1}{2 \times 10^2} \right) = 5.25 \times 10^{-4} \text{ 弧度}^2$$

$$\sigma_{\phi,\text{costas}} = 0.0229 \text{ 弧度}$$

第一个系统的缺点是：环路跟踪仅含 10%接收功率的载波。锁相环跟踪的信号不仅功率低于科斯塔斯环中的信号，而且，要么信号检测时的功率较低(如果两个系统的发送总功率相同)，要么第一个系统的发送功率高于第二个系统发送功率的 10%。

(c)根据表 10.7 的第 3 行，对 QPSK 跟踪环路而言，跟踪误差的方差与标准差分别如下：

$$\sigma_{\phi,\text{QPSK data est}}^2 = 2B_L T_b \left(\frac{1}{z} + \frac{4.5}{z^2} + \frac{6}{z^3} + \frac{1.5}{z^4} \right)$$

$$= \frac{100}{10^4} \times \left(\frac{1}{10} + \frac{4.5}{10^2} + \frac{6}{10^3} + \frac{1.5}{10^5} \right) = 1.5 \times 10^{-3} \text{ 弧度}^2$$

$$\sigma_{\phi,\text{QPSK data est}} = 0.0389 \text{ 弧度}$$

■

10.3.2　符号同步

实现符号同步时，通常采用如下的三种方法[16]：①根据第一标准定时时钟或者第二标准定时时钟推导(例如，发射机与接收机之间属于主-从定时时钟同步，这时需要考虑传输时延)；②利用独立的同步信号(利用导频时钟，或者利用在符号率处存在谱线的线路码——例如，图 5.3 所示的单极性归零码的频谱)；③从调制信号本身导出符号同步(称为自同步)，见第 5 章的介绍(图 5.16 及其相应的分析)。

获取比特同步的环路配置可以采用类似于科斯塔斯环的环路[17]。图 10.19(a)示出了一种这样的配置——早迟门位同步环。设二进制不归零数据波形如图 10.19(b)所示。还假定各个积分门电路的起始时刻、终止时刻分别与数据比特 1(或者数据比特−1)的上升沿、下降沿一致，则由图可以看出，进入环路滤波器的控制电压为零，并且在相同的频率处准许压控振荡器关闭各个定时脉冲。但是，如果压控振荡器的各个定时脉冲使得各个门电路提前定时，那么，加入压控振荡器的控制电压为负值，这又会降低压控振荡器的频率，于是，压控振荡器的各个定时脉冲就会延迟门电路的定时。同理，如果压控振荡器的各个定时脉冲使得各个门电路推迟定时，这又会增大压控振荡器的频率，于是，

---

16 若想了解更全面的介绍，请参阅文献"Stiffler (1971)"或者文献"Lindsey and Simon"(1973)。

17 参阅 L. E. Franks 的论文"数据通信中的载波同步与比特同步——综述"，*IEEE Transactions on Communications*，COM-28: 1107-1121，August 1980。

也可参阅 C. Georghiades、E. Serpedin 的文献"Gibson, 2013"的第 11 章"同步"。

压控振荡器的各个定时脉冲就会提前门电路的定时。各个前馈支路的非线性可以是任意的偶次非线性。已经证明[18]:当绝对值满足非线性时,用如下的关系式表示对比特持续时间进行归一化处理时定时抖动的方差:

$$\sigma_{\varepsilon,\,\mathrm{AV}}^2 \approx \frac{B_L T_b}{8(E_b / N_0)} \tag{10.125}$$

式中,B_L 表示环路的带宽(单位:赫兹);T_b 表示比特的持续时间(单位:秒)。

当环路的非线性满足平方率特性时,把定时抖动的方差表示如下:

$$\sigma_{\varepsilon,\,\mathrm{SL}}^2 \approx \frac{5B_L T_b}{32(E_b / N_0)} \tag{10.126}$$

上式与绝对值非线性的方差之间的差异可忽略不计。

给出最佳与次最佳同步器性能仿真结果的早期论文由 Wintz、Luecke 完成,在学习这一主题时值得关注该论文[19]。

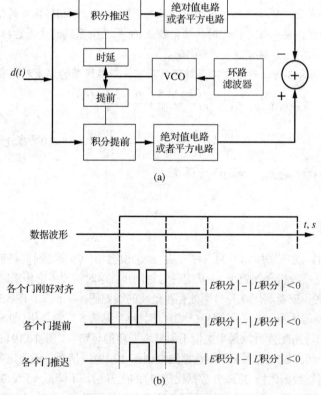

图 10.19 (a) 比特同步的早迟门电路的类型; (b) 运行时的各个波形

---

18 参阅 M. K. Simon 的论文"早迟门电路比特同步器之绝对值型的非线性分析",*IEEE Transactions Communications Technolology*, COM-18: 589-596, October 1970。

19 参阅 P. A. Wintz、E. J. Luecke的论文"最佳与次最佳同步器的性能",*IEEE Transactions on Communication Technology*, COM-17: 380-389, June 1969。

10.3.3　字同步

可以把与比特同步相同的各个原理用于字同步。这些原理包括：①根据第一标准定时时钟或者第二标准定时时钟推导；②利用独立的同步信号；③自同步。这里只介绍第二种方法。第三种方法需要利用自同步码。很明显，这样的码(即，由逻辑 1 和逻辑 0 构成的二进制序列)必须具有如下的特性：各个码字的任意序列不移位就可以得到另一个码字。如果能做到这样，那么，在接收端可以简单地完成各个码字的校准，方法如下：把接收数字序列的所有可能的时移与码本中的所有码字进行比较，然后选出具有最大相关性的移位与码字。当码字很长时，这种处理方式耗费的时间很长。而且，优质码的设计并非一项简单的工作，通常需要借助于计算机程序完成搜索[20]。

当采用单独的同步码时，这种码可以在与传输数据的信道分离开的信道上传输，或者在传输数据的信道上传输，但需在数据字之前插入同步字(称为标志码)。这样的标志码应具有如下的特性：①时延不等于零时，自相关的幅度值很小；②与随机数据之间的互相关的幅度值很小。表 10.8 示出了通过计算机搜索得到的可能的标志码，表中还给出了时延不等于零时相关性运算的峰值[21]。标志码与数据级联之后构成一个数据帧。

表 10.8　非零时延的相关性值为峰值时的标志码

码字	二进制表示	幅度：相关性的峰值*
C7	1 0 1 1 0 0 0	1
C8	1 0 1 1 1 0 0 0	3
C9	1 0 1 1 1 0 0 0 0	2
C10	1 1 0 1 1 1 0 0 0 0	3
C11	1 0 1 1 0 1 1 1 0 0 0	1
C12	1 1 0 1 0 1 1 0 0 0 0 0	2
C13	1 1 1 0 1 0 1 1 0 0 0 0 0	3
C14	1 1 1 0 0 1 0 1 1 0 0 0 0 0	3
C15	1 1 1 1 1 0 0 1 1 0 1 0 1 1 0	3

* 零时延相关性 = 码字的长度

最后，重要的是，相对而言，当收到的标志码与收到的数据帧出现差错时，与本地存储的标志码的相关性处理不受这些差错的影响。舒尔茨给出了获取帧同步时一次处理(也就是说，一个标志序列的相关性处理)的边界概率。如果一个数据帧中包含 M 比特的标志码、D 比特的数据，那么，该边界概率如下：

$$P_{\text{one-pass}} \geq \left[1 - (D + M - 1)P_{\text{FAD}} \right] P_{\text{TAM}} \tag{10.127}$$

式中，P_{FAD} 表示对数据进行比较时的虚假同步概率；P_{TAM} 表示正确地识别标志码的概率。P_{FAD}、P_{TAM} 的表示式分别如下：

$$P_{\text{FAD}} = \left(\frac{1}{2} \right)^M \sum_{k=0}^{h} \binom{M}{k} \tag{10.128}$$

$$P_{\text{TAM}} = \sum_{l=0}^{h} \binom{M}{l} (1 - P_e)^{M-l} P_e^l \tag{10.129}$$

---

20 参阅文献 "Stiffler (1971)" 或者 "Lindsey and Simon (1973)"。

21 参阅 R. A. Scholtz 的论文 "帧同步技术"，*IEEE Transactions on Communications*, COM-28: 1204-1213, August 1980。

式中，h 的含义是：标志序列与收到的数据帧中最接近序列之间所准许的不一致(用比特度量)；P_e 表示由信道噪声所产生的误比特率。

为了表示如何实现标志序列的搜索，这里分析收到的如下的序列：

$$1\ 1\ 0\ 1\ 0\ 0\ 0\ 1\ 0\ 1\ 1\ 0\ 0\ 1\ 1\ 0\ 1\ 1\ 1\ 1$$

假定 $h=1$，并且期望得出与7比特标志序列 1011000 距离最接近的匹配结果(小于等于1比特)。这等同于计算出标志序列与数据帧中 7 比特组之间不相同比特的最大数量，此即汉明距离，如表 10.9 所示。

表 10.9　含有标志码的字同步的图解

1	1	0	1	0	0	0	1	0	1	1	0	0	1	1	0	1	1	1	1	(时延，汉明距离)
1	0	1	1	0	0	0														(0, 2)
	1	0	1	1	0	0	0													(1, 2)
		1	0	1	1	0	0	0												(2, 5)
			1	0	1	1	0	0	0											(3, 4)
				1	0	1	1	0	0	0										(4, 4)
					1	0	1	1	0	0	0									(5, 4)
						1	0	1	1	0	0	0								(6, 4)
							1	0	1	1	0	0	0							(7, 1)
								1	0	1	1	0	0	0						(8, 5)
									1	0	1	1	0	0	0					(9, 5)
										1	0	1	1	0	0	0				(10, 3)
											1	0	1	1	0	0	0			(11, 3)
												1	0	1	1	0	0	0		(12, 6)
													1	0	1	1	0	0	0	(13, 5)

在 1 比特的范围内存在一个匹配，因而检测成功。事实上，每次标志序列与数据帧进行相关性运算时，4 种可能值中的任一个都可能出现：假定用 $\text{ham}(\mathbf{m},\ \mathbf{d}_i)$ 表示标志码 $\mathbf{m}$ 与数据帧序列 $\mathbf{d}_i$ 第 i 个 7 比特单元之间的汉明距离。可能的结果如下：①在只移位一次时，求出一个 7 比特单元满足关系式 $\text{ham}(\mathbf{m},\ \mathbf{d}_i)\leqslant h$，这时该 7 比特单元是正确的(正确地检测到同步)；②在只移位一次时，求出一个 7 比特单元满足关系式 $\text{ham}(\mathbf{m},\ \mathbf{d}_i)\leqslant h$，这时该 7 比特单元不正确(同步检测时出现差错)；③在移位的次数大于等于 2 的条件下，求出 7 比特单元满足关系式 $\text{ham}(\mathbf{m},\ \mathbf{d}_i)\leqslant h$(没有检测到同步)；④在 $\text{ham}(\mathbf{m},\ \mathbf{d}_i)\leqslant h$ 的条件下得不到任何结果(没有检测到同步)。反复地进行该实验时，如果误比特率为 P_e，那么，$P_{\text{one-pass}}$ 的值接近正确同步的次数与实验总数的比值。当然，在实际系统中，是否取得同步的检测指标是：数据是否正确地实现了解码。

一次处理获取同步的概率值为 0.93、0.95、0.97、0.99 时，可以根据式(10.127)计算出标志比特数；在各种误比特率时，标志比特数与所采用的数据比特数之间的关系如图 10.20 所示。数据不一致的准许数量为 $h=1$。这里注意到，出人意料的是，所需的标志比特数对 P_e 不太敏感。再者，当数据分组的长度增大时，如果保持选定的 $P_{\text{one-pass}}$ 值不变，则所需的标志比特数增大，但增大的幅度并不明显。最后，平均来说，$P_{\text{one-pass}}$ 值越大，则所需的标志比特数越多。

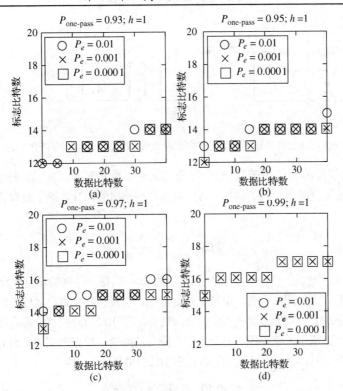

图 10.20　字同步时各种一次处理概率所需的标志比特数。(a)　一次处理概率为 0.93 时获取同步；(b)　一次处理概率为 0.95 时获取同步；(c)　一次处理概率为 0.97 时获取同步；(d)　一次处理概率为 0.99 时获取同步

10.3.4　伪随机噪声序列

伪随机噪声(Pseudo Noise，PN)码指的是取值为二进制、像噪声一样的序列；这种序列近似于投掷硬币(硬币的正面表示 1、反面表示 0)时得到的序列。伪随机噪声序列的主要优点包括：①这些序列是确知序列；②很容易通过反馈移位寄存器电路得到；③对周期性伪随机序列而言，当时延为零时，这些序列的自相关函数值都等于峰值，当时延不等于零时，这些序列的自相关函数都接近于零。因此，在远端必须实现同步时，就会用到伪随机序列。这些应用不仅包括字同步的实现，还包括：①求出两点之间的距离；②通过输入与输出之间的互相关，求出检测系统的冲激响应(见第 7 章的例 7.7，以及 10.4 节介绍的扩频通信系统)。

图 10.21 示出了用三级移位寄存器产生长度为 $2^3 - 1 = 7$ 的伪随机序列的过程。移位寄存器的内容每向右移位一次之后，由第 2 级寄存器、第 3 级寄存器的内容通过“异或”运算(也就是“没有进位的二进制加法”)产生第 1 级的输入信号。表 10.10 示出了由“异或”电路完成的逻辑运算。如果移位寄存器的初始内容(称为初始状态)为 1 1 1(见图 10.21(b)的第 1 行)，那么，图 10.21(b)中余下的部分给出了连续移位 7 次时每一次得到的内容。所以，当移位的次数超过 7 次时(7 也是在第 3 级的输出端得到的输出序列的长度)，移位寄存器又回到 1 1 1 状态。当 n 级移位寄存器具有合理的反馈连接关系时，可以得到长度等于 $2^n - 1$ 的伪随机序列。需要注意的是，由于移位寄存器的状态总数为 2^n，但其中的一个状态为全零状态，而且，一旦进入全零状态，移位寄存器就不可能回到原来的循环，因此，伪随机序列可能的最大长度为 $2^n - 1$。于是，把“合理的反馈连接”理解为：除零状态外，让移位寄存器循环地通过所有的状态；所以，允许的状态总数等于 $2^n - 1$。表 10.11 示出了 n 取几个较小的值时所对应的“合理的反馈连接”。

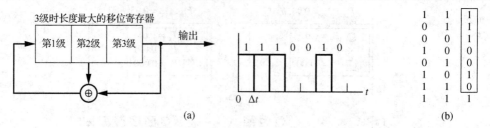

图 10.21　7 比特伪随机序列的产生过程。(a) 产生；(b) 移位寄存器的内容

下面介绍周期信号的自相关函数(归一化处理之后，峰值等于 1)，这里的周期信号指的是：图 10.21(a) 不间断地运行时所得到的信号。可以看出，当输出的脉冲数等于整数(即 $\Delta = n\Delta t$)时，自相关函数如下：

$$P(\Delta) = \frac{N_A - N_U}{\text{序列的长度}} \tag{10.130}$$

式中，N_A 表示可能的序列数，且每个序列的移位次数为 n；当每个序列的移位次数为 n 时，N_U 表示不可能的序列数。当信号为周期信号时，由第 2 章的介绍，以及由移位寄存器输出的二进制值的特性可知，这个式子是由自相关函数的定义式得出的直接结果。图 10.21(a) 的移位寄存器所产生的序列的自相关函数如图 10.22(a) 所示，读者很容易验证图中所得的结果。根据自相关函数的定义，还很容易证明：当时延不是整数值时，自相关函数的形状如图 10.22(a) 所示。

表 10.10　异或运算的真值表

输入 1	输入 2	输出
1	1	0
1	0	1
0	1	1
0	0	0

表 10.11　产生伪随机序列时的反馈连接关系[22]

n	序列的长度	产生的序列(初始状态为全 1 状态)	反馈信号
2	3	110	$x_1 \oplus x_2$
3	7	11100 10	$x_2 \oplus x_3$
4	15	1111000100	$x_3 \oplus x_4$
		11010	
5	31	11111 00011	$x_2 \oplus x_5$
		01110 10100	
		00100 10110 0	
6	63	11111 10000	$x_5 \oplus x_6$
		01000 01100	
		01010 01111	
		01000 11100	
		10010 11011	
		10110 01101 010	

一般来说，对长为 N 的序列而言，相关性运算的最小值为 $-1/N$。当伪随机序列的长度为 $N = 2^n - 1$ 时，可以把一个周期的自相关函数表示如下：

22 若想了解其他的序列以及合理的反馈连接，可参阅文献 "Peterson, Ziemer, and Borth (1995)"。

$$R_C(\tau) = \left(1 + \frac{1}{N}\right)\Lambda\left(\frac{\tau}{\Delta t}\right) - \frac{1}{N}, \quad |\tau| \leqslant \frac{N\Delta t}{2} \tag{10.131}$$

式中，$\Lambda(x)$ 表示第 2 章定义的单位三角波函数，即

$$\Lambda(x) = \begin{cases} 1 - |x|, & |x| \leqslant 1 \\ 0, & \text{其他} \end{cases}$$

利用式(2.133)，可以得到与自相关函数的傅里叶变换相对应的功率谱。这里只分析式(10.131)的第 1 项，那么可以得到第 1 项的傅里叶变换如下：

$$\mathfrak{I}\left[\left(1 + \frac{1}{N}\right)\Lambda\left(\frac{\tau}{\Delta t}\right)\right] = \left(1 + \frac{1}{N}\right)\Delta t\, \mathrm{sinc}^2(\Delta t f)$$

由式(2.133)可知，上式乘以 $f_s = 1/(N\Delta t)$ 之后表示的是：周期性相关函数的傅里叶变换的权值乘法器，即，这时的组成为：间隔为 $f_s = 1/(N\Delta t)$ 的各个冲激信号再减去 $1/N$ 的分量，于是得到：

$$\begin{aligned} S_C(f) &= \sum_{n=-\infty}^{\infty} \frac{1}{N}\left(1 + \frac{1}{N}\right)\mathrm{sinc}^2\left[\Delta t\left(\frac{n}{N\Delta t}\right)\right]\delta\left(f - \frac{n}{N\Delta t}\right) - \frac{1}{N}\delta(f) \\ &= \sum_{n=-\infty \atop n\neq 0}^{\infty} \frac{N+1}{N^2}\mathrm{sinc}^2\left(\frac{n}{N}\right)\delta\left(f - \frac{n}{N\Delta t}\right) + \frac{1}{N^2}\delta(f) \end{aligned} \tag{10.132}$$

因此，表示伪随机序列频谱分量的各个冲激信号之间的间隔为 $1/(N\Delta t)$ Hz，并且各个权值为 $\dfrac{N+1}{N^2}\mathrm{sinc}^2\left(\dfrac{n}{N}\right)$，但是，当 $f = 0$ 时，权值为 $1/N^2$。这里注意到，由于伪随机序列的直流电平 $-1/N$ 对应直流功率 $1/N^2$，因此，与 $f = 0$ 时的权值相同。图 10.22(b)给出了由该 7 比特序列的电路(该电路如图 10.21(a)所示)产生的功率谱。

在时延 $\tau = 0$ 附近时，由于伪随机序列的相关函数为很窄的三角脉冲，而时延 τ 取其他值时的相关函数为零，因此，与脉冲宽度的倒数相比，当系统的带宽很小时，伪随机序列的特性与白噪声的自相关函数类似。这是为什么命名为"伪随机噪声序列"的又一表现形式。

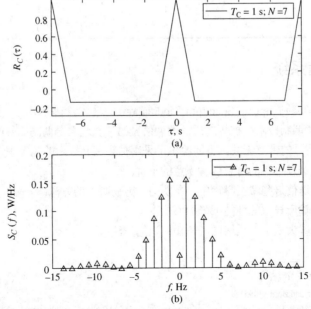

图 10.22　(a) 长为 7 个切片的伪随机序列的自相关函数；(b) 同一序列的功率谱

在利用载波完成解调之后，利用类似于图 10.19 所示早迟门比特同步器反馈环路的结构，可以实现各个远端的伪随机噪声序列波形的同步。通过利用伪随机噪声序列，可以测量出两点之间的电磁波传输所花的时间（于是得出了两点之间的距离）。如果对发送端和接收端定位，并且远端的转发器只是简单地重传所收到的信号时，或者，当发送的信号从远处的目标反射回来（比如雷达系统）时，则不难看出这样的系统如何用于检测两点之间的变化范围。

还存在这样的可能：发送端和接收端都接入了非常精确的时钟，并且相对于钟表时间而言，已知发送的伪随机噪声序列的时间很精确。相对于发送序列而言，由于收到的序列存在时延，那么，接收端可以求出传输的单程时延。实际上，这正是用于全球定位系统(Global Positioning System，GPS)的技术，全球定位系统中，在求出地面附近的任一含有 GPS 接收机导航系统的纬度、经度以及海拔高度时，可以测量出至少 4 颗卫星（已经知道这些卫星的确切位置）的传输时延。在 GPS 星座图中分布着 24 颗这样的卫星，其中每一颗卫星的海拔高度为 12 000 英里左右，而且，在比一天短的时间内，每颗卫星都在两个轨道上运行，因此，无论在什么地方，接收机与至少 4 颗卫星相连的概率很高。现代 GPS 接收机可以与高达 12 颗卫星相连。

当伪随机噪声序列的自相关函数非常接近理想状态时，有时通过移动该序列本身（而不是利用周期性的扩展）得到的非周期性自相关函数也很重要。从"时延不等于零时自相关的峰值很小"的角度来说，具有优质非周期性特性的序列是巴克序列，当时延不等于零时，巴克序列具有值不超过（序列长度)$^{-1}$ 的非周期性自相关函数[23]。可惜的是，最长的巴克序列的长度只有 13 位。表 10.12 示出了已知的全部巴克序列（见习题 10.33）。根据合理地组合所选的伪随机序列，可以设计出具有优质特性的其他数字序列（称为 Gold 序列)[24]。

表 10.12　巴克序列

1	0											
1	1	0										
1	1	0	1									
1	1	1	0	1								
1	1	1	0	0	1	0						
1	1	1	0	0	0	1	0	0	1	0		
1	1	1	1	1	0	0	1	1	0	1	0	1

10.4　扩频通信系统

下面介绍称为扩频调制(Spread-Spectrum Modulation)的具体调制类型。一般来说，扩频调制指的是满足如下条件的任意调制技术：扩频之后，已调信号的带宽远大于调制信号的带宽；也就是说，扩频之后的带宽与调制信号的带宽无关。下面给出了采用扩频调制技术的几个理由[25]：

1. 抵御来自另一个发射机的有意或者无意的干扰；
2. 给出了"把发送信号隐藏在噪声中、预防另一方窃听"的方法；
3. 抵御因多径传输所导致的性能下降的影响；
4. 给出了当用户数大于 1 时采用同一传输信道的方法；

---

23 参阅文献 "Skolnik (1970)" 第 20 章。

24 参阅文献 "Peterson, Ziemer, and Borth (1995)"。

25 若想了解扩频通信早期的发展过程，可参阅 Robert A. Scholtz 的高质量的介绍性论文 "扩频通信的起源"，*IEEE Transactions on Communications*, COM-30: 822-854, May 1982.

5. 实现了距离的测量。

实现扩频调制的最常见的两种技术是：①直接序列扩频（Direct Sequence，DS）；②跳频（Frequency Hopping，FH）。图 10.23、图 10.24 分别示出了这两种通用系统的方框图。也可以将这两种基本系统组合之后得到已发生了变化的系统。

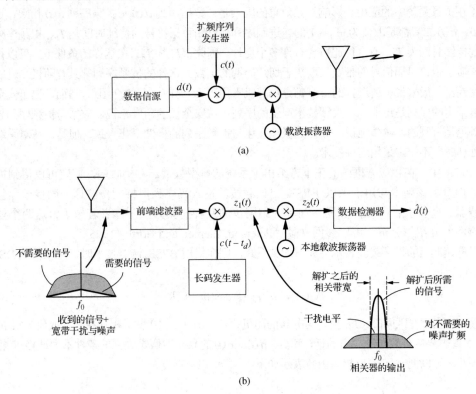

图 10.23　直接序列扩频通信系统的方框图。（a）发射机；（b）接收机

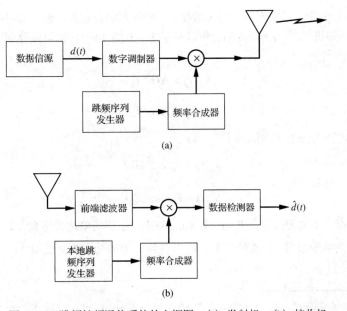

图 10.24　跳频扩频通信系统的方框图。（a）发射机；（b）接收机

10.4.1 直接序列扩频

尽管 BPSK、QPSK、MSK 是最常用的传输技术，但在直接序列扩频（Direct Sequence Spread Spectrum，DSSS）通信系统中，所采用的传输技术几乎可以是任意的相干数字传输技术。图 10.23 示出了 BPSK 在扩频系统中的应用。影响扩频效果的因素是：数据序列 $d(t)$ 与扩频序列 $c(t)$ 相乘。这时，假定 $d(t)$、$c(t)$ 二者都是取值为 +1、–1 的二进制序列。已知数据符号的持续时间是 T_b、扩频序列中每个符号的持续时间为 T_c。通常每比特含有许多个切片，因此，$T_c \ll T_b$。在这样的条件下，可以得出结论：从本质上说，已调信号的带宽只取决于切片周期的倒数。选择的扩频序列都具有随机二进制序列的各项特性，一般来说，所选择的 $c(t)$ 都是伪随机噪声序列（见前一节的介绍）。然而，出于安全性考虑，通常采用的序列是由非线性反馈技术产生的序列。从安全性的角度来说，数据与扩频序列采用相同的时钟也是有利的，具体地说，数据的极性变化与扩频序列的极性变化一致。但是，在对系统进行合理的处理时，不一定采用这种技术。

图 10.23 中，在相应方框图的正下方给出了系统的典型频谱。在接收端，假定可以得到扩频码的副本，而且，该副本与用于乘以 BPSK 已调载波的输入码序列保持同步。这一同步过程包括如下两个步骤：①捕获；②跟踪。稍后简单介绍同步的几种捕获方法。读者若想了解这两个处理过程的较全面的介绍与分析，可以参阅文献"Peterson, Ziemer, and Borth（1995）"。

如果把调制后的扩频载波表示为如下的关系式，则在采用 BPSK 调制技术时，可以得到 DSSS 频谱的粗略近似：

$$x_c(t) = Ad(t)c(t)\cos(\omega_c t + \theta) \tag{10.133}$$

式中，假定 θ 表示在区间 [0，2π) 呈均匀分布的随机相位；$d(t)$、$c(t)$ 表示相互独立、取值为 ±1 的二进制序列（如果需要从公共时钟导出的话，那么，$d(t)$、$c(t)$ 的独立性假定成立的条件不太严格）。根据这些假定条件，可以把 $x_c(t)$ 的自相关函数表示如下：

$$R_{x_c}(\tau) = \frac{A^2}{2} R_d(\tau) R_c(\tau) \cos(\omega_c \tau) \tag{10.134}$$

式中，$R_d(\tau)$、$R_c(\tau)$ 分别表示数据的自相关函数、扩频序列的自相关函数。如果把它们都设计成遵循"投掷硬币"分布的随机序列（见例 7.6 的分析以及图 7.6(a) 的图解），则可以分别用如下的两个式子表示它们的自相关函数[26]：

$$R_d(\tau) = \Lambda(\tau / T_b) \tag{10.135}$$

$$R_c(\tau) = \Lambda(\tau / T_c) \tag{10.136}$$

因此，它们对应的功率谱密度分别如下：

$$S_d(t) = T_b \text{sinc}^2(T_b f) \tag{10.137}$$

$$S_c(t) = T_c \text{sinc}^2(T_c f) \tag{10.138}$$

式 (10.137) 中，主瓣的单边带带宽为 T_b^{-1}；式 (10.138) 中，主瓣的单边带带宽为 T_c^{-1}。

对式 (10.134) 的两端取傅里叶变换之后，可以得到 $x_c(t)$ 的功率谱密度如下：

---

26 值得注意的是，扩频序列重复出现，它的自相关函数是周期信号，因此，它的功率谱中含有权值遵循 sinc 平方包络的离散冲激信号。这里给出的分析已进行了简化处理。文献"Peterson, Ziemer, and Borth（1995）"给出了较详细的分析。

$$S_{x_c}(f) = \frac{A^2}{2} S_d(f) * S_c(f) * \Im[\cos(\omega_c \tau)] \tag{10.139}$$

式中，星号表示卷积。由于 $S_d(f)$ 的带宽远小于 $S_c(f)$ 的带宽，那么，这两项频谱的卷积近似于 $S_c(f)$ [27]。因此，已调 DSSS 信号的频谱与如下的关系式很接近：

$$\begin{aligned}
S_{x_c}(\tau) &= \frac{A^2}{4}[S_c(f - f_c) + S_c(f + f_c)] \\
&= \frac{A^2 T_c}{4}\{\text{sinc}^2[T_c(f - f_c) + \text{sinc}^2[T_c(f + f_c)]\}
\end{aligned} \tag{10.140}$$

按照前面的分析，上式表示的频谱与数据的频谱几乎相互独立，而且，上式表示的带宽是以载频为中心、宽度为 $2/T_c$ 赫兹的零点-零点带宽。

下面分析的是误码率性能。首先，假定接收端收到的是"DSSS 信号+高斯白噪声"。在不考虑传输时延的条件下，接收端的本地码序列乘法器的输出（如图 10.23 所示）如下：

$$z_1(t) = Ad(t)c(t)c(t - \Delta)\cos(\omega_c t + \theta) + n(t)c(t - \Delta) \tag{10.141}$$

式中，Δ 表示在接收端收到的信号相对于本地码序列的误差。这里假定码序列完全同步（即 $\Delta = 0$）。那么，把相干解调器的输出表示如下：

$$z_2(t) = Ad(t) + n'(t) + 倍频项 \tag{10.142}$$

为了方便起见，这里假定本地混频信号为 $2\cos(\omega_c t + \theta)$，而且假定 $n'(t)$ 表示均值等于零的高斯随机过程，即

$$n'(t) = 2n(t)c(t)\cos(\omega_c t + \theta) \tag{10.143}$$

当 $z_2(t)$ 通过积分-清零电路的处理之后，可以得到输出端的信号分量如下：

$$V_0 = \pm AT_b \tag{10.144}$$

式中，信号的极性取决于输入比特的极性。把积分器输出端的噪声分量表示如下：

$$N_g = \int_0^{T_b} 2n(t)c(t)\cos(\omega_c t + \theta)\mathrm{d}t \tag{10.145}$$

由于 $n(t)$ 的均值为零，因此 N_g 的均值为零。把上式的积分项平方之后，可以求出它的方差（与二阶矩相等），于是，把方差表示为迭代积分，在二重积分内求期望值——这种处理方式已在这一章、前一章用了好几次。所得的结果如下：

$$\text{var}(N_g) = E(N_g^2) = N_0 T_b \tag{10.146}$$

式中，N_0 表示输入噪声的单边功率谱密度。利用该指标和积分器输出端的信号分量，所得到的表达式类似于 9.1 节基带系统接收端的分析中得到的表达式（唯一的区别在于：这里的信号功率为 $A^2/2$，而基带信号分析中的信号功率为 A^2）。因此，可以得到如下的误码率：

$$P_E = Q\left(\sqrt{A^2 T_b / N_0}\right) = Q\left(\sqrt{2E_b / N_0}\right) \tag{10.147}$$

在接收机的输入端，由于高斯噪声作为干扰项单独出现，因此，理想情况下，DSSS 对干扰的处理与 BPSK 系统中未采用扩频调制时的处理完全相同。

---

27 值得注意的是，$\int_{-\infty}^{\infty} S_d(f)\mathrm{d}f = 1$，而且，当 $\frac{1}{T_b} \ll \frac{1}{T_c}$ 时，与 $S_c(f)$ 相比，$S_d(f)$ 所起的作用更接近 δ 函数。

10.4.2 在连续波干扰环境下 DSSS 的性能

下面分析连续波干扰分量 $x_I(t) = A_I \cos[(\omega_c + \Delta\omega)t + \phi]$ 的影响。那么，在去掉倍频项之后，积分-清零检测器的输入如下：

$$z_2'(t) = Ad(t) + n'(t) + A_I \cos(\Delta\omega t + \theta - \phi) \tag{10.148}$$

式中，A_I 表示干扰分量的幅度；ϕ 表示相对相位；$\Delta\omega$ 表示与载波频率相比时的频率偏移量(单位：弧度/秒)。这里假定 $\Delta\omega < 2\pi/T_c$。因此，把积分清零检测器的输出表示如下：

$$V_0' = \pm AT_b + N_g + N_I \tag{10.149}$$

上式的前两项与前面得到的结果相同。上式的最后一项表示由干扰项产生的结果，并且表示如下：

$$N_I = \int_0^{T_b} A_I c(t) \cos(\Delta\omega_c t + \theta - \phi) \mathrm{d}t \tag{10.150}$$

通过与宽带扩频序列 $c(t)$ 相乘以及随后的积分运算，可以把这一项近似地表示为等效的高斯随机变量 (积分等于许多随机变量的和，求和运算中的每一项对应一个扩频的切片)。它的均值为零，当 $\Delta\omega \ll 2\pi/T_c$ 时，可以证明，它的方差如下：

$$\mathrm{var}(N_I) = \frac{T_c T_b A_I^2}{2} \tag{10.151}$$

根据 N_I 的近似于高斯分布的结论，可以证明，所求的误码率为

$$P_E = Q\left(\sqrt{\frac{A^2 T_b^2}{\sigma_T^2}}\right) \tag{10.152}$$

式中，

$$\sigma_T^2 = N_0 T_b + \frac{T_c T_b A_I^2}{2} \tag{10.153}$$

上式表示积分器输出端的"噪声分量+干扰分量"的总方差(由于噪声与干扰统计独立，因此上式成立)。可以把根号内的项进一步处理如下：

$$\frac{A^2 T_b^2}{2\sigma_T^2} = \frac{A^2/2}{N_0 T_b + (T_c/T_b)(A_I^2/2)} = \frac{P_s}{P_n + P_I/G_p} \tag{10.154}$$

式中，

$P_s = A^2/2$ 表示输入端的信号功率。

$P_n = N_0/T_b$ 表示比特率带宽内的噪声功率。

$P_I = A_I^2/2$ 表示输入端的干扰分量的功率。

$G_p = T_b/T_c$ 表示 DSSS 系统的处理增益。

由上式可以看出，随着处理增益 G_p 的增大，干扰分量的影响减弱。把式(10.154)重新整理之后可以得到：

$$\frac{A^2 T_b^2}{2\sigma_T^2} = \frac{\mathrm{SNR}}{1 + (\mathrm{SNR})(\mathrm{JSR})/G_p} \tag{10.155}$$

式中，

$\mathrm{SNR} = P_s/P_n = A^2 T_b/(2N_0) = E_b/N_0$ 表示信号功率与噪声功率之比。

$\mathrm{JSR} = P_I/P_s$ 表示干扰功率与信号功率之比。

在 JSR 取几个不同的值时,图 10.25 示出了 P_E 随 SNR 变化的性能图。从该图可以看出,当 SNR 很大时,性能曲线接近于水平渐近线,而且,随着 JPR/ G_p 的减小,各条渐近线上的值递减。

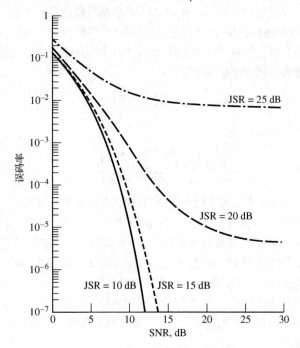

图 10.25　在 $G_p = 30$ dB 的 DSSS 系统中,当干扰–信号比取各种值时,P_E 随 SNR 变化的性能图

10.4.3　扩频在多用户环境下的性能

扩频系统的重要应用是多址通信,这就是说,接入公共通信资源后,几个用户可以与其他的用户通信。如果位于同一地点的几个用户与同处另一地点的同样数量的用户通信,那么,与之对应的术语是多路复用(通常想到的是第 3 章、第 4 章介绍的频分复用、时分复用)。在这一节介绍的通信环境下,由于并未假定各个用户位于同一位置,因此采用了术语"多址"。有几种方法实现多址通信,包括频分多址、时分多址、码分多址。

在频分多址(Frequency Division Multiple Access,FDMA)通信中,通信资源是分割之后的频带,为每一个工作的用户分配一个频带资源的子带。在时分多址(Time Division Multiple Access,TDMA)通信中,通信资源是时域里的相邻信息帧,这些信息帧由一串时隙组成。在 FDMA 和 TDMA 系统中,当所有的子带或者时隙都分配完之后,其他的用户就不能接入系统了。从这个角度来说,FDMA 和 TDMA 系统具有严格的容量限制。

在上面提到的几种多址方式中,余下的一种是码分多址(Code Division Multiple Access,CDMA)。在 CDMA 系统中,为每一个用户分配一个独一无二的扩频码,而且所有的通信用户在同一频带上同时传输信息。如果假定发送端–接收端完全同步,那么,对另一个想要从给定用户那里接收信息的用户来说,就用所收到的信息的总数与所期望的发送用户的扩频码相关之后,才能收到所发送的信息。如果分配给各个用户的码不是正交的,或者,这些码是正交的,但是由于多径效应导致多个具有各种时延的分量到达接收用户,因而在所关注的特定接收用户端出现了接收信息与其他用户信息的局部相关。与其他用户之间的"局部相关"的这一因素限制了可以同时接入系统的用户总数,但与 FDMA 系统、TDMA 系统一样,可同时接入系统的最大用户数不是固定不变的。同时通信的用户数的最大值与如下的因素有关：①所采用的系统；②信道的各个参数(比如传输条件)。从这个意义上说，可以说 CDMA 系统存在软容量极限。(存在这样的可能性：在到达软容量极限之前，用尽了所有的有效码。)

在过去的几十年里，文献中已公开了计算 CDMA 接收机性能的几种方法[28]。这里采用一种相当简单的方法[29]，即，假定用等效的高斯随机过程足以表示多址干扰。此外，通常还假定采用功率控制之后，当所有用户发送的信息到达预期用户的接收端时，信号的功率都相同。在这些条件下，可以证明，可以用如下的式子近似地表示接收端的误比特率：

$$P_E = Q\left(\sqrt{\mathrm{SNR}}\right) \tag{10.156}$$

式中，

$$\mathrm{SNR} = \left(\frac{K-1}{3N} + \frac{N_0}{2E_b}\right)^{-1} \tag{10.157}$$

式中，K 表示通信的用户数；N 表示每比特所含的切片数(也就是处理增益)。

当 $N = 255$ 以及同时通信的用户数变化时，图 10.26 给出了 P_E 随 E_b/N_0 变化的性能图。从图中可以看出，当 $E_b/N_0 \to \infty$ 时，由于来自其他用户的干扰，因此性能曲线中出现了错误平层。例如，如果共有 60 个通信用户，而且期望实现 10^{-4} 的 P_E 性能，那么，无论 E_b/N_0 多大，都不可能实现。这是 CDMA 系统的缺陷之一；为了克服这一缺陷，进行了大量的研究工作，比如多用户检测(即，把多个用户同时通信的问题视为多重假设的检测问题)。由于信号区间的重叠，因此必须检测多个符号，而且，从计算的结果来说，当用户数从中等数量变到较多时，并不能实现实际的最佳接收机。已有文献提出和分析了最佳接收机的各种近似[30]。

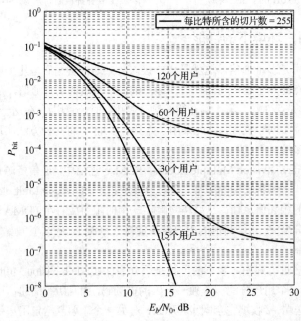

图 10.26　在 CDMA 的 DSSS 系统中，每比特含 255 切片(chip)时，误比特率 P_E 随参数(即用户数)变化的性能图

28 参阅 K. B. Letaief 的论文 "扩频多址通信误码率的有效计算"，*IEEE Transactions on Communications*, 45: 239-246, February 1997。

29 参阅 M. B. Pursley 的论文 "相位编码扩频多址通信性能的计算" Part I: System Analysis, *IEEE Transactions on Communications*, COM-25: 795-799, August 1977。

30 参阅文献 "Verdu (1998)"。

如果收到的来自各个用户的信号具有不同的功率，那么，情况会更严重。这时，最强的功率让接收端达到了饱和，而接收端无法接收到功率较弱用户的信号。这就是众所周知的远近效应。

图 10.26 给出的准确率的曲线图很合理。多址干扰的高斯近似几乎总是性能最佳：准确度越高，则用户数越大、处理增益越高(这时越容易满足中心极限定理的条件)。

计算机仿真练习 10.3

在通信用户数为 K 的环境下，下面的 MATLAB 程序给出了 DSSS 系统的误比特率计算。用该程序还能够绘出图 10.26 所示的曲线。

```
% file c9ce3.m
% Bit error probability for DSSS in multi-users
%
N = input('Enter processing gain (chips per bit) ');
K = input('Enter vector of number of users ');
clf
z_dB = 0 : .1 : 30;
z = 10.^(z_dB/10);
LK = length(K);
for n = 1 : LK
  KK = K(n);
    SNR_1 = (KK-1)/(3*N) + 1./(2*z);
    SNR = 1./SNR_1;
    Pdsss=qfn(sqrt(SNR));
    semilogy(z_dB,Pdsss),axis([min(z_dB) max(z_dB) 10^( - 8) 1]),...
      xlabel('{\itE_b/N}_0, dB'),ylabel('{\itP_E}'),...
        text(z_dB(170), 1.1*Pdsss(170), [num2str(KK), ' users'])
        if n == 1
          grid on
          hold on
        end
end
title(['Bit error probability for DSSS; number of chips per bit =', num2str(N)])
% End of script file

% This function computes the Gaussian Q-function
%
function Q=qfn(x)
Q = 0.5*erfc(x/sqrt(2));
```

■

10.4.4　跳频扩频

在跳频扩频(Frequency Hopping Spread Spectrum，FHSS)的通信环境下，已调信号在一组频率中按伪随机方式跳变，于是，可能的窃听用户不知道在哪个频带收听或者实施干扰。分别根据跳变时是否包含一个(或者少于一个)数据比特或者几个数据比特，可以把目前的各种 FHSS 系统分类为快跳频系统、慢跳频系统。在频率不断跳变的过程中，由于各个频率合成器通常是互不相干的，因此位于任一频率处的数据调制器通常是不相干的类型(比如 FSK 或者 DPSK)。即使破费建造了相干频率合成器，信道也不可能保留合成器输出端的相关性特性。正如图 10.24 所示出的，在所有的接收端，产生跳频序列的副本并且与接收信号的跳变特性同步，因而用于解除接收信号的跳变特性。然后，根据适于具体调制方案的解调与检测方案，完成已解调信号的解调与检测。

例 10.5

二进制数据信源的速率为 10 Kbps，并且 DSSS 系统用 127 切片的短码系统对数据进行扩频(即，系统中的每个数据比特为序列的一个周期)。(1) DSSS/BPSK 发送信号的近似带宽是多少？(2) 如果采用与 DSSS/BPSK 相同的带宽设计出 FHSS/BFSK(相干)系统，问需要多少次的跳频？

解：

(1) BPSK 的带宽效率为 0.5，由此得到未扩频时已调信号的带宽为 20 kHz。DSSS 系统的传输带宽为该值的 127 倍左右，即，总带宽为 2.54 MHz。

(2) 非相干 BFSK 的带宽效率为 0.25，由此得到未扩频时的已调信号带宽为 40 kHz。那么，当系统实现的带宽与 DSSS 系统的带宽相同时，系统所需的频率跳变的次数为 2 540 000 / 40 000 = 63.5。由于不可能存在零点几次的跳频，因此四舍五入为 64 次的跳频后，得到 FHSS 系统的总带宽为 2.56 MHz。 ■

10.4.5　码同步

这里简要地介绍一下码同步。读者若想了解这类系统的详细介绍与分析，请参阅文献"Peterson, Ziemer, and Borth (1995)"[31]。

图 10.27(a)示出了 DSSS 系统的串行搜索的同步捕获电路。在接收端，产生扩频码的副本并且与收到的扩频信号相乘(为了简化分析，在图 10.27 中未考虑载波)。当然，码的起始时刻是未知的，因此，相对于接收端输入的码序列而言，需要尝试任意的本地时延值。如果正确的码起始时延在±1/2 切片的范围内，那么，在乘法器的输出端就能够得到解扩之后的数据，而且，解扩之后的数据频谱通过带宽等于数据带宽等级的带通滤波器。如果时延不正确，那么，乘法器的输出仍为扩频信号，因而，只有很少的信号功率通过带通滤波器。带通滤波器的输出包络与门限值进行比较——如果低于门限值，则表示在乘法器的输出端为未扩频的状态，所以，这时的时延与接收器输入端扩频序列的时延不匹配；如果高于门限值，则表示码序列几乎校准了。如果后者成立，则搜索控制电路停止序列的搜索，并且进入跟踪模式。如果低于门限值的状态成立，则可以推断码序列没有校准，因此，搜索控制电路对下一个时延码(通常为半个切片)进行处理，并且重复前面的处理过程。很明显，采用这种处理方式时，需要花相当长的时间才能够锁定。

把捕获同步的平均时间 T_{acq} 表示如下[32]：

$$T_{\text{acq}} = (C-1)T_{\text{da}}\left(\frac{2-P_d}{2P_d}\right) + \frac{T_i}{P_d} \tag{10.158}$$

式中，

C = 码序列的不确定性范围(也就是待搜索小区的数量——通常为相差半个切片的数量)。

P_d = 检测概率。

P_{fa} = 误报概率。

T_i = 积分时间(一个小区的计算时间)。

---

31 读者若想得到关于捕获与跟踪方面的指南性论文，可以参阅 S. S. Rappaport、D. M. Grieco 的论文"扩频信号的捕获：方法与技术"，*IEEE Communications Magazine*, 22: 6-21, June 1984.

32 参阅文献"Peterson, Ziemer, and Borth, Chapter 5"。

$T_{da} = T_i + T_{fa} P_{fa}$。

T_{fa} = 拒绝一个错误小区所需的时间(通常为 T_i 的几倍)。

也可以采用其他的技术加快捕获的速度,但代价是采用更复杂的硬件结构或者特定的码序列结构。

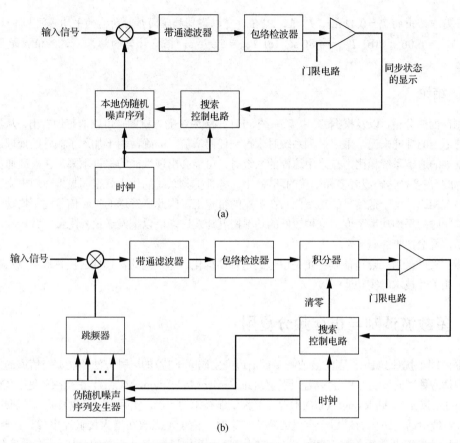

(a)

(b)

图 10.27　利用串行搜索方式实现的码序列捕获电路。(a)DSSS 系统; (b) FHSS 系统

图 10.27(b)示出了 FHSS 系统的同步方案。除了需要搜索正确的频率特性,FHSS 系统同步方案工作过程的分析与 DSSS 系统的同步捕获过程相同。

例 10.6

这里引入码序列时钟频率为 3 MHz 的 DSSS 系统,已知传输时延的不确定性为±1.2 ms。假定 $T_{fa}=100T_i$、$T_i = 0.42$ ms。当满足如下的指标时,要求计算出所需的平均时间: (a) $P_d = 0.82$、$P_{fa} = 0.004$(门限为 41); (b) $P_d = 0.77$、$P_{fa} = 0.002$(门限为 43); (c) $P_d = 0.72$、$P_{fa} = 0.001\,1$(门限为 45)。

解:

传输时延的不确定性对应如下的 C 值(由于不确定性时延为±1.2 ms,所以一个因子为 2;由于按照半个切片的步长进行处理,因此另一个因子也等于 2):

$$C = 2 \times 2 \times (1.2 \times 10^{-3}\,s) \times (3 \times 10^6 chip/s) = 14\,400(单位: 半个切片)$$

捕获同步所花的平均时间如下:

$$T_{acq} = 14\,399 \times (T_i + 100T_i P_{da}) \times \frac{2 - P_d}{2P_d} + \frac{T_i}{P_d}$$

$$= \left[14\,399 \times (1 + 100P_{da}) \times \frac{2 - P_d}{2P_d} + \frac{1}{P_d} \right] T_i$$

按照题中给出的 $T_i = 0.42$ ms、P_d 值、P_{fa} 值,可以得到捕获同步时所需的平均时间如下:

(a) $T_{acq} = 6.06$ s; (b) $T_{acq} = 5.80$ s; (c) $T_{acq} = 5.976$ s。根据计算的结果,这些值就是门限值的最佳设置。 ■

10.4.6 结论

根据前面的分析,以及根据 DS 扩频系统、FH 扩频系统的方框图,可以清楚地看出,从加性高斯白噪声信道上的性能来说,采用扩频系统时未得到任何增益。的确,由于加入了额外的处理过程,因此,与常规的通信系统相比,在采用这样的系统时,可能会出现性能的些许下降。在对敌通信的数字通信(比如存在多径传输或者多径干扰的环境)中,各种扩频系统的优点就很明显地体现出来。此外,与常规系统相比,由于把信号的功率分布在更宽的带宽上,因此,发送的扩频信号的平均功率密度远低于未扩频时的平均功率密度。这种较低的功率密度让发送端可以把发送信号隐藏在背景噪声里,因而降低了信号遭窃听的概率。

值得注意的最后一点可能是:正是信号的这种结构化信息,因此,预期的接收端可以从噪声中恢复信息。相关性技术确实功能强大。

10.5 多载波调制与正交频分复用

克服码间干扰(比如说,因滤波或者多径信道产生码间干扰)的一种方法和能够对信道的信噪比特性进行自适应处理的调制方案是多载波调制(MultiCarrier Modulation,MCM)。正交频分复用(Orthogonal Frequency Division Multiplexing,OFDM)是多载波调制技术的特例。实际上,多载波调制的思想很陈旧。把通过双绞线电话电路作为最后一英里的解决方案时,由于重点放在增大传输速率(第 1 章提到过)上[33],因此近些年来重新关注多载波调制方案。读者若想了解容易读懂的 MCM 在数字用户线路(Digital Subscriber Line,DSL)应用的概要介绍,可以参阅几个文献[34]。应用 MCM 的另一个领域(取得相应成功的)是数字音频广播(特别是在欧洲)[35]。Wang、Giannakis 撰写的论文全面介绍了无线通信中的 OFDM 技术[36]。若想获取专门介绍 MCM 与 OFDM 的性能、设计、应用的全面分析,可参阅文献"Bahai et al. (2004)"。

在 IEEE802.11 标准(称为 WiFi)中,把 OFDM 作为主要的调制技术(该标准把 CDMA 作为调制方案)。OFDM 也是 IEEE802.16 标准(称为 WiMAX)中指定的调制方案[37]。

基本思想如下:当信道引入了码间干扰——例如多径信道或者带宽严重受限的信道(例如通常用

---

33 例如,参阅 R. W. Chang、R. A. Gibby 的论文"正交复用数据传输方案所实现性能的理论研究",*IEEE Transactions on Communication Technology*,COM-16: 529-540, August 1968。

34 例如,参阅 J. A. C. Bingham 的论文"数据传输中的多载波调制: 这一实现正在变为现实",*IEEE Communications Magazine*, 28: 5-14, May 1990。

35 http://en.wikipedia.org/wiki/Digital_audio_broadcasting

36 参阅 Z. Wang、G. B. Giannakis 的论文"无线多载波通信",*IEEE Signal Processing Magazine*, 17: 29-48, May 2000。

37 WiFi、WiMAX 二者处理不同的应用环境。前者面向局域网(Local Area Network,LAN)应用(几百米);后者解决的是城域网(Metropolitan Area Network,MAN)应用(高达 50 公里)。

双绞线实现电话线上局部地区的数据分配)。为了简单起见,这里分析的数字传输方案采用两个子载波 f_1、f_2,在图 10.28(a)中,f_1、f_2 中的每一个都表示由 BPSK 调制的单独的串行比特流。例如,可以用来自串行比特流偶数位置的比特(用 d_1 表示)调制载波 1;用来自串行比特流奇数位置的比特(用 d_2 表示)调制载波 2。因此,把第 n 个发送区间的传输信号表示如下:

$$x(t) = A[d_1(t)\cos(2\pi f_1 t) + d_2(t)\cos(2\pi f_2 t)], \quad 2(n-1)T_b \leqslant t \leqslant 2nT_b \tag{10.159}$$

需要注意的是,由于将每间隔一比特的信息分配给一个已知的载波,因此在信道上,传输信号的每个符号在信道上的持续时间等于原串行比特流中比特周期的两倍。假定两个子载波之间的频率间隔为 $f_2 - f_1 \geqslant 1/(2T)$,其中,$T$ 满足 $T = 2T_b$ 的条件[38]。在子载波相干正交的条件下,这是可能得到的最小频率间隔——也就是说,在持续时间 T 内,两个分量的乘积的积分值等于零。

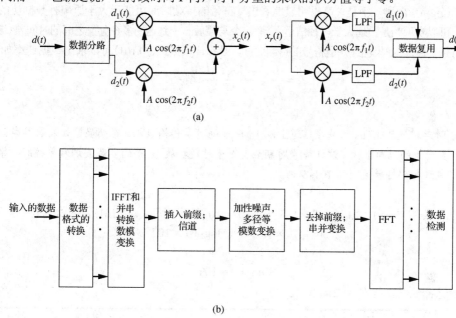

(a)

(b)

图 10.28　多载波调制的基本思想。(a) 简单的双音多载波调制系统;(b) 通过 FFT 处理过程后从多载波调制到正交频分复用的具体实现

在接收端,收到的信号在各自的并行支路上与 $\cos(2\pi f_1 t)$ 和 $\cos(2\pi f_2 t)$ 混频,也就是对每一比特持续时间内的 BPSK 信号进行单独检测。然后把单独检测的并行比特流重新组成一路串行比特流。由于各个符号在信道上传输时的持续时间是原发送端串行比特流中每比特持续时间的两倍,那么,与对串行比特流采用单载波调制的 BPSK 方案相比,这种系统应更能够抵御由信道引入的任何类型的码间干扰。

在从广义的角度理解式(10.159)时,引入 N 个子载波、N 路数据流,其中的每一路数据流都采用多进制调制(如采用 MPSK 或者 QAM)。于是,可以把合成之后的已调信号表示如下:

$$
\begin{aligned}
x(t) &= \sum_{k=-\infty}^{\infty} \sum_{n=0}^{N-1} \left[x_n(t-kT)\cos(2\pi f_n t) - y_n(t-kT)\sin(2\pi f_n t) \right] \\
&= \operatorname{Re}\left[\sum_{k=-\infty}^{\infty} \sum_{n=0}^{N-1} d_n(t-kT)\exp(\mathrm{j}2\pi f_n t) \right]
\end{aligned}
\tag{10.160}
$$

38　当频率间隔为 $1/T$ 时,通常把 MCM 称为正交频分复用(Orthogonal Frequency Division Multiplexing,OFDM)。

例如，如果每个子载波为具有相同比特数的QAM已调信号，那么

$$d_n(t) = (x_{k,n} + jy_{k,n})\Pi[(t - T/2)/T]$$

为了与前面介绍的式(10.57)一致，上式中 $x_{k,n}$、$y_{k,n}$ 满足如下的条件：

$$x_{k,n},\ y_{k,n} \in \left[\pm a,\ \pm 3a, \cdots,\ \pm\left(\sqrt{M}-1\right)a\right]$$

因此，在 T 秒的时间内每个子载波传输 $\log_2 M$ 比特的信息，以及在 T 秒的时间内，全部子载波传输的信息为 $N\log_2 M$ 比特。从串行比特流导出的信息中，如果每比特的持续时间为 T_b，那么 T 与 T_b 之间的关系如下：

$$T = NT_s = (N\log_2 M)\, T_b \text{ 秒} \tag{10.161}$$

式中，$T_s = (\log_2 M)\, T_b$ 秒。于是，可以明显地看出，符号的持续时间可能远大于原串行数据流的比特周期，而且，可以实现的是，远大于多径信道上第 1 个与最后一个到达的多径分量之间的时间差(这就规定了信道的时延扩展)。如果已经知道符号的持续时间，那么，根据式(10.161)可以求出数据速率如下：

$$R = \frac{1}{T_b} = \frac{N\log_2 M}{T} \text{ 比特/秒} \tag{10.162}$$

例 10.7

要求在时延扩展为 10 μs 的多径信道上以 1 Mbps 的速率传输数据。很明显，如果采用串行传输方式，则会产生严重的码间干扰。设计符号周期至少等于时延扩展 10 倍的多载波调制系统时，导致多径扩展分量扩展到相邻符号区间的 10% 以内。

解：

根据已知条件 $T = 10 \times 10$ μs、$T_b = 1/R_b = 1/10^6 = 10^{-6}$s，利用式(10.161)，可以得到

$$10 \times 10 \times 10^{-6} = (N\log_2 M) \times 10^{-6}$$

或者

$$N\log_2 M = 100$$

下面的表给出了与 N 值对应的 M 值。

M	N
2	100
4	50
8	34
16	25
32	20

需要注意的是，不可能存在零点几个载波，因此，当 $M = 8$ 时，进行了四舍五入运算。通常采用相干解调方案(比如 MPSK、QAM)。可能的实现方案是，通过插入满足如下条件的导频信号后，就能够实现各个子载波所需的同步：①频率上相隔一定距离；②时间上周期性出现。　■

需要注意的是，可以把各个子载波的功率调控到信噪比适于信道的特性。在信噪比比较低的各个频率处，相应地降低所采用的子载波的功率，在信噪比比较高的各个频率处，相应地增大所采用的子载波的功率；这就是说，优先选择信噪比最大的频带(假定总功率固定不变)[39]。

由于各个子载波相互正交，那么，在加性高斯白噪声背景下的平均误比特率等于各个子载波的误

---

39 若想理解"注水算法"的详细过程，参阅 G. David Forney、Jr.的论文"线性高斯信道的调制与编码"，*IEEE Transactions on Information Theory*. 44: 2384-2415, October 1998。

比特率。如果背景噪声不是白噪声，则必须求出各个单独子载波的误比特率的平均值，才能够得到整个系统的误比特率。

多载波调制方案的优点是：可以通过离散傅里叶变换(或者它的快速方式，即，第 2 章介绍的 FFT)实现。这里分析式(10.160)中位于 $k=0$ 处的数据单元，而且子载波之间的间隔为 $1/T = 1/(NT_s)$ Hz。于是，把基带调制信号的复数形式表示如下：

$$\tilde{x}(t) = \sum_{n=0}^{N-1} d_n(t)\exp[\text{j}2\pi nt/(NT_s)) \tag{10.163}$$

如果采样时刻为 $t = kT_s$，那么，式(10.163)变换为：

$$\tilde{x}[kT_s] = \sum_{n=0}^{N-1} d_n \exp[\text{j}2\pi nk/N], \quad k = 0,\ 1,\ \cdots,\ N-1 \tag{10.164}$$

上式就是第 2 章介绍过的离散傅里叶变换的逆变换(这里少了因子 $1/N$，但在直接求离散傅里叶变换时需要包含该项)[40]。按照式(10.163)或者式(10.164)，把多载波调制称为正交频分复用，如图 10.28(b)所示。在正交频分复用系统中，发送端的处理包括如下几个步骤：

1．把输入的比特流(假定为二进制)分成 N 个单元，每个单元长为 $\log_2 M$ 比特；
2．产生复数表示形式的调制信号 $d_n = x_n + \text{j} y_n$，$n = 0,\ 1,\ \cdots,\ N-1$；
3．把这 N 个单元的数据比特作为离散傅里叶逆变换(或者 FFT)算法的输入；
4．串行读出离散傅里叶逆变换的输出，将其添加、用作载波的调制信号。

在接收端，完成各个步骤的相反的处理过程。这里注意到，理想情况下，在接收端通过离散傅里叶变换得到 $d_0, d_1, d_1, \cdots, d_{N-1}$。在实际信道中，由于存在噪声、码间干扰，因此会不可避免地出现差错。为了克服码间干扰，可以采用如下两种方法中的一种：①在每个 OFDM 符号的后面加入空白时间区间，该区间用于预防码间干扰；②可以采用具有延长持续时间(大于等于信道的记忆)的 OFDM 信号，即，在添加的前缀中重复信号(从当前符号区间的末尾开始重复信号(称为循环前缀))。可以证明，第②种处理方式完全消除了 OFDM 系统中的码间干扰。

例 10.8

这里引入 IEEE802.16 无线城域网(Wireless Metropolitan Area Network，WMAN)标准，该标准已修订了几次。修订版 802.11e 采用了 OFDM 技术，并把 BPSK、QAM 作为调制方案(相应的物理层参数见习题 10.41)。把最大的取值 $M = 64$ 用于 QAM，子载波的最大数量为 $N = 52$，而且最短的 FFT(符号)间隔 $T_{\text{FFT}} = 3.2\ \mu\text{s}$，那么，根据式(10.162)可以得到数据总速率 R_{gross} 如下：

$$R_{\text{gross}} = \frac{52\log_2 64}{3.2} = 97.5\ \text{Mbps}$$

然而，在该标准中公布的总速率仅为 54 Mbps。在如下的条件下，这两个速率一致：①52 个子载波中只有 48 个子载波传输数据(另外的 4 个子载波为导频子载波)；②存在 0.8 μs 的保护区间，因而，符号的有效区间为 4 μs；③采用效率为 3/4 的信道编码技术(详见第 12 章)。所以，得到如下的有效速率。

$$R_{\text{eff}} = R \times \frac{48}{52} \times \frac{3.2}{4} \times \frac{3}{4} = 97.5\ \text{Mbps} \times \frac{12}{13} \times \frac{4}{5} \times \frac{3}{4} = 54\ \text{Mbps}$$

这正是 IEEE802.16 标准中公布的总速率。　■

---

40 在 S. B. Weinstein、Paul M. Ebert 的论文 "根据离散傅里叶变换实现频分复用的数据传输" 中分析了这一概念，*IEEE Transactions on Communications Technology*，CT19：628--634，October 1971。

可能与预期的一样，MCM 或者 OFDM 的各个应用的真实状况并不像这里介绍的那么简单(或者并不像预计的那样)。下面给出 MCM 或者 OFDM 的一些过于简单的特性或者缺点。

1. 如前所述，为了完全预防码间干扰，需要采用编码技术。已经证明：采用编码技术之后，MCM 提供的性能与设计得很好的、配有均衡与编码技术的串行数据传输系统的性能不相上下[41]。

2. 几个并行子载波加入之后，尽管各个独立的子载波采用的是包络恒定的调制方式(例如 PSK)，但是，导致了发送信号的包络发生突变。这就意味着，需要考虑发送端最后的功率放大器的实现。这类放大器工作在非线性模式(B 类、C 类放大器的工作特性)时的效率很高。对 MCM 而言，任意一个最后的功率放大器必须工作在线性状态，其代价是效率低，或者发送信号的失真，以及随之发生的信号质量的下降。

3. 需要实现的 N 个子载波的同步比单载波系统的同步复杂一些。一般来说，把全部子载波的一个子集用于实现同步、信道估计。

4. 很明显，采用多载波调制技术时，在数据的传输过程中增加了复杂度。仍不清楚的是：这种复杂度的价值是否超过了快速处理所需的采用了均衡技术的串行传输方案(当然，在数据总速率相同的条件下进行比较)。

10.6　蜂窝无线通信系统

在美国，蜂窝无线通信系统由贝尔实验室、摩托罗拉和其他几个公司于 20 世纪 70 年代共同研究开发，大致在同一时期，欧洲、日本也对此展开了研究。20 世纪 70 年代后期，在美国的华盛顿特区和芝加哥安装了测试系统。1979 年，世界上第 1 个商业蜂窝系统在日本运营，欧洲的第 1 个商业蜂窝系统在 1981 年运营，美国的第 1 个商业蜂窝系统在 1983 年运营。美国的第一个蜂窝系统 AMPS 指的是高级移动电话系统(Advanced Mobile Phone System，AMPS)，已经证实了该系统非常成功。AMPS 采用了模拟调频技术，相邻信道之间的间隔为 33 kHz。日本、欧洲标准所采用的技术也与 AMPS 系统采用的技术相似。

在 20 世纪 90 年代初期，对蜂窝的要求高过对有效容量的要求，因而开发出了称为第二代的系统，第 1 套 2G 系统在 20 世纪 90 年代初部署。所有的 2G 系统都采用了数字传输技术，但这些系统的调制方案与接入方案有所不同。欧洲的称为全球移动通信系统(Global System for Mobile Communication，GSMC)的 2G 标准、日本的系统以及美国的一个标准(美国数字蜂窝系统(U.S. Digital Cellular，USDC))都采用了时分多址技术(Time Division Multiple Access，TDMA)，但这些系统具有不同的带宽，以及每一帧的用户数不同。美国的另一个 2G 标准即过渡标准 95(Interim Standard，IS-95)(这里简记为 IS-95，但本书的后面用 cdmaOne 表示)采用了码分多址(Code Division Multiple Access，CDMA)技术。(在 10.4.3 节"扩频在多用户环境下的性能"中给出了 TDMA、CDMA、FDMA 的定义)。在美国，大量的 AMPS 基础设施已在 1G 阶段安装好，因此，开发 2G 系统的目标是后向兼容性。但是，欧洲有好几个 1G 标准(不同的国家采用不同的标准)，因此，欧洲开发 2G 的目的是：欧洲的所有国家具有相同的标准。于是，GSM 得到规范的应用：不仅在整个欧洲，还包括世界上其余的大部分地区。

在 20 世纪 90 年代的中后期开始研究第三代蜂窝通信的各个标准，这些系统在 21 世纪初期开始部署。3G 标准化系统的目的是，可能的话，设计出全世界通用的标准，但后来证实这种想法过于乐观，因而采用了一系列 3G 标准，这些标准的共同目的是：尽可能便捷地从 2G 过渡到 3G。例如，3G 系统的信道分配量是 2G 系统的好几倍。

目前环境下，正在开发与安装各种 4G 系统，这些系统的显著特征是：以网络为基础、100%面向数据的传输(按照 IP 音频协议处理语音)。随着高速移动(如火车、汽车)时高速数据速率 100 Mbps 的

41　参阅 H. Sari、G. Karam、I. Jeanclaude 的论文 "数字式地面电视广播的传输"，*IEEE Communications Magazine*, 33: 100-109, February 1995.

出现、低速移动(如行人或者静止用户)时数据速率 1 Gbps 的出现，预计可以为笔记本电脑、智能手机、高清晰移动电视、超宽带因特网接入提供无处不在的服务。用于各种 3G 系统的扩频调制技术正由用于各种 4G 系统的 OFDM 技术取代。

这里没有给出蜂窝无线通信系统的全面介绍。的确，也有整本书都分析这一主题的书籍。但这里的意图是：在给出这些系统实现原理的大量概要介绍之后，读者通过自己参阅其他的文献来熟悉各种技术的应用细节[42]。

10.6.1　蜂窝无线的基本原理

在引入蜂窝无线之前，各种无线电话系统已进入了应用，但是，由于这种系统在为很大一片区域(通常为整个城市的规模)提供服务时，设计思想是：只采用一个基站，因此，这些系统的容量非常有限。而蜂窝电话系统以把地理上的服务区分为许多小区的思想为基础，通过分布在每个小区的低功耗的基站为每个小区提供服务(小区通常是地理中心)。采用这种方式时，相隔一定的距离之后，可以再次利用分配给蜂窝无线的各个频带，至于具体相隔多远之后重用，与所用的接入方案有关。例如，AMPS 系统的重用距离等于 3，而 IS-95(cdmaOne)的重用距离为 1。蜂窝无线系统成功地实现通信的另一个特性与传输功率随频率的衰减有关。已经知道，在自由空间里，随着与发送端之间距离平方的倒数的减小，功率密度也会减小。在地面上，就无线传输的特性而言，功率随距离的减小比倒数的平方律快一些，通常介于距离倒数的3 次方与 4 次方之间。如果不是这样的话，可以证明蜂窝的思想无法工作。当然，由于把所关注的地理区域的实际环境分成了多个小区，因此，当用户移动时，需要把信息从一个基站传输到另一个基站。把这一处理过程称为切换。还需注意的是，必须采用某种方式预先设置好与给定用户的通信，当用户从一个基站移动到另一个基站时，还必须进行跟踪。这是移动交换中心(Mobile Switching Center，MSC)实现的功能。各个移动交换中心还要与公共电话交换网(Public Switched Telephone Network，PSTN)相连。

这里分析一下图 10.29 所示的用六边形表示的蜂窝结构。需要强调一下的是，各个实际小区并不是六边形。的确，由于地理特性以及发射天线的辐射特性，有些小区的形状很不规则。然而，由于正六边形的几何形状能够没有重叠地把平面细分，而且，由于正六边形与圆非常相近(通常认为，在相对平坦的环境下，圆是具有相同发射功率的曲线)，因此，在蜂窝无线的理论分析中通常采用正六边形模型。值得注意的是，图 10.29 中示出的 7 小区重用特性(见每个小区中用整数给出的编号)。这就是说，把分配给蜂窝系统的全部频带除以重用因子之后，在符合重用特性的每个小区(也就是正六边形)内，采用的频带都不相同。

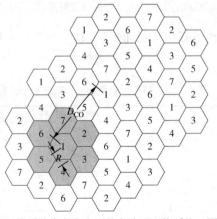

图 10.29　表示蜂窝无线系统中各个小区的六边形网格系统，图示的重用特性为 7

---

42 蜂窝通信的教材有："Stuber (2001)"、"Rappaport (1996)"、"Mark and Zhuang (2003)"、"Goldsmith (2005)"、"Tse and Viswanath (2005)"。这里还推荐蜂窝通信概要性介绍的文献"Gibson (2002) and (2013)"。

很明显,对重用特性而言,只有取某些整数值才行,例如1、7、12、…。当采用正六边形的小区结构时,一种方便的表示频率重用特性的方法是:利用并不满足正交条件的坐标轴 **U** 和 **V**,这两轴之间的夹角为 60°,如图 10.30 所示。归一化处理之后,网格之间的间隔值 1 表示两个相邻基站(或者两个相邻正六边形的中心)之间的距离。于是,每个正六边形(小区)的中心位于点 (u, v) 处,其中,u 和 v 都是整数。根据归一化的比例,从正六边形的中心到每个顶点之间的距离为

$$R = 1/\sqrt{3} \tag{10.165}$$

可以证明:在准许的频率重用特性条件下,小区的数量 N 满足如下的关系:

$$N = i^2 + ij + j^2 \tag{10.166}$$

式中,i、j 都取整数值。假定 $i=1$、$j=2$(或者反过来:$j=1$、$i=2$),则可以得到 $N=7$,这就是读者已经了解的图 10.29 所示的特性。把其他的整数值代入上式后,所得到的表示各种重用特性的小区的数量如表 10.13 所示。通常采用的重用特性值有:1(cdmaOne)、7(AMPS)、12(GSM)。

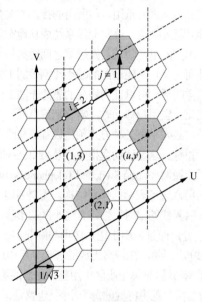

图 10.30 表示坐标方位的正六边形网格几何图形,图示的重用特性为 7

另一个实用的关系式是同频小区中心之间的距离 D_{co},可以证明 D_{co} 的值为

$$D_{\text{co}} = \sqrt{3N}R = \sqrt{N} \tag{10.167}$$

表 10.13 与各种重用特性相对应的小区数

重用坐标		符合重用特性的小区数	重复使用信道的小区之间的距离
i	j	N	$\sqrt{N}$
1	0	1	1
1	1	3	1.732
1	2	7	2.646
2	2	12	3.464
1	3	13	3.606
2	3	19	4.359
1	4	21	4.583
2	4	28	5.292
1	5	31	5.568

在计算同频干扰时，D_{co} 是一个需要考虑的重要因素(同频干扰指的是，在系统所关注的用户中，干扰来自第 2 个采用同一频率的用户)。在所采用的正六边形结构中，干扰可能是 6 的倍数，因此，干扰大于由单个干扰用户所造成的干扰(对关注的用户而言，并非相距 $\sqrt{N}$ 的所有小区的特定频率都处在工作状态)。需要注意的是，还存在相距 $2\sqrt{N}$ 的第 2 个小区环，这些小区也会干扰所关注的用户，但与来自第 1 个环的干扰相比，来自第 2 个小区环(还有第 3 个小区环，第 4 个小区环，…)的干扰可以忽略不计。

对所关注的基站而言，假定用如下的关系式表示功率随距离 r 的衰减：

$$P_r(r) = K\left(\frac{r_0}{r}\right)^\alpha \text{ 瓦特} \tag{10.168}$$

式中，r_0 表示功率为 K 瓦特时的参考距离。如前所述，在地面传输中，幂次的取值通常为 2.5～4，可以通过解析表达式证明，对部分传导的反射体地球而言，这是地球表面作用的直接结果(还需要考虑其他的因素，比如由高楼或者其他较大的物体所产生的信号发散，这些因素都体现在 α 值的变化)。如果用对数项表示，则把式(10.168)表示如下：

$$P_{r,\text{dBW}}(r) = K_{\text{dB}} + 10\alpha \log_{10} r_0 - 10\alpha \log_{10} r \text{ (dBW)} \tag{10.169}$$

下面分析移动用户从所关注的、距离为 d_A 的基站 A 接收信息的情形，与此同时，移动用户还受到与 A 之间距离为 D_{co} 的同频基站 B 的干扰。为了简化分析，假定移动用户位于 A 与 B 之间的连线上。那么，根据式(10.169)可以得到以分贝为单位时的信号干扰比(Signal-to-Interference Ratio，SIR)：

$$\begin{aligned}
\text{SIR}_{\text{dB}} &= K_{\text{dB}} + 10\alpha \log_{10} r_0 - 10\alpha \log_{10} d_A \\
&= -\left[K_{\text{dB}} + 10\alpha \log_{10} r_0 - 10\alpha \log_{10}(D_{co} - d_A)\right] \\
&= 10\alpha \log_{10}\left(\frac{D_{co} - d_A}{d_A}\right) = 10\alpha \log_{10}\left(\frac{D_{co}}{d_A} - 1\right) \text{ dB}
\end{aligned} \tag{10.170}$$

可以明显看出，当 $d_A \to D_{co}/2$ 时，对数的自变量接近 1，于是，SIR_{dB} 接近 0。当 $d_A \to R$ 时，由于移动用户位于小区的边界(指位于移动用户所属基站和同频小区基站之间的边界线上)，于是，SIR_{dB} 接近所处小区内的最小值。而且，如果移动用户继续向外移动，就会进入相邻小区基站的管理范围内。

根据式(10.170)，还可以计算出所关注的移动用户在最差通信环境下的 SIR。如果移动用户与基站 A 通信，那么，在满足重用特性的条件下，来自其他同频基站的干扰不可能比来自 B 的干扰更大(假定移动用户位于小区 A 的中心与小区 B 的中心的连线上)。由于在最差的通信环境下，干扰增大了 6 倍(采用正六边形结构时同频基站的数量)，因此，SIR_{dB} 的下边界如下：

$$\text{SIR}_{\text{dB,min}} = 10\alpha \log_{10}\left(\frac{D_{co} - d_A}{d_A}\right) - 10\log_{10} 6 \text{ dB} \tag{10.171}$$

$$= 10\alpha \log_{10}\left(\frac{D_{co} - d_A}{d_A}\right) - 7.7815 \text{ dB} \tag{10.172}$$

需要注意的是，由于 5 个同频基站与移动用户之间的距离比 AB 线的距离远一些，因此，这时表示的是最恶劣的通信环境。

例 10.9

假定蜂窝系统所采用的调制方案对每个信道的要求如下：①相邻信道之间的间隔为 25 kHz；②$SIR_{dB, min} = 20$ dB。假定系统的总带宽为 6 MHz，其中包括从基站到移动用户 (前向链路) 和从移动用户到基站 (反向链路) 所用的信道。假定传输信道的幂次因子为 $\alpha = 3.5$。求解如下各项：(a) 在重用特性指标内所能容纳的用户总数是多少？(b) 重用因子的最小值 H 是多少？(c) 每个小区所能容纳的用户数的最大值是多少？(d) 用如下指标度量的效率值是多少：每 MHz 带宽信道上每个基站的语音电路的数量？

解：

(a) 用总带宽除以每个用户信道的带宽之后，得到信道的数量$= 6 \times 10^6 / 25 \times 10^3 = 240$。其中，一半用于反向传输，一半用于前向传输，因此，在重用特性指标内，得到所能容纳的用户总数$= 240/2 = 120$。

(b) 把已知条件代入式 (10.172) 之后，可以得到

$$20 = 10 \times 3.5 \times \log_{10}\left(\frac{D_{co}}{R} - 1\right) - 7.7815 \text{ dB}$$

结合式 (10.167) 求解上式时，可以得到

$$\frac{D_{co}}{R} = 7.2201 = \sqrt{3N}$$

或者

$$N = 17.38$$

把上式的值与表 10.13 进行核对后，取下一个准许的最大值 $N = 19 (i = 2、j = 3)$。

(c) 用用户总数除以表示重用特性的小区的数量之后，可以得到每个小区用户数的最大值 $\lfloor 120/19 \rfloor = 6$，其中，符号 $\lfloor \ \rfloor$ 表示不超过括号内数量的最大整数。

(d) 根据已知条件求出的效率如下：

$$n_v = \frac{6 \text{ 个电路}}{6 \text{ MHz}} = 1 \text{ 语音电路 / 基站 / MHz} \qquad ∎$$

例 10.10

在 $SIR_{dB, min} = 14$ dB 的条件下，重新处理例 10.9 中的各个问题。

解：

(a) 该问题的求解与前面一样。

(b) 把已知条件代入式 (10.172) 之后，可以得到

$$14 = 10 \times 3.5 \times \log_{10}\left(\frac{D_{co}}{R} - 1\right) - 7.7815 \text{ dB}$$

由上式得到

$$\frac{D_{co}}{R} = 5.1908 = \sqrt{3N}$$

或者

$$N = 8.98$$

把上式的值转换为准许的值 $N = 12 (i = 2、j = 2)$。

(c) 每个小区用户数的最大值 $\lfloor 120/12 \rfloor = 10$。

(d) 根据已知条件求出的效率值如下：

$$n_v = \frac{10 \text{ 个电路}}{6 \text{ MHz}} = 1.67 \text{ 语音电路 / 基站 / MHz}$$

10.6.2　蜂窝无线系统中的信道干扰

在每一个通信链路中，除了存在高斯噪声和大致介绍过的同频干扰，导致性能下降的另一个重要原因是衰落。当"移动用户"移动时，由于存在多个传输路径，因此信号的强度会发生很大的变化。可以从多普勒频谱的角度表示这种衰落，多普勒频谱取决于移动用户的移动特性(与周围环境移动的关系小一些，比如风吹过树梢或者反射体(汽车)的移动)。收到的信号发生衰落的另一个特性是时延扩展，即，由于各个多径分量的传输距离不同，同一信号产生了不同的时延。当传输速率增大时，这一因素会成为导致性能下降的重要原因。正如第 9 章的介绍，从某种程度上说，采用均衡技术可以补偿此时的性能下降。还可以采用分集技术克服信号的衰落。在 2G、3G、4G 中，采用了编码技术克服信道的衰落。在 CDMA 系统中，还采用了分集技术，当移动用户位于小区的边界时，可以收到来自两个不同基站的信号。在多径效应明显的通信环境下，4G 系统正提出同时发送[43]与接收的其他组合技术，这些技术会大幅度地增大容量。各种 CDMA 系统中采用的技术还有 RAKE，从本质上说，RAKE 检测单独的多径分量，并且在恢复信号时将这些分量组合到一起。

在研究工作的进程中，在涉及未来的蜂窝系统时，已考虑了其他的方法克服对信道的不利影响。一个例子是 CDMA 系统中的多用户检测，用于抵御由其他用户产生的互相关噪声。处理时先把其他用户的信息当作信源，然后进行检测并且在所关注的用户对信息检测之前，从信号中减去这些分量[44]。

在扩大蜂窝系统的容量时，行业内研究得较多的另一个方案是智能天线。这一领域需要的是实现如下功能的任意方案：利用天线的方向性增大系统的容量[45]。

与智能天线稍微有些关联的领域是空时编码。这些编码方案通过编码在空域和时域提供冗余信息。因此，与信道的内隐记忆方案相比，或者与只采用一维结构的方案相比，空时码的二维结构通过利用信道的冗余，取得了较高的容量[46]。

10.6.3　多入多出系统——预防衰落

如果在系统的发送端采用多个天线、在系统的接收端采用一个天线，把这种系统称为多入单出(Multiple-Input Single-Output, MISO)系统；把发送端具有一个天线、接收端具有多个天线的系统称为单入多出(Single-Input Multiple-Output, SIMO)系统；把发送端和接收端都具有多个天线的系统称为多入多出(Multiple-Input Multiple-Output, MIMO)系统。在多径环境下，具有多个天线的系统实现了复用与分集之间的折中。

43　参阅 S. M. Alamouti 的论文 "无线通信中简单的发送分集技术"，*IEEE Journal on Selected Areas in Communications*, 16: 1451--1458, October 1998。

　　也可以参阅文献 "Paulraj, Nabar, and Gore (2003)"、"Tse and Viswanath (2005)"。

44　参阅文献 "Verdu (1998)"。

45　参阅文献 "Liberti and Rappaport (1999)"。

46　参阅 A. F. Naguib、V. Tarokh、N. Seshadri、A. R. Calderbank 的论文 "高速率无线通信中的空时编码调制解调器"，*IEEE Journal on Selected Areas in Communications*, 16: 1459--1478, October 1998。

　　V. Tarokh、H. Jafarkhani、A. R. Calderbank 的论文 "无线通信中的空时分组编码：性能与结果"，*IEEE Journal on Selected Areas in Communications*, 17: 451--460, March 1999。

为了弄清楚 MIMO 系统可以取得怎样的性能，这里简要地介绍一下 Alamouti 法[47]，文献中最先出现的这种方法用于两个输入天线、一个输出天线的系统。与单入单出系统相比，这种方法实现了双重分集，而速率没有任何损失。这种方法的具体介绍如下。

在给定的符号周期内，两个信号同时从两个天线（假定这两个天线之间的间距足够大，因而可以提供相互独立的信道）发送到一个接收天线。在第 1 个符号周期内，从天线 1 发送的信号为 s_0、从天线 2 发送的信号为 s_1。在下一个符号周期内，从天线 1 发送的信号为 $-s_1^*$、从天线 2 发送的信号为 s_0^*（这里采用的是复包络符号的表示形式，因而与之对应的是二维信号星座）。从发射天线 1 到接收天线的路径通过随机增益 h_0 来体现（一般来说，假定 h_0 为复数）；从发射天线 2 到接收天线的路径通过随机增益 h_1 来体现。把收到的 r_0、r_1 用如下的关系式表示：

$$\begin{cases} r_0 = h_0 s_0 + h_1 s_1 + n_0 \\ r_1 = -h_0 s_1^* + h_1 s_0^* + n_1 \end{cases} \tag{10.173}$$

式中，n_0、n_1 表示高斯噪声分量。对上面的第 2 个式子取共轭复数之后，可以用矩阵的形式把这两个式子表示如下：

$$\mathbf{r} = \mathbf{H}_a \mathbf{s} + \mathbf{n} \tag{10.174}$$

式中，$\mathbf{r} = \begin{bmatrix} r_0 & r_1^* \end{bmatrix}^{\mathrm{T}}$，$\mathbf{s} = \begin{bmatrix} s_0 & s_1 \end{bmatrix}^{\mathrm{T}}$，$\mathbf{n} = \begin{bmatrix} n_0 & n_1^* \end{bmatrix}^{\mathrm{T}}$（上标 T 表示转置），以及正交的信道矩阵 $\mathbf{H}_a$ [这就是说，$\mathbf{H}_a$ 与 $\mathbf{H}_a$ 的共轭转置（把 $\mathbf{H}_a$ 的共轭转置表示为 $\mathbf{H}_a^{\mathrm{H}}$）的乘积为对角矩阵]：

$$\mathbf{H}_a = \begin{bmatrix} h_0 & h_1 \\ h_1^* & -h_0^* \end{bmatrix} \tag{10.175}$$

在接收端，处理的第一步是 $\mathbf{H}_a^{\mathrm{H}}$ 乘以接收矢量，于是得到：

$$\hat{\mathbf{s}} = \mathbf{H}_a^{\mathrm{H}} \mathbf{r} = \begin{bmatrix} |h_0|^2 + |h_1|^2 & 0 \\ 0 & |h_0|^2 + |h_1|^2 \end{bmatrix} \mathbf{s} + \mathbf{H}_a^{\mathrm{H}} \mathbf{n} \tag{10.176}$$

那么，得到符号的如下估值

$$\begin{cases} \hat{s}_0 = \left(|h_0|^2 + |h_1|^2 \right) s_0 + \tilde{n}_0 \\ \hat{s}_1 = \left(|h_0|^2 + |h_1|^2 \right) s_1 + \tilde{n}_1 \end{cases} \tag{10.177}$$

式中，$\tilde{n}_0 = h_0^* n_0 + h_1 n_1^*$、$\tilde{n}_1 = h_1^* n_0 - h_0 n_1^*$。最后一步是：通过执行最小欧几里得算法，对各个符号进行检测（这就是所说的最大似然检测，见第 11 章的分析）。

通过仿真得到了图 10.31 所示的反极性传输信号（如 BPSK）的常规检测性能。图中还示出了未采用 MISO 时 BPSK 传输技术在瑞利衰落信道上的性能。第 3 根曲线示出了 2 发、2 收分集系统的性能。图 10.31 示出的误比特率性能为最佳性能，具体地说，已假定估计出了 h_0、h_1 的理想值。无法避免的估计误差会导致性能的下降。在理想的信道估计条件下，当误比特率为 10^{-3} 时，SNR 的性能改善量超过了 25 dB。

---

47 这里分析的内容与 H. Bolcskei、A. J. Paulraj 的文献 "多入多出无线系统" 完全一致，见文献 Gibson (2002) 的第 90 章。

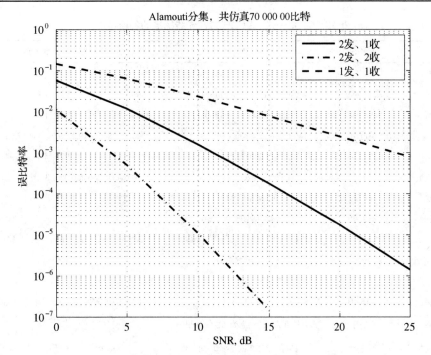

图 10.31　Alamouti 分集系统与未采用分集时的误比特率性能，图中还示出了 2 发、2 收分集系统的性能

　　需要强调的是，就图 10.31 所给出的结果而言，上面给出的模型是个常规模型，而且并不限于 BPSK 调制方案。读者如果想了解 OFDM 系统中采用具有 Alamouti 编码的 QAM，可以参阅文献"Krondorf and Fettweis"[48]。当接收端存在损耗（包括载波频率偏移、接收端 I/Q 不平衡）时，文献中给出了数值计算与仿真的结果。此外，文献中还分析了由过时的信道状态信息（源于时间选择性信道特性和信道估计误差）所导致的性能下降。

10.6.4　1G 与 2G 蜂窝系统的特性

　　因篇幅所限，只能大致地介绍一下第一代、第二代蜂窝无线通信系统的技术特性——特别是 AMPS、GSM、CDMA（以前称为 IS-95，其中，IS 表示过渡标准，但现在的正式名称是 cdmaOne）。到 2008 年 2 月 8 日为止，美国的电信公司无需再支持 AMPS，比如 AT&T、威瑞森公司已不再提供这种业务。

　　在通信理论的许多方面（包括语音编码、调制、信道编码、分集技术、均衡技术），第二代蜂窝无线系统都实现了其中最成功的一种应用。在数字通信方式用于第二代蜂窝系统之后，可以处理语音和某些数据（限于 20 Kbps 左右）。需要注意的是，尽管把 GSM 系统的接入技术说成 TDMA，以及把 cdmaOne 系统的接入技术说成 CDMA，但 GSM 系统、cdmaOne 系统还用到了 FDMA 技术：GSM 的频率间隔为 200 kHz、cdmaOne 的频率间隔为 1.25 MHz。

　　读者若想了解这些系统的细节，可以参考各自的标准。但在此之前，需要提醒读者的是，每个标准的篇幅高达数千页。表 10.14 概括了与这 3 种系统相关的特性。与表相关的细节，可参阅前面给出的文献。

---

48 M. Krondorf、G. Fettweis 的论文"当接收端存在损耗时 Alamouti 空时编码的数值性能评估"，*IEEE Transactions on Commununications*, 8: 1446-1455, March 2009。

表 10.14　第一代、第二代蜂窝无线标准的各项特性[49]

	AMPS	GSM	IS-95（cdmaOne）
频带（MHz）			
上行链路	824～849	890～915（1710～1785）	824～849
下行链路	869～894	935～960（1805～1880）	869～894
总速率	不适用	22.8 Kbps	可变：19.2、9.6、4.8、2.4 Kbps
载波间隔	30 kHz	200 kHz	1.25 MHz
每个载波的信道数	1	8	61（64 个 Walsh 序列；3 个同步及其他序列）
接入技术	FDMA	TDMA-FDMA	CDMA-FDMA
帧周期	不适用	4.6 ms，每时隙 0.58 ms	20 ms
用户调制技术	FM	GMSK，BT = 0.3；二进制差分编码	BPSK（下行链路）；64 进制正交码（上行链路）
上行/下行链路配对	两个信道	两个时隙	两个码字
蜂窝重用特性	7	12	1
同频干扰保护	≤ 15 dB	≤ 12 dB	不适用（相邻的各个小区采用长码序列的不同部分）
纠错编码	不适用	约束长度为 5、码率为 1/2 的卷积码	下行：码率 1/2 卷积码；上行：码率 1/3 卷积码；约束长度均为 9.
分集方式	不适用	跳频：216.7 次/秒；均衡	宽带信号；交织；RAKE 接收机
语音的表示方式	模拟信号	残余脉冲激励线性预测编码	码激励声码器
语音编码器的速率	不适用	13 Kbps	最大值：9.6 Kbps

10.6.5　cdma2000 和 W-CDMA 的特性

如前所述，在 20 世纪 90 年代中期至后期，各个标准化组织已开始研究第三代蜂窝无线通信。3G 蜂窝实现后，除提供远高于 2G 的数据容量外，语音用户的容量也比 2G 的高。目前，在一系列的 3G 标准中，主要有两个相互竞争的标准，这两个标准都采用了 CDMA 接入技术。它们是：①由欧洲和日本发起的宽带 CDMA（Wideband CDMA，W-CDMA）（与 GSM 的各项特性一致）；②以 IS-95 为基础的 cdma2000。

1. cdma2000

把这种无线接口标准的最基本形式称为 1 倍无线传输标准（1 times Radio Transmission Standard，1×RTT）。与 cdmaOne 一样，每个频道仍采用了 1.25 MHz 频带的信道，但经过如下几个处理过程之后，增大了系统的容量：①把用户序列的数量从 64 个 Walsh 序列变为 128 个 Walsh 序列；②前向链路的数据调制方案变为 QPSK（cdmaOne 系统采用的是 BPSK）；③反向链路采用 BPSK（cdmaOne 采用 64 进制正交码）。扩频调制采用的是 QPSK（下行链路为平衡式、在上行链路中采用双信道）。通过介质与链路接入控制协议、服务质量控制方便了数据的接入，但不存在 cdmaOne 对数据的特别规定。通过改变循环冗余校验码（Cyclic Redundancy Check，CRC）的比特数，或者重复、删除（在数据速率最高时）CRC 的比特数，数据速率可以在 1.8～1036.8 Kbps 的范围内变化。在 cdma2000 系统中，从 GPS 导出的定时信号定位到所属的小区的长码（每个小区都相同）之后，有助于与长码的同步。

---

49 参阅文献"Gibson（2002）"第 79 章。

较高速率变体的 3 个载波采用了 3 个 1 × RTT 信道,这 3 个信道可以(但不一定)采用相邻的频带。从某种程度上说,这属于多载波调制,不同之处在于:除数据调制外,还需要对每个载波扩频(10.5 节介绍的多载波调制中,假定各个子载波只经过数据调制)。

2. W-CDMA

顾名思义,W-CDMA 也是以 CDMA 接入为基础。该传输协议的使用情况如下:①日本 NTT DoComo 公司提供高速无线传输(自由移动的多媒体接入或者 FOMA);②由欧洲的通用移动通信系统(Universal Mobile Telecommunications System, UMTS)在绝大部分公共宽带上提供无线传输技术。这两种系统的前向链路与反向链路的时隙式帧格式(每个 FOMA 帧包含 16 个时隙、每个 UMTS 帧包含 15 个时隙)中,采用了 5 MHz 无线信道和 QPSK 扩频技术。与 cdma2000 不同的是,W-CDMA 还支持小区之间的异步处理,以及通过两个步骤的同步处理过程,实现小区与小区之间的切换。通过改变扩频因子和改变分配的码序列(取得最高速率时需要改变码序列),系统的数据速率在区间 7.5～5740 Kbps 变化。

10.6.6 过渡到 4G

从 2010 年开始的 10 年内,进行各种 4G 系统的部署。国际电信联盟(International Telecommunications Union, ITU)最初规定的 4G 传输速率为 100 Mbps(2010 年 10 月),接着(2010 年 12 月)规定:与 3G 的各项技术相比,4G 的相应技术大幅提高。后来(2012 年 01 月)ITU 设定的传输指标的标准为:静态时 4 Gbps;移动时 100 Mbps[50]。尽管 ITU 采纳了采用新技术的建议,但并未开发新标准,而是仰仗其他标准化组织的工作,这些组织包括 IEEE、WiMAX 论坛、第三代移动通信伙伴计划(the Third-Generation Partnership Project, 3GPP)。

在美国正采用两种形式的 4G。先进的长期演进技术(Long-Term Evolution, LTE)是由 3GPP(3GPP 是行业内的专业组织,它的标准化工作可以追溯到 GSM)开发的 4G 无线宽带技术。LTE 表示从 GSM 到 UMTS 发展过程中的下一步。UMTS 包含了以 GSM 为基本技术的各项 3G 技术。奥斯陆和斯德哥尔摩的桑内拉电信于 2009 年 12 月启动了世界上第 1 个公开可用的 LTE 业务。无线领域的另一项竞争技术是由高通公司和其他公司(指 3GPP2 贸易集团)倡导的超级移动宽带(Ultra Mobile Broadband, UMB),但在 2008 年 12 月高通公司宣布结束 UMB 的开发,转而支持 LTE。

4G 的另一种竞争性的方式以 IEEE 802.16 WiMAX 标准为基础。以 LTE 和 WiMAX 为基础的这两种方式都利用了 OFDM 技术、MIMO 天线技术。两种方式都以因特网协议为基础(而不是 2G、3G 的电路交换技术)。通过采用自适应技术(调制、编码、MIMO)可以克服因信道变化所导致的性能下降。

2011 年 11 月,威瑞森公司在美国的 28 个城市安装的 LTE 采用了 700 MHz 的频带、理论峰值速率为 100 Mbps。2011 年,由斯普林特公司、科维公司在美国 62 个城市安装了以 WiMAX 为基本技术的系统,这些系统运行在 2.5 GHz 的频带、下载时的峰值速率为 128 Mbps[51]。

补充书目

除第 9 章提供的文献外,在深入分析扩频技术时,可以参阅文献 "Peterson, Ziemer, and Borth (1995)"。全面介绍数字调制专题的文献为 "Proakis (2001)",扩频通信的权威文献见 "Simon et al. (1994)"。

---

50 参阅 "ITU 确认官方的 4G 实际标准",2012 年 01 月 23 日,http://www.rethink-wireless.com。

51 http://www.computerworld.com/s/article/9207642/4G_shootout_Verizon_LTE_vs._Sprint_WiMax

本章内容小结

1. 在对多进制数字系统(即 $M \geqslant 2$)进行处理时,重要的是分辨出比特与符号(或者字符)之间的区别。一个符号表示 $\log_2 M$ 比特。读者必须分辨出误比特率与误符号率的区别。

2. 以正交为基础的多进制方案包括四相相移键控、偏移四相相移键控、最小频移键控。如果通过预编码确保给定相位变换为相邻相位时只存在 1 比特的差错,那么这三种方法的误比特率基本相同。

3. 通过正交调制或者通过串行调制可以得到最小频移键控信号。在采用串行调制时,利用合理设计的变换滤波器对 BPSK 信号进行筛选处理之后得到最小频移键控信号。在接收端,经过如下的处理过程可以恢复串行的最小频移键控信号:接收信号首先经过带通匹配滤波器;然后在 $f_c + 1/(4T_b)$(即,载波频率加上四分之一数据速率)载频处完成相干解调。串行最小频移键控信号的工作过程与正交调制的 MSK 完全相同,而且,当数据速率很高时,串行最小频移键控信号具有得天独厚的实现特性。

4. 为了产生已调 FM 载波的相位偏移量,让取值为 ±1 的数据流通过缩放比例为 $2\pi f_d$(其中,f_d 表示偏移常数,单位:赫兹/伏特)的高斯频率响应(和高斯冲激响应)滤波器,由此得到高斯最小频移键信号。与常规最小频移键控相比,高斯最小频移键控的旁瓣较小,但代价是:对数据滤波时引入的码间干扰导致了误比特率性能的下降。在第二代蜂窝无线的一种标准中采用了高斯最小频移键控。

5. 从信号空间的角度分析多进制信号会很方便。可以用这种方式处理的数据实例有 MPSK、QAM、MFSK。在前两种调制方案中,当加入较多的信号时,信号空间的维数保持不变;在最后一种调制方案中,信号空间的维数随加入信号的增多而增大。"信号空间的维数不变"的含义是:当信号点的数量增大时,信号点之间的间隔变得更小,因而误码率下降,而带宽基本保持不变。在 FSK 中,当更多的信号加入时,随着维数的增大,信号点之间并没有变得更近,并且在信噪比不变的条件下,误码率下降;但是,随着信号点的增大,传输带宽增大。

6. 可以从功率、带宽效率的角度比较通信系统的性能。大致度量带宽的方式是:所发送的信号频谱主瓣的零点-零点带宽。随着 M 的增大,MPSK、QAM、DPSK 的功率效率下降(也就是说,当 M 增大时,需要较大的 E_b / N_0 值才能够得到给定不变的误比特率值),并且带宽效率增大(也就是说,当 M 增大时,只需要较窄的带宽就能够实现所需的比特率)。对 MFSK 而言,所得的结论刚好相反。可以借助于信号空间的思想解释这种特性——当 M 变化时,MPSK、QAM、DPSK 的维数 2 保持不变($M=2$ 为一维空间),而 MFSK 的维数随 M 的增大而增大。因此,从功率效率的角度来说,在前一种情况下,当 M 增大时,信号点之间变得拥挤,而后一种情况下则不是这样。

7. 数字调制时,从带外功率或者功率含量的角度来度量带宽。理想情况下,对 QPSK、OQPSK、MSK 而言,通过 90% 的信号功率时,理想的主瓣带宽约为 $1/T_b$ 赫兹;而 BPSK 的对应带宽则为 $2/T_b$ 赫兹左右。

8. 在数字调制系统中可能需要的各种同步类型包括载波同步(仅用于各种相干系统)、符号(或者比特)同步、字同步(可能需要)。合理的非线性电路之后连接窄带滤波器或者锁相环可以实现载波同步与符号同步。或者通过合理的反馈结构实现。

9. 伪随机噪声序列与随机地投掷硬币时产生的序列类似,而且利用线性反馈移位寄存器电路很容易产生这种序列。当时延为零时,伪随机噪声序列具有很窄的相关性峰值;当时延不等于零时,相关性的旁瓣分量很小。伪随机序列的这种特性使之成为实现字同步或者距离测量的理想选择。

10. 扩频通信系统的实用性体现在:①抗干扰;②提供了一种通过隐藏发送信号而抵御拦截的方法;③当给多个用户分配同样的时间-频率资源时,提供了一种实现方法,并且提供了测距性能。

11. 扩频系统的两种主要类型是:直接序列扩频、跳频扩频。在实现前者时,用速率远大于数据速率的扩频码乘以数据序列,因而得到扩频之后的频谱;而在实现后者时,由伪随机序列发生器驱动的频率合成器以伪随机的方式提供载频。把这两种方案组合之后构成的各种方式(称为混合扩频)也是可能的实现方案。

12. 只要背景噪声为加性高斯白噪声，而且实现了理想的同步，那么，无论采用哪种调制方案，扩频系统的性能与没有扩频时系统的性能完全相同。

13. 从一定程度上说，扩频系统在干扰环境下的性能取决于处理增益(把处理增益定义为：在扩频系统、无扩频常规系统采用相同类型调制技术的条件下，扩频系统的带宽与不采用扩频时常规系统所占用的带宽之比)。直接序列扩频系统的处理增益等于数据比特的持续时间与扩频序列比特(即切片)持续时间的比值。

14. 在扩频系统中，还需要其他级别的同步(称为码序列同步)。从硬件和便于解读的角度来说，串行搜索方式可能是最简单的方式，但这种方式实现同步的速度相当缓慢。

15. 在多载波调制方案中，在发送之前，把待发送的数据复用到几个加在一起的子载波上。因此，每个发送符号的持续时间比利用一个载波串行地发送时每个发送符号的持续时间长，长度的倍数等于子载波的数量。因此，当两种系统的数据速率相等时，与串行系统相比，多载波系统抵御多径干扰的性能好一些。

16. 多载波调制的特例称为正交频分复用，其中，相邻子载波之间的间隔为 $1/T$(T 表示符号的持续时间)。通常按照如下的方式实现 OFDM：在发送端进行离散傅里叶逆变换(或者快速傅里叶逆变换)、在接收端进行离散傅里叶变换(或者快速傅里叶变换)。OFDM 广泛地用于无线局域网中。

17. 蜂窝无线作为通信技术的应用，能够较快、较广泛地得到公众的认可，这是最初没有想到的。第一代蜂窝系统在 20 世纪 80 年代初期部署，并且采用了模拟调制技术。第二代蜂窝系统在 20 世纪 90 年代中期部署。第三代蜂窝系统的部署始于 2000 年。所有的 2G 系统、3G 系统都采用了数字调制技术，其中，许多系统都以码分多址为基本技术。当前，正在许多地方部署 4G 服务系统。

疑难问题

10.1 用所能想到的尽可能多的方式，比较 QPSK、OQPSK、MSK 这几种传输技术。

10.2

    (a) 从功率、带宽效率的角度，比较 MPSK、DPSK 调制技术。

    (b) 从功率、带宽效率的角度，比较相干 MFSK 与非相干 MFSK 调制技术。

10.3 通信系统中需要实现哪三种类型的同步？

10.4 从功率、带宽效率的角度，比较 MPSK、QAM 调制技术。

10.5 几乎可以简单地产生任意长度的伪随机噪声序列。列出妨碍伪随机序列进入常规应用的几个缺点。

10.6 列出采用扩频技术的 3 个理由。

10.7 在扩频系统中，JSR 突然增加了 10 dB。采用什么方式可以克服这种干扰？

10.8 串行序列搜索系统中，在捕获码序列时，决定所需搜索时间的指标是什么？在设计同步系统时，如果码序列的不确定性在假定值的基础上加倍，问实现同步的时间会如何变化？

10.9 OFDM 主要用在哪里？它具有什么优点？

10.10 设计中把 OFDM 用于克服时延为 τ_m 的多径效应，而且采用 QPSK 调制技术。如果时延扩展加倍，为了实现相同的多径预防功能，应该如何设计系统的指标。

10.11 电磁波在自由空间的传输通常通过"平方反比下降定律"体现出功率密度随距离(指的是与信源之间的距离)的变化规律。问蜂窝无线系统的功率随距离变化的幂次范围是多少？解释为什么与自由空间的传输之间存在区别。

10.12 一般来说，在蜂窝无线系统出现的多径效应中，两个显而易见的特性是什么？

10.13 说说缩写 MIMO 的含义是什么？应用中体现出的优点是什么？

10.14 缩写 1G、2G、3G、4G 的含义分别是什么？说说这些系统进入应用的大致日期。

习题

10.1 节习题

10.1 多进制通信系统的发送速率为 2000 符号/秒。当 $M = 4$、8、16、32、64 时,问等价的比特率是多少?绘出比特率随 $\log_2 M$ 变化的图形。

10.2 按速率 10 Kbps 传输的串行比特流为:

   110110 010111 011011(为了便于分辨,比特流的中间用空格隔开)

按照从左至右的顺序从 1 开始将各个比特编为 1~18。把奇数位置的比特与图 10.1 中的 $d_1(t)$ 关联、把偶数数位置的比特与图 10.1 中的 $d_2(t)$ 关联。

(a) d_1 或者 d_2 的符号率是多少?

(b) 如果采用 QPSK 调制,那么,由式(10.2)给出的各个 θ_i 是多少?在什么时间区间 θ_i 会发生变换?

(c) 如果采用 OQPSK 调制,那么,由式(10.2)给出的各个 θ_i 是多少?在什么时间区间 θ_i 会发生变换?

10.3 在功率谱密度为 $N_0 = 10^{-11}\ \text{V}^2/\text{Hz}$ 的加性高斯白噪声信道上用 QPSK 传输数据信息。当按照如下的数据速率传输时,如果 $P_{E,\text{symbol}} = 10^{-4}$,问所需的已调正交载波的幅度值是多少?

(a) 5 Kbps

(b) 10 Kbps

(c) 50 Kbps

(d) 100 Kbps

(e) 0.5 Mbps

(f) 1 Mbps

10.4 证明:由式(10.6)、式(10.8)给出的噪声分量 N_1、N_2 不相关。也就是需要证明:$E[N_1 N_2] = 0$。(解释 N_1、N_2 的均值为什么等于零。)

10.5 QPSK 调制器产生如下的相位不平衡信号:

$$x_c(t) = A d_1(t) \cos\left(2\pi f_c t + \frac{\beta}{2}\right) - A d_2(t) \sin\left(2\pi f_c t - \frac{\beta}{2}\right)$$

(a) 证明图 10.2 中积分器的输出(并不是式(10.5)、式(10.7))为如下的关系式。

$$\begin{cases} V_1' = \dfrac{1}{2} A T_s \left(\pm \cos\dfrac{\beta}{2} \pm \sin\dfrac{\beta}{2} \right) \\[2mm] V_2' = \dfrac{1}{2} A T_s \left(\pm \sin\dfrac{\beta}{2} \pm \cos\dfrac{\beta}{2} \right) \end{cases}$$

式中,极性符号 "±" 到底取负还是取正取决于 $d_1(t)$、$d_2(t)$ 的取值为+1 还是-1。

(b) 证明:每个正交信道的误码率为

$$P_{E,\text{quad chan}}' = \frac{1}{2} Q\left[\sqrt{\frac{2E_b}{N_0}} \left(\cos\frac{\beta}{2} + \sin\frac{\beta}{2} \right) \right] + \frac{1}{2} Q\left[\sqrt{\frac{2E_b}{N_0}} \left(\cos\frac{\beta}{2} - \sin\frac{\beta}{2} \right) \right]$$

提示:当相位不平衡时,相关器的输出为 V_1、$V_2 = \pm\dfrac{1}{2} A T_s = \pm A T_b$,于是得到 $E_b = V_1^2 / T_b = V_2^2 / T_b$ 以及

$$P_{E,\text{quad chan}} = Q\left[\sqrt{\frac{2E_b}{N_0}}\right]$$

当相位不平衡时，最佳通信环境以及最恶劣通信环境下的 E_b' 分别为

$$E_b' = E_b\left(\cos\frac{\beta}{2} + \sin\frac{\beta}{2}\right)^2$$

$$E_b' = E_b\left(\cos\frac{\beta}{2} - \sin\frac{\beta}{2}\right)^2$$

上面这两个值出现的概率相等。

(c)根据式(10.16)以及上面给出的 $P_{E,\text{quad chan}}'$ 的结果，当 $\beta = 0°$、$2.5°$、$5°$、$7.5°$、$10°$ 时，绘出 P_E 的图形。当误符号率为 10^{-4}、10^{-6} 时，估计出因相位不平衡所产生的 E_b/N_0 的性能下降(单位：分贝)，并且绘出相应的图形。

10.6

(a)BPSK 系统与 QPSK 系统以相同的速率传输，这就是说，BPSK 系统传输的两比特对应 QPSK 系统的每个符号(也就是相位)。将它们的误符号率与 E_s/N_0 之间的关系曲线进行比较(注意：BPSK 系统的 E_s 为 $2E_b$)。

(b)把 BPSK 系统与 QPSK 系统设计成具有相同带宽的系统。将它们的误符号率与 SNR 之间的关系曲线进行比较(注意：在题中的条件下，符号的持续时间必须相同，即 $T_{s,\text{BPSK}} = 2T_b = T_{s,\text{QPSK}}$)。

(c)根据(a)、(b)的结论，在究竟选择 BPSK 还是 QPSK 调制方案时，你得出的判决因素有哪些？

10.7　已知如下的串行数据序列

$$1\,0\,1\,0\,1\,1\quad 0\,1\,0\,0\,1\,0\quad 1\,0\,0\,1\,1\,0\quad 1\,1\,0\,0\,1\,1$$

每隔 1 比特进行组合之后就可以得到图 10.2、图 10.4 所示方框图中上支路、下支路的数据流。根据相同的时间比例(一个图形位于另一个图形的下面)，绘出如下数据调制方案的正交波形：QPSK、OQPSK、MSK 类型 I、MSK 类型 II。

10.8　根据习题 10.7 中的每一种情形，绘出相位偏移量的树图、网格图。证明：树图、网格图中的粗实线表示数据序列经过的实际路径。

10.9　根据最小频移键控信号的频谱，通过乘以式(10.23)给出的 $|G(f)|^2$、乘以式(10.24)给出的 $S_{\text{BPSK}}(f)$ 之后，推导出式(10.25)。这就是说，从频谱的角度证明最小频移键控的串行调制的处理过程。(提示：通过式(10.23)、式(10.24)的正频率的处理得到式(10.25)的第 1 项；对负频率部分进行同样的处理之后得到式(10.25)的第 2 项。在证明的过程中，假定正频率与负频率的重叠部分为零。)

10.10　ASK 系统的载频为 10 MHz、发送数据的速率为 50 Kbps。

(a)当数据序列为 1 0 1 0 1 0 1 0 1 0… 时，问瞬时频率是多少？

(b)当数据序列为 0 0 0 0 0 0 0 0 0 0… 时，问瞬时频率是多少？

10.11　证明式(10.26)与式(10.27)为傅里叶变换对。

10.12

(a)在 16 进制 PSK 的信号空间[见式(10.27)]，绘出判决区的简图。

(b)根据边界式(10.50)，求出误符号率随 E_b/N_0 值变化的表达式，并且绘出简图。

(c)当采用格雷编码时，要求在同一坐标系内计算出误比特率的表达式，并且绘出图形。

10.13

(a)根据式(10.93)和 $P_{E,\text{symbol}}$ 的合理边界，当 MPSK 的 $M = 8$、16、32 时，当实现的性能为 $P_{E,\text{bit}} = 10^{-4}$ 时，求出 E_b/N_0 的值。

(b)根据式(10.63),在 QAM 的 M 取同样值的条件下,要求重新求解上面的问题。

10.14 在采用 M-QAM 调制方案的条件下,推导出编号为式(10.60)~式(10.62)的 3 个关系式。

10.15 把式(10.60)~式(10.62)代入式(10.59),然后把 Q 函数中所有同样的自变量项集中到一起,并且忽略 Q 函数的平方项之后,证明:把 16-QAM 的误符号率简化成了式(10.63)。

10.16 对多进制 QAM 而言,证明

$$a = \sqrt{\frac{3E_s}{2(M-1)}}$$

式中,E_s 表示 M 个信号星座符号的平均能量,即式(10.58)。在证明过程中,需要用到下面的累加和关系式。

$$\sum_{i=1}^{m} i = \frac{m(m+1)}{2} \quad \text{以及} \quad \sum_{i=1}^{m} i^2 = \frac{m(m+1)(2m+1)}{6}$$

10.17

(a)根据式(10.95)、式(10.96)、式(10.67),在相干 MFSK 系统中,如果 M 的取值为 $M = 2$、4、8、16、32,当 $P_{E,\text{bit}} = 10^{-3}$ 时,求出所需的 E_b / N_0 值。编写程序(或者利用 MATLAB)计算出迭代后的解。

(b)根据式(10.95)、式(10.96)、式(10.68),如果系统采用非相干 MFSK 技术,要求在 M 的取值为 $M = 2$、4、8、16、32 的条件下,重复上面的问题。

10.18 证明:式(10.89)与式(10.68)等价。

10.19 已知 $N_0 = 10^{-9}$ 时的信道带宽为 1 MHz,要求多进制通信系统在这种信道上以 4 Mbps 的速率传输数据。

(a)可选的调制方案有哪些?

(b)针对所选的各种方案,当误比特率小于等于 10^{-6} 时,问所需的接收信号的功率是多少?

(c)如果从实现简单的角度考虑的话,你会选择哪一种方案?

10.20 期望在带宽为 4 MHz 的信道上以 1 Mbps 的速率传输数据。

(a)如果采用相干 MFSK,并且 M 等于 2 的幂次时,求出 M 的最大值。

(b)根据(a)中求出的 M 值,当所需的 $P_b = 10^{-4}$ 时,求出所需的 E_b / N_0 值。

(c)如果采用非相干 MFSK 传输方案,重新求解问题(a)。

(d)根据(c)中求出的 M 值,当所需的 $P_b = 10^{-4}$ 时,求出所需的 E_b / N_0 值。

(e)为了简化实现,采用非相干调制方案时,不用在接收端建立相干载波参考。分析这种处理方式的代价。

10.2 节习题

10.21 根据功率含量为 90%的带宽,当利用如下的传输方案得到 50 Kbps 的数据速率时,问所需的传输带宽是多少?

(a)BPSK

(b)QPSK 或者 OQPSK

(c)MSK

(d)16-QAM

10.22 把功率含量带宽的思想推广到 10.2 节正交调制方案中的 MPSK。(所得到的结果是否与 QAM 的不同?)在图 10.21 中,通过合理地选择横坐标,并且利用 90%功率含量带宽,当采用如下的调制方案以 100 Kbps 的速率传输数据时,问所需的传输带宽是多少?

(a) 8 PSK

(b) 16 PSK

(c) 32 PSK

10.23　根据式 (10.116)、式 (10.122) 可以把 QPSK 的 10% 带外功率的射频带宽表示如下。

$$B_{10\% \text{ OOB, QPSK}} = 2 \times \frac{1}{2T_b} = R_b \text{ Hz}$$

式中，$1/(2T_b)$ 表示 $\text{sinc}(2T_b f)$ 的第一零点。因此，根据式 (10.117) 可以把 QAM 的 10% 带外功率的射频带宽表示如下：

$$B_{10\% \text{ OOB, QAM}} = 2 \times \frac{1}{(\log_2 M)T_b} = \frac{2R_b}{\log_2 M} \text{ Hz}$$

如果信道的带宽为 20 kHz，当 M 取如下的值时，问 QAM 支持的数据速率是多少？

(a) $M = 4$

(b) $M = 16$

(c) $M = 64$

(d) $M = 256$

10.24　假定数据序列 $d(t)$ 是包含了 $+1$、-1 的随机序列（分布与投掷硬币的分布相同），其中，$+1$、-1 的持续时间都等于 T 秒。已知该序列的自相关函数如下：

$$R_d(\tau) = \begin{cases} 1 - \dfrac{|\tau|}{T}, & \dfrac{|\tau|}{T} \leqslant 1 \\ 0, & \text{其他} \end{cases}$$

(a) 当 ASK 已调信号为如下的表达式时，求出功率谱密度，并且绘出功率谱密度的简图。

$$s_{\text{ASK}}(t) = \frac{1}{2} A[1 + d(t)]\cos(\omega_c t + \theta)$$

式中，在区间 $(0, 2\pi]$ 内，θ 表示均匀分布的随机变量。

(b) 根据习题 9.21(a) 的结果，当 PSK 已调信号为如下的表达式时，针对 $m = 0$、0.5、1 这 3 种情形，分别计算出功率谱密度，并且绘出功率谱密度的简图。

$$S_{\text{PSK}}(t) = A\sin\left[\omega_c t + \cos^{-1} md(t) + \theta\right]$$

10.25　推导出式 (10.120) 的傅里叶变换对。

10.3 节习题

10.26　在实现与 8PSK 的本地载波同步时，绘出 M 次方电路的方框图。这里假定 $f_c = 10$ MHz、$T_s = 0.1$ ms。仔细地标出所有的模块，而且标出重要的频率与带宽指标。

10.27　根据表 10.7 的各种情形，绘出 σ_ϕ^2 随 z 变化的图形。假定信号功率的 10% 包含在用于锁相环的载波中，并且所有的信号功率包含在用于科斯塔斯环和估计电路的调制中。设置 L 的值为 100、10、5。

10.28　求出式 (10.125) 与式 (10.126) 的差值（单位：分贝）。也就是要求求出 $\sigma_{\varepsilon, \text{SL}}^2 / \sigma_{\varepsilon, \text{AV}}^2$ 的表达式（单位：分贝）。

10.29　引入表 10.9 中的标志码 C8。求出 C8 的所有可能的移位与接收列 10110 10110 00011 101011（为了便于分辨，中间用空格隔开了）之间的汉明距离。在 $h = 1$ 的范围内，问与接收序列匹配的独特码存不存在？如果存在，问时延值多大时出现？

10.30　从式 (10.131) 变换为式 (10.132) 时，要求完成所有的步骤。

10.31 当时钟速率为 10 kHz 时，由连续运行的反馈移位寄存器产生 m 序列。假定移位寄存器共有 6 级，并且反馈连接合理时，能够产生最大长度的序列。要求回答如下的问题。

(a) 序列未出现重复时的最大长度是多少？

(b) 所产生的序列的周期是多少(单位：毫秒)？

(c) 绘出所产生序列的自相关函数的简图，图中标注重要的量纲。

(d) 在该序列的功率谱中，问谱线之间的间隔是多少？

(e) 谱线在零频率处的高度是多少？该指标如何与 m 序列的直流电平联系起来？

(f) 在功率谱的包络中，问第 1 零点处的频率值是多少？

10.32 对长为 $2^7 - 1 = 127$ 的伪随机噪声序列而言，两种可能的连接分别是：$x_4 \oplus x_7$、$x_6 \oplus x_7$。

(a) 当采用连接关系 $x_4 \oplus x_7$ 时，绘出反馈移位寄存器的方框图。

(b) 计算出与连接关系 $x_4 \oplus x_7$ 对应的伪随机噪声序列。

(c) 当采用连接关系 $x_6 \oplus x_7$ 时，绘出反馈移位寄存器的方框图。

(d) 计算出与连接关系 $x_6 \oplus x_7$ 对应的伪随机噪声序列。

10.33 同步的某些应用中，需要关注二进制码序列的非周期性自相关函数。在计算时，假定码序列并未周期性地重复出现，但是，式(10.130)仅用于重叠的内容。例如，表 10.12 中 3 切片巴克序列的计算过程如下：

						$N_A - N_U$	$\dfrac{N_A - N_U}{N}$
巴克序列	1	1	0				
时延 = 0	1	1	0			3	1
时延 = 1		1	1	0		0	0
时延 = 2			1	1	0	−1	−1/3

当时延为负值时，由于自相关函数为偶函数，因此，不必重新计算。

(a) 求出表 10.12 中所有巴克序列的非周期性自相关函数。当时延不等于零时，问自相关函数最大的幅度是多少？

(b) 当伪随机序列的长度为 15 时，计算出对应的非周期性自相关函数。当时延不等于零时，问自相关函数最大的幅度是多少？注意：由表 10.5 可知，该系列并非巴克序列。

10.4 节习题

10.34 证明：在式(10.145)中，N_g 的方差为 $N_0 T_b$。

10.35 证明：在式(10.150)中，N_I 的方差近似于式(10.151)的结果。提示：当 T_c 很小时，需要利用 $T_c^{-1} \Lambda(\tau / T_c)$ 近似于 δ 函数的结论。

10.36 采用 BPSK 调制技术的 DSSS 系统的工作速率为 10 Kbps。期望得到 1000(即，30 dB)的处理增益。

(a) 求出所需的切片速率。

(b) 问所需的射频传输带宽(零点-零点带宽)是多少？

(c) 如果 SNR = 10 dB，当 JSR 分别取值 5 dB、10 dB、15 dB、30 dB 时，问所得到的 P_E 是多少？

10.37 假定所引入的 DSSS 系统采用 BPSK 数据调制技术。当 $E_b / N_0 \to \infty$ 时，期望得到 $P_E = 10^{-5}$。在 JSR 取如下值的条件下，问处理增益 G_p 多大时，才能够得到所需的 P_E。如果无法实现，要求分析原因。

(a) JSR = 30 dB

(b) JSR = 25 dB

(c) JSR = 20 dB

10.38　在码序列长度 $n = 255$ 的多用户 DSSS 系统中，当误比特率的最大值为 10^{-3} 时，问所支持的同时通信的用户数是多少？提示：当 $E_b / N_0 \to \infty$ 时，求出式(10.157)的极限，并且令所得到的表达式为 $P_E = 10^{-3}$，然后求解 N。

10.39　重新求解例 10.6 时，除了传输时延的不确定性为 ± 1.5 ms、误报损耗 $T_{fa} = 100\,T_i$，其他的所有条件都相同。

10.5 节习题

10.40

(a) 这里引入时延扩展为 5 ms 的多径信道，期望在信道上以 500 Kbps 的速率传输数据。在所设计的 MCM 系统中，如果每个子载波都采用 QPSK 调制，则符号周期至少大于时延扩展的 10 倍。

(b) 在用上述指标实现 OFDM 系统时，如果采用快速傅里叶变换的逆变换，当 FFT 的大小为 2 的整数次方时，问需要完成多大的快速傅里叶变换的逆变换？

10.41　在 IEEE802.16 标准中给出了如下的参数值。

调　　制	编码效率
BPSK	1/2
BPSK	3/4
QPSK	1/2
QPSK	3/4
16-QAM	1/2
16-QAM	3/4
64-QAM	2/3
64-QAM	3/4

参数	20 MHz 信道间隔的值	10 MHz 信道间隔的值	5 MHz 信道间隔的值
数据子载波的数量	48	48	48
导频子载波的数量	4	4	4
FFT/IFFT 周期：μs	3.2	6.4	12.8
保护间隔：μs	0.8	1.6	3.2

求出每一种情形的数据速率(单位：Mbps)。这就是说，针对每一种调制/编码效率的组合考虑每一个信道间隔。

10.6 节习题

10.42　当衰减指数 $\alpha = 4$ 时，重新求解例 10.11 与例 10.12。

10.43　在如下的条件下，重新求解例 10.11：除了 $SIR_{dB,\,min} = 10$ dB，其他条件都不变。

10.44

(a) 如果各个相邻小区的中心之间的距离为 1 个单位长度，证明：正六边形的中心与顶点之间的距离为

$$1/\sqrt{3}$$

(b) 证明：在正六边形的几何结构中，同频小区的中心之间的距离为 $D_{co} = \sqrt{N}$。

计算机仿真练习

10.1 如果采用如下的传输方案，当 M = 2、4、8、16、32 时，根据编写的 MATLAB 程序绘出 P_b 随 E_b / N_0 变化的曲线。

    (a) 相干 MFSK (把误码率的上限表达式当作实际误码率的近似表达式)。

    (b) 非相干 MFSK，把所得到的结果与图 10.15(a)、(b) 进行比较。

10.2 利用 MATLAB 程序绘出如下传输方案的带外功率：MPSK、QPSK (或者 OQPSK)、MSK。把所得的结果与图 10.16 比较。利用 trapz 完成所需的数值积分。

10.3 编写 MATLAB 程序绘出图 10.25 类型的图形。在给定 JSR、SNR 的条件下实现所需的误比特率时，利用 MATLAB 的 fzero 求出所需的处理增益。

10.4 在仿真 GMSK 已调波形时，编写出 MATLAB 仿真程序。根据仿真程序，计算出已调波形的功率谱密度，并且绘出相应的图形。仿真工作包括常规 MSK 的特例，于是，可以在取几个不同的乘积 BT_B 时，把 GMSK 的频谱与 MSK 的频谱进行比较。提示：通过编写"帮助 psd"，弄清楚在 MATLAB 中如何利用功率谱估计器完成如下任务：①针对仿真的 GMSK 信号、MSK 信号，得出功率谱的估值；②绘出仿真的 GMSK 信号、MSK 信号的功率谱。

10.5 如果通信系统为 Alamouti 类型的 MISO 分集系统，要求编写 MATLAB 仿真程序。

第 11 章　最佳接收机与信号空间的基本思想

本书的大部分内容分析的都是通信系统。第 9 章有些不一样，具体地说，在已知二进制数字信号形状的条件下，第 9 章从最小差错概率的角度剖析了最佳接收机。本章着手解决系统的优化问题，也就是说，在给定任务的条件下，在某一种类的所有可能的系统中，期望所实现的通信系统能够取得最佳的性能。在采用这种处理方式时，需要解决如下的 3 个问题：

1. 所采用的优化标准是什么？
2. 在该优化标准下，针对给定问题的最佳结构是什么？
3. 最佳接收机的性能怎样？

这里分析的是，具有这种可能特性的最简单类型的问题，也就是说，在发射机的结构、信道的结构都固定不变的条件下，只对接收机进行优化。

在围绕这一主题分析信息传输系统时，有如下两个目的：①第 1 章已介绍过，概率论的系统分析技术与统计优化处理结合之后的应用已经使得通信系统的特性明显不同于早期通信系统的特性。通过本章的介绍，特别是通过本章介绍的一些最佳结构在为前面各章所涉及的系统添砖加瓦时，期望读者能够了解通信的本质。②本章的后面会进一步分析信号空间技术，因此，可以将已剖析过的模拟通信系统的性能结果与数字通信系统的性能结果结合起来。

11.1　贝叶斯优化

11.1.1　信号的检测与估计

从第 9 章、第 10 章的分析可以看出，将信号接收的问题分为两个领域可能很有益处。噪声环境下，在可能的各种信号中，由于关注的只是特定信号是否存在，于是把其中的领域之一称为信号检测。把另一个领域称为信号的估值，这一领域关注的是信号某些特性的估值(假定在噪声环境下该信号存在)。所关注的信号特性可能是与时间无关的参数，例如：①信号本身(或者信号的函数)的恒定(随机或者非随机)的幅度或者相位；②信号本身(或者信号的函数)的过去、现在或者将来的估值。通常把前者称为参数估计；把后者称为筛选。如果按照这种方式处理的话，那么，可以把模拟信号(AM信号、DSB 信号等)的解调视为筛选信号的问题[1]。

尽管把信号接收的问题分为检测问题或者估值问题很有益处，但通常二者都出现在所关注的实际环境中。例如，在检测相移键控信号时，为了实现相干解调，必须先估计信号的有效相位。在有些情况下，同非相干数字传输系统的处理方式(这时的信号相位无关紧要)一样，可以忽略这些因素中的一个因素。而在其他情况下，则不能将信号的检测处理与估值处理分隔开。不过，这一章只是把信号的检测与信号的估值作为独立的问题进行分析。

11.1.2　优化准则

第 9 章为二进制信号求解匹配滤波器接收机时，利用的优化准则是：平均差错概率最小。本章把

---

1 在分析用于最佳解调的信号筛选理论时，参阅文献 Van Trees (1968), Vol. 1.

该设计思想稍加推广，在降低平均成本的前提下，对信号检测器或者估值器进行研究。把这样的设备称为贝叶斯接收机(随后就会明白这样命名的理由)。

11.1.3　贝叶斯检测器

在给出利用最小平均成本优化准则求出最佳接收机的结构之前，先来分析一下信号的检测。例如，设想面临这样的局面：在存在加性高斯噪声分量 N 的条件下(例如，在"信号+噪声"的波形中取一个样值，就可以得到符合这一条件的结果)，当 $k > 0$ 时，对持续不断的信号值的存在与否进行检测。那么，对观测的数据 Z 而言，假定存在如下两种情形：

假定 1 (H_1)：$Z = N$(只存在噪声)$P(H_1$ 成立$) = p_0$。

假定 2 (H_2)：$Z = k + N$(信号+噪声)$P(H_2$ 成立$) = 1 - p_0$。

设噪声的均值为零、方差为 σ_n^2，则可以分别在假定 1 (H_1) 与假定 2 (H_2) 的条件下求出 pdf 的表达式。当 H_1 成立时，Z 表示均值为零、方差为 σ_n^2 的高斯过程。因此可以得到

$$f_Z(z|H_1) = \frac{\mathrm{e}^{-z^2/(2\sigma_n^2)}}{\sqrt{2\pi\sigma_n^2}} \tag{11.1}$$

当 H_2 成立时，由于 Z 表示均值为 k、方差为 σ_n^2 的信号。因此可得

$$f_Z(z|H_2) = \frac{\mathrm{e}^{-(z-k)^2/(2\sigma_n^2)}}{\sqrt{2\pi\sigma_n^2}} \tag{11.2}$$

图 11.1 示出了所对应的两种情形的条件 pdf。这里注意到，所观测的数据 Z 的取值范围为实轴：$-\infty < Z < \infty$。这样处理的目的是：将该一维观测空间分为两个区域$(R_1$ 与 $R_2)$ 之后，如果 Z 落入 R_1 中，则判决 H_1 成立；如果 Z 落入 R_2 中，则判决 H_2 成立。期望在判决的平均成本最小的前提下完成这项工作。在某些情况下，可能出现的情形是，R_1 或/和 R_2 由实轴的多段构成(见习题 11.2)。

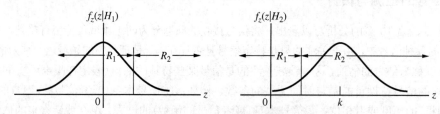

图 11.1　与信号检测的两个假定问题所对应的条件 pdf

值得注意的是，在解决这种常规问题时，由于可以给出 4 种类型的判决，因此需要知道 4 个先验成本。这 4 个成本分别如下：

c_{11}：当 H_1 实际成立时，判决为倾向于 H_1 时的成本。

c_{12}：当 H_2 实际成立时，判决为倾向于 H_1 时的成本。

c_{21}：当 H_1 实际成立时，判决为倾向于 H_2 时的成本。

c_{22}：当 H_2 实际成立时，判决为倾向于 H_2 时的成本。

假设 H_1 实际成立，则判决的条件平均成本 $C(D|H_1)$ 如下：

$$C(D|H_1) = c_{11}P(H_1 \text{ 成立的条件下判决为 } H_1) + c_{21}P(H_1 \text{ 成立的条件下判决为 } H_2) \tag{11.3}$$

从"已知 H_1 成立时 Z 的条件 pdf"的角度来说，可以得到

$$P(H_1 成立的条件下判决为 H_1) = \int_{R_1} f_Z(z|H_1)\mathrm{d}z \tag{11.4}$$

以及

$$P(H_1 成立的条件下判决为 H_2) = \int_{R_2} f_Z(z|H_1)\mathrm{d}z \tag{11.5}$$

式中，仍未指定积分的一维区间。

需要注意的是，在进行判决时，Z 一定位于 R_1 或者 R_2 中，因此下面的式子成立：

$$P(H_1 成立的条件下判决为 H_1) + P(H_1 成立的条件下判决为 H_2) = 1 \tag{11.6}$$

或者，如果用条件 pdf $f_Z(z|H_1)$ 来表示的话，可以得到

$$\int_{R_2} f_Z(z|H_1)\mathrm{d}z = 1 - \int_{R_1} f_Z(z|H_1)\mathrm{d}z \tag{11.7}$$

那么，结合式(11.3)～式(11.6)，可以将已知 H_1 时的条件平均成本 $C(D|H_1)$ 的表示式变为如下的关系式：

$$C(D|H_1) = c_{11}\int_{R_1} f_Z(z|H_1)\mathrm{d}z + c_{21}\left[1 - \int_{R_1} f_Z(z|H_1)\mathrm{d}z\right] \tag{11.8}$$

同理，可以将已知 H_2 时的条件平均成本 $C(D|H_2)$ 表示为如下的关系式：

$$\begin{aligned}
C(D|H_2) &= c_{12}P(H_2 成立的条件下判决为 H_1) + c_{22}P(H_2 成立的条件下判决为 H_2) \\
&= c_{12}\int_{R_1} f_Z(z|H_2)\mathrm{d}z + c_{22}\int_{R_2} f_Z(z|H_2)\mathrm{d}z \\
&= c_{12}\int_{R_1} f_Z(z|H_2)\mathrm{d}z + c_{22}\left[1 - \int_{R_1} f_Z(z|H_2)\mathrm{d}z\right]
\end{aligned} \tag{11.9}$$

在并不考虑哪个假定命题成立时，为了求出平均成本，需要将式(11.8)与式(11.9)相对于假定 H_1 和 H_2 的先验概率(即 $p_0 = P(H_1 成立)$ 以及 $q_0 = 1 - p_0 = P(H_2 成立)$)求取平均。于是得到判决的平均成本如下：

$$C(D) = p_0 C(D|H_1) + q_0 C(D|H_2) \tag{11.10}$$

将式(11.8)、式(11.9)代入式(11.10)，并且将相关项合并之后，可以得到判决的平均成本(或者称为平均风险)如下：

$$\begin{aligned}
C(D) = {} & p_0\left\{c_{11}\int_{R_1} f_Z(z|H_1)\mathrm{d}z + c_{21}\left[1 - \int_{R_1} f_Z(z|H_1)\mathrm{d}z\right]\right\} \\
& + q_0\left\{c_{12}\int_{R_1} f_Z(z|H_2)\mathrm{d}z + c_{22}\left[1 - \int_{R_1} f_Z(z|H_2)\mathrm{d}z\right]\right\}
\end{aligned} \tag{11.11}$$

将式中的所有项都合并到包含公共积分区间 R_1 之后，得到如下的关系式：

$$C(D) = [p_0 c_{21} + q_0 c_{22}] + \int_{R_1}\{[q_0(c_{12} - c_{22})f_Z(z|H_2)] - [p_0(c_{21} - c_{11})f_Z(z|H_1)]\}\mathrm{d}z \tag{11.12}$$

上式第一个方括号内表示的是：一旦 q_0、p_0、c_{21}、c_{22} 确定之后的固定成本。积分项的值由分配到 R_1 内的那些点确定。由于发生差错判决的成本比正确判决的成本大，因此作出 $c_{12} > c_{22}$、$c_{21} > c_{11}$ 的假定是合理的。由于 q_0、p_0、$f_Z(z|H_2)$、$f_Z(z|H_1)$ 表示的都是概率，所以，在积分项里，两个括号内表示的值项都大于零。在积分项里，当第 2 项中括号内的值大于第 1 项中括号内的值时，由于在完成积分之后产生了负值，因此，应该将这时所产生的所有的 z 值分配给 R_1。在积分项内，当第 1 项中括号内的值大于第 2 项中括号内的值时，应该将这时所产生的所有的 z 值分配给 R_2。采用这种处理方式时，可以减小 $C(D)$。从数学的角度来说，可以用如下的两个不等式概括前面的分析：

$$q_0(c_{12} - c_{22})f_Z(z|H_2) \mathop{\gtreqless}^{H_2}_{H_1} p_0(c_{21} - c_{11})f_Z(z|H_1)$$

或者

$$\frac{f_Z(z|H_2)}{f_Z(z|H_1)} \mathop{\gtreqless}^{H_2}_{H_1} \frac{p_0(c_{21} - c_{11})}{q_0(c_{12} - c_{22})} \tag{11.13}$$

对上式的解释如下：如果观察到 Z 的值导致了左端 pdf 的比值大于右端 pdf 的比值，则选择 H_2；否则，选择 H_1。将式(11.13)的左端表示为 $\Lambda(Z)$

$$\Lambda(Z) \triangleq \frac{f_Z(z|H_2)}{f_Z(z|H_1)} \tag{11.14}$$

并称为似然比(注意：这里采用的符号"Λ"并不是第 2 章定义的三角函数)。把式(11.13)的右端称为检测门限值 η，即

$$\eta \triangleq \frac{p_0(c_{21} - c_{11})}{q_0(c_{12} - c_{22})} \tag{11.15}$$

因此，根据贝叶斯最小平均成本准则得出了似然比的检测值，这是个与门限值 η 有关的随机变量。值得注意的是，相关主题的研究已经很普遍，在求解式(11.13)时，并没有提到具体形式的条件 pdf。下面介绍得到式(11.11)、式(11.12)中条件 pdf 的具体实例。

例 11.1

分析式(11.11)与式(11.12)的条件 pdf。假定贝叶斯检测的成本为 $c_{11} = c_{22} = 0$ 以及 $c_{21} = c_{12}$。

a. 求出 $\Lambda(Z)$。

b. 当 $p_0 = q_0 = 1/2$ 时，求出似然比检测。

c. 当 $p_0 = 1/4$、$q_0 = 3/4$ 时，将所得似然比检测值与 b 中所得的结果进行比较。

解：

a. 似然比的求解如下：

$$\Lambda(Z) = \frac{\exp[-(Z-k)^2/(2\sigma_n^2)]}{\exp[-Z^2/(2\sigma_n^2)]} = \exp\left[\frac{2kZ - k^2}{2\sigma_n}\right] \tag{11.16}$$

b. 在这一条件下，$\eta = 1$，由此求出检测值如下：

$$\exp\left[\frac{2kZ - k^2}{2\sigma_n^2}\right] \mathop{\gtreqless}^{H_2}_{H_1} 1 \tag{11.17}$$

对上式的两端取自然对数(由于 $\ln x$ 是 x 的单调函数，因此可以这样处理)并且化简之后可以得到

$$Z \mathop{\gtreqless}^{H_2}_{H_1} \frac{k}{2} \tag{11.18}$$

上式表明：如果收到的混入噪声之后的数据低于信号幅度的一半，那么减小风险的判决结果是：没有信号，给出这样的判决是合理的。

c. 在这样的条件下，$\eta = 1/3$，于是，可以求出似然比检测值如下：

$$\exp[(2kZ - k^2)/(2\sigma_n^2)] \mathop{\gtreqless}^{H_2}_{H_1} \frac{1}{3} \tag{11.19}$$

化简之后可以得到

$$Z \underset{H_1}{\overset{H_2}{\gtrless}} \frac{k}{2} - \frac{\sigma_n^2}{k} \ln 3 \tag{11.20}$$

由于假定了 $k > 0$，所以上式右端的第 2 项大于零，并且最佳门限明显地小于信号的各个先验概率相等时所对应的值。因此，在噪声环境下，当信号存在时，如果先验概率增大，则最佳门限降低，于是，选择信号存在的假定 (即 H_2) 的概率较大。　　　　　　　　　　　　　　　　　　　　　　■

11.1.4　贝叶斯检测器的性能

由于似然比为随机变量的函数，因此似然比本身也是个随机变量。那么，不论是将似然比 $\Lambda(Z)$ 与门限 η 进行比较，还是像例 10.1 那样将检测值化简后与修正的门限进行比较，判决时都有可能出现差错。可以从发生差错判决的条件概率的角度表示出式 (11.12) 判决的平均成本；发生差错的条件概率共有两种[2]。将它们分别表示如下：

$$P_F = \int_{R_2} f_Z(z|H_1) \mathrm{d}z \tag{11.21}$$

$$P_M = \int_{R_1} f_Z(z|H_2) \mathrm{d}z = 1 - \int_{R_2} f_Z(z|H_2) \mathrm{d}z = 1 - P_D \tag{11.22}$$

式中，下标 F、M、D 分别表示"误报"、"漏检"、"正确检测"，这些术语源于雷达检测理论的应用。(这里间接地得出：在采用这些术语时，"假设 H_2" 对应"信号存在的假设"、"假设 H_1" 对应"只存在噪声不存在信号的假设"。) 将式 (11.21) 与式 (11.22) 代入式 (11.12) 之后可知，每次判决的风险变为如下的关系式：

$$C(D) = p_0 c_{21} + q_0 c_{22} + q_0(c_{12} - c_{22}) P_M - p_0(c_{21} - c_{11})(1 - P_F) \tag{11.23}$$

由此可以看出，如果已知 P_F 和 P_M (或者 P_D)，则可以计算出贝叶斯风险。

在给定 H_1、H_2 的条件下，根据似然比的条件 pdf，则可以得到 P_F、P_M 的另一种表达式，具体如下：如果 H_2 成立，那么，根据式 (11.13)，在如下的条件下会发生差错判决 (即倾向于判决为 H_1)：

$$\Lambda(Z) < \eta \tag{11.24}$$

在 H_2 成立的条件下，满足不等式 (11.24) 就意味着

$$P_M = \int_0^\eta f_\Lambda(\lambda|H_2) \mathrm{d}\lambda \tag{11.25}$$

式中，$f_\Lambda(\lambda|H_2)$ 表示在 H_2 成立的条件下由 $\Lambda(Z)$ 实现的条件 pdf。由于 $\Lambda(Z)$ 表示概率密度函数的比值，那么，$\Lambda(Z)$ 不是负值，因此，式 (11.25) 的积分下限为 $\eta = 0$。同理可得

$$P_F = \int_0^\eta f_\Lambda(\lambda|H_1) \mathrm{d}\lambda \tag{11.26}$$

上式成立的理由是：在 H_1 成立的条件下，可以用如下的关系式表示出现了差错 (根据式 (11.13)，判决为倾向于 H_2)。

$$\Lambda(Z) > \eta \tag{11.27}$$

至少从原理上讲，按照式 (11.14) 定义的随机变量的变换关系，通过变换 pdf $f_Z(z|H_1)$ 和 $f_Z(z|H_2)$ 之后，可以求出条件概率 $f_\Lambda(\lambda|H_2)$ 和 $f_\Lambda(\lambda|H_1)$。因此，利用式 (11.21) 与式 (11.22) 或者利用式 (11.25)

2　正如随后的介绍，可以用 P_M、P_F 表示第9章中分析的概率。因此，这些条件概率完全表示出了检测器的性能。

与式(11.26)，得出了计算 P_F 和 P_M 的两种方式。但同例 9.2 一样，在所考虑的具体环境下，由于用 $\Lambda(Z)$ 要方便些，因此常利用单调函数 $\Lambda(Z)$ 计算 P_F 和 P_M。

$P_D = 1 - P_M$ 随 P_F 变化的关系称为似然比检测的工作特性，或者称为接收器工作特性(Receiver Operating Characteristic，ROC)。如果已知 c_{11}、c_{12}、c_{21}、c_{22}，则由式(11.23)计算风险指标时，ROC 提供了必需的所有信息。在介绍如何计算 ROC 时，以恒定高斯噪声环境下的信号检测为例。

例 11.2

分析式(11.11)与式(11.12)的条件 pdf。如果似然比 η 为任意的门限值，则对两端取自然对数之后，将式(11.13)的似然比检测值简化为如下的关系式：

$$\frac{2kZ - k^2}{2\sigma_n^2} \underset{H_1}{\overset{H_2}{\gtrless}} \ln\eta \quad \text{或者} \quad \frac{Z}{\sigma_n} \underset{H_1}{\overset{H_2}{\gtrless}} \left(\frac{\sigma_n}{k}\right)\ln\eta + \frac{k}{2\sigma_n} \tag{11.28}$$

在定义新的随机变量 $X \triangleq Z/\sigma_n$ 以及参数 $d \triangleq k/\sigma_n$ 之后，可以将似然比检测值进一步化简如下：

$$X \underset{H_1}{\overset{H_2}{\gtrless}} d^{-1}\ln\eta + \frac{1}{2}d \tag{11.29}$$

如果已知 $f_X(x|H_1)$ 和 $f_X(x|H_2)$，则可以求出 P_F 和 P_M 表达式的值。对 Z 按比例因子 σ_n 处理之后，由于可以求出 X，因此，由式(11.1)与式(11.2)可以得到：

$$f_X(x|H_1) = \frac{e^{-x^2/2}}{\sqrt{2\pi}} \quad \text{以及} \quad f_X(x|H_2) = \frac{e^{-(x-d)^2/2}}{\sqrt{2\pi}} \tag{11.30}$$

这就是说，在假定 H_1 或者假定 H_2 成立的条件下，X 表示方差为单位值的高斯随机变量。图 11.2 示出了这两个条件概率密度函数。在 H_1 成立的条件下，如果发生误报，则可以得到：

$$X = d^{-1}\ln\eta + \frac{1}{2}d \tag{11.31}$$

这一事件的发生概率如下：

$$P_F = \int_{d^{-1}\ln\eta + \frac{1}{2}d}^{\infty} f_X(x|H_1)\mathrm{d}x = \int_{d^{-1}\ln\eta + \frac{1}{2}d}^{\infty} \frac{e^{-x^2/2}}{\sqrt{2\pi}}\mathrm{d}x = Q\left(d^{-1}\ln\eta + \frac{1}{2}d\right) \tag{11.32}$$

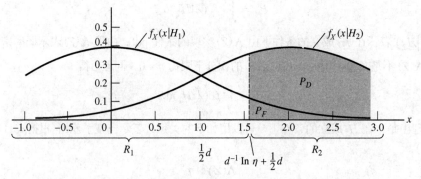

图 11.2　在噪声均值为零的条件下，检测恒定不变的信号时所对应的概率密度函数与各个判决区

上式的含义是：图 11.2 中 $f_X(x|H_1)$ 曲线从 $d^{-1}\ln\eta + \frac{1}{2}d$ 开始到右端所包含的面积。当 H_2 成立时，如果在满足如下关系的条件下进行检测：

$$X > d^{-1} \ln \eta + \frac{1}{2} d \tag{11.33}$$

那么，这一事件的发生概率如下：

$$P_D = \int_{d^{-1}\ln\eta+\frac{1}{2}d}^{\infty} f_X(x \mid H_2) \, \mathrm{d}x = \int_{d^{-1}\ln\eta+\frac{1}{2}d}^{\infty} \frac{\mathrm{e}^{-(x-d)^2/2}}{\sqrt{2\pi}} \, \mathrm{d}x = Q\left(d^{-1}\ln\eta - \frac{1}{2}d\right) \tag{11.34}$$

因此，P_D 表示的是：图 11.2 中 $f_X(x \mid H_2)$ 曲线从 $d^{-1}\ln\eta + \frac{1}{2}d$ 到右端所包含的面积。需要注意的是，当 $\eta = 0$ 时，$\ln\eta = -\infty$ 成立，因此，这时检测器总是选择 $H_2(P_F = 1)$；当 $\eta = \infty$ 时，$\ln\eta = \infty$ 成立，因此，这时检测器总是选择 $H_1(P_D = P_F = 0)$。 ∎

计算机仿真实例 11.1

当 d 取各种值时，通过绘出 $P_D \sim P_F$ 的关系图可以求出 ROC，如图 11.3 所示。也可以通过在区间 $0 \sim \infty$ 改变 η 的值得到曲线。利用如下的 MATLAB 代码很容易完成这一工作：

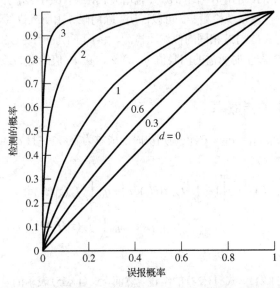

图 11.3　在噪声均值为零的条件下，检测恒定不变的信号时所对应的接收机的工作特性

```
% file: c11ce1
clear all;
d = [0 0.3 0.6 1 2 3];          % vector of d values
eta = logspace(- 2, 2);         % values of eta
lend = length(d);               % number of d values
hold on                         % hold for multiple plots
for j=1 : lend                  % begin loop
    dj = d(j);                  % select jth value of d
    af = log(eta)/dj + dj/2;    % argument of Q for Pf
    ad = log(eta)/dj - dj/2;    % argument of Q for Pd
    pf = qfn(af);               % compute Pf
    pd = qfn(ad);               % compute Pd
    plot(pf, pd)                % plot curve
end
```

```
hold off                              % plots completed
axis square                           % proper aspect ratio
xlabel('Probability of False Alarm')
ylabel('Probability of Detection')
% End of script file
```

在上面的程序代码中，需要利用如下的 MATLAB 函数计算高斯 Q 函数：

```
function out = qfn(x)
% Gaussian Q-Function
%
out = 0.5*erfc(x/sqrt(2));
```
■

11.1.5　奈曼-皮尔森检测器

设计贝叶斯检测器时需要知道成本、先验概率的信息。不能得到这些信息时，一种简单的优化处理方法是：将 P_F 固定在某个准许的电平(比如 α)并且增大 P_D(或者减小 P_M)并且以 $P_F \leqslant \alpha$ 为约束条件。将所得到的检测器称为奈曼-皮尔森检测器。可以证明：除门限 η 由所准许的误报概率值 α 确定外，奈曼-皮尔森检测器产生了与式(11.13)相同的似然比检测。由于可以证明：ROC 曲线在特定时刻的斜率，等于得到该时刻的 P_D 与 P_F 取值时所需的门限值 η，那么，在 P_F 值给定的条件下，可以根据 ROC 求出该 η 值[3]。

11.1.6　检测器的最小差错概率

由式(11.12)可知，如果 $c_{11} = c_{22} = 0$(正确判决时的成本为零)，并且 $c_{12} = c_{21} = 1$(判决出现差错时成本相等)，因此，风险降低到

$$
\begin{aligned}
C(D) &= \left[1 - \int_{R_1} f_Z(z|H_1)\mathrm{d}z \right] + q_0 \int_{R_1} f_Z(z|H_2)\mathrm{d}z \\
&= p_0 \int_{R_2} f_Z(z|H_1)\mathrm{d}z + q_0 \int_{R_1} f_Z(z|H_2)\mathrm{d}z \\
&= p_0 P_F + q_0 P_M
\end{aligned}
\tag{11.35}
$$

式中利用了式(11.7)、式(11.21)、式(11.22)的结论。然而，式(11.35)表示的是判决出现差错的概率(对两个假定取平均)，该概率值与第 9 章中用作优化准则的差错概率值相等。因此，具有这种特定成本分配的贝叶斯接收机是差错概率最小的接收机。

11.1.7　最大后验概率检测器

在式(11.13)中，假定 $c_{11} = c_{22} = 0$ 并且 $c_{12} = c_{21} = 1$，则重新整理后可以将式子表示如下：

$$
\frac{f_Z(Z|H_2)P(H_2)}{f_Z(Z)} \underset{H_1}{\overset{H_2}{\gtrless}} \frac{f_Z(Z|H_1)P(H_1)}{f_Z(Z)}
\tag{11.36}
$$

式中，已代入了 p_0、q_0，式(11.13)的两端都乘以 $P(H_2)$，并且式(11.13)的两端都除以如下的式子：

$$
f_Z(Z) \triangleq f_Z(z|H_1)P(H_1) + f_Z(z|H_2)P(H_2)
\tag{11.37}
$$

根据式(6.10)给出的贝叶斯法则，把式(11.36)变为

3　参见文献 Van Trees (1968), Vol. 1。

$$P(H_2|Z) \underset{H_1}{\overset{H_2}{\gtrless}} P(H_1|Z) \quad (c_{11} = c_{22} = 0; \quad c_{12} = c_{21}) \tag{11.38}$$

式(11.38)表明：对给定的具体检测值 Z 而言，为了减小风险，需要选择最可能的假设，对假定的具体成本分配而言，该风险值等于差错概率。与 $P(H_1)$、$P(H_2)$ 相比(在检测到 Z 之前，这两个概率给出了相同事件的概率)，由于在检测到 Z 之后，概率 $P(H_1|Z)$、$P(H_2|Z)$ 给出了具体假设的概率，因此把概率 $P(H_1|Z)$、$P(H_2|Z)$ 称为后验概率。由于对应最大后验概率的假定是选定的，因此把这种检测器称为最大后验概率(Maximum A Posteriori，MAP)检测器。那么，最小差错概率检测器与 MAP 检测器是等价的。

11.1.8　Minimax 检测器

贝叶斯判决规则对应 Minimax 原则，即，已选择了先验概率满足如下的条件：贝叶斯风险为最大值。若打算深入了解该判决规则，参阅文献 van Trees (1968)。

11.1.9　M 进制假定的情形

将贝叶斯判决准则扩展到 M 个假定(其中，$M > 2$)时，简单但不够灵便。对 M 进制而言，必须给定 M^2 个成本与 M 个先验概率。实际上，在判决时必须进行 M 次似然比检测。如果分析仅限于实现二进制 MAP 检测器的具体成本分配，则可以得出较容易设计 M 个假定的 MAP 判决准则。将式(11.38)按如下步骤扩展之后，可以得到用于 M 个假定的 MAP 判决准则：计算出 M 个后验概率 $P(H_i|Z)$ ($i = 1$, $2, \cdots, M$)，然后把对应最大后验概率的假定选为正确的假定。在分析 M 进制的信号检测时需要用到该判决准则。

11.1.10　以各个向量的观测值为基础的判决

如果 Z 不是表示观测 1 次，则在 N 次的观测值为 $Z \triangleq (Z_1, Z_2, \cdots, Z_N)$ 时，前面得出的结论都成立，但不同之处体现在：在已知 H_1、H_2 的条件下，用到了 Z 的 N 阶联合概率密度函数。如果 $Z_1, Z_2, \cdots, Z_N$ 为条件独立，由于在给定 H_1、H_2 时的条件下，这些联合 pdf 只是表示 $Z_1, Z_2, \cdots, Z_N$ 的边际 pdf 的 N 次相乘，因此很容易表示出这些联合 pdf。在所介绍的高斯噪声环境下检测能量有限的任意信号时，会用到这一推论。后面通过将可能的发送信号分解到维数有限的信号空间，求出针对这类问题的最佳贝叶斯检测器。下一节介绍信号的向量空间表示。

11.2　信号的向量空间表示

回顾以往学过的内容：在三维空间，可以将任意向量表示为任意 3 个线性独立的向量的线性组合。可以说，这样 3 个 1 组的线性独立的向量包含了三维向量空间，把这组向量称为空间的基向量组。把幅度为 1、向量相互垂直的基向量组称为标准正交基向量组。

与向量相关的两个几何概念是：①向量的幅度；②两个向量之间的夹角。若任意两个向量 $\mathbf{A}$、$\mathbf{B}$ 的幅度分别为 A、B，则根据如下关系式定义的两个向量的标量积(或者称为点积)可以体现出这两个量之间的关系：

$$\mathbf{A} \cdot \mathbf{B} = AB \cos \theta \tag{11.39}$$

式中，θ 表示向量 $\mathbf{A}$ 与向量 $\mathbf{B}$ 之间的夹角。于是可得

$$A = \sqrt{\mathbf{A} \cdot \mathbf{A}} \quad \text{以及} \quad \cos\theta = \frac{\mathbf{A} \cdot \mathbf{B}}{AB} \tag{11.40}$$

把这些概念推广到信号中之后，在区间(t_0, t_0+T)内，就可以用一整套[4]正交基函数$\phi_1(t)$，$\phi_2(t)$，…，将能量有限的信号$x(t)$表示为如下的级数：

$$x(t) = \sum_{n=1}^{\infty} X_n \phi(t) \tag{11.41}$$

式中

$$X_n = \int_{t_0}^{t_0+T} x(t) \phi_n^* \mathrm{d}t \tag{11.42}$$

以及

$$\int_{t_0}^{t_0+T} \phi(t) \phi_n^*(t) \mathrm{d}t = \begin{cases} 1, & n = m \\ 0, & n \neq m \end{cases} \text{（正交的条件）} \tag{11.43}$$

当$x(t)$为无限维矢量$(X_1, X_2, \cdots)$时，上式给出了$x(t)$的另一种表示形式。

在设计矢量空间(即后面所说的信号空间)的几何结构时，必须先列出空间内各个单元的一组相同的特性，并且将这些特性用于各个单元间的处理，才能体现出空间内的线性关系。其次，在建立空间的几何结构时，必须用通用的关系式表示出标量积的思想，因而归纳出了幅度与角度这两个概念的基本结论。

11.2.1 信号空间的结构

下面从第一项开始分析。具体地说，对任意的信号对$x(t)$、$y(t)$而言，如果这两个信号相加(满足交换律、结合律)、相乘的标量运算遵循如下的定义和公理，那么，可以由一组信号构成线性空间$\mathcal{S}$：

公理 1 如果α_1、α_2表示两个标量，那么，信号$\alpha_1 x(t) + \alpha_2 y(t)$位于信号空间里(体现$S$的线性特性)。

公理 2 如果α表示任意标量，那么，关系式$\alpha[x(t) + y(t)] = \alpha x(t) + \alpha y(t)$成立。

公理 3 $\alpha_1[\alpha_2 x(t)] = (\alpha_1 \alpha_2) x(t)$成立。

公理 4 $x(t)$与标量 1 相乘之后所得的结果为$x(t)$。

公理 5 信号空间含有满足如下关系式的唯一零单元。

$$x(t) + 0 = x(t)$$

公理 6 对每一个$x(t)$而言，都对应着满足如下关系式的唯一单元$-x(t)$。

$$x(t) + [-x(t)] = 0$$

在表示各种关系式时(例如前面出现的关系式)，如果略去独立变量 t，则会方便得多，后面也正是这样处理的。

---

4 一整套函数指的是：这一组函数多到足以表示所分析的任意函数。例如，在用傅里叶级数分析周期信号及其表示时，基频的各次谐波的正弦频率、余弦频率得到了广泛的应用，但是，如果遗漏了其中之一(比如，遗漏了一个常数项)，则它不再能表示出任意的周期函数(例如，一个具有非零直流分量的函数)。

11.2.2　标量积

设计几何结构的第二项任务是：把用 (x, y) 表示的标量积定义为 $x(t)$、$y(t)$ 这两个信号（通常为复值函数）的标量值函数，而且具有如下的性质：

性质 1　$(x, y) = (y, x)*$
性质 2　$(\alpha x, y) = \alpha(x, y)$
性质 3　$(x + y, z) = (x, z) + (x, y)$
性质 4　如果 x 不等于零，那么 $(x, x) > 0$；如果 x 等于零，那么 $(x, x) = 0$。

标量积的具体定义与如下的因素有关：①各项具体应用；②所涉及的信号类型。在后面的分析中，由于包含了能量信号和功率信号，因此，标量积至少需要两个定义。如果 $x(t)$、$y(t)$ 属于同种类型的信号，那么，能量信号、功率信号的比较便捷的表示形式分别为

$$(x, y) = \lim_{T' \to \infty} \int_{-T'}^{T'} x(y) y^*(t) \mathrm{d}t \tag{11.44}$$

$$(x, y) = \lim_{T' \to \infty} \frac{1}{T'} \int_{-T'}^{T'} x(y) y^*(t) \mathrm{d}t \tag{11.45}$$

在式 (11.44)、式 (11.45) 中，为了避免混淆观测的时间区间，分别采用了 T、T' 的表示形式。特别是，当 $x(t) = y(t)$ 时，可以看出，式 (11.44) 表示包含在信号 $x(t)$ 中的总能量；式 (11.45) 表示包含在信号 $x(t)$ 中的总功率。需要注意的是，可以把级数式 (11.41) 的各项系数表示如下：

$$X_n = (x, \phi_n) \tag{11.46}$$

如果两个常规矢量的标量积等于零，那么这两个矢量正交，可以把这一结论扩展为：如果信号 $x(t)$、$y(t)$ 的标量积等于零，那么，$x(t)$ 与 $y(t)$ 正交。

11.2.3　准则

设计信号线性空间结构的下一步是：定义信号 $x(t)$ 的长度 $\|x\|$（或者称为模）。根据前面的介绍，模的特别适合的表示形式如下：

$$\|x\| = (x, x)^{1/2} \tag{11.47}$$

总体说来，信号的模是满足如下性质的非负实数。

性质 1　当且仅当 x 等于零时，$\|x\| = 0$ 才成立。
性质 2　$\|x + y\| \leqslant \|x\| + \|y\|$（把该关系式称为三角不等式）。
性质 3　$\|\alpha x\| = |\alpha| \|x\|$，式中，$\alpha$ 为标量。

很明显，所选择的 $\|x\| = (x, x)^{1/2}$ 满足上面的各项性质。本书的后面直接应用模的这一定义式。在度量 x、y 这两个信号之间的距离（或者不同之处）时，用 x、y 的差的模 $\|x - y\|$ 表示。

11.2.4　施瓦茨不等式

施瓦茨不等式给出了两个信号的标量积与两个信号的模之间的重要关系式，第 9 章曾经用到过这一关系式，但没有给出证明过程。如果两个信号为 $x(t)$ 与 $y(t)$，那么，与这两个信号对应的施瓦茨不等式为

$$|(x,y)| \leqslant \|x\| \|y\| \tag{11.48}$$

当且仅当 x(或者 y)等于零、或者 $x(t) = \alpha y(t)$ 时(其中，α 为标量)，上式的等号才成立。

在证明式(11.48)时，引入非负值 $\|x + \alpha y\|^2$，其中，α 表示任意常数。利用上面的各项性质把 $\|x + \alpha y\|^2$ 展开之后，可以得到

$$
\begin{aligned}
\|x + \alpha y\|^2 &= (x + \alpha y, x + \alpha y) \\
&= (x,x) + \alpha^*(x,y) + \alpha(x,y)^* + |\alpha|^2 (y,y) \\
&= \|x\|^2 + \alpha^*(x,y) + \alpha(x,y)^* + |\alpha|^2 \|y\|^2
\end{aligned}
\tag{11.49}
$$

由于 α 为任意常数，因此，这里选择 $\alpha = -(x,y)/\|y\|^2$，那么，在抵消式(11.49)的最后两项之后，可以得到

$$\|x + \alpha y\|^2 = \|x\|^2 - \frac{|(x,y)|^2}{\|y\|^2} \tag{11.50}$$

由于 $\|x + \alpha y\|^2$ 为非负值，因此，在重新整理式(11.50)之后可以得到施瓦茨不等式。而且，这里注意到，仅当 $x + \alpha y = 0$ 时，$\|x + \alpha y\| = 0$ 才成立，于是求出了式(11.48)中等号成立的条件。当然，当两个信号中的一个等于零或者两个都等于零时，式(11.48)的等号也成立。

例 11.3

满足前面所述信号空间性质的较熟悉的例子是常规的二维矢量空间。这里引入的两个矢量具有如下的实数分量：

$$\mathbf{A}_1 = a_1 \hat{i} + b_1 \hat{j} \text{ 以及 } \mathbf{A}_2 = a_2 \hat{i} + b_2 \hat{j} \tag{11.51}$$

式中，$\hat{i}$、$\hat{j}$ 表示相互正交的单位矢量。标量积就是矢量的内积，即

$$(\mathbf{A}_1, \mathbf{A}_2) = a_1 a_2 + b_1 b_2 = \mathbf{A}_1 \cdot \mathbf{A}_2 \tag{11.52}$$

于是得到矢量的模(即矢量的长度)如下：

$$\|\mathbf{A}_1\| = (\mathbf{A}_1, \mathbf{A}_1)^{1/2} = \sqrt{a_1^2 + b_1^2} \tag{11.53}$$

把加法定义为满足交换律、结合律的矢量加法：

$$\mathbf{A}_1 + \mathbf{A}_2 = (a_1 + a_2)\hat{i} + (b_1 + b_2)\hat{j} \tag{11.54}$$

矢量 $\mathbf{C} \triangleq \alpha_1 \mathbf{A}_1 + \alpha_2 \mathbf{A}_2$ 也是二维空间的矢量(公理1)。式中，α_1、α_2 表示实数常数。对零单元 $0\hat{i} + 0\hat{j}$ 而言，也容易理解其他的公理。

矢量的内积满足标量积的各项性质。根据性质2，可以把模的性质表示如下：

$$\sqrt{(a_1 + a_2)^2 + (b_1 + b_2)^2} \leqslant \sqrt{a_1^2 + b_1^2} + \sqrt{a_2^2 + b_2^2} \tag{11.55}$$

上式简要地表示出了三角形的斜边比其余两边的和短一些——因而命名为三角不等式。把施瓦茨不等式的平方表示如下：

$$(a_1 a_2 + b_1 b_2)^2 \leqslant (a_1^2 + b_1^2)(a_2^2 + b_2^2) \tag{11.56}$$

上式表明：$|\mathbf{A}_1 \cdot \mathbf{A}_2|^2$ 小于等于 $\mathbf{A}_1$ 长度的平方乘以 $\mathbf{A}_2$ 长度的平方。　■

11.2.5　用傅里叶系数表示的两个信号的标量积

如果式(11.41)表示的是两个能量信号(或者两个功率信号)$x(t)$、$y(t)$，那么，可以证明

$$(x, y) = \sum_{m=1}^{\infty} X_m Y_m^* \tag{11.57}$$

假定 $y = x$ 成立，则可以导出帕塞瓦尔定理，即

$$\|x\|^2 = \sum_{n=1}^{\infty} |X_m|^2 \tag{11.58}$$

为了体现出这里刚刚介绍过的矢量简要表示方法的用处，下面用来证明式(11.57)、式(11.58)。按照各自正交的展开式，假定可以把 $x(t)$、$y(t)$ 分别表示如下：

$$x(t) = \sum_{m=1}^{\infty} X_m \phi_m(t) \quad \text{以及} \quad y(t) = \sum_{n=1}^{\infty} Y_n \phi_n(t) \tag{11.59}$$

从标量积的角度来说，上式的 X_m、Y_n 分别为

$$X_m = (x, \phi_m) \quad \text{以及} \quad Y_n = (y, \phi_n) \tag{11.60}$$

因此，根据标量积的性质2、性质3，可以得到

$$(x, y) = \left(\sum_m X_m \phi_m, \sum_n Y_n \phi_n \right) = \sum_m X_m \left(\phi_m, \sum_n Y_n \phi_n \right) \tag{11.61}$$

再把性质1用于上式，可以得到

$$(x, y) = \sum_m X_m \left(\sum_n Y_n \phi_n, \phi_m \right)^* = \sum_m X_m \left[\sum_n Y_n^* (\phi_n, \phi_m)^* \right] \tag{11.62}$$

上式的最后一步是性质 2、性质 3 的另外的应用。但是，各个 ϕ_n 之间是正交的；这就是说，

$(\phi_n, \phi_m) = \delta_{nm} = \begin{cases} 1, & m = n \\ 0, & m \neq n \end{cases}$，其中，$\delta_{nm}$ 表示克罗内克 δ 函数。于是可得

$$(x, y) = \sum_m X_m \left(\sum_n Y_n^* \delta_{nm} \right) = \sum_m X_m Y_m^* \tag{11.63}$$

这就证明了式(11.57)，把 $y = x$ 代入式(11.57)即可得到式(11.58)。

例 11.4

这里引入信号 $x(t) = \sin(\pi t)$（其中，$0 \leq t \leq 2$）以及与 $x(t)$ 近似的方波信号 $x_a(t) = \frac{2}{\pi} \Pi(t) -$

$\frac{2}{\pi} \Pi(t-1) = \frac{2}{\pi} \phi_1(t) - \frac{2}{\pi} \phi_2(t)$，这里规定：$\phi_1(t) = \Pi(t)$、$\phi_2(t) = \Pi(t-1)$（注意：$\phi_1(t)$ 与 $\phi_2(t)$ 正交）。容

易证明：$(x, \phi_1) = \frac{2}{\pi}$ 和 $(x, \phi_2) = -\frac{2}{\pi}$。

在信号空间里，x、x_a 都表示能量有限的信号。因此，x、x_a 满足所有的加法性质与乘法性质。由于这里考虑的是能量有限的信号，因此，适于采用式(11.44)定义的标量积。把 x、x_a 的标量积表示如下：

$$(x, x_a) = \int_0^2 \sin \left\{ \pi t \left[\frac{2}{\pi} \phi_1(t) - \frac{2}{\pi} \phi_2(t) \right] \right\} dt \tag{11.64}$$

$$= \left(\frac{2}{\pi} \right)^2 - \left(\frac{2}{\pi} \right) \left(-\frac{2}{\pi} \right) = \frac{8}{\pi^2}$$

x、x_a 之差的模的平方为

$$\begin{aligned} \left\| (x - x_a) \right\|^2 &= (x - x_a, x - x_a) \\ &= \int_0^2 \left[\sin \pi t - \frac{2}{\pi} \phi_1(t) + \frac{2}{\pi} \phi_2(t) \right]^2 dt \\ &= 1 - \frac{8}{\pi^2} \end{aligned} \tag{11.65}$$

上式表示 x、x_a 之间的平方积分误差。

x 的模的平方为

$$\left\| x \right\|^2 = \int_0^2 \sin^2 (\pi t) dt = 1 \tag{11.66}$$

x_a 的模的平方为

$$\left\| x_a \right\|^2 = \int_0^2 \left[\frac{2}{\pi} \phi_1(t) - \frac{2}{\pi} \phi_2(t) \right]^2 dt = \frac{8}{\pi^2} \tag{11.67}$$

在积分运算的持续时间内，由于 $\phi_1(t)$、$\phi_2(t)$ 正交，因此上式成立。那么，与这种情形相对应的施瓦茨不等式为

$$\left| (x, x_a) \right| \leqslant \left\| x \right\|^{1/2} \left\| x_a \right\|^{1/2} \Rightarrow \frac{8}{\pi^2} < 1 \times \sqrt{2} \times \frac{2}{\pi} \tag{11.68}$$

上式等同于

$$\sqrt{2} < \frac{1}{2} \pi \tag{11.69}$$

由于 x 并不是 x_a 的标量倍数，因此必然得出上面的严格意义上(即不存在等号)的不等式。　■

11.2.6 基函数单元的选择：格拉姆–施密特正交化过程

很自然出现的问题是：如何求出适合的各个基向量。对不存在其他严格限制的能量信号或者功率信号而言，在表示信号时，需要函数的无限个单元。可以这样说，存在许多种选择，这与具体的问题、所关注的持续时间有关。因此，这样的信号单元不仅包括相关谐波频率的余弦信号和正弦信号(或者复指数函数)，还包括勒让德函数、埃尔米特函数和贝塞尔函数(这里只是略举几例)。所有这些都是完全正交的实例。

在求解基函数(特别是在分析多进制信号的检测时)，常采用格拉姆–施密特正交化处理过程。下面介绍这一处理过程。

这里进行分析的环境是：在所定义的某个时间区间 $(t_0, t_0 + T)$ 内，如果已知有限的信号单元 $s_1(t)$、$s_2(t)$，…，$s_M(t)$，那么，这里关注的是，通过这些信号的如下线性组合，可以表示出所有的信号：

$$x(t) = \sum_{n=1}^{M} X_n s_n(t), \quad t_0 \leqslant t \leqslant t_0 + T \tag{11.70}$$

如果各个 $s_n(t)$ 线性独立(也就是说, $s_n(t)$ 不能够表示为其余单元的线性组合), 那么, 这种信号的所有单元构成了 M 维线性空间。如果各个 $s_n(t)$ 不满足线性独立的条件, 则线性空间的维数小于 M。通过格拉姆-施密特正交化过程, 可以求出信号空间的正交基, 该处理过程的步骤如下:

1. 令 $v_1(t) = s_1(t)$ 以及 $\phi_1(t) = v_1(t)/\|v_1(t)\|$。
2. 令 $v_2(t) = s_2(t) - (s_2, \phi_1)\phi_1(t)$, 以及 $\phi_2(t) = v_2(t)/\|v_2(t)\|$。其中, $v_2(t)$ 表示的是, $s_2(t)$ 中与 $s_1(t)$ 线性独立的分量。
3. 令 $v_3(t) = s_3(t) - (s_3, \phi_2)\phi_2(t) - (s_3, \phi_1)\phi_1(t)$, 以及 $\phi_3(t) = v_3(t)/\|v_3(t)\|$。其中, $v_3(t)$ 表示的是, $s_3(t)$ 中与 $s_2(t)$、$s_1(t)$ 线性独立的分量。
4. 持续上面的处理过程, 直至用完了所有的 $s_n(t)$。如果各个 $s_n(t)$ 不是线性独立的, 那么经过一步或者多步的处理之后所得到的 $v_n(t)$ 满足: $\|v_n\| = 0$。在得到这样的 v_n(即满足 $\|v_n\| = 0$)时, 已经排除了那些存在线性相关性的信号, 因而最终得到了 K 个相互正交的函数, 其中, $K \leqslant M$。

在上述的处理过程中, 由于每一步得到的都是信号空间的正交基, 因此实现了如下的关系式。

$$(\phi_n, \phi_m) = \delta_{nm} \tag{11.71}$$

式中, δ_{nm} 表示式(11.63)中定义的克罗内克 δ 函数, 而且, 这里在产生正交单元时, 利用了所有的信号。

例 11.5

这里引入能量有限的如下 3 个信号:

$$\begin{cases} s_1(t) = 1, & 0 \leqslant t \leqslant 1 \\ s_2(t) = \cos(2\pi t), & 0 \leqslant t \leqslant 1 \\ s_3(t) = \cos^2(\pi t), & 0 \leqslant t \leqslant 1 \end{cases} \tag{11.72}$$

当信号空间包含了这 3 个信号时, 要求求出正交基。

解:

令 $v_1(t) = s_1(t)$ 之后, 可以计算出 $\phi_1(t)$ 如下:

$$\phi_1(t) = \frac{v_1(t)}{\|v_1\|} = 1, \quad 0 \leqslant t \leqslant 1 \tag{11.73}$$

接下来, 可以计算出 (s_2, ϕ_1) 的值为

$$(s_2, \phi_1) = \int_0^1 1\cos(2\pi t)\mathrm{d}t = 0 \tag{11.74}$$

再设置如下的 $v_2(t)$:

$$v_2(t) = s_2(t) - (s_2, \phi_1)\phi_1 = \cos(2\pi t), \quad 0 \leqslant t \leqslant 1 \tag{11.75}$$

于是, 可以求出第 2 个正交函数 $\phi_2(t)$ 如下:

$$\phi_2(t) = \frac{v_2(t)}{\|v_2\|} = \sqrt{2}\cos(2\pi t), \quad 0 \leqslant t \leqslant 1 \tag{11.76}$$

在验证另一个正交函数时, 需要先求出如下的两个标量积:

$$(s_3, \phi_2) = \int_0^1 \sqrt{2}\cos(2\pi t)\cos^2(\pi t)\mathrm{d}t = \frac{\sqrt{2}}{4} \tag{11.77}$$

$$(s_3, \phi_1) = \int_0^1 \cos^2(\pi t)\mathrm{d}t = \frac{1}{2} \tag{11.78}$$

于是得到

$$v_3(t) = s_3(t) - (s_3, \phi_2)\phi_2 - (s_3, \phi_1)\phi_1$$

$$= \cos^2(\pi t) - \frac{\sqrt{2}}{4} \times \sqrt{2}\cos(2\pi t) - \frac{1}{2} = 0 \tag{11.79}$$

那么，信号空间是二维空间。 ∎

11.2.7 随信号持续时间变化的信号度量指标

当信号的带宽受到限制(信号的带宽为 W)时，第 2 章的采样定理从无穷个基函数单元 $\mathrm{sinc}(f_s t - n)$(其中，$n = 0$、± 1、± 2、$\cdots$)的角度给出了严格的表示方法。由于 $\mathrm{sinc}(f_s t - n)$ 的时间不受限，因此可以推断：当信号的带宽严格受限时，信号的持续时间不可能也是有限值(即，不可能是时间受限的信号)。然而，从实用的角度来说，如果对带宽的定义稍微宽松一些，就可以把时间-带宽的度量指标与信号联系起来。下面的定理给出了时间受限信号与带宽受限信号度量指标的上限(未给出该定理的证明过程)[5]。

时间-带宽度量指标的定理如下。

假定 $\{\phi_k(t)\}$ 表示一组正交信号，而且，所有这些信号都满足如下的指标：

1 在时间区间 T 之外，各个 $\phi_k(t)$ 均为零，例如，信号的持续时间为 $|t| \leqslant T/2$；
2 在频率区间 $-W < f < W$ 之外的区域内，所分布的能量不超过总能量的 1/12。

那么，当 TW 很大时，$\{\phi_k(t)\}$ 的信号单元数的值变得过大，达到 $2.4TW$。

例 11.6
这里分析如下信号的正交单元：

$$\phi_k(t) = \Pi\left[\frac{t - k\tau}{\tau}\right]$$

$$= \begin{cases} 1, & \frac{1}{2}(2k-1)\tau \leqslant t \leqslant \frac{1}{2}(2k+1)\tau, \quad k = 0, \pm 1, \pm 2, \pm K \\ 0, & \text{其他} \end{cases}$$

式中，$(2K+1)\tau = T$。$\phi_k(t)$ 的傅里叶变换为：

$$\phi_k(f) = \tau\mathrm{sinc}(\tau f)\mathrm{e}^{-\mathrm{j}2\pi k\tau f} \tag{11.80}$$

包含在 $\phi_k(t)$ 中的总能量为 τ，包含在区间 $|f| \leqslant W$ 的能量为

$$E_W = \int_{-W}^{W} \tau^2\mathrm{sinc}^2(\tau f)\mathrm{d}f = 2\tau\int_0^{\tau W} \mathrm{sinc}^2(v)\mathrm{d}v \tag{11.81}$$

在上式的积分中用到了变量代换式 $v = \tau f$，并且，由于被积函数为偶函数，因此，在求积分值时，只针对 v 大于零的部分。脉冲的总能量为 $E = \tau$，因此，带宽 W 内的能量与总能量的比值为

---

5 该定理选自文献 "Wozencraft and Jacobs(1965)" 的第 294 页，不过，该文献也没有给出证明过程。但给出了香农、朗多、波利亚克对该定理历次演绎的等效分析。

$$\frac{E_W}{E} = 2 \int_0^{\tau W} \text{sinc}^2(v)\text{d}v \qquad (11.82)$$

由于没法求出上面积分结果的解析表达式，因此，可以利用下面的 MATLAB 函数求出上式的积分值[6]：

```
% ex11_6
%
for tau_W = 1:.1:1.5
    v = 0:0.01:tau_W;
    y = (sinc(v)).^2;
    EW_E = 2*trapz(v, y);
    disp([tau_W, EW_E])
end
```

下面的表给出了随 τW 变化的 E_W / E 的结果。

τW	E_W / E	τW	E_W / E
1.0	0.9028	1.3	0.9130
1.1	0.9034	1.4	0.9218
1.2	0.9066	1.5	0.9311

在选择 τW 指标时，要求 $E_W / E \geqslant 11/12 = 0.9167$。因此，在各个 $\phi_k(t)$ 中，$\tau W = 1.4$ 的条件确保了没有一个的总能量的 1/12 位于区间 $-W < f < W$ 之外。

那么，$N = 2K + 1 = [T/\tau]$ 个正交信号占用的区间为 $(-T/2, T/2)$，其中，[ ] 表示取 T/τ 的整数值。假定 $\tau = 1.4\,W^{-1}$，则可以得到

$$N = \left[\frac{TW}{1.4}\right] = [0.714TW] \qquad (11.83)$$

上式表示定理给出的边界。 ∎

11.3　数字数据传输的最大后验概率接收机

下面把检测定理、刚分析过的信号空间的思想用于数字数据的传输。分析的例子包括相干系统与非相干系统。

11.3.1　从信号空间的角度分析相干系统的判决准则

第 10 章在分析 QPSK 系统时，在接收端，通过相关器把收到的"信号+噪声"分解为两个分量后，就能够相当容易地计算出误码率。从本质上说，QPSK 接收机计算的是：收到的"信号+噪声"在信号空间里的坐标。该信号空间的基本函数是 $\cos(\omega_c t)$、$\sin(\omega_c t)$（其中，$0 \leqslant t \leqslant T$），而且标量积用如下的关系式表示：

$$(x_1, x_2) = \int_0^T x_1(t)x_2(t)\text{d}t \qquad (11.84)$$

上式表示的 QPSK 的标量积是式(11.44)的特例。如果 $\omega_c T$ 是 2π 的整数倍，那么这些基函数之间相互正交，但尚未对这些基函数进行归一化处理。

根据前面的介绍，在格拉姆–施密特正交化处理过程中，可以看出如何把结论推广到能量有限、

---

6 利用列表法，可以把积分表示成正弦积分函数。参阅文献 "Abramowitz and Stegun, 1972"。

但其他指标为任意值的 M 个信号 $s_1(t), s_2(t), \cdots, s_M(t)$。因此,这里引入图 11.4 所示的多进制通信系统,即,在 T 秒的时间区间内,发送的 $s_j(t)$ 是与消息信号 m_i 相关联的 M 个可能信号中的一个。设计的接收机应具备如下的特性:在判决发送的是哪个消息信号时,误码率应最低;这时对应的接收机为最大后验概率(Maximum A Posteriori,MAP)接收机。为了简化分析,这里假定信源信息以相等的先验概率产生各种消息信号。

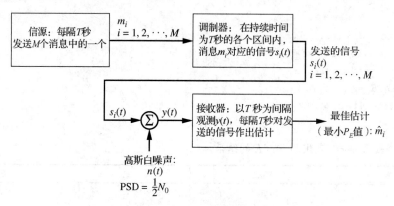

图 11.4 多进制通信系统

如果不考虑噪声的影响,则可以把第 i 个信号表示如下:

$$s_i(t) = \sum_{j=1}^{K} A_{ij}\phi_j(t), \quad i=1,2,\cdots,M, \quad K \leqslant M \tag{11.85}$$

式中,$\phi_j(t)$ 表示按照格拉姆-施密特正交化处理过程所选择的正交基函数。于是得到

$$A_{ij} = \int_0^T s_i(t)\phi_j(t)\mathrm{d}t = (s_i, \phi_j) \tag{11.86}$$

并且可以得到如图 11.5 所示的接收机结构,图 11.5 中的一排相关器用于计算扩展之后的 $s_i(t)$ 的各个傅里叶系数。因此,可以把每一个可能的信号看作 K 维信号空间里的一个信号点,信号点的对应坐标为 $(A_{i1}, A_{i2}, \cdots, A_{iK})$,其中,$i=1,2,\cdots,M$。

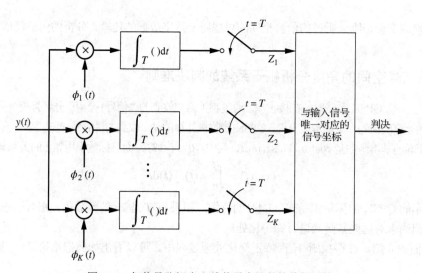

图 11.5 把信号分解为 K 维信号空间的接收机结构

由于 $s_i(t)$ 由式(11.85)唯一确定，那么，知道 $s_i(t)$ 的坐标与知道 $s_i(t)$ 的效果是一样的。当然，难点在于，接收端是在存在噪声的环境下收到的信号。因此，接收端给出的并不是信号的精确坐标，而是含有噪声的坐标 $(A_{i1}+N_1, A_{i2}+N_2, \cdots, A_{iK}+N_K)$，其中

$$N_j \triangleq \int_0^T n(t)\phi_j(t)\mathrm{d}t = (n, \phi_j) \tag{11.87}$$

这里把具有如下分量的矢量 **Z** 作为数据矢量：

$$Z_j \triangleq A_{ij} + N_j, \quad j = 1, 2, \cdots, K \tag{11.88}$$

而且把所有可能的数据矢量作为观测空间，图 11.6 示出了 $K=3$ 时的典型位置分布。

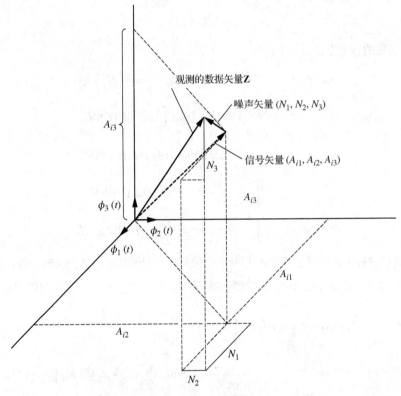

图 11.6　三维观测空间

判决时需要解决的问题是：从降低平均误码率的角度，把受噪声影响后的信号单元之一与可能的发送信号相对应。这就是说，必须把观测空间分为 M 个区域 R_i（每一个区域对应一个发送信号），因而，如果收到的信号落入区域 R_l，那么，在给出"发送 $s_l(t)$"的判决时，具有最低的误码率。

11.1 节示出了遵循最大后验概率准则的最低误码率检测器。那么，如果假定 H_l 对应"发送 $s_l(t)$"，则接收端需要在完成如下的概率计算之后，从其中选择出最大的值[7]：

$$P(H_l|Z_1, Z_2, \cdots, Z_K), \quad l = 1, 2, \cdots, M \tag{11.89}$$

在计算式(11.89)的后验概率时，需要利用贝叶斯定律，并且还利用了如下的假定条件：

$$P(H_1) = P(H_2) = \cdots = P(H_M) \tag{11.90}$$

---

7 由于大写字母表示的观测坐标具有随机性，因此各个大写字母表示数据矢量的分量。

利用贝叶斯定律之后可以得到

$$P(H_l|z_1,z_2,\cdots,z_K) = \frac{f_Z(z_1,z_2,\cdots,z_K|H_l)P(H_l)}{f_Z(z_1,z_2,\cdots,z_K)} \tag{11.91}$$

然而，由于因子 $P(H_l)$、$f(z_1, \cdots, z_K)$ 与 l 无关，因此，检测器可以在计算出 $f(z_1, \cdots, z_K|H_l)$ 之后选择出对应最大概率值的 H_l。式(11.88)表示加入高斯噪声之后线性运算的结果，所以所得到的各个结果为高斯随机变量。这里需要完成的全部工作是：在已知 H_l 的条件下，求出联合概率密度函数的均值、方差、协方差。当已知 H_l 时，对应的各个均值如下：

$$E\{Z_j|H_l\} = E\{A_{lj} + N_j\} = A_{lj} + \int_0^T E\{n(t)\}\phi_j(t)\mathrm{d}t$$
$$= A_{lj}, \quad j = 1,2,\cdots,K \tag{11.92}$$

当已知 H_l 时，对应的各个方差值如下：

$$\mathrm{var}\{Z_j|H_l\} = E\left\{\left[(A_{lj} + N_j) - A_{lj}\right]^2\right\} = E\left\{N_j^2\right\}$$
$$= E\left\{\int_0^T n(t)\phi_j(t)\mathrm{d}t \int_0^T n(t')\phi_j(t')\mathrm{d}t'\right\}$$
$$= \int_0^T \int_0^T E\{n(t)n(t')\}\phi_j(t)\phi_j(t')\mathrm{d}t\mathrm{d}t' \tag{11.93}$$
$$= \int_0^T \int_0^T \frac{N_0}{2}\delta(t-t')\phi_j(t)\phi_j(t')\mathrm{d}t\mathrm{d}t'$$
$$= \int_0^T \frac{N_0}{2}\phi_j(t)\mathrm{d}t = \frac{N_0}{2}, \quad j = 1,2,\cdots,K$$

在推导上式的过程中，利用了各个 ϕ_j 相互正交的条件。同理可证，当 $j \neq k$ 时，Z_j、Z_k 的协方差等于零。于是，$Z_1, Z_2, \cdots, Z_K$ 表示互不相关的高斯随机变量，因而相互独立。那么可以得到：

$$f_Z(z_1,z_2,\cdots,z_K|H_l) = \prod_{j=1}^K \frac{\exp\left[-(z_j - A_{lj})^2 / N_0\right]}{\sqrt{\pi N_0}}$$
$$= \frac{1}{(\pi N_0)^{K/2}}\exp\left[-\sum_{j=1}^K (z_j - A_{lj})^2 / N_0\right] \tag{11.94}$$
$$= \frac{\exp\left[-\|z - s_l\|^2 / N_0\right]}{(\pi N_0)^{K/2}}$$

式中，

$$z = z(t) = \sum_{j=1}^K z_j\phi_j(t) \tag{11.95}$$

以及

$$s_l(t) = \sum_{j=1}^K A_{lj}\phi_j(t) \tag{11.96}$$

由于式(11.94)表示的因式与 l 无关，那么，式(11.94)表示的是利用贝叶斯定律求出的最大后验概率 $P(H_l|z_1, \cdots, z_K)$。所以，在求式(11.94)的最大值时，若选择对应最大后验概率的 H_l，则等同于选

择具有坐标(A_{l1}, A_{l2}, $\cdots$, A_{lK})的信号，或者等效于求取指数部分的最小值。但是，由于$\|z - s_l\|$表示$z(t)$与$s_l(t)$之间的距离，因此，这就已经证明了平均误码率最小准则的实质是：在观测的信号空间内，选择出与接收信号最接近的发送信号(将发送信号与接收信号之间的距离定义如下：数据与信号矢量各个分量之间差值平方的累加和的均方根)。这就是说，所选择的H_l满足如下的关系式[8]：

$$
(距离)^2 = d^2 = \sum_{j=1}^{K} (Z_j - A_{lj})^2
$$

$$
= \|z - s_l\|^2 = 最小值，\quad l = 1, 2, \cdots, M
$$

(11.97)

上式的运算过程与图 11.5 的接收机结构所完成的处理过程一模一样。下面通过实例来分析这一处理过程。

例 11.7

这个例子从信号空间的角度分析相干 MFSK 系统。已知发送的信号单元如下：

$$
s_i(t) = A\cos\{2\pi[f_c + (i-1)\Delta f]t\}, \quad 0 \leq t \leq T_s
$$

(11.98)

式中

$$
\Delta f = \frac{m}{2T_s}, \quad m \text{ 为整数}, \quad i = 1, 2, \cdots, M
$$

为了简化数学处理，这里假定$f_c T_s$为整数。根据格拉姆-施密特正交化处理过程，可以求出正交基的各个单元。若选择如下的$v_1(t)$：

$$
v_1(t) = s_1(t) = A\cos(2\pi f_c t), \quad 0 \leq t \leq T_s
$$

(11.99)

则可以得到

$$
\|v_1\|^2 = \int_0^{T_s} A^2 \cos^2(2\pi f_c t)\mathrm{d}t = \frac{A^2 T_s}{2}
$$

(11.100)

因此，可以得到归一化之后的正交基单元$\phi_1(t)$如下：

$$
\phi_1(t) = \frac{v_1}{\|v_1\|} = \sqrt{\frac{2}{T_s}} \cos(2\pi f_c t), \quad 0 \leq t \leq T_s
$$

(11.101)

可以用最简单的方式证明：如果$\Delta f = m/(2T_s)$，那么，$(s_2, \phi_1) = 0$，于是，可以求出第二个正交函数如下：

$$
\phi_2(t) = \sqrt{\frac{2}{T_s}} \cos[2\pi(f_c + \Delta f)t], \quad 0 \leq t \leq T_s
$$

(11.102)

采用同样的方法可以求出另外的$M - 2$个正交函数，直至得到$\phi_M(t)$。因此，正交函数的数量与可能的信号数量完全一样，用第i个正交函数可以把第i个信号表示如下：

$$
s_i(t) = \sqrt{E_s}\phi_i(t)
$$

(11.103)

这里假定，用$y(t)$表示收到的"信号+噪声"。若把$y(t)$投影到观测的信号空间，那么，$y(t)$共有M个坐标，把其中的第i个坐标表示如下：

---

8 再说明一下，Z_j表示所观测的随机变量$z(t)$的第j个坐标；把式(11.97)称为判决准则。

$$Z_i = \int_0^{T_s} y(t)\phi_i(t)\mathrm{d}t \tag{11.104}$$

式中，$y(t) = s_i(t) + n(t)$。如果发送端发送的信号为 $s_l(t)$，那么，可以用如下的表达式表示式(11.97)的判决规则：

$$d^2 = \sum_{j=1}^{K}(Z_j - \sqrt{E_s}\delta_{lj})^2 = \text{“在} l = 1,2,\cdots,M \text{的范围内的最小值”} \tag{11.105}$$

经过求平方根、计算累加和的处理过程之后，可以把上式变为：

$$d = \sqrt{Z_1^2 + Z_2^2 + \cdots + \left(Z_l - \sqrt{E_s}\right)^2 + \cdots + Z_M^2} = \text{最小值} \tag{11.106}$$

如果采用二维空间(例如 BFSK)，则信号点位于与原点相距 $\sqrt{E_s}$ 的两个相互正交的坐标轴上。判决空间包括第一象限，以及误码率最小的最佳区域，这里的最佳区域指的是：把由两个坐标轴构成的直角分割为 45° 的直线所围成。

如果发送端发送的是 MFSK 信号，那么，将式(11.105)中的第 l 项平方之后可以得到表示判决规则的另一种方法，于是得到：

$$d^2 = \sum_{j=1}^{\infty}(Z_j^2 + E_s - 2\sqrt{E_s}Z_l) = \text{最小值} \tag{11.107}$$

由于以 j、E_s 为基础的累加和与 l 项无关，那么，通过选择可能的发送信号，当最后一项取最大值时，可以得到 d^2 的最小值。这就是说，可以把判决规则表述为，对所选择的可能的发送信号 $s_l(t)$ 而言，需要满足如下的关系式：

$$\sqrt{E_s}Z_l = \text{最大值} \tag{11.108}$$

或者表示为

$$Z_l = \int_0^T y(t)\phi_l(t)\mathrm{d}t = \text{相对于} l \text{而言的最大值} \tag{11.109}$$

换句话说，在 $t = T_s$ 时，检测一下图 11.5 中一排相关器的输出，并且选择具有最大值的支路作为输出，这时对应发送概率最大的信号。∎

11.3.2　充分性统计量

在证明对应最大后验概率的判决准则式(11.97)的必要性时，需要以一个信号点为例给出分析。具体而言，对如下的融入了噪声的信号进行判决：

$$z(t) = \sum_{j=1}^{K} Z_j\phi_j(t) \tag{11.110}$$

由于存在噪声分量 $n(t)$，因此上式不同于 $y(t)$，于是，在表示所有可能的各个 $y(t)$ 时，需要无穷多个基函数。但可以证明，只需要 K 个坐标(这里的 K 表示信号空间的维数)就可以提供相应判决的全部信息。

在已知全部的正交基函数之后，可以把 $y(t)$ 表示如下：

$$y(t) = \sum_{j=1}^{\infty} Y_j\phi_j(t) \tag{11.111}$$

式中，对给定的信号单元而言，根据格拉姆–施密特正交化处理过程，选择各个ϕ_i的第 1 个 K 值。如果命题 H_l 成立，那么可以得到如下的各个 Y_j：

$$Y_j = \begin{cases} Z_j = A_{lj} + N_j, & j = 1, 2, \cdots, K \\ N_j, & j = K+1, K+2 \end{cases} \tag{11.112}$$

式中，Z_j、A_{lj}、N_j 的定义同前面的一样。根据求解式（11.92）、式（11.93）时所需的处理过程，可以证明如下的结论：

$$E\{Y_j\} = \begin{cases} A_{lj}, & j = 1, 2, \cdots, K \\ 0, & j > K \end{cases} \tag{11.113}$$

$$\text{var}\{Y_j\} = \frac{1}{2} N_0, \quad j \text{ 取所有的值都成立} \tag{11.114}$$

以及，当 $j \neq k$ 时，$\{Y_j Y_k\} = 0$ 成立。在命题 H_l 成立的条件下，把 Y_1、Y_2、$\cdots$ 的联合概率密度表示如下：

$$f_Y(y_1, y_2, \cdots, y_K, \cdots | H_l) = C \exp\left\{ \frac{1}{N_0}\left[\sum_{j=1}^{K}(y_j - A_{lj})^2 + \sum_{j=K+1}^{\infty} y_j^2 \right] \right\}$$

$$= C \exp\left(-\frac{1}{N_0} \sum_{j=K+1}^{\infty} y_j^2 \right) f_Z(y_1, y_2, \cdots, y_K | H_l) \tag{11.115}$$

式中，C 为常数。由于概率密度函数的各个因子 Y_{K+1}, Y_{K+2}, $\cdots$ 与 Y_1, Y_2, $\cdots$, Y_K 无关，而且，由于 Y_{K+1}, Y_{K+2}, $\cdots$ 与 A_{lj}（$j = 1, 2, \cdots, K$）无关，因此，Y_{K+1}, Y_{K+2}, $\cdots$ 并未提供判决信息。于是，把式（11.107）给出的 d^2 称为充分性统计量。

11.3.3　多进制正交信号的检测

在以较复杂的信号空间技术的应用为例时，引入满足如下条件的多进制传输方案：①各个信号波形具有相同的能量；②各个信号波形在信号持续期间满足正交的特性。于是得到

$$\int_0^{T_s} s_i(t) s_j(t) \mathrm{d}t = \begin{cases} E_s, & i = j \\ 0, & i \neq j \end{cases} \quad i = 1, 2, \cdots, M \tag{11.116}$$

式中，E_s 表示在区间 $(0, T_s)$ 内每个信号包含的能量。

这种传输方案的实际应用例子是由式（11.98）给出的相干 MFSK 的信号单元。例 11.7 分析了这种传输方案的判决规则。结果表明，需要 $K = M$ 个正交函数，并且，图 11.15 所示的接收机需要 M 个相关器。式（11.88）给出了在时刻 T_s 时第 j 个相关器的输出。判决的准则是：在选择信号点 $i = 1, 2, \cdots, M$ 之后，式（11.97）的 d^2 值最小（如图 11.7 所示），于是得到

$$Z_l = \int_0^{T_s} y(t) \phi_l(t) \mathrm{d}t = \text{相关 } l \text{ 的最大值} \tag{11.117}$$

这就是说，所选择的信号与收到的"信号+噪声"具有最强的相关性。在计算误符号率时，需要利用如下的关系式：

$$P_E = \sum_{i=1}^{M} P[E|\text{发送 } s_i(t)] P[\text{发送 } s_i(t)]$$

$$= \frac{1}{M} \sum_{i=1}^{M} P[E|\text{发送 } s_i(t)] \tag{11.118}$$

式中，假定先验信息等概率发送。因此得到

$$P[E|发送\ s_i(t)] = 1 - P_{ci} \tag{11.119}$$

式中，P_{ci} 表示在发送 $s_i(t)$ 的条件下正确判决的概率。对所有的 $j \neq i$ 而言，由于仅在下面的关系式成立的条件下，才给出正确的判决：

$$Z_j = \int_0^{T_s} y(t) s_j(t) \mathrm{d}t < \int_0^{T_s} y(t) s_i(t) \mathrm{d}t = Z_i \tag{11.120}$$

因此，可以把 P_{ci} 表示如下：

$$P_{ci} = P(所有的\ Z_j < Z_i, \quad j \neq i) \tag{11.121}$$

如果发送端发送 $s_i(t)$，那么可以得到

$$Z_i = \int_0^{T_s} \left[\sqrt{E_s} \phi_i(t) + n(t) \right] \phi_i(t) \mathrm{d}t = \sqrt{E_s} + N_i \tag{11.122}$$

式中

$$N_i = \int_0^{T_s} n(t) \phi_i(t) \mathrm{d}t \tag{11.123}$$

当发送端发送 $s_i(t)$ 时，由于 $Z_j = N_j (j \neq i)$，因此，把式(11.121)表示如下：

$$P_{ci} = P(所有的\ N_j < \sqrt{E_s} + N_i, \quad j \neq i) \tag{11.124}$$

那么，N_i 表示均值为零、方差如下的高斯随机变量(满足高斯随机过程的线性运算)：

$$\mathrm{var}[N_i] = E\left\{ \left[\int_0^{T_s} n(t) \phi_j(t) \mathrm{d}t \right]^2 \right\} = \frac{N_0}{2} \tag{11.125}$$

而且，由于如下的关系成立：

$$E[N_i N_j] = 0 \tag{11.126}$$

那么，当 $j \neq i$ 时，N_i、N_j 相互独立。

对给定的具体 N_i 而言，可以把式(11.124)表示如下：

$$P_{ci}(N_i) = \prod_{\substack{j \neq 1 \\ j=1}}^{M} P[N_j < \sqrt{E_s} + N_I] = \left(\int_{-\infty}^{\sqrt{E_s}+n_i} \frac{\mathrm{e}^{-n_j^2/N_0}}{\sqrt{\pi N_0}} \mathrm{d}n_j \right)^{M-1} \tag{11.127}$$

式中，利用了 N_j 的概率密度函数为 $n\left(0, \sqrt{N_0/2}\right)$ 的结论。对所有可能的 N_i 求平均之后，可以把式(11.127)表示如下：

$$\begin{aligned}
P_{ci} &= \int_{-\infty}^{\infty} \frac{\mathrm{e}^{-n_i^2/N_0}}{\sqrt{\pi N_0}} \left(\int_{-\infty}^{\sqrt{E_s}+n_i} \frac{\mathrm{e}^{-n_j^2/N_0}}{\sqrt{\pi N_0}} \mathrm{d}n_j \right)^{M-1} \mathrm{d}n_i \\
&= (\pi)^{-M/2} \int_{-\infty}^{\infty} \mathrm{e}^{-y^2} \left(\int_{-\infty}^{\sqrt{E_s/N_0}+y} \mathrm{e}^{-x^2} \mathrm{d}x \right)^{M-1} \mathrm{d}y
\end{aligned} \tag{11.128}$$

式中，利用了变量代换 $x = n_j / \sqrt{N_0}$、$y = n_i / \sqrt{N_0}$。由于 P_{ci} 与 i 无关，因此，可以把误码率表示如下：

$$P_E = 1 - P_{ci} \tag{11.129}$$

把式(11.128)代入式(11.129)之后，得到无法直接求出积分值的 M 重积分，因此，需要借助于数

值积分才能计算出积分值[9]。当 M 取几个不同的值时，图 11.7 示出了 P_E 随 $E_s/(N_0 \log_2 M)$ 变化的相应曲线。这里注意到如下的相当奇特的特性：$M \to \infty$ 时，只要 $E_s/N_0 \log_2 M > \ln 2 = -1.59$ dB，就能够实现无差错传输。但是，$M \to \infty$ 意味着需要无穷多个正交函数，因此，无差错传输的代价是无穷宽的带宽。第 12 章将给出这一特性的分析。

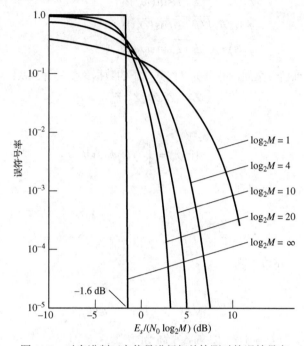

图 11.7　对多进制正交信号进行相关检测时的误符号率

11.3.4　非相干系统的实例

分析信号空间技术在非相干数字传输系统中的应用时，引入如下的二进制假定条件：

$$\begin{cases} H_1: y(t) = G\sqrt{2E/T}\cos(\omega_1 t + \theta) + n(t) \\ H_2: y(t) = G\sqrt{2E/T}\cos(\omega_2 t + \theta) + n(t) \end{cases}, \quad 0 \le t \le T \tag{11.130}$$

式中，E 表示每比特的发送信号内所包含的能量；$n(t)$ 表示双边功率谱密度等于 $N_0/2$ 的高斯噪声。假定，$|\omega_1 - \omega_2|/2\pi \gg T^{-1}$，因而各个信号是正交的。由于可以推断出 G、θ 为随机变量，因此，该问题是前面刚分析过的多进制正交传输的特例。（还需要参考第 8 章相干 FSK 与非相干 FSK 的分析。）

随机变量 G、θ 分别表示由衰落信道引入的随机增益干扰、随机相位干扰。把信道设计为每一比特区间内引入的随机增益、随机相移。由于已假定 1 比特的区间内的增益、相移都为常数，因此，把这种信道模型称为慢衰落信道模型。这里假定 G 表示瑞利衰落信道的增益，θ 在区间 $(0, 2\pi)$ 区间内呈均匀分布，而且，G、θ 之间统计独立。

把式 (11.130) 展开之后，可以得到

$$\begin{cases} H_1: y(t) = \sqrt{2E/T}((G_1\cos\omega_1 t + G_2\cos\omega_1 t)) + n(t) \\ H_2: y(t) = \sqrt{2E/T}(G_1\cos\omega_2 t + G_2\cos\omega_2 t)) + n(t) \end{cases}, \quad 0 \le t \le T \tag{11.131}$$

---

9 对应 P_E 计算结果的各个表，见文献 "Lindsey and Simon (1973)" 的第 199 页。

式中，$G_1 = G\cos\theta$、$G_2 = -G\sin\theta$ 表示独立、均值为零的高斯随机变量(参考例6.15)。用 σ^2 表示 G_1、G_2 的方差。若选择如下的正交基：

$$\left.\begin{array}{l} \phi_1(t) = \sqrt{2E/T}\,\cos(\omega_1 t) \\ \phi_2(t) = \sqrt{2E/T}\,\sin(\omega_1 t) \\ \phi_3(t) = \sqrt{2E/T}\,\cos(\omega_2 t) \\ \phi_4(t) = \sqrt{2E/T}\,\sin(\omega_2 t) \end{array}\right\},\quad 0 \leqslant t \leqslant T \tag{11.132}$$

则可以把 $y(t)$ 分解为四维信号空间，并且可以根据如下的数据矢量进行判决：

$$\mathbf{Z} = (Z_1, Z_2, Z_3, Z_4) \tag{11.133}$$

式中

$$Z_i = (y, \phi_i) = \int_0^T y(t)\phi_i(t)\mathrm{d}t \tag{11.134}$$

如果命题 H_1 成立，那么，可以得到

$$Z_i = \begin{cases} \sqrt{E}G_i + N_i, & i = 1, 2 \\ N_i, & i = 3, 4 \end{cases} \tag{11.135}$$

如果命题 H_2 成立，那么，可以得到

$$Z_i = \begin{cases} N_i, & i = 1, 2 \\ \sqrt{E}G_{i-2} + N_i, & i = 3, 4 \end{cases} \tag{11.136}$$

式中，N_i 表示均值为零、方差等于 $N_0/2$ 的各个高斯随机变量，即

$$N_i = (n, \phi_i) = \int_0^T n(t)\phi_i(t)\mathrm{d}t, \quad i = 1, 2, 3, 4 \tag{11.137}$$

由于 G_1、G_2 表示均值为零、方差等于 σ^2 的独立高斯随机变量，因此，在已知 H_1、H_2 的条件下，Z 的概率密度函数为各自边界概率密度函数的乘积。于是得到

$$f_Z(z_1, z_2, z_3, z_4 | H_1) = \frac{\exp[-(z_1^2 + z_2^2)/(2E\sigma^2 + N_0)]\exp[-(z_3^2 + z_4^2)/N_0]}{\pi^2(2E\sigma^2 + N_0)N_0} \tag{11.138}$$

以及

$$f_Z(z_1, z_2, z_3, z_4 | H_2) = \frac{\exp[-(z_1^2 + z_2^2)/N_0]\exp[-(z_3^2 + z_4^2)/(2E\sigma^2 + N_0)]}{\pi^2(2E\sigma^2 + N_0)N_0} \tag{11.139}$$

误码率取最小值的判决准则的核心是：选择与最大后验概率 $P(H_l | z_1, z_2, z_3, z_4)$ 对应的命题 H_l。但是，这些概率与式(11.138)、式(11.139)的不同之处仅通过与 l 无关的常数体现出来。对具体的观测值 $\mathbf{Z} = (Z_1, Z_2, Z_3, Z_4)$ 而言，判决规则如下：

$$f_Z(Z_1, Z_2, Z_3, Z_4 | H_1) \mathop{\gtrless}\limits_{H_1}^{H_2} f_Z(Z_1, Z_2, Z_3, Z_4 | H_2) \tag{11.140}$$

在代入式(11.138)、式(11.139)并且化简之后，可以得到如下的简化后的表达式：

$$R_2^2 \triangleq Z_3^2 + Z_4^2 \mathop{\gtrless}\limits_{H_1}^{H_2} Z_1^2 + Z_2^2 \triangleq R_1^2 \tag{11.141}$$

图11.8 示出了与最佳判决规则相对应的最佳接收机。

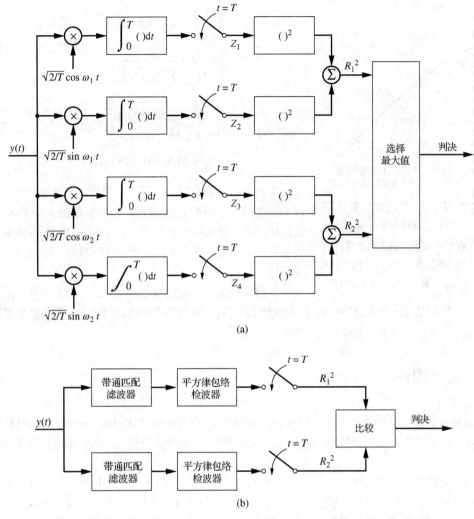

图 11.8　在瑞利信道上检测二进制正交信号时的最佳接收机结构。
(a) 相关器、平方器的实现；(b) 匹配滤波器、包络检波器的实现

　　在求解误码率时，需要利用任一假定条件成立时都存在的结论，即 $R_1 \triangleq \sqrt{Z_1^2 + Z_2^2}$ 和 $R_2 \triangleq \sqrt{Z_3^2 + Z_4^2}$ 都是瑞利随机变量。如果命题 H_1 成立，则当 $R_2 > R_1$ 时，会出现差错。其中，式(11.141) 的平方根大于零。由例 6.15 可以得到

$$f_{R_1}(r_1 | H_1) = \frac{r_1 e^{-r_1^2/(2E\sigma^2 + N_0)}}{E\sigma^2 + \frac{1}{2}N_0}, \quad r_1 > 0 \tag{11.142}$$

以及

$$f_{R_2}(r_2 | H_2) = \frac{2r_2 e^{-r_2^2/N_0}}{N_0}, \quad r_2 > 0 \tag{11.143}$$

当 $R_2 > R_1$ 时，在 R_1 的全部范围内求平均之后，可以得到：

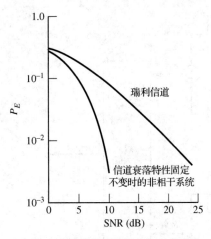

图 11.9 在瑞利衰落信道上与衰落特性固定的信道上,采用非相干 FSK 什么方案时的 P_E 性能比较

$$P(E|H_1) = \int_0^\infty \left[\int_{r_1}^\infty f_{R_2}(r_2|H_1) dr_2 \right] f_{R_1}(r_1|H_1) dr_1$$

$$= \frac{1}{2} \times \frac{1}{1 + \frac{1}{2}(2\sigma^2 E/N_0)} \tag{11.144}$$

式中,$2\sigma^2 E$ 表示接收信号的平均能量。利用对称性,可以得到 $P(E|H_1) = P(E|H_2)$,以及

$$P_E = P(E|H_1) = P(E|H_2) \tag{11.145}$$

误码率的结果如图 11.9 所示。另外,在第 9 章中,当幅度恒定不变时,非相干 FSK 的误码率结果如图 9.30 所示。在非衰落信道上,随着信噪比的增大,非相干 FSK 传输系统的误码率呈指数下降;而衰落信道上,误码率的下降只是与信噪比成反比。

克服这种因衰落所致的性能下降的一种方法是:采用分集传输技术,也就是说,把发送信号的功率分配到衰落特性独立的几个传输路径上,期望这些路径不会同时衰减。第 9 章介绍了分集技术的几种实现方法。

11.4   估计理论

这里分析的是第二种类型的优化问题(在本章的序言中介绍过优化问题)——根据随机数据对参数进行估计。这里先介绍理论背景,然后通过 11.5 节的几个例子,分析一下估计理论在通信系统中的应用。

在介绍估计理论的基本概念时,引入检测理论中的几个概念。与信号的检测一样,这里给出受到噪声影响的观测信号 Z。从概率的角度来说,Z 与关注的参数 A 有关[10]。例如,可以用 Z 表示未知的直流电压 A 与独立的噪声分量 N 的和。下面介绍两个不同的估计处理过程。它们分别是贝叶斯估计与最大似然(Maximum Likelihood, ML)估计。在贝叶斯估计中,把 A 当作具有已知先验概率密度函数 $f_A(a)$ 的随机变量,在求解 A 的最佳估值时,需要合理地减小成本函数。在不知道先验概率密度函数的条件下,最大似然估计可用于非随机参数或者随机参数的估计。

11.4.1   贝叶斯估计

与贝叶斯检测一样,贝叶斯估计需要降低成本函数。在已知观测值 Z 的条件下,得出估值准则(或者称为估值器) $\hat{a}(Z)$;要求 $\hat{a}(Z)$ 在将 $\hat{A}$ 分配给 A 时,成本函数 $C[A, \hat{a}(Z)]$ 的取值最小。需要注意的是,C 是未知参数 A、观测值 Z 的函数。很明显,当绝对误差 $|A - \hat{a}(Z)|$ 增大时,$C[A, \hat{a}(Z)]$ 应增大,或者至少不会减小。这就是说,误差越大,代价应该越大。实用的两个成本函数指的是平方误差成本函数与均匀成本函数,分别将它们定义如下:

$$C[A, \hat{a}(Z)] = [A - \hat{a}(Z)]^2 \tag{11.146}$$

10 为了简化分析,这里先介绍观测一次的例子,然后再推广到各个矢量观测值。

$$C[A,\hat{a}(Z)] = \begin{cases} 1, & |A - \hat{a}(Z)| > \Delta > 0 \\ 0, & \text{其他} \end{cases} \tag{11.147}$$

式中，Δ 表示合理选择的常数。当选择上述两个成本函数中的任意一个时，期望求出满足如下条件的判决准则 $\hat{a}(Z)$：取平均成本函数 $E\{C[A,\hat{a}(Z)]\} = \overline{C[A,\hat{a}(Z)]}$ 的最小值。由于 A、Z 都是随机变量，那么，把平均成本(或者平均代价)表示如下：

$$\overline{C[A,\hat{a}(Z)]} = \int_{-\infty}^{\infty}\int_{-\infty}^{\infty} C[A,\hat{a}(Z)]f_{AZ}(a,z)\mathrm{d}a\mathrm{d}z$$

$$= \int_{-\infty}^{\infty}\int_{-\infty}^{\infty} C[A,\hat{a}(Z)]f_{Z|A}(z|a)f_A(a)\mathrm{d}z\mathrm{d}a \tag{11.148}$$

式中，$f_{AZ}(a, z)$ 表示 A、Z 的联合概率密度函数；$f_{Z|A}(z|a)$ 表示的是，在已知 A 时 Z 发生的条件概率密度函数。如果已知由 A 产生 Z 的概率机理，则可以求出后者。

例如，如果 $Z = A + N$，其中，N 表示均值为零、方差为 σ_n^2 的高斯随机变量，那么可以得到

$$f_{Z|A}(z|a) = \frac{\exp[-(z-a)^2 / (2\sigma_n^2)]}{\sqrt{2\pi\sigma_n^2}} \tag{11.149}$$

再回到减小代价的问题，已经知道，在求解下面的式子时，如果用条件概率密度函数 $f_{A|Z}(a|z)$ (这时需要利用贝叶斯定律) 表示出式(11.148)，则会更方便：

$$\overline{C[A,\hat{a}(Z)]} = \int_{-\infty}^{\infty} f_Z(z)\left\{\int_{-\infty}^{\infty} C[a,\hat{a}(Z)]f_{Z|A}(z|a)\mathrm{d}a\right\}\mathrm{d}z \tag{11.150}$$

式中，$f_Z(z)$ 表示 Z 的概率密度函数，即

$$f_Z(z) = \int_{-\infty}^{\infty} f_{Z|A}(z|a)f_A(a)\mathrm{d}a \tag{11.151}$$

由于 $f_Z(z)$ 以及式(11.150)中的内积分为非负值，因此，通过求取每个 z 对应的内积分的最小值，可以得到最低风险。把式(11.150)中的内积分称为条件风险。

对具体的观测 Z 而言，通过如下的方法，可以求出式(11.146)所表示的成本函数平方差的最小值：条件风险对 $\hat{a}$ 求导，再令所得的结果等于零。求导后得到的结果如下：

$$\frac{\partial}{\partial\hat{a}}\int_{-\infty}^{\infty}[a - \hat{a}(Z)]^2 f_{A|Z}(a|Z)\mathrm{d}a = -2\int_{-\infty}^{\infty} af_{A|Z}(a|Z)\mathrm{d}a + 2\hat{a}(Z)\int_{-\infty}^{\infty} f_{A|Z}(a|Z)\mathrm{d}a \tag{11.152}$$

将上式置零后，可以得到

$$\hat{a}_{se}(Z) = \int_{-\infty}^{\infty} af_{A|Z}(a|Z)\mathrm{d}a \tag{11.153}$$

式中，利用了 $\int_{-\infty}^{\infty} f_{A|Z}(a|Z)\mathrm{d}a = 1$ 的条件。再次求导后证实了这是最小值。需要注意的是，对平方差成本函数而言，当已知观测 Z 时，$\hat{a}_{se}(Z)$ 表示 A 的概率密度函数的均值(或者称为条件均值)。由于估值是随机变量 Z 的函数，因此，$\hat{a}_{se}(Z)$ 中采用的各个 $\hat{A}$ 值也具有随机性。

同理，当式(11.147)中的 Δ 为无穷小时，可以证明，由均匀成本函数可以得出如下的条件：

$$f_{A|Z}(A|Z)\big|_{A=\hat{a}_{MAP}(Z)} = \text{最大值} \tag{11.154}$$

这就是说，求均匀成本函数最小值的估值规则(或者估值器)指的是：在已知 Z 的条件下，求 A 的概率密度函数(或者后验概率密度函数)的最大值。因此，把这种估值称为最大后验概率(Maximum A

Posteriori，MAP) 估值。MAP 估计必须满足的必要条件 (但不是充分条件) 如下:

$$\frac{\partial}{\partial A} f_{A|Z}(A|Z)\Big|_{A=\hat{a}_{\mathrm{MAP}}(Z)} = 0 \tag{11.155}$$

以及

$$\frac{\partial}{\partial A} \ln f_{A|Z}(A|Z)\Big|_{A=\hat{a}_{\mathrm{MAP}}(Z)} = 0 \tag{11.156}$$

式中，当后验概率密度函数呈指数分布 (比如高斯分布) 时，利用后一个条件实现估值非常方便。

正如下面的定理所体现的，尽管式 (11.153) 给出的条件均值估计更为通用，但与其他的各种估计相比，由于最大后验概率估计的求解较简单，因此，常采用最大后验概率估计。

定理

如果 a 的函数即后验概率密度函数 $f_{Z|A}(a|z)$ 具有一个峰值 (后验概率密度函数关于该峰值对称)，而且成本函数具有如下的性质时:

$$C(A,\hat{a}) = C(A-\hat{a}) \tag{11.157}$$

$$C(x) = C(-x) \geqslant 0 \ (对称性) \tag{11.158}$$

$$当 |x_1| \geqslant |x_2| 时，\ C(x_1) \geqslant C(x_2) \ (凸状) \tag{11.159}$$

则条件平均估值器实现的是贝叶斯估计[11]。

11.4.2 最大似然估计

下面在不需要所关注参数的先验信息的条件下，分析求解估值的过程。把这一处理过程称为最大似然 (Maximum-Likelihood，ML) 估计。解释该过程之前，在关于随机变量 A 的信息知道得很少的条件下，先分析 A 的最大后验概率估计。从概率的角度来说，可以这样表示 A 的信息的缺乏:与 A 的后验概率密度函数 $f_{A|Z}(a|z)$ 相比，假定 A 的先验概率密度函数 $f_A(a)$ 的变化范围很大。如果这一说法不成立，那么在估计 A 时，观测值 Z 起不了什么作用。A 与 Z 的联合概率密度函数为

$$f_{AZ}(a,z) = f_{A|Z}(a|z) f_Z(z) \tag{11.160}$$

由于 $f_{AZ}(a, z)$ 表示的是随 a 变化的联合概率密度函数，因此，必然的结果是:至少在 a 的一个值处出现 $f_{AZ}(a,z)$ 的峰值。可以根据条件概率密度函数的定义，把式 (11.160) 表示如下:

$$f_{ZA}(z,a) = f_{Z|A}(z|a) f_A(a) = f_{Z|A}(z|a) 的常数倍 \tag{11.161}$$

式中，利用假定条件 (即 A 的信息知道得很少的假定) 得到了上式的近似值，因此，从本质上说，$f_A(a)$ 为常数。把 A 的最大似然估值定义如下:

$$f_{Z|A}(Z|A)\Big|_{A=\hat{a}_{\mathrm{ML}}(Z)} = 最大值 \tag{11.162}$$

但是，从式 (11.160)、式 (11.161) 可知，如果参数的有效的先验信息很少，那么，参数的最大似然估值对应最大后验概率估计。由式 (11.162) 可知，参数 A 的最大似然估值就是在观测 A 时最可能得到的 Z 值，因此，命名为 "最大似然"。由于 A 的先验概率密度函数不需求出最大似然估值，因此，当随机参数的先验概率密度函数未知时，这是个合理的估计过程。如果估计的是确知参数，那么，可以把 $f_{Z|A}(z|A)$ 当作 Z 的概率密度函数 (A 为参数)。

---

11 参阅文献 "Van Trees (1968)"，page 60~61。

由式(11.155)、式(11.156)可知，根据如下两个式子表示的是必要条件(但非充分条件)，那么，可以求出最大似然估值：

$$\frac{\partial f_{Z|A}(Z|A)}{\partial A}\bigg|_{A=\hat{a}_{\mathrm{ML}}(Z)}=0 \tag{11.163}$$

以及

$$l(A)=\frac{\partial \ln f_{Z|A}(Z|A)}{\partial A}\bigg|_{A=\hat{a}_{\mathrm{ML}}(Z)}=0 \tag{11.164}$$

当把 $f_{Z|A}(Z|A)$ 当作 A 的函数时，$f_{Z|A}(Z|A)$ 就是似然函数。式(11.163)、式(11.164)称为似然方程组。

由式(11.156)以及贝叶斯定律可知，随机参数的最大后验概率估值满足如下的关系式：

$$\left[l(A)+\frac{\partial}{\partial A}\ln f_A(A)\right]\bigg|_{A=\hat{a}_{\mathrm{ML}}(Z)}=0 \tag{11.165}$$

在求解最大似然估值、最大后验概率估值时，上式很有用处。

11.4.3　根据多次观测进行的估计

如果进行多次观测(比如 $\mathbf{Z}\triangleq(Z_1,Z_1,\cdots,Z_K)$)，并根据观测值对参数进行估值时，只需将 K 重联合概率密度函数 $f_{\mathbf{Z}|A}(\mathbf{z}|A)$ 代入式(11.163)、式(11.164)，就能够求出 A 的最大似然估值。如果各个观测值相互独立，那么，在已知 A 的条件下，可以得到

$$f_{\mathbf{Z}|A}(\mathbf{z}|A)=\prod_{k=1}^{K}f_{Z_k|A}(z_k|A) \tag{11.166}$$

式中，在给定参数 A 的条件下，$f_{Z_k|A}(\mathbf{z}_k|A)$ 表示第 k 次观测 Z_k 时的概率密度函数。在求解 $f_{A|\mathbf{Z}}(A|\mathbf{z})$ 的最大似然估值时，需要利用贝叶斯定律。

例 11.8

在体现前面刚介绍过的估值的概念时，分析如下情形的估值：把常数电平的随机信号 A 加载到均值为零、方差为 σ_n^2 的高斯噪声 $n(t)$ 中，即

$$z(t)=A+n(t) \tag{11.167}$$

这里假定：当 $z(t)$ 的时间间隔足够大时，各个样值之间相互独立。假定把这些样值表示如下：

$$Z_k=A+N_k,\quad k=1,2,\cdots,K \tag{11.168}$$

因此，在给定 A 的条件下，均值为 A、方差为 σ_n^2 的各个 Z_k 值相互独立。于是，在给定 A 的条件下，把 $\mathbf{Z}\triangleq(Z_1,Z_1,\cdots,Z_K)$ 的条件概率密度函数表示如下：

$$f_{\mathbf{Z}|A}(\mathbf{z}|A)=\prod_{k=1}^{K}\frac{\exp\left[-(z_k-A)^2/(2\sigma_n^2)\right]}{\sqrt{2\pi\sigma_n^2}}=\frac{\exp\left[-\sum_{k=1}^{K}(z_k-A)^2/(2\sigma_n^2)\right]}{(2\pi\sigma_n^2)^{K/2}} \tag{11.169}$$

这里分析 A 的如下两种可能：

1. A 的均值为 m_A，方差为 σ_A^2；

2. A 的概率密度函数未知。

在第 1 种情况下，求出 A 的条件均值与最大后验概率估值。在第 2 种情况下，求出 A 的最大似然估值。

第 1 种情形

如果 A 的概率密度函数为

$$f_A(a) = \frac{\exp\left[-(a - m_A)^2 / (2\sigma_A^2)\right]}{\sqrt{2\pi\sigma_A^2}} \tag{11.170}$$

那么，按照贝叶斯定律，A 的后验概率密度函数为

$$f_{A|\mathbf{Z}}(a|\mathbf{z}) = \frac{f_{\mathbf{Z}|A}(\mathbf{z}|a) f_A(a)}{f_{\mathbf{Z}}(z)} \tag{11.171}$$

在经过一些代数运算之后，可以证明如下的关系式成立：

$$f_{A|\mathbf{Z}}(a|\mathbf{z}) = \left(2\pi\sigma_p^2\right)^{-1/2} \exp\left(\frac{-\left\{a - \sigma_p^2[(Km_s / \sigma_n^2) + (m_A / \sigma_A^2)]\right\}^2}{2\sigma_p^2}\right) \tag{11.172}$$

式中

$$\frac{1}{\sigma_p^2} = \frac{K}{\sigma_n^2} + \frac{1}{\sigma_A^2} \tag{11.173}$$

并且样值的均值如下：

$$m_s = \frac{1}{K} \sum_{k=1}^{K} Z_k \tag{11.174}$$

很明显，$f_{A|\mathbf{Z}}(a|\mathbf{z})$ 是方差为 σ_p^2、均值用如下关系式表示的高斯概率密度函数：

$$E\{A|\mathbf{Z}\} = \sigma_p^2 \left(\frac{Km_s}{\sigma_n^2} + \frac{m_A}{\sigma_A^2}\right) = \frac{K\sigma_A^2 / \sigma_n^2}{1 + K\sigma_A^2 / \sigma_n^2} m_s + \frac{1}{1 + K\sigma_A^2 / \sigma_n^2} m_A \tag{11.175}$$

由于高斯概率密度函数的最大值位于均值处，因此上式表示条件均值的估值(除凸成本函数外，还包括平方误差成本函数)和最大后验概率估值(方阱代价函数)(这里的方阱代价函数是量子力学中的术语)。条件方差 $\mathrm{var}\{A|\mathbf{Z}\}$ 为 σ_p^2。由于条件方差并不是 $\mathbf{Z}$ 的函数，那么，把平均成本(或者平均风险)表示如下：

$$\overline{C[A, \hat{a}(Z)]} = \int_{-\infty}^{\infty} \mathrm{var}\{A|\mathbf{Z}\} f_Z(\mathbf{z}) d\mathbf{z} \tag{11.176}$$

上式的值刚好等于 σ_p^2。在 $E\{A|\mathbf{Z}\}$ 的表达式中，关注的是 A 的估值(或者表示为 $\hat{a}(Z)$)的特性。当 $K\sigma_A^2 / \sigma_n^2 \to \infty$ 时，可以得到

$$\hat{a}(Z) \to m_s = \frac{1}{K} \sum_{k=1}^{K} Z_k \tag{11.177}$$

上式表明：当信号的方差与噪声的方差之比很大时，A 的最佳估值接近样值的均值。但是，当 $K\sigma_A^2 / \sigma_n^2 \to 0$ 时(信号的方差很小和/或噪声的方差很大时)，$\hat{a}(\mathbf{Z}) \to m_A$ 成立(m_A 表示 A 的先验均值)。在第一种情况下，会对观测的估值进行加权处理；在第二种情况下，会对已知的信号统计进行加权。值得注意的是，在任何一种情况下，就 σ_p^2 的表示形式来说，当 $z(t)$ 中相互独立的样值数增加时，估计的质量会随之提高。

第 2 种情形

通过如下的两个处理过程，可以求出 $f_{Z|A}(z\,|\,a)$ 的最大似然估值：①$\ln f_{Z|A}(z\,|\,a)$ 对 A 求导；②把 ①中所得到的结果置为零。在完成这两步之后，可以求出最大似然的估值如下：

$$\hat{a}_{\mathrm{ML}}(\mathbf{Z}) = \frac{1}{K}\sum_{k=1}^{K} Z_k \tag{11.178}$$

需要注意的是，当 $K\sigma_A^2 / \sigma_n^2 \to \infty$（这就是说，与 A 的后验概率密度函数相比，当 A 的先验概率密度函数的变化范围很大）时，上式的结果表示最大后验概率的估值。

由于一组独立随机变量的方差等于方差的和，因此，可以求出 $\hat{a}_{\mathrm{ML}}(\mathbf{Z})$ 的方差，所得到的结果如下：

$$\sigma_{\mathrm{ML}}^2(\mathbf{Z}) = \frac{\sigma_n^2}{K}\sigma_p^2 \tag{11.179}$$

那么，当贝叶斯估值（包括条件均值的估值、最大后验概率估值）小于最大似然估值时，通过 $f_A(a)$ 求出的 A 的先验信息具体体现在可以求出取值较小的方差。　　■

11.4.4　最大似然估值的其他各项性质

1. 无偏差的估计

如果下面的关系式成立，那么，$\hat{a}(\mathbf{Z})$ 的估值没有偏差：

$$E\{\hat{a}(\mathbf{Z})|A\} = A \tag{11.180}$$

很明显，对任何一个估计规则而言，这都是期望具备的特性。如果 $E\{\hat{a}(\mathbf{Z})|A\} - A = B \neq 0$ 成立，则把 B 称为估计的偏差。

2. 克拉默-拉奥不等式

在许多情况下，很难计算出非随机参数的估值的方差。通过利用如下的不等式，可以得到无偏差最大似然估计的方差的下限：

$$\mathrm{var}\{\hat{a}(\mathbf{Z})\} \geqslant \left(E\left\{\left[\frac{\partial \ln f_{\mathbf{Z}|A}(\mathbf{Z}|a)}{\partial a}\right]^2\right\}\right)^{-1} \tag{11.181}$$

上式等价于如下的关系式：

$$\mathrm{var}\{\hat{a}(\mathbf{Z})\} \geqslant \left(-E\left\{\frac{\partial^2 \ln f_{\mathbf{Z}|A}(\mathbf{Z}|a)}{\partial a^2}\right\}\right)^{-1} \tag{11.182}$$

式中，期望值只针对整个 $\mathbf{Z}$。在如下的假定条件下上面的不等式才会成立：$\partial f_{Z|A}/\partial a$、$\partial^2 f_{Z|A}/\partial^2 a$ 都存在并且绝对可积。文献"Van Trees (1968)"中给出了相应的证明过程。式(11.181)或者式(11.182)中的等号成立时，估值的效果很好。

在式(11.181)或者式(11.182)中，等号成立的充分条件如下：

$$\frac{\partial \ln f_{\mathbf{Z}|A}(\mathbf{Z}|a)}{\partial a} = [\hat{a}(\mathbf{Z}) - a]g(a) \tag{11.183}$$

式中，$g(\cdot)$ 只是 a 的函数。如果存在效果很好的参数估值，那么，该有效估值为最大似然估值。

11.4.5   最大似然估计的渐进性

在极限情况下，当观测相互独立信道的次数很大时，可以证明：最大似然估计为高斯分布的无偏差而且高效率的估计。此外，当观测次数为 K 时，最大似然估计的概率与实际值之间相差一个定值 ε，当 $K \to \infty$ 时，ε 接近零，把具有这种特性的估计称为估计的一致性。

例 11.9

再来分析例 11.8。可以证明：$\hat{a}_{\mathrm{ML}}(\mathbf{Z})$ 为效果很好的估计。由于已经证明了 $\sigma_{\mathrm{ML}}^2(\mathbf{Z}) = \sigma_n^2 / K$，那么，根据式 (11.182) 对 $f_{\mathbf{Z}|A}$ 第一次求导时，可以得到

$$\frac{\partial \ln f_{\mathbf{Z}|A}}{\partial a} = \frac{1}{\sigma_n^2} \sum_{k=1}^{K} (Z_k - a) \tag{11.184}$$

对 $f_{\mathbf{Z}|A}$ 再次求导时，可以得到

$$\frac{\partial^2 \ln f_{\mathbf{Z}|A}}{\partial a^2} = -\frac{K}{\sigma_n^2} \tag{11.185}$$

明显可以看出，这时式 (11.182) 中的等号成立。 ∎

11.5   估计理论在通信中的应用

下面介绍估计理论在模拟数据传输中的两项应用。在第 4 章分析的几个系统中，当传输连续波消息的各个样值信号时，用到了第 2 章介绍的采样定理。一种这样的技术是 PAM，其中，利用消息信号的各个样值的幅度调制脉冲型载波。这里利用例 11.8 的结果求出 PAM 最佳解调器的性能。由于各次观测值与消息样本的值线性相关，因此，这属于线性估计。对这样的系统来说，由于输出与输入之间呈线性关系，因此，降低噪声对解调器输出信号影响的一种方法是：增大接收信号的信噪比。

根据对 PAM 的分析，在加性高斯噪声环境下，可以推导出最佳的最大似然估计。由此得到锁相环的结构。在这种情况下，当信噪比很高时，通过利用克拉默-拉奥不等式，可以得到估计的方差。当信噪比很低时，由于变成了非线性估计的问题，因此，很难求出估计的方差。这就是说，观测值与所估计的参数之间非线性相关。

也可以考虑通过脉冲位置调制 (Pulse-Position Modulation，PPM) 或者其他的调制方案处理之后实现模拟样值信号的传输。当信噪比很低时，相应性能的近似分析表明，在非线性调制方案中存在门限效应，这就意味着在带宽与输出信噪比之间可能存在折中。前面第 8 章中分析 PCM 在噪声环境下的性能时，可以明显地看出这种效果。

11.5.1   脉冲幅度调制

在脉冲幅度调制 (Pulse-Amplitude Modulation，PAM) 中，每隔 T 秒的间隔对带宽为 W 的消息信号 $m(t)$ 进行采样，其中，$T \le 1/(2W)$，并且用样值 $m_k = m(t_k)$ 调制脉冲序列的幅度，这里的脉冲序列由随时间发生跳变的脉冲 $p(t)$ 组成，并且假定，当 $t \le 0$ 以及 $T > t \ge T_0$ 时，$p(t) = 0$ 成立。于是，可以把收到的"脉冲+噪声"表示如下：

$$y(t) = \sum_{k=-\infty}^{K} m_k p(t - kT) + n(t) \tag{11.186}$$

式中，$n(t)$ 表示双边功率谱密度等于 $N_0/2$ 的高斯白噪声。

先分析接收端对一个样值进行估计，这里注意到：

$$y(t) = m_0 p(t) + n(t), \quad 0 \leqslant t \leqslant T \tag{11.187}$$

为了方便起见，这里假定 $\int_0^{T_0} p^2(t)\mathrm{d}(t) = 1$，因而得到如下的充分统计量：

$$Z_0 = \int_0^{T_0} y(t) p(t)\mathrm{d}t = m_0 + N \tag{11.188}$$

式中，噪声分量满足如下的关系：

$$N = \int_0^{T_0} n(t) p(t)\mathrm{d}t \tag{11.189}$$

由于没有提供 m_0 的先验信息，因此利用最大似然估计。根据前面已用过多次的方法，可以证明：N 表示均值为零、方差为 $N_0/2$ 的高斯随机变量。因此，m_0 的最大似然估计与例 11.8 中观测一次的情形相同，并且最佳估值可以简单地表示为 Z_0。与数字数据传输的情形相同，可以按照如下的处理步骤实现估计：① $y(t)$ 通过与 $p(t)$ 匹配的滤波器；② 在下一个脉冲到来之前观测输出幅度；③ 将滤波器的初始状态设置为零（目的是：对下一状态的估计不受当前状态的影响）。这里需要注意的是，估值与 $y(t)$ 之间呈线性关系。

估值的方差等于 N 的方差（或者说等于 $N_0/2$）。那么，可以把估计器输出端的信噪比表示如下：

$$(\text{SNR})_0 = \frac{2m_0^2}{N_0} = \frac{2E}{N_0} \tag{11.190}$$

式中，$E = \int_0^{T_0} m_0^2 p^2(t)\mathrm{d}t$ 表示收到的信号样值的平均能量。因此，仅有的增大 $(\text{SNR})_0$ 的方法是：增大每个样值的能量或者降低 N_0。

11.5.2　信号相位的估计：再次用到锁相环

这里分析的是，在双边功率谱密度等于 $N_0/2$ 的加性高斯白噪声 $n(t)$ 信道上，对正弦信号 $A\cos(\omega_c t + \theta)$ 的相位进行估计。根据上述条件，所观测到的数据如下：

$$y(t) = A\cos(\omega_c t + \theta) + n(t), \quad 0 \leqslant t \leqslant T \tag{11.191}$$

式中，T 表示观测的时间区间。先把 $A\cos(\omega_c t + \theta)$ 展开为如下的表达式：

$$A\cos(\omega_c t)\cos\theta - A\sin(\omega_c t)\sin\theta$$

可以看出，在表示数据时，合理采用的两个正交基函数单元如下：

$$\phi_1(t) = \sqrt{\frac{2}{T}} \cos(\omega_c t), \quad 0 \leqslant t \leqslant T \tag{11.192}$$

$$\phi_2(t) = \sqrt{\frac{2}{T}} \sin(\omega_c t), \quad 0 \leqslant t \leqslant T \tag{11.193}$$

因此，需要对如下的表达式作出判决：

$$z(t) = \sqrt{\frac{T}{2}} A \times \cos\theta \times \phi_1(t) - \sqrt{\frac{T}{2}} A \times \sin\theta \times \phi_2(t) + N_1\phi_1(t) + N_2\phi_2(t) \tag{11.194}$$

式中，

$$N_i = \int_0^T n(t)\phi_i(t)\mathrm{d}t, \quad i = 1, 2 \tag{11.195}$$

由于 $y(t)-z(t)$ 仅与噪声有关,即,$y(t)-z(t)$ 与 $z(t)$ 无关,因而 $y(t)-z(t)$ 与估值无关。那么,估计以如下的矢量为基础:

$$\mathbf{Z} \triangleq (Z_1, Z_2) = \left(\sqrt{\frac{T}{2}} A \times \cos\theta + N_1, -\sqrt{\frac{T}{2}} A \times \sin\theta + N_2 \right) \tag{11.196}$$

式中,

$$Z_i = \left(y(t), \phi_i(t) \right) = \int_0^T y(t)\phi_i(t)\mathrm{d}t \tag{11.197}$$

与 PAM 中的实例一样,由于 Z_1、Z_2 的方差都等于 $N_0/2$,因而可以求出似然函数 $f_{\mathbf{Z}|\theta}(z_1, z_2|\theta)$。那么,可以得到似然函数的如下表示:

$$f_{\mathbf{Z}|\theta}(z_1, z_2|\theta) = \frac{1}{\pi N_0} \exp\left\{ -\frac{1}{N_0}\left[\left(z_1 - \sqrt{\frac{T}{2}} A\cos\theta \right)^2 + \left(z_2 + \sqrt{\frac{T}{2}} A\sin\theta \right)^2 \right] \right\} \tag{11.198}$$

将上式化简之后可以得到

$$f_{\mathbf{z}|\theta}(z_1, z_2|\theta) = C \exp\left[2\sqrt{\frac{T}{\alpha}} \frac{A}{N_0} (z_1\cos\theta - z_2\sin\theta) \right] \tag{11.199}$$

式中,系数 C 取值为与 θ 无关的所有因子。似然函数的对数表示形式如下:

$$\ln f_{\mathbf{z}|\theta}(z_1, z_2|\theta) = \ln C + \frac{\sqrt{2T}A}{N_0}(z_1\cos\theta - z_2\sin\theta) \tag{11.200}$$

对上式求导并将所得的结果置为零时,可以得到 θ 的最大似然估计的必要条件,而且所得的结果与式(11.164)一致。把该结果表示如下:

$$-Z_1\sin\theta - Z_2\cos\theta \Big|_{\theta=\hat{\theta}_{\mathrm{ML}}} = 0 \tag{11.201}$$

式中,Z_1、Z_2 表示所分析的具体(属于哪种随机分布)的观测。但由于如下的两个关系式成立:

$$Z_1 = (y, \phi_1) = \sqrt{\frac{2}{T}} \int_0^T y(t)\cos(\omega_c t)\mathrm{d}t \tag{11.202}$$

$$Z_2 = (y, \phi_2) = \sqrt{\frac{2}{T}} \int_0^T y(t)\sin(\omega_c t)\mathrm{d}t \tag{11.203}$$

因此,可以把式(11.201)表示成如下的形式:

$$-\sin\hat{\theta}_{\mathrm{ML}} \int_0^T y(t)\cos(\omega_c t)\mathrm{d}t - \cos\hat{\theta}_{\mathrm{ML}} \int_0^T y(t)\sin(\omega_c t)\mathrm{d}t = 0$$

或者表示为

$$\int_0^T y(t)\sin(\omega_c t + \hat{\theta}_{\mathrm{ML}})\mathrm{d}t = 0 \tag{11.204}$$

可以把上式理解为图 11.10 表示的反馈结构。除用积分器取代环路滤波器外,所得到的图形与第 3 章介绍的锁相环相同。

根据克拉默-拉奥不等式,可以求出 $\hat{\theta}_{\mathrm{ML}}$ 的方差的下限。利用式(11.182),在对式(11.200)第一次求导时,可以得到:

$$\frac{\partial \ln f_{\mathbf{Z}|\theta}}{\partial \theta} = \frac{\sqrt{2T}A}{N_0}(-Z_1\sin\theta - Z_2\cos\theta) \tag{11.205}$$

对式(11.200)第二次求导时,可以得到

$$\frac{\partial^2 \ln f_{\mathbf{Z}|\theta}}{\partial \theta^2} = \frac{\sqrt{2T}\,A}{N_0}(-Z_1 \cos\theta + Z_2 \sin\theta) \tag{11.206}$$

把上面的结果代入式(11.182),可以得到

$$\mathrm{var}\left\{\hat{\theta}_{\mathrm{ML}}(Z)\right\} \geq \frac{N_0}{A\sqrt{2T}}\left[E(Z_1)\cos\theta - E(Z_2)\sin\theta\right]^{-1} \tag{11.207}$$

把 Z_1、Z_2 的期望值表示如下:

$$\begin{aligned}
E(Z_i) &= \int_0^T E[y(t)]\phi_i(t)\mathrm{d}t \\
&= \int_0^T \sqrt{\frac{T}{2}}A\left[(\cos\theta)\times\phi_1(t) - (\sin\theta)\times\phi_2(t)\right]\phi_i(t)\mathrm{d}t \\
&= \begin{cases} \sqrt{\dfrac{T}{2}}A\cos\theta, & i=1 \\[2mm] -\sqrt{\dfrac{T}{2}}A\sin\theta, & i=2 \end{cases}
\end{aligned} \tag{11.208}$$

式中,利用了式(11.194)的结论。把这些结果代入式(11.207)之后,可以得到

$$\mathrm{var}\left\{\hat{\theta}_{\mathrm{ML}}(Z)\right\} \geq \frac{N_0}{A\sqrt{2T}}\left[\sqrt{\frac{T}{2}}A(\cos^2\theta + \sin^2\theta)\right]^{-1} = \frac{N_0}{A^2 T} \tag{11.209}$$

需要注意的是,根据信号的平均功率为 $P_s = A^2/2$,并且在把 $B_L = (2T)^{-1}$ 定义为估计器结构的等效噪声带宽之后[12],可以把式(11.209)表示如下:

$$\mathrm{var}\left\{\hat{\theta}_{\mathrm{ML}}\right\} \geq \frac{N_0 B_L}{P_s} \tag{11.210}$$

上式表示的结果与表 10.5 的结论相同(表 10.5 中未给出证明)。利用估计器的非线性特性,只能够求出方差的下限。然而,当信噪比增大时,所得到的边界值严格一些。而且,由于最大似然估值接近高斯分布,因此,与均值为 θ($\hat{\theta}_{\mathrm{ML}}$ 发生了偏移)、方差由式(11.209)给出的高斯分布一样,这时可以得到 $\hat{\theta}_{\mathrm{ML}}$ 的条件概率密度函数 $f_{\hat{\theta}_{\mathrm{ML}}|\theta}(\alpha\,|\,\theta)$ 的近似值。

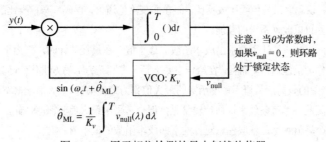

图 11.10 用于相位检测的最大似然估值器

补充书目

迄今为止,在研究生阶段,检测与估值理论的最优秀的两本教材是 "Van Trees (1968)"、"Helstrom

---

12 当积分的持续时间为 T 时,理想积分器的等效噪声带宽为 $(2T)^{-1}$ 赫兹。

(1968)"。这两本书各具特色："Van Trees (1968)"的分析稍细致些，而且比"Helstrom (1968)"包含的实例多些；文献"Helstrom (1968)"按照严格的逻辑关系编写，因此很容易读懂。给出检测与估值理论较新分析的文献有"Poor (1994)"、"Scharf (1990)"、"McDonough and Whalen (1995)"。

大致地说，与上述文献处于同一等级的文献有"Wozencraft and Jacobs (1965)"，这是在美国出现的采用信号空间思想的第一本书。这里解释一下，信号空间的思想由 Kotelnikov(1959) 开发利用。在分析数字信号传输与模拟信号的最佳解调时，Kotelnikov 于 1947 年在他的博士论文中首次提出该思想。

本章内容小结

1. 信号的检测与参数的估值是常见优化问题的两种类型。从信号分析的角度来说，在接收信号时尽管同时需要检测与估值，但最简单的处理方法是：单独分析这两个问题。

2. 把贝叶斯检测器设计成取判决值的最低成本。处理中需要检测似然比，即各个观测值的后验概率与门限值之比，其中。门限值与如下的因素有关：①两个可能的假定命题的先验概率；②各个判决/假定之间组合时的成本。贝叶斯检测器的性能通过判决的平均成本或者平均风险体现出来。但在许多情况下，如果已知各个先验概率以及相应的成本，那么，较实用的是检测概率 P_D、误报概率 P_F，通过这些概率可以表示出风险。把 P_D 与 P_F 之间的关系图称为接收机的工作特性(Receiver Operating Characteristic，ROC)。

3. 如果不知道各个成本以及先验概率，那么，所采用的有效的判决方式是奈曼-皮尔逊检测器，这种检测器的 P_D 具有最大值，而 P_F 则低于某认可的等级。也可以把这种类型的接收机简化为似然比检测，这时的门限值取决于准许的误报电平。

4. 已经证明：差错检测器的最小概率(即，第 9 章分析的检测器)实际上表示的是满足如下条件的检测器：①准确判决时的成本为零；②出现任意一种错误判决时的各个成本相等。由于判决规则相当于在已知观测值的条件下，把对应最大后验概率的假定选为正确的假定，因此，把这样的接收机称为最大后验概率检测器。

5. 在引入信号空间的思想后，通过如下的接收机结构体现出最大后验概率准则的思想：在信号空间，把与所检测的数据点相距最近的信号点判为发送的信号。所分析的两个实例是：①瑞利衰落信道上多进制正交信号的相干检测；②瑞利衰落信道上 BFSK 信号的非相干检测。

6. 对多进制信号进行检测时，如果每比特信号的能量与噪声之比大于−1.6 dB，那么，在 $M \to \infty$ 的条件下，可以实现零差错概率。只是，实现这一理想性能的代价是传输带宽无穷大。

7. 在瑞利衰落信道上，误码率只与信噪比成反比，而在非衰落信道上，误码率与信噪比的指数表示形式成反比。通过采用分集技术，可以改善系统的性能。

8. 与信号的检测一样，贝叶斯估计需要求出成本函数的最小值。在最佳估计时，把由平方误差成本函数产生的参数后验条件均值作为最佳估值。而且，在给定参数之后，带宽无穷窄的方阱代价函数(方阱代价函数为量子力学中的术语)把产生的数据后验概率密度函数的最大值作为最佳估计(最大后验概率估计)。由于最大后验概率估计容易实现，因此，尽管条件平均估计较常见，但也常采用最大后验概率估计，具体地说，只要后验概率密度函数关于一个峰值对称，就取任意对称的上凹成本函数的最小值。

9. 参数 A 的最大似然估计指的是如下条件下的参数 $\hat{A}$：在观测数据时最可能产生的数据 A，并且 $\hat{A}$ 的含义是，在已知 A 的条件下，Z 的条件概率密度函数的绝对值最大时的 A 值。如果 A 的先验概率密度函数呈均匀分布，那么，参数的最大似然估计与最大后验概率估计相同。在求解最大似然估计时，由于不需要 A 的先验概率密度函数，因此，当参数的先验统计信息未知时，或者在估计非随机参数时，最大似然估计的处理方式很实用。

10. 克拉默-拉奥不等式给出了最大似然估计的方差的下限。在极限情况下，当相互独立的观测次数变大时，最大似然估计有许多实用的渐进特性。具体地说，这些特性包括渐进高斯分布特性、无偏移特性、高效特性。

疑难问题

11.1　在设计贝叶斯接收机时，按顺序说出必须知道的 3 个处理步骤。

11.2

　　(a)奈曼-皮尔逊检测器的判决方式是什么？

　　(b)如何实现奈曼-皮尔逊检测器的判决方式？

11.3　定义信号空间时，需要分析哪些因素？

11.4　如何完成格拉姆-施密特正交化处理过程？

11.5　为什么把信号空间分析法用于数字通信系统的分析？

11.6　比较贝叶斯估计与最大似然估计的处理过程。

11.7　在样值数最大的极限条件下，给出最大似然估值器的 3 个特性。

11.8　在对参数进行判决或者估计时，解释采用足量统计的原理。

11.9　克拉默-拉奥不等式用在哪些地方？

11.10　什么是高效率的估计？

习题

11.1 节习题

11.1　引入如下的两个假定条件：

$$H_1: Z = N \text{ 以及 } H_2: Z = S + N$$

　　式中，S、N 是两个相互独立的随机变量，而且，S、N 的概率密度函数分别如下：

$$f_S(x) = 2e^{-2x}u(x) \text{ 以及 } f_N(x) = 10e^{-10x}u(x)$$

　　(a)证明：$f_Z(z|H_1) = 10e^{-10x}u(x)$ 以及 $f_Z(z|H_2) = 2.5(e^{-2x} - e^{-10x})u(x)$。

　　(b)求出似然比 $\Lambda(Z)$。

　　(c)如果 $P(H_1) = 1/3$、$P(H_2) = 2/3$、$c_{12} = c_{21} = 7$ 以及 $c_{11} = c_{22} = 0$，求出贝叶斯检测的门限值。

　　(d)证明：可以把(c)的似然比检测值表示如下：

$$Z \underset{H_1}{\overset{H_2}{\gtrless}} \gamma$$

　　　求出(c)中的贝叶斯检测的 γ 值。

　　(e)求出(c)中贝叶斯检测的风险值。

　　(f)当奈曼-皮尔逊的 P_F 小于等于 10^{-3} 时，求出门限值。并且求出该门限值对应的 P_D。

　　(g)把(f)中的奈曼-皮尔逊检测简化为如下形式之后：

$$Z \underset{H_1}{\overset{H_2}{\gtrless}} \gamma$$

　　　当 γ 为任意值时，求出 P_F、P_D，并且绘出 ROC 的图形。

11.2　分析如下两个假定条件下的判决问题。

$$f_Z(z|H_1) = \frac{\exp\left(-\dfrac{z^2}{2}\right)}{\sqrt{2\pi}} \quad \text{以及} \quad f_Z(z|H_2) = \frac{1}{2}\exp(-|z|)$$

(a) 求出似然比 $\Lambda(Z)$。

(b) 假定门限值 η 为任意值，求出图 11.1 所示的判决区 R_1、R_2。需要注意的是，在该习题中，区域 R_1、R_2 不可能相交，这就是说，其中之一包含了多个子区间。

11.3　假定把观测的数据表示为：$Z = S + N$，其中，S、N 分别表示信号与噪声的独立的高斯随机变量，且均值均为零、方差分别为 σ_s^2、σ_n^2。针对如下的每一种情形，设计出似然比检测。表示出每种情形的似然比检测，并且分析所得到的结果。

(a) $c_{11} = c_{22} = 0$；$c_{21} = c_{12}$；$p_0 = q_0 = 1/2$

(b) $c_{11} = c_{22} = 0$；$c_{21} = c_{12}$；$p_0 = 1/4$；$q_0 = 3/4$

(c) $c_{11} = c_{22} = 0$；$c_{21} = c_{12}/2$；$p_0 = q_0 = 1/2$

(d) $c_{11} = c_{22} = 0$；$c_{21} = 2c_{12}$；$p_0 = q_0 = 1/2$

提示：在每个假定条件下，Z 表示均值为零的高斯随机变量。分别在 H_1、H_2 的假定条件下，分析所得到的方差是多少。

11.4　参考习题 11.3，针对每一情形，求出误报概率与检验概率的常规表达式，这里假定，在各种情形中，$c_{12} = 1$ 成立。针对 $\sigma_n^2 = 9$、$\sigma_s^2 = 16$ 的各种情形，计算出它们的值。而且计算出风险的值。

11.2 节习题

11.5　证明：通常的三维矢量空间满足第 11.2 节标题为"信号空间的结构"(即 11.2.1 节)中列出的各种性质，其中，用矢量 **A**、**B** 取代 $x(t)$、$y(t)$。

11.6　根据分量为 x、y、z 的三维空间，针对下面的各个矢量，计算出：①各个矢量的幅度；②各个矢量之间夹角的余弦值($\hat{i}$、$\hat{j}$、$\hat{k}$ 分别表示沿 x、y、z 的正交单位矢量)。

(a) $\mathbf{A} = \hat{i} + 3\hat{j} + 2\hat{k}$；$\mathbf{B} = 5\hat{i} + \hat{j} + 3\hat{k}$。

(b) $\mathbf{A} = 6\hat{i} + 2\hat{j} + 4\hat{k}$；$\mathbf{B} = 2\hat{i} + 2\hat{j} + 2\hat{k}$。

(c) $\mathbf{A} = 4\hat{i} + 3\hat{j} + \hat{k}$；$\mathbf{B} = 3\hat{i} + 4\hat{j} + 5\hat{k}$。

(d) $\mathbf{A} = 3\hat{i} + 3\hat{j} + 2\hat{k}$；$\mathbf{B} = -\hat{i} - 2\hat{j} + 3\hat{k}$。

11.7　证明：由式(11.44)、式(11.45)给出的标量积的定义满足第 11.2 节中标题为"标量积"的小节(即 12.2.2 节)所列出的性质。

11.8　利用式(11.44)或者式(11.45)的定义式，根据如下的每一对信号，计算出 (x_1, x_2) 的值：

(a) $e^{-|t|}$，$2e^{-3t}u(t)$

(b) $e^{-(4+j3)t}u(t)$，$2e^{-(3+j5)t}u(t)$

(c) $\cos(2\pi t)$，$\cos(4\pi t)$

(d) $\cos(2\pi t)$，$5u(t)$

11.9　假定 $x_1(t)$，$x_2(t)$ 表示两个取值为实数的信号。证明：当且仅当 $x_1(t) = x_2(t)$ 时，$x_1(t) + x_2(t)$ 的模的平方表示 $x_1(t)$ 的模的平方加上 $x_2(t)$ 的模的平方；这就是说，当且仅当 $(x_1, x_2) = 0$ 时，$\|x_1 + x_2\|^2 = \|x_1\|^2 + \|x_2\|^2$。需要注意的是，与三维矢量空间类似：毕达哥拉斯定理仅用于正交或者垂直的矢量(标量积等于零)。

11.10　根据图 11.11 所示的信号，计算出如下的各个值：① $\|x_1\|$；② $\|x_2\|$；③ $\|x_3\|$；④ (x_2, x_1)；⑤ (x_3, x_1)。根据这些值设计一个矢量图，并且通过图形验证：$x_3 = x_1 + x_2$。

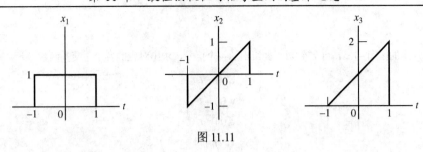

图 11.11

11.11 在如下的条件下，验证施瓦茨不等式：

$$x_1(t) = \sum_{n=1}^{N} a_n \phi_n(t) \text{ 以及 } x_2(t) = \sum_{n=1}^{N} b_n \phi_n(t)$$

式中，各个 $\phi_n(t)$ 之间相互正交；各个 a_n、b_n 表示常数。

11.12 根据习题 11.6 中的三维空间矢量，验证施瓦茨不等式。

11.13

(a) 根据格拉姆–施密特正交化处理过程，求出与图 11.12 中各个信号对应的一组正交基函数。

(b) 根据(a)中求出的正交基单元，表示出 s_1、s_2、s_3。

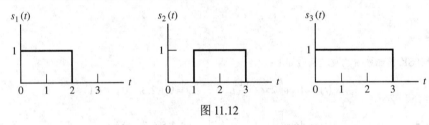

图 11.12

11.14 根据格拉姆–施密特正交化处理过程，求出与如下矢量对应的一组正交基函数。

$$x_1 = 3\hat{i} + 2\hat{j} - \hat{k}; \ x_2 = -2\hat{i} + 5\hat{j} + \hat{k}; \ x_3 = 6\hat{i} - 2\hat{j} + 7\hat{k}; \ x_4 = 3\hat{i} + 8\hat{j} - 3\hat{k} \ .$$

11.15 引入如下的信号单元：

$$s_i(t) = \begin{cases} \sqrt{2}A\cos\left(2\pi f_c t + \dfrac{1}{4} i\pi\right), & 0 \le f_c t \le N \\ 0, & \text{其他} \end{cases}$$

式中，N 表示整数；$i = 0$、1、2、3、4、5、6、7。

(a) 求出与这组信号对应的正交基。

(b) 画出一组坐标轴，按照(a)中求出的正交基单元，在表示出每一个广义傅里叶级数之后，绘出各个 $s_i(t)$ 的位置($i = 1$、2、3、4、5、6、7、8)。

11.16

(a) 根据格拉姆–施密特正交化处理过程，求出与下面各个信号对应的一组正交基函数：

$$x_1(t) = \exp(-t)u(t)$$
$$x_2(t) = \exp(-2t)u(t)$$
$$x_3(t) = \exp(-3t)u(t)$$

(b) 当信号单元为 $x_1(t) = \exp(-t)u(t)$，$\cdots$，$x_n(t) = \exp(-nt)u(t)$，问是否能够求出这组基的常规表达式。

11.17

    (a) 在规定的区间 $-1 \leqslant t \leqslant 1$，针对下面给出的各个信号，求出对应的各个正交基函数：

$$x_1(t) = t$$
$$x_2(t) = t^2$$
$$x_3(t) = t^3$$
$$x_4(t) = t^4$$

    (b) 当 $x_n(t) = t^n$ 时，求出通用的结果。其中，$-1 \leqslant t \leqslant 1$。

11.18   利用格拉姆–施密特正交化处理过程，求出如下信号单元的正交基。将每个信号用所求出的正交基表示：

$$s_1(t) = 1, \quad 0 \leqslant t \leqslant 2$$
$$s_2(t) = \cos(\pi t), \quad 0 \leqslant t \leqslant 2$$
$$s_3(t) = \sin(\pi t), \quad 0 \leqslant t \leqslant 2$$
$$s_4(t) = \sin^2(\pi t), \quad 0 \leqslant t \leqslant 2$$

11.19   根据下面给出的半余弦脉冲，重新求解例 11.6 中的问题：

$$\phi_k(t) = \Pi\left[\frac{t - k\tau}{\tau}\right]\cos\left[\frac{\pi(t - k\tau)}{\tau}\right], \quad k = 0, \pm 1, \pm 2, \pm K$$

11.3 节习题

11.20   已知 MPSK 传输系统的发送信号如下：

$$\begin{cases} s_i(t) = A\cos\left(2\pi t + \dfrac{i\pi}{2}\right), & i = 0,1,2,3, \quad 0 \leqslant t \leqslant 1 \\[2mm] s_i(t) = A\cos\left[4\pi t + \dfrac{(i-4)\pi}{2}\right], & i = 4,5,6,7, \quad 0 \leqslant t \leqslant 1 \end{cases}$$

    (a) 求出该传输方案的一组基函数。问信号空间的维数是多少？用这些基函数和信号的能量 $E = A^2/2$ 表示出 $s_i(t)$。

    (b) 绘出最佳接收机 (P_E 值最小) 的方框图。

    (c) 求出误码率的表达式。不用求出积分值。

11.21   当 $M = 2$ 时，对式 (11.128) 进行分析。用 Q 函数表示 P_E。证明所得的结果与相干 BFSK 的结果相同。

11.22   在采用超立方体的顶点传输方案时，将第 i 个信号表示如下。

$$s_i(t) = \sqrt{\frac{E_s}{n}}\sum_{k=1}^{n}\alpha_{ik}\phi_k(t), \quad 0 \leqslant t \leqslant T$$

    式中，各个系数 α_{ik} 在 +1 与 –1 之间变换；E_s 表示信号的能量；各个 ϕ_k 之间正交。因此，$M = 2^n$，其中，$n = \log_2 M$。当 $M = 8$ 时，$n = 3$，也就是说，信号空间的 8 个信号点位于三维空间的 8 个顶点。

    (a) 当 $M = 8$ 时，绘出观测空间最佳分区简图。

    (b) 当 $M = 8$ 时，证明误符号率为

$$P_E = 1 - P(C)$$

    式中

$$P(C) = \left[1 - Q\left(\sqrt{\frac{2E_s}{3N_0}}\right)\right]^3$$

(c) 当 n 为任意值时，证明误符号率为

$$P_E = 1 - P(C)$$

式中

$$P(C) = \left[1 - Q\left(\sqrt{\frac{2E_s}{nN_0}} \right) \right]^n$$

(d) 当 $n = 1$、2、3、4 时，绘出 P_E 随 E_s / N_0 变化的图形。并与 $n = 1$、2 时的图 11.7 进行比较。需要注意的是，当所选择的各个 $\phi_k(t)$ 是频率间隔为 $1/T_s$ 赫兹的余弦函数时，超立方体的顶点调制方案与第 10 章介绍的 BPSK 调制中各个子载波采用 OFDM 一样。

11.23

(a) 根据式 (11.98) 定义的信号单元，证明：在 $(s_i, s_j) = 0$ 成立时，$\Delta f = \Delta\omega/(2\pi)$ 可能的最小值为 $\Delta f = 1/(2T_s)$。

(b) 根据 (a) 的结果，证明：当已知时间-带宽积 WT_s 时，MFSK 表示的 M 进制传输信号的最大值为 $M = 2WT_s$，其中，W 表示传输带宽，T_s 表示信号的持续时间。因此，$W = M/(2T_s)$。（注意：第 10 章在推导时，由于所采用的信号音之间的间隔较宽，因此，这里得到的带宽小于第 10 章得到的结果。）

(c) 当采用习题 11.22 中介绍的超立方体的顶点传输信号时，证明：随着 WT_s 的增大，信号的数量也会增大，即，$M = 2^{2WT_s}$。因此，$W = \log_2[M/(2T_s)]$ 增大的速率比 MFSK 中 M 增大的速率慢些。

11.24　完成式 (11.144) 推导过程中的各个步骤。

11.25　该习题分析的是单工通信的信号单元[13]。引入 M 个正交的信号单元 $s_i(t)$ $(i = 0$、1、2、$\cdots$、$M-1)$，每个信号的能量为 E_s。计算出所表示信号的平均数如下：

$$a(t) \triangleq \frac{1}{M} \sum_{i=0}^{M-1} s_i(t)$$

并且把新的信号单元表示如下：

$$s_i'(t) = s_i(t) - a(t), \quad i = 0,1,2,\cdots,M-1$$

(a) 在新的信号单元表示中，证明：可以用如下的表达式表示每个信号的能量。

$$E_s' = E_s \left(1 - \frac{1}{M} \right)$$

(b) 证明：一个信号与另一个信号之间的相关系数为

$$\rho_{ij} = -\frac{1}{M-1}, \quad i, j = 0,1,\cdots,M-1; \quad i \neq j$$

(c) 如果用如下的关系式表示多进制正交信号单元的误码率。

$$P_{s,\,\text{othog}} = 1 - \int_\infty^\infty \left\{ Q\left[-\left(v + \sqrt{\frac{2E_s}{N_0}} \right) \right] \right\}^{M-1} \frac{e^{-\frac{v^2}{2}}}{\sqrt{2\pi}} \mathrm{d}v$$

要求根据式 (F.9) 即 $Q(-x) = 1 - Q(x)$，求出单工通信中信号单元的误符号率的表达式。

(d) 针对正交信号单元的误码率问题，利用式 (10.67) 给出的联合限的结果，将 (c) 中求出的结果化简。当 $M = 2$、4、8、16 时，绘出误符号率的图形，并将所得到的结果与相干 MFSK 的结果进行比较。

11.26　把二进制非相干 FSK 传输信号的衰落问题推广到多进制的情形。设第 i 个假定如下：

13　参阅文献 "Simon, M. K., S. M. Hinedi, and W. C. Lindsey, 1995"，page 204-205。

$$H_i : y(t) = G_i \sqrt{\frac{2E_i}{T_s}} \cos(\omega_i t + \theta_i) + n(t)$$

$$i = 1, 2, \cdots, M; \quad 0 \leqslant t \leqslant T_s$$

式中,G_i 表示瑞利衰落特性;θ_i 在区间 $(0, 2\pi)$ 呈均匀分布;E_i 表示在信号的持续期间 T_s 内未受干扰的第 i 个信号的能量;当 $i \neq j$ 时,$|\omega_i - \omega_j| \gg T_s^{-1}$,因此各个信号之间正交。需要注意的是,$G_i \cos\theta_i$、$-G_i \sin\theta_i$ 是均值为零的高斯分布,假定它们的方差均为 σ^2。

(a) 求出似然比检测,并且证明:最佳相关接收机等同于图 11.8(a) 所示出的具有 $2M$ 个相关器、$2M$ 个平方器、M 个累加器的接收机,其中,当各个 E_i 相等时,选择具有最大输出的累加器作为发送信号的最佳估值(P_E 最小)。如果各个 E_i 不相等,如何修改接收机的结构。

(b) 求出误符号率的表达式。

11.27 在平坦衰落的瑞利信道上,采用分集技术可以改善非相干 BFSK 传输系统的性能。假定把信号的能量 E_s 均匀地分配到 N 个子信道上,并且所有这些子信道的衰落相互独立。当所有路径的信噪比都相等时,所对应的最佳接收机如图 11.13 所示。

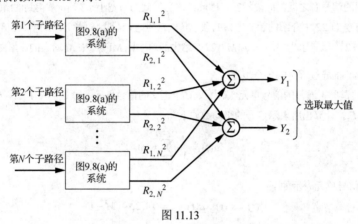

图 11.13

(a) 参考第 6 章的习题 6.37,证明:在任意一个假定条件下,Y_1 和 Y_2 都是遵循卡方分布的随机变量。

(b) 证明:误码率的表达式如下:

$$P_E = \alpha^N \sum_{j=0}^{N-1} \binom{N+j-1}{j} (1-\alpha)^j$$

式中

$$\alpha = \frac{\frac{1}{2}N_0}{\sigma^2 E' + N_0} = \frac{1}{2} \times \frac{1}{1 + \frac{1}{2} \times (2\sigma^2 E'/N_0)}, \quad E' = \frac{E_s}{N}$$

(c) 当 $N = 1, 2, 3, \cdots$ 时,绘出 P_E 随 $\text{SNR} \triangleq 2\sigma^2 E_s / N_0$ 变化的图形,并且证明:对于给定的信噪比值,存在满足 P_E 取最小值时的最佳 N 值。

11.4 节习题

11.28 假定观测的随机变量 Z 随参数 λ 变化时,遵循如下的条件概率密度函数:

$$f_{Z|\Lambda}(z|\lambda) = \begin{cases} \lambda e^{-\lambda z}, & z \geqslant 0, \quad \lambda > 0 \\ 0, & z < 0, \end{cases}$$

λ 的先验概率如下：

$$f_\Lambda(\lambda) = \begin{cases} \dfrac{\beta^m}{\Gamma(m)} \mathrm{e}^{-\beta\lambda} \lambda^{m-1}, & \lambda \geqslant 0 \\ 0, & \lambda < 0 \end{cases}$$

式中，β、m 为参数，$\Gamma(m)$ 表示伽马函数。这里假定 m 为正整数。

(a) 在进行任何检测之前，求出 $E\{\lambda\}$、$\mathrm{var}\{\lambda\}$，也就是说，根据 $f_\Lambda(\lambda)$ 求出 λ 的均值和方差。

(b) 假定进行了一次检测。求出 $f_{\Lambda|Z}(\lambda|z_1)$，并且求出相应的 λ 的最小均方误差(条件均值)估值以及估值的方差。将所得到的结果与(a)的结果进行比较。分析 $f_\Lambda(\lambda)$ 与 $f_{\Lambda|Z}(\lambda|z_1)$ 的相似之处。

(c) 利用(b)的结果，在已知两个检测值的概率密度函数 $f_{\Lambda|Z}(\lambda|z_1, z_2)$ 的条件下，求出 λ 的后验概率密度函数。根据两次检测值及其方差，求出 λ 的最小均方误差估值。将所得到的结果与(a)、(b)的结果进行比较，并且给出分析过程。

(d) 把上面的情形扩展后，要求能用 K 次检测值估计出 λ 的值。

(e) 问最大后验概率的估值是否等于最小均方误差估值？

11.29　在图 11.14 所示出的成本函数与后验概率密度函数中，哪一种是贝叶斯估计的条件均值？对每一种情形，要求分析是或者不是的原因。

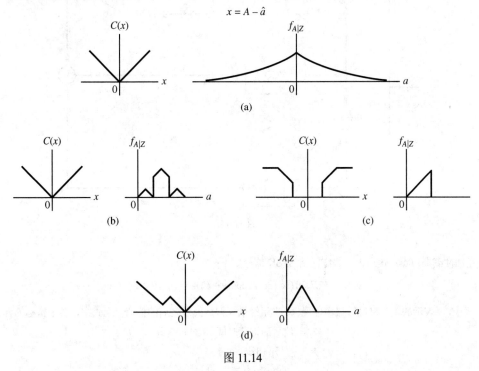

图 11.14

11.30　证明：式(11.178)表示的 $\hat{a}_{\mathrm{ML}}(\mathbf{Z})$ 是由式(11.179)得出的结果。

11.31　对接收端射频滤波器的输出噪声电压 $Z(t)$ 进行 K 次独立检测时，所得到的结果为 $(Z_1, Z_2, \cdots, Z_K)$。

(a) 如果 $Z(t)$ 遵循均值为零、方差为 $\{\sigma_n^2\}$ 的高斯分布，问噪声方差的最大似然估值是多少？

(b) 计算出这种估值随实际方差变化的期望值与方差。

(c) 问这是否是个无偏估值器？

(d) 在估计 Z 的方差时，求出足够的统计数。

11.32 求出用式(11.207)表示的 PAM 信号样值的估值，处理时要求：样值 m_0 表示均值为零、方差为 σ_m^2 的高斯随机变量。

11.33 在相位 θ 未知(待估计)的噪声信道上分析 BPSK 信号的接收。把两个假定表示如下：

$$\begin{cases} H_1: y(t) = A\cos(\omega_c t + \theta) + n(t), & 0 \leqslant t \leqslant T_s \\ H_2: y(t) = -A\cos(\omega_c t + \theta) + n(t), & 0 \leqslant t \leqslant T_s \end{cases}$$

式中，A 为常数；$n(t)$ 表示单边功率谱密度为 N_0 的高斯噪声；这两个假定等概率出现(即，$P(H_1) = P(H_2)$)。

(a) 根据式(11.192)、式(11.193)给出的正交基函数 ϕ_1、ϕ_2，求出 $f_{i|\theta,H_i}(z_1, z_2|\theta, H_1)$，$i = 1, 2$ 的表达式。

(b) 在如下的关系式成立的条件下：

$$f_{\mathbf{Z}|\theta_i}(z_1, z_2|\theta) = \sum_{i=1}^{2} P(H_i) f_{\mathbf{Z}|\theta,H_i}(z_1, z_2|\theta, H_i), \quad i = 1, 2$$

利用式(11.164)证明：可以按照图 11.15 的结构实现最大似然估值器。问在什么样的条件下，这种结构近似于科斯塔斯环？

(c) 利用克拉默-拉奥不等式求出 $\mathrm{var}\{\hat{\theta}_{\mathrm{ML}}\}$ 的表达式，并且与表 10.7 中的结果进行比较。

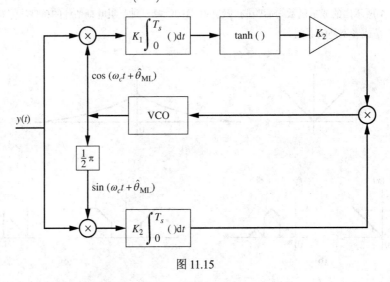

图 11.15

11.34 在加性高斯白噪声信道上，假定已调 BPSK 信号如下：

$$y(t) = \sqrt{2P}\sin(\omega_c t \pm \arccos m + \theta) + n(t), \quad 0 \leqslant t \leqslant T$$

式中，$\pm$ 表示的正负极性等概率出现，θ 表示经最大似然处理之后的估值。上式中，各个指标的含义如下：

$$T_s = \text{信号的持续时间}$$
$$P = \text{信号的平均功率}$$
$$\omega_c = \text{载波频率(弧度/秒)}$$
$$m = \text{调制系数}$$
$$\theta = \text{射频信号的相位}$$

假定 $n(t)$ 的双边功率谱密度为 $N_0/2$。

(a) 证明：可以把 $y(t)$ 中的信号内容表示如下：

$$S(t) = \sqrt{2P}m\sin(\omega_c t + \theta) \pm \sqrt{2P}\sqrt{1-m^2}\cos(\omega_c t + \theta)$$

按照式(11.192)、式(11.193)的正交基函数 ϕ_1、ϕ_2,求出信号内容的表达式。

(b)证明,可以用如下的关系式表示似然函数:

$$L(\theta) = \frac{2m\sqrt{2P}}{N_0} \int_0^{T_s} y(t)\sin(\omega_c t + \theta)\mathrm{d}t + \ln\cosh\left[\frac{2\sqrt{2P(1-m^2)}}{N_0}\int_0^{T_s} y(t)\cos(\omega_c t + \theta)\mathrm{d}t\right]$$

(c)绘出 θ 的最大似然估值器的方框图,并且与图 11.15 的方框图进行比较。

11.35 已知理想积分器在 T 秒内的冲激响应为 $h(t) = \dfrac{1}{T}[u(t) - u(t-T)]$,其中,$u(t)$ 表示单位阶跃函数,证明理想积分器的等效噪声带宽为 $B_{N,\,\mathrm{idealint}} = \dfrac{1}{2T}$。

提示:根据 $h(t)$ 的表达式,直接用式(7.108)得到带宽,或者求出频率响应 $H(f)$,然后利用式(7.106)求出等效带宽。

计算机仿真练习

11.1 在实际通信系统与雷达系统中,要求系统运行时的发现概率约等于 1、误报概率仅稍大于零。这里关注的是接收机全部特性中的很少一部分。根据这一考虑因素,在将计算机仿真实例 10.1 的 MATLAB 程序进行必要的变化之后,显示出实际处理过程中所关注的范围。规定关注的范围为 $P_D \geqslant 0.95$ 和 $P_F \leqslant 0.01$。当系统工作在该区间时,求出参数 d 的值。

11.2 当 σ_A^2 / σ_n^2 固定不变时,根据 σ_p^2 随观测次数 K 变化的关系式,编写能够绘出图形的计算机仿真程序,并且验证例 10.8 的末尾得出的结论。

11.3 编写锁相环估计问题的计算机仿真程序。通过产生两个独立的高斯随机变量,在构成由式(11.196)给出的 Z_1、Z_2 之后完成处理过程。因此,通过已知的 θ 得出了式(11.201)的左端。把 θ 的第一个值称为 θ_0。根据如下的算法估计出 θ 的下一个值 θ_1:

$$\theta_1 = \theta_0 + \varepsilon \tan^{-1}\left(\frac{Z_{2,0}}{Z_{1,0}}\right)$$

式中,$Z_{1,0}$、$Z_{2,0}$ 为所产生的 Z_1 和 Z_2 的第一个值;ε 表示变化的参数(所选的第一个值为 0.01)。产生 Z_1 和 Z_2 的两个新值(称为 $Z_{1,1}$ 和 $Z_{2,1}$),并且根据如下的关系式产生下一次的估计值:

$$\theta_2 = \theta_1 + \varepsilon \tan^{-1}\left(\frac{Z_{2,1}}{Z_{1,1}}\right)$$

持续地采用这种方式产生几个 θ_i 值。在判断各个 θ_i 值是否收敛到零相位时,绘出 θ_i 随序列的下标 i 变化的图形。按 10 的倍数增大 ε 时,重复上面的处理过程。在这个蒙特卡罗仿真的例子中,问能不能够把参数 ε 与锁相环的参数(见第 4 章)联系起来?

第12章 信息论与编码

信息论从不同而且更通用的角度度量通信系统的性能,具体体现在:从理论上讲,在给定带宽与信噪比(SNR)的条件下,通信系统的性能可以达到最佳通信系统的性能。研究信息论可以深入地了解通信系统的性能特性。信息论更为明确地提供了一种定量地度量消息中所含信息的方法,据此可以求出信息从信源传输到目的端时的系统性能。本章简要地介绍了信息论的主要应用领域——编码。严格地说,本章的分析并不全面。只是给出了基本思想的概要介绍,并且通过一些简单的例子对这些思想进行了解释。期望这可以激励学习本章的读者更细致地研究这些专题。

信息论给出了理想(或者最佳)通信系统的性能特性。在与前面各章介绍的可实现系统的性能进行比较时,理想系统的性能提供了一定的依据。理想系统的性能特性体现在:通过采用更为复杂的传输方案、检测方案获得了性能增益。

下面的香农编码定理给出了钻研信息论的目的,如果信源信息的速率低于信道容量,那么,一定存在如下的编码方案:信源的输出可以以任意小的差错概率在信道上传输。这个研究结论很有用处。香农定理表明:即使在存在噪声的环境下,也可以完成从发送端到接收端的传输,而且,可以忽略不计所发生的差错。在了解称之为编码的处理过程以及了解编码对通信系统的设计与性能的影响之前,需要先了解信息论的几个基本概念。

从随后的分析中可以看出,编码有两项最基本的应用。其中之一是信源编码。通过采用信源编码可以从消息信号中去除冗余成分,因此,完成信源编码之后,在所发送的每个符号中包含的信息最多。再者,通过利用信道编码(或者称为纠错编码),也就是说,通过将冗余成分有条理地引入到发送的信号中之后,可以纠正因实际信道不理想所产生的差错。

12.1 基本概念

设想在开设某一课程的初期,在下课之前发生的情景,教授讲到了如下的几点之一:

A 下节课见。
B 下节课我的同事来授课。
C 上课的每个学生的成绩都是 A,并且以后不再上课。

假定以前没有学习过该课程,那么,上述要点中的任何一条传递给学生的相关信息是什么?由于常规课堂都是由固定的教授授课;也就是说,由固定教授授课的概率 $P(A)$ 接近 1,因此可以明显看出,"观点(A)"传递的信息很少。直观地说,"观点(B)"包含的信息较多,并且由同事来授课的概率 $P(B)$ 相当低。对整个班级而言,"观点(C)"包含了大量的信息,并且大多数人都会认为:对常规课堂而言,这一事件发生的概率非常低。由此可知,一个观点(或者称为一个事件)发生的概率越低,则该观点包含的信息越多。换句话说,学生在听到这一事件时的惊讶程度就是对这一事件所含信息的很好的度量。通过直观反应的实例可以确定所含信息的多少。

12.1.1　信息

假定用 x_j 表示发生概率为 $p(x_j)$ 的事件。如果得知事件 x_j 已经发生，那么，把已经收到的各个信息单元表示如下：

$$I(x_j) = \log_a \left(\frac{1}{p(x_j)} \right) = -\log_a p(x_j) \tag{12.1}$$

从上式可以看出，当 $p(x_j)$ 减小时，$I(x_j)$ 随之增大，因此，这一定义与前面的例子一致。这里注意到，由于 $0 \leqslant p(x_j) \leqslant 1$，所以 $I(x_j) \geqslant 0$ 成立。在式(12.1)中，对数的底为任意值，根据对数的底的取值大小可以确定度量信息的单位。R. V. 哈特莱于 1928 年最早建议用对数度量信息[1]。由于以 10 为底的对数表很常见，因此，他采用了以 10 为底的对数度量信息，由此得到的信息单位为哈特莱。如今，用以 2 为底的对数作为度量信息的标准，信息的单位为二进制单位(或者称为比特)。如果以自然对数 e 为底，则相应的单位为奈特(natural unit, nat)。

采用以 2 为底的对数度量信息有几个理由。人们可以想象的最简单的随机试验具有两种等概率发生的结果。"投掷一枚均匀的硬币"是个常见的例子。因为对数的底为 2，而且，每种结果的概率为 0.5，因此，每种结果都对应 1 比特($= -\log_2(1/2)$)的信息。由于数字计算机采用二进制的处理方式，如果假定每种逻辑状态都等概率地发生，那么，每个逻辑 0、每个逻辑 1 所包含的信息都等于 1 比特。

例 12.1

这里分析的是，当随机试验具有 64 个等概率发生的结果时，每种结果包含的信息如下：

$$I(x_j) = -\log_a \left(\frac{1}{64} \right) = \log_2 64 = 6 \text{ 比特} \tag{12.2}$$

式中，j 表示介于 1~64 之间的整数。每种结果对应的信息都大于 1 比特。在等概率发生的随机试验中，由于可能结果的数量大于两种，因此，每种结果发生的概率小于 1/2。　■

12.1.2　熵

通常关注的是与随机试验的结果有关联的平均信息，而并不是与具体结果有关联的信息。把与离散随机变量 X 有关联的平均信息定义为熵 $H(X)$。因此，可以得到：

$$H(X) = E\{I(x_j)\} = -\sum_{j=1}^{n} p(x_j) \log_2 p(x_j) \tag{12.3}$$

式中，n 表示可能结果的总数。可以把熵视为平均不确定性，于是，在全部结果等概率发生时，可以求出上式的最大值。

例 12.2

假定二进制信源满足 $p(1) = \alpha$，$p(0) = 1 - \alpha$，那么，利用式(12.3)可以得到如下的熵：

$$H(\alpha) = -\alpha \log_2 \alpha - (1 - \alpha) \log_2 (1 - \alpha) \tag{12.4}$$

图 12.1 给出了上述结果的图示。这里注意到，当 $\alpha = 1/2$(即，每种结果等概率发生)时，得到了不确定性(即熵)的最大值。如果 $\alpha \neq 1/2$，也就是说，如果两个符号中一个符号的发生概率大于另一个的概率，则不确定性(即熵)减小。如果 α 等于零或者 1，由于发生的是确知事件，因此，这时的不确定性为零。

---

1 参阅文献 "Hartley, 1928"。

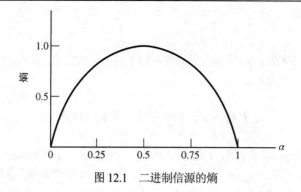

图 12.1　二进制信源的熵 ■

根据例 12.2(至少根据图 12.1 所示的特例)可以得出结论：熵函数存在最大值，即，当所有事件的发生概率相等时，得到熵的最大值。为了确保较完整地导出这个结论，这一条件非常重要。假定共有 n 种可能的试验结果，p_n 表示与其他各个概率值有关的因变量，那么，可以得到：

$$p_n = 1 - (p_1 + p_2 + \cdots + p_k + \cdots + p_{n-1}) \tag{12.5}$$

式中，p_j 为 $p(x_j)$ 的简化表示形式。与概率试验相关联的熵如下：

$$H = -\sum_{j=1}^{n} p_i \log_2 p_i \tag{12.6}$$

在求解熵的最大值时，利用熵的式子对 p_k 求导，而且，除概率 p_k、p_n 外，其他所有的概率皆为恒定值。于是，利用 p_k、p_n 得出了求取熵 H 的最大值的关系式。除含有 p_k、p_n 的导数均为 1 外，其他所有的导数都等于零，即

$$\frac{dH}{dp_k} = \frac{d}{dp_k}(-p_k \log_2 p_k - p_n \log_2 p_n) \tag{12.7}$$

利用式(12.5)以及利用如下的关系式：

$$\frac{d}{dx} \log_a u = \frac{1}{u} \log_a e \frac{du}{dx} \tag{12.8}$$

可以得到

$$\frac{dH}{dp_k} = -p_k \frac{1}{p_k} \log_2 e - \log_2 p_k + p_n \frac{1}{p_n} \log_2 e + \log_2 p_n \tag{12.9}$$

或者把上式简化为

$$\frac{dH}{dp_k} = \log_2 \frac{p_n}{p_k} \tag{12.10}$$

当 $p_k = p_n$ 时，上式等于零。对全部的概率 $p_i = p_n, i = 1, 2, \cdots, (n-1)$ 而言，由于 p_k 表示任意一种可能的概率值，于是得到

$$p_1 = p_2 = \cdots = p_n = \frac{1}{n} \tag{12.11}$$

在证明由上面的条件得到的是最大值而不是最小值时，需要注意的是，当 $p_1 = 1$ 时，其他的所有概率都等于零，这时的熵为零。由式(12.6)可知，当所有事件发生的概率都相等时，所得到的熵为 $H = \log_2(n)$。

12.1.3　离散信道的各种模型

对本章的大部分内容而言,这里假定,通信信道为无记忆信道。在这样的信道条件下,信道在给定时刻的输出为信道输入的函数,而与此前的信道输入无关。于是,利用将每个输出状态的概率与输入状态的概率关联起来的一组概率,就可以完全确定离散无记忆信道的特性。用下面的例子解释这种技术。用图 12.2 表示具有两个输入、三个输出的信道。图中示出了从输入到输出的各种可能的路径,且图中的条件概率 p_{ij} 为符号 $p(y_j \mid x_i)$ 的简单表示形式。因此,与输入 x_i 相对应的输出 y_j 的条件概率为 p_{ij},把它称为信道转移概率。由全部的条件概率单元即可确定信道的特性。本章中,假定各个转移概率为常数。但在许多经常碰到的环境下,条件概率呈时变特性。例如,在无线移动信道上,发射机与接收机之间的距离随时间的变化而变化。

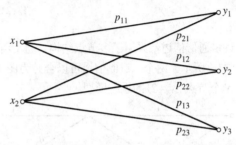

图 12.2　离散信道具有两个输入、三个输出时的信道示意图

从图 12.2 可以看出,利用一组转移概率就可以完全确定信道的特性。因此,可以用转移概率矩阵 $[P(Y \mid X)]$ 定义图 12.2 所示的无记忆信道,即

$$[P(Y \mid X)] = \begin{bmatrix} p(y_1 \mid x_1) & p(y_2 \mid x_1) & p(y_3 \mid x_1) \\ p(y_1 \mid x_2) & p(y_2 \mid x_2) & p(y_3 \mid x_3) \end{bmatrix} \tag{12.12}$$

由于信道的每个输入都产生一个输出,因此,$[P(Y \mid X)]$ 的每一行的和等于 1。这里把转移概率矩阵称为信道矩阵。

在已知输入概率的条件下推导出输出概率时,信道矩阵很有用处。例如,如果用行矩阵把各个输入概率 $P(X)$ 表示如下:

$$[P(X)] = [p(x_1) \quad p(x_2)] \tag{12.13}$$

则可以得到

$$[P(Y)] = [p(y_1) \quad p(y_2) \quad p(y_3)] \tag{12.14}$$

在计算上式时,需要利用如下的关系式。

$$[P(Y)] = [P(X)][P(Y \mid X)] \tag{12.15}$$

如果把 $P(X)$ 表示为对角矩阵的形式,则可以由式 (12.15) 求出矩阵 $[P(X, Y)]$。这时矩阵中的每个单元都具有 $p(x_i)p(y_j \mid x_i)$ 或者 $p(x_i, y_j)$ 的形式。把这种矩阵称为联合概率矩阵,$p(x_i, y_j)$ 表示发送 x_i、收到 y_j 的概率。

例 12.3

这里分析图 12.3 所示的二进制输入、二进制输出信道。已知转移概率为

$$[P(Y \mid X)] = \begin{bmatrix} 0.7 & 0.3 \\ 0.4 & 0.6 \end{bmatrix} \tag{12.16}$$

如果输入符号的概率为 $P(x_1) = 0.5$、$P(x_2) = 0.5$,那么,各个输出的概率如下:

$$[P(Y)] = [0.5 \quad 0.5] \begin{bmatrix} 0.7 & 0.3 \\ 0.4 & 0.6 \end{bmatrix} = [0.5 \quad 0.45] \tag{12.17}$$

并且可以得到信道的联合概率矩阵如下:

$$[P(X,Y)] = \begin{bmatrix} 0.5 & 0 \\ 0 & 0.5 \end{bmatrix} \begin{bmatrix} 0.7 & 0.3 \\ 0.4 & 0.6 \end{bmatrix} = \begin{bmatrix} 0.35 & 0.15 \\ 0.2 & 0.3 \end{bmatrix} \tag{12.18}$$

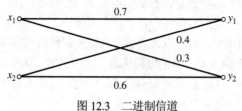

图 12.3　二进制信道

许多通信信道都采用了多节点结构。通常将这些系统表示为两个或者多个二进制信道的级联。如图 12.4(a)所示。两个二进制信道可以合并为图 12.4(b)的形式。将这一模型扩展之后可以很容易得到具有 N 个节点($N > 2$)的系统模型。

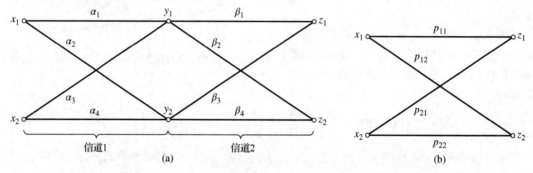

图 12.4　二节点通信系统。(a)二节点通信系统；(b)合成系统

很明显，通过求解从 x_i 到 z_j 的所有可能的路径，可以用如下的概率确定图 12.4(b)中整个信道的特性。

$$p_{11} = \alpha_1\beta_1 + \alpha_2\beta_3 \tag{12.19}$$

$$p_{12} = \alpha_1\beta_2 + \alpha_2\beta_4 \tag{12.20}$$

$$p_{21} = \alpha_3\beta_1 + \alpha_4\beta_3 \tag{12.21}$$

$$p_{22} = \alpha_3\beta_2 + \alpha_4\beta_4 \tag{12.22}$$

因此，可以用式(12.24)的矩阵表示整个信道的特性如下：

$$[P(Z \mid X)] = \begin{bmatrix} p_{11} & p_{12} \\ p_{21} & p_{22} \end{bmatrix} \tag{12.23}$$

$$[P(Z \mid X)] = \begin{bmatrix} \alpha_1 & \alpha_2 \\ \alpha_3 & \alpha_4 \end{bmatrix} \begin{bmatrix} \beta_1 & \beta_2 \\ \beta_3 & \beta_4 \end{bmatrix} \tag{12.24}$$

对具有两个节点的通信系统而言，上式的右端只是将上行信道矩阵与下行信道矩阵相乘。

12.1.4　联合熵与条件熵

在求解具有 n 个输入、m 个输出的信道的几个不同的熵函数时，可以利用如下的 4 个概率：①输入概率 $p(x_i)$；②输出概率 $p(y_j)$；③转移概率 $p(y_j \mid x_i)$；④联合概率 $p(x_i, y_j)$。用这 4 个概率把这些熵函数表示如下：

$$H(X) = -\sum_{i=1}^{n} p(x_i) \log_2 p(x_i) \tag{12.25}$$

$$H(Y) = -\sum_{j=1}^{m} p(y_j) \log_2 p(y_j) \tag{12.26}$$

$$H(Y \mid X) = -\sum_{i=1}^{n} \sum_{j=1}^{m} p(x_i, y_j) \log_2 p(y_j \mid x_i) \tag{12.27}$$

以及

$$H(X, Y) = -\sum_{i=1}^{n} \sum_{j=1}^{m} p(x_i, y_j) \log_2 p(x_i, y_j) \tag{12.28}$$

把很重要而且很实用的熵 $H(X \mid Y)$ 定义如下：

$$H(X \mid Y) = -\sum_{i=1}^{n} \sum_{j=1}^{m} p(x_i, y_j) \log_2 p(x_i \mid y_j) \tag{12.29}$$

很容易理解这些熵的含义。$H(X)$ 表示信源的平均不确定性；$H(Y)$ 表示接收符号的平均不确定性。同理，$H(X \mid Y)$ 度量的是：在收到某一符号的条件下，发送符号的平均不确定性。$H(Y \mid X)$ 表示在发送 X 的条件下，接收符号的平均不确定性。联合熵 $H(X, Y)$ 表示将通信系统作为一个整体时的平均不确定性。

根据上面各个熵的定义，可以直接得出两个重要而且很有用处的关系式：

$$H(X, Y) = H(X \mid Y) + H(Y) \tag{12.30}$$

以及

$$H(X, Y) = H(Y \mid X) + H(X) \tag{12.31}$$

利用对数的性质很容易导出这些关系式。

12.1.5 信道容量

稍后再来分析信道的输出。在信道输出之前，信道输入的平均不确定性为 $H(X)$，在收到输出之后，信道输入的这种不确定性通常会下降。换句话说，$H(X \mid Y) \leqslant H(X)$。当收到输出之后，发送信号的不确定性的下降度量的是：通过传输信道的平均信息。将其定义为互信息 $I(X; Y)$。因此，可以得到

$$I(X; Y) = H(X) - H(X \mid Y) \tag{12.32}$$

利用式 (12.30) 与式 (12.31)，可以把式 (12.32) 表示如下：

$$I(X; Y) = H(Y) - H(Y \mid X) \tag{12.33}$$

值得注意的是，互信息是信源概率、信道转移概率的函数。

很容易从数学的角度证明如下的关系式：

$$H(X) \geqslant H(X \mid Y) \tag{12.34}$$

在证明上式时，需要证明如下的式子：

$$H(X \mid Y) - H(X) = -I(X; Y) \leqslant 0 \tag{12.35}$$

把式(12.29)(即 $H(X|Y)$ 的表达式)与式(12.25)(即 $H(X)$ 的表达式)代入$-I(X; Y)$ 的表达式之后,可以得到$-I(X; Y)$ 的表达式如下:

$$-I(X;Y) = -\sum_{i=1}^{n}\sum_{j=1}^{m} p(x_i, y_j) \log_2 \left[\frac{p(x_i)}{p(x_i \mid y_j)} \right] \tag{12.36}$$

由于

$$\log_2 x = \frac{\ln x}{\ln 2} \tag{12.37}$$

以及

$$\frac{p(x_i)}{p(x_i \mid y_j)} = \frac{p(x_i)p(y_j)}{p(x_i, y_j)} \tag{12.38}$$

于是,可以把$-I(X; Y)$ 表示如下:

$$-I(X;Y) = \frac{1}{\ln 2}\sum_{i=1}^{n}\sum_{j=1}^{m} p(x_i, y_j) \ln \left[\frac{p(x_i)p(y_j)}{p(x_i, y_j)} \right] \tag{12.39}$$

在继续推导时,需要用到如下的很常见的不等式:

$$\ln x \leqslant x - 1 \tag{12.40}$$

利用下面的函数很容易导出上面的不等式:

$$f(x) = \ln x - (x - 1) \tag{12.41}$$

对 $f(x)$ 求导之后得到

$$\frac{\mathrm{d}f}{\mathrm{d}x} = \frac{1}{x} - 1 \tag{12.42}$$

当 $x = 1$ 时,上式的值等于零。当选择的 x 很大(大于 1)时,由于 $f(x)$ 的值小于零,因此,$f(1) = 0$ 表示 $f(x)$ 的最大值。

将不等式(12.40)代入式(12.39)时,可以得到

$$-I(X;Y) \leqslant \frac{1}{\ln 2}\sum_{i=1}^{n}\sum_{j=1}^{m} p(x_i, y_j) \left[\frac{p(x_i)p(y_j)}{p(x_i, y_j)} - 1 \right] \tag{12.43}$$

整理上式之后,得到

$$-I(X;Y) \leqslant \frac{1}{\ln 2}\left[\sum_{i=1}^{n}\sum_{j=1}^{m} p(x_i)p(y_j) - \sum_{i=1}^{n}\sum_{j=1}^{m} p(x_i, y_j) \right] \tag{12.44}$$

上式的括号内有两项累加和,由于每一项累加和都等于 1,于是得出所需的结论:

$$-I(X;Y) \leqslant 0 \text{ 或者 } I(X;Y) \geqslant 0 \tag{12.45}$$

上面已证明了互信息总为非负值,因此可得:$H(X) \geqslant H(X|Y)$。这个结论很明显。如果已知 Y,再给出如下的假设就不合理:与信源有关的信息减少。

将信道容量定义为互信息的最大值,即对所用的信道而言,在利用信道传输信息时,每个符号所能传输的平均信息的最大值。因此可得

$$C = \max[I(X;Y)] \tag{12.46}$$

在数据流中,由于每个符号的传输都要利用信道,因此,信息量的单位为比特/使用的每个信道。信道容量度量的是:利用信道传输到输出端的比特数。由于转移概率与信道的特性有关,因此与信源的概率有关。但由于求取最大值的处理过程消去了信道容量与信源概率之间的关系,所以信道容量只是信道转移概率的函数。通过下面的例子分析这种方法。

例 12.4

容易求出图 12.5 所示的离散无记忆信道的信道容量。这里从如下的关系式着手:

$$I(X;Y) = H(X) - H(X|Y)$$

上式中,$H(X|Y)$ 的表达式如下:

$$H(X|Y) = -\sum_{i=1}^{n}\sum_{j=1}^{m} p(x_i, y_j)\log_2 p(x_i|y_j) \qquad (12.47)$$

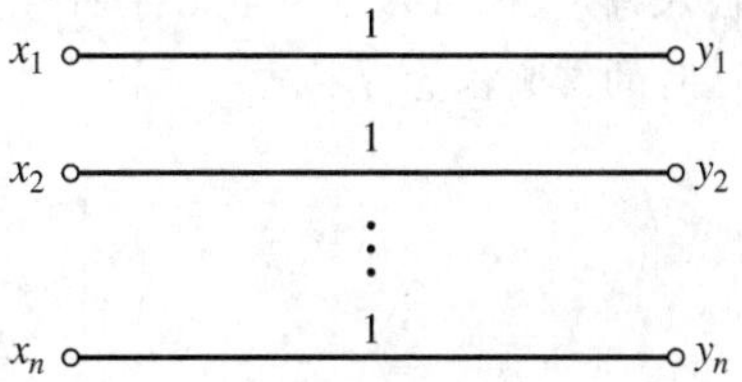

对噪声信道而言,当 $i \neq j$ 时,$p(x_i, y_i)$ 和 $p(x_i|y_i)$ 都等于零。当 $i = j$ 时,$p(x_i|y_i) = 1$。因此,在噪声信道中,$H(X|Y) = 0$ 以及下面的关系式成立:

图 12.5 没有噪声的信道

$$I(X;Y) = H(X) \qquad (12.48)$$

可以看出,如果信源的所有符号都等概率发送,则得到了信源熵的最大值。因此可得

$$C = \sum_{i=1}^{n} \frac{1}{n}\log_2 n = \log_2 n \qquad (12.49)$$

例 12.5

图 12.6 示出的二进制对称信道(Binary Symmetric Channel,BSC)是一种重要的信道模型。通过求解如下关系式的最大值可以得到 BSC 的信道容量:

$$I(X;Y) = H(Y) - H(Y|X)$$

式中

$$H(Y|X) = -\sum_{i=1}^{2}\sum_{j=1}^{2} p(x_i, y_j)\log_2 p(y_j|x_i) \qquad (12.50)$$

利用图 12.6 中定义的各项概率,可以得到

$$H(Y|X) = -\alpha p \log_2 p - (1-\alpha)p\log_2 p - \alpha q\log_2 q - (1-\alpha)q\log_2 q \qquad (12.51)$$

整理后得到

$$H(Y|X) = -p\log_2 p - q\log_2 q \qquad (12.52)$$

于是可得

$$H(X;Y) = H(Y) + p\log_2 p + q\log_2 q \qquad (12.53)$$

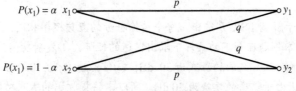

图 12.6 二进制对称信道

当 $H(Y)$ 取最大值时上式得到最大值。由于系统的输出为二进制表示，因此，当每个输出的概率为 1/2 时 $H(Y)$ 取得最大值。值得注意的是，对 BSC 信道而言，等概率输出来自等概率输入。对二进制信道而言，由于 $H(Y)$ 的最大值为 1，因此信道容量为

$$C = 1 + p\log_2 p + q\log_2 q = 1 - H(p) \tag{12.54}$$

式中，$H(p)$ 的定义见式(12.4)。

图 12.7 绘出了信道容量的概图。正如预计的那样，当 $p = 0$ 或者 1 时，信道的输出完全由信道的输入确定，而且容量为 1 比特/符号。当 $p = 0.5$ 时，输入符号等概率地产生两个输出符号中的任意一个，这时的信道容量为零。

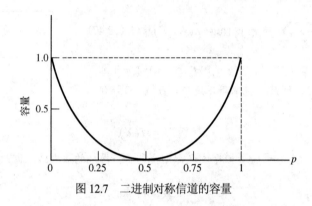

图 12.7　二进制对称信道的容量

值得注意的是，根据式(12.32)并不容易求出图 12.5 所示的信道容量，而利用式(12.33)则很容易求出图 12.6 所示的信道容量。如果选择的 $I(X; Y)$ 很合理，则可以省去大量的工作。在选择用于求解容量的 $I(X; Y)$ 的表达式时，为了将计算的工作量降至最低，有时需要深入细致地分析问题。

根据下面的关系式很容易计算出二进制对称信道的差错概率 P_E：

$$P_E = \sum_{i=1}^{2} p(e|x_i)p(x_i) \tag{12.55}$$

式中，$p(e|x_i)$ 表示已知输入 x_i 时对应的差错概率，于是可得

$$P_E = qp(x_1) + qp(x_2) = q[p(x_1) + p(x_2)] \tag{12.56}$$

因此得到

$$P_E = q$$

上面的结果表明：无条件差错概率 P_E 等于条件差错概率 $p(y_j|x_i)$，$i \neq j$。

第 9 章已经证明了 P_E 为接收符号的能量的递减函数。由于符号的能量等于收到的功率乘以符号的周期，因此，如果发送功率为定值的话，那么，可以通过降低信源的符号速率来降低差错概率。具体的实现方法是：通过称为信源编码的过程来删除信源中的冗余信息。

例 12.6

在第 9 章介绍的相干解调 FSK 系统中，每个传输符号的差错概率相同。因此，BSC 模型是适于 FSK 信号传输的模型。本例题在如下的条件下求出信道的矩阵：①发射功率为 1000 W；②从"发送端的输出"到"接收端的输入"之间的衰减为 30 dB；③信源速率γ为 10 000 符号/秒；④噪声功率谱密度 N_0 为 2×10^{-5} W/Hz。由于信道的衰减为 30 dB，所以，将接收端的输入功率 P_R 为

$$P_R = 1000 \times 10^{-3} = 1\,\text{W} \tag{12.57}$$

根据该功率值可以得到每个接收符号的能量为

$$E_s = P_R T = \frac{1}{10,000} \times 10^{-4}\,\text{焦耳} \tag{12.58}$$

根据第 9 章的介绍，相干 FSK 接收机的差错概率如下：

$$P_E = Q\left(\sqrt{\frac{E_s}{N_0}}\right) \tag{12.59}$$

把各个已知的量代入上式后，可以得到 $P_E = 0.0127$。因此，信道矩阵为

$$[P(Y|X)] = \begin{bmatrix} 0.9873 & 0.0127 \\ 0.0127 & 0.9873 \end{bmatrix} \tag{12.60}$$

这里关注的是：当适度降低信源的符号率，而其他的所有参数都保持不变时，计算出信道矩阵所产生的变化。当信源的符号率降低 25% 即变为 7500 符号/秒时，所收到的每个符号的能量变为

$$E_s = \frac{1}{7500} = 1.333 \times 10^{-4}\,\text{焦耳} \tag{12.61}$$

根据给定的其他参数，计算出符号差错概率为 $P_E = 0.0049$，由此得到如下的信道矩阵：

$$[P(Y|X)] = \begin{bmatrix} 0.9951 & 0.0049 \\ 0.0049 & 0.9951 \end{bmatrix} \tag{12.62}$$

那么，当信源的符号率降低了 25% 时，导致系统的符合差错概率改善了约 3 倍。利用 12.3 节介绍的技术可以降低信源的符号速率，但并未降低信源的信息速率。 ■

12.2 信源编码

上一节已经得出如下的结论：当信源根据某概率方案产生信源符号时，可以用熵 $H(X)$ 表示所得到的信息。由于熵的单位是比特/符号，那么，必须知道符号率才能求出信源的信息速率（单位：比特/秒）。换句话说，信源的信息速率由如下的式子给出：

$$R_s = rH(X)\,\text{bps} \tag{12.63}$$

式中，$H(X)$ 表示信源熵，单位：比特/符号；r 表示符号率，单位：符号/秒。

这里假定信源是信道的输入，已知信道的容量为 C 比特/符号或者 SC 比特/秒，其中，S 表示信道上所能实现的符号速率。信息论的重要理论——香农的无噪声编码定理的内容如下：当信源产生的信息在给定的信道上以低于信道容量的速率传输时，通过对信源的输出采用某种方式的编码后，信源的输出就可以在信道上顺利地传输。本章只是简要地介绍信息论，因此，香农的无噪声编码定理的证明超出了本书的范围，感兴趣的读者可以参考信息论的标志性文献[2]。本书中，只通过简单的实例分析该定理。

12.2.1 信源编码的例子

假定这里考虑的二进制信源具有两个可能的输出：A、B，与之对应的概率分别为 0.9、0.1。还假

---

2 比如，可以参阅文献 "Gallager, 1968"。

定信源的速率为 3.5 符号/秒。信源的输出为二进制信道的输入,即,在二进制信道上以速率 2 符号/秒发送二进制 0 或者 1 时,信道上产生的差错可以忽略不计,如图 12.8 所示。由例 12.5 可知,当 $p = 1$ 时,信道的容量为 1 比特/符号,这时对应 2 比特/秒的信息速率。

图 12.8   传输方案

很明显,信源的符号速率大于信道容量,因此,不能将信源符号直接发送到信道上。可以计算出本例题的信源熵如下:

$$H(X) = -0.1\log_2 0.1 - 0.9\log_2 0.9 = 0.469 \text{ 比特/符号} \tag{12.64}$$

与该信源熵对应的信源信息的速率为

$$rH(X) = 3.5 \times 0.469 = 1.642 \text{ bps} \tag{12.65}$$

当信息速率低于信道容量时,可以实现可靠的传输。

通过称为信源编码的处理(也就是对信源符号的 n 比特组进行编码)之后可以实现传输。把最短的码字分配给发送概率最大的信源符号组;把最长的码字分配给发送概率最小的信源符号组。那么,当信源编码降低了符号的平均速率之后,信源可以与信道匹配。把信源符号的 n 符号组称为原信源的 n 阶扩展。

表 12.1 示出了原信源的一阶扩展。很明显,编码器输出端的符号速率等于信源的符号速率。那么,信道输入端的符号速率仍大于信道能够容纳的符号速率。

表 12.1   一阶信源扩展

信源符号	符号的概率 $P(1)$	码字	l_i	$P(\cdot)l_i$
A	0.9	0	1	0.9
B	0.1	1	1	0.1
				$\overline{L} = 1.0$

当每次选取的信源符号数 $n = 2$ 时,就得到了原信源的二阶扩展,如表 12.2 所示。这时的平均长度 $\overline{L}$ 如下:

$$\overline{L} = \sum_{i=1}^{2^n} p(x_i)l_i = 1.29 \tag{12.66}$$

式中,$p(x_i)$ 表示信源扩展之后的第 i 个符号的概率;l_i 表示第 i 个符号的码长。由于信源为二进制,因此,在扩展的信源输出中,共有 2^n 个符号,每个符号的长度为 n。因此,对二阶扩展而言,如下的结论成立:

$$\frac{\overline{L}}{n} = \frac{1}{n}\sum P(\cdot)l_i = \frac{1.29}{2} = 0.645 \text{ 码字符号/信源符号} \tag{12.67}$$

编码器输出端的符号速率为

$$r\frac{\overline{L}}{n} = 3.5 \times 0.645 = 2.258 \text{ 码字符号/秒} \tag{12.68}$$

该值仍大于信道能够容纳的 2 符号/秒。很明显，这时的符号率已降低了，由此激励了进一步的尝试。

表 12.3 示出了三阶信源扩展。这时，以 3 个信源符号为一组。码字的平均长度 $\overline{L} = 1.598$，于是得到

$$\frac{\overline{L}}{n} = \frac{1}{n}\sum P(\cdot)l_i = \frac{1.598}{3} = 0.533 \text{ 码字符号/信源符号} \tag{12.69}$$

那么，编码器输出端的符号速率如下：

$$r\frac{\overline{L}}{n} = 3.5 \times 0.533 = 1.864 \text{ 码字符号/秒} \tag{12.70}$$

信道可以容纳该速率，因此，可以利用三阶扩展实现传输。

表 12.2　二阶信源扩展

信源符号	符号的概率 $P(1)$	码字	l_i	$P(\cdot)l_i$
AA	0.81	0	1	0.81
AB	0.09	10	2	0.18
BA	0.09	110	3	0.27
BB	0.01	111	3	0.03

表 12.3　三阶信源扩展

信源符号	符号的概率 $P(1)$	码字	l_i	$P(\cdot)l_i$
AAA	0.729	0	1	0.729
AAB	0.081	100	3	0.243
ABA	0.081	101	3	0.243
BAA	0.081	110	3	0.243
ABB	0.009	11100	5	0.045
BAB	0.009	11101	5	0.045
BBA	0.009	11110	5	0.045
BBB	0.001	11111	5	0.005

值得注意的是，在信号传输的过程中，如果信源符号以恒定不变的速率出现，则编码器输出端的符号速率不再恒定不变。从表 12.3 可以明显看出，在编码器的输出端，信源符号 AAA 在编码器的输出端产生一个符号，而编码器的输出符号 BBB 在编码器的输出端产生 5 个符号。那么，如果期望信道的输入速率为恒定值，就必须对编码器输出的符号进行缓冲处理。

图 12.9 示出了 $\frac{\overline{L}}{n}$ 随 n 变化的性能。从图中可以看出，$\frac{\overline{L}}{n}$ 总大于信源熵，而且，当 n 很大时，$\frac{\overline{L}}{n}$ 收敛到信源熵。这是香农研究的实质性结论。

在本例中，为了体现出选择码字时所采用的方法，下面介绍信源编码中出现的共性问题。

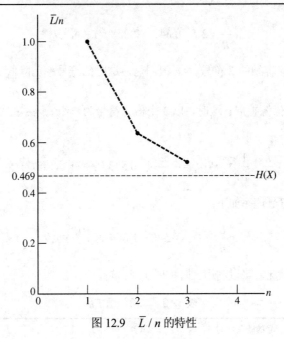

图 12.9　$\bar{L}/n$ 的特性

12.2.2　几个定义

在细致地介绍如何导出码字的方法之前，先给出几个定义，这些定义有助于理解后面的工作。根据用于通信信道的符号集，设计出每一个码字。例如，将二进制码字设计成具有两种符号的符号系统，这里指的两种符号通常取值 0 和 1。码字的长度指码字中的符号数。

可以把码分为几种主要的类型。例如可以分为分组码、非分组码。分组码指的是：将每一组信源符号编为固定长度的码字符号序列。可唯一解码的码字就是这样一种分组码：即使没有空格，也可以对码字解码。根据是否可以对每个码字译码而不必参考后面的码字符号，将这些码字进一步分为即时码与非即时码。或者换个说法，非即时码需要参考后面的符号，如表 12.4 所示。应该记住的是，非即时码可以实现唯一地解码。

表 12.4　即时码、非即时码

信源符号	码 1：非即时码	码 2：即时码
x_1	0	0
x_2	01	10
x_3	011	110
x_4	0111	1110

如果信源编码的质量很高，则编码的效率高，将编码效率定义为：码字平均长度的最小值 $\bar{L}_{\min}$ 与码字的平均长度 $\bar{L}$ 之比。于是可得

$$效率 = \frac{\bar{L}_{\min}}{\bar{L}} = \frac{\bar{L}_{\min}}{\sum_{i=1}^{n} p(x_i)l_i} \tag{12.71}$$

式中，$p(x_i)$ 表示出现第 i 个信源符号的概率；l_i 表示第 i 个信源符号的码长。可以证明：平均长度的最小值如下：

$$\overline{L}_{\min} = \frac{H(X)}{\log_2 D} \tag{12.72}$$

式中，$H(X)$ 表示所编码的整个消息的熵；D 表示码字符号系统的符号总数。于是得到

$$效率 = \frac{H(X)}{\overline{L} \log_2 D} \tag{12.73}$$

或者，采用二进制符号时，可以得到

$$效率 = \frac{H(X)}{\overline{L}} \tag{12.74}$$

值得注意的是，如果码的效率为 100%，那么，码的平均长度 $\overline{L}$ 等于熵 $H(X)$，从图 12.9 可以看出这一点。

12.2.3　扩展之后的二进制信源的熵

在实际关注的诸多问题中，对 n 阶信源扩展进行编码之后可以提高效率。这正是前面信源编码的例子中所采用的方案。3 种方案中，计算每种方案的效率时，都需要计算出信源扩展之后的效率。当然，可以根据信源扩展之后的符号概率直接计算出效率，但还有更简单的方法。

将离散无记忆信源的 n 阶扩展的熵表示为 $H(X^n)$，$H(X^n)$ 的值由下面的关系式给出：

$$H(X^n) = nH(X) \tag{12.75}$$

根据 n 阶信源扩展的输出，可以把消息序列表示为 $(i_1, i_2, \cdots, i_n)$，其中，i_k 按照概率 p_{ik} 取两个状态中的任意一个状态。信源的 n 阶扩展的熵为

$$H(X^n) = -\sum_{i_1=1}^{2}\sum_{i_2=1}^{2}\cdots\sum_{i_n=1}^{2}(p_{i_1}p_{i_2}\cdots p_{i_n})\log_2(p_{i_1}p_{i_2}\cdots p_{i_n}) \tag{12.76}$$

可以把上式表示如下：

$$H(X^n) = -\sum_{i_1=1}^{2}\sum_{i_2=1}^{2}\cdots\sum_{i_n=1}^{2}(p_{i_1}p_{i_2}\cdots p_{i_n})(\log_2 p_{i_1} + \log_2 p_{i_2} + \cdots + \log_2 p_{i_n}) \tag{12.77}$$

由上式可以得到

$$
\begin{aligned}
H(X^n) = &-\sum_{i_1=1}^{2} p_{i_1}\log_2 p_{i_1}\left(\sum_{i_2=1}^{2} p_{i_2}\sum_{i_3=1}^{2} p_{i_3}\cdots\sum_{i_n=1}^{2}\left(p_{i_n}\right)\right) \\
&-\left(\sum_{i_1=1}^{2} p_{i_1}\right)\sum_{i_2=1}^{2} p_{i_2}\log_2 p_{i_2}\left(\sum_{i_3=1}^{2} p_{i_3}\sum_{i_4=1}^{2} p_{i_4}\cdots\sum_{i_n=1}^{2} p_{i_n}\right)\cdots \\
&-\left(\sum_{i_1=1}^{2} p_{i_1}\sum_{i_2=1}^{2} p_{i_2}\cdots\sum_{i_{n-2}=1}^{2} p_{i_{n-2}}\right)\sum_{i_{n-1}=1}^{2} p_{i_{n-1}}\log_2 p_{i_{n-1}}\left(\sum_{i_n=1}^{2} p_{i_n}\right) \\
&-\left(\sum_{i_1=1}^{2} p_{i_1}\sum_{i_2=1}^{2} p_{i_2}\cdots\sum_{i_{n-1}=1}^{2} p_{i_{n-1}}\right)\sum_{i_n=1}^{2} p_{i_n}\log_2 p_{i_n}
\end{aligned} \tag{12.78}
$$

由于括号内的各项都等于 1，于是得到

$$H(X^n) = -\sum_{k=1}^{n} \sum_{i_k}^{2} p_{i_k} \log_2 p_{i_k} = -\sum_{k=1}^{n} H(X) \tag{12.79}$$

因此，把扩展之后的二进制信源熵表示如下：

$$H(X^n) = nH(X) \tag{12.80}$$

于是得到信源扩展之后的效率如下：

$$效率 = \frac{nH(X)}{\overline{L}} \tag{12.81}$$

当 n 接近无穷大时，如果效率趋近 100%，则表明：$\overline{L}/n$ 接近扩展信源的熵。这是观测图 12.9 时得出的结论。

12.2.4　香农-费诺信源编码

共有好几种信源编码方法产生即时码。这里介绍两种方法。先介绍香农-费诺信源编码法。由于香农-费诺编码不能确保产生的码字的平均长度最短(最佳值)，因而并未得到广泛的应用。但是，香农-费诺编码很容易实现，而且，一般来说，香农-费诺法产生信源码的效率相当高。下一小节将介绍霍夫曼信源编码，当已知信源熵时，根据霍夫曼编码方案可以产生平均码长最短的信源码。

假定已知一组用二进制形式表示的信源输出。按照非递增发生概率的顺序，将信源的这些输出进行排列，如图 12.10 所示。接着将这一组符号分为两组(表示为 A-A' 线)，这两组的概率尽可能相近，将 0 分配给上面的单元，将 1 分配给下面的单元，如码字的第 1 列所示。持续这一处理过程，每次都对具有相近概率的单元分区，直至不可能进一步分区。如果分区总能产生概率相等的单元，那么，这种码能实现 100%的效率；否则，这种码的效率就会低于 100%。当实现等概率分区时，这一特例的效率如下：

$$效率 = \frac{H(X)}{\overline{L}} = \frac{2.75}{2.75} = 1 \tag{12.82}$$

信源符号	概率	码字	长度	概率
X_1	0.250 0	00	2 (0.25)	= 0.50
X_2	0.250 0	01	2 (0.25)	= 0.50
		A-------A'		
X_3	0.125 0	100	3 (0.125)	= 0.375
X_4	0.125 0	101	3 (0.125)	= 0.375
X_5	0.062 5	1100	4 (0.062 5)	= 0.25
X_6	0.062 5	1101	4 (0.062 5)	= 0.25
X_7	0.062 5	1110	4 (0.062 5)	= 0.25
X_8	0.062 5	1111	4 (0.062 5)	= 0.25
			符号的平均长度	= 2.75

图 12.10　香农-费诺信源编码

12.2.5　霍夫曼信源编码

在给定信源熵的条件下，霍夫曼码的平均码长最小，因此，霍夫曼编码方案产生了最佳码。那么，霍夫曼编码技术得到了效率最高的码字。这里利用前面介绍的香农-费诺编码方案时用到的"8 消息信源输出"来分析霍夫曼编码过程。

图 12.11 示出了霍夫曼编码的过程。信源的输出由如下的 8 个消息组成：X_1、X_2、X_3、X_4、X_5、X_6、X_7、X_8。把它们的概率按非递增的顺序排列(与香农-费诺编码一样)。霍夫曼编码过程的第一步是：将具有最低概率的两个信源消息 X_7、X_8 合并。

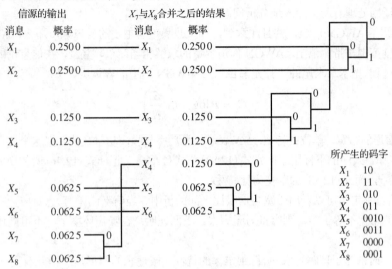

图 12.11　霍夫曼信源编码的实例

在码字中将二进制 0 作为码字的最后一个符号分配给上面的消息 X_7；在码字中将二进制 1 作为码字的最后一个符号分配给上面的消息 X_8。可以将 X_7、X_8 的组合视为具有与 X_7、X_8 的概率之和相同概率的合成消息，即图中所示的概率为 0.1250。用 X_4' 表示 X_7、X_8 这两个消息合成之后的消息。在第一步的处理之后，将新得到的各个消息单元(表示为 X_1、X_2、X_3、X_4、X_5、X_6、X_4')按概率非递增的顺序排列。值得注意的是，尽管把合成之后的消息命名为 X_4'，并且排在 X_4 之后，但可以把 X_4' 排在介于 X_2 与 X_5 之间的任意位置。再次采用同样的处理过程时，将消息 X_5、X_6 合并。把得到的合成后的消息再与 X_4' 合并。持续这一处理过程。沿着相反的过程就可以求出码字，所得到的码字如图 12.11 所示。

根据霍夫曼编码技术得到的码字与根据香农-费诺处理过程得到的码字不同，理由是：在其中的几个地方，由前面的组合导出的合成消息的位置是任意决定的。对上面的消息或者下面的消息到底是分配二进制 0 还是二进制 1 也是随意的。但是，值得注意的是，两种处理方式的平均码长相同。由于香农-费诺处理过程产生了 100% 的效率，且霍夫曼过程的效率不可能低于 100%，因此，这正是上面的例子对应的情形。在几种情况下这两个过程得不到相同的平均码长。

由于根据码序列可以精确地恢复原二进制序列，因此，霍夫曼编码过程属于无损编码。有许多种无损编码方式，其中之一是游程长度编码(见本章后面的介绍)。

12.3　噪声环境下的通信：基本思想

下面关注的是：在存在噪声的条件下，通过克服噪声所产生的影响来分析可靠通信的实现方法。根据克劳德·香农的巨大成功，这里剖析一下这类技术的前景。

香农定理(信息论的基本定理)。

假定离散无记忆信道(也就是说，每个符号都会受到噪声的影响，这里的噪声与所有的其他符号无关)的信道容量为 C，而且信源的速率为 R，其中，$R < C$，那么，一定存在满足如下条件的码字：信源的输出符号可以以任意低的差错概率在信道上传输。

　　从本质上说，香农定理预测了噪声环境下的无差错传输。可惜的是，该定理只是表明了存在这种码，而并未解决的问题是：如何设计这种码。

　　噪声环境下，在介绍码字的设计之前，先花点功夫分析一下连续信道。学习后面的内容之后就会明白，这样的迂回处理有助于深入地分析问题。

　　第 9 章介绍了 AWGN 信道，并且注意到，如果热噪声为主要的噪声源，那么，AWGN 信道模型适于很广的温度范围与带宽范围。AWGN 信道容量的求解相当简单，并且，在信息论的大多数教材中都给出了推导过程(见本章末尾的"补充书目")。AWGN 信道的容量用如下的关系式表示：

$$C_c = B \log_2 \left(1 + \frac{S}{N}\right) \tag{12.83}$$

式中，B 表示信道的带宽，单位：赫兹；S/N 表示信号功率与噪声功率之比。把这个特别的表达式称为香农-哈特莱定律。式中的下标用于区别式(12.83)与式(12.46)。正如式(12.46)所体现的那样，容量的单位为比特/符号，而式(12.83)的单位为比特/秒。

　　从香农-哈特莱定律可以看出带宽与信噪比之间的折中。当信噪比无穷大(对应无噪声的通信环境)时，如果信道的带宽不等于零，则容量为无穷大。下面证明：在噪声环境下，不可能通过增大带宽取得任意高的容量。

　　当带宽很大时，为了理解香农-哈特莱定律的特性，较理想的情形是：稍微改变一下式(12.83)的形式。每比特的能量 E_b 等于比特的持续时间 T_b 乘以信号的功率 S。在全速率(信道容量)时，比特率 R_b 等于信道容量。因此，$T_b = 1/C_c$。由此得到全速率时的如下关系式：

$$E_b = ST_b = \frac{S}{C_c} \tag{12.84}$$

在带宽 B 内，噪声的总功率如下：

$$N = N_0 B \tag{12.85}$$

式中，N_0 表示单边噪声功率谱密度，单位：瓦特/赫兹。因此，可以把信噪比表示如下：

$$\frac{S}{N} = \frac{E_b}{N_0} \times \frac{C_c}{B} \tag{12.86}$$

由此得出香农-哈特莱定律的等效表达式如下：

$$\frac{C_c}{B} = \log_2 \left(1 + \frac{E_b}{N_0} \times \frac{C_c}{B}\right) \tag{12.87}$$

求解上式的 E_b / N_0 时，可以得到

$$\frac{E_b}{N_0} = \frac{C_c}{B}\left(2^{\frac{C_c}{B}} - 1\right) \tag{12.88}$$

这一表达式体现了理想系统的性能。当 $B \gg C_c$ 时，得到如下的关系式：

$$2^{\frac{C_c}{B}} = 2^{\frac{C_c}{B}\ln 2} \cong 1 + \frac{C_c}{B}\ln 2 \tag{12.89}$$

上式中采用了近似关系式 $e^x \approx 1 + x$，其中，$|x| \ll 1$。把式(12.89)代入式(12.88)之后可以得到

$$\frac{E_b}{N_0} \cong \ln 2 = -1.6 \text{ dB} \tag{12.90}$$

因此，对理想系统(即，满足关系式 $R_b = C_c$)而言，当带宽变为无穷大时，E_b/N_0 接近 – 1.6 dB 的极限值。

图 12.12 给出了 E_b/N_0(单位：分贝)随 R_b/B 变化的图示。理想系统指的是 $R_b = C_c$，即对应式 (12.88)。图中有两个区域值得关注。第一个区域对应 $R_b < C_c$，在该区域内，可以实现任意小的差错概率。很明显，这是期望的工作区域。另一个区域对应 $R_b > C_c$，在该区域内不可能实现任意小的差错概率。

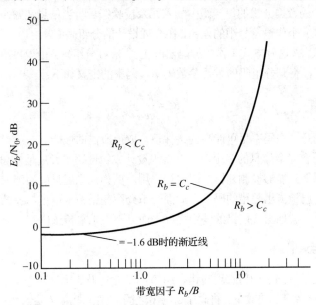

图 12.12　AWGN 信道上实现的 $R_b = C_c$

根据图 12.12 可以导出一个重要的折中。如果带宽因子 R_b/B 大到足以满足比特率比带宽大得多的条件，那么，与 R_b/B 很小的情形相比，为了确保运行在 $R_b < C_c$ 区域，必须具有明显较大的 E_b/N_0 值。换句话说，假设信源比特率为固定值 R_b 比特/秒，并且有效带宽很大时，可以实现 $B \gg R_b$。针对这种情形，当运行在 $R_b < C_c$ 的区域时，只要求 E_b/N_0 稍大于 – 1.6 dB 即可。所需的信号功率为

$$S \cong R_b(\ln 2)N_0 W \tag{12.91}$$

这是运行在 $R_b < C_c$ 的区域时信号的最低功率。那么，当要求信号在功率受到限制的环境下工作时，需要用到这一区域。

这里假定，限制带宽之后满足 $R_b \gg B$。从图 12.12 可以看出，当工作在 $R_b < C_c$ 的区域时，要求 E_b/N_0 的值很大。因此，所需的信号功率远大于由式 (12.91) 计算出的值。把这种方式称为带宽受限的处理方式。

至少在 AWGN 信道上(香农-哈特莱定律的适用环境)，前面几段的分析已经表明：在功率与带宽之间存在折中。在设计通信系统时这一折中极其重要。

即使存在噪声也可以在理论上实现系统的最佳性能。在了解了这一点之后，就着手分析与香农定理有望实现的性能所对应系统的各项配置。实际上，第 11 章分析了一个这样的系统。选择正交信号用作信道上的传输信号，而且解调时选用相关接收机。系统的性能如图 11.7 所示。图中明确地示出了香农极限。

系统在实现接近香农极限的性能时，尽管可以采用多种技术克服噪声的影响，但最常用的技术是前向纠错码(Forward Error Correction，FEC)。前向纠错码有两种主要类型：①分组码；②卷积码。下面两节分析这两种技术。

12.4 噪声信道上的通信：分组码

这里引入的信源产生速率为 R_s 符号/秒的串行二进制数据流。假定以 T 秒的时间长度为单位将数据以组为单位隔开。那么，每组包含的信源符号数 $= R_sT = k$。在产生长度为 n 个符号的码字时，需要在这些长度为 k 个符号的数据分组的每一组中加入冗余校验符号。当信息在噪声信道上传输时，为了纠正(或者检测)出现在 n 个传输符号中的差错，在合理设计的分组码中，由 $(n-k)$ 个符号的校验信息为译码器提供足够的信息。按这种方式工作的编码器产生了 (n, k) 分组码。由于每组的 n 个传输符号中共有 k 比特的信息，于是，得到分组码的重要参数码率，码率的定义如下：

$$R_s = \frac{k}{n} \tag{12.92}$$

设计分组码的目的是：在码率尽可能高的条件下，取得所需的性能。

根据校验符号中所含冗余信息的多少，可以将码设计成纠错码或者只是检测差错的码。把能够纠正差错的码称为纠错码。只能够检测差错的码也很实用。例如，当码只能检测差错不能纠错时，可以利用反馈信道要求重传已检测出差错的码字。后面一节介绍差错检测信道与反馈信道。如果发生的差错比失去码字还要严重，就把出现差错的码字丢弃，而且不要求重传该码字。

12.4.1 汉明距离与纠错

可以从几何的角度了解码字如何实现检错、纠错。二进制码是长为 n 的一串 0 和 1。将码字 s_j 的汉明重量 $w(s_j)$ 定义为码字中 1 的数量。将码字 s_i 与 s_j 之间的汉明距离 d_{ij} 定义为：s_i 与 s_j 中对应位置的值不相同的数量。因此，可以利用汉明重量将汉明距离表示如下：

$$d_{ij} = w(s_i \oplus s_j) \tag{12.93}$$

式中，符号 $\oplus$ 表示模二加，即没有进位的二进制加法。

例 12.7

在这个例子里，求出码字 $s_1 = 101101$ 与码字 $s_2 = 001100$ 之间的汉明距离。由于

$$101101 \oplus 001100 = 100001$$

于是可得

$$d_{12} = w(100001) = 2$$

上面的结果表明：s_1、s_2 之间有两个位置的值不同。 ∎

图 12.13 给出了两个码字的几何表示。两个 C 表示码距为 5 的两个码字。左边的码字为参考码字。参考码字右边的第一个"×"表示与参考码字的码距为 1 的二进制序列，这里的码距指汉明距离。参考码字右边的第二个"×"表示与参考码字的码距为 2 的二进制序列，等等。在某种码的所有码字中，假定示出的两个码字的汉明距离最近，则码的码距为 5。图 12.13 示出了最小距离译码的基本思想，图中，将已知的接收序列分配给具有最小近汉明距离的接收序列。因此，最小距离译码器为垂直线左边的接收序列分配左边的码字、为垂直线右边的接收序列分配右边的码字，如图 12.13 所示。

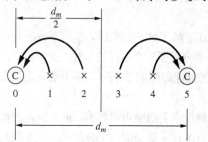

图 12.13 在分析非码字序列时两个码字的几何表示

可以推断：最小距离译码器总能纠正多达 e 个差错，其中，e 表示不超过 $d_m - 1$ 的最大整数，d_m 表示码字之间的最小距离。因此得出如下的结论：如果 d_m 为奇数，则可以将收到的所有码字分配给一个码字；但如果 d_m 为偶数，则收到的序列只是位于两个码字之间的某个位置。在这种情况下，只能检测差错、不能纠正差错。

例 12.8

某种码包含如下的 8 个码字：[0001011、1110000、1000110、1111011、0110110、1001101、0111101、0000000]。如果接收端收到的码字为 1101011，那么，译码时选择与接收码字的汉明距离最近的码字。计算过程如下：

$$w(0001011 \oplus 1101011) = 2 \quad w(0110110 \oplus 1101011) = 5$$

$$w(1110000 \oplus 1101011) = 4 \quad w(1001101 \oplus 1101011) = 3$$

$$w(1000110 \oplus 1101011) = 4 \quad w(0111101 \oplus 1101011) = 4$$

$$w(1111011 \oplus 1101011) = 1 \quad w(0000000 \oplus 1101011) = 5$$

因此，译码后得到的结果为 1111011。

12.4.2 单比特的奇偶校验码

将一个校验符号添加到 k 个符号的信息序列中之后，产生了能够检测差错，但不能纠正差错的简单码型。这就是 $(k+1, k)$ 码。这种码的码率为 $k/(k+1)$。把加入的符号称为奇偶校验符号；加入该符号之后，整个码字的汉明重量要么为奇数、要么为偶数。当收到的码字中出现了偶数个差错时，译码器检测不出差错。当收到的码字中出现了奇数个差错时，译码器能够检测到差错，一个差错是最可能出现的情形。

12.4.3 重复码

能够实现纠错的最简单码字的构成如下：将每一个符号发送 n 次，于是得到 $(n-1)$ 个校验符号。这种技术产生了具有两个有效码字的 $(n, 1)$ 码：一个是全零码字；一个是全 1 码字。如果收到的序列中大多数符号为零，就把收到的码字译为零。如果收到的序列中大多数符号为 1，就把收到的码字译为 1。这种译码方式的实质是最小距离译码，可以纠正 $(n-1)/2$ 个差错。当符号的差错概率最小时，重复码具有很强的纠错能力，但缺点是码率偏低。例如，如果信源信息的速率为 R 比特/秒，则编码器的输出速率 R_c 如下：

$$R_c = \frac{k}{n}R = \frac{1}{n}R \text{ 比特/符号} \tag{12.94}$$

当码率为 1/3 时，图 12.14 中示出了重复码编、译码过程的详细图解。编码器将数据符号 0、1 转换为各自对应的码字 000、111。共有 8 种可能的接收序列，如图 12.14 所示。从发送序列到接收序列的变化具有随机性，这种变化取决于信道的统计特性(见第 9 章、第 10 章推导出的结论)。译码器利用最小汉明距离的译码规则，将收到的序列译为两个码字中的一个。正如图中所示出的，译码之后的每一个码字对应一个数据符号。

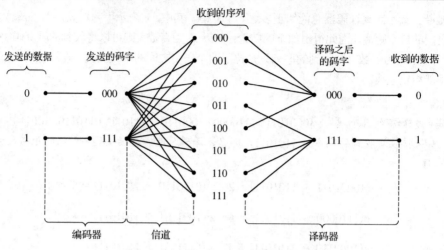

图 12.14　码率为 1/3 时的重复码实例

例 12.9

该例题分析码率为 1/3 时重复码的纠错性能。假定将这种码用于条件差错概率等于 $(1-p)$ 的二进制对称信道，即

$$P(y_j|x_i) = 1 - p, \quad i \neq j \tag{12.95}$$

编码器在编码时，把信源的每个 0 编为 000、每个 1 编为 111。当码字在信道上传输时，如果两个或者三个符号发生了变化，则会出现差错。假定信源各个输出的概率相等，那么，差错概率 P_e 为

$$p_e = 3(1-p)^2 p + (1-p)^3 \tag{12.96}$$

当 $(1-p) = 0.1$ 时，$P_e = 0.028$，表示性能的改进因子略小于 4。当 $(1-p) = 0.01$ 时，性能的改进因子约为 33。于是得出结论：当 $(1-p)$ 很小时，这种码的性能很好。

从后面的介绍可以看出，由于采用编码方案时的差错概率不等于未采用编码方案时的差错概率 p，因此，这个简单的例子容易让读者出现理解上的偏差。这个例子表明：当码字之间的汉明距离 n 增大时，码的性能增强。但随着 n 的增大，码率会下降。在大多数实际关注的例子中，信息的码率必须保持不变。在这个例子里，要求 3 个传输符号中有 1 个信息符号。当信息的码率给定后，冗余信息的增多会导致符号速率的增大。因此，编码之后的传输符号比未编码符号的能量低一些。这就会改变信道矩阵，于是，采用编码技术之后，差错概率 p 小于未采用编码技术时的差错概率 p。在计算机仿真实例 12.1、12.2 中会详细地分析这一效果。　　　　　　　　　　　　　　　　　　　　　　　　　　　　　　　■

12.4.4　纠正一个差错的奇偶校验码

重复码与 1 比特奇偶校验码这两个实例的特点是：具有很强的纠错能力或者很高的码率，但每种码只具有其中的一种特性。只有那些合理地结合了这两种特性的码才能用于实际的通信系统。下面介绍一种满足了这些指标的奇偶校验码。

可以把具有 k 个信息符号、r 个校验符号的常规码字表示成如下的形式：

$$a_1 \quad a_2 \cdots a_k \quad c_1 \quad c_2 \cdots c_r$$

式中，a_i 表示第 i 个信息符号；c_j 表示第 j 个校验符号。码长 $n = k + r$。选择 r 个奇偶校验符号时需要解决的问题是：码具有好的纠错性能，而且具有令人满意的码率。

还期望优质码具有如下的特性：很容易实现译码器。这就相应地要求码的结构简单。需要记住的是：根据长为 k 的信息序列，可以设计出 2^k 种不同的码字。由于码长为 n，那么，共存在 2^n 种不同的接收序列。在 2^n 种可能的接收序列中，2^k 个码字为合法码字，其他的 2^n-2^k 个码字表示在接收的序列中含有因噪声或者信道的其他损耗而产生的差错。香农已经证明了下述的结论：当 $n \gg k$ 时，可以随机地将长度为 n 的 2^n 个序列中的一个分配给 2^k 个信息序列中的每一个序列，这种处理方式在大多数情况下都能得到优质码。那么，编码器就是表示这些分配结果的表。这种方法的难点在于：码字的结构有些欠缺，因此，译码时需要提供查号表。由于查号的过程较缓慢，而且，查号表常需要占用很大的空间，因此，查号表方法并不可取。在把消息序列分配给长度为 n 的码字时，下面分析的码有很好的结构。

如果码字的前 k 个符号仍然是信息符号，则将这种码称为系统码。所选的 $r=n-k$ 个校验符号满足如下的 r 个线性方程：

$$\begin{cases} 0 = h_{11}a_1 \oplus h_{12}a_2 \oplus \cdots \oplus h_{1k}a_k \oplus c_1 \\ 0 = h_{21}a_1 \oplus h_{22}a_2 \oplus \cdots \oplus h_{2k}a_k \oplus c_2 \\ \vdots \quad \vdots \qquad\qquad\qquad \vdots \\ 0 = h_{r1}a_1 \oplus h_{r2}a_2 \oplus \cdots \oplus h_{rk}a_k \oplus c_r \end{cases} \tag{12.97}$$

可以将式 (12.97) 表示如下：

$$[H][T] = [0] \tag{12.98}$$

式中，$[H]$ 表示如下的奇偶校验矩阵：

$$[H] = \begin{bmatrix} h_{11} & h_{12} & \cdots & h_{1k} & 1 & 0 & \cdots & 0 \\ h_{21} & h_{22} & \cdots & h_{2k} & 0 & 1 & \cdots & 0 \\ \vdots & \vdots & \ddots & \vdots & \vdots & \vdots & \ddots & \vdots \\ h_{r1} & h_{r2} & \cdots & h_{rk} & 0 & 0 & \cdots & 1 \end{bmatrix} \tag{12.99}$$

$[T]$ 为如下表示形式的码字矢量：

$$[T] = \begin{bmatrix} a_1 \\ a_2 \\ \vdots \\ a_k \\ c_1 \\ \vdots \\ c_r \end{bmatrix} \tag{12.100}$$

这里假定，$[R]$ 表示收到的长为 n 的序列。如果如下的关系式成立：

$$[H][R] \neq [0] \tag{12.101}$$

那么，$[R]$ 不是合法码字，即 $[R] \neq [T]$，因此，长度为 n 的符号序列在信道上传输时至少产生了一个差错。如果下面的关系式成立：

$$[H][R] = [0] \tag{12.102}$$

那么，$[R]$ 是合法码字，由于已经假定信道的差错概率很低 (表示由一个合法码字错成另一个合法码字的概率更低)，因此，收到的序列很可能是发送的码字。

编码过程的第一步：把[R]表示为如下的形式：

$$[R] = [T] \oplus [E] \tag{12.103}$$

式中，[E]表示在信道上引入的长度为 n 的差错特性。由于可以根据[R]、[E]恢复原码字，因此，从本质上说，可以将译码的问题简化为求解[E]的问题。式(12.97)的结构限定了译码器的结构。

计算[E]的第一步是，将收到的字字[R]与奇偶校验矩阵[H]相乘。如果用[S]表示所得到的乘积，则可以得到

$$[S] = [H][R] = [H][T] \oplus [H][E] \tag{12.104}$$

由于[H] [T] = [0]，那么可以得到

$$[S] = [H][E] \tag{12.105}$$

把矩阵[S]称为伴随式。值得注意的是，由于矩阵[H]不是方阵，因此，[H] 的逆矩阵不存在，于是，不能够直接求解式(12.105)。

假定信道上发生了一个差错，则可以将矩阵表示为如下的形式：

$$[E] = \begin{bmatrix} 0 \\ 0 \\ \vdots \\ 1 \\ \vdots \\ 0 \end{bmatrix}$$

将[E]与[H]左乘之后所得到的伴随式等于矩阵[H]的第 i 列，这表明差错出现在第 i 个符号。下面的例题体现了这种译码方法。值得注意的是，由于已假定信道上的符号差错概率很小，因此，具有很小汉明重量的差错矢量为最可能的差错矢量。最可能出现的是含有一个差错的差错特性。

例 12.10

已知某种码的奇偶校验矩阵如下：

$$[H] = \begin{bmatrix} 1 & 1 & 0 & 1 & 0 & 0 \\ 0 & 1 & 1 & 0 & 1 & 0 \\ 1 & 0 & 1 & 0 & 0 & 1 \end{bmatrix} \tag{12.106}$$

假定收到的码字为111011，则可以判断是否发生了差错，而且可以求出译码之后的码字。这样处理的第一步：计算出伴随式。值得注意的是，所有的运算都是模2加，因此得到的伴随式如下：

$$[S] = [H][R] = \begin{bmatrix} 1 & 1 & 0 & 1 & 0 & 0 \\ 0 & 1 & 1 & 0 & 1 & 0 \\ 1 & 0 & 1 & 0 & 0 & 1 \end{bmatrix} \begin{bmatrix} 1 \\ 1 \\ 1 \\ 0 \\ 1 \\ 1 \end{bmatrix} = \begin{bmatrix} 0 \\ 1 \\ 1 \end{bmatrix} \tag{12.107}$$

由上式可以看出，信息在信道上传输时已产生了差错。由于伴随式等于奇偶校验矩阵的第 3 列，因此，推断接收码字的第 3 个符号发生了差错。于是得到译码之后的码字为110011。 ∎

下面详细地分析奇偶校验码。利用式(12.97)、式(12.99)可以将奇偶校验矩阵表示如下。

$$
\begin{bmatrix} c_1 \\ c_2 \\ \vdots \\ c_r \end{bmatrix} = \begin{bmatrix} h_{11} & h_{12} & \cdots & h_{1k} \\ h_{21} & h_{22} & \cdots & h_{2k} \\ \vdots & \vdots & \ddots & \vdots \\ h_{r1} & h_{r2} & \cdots & h_{rk} \end{bmatrix} \begin{bmatrix} a_1 \\ a_2 \\ \vdots \\ a_k \end{bmatrix}
\tag{12.108}
$$

因此，可以把发送的码字矢量$[T]$表示如下：

$$
[T] = \begin{bmatrix} a_1 \\ a_2 \\ \vdots \\ a_k \\ c_1 \\ \vdots \\ c_r \end{bmatrix} = \begin{bmatrix} 1 & 0 & \cdots & 0 \\ 0 & 1 & \cdots & 0 \\ \vdots & \vdots & \ddots & \vdots \\ 0 & 0 & \cdots & 1 \\ h_{11} & h_{12} & \cdots & h_{1k} \\ \vdots & \vdots & \ddots & \vdots \\ h_{r1} & h_{r2} & \cdots & h_{rk} \end{bmatrix} \begin{bmatrix} a_1 \\ a_2 \\ \vdots \\ a_k \end{bmatrix}
\tag{12.109}
$$

或者表示为如下的形式：

$$
[T] = [G][A]
\tag{12.110}
$$

式中，$[A]$表示含 k 个信息符号的矢量，$[G]$表示生成矩阵，即

$$
[A] = \begin{bmatrix} a_1 \\ a_2 \\ \vdots \\ a_k \end{bmatrix}
\tag{12.111}
$$

$$
[G] = \begin{bmatrix} 1 & 0 & \cdots & 0 \\ 0 & 1 & \cdots & 0 \\ \vdots & \vdots & \ddots & \vdots \\ 0 & 0 & \cdots & 1 \\ h_{11} & h_{12} & \cdots & h_{1k} \\ \vdots & \vdots & \ddots & \vdots \\ h_{r1} & h_{r2} & \cdots & h_{rk} \end{bmatrix}
\tag{12.112}
$$

把式(12.99)与式(12.112)进行比较之后就会发现：生成矩阵$[G]$与奇偶校验矩阵$[H]$之间存在很明显的关系。如果用$[I_m]$表示 $m \times m$ 的单位阵，那么可以将$[H_p]$定义如下：

$$
[H_p] = \begin{bmatrix} h_{11} & h_{12} & \cdots & h_{1k} \\ h_{21} & h_{22} & \cdots & h_{2k} \\ \vdots & \vdots & \ddots & \vdots \\ h_{r1} & h_{r2} & \cdots & h_{rk} \end{bmatrix}
\tag{12.113}
$$

那么，可以将生成矩阵与奇偶校验矩阵分别表示如下：

$$
[G] = \begin{bmatrix} I_k \\ \cdots \\ H_p \end{bmatrix}
\tag{12.114}
$$

$$
[H] = [H_p \quad \vdots \quad I_r]
\tag{12.115}
$$

由此建立了系统码的生成矩阵与奇偶校验矩阵之间的关系。

由于式(12.112)中长度为$(k + r)$的码字是k个信息符号的线性组合,因此,把这种形式的码称为线性码。值得注意的是,如果能够由两个不同的信息序列得到第 3 个序列,则第 3 个序列所表示的码字为对应原信息序列的两个码字的和。很容易证明这个结论。如果将两个信息序列相加,则所得到的信息符号矢量如下:

$$[A_3] = [A_1] \oplus [A_2] \tag{12.116}$$

$[A_3]$对应的码字为

$$[T_3] = [G][A_3] = [G]\{[A_1] \oplus [A_2]\} = [G][A_1] \oplus [G][A_2] \tag{12.117}$$

由于

$$[T_1] = [G][A_1] \tag{12.118}$$

以及

$$[T_2] = [G][A_2] \tag{12.119}$$

那么,可以得到

$$[T_3] = [T_1] \oplus [T_2] \tag{12.120}$$

把满足这一特性的码称为分组码。

12.4.5 汉明码

汉明码是一种特定类型的奇偶校验码,这种码的码距等于 3。由于码距为 3,因此,这种码能够纠正出现在码字中所有位置的 1 个差错。这种码的奇偶校验矩阵为$(n - k) \times (2^{n-k} - 1)$矩阵,而且很容易设计这种矩阵。如果矩阵$[H]$的第$i$列是数字$i$的二进制表示,那么这种码具有让人关注的特性,即,当发生一个差错时,伴随式的值就是差错位置的二进制表示。

例 12.11

容易求出$(7, 4)$码的奇偶校验矩阵。假定矩阵$[H]$的第i列的值是i的二进制表示,那么,可以得到(注意得到的码为“非系统码”)

$$[H] = \begin{bmatrix} 0 & 0 & 0 & 1 & 1 & 1 & 1 \\ 0 & 1 & 1 & 0 & 0 & 1 & 1 \\ 1 & 0 & 1 & 0 & 1 & 0 & 1 \end{bmatrix} \tag{12.121}$$

如果收到的码字为 1110001,则伴随式如下:

$$[S] = [H][R] = \begin{bmatrix} 0 & 0 & 0 & 1 & 1 & 1 & 1 \\ 0 & 1 & 1 & 0 & 0 & 1 & 1 \\ 1 & 0 & 1 & 0 & 1 & 0 & 1 \end{bmatrix} \begin{bmatrix} 1 \\ 1 \\ 1 \\ 0 \\ 0 \\ 0 \\ 1 \end{bmatrix} = \begin{bmatrix} 1 \\ 1 \\ 1 \end{bmatrix} \tag{12.122}$$

因此,差错出现在第 7 个位置,且译码之后的码字为 1110000。

值得注意的是,对$(7, 4)$汉明码而言,由于在奇偶校验矩阵的这些列中只含有一个非零单元,因此,奇偶校验信息位于第 1、2、4 比特的位置。可以将奇偶校验矩阵中各列的位置进行置换,这并不会改变码的距离特性。因此，将第 1 列与第 7 列、第 2 列与第 6 列、第 4 列与第 5 列互换位置之后，可以得到与式(12.121)等效的系统码。■

12.4.6　循环码

前一小节主要介绍了奇偶校验码的数学特性，并没有分析奇偶校验码的编码器、译码器的具体实现。一般来说，在剖析这两部分的实现时，会发现的确需要相当复杂的配置。但是，有一种称为循环码的奇偶校验码的码型很容易用反馈移位寄存器实现。由于将任何一个码字循环移位之后都可以得到另一个码字，于是，把这种码称为循环码。例如，如果 $x_1 x_2 \cdots x_{n-1} x_n$ 表示一个码字，那么，$x_n x_1 x_2 \cdots x_{n-1}$ 也表示一个码字。本部分不介绍循环码的基本理论，而是介绍编码器、译码器的实现。下面通过具体的实例展开分析。

利用具有合理反馈关系的 $(n-k)$ 级移位寄存器可以很容易得到 (n, k) 循环码。图 12.15 所示的寄存器可以产生(7, 4)循环码。初始时，开关处于位置 A，而且，初始时各级移位寄存器均为零状态。将 $k=4$ 个信息符号移入编码器。当新的信息符号到达时，会按规定的路由传送到输出端，并与 $S_2 \oplus S_3$ 的值相加。然后将所得到的和放置到移位寄存器的第一级。与此同时，S_1、S_2 的内容分别移位到 S_2、S_3 的位置。当全部的信息符号到位之后，将开关转换到位置 B，而且，在移位寄存器移位 $(n-k)=3$ 次之后，将全部寄存器清零。每次移位时，S_2 与 S_3 的和出现在输出端。这时的和与本身相加之后得到零，将零馈送到 S_1。在移位 $(n-k)=3$ 次之后，就产生了含有 4 个信息符号、3 个校验符号的码字。应该注意的是，在接收下一组 $k=4$ 个信息符号之前，编码器的各个寄存器都为零。

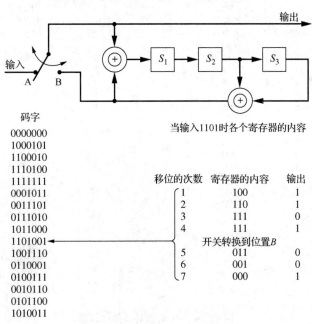

图 12.15　(7, 4)循环码的编码器

图 12.15 示出了这一例子中产生的 $2^k = 16$ 个码字。编码开始时，位于每个码字中前 4 个位置的 $k=4$ 个信息符号从左边移入编码器。当码字为 1101 时，在每次移位之后，图 12.15 示出了移位寄存器与输出符号的内容。

图 12.16 示出了(7, 4)循环码的译码器。上面的寄存器用于存储信息，下面的寄存器、反馈电路的设置与编码器中反馈移位寄存器的相同。如果不存在差错，那么，当上面的寄存器全满时，下面的寄

存器全部为零。接下来转换开关的位置，将存储在上面寄存器中的码字移出寄存器。图 12.16 示出了接收码字为 1101001 时的处理过程。

在接收的码字移入译码器之后，如果下面的寄存器并不是全零，则传输中产生了差错。由于当错误的码字出现在移位寄存器的输出端时，与门输出端的值为 1，因此，译码器可以自动纠正所产生的差错。这就会改变上面寄存器的输出，并且在下面的寄存器中产生序列 100，图 12.16 示出了这一处理过程。

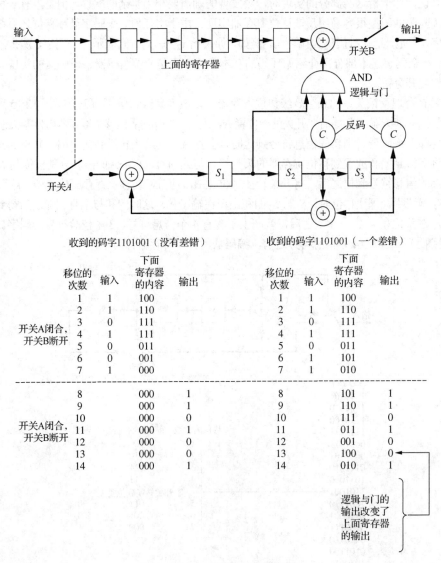

收到的码字1101001（没有差错）　　　　收到的码字1101001（一个差错）

	移位的次数	输入	下面寄存器的内容	输出	移位的次数	输入	下面寄存器的内容	输出
	1	1	100		1	1	100	
	2	1	110		2	1	110	
开关A闭合，开关B断开	3	0	111		3	0	111	
	4	1	111		4	1	111	
	5	0	011		5	0	011	
	6	0	001		6	1	101	
	7	1	000		7	1	010	
	8		000	1	8		101	1
	9		000	1	9		110	1
开关A闭合，开关B断开	10		000	0	10		111	0
	11		000	0	11		011	0
	12		000	0	12		001	0
	13		000	0	13		100	0
	14		000	1	14		010	1

逻辑与门的输出改变了上面寄存器的输出

图 12.16 (7, 4) 循环码的译码器

12.4.7 Golay 码

由于 (23, 12) Golay 码的码距为 7，因此在长为 23 的分组码中，能够纠正 3 个差错。这种码的码率接近(稍大于) 1/2。将 1 个额外的奇偶校验符号加到 (23, 12) Golay 码之后得到扩展后的 (24, 12) Golay 码，这种扩展 Golay 码的码距为 8。这种码以稍稍降低码率为代价，可以纠正某些（但非所有）出现在

接收序列中的 4 个差错。但是，码率稍下降也有优势。由于扩展 Golay 码的码率为 1/2，因此，信道上传输符号的速率精确地等于信息速率的两倍。常将符号速率与信息速率之间因子为 2 的特点用于简化定时电路的设计。纠正多个差错的设计超出了本书的范围。但在后面给出的例子中，会将 AWGN 通信环境下 (23, 12) Golay 码的性能与汉明码的性能进行比较。

12.4.8　BCH 码与 RS 码

BCH 码非常灵活，具体体现在：在给定分组长度时，能以多种码率实现编、译码。如表 12.5 所示，表中简要列出了码率约为 1/2、3/4 的几种 BCH 码[3]。这些码都是循环码，因而都能够利用前面介绍的简单的移位寄存器配置完成编码与译码。

表 12.5　BCH 码的简要信息

码率 ≈ 1/2 的码				码率 ≈ 3/4 的码			
n	k	e	码率	n	k	e	码率
7	4	1	0.571 4	15	11	1	0.733 3
15	7	2	0.466 7	31	21	2	0.677 4
31	16	3	0.516 1	63	45	3	0.714 3
63	30	6	0.476 2	127	99	4	0.779 5
127	64	10	0.503 9	255	191	8	0.749 0
255	131	18	0.513 7	511	385	14	0.753 4
511	259	30	0.506 8	1023	768	26	0.750 7

RS 码是与 BCH 码密切相关的非二进制码。这种码不是二进制码，具体地说，每个信息符号包含了 m 比特信息，而不是二进制的每个信息符号包含 1 比特的信息。所设计的 RS 码专门用于控制多个突发差错，并且还将 RS 码用于音频光碟设备的录音与回放标准[4]。

12.4.9　各种技术的性能比较

在比较采用了分组码的系统与未采用分组码的系统的相对性能时，最基本的假设是：两种系统的信息速率相同。假定将码字定义为具有 k 个信息符号的分组。对这 k 个信息符号编码时产生了长度为 $n > k$ 但只含 k 比特信息的码字。在信息速率相等的假定条件下，编码系统与未编码系统中传输一个码字所需的时间 T_w 相同。由于 $n > k$，所以，编码系统的符号速率高于未编码系统的符号速率。如果假定发射功率恒定不变，则可以得出结论：对采用了编码技术的系统而言，每个发送符号的能量下降为原能量的 k/n。因此，采用编码方案之后，符号的差错概率变大。这里必须解决的问题是：编码之后所获得的差错概率明显降低的程度是否能够克服这时增大的符号差错概率的值。

假定用 q_u、q_c 分别表示未编码系统与编码系统的符号差错概率。并且假定用 P_{eu}、P_{ec} 分别表示未编码系统与编码系统的码字差错概率。这里注意到，如果 k 符号中的任何一个发生差错时，那么，未编码系统的码字就会发生差错，在这种背景下，可以计算出未编码系统的码字差错概率。由于正确地接收符号的概率为 $(1 - q_u)$，而且，各种可能的符号差错相互独立，因此，1 个码字中 k 个符号都正确的概率为 $(1 - q_u)^k$。那么，可以用下面的关系式表示未编码系统的码字差错概率：

$$P_{eu} = 1 - (1 - q_u)^k \tag{12.123}$$

3　到处都可以得到给出 n、k、e 合理值的 BCH 码。在文献"Lin and Costello(2004)"中可以得到数量较大的 BCH 码码表 ($n \leq 1023$)。
4　如果读者想完成 RS 码的编译码实验，在 MATLAB "通信工具箱"中含有设计 RS 码的生成矩阵。

当系统采用前向纠错技术时,可以由译码器纠正一个或者多个差错(与所选用的码有关)。如果所采用的码能够纠正一个 n 符号码字中高达 e 个差错,那么,码字的差错概率 P_{ec} 等于接收码字中产生了多于 e 个差错的概率。因此可得

$$P_{ec} = \sum_{i=e+1}^{n} \binom{n}{i}(1-q_c)^{n-i} q_c^i \tag{12.124}$$

式中,利用了下面恒定成立的结论:

$$\binom{n}{i} = \frac{n!}{i!(n-i)!} \tag{12.125}$$

在上面表示 P_{ec} 的式(12.124)中,假定码为完备码。完备码指的是:当长度为 n 的码字在传输中产生的差错数小于等于 e 时,总能得到纠正;如果码字在传输中产生的差错数大于 e,则译码时总会产生差错。仅有的完备码是前面介绍过的汉明码($e=1$)和 $(23, 12)$ Golay 码($e=3$)。如果某种码不是完备码,那么,这种码的一个或者多个接收序列中发生的差错数大于 e 时,差错仍能得到纠正。如果按这种方式度量,则式(12.124)表示最糟糕情况下的性能边界。通常情况下,特别是当信噪比很高时,这种性能限很严格。

码字差错性能的比较仅适用于如下的环境:未编码或编码后的长度为 n 个符号的码字中,每个码字包含了相同数量的信息比特。在比较的码字中包含不同的信息比特数时,或者在比较具有不同纠错能力的码时,需要根据码的比特差错概率完成计算。一般来说,根据信道的符号差错概率精确地计算出比特差错概率是一项难度很大的工作,而且与码的生成矩阵有关。但 Torrieri 推导出了分组码的误比特率的上、下限[5]。在信道信噪比的大部分区间内,这些极限都很严格。Torrieri 得出的误比特率的表达式如下:

$$p_b = \frac{q}{2(q-1)}\left[\sum_{i=e+1}^{d} \frac{d}{n}\binom{n}{i}P_s^i(1-P_s)^{n-i} + \frac{1}{n}\sum_{i=d+1}^{n} i\binom{n}{i}P_s^i(1-P_s)^{n-i}\right] \tag{12.126}$$

式中,P_s 表示信道的误符号率;e 表示每个码元能够纠正的差错数;d 表示码距($d=2e+1$)。q 表示码符号系统中的符号数。对二进制系统而言,$q=2$;对非二进制系统而言,$q=2^m$。

在下一节介绍的编码实例中,用到了式(12.126)。在把误符号率转换为误比特率时,需要利用所编写的如下的 MATLAB 程序完成所需的计算。

```
%File: ser2ber.m
function [ber] = ser2ber(q,n,d,t,ps)
lnps = length(ps);          %length of error vector
ber = zeros(1,lnps);        %initialize output vector
for k=1:lnps                %iterate error vector
    ser = ps(k);            %channel symbol error rate
    sum1 = 0; sum2 = 0;     %initialize sums
    for i=(t+1):d
        term = nchoosek(n,i)*(ser^i)*((1-ser))^(n-i);
        sum1 = sum1+term;
    end
```

---

5 参阅 D. J. Torreri 的文献 "安全通信系统的原理(第2版)", Artech House, 1992, Norwood, MA, 或者参阅 D. J. Torreri 的论文 "分组码的信息比特率", *IEEE Transactions on Communications*, COM-32(4), April 1984.

```
    for i=(d+1):n
        term = i*nchoosek(n,i)*(ser^i)*((1 - ser)^(n - i));
        sum2 = sum2+term;
    end
    ber(k) =(q/(2*(q - 1)))*((d/n)*sum1+(1/n)*sum2);
end
%End of function file.
```

12.4.10 分组码实例

这一节分析上一节介绍的许多种编码技术的性能。

计算机仿真实例 12.1

本实例中，通过比较编码系统与未编码系统的码字差错概率，对纠正 1 比特差错的 (7, 4) 码的效果进行分析。这一节还求出了误符号率。这里假定，这种码用于 BPSK 系统中。正如第 9 章的介绍，在 AWGN 环境下，把 BPSK 系统的误符号率表示如下：

$$q = Q(\sqrt{2z}) \tag{12.127}$$

式中，z 表示信噪比 E_s / N_0。由于每个码字的总能量都分布在 k 个符号中，那么，符号能量 E_s 表示发送端的功率 S 乘以码字持续的时间 T_w，再除以 k。因此，未编码时的误符号率由下面的表达式给出：

$$q_u = Q\left(\sqrt{\frac{2ST_w}{kN_0}}\right) \tag{12.128}$$

假定编码系统与未编码系统的码字速率相同，由于编码系统中需要将 k 个信息符号的能量分配到 $n > k$ 个符号中，那么，编码系统的误符号率为

$$q_c = Q\left(\sqrt{\frac{2ST_w}{nN_0}}\right) \tag{12.129}$$

由此得出结论：根据前面的介绍，采用编码技术之后，误符号率增大了。但下面分析的是，码的纠错性能可以克服增大的误符号率，而且，在某一信噪比范围内，的确产生了码字差错概率的净增益。当 $k = 4$ 时，由式 (12.123) 得到与 (7, 4) 对应的未编码系统的差错概率。即

$$P_{eu} = 1 - (1 - q_u)^4 \tag{12.130}$$

由于这种码可以纠正 1 个差错，因此，$e = 1$。于是，利用式 (12.124) 可以得到采用编码方案时码字的差错概率如下：

$$P_{ec} = \sum_{i=2}^{7} \binom{7}{i} (1 - q_c)^{7 - i} q_c^i \tag{12.131}$$

完成上面两个表达式计算的 MATLAB 程序如下：

```
%File: c12ce1.m
n = 7; k = 4; t = 1;            %code parameters
zdB = 0:0.1:14;                 %set STw/No in dB
z = 10.^(zdB/10);               %STw/No
```

```
lenz = length(z);                    %length of vector
qc = Q(sqrt(2*z/n));                 %coded symbol error prob.
qu = Q(sqrt(2*z/k));                 %uncoded symbol error prob.
peu = 1 -((1 - qu).^k);              %uncoded word error prob.
pec = zeros(1,lenz);                 %initialize
for j=1:lenz
    pc = qc(j);                      %jth symbol error prob.
    s = 0;                           %initialize
    for i=(t+1):n
        termi =(pc^i)*((1 - pc)^(n - i));
        s = s+nchoosek(n,i)*termi;
        pec(1,j) = s;                %coded word error probability
    end
end
qq = [qc',qu',peu',pec'];
semilogy(zdB',qq)
xlabel('STw/No in dB')               %label x axis
ylabel('Probability')                %label y
% End script file.
```

　　图 12.17 给出了编码系统与未编码系统的码字差错概率。把图中的曲线画为随 ST_w/N_0 变化而变化。ST_w/N_0 表示码字的能量除以噪声的功率谱密度。如果 ST_w/N_0 的值不是在 11 dB 附近(或者更高的值)，则编码对系统的性能影响不大。而且，当 ST_w/N_0 不是很大时，由 (7，4) 码所实现的性能改善量很小；当 ST_w/N_0 很大时，即使不采用编码技术，也会取得令人满意的系统性能。但是，在许多应用中，即使很小的性能改善也相当重要。图 12.17 还示出了未编码方案与编码方案所实现的差错概率 q_u、q_c。从图中可以明显看出在每个码字的全部符号中有效地分配能量的效果。

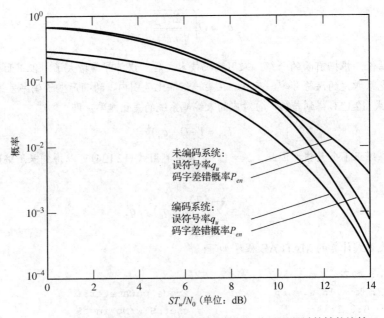

图 12.17　未编码系统与编码系统采用 (7，4) 汉明码时的性能比较

计算机仿真实例 12.2

该实例分析重复码在两种不同信道上的性能。这两种环境采用的都是 FSK 调制技术以及非相干接收机的结构。在第一种情况下，假定采用了加性高斯白噪声信道。假定第二种情形为瑞利信道。由此得出了两种截然不同的结果。

第一种情形：加性高斯白噪声信道

如第 9 章所述，FSK 非相干系统在 AWGN 信道上的差错概率由如下的式子给出：

$$q_u = \frac{1}{2} e^{-\frac{z}{2}} \tag{12.132}$$

式中，z 表示带宽为 B_T 的带通滤波器输出端的信号功率与噪声功率之比。因此，可以将 z 表示如下：

$$z = \frac{A^2}{2N_0 B_T} \tag{12.133}$$

式中，$N_0 B_T$ 表示在信号带宽 B_T 范围内的噪声功率。图 12.18 示出了 $n = 1$ 时系统的性能曲线。将长度为 n 个符号的重复码用于这种系统时，符号的差错概率由下面的表达式给出：

$$q_c = \frac{1}{2} e^{-\frac{z}{2n}} \tag{12.134}$$

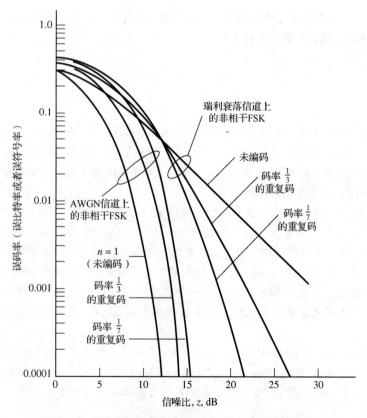

图 12.18　重复码在 AWGN 信道与瑞利衰落信道上的性能

由于将 1 比特的信息符号编为重复 n 次的码字时，需要将每比特的有效能量分配到 n 个符号中，因此得到了上式的结果。与未编码时符号的持续时间相比，编码之后每个符号的持续时间长度减小为原来的 $1/n$。同理，编码后信号的带宽增大了 n 倍。因此，在求解 q_c 时，需要将 q_u 表达式中的 B_T 替换为 nB_T。由式(12.124)可以得到满足如下关系的码字差错概率：

$$e = \frac{1}{2}(n-1) \tag{12.135}$$

由于重复码的每个码字含有 1 比特信息，那么，重复码的码字差错概率等于误比特率。

当码率为 1/3、1/7 时，图 12.18 中示出了 AWGN 信道上非相干 FSK 系统的性能。值得注意的是，采用重复码之后系统的性能下降。出现这一结果的原因是：编码之后的符号差错概率大于码的纠错能力所能克服的差错概率。对相干 FSK 系统、BPSK 系统、BASK 系统而言，所得到的结果相同，这表明：重复码的低码率使之不可能用于通信系统中(从本质上说，误符号率与信噪比之间呈指数变化的关系)。

第二种情形：瑞利衰落信道。

在瑞利衰落环境下，已在第 10 章分析了重复码有效地用于 FSK 系统的实例。第 10 章已证明了可以将符号的差错概率表示如下：

$$q_u = \frac{1}{2} \times \frac{1}{1 + \dfrac{E_a}{2N_0}} \tag{12.136}$$

式中，E_a 表示每个符号(或者每比特)所包含的平均能量。采用重复码之后，把能量 E_a 分配到一个码字的 n 个符号中。因此，编码之后的 q_c 值为

$$q_c = \frac{1}{2} \times \frac{1}{1 + \dfrac{E_a}{2nN_0}} \tag{12.137}$$

与第一种情形一样，由式(12.124)可以计算出译码之后的误码率，其中的 e 由式(12.135)给出。在瑞利衰落信道上，图 12.18 示出了码率为 1、1/3、1/7 时重复码的性能，这种环境下的信噪比 z 等于 E_a/N_0。从图中可以看出，在 AWGN 信道上，尽管重复码不能改善性能，但在瑞利信道上，当 E_a/N_0 相当大时，重复码可以提高系统的性能。

由于重复码的 n 个重复的符号在不同的时隙或者子路径中传输，因此，可以将重复码视为采用了时间分集传输技术。这里假定每比特所含的能量为常数，因此，信号的有效能量均匀地分配到了 n 个子路径中。在习题 12.27 中，在对发送的信息比特给出判决之前，已给出了接收器各个输出的最佳组合，如图 12.19(a)所示。在本实例中用到的重复码的模型如图 12.19(b)所示。重复码最本质的特征是：在 n 个接收器中的每一个的输出端，对长为 n 个符号的每一个符号给出"硬判决"。接着对译码之后的信息比特采用多数判决方式(这种方式用于所收到的 n 个符号中的每一个中)。

在接收器的输出端进行硬判决时，明显可以看出，丢弃了一些信息，结果体现在性能的下降。如图 12.20 所示，图中示出了图 12.19(a)在 $n=7$ 时最佳系统的性能，以及码率为 1/7 时图 12.19(b)重复码的性能。为了便于比较，图 12.20 中还示出了系统在未编码时的性能。

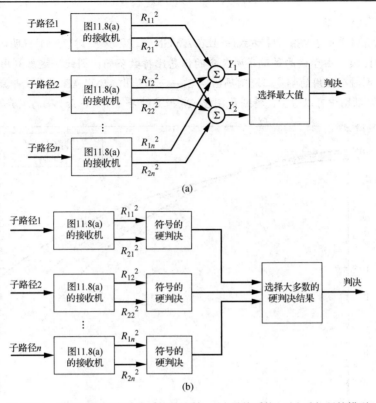

(a)

(b)

图 12.19　最佳系统与次最佳系统的比较。(a)最佳系统；(b)重复码的模型

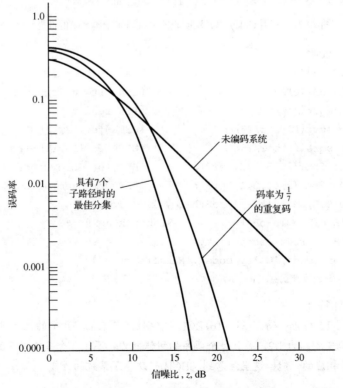

图 12.20　非相干 FSK 系统在瑞利衰落信道上的性能

计算机仿真实例 12.3

在本实例中,系统采用了 PSK 调制方式,并且在 AWGN 信道环境下,对 (15, 11) 汉明码与 (23, 12) Golay 码的性能进行了比较。由于这两种码字所包含的信息比特数不同,因此,这里利用了式 (12.126) 的 Torrieri 近似法。两种码采用的都是二进制码 ($q = 2$)。下面给出 MATLAB 代码,并且在图 12.21 中给出了运行的结果。从图中可以看出,特别是在 E_b/N_0 很高的条件下,Golay 码的优势很明显。

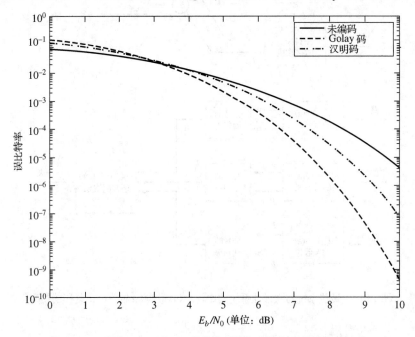

图 12.21　采用 Golay 码、汉明码的系统与未编码系统的性能比较

```
%File: c12ce3.m
zdB = 0:0.1:10;                    %set Eb/No axis in dB
z = 10.^(zdB/10);                  %convert to linear scale
ber1 = q(sqrt(2*z));               %PSK result
ber2 = q(sqrt(12*2*z/23));         %CSER for(23,12) Golay code
ber3 = q(sqrt(11*z*2/15));         %CSER for(15,11) Hamming code
berg = ser2ber(2,23,7,3,ber2);     %BER for Golay code
berh = ser2ber(2,15,3,1,ber3);     %BER for Hamming code
semilogy(zdB,ber1,'k - ',zdB,berg,'k -',zdB,berh,'k -.')
xlabel('E b/N o in dB')           %label x axis
ylabel('Bit Error Probability')   %label y axis
legend('Uncoded','Golay code','Hamming code')
%End of script file.
```

计算机仿真实例 12.4

这个实例将 (23, 12) Golay 码、(31, 16) BCH 码的性能与未编码系统的性能进行比较。值得注意的是,这两种码的码率都约为 1/2,并且每个码字的纠错能力都高达 3 个差错。下面给出 MATLAB 代码,图 12.22 示出了相应的性能。这里注意到,BCH 码改善了系统的性能。

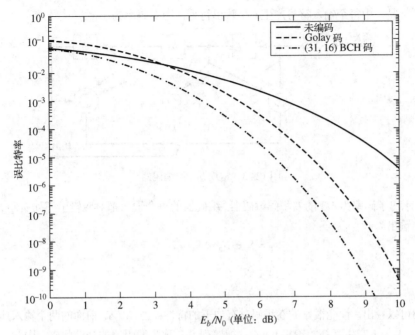

图 12.22 采用 Golay 码、$(31, 16)$ BCH 码的系统与未编码系统的性能比较

```
%File: c12_ce4.m
zdB = 0:0.1:10;                          %set Eb/No in dB
z = 10.^(zdB/10);                        %convert to linear scale
ber1 = q(sqrt(2*z));                     %PSK result
ber2 = q(sqrt(12*2*z/23));               %SER for(23,12) Golay code
ber3 = q(sqrt(16*z*2/31));               %SER for(16,31) BCH code
berg = ser2ber(2,23,7,3,ber2);           %BER for(23,12) Golay code
berbch = ser2ber(2,23,7,4,ber3);         %BER for(16,31) BCH code
semilogy(zdB,ber1,'k -', zdB, berg,'k -', zdB,berbch,'k - .')
xlabel('E b/N_o in dB')                  %label x axis
ylabel('Bit Error Probability')          %label y axis
legend('Uncoded', 'Golay code','(31,16) BCH code')
% End of script file.
```

12.5 在噪声信道上实现通信: 卷积码

卷积码为非分组码的实例。在卷积码中,并没有利用一组信息符号计算奇偶校验符号,而是利用一段信息符号计算奇偶校验符号。这里的"段"(即约束长度)指的是:每次当一个信息符号输入到编码器时发生变换的信息符号。

图 12.23 示出了常规编码器的结构。编码器由相对简单的 3 部分组成。编码器的核心是:存储 k 个信息符号的移位寄存器,其中,k 表示码的约束长度。各级移位寄存器连接到图中示出的 v 个模 2 加法器。并非所有寄存器的输出都连接到全部的加法器。实际上,这些连接带有随机性,而且,这些连接对所得到的码的性能有很大的影响。每当新的信息符号移入编码器时,由转换器对各个加法器的输

出进行采样。于是，由每个输入符号产生 ν 个输出符号，因而码率为 $1/\nu$[6]。

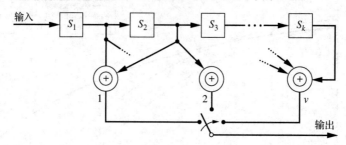

图 12.23　常规卷积码编码器

图 12.24 示出了码率为 1/3 的卷积码编码器。编码器的每个输入都对应输出序列 $\nu_1\nu_2\nu_3$。在图 12.24 中，编码器的输出为

$$v_1 = S_1 \oplus S_2 \oplus S_3 \tag{12.138}$$
$$v_2 = S_1 \tag{12.139}$$
$$v_3 = S_1 \oplus S_2 \tag{12.140}$$

从后面的介绍可以看出，性能很好的卷积码具有如下的特性：当 S_2、S_3(前面的两个输入)固定不变时，可以由 $S_1 = 0$、$S_1 = 1$ 产生互补的输出 $\nu_1\nu_2\nu_3$。把序列 S_2S_3 称为编码器的当前状态，因此，输出由如下的两项共同决定：①当前的状态；②当前的输入状态。如果初始状态为零，则当前序列为 101001…时，可以得到输出序列 111101011101100111…

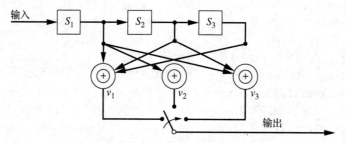

图 12.24　码率为 1/3 的卷积码编码器

为了实现译码的唯一性，会在某点以某种方式终止序列。实现的方法是：让编码器返回到初始00状态。在介绍了维特比译码算法之后再分析这一问题。

12.5.1　树图与篱笆图

现在已开发了许多种方法实现卷积码的译码。这里介绍其中的两种技术：①按照基本特性命名的树形搜索技术；②得到广泛应用的维特比译码。先分析树形搜索技术。图 12.25 示出了与图 12.24 对应的编码器码树的一部分。在图 12.25 中，单独的 1 比特二进制序号表示编码器的输入，圆括号内的 3 个二进制符号表示对应每个输入符号的输出符号。例如，如果编码器的输入为 1010，则输出为 111101011101(或者对应图中的路径 A)。

---

6 本章只分析码率为 $1/\nu$ 的卷积码编码器。当然，通常需要产生码率较高的卷积码。如果一次移入编码器的符号数为 k 而不是每次移入一个符号，那么可以得到码率为 k/ν 的卷积码。这些码较复杂，并且超出了这里只进行简要介绍的范围。打算深入分析这一内容的学生可以参阅参考文献中列出的编码理论的教科书。

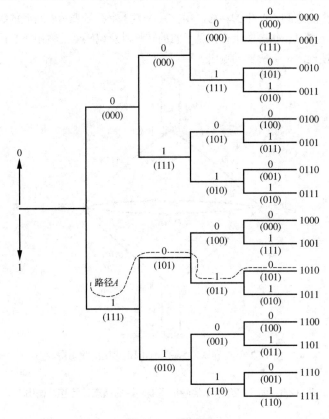

图 12.25 码树图

在译码时也需要利用图 12.25。在对收到的序列译码时，搜索与输入序列(即收到的序列)的汉明距离最近的码树。例如，在将输入序列 110101011111 译为 1010 时，输入序列中的第 3 比特、第 7 比特出现了差错。

随着信息符号数的增大，由于码树的大小呈指数增长，因此，在许多应用中，用原原本本的树形搜索技术实现译码并不现实。例如，当 N 较大时，N 个二进制输入符号产生了码树的 2^N 个分枝，这时存储整个码树并不现实。现在已开发的几种译码算法都能用指标合理的硬件实现极好的性能。这些技术中最常见的是维特比译码。在简要地介绍维特比译码之前，先分析一下篱笆图。从本质上说，篱笆图是码树图的简洁表示形式。

篱笆图的关键思想是注意到了如下现象：在第 k 个分枝之后码树开始重复，这里的 k 表示编码器的约束长度。从图 12.25 很容易看出这一点。在输入第 4 个信息符号之后，就在码树中产生了 16 个分枝。除第 1 个符号外，编码器的前 8 个分枝的输出与编码器第 2 组的 8 个输出完全一样。稍微揣摩一下就很容易得出这个结论。编码器的输出只与最近的 k 个输入有关。在本实例中，约束长度 $k=3$。因此，与第 4 个输入符号对应的输出只与编码器的第 2、3、4 个输入有关。第一个输入的是二进制符号 0 还是 1 并不会产生任何区别。(这样介绍之后，读者应该明白约束长度的含义了。)

在将当前的信息符号输入到编码器时，S_1 移位到 S_2、S_2 移位到 S_3。那么，新的 $S_2 S_3$ 状态与当前的输入 S_1 共同决定了移位寄存器的内容，于是确定了输出的内容为 $v_1 v_2 v_3$。表 12.6 概括了这一信息。与图 12.25 一致的是，该表把给定状态转移所对应的输出放在圆括号里。

值得注意的是，只能从状态 A 和 B 转换到状态 A 和 C。另外，只能从状态 C 和 D 转换到状态 B 和 D。常采用图 12.26 所示的状态图表示表 12.6 中的信息。在状态图中，用虚线表示由二进制 0 产生的转移；用实线表示由二进制 1 产生的转移。用括号内的 3 个符号表示所得到的编码器的输出。当输入任意给定的序列时，可以在状态图上查找到状态的转移以及编码器的输出。当已知输入的序列时，用这种方法可以很方便地求出编码器的输出。

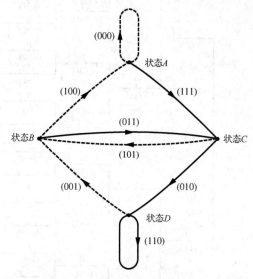

图 12.26　与卷积码编码器实例相对应的状态图

表 12.6　图 12.23 所示的卷积码编码器的状态、转移、输出

(a) 各个状态的定义

状态	S_1	S_2
A	0	0
B	0	1
C	1	0
D	1	1

(b) 状态的转移

前一个状态				当前状态				
状态	S_1	S_2	输入	S_1	S_2	S_3	状态	输出
A	0	0	0	0	0	0	A	(000)
			1	1	0	0	C	(111)
B	0	1	0	0	0	1	A	(100)
			1	1	0	1	C	(011)
C	1	0	0	0	1	0	B	(101)
			1	1	1	0	D	(010)
D	1	1	0	0	1	1	B	(001)
			1	1	1	1	D	(110)

(c) 发生状态转移时编码器的输出 $x \rightarrow y$

状态转移	输出
$A \rightarrow A$	(000)
$A \rightarrow C$	(111)
$B \rightarrow A$	(100)
$B \rightarrow C$	(011)
$C \rightarrow B$	(101)
$C \rightarrow D$	(010)
$D \rightarrow B$	(001)
$D \rightarrow D$	(110)

根据状态图可以直接绘出图 12.27 所示的篱笆图。初始时，假定编码器位于状态 A(所有寄存器的内容均为 0)。当输入二进制 0 时，编码器仍保持在状态 A，如图中的虚线所示。当输入二进制 1 时，就会转移到状态 C，如图中的实线所示。输入序列的 2 比特组可以到达 4 个状态中的任意一个状态。第 3 个输入可能会产生图中所示的跳变。第 4 个输入产生完全相同的跳变组合。因此，在第 2 个输入之后，篱笆图的结构完全重复出现，并且将可能的状态转移标记为稳定状态转移的那些转移。当输入两个二进制 0 时，编码器总能回到状态 A，如图 12.27 所示。如前所述，用括号内的序列表示由任意跳变产生的输出序列。

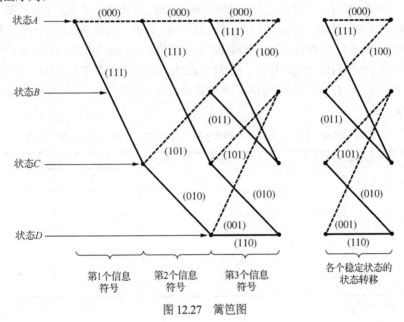

图 12.27　篱笆图

12.5.2　维特比算法

在解析维特比算法时，分析一下前面利用码树译码时收到的序列，即 110101011111。

第一步：计算初始节点(状态 A)与篱笆图的 4 状态(每个状态用 3 比特表示)中的任意一个之间的汉明距离。由于实例中编码器的约束长度为 3，必须深入分析篱笆图中的 3 级。由于只能够从前面的两个节点到达 4 个节点中的任意一个节点，因此必须分辨出这 8 个路径，并且必须计算出每个路径所对应的汉明距离。由于实例中编码器的码率为 1/3，因此，初始时需要先看一下进入篱笆图的 3 级，而且需要先分析最先收到的 9 个符号。根据这些信息，计算出序列 110101011 与连接到篱笆图中 3 级对应的 8 个路径之间的汉明距离。表 12.7 中归纳了计算出的这些结果。在计算出 8 个汉明距离之后，把与 4 个节点中任意一个的汉明距离最近的路径保留。把这 4 个保留的路径称为留存路径。在后面的分析中，丢弃另外的 4 个路径。表 12.7 中示出了这 4 个留存路径。

表 12.7　维特比算法：第一步(接收序列 = 110101011 时第 1 步的计算)

路径[1]	对应的符号	汉明距离	留存?
$AAAA$	000000000	6	不
$ACBA$	111101100	4	是
$ACDB$	111010001	5	是[2]
$AACB$	000111101	5	不[2]
$AAAC$	000000111	5	不

续表

路径[1]	对应的符号	汉明距离	留存?
ACBC	111101011	1	是
ACDD	111010110	6	不
AACD	000111010	4	是

[1] 分别用第 1 个字母、第 4 个字母表示起始状态、终止状态；第 2 个字母、第 3 个字母表示中间状态。
[2] 当两条路径或者多条路径的汉明距离相等的时候，无论把哪一条路径作为留存路径都没有区别。

维特比算法的下一步是：考虑接收端收到的后面 3 个符号，即例题中接收序列中的最后 3 比特 111。采用的方案是：再次计算与 4 个路径之间的汉明距离，这时，4 个状态都进入了篱笆图。如前所述，只有最前面的两个状态可以到达这 4 个状态中的任意一个。因此，需要再次计算 8 个汉明距离。将上面的 4 个留存路径中的每一个路径以及各自对应的汉明距离扩展为每个留存路径到达的两个状态。通过将对应每个新单元的编码器的输出与 111 进行比较之后，计算出与新单元之间的汉明距离。表 12.8 中概括了计算的结果。具有最小距离的恢复之后的路径是 ACBCB。该路径对应序列 1010，并且与前面的树图搜索法一致。

表 12.8　维特比算法：第二步（接收序列 = 110101011111 时第 2 步的计算）

路径[1]	前面留存路径的距离	新加入的数据段	新加入的距离	新的距离	留存?
ACBAA	4	AA	3	7	是
ACDBA	5	AA	2	7	不
ACBCB	1	CB	1	2	是
AACDB	4	DB	2	6	不
ACBAC	4	AC	0	4	是
ACDBC	5	BC	1	6	不
ACBCD	1	CD	2	3	是
AACDD	4	DD	1	5	不

[1] 下画线表示此前的留存路径。

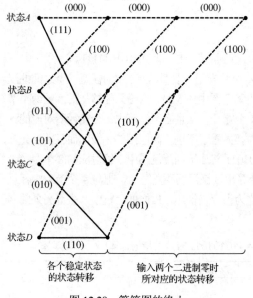

图 12.28　篱笆图的终止

对常规接收序列而言，还要将表 12.8 中的过程持续下去。每次计算新单元（这时需要用到后面接收的 3 个符号）之后，只保留 4 个留存路径，并且需要保留累积的汉明距离。在信息序列末尾，需要将留存路径的数量从 4 减少到 1。在信息序列中插入两个虚设的 0（也就是说，这两个 0 并非信号的组成部分）即可结束本段的处理（在输入端插入两个 0 对应信道上的 6 个传输符号）。如图 12.28 所示，这可以迫使篱笆图在状态 A 终止。

维特比算法已广泛用于通信系统中。可以证明维特比算法属于最大似然译码，从这个意义上说，维特比译码为最佳译码。文献"维特比与大村松江（1979年）"给出了维特比算法的最佳分析。文献"海勒与雅各布（1971 年）"概括了维特比算法的许多性能特性[7]。

7　参阅 Heller, J. A. 和 I. M. Jacobs 的论文"卫星通信与深空通信中的维特比译码", *IEEE Transactions on Communications Technology*, COM-19: 835-848, October 1971。

12.5.3 卷积码的性能比较

与前面分组码的处理一样，这里引入的 MATLAB 程序用于比较对应各种参数变化的卷积码的比特差错概率，MATLAB 程序如下。

```
% File: c12_convcode.m
% BEP for convolutional coding in Gaussian noise
% Rate 1/3 or 1/2
% Hard decisions
%
clf
nu_max = input...
(' Enter max constraint length: 3-9, rate 1/2; 3-8, rate 1/3 => ');
nu_min = input(' Enter min constraint length(step size = 2) => ');
rate = input('Enter code rate: 1/2 or 1/3 => ');
Eb_N0_dB = 0:0.1:12;
Eb_N0 = 10.^(Eb_N0_dB/10);
semilogy(Eb_N0_dB, qfn(sqrt(2*Eb_N0)), 'LineWidth', 1.5), ...
    axis([min(Eb_N0_dB) max(Eb_N0_dB) 1e-12 1]), ...
    xlabel('{\itE_b/N}_0, dB'), ylabel('{\itP_b}'), ...
hold on
for nu = nu_min:2:nu_max
    if nu == 3
        if rate == 1/2
            dfree = 5;
            c = [1 4 12 32 80 192 448 1024];
        elseif rate == 1/3
            dfree = 8;
            c = [3 0 15 0 58 0 201 0];
        end
    elseif nu == 4
        if rate == 1/2
            dfree = 6;
            c = [2 7 18 49 130 333 836 2069];
        elseif rate == 1/3
            dfree = 10;
            c = [6 0 6 0 58 0 118 0];
        end
    elseif nu == 5
        if rate == 1/2
            dfree = 7;
            c = [4 12 20 72 225 500 1324 3680];
        elseif rate == 1/3
            dfree = 12;
            c = [12 0 12 0 56 0 320 0];
        end
    elseif nu == 6
```

```
        if rate == 1/2
            dfree = 8;
            c = [2 36 32 62 332 701 2342 5503];
        elseif rate == 1/3
            dfree = 13;
            c = [1 8 26 20 19 62 86 204];
        end
    elseif nu == 7
        if rate == 1/2
            dfree = 10;
            c = [36 0 211 0 1404 0 11633 0];
        elseif rate == 1/3
            dfree = 14;
            c = [1 0 20 0 53 0 184 0];
        end
    elseif nu == 8
        if rate == 1/2
            dfree = 10;
            c = [2 22 60 148 340 1008 2642 6748];
        elseif rate == 1/3
            dfree = 16;
            c = [1 0 24 0 113 0 287 0];
        end
    elseif nu == 9
        if rate == 1/2
            dfree = 12;
            c = [33 0 281 0 2179 0 15035 0];
        elseif rate == 1/3
            disp('Error: there are no weights for nu = 9 and rate = 1/3')
        end
end
Pd = [];
p = qfn(sqrt(2*rate*Eb_N0));
kk = 1;
for k = dfree:1:dfree+7;
    sum = 0;
    if mod(k,2) == 0
        for e = k/2+1:k
            sum = sum + nchoosek(k,e)*(p.^e).*((1-p).^(k-e));
        end
        sum = sum + 0.5*nchoosek(k,k/2)*(p.^(k/2)).*((1-p).^(k/2));
    elseif mod(k,2) == 1
        for e =(k+1)/2:k
            sum = sum + nchoosek(k, e)*(p.^e).*((1-p).^(k-e));
        end
    end
    Pd(kk, :) = sum;
```

```
        kk = kk+1;
    end
    Pbc = c*Pd;
    semilogy(Eb_N0_dB, Pbc, '--', 'LineWidth', 1.5), ...
        text(Eb_N0_dB(78)+.1, Pbc(78), ['\nu = ', num2str(nu)])
end
legend(['BPSK uncoded'], ...
['Convol. coded; HD; rate = ', num2str(rate, 3)])
hold off
% End of script file.
```

上面的 **MATLAB** 程序以卷积码的线性特性为基础，而且假定篱笆图中的全 0 路径为正确的路径。在译码过程中发生差错的路径指的是：在某一点偏离了篱笆图中的全 0 路径，在经历若干级之后再与全 0 路径合并到一起。由于已假定全 0 路径为正确的路径，因此，在给定长度内发生差错的信息比特数等于差错事件的路径中所包含的比特数。下面的关系式给出了误比特率的上限：

$$nP_b < \sum_{k=d_{\text{free}}}^{\infty} c_k P_k \tag{12.141}$$

式中，d_{free} 表示码的自由距离(具有最小长度的差错事件与全 0 路径之间的汉明距离，或者说，具有最小长度的差错事件路径的汉明重量)；P_k 表示长度为 k 的差错事件路径的发生概率；c_k 表示加权系数，即，在篱笆图中，与长度为 k 的所有差错事件路径对应的出现差错的信息比特数。可以利用码的生成函数求出 c_k(即，码的权重结构)；生成函数具有如下的特性：可以用于计算篱笆图中的全部非 0 路径，而且在已知长度的全部路径中，得出与之有关的"1"的数量。目前，已经研发出并已在文献中发表了优质卷积码的局部权重结构(上面程序中标为 c 的矢量表示权值)；这里说成"局部"的理由如下：为了便于计算，必须将式(12.141)的累加和的上限置为限定范围内的某个数[8]。差错事件概率由下面的两个关系式给出[9]：

$$P_k = \sum_{e=(k/2)+1}^{k} \binom{k}{e} p^e (1-p)^{k-e} + \binom{k}{k/2} p^{k/2} (1-p)^{k/2} , \ k \text{ 为偶数} \tag{12.142}$$

$$P_k = \sum_{e=(k+1)/2}^{k} \binom{k}{e} p^e (1-p)^{k-e} , \ k \text{ 为奇数} \tag{12.143}$$

在加性高斯白噪声信道的通信环境下，可以得出差错事件概率 P 如下：

$$P = Q\left(\sqrt{\frac{2kRE_b}{N_0}}\right) \tag{12.144}$$

式中，R 表示码率。

严格地说，如果式(12.141)的上限为：取值有限的整数，则上边界可能不再存在。但是，如果限制为项数合理的数值，那么，当 p 的变化范围介于中等大小到很小的值之间时，通过上面给出的计算机仿真可以看出，式(12.141)所表示的有限项之和足以满足误比特率的近似性能。

---

8 参阅 J. P. Odenwalder 的文献 "数据通信系统网络、系统中的差错控制"，Thomas Bartree(ed.), Indianapolis: Howard W. Sams, 1985。

9 参阅文献 "Ziemer and Peterson, 2001"，第 504～505 页。

计算机仿真实例 12.5

这里以卷积码的性能改善为例,实现期望的误比特率的估值;当对应的码率为 1/2、1/3 时,图 12.29 与图 12.30 分别给出了由前面的 MATLAB 程序计算出的误码率估值。这些结果表明,当约束长度为 7 时,码率为 1/2 的码在误比特率等于 10^{-6} 处可以实现 3.5 dB 左右的性能改善;而码率为 1/3 时,可以改善性能 4 dB 左右。在采用软判决时(即在把接收信号传送到维特比译码器的输入端之前,先将检测器的输出量化为几个电平等级),那么,性能的改善会更明显(分别为 5.8 dB、6.2 dB 左右[10])。

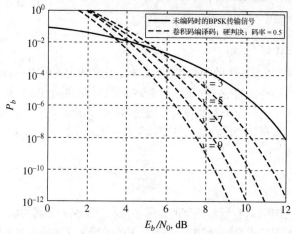

图 12.29　在加性高斯白噪声信道上传输满足如下条件的信号时误比特率性能
　　　　　的估值。①信号经卷积编码之后再采用 BPSK 调制;②$R = 1/2$

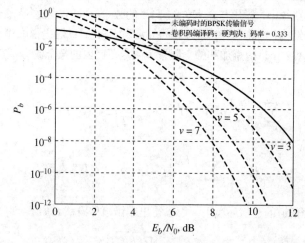

图 12.30　在加性高斯白噪声信道上传输满足如下条件的信号时误比特率性能
　　　　　的估值。①信号经卷积编码之后再采用 BPSK 调制;②$R = 1/3$

12.6　兼顾带宽与功率效率的调制技术

期望任何调制方案都能够兼顾带宽与功率两方面的特性。自从 20 世纪 70 年代后期以来,针对这一难题的解决方案是:将编码与调制结合起来。现在已有两种方法:①通过循环地使用一组调制符号

10 参阅文献 "Ziemer and Peterson(2001)",第 511 页、第 513 页。

实现并且将存储扩展到几个调制符号的连续相位调制（Continuous Phase Modulation，CPM）[11]；②多进制调制与编码合并的方案，即，网格编码调制（Trellis-Coded Modulation，TCM）[12]。本节简要地介绍第二种方法。如果了解第一种方法，可以参阅文献"Ziemer and Peterson（2001）"的第 4 章。本节只是简略地介绍 TCM，期望详细分析 TCM 的读者可以参阅文献"Sklar（1988）"，在这部写得很好的文献中给出了许多分析实例。

第 11 章根据信号空间图分析了如下情形：当把与发送信号点的欧几里得距离最接近的信号点误判为实际的发送信号时，在多进制传输方案中会产生最可能出现的差错。昂格尔博克针对该问题的解决方法是：在增大最容易发生混淆的信号点之间的最小欧几里得距离时，在不增大未编码传输方案的功率或者带宽（即每秒所含的信息比特数相同）的条件下，将编码与多进制调制结合起来。下面通过具体实例分析这一处理过程。

这里将 TCM 系统与工作在相同数据速率的 QPSK 系统进行比较。在 QPSK 系统中，由于信号的每个相位发送 2 比特数据，因此，在采用的 TCM 系统中，在保持同样数据速率的条件下，需要将如下的两种技术结合起来：①每个信号相位传输 3 比特信息的 8PSK 调制器；②每输入 2 比特数据产生 3 比特数据的卷积码编码器（即码率为 2/3 的卷积码编码器）。由图 12.31（a）所示的编码器实现这一功能，图 12.31（b）示出了相应的篱笆图。编码器工作时，当数据的第 1 比特输入到码率为 1/2 的卷积码编码器之后，产生已编码的第 1、2 个符号，把第 2 个数据比特直接作为编码之后的第 3 个符号。接着，按照如下的规则，根据 3 比特的数据选择信号的相位。

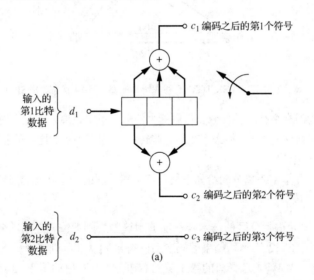

图 12.31　（a）4 状态、8PSK TCM 的卷积码编码器；（b）4 状态、8PSK TCM 的篱笆图

---

11 已有许多研究人员研究了连续相位调制。相关内容的简要介绍见 C. E. Sundberg 的论文"连续相位调制"，*IEEE Communications Magazine*，24: 25-38，April 1986；也可参阅 J. B. Anderson、C.-E. Sundberg 的论文"包络恒定不变时编码调制的新进展"，*IEEE Communications Magazine*，29: 36--45，December 1991。

12 参阅昂格尔博克的如下 3 篇论文之后可以简要地了解网格编码调制：①"多电平/多相位信号的信道编码"，*IEEE Transactions on Information Theory*，IT-28: 55-66，January 1982；②"具有冗余信号单元时的网格编码调制，第一部分：引言"，IEEE 通信杂志，1987，02，Vol. 25，page 5～11；③"具有多余信号单元时的网格编码调制，第二部分：技术发展水平"，IEEE 通信杂志，1987，02，Vol. 25，page 12～21。

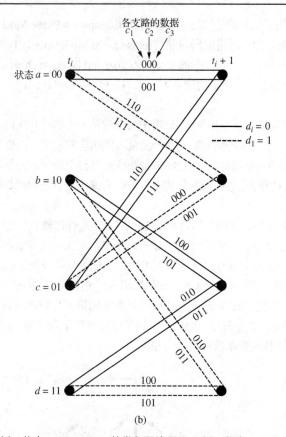

图 12.31(续)   (a) 4 状态、8PSK TCM 的卷积码编码器;   (b) 4 状态、8PSK TCM 的篱笆图

1 在篱笆图中为所有平行的转移分配尽可能大的欧几里得距离。由于这些转移相差一个符号(即对应未编码的那个符号),那么,在对这些转移译码时对应 1 比特的差错(通过这一处理过程把差错数降至最低)。

2 把第二大的欧几里得距离分给如下情形:从篱笆图的一个状态出发或者回到篱笆图的一个状态的所有的转移。

通过采用对各个单元进行分区的技术,就能够用这些规则把编码之后的各个符号分配给 8PSK 系统的相位信号,如图 12.32 所示。如果编码之后的符号 c_1 为 0,则选择树的第 1 层的左边分支;如果编码之后的符号 c_1 为 1,则选择树的第 1 层的右边分支。对树的第 2、3 层,采用同样的处理过程,因此得到如下的结果:编码之后每一组可能的输出对应唯一的信号相位。

在对 TCM 信号译码时,把在每个信号区间收到的"信号+噪声"与篱笆图中每个可能的转移进行相关性运算,并且通过互相关累加和的度量方式,而不是利用对应图 12.25 的汉明距离来度量(也就是没有采用这种软判决度量方式),用维特比算法可以实现搜索。还需注意的是,由于当两个支路对应从篱笆图的一个状态到下一个状态的一个路径时,需要将未编码比特变为码的第 3 个符号,那么,译码过程的复杂度加倍。在为留存支路选择两个译码后的比特时,与信息对的第 1 个译码比特对应的输入比特 b_1 满足如下的条件:b_1 产生译码支路的状态转移。由于第 3 个符号 c_3 与未编码比特 b_2 相同,那么,信息对的第 2 个译码比特与支路码字的第 3 个符号 c_3 相同。

昂格尔博克从信号单元自由距离的角度表示出了信号传输方法的差错事件概率性能。当信噪比很高时,差错事件的概率(也就是说,在任意给定的时间,在与并行转移相关联的信号中,维特比算法给出错误判决的概率；或者说，在任意给定的时间，在沿着从正确路径分离出来(转移数大于 1)的路径上运行时，维特比算法开始给出错误序列判决的概率)与如下的表达式相当接近：

$$P(\text{差错事件}) = N_{\text{free}} Q\left(\frac{d_{\text{free}}}{2\sigma}\right) \tag{12.145}$$

式中，N_{free} 表示在如下的条件下，距离为 d_{free} 时最接近的信号序列数：从任意信号状态分离出去、在一次或者多次转移之后与发送路径重新合并。(通常在计算自由距离时，将信号的能量归一化为单位值 1，在归一化处理时，还考虑到了标准差 σ 的噪声因素。)

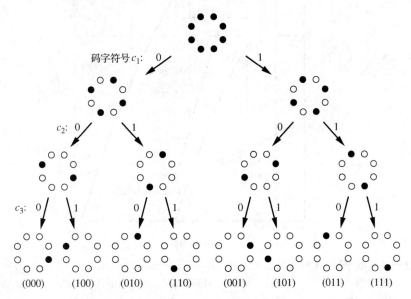

图 12.32　根据"最大自由距离"规则，将码率为 2/3 的编码器的输出分配给 8PSK
信号点。(选自昂格尔博克的论文"多电平/相位信号的信道编码"，*IEEE
Transactions on Information Theory*, Vol. IT-28, January 1982, pp. 55-66.)

当采用未编码的 QPSK 时，可以得到：$d_{\text{free}} = 2^{1/2}$、$N_{\text{free}} = 2$ (如果距离为 $d_{\text{free}} = 2^{1/2}$，则存在两个相邻的信号点)，但对 4 状态编码的 8PSK 的 TCM 系统而言，可以得到 $d_{\text{free}} = 2$、$N_{\text{free}} = 1$。在不考虑因子 N_{free} 的条件下，与未编码的 QPSK 系统相比，因采用 TCM 而获得的渐进增益为：$2^2/(2^{1/2})^2 = 2 = 3\ \text{dB}$。根据昂格尔博克论文中的图(即本书的图 12.33)，还将差错事件概率的下限与仿真结果进行了比较。

很明显，可以把 TCM 的调制-编码方案推广到较高阶次的方案。昂格尔博克证明了可以把这一见解作如下推广：

1. 在编码器-调制器每次处理的 m 比特待传输的信息中，通过 $k/(k+1)$ 卷积码编码器，把 $k \leqslant m$ 比特扩展到 $(k+1)$ 个编码符号。

2. 在足量的 $2^{(m+1)}$ 进制信号单元中，$(k+1)$ 个编码符号选择 $2^{(k+1)}$ 个子集中的一个。

3. 在所选的子集中，由余下的 $(m-k)$ 个符号确定 $2^{(m-k)}$ 中的一个。

还应指出，在实现网格编码调制系统时，可以采用分组码或者其他的各种调制方案(例如 MASK 或者 QASK)。

影响网格编码调制系统性能的另一个参数是约束长度 v，这就是说，编码器共有 2^v 种状态。昂格尔博克发布了与各种约束长度对应的网格编码调制系统的渐进增益，如表 12.9 所示。

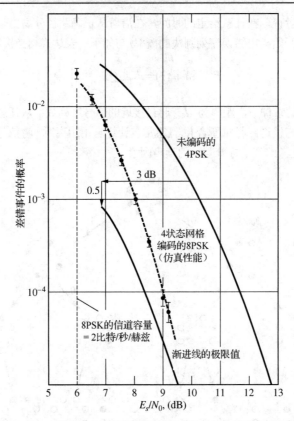

图 12.33　4 状态 8PSK TCM 传输方案的性能(选自 G . 昂格尔博克的论文 "具有冗余信号单元时的网格编码调制，第一部分：引言"，IEEE 通信杂志，1987，02，Vol. 25，page 5～11)

表 12.9　TCM 系统的渐进编码增益

状态数 2^v	k	渐进编码增益 (dB)	
		$G_{8PSK/QPSK}$　$m = 2$	$G_{16PSK/8PSK}$　$m = 3$
4	1	3.01	—
8	2	3.60	—
16	2	4.13	—
32	2	4.59	—
64	2	5.01	—
128	2	5.17	—
256	2	5.75	—
4	1	—	3.54
8	1	—	4.01
16	1	—	4.44
32	1	—	5.13
64	1	—	5.33
128	1	—	5.33
256	2	—	5.51

資料来源：选自昂格尔博克的论文 "具有多余信号单元时的网格编码调制，第二部分：技术发展水平"，IEEE 通信杂志，1987, 02, Vol. 25, page 12～21。

　　最后，维特比等人的论文(1989 年)给出了采用码率 1/2、64 状态二进制卷积码的 MPSK 简化方案，许多大规模集成电路都采用了这种技术。采用压缩技术之后，可以把码率提高到 $(n-1)/n$。

12.7　反馈信道

在许多实际系统中，在发送端与接收端之间存在反馈信道。如果条件具备的话，在根据编码方案实现指定的性能时，借助于这种信道可以降低译码的复杂度。这时可以采用多种实现方案：判决反馈、差错检测反馈、信息反馈。在判决反馈方案中，采用了"不确定区间"接收机，这时利用反馈信道通知发送端：要么不能判决前一个符号(这时需要重传)，要么判决了前一个符号(因而要求发送下一个符号)。通常把"不确定区间"接收机设计成二进制删除信道。差错检测反馈则需要把反馈与编码结合起来。在采用这种方案时，如果检测到了差错，则重传码字。

一般来说，反馈方案的分析较难，因此，这里只分析最简单的方案，即，具有理想反馈的判决反馈信道。假定系统中采用的是具有匹配滤波器检测器的二进制传输方案。已知信号的波形为 $s_1(t)$、$s_2(t)$。在时间 T 时，在已知 $s_1(t)$、$s_2(t)$ 的条件下，第 9 章中推导出了匹配滤波器的输出，在图 12.34 中示出了这一应用。这里假定 $s_1(t)$、$s_2(t)$ 具有相同的先验概率。为"不确定区间"接收机设置了 a_1、a_2 两个门限。如果匹配滤波器的输出样值 V 介于 $a_1 \sim a_2$ 之间，则不会给出判决，并且利用反馈信道发送"重传"请求。用"删除事件"表示这一事件，"删除事件"的发生概率为 P_2。在发送 $s_1(t)$ 时，如果 $V > a_2$，则会发生差错。把这一事件的概率表示为 P_1。当发送 $s_2(t)$ 时，根据对称性原理，这些概率值相同。

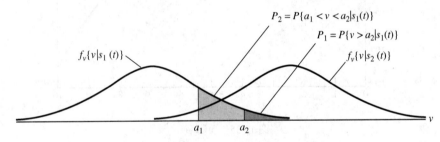

图 12.34　"不确定区间"接收机的判决区域

假定各个状态相互独立，那么，第 $(j-1)$ 个删除出现差错的概率如下：

$$P(j-1 \text{ 传输，差错}) = P_2^{j-1} P_1 \tag{12.146}$$

差错的总概率为全部 j 所对应的各个概率之和。由于 $j=0$ 表示的情形是：发送一个符号时给出正确的判决，因此，这里并未包括 $j=0$ 的情形。于是得到

$$P_E = \sum_{j=1}^{\infty} P_2^{j-1} P_1 \tag{12.147}$$

将上式化简之后可以得到

$$P_E = \frac{P_1}{1 - P_2} \tag{12.148}$$

很容易推导出期望传输的次数 N，所得到的结果如下：

$$N = \frac{1}{(1 - P_2)^2} \tag{12.149}$$

上式的结果通常大于 1。于是得出结论：当 N 的增大并不明显时，可以大大地减小误码率。因此，在信息速率的增大不太明显的条件下，可以改善系统的性能。

计算机仿真实例 12.6

这里引入具有积分-清零检测电路的基带通信系统。积分-清零检测器的输出如下:

$$V = \begin{cases} +AT + N, & \text{发送} +A \\ -AT + N, & \text{发送} -A \end{cases}$$

式中,N 表示检测器在采样时刻的输出噪声(随机变量)。检测器采用了 a_1、a_2 两个门限,其中,$a_1 = -\gamma AT$,$a_2 = \gamma AT$。如果 $a_1 < V < a_2$,则重新传输。这里假定 $\gamma = 0.2$。这个仿真练习的目的是:①计算出随 $z = A^2T/N_0$ 变化的误码率(见图 12.35);②绘出预计的随 $z = A^2T/N_0$ 变化的传输次数(见图 12.36)。

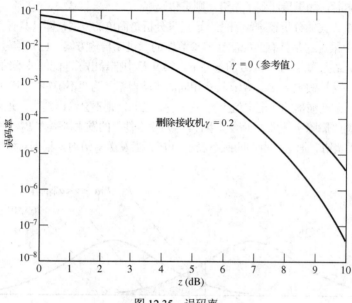

图 12.35 误码率

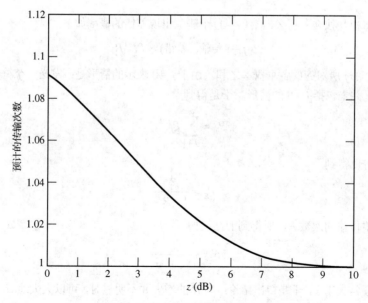

图 12.36 预计的传输次数

在发送–A 的条件下，用如下的关系式表示匹配滤波器的输出样值的概率密度函数：

$$f_V(v|-A) = \frac{1}{\sqrt{2\pi}\sigma_n}\exp\left[-\frac{(v+AT)^2}{2\sigma_n^2}\right] \tag{12.150}$$

与删除状态对应的概率如下：

$$P(删除|-A) = \frac{1}{\sqrt{2\pi}\sigma_n}\int_{a_1}^{a_2}\exp\left[-\frac{(v+AT)^2}{2\sigma_n^2}\right]dv \tag{12.151}$$

通过利用下面的关系式

$$y = \frac{v+AT}{\sigma_n} \tag{12.152}$$

则式 (12.151) 变为

$$P(删除|-A) = \frac{1}{\sqrt{2\pi}}\int_{(1-\gamma)AT/\sigma_n}^{(1+\gamma)AT/\sigma_n}\exp\left(-\frac{y^2}{2}\right)dy \tag{12.153}$$

可以利用高斯分布的 Q 函数表示上式，所得到的结果如下：

$$P(删除|-A) = Q\left(\frac{(1-\gamma)AT}{\sigma_n}\right) - Q\left(\frac{(1+\gamma)AT}{\sigma_n}\right) \tag{12.154}$$

利用如下的对称性特性：

$$P(删除|-A) = P(删除|+A) \tag{12.155}$$

利用 –A 和 A 的发送概率相等的条件之后，还可以得到如下的表达式：

$$P(删除) = P_2 = Q\left(\frac{(1-\gamma)AT}{\sigma_n}\right) - Q\left(\frac{(1+\gamma)AT}{\sigma_n}\right) \tag{12.156}$$

在输入为白噪声的条件下，第 9 章已证明了积分–清零检测器的输出如下：

$$\sigma_n^2 = \frac{1}{2}N_0 T \tag{12.157}$$

因此，可以得到如下的结论：

$$\frac{AT}{\sigma_n} = AT\sqrt{\frac{2}{N_0 T}} = \sqrt{\frac{2A^2 T}{N_0}} \tag{12.158}$$

上式等同于如下的关系式：

$$\frac{AT}{\sigma_n} = \sqrt{2z} \tag{12.159}$$

把上式代入式 (12.154) 之后，可以得到

$$P_2 = Q\left[(1-\gamma)\sqrt{2z}\right] - Q\left[(1+\gamma)\sqrt{2z}\right] \tag{12.160}$$

那么，在发送 –A 的条件下，可以用如下的关系式表示误码率：

$$P(删除|-A) = \frac{1}{\sqrt{2\pi}\sigma_n}\int_{a_2=\gamma AT}^{\infty}\exp\left[-\frac{(v+AT)^2}{2\sigma_n^2}\right]dv \tag{12.161}$$

利用上面求解删除概率 P_2 的各个步骤，同样可以得到

$$P(\text{出现差错}) = P_1 = Q\left[(1+\gamma)\sqrt{2z}\right]$$

下面给出的 MATLAB 程序用于：①计算误码率、所预计的传输次数；②误码率、所预计传输次数的图形。为了便于比较，还求出了积分-清零检测器的一个门限所对应的误码率(这时，只需在式(12.161)中设置 $\gamma = 0$)。

```
% File: c12ce6.m
g = 0.2;                              % gamma
zdB = 0 : 0.1 : 10;                   % z in dB
z = 10.^(zdB/10);                     % vector of z values
q1 = Q((1 - g)*sqrt(2*z));
q2 = Q((1 + g)*sqrt(2*z));
qt = Q(sqrt(2*z));                    % gamma=0 case
p2 = q1 - q2;                         % P2
p1 = q2;                              % P1
pe = p1./(1 - p2);                    % probability of error
semilogy(zdB,pe,zdB,qt)
xlabel('z - dB')
ylabel('Probability of Error')
pause
N = 1./(1 - p2);
plot(zdB,N)
xlabel('z - dB')
ylabel('Expected Number of Transmissions')
% End of script file.
```

根据上面程序的结果，可以利用如下的 MATLAB 程序计算出呈高斯分布的 Q 函数。

```
function out = Q(x)
out = 0.5*erfc(x/sqrt(2));
```

12.8　调制与带宽效率

第 8 章已计算出了通信系统中各点的信噪比。这里特别关注的是：解调器输入端的信噪比和输出端的信噪比。把这两个指标分别称为检波前信噪比 $(SNR)_T$ 和检波后信噪比 $(SNR)_D$。这两个参数的比值(即检波增益)已广泛地用作系统的品质因数。这一节把几个系统的 $(SNR)_D$ 随 $(SNR)_T$ 变化的特性进行比较。不过，首先需要分析的是最佳(但无法实现)系统的特性。通过这一分析给出比较的基础，而且还给出了带宽与信噪比之间折中的基本思想。

12.8.1　带宽与信噪比

图 12.37 示出了通信系统的方框图。这里着重分析该系统的接收部分。检波前滤波器的输出信噪比 $(SNR)_T$ 对应信息传送到接收端时的最高速率 C_T。根据香农-哈特莱定率，速率 C_T 为

$$C_T = B_T \log[1 + (SNR)_T] \tag{12.162}$$

式中，检波前带宽 B_T 通常表示已调信号的带宽。由于式(12.162)以香农-哈特莱定律为基础，因此，

在加性高斯白噪声环境下，该式成立。解调后的输出信噪比$(\text{SNR})_D$产生了接收机的最高输出速率。如果用C_D表示该速率，则可以得到

$$C_D = W \log[1 + (\text{SNR})_D] \tag{12.163}$$

式中，W表示消息信号的带宽。

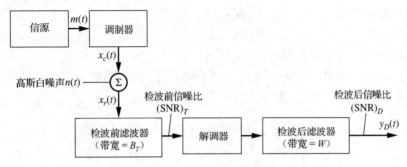

图 12.37 通信系统的方框图

当$C_T = C_D$时对应的调制方案为最佳调制方案。对这类系统而言，在这种存在噪声的环境下，对信息解调时不存在信息的损耗。令$C_T = C_D$之后可以得到

$$(\text{SNR})_D = [1 + (\text{SNR})_T]^{B_T/W} - 1 \tag{12.164}$$

上式表明：以带宽换取信噪比的最佳交换呈指数分布。这里注意到，实现带宽与系统性能的首次折中，出现在第 7 章，即，在噪声环境下分析 FM 调制的性能时，从信噪比的角度表示解调器的输出。

把发送带宽B_T与消息带宽W的比值称为带宽扩展因子γ。为了完全了解这一参数的作用，这里用如下的式子表示检波前信噪比：

$$(\text{SNR})_T = \frac{P_T}{N_0 B_T} = \frac{W}{B_T} \times \frac{P_T}{N_0 W} = \frac{1}{\gamma} \times \frac{P_T}{N_0 W} \tag{12.165}$$

因此，利用上式可以把式(12.164)表示如下：

$$(\text{SNR})_D = \left[1 + \frac{1}{\gamma} \times \frac{P_T}{N_0 W}\right]^{\gamma} - 1 \tag{12.166}$$

图 12.38 示出了$(\text{SNR})_D$与$P_T/(N_0 W)$之间的关系。

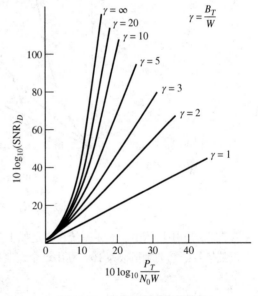

图 12.38 最佳调制系统的性能

12.8.2 各种调制系统的比较

最佳调制系统的思想给出了对系统性能进行比较的基础。例如，在理想情况下，因为传输带宽等于消息信号的带宽，因此，理想的单边带系统的带宽扩展因子为 1。于是，由式(12.166)可知，当$\gamma = 1$时，得到最佳调制系统的检波后信噪比如下：

$$(\text{SNR})_D = \frac{P_T}{N_0 W} \tag{12.167}$$

与第 8 章中相干解调 SSB 系统采用理想相位参考时的结果相比，上式完全一样。因此，如果 SSB 系统的传输带宽B_T与消息信号的带宽W完全一样，则 SSB 最佳(这里假定不存在其他的误差源)。当

然，由于除了需要理想解调载波的相位参考，还需要理想的滤波器，因此，在实际应用中不可能实现。

DSB 系统、AM 系统、QDSB 系统中采用 DSB 的详细过程完全不同。在这些系统中，$\gamma = 2$ 都成立。已在第 7 章得出了结论：在理想的相干解调条件下，DSB 系统与 QDSB 系统的检波后信噪比如下：

$$(\text{SNR})_D = \frac{P_T}{N_0 W} \tag{12.168}$$

最佳系统对应的条件是：在式 (12.166) 中，$\gamma = 2$。

图 12.39 示出了这些结果，图中还示出了 AM 系统采用平方律解调时的结果。从图中可以看出，这些系统都不是最佳系统(当 $P_T/(N_0 W)$ 很大时，这一点尤其突出)。

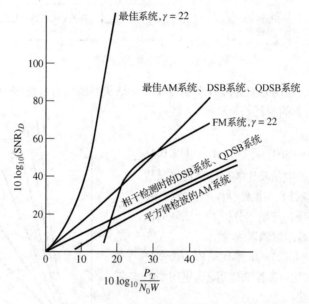

图 12.39　各种模拟通信系统的性能比较

图 12.39 中还示出了 FM 系统在满足如下条件时的运行结果：①未采用预加重技术；②消息信号为正弦信号；③调制指数为 10。利用这个调制指数，可以得到如下表示形式的带宽因子：

$$\gamma = \frac{2(\beta + 1)W}{W} = 22 \tag{12.169}$$

FM 系统可实现的性能选自图 8.18。从图中可以看出，当 $\gamma P_T/(N_0 W)$ 很大时，则可实现的各个系统与最佳接收机相差很远。

12.9　概要介绍

本节简要地介绍几种重要的编码技术。需要记住的是，这里只是概述。期望感兴趣的同学能够详细地分析这些专题。

12.9.1　交织技术与纠正突发差错

信号在许多实际的通信信道(比如在移动通信系统中的信道)上衰落时，差错突然在一组内出现。

那么，各个差错之间不再相互独立。在改善具有突发差错特性的系统的性能方面，已做了大量的工作。其中用到的大多数的码都比前面介绍的简单码复杂。纠正一个差错的码相当简单易懂，由此引出了在许多通信环境下很实用的技术——交织。

例如，假定把信源的输出编为 (n, k) 码，那么，把第 i 个码字表示如下：

$$\lambda_{i1} \quad \lambda_{i2} \quad \lambda_{i3} \quad \cdots \quad \lambda_{in}$$

如果将 m 个码字以行为单位读入表中，则第 i 行为第 i 个码字。于是得到如下的 $m \times n$ 阵列：

$$
\begin{array}{cccc}
\lambda_{11} & \lambda_{12} & \cdots & \lambda_{1n} \\
\lambda_{21} & \lambda_{22} & \cdots & \lambda_{2n} \\
\lambda_{31} & \lambda_{32} & \cdots & \lambda_{3n} \\
\vdots & \vdots & \ddots & \vdots \\
\lambda_{m1} & \lambda_{m2} & \cdots & \lambda_{mn}
\end{array}
$$

如果发送时以列为单位从表中读出数据，那么，按照如下的顺序发送符号流：

$$\lambda_{11} \quad \lambda_{21} \quad \cdots \quad \lambda_{m1} \quad \lambda_{12} \quad \lambda_{22} \quad \cdots \quad \lambda_{m2} \quad \cdots \quad \lambda_{1n} \quad \lambda_{2n} \quad \cdots \quad \lambda_{mn}$$

在译码之前，需要对收到的符号解交织，如图 12.40 所示。解交织器完成与交织器相反的处理过程，即，对收到的符号重新排序之后，每个分组由 n 个符号组成。每个分组对应一个码字。由于信道上存在噪声，因此，收到的码字可能出现了差错。特别是，如果突发差错影响了 m 个连续的符号，那么，每个长度为 n 的码字中的确含有一个差错。如果在 nm 个符号流的传输中不存在其他的差错，那么，利用纠一个差错的码(比如汉明码)就可以纠正在信道上引入的突发差错。同理，可以把纠两个差错的码用于纠正长度为 $2m$ 符号的突发差错。由于共有 m 个码字、每个码字的长度为 n，因此，交织后构成了长为 mn 的序列，把这样的码称为交织码。

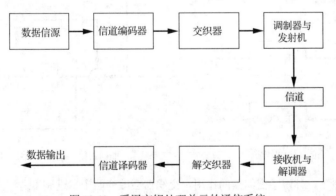

图 12.40　采用交织处理单元的通信系统

交织器的作用是：将差错随机分隔之后，减弱了差错事件之间的相关性。这里介绍的交织器为分组交织器。还有许多种其他类型的交织器，但对这些交织器的分析超出了这里只进行简要介绍的范围。从下一节的分析中可以看出，在 Turbo 码的编译码过程中，交织处理起到了关键性的作用。

12.9.2　Turbo 码的编译码

对编码理论的研究已呈现出对具有如下特性的编码方案的剖析：将信道码用于通信系统之后，系统的性能接近香农极限。从很大程度上说，已经取得了进展。在存在噪声的通信环境下，通过 Berrou、

Glavieux、Thitimajshima 的论文，探索接近理想性能的一大步于 1993 年展示出来[13]。值得一提的是，这篇论文并不是分析功能更强的编译码方案的结果，而是电路级联、有效定时技术的研究结果。但是，这些学者的发现彻底革新了编码理论。Turbo 码编译码尤其是译码相当复杂，即使最简单的实现也超出了本书的范围。但为了激励同学们深入地分析，下面介绍 Turbo 码的几个重要概念。

Turbo 码编码器的基本结构如图 12.41 所示。这里注意到，Turbo 码编码器包含如下几部分：①一个交织器(前面已介绍过交织器)；②一对递归系统卷积码(Recursive Systematic Convolutional Coder, RSCC)。图 12.41 中示出了递归系统卷积码。需要注意的是，递归系统卷积码与前面介绍过的卷积码编码器非常像，但有一个重要差别。差别体现在：从延时单元回到输入端的反馈路径。常规卷积码不存在这种反馈路径，因而，像常规卷积码有限冲激响应(Finite Impulse Response，FIR)的数字滤波器那样工作。而含有反馈路径之后的滤波器变成了具有无限冲激响应(Infinite Impulse Response，IIR)(或者递归)的滤波器，这是 Turbo 码的特性之一。图 12.42(a) 所示的递归系统卷积码表示码率为 1/2 的卷积码，其中，由输入符号 x_i 产生的输出序列为 $x_i p_i$。由于输出序列中的第一个符号为信息符号，因此这是系统码编码器。

图 12.41 所示的呈并行结构的两个递归系统卷积码完全相同，因此，图示 Turbo 码的码率为 1/3。由输入符号 x_i 产生的输出序列为 $x_i p_{1i} p_{2i}$。已经知道，当码字之间的汉明距离很大时，可以得到具有优质性能的码(误码率很低)。由于编码器的递归特性，因此，输入序列中的一个二进制 1 会产生周期为 T_p 的周期性奇偶校验序列 p_1。严格地说，输入单位重量的序列时，会产生具有无限重量的 p_1 序列。然而，如果输入序列由一对相隔 T_p 的二进制 1 组成，那么，奇偶校验序列等于周期为 T_p 的两个周期序列之和。在二进制加法表中，当两个二进制数相同的时候，所得的结果为零，那么，如果第一个周期不存在偏移，则两个序列的和等于零。当然，这会减小第一个校验序列的汉明重量(这是不期望出现的效果)。

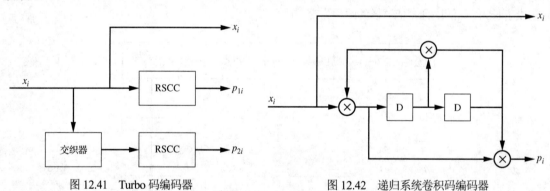

图 12.41 Turbo 码编码器   图 12.42 递归系统卷积码编码器

正是在这种背景下，体现了交织器的作用。交织器会改变两个二进制 1 之间的间隔，因而，前面提到的抵消的情形出现的概率不会很高。因此得出结论：如果奇偶校验序列中的一个具有很高的汉明重量，另一个则没有。

当交织器取两个不同的值时，图 12.43 示出了 Turbo 码的性能图。当交织器较大时，由于可以较好地实现交织器输入的随机分布，因而所得到的性能较好。

---

13 参阅C. Berrou、Glavieux、P. Thitimajshima的论文 "接近香农极限的纠错编码与译码：Turbo码"，Proc. 1993 Int. Conf. Commun., pp. 1064-1070, Geneva, Switzerland, May 1993。

对想阅读关于编码理论历史的最佳指南性论文的读者来说，也可参阅D. J. Costello、G. D. Forney的论文 "信道编码：达到信道容量的方式"，Proc. IEEE, Vol. 95, pp. 1150-1177, June 2007。

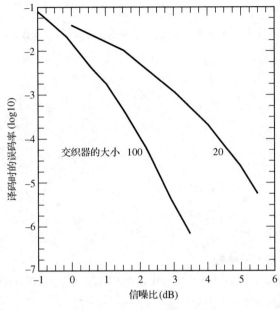

图 12.43　Turbo 码的性能曲线

　　Turbo 码译码的大多数算法都是以前一章介绍过的最大后验概率估值原理为基础。与其他的译码算法相比，或许 Turbo 码译码算法更重要的特点体现在迭代特性，因此，给定的信息序列通过许多次译码，而且每次译码时，误码率都会下降。因此，在系统的性能与译码的时间之间存在折中。根据这种特性，可以随意地开发专用的译码算法。其他的技术则不存在这种自由度。例如，在设计各种译码器时，通过控制译码过程中所用到的迭代次数，可以实现给定的服务质量(Quality of Service，QoS)。也可以在设计译码器时利用时延与性能的折中。例如，一般来说，数据通信要求很低的误码率，但通常对时延指标的要求宽松一些。语音通信要求很低的时延，不过，可以承受较高的误码率。

　　自从取得了非常接近香农极限性能的信道码以来，Turbo 码就成了信道容量接近香农极限的例子。性能接近香农极限的另一个例子是低密度奇偶校验(Low Density Parity Check，LDPC)码。把接近香农极限时信道码的准确译码的问题称为"无解的难题"，目前正在探索接近极限值的最佳译码器。低密度奇偶校验码由加拉格尔于 1963 年发明，因译码的难度太大而搁置了几十年(见参考文献中的"历史的借鉴"部分)。LDPC 码的译码方式也相似，即，采用 Turbo 码中介绍的迭代译码技术。关注这种技术的同学可以参考高质量文献"William Ryan and Shu Lin(2009)"。

12.9.3　信源编码的实例

　　本章前面的内容介绍了简单的信源编码。共有许多种信源编码技术，这些技术的特性各不相同。这里在给出简明介绍时，概要地分析完全不同类型的两种编码器。介绍的第一种编码器为游程长度编码器，这是一种无损编码器。无损编码器的优点是：可以根据译码器的输出精确地恢复原数据流。第二种技术(称为 JPEG 编码)不属于无损编码技术，但相当灵活。

1．游程长度编码

　　游程长度编码是这样一种数据压缩技术：用较短的序列取代二进制序列。当数据流中的二进制符号(或者符号序列)不断重复出现时，游程长度编码的功能很强。下面通过一个简单的实例来分析它的基本思想。

计算机仿真实例 12.7

下面的 MATLAB 程序产生一串符号，用这一串符号来解析游程长度编码：

```
% File: c12ce7.m
for k=1:40
    z(k) = rand(1);
    if z(k)<0.3
        z(k) ='B';
    else
        z(k) ='W';
    end
end
s = char(z)
% End of script file.
```

运行上面的程序之后得到如下的结果：

WWBWWBBWWWBWWWWBWWWWWWBWWWWWWWBWBBBBWWWWB

有很多种方法表示编码之后的序列。其中，最直接的表示如下：

2W1B2W2B3W1B4W1B5W1B7W1B1W4B4W1B

上面的结果只是表示 2 白、1 黑、2 白、等等。　　　　　　　　　　　　　　■

　　当给定符号的游程很长时，最能体现游程长度编码技术的优势。例如，这里关注的是所画的边界，比如发表在报纸上的黑白卡通图片。白色像素的游程很长，黑色像素的游程较短。在所传输的传真信号中，由于绝大部分为空白区域，因此，游程长度编码技术也很适于传真信号的传输。如果正在扫描传输的一行为空白区域，那么，这一行的全部像素为白色，比如说，可以按 75 W 的功率传输这一行。

　　这就得出了游程长度编码技术的另一个变体，即，可以用一个符号取代经常出现的数据流。例如，可以用 C 取代 WWBWW。游程长度编码技术可能存在多种变体。为了识别出用各个较短序列表示的各个较长的序列，需要在扫描数据时用到滑动窗。

　　本章前面的内容在介绍霍夫曼编码方案的时候，可以明显看出，由霍夫曼编码方案产生的各个码字具有长字符串 0 或者 1，对出现概率低的信源符号而言，尤其如此。因此，通常对霍夫曼编码器的输出进行游程编码。于是得出了改进后的霍夫曼码。

2. JPEG

　　从前一节的分析可以看出，对黑白图像而言(在图像信号中，要么含有很长的黑游程，要么含有很长的白游程)，游程长度编码技术很有用处。由于彩色照片中含有许多种颜色和色调，因此，游程长度编码技术对于彩色照片一类的信源数据不适用。对这种类型的图像来说，目前最流行的压缩技术是JPEG[全称是：联合图像专家组(Joint Photographic Experts Group, JPEG)，指开发 JPEG 标准的委员会]。JPEG 以许多种方式完成与游程长度编码相反的处理过程。游程长度编码为无损编码。正如前一节的介绍，游程长度编码技术只适用于特定的信源数据。JPEG 技术适用于多种颜色的图像(比如照片)。在今天这个世界，JPEG 技术无处不在：用于数字相机的图像存储、因特网的图像存储。尽管 JPEG 不是无损编码，但大多数人都愿意在察觉不到图像质量损耗的条件下，采用 10∶1 的压缩比。

　　JPEG 的主要优点是：在图像的逼真度与保存数据所需的文件大小之间，准许用户选择折中方案。很明显，当图像的物理尺寸固定不变时，文件越小，逼真度越低；当文件的大小变大时，逼真度提高。例如，用户在使用最通用的照相机时，可以在如下几个档次的照片质量之间进行选择：①JPEG/精细；

②JPEG/常规；③JPEG/基本质量。JPEG/精细的压缩率很低，因而图像的失真很低。一般来说，JPEG/常规、JPEG/基本质量实现的压缩率分别为 8∶1 和 16∶1。

在本书的前面已经介绍过了 JPEG 的各个组成部分。简而言之，JPEG 压缩算法以离散余弦变换（Discrete Cosine Transform，DCT）为基本技术。首先，把整个图像分解为很多个 8×8 像素的数据单元；接着，利用离散余弦变换把各个数据单元转换为频域表示形式。正是这里体现了图像压缩的特性。量化的等级数决定了压缩率。再把表示全部 8×8 像素的量化后的数据编为霍夫曼码。当然，最后这一步为无损编码。当恢复数据时，采用了与压缩相反的处理过程。

12.9.4 数字电视

2009 年 6 月 12 日完成了从模拟电视到数字电视的过渡。随着从单声道 FM 传输到立体声 FM 传输的转换，联邦通信委员会进行了如下管控：模拟电视机再也搜索不到已淘汰的模拟制式[14]。已从第 4 章了解到，尽管 FM 立体声广播接收机与 FM 单声道接收机兼容的实现很简单，但实现数字电视接收机与模拟电视接收机的兼容要复杂得多。因此，最后规定：利用转接盒实现转换，在美国把转接盒作为附送的赠品，以此补偿数字电视的使用。

由于数字电视用到了许多种标准，因此，数字电视的研究很复杂。在美国，地面数字电视的传输采用了 8 电平残留边带调制技术。世界上其余的国家和地区采用了编码正交频分复用（COded Frequency-Division Multiplexing，COFDM）技术。卫星系统则采用了其他的传输技术。美国的地面电视还有其他的标准。例如，大多数高清电视（High Definition Digital TeleVision，HDTV）系统具有如下的特性：①$1920 \times 1080$ 像素；②隔行扫描；③宽高比为 16∶9。满足上述指标的图片质量与 35 mm 幻灯片的质量基本相同。标准数字电视（Standard Definition TeleVision，SDTV）用到了许多标准，但在美国，较常见的指标如下[15]：①$640 \times 480$ 像素；②宽高比为 4∶3。

未压缩时，高清数字电视的数据速率很高，每套节目所占的带宽约为 1.6 GHz。因此，采用了 MPEG（由"移动图像专家组"开发的）图像压缩与编码。由于可以把"电影"当作一连串的信号帧，因此，可以把 MPEG 信号当作 JPEG 图像信号。于是，与 JPEG 相同的是，MPEG 压缩技术也以离散余弦变换为基本技术，而且采用了与 JPEG 相同的 8×8 数据单元。与 JPEG 的处理一样，在数据压缩中用到了系数量化。把人的视觉特性用于确定帧的刷新速率，还采用了其他的压缩技术去除帧与帧之间的冗余成分。虽然音频信号的压缩不太重要，但还是采用了这一技术。

与模拟电视相比，数字电视有许多优点。按照作者的观点，其中最重要的两个优点如下。

1. 根据前面的分析，可以实现数字信号的无差错再生与无差错重传。对二进制数据流的处理只是解调、重新调制、重新传输。这里假定：①原数据流的误比特率可忽略不计；②可以消除噪声与干扰的影响。

2. 从很大程度上说，可以用数字信号处理技术实现数字电视系统。数字信号处理的元器件具有如下的特性：①很小；②通常很便宜；③在很长的时间内具有很高的可靠性。

其他的优点还有许多。例如，数字传输时要求的功率较低。由多径反射所导致的图像重叠很少出现，而且，容易实现数字信号的复用。

通过上面的简要介绍，期望能够激励同学们继续深入地分析这一主题。

---

14 这里提醒同学们注意：把新技术引入市场时，不只是取决于技术问题，还与法律、法规、资金（这里仅以这些为例）等诸多因素有关。与这些因素相比，技术所起的控制作用很小。

15 可以明显看出，HDTV 信号比 SDTV 信号占用的带宽宽一些，因此，在把 SDTV 转换为 HDTV 时，为了取得所需的质量，从天线到电视之间，需要更换同轴电缆。

补充书目

很多地方都可以得到的信息论与编码的介绍超出了本书的范围。这一章的目的是给出信息论的基本思想，并与本书的其他内容为同一难度等级。期望这些材料能够激励同学们进行深入的研究。

香农的原文(1948)可以促进读者解读与本章同一等级的内容。由 W. Weaver 补充了引起读者兴趣的附注之后，出版了该论文的平装本，见文献 "Shannon and Weaver(1963)"。

信息论的许多参考文献都是通用的。这里推荐文献 "Blahut(1987)"。按照研究生课程的现行标准，许多学校选用了文献 "Cover and Thomas(2006)"。

还有许多通用的教科书为研究生等级的读者分析了编码理论。其中，文献"Lin and Costello(2004)"、"Wicker(1994)"属于标准的教材。文献 "Clark and Cain(1981)" 除了给出通常的理论背景材料，还含有编码器、译码器的大量实用信息。如前所述，接近信道容量的分析目前是个异常活跃的研究领域。文献 "Ryan and Lin(2009)" 给出了这些码的优质分析。感兴趣的读者还可以参阅文献 "Johnson(2009)"。

正如本章的最后一节所述，在实现现代通信系统时，非常重要的是：带宽与功率效率之间的互换。文献 "Ziemer and Peterson(2001)" 分析了相位连续的调制技术。文献 "Sklar(1988)" 给出了网格编码调制(包括编码增益的分析)的入门介绍。文献 "Biglieri, Divsalar, McLane, and Simon(1991)" 给出了网格编码调制的理论、性能以及实现的完整分析。

本章内容小结

1. 把与事件的发生概率有关的信息定义如下：事件发生概率的对数。如果对数的底等于 2，那么，信息的度量单位为比特。

2. 把与一组信源的输出有关的平均信息称为信源的熵。熵函数存在最大值，而且，当信源的各个状态等概率出现时，得到熵的最大值。熵表示平均不确定性。

3. 把具有 n 个输入、m 个输出的信道用形如 $P(y_j|x_i)$ 的 nm 个概率表示。信道模型可以是用转移概率表示的图形，或者是用转移概率表示的矩阵。

4. 可以为系统定义许多种熵。熵 $H(X)$、$H(Y)$ 分别表示信道输入、信道输出的平均不确定性。$H(X|Y)$ 指标表示的是，在已知输出的条件下，信道输入的平均不确定性；$H(Y|X)$ 指标表示的是，在已知输入的条件下，信道输出的平均不确定性。$H(X, Y)$ 指标表示的是，通信系统作为一个整体时的平均不确定性。

5. 把信道的输入与输出之间的互信息表示如下：

$$I(X; Y) = H(X) - H(X|Y)$$

或者表示为

$$I(X; Y) = H(Y) - H(Y|X)$$

把互信息的最大值(即相对于信源概率的最大值)称为信道容量。

6. 信源编码用于消除信源输出中的冗余信息，因此在编码之后，每个传输符号中所包含的信息增大。如果信源的速率低于信道容量，那么，对信源的输出编码之后，可以在信道上传输这些信息。通过如下的方式可以完成信源编码：设计出扩展的信源，然后将扩展之后的符号编为具有平均码长的码字。平均码长的最小值 $\overline{L}$ 接近 $H(X^n) = nH(X)$。其中，当 n 增大时，$H(X^n)$ 表示信源(信源的熵为 $H(X)$)的第 n 阶扩展。

7. 本章分析了信源编码的两种技术，即①香农-费诺编码技术；②霍夫曼编码技术。霍夫曼编码产生最佳的信源码，霍夫曼码属于具有最小平均码长的信源码。

8. 如果信源的速率小于信道容量，则可以在噪声信道上实现无差错传输。通过信道编码就可以做到这一点。

9. 把加性高斯白噪声信道的容量表示如下：

$$C_c = B \log_2 \left(1 + \frac{S}{N}\right)$$

式中，B 表示信道的带宽；S/N 表示信噪比。这就是香农-哈特莱定律。

10. 在信源的 k 个符号的后面加上 $r = (n - k)$ 奇偶校验符号之后，可以产生 (n, k) 分组码。于是得到了长为 n 个符号的码字。

11. 通过计算收到的长为 n 个符号的序列与每一个可能发送的码字之间的汉明距离，可以实现常规译码。与收到的码字具有最近距离的码字为最可能发送的码字。汉明距离最接近的两个码字决定了码字之间的最小距离 d_m。这种码至多可以纠正 $(d_m - 1)/2$ 个差错。

12. 在信息序列中加入一个奇偶校验符号之后，产生了单奇偶校验码。这种 $(k + 1, k)$ 码可以检测到奇数个差错，但不具备纠错能力。

13. 分组码的码率为 k / n。将码率较高的码组合之后可以得到纠错能力很强的最佳的码。

14. 将信源的每个符号传输奇数次时，就产生了重复码，重复码的码率为 $1/n$。在加性高斯白噪声信道上，重复码不能够改善性能；而在瑞利衰落信道上，重复码能够改善性能。这个简单的实例说明：在给定信道上，选择合理的编码方案相当重要。

15. 把满足 $[H][T] = [0]$ 的矩阵 $[H]$ 称为奇偶校验矩阵，其中，$[T]$ 指的是用列矢量表示的发送码字。如果把收到的序列表示为列矢量 $[R]$，那么，可以利用关系式 $[S] = [H][R]$ 求出伴随式。可以证明：$[S] = [H][R]$ 等价于 $[S] = [H][E]$，其中，$[E]$ 表示差错序列。当码字在传输中出现了一个差错时，伴随式的值表示的是：差错的位置等于 $[H]$ 的列序号。

16. 求奇偶校验码的生成矩阵 $[G]$ 时满足 $[T] = [G][A]$ 即可，其中，$[T]$ 表示长度为 n 个符号的发送序列；$[A]$ 表示长度为 k 个符号的信息序列。可以用列矢量表示 $[T]$ 和 $[A]$。

17. 对分组码而言，任何两个合法码字的和构成了另一个合法码字。

18. 汉明码能够纠正一个差错，因而，它的奇偶校验矩阵的各列对应列标号的二进制表示。

19. 循环码是分组码的一种，即码字循环移位之后总能产生另一个码字。由于利用移位寄存器和基本的逻辑关系很容易实现编码器与译码器，因此，循环码很实用。

20. 由于传输 k 个信息符号时必须将能量分配到 $n > k$ 个符号中(而不是 k 个符号中)，因此编码系统的误符号率大于未编码系统的误符号率。码的纠错性能通常能够实现一定的总增益。性能增益与如下的因素有关：①所选择的码；②信道特性。

21. 利用简单的移位寄存器、模 2 加法器之后，很容易产生卷积码。利用树形搜索技术(常采用维特比算法)可以实现译码。约束长度是卷积码的一个参数，该参数对卷积码的性能有很重要的影响。

22. 网格编码调制方案将多进制调制技术与编码结合起来后，增大了差错概率较大的信号点之间的距离，但与具有同样比特率的未编码方案相比，并未增大平均功率或者带宽。利用维特比译码器即可完成译码，维特比译码器累积的是判决度量(软判决)而不是汉明距离(硬判决)。

23. 反馈信道系统利用了"不确定区间"接收机，而且，当收到的判决符号落入"不确定区间"时，会请求发送端重传。如果反馈信道有效，那么可以大大地减小误码率，只是稍微增多了传输次数。

24. 在突发噪声环境下，与交织/解交织技术结合的编/解码器很实用。

25. 当压缩数据流时，如果一个符号具有很长的游程，那么，游程长度编码最为实用(比如扫描具有绝大部分空白空间的文件)。由于根据编码之后的数据可以完全恢复原数据，因此，游程长度编码为无损编码。游程长度码常与霍夫曼编码技术结合使用。

26. JPEG 码不属于无损码，但在图像的逼真度与文件的大小之间折中时，用户可以选择一定程度的压缩技术。当图像具有很多个色调(如照片)时，JPEG 编码技术很实用。

27. 数字电视利用了大量的标准，其中，通用的标准包括高清电视标准与标清电视标准。必须对图像进行压缩，并且采用 MPEG 压缩技术(MPEG 是 JPEG 的扩展)。数字电视有许多优点，其中的两个优点是：①因采用了信号再生技术，因而具有抗干扰性；②用数字信号处理技术实现。

28. 当工作在加性高斯白噪声环境下时，利用香农-哈特莱定律之后得到了最佳调制的基本思想。研究结果是：用检波前带宽与检波后带宽表示出最佳系统的性能。由此很容易看出带宽与信噪比之间的折中。

疑难问题

12.1 已知消息的发生概率为 0.8。要求分别以比特、奈特、哈特莱为单位，求出该消息中包含的信息。

12.2 (a) 已知信源以相同的概率产生 7^3 个消息。求出每个消息中包含的信息，单位：比特。(b) 如果已知信源以相同的概率产生 3^7 个消息，重新求解上面的问题。

12.3 已知信源的 3 个输出的发生概率分别为 1/6、1/2、1/3。求出信源的熵。在信源具有 3 个输出的条件下，当得到熵的最大值时，问信源的各个输出的发生概率是多少？

12.4 已知通信系统由两个级联的二进制对称信道构成。第一个二进制对称信道的误码率为 0.03，第二个二进制对称信道的误码率为 0.07。求出级联组合之后的差错概率。

12.5 已知二进制对称信道的误码率为 0.001。求出信道的转移概率矩阵。如果输入概率为 0.3、0.7，要求求出各个输出概率。

12.6 已知二进制对称信道的误码率为 0.001，问信道容量是多少？

12.7 已知二进制信源的符号概率为 0.4、0.6，问 5 阶信源扩展的熵是多少？

12.8 通信系统工作在加性高斯白噪声环境下，而且信噪比为 25 dB。如果信道的带宽为 15 kHz，要求求出信道容量(单位：比特/秒)。

12.9 求出码率为 1/7 的重复码的传输码字。码字之间的汉明距离是多少？每个码字最多能够纠正多少个差错？

12.10 这里引入 (5, 4) 码。问属于哪种码？每个码字能够检测到多少个差错？求出这种码的生成矩阵。

12.11 已知纠一个差错的 (7, 4) 码的信源符号位于第 1、2、6、7 位。求出这种码的生成矩阵。

12.12 已知卷积码的约束长度为 5。假定每次将 1 比特数据符号发送到编码器，在确定编码器的状态图时，需要用到多少个状态？

12.13 通信系统通过反馈提高可靠性。如果把系统设计为二进制删除信道，且删除概率为 0.01，当传输一个符号时，求出所需传输的平均次数。

12.14 通信系统正常工作时，消息信号的带宽为 10 kHz、传输带宽为 250 kHz。问带宽的扩展因子是多少？假定检波前的信噪比为 20 dB，而且采用最佳解调技术，问检波后的信噪比是多少？

习题

12.1 节习题

12.1 二进制 3 节点通信系统的转移概率分别为 $\alpha_i, \beta_i, \gamma_i$，其中，$i = 1, 2, 3, 4$。求出整个 3 节点系统的转移矩阵。要求用两种不同的方法求解。第一种方法，沿着从输入到输出的所有可能的路径，计算出每一条路径的概率。第二种方法，利用矩阵的乘积求解该题。

12.2 假定手头有一副 52 张的扑克牌(去掉了大王和小王)。

(a) 从中抽取一张牌时，问获得的信息是多少？

(b) 从中抽取两张牌时，问获得的信息是多少？这里假定：在抽取第 2 张之前，把第一张放回这副牌中。

(c) 从中抽取两张牌时，问获得的信息是多少？这里假定：在抽取第 2 张之前，并未把第一张放回这副牌中。

12.3 信源的 5 个输出 $[m_1, m_2, m_3, m_4, m_5]$ 对应的概率分别为 $[0.30, 0.25, 0.20, 0.15, 0.10]$。要求求出信源的熵。当信源具有 5 个输出时，问熵的最大值是多少？

12.4 信源的 6 个输出分别表示为 $[A, B, C, D, E, F]$，而且已知发生的概率分别为 $[0.30, 0.25, 0.20, 0.10, 0.10, 0.05]$。问信源的熵是多少？

12.5 已知信道的转移矩阵如下：

$$\begin{bmatrix} 0.6 & 0.3 & 0.1 \\ 0.2 & 0.5 & 0.3 \\ 0.2 & 0.2 & 0.6 \end{bmatrix}$$

(a) 绘出信道的图形，要求在图中表示出各个转移概率。

(b) 在信道的各个输入概率相等的条件下，求出信道的各个输出概率。

(c) 在信道的各个输出概率相等的条件下，求出信道的各个输入概率。

(d) 利用 (c) 的结果，求出联合概率矩阵。

12.6 已知二进制对称信道的误码率为 0.007。在误码率超过 0.02 之前，问已级联了多少个这样的信道？

12.7 已知信道的两个输入为 $(0, 1)$、三个输出为 $(0, e, 1)$；这就是说，输入与输出之间不存在对应关系。信道矩阵如下：

$$\begin{bmatrix} 1-p & p & 0 \\ 0 & p & 1-p \end{bmatrix}$$

要求计算出信道的容量。

12.8 在误码率为 p_1 的二进制对称信道之后连接删除概率为 p_2 的删除信道。根据信道的这种级联组合，求出信道矩阵。并且分析所得到的结果。

12.9 根据如下的信道矩阵，求出信道的容量。绘出信道容量随 p 变化的简图，并且在图中直接标出支持你所绘简图的参数(注意：$q = 1 - p$)。要求把结论推广到 N 个并行的二进制对称信道。

$$\begin{bmatrix} p & q & 0 & 0 \\ q & p & 0 & 0 \\ 0 & 0 & p & q \\ 0 & 0 & q & p \end{bmatrix}$$

12.10 根据式 $(12.25) \sim$ 式 (12.29) 给出的熵的定义，推导出式 (12.30)、式 (12.31)。

12.11 已知量化器的输入是幅度具有如下概率密度函数的随机信号：

$$f_X(x) = \begin{cases} a\mathrm{e}^{-ax}, & x \geq 0 \\ 0, & x < 0 \end{cases}$$

利用图 12.44 所示的量化电平 x_i 对输入的信号进行量化。在量化器的输出熵最大的条件下，求出用 a 表示的 x_i 值 $(i = 1, 2, 3)$。

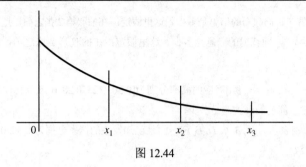

图 12.44

12.12 如果量化器的输入具有如下分布的瑞利概率密度函数，重新求解上一题的问题：

$$f_X(x) = \begin{cases} \dfrac{x}{a^2} e^{-x^2/(2a^2)}, & x \geq 0 \\ 0, & x < 0 \end{cases}$$

12.13 在量化器的输出熵取最大值的条件下，求出用 σ 表示的量化电平。这里假定共有 6 个量化电平，而且，量化器的输入是均值为零的高斯过程。

12.14 已知二进制对称信道按照图 12.45 所示的方式级联。求出每个信道的容量。当输入为 x_1 与 x_2、输出为 z_1 与 z_2 时，可以利用合理选择的概率 $p_{11}, p_{12}, p_{21}, p_{22}$ 表示整个系统。要求求出：①这 4 个概率；②整个系统的容量。分析你所得到的结果。

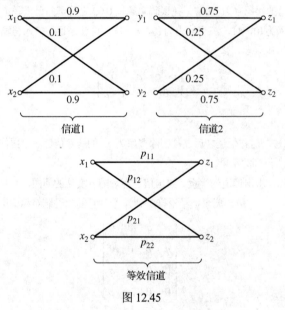

图 12.45

12.2 节习题

12.15 信源的两个输出[A，B]的概率分别为[5/8，3/8]。对信源进行四阶扩展之后，要求用两种不同的方法求出该信源的熵。

12.16 计算出表 12.1 中定义的 4 阶信源扩展的熵。当 $n = 4$ 时，求出 $\overline{L}/n$ 的值，并且在图 12.9 中添加所得到的这一结果。当 $n = 1, 2, 3, 4$ 时，求出所得到的码的效率。

12.17 已知信源具有 7 个等概率的输出消息。要求求出这种信源的香农-费诺码，并且求出所得到的码的效率。如果采用霍夫曼码，重新求解上面的问题，并且比较用这两种方法所得到的结果。

12.18　信源的 5 个输出$[m_1, m_2, m_3, m_4, m_5]$对应的概率分别为$[0.40, 0.20, 0.17, 0.13, 0.10]$。如果采用香农-费诺技术和霍夫曼编码技术实现，要求分别求出信源的输出码字。

12.19　已知二进制信源的输出概率为$[0.85, 0.15]$。信道以 1 比特/符号的容量实现 350 二进制符号/秒的传输速率。在完成传输的条件下，求出信源的最大符号速率。

12.20　已知信源的输出由 11 个等概率发送的消息组成。把信源的输出编为二进制香农-费诺码和霍夫曼码两种。计算出采用这两种编码方式时的效率，并且将所得的结果进行比较。

12.21　用如下的概率密度函数表示模拟信源的输出：

$$f_X(x) = \begin{cases} 2x, & 0 \leqslant x \leqslant 1 \\ 0, & \text{其他} \end{cases}$$

把信源的输出进行量化处理之后，得到用 11 个量化电平表示的 10 个消息信号。

$$x_i = 0.1k, \quad k = 0, 1, \cdots, 10$$

用霍夫曼编码方案对所得到的结果进行编码。假设每秒发送信源的 250 个样值，要求求出所得到的二进制符号的速率(单位：符号/秒)，而且求出信息速率(单位：比特/秒)。

12.22　信源的 5 个输出$[m_1, m_2, m_3, m_4, m_5]$对应的概率分别为$[0.35, 0.25, 0.20, 0.15, 0.05]$。用香农-费诺编码技术与霍夫曼编码技术实现二阶信源扩展时，求出所得到的二进制码字。求出所产生的码的效率，并对所得到的结果进行分析。

12.23　可以证明：存在长度为 $l_i (1 \leqslant i \leqslant N)$ 的即时二进制码的充要条件是

$$\sum_{i=1}^{N} 2^{-l_i} \leqslant 1$$

上式就是众所周知的克拉夫特不等式。证明：表 12.3 中给出的码字满足克拉夫特不等式。(上面给出的不等式还必须满足"可唯一解码"的条件。)

12.3 节习题

12.24　可以将连续低通信道设计成如图 12.46 所示的模型。假定信号的功率为 60 W、噪声的功率谱密度为 10^{-5} W/Hz，绘出信道容量随信道的带宽变化的图形，并且在 $B \to \infty$ 的极限条件下计算出信道的容量。

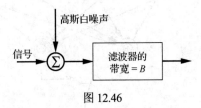

高斯白噪声

信号　　⊕　→　滤波器的带宽 = B　→

图 12.46

12.25　再次分析图 12.46 所示的低通信道模型。已知噪声的功率谱密度为 10^{-5}、信道的带宽为 10 kHz。绘出信道容量随信号的功率 P_T 变化的图形，并且要求在极限条件下(即 $P_T \to \infty$ 时)，计算出信道的容量。将这一题得到的结果与前一题的结果进行比较。

12.4 节习题

12.26　证明：在加性高斯白噪声信道上，当 n 增大时，码率为 $1/n$ 的码的性能下降。要求给出详细的分析过程。在得到具体的结果时，以 PSK 调制为例。

12.27　求出纠一个差错的$(15, 11)$码的奇偶校验矩阵、生成矩阵。这里假定码满足对称性特性。求出全 1 信息序列对应的码字。当差错出现在第 3 个位置时，计算出对应的伴随式(假定这时的码字对应全 1 输入序列)。

12.28 已知奇偶校验码的奇偶校验矩阵如下：

$$[H] = \begin{bmatrix} 0 & 1 & 1 & 1 & 1 & 0 & 0 \\ 1 & 0 & 1 & 1 & 0 & 1 & 0 \\ 1 & 1 & 0 & 1 & 0 & 0 & 1 \end{bmatrix}$$

求出生成矩阵，并且求出所有可能的码字。

12.29 根据上一题中引入的码，求出与如下信息序列对应的码字$[T_1]$、$[T_2]$：

$$[A_1] = \begin{bmatrix} 0 \\ 1 \\ 1 \\ 1 \end{bmatrix} \qquad [A_2] = \begin{bmatrix} 1 \\ 0 \\ 1 \\ 0 \end{bmatrix}$$

根据所产生的这两个码字，分析这种分组码的性质。

12.30 求出汉明码的n与k之间的关系。根据该结果证明：当n很大时，码率接近1。

12.31 求出图12.15所示编码器的生成矩阵。根据该生成矩阵，产生全部的码字，然后用所得到的结果验证图12.15所示的码字。证明：由这些码字构成了循环码。

12.32 利用上一题的结果求出图12.15所示编码器的校验矩阵。根据该校验矩阵对收到的序列1101001和1101011进行译码。将所得到的结果与图12.16中所示的结果进行比较。

12.33 引入计算机仿真实例12.1中的编码系统。证明：当信噪比大于某一电平时，与码字中两个符号出现差错的概率相比，码字中三个符号出现差错的概率可以忽略不计。

12.5 节习题

12.34 分析图12.24所示的卷积码。移位寄存器的内容为$S_1S_2S_3$，其中，S_1表示最新的输入。当$S_1 = 0$、$S_1 = 1$时，分别计算出输出序列$v_1v_2v_3$。而且证明：所产生的这两个输出序列互补。问是否需要这种特性？为什么？

12.35 根据图12.47所示的卷积码编码器，重新求解上一题的问题。在图12.47所示的编码器中，移位寄存器的内容为$S_1S_2S_3S_4$，其中，S_1表示最新的输入。

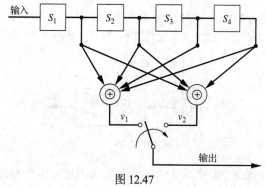

图12.47

12.36 在图12.47所示的卷积码编码器中，问约束长度是多少？要求根据每个状态转移的输出，绘出状态图。

12.37 根据图12.48所示的卷积码编码器，绘出状态图。从第一组稳定状态开始，绘出篱笆图。在第二个篱笆图中，证明篱笆图止于全零状态。

12.6 节习题

12.38 信源以5000符号/秒的速率产生二进制符号。信道上突发差错的持续时间为0.2 s。利用交织后的(n, k)汉明码(这种码能够纠正全部的突发差错)，设计出编码方案。假定编码器输出的信息速率等于编码器的输入速率。在系统能够正常工作的条件下，问突发区间持续时间的最小值是多少？

12.39 如果采用(23, 12)Golay 码，重新求解上面的问题。

12.40 要求通过合理的分析过程，证明式(12.149)的结论。

12.6 节习题

12.41 当 $\beta = 1$、5、10 时，把具有预加重的 FM 系统与最佳调制系统进行比较。只需要分析系统工作在大于门限值时的情形，而且假定 20 dB 表示门限值处的 $P_T/(N_0 W)$。

12.42 推导式(12.149)，该表达式表示的是：预计在反馈信道上传输的次数。

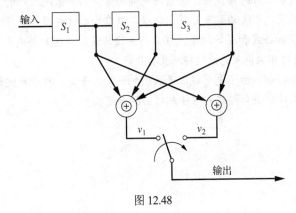

图 12.48

计算机仿真练习

12.1 要求编写计算机仿真程序完成如下的功能：绘出信源熵随变量的输出概率变化的图形。在信源的各个输出等概率发生时，期望观测到信源熵的最大值。从发生概率分别为[a, $1 - a$]的信源的两个简单输出[m_1, m_2]开始，绘出熵随 a 变化的图形。然后分析较复杂的情形，比如与信源的 3 个输出[m_1, m_2, m_3] 对应的 3 个发生概率分别为[$a, b, 1 - a - b$]。要求在显示结果时所采用的方法具有一定的创意。

12.2 当输入任意长度的二进制随机比特流时，编写产生霍夫曼信源码的 MATLAB 程序。

12.3 在计算机仿真实例 12.2 中，并未包含用于产生图 12.18 的 MATLAB 程序。要求编写出产生图 12.18 的 MATLAB 程序，并且利用编写的程序验证图 12.18 的正确性。

12.4 表 12.5 给出了码率为 1/2、3/4 时 BCH 码的简表。利用 Torrieri 边界和相应的 MATLAB 程序，当分组长度 $n = 7, 15, 31, 63$ 时，如果码率 = 1/2，要求在同一个坐标系中绘出误码率的图形。假定系统中采用了 PSK 匹配滤波器检测器。当分组长度 $n = 15, 31, 63, 127$ 时，如果码率 BCH 码的码率为 3/4，要求重新求解上面的问题。通过这一练习，可以得出哪些结论？

12.5 在通过对信息的误比特率指标进行比较实现 Torrieri 技术时，采用了 MATLAB 的 nchoosek 函数。当 n、k 很大时，利用这个函数会因函数的阶乘出现数值的精度问题。为了体现这一问题，在运行 MATLAB 的 nchoosek 函数时，选择了 $n = 1000$ 和 $k = 500$。在计算 nchoosek 函数时，要求开发出减缓这些问题的其他技术。利用你自己研发的技术将 BCH 码(511，385)、(1023，768)的性能进行比较。假定系统中采用的是 FSK 相干解调技术。

12.6 要求编写的 MATLAB 程序能够产生图 12.25 所示的树图。

12.7 当 $\gamma = 0.1$、$\gamma = 0.3$、$\gamma = 0.4$ 时，重新计算计算机仿真实例 12.6 的问题。将这些结果与计算机仿真实例 12.6 的结果(该例题中的结果由 $\gamma = 0.2$ 得出)结合起来进行分析之后，可以得出什么结论？

12.8 在计算机仿真实例 12.7 中，产生了 W 和 B 个符号的数据流。要求编写出分析游程长度编码的 MATLAB 程序。

附录 A　通信中的实际噪声源

根据第 1 章的介绍，可以把通信系统中的噪声源分为两大类：①系统之外的噪声源，例如大气、太阳、宇宙等噪声源，或者人为的噪声源；②系统内部的噪声源。系统之外的噪声源影响系统性能的程度主要与系统所处的位置、系统的配置有关。所以，很难给出这些因素对系统性能的可靠分析，而且，主要的分析依据是经验公式和现场测量。在分析和设计通信系统时与内部噪声源的强度有很大的关系。这个附录介绍各种内部噪声源的性能特征及其分析。

在构成子系统的设备内部，由于电荷载流子的随机运动，于是，在子系统的内部产生了噪声。下面介绍产生内部噪声的几种方法和与这些方法相对应的合理模型。

A.1　实际噪声源

A.1.1　热噪声

由于电荷载流子的随机运动，会在导体介质或者半导体介质中产生热噪声。从原子的层面来说，当温度高于绝对零度时，这种运动随机性是物质的普遍特性。奈奎斯特是最先分析热噪声的研究人员之一。奈奎斯特定理表明，当温度为 T 开尔文时，在 B 赫兹的频带内，把出现在值为 R 欧姆的电阻两端的均方噪声电压表示如下：

$$v_{\mathrm{rms}}^2 = \left\langle v_n^2(t) \right\rangle = 4kTRB \ \mathrm{V}^2 \tag{A.1}$$

式中

$$k = \text{玻尔兹曼常数} = 1.38 \times 10^{-23} \mathrm{J/K}$$

因此，可以用如下的串联等效电路表示电阻噪声源：①不存在噪声的电阻；②均方根电压为 v_{rms} 的噪声发生器，如图 A.1(a)所示。把图 A.1(a)所示的终端短路时，可以得到短路电流的均方值如下：

$$i_{\mathrm{rms}}^2 = \left\langle i_n^2(t) \right\rangle = \frac{\left\langle v_n^2(t) \right\rangle}{R^2} = \frac{4kTB}{R} = 4kTGB \ \mathrm{A}^2 \tag{A.2}$$

式中，$G = 1/R$ 表示电阻的导电系数。可以把图 A.1(a)所示的戴维南等效电路转换为图 A.1(b)所示的诺顿等效电路。

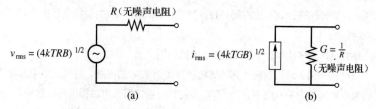

图 A.1　无噪声电阻的等效电路。(a)戴维南等效电路；(b)诺顿等效电路

例 A.1

这里引入图 A.2 所示的电阻网络。假定环境温度为 $T = 290\ K$，要求在 $100\ kHz$ 的带宽范围内，求出出现在输出终端两端的均方根噪声电压。

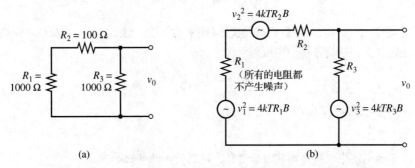

图 A.2 计算噪声的电路。(a)电阻网络；(b)体现噪声影响的等效电路

解：

根据分压比求出分布在输出终端之每个电阻两端的噪声电压。由于信源的功率可单独相加，因此，把每个电阻的电压的平方(电压的平方与功率成比例)相加之后，可以求出总的均方电压，再对总的均方电压求平方根，就可以求出均方根电压 v_0。计算时得到的结果如下：

$$v_0^2 = v_{01}^2 + v_{02}^2 + v_{03}^2$$

式中

$$v_{01} = \sqrt{4kTR_1B} \times \frac{R_3}{R_1 + R_2 + R_3} \tag{A.3}$$

$$v_{02} = \sqrt{4kTR_2B} \times \frac{R_3}{R_1 + R_2 + R_3} \tag{A.4}$$

$$v_{03} = \sqrt{4kTR_3B} \times \frac{R_1 + R_2}{R_1 + R_2 + R_3} \tag{A.5}$$

在上面的表达式中，$\sqrt{4kTR_iB}$ 表示电阻 R_i 两端的均方根电压。于是得到

$$v_0^2 = 4kTB \times \left[\frac{(R_1 + R_2)R_3^2}{(R_1 + R_2 + R_3)^2} + \frac{(R_1 + R_2)^2 R_3}{(R_1 + R_2 + R_3)^2} \right]$$

$$= 4 \times 1.38 \times 10^{-23} \times 290 \times 10^5 \times \left[\frac{1100 \times 1000^2}{2100^2} + \frac{1100^2 \times 1000}{2100^2} \right] \cong 8.39 \times 10^{-13}\ V^2 \tag{A.6}$$

因此得到

$$v_0 = 9.16 \times 10^{-7}\ V\ (rms) \tag{A.7}$$

∎

A.1.2 奈奎斯特公式

在涉及噪声源的几个电阻时，从计算噪声的角度来说，尽管例 A.1 很有用处，但也表明：如果需要的电阻很多，则计算式就会很长。可以从热力学参数的角度证明：奈奎斯特公式大大地简化了这种

计算。把奈奎斯特公式表述如下：在只含电阻、电容、电感的电路中，在网络的任一部分输出终端的两端，将所产生的均方噪声电压表示如下

$$\left\langle v_n^2(t) \right\rangle = 2kT \int_{-\infty}^{\infty} R(f)\mathrm{d}f \tag{A.8}$$

式中，在分析终端时，$R(f)$ 表示复数阻抗的实部(频率的单位：赫兹，$f = \omega/(2\pi)$)。网络中如果只含有电阻，那么在带宽 B 内的均方噪声电压为

$$\left\langle v_n^2 \right\rangle = 4kTR_{\mathrm{eq}}B \ \mathrm{V}^2 \tag{A.9}$$

式中，R_{eq} 表示网络的戴维南等效电阻。

例 A.2

在图 A.2 所示的网络中，从终端往回后看时，得到的等效电阻如下：

$$R_{\mathrm{eq}} = R_3 \parallel (R_1 + R_2) = \frac{R_3(R_1 + R_2)}{R_1 + R_2 + R_3} \tag{A.10}$$

于是得到

$$v_0^2 = \frac{4kTBR_3(R_1 + R_2)}{(R_1 + R_2 + R_3)} \tag{A.11}$$

可以证明：上式与前面得到的结果相同。 ∎

A.1.3 散粒噪声

由于电流在电子器件内流动的不连续性，于是产生了散粒噪声。例如，在电子二极管内，从阴极发射的电子的总和产生了饱和电流，这些电流随机地到达阳极，于是得出了平均电流 I_d(当 I_d 大于零时，表示从阳极到阴极)，以及用下面的均方值表示的随机波动分量：

$$i_{\mathrm{rms}}^2(t) = \left\langle i_n^2(t) \right\rangle = 2eI_d B \ \mathrm{A}^2 \tag{A.12}$$

式中，$e = 1.6 \times 10^{-19}$ 库仑。把式(A.12)称为肖特基定理。

由于独立噪声源的功率可以相加，因此可以得出结论：可以把来自独立噪声源(比如两个电阻或者由两个独立的噪声源产生的两个电流)的噪声电压的平方，或者噪声电流的平方相加。那么，在把肖特基定理用于 P-N 结时，可以得到流过 P-N 结的电流如下：

$$I = I_s \left[\exp\left(\frac{eV}{kT}\right) - 1 \right] \tag{A.13}$$

式中，V 表示二极管两端的电压，I_s 表示反向饱和电流。可以把上式的 I 看成由两个独立的电流项(即 I_s、$-I_s \exp(eV/kt)$)产生。这两个电流的变化相互独立，因而得出了用如下的关系式表示的均方散粒噪声电流：

$$i_{\mathrm{rms,tot}}^2 = \left[2eI_s \exp\left(\frac{eV}{kT}\right) + 2eI_s \right] B = 2e(I + 2I_s)B \tag{A.14}$$

正常工作时，$I \gg I_s$，而且电导的导数为 $g_0 = \mathrm{d}I/\mathrm{d}V = eI/kT$，于是可以把式(A.14)近似地表示如下：

$$i_{\mathrm{rms,tot}}^2 \cong 2eIB = 2kT_s\left(\frac{eI}{kT}\right)B = 2kTg_0B \tag{A.15}$$

由于存在因子 2(而不是式(A.2)中的因子 4),因此,可以把上式当成微分电导 g_0 的热噪声的一半。

A.1.4 其他的噪声源

除热噪声与散粒噪声外,在产生内部噪声时,还存在 3 种其他的途径。这里简要地概括一下这 3 种途径。在介绍电子设备中由这 3 种途径产生的噪声时,文献"Van der Ziel (1970)"给出了较全面的分析。

1. 振荡复合噪声

在半导体材料内,振荡复合噪声是自由载流子产生与重新结合的结果。可以把这些产生的事件与重新结合的事件视为随机事件。那么,可以把这种噪声(随机过程)当成散粒噪声过程。

2. 温度漂移噪声

温度漂移噪声指的是如下过程的结果:由于辐射过程、热传导过程的波动,在小的半导体器件(比如三极管)与环境之间发生了热交换的波动。当液体或者气体流经小的半导体器件时,也会发生热交换。

3. 闪烁噪声

闪烁噪声的产生有多种原因。闪烁噪声的频谱密度具有如下的特性:随着频率的降低,频谱密度增大。频谱密度与频率之间的相关性体现在:与频率的一次方成反比。因此,有时把闪烁噪声称为"f 分之一噪声"。较常见的是,用 f^α 表示闪烁噪声的功率谱密度,其中,α 接近 1。至今仍未弄清楚产生闪烁噪声的物理途径。

A.1.5 有效功率

由于与噪声有关的计算涉及功率的转换,因此,由内阻固定不变的噪声源产生最大有效功率的概念很有用处。图 A.3 示出了读者熟知的关于最大传输功率的定理,这就是说,如果 $R = R_L$,那么,内阻 R 把最大的功率传输到了电阻负载 R_L 上,而且,在这样的条件下,由噪声源产生的功率 P 均匀地分布在噪声源和负载电阻上。如果 $R = R_L$,那么,负载与噪声源匹配,并且把这时传输到负载的功率称为有效功率 P_a。因此可得,$P_a = P/2$(这是在仅满足 $R = R_L$ 的条件下所得到的负载功率)。在图 A.3(a)中,v_{rms} 表示噪声源的均方根电压,从该图可以看出,当 $R = R_L$ 时,R 两端的电压等于 $v_{\text{rms}}/2$。于是可以得到

$$P_a = \frac{1}{R}\left(\frac{1}{2}v_{\text{rms}}\right)^2 = \frac{v_{\text{rms}}^2}{4R} \tag{A.16}$$

同理,在处理图 A.3(b)所示的诺顿等效电路时,可以把有效功率表示如下:

$$P_a = \left(\frac{1}{2}i_{\text{rms}}\right)^2 R = \frac{i_{\text{rms}}^2}{4G} \tag{A.17}$$

式中,$i_{\text{rms}} = v_{\text{rms}}/R$ 表示均方根噪声电流。

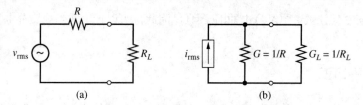

图 A.3　实现功率的最大传输时所对应的电路。(a) 负载电阻为 R_L 时噪声源的
戴维南等效电路；(b) 负载电导率为 G_L 时噪声源的诺顿等效电路

再利用式（A.16）（或者式（A.17））来分析式（A.1）（或者式（A.2））时，可以看出，由噪声源电阻产生的有效功率如下：

$$P_{a,R} = \frac{4kTRB}{4R} = kTB \ \text{W} \tag{A.18}$$

同理，当二极管与微分电导匹配时，把由二极管产生的有效功率表示如下：

$$P_{a,D} = \frac{1}{2}kTR \ \text{W}, \quad I \gg I_s \tag{A.19}$$

例 A.3

在室内常温（即 $T_0 = 290$ K）时，计算出电阻在每赫兹带宽内的有效功率。在采用分贝表示时，要求分别采用如下的两种方式：①相对于 1 瓦特的单位 dBW；②相对于 1 毫瓦的单位 dBm。

解：

以 "瓦特/赫兹" 为单位时，$= P_{a,R}/B = (1.38 \times 10^{-23}) \times 290 = 4.002 \times 10^{-21}$ W/Hz

把 "瓦特/赫兹" 转换为单位 "dBW" 时，$= 10\log_{10}(4.002 \times 10^{-21}/1) \approx -204$ dBW

把 "瓦特/赫兹" 转换为单位 "dBm" 时，$= 10\log_{10}(4.002 \times 10^{-21}/10^{-3}) \approx -174$ dBm ∎

A.1.6　频率特性

在室内常温（即 $T_0 = 290$ K）时，在例 A.2 中计算出了噪声源电阻在每赫兹带宽内的有效功率非常接近 −174 dBm/Hz，而与工作频率无关。实际上，正如式（A.1）所示出的，奈奎斯特定理是通用结果的简化表示形式。在每赫兹的带宽内，有效功率的量子力学表达式或者有效功率谱密度 $S_a(f)$ 为

$$S_a(f) \triangleq \frac{P_a}{B} = \frac{hf}{\exp(hf/kT) - 1} \ \text{W/Hz} \tag{A.20}$$

式中，$h =$ 普朗克常数 $= 6.625\,4 \times 10^{-34}$ J·s。

图 A.4 绘出了上面的表达式，从图中可以看出，除温度非常低、频率非常高外，近似程度很高，体现在 $S_a(f)$ 为常数（也就是说，P_a 与带宽 B 成正比）。

A.1.7　量子噪声

如果频率很高（$hf \gg kT$），那么，在分析式（A.20）本身时，可能会产生错误的假设，例如在光纤中，由该式可知，噪声可以忽略不计。但可以证明，在考虑电子能量的离散特性时，必须考虑式（A.20）表示的值为 hf 的量子噪声项的影响。见图 A.4 中的直线所示，从图中可以看出，在热噪声区域与所估计的量子噪声区域之间，可能存在转换频率。当 $T = 2.9$ K 时，从图中可看出，转换频率大于 20 GHz。

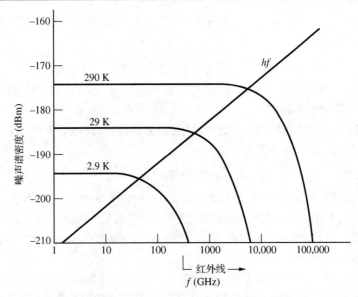

图 A.4　在热敏电阻中噪声功率谱密度随频率的变化

A.2　各种系统的噪声特性

　　上面已经分析了通信系统中的几种可能的噪声源,下面分析各个子系统的噪声特性的便捷表示方法(正是这些子系统构成了整个系统),以及整个系统的噪声特性。图 A.5 示出了构成整个系统的 N 级级联(或者说成 N 个子系统的级联)。例如,如果这个方框图表示超外差式接收机,那么,子系统 1 为射频放大器、子系统 2 为混频器、子系统 3 为中频放大器、子系统 4 为检波器。在每一级的输出端,期望能够与这一级的输入信噪比联系起来。若能实现的话,那么,在整个系统中,就可以精确地求出哪些子系统的输出噪声功率大,因而通信系统的设计人员在设计过程中可以选择噪声最小的实现方案。

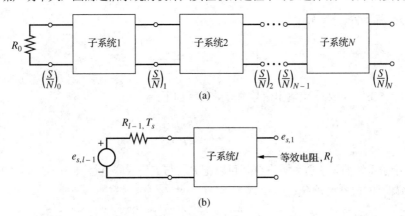

图 A.5　构成整个系统的各个子系统的级联。(a)当每个点的信噪比给出
明确定义时 N 个子系统的级联;(b)级联系统中的第 l 个子系统

A.2.1　系统的噪声系数

　　系统噪声的有效度量方式指的是噪声系数 F,把噪声系数 F 定义如下:系统输入端的信噪比与系

统输出端的信噪比的比值。具体地说,对图 A.5 中的第 l 个子系统而言,用如下的关系式定义 F_l:

$$\left(\frac{S}{N}\right)_l = \frac{1}{F_l}\left(\frac{S}{N}\right)_{l-1} \tag{A.21}$$

在理想情况下,子系统中不存在噪声,即 $F_l = 1$;这就是说,这个子系统没有引入额外的噪声。对实际的通信器件、通信设备而言,$F_l > 1$。

在涉及通信设备、通信系统的噪声系数时,通常以分贝(dB)为单位。即可以用下面的关系式具体地表示通信设备、通信系统的噪声系数:

$$F_{\mathrm{dB}} = 10\log_{10} F_{\mathrm{ratio}} \tag{A.22}$$

一般来说,行波管放大器的噪声系数为 2~4.5 dB(对应 20~30 dB 的功率增益),各种混频器的噪声系数为 5~8 dB(由于在无源混频器的输出端只采用了一个边带,因此,无源混频器至少存在 3 dB 的损耗)。就噪声系数而言,较深入的分析见文献"Mumford and Schiebe (1968)",或者参阅各个设备制造商的数据手册。

根据式(A.21)给出的噪声系数的定义,在求解噪声系数时,需要计算出系统中每一点的信号功率、噪声功率。与式(A.21)等效的另一个定义式则只需要计算出各点的噪声功率。在系统中的任何一点,尽管信号功率、噪声功率与前一级子系统的负载有关,但由于信号、噪声都经历了同样的负载,因此各级的信噪比与负载无关。于是,在信号、噪声的计算中,可以采用能够实现便捷运算的任意负载阻抗。具体而言,可以采用与输出阻抗匹配的负载阻抗,这时可以得到有效的信号功率、噪声功率。

这里以图 A.5 级联系统中的第 l 个子系统为例展开分析。在戴维南等效电路中,如果第 l 个子系统的输入均方根信号电压为 $e_{s,l-1}$,且等效阻抗为 R_{l-1},那么,可以把信号的有效功率表示如下:

$$P_{sa,l-1} = \frac{e_{s,l-1}^2}{4R_{l-1}} \tag{A.23}$$

如果假设只存在热噪声,那么,当噪声源的温度为 T_s 时,可以得到噪声的有效功率如下:

$$P_{na,l-1} = kT_s B \tag{A.24}$$

因此,可以得到如下的输入信噪比:

$$\left(\frac{S}{N}\right)_{l-1} = \frac{e_{s,l-1}^2}{4kT_s R_{l-1} B} \tag{A.25}$$

那么,根据图 A.5(b),可以求出输出信号的有效功率如下:

$$P_{na,l} = \frac{e_{s,l}^2}{4R_l} \tag{A.26}$$

通过利用第 l 个子系统的有效功率增益 G_a,可以把 $P_{sa,l}$ 与 $P_{sa,l-1}$ 联系起来,即在所有的阻抗都匹配的条件下,按照如下的关系定义 G_a:

$$P_{sa,l} = G_a P_{sa,l-1} \tag{A.27}$$

于是得到如下的输出信噪比:

$$\left(\frac{S}{N}\right)_l = \frac{P_{sa,l}}{P_{na,l}} = \frac{1}{F_l}\frac{P_{sa,l-1}}{P_{na,l-1}} \tag{A.28}$$

或者把上式表示如下:

$$F_l = \frac{P_{sa,l-1}}{P_{sa,l}} \frac{P_{na,l}}{P_{na,l-1}} = \frac{P_{sa,l-1}}{G_a P_{sa,l-1}} \frac{P_{na,l}}{P_{na,l-1}} = \frac{P_{na,l}}{G_a P_{na,l-1}} \tag{A.29}$$

由于不匹配时，对信号与噪声的影响相同[1]，因此，上式只考虑了完全匹配的情形。于是，如果系统中没有引入噪声，那么，噪声系数等于输出噪声功率与输入噪声功率的比值。需要注意的是，$P_{na,l} = G_a P_{na,l-1} + P_{int,l}$，其中，$P_{int,l}$ 表示第 l 个子系统内产生的有效噪声功率，而且满足 $P_{na,l-1} = kT_s B$，于是可以把式(A.29)表示如下：

$$F_l = 1 + \frac{P_{int,l}}{G_a kT_s B} \tag{A.30}$$

或者，通过设置 $T_s = T_0 = 290$ K，对噪声系数进行标准化处理之后[2]，可以得到

$$F_l = 1 + \frac{P_{int,l}}{G_a kT_0 B} \tag{A.31}$$

因此，当 $G_a \gg 1$ 时，$F_l \approx 1$ 成立，这表明：当系统的增益很大时，系统内产生的噪声的影响就显得无关紧要了。反之，当系统的增益很小时，在系统内，噪声的影响就会增大。

A.2.2 噪声系数的度量

利用式(A.29)，根据输出端相对于输入端的噪声功率 $P_{na,out}$，并且用具有噪声源电阻 R_s 的并联电流发生器 $\overline{i_n^2}$ 表示时，或者用具有噪声源电阻 R_s 的串联电压发生器 $\overline{e_n^2}$ 表示时，可以通过如下的方式求出噪声系数：把输入噪声变换为已知量，然后在器件的输出端测量出输入功率的变化。具体而言，假定用饱和的电子二极管表示电流源时，满足如下的关系：

$$\overline{i_n^2} = 2eI_d B \text{ A}^2 \tag{A.32}$$

而且，有足量的电流通过二极管，那么，与没有二极管的情形相比，输出端的噪声功率加倍，于是得到如下的噪声系数：

$$F = \frac{eI_d R_s}{2kT_0} \tag{A.33}$$

式中，e 表示电量(单位：库仑)；I_d 表示二极管中的电流(单位：安培)；R_s 表示输入电阻；k 表示玻尔兹曼常数；T_0 表示标准温度(单位：开尔文度)。

Y 因子法属于上述方法的变体，如图 A.6 所示。这里假定共有两个已经校准的噪声源，其中一个噪声源的有效温度为 T_{hot}，另一个噪声源的有效温度为 T_{cold}。当第一个噪声源输入到温度为 T_e 的未知系统时，根据式(A.18)，可以得到噪声的有效输出功率如下：

$$P_h = k(T_{hot} + T_e)BG \tag{A.34}$$

式中，B 表示正进行测试的设备的噪声带宽；G 表示它的有效功率增益。在存在"冷噪声源"的环境下，可以把有效的输出噪声功率表示如下：

---

1 这里假定噪声功率与信号功率的增益相同。如果增益随着频率变化，则可以规定点噪声系数，即，在很窄的带宽 Δf 内度量信号的功率、噪声的功率。

2 如果不这样处理的话，接收机的制造商可能会给出如下的声明：与竞争对手的产品相比，本产品优异的噪声性能只是体现在所选择的 T_s 比竞争对手选择的大一些。若想了解过去用过的噪声系数的各种定义，可以参阅文献"Mumford and Scheibe (1968)"，第 53～56 页。

$$P_c = k(T_{\text{cold}} + T_e)BG \tag{A.35}$$

在这两个方程中共有两个未知数：T_e、BG。用第二个方程除以第一个方程之后，可以得到

$$\frac{P_h}{P_c} = Y = \frac{T_{\text{hot}} + T_e}{T_{\text{cold}} + T_e} \tag{A.36}$$

对上式求解 T_e 时，可以得到

$$T_e = \frac{T_{\text{hot}} - YT_{\text{cold}}}{Y - 1} \tag{A.37}$$

上式中包含了两个已知的噪声源温度和测量的 Y 因子。根据如下的步骤，并且借助于图 A.6 中高精度的衰减器，可以测量出 Y 因子：①把噪声源与测试中的系统相连，为了便于读取仪表的读数，校准衰减器；②转换到"冷噪声源"，并且把衰减器的仪表读数调整到与前面的读数相同；③需要注意的是，在衰减器的设置中，ΔA 的单位为分贝，因此可以计算出 $Y = 10^{\Delta A/10}$；④根据式(A.37)计算出噪声的有效温度。

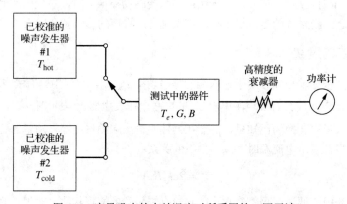

图 A.6　度量噪声的有效温度时所采用的 Y 因子法

A.2.3　噪声的温度

式(A.18)表明：当温度为 T 时，电阻的有效噪声功率为 kTB 瓦特(与 R 值的大小无关)。根据该结论，可以用如下的式子定义任意噪声源的等效噪声温度：

$$T_n = \frac{P_{n,\text{max}}}{kB} \tag{A.38}$$

式中，$P_{n,\text{max}}$ 表示噪声源的最大功率；B 表示噪声源的传输带宽。

例 A.4

把温度分别为 T_1、T_2 的两个电阻 R_1、R_2 串联后构成白噪声源。求出组合之后的等效噪声温度。

解：

把组合之后产生的均方电压表示如下：

$$\langle v_n^2 \rangle = 4kBR_1T_1 + 4kBR_2T_2 \tag{A.39}$$

由于等效电阻等于 $R_1 + R_2$，因此，可以求出噪声的有效功率如下：

$$P_{na} = \frac{\langle v_n^2 \rangle}{4(R_1 + R_2)} = \frac{4k(T_1R_1 + T_2R_2)B}{4(R_1 + R_2)} \tag{A.40}$$

于是得到噪声的等效温度如下：

$$T_n = \frac{P_{na}}{kB} \cdot \frac{T_1 R_1 + T_2 R_2}{R_1 + R_2} \tag{A.41}$$

需要注意的是，如果两个电阻 R_1、R_2 的温度 T_1、T_2 不相等的话，那么，T_n 表示的并不是实际温度值。 ■

A.2.4 噪声的有效温度

再来分析噪声系数的表达式(A.30)，没有表示单位的第 2 项 $P_{\text{int}, l} / G_a k T_0 B$ 只与系统的内部噪声有关。值得注意的是，$P_{\text{int}, l} / G_a k B$ 的单位与温度的单位相同，于是，可以把噪声系数表示为如下的形式：

$$F_l = 1 + \frac{T_e}{T_0} \tag{A.42}$$

式中

$$T_e = \frac{P_{\text{int}, l}}{G_a k B} \tag{A.43}$$

因此可以得到

$$T_e = (F_l - 1) T_0 \tag{A.44}$$

T_e 表示系统噪声的有效温度，并且只与系统的参数有关。在系统的输出端，由内部噪声源产生同样的有效噪声功率，由于 T_e 表示把热电阻放置在无噪声系统输入端时所需的温度，因此，T_e 度量的是系统噪声相对于输入的温度。根据前面的两个结论：$P_{na, l} = G_a P_{na, l-1} + P_{\text{int}, l}$ 以及 $P_{na, l-1} = k T_s B$，可以把子系统输出端的有效噪声功率表示如下：

$$P_{na, l} = G_a k T_s B + G_a k T_e B = G_a k (T_s + T_e) B \tag{A.45}$$

式中，用到了噪声源的实际温度 T_s。因此，把系统噪声的有效温度与噪声源的温度相加，并且乘以 $G_a k B$ 之后，可以求出系统输出端的有效噪声功率。这里解释一下，由于噪声是相对于输入端而言的，因此，上式中出现了 G_a。

A.2.5 各个子系统的级联

这里分析图 A.5 中的前两级(即前两个子系统)。从图中可以看出，由于存在如下的噪声源，因而输出端出现了噪声。

1. 把原噪声放大了 $G_{a_1} G_{a_2} k T_s B$ 倍。
2. 内部噪声从第一级到第二级时的放大倍数为 $G_{a_2} P_{a, \text{int}_1} = G_{a_2} (G_a k T_{e_1} B)$。
3. 第二级的内部噪声为 $P_{a, \text{int}_2} = G_{a_2} k T_{e_2} B$。

因此，在级联输出端的总的有效噪声功率为

$$P_{na, 2} = G_{a_1} G_{a_2} k \left(T_s + T_{e_1} + \frac{T_{e_2}}{G_{a_1}} \right) B \tag{A.46}$$

需要注意的是，级联的有效增益为 $G_{a_1} G_{a_2}$，与式(A.45)比较之后，可以得到级联系统的有效温度如下：

$$T_e = T_{e_1} + \frac{T_{e_2}}{G_{a_1}} \tag{A.47}$$

根据式(A.42)，可以把总的噪声系数表示如下：

$$F = 1 + \frac{T_e}{T_0} = 1 + \frac{T_{e_1}}{T_0} + \frac{1}{G_{a_1}}\frac{T_{e_2}}{T_0} = F_1 + \frac{F_2 - 1}{G_{a_1}} \tag{A.48}$$

式中，F_1 表示第一级的噪声系数；F_2 表示第二级的噪声系数。把这一结论推广到级数等于任意值的情形之后，可以得到如下表示形式的福利斯公式：

$$F = F_1 + \frac{F_2 - 1}{G_{a_1}} + \frac{F_3 - 1}{G_{a_1} G_{a_2}} + \cdots \tag{A.49}$$

因此，将式(A.47)扩展之后的结论如下：

$$T_e = T_{e_1} + \frac{T_{e_2}}{G_{a_1}} + \frac{T_{e_3}}{G_{a_1} G_{a_2}} + \cdots \tag{A.50}$$

例 A.5

抛物面碟形天线在指向空中时，不是直接对着太阳。由辐射产生的噪声等效于温度等于 70 K 时的噪声源。在 20 MHz 的信道上，把具有如下两项指标的低噪声前置放大器安装在天线馈源子系统中(这里强调一下，采用抛物面反射器)：①噪声系数 2 dB；②有效功率增益 20 dB。要求根据以上条件求解如下问题。

(a)前置放大器中的噪声有效温度。

(b)前置放大器输出端噪声的有效功率。

解：

(a)根据式(A.45)，可以得到

$$T_{\text{eff, in}} = T_s + T_{e,\text{preamp}} \tag{A.51}$$

再利用式(A.44)，可以求出 $T_{e,\text{preamp}}$ 如下：

$$T_{e,\text{preamp}} = T_0(T_{\text{preamp}} - 1) = 290 \times (10^{2/10} - 1) = 169.6 \text{ K} \tag{A.52}$$

(b)根据式(A.45)，可以得到噪声的有效功率如下：

$$\begin{aligned}
P_{na,\text{out}} &= G_a k (T_s + T_e) B \\
&= 10^{20/10} \times 1.38 \times 10^{-23} \times (169.6 + 70) \times (20 \times 10^6) \\
&= 6.61 \times 10^{-12} \text{ W}
\end{aligned} \tag{A.53}$$

∎

例 A.6

把噪声系数等于 2.5 dB 的前置放大器与增益、噪声系数分别为 5 dB、8 dB 的混频器级联。在级联后的噪声系数小于等于 4 dB 的条件下，求出前置放大器的增益。

解：

如下表示形式的福利斯公式专门用于求解这一问题。

$$F = F_1 + \frac{F_2 - 1}{G_1} \tag{A.54}$$

根据上式求解 G_1 时，可以得到

$$G_1 = \frac{F_2 - 1}{F - F_1} = \frac{10^{8/10} - 1}{10^{4/10} - 10^{2.5/10}} = 7.24 \text{（比值）} = 8.6 \text{ dB} \tag{A.55}$$

需要注意的是，混频器的增益无关紧要。■

A.2.6 衰减器的噪声温度与噪声系数

在所分析的输入端与输出端之间的有效功率中，纯电阻性衰减器存在值为 L 的损耗因子，因此，输出端的有效功率 $P_{a,\text{out}}$ 与输入端的有效功率 $P_{a,\text{in}}$ 之间的关系如下：

$$P_{a,\text{out}} = \frac{1}{L} P_{a,\text{in}} = G_a P_{a,\text{in}} \tag{A.56}$$

但是，由于采用的是纯电阻性衰减器，而且假定衰减器的温度 T_s 与输入端电阻的温度相同，所以，有效的输出功率如下：

$$G_{na,\text{out}} = kT_s B \tag{A.57}$$

由式（A.42）可知，在利用有效温度 T_e 体现出衰减器的特性时，可以把 $P_{na,\text{out}}$ 表示如下：

$$G_{na,\text{out}} = G_a k(T_s + T_e)B = \frac{1}{L}k(T_s + T_e)B \tag{A.58}$$

在求解 T_e 时，令式（A.57）与式（A.58）相等。这就是说，在温度为 T_s 的噪声源电阻之后连接衰减器时，可以得到噪声有效温度 T_e 的如下表达式：

$$T_e = (L-1)T_s \tag{A.59}$$

根据式（A.42），当噪声源电阻与衰减器级联时，可以把级联系统的噪声系数表示如下：

$$F = 1 + \frac{(L-1)T_s}{T_0} \tag{A.60}$$

或者把上式表示为

$$F = 1 + \frac{(L-1)T_0}{T_0} = L \tag{A.61}$$

例 A.7

已知接收机系统的构成如下：①天线将信号引入电缆时的损耗因子为 $L = 1.5 \text{ dB}$（即增益为 -1.5 dB），在环境温度下，引入电缆的噪声系数 F_1 也等于损耗因子；②噪声系数为 $F_2 = 7 \text{ dB}$、增益为 20 dB 的前置放大器；③噪声系数为 $F_3 = 10 \text{ dB}$、变频增益为 8 dB 的混频器；④噪声系数为 $F_4 = 6 \text{ dB}$、增益为 60 dB 的集成电路中频放大器。根据上述条件，求解如下的问题。

(a) 系统的总噪声系数、噪声温度。

(b) 在前置放大器与电缆互换位置的条件下（也就是说，把前置放大器安放在天线终端处），系统的总噪声系数、噪声温度分别是多少？

解：

(a) 把分贝值变换为比值之后再利用式（A.46）时，可以得到

$$F = 1.41 + \frac{5.01 - 1}{1/1.41} + \frac{10 - 1}{100/1.41} + \frac{3.98 - 1}{100 \times 6.3/1.41} \tag{A.62}$$

$$= 1.41 + 5.65 + 0.13 + 6.7 \times 10^{-3} = 7.19 = 8.57 \text{ dB}$$

需要注意的是,从本质上说,射频放大器决定了系统的噪声系数,而且,由于电缆存在损耗,因此会增大系统的噪声系数。在根据式(A.47)求解 T_e 时,可以计算出噪声的有效温度如下:

$$T_e = T_0 \times (F-1) = 290 \times (7.19-1) = 1796\ \text{K} \tag{A.63}$$

(b)根据(a)的处理过程,用前置放大器的各项指标替换电缆的各项指标之后,可以得到如下的噪声系数:

$$\begin{aligned}
F &= 5.01 + \frac{1.41-1}{100} + \frac{10-1}{100/1.41} + \frac{3.98-1}{100\times6.3/1.41} \\
&= 5.01 + 4.1\times10^{-3} + 6.67\times10^{-3} + 0.127 \\
&= 5.15 = 7.12\ \text{dB}
\end{aligned} \tag{A.64}$$

噪声的温度如下:

$$T_e = 290 \times 4.15 = 1203\ \text{K} \tag{A.65}$$

因此,从本质上说,射频前置放大器中的噪声电平决定了噪声系数、噪声温度。∎

在这里的分析中,忽略了一个或许相当重要的噪声源(也就是天线噪声源)。如果采用定向天线,并且指向主要的热噪声源,例如,白天指向空中时(对应的噪声温度的典型值为 300 华氏度),噪声的等效温度在计算中也很重要。在采用低噪声前置放大器的条件下,这一效果尤为明显(见表 A.1)。

A.3　自由空间传输的实例

这里把自由空间里的电磁波传输信道作为计算噪声的最后一个实例。为了便于分析,这里假定所关注的通信链路指的是介于同步轨道中继卫星与低轨卫星(或者低轨飞行器)之间的链路,如图 A.7 所示。

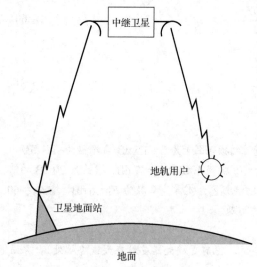

图 A.7　卫星中继通信链路

这个模型可以表示介于地面站与小型科研卫星(或者飞行器)之间的中继链路部分。由于地面站的功率很高,因此,可以假定地面站与中继卫星之间的通信链路上不存在噪声,因而只需着重分析两个卫星之间的链路。

这里假定中继卫星的发送信号功率为 P_T W。如果完全均匀地向各个方向辐射,那么,与卫星相距 d 处的功率密度为

$$p_t = \frac{P_T}{4\pi d^2}\ \text{W/m}^2 \tag{A.66}$$

如果通信卫星具有方向性,即,辐射的能量指向低轨目标,那么,可以利用朝向各个方向均匀辐射电平的天线功率增益 G_T 表示天线的特性。与发送信号的波长的平方即 λ^2 相比,当孔径型天线的孔径面积 A_T 很大时,可以证明:所得到的最大增益为 $G_T = 4\pi A_T/\lambda^2$。由接收天线收到的功率 P_R 等于如下两部分的乘积:①接收孔径面积 A_k;②在接收点处,孔径的功率密度。于是得到

$$p_R = p_t A_R = \frac{P_T G_T}{4\pi d^2} A_R \tag{A.67}$$

这里，通过利用关系式 $G_R=4\pi A_R/\lambda^2$，可以把接收孔径天线与最大增益联系起来，于是，可以得到

$$P_R = \frac{P_T G_T G_R \lambda^2}{(4\pi d)^2} \tag{A.68}$$

式(A.68)中只包含了发射电磁波向各个方向均匀扩散时的损耗。如果其他的各种损耗(比如大气的吸收)也很明显，那么可以在式(A.68)中增加损耗因子项 L_0，于是得到

$$P_R = \left(\frac{\lambda}{4\pi d}\right)^2 \frac{P_T G_T G_R}{L_0} \tag{A.69}$$

有时把因子 $(4\pi d/\lambda)^2$ 称为自由空间的损耗[3]。

在计算接收功率时，以分贝为单位会带来方便。也就是说，按照 $10\log_{10} P_R$ 运算之后，可以得到

$$10\log_{10} P_R = 20\log_{10}\left(\frac{\lambda}{4\pi d}\right) + 10\log_{10} P_T + 10\log_{10} G_T + 10\log_{10} G_R - 10\log_{10} L_0 \tag{A.70}$$

这里可以把 $10\log_{10} P_R$ 理解为相对于 1 W 的接收功率，通常把按这种处理方式得到的功率称为 dBW 功率。同理，通常把 $10\log_{10} P_T$ 称为发送功率，单位：dBW。把 $10\log_{10} G_T$、$10\log_{10} G_R$ 分别称为以各个方向均匀分布为基础的发射天线增益、接收天线增益(单位：分贝)；把 $10\log_{10} L_0$ 称为损耗因子(单位：分贝)。如果把 $10\log_{10} P_T$、$10\log_{10} G_T$ 连在一起考虑的话，则把二者的和称为有效辐射功率(Effective Radiated Power，ERP)，单位：分贝瓦特(ERP 表示相对于各个方向均匀分布的有效辐射功率，有时也称为 EIRP)。第一项的负值表示自由空间的损耗(单位：分贝)。当 $d=10^6$ 英里(1.6×10^9 m)、频率为 500 MHz(即 $\lambda=0.6$ m)时，可以得到自由空间的损耗如下：

$$20\log_{10}\left(\frac{\lambda}{4\pi d}\right) = 20\log_{10}\left(\frac{0.6}{4\pi \times 1.6 \times 10^9}\right) = -210 \text{ dB} \tag{A.71}$$

如果 d 或者 λ 变化了 10 倍，那么，上式的值就会变化 20 dB。在计算下面卫星常规链路的信噪比时，利用了如下几项：①式(A.70)；②前面得到的噪声系数的结果；③前面得到的表示温度的结果。

例 A.8

已知中继卫星与用户之间的链路具有如下的参数。

中继卫星的有效辐射功率($G_T=30$ dB；$P_T=100$ W)：50 dBW。

发送频率：2 GHz($\lambda=0.15$ m)。

用户接收机中噪声的温度(包括接收机的噪声系数、天线工作时的环境温度)：700 K。

用户卫星天线的增益：3 dB。

系统的总损耗：0 dB。

中继用户之间的距离：41 000 km。

在 50 kHz 的带宽内，在卫星接收机中频放大器的输出端，问信号功率与噪声功率的比值是多少？

解：

按照如下的步骤，根据式(A.69)，可以计算出接收信号的功率(括号内的极性符号"+"、"−"表示加上或者减去对应的项)。

自由空间的损耗：$-20\log_{10}(0.15/4\pi \times 41 \times 10^6) = 190.7$ dB (−)。

有效辐射功率：50 dBW (+)。

---

3 这里采用了如下的惯例：损耗等于分母 P_R 的倍数。以分贝为单位时，损耗大于零(即，增益小于零)。

接收天线的增益: 0 dB (+)。

系统的总损耗: 3 dB (–)。

接收信号的功率: –143.7 dBW (+)。

根据式(A.43)可以计算出噪声的功率电平如下:

$$P_{\text{int}} = G_a k T_e B \tag{A.72}$$

式中, P_{int} 表示由内部噪声源在接收机的输出端产生的噪声功率。由于这里计算的是信噪比, 于是, 计算中相同的增益既与信号相乘, 又与噪声相乘, 因此, 在相互抵消之后导致了接收机的有效增益并没有出现在计算中。所以, 可以把 G_a 设置为1, 于是得到噪声的功率电平如下:

$$P_{\text{int,dBW}} = 10\log_{10}\left[kT_0\left(\frac{T_e}{T_0}\right)B\right] = 10\log_{10}(kT_0) + 10\log_{10}\left(\frac{T_e}{T_0}\right) + 10\log_{10}B \tag{A.73}$$
$$= -204 + 10\log_{10}(700/290) + 10\log_{10}50\,000 = -153.2 \text{ dBW}$$

那么, 接收端的输出信噪比如下:

$$\text{SNR}_0 = -143.7 + 153.2 = 9.5 \text{ dB} \tag{A.74}$$

∎

例 A.9

在从数字通信系统的角度解释前面例子中得到的结果时, 必须把得到的信噪比转换为如下两项的比值(见第9章的分析): ①每比特信号的能量 E_b; ②噪声的功率谱密度 N_0。根据 SNR_0 的定义, 可以得到

$$\text{SNR}_0 = \frac{P_R}{kT_e B} \tag{A.75}$$

把上式的分子、分母都乘以数据比特的持续时间 T_b 之后, 可以得到

$$\text{SNR}_0 = \frac{P_R T_b}{kT_e B T_b} = \frac{E_b}{N_0 B T_b} \tag{A.76}$$

式中, $P_R T_b = E_b$、$kT_e = N_0$ 分别表示每比特的信号能量、噪声的功率谱密度。因此, 利用 SNR_0 的值, 可以求出 E_b/N_0, 即

$$E_b/N_0\big|_{\text{dB}} = (\text{SNR}_0)_{\text{dB}} + 10\log 10(BT_b) \tag{A.77}$$

例如, 根据第9章的介绍, 在采用相移键控载波技术时, 可以求出零点–零点带宽为 $2/T_b$ 赫兹。所以, BPSK 系统的 BT_b 值为2(以 dB 为单位时, 等于 $10\log_{10}2 = 3$ dB), 以及如下的信噪比:

$$E_b/N_0\big|_{\text{dB}} = 9.5 + 3 = 12.5 \text{ dB} \tag{A.78}$$

第9章已推导出了 BPSK 数字通信系统的误码率, 即

$$P_E = Q\left(\sqrt{2E_b/N_0}\right) \cong Q\left(\sqrt{2\times10^{1.25}}\right) \cong 1.23\times10^{-9}; \quad E_b/N_0 = 12.5 \text{ dB} \tag{A.79}$$

上式求出的值相当小(分析中误码率小于 10^{-6} 即可)。由此可以看出, 系统设计中考虑了足够的裕量。但误码率指标 10^{-6} 没有考虑安全因子的裕量。随着时间的推移, 设备中元器件的质量会下降, 或者系统可能工作在未曾预料到的恶劣环境下。当裕量为3 dB 时, 误码率的性能指标为 1.21×10^{-5}。 ∎

补充书目

就分析的范围和等级而言，在有关通信的许多文献的第 2 章、第 3 章中，都给出了通信系统中噪声源的分析与计算。文献"Mumford and Scheibe (1968)"给出了这一主题的简洁而全面的初步介绍。文献"Van der Ziel (1970)"给出了固态元器件中噪声问题的深入分析。关于噪声问题的其他文献有"Ott (1988)"。读者若打算了解卫星链路的功率预算，可以参阅文献"Ziemer and Peterson (2001)"。

习题

A.1 节习题

A.1 把具有 30 MHz 有效噪声带宽的准确的均方根伏特计(假定没有噪声)用于测量由如下的器件产生的噪声。要求计算出仪表在每种情况下的读数。

(a)环境温度 $T_0 = 290$ K 时的 10 kΩ 电阻；

(b)温度 $T_0 = 29$ K 时的 10 kΩ 电阻；

(c)温度 $T_0 = 2.9$ K 时的 10 kΩ 电阻；

(d)分别在带宽降为原来的 1/4、1/10、1/100 的条件下，重新处理上面的各个问题。

A.2 已知 PN 结二极管的反向饱和电流为 $I_s = 15$ μA。

(a)在环境温度为 290 K 的条件下，当 $I > 20I_s$ 时，可以把式(A.17)作为式(A.16)的近似表达式。求出这时所对应的 V。求出均方根噪声电流。

(b)当 $T = 29$ K 时，重新求解问题(a)。

A.3 根据图 A.8 所示的电路，解答如下的问题。

(a)求出 R_3 两端的均方噪声电压的表达式。

(b)如果 $R_1 = 2000$ Ω、$R_2 = R_L = 300$ Ω、$R_3 = 500$ Ω，问每赫兹带宽内的均方噪声电压是多少？

A.4 在图 A.8 所示的电路中，把 R_L 当作负载电阻。在 R_1、R_2、R_3 传输的有效噪声功率最大的条件下，求出 R_L 的表达式(要求用 R_1、R_2、R_3 表示)。

A.5 假定系统的带宽为 2 MHz。在图 A.9 所示的电路中，当温度为 400 K 时，求出输出终端两端的均方根噪声电压。

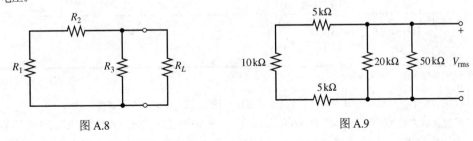

图 A.8   图 A.9

A.2 节习题

A.6 根据图 A.10 所示的二端口电阻式匹配网络，分别求出 F 与 T_e 的表达式。这里假定噪声源的温度为 $T_0 = 290$ K。

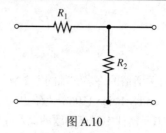

图 A.10

A.7　等效噪声温度 $T_s = 1000\,\text{K}$ 的噪声源之后连接的是 3 个放大器级联子系统，这 3 个放大器的指标如表 A.1 所示。假定系统的带宽为 50 kHz。根据上述条件，解答以下问题。

(a) 求出级联系统的噪声系数。

(b) 假定把放大器 1 与放大器 2 的位置互换，求出级联系统的噪声系数。

(c) 在 (a)、(b) 的系统中，求出噪声的温度。

(d) 假定采用配置 (a)。当输出信噪比为 40 dB 时，问所需的信号功率是多少？在采用配置 (b) 的条件下，问所需的信号功率是多少？

表 A.1

放大器的序号	F	T_e	增益
1		300 K	10 dB
2	6 dB		30 dB
3	11 dB		30 dB

A.8　在损耗为 $L \gg 1$ 的衰减器的后面连接一个放大器，已知放大器的噪声系数为 F、增益为 $G_a = 1/L$。根据上述条件，解答如下的问题。

(a) 在温度为 T_0 的条件下，求出级联系统的噪声系数。

(b) 把与 (a) 中完全相同的两套衰减器-放大器级联。在温度为 T_0 的条件下，求出级联系统的噪声系数。

(c) 把上述的结论推广到温度为 T_0 时将 N 套衰减器-放大器级联。当衰减器-放大器的数量加倍时，问噪声系数增大了多少分贝？

A.9　已知接收系统由前置放大器、混频器、放大器级联后构成，这 3 个子系统的指标如表 A.2 所示。根据这些条件，解答如下的问题。

表 A.2

	噪声系数 (dB)	增益 (dB)	带宽
前置放大器	2	G_1	*
混频器	8	1.5	*
放大器	5	30	10 MHz

* 表示这一级的带宽远大于放大器的带宽。

(a) 若要求整个级联系统的噪声系数小于等于 5 dB，问前置放大器的增益是多少？

(b) 把前置放大器连接到噪声温度为 300 K(该温度表示从空中检测到的地面温度)的天线。根据前置放大器的增益 15 dB 以及 (a) 中求解前置放大器增益时利用的条件，求出整个系统的温度。

(c) 在 (b) 对应的两种情况下，求出放大器输出端的噪声功率。

(d) 利用如下的假定条件重新求解 (b)：把损耗为 2 dB 的传输线连接到通往前置放大器的天线。

A.10 把温度为 300 K 的天线连接到具有如下指标的接收机：①总增益为 80 dB；②T_e = 1500 K；③带宽为 3 MHz。

(a) 在接收机的输出端，问噪声的有效功率是多少？

(b) 当天线接头的输出信噪比为 50 dB 时，求出天线接头处所需的信号功率 P_r（单位：dBm）

A.11 根据式(A.37)以及随后的分析，这里假定：两个校准之后的噪声源的有效温度分别为 600 K、300 K。

(a) 当把两个噪声源用作输入时，如果把衰减器的差值设置后，在放大器的输出为 1 dB、1.5 dB、2 dB 的条件下，可以得到相同的功率电平读数。问放大器中的噪声温度是多少？

(b) 求出对应的各个噪声系数。

A.3 节习题

A.12 根据第 A.3 节的介绍，已知中继卫星-用户之间的链路具有如下的参数：

中继卫星的平均发射功率：35 dBW

发射频率：7.7 GHz

中继卫星中天线的有效孔径：1 m^2

用户接收机(包括天线)的噪声温度：1000°K

用户天线的增益：6 dB

系统的总损耗：5 dB

系统的带宽：1 MHz。

中继卫星-用户之间的距离：41 000 公里

要求解答如下的问题：

(a) 求出接收信号的功率电平(单位：dBW)；

(b) 求出接收机的噪声电平(单位：dBW)；

(c) 计算出接收机的信噪比(单位：dB)；

(d) 若采用如下的数字传输方案，求出与之对应的平均误码率[4]：(1)BPSK；(2)二进制 DPSK；(3)非相干 BFSK；(4)QPSK。

---

4 习题中的这个问题需要利用第 9 章、第 10 章的结论。

附录 B 联合高斯随机变量

这个附录分析的是一组高斯随机变量 $X_1, X_2, \cdots, X_N$ 的联合概率密度函数与特征函数。在第 6 章，把 $N = 2$ 时的联合概率密度函数表示如下：

$$f_{X_1 X_2}(x_1, x_2) = \frac{\exp\left\{-\dfrac{1}{2(1-\rho^2)}\left[\left(\dfrac{x_1-m_1}{\sigma_{x_1}}\right) - 2\rho\left(\dfrac{x_1-m_1}{\sigma_{x_1}}\right)\left(\dfrac{x_2-m_2}{\sigma_{x_2}}\right) + \left(\dfrac{x_2-m_2}{\sigma_{x_2}}\right)^2\right]\right\}}{2\pi\sigma_{x_1}\sigma_{x_2}\sqrt{1-\rho^2}} \tag{B.1}$$

式中，$m_i = E\{X_i\}$，$\sigma_{x_i}^2 = E\{[X_i - m_i]^2\}$，$i = 1、2$，$\rho = E\{[X_1 - m_1][X_2 - m_2]/(\sigma_{x_1}\sigma_{x_2})\}$。如今把这个很重要的结论进行了扩展。

B.1 概率密度函数

将 N 个呈高斯分布的随机变量联合起来时，所得到的联合概率密度函数如下：

$$f_X(\mathbf{x}) = (2\pi)^{-N/2} |\det \mathbf{C}|^{-1/2} \exp\left[-\frac{1}{2}(\mathbf{x} - \mathbf{m})^t \mathbf{C}^{-1}(\mathbf{x} - \mathbf{m})\right] \tag{B.2}$$

式中，$\mathbf{x}$、$\mathbf{m}$ 均表示列矩阵，且把它们各自的转置分别表示如下：

$$\mathbf{x}^{\mathrm{T}} = [x_1 \quad x_2 \quad \cdots \quad x_N] \tag{B.3}$$

$$\mathbf{m}^{\mathrm{T}} = [m_1 \quad m_2 \quad \cdots \quad m_N] \tag{B.4}$$

式 (B.2) 中的 $\mathbf{C}$ 表示相关系数由如下单元构成的正定矩阵：

$$C_{ij} = E[(X_i - m_i)(X_j - m_j)] \tag{B.5}$$

需要注意的是，式 (B.2) 中的 $\mathbf{x}^{\mathrm{T}}$、$\mathbf{m}^{\mathrm{T}}$ 都表示 $1 \times N$ 的行矩阵，$\mathbf{C}$ 都表示 $N \times N$ 的方阵。

B.2 特征函数

用下面的关系式表示高斯随机变量 $X_1, X_2, \cdots, X_N$ 的特征函数：

$$M_{\mathbf{X}}(\mathbf{v}) = \exp\left[\mathbf{j}\mathbf{m}^{\mathrm{T}}\mathbf{v} - \frac{1}{2}\mathbf{v}^{\mathrm{T}}\mathbf{C}\mathbf{v}\right] \tag{B.6}$$

式中，$\mathbf{v}^{\mathrm{T}} = [v_1 \ v_2 \cdots v_N]$。由式 (B.6) 的幂级数展开式可知，对均值均为零的任意 4 个高斯随机变量而言，下面的关系式始终成立：

$$E(X_1 X_2 X_3 X_4) = E(X_1 X_2)E(X_3 X_4) + E(X_1 X_3)E(X_2 X_4) + E(X_1 X_4)E(X_2 X_3) \tag{B.7}$$

这是一个很有用处、值得记住的定律。

B.3　线性变换

如果利用线性变换把一组联合高斯随机变量变换为一组新的随机变量，那么，所得到的各个随机变量也呈高斯分布。在证明该结论时，引入如下的线性变换：

$$\mathbf{y} = \mathbf{A}\mathbf{x} \tag{B.8}$$

式中，$\mathbf{y}$、$\mathbf{x}$ 都表示维数等于 N 的列矩阵；$\mathbf{A}$ 表示 $N \times N$ 的非奇异矩阵，用 $[a_{ij}]$ 表示 $\mathbf{A}$ 的各个单元。根据式 (B.8)，可以得到如下的雅可比行列式：

$$J\begin{pmatrix} x_1, x_2, \cdots, x_N \\ y_1, y_2, \cdots, y_N \end{pmatrix} = \det(\mathbf{A}^{-1}) \tag{B.9}$$

式中，$\mathbf{A}^{-1}$ 表示矩阵 $\mathbf{A}$ 的逆矩阵。但是，$\det(\mathbf{A}^{-1}) = 1/\det(\mathbf{A})$ 成立。根据式 (B.1) 以及如下的关系式：

$$\mathbf{x} = \mathbf{A}^{-1}\mathbf{y} \tag{B.10}$$

可以得到

$$f_{\mathbf{Y}}(\mathbf{y}) = (2\pi)^{-N/2} \,|\det \mathbf{C}|^{-1/2}\, |\det \mathbf{A}|^{-1} \exp\left[-\frac{1}{2}(\mathbf{A}^{-1}\mathbf{y} - \mathbf{m})^{\mathrm{T}} \mathbf{C}^{-1}(\mathbf{A}^{-1}\mathbf{y} - \mathbf{m}) \right] \tag{B.11}$$

根据 $\mathbf{A} = \det \mathbf{A}^{\mathrm{T}}$ 以及 $\mathbf{A}\mathbf{A}^{-1} = \mathbf{I}$ (单位阵)，可以把式 (B.11) 表示如下：

$$f_{\mathbf{Y}}(\mathbf{y}) = (2\pi)^{-N/2}\, |\det \mathbf{A}\mathbf{C}\mathbf{A}^{\mathrm{T}}|^{-1/2} \exp\left\{ -\frac{1}{2}[\mathbf{A}^{-1}(\mathbf{y} - \mathbf{A}\mathbf{m})]^{\mathrm{T}} \mathbf{C}^{-1}[\mathbf{A}^{-1}(\mathbf{y} - \mathbf{A}\mathbf{m})] \right\} \tag{B.12}$$

但利用 $(\mathbf{A}\mathbf{B})^{\mathrm{T}} = \mathbf{B}^{\mathrm{T}}\mathbf{A}^{\mathrm{T}}$、$(\mathbf{A}^{-1})^{\mathrm{T}} = (\mathbf{A}^{\mathrm{T}})^{-1}$ 之后，可以把式 (B.12) 的大括号内的项表示如下：

$$-\frac{1}{2}\left[(\mathbf{y} - \mathbf{A}\mathbf{m})^{\mathrm{T}} (\mathbf{A}^{\mathrm{T}})^{-1} \mathbf{C}^{-1} \mathbf{A}^{-1} (\mathbf{y} - \mathbf{A}\mathbf{m}) \right]$$

最后，利用关系式 $(\mathbf{A}\mathbf{B})^{-1} = \mathbf{B}^{-1}\mathbf{A}^{-1}$ 把上面的表示项变换为

$$-\frac{1}{2}[(\mathbf{y} - \mathbf{A}\mathbf{m})^{\mathrm{T}} (\mathbf{A}\mathbf{C}\mathbf{A}^{\mathrm{T}})^{-1} (\mathbf{y} - \mathbf{A}\mathbf{m})]$$

于是，把式 (B.12) 的概率密度函数变换为如下的关系式：

$$f_{\mathbf{Y}}(\mathbf{y}) = (2\pi)^{-N/2}\, |\det \mathbf{A}\mathbf{C}\mathbf{A}^{\mathrm{T}}| \exp\left[-\frac{1}{2}(\mathbf{y} - \mathbf{A}\mathbf{m})^{\mathrm{T}} (\mathbf{A}\mathbf{C}\mathbf{A}^{\mathrm{T}})^{-1} (\mathbf{y} - \mathbf{A}\mathbf{m}) \right] \tag{B.13}$$

这里，把上式当作随机变量 $\mathbf{Y}$ 的联合高斯概率密度函数，而且，$E[\mathbf{Y}] = \mathbf{A}\mathbf{m}$、协方差矩阵为 $\mathbf{A}\mathbf{C}\mathbf{A}^{\mathrm{T}}$。

附录 C　窄带噪声模型的证明

下面证明第 7 章中介绍的窄带噪声模型成立。为了简化符号的表示形式，这里假定

$$\hat{n}(t) = n_c(t)\cos(\omega_0 t + \theta) - n_s(t)\sin(\omega_0 t + \theta) \tag{C.1}$$

式中，$\hat{n}(t)$ 表示由式 (C.1) 定义的噪声，并且不会与希尔伯特变换发生混淆。于是，可以证明如下的结论：

$$E\{[n(t) - \hat{n}(t)]^2\} = 0 \tag{C.2}$$

把上式展开、并且逐项求取期望之后，可以得到

$$E[(n - \hat{n})^2] = \overline{n^2} - \overline{2n\hat{n}} + \overline{\hat{n}^2} \tag{C.3}$$

式中，为了简化符号的表示形式，已经略去了自变量 t。

这里先分析式 (C.3) 中的最后一项。根据 $\hat{n}(t)$ 的定义，可以得到

$$
\begin{aligned}
\overline{\hat{n}^2} &= E\left\{\left[n_c(t)\cos(\omega_0 t + \theta) - n_s(t)\sin(\omega_0 t + \theta)\right]^2\right\} \\
&= \overline{n_c^2 \cos^2(\omega_0 t + \theta)} - \overline{2n_c\, n_s \cos(\omega_0 t + \theta)\sin(\omega_0 t + \theta)} + \overline{n_s^2 \sin^2(\omega_0 t + \theta)} \\
&= \frac{1}{2}\overline{n_c^2} + \frac{1}{2}\overline{n_s^2} = \overline{n^2}
\end{aligned} \tag{C.4}
$$

在上式的推导过程中，利用了如下 4 个式子所表示的结论（其中的后 3 个式子表示平均值）：

$$\overline{n_c^2} = \overline{n_s^2} = \overline{n^2} \tag{C.5}$$

$$\overline{\cos^2(\omega_0 t + \theta)} = \frac{1}{2} + \frac{1}{2}\overline{\cos(2\omega_0 t + 2\theta)} = \frac{1}{2} \tag{C.6}$$

$$\overline{\sin^2(\omega_0 t + \theta)} = \frac{1}{2} - \frac{1}{2}\overline{\cos(2\omega_0 t + 2\theta)} = \frac{1}{2} \tag{C.7}$$

$$\overline{\cos(\omega_0 t + \theta)\sin(\omega_0 t + \theta)} = \frac{1}{2}\overline{\sin(2\omega_0 t + 2\theta)} = 0 \tag{C.8}$$

下面分析 $\overline{n\hat{n}}$。根据 $\hat{n}(t)$ 的定义，可以把 $\overline{n\hat{n}}$ 表示如下：

$$\overline{n\hat{n}} = E\{n(t)[n_c(t)\cos(\omega_0 t + \theta) - n_s(t)\sin(\omega_0 t + \theta)]\} \tag{C.9}$$

根据图 6.12，可以得到如下的两个关系式：

$$n_c(t) = h(t') * [2n(t')\cos(\omega_0 t' + \theta)] \tag{C.10}$$

$$n_s(t) = -h(t') * [2n(t')\sin(\omega_0 t' + \theta)] \tag{C.11}$$

式中，$h(t')$ 表示图 6.12 中低通滤波器的冲激响应。在式 (C.10)、式 (C.11) 中采用了自变量 t'，这说明：在卷积运算中，这时的积分变量与式 (C.9) 中的积分变量 t 不同。把式 (C.10)、式 (C.11) 代入式 (C.9) 中之后，可以得到

$$\overline{n\hat{n}} = E\{n(t)h(t') * [2n(t')\cos(\omega_0 t' + \theta)\cos(\omega_0 t + \theta) + h(t') * [2n(t')\sin(\omega_0 t' + \theta)]\sin(\omega_0 t + \theta)]\}$$

$$= E\{2n(t)h(t') * n(t')[\cos(\omega_0 t' + \theta)\cos(\omega_0 t + \theta) + \sin(\omega_0 t' + \theta)\sin(\omega_0 t + \theta)]\}$$

$$= E[2n(t)h(t') * n(t')]\cos\omega_0(t - t') = 2h(t') * E[n(t)n(t')]\cos\omega_0(t - t') \qquad \text{(C.12)}$$

$$= 2h(t') * R_n(t - t')\cos\omega_0(t - t') \triangleq 2\int_{-\infty}^{\infty} h(t - t')R_n(t - t')\cos\omega_0(t - t')\mathrm{d}t'$$

设置变量代换 $u = t - t'$，之后，可以把上式表示如下：

$$\overline{n\hat{n}} = 2\int_{-\infty}^{\infty} h(u)\cos(\omega_0 u)R_n(u)\mathrm{d}u \qquad \text{(C.13)}$$

然后，利用如下的帕塞瓦尔定理的常规表达式：

$$\int_{-\infty}^{\infty} x(t)y(t)\mathrm{d}t = \int_{-\infty}^{\infty} X(f)Y^*(f)\mathrm{d}f \qquad \text{(C.14)}$$

式中，$x(t) \leftrightarrow X(f)$、$y(t) \leftrightarrow Y(f)$。需要注意的是，在式 (C.13) 中，利用了如下的两个关系式。

$$h(u)\cos(\omega_0 u) \leftrightarrow \frac{1}{2}H(f - f_0) + \frac{1}{2}H(f + f_0) \qquad \text{(C.15)}$$

$$R_n(u) \leftrightarrow S_n(f) \qquad \text{(C.16)}$$

因此，利用式 (C.14)，可以把式 (C.13) 表示如下：

$$\overline{n\hat{n}} = \int_{-\infty}^{\infty} [H(f - f_0) + H(f + f_0)]S_n(f)\mathrm{d}f \qquad \text{(C.17)}$$

由于 $S_n(f)$ 为实数，因此，上式成立。但是，由于已经假设了系统为窄带系统，因此，仅当 $H(f - f_0) + H(f + f_0) = 1$ 成立时，$S_n(f)$ 才不等于零。于是，对式 (C.13) 进行化简处理之后可以得到

$$\overline{n\hat{n}} = \int_{-\infty}^{\infty} S_n(f)\mathrm{d}f = \overline{n^2(t)} \qquad \text{(C.18)}$$

把式 (C.18)、式 (C.4) 代入式 (C.3) 之后，可以得到

$$E[(n - \hat{n})^2] = \overline{n^2} - 2\overline{n^2} + \overline{n^2} \equiv 0 \qquad \text{(C.19)}$$

上式表明：$n(t)$ 与 $\hat{n}(t)$ 之间的均方误差等于零。

附录D 过零点的统计特性与包含原点的统计特性

这个附录分析的是，在对来自加性高斯噪声信道的FM信号解调时经常碰到的几个问题。具体地说，就是在带宽受限时推导出高斯过程过零点概率的表达式，以及推导出"幅度恒定不变的正弦信号+窄带高斯噪声"包含原点时的平均速率的表达式。

D.1 过零点问题

这里引入的样本函数是均值为零的低通高斯过程 $n(t)$，如图 D.1 所示。已知噪声的如下指标：①有效带宽 W；②功率谱密度 $S_n(f)$；③自相关函数 $R_n(\tau)$。

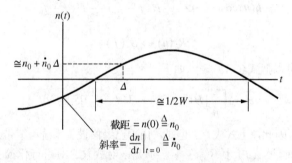

图 D.1 带宽等于 W 时低通高斯过程的样本函数

这里在很短的持续时间 Δ 秒内，对过零点的概率进行分析。当 Δ 非常小的时候，过零点的数量不可能大于 1，在时间区间 $\Delta \ll 1/(2W)$ 内，从负到正的过零点概率 $P_{\Delta-}$ 等于满足"$n_0 < 0$ 和 $n_0 + \dot{n}_0 \Delta > 0$"的概率。即

$$P_{\Delta-} = \Pr(n_0 < 0 \text{ 以及 } n_0 + \dot{n}_0\Delta > 0) = \Pr(n_0 < 0 \text{ 以及 } n_0 > -\dot{n}_0\Delta, \quad \text{所有的 } \dot{n}_0 \geqslant 0)$$
$$= \Pr(-\dot{n}_0\Delta < n_0 < 0, \quad \text{所有的 } \dot{n}_0 \geqslant 0) \tag{D.1}$$

可以用 n_0 与 $\dot{n}_0$ 的联合概率密度函数 $f_{n_0\dot{n}_0}(y,z)$ 把上式表示如下：

$$P_{\Delta-} = \int_0^\infty \left[\int_{-z\Delta}^0 f_{n_0\dot{n}_0}(y,z)\mathrm{d}y \right]\mathrm{d}z \tag{D.2}$$

式中，y、z 分别表示 n_0、$\dot{n}_0$ 的动态变量。由于 $\dot{n}_0$ 只是需要对呈高斯分布的 $n(t)$ 进行线性运算，因此，$\dot{n}_0$ 表示高斯随机变量。在习题 D.1 中证明了如下的关系式成立：

$$E\{n_0\dot{n}_0\} = \frac{\mathrm{d}R_n(\tau)}{\mathrm{d}\tau}\Big|_{\tau=0} \tag{D.3}$$

由于 $R_n(\tau)$ 为偶函数，那么，当 $\tau = 0$ 时，如果 $R_n(\tau)$ 的导数存在，则导数等于零的结论成立。于是可以得出如下的结论：

$$E\{n_0\dot{n}_0\} = 0 \tag{D.4}$$

由于不相关的各个高斯过程统计独立，所以，$n_0(t)$ 的样值 n_0、$\mathrm{d}n_0(t)/\mathrm{d}t$ 的样值 $\dot{n}_0$ 是统计独立的。如果

假定 $\mathrm{var}\{n_0\} = \overline{n_0^2}$、$\mathrm{var}\{\dot{n}_0\} = \overline{\dot{n}_0^2}$，那么，把 n_0、$\dot{n}_0$ 的联合概率密度函数表示如下：

$$f_{n_0\dot{n}_0}(y,z) = \frac{\exp[-y^2/(2\overline{n_0^2})]}{\sqrt{2\pi\overline{n_0^2}}} \times \frac{\exp[-z^2/(2\overline{n_0^2})]}{\sqrt{2\pi\overline{n_0^2}}} \tag{D.5}$$

把上式代入式(D.2)之后，可以得到

$$P_{\Delta-} = \int_0^\infty \frac{\exp[-z^2/(2\overline{\dot{n}_0^2})]}{\sqrt{2\pi\overline{\dot{n}_0^2}}} \left\{ \int_{-z\Delta}^0 \frac{\exp[-y^2/(2\overline{n_0^2})]}{\sqrt{2\pi\overline{n_0^2}}} \mathrm{d}y \right\} \mathrm{d}z \tag{D.6}$$

当 Δ 很小时，式(D.6)的内积分的值与 $\dfrac{z\Delta}{2\pi\sqrt{\overline{n_0^2}}}$ 相近，在这一条件下，可以把式(D.6)简化为

$$P_{\Delta-} \cong \frac{\Delta}{\sqrt{2\pi\overline{n_0^2}}} \int_0^\infty z\,\frac{\exp[-z^2/(2\overline{\dot{n}_0^2})]}{\sqrt{2\pi\overline{\dot{n}_0^2}}} \mathrm{d}z \tag{D.7}$$

假定 $\xi = z^2/(2\overline{\dot{n}_0^2})$，那么，在 Δ 秒的时间内，可以得到从负到正的过零点的概率如下：

$$P_{\Delta-} \cong \frac{\Delta}{2\pi\sqrt{\overline{n_0^2}\,\overline{\dot{n}_0^2}}} \int_0^\infty \overline{\dot{n}_0^2}\,\mathrm{e}^{-\xi}\,\mathrm{d}\xi = \frac{\Delta}{2\pi}\sqrt{\frac{\overline{\dot{n}_0^2}}{\overline{n_0^2}}} \tag{D.8}$$

根据对称性原理，从正到负的过零点的概率值与上式相同。因此，把在 Δ 秒时间内的过零点概率（包括从负到正、从正到负两种情形）表示如下：

$$P_\Delta \cong \frac{\Delta}{\pi}\sqrt{\frac{\overline{\dot{n}_0^2}}{\overline{n_0^2}}} \tag{D.9}$$

例如，如果用 $n(t)$ 表示具有如下功率谱密度的理想低通过程：

$$S_n(f) = \begin{cases} \dfrac{1}{2}N_0, & |f| \leqslant W \\ 0, & \text{其他} \end{cases} \tag{D.10}$$

则可以得到

$$R_n(\tau) = N_0 W\,\mathrm{sinc}(2W\tau)$$

上式在 $\tau = 0$ 处可导。因此，n_0、$\dot{n}_0$ 相互独立，那么，可以得到

$$\overline{n_0^2} = \mathrm{var}\{n_0\} = \int_{-\infty}^\infty S_n(f)\mathrm{d}f = R_n(0) = N_0 W \tag{D.11}$$

由于微分电路的传输函数为 $H_d(f) = \mathrm{j}2\pi f$，那么，可以得到

$$\overline{\dot{n}_0^2} = \mathrm{var}\{\dot{n}_0\} = \int_{-\infty}^\infty |H_d(f)|^2 S_n(f)\mathrm{d}f = \int_{-W}^W (2\pi f)^2\,\frac{1}{2}N_0\mathrm{d}f = \frac{(2\pi W)^2(N_0 W)}{3} \tag{D.12}$$

把上面的这些式子表示的结果（即式(D11)、式(D.12)）代入式(D.9)之后，可以得到

$$2P_{\Delta-} = 2P_{\Delta+} = \frac{\Delta}{\pi} \times \frac{2\pi W}{\sqrt{3}} = \frac{2W\Delta}{\sqrt{3}} \tag{D.13}$$

上式表示的是:在很短的时间区间 Δ 内,当随机变量具有理想矩形低通频谱时的过零点概率。

D.2　过零点的平均速率

下面分析"正弦信号+窄带高斯噪声"的和:

$$z(t) = A\cos(\omega_0 t) + n(t) = A\cos(\omega_0 t) + n_c(t)\cos(\omega_0 t) - n_s(t)\sin(\omega_0 t) \tag{D.14}$$

式中,$n_c(t)$、$n_s(t)$ 表示低通随机过程,它们的统计特性见第 7.5 节。可以用包络 $R(t)$、相位 $\theta(t)$ 把 $z(t)$ 表示如下:

$$z(t) = R(t)\cos[\omega_0 t + \theta(t)] \tag{D.15}$$

式中

$$R(t) = \sqrt{[A + n_c(t)]^2 + n_s^2(t)} \tag{D.16}$$

以及

$$\theta(t) = \tan^{-1}\left[\frac{n_s(t)}{A + n_c(t)}\right] \tag{D.17}$$

图 D.2(a)示出了这一过程的相量表示。在图 D.2(b)中示出了 $R(t)$ 的顶点的轨迹(轨迹中并没有包含原点)、$\theta(t)$ 的轨迹、$\mathrm{d}\theta(t)/\mathrm{d}t$ 的轨迹。在图 D.2(c)中示出了 $R(t)$ 的顶点的轨迹(轨迹中包含了原点)、$\theta(t)$ 的轨迹、$\mathrm{d}\theta(t)/\mathrm{d}t$ 的轨迹。在轨迹包含原点的情形中,$\mathrm{d}\theta(t)/\mathrm{d}t$ 所表示的曲线下面的面积必须等于 2π 弧度。根据第 4 章中理想鉴频器的定义可知,在图 D.2 中,$\mathrm{d}\theta/\mathrm{d}t$ 的简图表示鉴频器的输出(该输出表示输入为"未调信号+噪声或者干扰"时的响应)。当信噪比很高时,相量会在水平轴附近随机地波动。但是,相量偶尔也会包含原点,如图 D.2(c)所示。直观地说,当信噪比减小的时候,这些相量包含原点的概率较大。由于面积不等于零,那么,与图 D.2(b)示出的噪声漂移相比(图 D.2(b)对应的面积等于零),图 D.2(c)中示出的(因包含原点时所产生的)输出脉冲的类型对鉴频器输出的噪声电平有很大的影响。下面推导图 D.2(c)中每秒时间内噪声尖峰的平均数。根据对称性原理,当顺时针绕原点旋转产生负尖峰时,由于负尖峰的平均速率与逆时针绕原点旋转产生正尖峰的速率相等,因此,这里只分析正尖峰的情形。

这里假定:当 $R(t)$ 位于第二象限时,如果通过水平轴,则实现了围绕原点的运行。根据这个假定,当尖峰的持续时间 Δ 很小时,在区间(0, Δ)内逆时针运行时的概率 $P_{cc\Delta}$ 如下:

$$P_{cc\Delta} = \Pr[A + n_c(t) < 0,\ \text{以及} n_s(t)\text{的取值从正变化到负时在区间}(0,\Delta)\text{内的过零点}]$$
$$= \Pr[n_c(t) < -A]P_{\Delta-} \tag{D.18}$$

式中,用 $n_s(t)$ 取代 $n(t)$ 时得出了在区间(0, Δ)内从负到正时的过零点概率 $P_{\Delta-}$(这里还利用了 $n_c(t)$、$n_s(t)$ 统计独立的特点),得到的结果与式(D.13)的一样。在第 7 章的分析中,得出了 $\overline{n_c^2(t)} = \overline{n_s^2(t)} = \overline{n^2(t)}$ 的结论。如果 $n(t)$ 表示单边带为 B、功率谱密度为 N_0 的理想带通过程,那么 $\overline{n^2(t)} = N_0 B$,而且可以得到

$$\Pr[n_c(t) < -A] = \int_{-\infty}^{-A}\frac{e^{-n_c^2/(2N_0 B)}}{\sqrt{2\pi N_0 B}}\,\mathrm{d}n_c = \int_{A/\sqrt{N_0 B}}^{\infty}\frac{e^{-u^2/2}}{\sqrt{2\pi}}\,\mathrm{d}u \tag{D.19}$$

$$= Q\left(\sqrt{A/N_0 B}\right) \tag{D.20}$$

式中,$Q(\cdot)$ 表示呈高斯分布的 Q 函数。在式(D.13)中,当 $W = B/2$ 时(W 表示 $n_s(t)$ 的带宽),可以得到

$$P_{\Delta-} = \frac{\Delta B}{2\sqrt{3}} \tag{D.21}$$

把式（D.20）、式（D.21）代入式（D.18）之后，可以得到

$$P_{cc\Delta} = \frac{\Delta B}{2\sqrt{3}} Q\left(\sqrt{\frac{A^2}{N_0 B}}\right) \tag{D.22}$$

根据对称性原理，顺时针包含过零点的概率 $P_{c\Delta}$ 与逆时针包含过零点的概率 $P_{cc\Delta}$ 相等。因此，无论顺时针运行还是逆时针运行，每秒内包含的过零点数的预计值如下：

$$v = \frac{1}{\Delta}(P_{c\Delta} + P_{cc\Delta}) = \frac{B}{\sqrt{3}} Q\left(\sqrt{\frac{A^2}{N_0 B}}\right) \tag{D.23}$$

需要注意的是，每秒的时间内包含的过零点数与带宽成正比，而且，当信噪比 $A^2/(2N_0 B)$ 增大时，每秒的时间内包含的过零点数基本上呈指数下降。从 v/B 随信噪比变化的图 D.3 中可以看出这一点。在 $A^2/(2N_0 B) \to 0$ 的条件下，图 D.3 中还示出了信噪比的渐近线 $v/B = 1/(2\sqrt{3}) = 0.288\,7$。

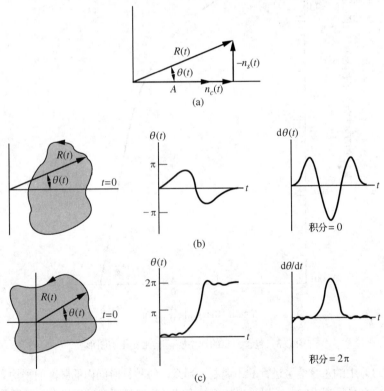

图 D.2　"正弦信号+噪声"的可能轨迹所对应的相量图。(a) "正弦信号+窄带噪声"的相量图表示；(b)未包含原点时的轨迹；(c)包含原点时的轨迹

上面推导的结果并没有给出时间区间 T 内脉冲数量 N 的统计特性。不过，在习题 D.2 中证明了周期性脉冲噪声过程的功率谱密度由如下的式子表示：

$$S_I(f) = v\overline{a^2} \tag{D.24}$$

式中，v 表示每秒时间内的脉冲数量(若为周期性脉冲序列，那么 $v = f_s$ 成立)；$\overline{a^2}$ 表示脉冲权值 a_k 的

均方值。当出现的各个脉冲呈指数分布时(也就是泊松分布的脉冲噪声),也可以得出同样的结论。把 $d\theta/dt$ 的脉冲近似地表示为具有如下样值函数的泊松脉冲噪声过程:

$$x(t) \triangleq \left.\frac{d\theta(t)}{dt}\right|_{\text{impulse}} = \sum_{k=-\infty}^{\infty} \pm 2\pi\delta(t - t_k) \tag{D.25}$$

式中,t_k 表示由式(D.23)给出的具有平均速率 v 的泊松点过程,可以把这种脉冲型噪声过程的功率谱密度近似地表示为具有如下功率谱密度的白噪声:

$$S_x(f) = v(2\pi)^2 = \frac{4\pi^2 B}{\sqrt{3}} Q\left(\sqrt{\frac{A^2}{N_0 B}}\right), \quad -\infty < f < \infty \tag{D.26}$$

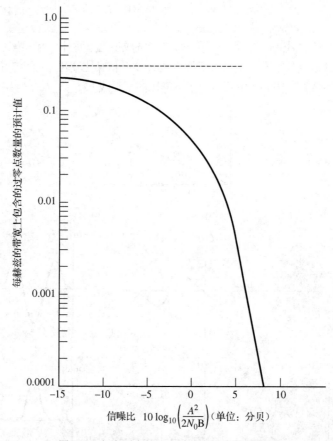

图 D.3　包含原点的速率随信噪比变化的图形

如果对式(D.14)中的正弦信号进行 FM 调制,那么,每秒钟时间内的脉冲的平均数量超过了未采用调制时的数量。在分析理由时,可以给出如下的直截了当的解释。这里以单位阶跃信号的 FM 调制为例。由此得到调制后的信号表达式如下:

$$z(t) = A\cos\{2\pi[f_c + f_d u(t)]t\} + n(t) \tag{D.27}$$

式中,$f_d \le B/2$ 表示频偏常数(单位:赫兹/伏特)。由于存在这一取值的频率跳变,那么,当 $t>0$ 时,图 D.2(a)中的载波相量以 f_d 赫兹的频率进行逆时针旋转。由于噪声的带宽限于以 f_c 为中心的 B 赫兹区间,因此,当 $t>0$ 时,噪声的平均频率小于已调载波的瞬时频率。所以,相对于载波相量而言,如果频偏为 f_d 赫兹(存在频偏时表示进行了调制,未调制时则不存在频偏),那么 $R(t)$ 顺时针旋转 2π 的概率很大。换句话说，当 $t > 0$ 时，负尖峰的平均速率会增大，正尖峰的平均速率会减少。相反，当频率发生负跳变时，正尖峰的平均速率会增大，负尖峰的平均速率会减少。可以证明：与未采用调制的情形相比，所得到的结果表示净增量 δv，而且用如下的式子表示平均增量（见习题 D.1、习题 D.2）：

$$\overline{\delta v} = \overline{|\delta f|} \exp\left(-\frac{A^2}{2N_0 B}\right) \tag{D.28}$$

式中，$\overline{|\delta f|}$ 表示频率偏移的平均值。这里分析的实例中，$\overline{|\delta f|} = f_d$。那么，全部尖峰的平均速率为 $v + \overline{\delta v}$。在式 (D.26) 中，用 $v + \overline{\delta v}$ 取代 v 之后，可以得到尖峰噪声的功率谱密度。

习题

D.1　分析如下的 "信号+噪声"：

$$z(t) = A\cos[2\pi(f_0 + f_d)t] + n(t) \tag{D.29}$$

式中，用如下的关系式表示 $n(t)$：

$$n(t) = n_c(t)\cos(2\pi f_0 t) - n_s(t)\sin(2\pi f_0 t) \tag{D.30}$$

这里假定 $n(t)$ 表示理想的带宽受限的白噪声过程，其双边功率谱密度如下：

$$\begin{cases} \dfrac{N_0}{2}, & -\dfrac{B}{2} \leqslant f \pm f_0 \leqslant \dfrac{B}{2} \\ 0, & \text{其他} \end{cases}$$

那么，可以把 $z(t)$ 表示如下：

$$z(t) = A\cos[2\pi(f_0 + f_d)t] + n'_c(t)\cos[2\pi(f_0 + f_d)t] - n'_s\sin[2\pi(f_0 + f_d)t]$$

(a) 用 $n_c(t)$、$n_s(t)$ 表示出 $n'_c(t)$、$n'_s(t)$。求出 $n'_c(t)$、$n'_s(t)$ 的功率谱密度 $S_{n'_c}(f)$、$S_{n'_s}(f)$。

(b) 求出 $n'_c(t)$、$n'_s(t)$ 的互功率谱密度 $S_{n'_c n'_s}(f)$、互相关函数 $R_{n'_c n'_s}(\tau)$。问 $n'_c(t)$、$n'_s(t)$ 是否相关？在同一时刻分别对 $n'_c(t)$、$n'_s(t)$ 采样时，问二者的样值是否相互独立？

D.2

(a) 根据习题 D.1 的结果，推导出满足 $\overline{|\delta f|} = f_d$ 时的式 (D.28)。

(b) 对频率偏移量为 f_d 的已调 FM 方波信号而言，假定 $\overline{|\delta f|} = f_d$、$B = 2f_d$。当信噪比 $A^2/(N_0 B) = 1$、10、100、1000 时，要求根据 $f_d = 5$、10 两种情形，将式 (D.28) 与式 (D.23) 进行比较。绘出 v 随 $A^2/(N_0 B)$ 变化的图形，以及 $\overline{\delta v}$ 随 $A^2/(N_0 B)$ 变化的图形。

附录 E 卡方统计分析法

根据如下独立高斯随机变量的和，可以得到实用的概率分布：

$$Z = \sum_{i=1}^{n} X_i^2 \tag{E.1}$$

如果随机变量的每一个分量 X_i 的均值为零、方差为 σ^2，那么，可以把 Z 的概率密度函数表示如下：

$$f_Z(z) = \frac{1}{\sigma^n 2^{n/2} \Gamma(n/2)} z^{(n-2)/2} \exp(-z/2\sigma^2), \quad z \geqslant 0 \tag{E.2}$$

随机变量 Z 为呈中心卡方分布的随机变量，或者就称为卡方随机变量，它的自由度为 n。在式(E.2)中，$\Gamma(x)$ 表示用如下的关系式定义的伽马函数：

$$\Gamma(x) = \int_0^{\infty} t^{x-1} \exp(-t) \mathrm{d}t, \quad x > 0 \tag{E.3}$$

伽马函数的性质用如下的两个式子表示：

$$\Gamma(n) = (n-1)\Gamma(n-1) \tag{E.4}$$

$$\Gamma(1) = 1 \tag{E.5}$$

当 n 为整数时，由上面的两个式子可以得到

$$\Gamma(n) = (n-1)! \quad n \text{为整数} \tag{E.6}$$

而且还可以得到

$$\Gamma\left(\frac{1}{2}\right) = \sqrt{\pi} \tag{E.7}$$

根据变量的变换关系式 $z = y^2$，由式(E.2)得到的自由度等于 2 时的中心卡方分布变为瑞利分布，即

$$f_Y(y) = \frac{y}{\sigma^2} \exp[-y^2/(2\sigma^2)], \quad y \geqslant 0 \tag{E.8}$$

在式(E.1)中，如果随机变量的分量的均值不等于零，并且均值为 $E(X_i) = m_i$ 时，可以用如下的式子表示 Z 的概率密度函数：

$$f_Z(z) = \frac{1}{2\sigma^2}\left(\frac{z}{s^2}\right)^{(n-2)/4} \exp\left(-\frac{z+s^2}{2\sigma^2}\right) I_{\frac{n}{2}-1}\left(\frac{s\sqrt{z}}{\sigma^2}\right), \quad z \geqslant 0 \tag{E.9}$$

式中

$$s^2 = \sum_{i=1}^{n} m_i^2 \tag{E.10}$$

以及

$$I_m(x) = \sum_{k=0}^{\infty} \frac{(x/2)^{m+2k}}{k!\,\Gamma(m+k+1)}, \quad x \geqslant 0 \tag{E.11}$$

$I_m(x)$ 表示修正之后的第一类第 m 阶贝塞尔函数。把式 (E.9) 定义的随机变量称为非中心卡方随机变量。如果 $n = 2$，并且利用变量代换 $z = y^2$，则可以把式 (E.9) 表示如下：

$$f_Y(y) = \frac{y}{\sigma^2} \exp\left(-\frac{y^2 + s^2}{2\sigma^2}\right) I_0\left(\frac{sy}{\sigma^2}\right), \quad y \geqslant 0 \tag{E.12}$$

上式就是大家熟知的呈莱斯分布的概率密度函数。

附录 F　通用的数学表、数值表

这个附录中包含了与本书的分析有关的几个表。它们分别是：

1. 呈高斯分布的 Q 函数表；
2. 三角恒等式表；
3. 级数的展开式表；
4. 积分公式表；
5. 傅里叶变换对表；
6. 傅里叶变换的各项定理表。

F.1　呈高斯分布的 Q 函数

这个附录较详细地分析了 Q 函数，并且介绍了近似于 Q 函数的几种表示形式[1]。把方差为 1、均值为 0 的高斯概率密度函数、累积分布函数分别表示如下：

$$Z(x) = \frac{1}{\sqrt{2\pi}} e^{-x^2/2} \tag{F.1}$$

$$P(x) = \int_{-\infty}^{x} Z(x)\mathrm{d}t \tag{F.2}$$

用下面的式子定义呈高斯分布的 Q 函数[2]：

$$Q(x) = 1 - P(x) = \int_{x}^{\infty} Z(x)\mathrm{d}t \tag{F.3}$$

当 x 很大时，$Q(x)$ 函数仍有效，这时用如下的展开式近似地表示 $Q(x)$ 函数：

$$Q(x) = \frac{Z(x)}{x}\left[1 - \frac{1}{x^2} + \frac{1\times 3}{x^4} - \cdots + \frac{(-1)^n \times 1\times 3\times\cdots\times(2n-1)}{x^{2n}}\right] + R_n \tag{F.4}$$

式中，R_n 表示余数，即

$$R_n = (-1)^{n+1} \times 1\times 3\times\cdots\times(2n\times 1)\int_{x}^{\infty}\frac{Z(x)}{t^{2n+2}}\mathrm{d}t \tag{F.5}$$

R_n 的绝对值小于忽略不计的第一项。当 $x \geq 3$ 时，如果只用式 (F.4) 的第一项近似地表示高斯分布的 Q 函数，产生的误差小于 10%。

在求解数值积分时，如果用 Q 函数的有限积分表示，则会带来方便，即采用如下的表达式[3]：

1　附录中给出的这部分信息选自 "M. Abramowitz、I. Stegun" 文献 "数学函数手册"，纽约，1972(1964 年首次出版时，是名为 "美国国家标准局应用数学丛书 55" 的部分内容。)。

2　当 $x < 0$ 时，$Q(x) = 1 - Q(|x|)$ 成立。

3　参阅 J. W. Craig 的论文 "采用二维星座计算误码率的很新颖、很简单、很准确的结果"，*IEEE MILCOM' 91Conf. Rec.*, Boston, MA, pp. 25.5.1-25.5.5, November 1991。

　　也可参阅 M. K. Simon、Dariush Divsalar 合著的论文 "高斯分布概率问题的新发现"，*IEEE Transactions on Communications*, Vol. 46, pp. 200-210, February 1998。

$$Q(x) = \begin{cases} \dfrac{1}{\pi} \displaystyle\int_0^{\pi/2} \exp\left(-\dfrac{x^2}{2\sin^2\phi}\right)\mathrm{d}\phi, & x \geqslant 0 \\ 1 - \dfrac{1}{\pi} \displaystyle\int_0^{\pi/2} \exp\left(-\dfrac{x^2}{2\sin^2\phi}\right)\mathrm{d}\phi, & x < 0 \end{cases} \tag{F.6}$$

可以用如下的关系式把大家都熟悉的误差函数与呈高斯分布的 Q 函数联系起来:

$$\mathrm{erf}(x) \triangleq \frac{2}{\sqrt{\pi}} \int_0^x \mathrm{e}^{-t^2}\mathrm{d}t = 1 - 2Q\left(\sqrt{2}\right)x \tag{F.7}$$

把互补误差函数定义为 $\mathrm{erfc}(x) = 1 - \mathrm{erf}(x)$,于是得到

$$Q(x) = \frac{1}{2}\mathrm{erfc}\left(x/\sqrt{2}\right) \tag{F.8}$$

由于 erfc 是 MATLAB 的子函数,但 Q 函数不是 MATLAB 的子程序,因此,在利用 MATLAB 计算上式的值时会非常方便。

表 F.1 给出了 $Q(x)$ 函数的简捷表。需要注意的是,当 $x < 0$ 时,可以根据如下的关系式求出 $Q(x)$ 函数的值。

$$Q(x) = 1 - Q(|x|), \quad x < 0 \tag{F.9}$$

表 F.1 Q 函数对应值的简捷表

x	$Q(x)$	x	$Q(x)$	x	$Q(x)$
0	0.5	1.5	0.066 807	3.0	0.001 349 9
0.1	0.460 17	1.6	0.054 799	3.1	0.000 967 60
0.2	0.420 74	1.7	0.044 565	3.2	0.000 687 14
0.3	0.382 09	1.8	0.035 930	3.3	0.000 483 42
0.4	0.344 58	1.9	0.028 717	3.4	0.000 336 93
0.5	0.308 54	2.0	0.022 750	3.5	0.000 232 63
0.6	0.274 25	2.1	0.017 864	3.6	0.000 159 11
0.7	0.241 96	2.2	0.013 903	3.7	0.000 107 80
0.8	0.211 86	2.3	0.010 724	3.8	$7.234\ 8 \times 10^{-5}$
0.9	0.184 06	2.4	0.008 197 5	3.9	$4.809\ 6 \times 10^{-5}$
1.0	0.158 66	2.5	0.006 209 7	4.0	$3.167\ 1 \times 10^{-5}$
1.1	0.135 67	2.6	0.004 661 2	4.1	$2.065\ 8 \times 10^{-5}$
1.2	0.115 07	2.7	0.003 467 0	4.2	$1.334\ 6 \times 10^{-5}$
1.3	0.096 800	2.8	0.002 555 1	4.3	$8.539\ 9 \times 10^{-6}$
1.4	0.080 757	2.9	0.001 865 8	4.4	$5.412\ 5 \times 10^{-6}$

例如,根据表 F.1 可以得到: $Q(-0.1) = 1 - Q(0.1) = 1 - 0.460\ 17 = 0.539\ 83$。

F.2 三角恒等式表

$$\cos(u) = \frac{\mathrm{e}^{\mathrm{j}u} + \mathrm{e}^{-\mathrm{j}u}}{2}$$

$$\sin(u) = \frac{\mathrm{e}^{\mathrm{j}u} - \mathrm{e}^{-\mathrm{j}u}}{2\mathrm{j}}$$

$$\cos^2(u) + \sin^2(u) = 1$$

$$\cos^2(u) - \sin^2(u) = \cos(2u)$$

$$2\cos(u)\sin(u) = \sin(2u)$$

$$\cos(u)\cos(v) = \frac{1}{2}\cos(u-v) + \frac{1}{2}\cos(u+v)$$

$$\sin(u)\cos(v) = \frac{1}{2}\sin(u-v) + \frac{1}{2}\sin(u+v)$$

$$\sin(u)\sin(v) = \frac{1}{2}\cos(u-v) - \frac{1}{2}\cos(u+v)$$

$$\cos(u \pm v) = \cos(u)\cos(v) \mp \sin(u)\sin(v)$$

$$\sin(u \pm v) = \sin(u)\cos(v) \pm \cos(u)\sin(v)$$

$$\cos^2(u) = \frac{1}{2} + \frac{1}{2}\cos(2u)$$

$$\cos^{2n}(u) = \frac{1}{2^{2n}}\left\{\sum_{k=0}^{n-1} 2\binom{2n}{k}\cos[2(n-k)u] + \binom{2n}{n}\right\}$$

$$\cos^{2n-1}(u) = \frac{1}{2^{2n-2}}\left\{\sum_{k=0}^{n-1} 2\binom{2n-1}{k}\cos[(2n-2k-1)u]\right\}$$

$$\sin^2(u) = \frac{1}{2} - \frac{1}{2}\cos(2u)$$

$$\sin^{2n}(u) = \frac{1}{2^{2n}}\left\{\sum_{k=0}^{n-1}(-1)^{n-k} 2\binom{2n}{k}\cos[2(n-k)u] + \binom{2n}{n}\right\}$$

$$\sin^{2n-1}(u) = \frac{1}{2^{2n-2}}\left\{\sum_{k=0}^{n-1}(-1)^{n+k-1} 2\binom{2n-1}{k}\sin[(2n-2k-1)u]\right\}$$

F.3   各种级数的展开式表

$$(u+v)^n = \sum_{k=0}^{n}\binom{n}{k}u^{n-k}v^k, \quad \binom{n}{k} = \frac{n!}{(n-k)!k!}$$

假定 $u=1$、$v=x$(其中,$|x| \ll 1$),则可以得到如下的近似关系式。

$$(1+x)^n \cong 1+nx; \quad (1-x)^n \cong 1-nx; \quad (1+x)^{1/2} \cong 1+\frac{1}{2}x$$

$$\log_a u = \log_e u \log_a e; \quad \log_e u = \ln u = \log_e a \log_a u$$

$$e^u = \sum_{k=0}^{\infty} u^k / k! \cong 1+u, \quad |u| \ll 1$$

$$\ln(1+u) \cong u, \quad |u| \ll 1$$

$$\sin u = \sum_{k=0}^{\infty}(-1)^k \frac{u^{2k+1}}{(2k+1)!} \cong u - u^3/3!, \quad |u| \ll 1$$

$$\cos u = \sum_{k=0}^{\infty} (-1)^k \frac{u^{2k}}{(2k)!} \cong 1 - u^2/2!, \quad |u| \ll 1$$

$$\tan u = u + \frac{1}{3}u^3 + \frac{2}{15}u^5 + \cdots$$

$$J_n(u) \cong \begin{cases} \dfrac{u^n}{2^n n!}\left[1 - \dfrac{u^2}{2^2(n+1)} + \dfrac{u^4}{2 \cdot 2^4(n+1)(n+2)} - \cdots \right], & |u| \ll 1 \\[4mm] \sqrt{\dfrac{2}{\pi u}}\cos(u - n\pi/2 - \pi/2), & |u| \gg 1 \end{cases}$$

$$I_0(u) \cong \begin{cases} 1 + \dfrac{u^2}{2^2} + \dfrac{u^4}{2^4} + \cdots \cong \mathrm{e}^{u^2}/4, & 0 \leqslant u \ll 1 \\[4mm] \dfrac{\mathrm{e}^u}{2\pi u}, & u \gg 1 \end{cases}$$

F.4 积分公式表

F.4.1 不定积分的公式表

$$\int \sin(ax)\mathrm{d}x = -\frac{1}{a}\cos(ax)$$

$$\int \cos(ax)\mathrm{d}x = \frac{1}{a}\sin(ax)$$

$$\int \sin^2(ax)\mathrm{d}x = \frac{x}{4} - \frac{1}{2a}\sin(2ax)$$

$$\int \cos^2(ax)\mathrm{d}x = \frac{x}{2} + \frac{1}{4a}\sin(2ax)$$

$$\int x\sin(ax)\mathrm{d}x = a^{-2}[\sin(ax) - ax\cos(ax)]$$

$$\int x\cos(ax)\mathrm{d}x = a^{-2}[\cos(ax) + ax\sin(ax)]$$

$$\int x^m \sin(x)\mathrm{d}x = -x^m\cos(x) + m\int x^{m-1}\cos(x)\mathrm{d}x$$

$$\int x^m \cos(x)\mathrm{d}x = x^m\sin(x) - m\int x^{m-1}\sin(x)\mathrm{d}x$$

$$\int \exp(ax)\mathrm{d}x = a^{-1}\exp(ax)$$

$$\int x^m \exp(ax)\mathrm{d}x = a^{-1}x^m\exp(ax) - a^{-1}m\int x^{m-1}\exp(ax)\mathrm{d}x$$

$$\int \exp(ax)\sin(bx)\mathrm{d}x = (a^2+b^2)^{-1}\exp(ax)[a\sin(bx) - b\cos(bx)]$$

$$\int \exp(ax)\cos(bx)\mathrm{d}x = (a^2+b^2)^{-1}\exp(ax)[a\cos(bx) + b\sin(bx)]$$

F.4.2　定积分的公式表

$$\int_0^\infty \frac{x^{m-1}}{1+x^n}\mathrm{d}x = \frac{\pi/n}{\sin(m\pi/n)}, \quad n>m>0$$

$$\int_0^\pi \sin^2(nx)\mathrm{d}x = \int_0^\pi \cos^2(nx)\mathrm{d}x = \pi/2 , \quad n \text{ 为整数}$$

$$\int_0^\pi \sin(mx)\sin(nx)\mathrm{d}x = \int_0^\pi \cos(mx)\cos(nx)\mathrm{d}x = 0, \quad m \neq n, \quad m\text{和}n \text{ 为整数}$$

$$\int_0^\pi \sin(mx)\cos(nx)\mathrm{d}x = \begin{cases} 2m/(m^2-n^2), & m+n \text{ 为奇数} \\ 0, & m+n \text{ 为偶数} \end{cases}$$

$$\int_0^\infty x^{a-1}\cos(bx)\mathrm{d}x = \frac{\Gamma(a)}{b^a}\cos(\pi a/2), \quad 0<|a|<1, \quad b>0$$

$$\int_0^\infty x^{a-1}\sin(bx)\mathrm{d}x = \frac{\Gamma(a)}{b^a}\sin(\pi a/2), \quad 0<|a|<1, \quad b>0$$

$$\int_0^\infty x^n \exp(-ax)\mathrm{d}x = \frac{n!}{a^{n+1}} , \quad n \text{ 为正整数}$$

$$\int_0^\infty \exp(-a^2x^2)\mathrm{d}x = \frac{\sqrt{\pi}}{2|a|}$$

$$\int_0^\infty x^{2n}\exp(-a^2x^2)\mathrm{d}x = \frac{1\times3\times5\times\cdots\times(2n-1)\sqrt{\pi}}{2^{n+1}a^{2n+1}}, \quad a>0$$

$$\int_0^\infty \exp(-ax)\cos(bx)\mathrm{d}x = \frac{a}{a^2+b^2}, \quad a>0$$

$$\int_0^\infty \exp(-ax)\sin(bx)\mathrm{d}x = \frac{b}{a^2+b^2}, \quad a>0$$

$$\int_0^\infty \exp(-a^2x^2)\cos(bx)\mathrm{d}x = \frac{\sqrt{\pi}}{2a}\exp\left(-\frac{b^2}{4a^2}\right)$$

$$\int_0^\infty x\exp(-ax^2)I_k(bx)\mathrm{d}x = \frac{1}{2a}\exp\left(-\frac{b^2}{4a}\right), \quad a>0$$

$$\int_0^\infty \frac{\cos(ax)}{b^2+x^2}\mathrm{d}x = \frac{\pi}{2b}\exp(-ab), \quad a>0, \quad b>0$$

$$\int_0^\infty \frac{x\sin(ax)}{b^2+x^2}\mathrm{d}x = \frac{\pi}{2}\exp(-ab), \quad a>0, \quad b>0$$

$$\int_0^\infty \mathrm{sinc}(x)\mathrm{d}x = \int_0^\infty \mathrm{sinc}^2(x)\mathrm{d}x = \frac{1}{2}$$

F.5　"傅里叶变换对"表

信号	傅里叶变换
$\Pi(t/\tau) = \begin{cases} 1, & \|t\| \leqslant \tau/2 \\ 0, & \text{其他} \end{cases}$	$\tau\text{sinc}(f\tau) = \dfrac{\tau\sin(\pi f\tau)}{\pi f\tau}$
$2W\text{sinc}(2Wt)$	$\Pi[f/(2W)]$
$\Lambda(t/\tau) = \begin{cases} 1-\|t\|/\tau, & \|t\| \leqslant \tau \\ 1, & \text{其他} \end{cases}$	$\tau\text{sinc}^2(f\tau)$
$W\text{sinc}^2(Wt)$	$\Lambda(f/W)$
$\exp(-\alpha t)u(t),\quad \alpha > 0$	$1/(\alpha + \mathrm{j}2\pi f)$
$t\exp(-\alpha t)u(t),\quad \alpha > 0$	$1/(\alpha + \mathrm{j}2\pi f)^2$
$\exp(-\alpha\|t\|),\quad \alpha > 0$	$2\alpha/[\alpha^2 + (2\pi f)^2]$
$\exp[-\pi(t/\tau)^2]$	$\tau\exp[-\pi(\tau f)^2]$
$\delta(t)$	1
1	$\delta(f)$
$\cos(2\pi f_0 t)$	$\dfrac{1}{2}\delta(f-f_0) + \dfrac{1}{2}\delta(f+f_0)$
$\sin(2\pi f_0 t)$	$\dfrac{1}{2\mathrm{j}}\delta(f-f_0) - \dfrac{1}{2\mathrm{j}}\delta(f+f_0)$
$u(t)$	$\dfrac{1}{\mathrm{j}2\pi f} + \dfrac{1}{2}\delta(f)$
$1/(\pi t)$	$-\mathrm{j}\,\text{sgn}(f);\quad \text{sgn}(f) = \begin{cases} 1, & f > 0 \\ -1, & f < 0 \end{cases}$
$\displaystyle\sum_{m=-\infty}^{\infty}\delta(t-mT_s)$	$\displaystyle f_s\sum_{n=-\infty}^{\infty}\delta(f-nf_s)\quad f_s = 1/T_s$

F.6　傅里叶变换的各项定理表

定理的名称	时域运算（假定为实信号）	对应的频域运算
叠加性定理	$a_1 x_1(t) + a_2 x_2(t)$	$a_1 X_1(f) + a_2 X_2(f)$
时延定理	$x(t-t_0)$	$X(f)\exp(-\mathrm{j}2\pi t_0 f)$
比例变换定理	$x(at)$	$\|a\|^{-1} X(f/a)$
时间反转定理	$x(-t)$	$X(-f) = X^*(f)$
对偶性定理	$X(t)$	$x(-f)$
频率变换定理	$x(t)\exp(\mathrm{j}2\pi f_0 t)$	$X(f-f_0)$
调制定理	$x(t)\cos(2\pi f_0 t)$	$\dfrac{1}{2}X(f-f_0) + \dfrac{1}{2}X(f+f_0)$
卷积定理[4]	$x_1(t) * x_2(t)$	$X_1(f)X_2(f)$
乘积定理	$x_1(t)x_2(t)$	$X_1(f) * X_2(f)$
微分定理	$\dfrac{\mathrm{d}^n x(t)}{\mathrm{d}t^n}$	$(\mathrm{j}2\pi f)^n X(f)$
积分定理	$\displaystyle\int_{-\infty}^{t} x(\lambda)\mathrm{d}\lambda$	$X(f)/(\mathrm{j}2\pi f) + \dfrac{1}{2}X(0)\delta(f)$

4　$x_1(t) * x_2(t) \triangleq \displaystyle\int_{-\infty}^{\infty} x_1(\lambda) * x_2(t-\lambda)\mathrm{d}\lambda$

老师您好，若您需要与 **John Wiley** 教材配套的教辅（免费），烦请填写本表并传真给我们。也可联络 **John Wiley** 北京代表处索取本表的电子文件，填好后 **e-mail** 给我们。

原书信息

原版 ISBN：
英文书名（Title）：
版次（Edition）：
作者（Author）：

配套教辅可能包含下列一项或多项

教师用书（或指导手册）/ 习题解答 / 习题库 / PPT 讲义 / 其他

教师信息（中英文信息均需填写）
➢   学校名称（中文）：
➢   学校名称（英文）：
➢   学校地址（中文）：
➢   学校地址（英文）：
➢   院 **/** 系名称（中文）：
➢   院 **/** 系名称（英文）：
课程名称（Course Name）：
年级 **/** 程度（Year / Level）：☐大专 ☐本科 Grade: 1 2 3 4   ☐硕士 ☐博士 ☐MBA ☐EMBA
课程性质（多选项）：☐必修课   ☐选修课   ☐国外合作办学项目   ☐指定的双语课程
学年（学期）：☐春季   ☐秋季   ☐整学年使用   ☐其他（起止月份_____）
使用的教材版本：☐中文版 ☐英文影印（改编）版 ☐进口英文原版（购买价格为____元）
学生：_____个班共_____人

授课教师姓名：
电话：
传真：
E-mail：

WILEY - 约翰威立商务服务（北京）有限公司
John Wiley & Sons Commercial Service (Beijing) Co Ltd
北京市朝阳区太阳宫中路12A号，太阳宫大厦8层 805-808室，邮政编码100028
Direct +86 10 8418 7815   Fax +86 10 8418 7810
Email: iwang@wiley.com